北京建筑大学学术著作出版基金资助
国家自然科学基金资助（项目批准号：51008012）
北京市属高等学校高层次人才引进与培养计划项目（The Importation and Development of High-Caliber Talents Project of Beijing Municipal Institutions，CIT&TCD201304068）

风力发电设备塔架结构设计指南及解说

［日］土木学会　编
JAPAN SOCIETY OF CIVIL ENGINEERS
祝磊　许楠　高颖　译

中国建筑工业出版社

著作权合同登记图字：01-2013-8553
图书在版编目（CIP）数据

风力发电设备塔架结构设计指南及解说/[日] 土木学会编；祝磊，许楠，高颖译. —北京：中国建筑工业出版社，2014.10（2023.7重印）
ISBN 978-7-112-16982-5

Ⅰ.①风… Ⅱ.①土…②祝…③许…④高… Ⅲ.①风力发电-发电设备-建筑结构-结构设计 Ⅳ.TU761.3

中国版本图书馆 CIP 数据核字（2014）第 128588 号

Structural Engineering Series 20，Guidelines for Design of Wind Turbine Support Structures and Foundations
by Task Committee on Dynamic Analysis and Structural Design of Wind Turbine
Committee of Structural Engineering
Japan Society of Civil Engineers

责任编辑：刘文昕 吉万旺
责任设计：张 虹
责任校对：姜小莲 赵 颖

北京建筑大学学术著作出版基金资助
国家自然科学基金资助（项目批准号：51008012）
北京市属高等学校高层次人才引进与培养计划项目（The Importation and Development of High-Caliber Talents Project of Beijing Municipal Institutions，CIT&TCD201304068）

风力发电设备塔架结构设计指南及解说
[日] 土木学会 编
JAPAN SOCIETY OF CIVIL ENGINEERS
祝 磊 许 楠 高 颖 译
*
中国建筑工业出版社出版、发行（北京西郊百万庄）
各地新华书店、建筑书店经销
霸州市顺浩图文科技发展有限公司制版
北京凌奇印刷有限责任公司印刷
*
开本：880×1230 毫米 1/16 印张：30¾ 字数：968 千字
2014 年 12 月第一版 2023 年 7 月第二次印刷
定价：**128.00** 元
ISBN 978-7-112-16982-5
(25754)

中文版序

《风力发电设备塔架结构设计指南及解说》（2010年版）全面阐述日本风力发电设备钢塔筒结构及基础的设计方法，经过来自大学、电力企业、风机设备制造商及建筑公司等单位研究人员多年的共同努力编写而成。日本台风、地震多发，因此该书在风荷载和地震作用的计算上，针对日本的具体情况，作了详细规定。这些计算方法已被采用到将要出版的IEC61400-1第4版以及正在制定的IEC61400-6第1版中。

中国与日本一衣带水，也经常遭受台风和地震袭击。中国近十年风力发电事业发展非常迅猛，目前装机容量世界第一，而且预计未来将继续高速增长，大量风机安装在或即将安装在台风区和地震区，因此风力发电设备的抗风和抗震是风电从业者需要解决的大问题。而中国目前并没有适用于风力发电设备的专门结构设计规范，其结构设计多沿用IEC61400-1、GL及建筑结构相关规范。因此，我认为《风力发电设备塔架结构设计指南及解说》（2010年版）将对中国的风力发电设备塔架结构设计有一定的参考价值。

祝磊博士和许楠博士，他们在东京大学攻读博士阶段开展了风力发电机组在风、地震及波浪等荷载下的动力响应研究，他们的研究成果也反映在《风力发电设备塔架结构设计指南及解说》（2010年版）中。在取得博士学位后，他们先后回国继续从事科研工作。祝磊任教于北京建筑大学，许楠任职于中国建筑科学研究院。他们将《风力发电设备塔架结构设计指南及解说》（2010年版）翻译为中文，我感到非常的高兴。高颖博士也在东京大学读博士，现任教于北京林业大学，并参与了这次翻译工作。经过他们的勤奋工作，并在中国建筑工业出版社的大力支持下，中文版终于面世。感谢他们和中国建筑工业出版社为本书的出版所作出的努力！

我衷心希望本书能够对中国的风力发电从业者有所帮助，为风力发电事业贡献绵薄之力！

日本风能学会会长
东京大学教授　石原孟
2014年12月30日于北京

译 者 序

《风力发电设备塔架结构设计指南及解说》是日本风电界多年研究风力发电设备塔架结构问题的成果总结，内容包括风、地震等荷载或作用的计算，塔架、锚固部分及基础的结构计算与设计，以及详细的计算例题，是一本风力发电设备塔架结构设计的重要参考书。该书的主编石原孟教授是祝磊和许楠的博士阶段导师，祝磊现在北京建筑大学工作，许楠现在中国建筑科学研究院工作。当 2011 年 8 月祝磊去东京大学看望石原教授时，石原教授建议祝磊和许楠将该书翻译为中文。考虑到该书篇幅巨大，祝磊邀请了东京大学校友、北京林业大学的高颖副教授一起翻译。

三人分工合作，祝磊翻译第 1、2、5、7～11 章，许楠翻译第 3、4、6 章，高颖翻译前言和第 12、13 章，经过三年努力，翻译工作终于完成。回首往事，个中辛苦，感慨万千。在此期间，前辈同仁的热情帮助也令译者感动。感谢中国建筑工业出版社刘文昕编辑与日本土木学会协商版权，感谢吉万旺编辑一遍又一遍地编辑、校对！感谢中国可再生能源学会风能专业委员会对本书的大力推荐，特别是世界风能协会主席、中国可再生能源学会风能专业委员会前理事长贺德馨教授和风能专业委员会资深委员姚小芹教授级高工一直非常关心本书的翻译工作，在此深表感谢！祝磊的硕士阶段导师、清华大学石永久教授也给本书提出了有益的建议，谨致谢意！

本书的出版，得到了北京建筑大学学术著作出版基金、国家自然科学基金委青年基金项目“风力发电机组结构抗震研究”（项目批准号：51008012）以及北京市教委北京市属高等学校高层次人才引进与培养计划项目（The Importation and Development of High－Caliber Talents Project of Beijing Municipal Institutions，CIT&TCD201304068）的资助，深表感谢！

希望本书的出版能够对我国的风电事业发展有所帮助，但限于译者水平，本书一定存在不当之处，恳请读者批评指正。

译者

2014 年 12 月 31 日

原文版序一

风力发电因发电时不排放二氧化碳，作为防止全球变暖的措施之一，被寄予厚望。到2010年初，全世界的风力发电设备容量首次达到1.579亿kW，过去13年间的平均增长率达到28%。现在，全世界对风力发电的新投资占全部发电设备新投资的五分之一，已发展成为5万亿日元的产业。另一方面，日本的风力发电通过新能源等企业支持事业等措施，从20世纪90年代后半期开始迅速增加，2010年年初引进的风力发电设备容量达到219万kW，全国各地修建的风车达到了1683座。

由于风力发电量与风速的3次方以及叶片长度的2次方成正比，所以为了追求更高的效率，风车的规模趋向大型化。现在日本国内设置的大型风车，到叶片顶部的高度已超过120m。另一方面，日本特有的自然环境及地形条件引起的强风也会造成风车塔筒弯曲或者地基崩坏等重大事故。为了解决这些问题，2004年9月，土木学会构造工学委员会成立了“风力发电设备抗风设计小委员会”，明确了风力发电设备塔架结构设计的问题，同时，结合日本特有的自然环境条件以及风力发电设备的固有特性，提出了更为合理的塔架结构的设计方法，并面向技术人员出版了通俗易懂、便于使用的设计指南《风力发电设备塔架结构设计指南及解说2007年版》。该指南在风力发电设备塔架结构设计领域中，作为日本国内唯一的指南而被广泛使用，在提高风力发电设备塔架结构的安全性、可靠性方面做出了很大的贡献。

在此之后，随着日本国内社会对风力发电设备的抗风、抗震安全性的认知加深，开始开发适合日本特有自然环境条件的日本型风车。另外，2007年6月20日，建筑基准法修订，风力发电设备塔架结构的核准申请程序也发生了变更，高度超过60cm的风力发电设备，为了确保塔架结构的安全性，必须获得指定性能评估机构的评估以及大臣认证。

鉴于这种情况，2008年1月，土木学会构造工学委员会成立了“风力发电设备的动态分析和构造设计小委员会”（委员长：东京大学石原孟教授），小委员会由负责风车引进和建设的电力公司、风力发电企业、建筑公司的实务人员、负责风车制造和销售的日本国内制造厂和代理店的技术人员，以及大学、研究机构的研究人员大约40名委员组成，为提高风力发电设备动态分析及结构设计的水平以及确立针对罕见巨大地震时荷载的设计方法，积极展开了各种活动。此次，作为3年的活动成果，完成了《风力发电设备塔架结构设计指南及解说2010年版》。

本指南包括了日本国内外关于风力发电塔架结构设计的最新研究成果和建筑基准法修订后的性能评估方法，我们确信本指南将对从事风力发电设备塔架结构设计的技术人员有所帮助，希望能够得到广泛运用。

最后，谨向为制作本指南付出巨大努力的石原孟小委员会委员长以及各位干事、委员致以诚挚的谢意，同时向进行审议的构造工学委员会各位委员表示衷心的感谢。

2010年12月

土木学会　构造工学委员会

委员长　铃木　基行

原文版序二

《风力发电设备塔架结构设计指南及解说2007年版》制订已有3年。在这期间，由于建筑基准法的修订，使得作为风力发电设备塔架结构的相关设备的核准申请程序发生了变更，高度超过60cm的风力发电设备，为了确保塔架结构的安全性，必须获得指定性能评估机构的评估以及大臣认证。

这次修订中，增加了2007版中不曾提及的对于罕见巨大地震作用的评估方法以及结构设计方法，同时增加了以基于台风模拟的地形增加系数的评估方法和发电时的最大风荷载的评估方法为代表的最新研究成果，以及建筑基准法修订后的性能评估方面的实践经验。主要修订内容如下所示。

（1）根据修订后的建筑基准法，对于高度超过60cm的风力发电设备塔架结构的所需性能、荷载水平、使用材料、设计方法都做出了规定。

（2）对于设计风速的评估，加入了根据台风模拟的地形增加系数的评估手法，通过考虑台风的风向特性使设计风速的评估更加合理化。在风荷载的评估中追加了发电时的最大风荷载的评估算式以及源于风的疲劳荷载的评估方法。另外，根据修订后的建筑基准法，新增了使用时程分析法的地震作用评估方法的章节。并且根据有风力发电设备设置在港湾内的现状，规定了波浪荷载不作为主要荷载情况下的波力的评估方法。

（3）对于塔筒、锚固部分以及基础的结构计算，为了应对罕见巨大地震的作用，规定了以极限状态设计法为基础的性能校核方法，同时还提出可根据结构材料和结构稳定性的情况，使用兼用了容许应力设计法的性能校核方法。此外，还对各种结构计算式进行了扩展和细致化。

（4）根据新的荷载评估算式和结构计算式，列举了高度超过60cm的风力发电设备塔架结构的结构设计实例，并追加了根据时程分析法所做的地震作用评估的详细步骤、解析结果以及注意事项。

（5）将相关法令、告示、学会标准和指南等更新为最新内容，不仅对这些内容进行了整合，也通过更新和追加风力发电机，为技术人员和设计人员提供了方便。

本指南遵循2007版，由以下内容构成：风力发电设备塔架结构的结构设计相关各项条件及流程、作用于风力发电设备塔架结构的各种荷载的评估、塔筒、锚固部分以及基础的结构计算和应力校核。此外，本指南的制作遵循通俗易懂、简单易行的方针，列举了具体设计实例以及设计公式的计算依据，同时还在结尾处注明了相关法律法规、指南以及有用的技术资料。

2010版发行之际，风力发电设备动态分析和构造设计小委员会的各位委员都付出了很多的时间和精力。此外，干事会的各位成员也为校对原稿及制作设计实例花费了大量时间。本指南还得到了构造工学委员会及外部相关人士的许多宝贵意见。在此谨表示衷心的感谢。

衷心希望通过本指南的广泛使用，使得风力发电设备塔架结构的安全性和可靠性能得到更大的提高。

2012年12月

土木学会　构造工学委员会

风力发电设备动态解析和构造设计小委员会

委员长　石原　孟

谢　辞

本指南所引用图片出处如下所示，对图片作者和出版社深表谢意。

1) 第 4 章，図解 4.4：ECN-RX-01-004，Figure 4，Drag of a rectangular plate as function of aspect ratio，C. Lindenburg, Energy Research Center of the Netherland, 2001.　2) 第 4 章，図解 4.5：Wind Energy Handbook, pp.170, Figure A3.22, Variation of the Drag and Lift Coefficients with Reynolds Number in the Stall Region, John Wiley & Sons Ltd, 2001.　3) 第 4 章，図解 4.15：Philosophical Transactions, pp.353-383, Figure 3 in II, Wind Effects on Buildings and Other Structures, C. Scruton and E.W.E. Rogers, the Royal Society, London, A.269, 1971.　4) 第 5 章，図解 5.8：建物と地盤の動的相互作用を考慮した応答解析と耐震設計，pp.55，図 3.1.2「全試験結果から評価した地盤の非線形特性」，日本建築学会，2006.　5) 第 5 章，図解 5.9：建物と地盤の動的相互作用を考慮した応答解析と耐震設計，pp.56，図 3.1.3「塑性指数によるデータの整理」，pp.56，図 3.1.4「拘束圧によるデータの整理」，日本建築学会，2006.　6) 第 5 章，図解 5.11：建物と地盤の動的相互作用を考慮した応答解析と耐震設計，pp.76，図 3.3.1「液状化地盤の応答計算フロー」，日本建築学会，2006.　7) 第 5 章，図解 5.16：建物と地盤の動的相互作用を考慮した応答解析と耐震設計，pp.164，図 6.3.6「弾性支承梁の理論解を利用した杭頭の地盤ばね評価フロー」，日本建築学会，2006.　8) 第 5 章，図解 5.17：建物と地盤の動的相互作用を考慮した応答解析と耐震設計，pp.165，図 6.3.7「地盤ばねの減衰の考え方」，日本建築学会，2006.　9) 第 5 章，図解 5.22：建物と地盤の動的相互作用を考慮した応答解析と耐震設計，pp.27，図 2.1.2「杭支持建物の地震応答解析モデルのメニュー」，日本建築学会，2006.　10) 第 5 章，図解 5.23：建築基礎構造設計指針，pp.286，図 6.6.21「応答変位法の解析モデル」，日本建築学会，2001.　11) 第 5 章，図解 5.24：建築基礎構造設計指針，pp.289，図 6.6.24「応力の重合せ方法」，日本建築学会，2001.　12) 第 6 章，図解 6.6：港湾の施設の技術上の基準・同解説，pp.144，図-4.3.1「直線平行等深線海岸における規則波の屈折係数」，(社)日本港湾協会，2007.　13) 第 6 章，図解 6.7：港湾の施設の技術上の基準・同解説，pp.1434，図-2.15(a)「半無限防波堤による規則波の回折図の例」，(社)日本港湾協会，2007.　14) 第 6 章，図解 6.10：港湾の施設の技術上の基準・同解説，pp.156-157，図-4.3.12(a)～(e)「砕波帯内の有義波高の算定図」，(社)日本港湾協会，2007.　15) 第 6 章，図解 6.11：港湾の施設の技術上の基準・同解説，pp.157-158，図-4.3.13(a)～(e)「砕波帯内の最高波高の算定図」，(社)日本港湾協会，2007.　16) 第 7 章，図解 7.6：高力ボルト接合設計施工ガイドブック，pp.25，図 2.1「引張接合における作用力とボルト張力の関係」，日本建築学会，2003.　17) 第 7 章，図解 7.7：高力ボルト接合設計施工ガイドブック，pp.72，図 2.29「疲労強さ(b)高力ボルト F10T-M22」，日本建築学会，2003.　18) 第 7 章，図解 7.12：鋼構造接合部設計指針，第 2 版第 1 刷，pp.44，図 2.2「高力ボルト摩擦接合部（2 面摩擦の場合）」，㈳日本建築学会，2006.　19) 第 7 章，図解 7.16：DIN18800-4, Structural steel work/Analysis of safety buckling of shells, Figure3, Measurement of depth of initial dimples, Deutsche Norm 1990.　20) 第 8 章，図解 8.2：鋼構造接合部設計指針，第 2 版第 1 刷，pp.290，図 7.3「埋込み部鉄骨周りの支圧応力状態」，㈳日本建築学会，2006.　21) 第 8 章，図解 8.3：鋼構造接合部設計指針，第 2 版第 1 刷，pp.256，図 C7.1「各柱脚の弾性剛性と耐力の評価位置」，㈳日本建築学会，2006.　22) 第 8 章，図 8.5(a)：鉄筋コンクリート構造計算規準・同解説，第 6 版第 2 冊，pp.154，

図 15.3(a) 「円形断面柱（コンクリートで耐力が決まる場合）」，㈳日本建築学会，1991.　23) 第 8 章，図 8.5(b)：鉄筋コンクリート構造計算規準・同解説，第 6 版第 2 冊，pp.155，図 15.3(c) 「円形断面柱（引張鉄筋で耐力が決まる場合）」，㈳日本建築学会，1991.　24) 第 8 章，図解 8.4：各種合成構造設計指針・同解説，第 1 版 10 刷，pp.191，図 1「頭付きアンカーボルトの有効水平投影面積 Ac」，図 2「アンカーボルトが複数の場合の有効水平投影面積 Ac」，㈳日本建築学会，2004.　25) 第 8 章，図解 8.10：鉄筋コンクリート構造計算規準・同解説：許容応力度設計法，第 7 版，pp.194，図 17.2「折曲げ定着の破壊形式」，㈳日本建築学会，1999.　26) 第 9 章，図 9.4：道路橋示方書〔Ⅰ共通編，Ⅳ下部構造編〕・同解説，pp.227，図 - 解 8.7.4，㈳日本道路協会，2002.　27) 第 9 章，図解 9.4：鉄筋コンクリート構造計算規準・同解説：許容応力度設計法，第 7 版，pp.255，図 20.11「柱近傍に重点配筋する場合」，㈳日本建築学会，1999.　28) 第 9 章，図 9.5：道路橋示方書〔Ⅰ共通編，Ⅳ下部構造編〕・同解説，pp.228，図－解 8.7.6 及び図－解 8.7.7，㈳日本道路協会，2002.　29) 第 9 章，図 9.10：鉄筋コンクリートの新しい計算図表［RG］，pp.55，図 B.a，近代図書㈱，1981.　30) 第 9 章，図 9.11：建築基礎構造設計指針，pp.271，図 6.6.5「設計実杭と解析モデル」，日本建築学会，2001.　31) 第 9 章，図 9.21：鉄筋コンクリート構造計算規準・同解説：許容応力度設計法，1999 改定，第 7 版，pp.189，図 8「投影定着長さ ldh」，㈳日本建築学会，1999.　32) 第 9 章，図解 9.9：道路橋示方書〔Ⅰ共通編，Ⅳ下部構造編〕・同解説，pp.400，図－解 12.9.3，㈳日本道路協会，2002.　33) 第 9 章，図解 9.10：道路橋示方書〔Ⅰ共通編，Ⅳ下部構造編〕・同解説，pp.400，図－解 12.9.5，㈳日本道路協会，2002.　34) 第 9 章，図解 9.11：道路橋示方書〔Ⅰ共通編，Ⅳ下部構造編〕・同解説，pp.402，図－解 12.9.7，㈳日本道路協会，2002.　35) 第 9 章，図解 9.12：道路橋示方書〔Ⅰ共通編，Ⅳ下部構造編〕・同解説，pp.402，図－解 12.9.9，㈳日本道路協会，2002.　36) 第 9 章，図解 9.13：道路橋示方書〔Ⅰ共通編，Ⅳ下部構造編〕・同解説，pp.402，図－解 12.9.10，㈳日本道路協会，2002.

小委員会一同

2010 年 12 月

土木学会　结构工学委员会　委员构成
(2009 年度，2010 年度)

委员长　铃木基行

副委员长　日野伸一睦好宏史

委　员

秋山充良	新井英雄	五十岚晃	石桥忠良	石原　孟
伊东　升	井上正一	岩城一郎	岩波光保	吴智　深
上田多门	冈野素之	荻原胜也	香月　智	川谷充郎
北原武嗣	鬼头宏明	木村嘉富	小池　武	幸左贤二
小长井一男	佐佐木保隆	佐藤　勉*	佐藤尚次	佐藤弘史
筱原修二	白木　渡	白土博通	杉浦邦征	铃木泰之
园田佳巨	高木千太郎	高桥良和	田中祐人	谷村幸裕**
坪根康雄	津吉　毅	中岛章典	永田和寿	东野光男
藤田宗久	藤野阳三	藤本吉一	古田　均	堀江佳平
本间淳史	前田研一	桝谷　浩	松浦康博	松岛　学
松田　浩	松本高志	三上修一	宫川丰章	山口荣辉
山口隆司	山田　均	山村正人	横田　弘	依田照彦

(按日文发音顺序，略去敬称)

(*2009 年度委员，**2010 年度委员)

土木学会　结构工学委员会
风力发电设备的动力解析和结构设计小委员会　委员构成

委 员 长　石原　孟　东京大学大学院　工学系研究科
副委员长　胜地　弘　横浜国立大学大学院　工学研究院
干　　事　屿田健司　清水建设（株）
干　　事　土谷　学　鹿岛建设（株）

（按日文发音顺序，略去敬称）
委员　伊东佳祐　三菱重工业（株）
委员　伊藤隆文　东电设计（株）
委员　上江洲安哲　冲绳新能源开发（株）
委员　上田悦纪　三菱重工业（株）
委员　内田诚二郎　三井住友建设（株）
委员　内野清士　（株）构造计画研究所
委员　宇都宫智昭　京都大学大学院　工学研究科
委员　大岛弘己　（株）MEC
委员　荻原　健　三井造船（株）
委员　奥田泰雄　（独）建筑研究所
委员　宜野座建男　冲绳新能源开发（株）
委员　久家秀海　EcoPower（株）
委员　久保典男　（株）日本制钢所
委员　栗野治彦　鹿岛建设（株）
委员　小松崎勇一　东京电力（株）
委员　齐藤智久　（株）Eurus—Energy Japan
委员　酒向裕司　（株）小堀铎二研究所
委员　佐野健彦　日本国土开发（株）
委员　隅田耕二　大旺新洋（株）
委员　土屋智史　Comse 工程（株）
委员　飞永育男　富士重工业（株）
委员　难波治之　清水建设（株）
委员　日东寺美知夫　（株）Eurus-Energy Japan
委员　野村敏雄　（株）大林组

委员　土生修二　　　　　三菱重工业（株）
委员　Pham Van PHUC　清水建設（株）
委员　福本钢治　　　　　电气兴业（株）
委员　本田明弘　　　　　三菱重工业（株）
委员　增田　博　　　　　JFE 工程（株）
委员　松冈　学　　　　　电源开发（株）
委员　南阳　一　　　　　三井造船（株）
委员　武藤厚俊　　　　　（株）日本制钢所
委员　山口　敦　　　　　东京大学大学院　工学系研究科
委员　吉冈　健　　　　　电源开发（株）
委员　吉田茂雄　　　　　富士重工业（株）
委员　吉村　丰　　　　　电源开发（株）

风力发电设备塔架结构设计指南及解说（2010年版）

执笔者一览

第1章
久家秀海，奥田泰雄，宜野座建男，土谷学
第2章
屿田健司，石原孟，胜地弘，土谷学
第3章
山口敦，石原孟
第4章
石原孟，本田明弘，吉田茂雄，久保典男
第5章
大岛弘己，酒向裕司，佐野健彦
第6章
吉冈健，屿田健司，隅田耕二，宇都宫智昭，土生修二，内田诚二郎，武藤厚俊，南阳一
第7章
胜地弘，伊藤隆文，飞永育男，福本钢治，吉村丰，伊东佳祐，增田博
第8章
齐藤智久，土屋智史，伊东佳祐，佐野健彦，石原孟，小松崎勇一
第9章
日东寺美知夫，松冈学
第10章
土谷学，石原孟，屿田健司，胜地弘，伊藤隆文，福本钢治，齐藤智久，日东寺美知夫，松冈学
第11章
佐野健彦，山口敦，石原孟，酒向裕司，松尾丰史，松浦真一
第12章
石原孟，上田悦纪，奥田泰雄，久家秀海，栗野治彦，日东寺美知夫，福本钢治
第13章
土谷学，奥田泰雄，久家秀海，石原孟

目　　录

Ⅰ　总则·设计方针

Ⅱ　荷载评价

Ⅲ　构造计算

Ⅳ　设计·案例解析

Ⅴ　相关法律及参考资料

I　总则·设计方针

第1章　总　　则

1.1　概说

近年来随着日本大力推进新能源，风力发电机组的数量正以惊人的速度持续增长，而由于日本的气象条件以及地形条件较为特殊，曾经报道强风造成风力发电机组受损以及风力发电机组倒塌等重大事故(第13章)。鉴于这种情况，2004年9月，土木学会设立了风力发电机组抗风设计小委员会，负责引入风力发电机组并建设风力发电厂的电力公司、风力发电公司、建设公司的负责人，进行风力发电机生产及销售的日本国内厂家与代理商的技术人员，以及大学研究机构的研究人员等35人组成了该委员会，并连续三年开展了一系列活动，编制了《风力发电机组塔架结构设计指南及解说2007年版》，2007年11月27日土木学会进行了发刊。

2007年版的指南发刊的当年，日本《建筑基准法》也进行了修订，并对风力发电机组塔架的相关工件确认申请手续也进行了变更，针对高度超过60m的风力发电机组，为确认塔架结构的安全性，要求由指定的性能评估机构进行评估并获得大臣（大臣相当于中国的最高管理部的部长）的认定。根据该修订法，高度超过60m的风力发电机组的塔架结构，规定其性能标准应与高层建筑物性能相同，对于采用特殊结构方法的结构设计以及新开发的材料，不依据《建筑基准法》所规定的一般标准，而是可以采用更为先进的方法对其性能进行验证。并且反映了风力发电机组内无人居住的这一特点，与高层建筑物不同，免除了对极罕见的积雪荷载与风压的性能验证这一内容，而由于地震不可预知这一情况，增加了对极罕见地震力进行性能验证这一内容。

2007年以后技术得到了进一步的发展，因此在本次的修订中，提出了2007年版中没有涉及的内容，比如针对极罕见地震时与风力发电机发电时荷载进行评估的方法以及结构设计方法。2010年版追加的主要内容如下所示。

(1) 在第1章中就本次的修改经过以及主要增加内容进行了介绍，同时追加了新的术语以及记号。并且为了配合《建筑基准法》的修订，在第2章中就高度超过60m的风力发电机组塔架的要求性能、荷载水平、使用材料、设计方法进行了说明。

(2) 在设计风速的评估方面，在第3章中增加了模拟台风评估地形增加系数的方法，在考虑台风的风向特性的基础上，合理地对设计风速进行评估。并且在风荷载的评估方面，把风力系数的评估加入到风荷载评估这一章中了，同时在第4章中追加了发电时高峰风荷载的评估方式以及风疲劳荷载的评估方法。我们新设了一章（第5章）对地震作用的评估进行了说明，并配合《建筑基准法》的修改，对通过时程反应分析对地震作用进行评估的方法作了详细介绍。根据港湾中设置风力发电机组的这一现状，在第6章中说明了波浪荷载为非主要荷载的波浪力评估方法。

(3) 在塔架、锚固部位以及基础构造计算方面，为了能对应出现极罕见地震时的荷载，根据临界状态设计法提出了验证方法，并根据结构材料以及结构稳定性介绍了同时使用容许应力法的验证方法。具体而言，在第7章中对如何避免塔架发生屈曲，如何验证容许应力进行了介绍，同时针对开口部分以及锚栓等，允许其出现部分塑性化的情况，要使整个塔架处于弹性状态，因此要对各部位的容许耐力进行核查。在第8章中以实际锚固部位为对象，进行FEM分析，针对锚固部位中的突起部分，进一步完善了结构计算公式，同时重新追加了剪力以及扭矩的核对方法。在第9章中介绍了出现极罕见地震时的基座稳定性的核对方法，以及作用于基桩的扭矩应低于基桩最终扭矩，基桩的剪切应力应低于短期容许应力，以确保基桩的支撑力。

(4) 在第10章中列举了风力发电机组塔架结构设计实例，这些结构设计实例都是根据第3章到第9章中所示的新荷载评估方式以及结构计算公式计算高度超过60m的风力发电机组塔架。并且在第11章中追加了通过时程反应分析进行地震作用评估的详细顺序、分析结果以及注意事项。

(5) 在第12章中，介绍了最新的相关法律、告示、学会标准、指南等信息，为了配合这些更新的法律法规，我们在第13章中更新以及追加了风力发电机的规格，希望能为技术人员以及设计人员提供方便。

除了追加上述内容外，在2010年版中，没有介绍用反应谱法进行地震作用评估的内容，因为该方法不适用于高度超过60m的风力发电机组塔架结构的设计，高度低于60m的风力发电机组塔架结构设计法参考了《风力发电机组塔架结构设计指南及解说2007版》的内容。

与2007年版本相同，本指南由如下内容构成：①风力发电机组塔架结构设计相关条件以及流程，②作用于风力发电机组塔架的风荷载以及地震作用的评估，③塔架、锚固部位、基础结构计算与应力核对。并且我们在编写本指南时，本着编写一部简洁易懂的设计指南为目的，介绍了④具体的设计实例以及设计公式的计算依据，同时提供了⑤相关法规、指南类资料以及参考资料。

1.2 适用范围

本指南以带有三片叶片的水平轴风力发电机的塔架中的塔架、锚固部位、基座为对象，当塔架承受长期荷载时、短期荷载时以及出现极罕见地震时，适用于进行荷载评估以及结构计算。制造商应根据设置位置的自然环境条件（设计风速、设计地震动、设计垂直积雪量等）确认风力发电机组本体（风轮、机舱）的承载力。

并且2010年版介绍了高度超过60m的风力发电机组塔架的结构设计方法，高度低于60m的风力发电机组塔架结构设计法参考《风力发电机组塔架结构设计指南及解说2007版》的内容。

在进行风力发电机组塔架的设计以及建设时，本指南为了便于设计人员进行合理的结构设计，汇总了国内外的标准、指南以及相关资料，融合了新的观点。风力发电机组有各种规模与型号，本指南以采用单柱支撑式的螺旋桨式的风力发电机组为对象。

本指南不适用的风力发电机组如表1.1所示。一般的小型风力发电机不适用本指南。小型风力发电机的范围根据受风面积以及额定输出不同其定义有很多，本指南的适用范围不能明确地用尺寸以及输出电量来进行确定。在本指南中，较小型的且所用动力未采用偏航控制系统的风力发电机不属于本指南的适用范围。

本指南的适用荷载为长期、短期以及出现极罕见地震时的荷载或作用。另外请注意在本指南中所述的波浪荷载是针对作用于港湾中的风力发电机组的波浪力进行评估，不适用于设置在外海中的海上风力发电机组的结构设计。

2010年版介绍了高度超过60m的风力发电机组塔架的结构设计方法，这是以其性能规定内容为基本内容的，而高度低于60m的风力发电机组塔架结构设计法参考了《风力发电机组塔架结构设计指南及解说2007版》的内容，这是以规格规定为基本内容的。

不属于适用范围的风力发电机实例 **表1.1**

3片风力发电机以外的螺旋桨式风力发电机组	单叶片风力发电机组、双叶片风力发电机组、4片以上的叶片风力发电机组
螺旋桨式以外的水平轴风力发电机组	荷兰式、帆翼式、多翼式等
垂直轴风力发电机组	达里厄(Darrieus)型、直线翼式、萨沃尼斯(Savonius)型、桨叶式、贯流式、S形风轮式等
小型风力发电机组	较小型的且所用动力未采用偏航控制系统的风力发电机组
钢制单柱支撑式以外的风力发电机组	格构塔架、拉索支撑式、混凝土塔架等
翘板风轮型风力发电机组	叶片带有水平方向铰链的水平轴双翼风力发电机组等

1.3　风力发电机组的基础知识

1.3.1　风力发电机组的概要

风力发电是一种利用自然风能转换成电能的发电方式，风能通过风力发电机（也称为风轮机）转换为旋转运动的能量，通过该旋转运动，使发电机运行转换成电能。

一般而言，由于风从地面上到上空会越来越强，因此风力发电机安装得越高就越有利，并且风力发电机所获得能量与风力发电机的叶片的转动面受风面积成正比，叶片越长越好。目前一般风力发电机的大小规格是，如果额定输出功率为600kW时，那么塔架高为40～50m，风轮直径为45～50m，如果额定输出功率为1000～2000kW时，那么塔架高为60～90m，风轮直径为60～90m。

由于风的方向以及强度是不稳定的，所以风力发电系统必须具备保证使叶片一直朝着正确风向的偏航控制功能以及控制电能输出的变桨控制功能，以便获得更多且更稳定的电能。有的风力发电系统具备在低风速情况下可以发电的大小两个发电机，可以根据风速来切换发电机，在较广的风速范围内能进行高效发电。

如表1.2以及图1.1、图1.2所示，风力发电系统由把风能转换成机械动力的风轮单元以及从风轮把动力传递到发电机的传导单元、发电机等电气单元、执行系统运行控制的运行控制单元、机舱、塔架、基座等塔架结构单元构成。

风力发电系统的构成　　**表1.2**

风轮系统	叶片	旋转叶片、翼
	风轮轴	叶片的旋转轴
	轮毂	将叶片的根部连接风轮轴的部分
传送系统	动力传送轴	把风轮的转动传递给发电机的轴
	增速机	风轮的转动次数增加到发电机所需要转动次数的齿轮装置 有的风力发电机也没有增速机
电气系统	发电机	将转动能量转换成电能的装置
	电力转换装置	变换直流、交流的装置(变频器、变流器)。如有DC连接方式或双重卷线励磁方式时需使用该装置
	变压器	变换电压的装置
	并网保护装置	风力发电系统出现异常、电网出现事故时把设备从电网上分离开来,防止系统受损的保护装置
运行控制系统	输出控制	包括控制风力发电机输出的变桨控制或失速控制
	偏航控制	使风轮的转动方向随着风向转动
	制动器装置	遇到台风时,或进行验证时使风轮停止运行的装置
	风向、风速仪	机舱上所设置的运行控制、偏航控制中使用该装置
	运行监测装置	对风力发电机运转/停止情况进行监测及记录
塔架结构系统	机舱	装入传动轴、增速器、发电机等的部分
	塔架	支撑风轮、机舱的部分
	基座	支撑塔架的基础部分

1.3.2　叶片

关于风力发电机组的叶片数量，有的风力发电机组有1片叶片，有的则有多片。其中3片叶片的风力发电机组由于不容易引起振动，具有较好的稳定性，因此是目前主流的风力发电机组形式。

关于叶片的横截面形状，一般与轮毂连接的根部是圆形，其他部分则是翼状。但是为了提高发电效率，我们可以看到有的风力发电机组没有采用根部是圆形的叶片。

叶片要求质量轻且具有一定的耐久性，目前主要采用玻璃纤维增强塑料（GFRP）。为了进一步减少质量，有的风力发电机也采用碳纤维。

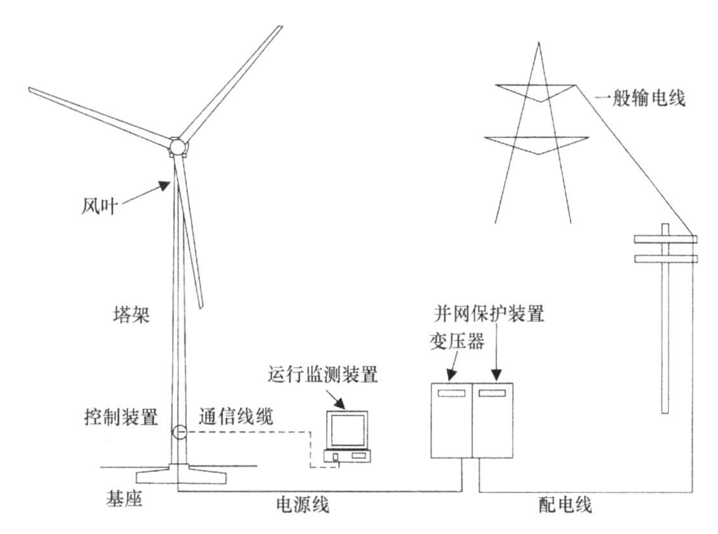

图1.1　风力发电系统的构成图例

1.3.3　增速机

风轮的旋转速度根据其直径不同而不同，每分钟转数十次左右。风力发电系统中所采用的交流发电机的转动次数一般是每分钟1500～1800转（4极）或1000～1200转（6极）等，因此需要用齿轮进行增速。齿轮的方式有如下几种，大小不同的两个齿轮平行咬合并可以传递动力的平行式，外轴齿轮与中间的小太阳齿轮之间的行星齿轮传递动力的行星式，以及同时使用平行式与行星式的并用式等。

关于风力发电机组所发出来的噪声，主要的机械噪声源是增速齿轮，因此出现了使发电机多极化并没有设置增速机的无齿轮风力发电机组。

1.3.4　发电机

交流发电机包括诱导发电机与同步发电机这两种类型。诱导发电机存在输出变动造成电压变动的问题，但是其结构简单并且成本较低，应用范围较广。同步发电机由于可以控制电压，因此对电力系统的影响较少，并且具有可独立运行的这一优点，但其成本与诱导发电机相比稍高一些。

交流发电机的极数一般采用4极，如果采用6极与4极的极数变换方式，使风轮转数可以在低速运行与高速运行进行切换，就可以降低切入（起动）风速使发电量增加，从而减少低风速情况下的叶片噪声。

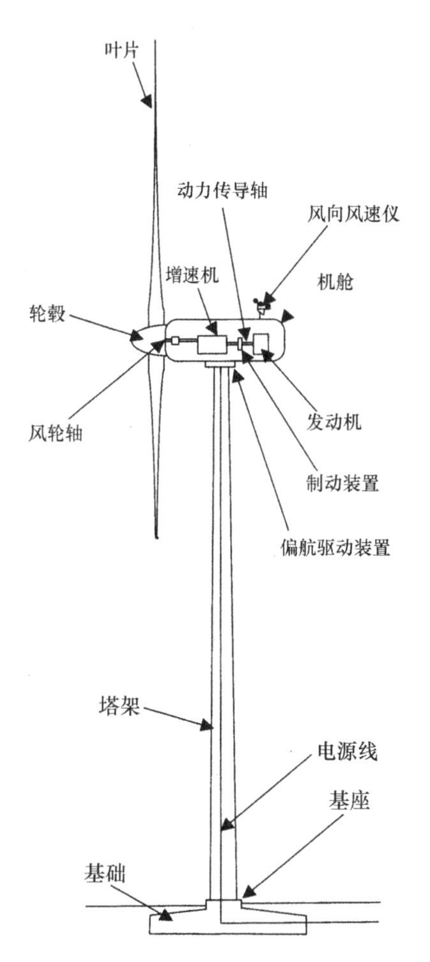

图1.2　风力发电机组的构成图例

1.3.5　并网

如要把交流发电机的输出电力并入电力系统中，基本上采用两种方式，一种是只通过变压器直接连接到电网的AC（交流）连接方式，以及采用电力转换装置DC（直流）连接的方式，这种电力转换装置是由把发电机的交流转换成直流的变流器以及与电网相同频率交流的变频器等构成的。

诱导发电机在并网时其发电机中没有自我励磁的功能，因此电压较低，在并网时将会出现突然流入电流的情况。这种AC连接方式相对于输出变动，对电力系统会直接造成影响，因此有时需要采用在并网时能避免突然流入电流的软启动方式以及电压调整器。发电机的转数与电网频率有一定的关系，因此风轮的转数也是一定的。如今，大多数大型风力发电机中所采用的诱导发电机采用卷线形，通过外部电压三相交流励磁进行控制，是可变速转动方式。

同步发电机一般是DC连接方式，采用可变速运行方式。

使风轮的转速根据风的强度变化的可变速运转方式具有减轻叶片以及主轴荷载，且容易进行机械以及材料设计的优势。

1.3.6 运行控制

通常叶片会自动转动，一旦达到切入风速将开始发电，如果超过切出风速将停止发电，如果风速低于再启动的风速，那么将再次进行发电。如果风速超过切出风速，为了安全起见将控制叶片安装角，使叶片受风压力减少。风力发电机的控制方式以及出现强风时切出的控制状态如表1.3所示。另外在验证以及由于故障而停止时，可以在塔架基部或用远距离操作盘进行运行停止或运行开始等手动操作。

由于发电机的额定输出是有限制的，因此如果超过额定风速，需要对风力发电机的输出进行控制，输出控制包括桨距控制、失速控制、组合以往的失速叶片形状与叶片可变角度装置的主动失速控制。

关于桨距控制就是通过验证风速及发电机输出，使叶片的安装角（桨距角）变化，确保风轮的速度在合理的范围内，通常用油压或电动马达进行控制，但是有的小型装置采用机械调速器等进行机械控制。桨距控制系统不是对输出进行控制，而是在出现超过切出风速的强风时，使风力发电机组保持与风向平行的状态（桨叶的水平运动状态），并使风轮停止转动，使风压变小，并且通过转速控制防止出现过度旋转等情况，作为安全控制装置来使用。

失速控制是一种固定桨距角的控制方式，风速达到某一常数值时，由于叶片形状具有空气动力特性，容易造成失速现象，输出降低，失速控制装置将可以防止这一情况的出现。基本上都采用定速机的技术，相对于桨距控制装置而言，其结构较为简单且成本较低。

主动失速控制是一种广义的桨距控制方式。与以往的桨距控制方式不同，这是一种通过在产生失速的方向积极地控制桨距角从而控制输出的方式。

偏航控制系统可以使风轮的方向追随风向，在大型风力发电机组中，采用了强制（主动）偏航系统。强制偏航系统可以用风向传感器检测相对于风轮的风向，用油压或电动马达驱动的偏航驱动装置进行控制。

除了桨距控制中的桨叶水平运动装置外，制动装置包括油压控制等主动制动装置等。还包括在进行桨距控制时用偏航控制使风轮面平行于风向的装置，以及在风轮超速旋转时叶片前端部分由于离心力或油压的作用所展开的空气制动装置。

运行监测装置是一种监测以及记录风力发电机组启动、停止、运行情况的装置，通过发电站的运行管理室以及电话线可以对其进行远距离操作。并且也可以连接到厂家或设备维护公司，在出现紧急情况时他们可以作出紧急应对。风力发电机组运行控制的一览表如表1.3所示。

风力发电机组的运行控制 **表1.3**

控制类型			概要	切出时的状态
输出控制	可动桨距翼	桨距控制方式	风速达到某一常数值时，在受风方向控制桨距角，使输出保持在额定数值	使桨距角位于桨叶的水平运动位置，并使风轮停止转动或使其空转
		主动失速控制方式	风速达到某一常数值时，在失速方向上控制桨距角，使输出降低	使桨距角位于桨叶的水平运动位置，并使风轮停止转动或使其空转
	固定翼	失速控制方式	桨距角固定。如果风速达到某一常数值，将会利用失速现象，使输出降低	用制动方式锁定风轮的旋转
偏航控制(追随风向)			使风轮旋转面正对着风向	保持偏航控制

1.3.7 运行特性

风力发电系统在超过一定风速时将开始发电，风速如果超过发电机额定输出所需风速时，将通过桨距控制或失速控制进行输出控制，并且如果风速进一步变大，为了防止出现危险情况，将停止风轮转动，从而停止发电。风力发电系统的运行特性如图 1.3 所示，各风速称为切入风速、额定风速、切出风速。这些风速数值根据机型不同而不同，但一般采用如下数值。

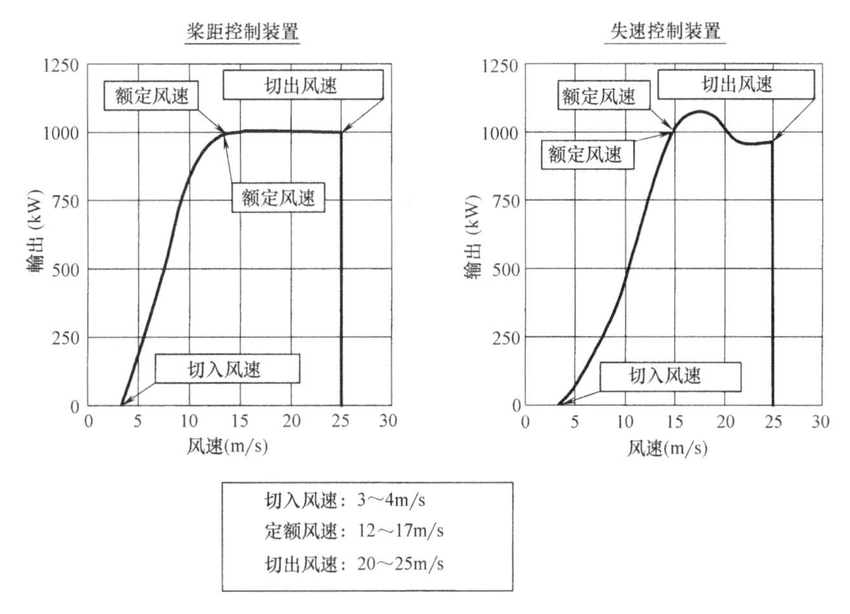

图 1.3　风力发电用风力发电机组的功率曲线

1.4　术语的定义与解说

本指南中的术语定义以及说明如表 1.4 所示。

术语的定义　　**表 1.4**

序号	术语	英文	定义与意思	章节编号
1	方位角	azimuth angle	从垂直方向沿顺时针方向所测到的叶片角度	4.3.2,4.3.5,4.3.6,4.3.8
2	锚	anchor	将塔底的荷载传递到基座的结构体，有锚栓、锚环等方式	8
3	锚板	anchor plate	在混凝土中的锚构件的下部，水平伸展的板状钢材。把锚的荷载传递到钢筋混凝土基座	7.2.4,7.3.6,8
4	锚栓	anchor bolt	锚材料中所采用的锚栓	7.3.6,8
5	锚环	anchor ring	锚材料中所采用的塔架筒身与同一直径的圆筒形钢材	8
6	稳定计算	calculation of stability	为验证基础结构物安全性所进行的计算。验证项目包括垂直荷载(支撑力)、水平荷载(滑动)、倾覆等情况下的稳定性	9.11,9.33,9.4.3
7	第一振型	first vibration mode	振动单元的一次固有周期的振形	4.3.1,4.3.4,4.3.6
8	打入桩	driven pile	把已经制作好的桩体按照其全长打入地基中或通过挤压的方式放入地基中的桩	9.4.3,9.4.4
9	埋入桩	embedded pile	把已经制作好的桩体按照其全长埋入地基中的桩	9.4.3
10	液化	liquefaction	在地下水位较高的砂地基中，发生地震时，地基由于振动出现的暂时液化的现象	5,9.2.2,9.4.3
11	竖直方向的湍流强度	turbulence intensity of vertical component	按照平均风速对竖直方向的变动风速进行了无量纲化的数值	3.4.1

续表

序号	术语	英文	定义与意思	章节编号
12	冲切	removing and punching	由于拉伸或压缩荷载造成狭小范围拉升或挤压成圆锥形，形成局部破坏现象	8.3.2,8.3.6
13	反应谱	response spectrum	地震动的振动反应最大值，把阻尼比作为参数的固有周期的函数	5
14	深水波	deepwater wave	是指水深大于1/2波长的海域中的波	6.4.2,6.4.4
15	深水波高	deepwater wave height	是指水深大于1/2波长的海域中的波高	6.4.2
16	氢脆	hydrogen embrittlement	由于侵入钢材的氢元素会降低钢材的延展性或韧性，在低于拉伸强度的荷载应力的影响下，经过某段时间后，出现突然脆性遭到破坏的现象	7.3.2
17	绕射系数	diffraction coefficient	所谓绕射是指在防波堤等障碍物的背后，波回折的现象，绕射系数是求设计波时的波高比的系数	6.4.2
18	角频率	angular frequency	这是用弧度量(radian)表示每秒的角度变化量的术语，可以用波周期除以2π计算得到	6.4.3
19	阵风荷载因数	gust loading factor	表示最大风荷载与平均风荷载之比的系数。与变动风的空间相关，包括反应规模效应以及结构物的动态特性的共振效果	4
20	平均值(年平均风荷载)	annual average of wind load	风力发电机组发电时所受到的风荷载的年平均值。根据风速的风荷载以及不同风速一年出现的频率求得该数值	2.2,4.1.1,4.1.4,4.4.1,4.4.3
21	与风向垂直方向的湍流强度	turbulence intensity of lateral component	按照平均风速，对水平面中风向与垂直风向方向变动风速进行无因数化之后的数值	3.4.1
22	切出风速	cut-out wind speed	风力发电机组的风轮停止转动，停止发电时轮毂所处的风速	1,4.4.2,4.5.3
23	切入风速	cut-in wind speed	风力发电机组开始发电时轮毂的最小风速	1,4.4.2
24	滑移	sliding	物体在支撑面上水平移动的现象	9.2.1,9.3.3
25	保护层厚度	covering depth	覆盖钢筋的混凝土厚度	9.5.1
26	胡子筋	hairpin reinforcement	插入主筋下面的辅助钢筋	8.3.7
27	换算深水波高	conversion deepwater wave height	用校正波的折射、绕射等考虑平面地形变化效果的波，用有义波表示	6.4.2
28	惯性力系数	inertia coefficient	莫里森公式(morison formula)中与加速度成正比的惯性力一项中所使用的系数	6.4.4
29	历史最高潮位	highest sea level history	过去发生的最高潮位。用HHWL表示	6.4.4
30	历史最大潮位偏差	highest sea level departure	根据天体运动计算的天文潮与受到气象等因素影响的世纪潮位之差的最大值	6.4.2
31	参考风速	reference wind speed	在IEC、JIS中，作为定义不同风力发电机组的标准，轮毂高度处的风速极值。在《建筑基准法》中，根据该地方的历史台风记录，按照风灾的程度以及其他风的特性，在30m/s到46m/s范围内，国土交通大臣规定的10m高度的风速	3.1.2,3.2.1
32	规则波	regular wave	按照一定周期与波高，连续运动的规则波	6.4.3
33	锚固部位	connection between foundation and tower	钢制塔架与钢筋混凝土基座的连接部分，塔架的荷载传递给基座的结构部分。包括锚栓方式与锚环方式	2.4.3,8

续表

序号	术语	英文	定义与意思	章节编号
34	极限(竖直)支撑力	ultimate(vertical)bearing capacity	可以塔架结构物的最大垂直方向的承载力。如果是桩体基础部分,是指桩体的极限(垂直)支撑力。其中如果仅指地基抵抗力,那么有时也称为地基的极限支撑力	9.2.2,9.3.3,9.4.3
35	极限(轴向)抗拔力	ultimate (axial) pull-out resistance	桩的抗拔出承载力	9.4.3
36	容许(竖直)支撑力	allowable (vertical) bearing capacity	用安全系数除以极限(垂直)支撑力或标准支撑力的数值,并且是在构件容许应力以内的垂直力。其中如果仅指地基的承载力,那么有时也称为地基的容许支撑力	9.2.2,9.3.3,9.4.3
37	容许应力	allowable stress	设计结构物时,规定构件所生成的应力不能超过一定应力的数值,保证所使用材料能安全地起到作用所应达到的最大应力数值。容许应力=材料强度/安全系数	2.1,2.4.1,7,8,9
38	容许应力(设计)法	allowable stress design method	在进行弹性设计时,根据材料安全系数应力应处于容许应力范围内的设计方法	2.1,2.4.1,8.3.5
39	容许抗拔力	allowable pull-out resistance	用安全系数除以极限抗拔力所得的数值,并且为构件在其容许应力以内时的拔出力。但是这是考虑桩体自重的数值	9.4.3
40	桩	pile	把基础底座的荷载传递到地基,底座下面的地基中所设置的柱状结构构件	5,6.4.4,9
41	桩基础	pile foundation	直接对应基座的部分,把底座的荷载通过桩体传递给地基的基础部分	5,9
42	桩反作用力	pile reaction force	来自于上部结构的荷载以及基础自重作用于桩头部分的竖直方向或拉伸方向的力	9.4.3,9.4.4
43	空间相关性	spatial correlation of the longitudinal velocity component	空间上远离的两点之间同一时间风速变动乘积的时间平均值	3.1.2,3.4.2
44	气弹模型	aeroelastic model	为了提前预测风力发电机组、飞机等的流体力、弹性力、惯性力组合发生的现象等,评估这些力相互影响的模型	4.5.2
45	绕射系数	refraction coefficient	所谓绕射是指水深如果变浅,水波方向在海岸线沿直角方向变化的现象,绕射系数是用绕射前波高除以绕射后波高的数值	6.4.2
46	结构阻尼	mechanical damping	是指基于结构物内部的阻尼	4.3.4,4.3.6
47	屈服强度	yield strength	构件不发生塑性变形,可以抵抗的最大应力	7.3.2,7.3.3,8.3.3,8.3.6,9.5.1
48	阻力	drag	是指流体中物体沿流动方向所受到的力,是流动方向的分量	4,6.4.4
49	阻力系数	drag coefficient	用速度压与代表面积之积除以受到流体力的阻力所得的数值。平均阻力系数的平均表示时间的平均	4.2.2,4.2.3,4.3.5,4.3.6,4.4.2,6.4.4
50	围压	confining pressure	是指周围的土受到的压力	5.3.5,9.4.3
51	重现期望值	Expected value corresponding to return period	重现期间对应的期望值	3.2.1,4.4.1,4.4.2,6.3.2
52	最高波高	highest wave height	在某个波群中的最大波高	6.4.2

续表

序号	术语	英文	定义与意思	章节编号
53	最大（风）荷载	Extreme(wind)load	是指构件在短时间内受到的荷载，常常用于与疲劳荷载对比	3.1.1,3.1.2,3.3.2,4
54	碎波	Breaking wave	由于波失去稳定性所引起的现象，分为破波、卷波、激破波	6.4.2,6.4.3,6.4.4
55	碎波带相似参数	Similarity parameter in surf zone	根据风力发电机组位置的水深与波浪定义的波形斜率的平方根的水底斜率的比	6.4.4
56	碎波卷入率	Curling factor	表示碎波卷入的一个参数，波的垂直表面的高度与波峰的高度之比	6.4.4
57	屈曲	Buckling	结构物的构件等受到压力，如果超过压力的数值，与受力方向垂直的方向上将会迅速地出现变形	2,7.2.4,7.3.4,7.3.5,11
58	朔望平均高潮位	Mean monthly-highest water level	朔(新月)以及望(满月)之日开始5日之内所出现的高潮位各月平均值，用HWL表示个月的最高满潮面的平均值	6.4.2
59	支撑压应力	Bearing stress	压缩力除以作用面积的数值	8.3.7,9.2.5,9.4.4
60	时程分析法	Time historical analysis method	动态响应(位移、变形、应力、反力等)随时间的变化分析	4.5.1,4.5.4,5
61	塔架结构	Support structure	风力发电机组塔架与基础	1.2,2.1,2.2,2.3.1,3.1
62	地震作用	Seismic load	发生地震时，作用于风力发电机组的荷载。风力发电机静止时的地震作用加上风荷载的年平均值求得的	2.1,2.2,2.3.4,2.4.1,5,7.3.4,8.3.4,8.3.6,8.3.7
63	地震区域系数	Regional coefficient for seismic load	地震区域系数是表示根据地震度区域变化的系数。这是根据《建筑基准法》规定的	5.1.2,5.2,5.3.3,5.3.4
64	指数相关性模型	Exponential coherence model	把变动风速的空间相关性用模型表示的方法	3.4.2
65	冲击反应系数	Impulse response factor	表示冲击碎波力的荷载效应系数	6.4.4
66	冲击碎波力	Impact breaking wave force	波破碎并冲击结构物时发生的全波浪力中，在静水面上由于上面的碎波所产生的冲击分量	6.4.4
67	验证	Verification	在设计结构物时，比较作用力与抵抗力或作用应力与容许应力，判定其稳定与安全	2.1,2.2,2.4.1,3.2,4.1.2,7,8,9
68	水深	Water depth	从海底面到设计潮位的距离	6.4.2,6.4.3,6.4.4
69	失速控制	Stall control	如果风入射到翼横截面的角度(迎角)超过某一角度，将会出现失速，失速控制是指系统输出控制方法	1,4.1.2,4.3.2,4.3.6,4.3.7
70	抗滑移能力	Slip capacity	在摩擦时，连接部分不产生滑移的最大应力	7.3.2,7.3.3
71	推力系数	Thrust coefficient	风力发电机发电时，作用于风轮的推力除以速度压和风轮面积后的无量纲系数	4.4.2
72	静水压	Hydrostatic pressure	水的重量对结构物形成的压力	6.5
73	积分增益	Integral gain	用于PI控制，相对于偏差，输出积分指令的操作量输出时的操作量	4.5.3
74	积分时间常数	Integral time constant	一定大小的补偿持续时，P动作与I动作项一起所需的时间	4.5.3

续表

序号	术语	英文	定义与意思	章节编号
75	设计荷载情况	Design load case	设计时的荷载情况。定义了运行情况、风条件	4.5.1
76	设计标准强度	Specified design strength	设计结构物时，材料的标准强度	8.2.3，8.2.4，8.3.4，8.3.6，9.2.4，9.2.5，9.4.4
77	设计高潮位	Design high tide level	作为设计条件考虑的最高位的潮位	6.4.2，6.4.3，6.4.4
78	设计潮位	Design tide level	是结构设计时所使用的潮位，把设计高潮位作为上限，是对风力发电机组最危险的潮位	6.4.2
79	设计波	Design wave	设计中使用的波	6.4.2，6.4.3，6.4.4
80	设计波高	Design wave height	设计中所使用的波高。波高用相邻波峰与波谷之差来定义	6.4.2，6.4.3，6.4.4
81	设计波周期	Design wave period	设计波的周期	6.4.2，6.4.3，6.4.4
82	设计风速	Design wave speed	风力发电机组组塔架的抗风设计中应考虑的风速	1.2，2.3.1，2.3.2，3，4.2.3，4.2.4，4.3.5，7.3.2
83	线性波理论	Linear wave theory	把自由表面上力学边界条件线性化的波理论	6.4.3
84	浅水系数	Shoaling coefficient	用换算浅水变形后的波高与深海波的波高所除得的数值	6.4.2
85	剪切弹性模量	Elastic shear modulus	剪切应力与应变的比	5.3.5，7.2.2
86	增速机	Multiplying gear	把风轮转数增速到发电机所需转速的齿轮装置	4.3.4，4.5.3，5.4.5
87	相对粗糙度	Relative roughness	这是在计算阻力系数时使用的参数，是用有效直径除以表面粗糙度所得的数值	6.4.4
88	粗糙度	roughness	表示地表的凹凸，树木，建筑物等表面粗糙度以及光滑度	3.1.2，3.2，4.3.6，6.4.4
89	参考长度	Reference length	表示对象物体的大小。根据定义不同而不同，包括叶片弦长、塔架外径等	4.2.2
90	参考面积	Reference area	表示对象物体的面积。根据定义不同而不同，包括叶片面积、机舱面积等	4.2.2，4.2.3，4.3.5
91	台风模拟	Typhoon simulation	根据以往的观测数据，把不同地区发生的台风特征模型化，通过模拟长时间的台风，按照不同地区的台风推测强风的方法	3.2.1
92	台风潮位偏差	Typhoon sea level departure	发生台风时实际潮位与天文潮位之差	6.4.2
93	高潮	Storm surge	根据气象变化，潮位明显高出很多的现象	6.4.2
94	高潮偏差	Storm surge deviation	实际潮位与推算潮位之差。包括历史最大潮位偏差与台风潮位偏差	6.4.2
95	弹性波探查	Elastic wave exploration	通过人工方式产生振动，对从振动源传播到地中的弹性波进行测定以及分析，再调查地基构造的方法	5.3.5
96	平均风速的地形倍增系数	Topographic multiplier for mean wind speed	实际地形上的平均风速与平坦地表上的平均风速的比	3.2

续表

序号	术语	英文	定义与意思	章节编号
97	变动风速的地形校正系数	Topographic multiplier for fluctuating wind speed	实际地形上的变动风速的标准偏差与平坦地表上变动风速的标准偏差的比	3.2.2
98	湍流强度的地形校正系数	Topographic multiplier for trubulence intensity	不同地形的变动风速修正系数与平均风速的修正系数之比	3.2.2
99	地表面粗糙度分类	Roughness class	从地表面平滑状态到粗糙状态进行阶段性的分类	3.2,4.3.6
100	潮位	Tide level	在一定标准面所测定的海面高度,不包括波浪、风浪等短周期上下运动的情况	6.4.2,6.4.3,6.4.4
101	直接基础	Spread foundation	把来自于上部的荷载(垂直力、水平力、扭矩)从基础的底面直接传递到地基的形式	5.4.2,9
102	额定风速	Rated wind speed	是指风力发电机的额定输出发生时的轮毂高度处的风速	1,4.4.2,4.5.3
103	衰减系数	Decay factor	表示空间相关的衰减程度的系数	4.3.6
104	换算波高	Reduced wave height	包括主荷载的风荷载在内的荷载组合中,波浪荷载的计算用波高	6.4.2
105	水岸线	Shoreline	海面与陆地的边界线	6.4.2
106	锚固	Anchorage	把锚件埋入锚固部位的混凝土,塔架筒身与基础形成一体化并连接。把底座与桩体的钢筋充分埋入混凝土中,靠钢筋与混凝土的粘结力使其成为一体	2.4.3,7.3.6,8,9.4.4,9.5
107	配筋率	Reinforcement ratio,steel ratio	钢筋混凝土横截面中,钢筋横截面与有效横截面或全部横截面之比	8.3.5,9.4.4,9.5.2
108	准稳态分析法	Quasi-steady analysis	统计求得变动风荷载结构物造成的最大荷载效果的方法。平均风荷载乘以阵发反应系数,根据时间系列直接求最大风荷载,确定设计风荷载	4.1.1
109	统计外插系数	Statistical extrapolation factor	用其他数据统计求得某个数据的范围外预测的数值	4.1.1,4.13,4.4.2
110	内压变动	Fluctuation of internal pressure	机舱内部的压力变动	4.2.5
111	流函数理论	Stream function theory	这是可以评估非线性波的运动的理论之一。用傅里叶级数展开流函数,用边界条件求其系数	6.4.3
112	机舱	Nacelle	在水平轴风力发电机中,设置在塔架上部,机舱内有动力传递装置、发电机、控制装置等	5.5.2,5.5.3,6.3.1,6.3.3,7.3.2
113	波浪荷载	Wave load	结构物受到来自于波的荷载	2.3.5,6.4.1,6.4.4
114	扭矩	Torsional moment	使物体产生旋转的力矩	4.3.9,5.5.2,7.2.1,7.3.3,7.3.4,8.3.3,8.3.7,9.2.3,9.3.3
115	现场灌注桩	Cast-in-place concrete pile	在地基中预先打的孔内,插入钢筋后,灌入混凝土,在现场浇筑的桩	9.2.5,9.4.3,9.4.4,9.5.2
116	波数	Wave number	每个单位长度所包含的波数,如果波长一定,用波长除以 2π 求该数值	6.4.3,6.4.4
117	波峰高	Wave crest	从海底所测得的水面变动的最高高度	6.4.3,6.4.4
118	轮毂高度	Hub height	从地面到风力发电机组轮毂中心的高度	3.2,3.3.1,3.4.1,4

续表

序号	术语	英文	定义与意思	章节编号
119	被动偏航	Passive yaw	是指利用风荷载，根据风向仪效应，使风力发电机的风轮保持下风向的偏航控制	4.1.2
120	波浪力	Wave force	结构物受到来自于波浪的力	6.4.3,6.4.4,6.5
121	峰值外压系数	Peak external pressure coefficient	与作用于机舱外装材料等外表面的风力峰值与标准速度压之比	4.2.4,4.2.5
122	峰值系数	Peak factor	表示风荷载的最大值与标准偏差之比的系数	2,4.4.2
123	峰值风力系数	Peak wind force coefficient	是指风压与速度压之比，包括峰值外压系数以及峰值内压系数	4.2.5
124	变桨控制	Pitch control	用调节器控制叶片的迎角(桨距角)，控制旋转速度以及输出的方法	4
125	拉伸节点	Tension joint	通过拧紧锚栓所产生的接触力，把应力传递给锚栓同一方向的接合方法	7.2.5
126	表面粗糙度	Surface roughness	在没有附着物的状态下材料表面的粗糙度	6.4.4
127	比例增益	Proportional gain	PI控制的术语，对于偏差的比例指令操作量输出时的操作量	4.5.3
128	疲劳荷载	Fatigue load	构件多次反复受力而被破坏的荷载	3.1,3.3,4.5
129	基础	Footing	是构成直接基础以及桩基础的下部结构物的一部分，为了使地基支撑力有效而设置该基础，在地里面让根基扩展开来，直接或间接地把来自于上面部分的结构物的荷载传递到地基中的混凝土构件	8.3.4,8.3.6,9
130	箍筋	Hoop	水平方向的钢筋，使其包围钢筋混凝土的柱子等的主筋	8.3.5
131	风力系数	Wind force coefficient	用作用于叶片、机舱、塔架的空气力除以速度压与代表面积的乘积得到的数值。平均风力系数表示对时间平均	4.2,4.3.5
132	顺桨	Feathering	为了避免产生旋转方向的力，将叶片平行于风向	4.1.2, 4.3.2,4.3.6
133	上升流角	Upflow	风向与风轮轴在垂直面内的投影	4.5.4
134	不规则波	Irregular wave	不规则的波可以认为是很多周期、振幅以及位相不同的规则波集合在一起的波形	6.4.3
135	分项系数	Partial factor	对于某标准值，为了满足其安全性，带有安全余量的系数	4.1.1, 4.1.3,4.4.2
136	叶片	Blade	风力发电机的旋转叶片	1.3.2,4
137	叶片弦长	Blade chord length	翼型前缘与后缘之间的直线距离。也称为翼弦长	4
138	平均风速	Mean wind speed	在规定时间内风速瞬时数值的统计平均值。规定时间的范围从数秒到数年不等	3,4
139	平均风速的高度修正系数	Altitude correction coefficient for mean wind speed	把设计标准风速修正为轮毂高度平均风速的系数	3.2.1
140	底板	Base plate	在塔架筒身的下部水平扩展的板状钢材。把从塔架筒身向下的荷载传递到钢筋混凝土基础结构中	7.1.1, 7.2.4,7.3.6,8
141	基座	Pedestal	基础部分上所设置的相当于基础台座的部分。属于承担塔架、基础之间的荷载的锚固部位	1.2,2.1, 2.4.1,4.3.6, 7.3.6,8.3.5, 8.3.6,9
142	防波堤	Breakwater	为阻断波浪，保持海港内的平稳，以及保护海港内的设施所设置的海港建筑物	6.4.1, 6.4.2,6.4.4

续表

序号	术语	英文	定义与意思	章节编号
143	泊松比	Poisson's ratio	物体向一个方向拉伸时的力方向的拉伸变形与该力在垂直方向的收缩变形的比	5.3.5,5.4.2,5.4.3,7.2.2,8.2.3,9.2.4
144	摩擦连接	Friction joint	通过拧紧锚栓所产生的摩擦力,把应力传递给垂直锚栓方向的接合方法	7.2.2,7.3.2,7.3.3
145	水粒子加速度	Water particle acceleration	波的运动引起的流体粒子的加速度	6.4.3,6.4.4
146	水粒子速度	Water particle velocity	波的运动引起的流体粒子的速度	6.4.3,6.4.4
147	迎角	Angle of attack	相对于连接翼型前缘与后缘的直线(翼弦线)的空气流入角度	4.2.2
148	杨氏模量	Young's modulus	物体向一个方向拉伸时的弹性率	5.4.3,7.2.2,7.3.4,7.4.3,8.2.3,9.2.4,9.3.3,9.4.4
149	有义波高	Significant wave height	在某一群波中,从波高较大的波开始数,抽取所有波数的1/3,平均后假设的波高	6.4.2,6.4.3
150	有义波周期	Significant wave period	有义波的周期	6.4.2,6.4.3
151	有效冲击碎波浪力	Effective impulsive breaking wave force	由于碎波对结构物作用的最大冲击碎波浪力	6.4.4
152	空载状态	Idling condition	不产生电能,低速旋转的状态	4.1.2,4.3.1,4.3.8
153	升力	Lift	是指流体中物体的流动所受到的力,是垂直于流动方向的分力	4.2.2,4.2.3
154	升力系数	Lift coefficient	用空气力形成的升力除以速度压与代表面积乘积得到的系数	4.2.2,4.2.3
155	偏航角	Yaw angle	风向与风轮轴在水平面内的投影角	4
156	偏航控制	Yaw control	使风力发电机组旋转面追随风向的控制。为了对风力发电机组进行保护以及输出控制,有时候需要对方位进行控制	2.2,4.1.2,4.3.2,4.3.6
157	厚度比	Thickness ratio	叶片横截面的最大厚度与其弦长的比	4.2.2,4.3.3
158	湍流强度	Turbulence intensity	用变动风速的标准偏差除以平均风速得到的数值	4
159	湍流统计量	Turbulence models	用统计方式表示变动风速性质的模型,包括功率谱密度、长度参数、空间相关性	3.1,3.4
160	湍流尺度参数	Turbulence scale parameter	规定湍流模型中漩涡的大小的参数	3.4.1,4.3.6
161	湍流功率谱密度	Power spectral density of turbulence	表示对于整个不规则变动的平均功率的贡献率的密度函数	3.4.1,4.3.6
162	疲劳损伤累积规律	Cumulative fatigue damage rule	应力幅变动的情况下,相应于一定振幅应力时根据所获得S-N曲线推测疲劳寿命的方法	7.4.1
163	雨流计数	Rainflow-counting algorithm	为评估不规则变动的荷载的评估方法	4.5.1
164	风轮	Rotor	由叶片、轮毂构成,是吸收风能的旋转体	4,5.5.3
165	风轮不均衡	Rotor unbalance	相对于风轮转轴的不均衡。分为重量不均衡与空气力不均衡	4.5.2
166	IEC	International Electrotechnical Commission	国际电气标准委员会	4.5.1,4.5.4,7.3.2
167	PS检层	PS logging	利用钻孔检测弹性波(P波、S波)的速度的调查方法	5.3.3

1.5 符号说明

本指南中所用的大写、小写、希腊字的表述符号相关说明如表 1.5、表 1.6、表 1.7 所示。

大文字的说明 **表 1.5**

符号	定 义	单 位	章节编号
A	与桩体结构物的波浪力计算相关的构件横截面积	m^2	6.4.4
A	筒身的横截面积	cm^2	7.4.2
A	与桩体结构物的波浪力计算相关的高度 z 处构件横截面积	m^2	6.4.4
A_b	局部荷载时受支撑压力混凝土的面积	mm^2	9.2.5
$A_b(r)$	叶片的代表面积	m^2	4.2.2
A_c	局部荷载时混凝土面的全面积	mm^2	9.2.5
A_e	螺栓螺纹的有效横截面积	mm^2	7.3.2
A_e	锚栓的有效横截面积	mm^2	8.3.3
A_n	机舱的代表面积	m^2	4.2.3,4.3.5
A_n	评估不规则波运动的基波 n 的振幅	m	6.4.3
A_n	评估流函数中次数 n 的成分系数	—	6.4.3
A_p	桩尖有效横截面积	m^2	9.4.3
B	桩直径	m	5.4.3
B	基础荷载面的短边或短径、基础(全部)宽度、偏心方向的底面长度	m	9.3.3,9.3.4
B_0	锚栓的设计轴力	N	8.3.3
C	考虑开口部分影响的容许应力的降低系数	—	7.3.5
$[C]$	阻尼矩阵	—	5.4.5
C_1	与开口尺寸比相关的折减系数	—	7.3.5
C_B	与计算冲击碎波波浪力相关的碎波的波速	m/s	6.4.4
C_b	基板与混凝土或砂浆之间的摩擦系数	—	8.3.7
$C_{bD}(\theta)$	叶片的平均阻力系数	—	4.2.2
C_{bi}	叶片的风力系数($i=D$ 时为阻力系数,$i=L$ 时则为升力系数 $C_{ti}=0$)	—	4.3.5
$C_{bL}(\theta)$	叶片的平均升力系数	—	4.2.2
C_c	被连接体(法兰、垫圈)的压缩弹簧系数	N/mm	7.4.3
$\hat{C}_c$	机舱外装材料的峰值风力系数	—	4.2.5
C_D	计算桩体结构物的波浪力时的阻力系数	—	6.4.4
C_{DN}	机舱的平均阻力系数	—	4.4.2
C_{DS}	计算圆柱阻力系数时的定常阻力系数	—	6.4.4
C_{DT}	塔架的平均阻力系数	—	4.4.2
C_f	法兰的压缩弹簧系数	N/mm	7.4.3
C_{HG}	动态水平地基弹簧的阻尼系数	kNs/m	5.4.3
C_{HG2}	$f>f_g$时水平地基弹簧的阻尼系数	kNs/m	5.4.3
C_M	计算桩体结构物的波浪力的惯性力系数	—	6.4.4
$C_{nD}(\phi)$	机舱的平均阻力系数	—	4.2.3
C_{ni}	机舱的风力系数($i=D$ 时为阻力系数,$i=L$ 时则为升力系数)	—	4.3.5
$C_{nL}(\phi)$	机舱的平均升力系数	—	4.2.3
$C_{oh}(\Delta r,f)$	主风向分量的垂直方向的空间相关	—	3.4.2

续表

符号	定 义	单 位	章节编号
$\overline{C}_{pe}$	机舱的平均风压系数	—	4.2.5
$\hat{C}_{pe}$	机舱的峰值外压系数	—	4.2.5
C_{pi}	表示机舱内压变动效果的系数	—	4.2.5
C_{RG}	群桩基础的旋转地基弹簧的阻尼系数	kNm・s/rad	5.4.3
C_{RG2}	从同一支撑面的地基的圆盘加振所获得的阻尼系数	kNm・s/rad	5.4.3
C_t	风力发电机的推力系数	—	4.4.3
C_{tD}	塔架的平均风力系数	—	4.2.4
C_{ti}	塔架的风力系数($i=D$时为阻力系数,$i=L$时则为升力系数$C_{ti}=0$)	—	4.3.5
C_{VG}	群桩基础的上下地基弹簧的阻尼系数	kNs/m	5.4.3
C_{VG2}	从同一支撑面的地基的圆盘加振所获得的阻尼系数	kNs/m	5.4.3
C_w	垫圈的压缩弹簧系数	N/mm	7.4.3
D	计算桩体结构物的波浪力时的构件的直径	m	6.4.4
D	计算波浪力时塔架结构的水中部分的直径	m	6.4.4
D	计算相关防波堤上的塔架波浪力时的塔架外径	m	6.4.4
D	累计疲劳损伤度	—	7.4.2,7.4.3
D	所验算断面柱的直径	m	8.3.5
D	桩体直径	m	9.4.4
D_c	计算桩体结构物的波浪力时在没有腐蚀或海中生物附着的状态下构件的直径	m	6.4.4
D_c	作用于基板或锚板的拉伸力所形成的圆锥式破坏面的有效投影长度	mm	8.3.4
D_c	混凝土的圆锥式破坏面的有效水平投影长度	mm	8.3.6
DC	材料的疲劳基准强度	N/mm^2	7.4.2, 7.4.3
D_f	从接近基础的最低地基面到基础荷载面的深度	m	9.3.3
D_p	作用于基板或锚板的压缩力所形成的圆锥式破坏面的有效投影长度	mm	8.3.4
$DpS_v(T)$	目标谱	—	5.3.2
$DS_A(h,T_i)$	相对于周期 T_i、阻尼比 h 的目标谱	—	5.3.2
E	杨氏模量	N/m^2 N/mm^2 N/cm^2	4.3.4,7.2.2 7.3.4
E	根据时代分类的系数	—	5.3.5
E	钢材的杨氏模量	N/mm^2	7.4.3
$E(t)$	振幅的包络函数	kN/m	5.3.2
E_{pV}	视为平坦地点的高度修正系数	—	3.2.1
E_{tI}	湍流强度的地形修正系数	—	3.2.2
E_{tS}	变动风速的地形修正系数	—	3.2.2
E_{tV}	平均风速的地形修正系数	—	3.2
F	按不同土质分类的系数	—	5.3.5
F	计算桩体结构物的波浪力时的相关构件单位长度的力	N/m	6.4.4
F	基准强度	N/mm^2	7.2.3,7.3.3
F	屈服应力的基准值	N/mm^2	7.3.4
F	安全度	N/cm^2 —	9.3.3

续表

符号	定　　义	单　位	章节编号
F,F_c,F^*	设计基准强度	N/mm^2	9.2.4,9.2.5
$\hat{F}_{I_j}$	计算冲击碎波浪力相关的 j 阶模态的有效冲击碎波浪力	N	6.4.4
F_B	螺栓容许拉伸力	kN	7.3.3
$F_{bD}(\theta)$	叶片的平均阻力	N	4.2.2
$F_{bL}(\theta)$	叶片的平均升力	N	4.2.2
F_{by}	锚栓的基准强度	N/mm^2	8.3.3
F_c	混凝土的设计基准强度	N/mm^2	8.2.4,8.3.6
F_{nD}	机舱的平均阻力	N	4.2.3
F_{ni}	作用于机舱的平均风力($i=D$ 时为风方向的风力,$i=L$ 时为风垂直方向)	N	4.3.5
F_{nL}	机舱的平均升力	N	4.2.3
F_{ri}	作用于风轮的平均风力($i=D$ 时为风方向的风力,$i=L$ 时为风垂直方向)	N	4.3.5
F_r	作用于风轮的平均推力,$i=D$	N	4.4.3
F_y	基板的屈服强度	N/mm^2	8.3.3
G	剪切弹性系数	N/mm^2	7.2.2
G/G_0	剪切刚度比	—	5.3.5
G_0	初期剪切弹性系数	N/m^2	5.3.5
G_{Di}	对应各风速阶段 U_{Hi} 发电时的阵风影响系数	—	4.4.2
G_i	阵风影响系数($i=D$ 时为风方向的阵风影响系数,$i=L$ 时为风垂直方向的阵风影响系数)	—	4.3.6
H_h	轮毂高度	m	4.4.2
H	深度	m	5.3.5
H	波高	m	6.4.3
H_0	海浪波高	m	6.4.2
H_0'	换算海浪波高	m	6.4.2
$H_{1/3}$	有义波高	m	6.4.2,6.4.3
H_a	基础底面地基的容许剪切承载力	kN	9.3.3
H_b	碎波波高	m	6.4.3
H_D	设计波高	m	6.4.2,6.4.4
H_h	轮毂高度	m	3.2,4.3.5
H_{max}	最高波高	m	6.4.2
H_n	机舱的高度(外侧尺寸)	m	4.2.5
H_{red}	折减波高	m	6.4.2
H_t	塔架高度	m	4.3.4,4.3.5,5.4.2
H_u	基础底面与地基之间的剪切承载力	kN	9.3.3
$I(z)$	塔架截面二次矩	m^4	4.3.4
I_1	非超越概率90%的流动方向的湍流强度	—	3.3.2
I_1	轮毂高度处的湍流强度	—	4.4.2
I_{h1}	设计风速时的轮毂高度处风的主流方向的湍流强度	—	3.2,3.3.2,3.4.1,4.3.5
I_{h2}	设计风速时的轮毂高度处与风向垂直的水平分量的湍流强度	—	3.4.1
I_{h3}	设计风速时的轮毂高度处竖直方向的湍流强度	—	3.4.1

续表

符号	定　义	单　位	章节编号
I_{hk}	设计风速时的轮毂高度重 k 方向的湍流强度(k=1 流动方向，k=2 风垂直方向，k=3 竖直方向)	—	3.4.1
I_p	视为平坦地点的轮毂高度处的湍流强度	—	3.2.2
I_{ref}	10 分钟平均风速 15m/s 时的轮毂高度处湍流强度的期望值	—	3.3.2
I_{ref}	风速 15m/s 时的湍流强度的期望值	—	4.4.2
J	低速轴风轮惯性矩与发电机的惯性矩(发电机的惯性矩 r^2)之和	kgm^2	4.5.3
K_i	规模系数	—	4.4.2
K	地下震度	—	5.4.6
$[K]$	刚度矩阵	—	5.4.5,6.4.4
$\overline{K}_{1h}$	假定基础以下地基半无限延续，直接基础的水平地基弹簧系数(复数)	kN/m	5.4.2
$\overline{K}_{1r}$	假定基础以下地基半无限延续，直接基础的旋转地基弹簧系数(复数)	kN/m	5.4.2
K_c	计算圆柱阻力系数相关的系数	—	6.4.4
K_d	绕射系数	—	6.4.2
$\overline{K}_h$	水平地基弹簧	kN/m	5.4.2
K_{HG}	群桩基础的水平地基弹性系数	kN/m	5.4.3
K_{QI}	扭矩控制的积分增益	Nm/rad/s	4.5.3
K_{QP}	扭矩控制的比例增益	Nm/rad	4.5.3
K_r	折射系数	—	6.4.2
$\overline{K}_r$	旋转地基弹簧	kN/m	5.4.2
K_{RG}	群桩基础的旋转地基弹性系数	kNm/rad	5.4.3
K_s	浅水系数	—	6.4.2
K_{SI}	桨距位置控制的积分增益	—	4.5.3
K_{SP}	桨距位置控制的比例增益	s	4.5.3
K_T	波高传达率	—	6.4.2
K_{VG}	全部群桩的上下弹簧弹性系数	kN/m	5.4.3
K_{VS}	单桩桩头的上下弹簧弹性系数	kN/m	5.4.3
L	到工学基础的桩体长度(除支撑层贯人部分以外的桩长)	m	5.4.3
L	到塔架中心的偏心距离	m	5.5.2
L	水深 h 处的波长	m	6.4.2,6.4.3,6.4.4
L_0	波浪的波长	m	6.4.2,6.4.4
L_1	主流方向的湍流长度参数	m	3.4
L_2	垂直于主流方向的水平湍流长度参数	m	3.4.1
L_3	竖直方向的湍流长度参数	m	3.4.1
L_k	竖直方向长度参数的各成分(参照 L_1,L_2,L_3)	m	3.4.1
L_n	$\phi=90°$或 $\phi=-90°$方向所看到的机舱长度	m	4.2.3
M	作用于筒身的评估位置的弯矩	kNm	7.4.2
M	塔架基础部分的扭矩	kNm	8.3.7
$[M]$	质量矩阵	—	5.4.5,6.4.4
M_1M_3	作用于验证断面柱的弯矩	MNm	8.3.5
$\hat{M}$	考虑了冲击碎波浪力的海底面的最大弯矩	Nm	6.4.4

续表

符号	定　　义	单　位	章节编号
M_a	容许扭矩	kNm	8.3.7
M_{ai}	年平均弯矩	Nm	4.4.3
M_B	作用于基础底面的弯矩	kNm	9.4.3
$M_D(z,t)$	计算桩状结构物的波浪力时阻力所产生的高度 z,时间 t 时的弯矩	Nm	6.4.4
$\hat{M}_D$	计算桩状结构物的波浪力时阻力所产生的海底面最大弯矩	Nm	6.4.4
M_{D50}	发电时峰值弯矩的50年期待值	Nm	4.4.2
M_{Di}	各风速阶段 U_{Hi} 对应的发电时的平均弯矩	Nm	4.4.2
M_{Dmax}	发电时峰值弯矩的期待值	Nm	4.4.2
$M_i(U_k)$	平均弯矩	Nm	4.4.3
$\hat{M}_{I_i}$	计算冲击碎波浪力时相关冲击碎波的第 i 层的最大弯矩	Nm	6.4.4
$\hat{M}_{i_j}$	计算冲击碎波浪力时 j 阶模态,冲击碎波浪力的第 i 层的最大弯矩	Nm	6.4.4
$\{\hat{M}_{i_j}\}$	计算冲击碎波相关 j 阶模态的最大弯矩向量	Nm	6.4.4
$M_M(z,t)$	计算桩状结构物的波浪力时在高度 z,时间 t 的情况下,惯性力造成的弯矩	Nm	6.4.4
$\hat{M}_M$	计算桩状结构物的波浪力时,海底面惯性力造成的弯矩	Nm	Nm
M_{NB}	计算桩状结构物的波浪力时,桩状结构物海底面的前进波造成的最大弯矩	Nm	6.4.4
M_P	峰值增益	—	4.5.3
M_{PDi}	各质点上附加的弯矩	kNm	4.3.10
M_{pi}	作用于风力发电机发电时第 i 层的弯矩	Nm	5.5.4
M_{si}	作用于风力发电机发电时第 i 层的地震弯矩	Nm	5.5.4
M_t	扭矩	kNm	5.5.2
M_{wi}	作用于风力发电机发电时风产生的第 i 层的弯矩	Nm	5.5.4
N	N 值	—	5.3.5
N	评估不规则波的运动时的基波的数值	—	6.4.3
N	作用于筒身的评估位置的轴力	kN	7.4.2
N	塔架基础部分的轴力	kN	8.3.7
N'	不同基础荷载面下的地基种类的系数	—	9.3.3
N_0	设计螺栓张力	N kN	7.3.2
N_1N_3	作用于所验证断面柱的轴力	MN	8.3.5
N_A	反复次数 $N=2\times10^6$	回	7.4.2,7.4.3
N_B	作用于基础底面的竖直力	kN	9.4.3
N_c,N_q,N_γ	地基内部的摩擦角相对应的支撑力系数	—	9.3.3
N_{Cmax}	桩体的最大竖直反力	kN	9.4.3
N_D	反复次数 $N=5\times10^6$	回	7.4.2,7.4.3
N_i	筒身焊接部分的应力幅 $\Delta\sigma_{t,i}$ 中焊接部分的容许反复次数	回	7.4.2
N_i	螺栓螺纹部分的应力幅中螺栓容许反复次数	回	7.4.3
N_P	桩体根数、群桩的桩体根数	(本)	5.4.3
$\overline{N}_{SW}$	从地基底部到下方2m以内的距离的地基瑞典式探测试验中每1m的半旋转数(如超过150时,则该半旋转数为150)的平均值	(回)	9.3.3
N_{Tmax}	桩体的最大拉伸反力	kN	9.4.3
N_X	X 方向的桩体根数	(本)	5.4.3
N_Y	Y 方向的桩体根数	(本)	5.4.3

续表

符号	定　义	单　位	章节编号
P	每根锚栓的设计锚栓轴力	kN	8.3.7
P	施加在每根桩上的最大压缩力，来自于桩体的集中荷载	N	9.4.4
P_g	必需钢筋比	—	8.3.5
$\{\hat{P}_{i_j}\}$	计算冲击破波浪力相关 j 阶模态的冲击碎波浪力造成的最大反力向量	N	6.4.4
P_t	每根桩体施加的最大拉伸力	N	9.4.4
P_y	连接部分的容许拉伸力	N	7.3.3
P_{y1}	高强度螺栓抗剪切力	N	7.3.3
P_{y2}	拼接板（筒身母材）的接合面屈服抗拉伸力	N	7.3.3
P_{y3}	拼接板（筒身母材）的全断面屈服抗拉伸力	N	7.3.3
Q	作用于塔架基部的剪切力	kN	8.3.7
Q	作用于每根桩体的水平力	N	9.4.4
Q_a	容许剪切力	kN	8.3.7
Q_B	基础上面位置的塔架基部的最大剪切力	kN	5.4.6
Q_b	塔架筒脚部分的最大面内剪切应力	N/mm	8.3.5
$\hat{Q}_D$	计算桩状结构物的波浪力时，阻力造成的海底面的最大剪切力	N	6.4.4
$Q_D(z,t)$	计算桩状结构物的波浪力时在高度 z，时间 t 的情况下，阻力造成的最大剪切力	N	6.4.4
Q_{Dem}	最大效率情况下的扭矩指令值	Nm	4.5.3
Q_i	作用于风力发电机的剪切力（$i=D$ 时为风方向的风力，$i=L$ 时为风垂直方向）	N	4.3.5
$\hat{Q}$	考虑了冲击碎波浪力的海底面的最大剪切力	N	6.4.4
$\hat{Q}_{I_i}$	计算冲击碎波浪力时，相关冲击碎波浪力造成的第 i 层最大剪切力	N	6.4.4
$\hat{Q}_{i_j}$	计算冲击碎波浪力时，j 阶模态冲击碎波浪力造成的第 i 层最大剪切力	N	6.4.4
$\{\hat{Q}_{i_j}\}$	计算冲击碎波时，j 阶模态的最大剪切力向量	N	6.4.4
$Q_M(z,t)$	计算桩状结构物的波浪力时在高度 z，时间 t 的情况下，惯性力造成的最大剪切力	N	6.4.4
$\hat{Q}_M$	计算桩状结构物的波浪力时，惯性力造成的海底面的最大剪切力	N	6.4.4
Q_{NB}	计算桩状结构物的波浪力时，桩状结构物海底面的前进波造成的最大剪切力	N	6.4.4
Q_P	水平地基弹簧反力的地基地面位置上最大的剪切力	kN	5.4.6
Q_{pi}	风力发电机发电时作用于第 i 层的剪切力	N	5.5.4
Q_{si}	风力发电机发电时作用于第 i 层的地震引起的剪切力	N	5.5.4
Q_{wi}	风力发电机发电时作用于第 i 层的风引起的最大剪切力	N	5.5.4
Q_w	锚固部位的混凝土的容许剪切力	N/mm	8.3.5
R	风力发电机风轮的半径	m	4.4.2
R	基板中心到塔架中心轴的距离	m	8.3.7
R_a	桩体容许竖直支撑力	kN	9.4.3
R_D	共振成分与非共振成分之比	—	4.4.2
R_F	桩体周围的极限摩擦阻力	kN	9.4.3
R_n	$\phi=90°$或$\phi=-90°$方向所看到的轮毂长度	m	4.2.3
R_S	短期抗滑移力	kN	7.3.2
R_S	抗滑移力	kN	7.3.3
R_u	桩体的极限垂直支撑力	kN	9.4.3
${}_tR_a$	桩体的容许拉伸力	kN	9.4.3
${}_tR_R$	荷载试验中桩体残余抗拉伸力	kN	9.4.3

续表

符号	定　义	单　位	章节编号
${}_{t}R_{u}$	荷载试验中桩体极限抗拉伸力	kN	9.4.3
S	桩间距离	m	5.4.3
S	积雪荷载	N/m^2	6.3.3
$S_{av}(T,0.05)$	工学基础面中上下方向的标准化加速度反应谱	—	5.2.2
$S_A(h,T_i)$	对于拟合波形周期 T_i、阻尼系数 h 的反应谱	—	5.3.2
$S_{a0}(T,0.05)$	工学基础面中水平运动加速度反应谱	m/s^2	5.2.1
$S_k(f)$	湍流功率谱密度	m^2/s	3.4.1
S_n	中性轴 n-n 相应的压缩面的一次断面矩	—	9.3.3
S_V	桩周围地基单位长度的上下地基弹性	kN/m^2	5.4.3
T	周期	s	5.2.1
T	与波理论选择相关的波周期	s	6.4.3
T	每根锚栓的作用轴力	N	8.3.3
T	锚环的厚度	mm	8.3.4
T_1	计算波浪力的适用条件相关的风力发电机结构的一次固有振动周期	s	6.4.4
$T_{1/3}$	有义波周期	s	6.4.2,6.4.3
T_A	变桨执行机构的时常数	s	4.5.3
T_a	短期容许拉伸力	N	7.3.2
T_A	作用于螺栓的拉伸力	kN	7.3.3
T_a	螺栓的容许拉伸力	kN	7.3.3
T_a	每个锚栓的短期容许拉伸力	N	8.3.3
T_{ar}	发生极罕见地震时每个锚栓的容许拉伸力	N	8.3.3
T_D	设计波周期	s	6.4.2,6.4.3,6.4.4
T_f	法兰短期容许拉伸力	kN	7.3.3
T_{f2}	破坏机构2的容许拉伸力	kN	7.3.3
T_{f3}	破坏机构3的容许拉伸力	kN	7.3.3
T_P	螺栓轴力	kN	7.4.3
T_{QI}	扭矩控制的积分时常数	s	4.5.3
T_{SI}	变桨位置控制的积分时常数	s	4.5.3
T_t	作用于法兰的水平力	kN	7.3.3
$U(r)$	从叶片根部开始的长度 r 位置上设计风速(10分钟的平均风速)	m/s	4.2.2
$U(x,y,H_h,\theta)$	通过数值分析等求实际地形上 x，y 点处轮毂高度的平均风速	m/s	3.2.1
$U^P(x,y,H_h)$	通过数值分析等求得的粗糙度分类P的平坦地形上 x，y 点处轮毂高度的平均风速	m/s	3.2.1
$U_{50}(x,y,H_h)$	通过对万年一遇台风模拟结果进行统计分析，所求得的对象地点(x，y)处轮毂高度 H_h 中一年最大风速的50年再现期待值	m/s	3.2.1
$U_{50}^P(x,y,H_h)$	通过对万年一遇台风模拟结果进行统计分析，所求得的假设平坦且相同地表粗糙度分类P的地形上一年最大风速的50年再现期待值	m/s	3.2.1
U_a	年平均风速	m/s	4.4.2
U_h	轮毂高度的设计风速(10分钟的平均风速)	m/s	3.2.1,3.3.2,3.4.4
U_h	风力发电机发电时所受到的风荷载的年平均值对应的轮毂高度处的平均风速	m/s	4.4.3
V	作用于基础底面的竖直荷载	kN	9.3.3
V_0	标准风速	m/s	3.2.1

续表

符号	定　义	单　位	章节编号
V_{Lab}	支撑层的 Lysmer 的波动速度	m/s	5.4.3
V_s	剪切波速度	m/s	5.3.5,5.4.1
W	风力发电机的总重量	N	5.5.2
W_F	基础重量	kN	5.4.6
W_i	质点重量	kN	5.5.1
W_p	桩的自重	kN	9.4.3
W_s	开口加强构件的突出部分长度，2 W_s：开口加强构件宽度	mm	7.3.5
X_0	从桩群中心到最边缘桩的桩中心的距离	m	9.4.3
$\hat{X}_j$	计算冲击碎波浪力的圆柱 j 阶模态冲击反应系数	—	6.4.4
Z	筒身的断面系数	cm^3	7.4.2
Z_b	表示风速竖直分布的参数	m	3.2
Z_G	表示风速竖直分布的参数	m	3.2

小写符号的说明 **表 1.6**

记号	定　义	单　位	章节编号
a	球形机舱的长弦长度	m	4.2.3
a	机舱位置上反应加速度的最大值	m/s^2	5.5.2
a'	从基板的端部到锚栓孔端部的距离	mm	8.3.3
a_0	工学地基面的基本最大加速度	m/s^2	5.2.1,5.2.2
b	球形机舱短弦长度	m	4.2.3
b'	从塔架表面到锚栓孔端部的距离	mm	8.3.3
b_1	筒身开口部分中心高度处的断面开口弧长(包括开口加强材板厚度)	mm	7.3.5
c	Weibull 分布的尺度系数	m/s	3.3.1
c	流函理的评估相关的波速	m/s	6.4.3
c	基础荷载面下的地基的粘着力	kN/m^2	9.3.3
$c(r)$	叶片弦长、翼弦长	m	4.3.5
c'_{gBi}	i 层中基础底面产生的阻尼系数	kN・s/m	5.4.3
c'_{gGi}	i 层中群桩效应产生的阻尼系数	kN・s/m	5.4.3
c'_{gi}	群桩基础的阻尼系数	kN・s/m	5.4.3
d	垂直积雪量	cm	6.3.3
$d(z)$	高度 z 时塔架的直径	m	4.3.5
d_a	基板或锚板的宽度	mm	8.3.4
d_b	锚固钢筋直径	mm	9.4.4
d_m	对于作用于基板或锚板的压缩力以及拉伸力的有效基板或锚板的宽度	mm	8.3.4
d_p	抵抗作用于基板或锚板的压缩力所需的宽度	mm	8.3.4
d_s	螺栓的直径	mm	7.4.3
d_t	抵抗作用于基板或锚板的拉伸力所需的宽度	mm	8.3.4
e	对于基础底面的形心的荷载的偏心距离	m	9.3.3
$\{e\}$	单位向量	—	5.4.4
f	频率	Hz	3.3.2,5.4.1
f	系统的一次固有频率	Hz	5.4.3

续表

记号	定 义	单 位	章节编号
f	计算波谱时的相关频率	Hz	6.4.3
$f(U)$	10分钟平均风速的年出现频率分布	—	3.3.1
$f(U_k)$	风速U_k的出现频度	—	4.4.3
f_1	PC钢材的规格拉伸强度	N/mm^2	9.2.5
f_2	PC钢材的规格屈服应力度	N/mm^2	9.2.5
f_b	基板的容许弯曲应力	N/mm^2	7.3.6
f_{ba}	锚板的面外弯曲的容许应力	N/mm^2	8.3.4
f_c	混凝土的容许压缩应力	N/mm^2	8.3.5
f_g	地基的1次固有频率	Hz	5.4.3
f_t	厚度超过25mm的钢材的修正系数	—	7.4.2
f_n	混凝土的抗压强度	N/mm^2	8.3.4
$f^{obs}(U)$	从观测值推测的风力发电机建设地点上风速的出现频度分布	—	3.3.1
f_s	基板的容许剪切应力	N/mm^2	7.3.6
f_s	钢筋的屈服强度	N/mm^2	8.3.6
f_s	混凝土的容许剪切应力	N/mm^2	9.3.4
f_t	混凝土的抗压强度	N/mm^2	8.3.4
f_t	钢筋的容许拉伸应力	N/mm^2	8.3.5
f_y	屈服应力、锚固筋的容许拉伸应力	N/mm^2	9.4.4
${}_bf_{cr}$	容许弯曲应力	N/cm^2	7.3.4
${}_cf_{cr}$	容许压缩应力	N/cm^2	7.3.4,7.3.5
${}_sf_{cr}$	容许剪切应力	N/cm^2	7.3.4,7.3.5,8.3.4
g	重力加速度	m/s^2	5.3.5,5.5.2
h	评估高度	m	4.3.5
h	阻尼系数	—	5.3.5
h	水深	m	6.4.2,6.4.3 6.4.4
h	被埋入到基础的桩端部到基础端部的距离	mm	9.4.4
h'	被埋入到基础的桩侧面到基础侧面的距离	mm	9.4.4
h_c	海底到波峰的高度	m	6.4.3
h_1	筒身开口部分立面的开口高度(包括开口加强材料板厚部分)	mm	7.3.5
h_{HG1}	$f\leqslant f_g$时,水平地基弹性阻尼系数	—	5.4.3
h_i	计算冲击碎波浪力时第i层的高度	m	6.4.4
h_{max}	最大阻尼系数	—	5.3.5
h_p	计算防波堤上的塔架波浪力时,波浪力作用的上限高度	m	6.4.4
h_{RG1}	$f\leqslant f_g$时,旋转地基弹性阻尼系数	—	5.4.3
h_T	从海底面到防波堤或潜堤顶面的高度	m	6.4.2,6.4.4
h_{VG1}	$f\leqslant f_g$时,上下地基弹性阻尼系数	—	5.4.3
i	风荷载的方向($i=D$为风方向,$i=L$为风垂直方向)	—	4.3.5,4.3.6
i	用Bin法对筒身焊接部分应力幅分类时的指数	—	7.4.2
i	用Bin法对螺栓螺纹部分应力幅分类时的指数	—	7.4.3

续表

记号	定　义	单　位	章节编号
i_c, i_γ, i_q	作用于基础的荷载的竖直方向倾斜角相对应的修正系数 $i_c=i_q=(1-\theta/90)^2$，$i_\gamma=(1-\theta/\phi)^2$	—	9.3.3
k	Weibull 分布的形状系数	—	3.3.1
k	坐标指数(1:主风向,2:风垂直方向,3:竖直方向)	—	3.4.1
k	波数	1/m	6.4.3,6.4.4
k_s	计算圆柱的阻力系数时的表面粗糙度	m	6.4.4
k'_{fGi}	考虑了群桩效应的 i 层水平方向地基弹簧系数	kN/m	5.4.3
k'_{fSi}	i 层单桩水平地基弹簧系数	kN/m	5.4.3
k_b	桩尖的上下地基弹簧常数	kN/m	5.3.4
k_n	评估不规则波运动时基波的波数	1/m	6.4.3
k_s	M30 以上螺栓的修正系数	—	7.4.3
k_V	垂直方向地基反力系数	kN/m^3	9.3.3
l	屈曲区间长度	mm	7.3.4
l_h	桩埋入长度	mm	9.4.4
l_s	积雪相关区域的标准标高	m	6.3.2
m_i	从桩群中心开始第 i 列的桩根数	本	9.4.3
m_j	计算冲击碎波浪力时,关于 j 阶模态的一般化质量	kg	6.4.4
m_n	机舱质量	kg	4.3.3
m_r	风轮质量	kg	4.3.4
n	计算冲击碎波浪力时,考虑的模态阶数	—	6.4.4
n	锚栓的根数	—	8.3.7
n	所有桩的根数	本	9.4.3,9.4.4
n	每根桩的锚固筋的根数	本	9.4.4
n_i	筒身焊接部分的应力振幅 $\Delta\sigma_{t,i}$ 的发生次数	回	7.4.2
n_i	螺栓螺纹部分应力幅的发生次数	回	7.4.3
p	锚栓的螺距	mm	8.3.3
p_{a1}	相应于锚栓拔出时的圆周单位长度的容许拉伸力	N/mm	8.3.6
p_{a1c}	相应于锚栓拔出时的混凝土分担力	N/mm	8.3.6
p_{a1s}	相应于锚栓拔出时的外周围主筋与剪切加强铁筋以及接合钢筋的分担力	N/mm	8.3.6
p_p	圆周单位长度的压缩力	N/mm	8.3.4
$pS_v(T)$	拟合波形的速度反应谱	—	5.3.2
p_t	圆周单位长度的拉伸力	N/mm	8.3.4
q_a	固定在混凝土中每根钢筋的容许剪切力	kN	8.3.7
q_a	长期、短期、极罕见荷载下的地基的容许抗压应力	kN/m^2	9.3.3
q_{max}	基础底面的最大地基反力	kN/m^2	9.3.3
q_{min}	基础底面的最小地基反力	kN/m^2	9.3.3
q_p	桩尖的容许支持力	kN/m^2	9.4.3
q_t	平板荷载试验中屈服应力 1/2 的数值或极限应力 1/3 数值中较小的数值	kN/m^2	9.3.3
q_{ti}	作用于塔架的风力分布	N/m	4.3.5
r	筒身的内半径	mm	7.3.4
r'	塔架开口部分中心高度断面处塔架板厚中心半径	mm	7.3.5

续表

记号	定　　义	单　位	章节编号
r_{R0}	用于计算旋转地基弹性的等价基础半径	m	5.4.3
rs	积雪区域的标准海域面积比	—	6.3.2
r_{V0}	计算上下弹簧的等价基础半径$(=(B_X B_Y/\pi)^{1/2})$	m	5.4.3
t	时刻	s	5.3.2,6.4.3,6.4.4
t_m	计算桩体结构物的波浪力时,海中生物的平均附着厚度	m	6.4.4
t	筒身的板厚	mm	7.3.4,7.3.5
t	基板或锚板的厚度	mm	8.3.4
t_F	法兰厚度	mm	7.4.3
t_{max}	翼厚(翼断面内对于翼弦垂直方向的最大外侧尺寸)	m	4.2.2
t_{min}	不产生撬力的基板所需板厚	mm	8.3.3
t_s	开口加强材料的厚度	mm	7.3.5
u	水离子速度的水平分量	m/s	6.4.3,6.4.4
$\dot{u}$	水离子加速度的水平分量	m/s^2	6.4.3,6.4.4
u_p	设计断面的周长	mm	9.4.4
w	水粒子速度的垂直分量	m/s	6.4.3
$\dot{w}$	水粒子加速度的垂直分量	m/s^2	6.4.3
x	波的前进方向上水平坐标值	m	6.4.3
x_n	从压缩边缘到中性轴 n-n 之间的距离	m	9.3.3
x_i	风荷载产生的各质点的最大水平变形	m	4.3.10
x_i	从桩群中心到第 i 列的桩中心的距离	m	9.4.3
x_i, y_i	以旋转中心为原点的桩位置的坐标	m	5.4.3
$\hat{x}_j$	计算冲击碎波时相关 j 阶模态的冲击碎波造成的最大位移	m	6.4.4
z_s	计算关于维勒的拉伸理论的水粒子速度,加速度的竖直坐标	m	6.4.3

希腊文字的说明　　　表 1.7

记号	定　　义	单　位	章节编号
α	表示风速的竖直分布的参数	—	3.2.1
α	根据积雪区域确定的数值	—	6.3.2
α_r	计算折射系数的水深 h 时的波折射角度	°(度)	6.4.2
α	计算容许支持应力,根据基础荷载面的形状计算的系数	—	9.3.3
α_0	计算折射系数时波的入射角度	°(度)	6.4.2
α_1, α_2	系数	—	5.4.5
β	扭矩控制的比例常数	—	4.5.3
β	根据积雪区域确定的数值	—	6.3.2
β	机舱上面的机舱的倾斜角度	°(度)	6.3.3
β	计算容许支持应力,根据基础荷载面的形状计算的系数	—	9.3.3
β_0	海岸线 $H_{1/3}$ 与换算波浪波高之比	—	6.4.2
β_0^*	海岸线 H_{max} 与换算波浪波高之比	—	6.4.2
β_1	碎波带内的水深 $H_{1/3}$ 比例系数	—	6.4.2
β_1^*	碎波带内的水深 H_{max} 比例系数	—	6.4.2

续表

记号	定 义	单 位	章节编号
β_{ad}	关于尺寸比的修正系数	—	8.3.6
β_d	关于尺寸效果的修正系数	—	8.3.6
β_H	水平地基弹性群桩系数	—	5.4.3
β_h	成层地基中水平地基弹性修正系数	—	5.4.2
β_{max}	碎波带内的 $H_{1/3}$ 最大值系数	—	6.4.2
β^*_{max}	碎波带内的 H_{max} 最大值系数	—	6.4.2
β_n	初始轴力相关修正系数	—	8.3.6
β_R	旋转地基弹性群桩系数	—	5.4.3
β_r	成层地基中旋转地基弹性修正系数	—	5.4.2
β_{rd}	埋入深度比相关修正系数	—	8.3.6
β_j	j 阶模态的振型参与系数	—	5.4.4
β_V	上下地基弹性群桩系数	—	5.4.3
γ	叶片厚度比	—	4.2.2
γ	旋转速度变化相应的比例常数	Nms/rad	4.5.3
γ	根据积雪区域确定的数值	—	6.3.2
γ	剪切应变	—	5.3.5
$\gamma_{0.5}$	标准剪切应变($G/G_0=0.5$ 时的剪切应变)	—	5.3.5
γ_1，γ_2	基础底面下、基础底面上方地基的单位体积重量	kN/m^3	9.3.3
γ_e	统计的外插系数	—	4.4.2
γ_f	分项系数	—	4.4.2
γ_f	可检查的重要部位疲劳的部分安全率	—	7.4.2，7.4.3
γ_m	材料的分项安全率	—	7.4.2，7.4.3
γ_t	单位体积重量	N/m^3	5.3.5
ΔN_f	根据细粒含有率计算的修正系数	—	5.3.5
r	把 2 点之间向量向与平均风向垂直的平面投影的线长度	m	3.4.2
ΔU_k	风速	m/s	4.4.3
$\Delta\sigma_A$	反复次数 $N=2\times10^6$ 的疲劳强度	N/mm^2	7.4.2
$\Delta\sigma_A$	反复次数 $N=2\times10^6$ 的螺栓强度	N/mm^2	7.4.3
$\Delta\sigma_D$	反复次数 $N=5\times10^6$ 的疲劳强度	N/mm^2	7.4.2
$\Delta\sigma_D$	反复次数 $N=5\times10^6$ 的螺栓强度	N/mm^2	7.4.3
δ	桨距角变化的比例常数	Nm/rad	4.5.3
δ	开口部分的开口角度	°(度)	7.3.5
ε_{ave}	谱比的平均值	—	5.3.2
ε_i	谱比	—	5.3.2
ε_n	评估不规则波的运动时从 0 到 2π 之间的随机数字	rad	6.4.3
ζ	阻尼比	—	5.4.5
ζ_s	结构阻尼比	—	4.3.4
η	平均自由水面的水面上升量	m	6.4.3，6.4.4
η_c	平均自由水面到波峰的高度	m	6.4.4
θ	迎角	°(度)	4.2.2
θ_d	所验算的风向	°(度)	3.2

续表

记号	定 义	单 位	章节编号
θ_{Des}	设计桨距角	rad	4.5.3
θ_{max}	最大设计桨距角	rad	4.5.3
θ_{min}	最小设计桨距角	rad	4.5.3
κ	桨距角的增益计划	—	4.5.3
κ_{out}	设计条件中切出风速的增益降低系数	—	4.5.3
λ	波长	m	5.4.1
λ	计算冲击碎波浪力时的碎波卷入率	—	6.4.4
λ	基础换算突出长度	m	9.3.3
μ	接合面的滑移系数	—	7.3.2
$\mu(r),\mu(z)$	1次振动模态	—	4.3.4
μ_b	积雪相关形状系数	—	6.3.3
ν	泊松比	—	7.2.2
ξ	传动系的阻尼比	—	4.5.3
ρ	空气密度	kg/m^3	4.2.2,4.4.3
ρ	密度,混合体的密度	kg/m^3	5.3.5
ρ	积雪的单位重量	$N/m^2/cm$	6.3.3
ρ	海水的密度	kg/m^3	6.4.4
ρ_b	支持层的密度	kN/m^3	5.3.5
σ_0'	围压	N/m^2	5.3.5
σ_b	螺纹部应力	N/mm^2	7.4.3
σ_b	弯曲应力	N/cm^2 N/mm^2	7.3.5,7.3.6
$\sigma_{b,Ts\,max}$	塔体拉伸力的振幅最大值相应的螺栓螺纹部应力	N/mm^2	7.4.3
$\sigma_{b,Ts\,min}$	塔体拉伸力的振幅最小值相应的螺栓螺纹部应力	N/mm^2	7.4.3
σ_{ba}	混凝土容许抗压应力	N/mm^2	9.2.5,9.4.4
σ_{ch}	混凝土水平抗压应力	N/mm^2	9.4.4
σ_{ck}	混凝土设计标准强度	N/mm^2	9.2.5
σ_{cv}	混凝土竖直抗压应力	N/mm^2	9.4.4
σ_e	有效预应力量	N/mm^2	9.2.5
σ_k	变动速度分量的标准偏差	m/s	3.4.1
σ_s	钢筋的应力	N/mm^2	9.3.4
σ_{sa}	钢筋的容许拉伸应力	N/mm^2	9.3.4
σ_t	焊接部位应力	N/mm^2	7.4.2
σ_t	锚固筋的拉伸应力	kN/mm^2	9.4.4
$\sigma_{t,Ts\,max}$	筒身拉伸引力的振幅 ΔT_s 的最大值相应的焊接部位的应力	N/mm^2	7.4.2
$\sigma_{t,Ts\,min}$	筒身拉伸引力的振幅 ΔT_s 的最小值相应的焊接部位的应力	N/mm^2	7.4.2
$\sigma_u(x,y,H_h,\theta_d)$	通过数值分析等所求的实际地形上 x,y 点的轮毂高度处,风方向的变动风速的标准偏差	m/s	3.2.2
$\sigma_u^P(x,y,H_h)$	通过数值分析等所求的粗糙度分类P的平坦地形上 x,y 点的轮毂高度处,风方向的变动风速的标准偏差	m/s	3.2.2
σ_y	材料的标准强度(螺栓屈服强度)	N/mm^2	7.3.2
σ_z'	有效土覆盖压	N/m^2	5.3.5

续表

记号	定　义	单　位	章节编号
${}_{b}\sigma_{cr,e}$	弹性屈曲应力	N/cm^2	7.3.4
${}_{c}\sigma_{cr,e}$	弹性轴压缩屈曲应力	N/cm^2	7.3.4
${}_{s}\sigma_{cr,e}$	弹性剪切屈曲应力	N/cm^2	7.3.4
τ	剪切应力	N/cm^2 N/mm^2	7.3.5,7.3.6, 9.3.4
τ_a	混凝土的容许剪切应力	N/mm^2	9.4.4
τ_{a3}	拔出剪切时的容许剪切应力	N/mm^2	9.4.4
τ_h	基础混凝土的水平方向冲切应力	N/mm^2	9.4.4
τ_p	拔出剪切应力	N/mm^2	9.4.4
τ_T	扭矩的剪切应力	N/mm^2	7.3.4
τ_v	基础混凝土的竖直方向冲切应力	N/mm^2	9.4.4
ϕ	偏航角度	°(度)	4.2.3,4.3.5, 4.3.6
ϕ_c	折减系数	—	8.3.4
ϕ_M	位相余量	rad	4.5.3
$\phi_j(z)$	计算冲击碎波时,j阶模态向量高度z处的数值	—	6.4.4
$\{\phi_j\}$	固有向量	—	5.4.4
Ψ	计算圆柱的阻力系数时,振动流的非定常阻力的增幅系数	—	6.4.4
ψ	方位角	°(度)	4.3.5,4.3.6
Ω_G	高速轴的旋转角速度	rad/s	4.5.3
Ω_j	计算冲击碎波时,j阶模态的无量纲圆频率	—	6.4.4
ω	线形波理论公式中的圆频率	rad/s	6.4.3
ω_1	1次固有圆频率	rad	5.4.5
ω_2	2次固有圆频率	rad	5.4.5
ω_C	增益交叉频率	rad/s	4.5.3

1.6 坐标

本指南中所使用的坐标如图1.4～图1.7所示。

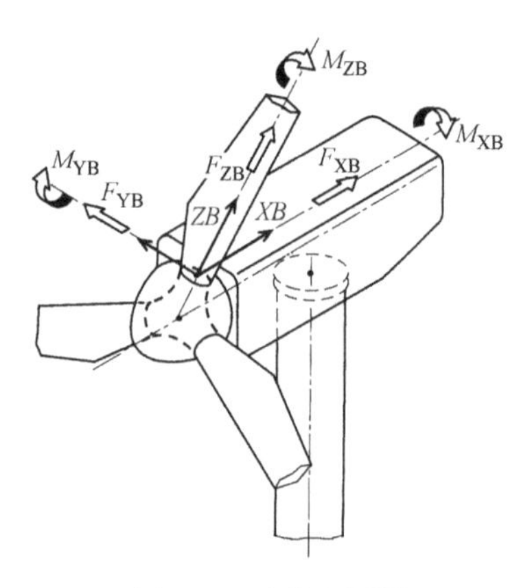

图1.4　叶片坐标图

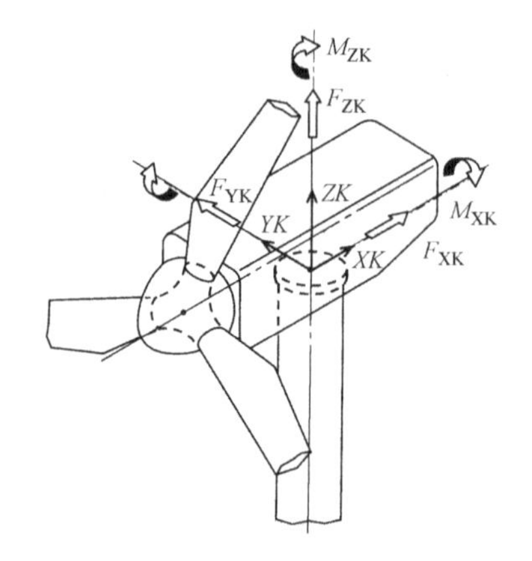

图1.5　塔架顶部坐标

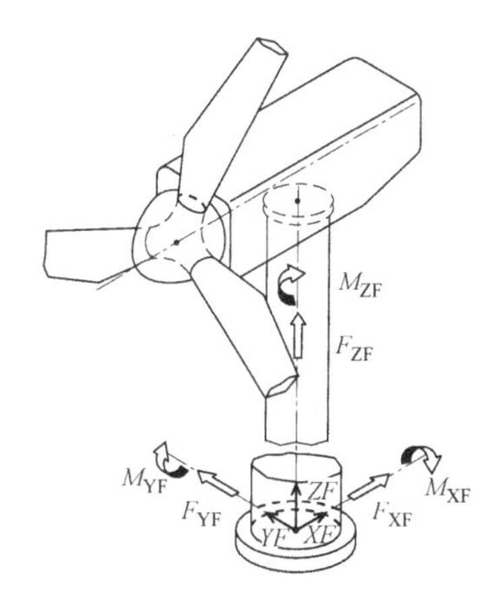

图 1.6　塔架基础部分坐标

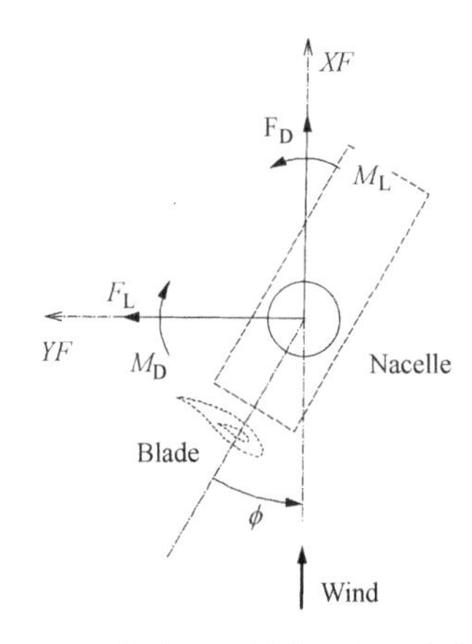

图 1.7　叶片横截面中偏角 ϕ 与风荷载的关系

参考文献

[1] 新エネルギー・産業技術総合開発機構：平成 17 年度風力発電使用率向上調査委員会および故障・事故等調査委員会報告書，2006

[2] 新エネルギー・産業技術総合開発機構：日本における風力発電設備・導入実績，ホームページ，http://www.nedo.go.jp/enetai/other/fuuryoku/index.htm

[3] 新エネルギー・産業技術総合開発機構：風力発電導入ガイドブック，改訂第 7 版，2005

第 2 章　设 计 流 程

2.1　结构设计的基本方针

（1）风力发电机组塔架的结构设计与健全性评估

在风力发电机组塔架的结构设计以及健全性评估中，必须考虑所选定的风力发电机组的特性以及设置场所的环境条件。

（2）风力发电机组塔架的要求性能

风力发电机组塔架的设计使用时间为 20 年。在风力发电机组塔架的设计使用期间中，要求其性能在发生极罕见荷载及外力的作用下，不能超过其损伤极限（使用极限），在发生极罕见的荷载及外力作用下不能超过倒塌及崩溃极限（安全极限）。并且对于长期的荷载，风力发电机组塔架的应力应确保低于长期容许应力。同时应合理地考虑垂直方向的振动、扭转振动以及构件的疲劳，荷载的组合情况应参考 2.2 的规定。

（3）风力发电机组塔架的荷载水平

对于发生极罕见的暴风、地震、积雪，荷载水平考虑 50 年一遇的水平，发生极罕见的地震，荷载水平考虑 500 年一遇的水平。并且长期荷载应考虑风力发电机组塔架的各部分永久荷载、堆积荷载、积雪荷载以及发电时平均风荷载的最大值。

（4）风力发电机组塔架的使用材料

风力发电机组塔架所使用的材料原则上依据《建筑基准法》以及该实施法令、相关通知的规定，根据《建筑基准法》第 37 条第 1 号的规定，可以使用符合指定的 JIS 规格的产品。对于不符合 JIS 规格的产品应根据《建筑基准法》第 37 号第 2 号的规定，使用经过国土交通大臣认可的材料。

（5）风力发电机组塔架的设计方法

设计方法原则上是性能设计方法。在出现长期以及发生极罕见荷载时（短期荷载时），原则上采用容许应力设计方法，但是在塔架开口部分以及锚固部位方面，应确认其没有受损伤。在发生极罕见荷载时（极罕见荷载时）可以使用极限状态设计方法。

（6）风力发电机组塔架的结构设计流程

发生作用于风力发电机组塔架的长期、短期、极罕见地震时，其环境条件与荷载根据第 3 章、第 4 章、第 5 章、第 6 章所示的评估方式以及分析方法计算。塔架、锚固部位、基础部分的应力、承载力以及稳定性的验证采用第 7 章、第 8 章、第 9 章所示的计算公式或分析方法计算。

【解说】

（1）风力发电机组塔架的结构设计与健全性评估

风力发电机组由风力发电机（叶片、轮毂、机舱）以及各个塔架（塔架、锚固部位、基础部分）构成。风力发电机组是满足国际规格所规定的设计条件（比如在 IEC61400-1[1] 中 WTGS 级别 Ⅰ 的风力发电机组对于平均风速 50m/s，瞬时风速 70m/s 的暴风是安全的）的工业产品。一般风力发电机组塔架由风力发电机组的设置者进行建设。台风、地震多，地形复杂的日本，很多时候设置地点的自然环境条件要比风力发电机组的设计条件要苛刻，所以我们在设计时要充分考虑设置场所的自然环境条件，对风力发电机组以及塔架的结构健全性进行评估。本指南就作用于风力发电机组塔架的荷载计算方法以及塔架的稳定性与应力、承载力的验证方法进行了说明，对于（2）所示的要求性能，提供了合理的规格。

我们在编写本指南时，考虑如下①～⑤所示的风力发电机组的特性。

① 风力发电机组一般设置在风况较好的地方，在出现暴风时，往往该地区会比其他周边地区的风力强。如果对设置地点的设计风速评估过小，将会出现风力发电机组受损的情况（参考第13章的事故实例），因此我们要充分注意设置地点的自然环境条件。

② 风力发电机采用所谓的偏航控制以及变桨控制的方式，控制方式不同，在暴风出现时风力发电机组的情况以及作用的风荷载将会不同。并且如果由于台风时会停电，控制用电源失效的话，那么与可控制的情况相比，作用于风力发电机组的风荷载将可能会增大。会出现由于风力发电机组控制故障直接导致设备受损的事故（参考第13章的事故实例）。

③ 风力发电机组塔架的塔架是静态的悬臂结构，塑性能没有流向其他构件，因此最好采用承载力指向型设计。并且塔架有开口部分，因此需要考虑开口对受弯性能的影响（参考第13章的事故实例）。

④ 风力发电机组是头重脚轻的结构物，因此在塔架与基础的锚固部位（也称为基座）作用了很大的荷载。钢制锚栓（或锚环）与钢筋混凝土基座的连接是不同材料的连接结构，因此其应力状态很复杂，需要特别注意锚固部位的结构计算（参考第13章的事故实例）。

⑤ 与建筑物以及烟囱等结构物相比，风力发电机组具有结构阻尼小的振动特征。并且在出现地震以及较大积雪量时，依然在发电的可能性较大，因此需要考虑发电时的风荷载。

（2）风力发电机组塔架的要求性能

风力发电机组是旋转机械装置，其耐用年限由叶片等旋转部分疲劳寿命决定。在国际规格 IEC 61400-1 中，风力发电机组的疲劳寿命规定为20年。本指南根据国际规格 IEC 61400-1，规定风力发电机组塔架的设计使用时间为20年。

结构设计的基本目标可以说是“在设计使用时间内合理地且经济地确保结构物的适用与安全性”。在风力发电机组塔架的结构设计方面，要使得设计对象达到临界状态的可能性低于一定水平，在此基础上来确定构件的尺寸以及材质等。具体而言就是对于（3）所示的设计使用时间以及荷载水平，避免风力发电机组塔架出现损毁或倒塌、破坏的情况。

损伤极限（使用极限）是指在风力发电机组塔架的使用年限中，受到极罕见荷载、外力作用后，结构物的安全性以及适用性、耐久性没有降低，不需要修缮的临界线。关于损伤极限，我们从安全性的角度来考虑，塔架当初所具备的未来受到极罕见荷载及外力的安全性即使在受到极罕见荷载及外力作用后仍不降低，并且还从适用性及耐久性的角度，要求受到极罕见荷载及外力作用后其适用性与耐久性不能降低，要求不能出现有害的裂缝或变形。钢材的损伤极限一般认为是屈服值，混凝土的损伤极限一般认为是不出现残余变形以及刚度降低的情况。塔架的各种材料的容许应力将与这些状态对应，关于构件的损伤极限承载力，要求部分构件的应力达到容许应力时的承载力。如根据容许应力设计方法计算强度时，可以解释为满足上述损伤极限验证目的。而如果不按照容许应力设计方法计算强度时，应确认是否出现有害的裂缝或变形。如您使用本指南的强度计算公式，应通过实验以及 FEM 分析确认是否超过这些损伤极限状态。

一方面倒塌及损毁极限（安全极限）是指在风力发电机组塔架的使用年限中，受到极罕见荷载、外力作用后，没有丧失支撑风力发电机的能力的极限状态。验证倒塌及损毁极限的目的是为了防止对塔架造成破坏，对于发生了极罕见地震，应确认塔架是否会倒塌及损毁等。在本指南中，根据极限状态设计方法，对风力发电机组塔架的最终极限状态进行验证，确保对于极罕见地震作用的塔架的安全性（不能倒塌及损毁）。对于没有确定验证最终极限状态的结构计算公式或评估方法的构件，可以选用损伤极限状态的验证方法。

并且对于长期荷载，应确保风力发电机组塔架的应力以及作用力低于长期容许应力及长期容许承载力，关于混凝土类的结构，应确认其在耐久性方面是否有问题以及是否会发生龟裂。

并且应合理地考虑沿直角方向的振动、扭转振动以及构件的疲劳，确认风力发电机组塔架的适用性以及安全性，荷载组合的情况应依据2.2的规定。

(3) 风力发电机组塔架的荷载水平

在设计使用时间内，为了确保风力发电机组塔架的适用性与安全性，需要设定合理的荷载水平。在本指南中，对于极罕见的暴风、地震、积雪，以50年一遇来考虑荷载水平。风力发电机组塔架的使用时间为20年，在此期间超过其荷载水平的概率是33.2%。设定该荷载水平的目的是为了以合理且较为经济的方式确保设计使用时间内的结构物的适用性等。发生极罕见暴风、积雪的荷载水平完全与《建筑基准法》以及国际规格IEC 61400-1的荷载水平一致。一方面对于极罕见的地震，其荷载水平为500一遇的地震。风力发电机组塔架的使用时间为20年，在此期间超过此荷载水平的概率是3.9%。确定该荷载水平的目的是为了确保人员安全。在《建筑基准法》中，未说明地震作用的再现时间，但是极罕见地震作用的再现时间大约是500年。在国际标准IEC 61400-1中，地震作用的再现时间为475年。并且长期荷载考虑风力发电机组塔架的各部分的永久荷载、堆积荷载、积雪荷载以及发电时平均荷载的最大值。表解2.1中说明了风力发电机组塔架的荷载水平。

风力发电机组塔架的荷载水平 **表解2.1**

设计目标	荷载水平	再现时间(年)	超越概率(%)
损伤极限(使用极限)	级别1	50	33.2
倒塌及损毁极限(安全极限)	级别2	500	3.9

(4) 风力发电机组塔架的使用材料

风力发电机组塔架中所使用的材料原则上依据《建筑基准法》及该实施法令、相关通知的规定，关于符合JIS规格的材料，应满足根据《建筑基准法》第37条第1号的规定所指定的JIS规格。是否符合JIS规定，根据海外规格生产的实际使用材料化学成分、机械性质的实验数据是否属于JIS规格来判断。因此即使海外规格与JIS规格完全不一致，如果使用材料的化学成分、机械性质的相关试验数据属于JIS规格的范围，那么可以判断该材料符合JIS规格。因此判断是否符合JIS规格时，使用材料的相关试验数据是不可缺少的。如果试验数据不充分，则需要进行追加试验。而对于不符合JIS规格的材料，需要根据《建筑基准法》第37条第2号的规定，获得国土交通大臣的批准。比如锻造法兰材料，厚度超过200mm的法兰材料以及大直径高强度螺栓，则需要获得《建筑基准法》第37条第2号的认定。

(5) 风力发电机组塔架的设计方法

本指南中的结构设计方法原则上是性能设计方法。这种设计方法是验证是否达到临界状态的方法，我们经常使用容许应力设计方法以及荷载强度系数设计方法。任何一种设计方法的思路都是，通过使设计的结构物（或构件）的设计强度超过作用在这上面的设计荷载，来确保其适用性与安全性。其验证模式（验证格式）如下所示。

关于容许应力设计方法，是一种对于构件强度仅考虑一个安全系数的方式，可以用算式（解2.1）来表示。

$$\sum S_j \leqslant R/\gamma_R \quad \text{(解 2.1)}$$

在此γ_R为设计强度R（通常用应力表示）的安全系数，$\sum S_j$为不同种类的设计荷载（风荷载、地震作用）之和。

荷载强度系数的设计方法是一种对于结构物（或构件）强度以及所作用的荷载两方面，考虑对荷载或材料的分项安全系数的方式，可以用算式（解2.2）表示。

$$\gamma_c \sum \gamma_{Sj} S_j \leqslant R/\gamma_R \quad \text{(解 2.2)}$$

在此γ_{Sj}为荷载S_j的分项安全系数，γ_c为整个结构的分项安全系数。这部分的安全系数γ_{Sj}与γ_c如果为1.0，那么算式（解2.2）则为容许应力设计方法的验证公式（解2.1）。因此容许应力设计方法可以理解为荷载强度系数设计方法的特殊情况。

在本指南中采用了国际标准IEC 61400-1所示的荷载分项安全系数。这部分的安全系数的数值根据国际标准ISO 23942所示的方法与原则进行计算，以确保整个使用期间的风力发电机组性能的可信任性。在国际标准IEC 61400-1中，由于只确定了设计强度R的分项安全系数的最低值，因此在本指南中参考日本国内的标准文件，根据其荷载水平进行了设定。

（6）风力发电机组塔架的结构设计流程

图解 2.1 中说明了本指南中风力发电机组塔架的结构设计流程。暴风时与正常发电时的风荷载以第

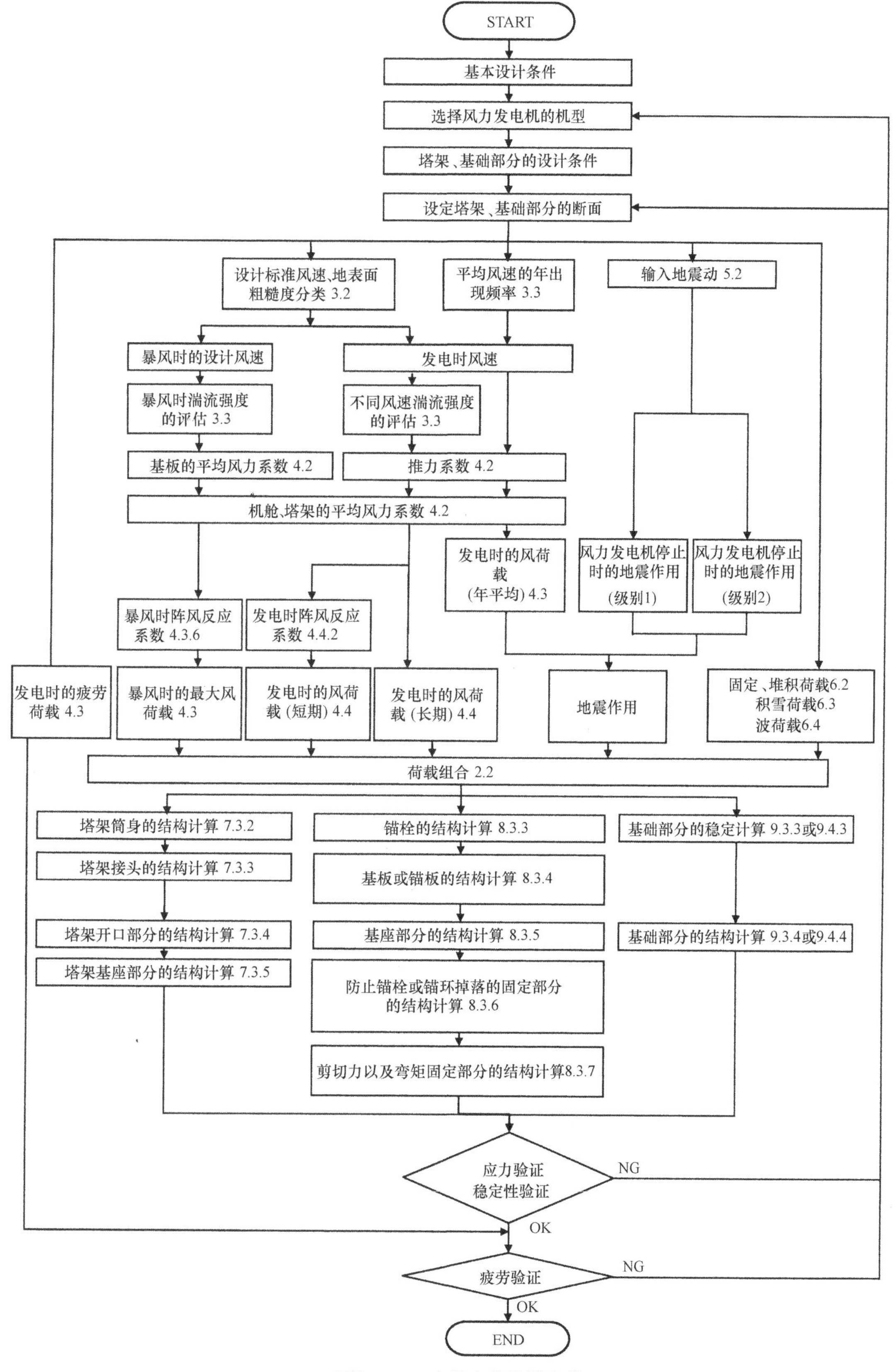

图解 2.1　本指南的设计流程

3 章所求得的设计风速以及第 4 章所规定的风力系数为基础，按照准静态分析法计算出来，风力发电机组出现故障时，依据 IEC 61400-1 计算荷载。按照第 5 章所示的时程反应分析方法求地震作用，按照第 6 章的方法求永久荷载、堆积荷载、积雪荷载。如在防波堤或其内侧设置风力发电机组，则根据第 6 章所示的评估公式求作用于塔架的波浪荷载。塔架、锚固部位、基础部分的应力、承载力以及稳定性按照第 7 章、第 8 章、第 9 章所示的结构计算公式进行验证。

风力发电机组采用了偏航控制、叶片变桨控制、风轮旋转控制、振动加速度检查进行紧急停止等与结构安全性相关的特殊装置，因此在风力发电机组结构物的设计方面，要确认是否具备预计的特性以及功能，或者要确认维持其特性或功能，是否进行了合理地维护以及管理。在发生极罕见暴风时，由于停电不能进行偏航控制时，需要考虑荷载的设定以及各控制的失效安全的荷载设定。

【其他法规、标准、指南等相关内容】

建设高度 15m 以上的风力发电机组塔架时，需要按照《建筑基准法》申请建筑确认。2007 年 6 月 20 日开始实行修订后的新《建筑基准法》，叶片的最高高度超过 60m 的风力发电机组在进行建筑确认申请之前，需要就其结构方法的安全性进行确认并获得大臣的批准，制定性能评估机构对其进行评估。

《建筑基准法》从 1998 年到 2000 年进行了大幅度的修订，其目的是为了“规范建筑性能”。废止了以特定的结构方法以及材料使用为前提的“规格”标准，根据建筑物本来就应具备的“性能”确定了标准，其目的在于促进技术研发。在 2007 年 6 月 20 日修订后的《建筑基准法》中，高度超过 60m 的结构也与建筑物一样，按照其“性能”确定标准，采用特殊结构方法的结构以及新开发的材料不是依据建筑标准法令所规定的一半标准，而可以采用较为合理的方法对其性能进行验证。

在根据 2007 年 5 月 18 日国土交通省（相当于中国的交通部）告示第 620 号的规定修订的 2000 年建设省（相当于中国的住房和城乡建设部）告示第 1449 号第四项中，规定“烟囱等以及广告塔等高度超过 60m 的建筑物结构计算标准依据 2000 年建设省告示第 1461 号（第二号 c，第三号 b 以及第八号）的规定”。与高层建筑物区别开来，反映在结构内不居住人的特征，对于事前可以预知的暴风以及积雪，验证发生极罕见荷载水平的同时，根据不可预知地震发生的现状，对于极罕见发生的地震，进行安全性验证，考虑由于风力发电机组的倒塌、破坏造成人员伤害情况的发生。但是如果判断风力发电机组建设在城市，会由于其风力发电机组的倒塌、破坏等对人员造成危险时，也应该与高层建筑物一样，对发生极罕见暴风的情况进行探讨。

2.2　荷载类型以及组合

在进行风力发电机组塔架的结构计算时，对于表 2.1 所示的荷载组合所产生的应力，验证其适用性以及安全性。

荷载与其组合　　　　**表 2.1**

<table>
<tr><th colspan="2">荷载状态</th><th>一般情况</th><th>多雪区域的情况</th></tr>
<tr><td colspan="2">长期荷载时</td><td>$G+P+T$</td><td>$G+P+S+T$</td></tr>
<tr><td rowspan="6">短期荷载时</td><td>积雪</td><td>$G+P+R+S$</td><td>$G+P+R+S$</td></tr>
<tr><td rowspan="2">暴风</td><td rowspan="2">$G+P+\gamma_s\gamma_g W$</td><td>$G+P+\gamma_s\gamma_g W$</td></tr>
<tr><td>$G+P+0.35S+\gamma_s\gamma_g W$</td></tr>
<tr><td rowspan="2">发电</td><td rowspan="2">$G+P+T'$</td><td>$G+P+T'$</td></tr>
<tr><td>$G+P+0.35S+T'$</td></tr>
<tr><td>地震时</td><td>$G+P+R+K$</td><td>$G+P+R+0.35S+K$</td></tr>
<tr><td colspan="2">极罕见地震时</td><td>$G+P+R+K'$</td><td>$G+P+R+0.35S+K'$</td></tr>
</table>

在此

G：永久荷载所产生的力

P：堆积荷载所产生的力

S：极罕见积雪荷载所产生的力

R：发电时年平均风荷载所产生的力

T：发电时平均风荷载的最大值所产生的力

T'：发电时峰值荷载重的最大值所产生的力

W：罕见暴风时风荷载所产生的力

K：罕见地震作用所产生的力

K'：极罕见地震作用所产生的力

γ_S：荷载系数，如暴风时进行偏航控制则为1.1，暴风时进行偏航控制则为1.35

γ_g：荷载降低系数，如采用本指南的荷载评估公式则仅使用0.9

另外，G，P，S，R，T，T'，W，K以及K'表示轴向力、剪力、弯矩等。所谓多雪区域为根据《建筑基准法》，特定行政机构确定的多雪区域。并且在出现IE 61400-1所示的风力发电机的故障时或紧急停止时、阵风等时的风荷载如超过暴风时以及发电时的最大风荷载，那么需要把这些荷载作为短期荷载来验证。

【解说】

在对风力发电机组塔架进行结构设计时，要确认作用于塔架的永久荷载、堆积荷载、积雪荷载、暴风雨发电时的风荷载以及地震作用的组合，对各构件产生的应力或承载力是否超过其容许值。在本指南中，根据日本的环境条件以及风力发电机组的特性，作为风力发电机组塔架的设计荷载，确定了长期荷载时、短期荷载时、极罕见荷载时的荷载状态。

① 长期荷载时，考虑永久荷载、堆积荷载、积雪荷载、发电时的平均风荷载的最大值。

② 短期荷载时，除了永久荷载、堆积荷载，还考虑50年再现期间的积雪荷载、风荷载、地震作用。积雪时的荷载，在最大积雪量的状态下发电的概率较高，因此积雪时的荷载应考虑发电时的年平均风荷载。暴风时的风荷载分别考虑未进行偏航控制的情况与进行偏航控制的情况来计算风荷载。发电时的风荷载采用发电时的峰值风荷载50年再现期待值。在发生地震时发电的概率较高，因此地震时的荷载除了无风时的地震作用，还要加上发电时的年平均风荷载。

③ 关于极罕见地震时的荷载，要在地震时的荷载的基础上加上发电时的年平均风荷载。

在多雪地区，暴风时、发电时以及地震时荷载要加上积雪荷载的50年再现期待值的0.35倍的数值。在国际标准IEC 61400-1中，暴风时，未进行偏航控制的荷载系数规定为1.1。该荷载系数考虑了时程反应分析中风荷载的不确定性。本指南的评估公式是根据反应谱法导出的，由于去除了不确定性，因此荷载系数为1.0，采用了0.9的荷载降低系数。另外在进行偏航控制时，必须满足第4章所示的备份电源相关附加条件。

【其他法规、标准、指南等相关内容】

在IEC 61400-1第3版中，为验证暴风时风力发电机组的安全性，主要设计荷载情况包括出现暴风时由于停电偏航功能不起作用情况，或者偏航功能起作用的设计荷载情况DLC6.2，以及偏航功能起作用时的设计荷载情况DLC6.1。设计荷载情况DLC6.2与DLC6.1的荷载系数分别为1.1与1.35。

在IEC 61400-1第3版中，关于地震时以及积雪时的荷载等，没有定义设计荷载的情况，这可以参考各国的标准，但是在IEC 61400-1第3版的附录中说明了关于地震时的作用，由于地震发生时发电的概率较高，因此地震时的荷载要在地震作用的基础上加上风力发电机组发电时的风荷载的年平均值。关于积雪荷载的是依据《建筑基准法》，预计积雪持续时间大约3天，确定了50年的再现期待值。

在《建筑基准法》中，作为作用于结构的短期荷载，除了暴风时、地震时、积雪时的荷载，还把风力发电机组这种机械类的运行所带来的荷载，作为其他荷载来考虑。而在本指南中把风力发电机组的运行所带来的荷载作为发电时的荷载来考虑的。

2.3 荷载评估

2.3.1 基本思路

(1) 在设计风力发电机组塔架时，要考虑建设地点的自然环境条件，通过本指南所述的评估方法，求建设地点的设计风速、设计地震动以及设计垂直积雪量。

(2) 在评估荷载时考虑风力发电机组的动态特性与控制方式，通过本指南所示的方法评估暴风时、地震时、积雪时的荷载。

【解说】

(1) 关于自然环境条件

在设计风力发电机组塔架时，要考虑建设地点的自然环境，确定设计风速、设计地震动等情况。

建设地点的地形较为平坦的设计风速采用建筑标准所示标准风速（10分钟平均风速的50年再现期待值）。基本风速根据《建筑基准法》，按照不同城市、街道等确定数值为30～46m/s。而建设地点地形较为陡峭的话，则不容易求得设计风速。在《建筑基准法》中规定“受局地的地形以及地物的影响，平均风速可能会增倍时，必须考虑其影响”。在本指南中根据数值流体分析（第11章）求不同地形的平均风速的倍增系数（第3章）。如山丘地带的地形较为陡峭的话，则应对其设计风速进行评估。

设计地震动应用基本最大加速度乘以地震区域系数所求得。基本最大加速度采用160Gal与320Gal，相当于50年与500年的再现期待值，地震区域系数（0.7～1.0）是根据《建筑基准法》按照不同区域来确定的。

设计垂直积雪量时根据《建筑基准法》规定的标准，采用由特定行政机构制定的规定的相当于50年再现期待值的数值，考虑了在该区域的局部地形因素造成的影响等。

(2) 关于荷载评估

本指南把风荷载、积雪荷载作为准静态荷载来评估，地震作用用时程反应分析进行评估。为了正确评估作用于风力发电机组塔架的风荷载，需要考虑建设地点的风特征以及风力发电机组的动态特性与控制方式。关于计算风压力所需要的风力系数，对塔架（圆筒形）的数值进行了规定，但是却很难获得风叶以及机舱的数值。《建筑基准法》中风压力的计算公式是为建筑物所制定的，如在反应谱比以及结构阻尼非常不同的风力发电机组中使用，则会产生很大的误差。基于上述问题，在本指南中，叶片的风力系数依据实际风力发电机中所采用的各种空气动力数据，确定了标准的叶片模型数值。关于机舱的风力系数，我们设定了矩形机舱以及球形机舱模型形状，用风洞试验确定其风力系数（第5章）。在风荷载评估方面，导出了可以适用于不平坦的山丘地带的高峰系数评估公式以及发电时的最大荷载的评估公式，提出了风荷载的评估公式（第5章），该评估公式考虑了风力发电机设备的固有频率与结构阻尼。本指南所示的风荷载的评估公式的预测精度根据多质点风反应分析系统（第11章）进行了验证。并且地震作用是根据采用了多质点模型的时程反应分析求得的，用风力发电机组停止时的地震作用与风力发电机组发电时的平均风荷载之和对地震时的荷载进行评估（第5章）。永久荷载以及堆积荷载时根据风力发电机组的实际情况计算的（第6章）。在积雪荷载方面，设计垂直积雪量根据《建筑基准法》规定的标准，采用了特定行政机构规定的数值，该数值相当于50年再现期待值，考虑了该地区的局部地形要素造成的影响等（第6章）。关于作用在防波堤、护岸上或防波堤后面的海里面所设置的风力发电机的波浪荷载在第6章进行了规定。

2.3.2 设计风速的评估

设计风速应根据第3章所示的方法进行评估。

【解说】

在本指南的第3章中规定了设计风速的设定方法。设计风速的评估流程如图解2.2所示。

在对风力发电机组塔架进行结构设计时，首先要确定建设地点的设计风速。建设地点的地形如果平坦，设计风速用《建筑基准法》中规定的标准风速进行计算。标准风速作为平坦地形上（地表面粗糙度分类Ⅱ，地面高度10m）的10分钟平均风速的50年再现期待值，是按照不同城市、街道来规定的，该数值在30～46m/s之间。

建设地点的地形如果平坦，那么设计风速可以以标准风速为基础考虑地面粗糙度以及轮毂高度进行评估。但如果建设地点的地形复杂，那么将较难用单纯数学公式求设计风速。在《建筑基准法》中规定“如果受到局部地形以及地区的影响，平均风速可能会倍增时，应考虑其影响”。但是没有写明具体的评估方法。在本指南中根据采用了不同地形的平均风速以及湍流强度的校正系数，并对复杂地形的设计风速进行了评估。平均风速以及湍流强度的校正系数根据数值分析进行计算。

在本指南的3.2节中，通过不同地形的风速倍增系数根据采用全风向中最大风向数值的简便方法与台风模拟，确定了风速倍增系数。如果用简便方法可能会使得评估出的设计风速数据偏大。

关于湍流统计量的计算方法在3.4节中进行了说明，该计算方法将在地震作用以及疲劳荷载的评估中使用，为了评估发电时的年平均风荷载的，在轮毂高度的平均风速的年出现频率如3.3节所示。

2.3.3 风荷载的评估

风荷载应根据第4章所示的方法进行评估。

【解说】

第4章说明了暴风时最大风荷载以及发电时风荷载的计算方法。风荷载的评估流程如图解2.4所示。

对作用于风力发电机组塔架的风荷载行评估时，需要获得叶片、机舱以及塔架的风力系数。一般很难获得叶片与机舱的风力系数。在本指南中，为了计算作用于风力发电机组塔架的平均风荷载，叶片、机舱以及风轮的风荷载计算所需的叶片风力系数作为迎角、不同厚度比的阻力系数以及平均阻力系数，在4.2节中说明了该数据。这些数值是根据世界风力发电机组所采用的各种叶片的风力系数与历史文献来确定的。并且由于叶片的风力系数因厚度比不同其数值也不同，因此需要获得风力系数评估位置的厚度比。

在4.3节中说明了机舱的风力系数。矩形机舱以及球形机舱作为风力发电机组的代表性的机舱形状，在本指南中给出了其平均阻力系数以及平均升力系数的计算公式。采用模拟机舱以及塔架的缩小模型实施了风洞试验，根据其结果确定了这些系数。塔架的风力系数如4.4节所示。在此根据历史文献，根据塔架的表面粗糙度，给出了平均阻力系数。为了探讨机舱的舱口等局部外装材料的安全性，关于峰值风压系数，在本指南的4.5节给出了参考值。

根据4.3节所示的方法确定暴风时的最大风荷载。暴风时的风荷载假设了与IEC 61400-1相同的两种荷载情况。首先对于50年再现的设计风速，假设了暴风时停电造成偏航控制起作用的情况或偏航运行的情况，对于风荷载最大的偏角，计算风荷载。如果是变桨控制的风力发电机组，风荷载最大的偏角，可能在平行状态下受到横风的影响，如果是失速控制的风力发电机组，风荷载最大的偏角，将会出现风轮正对风向的情况。一方面在出现暴风时进行偏航控制时，需要满足表解4.1所示的附加条件。

关于风力发电机组塔架的风引起的振动，包括叶片以及机舱在内的风力发电机组的一阶振动是较为明显的。在本指南中，根据考虑了塔架一阶振动模式与结构阻尼的反应谱分析方法，采用了评估作用

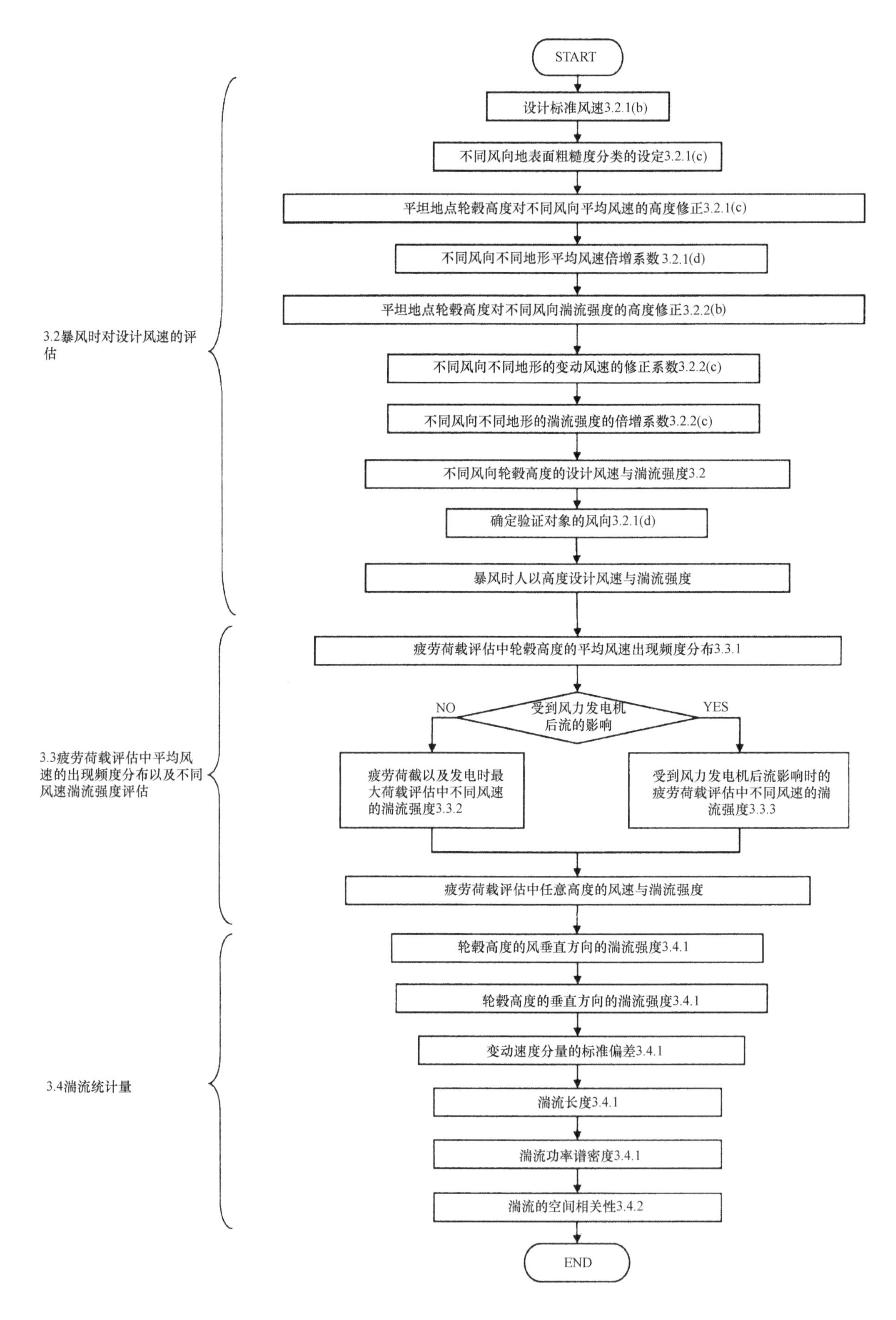

图解 2.2　设计风速的评估流程

于塔架的风荷载的变动成分的方法。最大风荷载根据准静态分析法，用平均风荷载乘以阵风反应系数求得。进行偏航控制时，根据各偏航角的风方向与风直角方向的风荷载的组合求最大荷载。在计算阵风反应系数时，需要考虑风力发电机的振动特性进行较为复杂的计算（详细方法），在本指南中模拟《建筑基准法》说明了简便方法，以便于在没有进行偏航角控制时计算最大风荷载。

阵风反应系数中除了考虑风力发电机组的规模与振动特性外，还考虑了峰值因数所带来的变动荷载的非线性成分的影响。因此我们针对以往的评估公式中假设正态分布概率过程中的风荷载评估过小问题进行了完善。并且在本指南中风力发电机组塔架的共振风速虽然纳入了发电时的风速范围，但是由于存在叶片，考虑塔架所产生的漩涡较为紊乱的情况，发电时以及暴风时，风力发电机塔架的涡激振的影响较小，根据准定常理论求作用于风力发电机组的风以及风直角方向的风荷载。但是建设风力发电机组时，设置机舱前，需要考虑塔架的涡激振。

4.4.3 就地震作用上加上发电时的年平均风荷载的计算方法进行了说明。在本指南中，根据轮毂高度的年平均风速求年平均风荷载。轮毂高度的年平均风速根据风力发电机组规划时的观测数据使用发电量预测数据。并且在本指南中，采用风速的频率分布说明了更为详细的确定年平均风荷载的方法。

在风力发电机组相关轨迹规格 IEC 61400-1 中，不仅设想了正常发电时，还设想了紧急停止时、发生故障时以及各种非常规的风的设计荷载情况。并求最大风荷载，进行风力发电机组的结构设计。在本指南中，对于发电时风荷载的风力发电机塔架，确定了适用性的验证内容。

关于发电时的风荷载，我们认为一般对于风力发电机组塔架，正常发电时的最大荷载比其他荷载大很多，因此在本指南中，仅以正常发电时的风荷载为对象。在 IEC 61400-1 的第 3 版中追加了新荷载情况，也就是正常发电时的最大风荷载的 50 年再现期待值。发电时的风荷载与风力发电机组的控制有关，因此一般根据时程反应分析计算。在本指南中为了方便设计者进行设计，与暴风时的风荷载一样，重新提出了新的评估公式，即根据发电时阵风反应系数以及统计的外插系数，计算作用于正常发电时的风力发电机组的 50 年再现最大风荷载。

风力发电时的风荷载的非线性较强，发电时的疲劳荷载必须考虑风力发电机的气弹特性以及控制特性，并根据时程反应分析进行计算。发电时的疲劳荷载采用时程反应分析的结果，用雨流计数方法计算应力反复的次数，按照 Palmgren-Miner 法计算累计损伤程度。在 4.5 节中为验证疲劳程度，说明了疲劳荷载的计算方法以及再进行荷载计算时，考虑风力发电机的气弹特性以及控制特性的方法。

2.3.4 地震作用的评估

应根据第 5 章所示的方法计算地震时的作用。

【解说】

根据 2007 年修订后的《建筑基准法》，规定最高高度超过 60m 的风力发电机塔架物必须获得国土交通大臣的批准。因此地震作用依据 2000 年建设省告示第 1461 号第四号规定，采用时程反应分析方法验证其安全性。在本指南的地震作用的评估中，根据该内容，以时程反应分析为基本方法。另外关于最高高度 60m 以下的风力发电机塔架，可以采用在 2007 年版的《建筑基准法》中所使用的反应谱法。

地震作用部分的评估流程如图解 2.4 所示。关于时程反应分析中所使用的水平方向地震动，分别为适合 5.2.1 项中规定的加速度反应谱的 3 波以上的反应谱的拟合波，以及输入最大速度级别 1 为 0.25m/s，级别 2 为 0.50m/s 的 3 波以上的观测地震波。地基的地震响应应用频域的等价线性分析或时域的逐次非线性分析进行评估。如果可能发生液化情况，则应考虑液化对结构物的影响。

关于风力发电机组塔架的分析模型，一维的梁单元是基本线材，地震响应受到地基的影响，采用可以考虑风力发电机组、基础以及地基相互作用的分析模型。在此风力发电机组、基础与地基为一体进行同时分析时，需要具备考虑受到远距离地基影响的分析模型，并需要花费很多的计算时间。因此在本指南中基本上采用了可以考虑风力发电机组、基础与地基动态相互作用的分离模型。在分离模型中采用了

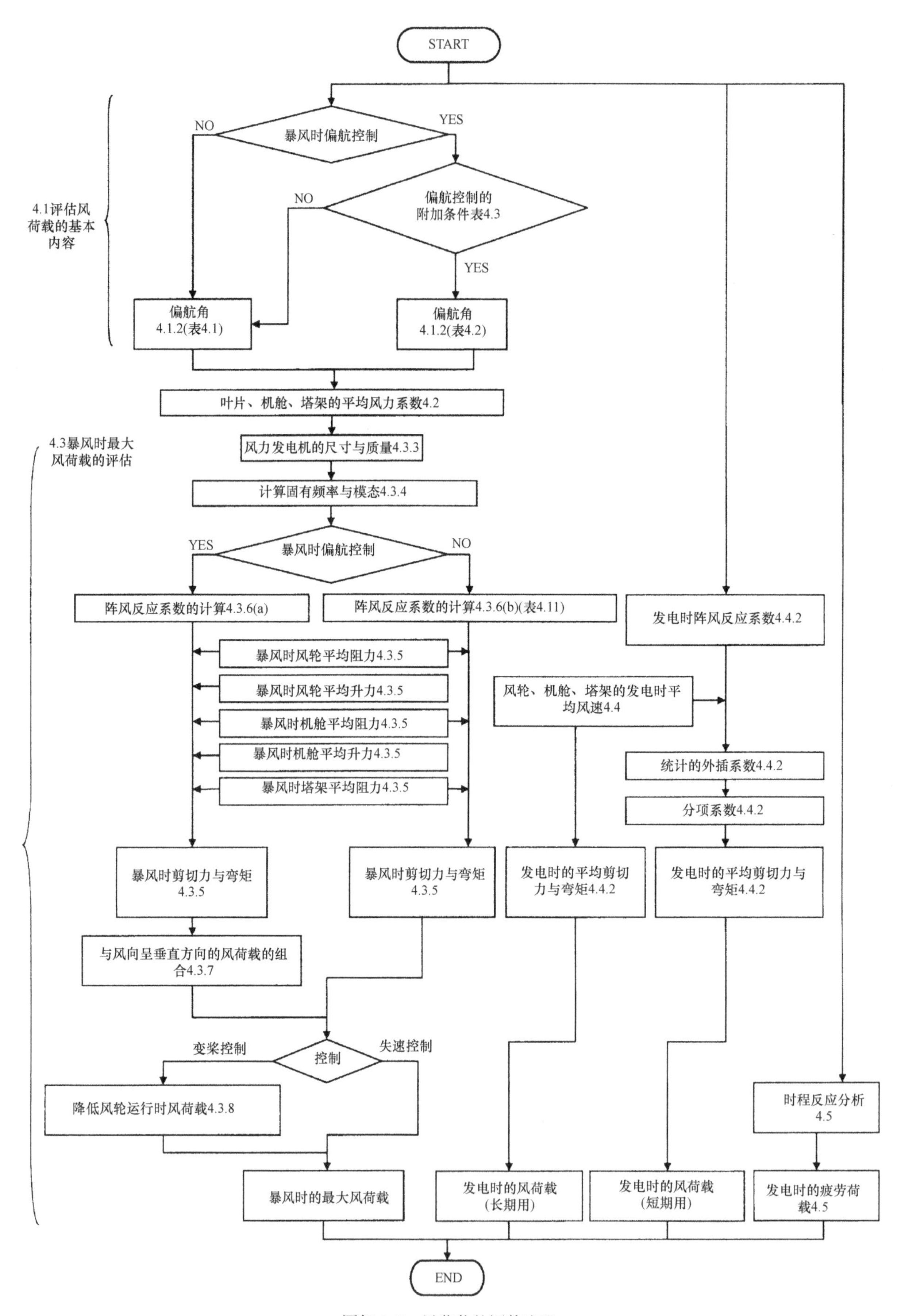

图解 2.3　风荷载的评估流程

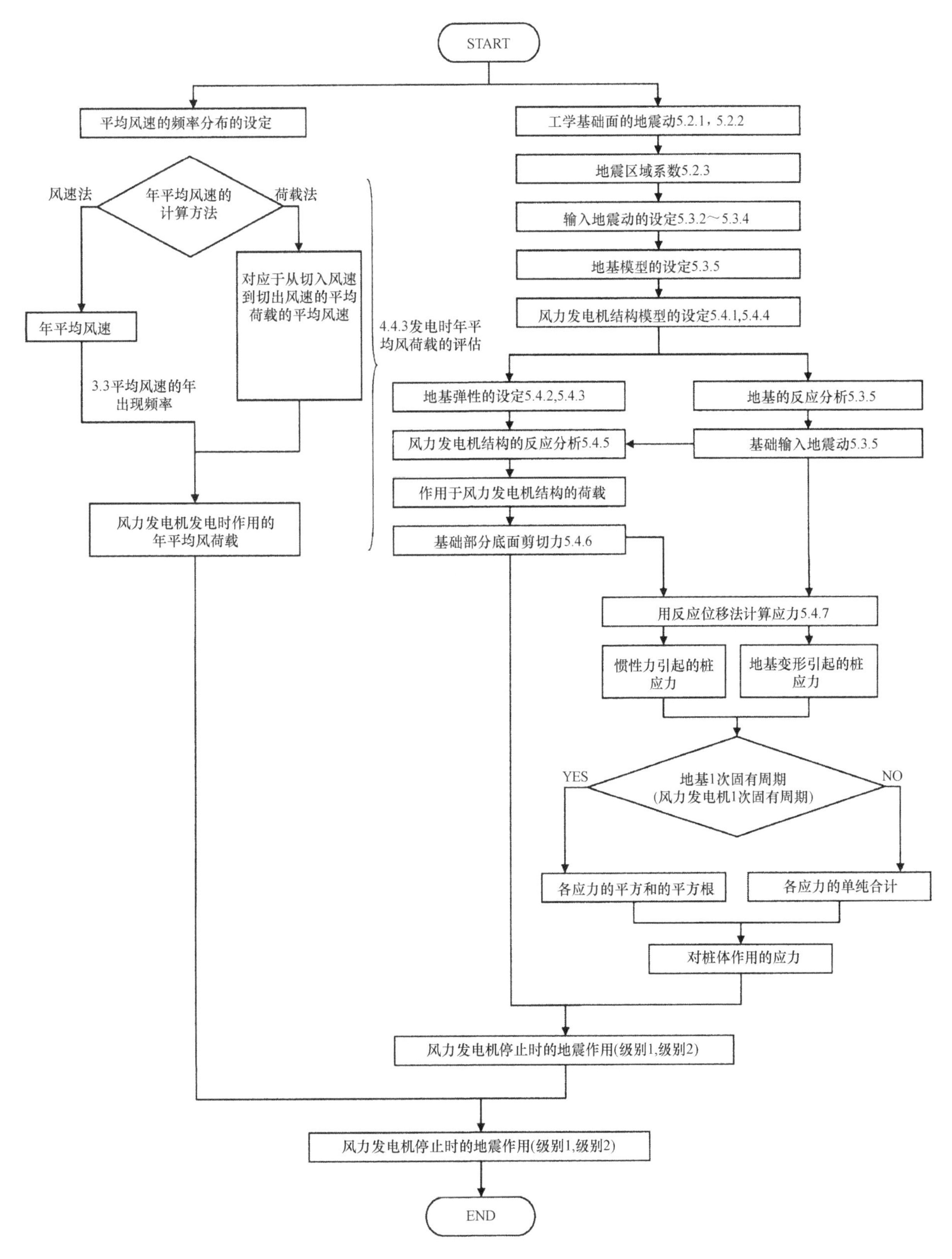

图解 2.4 地震时荷载的评估流程

SR 模型，该模型根据非线性的水平、旋转、竖直弹簧以及阻尼比把风力发电机组、基础与地基相互作用进行模型化。在 5.4.2 项以及 5.4.3 项中，就根据地基条件以及基础形式（直接基础、桩基础）以及支撑力的特性，设定了水平、旋转、竖直弹簧以及阻尼比。

在响应分析中，应用三阶模态考虑风力发电机组的固有频率，积分方法上采用 Newmark-β 法。此时应根据瑞利阻尼模式求阻尼矩阵。

如在基础中使用桩，桩反应的评估除了根据风力发电机组、基础的惯性力考虑作用于桩头的外力外，还应考虑地基位移所引起的外力。此时由于地基位移所产生的桩的反应谱根据反应位移法求得。

2.3.5　其他荷载的评估

永久荷载、堆积荷载、积雪荷载、波浪荷载应根据第 6 章所示的方法进行评估。

【解说】

其他荷载的评估流程如图解 2.5 所示。永久荷载以及堆积荷载应根据风力发电机组的实际情况进行

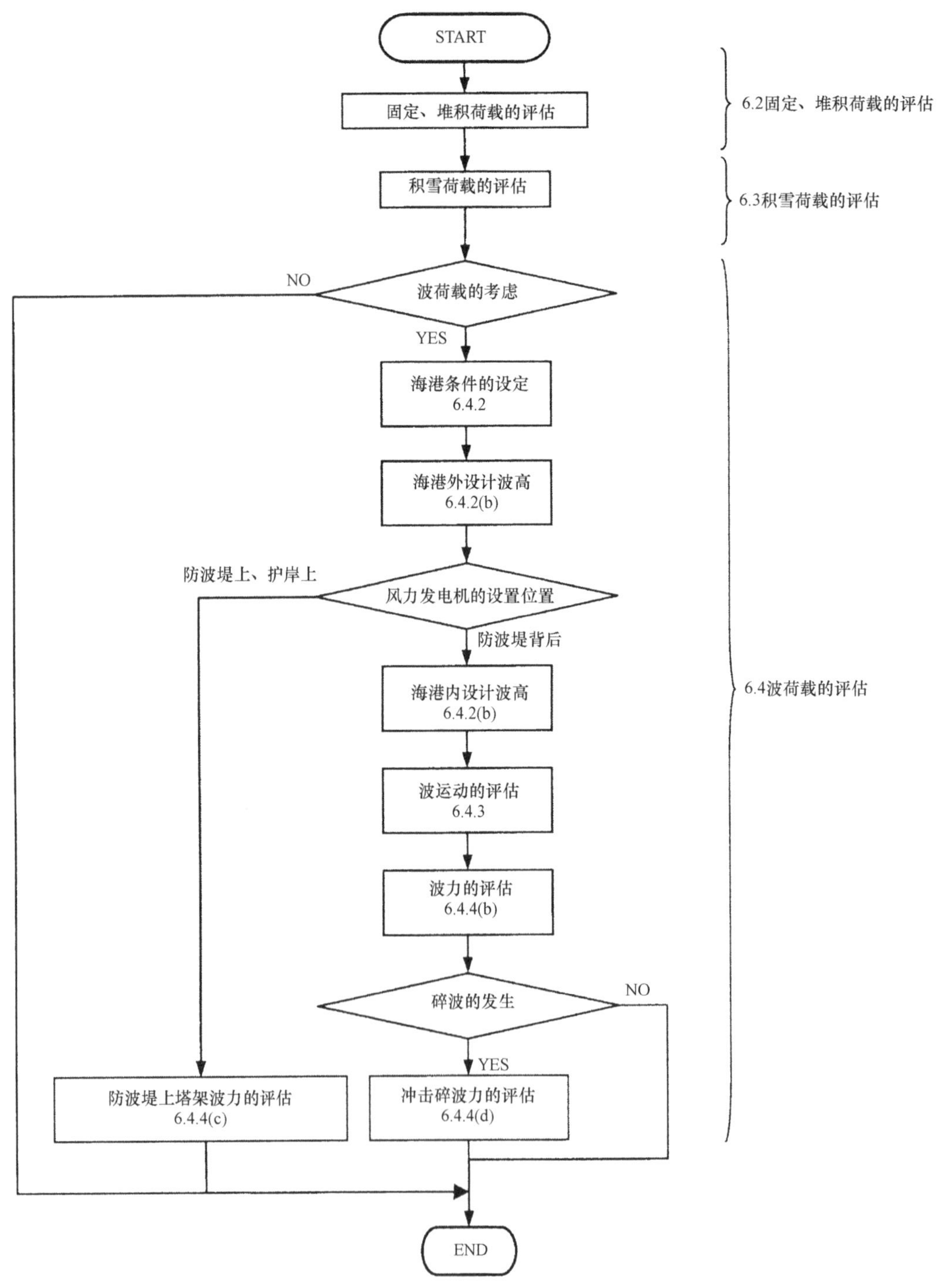

图解 2.5　其他荷载评估流程

计算。关于积雪荷载，设计垂直积雪量应根据《建筑基准法》规定的标准，采用特定行政机构规定的数值，该数值相当于50年再现期待值，并考虑由于该区域的局部地形原因所带来的影响等。

在6.4节中就作用于设置在防波堤、护岸上或防波堤后面的海里面的风力发电机组的波浪荷载进行了规定。但是在本节中，波浪荷载作为次要荷载，提供了相当于IEC 61400-3的DLC6.1b风暴时风力发电机组塔架中所产生的波浪荷载的计算方法。因此波浪荷载作为主要荷载的所谓海上风力发电机不属于本节规定的范围。

作用于风力发电机组塔架的波浪力应根据风力发电机组的设置位置进行计算，如风力发电机组设置在防波堤或面对大海的护岸上时，波高采用海港外设计的波高，应根据6.4.4（c）所示的波浪力的评估公式考虑波的影响。如风力发电机组设置在防波堤后面的大海中，应求海港内设计波高，采用6.4.4（b）所示的莫里森（Morrison）公式计算的波浪力。因此6.4.3说明了所需波的运动评估方法。

另外即使设置在防波堤背后，如果认为来自于海港外的波有直接的影响，应考虑冲击碎波。冲击碎波作用时，为了便于计算，应用莫里森（Morrison）公式计算的波浪力的非碎波成分加上冲击碎波成分进行计算。此时的冲击碎波成为应用6.4.4（d）进行评估。

另外本章所示的波浪荷载（非冲击碎波浪力成分）中，未考虑塔架的动态效果以及其所带来的流体力的影响。也就是说假设风力发电机组塔架是比较刚性的建筑物。如判断该假设是否合理，不能依据本章所示的方法，而应该通过合理的动态反应分析对波浪荷载进行评估。

2.4 结构计算

2.4.1 基本思路

（1）关于塔架、锚固部位、基础部分，我们采用根据指南计算得出的荷载对其结构进行计算，并对其应力与稳定性进行验证。

（2）按照荷载水平验证其应力。对于长期与短期荷载，原则上采用容许应力设计方法，而对于极罕见地震作用，可以按照临界状态设计方法进行评估。

【解说】

(1) 关于结构计算

如要设置风力发电设备，一般风力发电机（风轮、机舱）是作为产品从厂家采购的，负责建设电站的公司来建设塔架以及基础部分。因此在本指南中将对风力发电设备的塔架、基础部分的结构进行计算，并对其应力与稳定性进行验证。并且我们在第13章中所述的事故实例中，可以看到塔架基础部分受破坏的情况（基础混凝土的圆锥形破坏、锚栓的拔出等情况），在本指南中把塔架与基础的固定部分、也就是基座部分定义为锚固部位，并对锚固部位另设单独的章节进行说明，同时说明了其结构计算方法。

风力发电机塔架结构物的塔架、锚固部位、基础部分与风力发电机不同，现实情况中很难对其零部件进行更换。如果塔架、锚固部位、基础部分受损，就需要大费周折对其进行维修加固或进行重建。因此基础部分需要具备较稳定的使用性。

(2) 关于应力以及承载力验证

对结构物的应力以及承载力进行验证时，我们采用了容许应力法以及临界状态的相关方法。对风力发电设备塔架的使用性进行验证时，原则上采用了容许应力设计方法，但是塔架的连接部分以及开口部分、锚固部位的应力状态较为复杂，有时候只用容许应力设计方法不能做出较为合理的设计。此时如果通过确认整个塔架的安全性的方式，就可以不采用容许应力设计方法了。并且在本指南中，对于接头部分的结构设计计算公式（第7章）以及锚栓、锚环的拔出情况，通过FEM分析确认了结构计算公式(第8章。)

对于极罕见地震作用，可以根据临界状态设计方法进行评估。但是有时候根据结构部件的类型不同，会采用容许应力设计方法。比如作用于桩体的弯矩应低于桩体的最终弯矩，但是为了确保桩体的支撑力，桩体的剪切应力应低于短期容许应力。

2.4.2 塔架的结构计算

应按照第 7 章所示的方法计算塔架的结构。

【解说】

应按照第 7 章所示的方法计算塔架的结构，并确保塔架的安全性，使整个塔架具备合理的结构。塔架结构计算的流程如图解 2.6 所示。在本指南中，关于塔架的类型如 7.1.2 项所述，本指南就钢制圆筒形天线支撑式的塔架进行探讨，不对混凝土制、格构式、拉索支撑式的塔架进行探讨。

塔架的使用材料原则上以建筑基本法及施行法令、相关通知的规定为标准，关于建筑标准法中未规定的材料以及强度值，只能使用确认了其安全性的产品，如 7.2.2 项所述，应依照日本建筑学会钢结构设计标准。另外即使是不属于建筑标准法所指定的建筑材料，如果是确认了安全性的材料（SM570 钢材、强度分类 10.9 螺栓、柱螺栓、PC 钢绞线、建筑结构用夯桩等），可以批准使用。并且关于国外进口钢材，对其材质与 JIS 材料相同的 EN 材料进行了规定。

塔架的结构计算方法如 7.3 节的内容所示。7.3.4 节中所示的塔架筒身的结构计算依据日本建筑学会《容器结构设计指南及解说》为准。如同时受到屈曲与压缩力，则以弹性屈曲力为评估对象，对于弹性屈区应力的下限值的评估，根据半径板厚比较大的薄型圆筒受到轴压缩力的古典理论，局部屈曲应力的评估考虑了初始状态，并以 NASA 的试验公式为准。关于结构计算的顺序方面，首先应选择并确定使用材料，设定容许应力，接下来根据所给的荷载求筒身的平均压缩应力，压缩弯曲应力、剪切应力，压缩与剪切的容许应力的应力比确认小于 1，对塔架筒身的屈曲进行验证。

塔架筒身的接头以内侧无缝法兰接头以及内外法兰接头为标准，结构计算方法如 7.3.3 所示。另外也可以使用拼接板接头。关于结构计算的顺序是应先计算接头部分螺栓应力与法兰应力，再根据指南的内容确认是否低于容许应力。

塔架筒身下部的开口部分的结构计算以 7.3.4 项所述的塔架筒身的结构计算公式为准，我们提出了新的验证公式，也就是容许压缩应力乘以考虑了开口部分影响的降低系数。在此的容许应力降低系数以 GL 导则为标准，以 JIS 规格材料为评估对象，根据筒身半径、板厚、开口角度分别编写计算公式。所提出的结构计算公式适用于由于台风侵袭而倒塌的风力发电设备塔架，允许开口部分附近发生部分塑性化的情况，整个塔架都处在弹性范围内，并确认是较为合理的结构计算公式。关于结构计算的顺序与筒身的结构计算顺序一样，首先求开口部分的平均压缩应力、压缩弯曲应力、剪切应力，接下来确认压缩、剪切容许应力的应力比是否小于 1，并对开口部分的屈曲情况进行验证。

用锚栓固定塔架的基础或基座时，塔架根部的结构计算方法如 7.3.6 项所示。其中，应按照第 8 章的规定计算锚栓、锚板的结构，在此说明基板的结构计算方法。

风力发电机塔架的圆筒形断面中，钢制天线支撑式塔架属于本指南的评估范围，该筒身一般是钢板分割后再焊接的结构物，然后在当地用螺栓连接而成。疲劳损伤大多出现在焊接接头部分，因此应在筒身（每块钢板）的代表断面中，以焊接点为对象，对疲劳损伤程度进行评估。评估塔架筒身的焊接部分以及螺栓接合部分的疲劳损伤程度的详细内容分别如 7.4.2 项以及 7.4.3 项所示。

2.4.3 锚固部位的结构计算

应按照第 8 章所示的方法计算锚固部位的结构。

【解说】

锚固部位的结构计算方法如第 8 章所示。锚固部位的结构计算流程如图解 2.7 所示。

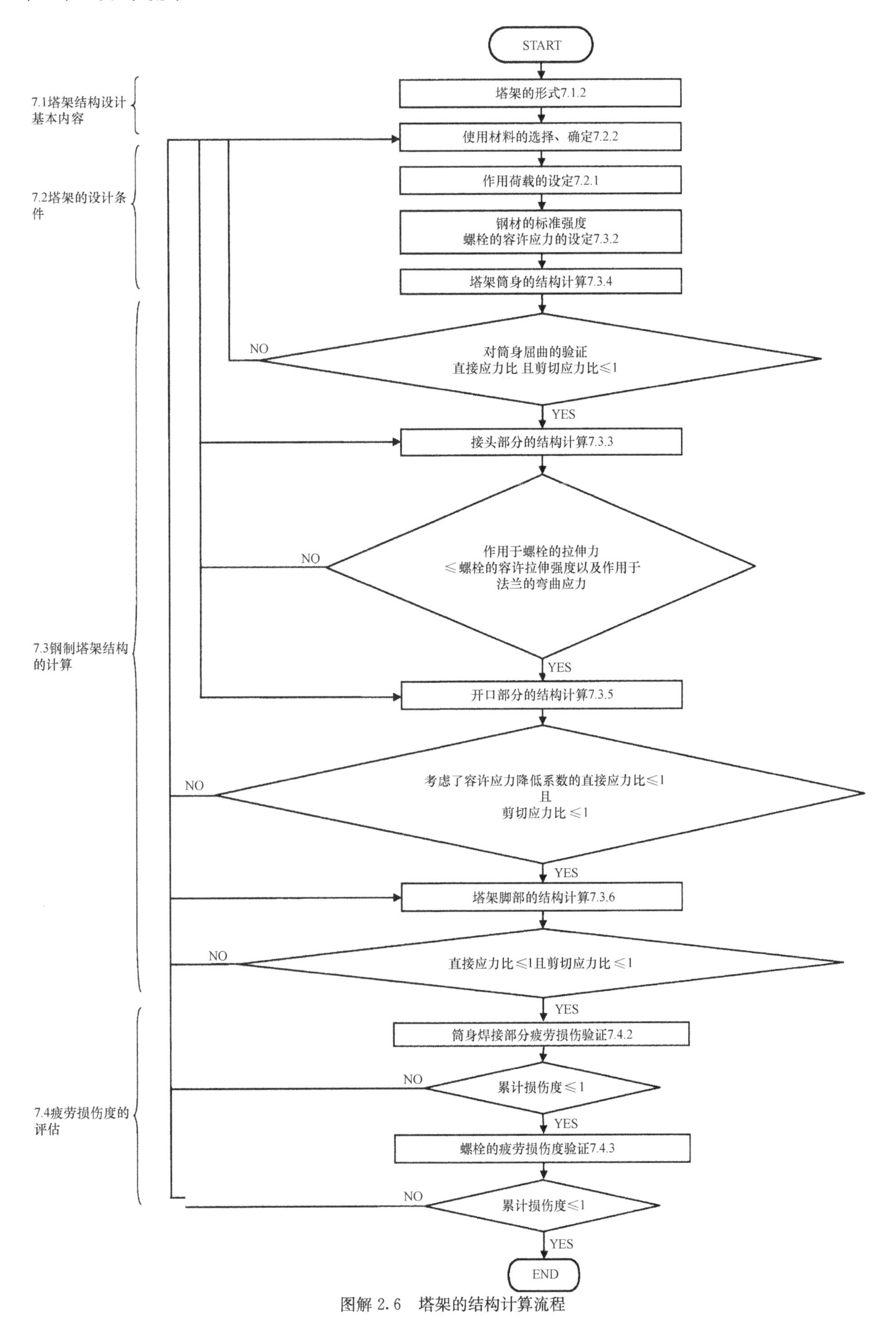

图解 2.6 塔架的结构计算流程

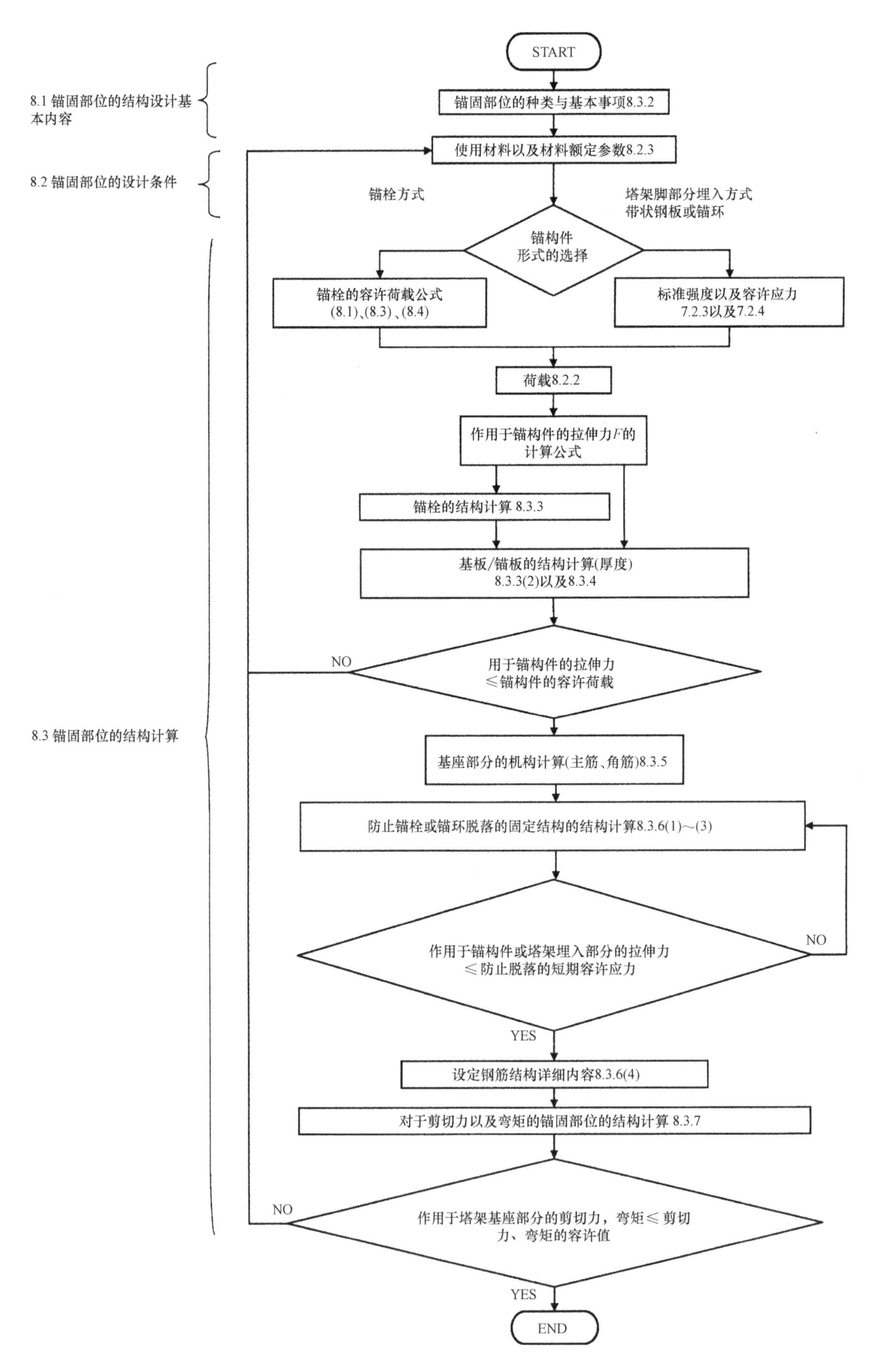

图解 2.7　锚固部位的结构计算流程

风力发电机设备塔架在受到强风袭击时可能会出现塔架开口部分弯曲倒塌以及锚固部位受到破坏的情况，因此在本指南中把锚固部位与基础部分进行分离，在第8章中说明了锚固部位的结构计算方法。由于会出现混凝土的圆锥形破坏情况，锚固部位会出现脱落的问题，因此关于这一点将以实际基础结构为对象，根据FEM分析结构提出了新的结构计算方法。

如8.1.2项中所述把塔架的压缩力通过基板传递，用过锚栓以及锚板传递拉伸力，本指南中所述的固定方式以这种锚栓方式为对象，但是不用锚栓方式，而是带板状的钢板或锚构建沿塔架圆周方向连续连接的锚环的方式，本指南也是可以适用的。

关于锚固部位的设计条件，如8.2节所述，8.2.2项中计算出锚固部位的结构计算中所使用的荷载，对8.2.3项中的使用材料以及材料额定参数进行设定，并对8.2.4项中的标准强度以及容许应力进行设定。

锚固部位的结构计算方法如8.3节所示。首先应按照8.3.3项的内容计算锚栓等锚构件的结构，并确认锚构件的作用拉伸力是否低于容许承载力。接下来根据8.3.4项的内容计算基板的结构，同时根据8.3.5项的内容计算基座部分的结构。在8.3.6项中假设了锚栓固定的形式遭到圆锥体破坏的情况，并对锚栓的脱落情况，计算钢筋混凝土部分的结构，验证圆锥形破坏的安全性问题，并且在8.3.7项中验证了剪切力以及弯矩的安全性问题。另外如采用带状钢板制造的锚栓以外的锚构件，或采用锚环时，也依据本规定进行计算。

2.4.4　基础部分的结构计算

应按照第9章所示的方法计算基础部分的结构。

【解说】

应按照第9章所示方法计算基础部分的结构，并确认其安全性。基础部分的结构计算流程如图解2.8所示。

如9.1.2项所述，基础部分包括直接基础形式以及桩基础形式，并就材料额定参数、容许应力、稳定计算、结构计算相关规范以及方法进行了说明。在本指南中的结构计算中，以容许应力的设计为基本，但是并没有否定可以采用临界状态设计方法。另外关于基础部分的设计，由于之前没有出现基础部分本身受到破坏的事故报告，因此将考虑目前的设计具体情况，就合理的设计方法进行说明。

如9.2节所述，对当地的地基情况进行调查，考虑施工条件以及经济性等因素，再确认基础部分的形式。基础部分的设计条件应该根据地基调查等的结果，来设定作用荷载、材料额定参数、容许应力。接下来在9.3节中介绍了直接基础形式的机构计算方法，以及在9.4节中介绍了桩基础形式的结构计算方法。

如果是直接基础形式，应根据9.3.3（a）～（b）项，就基础的地基支撑力、倾覆、滑动的稳定性进行计算，由于其前提是锚固部位的基座中起固定支撑作用的整个基础部分应该是刚性体，因此应根据9.3.3（e）项，确认基座是否是刚性体。接下来根据9.3.4项的内容进行结果计算。具体方法就是，确认混凝土、钢筋的弯曲应力应低于容许应力，而且混凝土的剪切力应低于容许剪切力。

如果是桩基础形式，应根据9.3.4（a）～（c）项的内容，确认桩体的垂直反作用力是否低于桩体的容许垂直支撑力，并且桩体的拉伸反作用力应低于桩体的容许拉伸力，之后再进行稳定性计算。接下来根据9.4.4项（a）～（f）的内容进行结构计算。根据9.4.4（e）项对长期与短期荷载时的桩体的应力进行计算，并验证是否低于容许应力。根据9.4.4（e）项的内容对级别2地震动的桩耐力进行探讨，并对桩体的屈曲耐力以及剪切耐力进行验证。接下来根据9.3.4以及9.4.4（f）项的内容，对基础以及桩体与基础的连接部分的结构进行计算。

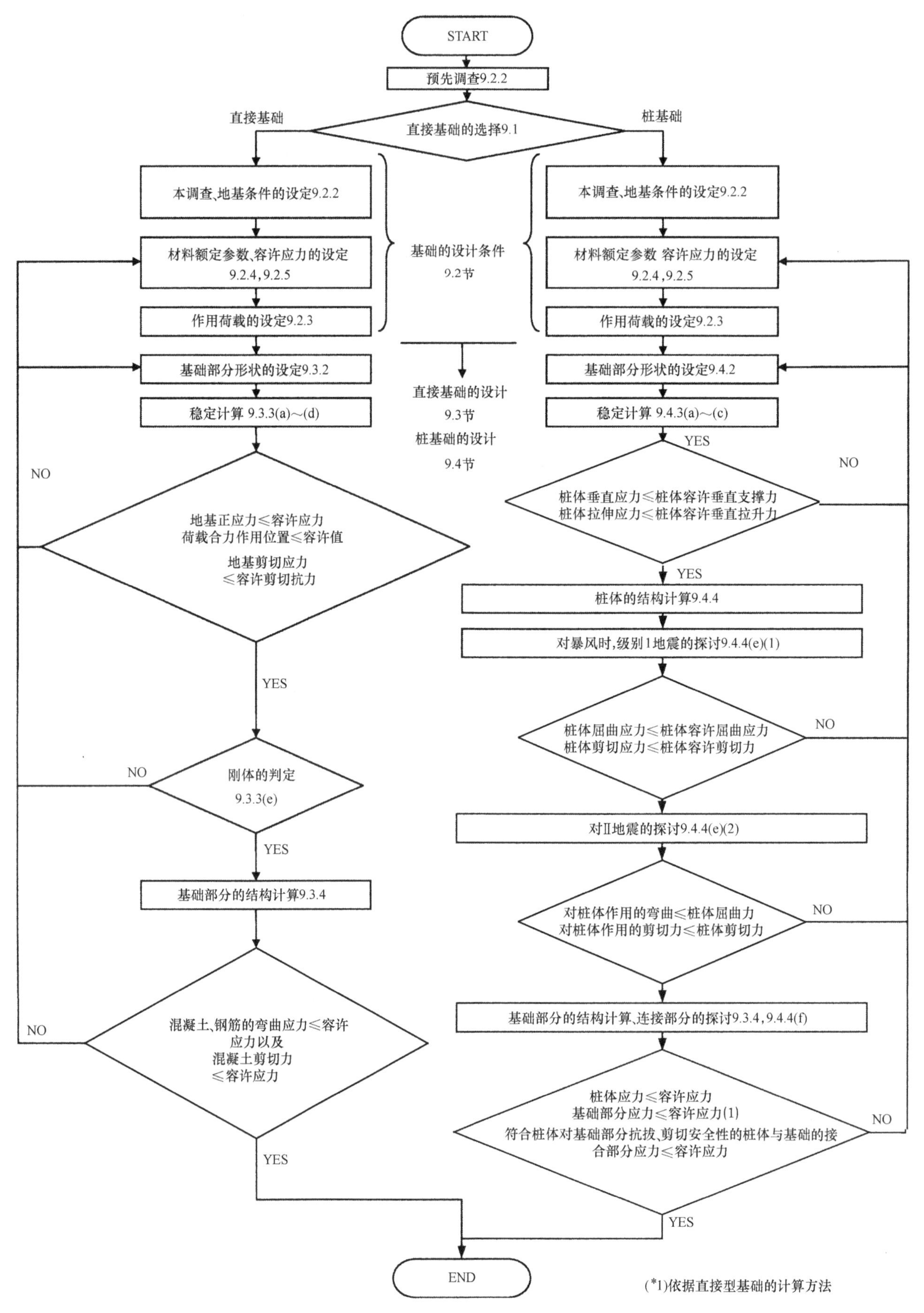

图解 2.8 基础部分结构计算流程

参考文献

[1] IEC 61400-1： WIND TURBINES，Part 1，Design requirements，Third edition，2005

[2] ISO2394：General principles on reliability for structures，Third edition，1998

[3] 土木学会：風力発電設備支持物構造設計指針・同解説 2007年版，2007

Ⅱ　荷载评价

第3章　设计风速的评估

3.1　设计风速评估的基本内容

3.1.1　适用范围

为了获得风力发电机组塔架的结构设计所必需的暴风时最大风荷载、发电时风荷载以及疲劳荷载，本章将确定平均风速、湍流强度以及其他湍流统计量。

【解说】

在日本由于台风、复杂地形等原因，设计风速和湍流强度往往要大于国际标准IEC61400-1[1]中规定的数值。因此，在建设风力发电机组时，有必要根据现场的风力条件确定风机和塔架结构的安全性。这时，有必要考虑暴风时最大风荷载、发电时风荷载以及疲劳荷载等荷载情况。本章将规定为求得这些风荷载所必需的平均风速、湍流强度以及湍流统计量。

3.1.2　风条件评估的基本内容

暴风时最大风荷载对应的50年重现期的设计风速以及湍流强度应考虑到各地域由台风来袭频率及强度而定的基准风速、局部地形影响、粗糙度类别、距离地面高度等因素，可根据3.2节所示的方法进行计算。

计算疲劳荷载时必要的平均风速的出现频率分布以及随风速变化的湍流强度应基于现场实测数据根据3.3节所示的方法进行计算。

脉动风速的功率谱、积分尺度、空间相关等湍流统计量在任何荷载情况下均采用同样的模型根据3.4节所示的方法进行计算。

【解说】

在本指南中，50年重现期的设计风速是在各地域由台风来袭频率及强度而定的基准风速的基础上，乘以基于当地的粗糙度类别求得的高度修正系数和考虑地形影响的平均风速增减系数而求得。另外，此时的湍流强度可按照日本建筑学会《建築物荷重指針・同解説2004年版》[2]，在基于粗糙度类别求得的随高度变化的湍流强度的基础上乘以考虑地形影响的增减系数而求得，也可以基于现场实测数据求得。此外，建筑标准法中在确定地面粗糙度分类时，给出了包含在行政城市规划域里的地面粗糙度分类，但是本指南将按照日本建筑学会《建築物荷重指針・同解説2004年版》[2]基于地面状况来确定。然而，在地面粗糙度分类比建筑标准法规定的分类粗（低风荷载）的情况下，应依据建筑标准法中规定的粗糙度分类进行确定。

考虑疲劳荷载时必要的平均风速出现频率分布为Weibull分布，湍流强度可根据IEC61400-1[1]规定的模型应用现场实测数据求得。

关于顺风向以外的湍流强度、脉动风速的功率谱、积分尺度、空间相关等湍流统计量均采用轮毂高度处的对应值，此值按照国际标准IEC 61400-1[1]中的规定来确定。

3.2　暴风时风荷载评估用的50年重现期风速的评估

3.2.1　50年重现期风速的评估

(a)　50年重现期风速的评估方法

轮毂高度处对应的设计风速 U_h 可由基准风速 V_0 乘以考虑地形影响的平均风速增减系数 E_{tV} 和高度修正系数 E_{pV} 而确定，如式（3.1）所示。

$$U_h = E_{tV} E_{pV} V_0 \tag{3.1}$$

【解说】

本指南采用和日本建筑学会《建築物荷重指針・同解説 2004 年版》[2] 相同的公式来评估设计风速。2000 年建设省告示第 1454 号也规定了应考虑风速的垂直分布和地形影响。

（b）　基准风速

基准风速 V_0 是平坦地面粗糙度类别Ⅱ的离地高度 10m 处的重现期为 50 年的 10 分钟的平均风速，采用 2000 年建设省告示第 1454 号第 2 章（第 13 章参照）中所示的各市、町、村的基准风速。

【解说】

基准风速是平坦地形粗糙度类别为Ⅱ的离地高度 10m 处对应的风速，是在考虑台风来袭频率及强度之后确定的值。本指南采用了 2000 年建设省告示第 1454 号规定的基准风速值。此外，由于之后市、町、村的合并，现在的市、町、村划分已和 2000 年建设省告示第 1454 号中所示的划分有所不同，但是基准风速的设定仍按照 2000 年当时的市、町、村划分来采用。图解 3.1 给出了 2000 年建设省告示第 1454 号中所示的各市、町、村的基准风速值。

（c）　粗糙度类别的设定和高度修正

（1）风力机建设地点的地面粗糙度类别可通过建筑标准法确定或根据风力发电机组支撑结构周围的地面情况按表 3.1 确定。在应用表 3.1 时，在以风力机建设地点为中心，以轮毂高度（H_h）的 40 倍和 3km 中的较小值为半径的圆形区域内，以最平滑的地面粗糙度类别作为此风力机建设场地的地面粗糙度类别为好。

地面粗糙度类别的分类　　表 3.1

地面粗糙度类别	建设地周边的地表面情况
Ⅰ	类似海面或湖面等基本无障碍物的地域
Ⅱ	有类似田地、草原等农作物障碍物的地域，树木、低层建筑物等较分散的地域
Ⅲ	树木、低层建筑物较多的地域，中层建筑物（4～9 层）较分散的地域
Ⅳ	中层建筑物较集中的市区地域

（2）平坦地形上的轮毂高度处的平均风速的高度修正系数 E_{pV} 可根据地面粗糙度类别通过式（3.2）计算。

$$E_{pV} = \begin{cases} 1.7\left(\dfrac{H_h}{Z_G}\right)^{\alpha} & Z_b < H_h \leqslant Z_G \\ 1.7\left(\dfrac{Z_b}{Z_G}\right)^{\alpha} & H_h \leqslant Z_b \end{cases} \tag{3.2}$$

这里，H_h 为轮毂高度（m）；Z_b，Z_G，α 为表示平均风速的垂直分布的参数，可根据由表 3.1 确定的地面粗糙度类别，通过表 3.2 确定。

用于确定平均风速的高度修正系数的参数

表 3.2

地面粗糙度类别	Ⅰ	Ⅱ	Ⅲ	Ⅳ
Z_b(m)	5	5	10	20
Z_G(m)	250	350	450	550
α	0.1	0.15	0.2	0.27

另外，高度 Z 处的平均风速的高度修正系数可通过在式（3.2）中将 H_h 代换为 Z 来求得。

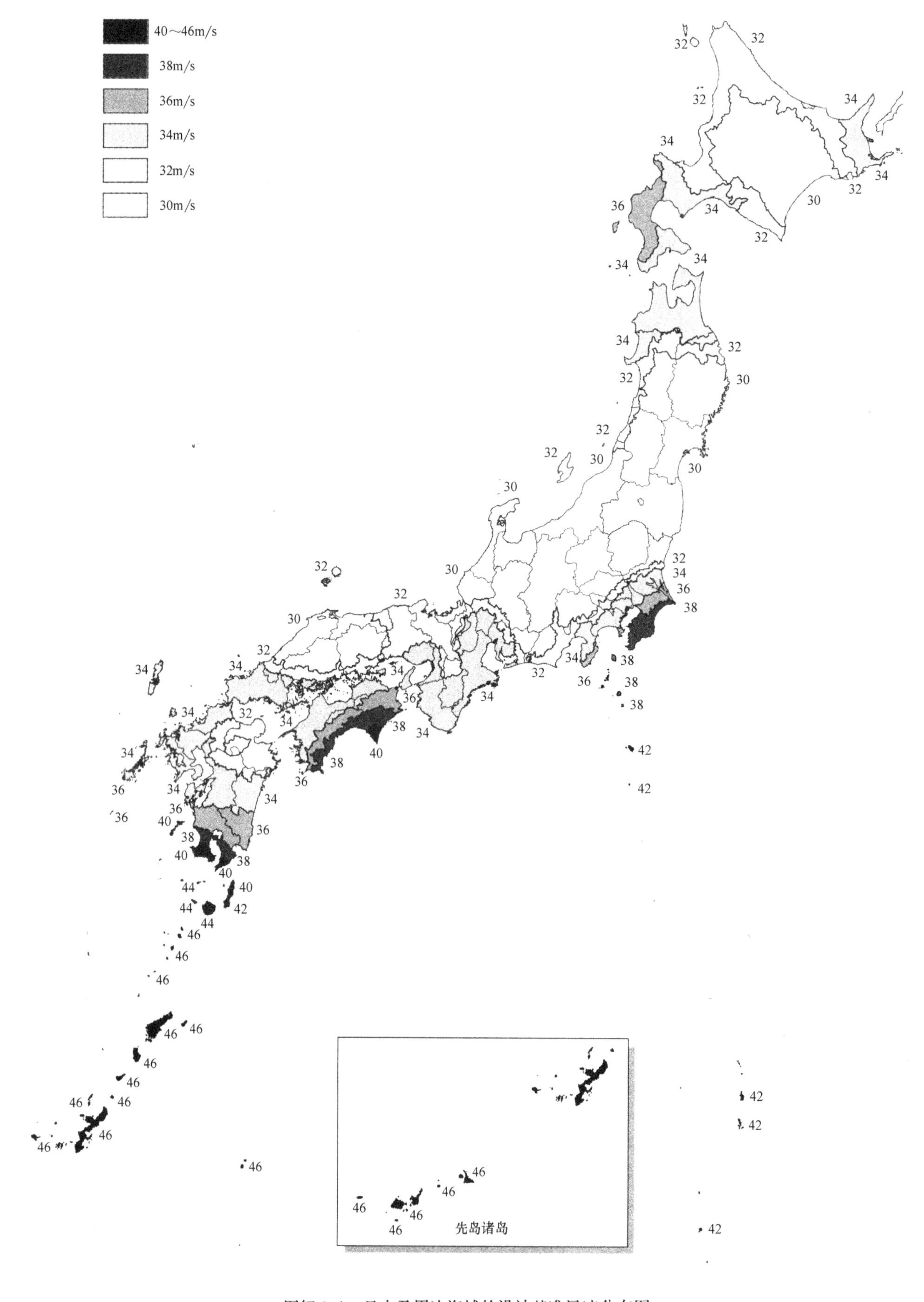

图解 3.1 日本及周边海域的设计基准风速分布图

【解说】

由于高度修正系数 E_{pV} 是地面粗糙度的函数，因此有必要确定对象地点的地面粗糙度类别。在 2000 年建设省告示第 1454 号中规定了各市、町、村的粗糙度类别，但是实际的物理粗糙度类别有时会和规定有所不同。在本指南中，当物理粗糙度类别比 2000 年建设省告示第 1454 号中规定的粗糙度类别偏于安全时，也可通过设计者的判断采用符合实际情况的粗糙度类别。图解 3.2 给出了本指南中假设的粗糙度类别的例子。另外，当实际的风力机建设地点旁边混有不同的粗糙度类别的土地时，以地面粗糙度的影响范围（以建设地点为中心以风力机轮毂高度 H_h 的 40 倍和 3km 中的较小值为半径的圆形区域内）内最平滑的粗糙度类别作为此风力机建设场地的粗糙度类别为好。

(*a*) 地面粗糙度类别Ⅰ　(*b*) 地面粗糙度类别Ⅱ

(*c*) 地面粗糙度类别Ⅲ(平坦地形)　(*d*) 地面粗糙度类别Ⅲ(复杂地形)

图解 3.2　本指南中假设的地面粗糙度类别的例子

图解 3.3 表示了不同地面粗糙度类别下轮毂高度处的平均风速的高度修正系数 E_{pV}（P）随轮毂高度的变化。另外，复杂地形情况时可按地形平坦时的地面粗糙度类别对应的高度修正系数计算。

【与其他法规、基准、指南等的关联】

2000 年建设省告示第 1454 号中，按照建设地点是否包含在城市规划区域内及离海岸线的距离等划分为Ⅰ～Ⅳ的地面粗糙度类别。另一方面，日本建筑学会《建築物荷重指針・同解説 2004 年版》A6.1.5[2] 中在建设地点的上游测，考虑 $40H_h$ 和 3km 以内的扇形区域，在各风方向划分为Ⅰ～Ⅴ的地面粗糙度类别。本指南中，由于大型风力机不会建设在高层建筑集中的市区内，所以不采用地面粗糙度类别Ⅴ。

2000 年建设省告示第 1454 号中，规定平均风速的高度修正系数采用式（3.2）进行计算。另外，日本建筑学会《建築物荷重指針・同解説 2004 年版》A6.1.5[2] 中也采用了同一公式。

(d) 考虑地形影响的平均风速增减系数

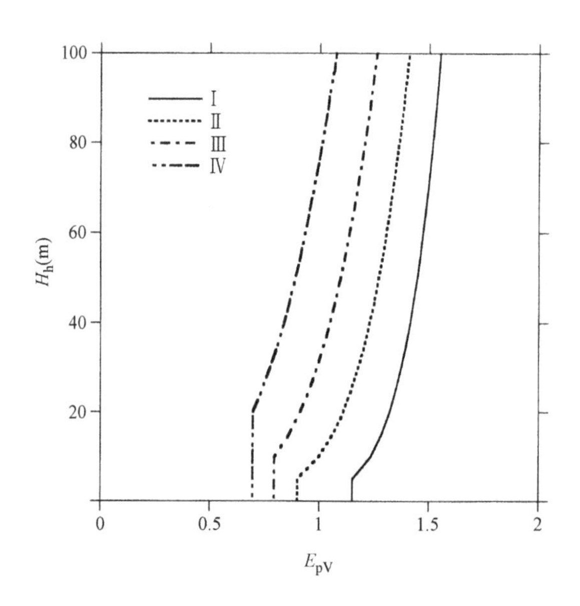

图解 3.3　本指南规定的平均风速的高度修正系数的垂直分布

考虑地形影响的平均风速增减系数 E_{tV} 和验证目标风向 θ_d 可通过以下任意一种方法求得。

1）不考虑风向特性的方法

考虑地形影响的平均风速增减系数 E_{tV} 可基于实际地形和平坦地形的各风向的气流解析结果，由式（3.3）确定。

$$E_{tV}=\max(E'_{tV},\ 1),\ E'_{tV}=\max_{\theta}\left(\frac{U(x,\ y,\ H_h,\ \theta)}{U^P(x,\ y,\ H_h)}\right) \tag{3.3}$$

这里，$U(x,\ y,\ H_h,\ \theta)$ 为通过气流解析求得的实际地形上的风力机建设地点的轮毂高度处的 θ 风向的平均风速，$U^P(x,\ y,\ H_h)$ 为地面粗糙度类别 P 的平坦地形上的通过气流解析求得的风力机建设地点的轮毂高度 H_h 处的平均风速。另外，验证目标风向 θ_d 为各风向下的平均风速增减系数最大时对应的风向。

2）考虑风向特性的方法

考虑地形影响的平均风速增减系数 E_{tV} 可基于针对风力机建设地点的台风数值模拟结果，由式（3.4）确定。

$$E_{tV}=\max(E'_{tV},\ 1),\ E'_{tV}=\frac{U_{50}(x,\ y,\ H_h)}{U^P_{50}(x,\ y,\ H_h)} \tag{3.4}$$

这里，$U_{50}(x,\ y,\ H_h)$ 为由台风数值模拟结果通过统计分析求得的风力机建设地点的轮毂高度 H_h 处的具有 50 年重现期的年最大风速，$U^P_{50}(x,\ y,\ H_h)$ 为地面粗糙度类别 P 的平坦地形上的轮毂高度处的具有 50 年重现期的年最大风速。另外，验证目标风向 θ_d 为 $U_{50}(x,\ y,\ H_h)$ 对应的风向。

【解说】

地形和地面粗糙度的变化会使地表面附近的风速产生大的变化。一般情况下可见山顶部的风速会变大，山背部的风速会变小，湍流会增大。

下面给出几个由于地形影响使风速增加和减小的例子。首先，图解 3.4 表示的是二维山脊周围通过数值流体解析求得流场的例子[3]。为了考察地形的倾角变化对流畅产生的影响，分别对二维山脊的平均倾角（$\theta=\tan^{-1}$（L/H））为 2.9°、5.7°、11.3°、21.8°、38.7° 5 种情况进行数值流体解析。

图解 3.5 给出了 3 种代表情况（5.7°、11.3°、21.8°）对应的流场的流线。平均倾角 5.7°（L/H=5）的情况下，流场未出现分离，山脊周围的流场流线几乎呈对称状态。平均倾角为 11.3°（L/H=

2.5）时，山背部的流场略出现分离，这种分离只在近壁面处可见。进而当倾角超过 21.8°（L/H=1.25）时，山背部形成了大的分离泡，流线变成封闭环状。这种情况下，山背部的流场呈现出和来流完全不同的性质，山的迎风面和背封面的风速不再对称。

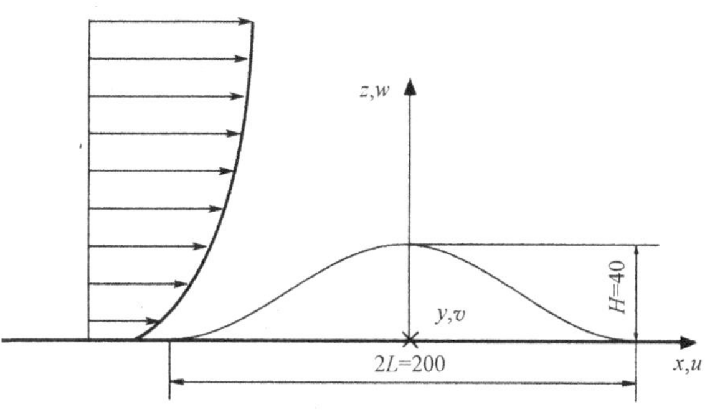

图解 3.4 本指南采用的二维山脊的断面图

图解 3.6 表示的是地面附近的平均风速增减系数在流动方向上的变化。山脚处的增减系数小于 1，表示流动速度减小。这种风速的减小是随着山倾角的增大而增大。另外，此时山顶处的风速比大于 1，表示流动速度增大。这种风速的增大不随着山倾角的增大而单调增大，平均倾角为 11.3°时达到最大。此外，任何情况下，风速比在流动方向上的分布都是不对称的，背风面比迎风面的风速要小。而且可见风速的增速率的最大值出现在山顶略偏向风上游处的特征。这种特征随山倾角的减小而变得更明显。

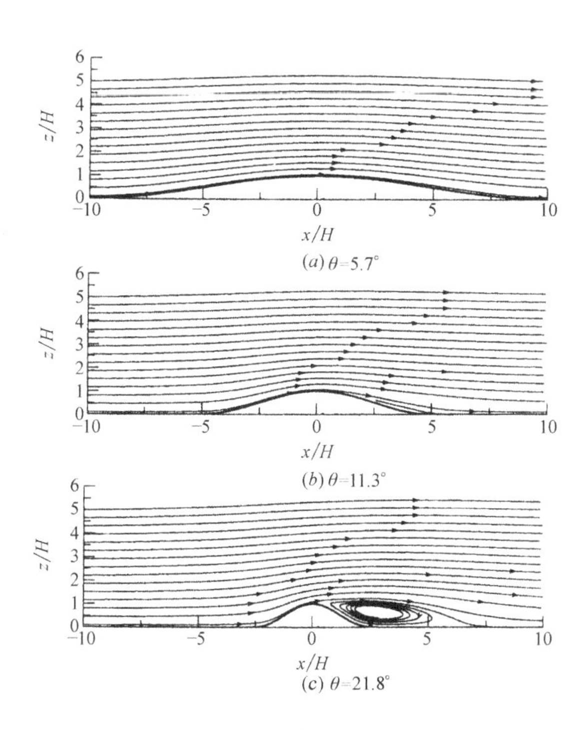

图解 3.5 二维山脊周围的流场流线

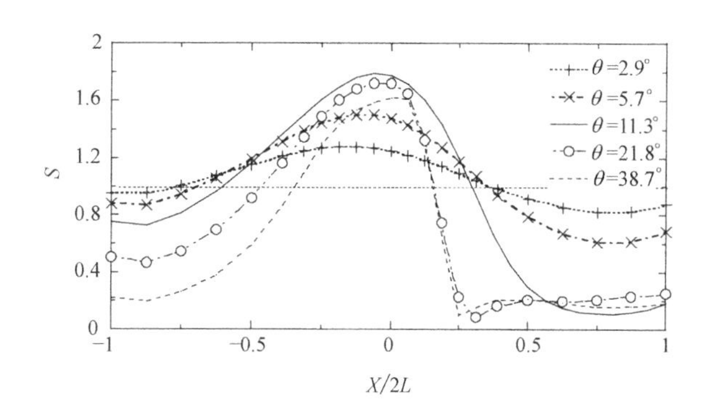

图解 3.6 地面附近的增减系数在流动方向上的变化

复杂地形上平均风速的增减系数也会随风向而变化。这里以北海道积丹半岛实际地形模型的风洞实验结果[3]来举例说明。图解 3.7 所示的 B 点处的各风向的平均风速及脉动风速的增减系数如图解 3.8 所示。当由山谷向上吹来的南风时，地面以上 20m 高度处的平均风速增减系数超过 1.4，但是西南风时反向下降到了 0.9，由此可见风速减小。

由以上结果可见，对于复杂地形上建设的风力机，由于平均风速有可能超过平坦地形上的平均风速，因此通过数值流体解析等方法，获得考虑风速增减后的设计风速变得非常重要。

通过数值流体解析求得地形产生的增速效果时，进行了图解 3.9 所示的两种解析。一种是平坦地形（和地面粗糙度类别 P 同样的地形）上的解析（图解 3.9a），另外一种是实际地形（含实际的起伏和地面租糙度的地形）上的解析（图解 3.9b）。两种解析里的来流风采用地面粗糙度类别 P 对应的平均风速的垂直分布。实际地形上的解析是对所有风向进行，但由于平坦地形上的解析不依赖于风向，所以只进行一种情况即可。例如，当考虑 16 个风方向时，各风向的实际地形上的 16 种情况加上平坦地形上的 1

种情况，共进行 17 种情况的解析即可。

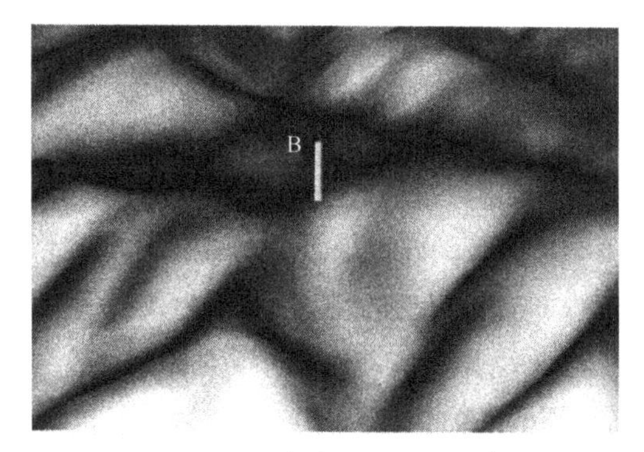

图解 3.7 复杂地形上的 B 点

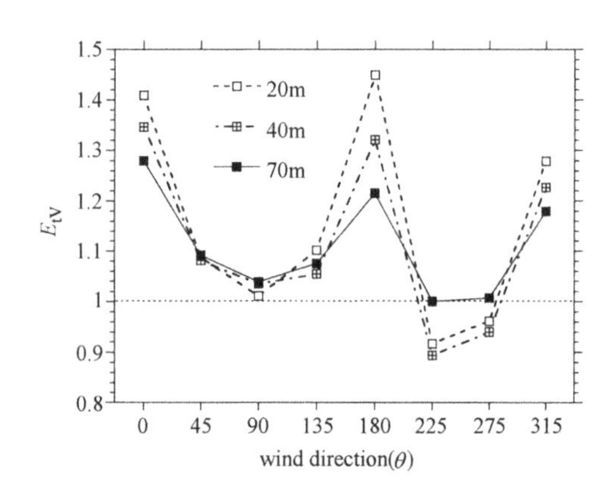

图解 3.8 B 点处的各风向的平均风速增减系数

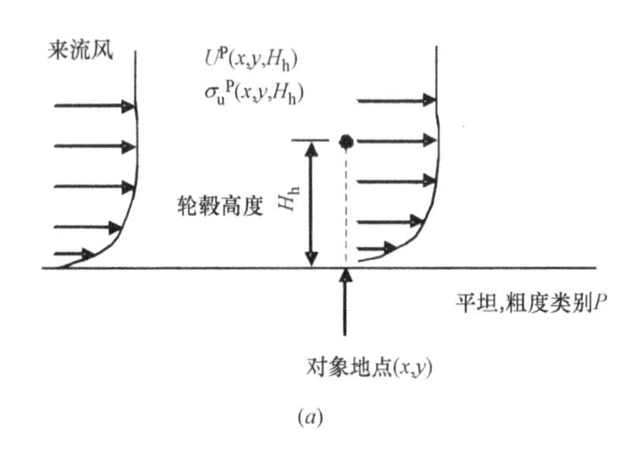

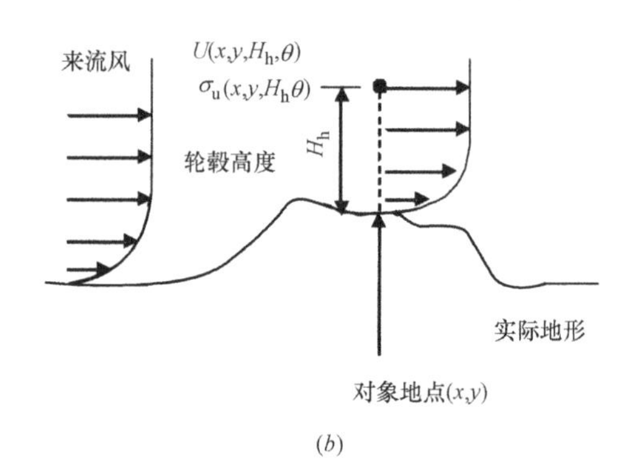

图解 3.9 求得增减系数的数值解析

通过数值流体解析求得 $U(x, y, H_h, \theta)$ 和 $U^{P}(x, y, H_h)$ 之后，两个的比值就可以求得地形产生的各个风向的平均风速增减系数。由这样求得的地形产生的各风向的平均风速增减系数获得设计用的平均风速增减系数的方法有两种。第一种方法是不考虑风向特性只考虑地形产生的增速的方法；第二种方法是台风时的风向特性和地形产生的平均风速增减系数同时考虑的方法。

不考虑风向特性的方法是按照式（3.3）所示，以地形产生的各风向的平均风速增减系数中的最大值作为平均风速增减系数。这种方法由于不考虑台风时的风向特性而采用增减系数的最大值，通常是偏安全的估计。例如，尽管东风的出现频率很低，但东风时的平均风速增减系数是最大的情况下，将此值用于设计中，就偏安全地估计了设计风速。

另一方面，日本 50 年重现期的年最大风速主要受台风影响。通过由台风模拟求得年最大风速[6~8]，可以同时考虑台风时的风向特性和地形产生的平均风速增减系数[9]。图解 3.10 表示的是通过台风模拟求得的地形产生的平均风速增减系数的例子。图解 3.10（b）所示的细实线为平坦地形上的年最大风速的非超越概率，粗实线为实际地形上的年最大风速的非超越概率，点线为台风产生的年最大风速的观测值。通过实际地形上的 50 年重现期的年最大风速 $U_{50}(x, y, H_h)$ 和平坦地形上的 50 年重现期的年最大风速 $U_{50}^{P}(x, y, H_h)$ 的比值求得的增减系数为 1.43，而图解 3.10（a）所示的各风向的平均风速增减系数中的最大值为 1.51。由此可见，考虑台风时的风向特性可使平均风速增减系数减小。

【与其他法规、基准、指南等的关联】

2000 年建设省告示第 1454 号中注明了“由于局部地形和地物的影响使平均风速增大或减小时，这个影响必须考虑”。

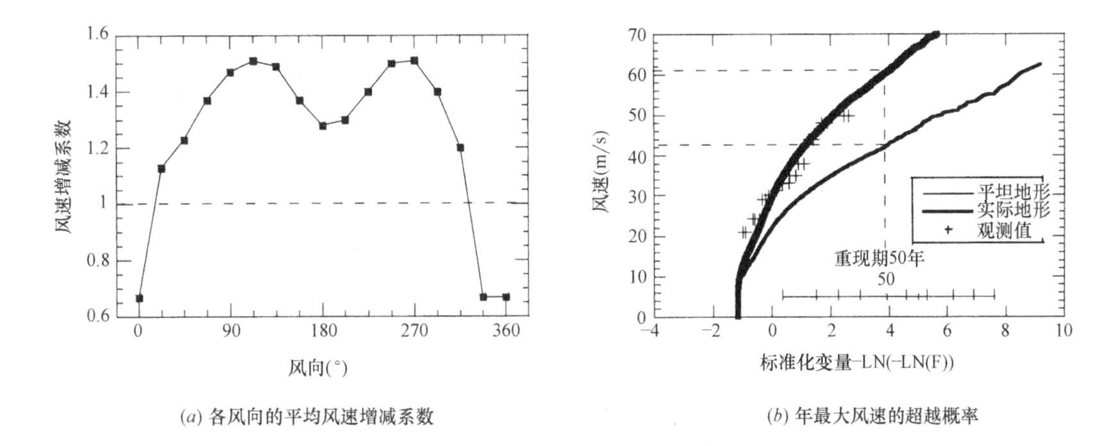

(a) 各风向的平均风速增减系数

(b) 年最大风速的超越概率

图解 3.10 通过台风模拟求得的地形产生的平均风速增减系数的例子（室户岬）[9]

日本建筑学会《建築物荷重指針・同解説 2004 年版》A6.1.5[2]中规定了采用平均风速增减系数。但是，平均风速增减系数必须大于1，不可以小于1。对于复杂地形上的平均风速增减系数的计算方法，注明了“当建筑物建造在复杂地形上时，建议通过风洞试验和数值流体计算来考察地形对风速的增减效果”。

Germanischer Lloyd（以下称 GL）[5]的指南中通过地形的平均倾斜以及距离平均倾斜面的偏离，有判断地形是否为复杂地形的标准。当地形被判定为复杂地形时，要考虑地形的影响。

3.2.2 50年一遇风速时的湍流强度的评估

(a) 50年一遇风速时的湍流强度的评估

轮毂高度处的设计风速的湍流强度在顺风向的分量 I_{h1} 可通过平坦地形上的湍流强度 I_P 乘以地形产生的湍流强度的修正系数 E_{tI} 求得，如式（3.5）所示。

$$I_{h1}=E_{tI}I_P \tag{3.5}$$

【解说】

本指南采用和日本建筑学会《建築物荷重指針・同解説 2004 年版》[2]中相同的公式来估计湍流强度。

(b) 平坦地形的湍流强度

轮毂高度处的平坦地形上的湍流强度 I_p 对应不同地面粗糙度类别，可通过式（3.6）计算。

$$I_P=\begin{cases}0.1\left(\dfrac{H_h}{Z_G}\right)^{-\alpha-0.05} & Z_b<H_h\leqslant Z_G\\[2ex] 0.1\left(\dfrac{Z_b}{Z_G}\right)^{-\alpha-0.05} & H_h\leqslant Z_b\end{cases} \tag{3.6}$$

这里，H_h 为轮毂高度（m）；Z_b，Z_G，α 为表示风速的垂直分布的参数，对应地面粗糙度类别，可通过表3.2确定。另外，高度 Z 处的湍流强度可通过在式（3.6）中将 H_h 代换为 Z 来求得。

【解说】

平坦地形上的湍流强度是地面粗糙度的函数。图解3.11表示了平坦地形上不同地面粗糙度类别的湍流强度随轮毂高度的变化。

【与其他法规、基准、指南等的关联】

日本建筑学会《建築物荷重指針・同解説 2004 年版》A6.1.5[2]中采用式（3.6）描述湍流强度的

垂直分布。另外，IEC 61400-1[1]对于标准风力机在暴风时的湍流强度无论任何地面粗糙度类别一律定义为0.11。此值和本指南规定的湍流强度的关系如图解3.12所示。横轴为地面粗糙度类别，虚线为本指南的轮毂高度为50m处的湍流强度，而实线为轮毂高度为70m处的湍流强度。由此图可见，IEC 61400-1[1]规定的湍流强度几乎和粗糙度类别Ⅰ相对应。另外，由于IEC 61400-1[1]中将代表平均风速的垂直分布的指数α定义为0.11，因此标准风力机的风荷载的评估采用粗糙度类别Ⅰ的气流。

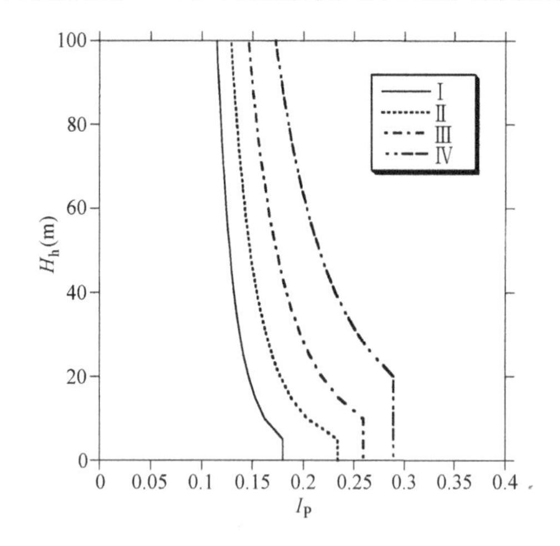

图解3.11 本指南规定的平坦地形上的湍流强度

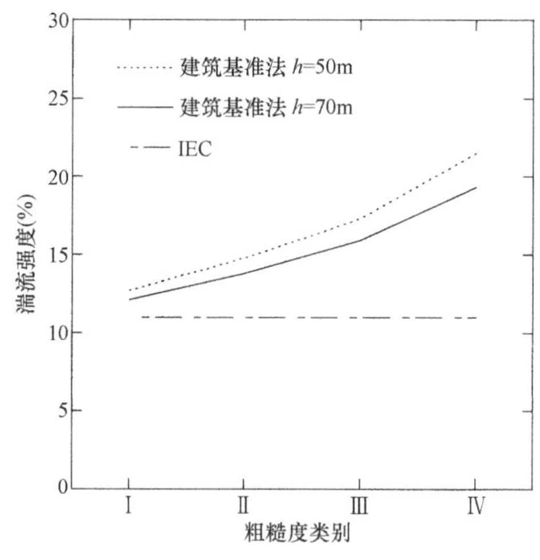

图解3.12 本指南和IEC 61400-1[1]规定的湍流强度的比较

（c）地形产生的湍流强度的修正系数

地形产生的湍流强度的修正系数E_{tI}可通过下式确定。

$$E_{tI}=\max(E_{tS}/E'_{tV},\ 1) \tag{3.7}$$

这里，E'_{tV}可通过3.2.1（d）项求得。另外，地形产生的脉动风速的修正系数E_{tS}可通过式（3.8）确定。

$$E_{tS}=\frac{\sigma_u(x,\ y,\ H_h,\ \theta_d)}{\sigma_u^P(x,\ y,\ H_h)} \tag{3.8}$$

这里，$\sigma_u(x,\ y,\ H_h,\ \theta_d)$为实际地形上的验证目标风向$\theta_d$下的轮毂高度$H_h$处的顺风向脉动风速的标准差，$\sigma_u^P(x,\ y,\ H_h)$为地面粗糙度类别P的平坦地形上的轮毂高度$H_h$处的顺风向脉动风速的标准差。

【解说】

地形产生的湍流强度的修正系数可由脉动风速的修正系数和平均风速的增减系数的比值通过式（3.7）求得，这个值和平均风速的增减系数一样不能小于1，但是脉动风速的修正系数可小于1。另外，脉动风速的修正系数可按照3.2.1（d）项表示的，对应验证目标风向θ_d求得。作为复杂地形上的脉动风速的修正系数的实例，图解3.13给出了由3.2.1（d）项的解说中表示的北海道积丹半岛的实际地形模型的风洞实验结果[3]获得的各风向的脉动风速的增减系数。平均风速（图解3.8）增大的南风时脉动风速减小，而平均风速减小的由西南而来的西风时脉动风速增大，特别在西风时的高度70m处脉动风速的修正系数达到了1.8。

由这些结果可知，对于复杂地形上建设的风力机，由于脉动风速比平坦地形有增大的可能性，因此通过数值流体解析求得湍流强度的修正系数变得非常重要。

通过数值流体解析求得脉动风速的修正系数时，进行了图解3.9所示的两种解析来求得平坦地形上的脉动风速的标准差$\sigma_u^P(x,\ y,\ H_h)$和实际地形上的脉动风速的标准差$\sigma_u(x,\ y,\ H_h,\ \theta_d)$。通过$k-\varepsilon$模型等湍流能量的数值流体解析评估脉动风速的标准差时，由湍流能量k通过式（解3.1）可求得地形和地面粗糙度引起的脉动风速的标准差σ_u^{surf}，而计算脉动风速的标准差σ_u时，还有必要考虑由于大气扰动产生的背景湍流强度 I_a，如式（解 3.2）所示。

$$\sigma_u^{surf}=0.93\sqrt{k} \quad (解\ 3.1)$$

$$\sigma_u=U\times\sqrt{\left(\frac{\sigma_u^{surf}}{U}\right)^2+I_a^2} \quad (解\ 3.2)$$

【与其他法规、基准、指南等的关联】

日本建筑学会《建築物荷重指針・同解説 2004 年版》[2]规定了采用地形产生的脉动风速的修正系数。但是，湍流强度的修正系数必须大于 1。

GL 指南[5]中通过地形的平均倾斜以及距离平均倾斜面的偏离，有判断地形是否为复杂地形的标准。当地形被判定为复杂地形时，要考虑地形的影响。关于湍流强度，当不能通过测量和解析获得高精度的数据时，顺风向的湍流强度最大提高到 25%，横风向以及竖直方向的湍流强度采用和顺风向相同的数值。

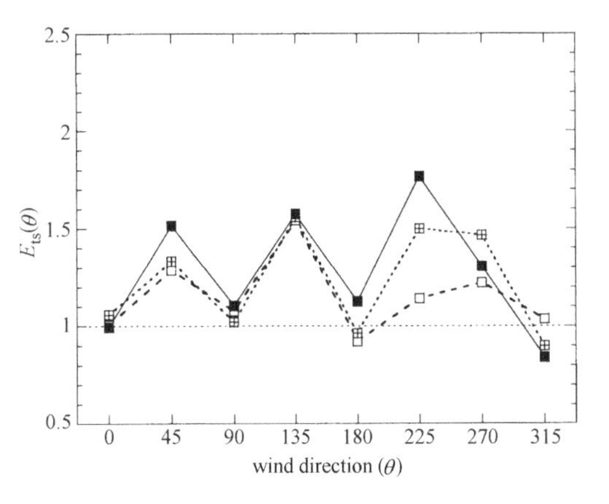

图解 3.13　B 点处的各风向的脉动风速的修正系数

3.3　用于疲劳荷载评估的平均风速的出现频率分布以及不同风速下的湍流强度的评估

3.3.1　平均风速出现频率

计算疲劳荷载时必要的轮毂高度处的风速的年出现频率 $f(U)$，由式（3.9）所示的 Weibull 分布来表示。

$$f(U)=\frac{k}{c}\left(\frac{U}{c}\right)^{k-1}\exp\left\{-\left(\frac{U}{c}\right)^k\right\} \quad (3.9)$$

这里，c 和 k 分别为 Weibull 分布的尺度参数和形状参数，由观测求得的年平均风速 $\overline{U}$ 和平均风速的标准差 σ_U 可通过式（3.10）和式（3.11）求得。

$$\int_0^\infty \frac{k}{c}\left(\frac{U}{c}\right)^{k-1}\exp\left[-\left(\frac{U}{c}\right)^k\right]U\mathrm{d}U=\overline{U} \quad (3.10)$$

$$\int_0^\infty \frac{k}{c}\left(\frac{U}{c}\right)^{k-1}\exp\left[-\left(\frac{U}{c}\right)^k\right](U-\overline{U})^2\mathrm{d}U=\sigma_U^2 \quad (3.11)$$

【解说】

在计算风力机的疲劳荷载时，平均风速的年出现频率是必要的。风速的年出现频率一般由式（3.9）所示的 Weibull 分布来近似表示[10]。Weibull 分布是通过尺度参数 c 和形状参数 k 两个参数来描述的分布。图解 3.14 给出了不同风速的出现频率的观测值和 Weibull 分布的比较。由图可知，Weibull 分布和观测值十分接近。

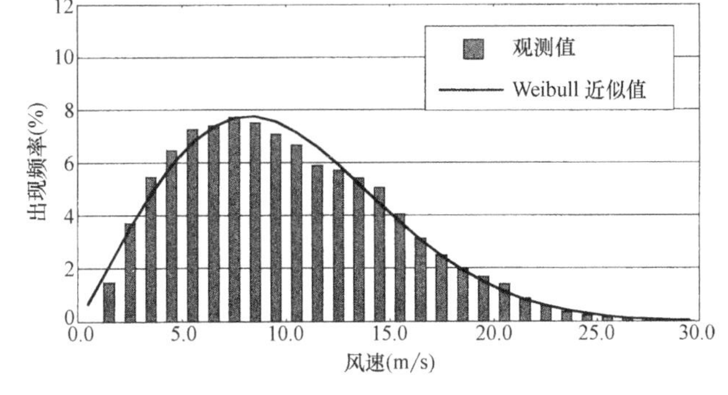

图解 3.14　不同风速的出现频率的观测值和 Weibull 分布的近似值

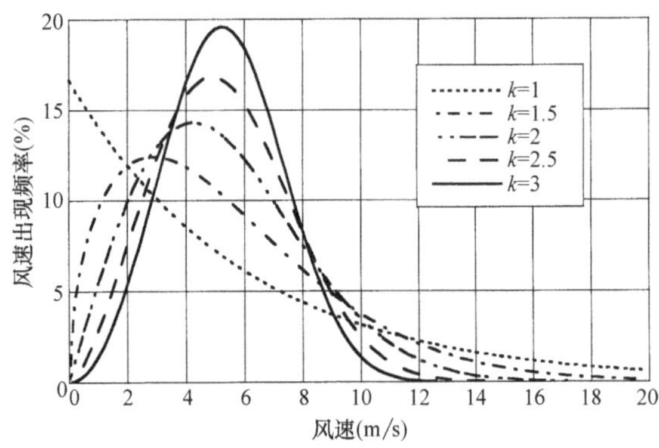

图解 3.15 平均风速为 6m/s 时的 Weibull 分布

图解 3.15 表示了平均风速为 6m/s 时的典型的形状参数 k 对应的 Weibull 分布。k 的值越大，峰越尖锐。尺度参数 c 等于由式（3.9）计算的由低风速开始累积出现率达 63.2%时的风速。形状参数 k 在平均风速为 5m/s 以上时为 1.5～2.2。形状参数以及尺度参数可以通过满足式（3.10）及式（3.11）来确定，也可通过表示 Weibull 分布的平均值和标准差的式（解 3.3）和式（解 3.4）来解析求得。

$$c\Gamma\left(1+\frac{1}{k}\right)=\overline{U} \tag{解 3.3}$$

$$c^2\left[\Gamma\left(1+\frac{2}{k}\right)-\Gamma^2\left(1+\frac{1}{k}\right)\right]=\sigma_{\mathrm{U}}^2 \tag{解 3.4}$$

这里，$\Gamma(x)$为γ 函数。$k=2$ 时称作瑞利分布，用下式表达。

$$f(U)=\frac{\pi}{2}\frac{U}{\overline{U}^2}\exp\left\{-\frac{\pi}{4}\left(\frac{U}{\overline{U}}\right)^2\right\} \tag{解 3.5}$$

Weibull 分布是通过尺度参数和形状参数表达的 2 参数模型，而瑞利分布则是只有平均风速一个参数的模型，由于使用简单而经常被应用。

推定风力机建设地点风速的出现频率分布时，附近 1 年内的风况观测数据是必不可少的。如果有一段时间的观测数据缺失，可以用附近其他的观测数据来修正，在此情况下，在获得这两个数据的期间内数据间的相关系数不可以小于 0.8。另外，将风力机建设地点附近的 1 年内的风况观测数据转换为风力机建设地点的机舱高度处的值时，有必要将风况观测数据乘以风力机建设地点的轮毂高度和观测风况的高度的各风向的平均风速比。

【与其他法规、基准、指南等的关联】

IEC61400-1[1]对于风速的出现分布，采用式（解 3.5）所示的瑞利分布。另外，各风力机类别的年平均风速规定为表解 3.1 所示的值。

各风力机类别的年平均风速 **表解 3.1**

风力机类别	年平均风速$\overline{U}$(m/s)
Ⅰ	10
Ⅱ	8.5
Ⅲ	7.5

3.3.2 不同风速的湍流强度

计算疲劳荷载和发电时最大风荷载所需的顺风向的湍流强度 I_1 采用相当于 90%的非超越概率的值，可通过下式确定。

$$I_1=\frac{I_{\mathrm{ref}}(0.75U+b)}{U} \tag{3.12}$$

这里，b 为 5.6m/s，I_{ref}为风速 15m/s 时的湍流强度的期望值。I_{ref}由观测值直接获得，或者由设计风速 U_{h}对应的湍流强度 I_{h1}通过下式计算。

$$I_{\mathrm{ref}}=I_{\mathrm{h1}}\frac{U_{\mathrm{h}}}{0.75U_{\mathrm{h}}+b} \tag{3.13}$$

这里，b 为 3.75m/s。另外，评估风电场内的湍流强度时，有必要正确考虑附近的风力机及其控制的影响，可采用 IEC 61400-1[1]所示的模型。

【解说】

湍流强度随风速的增加而减小，IEC 61400-1[1]中对于相当于 90%的非超越概率的湍流强度采用式

(3.12) 将其模型化。对应设计风速的暴风时的湍流强度，由于其非超越概率为50%，故式(3.13)中的 b 值取3.75。

【与其他法规、基准、指南等的关联】

IEC 61400-1[1]中相当于90%非超越概率的湍流强度 I_1 通过式(3.12)来定义。另外，风速为15m/s时的湍流强度的期望值 I_{ref} 由表解3.2所示的值确定。

风速15m/s时的湍流强度的期望值 I_{ref}　　表解3.2

类别	I_{ref}
A	0.16
B	0.14
C	0.12

3.4 其他湍流统计量

3.4.1 脉动风速的功率谱密度和积分尺度

(1) 脉动风速的功率谱密度 $S_k(f)$ 通过式(3.14)确定。

$$S_k(f)=\frac{4\sigma_k^2(L_k/U_h)}{\{1+6(fL_k/U_h)\}^{5/3}} \tag{3.14}$$

这里，U_h 为轮毂高度处的平均风速，f 为频率，k 为坐标指数(1—顺风向，2—横风向，3—竖直方向)。另外，L_k 为各脉动风速成分的积分尺度，由(3)确定，σ_k 为各脉动风速成分的标准差，通过式(3.15)确定。

$$\sigma_k=I_{hk}U_h \tag{3.15}$$

(2) 轮毂高度处的横风向的湍流强度 I_{h2} 和竖直方向的湍流强度 I_{h3} 分别通过式(3.16)和式(3.17)确定。

$$I_{h2}=0.8I_{h1} \tag{3.16}$$

$$I_{h3}=0.5I_{h1} \tag{3.17}$$

(3) 各脉动风速成分的积分尺度 L_k 通过式(3.18)～式(3.20)确定。

$$L_1=\begin{cases}5.67z & z\leqslant 60\text{m}\\ 340.2 & z\geqslant 60\text{m}\end{cases} \tag{3.18}$$

$$L_2=0.33L_1 \tag{3.19}$$

$$L_3=0.08L_1 \tag{3.20}$$

【解说】

本指南采用IEC61400-1[1]中规定的Kaimal功率谱模型。如果应用式(3.18)～式(3.20)规定的各脉动风速成分的积分尺度的关系以及式(3.16)和式(3.17)规定的各脉动风速成分的湍流强度的关系，式(3.14)所示的功率谱模型满足式(解3.6)和式(解3.7)所示的IEC 61400-1[1]的规定。这个规定定义采用在惯性子区的高频侧渐近于式(解3.6)并且功率谱的各成分的关系满足式(解3.7)的功率谱模型。

$$S_1(f)=0.05\sigma_1^2(\Lambda_1/U_h)^{-2/3}f^{-5/3} \tag{解3.6}$$

$$S_2(f)=S_3(f)=\frac{4}{3}S_1(f) \tag{解3.7}$$

【与其他法规、基准、指南等的关联】

IEC61400-1[1]中满足此条件的模型除了式(3.14)所示的Kaimal模型外，还有Mann功率谱模型，两者择一即可。

日本建筑学会建築物荷重指針・同解説 2004 年版[2]对于顺风向脉动风速的积分尺度采用式（解 3.8）计算。

$$L_1=\begin{cases}100\left(\dfrac{H_h}{30}\right)^{0.5} & 30\text{m}<H_h\leqslant Z_G\\ 100 & H_h\leqslant 30\text{m}\end{cases}\tag{解 3.8}$$

3.4.2　湍流的空间相关性

> 顺风向成分在与风垂直方向上的空间相关性采用式（3.21）定义的指数相关模型计算。
>
> $$Coh(\Delta r,\ f)=\exp\left[-12\left(\left(f\Delta r/U_h\right)^2+\left(0.12\Delta r/L_1\right)\right)^{0.5}\right]\tag{3.21}$$
>
> 这里，Δr 为两点间的向量在与平均风向垂直的平面上的投影线的长度。

【解说】

本指南中对于湍流的空间相关性，采用 IEC 61400-1[1]所示的指数相关模型。

【与其他法规、基准、指南等的关联】

日本建筑学会建築物荷重指針[2]中，顺风向成分在与风垂直方向上的空间相关性采用式（解 3.9）定义的模型，衰减系数 C 取 10。

$$Coh(\Delta r,\ f)=\exp\left[-Cf\Delta r/U_h\right]\tag{解 3.9}$$

参考文献

[1]　IEC 61400-1：WIND TURBINES, Part 1，Design requirements，Third Edition，2005

[2]　日本建築学会：建築物荷重指針・同解説，2004

[3]　石原孟，日比一喜：2 次元山における風の増速に関する数値解析，第 16 回風工学シンポジウム，pp. 37-40，2000

[4]　A. Yamaguchi，T. Ishihara and Y. Fujino：Experimental study of the wind flow in a coastal region of Japan，J. Wind Eng. Indust. Aerodyn.，Vol. 91，pp. 247-264，2003

[5]　Germanischer Lloyd　：Guideline for the Certification of Wind Turbines，2003

[6]　石原孟，ホタイホム，チョンチーリョン，藤野陽三：台風シミュレーションのための混合確率分布関数と修正直交変換法の提案，第 18 回風工学シンポジウム論文集, pp.5-10, 2004

[7]　松井正宏，石原孟，日比一喜：実測と台風モデルの平均化時間の違いを考慮した台風シミュレーションによる年最大風速の予測手法，日本建築学会構造系論文集，第 506 号，pp.67-74，1998

[8]　T. Ishihara, M. Matsui, and K. Hibi　：A numerical study of the wind field in a typhoon boundary layer, J. Wind Eng. Ind. Aerodyn., Vol.67-68, pp.437-448, 1997

[9]　菊地由佳，石原孟：台風時の風向特性と複雑地形の増速特性を考慮した風速割増係数の評価手法の提案，第 21 回風工学シンポジウム論文集，pp.31-36，2010

[10]　石原孟：風力エネルギー読本，牛山泉（編），オーム社，2005

第4章　风荷载的评估

4.1　风荷载评估的基本内容

4.1.1　基本思路

本章将定义3枚叶片的水平轴风力机上作用的暴风时最大风荷载、发电时最大风荷载以及发电时的年平均风荷载的计算方法。计算风力机上作用的暴风时的风荷载时，假定风力机处于静止状态，基于等效静力法，通过风轮、机舱、塔架上作用的平均风荷载和阵风荷载因子的乘积来求得。发电时的最大风荷载可通过各风速下的发电时平均风荷载乘以各风速对应的发电时的阵风荷载因子，风荷载的统计外插系数和风荷载的安全分项系数来计算。另外，发电时的年平均风荷载将由各风速下的发电时平均风荷载和风速的出现概率分布的乘积来计算。

【解说】

风力机上作用的风荷载包括平均风速产生的平均风荷载和脉动风速产生的脉动风荷载。脉动风荷载不仅和脉动风的特性有关，还和风力机的大小及风力机的振动特性相关。本指南采用概率统计的方法评估脉动风荷载对风力机产生的最大荷载效应，并将计算产生与此等价的效应的脉动风荷载加上平均风荷载定义为最大风荷载。这种方法称为等效静力法。与时程响应分析法相比，具有无数值解析法引起的离散化误差和短时间内能求得最大风荷载的期望值等优点。

时程响应分析法是再现作用在风力机上的自然风，然后计算时域内风力机的时程响应，可以再现发电机的状态、偏航控制、桨距控制系统等的动态效果。但是，如果应用时程响应分析法，除了风力机本体的空气动力要素和结构要素（例如，叶片的刚度分布和质量分布等），控制系统的参数也是必要的。

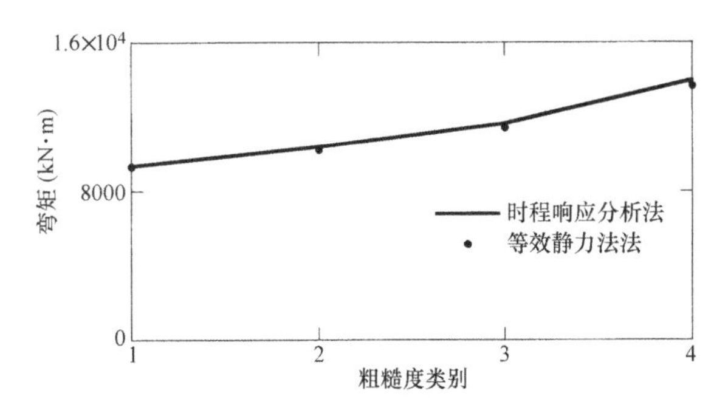

图解4.1　等效静力法和时程响应分析法求得的风荷载的比较（400kW失速控制风力机）

图解4.1表示的是本指南采用的等效静力法（本指南的计算式）和时程响应分析法（FEM解析）求得的塔架底部的弯矩。可见通过等效静力法计算的风荷载，无论粗糙度类别如何，从湍流强度小的平坦地形到湍流强度大的山岳地带，和时程响应分析法求得的值吻合得非常好。

暴风时即使风力机处于被控制状态，也假定风力机是静止的，就可以通过本指南所示的等效静力法计算风荷载。这时，有必要计算如4.1.2项的解说所示的偏航角±15°的范围内的最大风荷载，来作为设计风荷载采用。

此外，虽然风力机塔架的共振风速包含在发电时的风速范围内，但考虑到由于叶片的存在会扰乱从塔架产生的涡流，本指南认为发电时以及暴风时风力机塔架的涡激振动的影响很小，可通过拟定常理论来计算风力发电设备上作用的顺风向和横风向的风荷载。但是，风力机建设时在安装机舱之前有必要考虑塔架的涡激振动的影响。

4.1.2　暴风时的最大风荷载

暴风时的最大风荷载，对应表4.1和表4.2所示的风力机最大风荷载发生时的条件，通过4.3节所示的方法计算。但是，如果风力机制造商提供的数值超过本指南算定的最大风荷载时，可采用风力机制造商提供的数值。

暴风时不可进行偏航控制的风力机的最大风荷载发生时的条件　　表4.1

条件	变桨距控制风力机	失速控制风力机
偏航角(°)	最大荷载角度(顺桨状态)	最大荷载角度(桨距角固定)
风轮状态	空转	固定

暴风时可进行偏航控制或被动偏航待机的风力机的最大风荷载发生时的条件

表4.2

条件	变桨距控制风力机	失速控制风力机
偏航角(°)	$\phi\pm\alpha(0\pm\alpha,180\pm\alpha)$(顺桨状态)	$\phi\pm\alpha(\pm90\pm\alpha)$(桨距角固定)
风轮状态	空转	固定

表内的α为偏航角的考察范围。

本指南中主动失速控制的风力机在暴风时按照和变桨距控制风力机同样来处理。

【解说】

对于50年一遇期望值的风速，假设暴风时由于停电导致偏航角固定或如果偏航移动，需计算风荷载最大时的偏航角度（最大荷载角度）对应的风荷载。偏航角按照图1.7来定义。对于失速控制风力机最大荷载角度按照图4.5所示，风力机风轮正对风向，通常为0°（图解4.2*a*）。另外，对于变桨控制风力机按照图4.6所示，顺桨状态下受横向风，通常为±90°（图解4.2*b*）。

如果暴风时可进行偏航控制，在满足表解4.1所示条件的基础上，可计算表4.2所示角度对应的风荷载。此时的偏航角对于变桨距控制风力机通常是正对风向或背对风向，即$0°\pm\alpha$或$180°\pm\alpha$；而对于失速控制风力机通常是$\pm90°\pm\alpha$。这时的α的值根据IEC 61400-1，如果采用等效静力法，$\alpha=15°$。最大风荷载为$\pm\alpha$范围内所受风荷载的最大值。

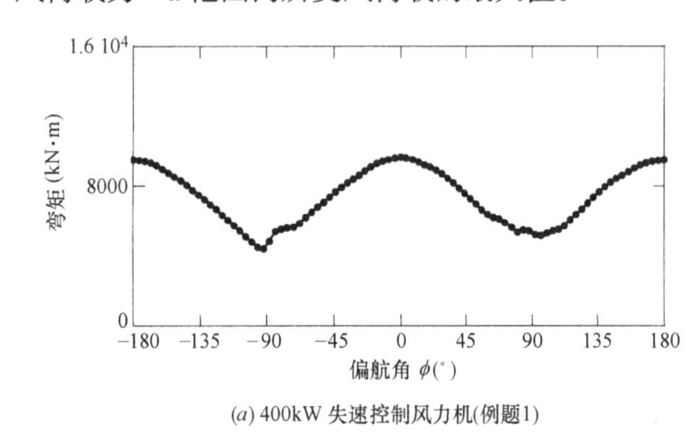

(*a*) 400kW失速控制风力机(例题1)

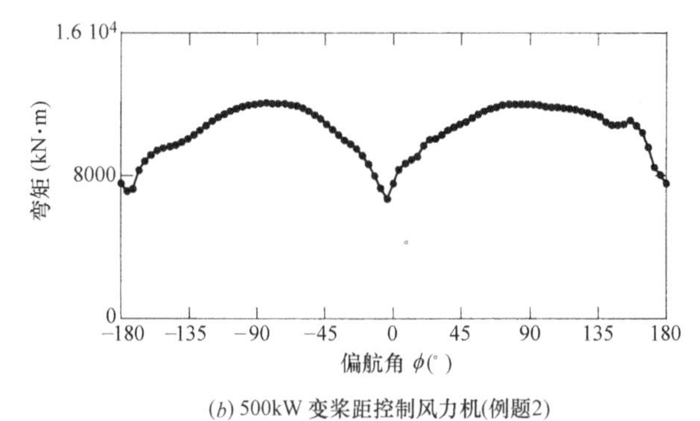

(*b*) 500kW变桨距控制风力机(例题2)

图解4.2　塔架底部的弯矩随偏航角的变化

暴风时进行偏航控制时的附加条件　　表解4.1

项目	条　件
风向・风速计	IEC类别Ⅰ、Ⅱ、Ⅲ的风力机所配备的风向・风速计的抵抗风速分别为70m/s、59.5m/s、52.5 m/s以上
备用电源	使偏航控制装置运行的备用电源的持续时间达到设计基准风速V_0的函数「V_0-24」小时以上

IEC 61400-1中对于暴风时进行偏航控制的风力机，为防止停电引起的电源丧失，规定应设置具有6小时以上持续时间的控制用备份电源。但是，以前的研究[1]已经指明6小时的持续时间在日本是不够的。如果考虑2倍安全系数，对于冲绳县有必要设置具有22小时持续时间的备用电源。持续时间若按照本指南提出的公式计算，设计风速为46m/s的冲绳县持续时间应为22小时以上，设计风速为30m/s的地域可采用IEC 61400-1的规定值6小时以上。

另外，对于进行偏航控制的风力机，偏航控制、变桨距控制等的控制装置对于设计风速应具备足够的强度和容量。暴风时的控制逻辑是风轮可移行至计算风荷载时假设的偏航状态，这样备用电源应具有充足的控制容量是不言而喻的。

另一方面，暴风时被动偏航待机的风力机，风荷载被作为偏航的驱动力，由于风标效应可使风力机风轮总是朝背风向移动，所以即使在停电时也可以正常运作。被动偏航待机的风力机常见的有装有 SmartYaw 系统的风力机和采用下风向风轮的风力机。被动偏航待机的风力机不需要备用电源。但是，被动偏航待机的风力机可理解为对偏航进行被动控制，计算风荷载时最大风荷载发生时的姿势等各条件，和暴风时主动偏航的风力机同样按照表 4.2 定义。

和暴风时不可进行偏航控制的风力机不同，暴风时可进行偏航控制以及暴风时被动偏航待机的风力机，最大风荷载也有发生在发电时以及故障时的可能性。因此，这些风力机作用的最大风荷载不仅要考虑暴风时，还有必要计算 IEC 61400-1 规定的相关荷载情况下的风荷载，然后取最大值作为设计风荷载。

【与其他法规、基准、指南等的关联】

「关于发电用风力设备技术基准的解释（平成 16・03・23 原院第 6 号 NISA-234c-04-2)」已经建立，它给出了满足建立发电用风力设备技术基准的省令（平成 9 年通商产业省令第 53 号）规定的技术要求所必需的具体的技术内容。

关于风力机的结构，有「省令第 4 条第 2 号以及解释第 4 条规定了风力机结构在阵风和台风等强风时，应具备抵抗对应风力机状态的最大风荷载的能力。即无论固定翼还是可动翼，在通常假设的台风等暴风时，由于停电、故障等原因不能进行偏航控制而不能控制风力机的运行时，风力机结构应能抵抗在受风面积最大的方向上受到的风荷载」的解释。本指南对应此解说，考虑了失速控制风力机在暴风时正对风向，变桨距控制风力机侧对风向的风荷载。

4.1.3　发电时的最大风荷载

> 发电时风力机上作用的最大风荷载，通过各风速下的发电时平均风荷载乘以各风速对应的发电时的阵风荷载因子，风荷载的统计外插系数和风荷载的安全分项系数来计算。

【解说】

风力机上作用的发电时的最大风荷载由于平均风速和湍流强度会产生很大的变化。因此，为适当确定发电时的最大风荷载，有必要进行基于概率统计论的风荷载的极值解析。此最大风荷载，是对应发电时所定的风条件（平均风速、湍流强度）的 50 年一遇的风荷载，对应于 IEC 61400-1 第 3 版的荷载情况 DLC1.1。

4.1.4　发电时的年平均风荷载

> 风力机上作用的发电时的年平均风荷载，通过各风速下发电时的平均风荷载和风速的出现概率分布的乘积来计算。

【解说】

正如第 5 章所示，计算地震荷载时，风力机静止时受到的地震荷载要加上风力机发电时的年平均风荷载，所以本章第 4.3 节将确定发电时的年平均风荷载的计算方法。

4.2　风力系数的评估

4.2.1　基本思路

> 本章将定义叶片、机舱以及塔架的平均风力系数，这是计算用于风力发电设备支持物结构设计的风荷载时所必需的参数。

【解说】

本指南分别计算叶片、机舱以及塔架的平均风荷载，然后加在一起通过时程响应分析法或等效静力法来计算风力机塔架上各处作用的风荷载。本章为计算各部分的平均风荷载，将规定叶片、机舱以及塔架的平均风力系数。

本章所示的平均风力系数是假设风力机单独存在时基于风洞试验结果确定的。实际上风力机单独存在的情况很少，通常是被同样或类似的风力机包围着，但如果风力机之间有一段距离，就可以忽略邻近风力机的影响。

关于机舱，4.2.5 节将作为参考资料给出局部外装饰材料引起的峰值风力系数。

4.2.2 叶片的平均风力系数

叶片的平均阻力系数 $C_{bD}(\theta)$ 和平均升力系数 $C_{bL}(\theta)$ 采用表 4.3 所示的值。

叶片的平均阻力系数和平均升力系数 **表 4.3**

攻角 θ(°)	$C_{bD}(\theta)$	$C_{bL}(\theta)$ $\gamma=12\%$	$C_{bL}(\theta)$ $\gamma=15\%$	$C_{bL}(\theta)$ $\gamma=18\%$	$C_{bL}(\theta)$ $\gamma=21\%$	$C_{bL}(\theta)$ $\gamma=25\%$
−180	0.029	0.000				
−170	0.119	0.487				
−160	0.306	0.744				
−150	0.516	0.634				
−140	0.715	0.564				
−130	0.870	0.491				
−120	1.031	0.395				
−110	1.152	0.276				
−100	1.227	0.140				
−90	1.238	−0.001				
−80	1.217	−0.175				
−70	1.128	−0.345				
−60	1.017	−0.495				
−50	0.840	−0.614				
−40	0.649	−0.703				
−30	0.450	−0.791	−0.792	−0.792	−0.792	−0.793
−28	0.398	−0.817	−0.822	−0.828	−0.833	−0.840
−26	0.347	−0.814	−0.831	−0.847	−0.864	−0.887
−24	0.297	−0.794	−0.826	−0.858	−0.890	−0.933
−22	0.254	−0.664	−0.737	−0.810	−0.883	−0.980
−20	0.213	−0.511	−0.630	−0.749	−0.868	−1.027
−18	0.154	−0.429	−0.560	−0.691	−0.821	−0.996
−16	0.099	−0.418	−0.545	−0.671	−0.797	−0.965
−14	0.065	−0.729	−0.776	−0.823	−0.871	−0.933
−12	0.039	−0.902	−0.902	−0.902	−0.902	−0.902
−10	0.027	−0.798	−0.798	−0.798	−0.798	−0.798
−8	0.016	−0.643	−0.643	−0.643	−0.643	−0.643
−6	0.005	−0.487	−0.487	−0.487	−0.487	−0.487
−4	0.005	−0.277	−0.277	−0.277	−0.277	−0.277
−2	0.005	−0.063	−0.063	−0.063	−0.063	−0.063
0	0.005	0.168	0.168	0.168	0.168	0.168
2	0.005	0.381	0.381	0.381	0.381	0.381
4	0.005	0.597	0.596	0.596	0.596	0.596
6	0.006	0.831	0.831	0.831	0.831	0.831
8	0.009	1.055	1.055	1.017	1.011	0.990
10	0.013	1.269	1.240	1.197	1.147	1.084
12	0.021	1.439	1.376	1.299	1.206	1.123

续表

攻角 θ(°)	$C_{bD}(\theta)$	$C_{bL}(\theta)$ $\gamma=12\%$	$C_{bL}(\theta)$ $\gamma=15\%$	$C_{bL}(\theta)$ $\gamma=18\%$	$C_{bL}(\theta)$ $\gamma=21\%$	$C_{bL}(\theta)$ $\gamma=25\%$
14	0.034	1.514	1.427	1.327	1.213	1.119
16	0.077	1.296	1.279	1.238	1.184	1.092
18	0.159	0.785	1.039	1.105	1.108	1.066
20	0.228	0.697	0.854	0.998	1.045	1.045
22	0.291	0.788	0.832	0.955	1.002	1.008
24	0.333	0.880	0.909	0.956	0.994	1.003
26	0.376	0.963	0.980	0.987	1.004	1.011
28	0.420	0.980	0.998	1.003	1.017	1.016
30	0.467	0.980	0.998	1.004	1.017	1.016
40	0.674	0.938				
50	0.877	0.818				
60	1.056	0.660				
70	1.199	0.460				
80	1.296	0.233				
90	1.296	0.001				
100	1.273	−0.175				
110	1.170	−0.345				
120	1.048	−0.494				
130	0.873	−0.614				
140	0.700	−0.705				
150	0.475	−0.792				
160	0.264	−0.930				
170	0.077	−0.609				
180	0.029	0.000				

这里，平均阻力系数，平均升力系数由式（4.1）、式（4.2）来定义。

$$C_{bD}(\theta, r)=\frac{F_{bD}(\theta, r)}{1/2\rho U^2(r)A_b(r)} \tag{4.1}$$

$$C_{bL}(\theta, r)=\frac{F_{bL}(\theta, r)}{1/2\rho U^2(r)A_b(r)} \tag{4.2}$$

式中，

$$A_b(r)=c(r)L_b(r)$$

这里，

$F_{bD}(\theta, r)$　：叶片截面 r 处的平均阻力（N）

$F_{bL}(\theta, r)$　：叶片截面 r 处的平均升力（N）

θ　：攻角（度）

$U(r)$　：距离叶片根部 r 处的平均风速（m/s）

ρ　：空气密度（kg/m^3）

$A_b(r)$　：距离叶片根部 r 处的代表面积（m^2）

$c(r)$　：叶片弦长（m）

$L_b(r)$　：叶片沿轴方向的长度（m）

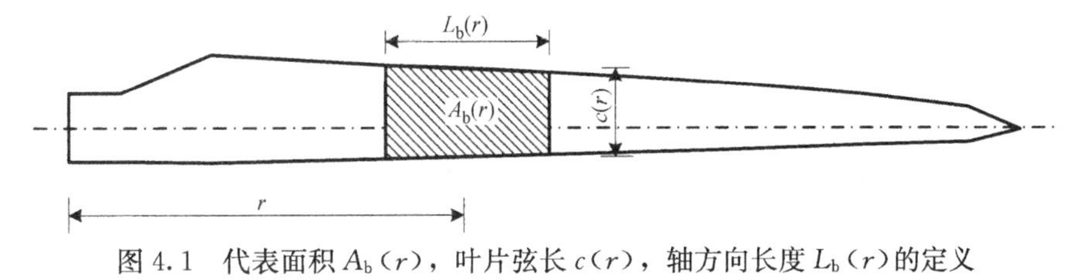

图 4.1　代表面积 $A_b(r)$，叶片弦长 $c(r)$，轴方向长度 $L_b(r)$的定义

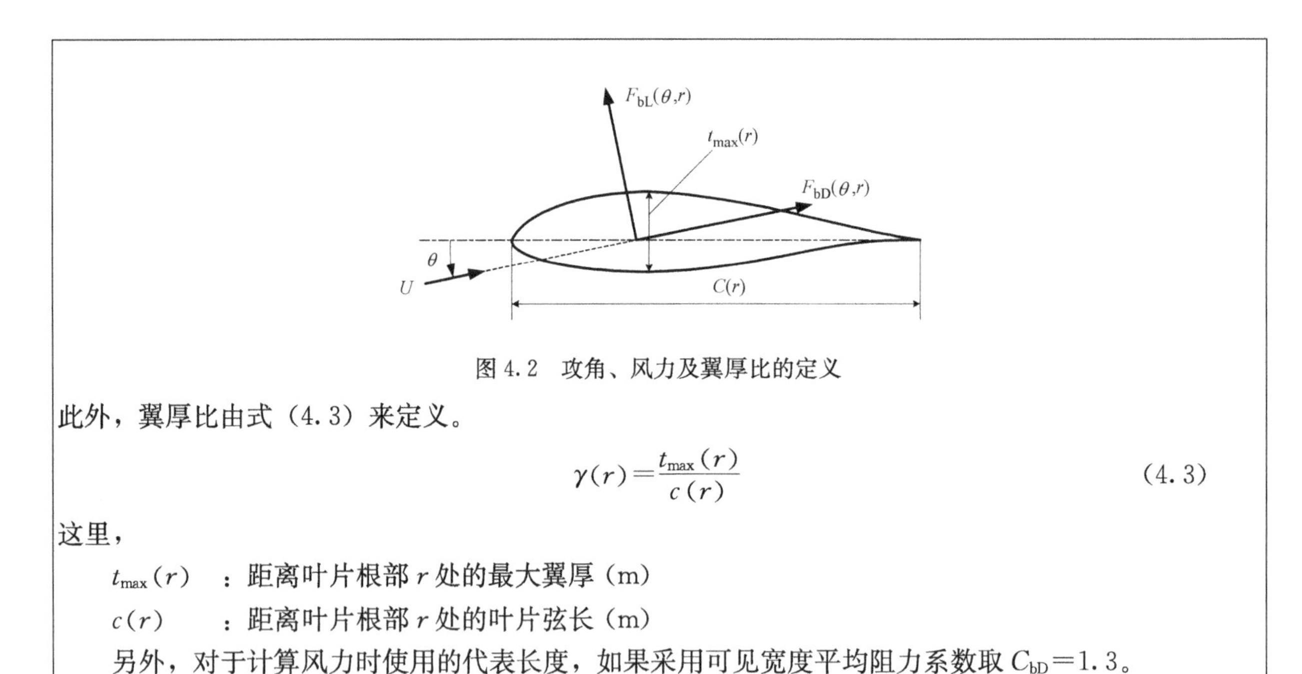

图 4.2　攻角、风力及翼厚比的定义

此外，翼厚比由式（4.3）来定义。

$$\gamma(r)=\frac{t_{max}(r)}{c(r)} \tag{4.3}$$

这里，

$t_{max}(r)$　：距离叶片根部 r 处的最大翼厚（m）

$c(r)$　　：距离叶片根部 r 处的叶片弦长（m）

另外，对于计算风力时使用的代表长度，如果采用可见宽度平均阻力系数取 $C_{bD}=1.3$。

【解说】

本指南建议的 C_{bD}、C_{bL} 值如表 4.3 所示。这些值是参照关于应用于实际风力机的叶片的风力系数的一些资料[4~8]做成的。由于作用于叶片的风荷载是阻力和升力的组合，因此本指南给出了 $\theta=0°\sim\pm180°$ 的数值。另外，由于叶片沿风轮的半径方向的厚度是变化的，因此表 4.3 给出了翼厚比 $\gamma=12\%$、15%、18%、21%、25%的风力系数值。这里翼厚比 γ 如式（4.3）所示，定义为 γ 位置处的最大翼厚 $t_{max}(r)$ 对叶片弦长 $c(r)$ 的比值。计算叶片整个长度上的风力时，翼厚比沿叶片长度方向的分布和叶片的长度是必要的参数，关于这些参数可采用制造商提供的值，也可以采用实测值。

此外，从定义上讲，叶片的风力系数要使用距离叶片根部 r 位置处的平均风速，但是实际计算风轮的风荷载时，采用轮毂高度处的风速 U_h 作为代表风速。

图解 4.3 是将表 4.3 的数值用图表示出来。在这个例子中，平均阻力系数无论翼厚比如何，在 $\theta=0°$ 和 $\theta=\pm180°$ 时出现最小值，在 $\theta=90°$ 时出现最大值。另外平均升力系数从 $\theta=0°$ 附近急剧增大，在 $\theta=+14°$ 处出现最大值。此最大值的大小在 1.1～1.5 范围内，而且翼厚比越小，值越大。

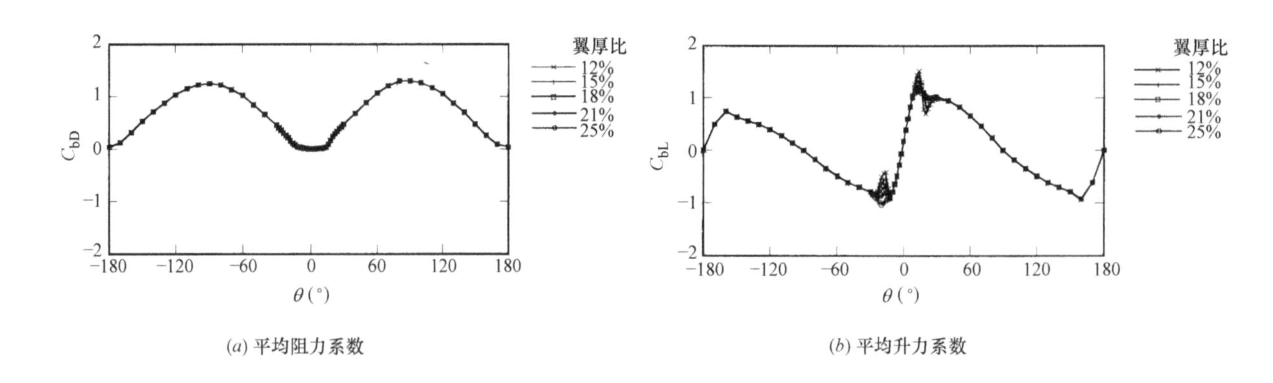

(a) 平均阻力系数　　(b) 平均升力系数

图解 4.3　空气动力系数随叶片的翼厚比和攻角的变化

高宽比的影响

叶片形状的阻力系数对于二维叶片和三维叶片有很大不同。无限长度的二维叶片的平均阻力系数大约在 $\theta=90°$ 处取最大值，最大值大约为 2。这和二维平板的数值接近，比表 4.3 和图解 4.3 所示的三维叶片作用的空气动力系数的值要大。

叶片的最大阻力系数随高宽比 AR 的变化有几种近似表达式，如图解 4.4 所示[9]。这里，高宽比 AR 由叶片的全长和叶片的受风面积按照下面的关系确定。

$$AR \approx \frac{\text{叶片全长的平方}}{\text{叶片的受风面积}} \tag{解 4.1}$$

图解 4.4 的横轴是高宽比 AR 的倒数，纵轴是平均阻力系数的最大值。点线表示的是实验值。由图可见，随着高宽比 AR 的增大（$1/AR$ 的减小），阻力系数的最大值增大。图中 Viterna 的式子在 DNV 和 RISO 的指南[7]中有表示。Viterna 以外的近似式在 $1/AR=0$ 处渐近于二维平板的阻力系数 2，Viterna 的式子没有渐近于平板的值。实际的叶片的高宽比如第 10 章例题中所示，$AR\approx 7\sim 10$。这种情况下，图解 4.4 的阻力系数的最大值为 1.25～1.32，表 4.3 给出的阻力系数的最大值为 1.296，可见两者程度接近。

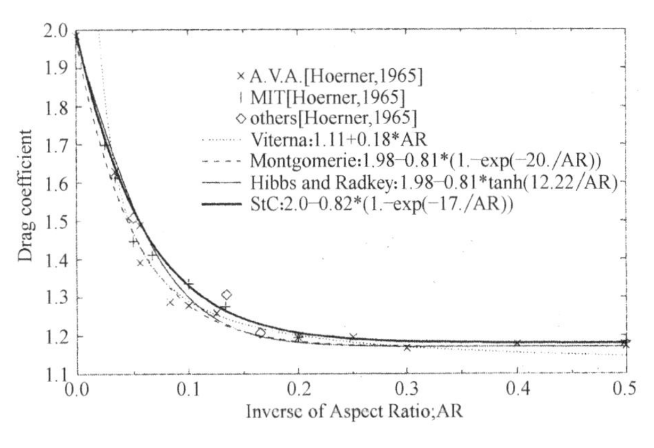

图解 4.4　叶片的最大阻力系数随高宽比的变化[9]

雷诺数的影响

平均升力系数和平均阻力系数随着表示叶片周围流场性质的雷诺数而变化。图解 4.5 表示的是 NACA0012 叶片的风力系数随雷诺数的变化。平均阻力系数一般随雷诺数的减小而增加，约 2×10^5 的临界雷诺数以下时，边界层保持层流状态，阻力系数会急剧上升。至于平均升力系数，对失速攻角有显著影响。随着雷诺数的增加失速攻角也会增加，平均升力系数的最大值也随着变大。

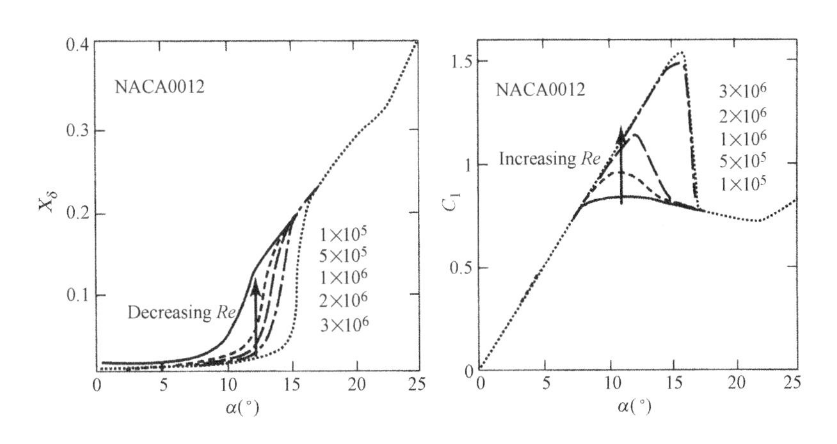

图解 4.5　叶片平均空气动力系数对雷诺数的依存性[6]

【与其他法规、基准、指南等的关联】

参考基准类文献，阻力系数是一个恒定值，将叶片近似视为厚度为 γc 的矩形平板，用 $A_b(\theta)$ 来定义其代表面积。

$$C_{bD}=\frac{F_{bD}(\theta)}{\frac{1}{2}\rho U^2(r)A_b(\theta)} \tag{解 4.2}$$

$$A_b(\theta)=cL_b\{|\gamma\cos\theta|+|\sin\theta|\} \tag{解 4.3}$$

如果用式（解 4.3）表示代表面积，表 4.3 所示的叶片的阻力系数和攻角的关系如图解 4.6 所示。如果阻力系数 C_{bD} 取恒定值，代表面积用 $A_b(\theta)$ 来定义，$C_{bD}=1.3$ 时由式（解 4.2）计算的风荷载 $F_{bD}(\theta)$ 是偏安全的。

此外，如果制造商提供了叶片的平均风力系数，在确定了其稳妥性的基础上，可采用制造商提供的值。

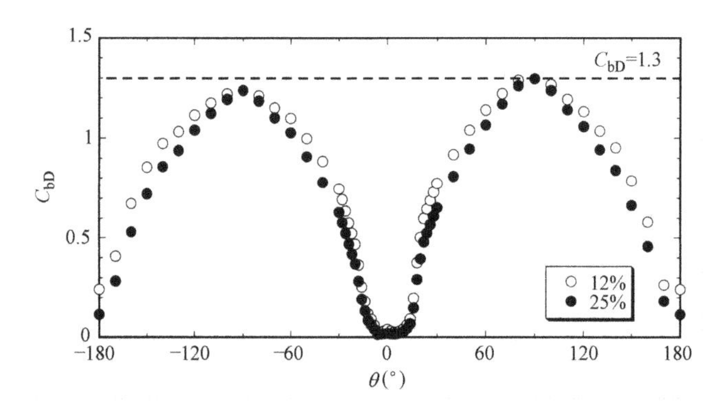

图解 4.6 叶片的阻力系数随攻角的变化（代表面积由式解 4.3 计算）

4.2.3 机舱的平均风力系数

矩形机舱和球形机舱的平均阻力系数 C_{nD} 及平均升力系数 C_{nL} 采用式（4.4）～式（4.9）进行计算。

1）矩形机舱

平均阻力系数

$$C_{nD}(\phi)=\frac{F_{nD}}{\frac{1}{2}\rho U_h^2 A_n}=-0.36\cos(1.9\phi)-0.06\cos(2.8\phi)+0.74 \quad (-180°\leqslant\phi\leqslant180°) \tag{4.4}$$

平均升力系数

$$C_{nL}(\phi)=\frac{F_{nL}}{\frac{1}{2}\rho U_h^2 A_n}=\{-0.7\sin(2\phi)+0.06\sin(2.3\phi)\}\{1.2+0.1\cos(4\phi)\}\times\cos(0.38\phi) \quad (-180°\leqslant\phi\leqslant180°) \tag{4.5}$$

这里，U_h 为轮毂高度处的设计风速（10 分钟的平均风速），A_n 为代表面积（m^2）。计算平均阻力 F_{nD} 和平均升力 F_{nL} 时采用的代表面积 A_n 可通过式（4.6）和图 4.3 求得。

$$A_n=\frac{\pi R_n H_n}{4}+L_n H_n \tag{4.6}$$

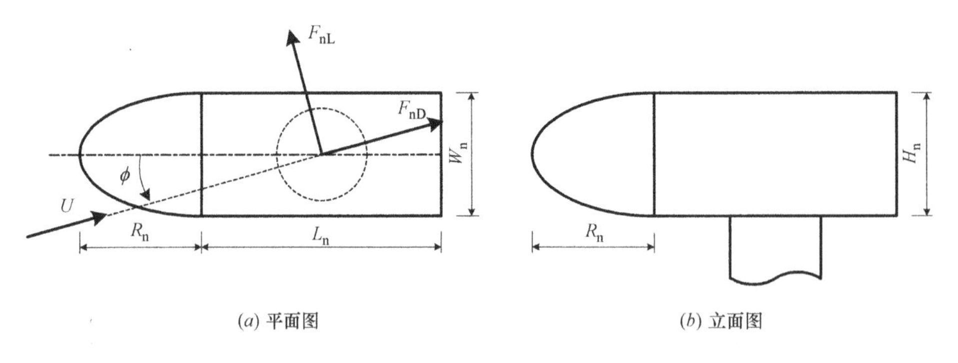

图 4.3 矩形机舱的偏航角和风力的定义

2）球形机舱

平均阻力系数

$$C_{nD}(\phi)=\frac{F_{nD}}{\frac{1}{2}\rho U_h^2 A_n}=-0.21\cos(2.1\phi)+0.67 \quad (-180°\leqslant\phi\leqslant180°) \tag{4.7}$$

平均升力系数

$$C_{nL}(\phi)=\frac{F_{nL}}{\frac{1}{2}\rho U_h^2 A_n} \quad (-180°\leqslant\phi\leqslant180°) \tag{4.8}$$

$$=\{-0.5\sin(2\phi)+0.05\sin(0.5\phi)\}\{1.2+0.05\cos(4\phi)\}\times\cos(0.35\phi)$$

这里，计算平均阻力 F_{nD} 和平均升力 F_{nL} 时采用的代表面积 A_n 可通过式（4.9）和图 4.4 求得。a 和 b 分别为机舱的长弦长和短弦长。

$$A_n=\frac{\pi ab}{4} \tag{4.9}$$

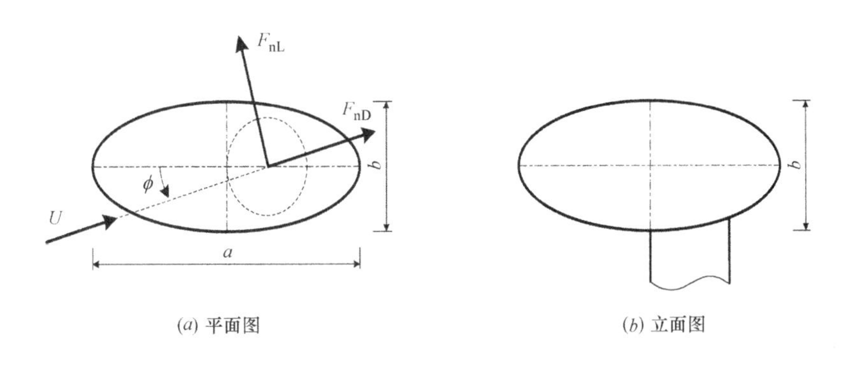

图 4.4　球形机舱的偏航角和风力的定义

【解说】

如果机舱的形状接近长方体，机舱的平均阻力系数 C_{nD} 及平均升力系数 C_{nL} 分别用式（4.4）和式（4.5）计算。如果是球形机舱，则分别通过式（4.7）和式（4.8）确定。但是，对于和本指南同样的形状，如果制造商提供了数值，或者可以通过风洞实验等详细的方法获得数值，就不用局限于此方法。机舱的平均阻力系数 C_{nD}，平均升力系数 C_{nL} 定义为式（解 4.4）和式（解 4.5）。

$$C_{nD}(\phi)=\frac{F_{nD}(\phi)}{1/2\rho U_h^2 A_n} \tag{解 4.4}$$

$$C_{nL}(\phi)=\frac{F_{nL}(\phi)}{1/2\rho U_h^2(\phi) A_n} \tag{解 4.5}$$

这里，ρ 为空气密度，U_h 为轮毂高度处的设计风速（10 分钟的平均风速），A_n 为代表面积（m^2）。本指南中，代表面积 A_n 采用从偏航角 $\phi=90°$ 见到的投影面积。矩形机舱用式（4.6）。这里，L_n 为从 $\phi=90°$ 方向看时的机舱的长度（m），H_n 为机舱的高度（m）。球形机舱用式（4.9）。这里，a 和 b 分别为机舱的长弦长和短弦长。

本指南给出的机舱的平均阻力系数 C_{nD} 及平均升力系数 C_{nL}，是用实际风力机机舱的风洞实验模型，通过风洞实验获得其作用的空气力来计算的[10]。此时，轮毂和机舱被看做一个整体来考虑，而且叶片的影响在实验中不予考虑。

对于矩形机舱，平均风力系数和偏航角的关系如图解 4.7 所示。图中表示了 3 种机舱长度（$L_n/H_n=2$，2.5，3）的结果。可见平均风力系数几乎与机舱长度无关，平均阻力系数 C_{nD} 的值可通过式（4.4）来表示，而平均升力系数 C_{nL} 的值可通过式（4.5）来表示。

对于球形机舱，平均风力系数和偏航角的关系如图解 4.8 所示。图解 4.8 中表示了两种机舱的长弦长度 $a/b=2$ 和 2.5）的结果。另外，由于考虑到球形机舱表面的流场的分离状态受到雷诺数的影响，图中还给出了两种表面粗糙度的结果。可见平均风力系数几乎与机舱长度和表面粗糙度无关，平均阻力系数的值可通过式（4.7）来表示，而平均升力系数的值可通过式（4.8）来表示。

给出机舱的平均风力系数的式（4.4）～式（4.9）是对稳定均匀流中的风洞实验提出的。图解 4.9、图解 4.10 表示的是气流对平均风力系数的影响。虽然偏航角不同差别有所不同，但平均风力系数在均匀流和湍流中为同等程度大小。另外，式（4.4）、式（4.5）和式（4.7）、式（4.8）几乎包络了两种气流的值。

此外，如果制造商提供了机舱的平均风力系数，在确定了其稳妥性的基础上，可采用制造商提供的值。

【与其他法规、基准、指南等的关联】

GL Wind 2003[11]给出了机舱每个面的平均风力系数。图解 4.11 表示的就是 GL Wind 2003 给出的机舱每个面的平均风力系数。迎风面为 0.8，背风面为－0.5，两个侧面均为－0.6，迎风面与背风面取差值就得到了平均风力系数 1.3。

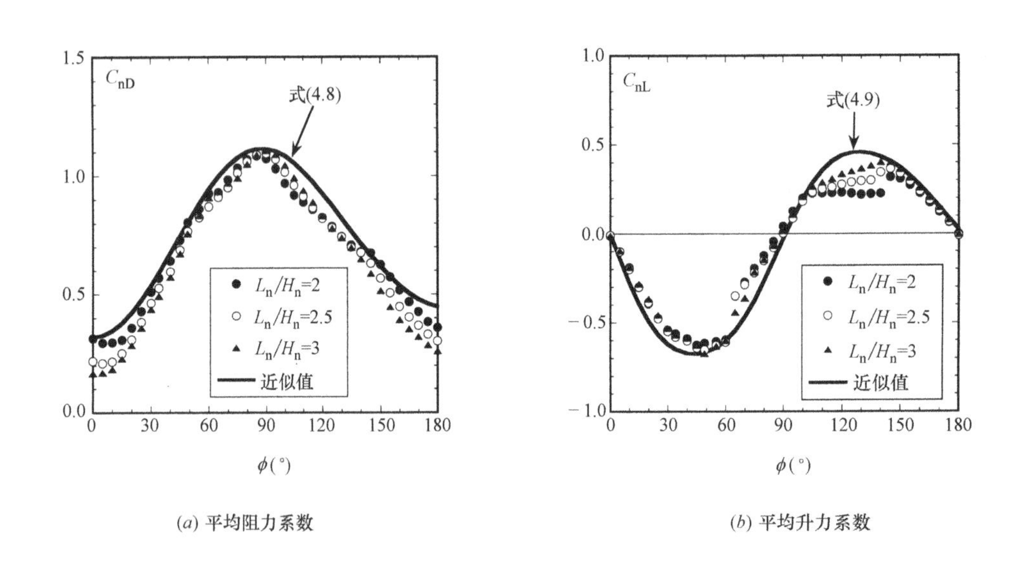

(a) 平均阻力系数　　(b) 平均升力系数

图解 4.7　矩形机舱作用的平均风力系数和偏航角的关系

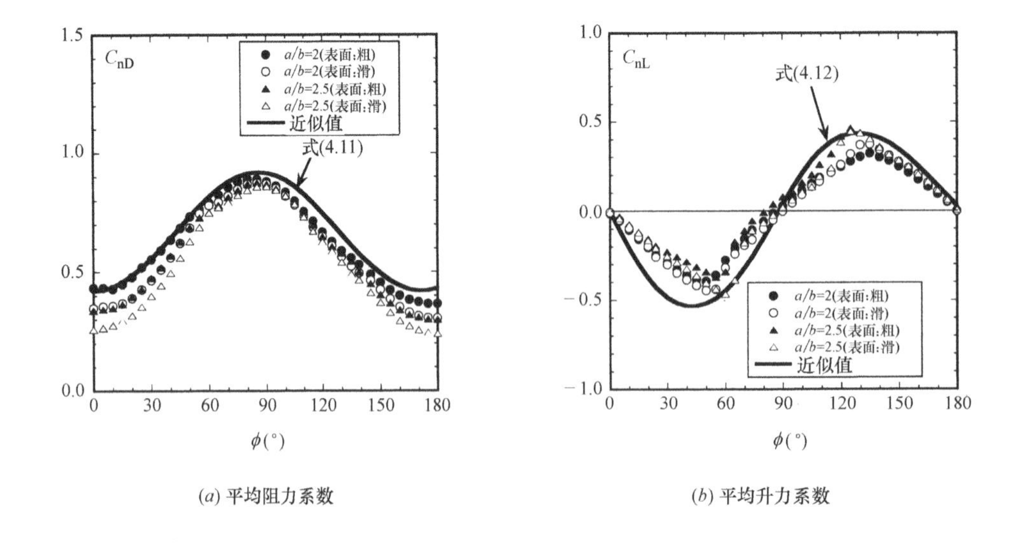

(a) 平均阻力系数　　(b) 平均升力系数

图解 4.8　球形机舱作用的平均风力系数和偏航角的关系

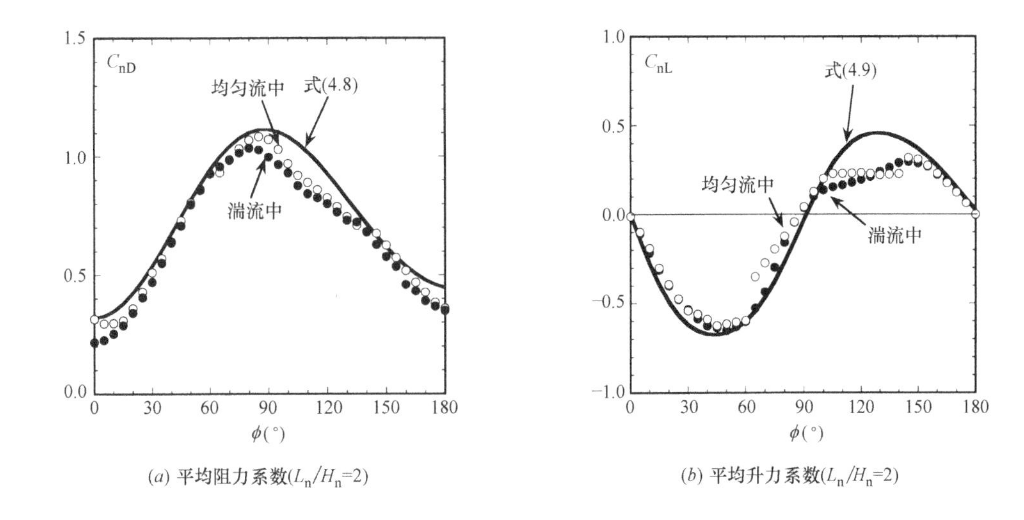

图解 4.9　气流对矩形机舱作用的平均风力系数的影响

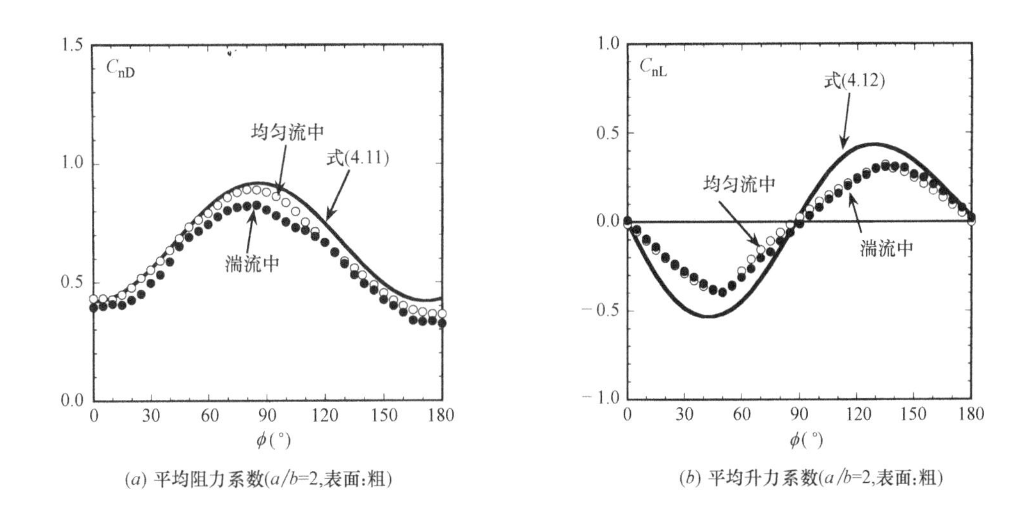

图解 4.10　气流对球形机舱作用的平均风力系数的影响

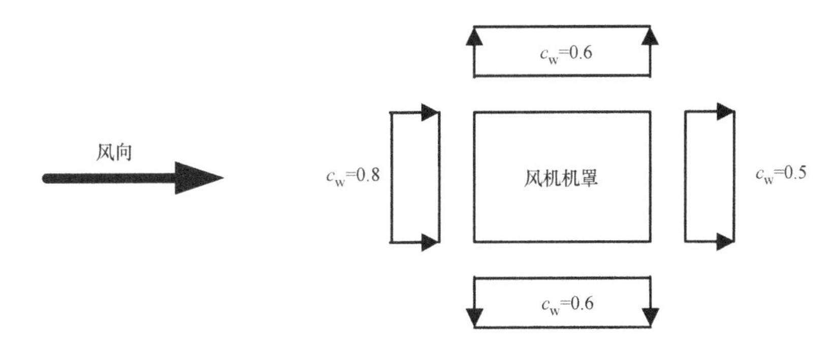

图解 4.11　机舱作用的平均风力系数[11]

可见面积随偏航角 ϕ 变化，对于矩形机舱，这里近似表示为式（解 4.6）。

$$A_n(\phi)=|W_nH_n\cos\phi|+\left|\left(\frac{\pi R_n}{4}+L_n\right)H_n\sin\phi\right| \qquad \text{（解 4.6）}$$

采用式（解 4.6）的代表面积定义的平均风力系数和偏航角（$\phi=0°\sim180°$）的关系如图解 4.12 所示。$\phi=90°$附近出现最大值，最大值为 $C_{nD}=1.1$。此趋势与机舱的长度无关，哪一种长度的机舱都表现出同样的趋势。图中还标记了 GL Wind 2003 的 $C_{nD}=1.3$ 的值，比本指南的实验结果值大，是偏安全的评估。

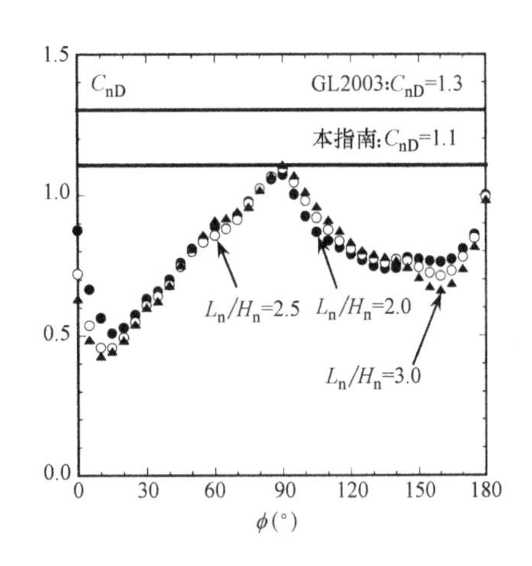

图解 4.12 矩形机舱作用的平均阻力系数和偏航角的关系（代表面积采用式解 4.6）

上述表明，如果采用式（解 4.7）计算矩形型机舱作用的平均阻力，并采用机舱可见面积作为代表面积，用 $C_{nD}=1.1$ 计算为好。

$$F_{nD}=\frac{1}{2}\rho U_h^2C_{nD}A_n(\phi) \qquad \text{（解 4.7）}$$

另外，本节所示的矩形机舱的实验结果，是用比实际风力机的机舱小的雷诺数计测的。但是，由于矩形机舱的流场在角部处分离，所以可以忽略雷诺数的影响。

此外，机舱除了本节所示的矩形、球形之外，还有圆筒形、圆盘形等，但是由于本节所示的值对于这些形状的机舱是不适用的，所以应该采用制造商提供的数值。另外，矩形机舱也有在角部安装圆度，或者被做切角的情况，这种情况下，本节所示的值一般是偏安全的。

4.2.4 塔架的平均风力系数

如果塔架的截面形状为圆形，塔架的单位高度的平均风力系数可通过下式计算。

$$C_{tD}=0.6 \qquad (U(z)D_t(z)\geqslant6\text{ 的滑面}) \qquad (4.10)$$

$$C_{tD}=1.0 \qquad (\text{粗糙面或 }U(z)D_t(z)<6\text{ 的光滑面}) \qquad (4.11)$$

这里，$U(z)$为所在高度处的设计风速（10 分钟的平均风速（m/s）），$D_t(z)$为所在高度处的直径（m）。计算阻力时的代表宽度采用所在高度处的塔架直径 $D_t(z)$。另外，如果由于照明装置或装饰等的存在使得塔架表面不能被视为滑面时，要采用粗糙面的值。

【解说】

塔架的风力系数的定义如下式所示。

$$C_{tD}=\frac{F_{tD}}{\frac{1}{2}\rho U(z)^2D_t(z)} \qquad \text{（解 4.8）}$$

这里，C_{tD}为平均风力系数，ρ 为空气密度，F_{tD}为单位长度的平均阻力，$U(z)$为所在高度处的设计风速（10 分钟的平均风速），$D_t(z)$为所在高度处的直径。

圆形截面的塔架的风力系数依存于雷诺数。这可以通过圆柱上作用的风力随雷诺数 Re，圆柱表面的粗糙度以及直径和长度的比值而变化的现象来证明。圆柱的阻力系数 C_D和雷诺数 Re 的关系如图解 4.13 所示。雷诺数为 $10^5\sim10^6$ 的范围内 C_D急剧变化，此时的雷诺数被称为临界雷诺数 Re。圆柱表面越粗糙 Re 越小。对于普通的设计，通常在 $Re<Re_c$ 的范围里 $C_D=1.2$，在 $Re>Re_c$的范围里 $C_D=0.4\sim1.0$。对于风力发电设备，由于塔架的表面实施涂装后为平滑表面，而且采用设计风速域的风速，通常可被视为 $Re>Re_c$ 的范围。本指南参考表解 4.2 所示的 BSI Code[12] 的值（高度和可见宽度的比值≤20），对于光滑面 $C_{tD}=0.6$，对于粗糙面 $C_{tD}=1.0$。但是如果

$$U(z)D_t(z)<6 \qquad \text{（解 4.9）}$$

此时，无论表面状态如何，均采用粗糙表面的平均风力系数 $C_{tD}=1.0$。

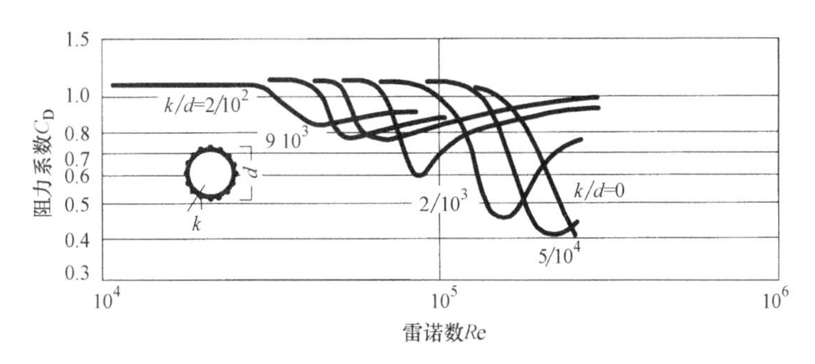

图解 4.13　临界雷诺数和表面粗糙度的关系[12]

圆柱体的阻力系数[12]　　**表解 4.2**

截面形状		$V_s b$ (m²/s)	C_D 高度或长度/可见宽度						
			$\leqslant\frac{1}{2}$	≤1	≤2	≤5	≤10	≤20	∞
(圆形截面图，V_s，b)	一般情况	<6	0.7	0.7	0.7	0.8	0.9	1.0	1.2
	粗糙表面或有凸起的表面	≥6							
	光滑表面	≥6	0.5	0.5	0.5	0.5	0.5	0.6	0.6

【与其他法规、基准、指南等的关联】

在英国的荷载基准中，圆柱体的阻力系数 C_D的值为高度/直径比的函数。另外，它随着表面粗糙度而变化。例如，粗糙面或者有突起的表面且高度/直径≤20 时，$C_D=1.0$，光滑面且高度/直径≤20 时，$C_D=0.6$。

在建筑基准法施行令第 87 条第 4 项的规定（平成 12 年建设省告示 1454 号）中，烟囱的阻力系数为 $C_D=0.9$。这里由于烟囱为砖或混凝土所制，不是完全的粗糙表面，可以考虑采用 $C_D=0.9$。但是，由于风力机塔架的高度和底部外直径的比值（80m 以下时为 15～20）比一般建筑物（80m 以下时为 10 左右）大，本指南基于英国的荷载基准，采用了比建筑基准法稍大的值。

4.2.5　机舱的峰值风力系数

在本指南中，塔架，基础等风力发电设备支持物被作为应力验证和稳定验证的对象，风力机本体（叶片、机舱）则被视为购入制品，需基于建设位置的自然环境条件（设计风速、设计地震等）向制造商确认其抗力。因此，虽然机舱的局部外装器材的抗风能力不在本指南的研究范围内，但是由于在以往的破坏例子中也出现过机舱外壳破坏的现象，所以本节将讨论机舱的峰值风力系数的确定方法，作为参考资料提供给读者。

(a)　机舱的峰值风力系数

用于机舱的局部外装器材的抗风能力研究的峰值风力系数 $\hat{C}_c$是由峰值外压系数和表示内压脉动效应的系数，通过式（4.12）计算。

$$\hat{C}_c=\hat{C}_{pe}-C_{pi} \tag{4.12}$$

这里，

$\hat{C}_{pe}$　：峰值外压系数

C_{pi}　：表示内压脉动效应的系数

如果机舱形状接近矩形，正负峰值外压系数采用表 4.4 所示的值。但是，如果制造商提供了数值或者通过详细的调查可以获得各峰值外压系数，可不采用表 4.4 所示的值。

表示内压脉动效应的系数采用表 4.5 所示的值。

【解说】

用于机舱的局部外装器材（例如机舱门等）的抗力研究的峰值风力系数，在机舱的形状接近矩形时可采用由本指南所示的峰值外压系数和内压系数的推荐值计算的风力系数。但是，如果制造商可以提供或者通过详细的调查可以获得各峰值外压系数时，也可采用这些值。此时，各峰值风力系数的定义，例如平均风压系数和瞬间最大风压系数，还有基准速度压的平均化时间及基准高度等必须和本指南的定义相同。

用于机舱外装器材的抗风能力研究的局部风力是外压和内压的差的最大值，而不是峰值外压（外压的瞬间最大值）和峰值内压（内压的瞬间最大值）的差。但是，外压和内压的压力差较难获得，对于一般建筑物资料较少，另一方面由于峰值外压系数可以比较容易地通过风洞实验获得，所以直接采用峰值外压系数的式（4.12）来表示峰值风力系数。这里，式（4.12）不是峰值外压系数和峰值内压系数的差，而是用表示内压脉动效应的系数来代替峰值内压系数，试图和本来应该采用的外压和内压的差的最大值保持一致。关于表示内压脉动效应的系数将在 4.2.5（c）项中阐述。

（b） 机舱的峰值外压系数的推荐值

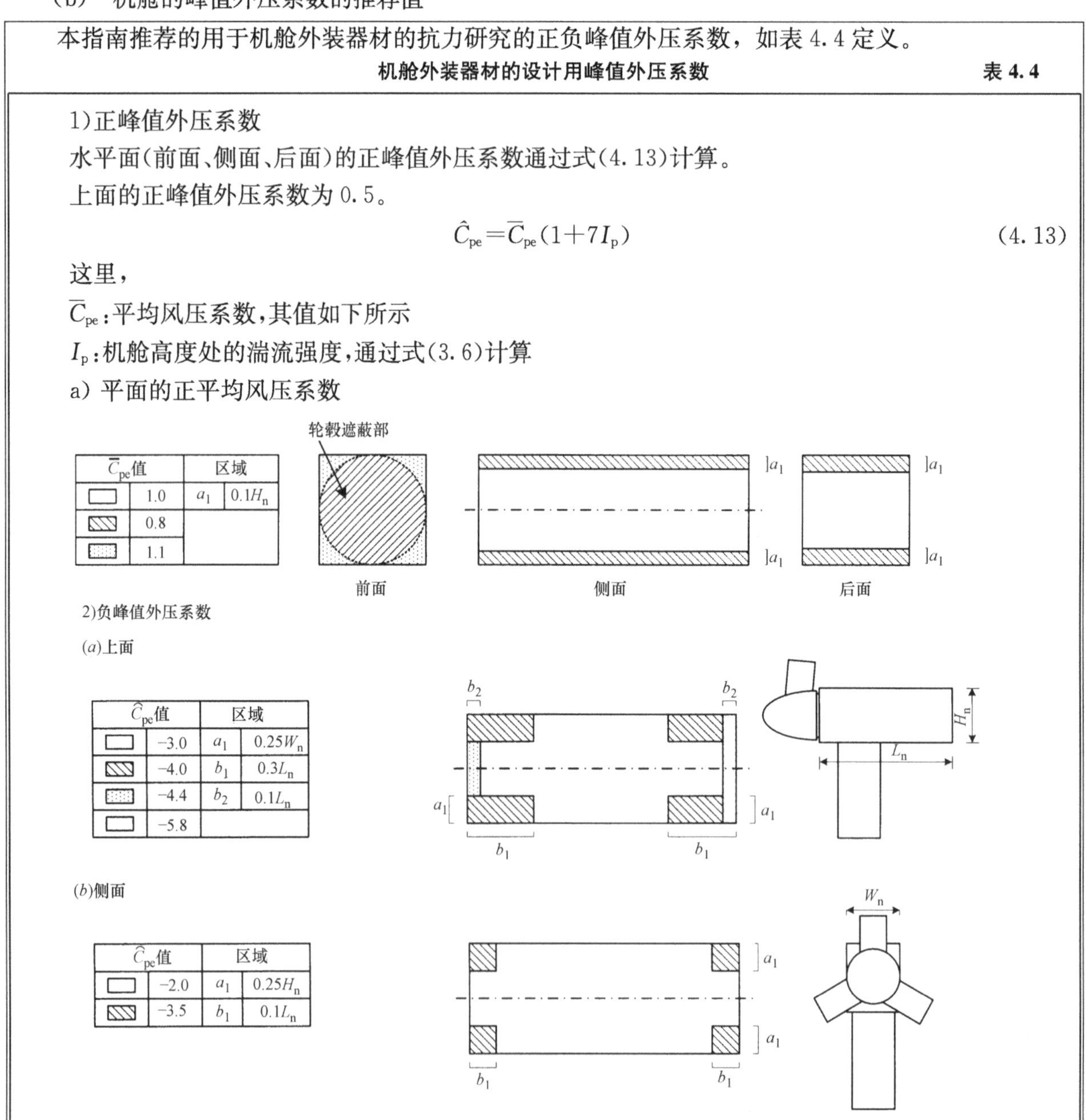

本指南推荐的用于机舱外装器材的抗力研究的正负峰值外压系数，如表 4.4 定义。

机舱外装器材的设计用峰值外压系数 **表 4.4**

1)正峰值外压系数

水平面(前面、侧面、后面)的正峰值外压系数通过式(4.13)计算。

上面的正峰值外压系数为 0.5。

$$\hat{C}_{pe}=\overline{C}_{pe}(1+7I_p) \quad (4.13)$$

这里，

$\overline{C}_{pe}$:平均风压系数,其值如下所示

I_p:机舱高度处的湍流强度,通过式(3.6)计算

a) 平面的正平均风压系数

$\overline{C}_{pe}$值		区域	
	1.0	a_1	$0.1H_n$
	0.8		
	1.1		

2)负峰值外压系数

(a)上面

$\hat{C}_{pe}$值		区域	
	−3.0	a_1	$0.25W_n$
	−4.0	b_1	$0.3L_n$
	−4.4	b_2	$0.1L_n$
	−5.8		

(b)侧面

$\hat{C}_{pe}$值		区域	
	−2.0	a_1	$0.25H_n$
	−3.5	b_1	$0.1L_n$

续表

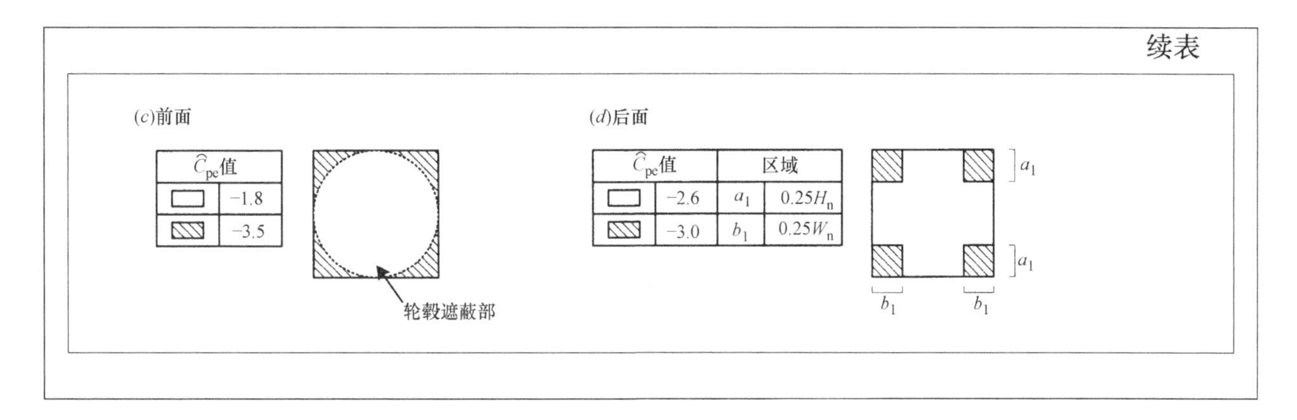

【解说】

机舱的正负峰值外压系数由式（解4.10）定义。

$$\hat{C}_{pe}=\frac{p_e}{\frac{1}{2}\rho U_h^2} \quad （解4.10）$$

这里，$\hat{C}_{pe}$为峰值风力系数，P_e为峰值外压，ρ为空气密度，U_h为机舱高度处的设计风速（10分钟的平均风速）。这里给出的数值来自于风力机机舱模型的风洞实验结果[10]，峰值外压系数对应于各部位的所有偏航角中的正和负的最大峰值风压。峰值外压系数，是在假设设计风速为50m/s时1m以下宽度的部材上风压同时作用的基础上而设定的。

正峰值外压系数发生在结构的迎风面，其值受到来流中湍流的影响。因此，用于机舱外装器材的抗力研究的正峰值外压系数为来流的湍流度的函数，会随着机舱高度和建设地点的地表面粗糙度类别而变化。

对于矩形机舱，由于前面、侧面及背面都有可能为迎风面，因此需设定正峰值外压系数。但是由于机舱上面不会为迎风面，正峰值外压系数在任何来流情况下均为0.5。但如果风力机建设在斜坡上或者附近有陡峭地形时，风速在竖直方向上增加，这时有必要适当设定机舱上面的正压的峰值外压系数。

负峰值外压系数发生在与流线平行的部位和背风部位，它和正峰值外压系数不同，受来流中湍流的影响较小。大的负压发生的主要原因为机舱本身的分离流。因此，负峰值外压系数应根据机舱的形状及机舱的部位区别而定。

【与其他法规、基准、指南等的关联】

日本建筑学会建築物荷重指針・同解説规定正峰值外压系数为来流的函数，负峰值外压系数负峰值外压系数应根据对象的形状和部位有所区别。这种考虑方法和本指南是相同的。但是，峰值外压系数的值本身，本指南和日本建筑学会《建築物荷重指針・同解説》是不同的。

（c）　表示机舱的内压脉动效应的系数的推荐值

本指南推荐的用于机舱外装器材的抗力研究的表示内压脉动效应的系数如表4.5定义。

机舱外装器材设计用的表示内压脉动效应的系数　表4.5

$\hat{C}_{pe}\geqslant0$　时	$C_{pi}=-0.5$
$\hat{C}_{pe}<0$　时	$C_{pi}=0.5$

【解说】

由于机舱外装器材作用的风力为外压和内压的差，为了估计其最大值，有必要适当预测变动的外压系数和内压系数的差的最大值。但是，由于本指南直接采用了峰值外压系数，所以关于内压的系数有必要采用式（解4.11）定义的值。

$$C_{pi}=\hat{C}_c-\hat{C}_{pe} \quad (解 4.11)$$

即 C_{pi}不是峰值内压系数（内压系数的最大值或最小值），而是外压和内压的差的峰值风力系数减去峰值外压系数后的差。此值称为表示内压脉动效应的系数。这种考虑方法和建築物荷重指針・同解説[13]是相同的，当峰值外压系数为正时 $C_{pi}=-0.5$，峰值外压系数为负时 $C_{pi}=0$。这是采用了各种建筑物形状的外壁表面的风洞实验结果，并假设外壁面的间隙的分布是均匀的，且内压变动和外压变动不相关而计算出来的值。对于机舱间隙的分布不能说是均匀的，一些壁面有卓越开口，而且开口的大小，位置随机种而异。因此，虽然不能唯一确定卓越开口的影响，但是本指南中当峰值外压系数为正时采用 $C_{pi}=0.5$，而非 $C_{pi}=0$，以此来考虑卓越开口的影响。这是参考岡田ら[14]的关于建筑物内压的研究而设定的。如果目标风力发电设备有很大的卓越开口时，有必要适当设定表示内压脉动效应的系数 C_{pi} 的值。

【与其他法规、基准、指南等的关联】

正如解说中阐述的，本指南中关于内压系数的考虑方法符合日本建筑学会建築物荷重指針，同解説的规定。但是，考虑了机舱的卓越开口的状况后，其值就和本指南有所不同了。

4.3 暴风时最大风荷载的评估

4.3.1 暴风时风荷载计算的基本思路

塔架作用的风荷载是在假设风轮固定及机舱为刚性的基础上，由风轮、机舱、塔架作用的平均风荷载乘以考虑了塔架的第 1 阶振动模态和结构阻尼的阵风荷载因子来计算，而最大风荷载可通过顺风向和横风向的风荷载组合来求得。另外，如果风轮有游移，风荷载的修正系数可由 4.3.8 项定义。

【解说】

本指南假设暴风时偏航控制失效，并假设风轮固定及机舱为刚性，定义了风力机塔架作用的最大风荷载的计算公式。基本思路如下所示。

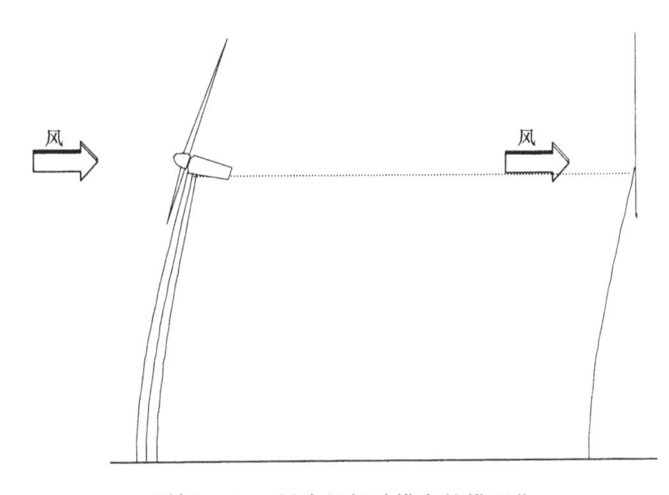

图解 4.14 风力机振动模态的模型化
（左侧：实际振型，右侧：模型化的振型）

脉动风引起的风力机塔架的振动以第 1 阶振动模态为主。因此，顺风向和横风向作用的水平风荷载可以考虑塔架的第 1 阶振动模态和第 1 阶结构阻尼，通过功率谱模态分析法计算[15]。图解 4.14 是用于塔架风荷载计算的模型。这里塔架的振动模态考虑了第 1 阶振动模态，并假设风轮固定，对应各偏航角，顺风向和横风向的最大风荷载由平均风荷载乘以阵风荷载因子来计算。另外，对阵风荷载因子的计算提出了详细法和简便法。暴风时不能进行偏航控制时应用简便法，可以获得符合建筑基准法的顺风向的最大风荷载。暴风时可进行偏航控制时，最大风荷载可通过顺风向和横风向的风荷载组合来求得。关于平均风荷载，由于考虑了顺风向脉动风分量的方差，从而估计了脉动风对平均风荷载的贡献。另外，阵风荷载因子除了考虑风力机的尺寸和振动特性外，还考虑了引入升力梯度后的气动阻尼的影响。此外，计算脉动风荷载的空间相关性时，采用轮毂高度处的平均风速和湍流强度。

风力机风轮作用的风荷载，通过将叶片坐标系内单位长度的叶片作用的风力积分求得，机舱作用的风荷载由机舱作用的风力来计算。塔架作用的顺风向和横风向的剪力以及弯矩，是在风轮和机舱的风荷载上加上塔架作用的风力积分后的风荷载来计算。这些荷载的方向依照图 1.7 所示来定义。

4.3.2 最大风荷载时风力机姿势的定义

如果暴风时不能进行偏航控制，那么对于失速控制风力机，塔架作用的最大风荷载发生在如图 4.5 所示的方位角为 0°，偏航角为 0°时；对于变桨距控制风力机，塔架作用的最大风荷载发生在如图 4.6 所示的方位角为 30°，偏航角为 90°时。

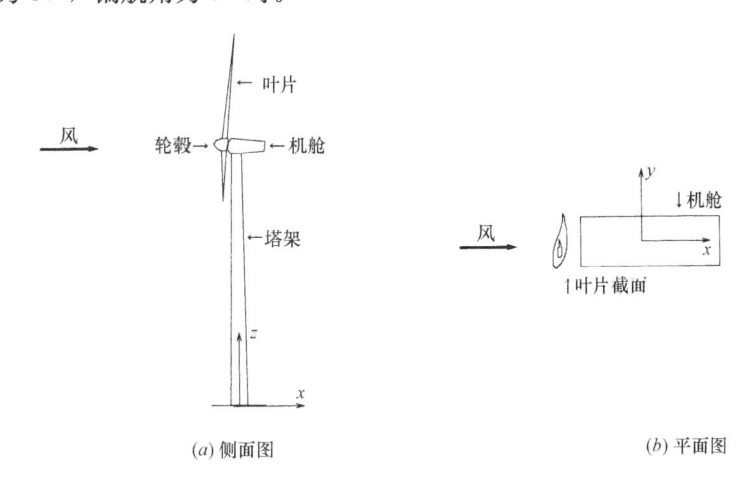

图 4.5　风力机风轮正对风向时失速控制风力机的姿势

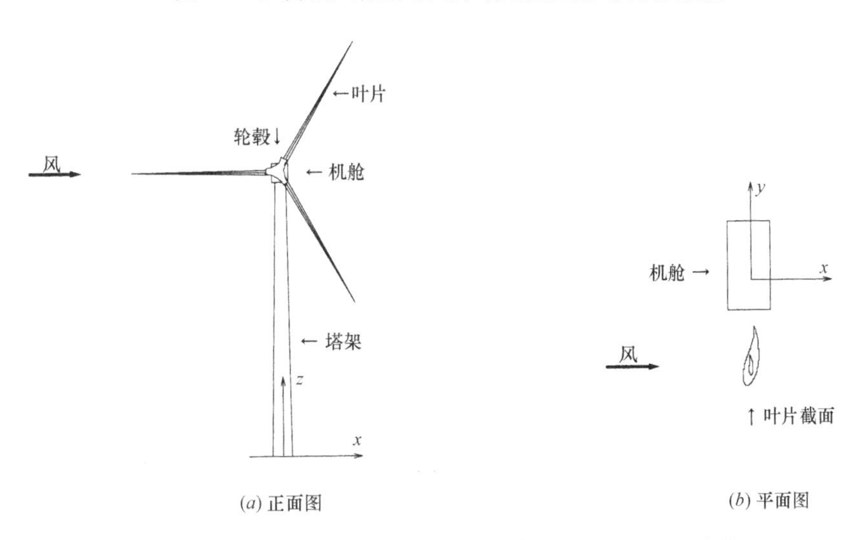

图 4.6　顺桨状态下受横向风时变桨距控制风力机的姿势

【解说】

暴风时能确保电源的情况和不能确保电源的情况下，风力机作用的最大风荷载有很大的不同。

暴风时能确保电源的情况下，失速控制风力机的风轮可控制到与风向成 90°角。这时，风力机叶片作用的阻力变小，从而使风力机塔架作用的风荷载减小。但是，如果暴风时停电而又未配备备用电源的情况下，失速控制风力机处于不能进行偏航控制的状态。此时，最大风荷载发生在风力机风轮正对风向时。本指南将失速控制风力机的最大风荷载的姿势定义为如图 4.5 所示的风力机姿势。

同样，暴风时能确保电源的情况下，变桨距控制风力机的风轮正对风向且叶片处于顺桨状态时，风力机叶片作用的阻力变小，从而使风力机塔架作用的风荷载减小。但是，如果暴风时停电而又未配备备用电源的情况下，变桨距控制风力机处于不能进行偏航控制的状态。此时，最大风荷载发生在叶片处于顺桨状态且受横向风时。本指南将变桨距控制风力机的最大风荷载的姿势定义为如图 4.6 所示的风力机姿势。此外，方位角和偏航角的定义参照图解 4.30。

4.3.3 风力机本体的尺寸和质量

计算风力机上作用的风荷载时，叶片、机舱和塔架的尺寸和质量以及塔架的法兰质量等都是必要的参数。本指南定义了风荷载计算时至少需要的尺寸和质量。

叶片采用表 4.6 所示的 7 个截面的弦长，翼厚比，扭转角的尺寸；关于机舱，矩形机舱采用表 4.7 所示的尺寸，球形机舱采用表 4.8 所示的尺寸；塔架采用表 4.9 所示的尺寸。风力机各部分的质量采用表 4.10 所示的值。如果可以获得更多截面的数据，可不局限于表中所示的值。

叶片的尺寸 **表 4.6**

截面编号	截面名称	位置(m)	弦长(m)	翼厚比	扭转角(°)
①	叶片根部圆截面(S_{root})	r_1(参照图 5.6)	C_0	1	—
②	最大弦长的截面(S_{Cmax})	r_2(参照图 5.6)	C_{max}	γ_{Cmax}	β_{Cmax}
③	2/6 截面($S_{2/6R}$)	$r_3=2/6R$	$C_{2/6}$	$\gamma_{2/6}$	$\beta_{2/6}$
④	3/6 截面($S_{3/6R}$)	$r_4=3/6R$	$C_{3/6}$	$\gamma_{3/6}$	$\beta_{3/6}$
⑤	4/6 截面($S_{4/6R}$)	$r_5=4/6R$	$C_{4/6}$	$\gamma_{4/6}$	$\beta_{4/6}$
⑥	5/6 截面($S_{5/6R}$)	$r_6=5/6R$	$C_{5/6}$	$\gamma_{5/6}$	$\beta_{5/6}$
⑦	17/18 截面($S_{17/18R}$)	$r_7=17/18R$	$C_{17/18}$	$\gamma_{17/18}$	$\beta_{17/18}$

注：半径 R 为距离回转中心的长度。

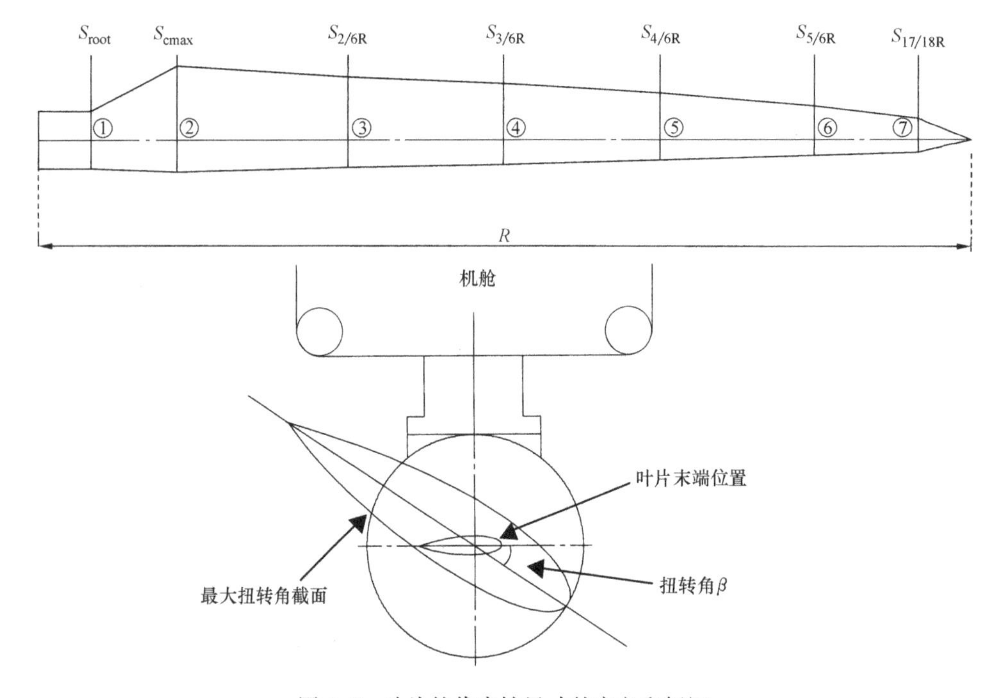

图 4.7 叶片的代表性尺寸的定义和标记

矩形型机舱的尺寸 **表 4.7**

名称	尺寸(m)
机舱长度	L_n
机舱高度	H_n
机舱宽度	W_n
轮毂长度	R_n

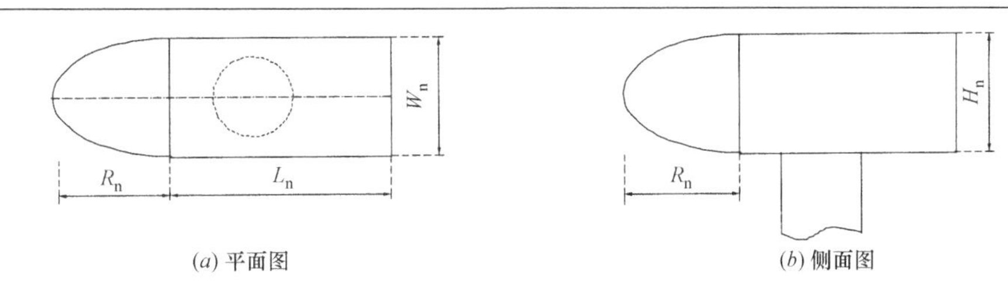

图 4.8　矩形机舱的代表性尺寸的定义和标记

球形机舱的尺寸　　**表 4.8**

名称	尺寸(m)
长轴长度	a
短轴长度(水平)	b
短轴长度(竖直)	b

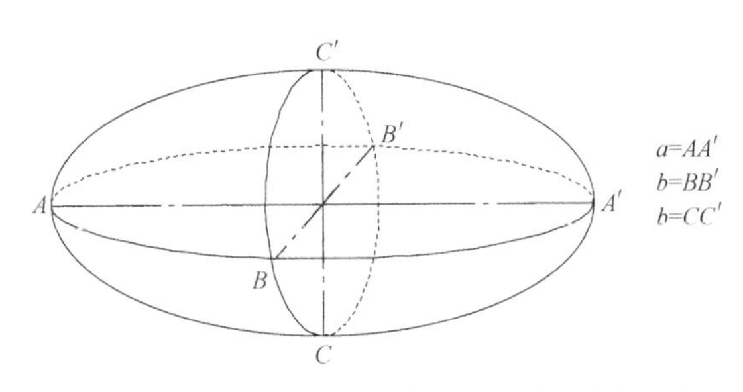

图 4.9　球形机舱的代表性尺寸的定义和标记

塔架筒身的尺寸　　**表 4.9**

区段编号	区段顶部高度 (m)	区段底部高度 (m)	顶部外径 (m)	底部外径 (m)	壁厚 (m)
①	H_0	H_1	D_0	D_1	t_1
②	H_1	H_2	D_1	D_2	t_2
③	H_2	H_3	D_2	D_3	t_3
④	H_3	H_4	D_3	D_4	t_4

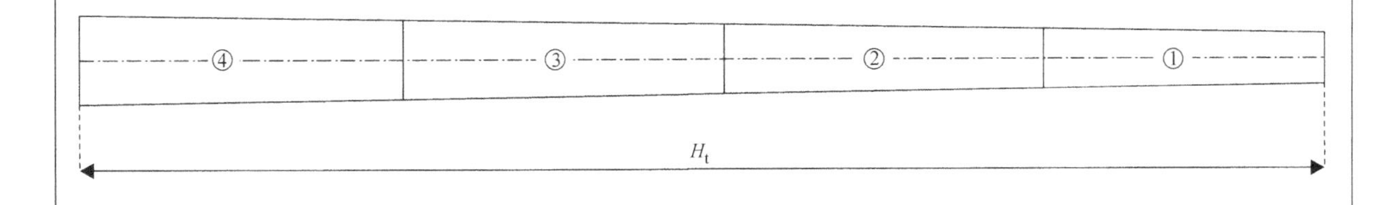

图 4.10　塔架各区段的定义和标记

风力机各部分的质量　　**表 4.10**

名称	质量(kg)
叶片质量	m_b
轮毂质量	m_h
机舱质量	m_n
塔架质量	m_t

【解说】

为了正确计算塔架作用的风荷载，有必要定义风力机的姿势（偏航角 ϕ 和方位角 ψ）以及叶片、机舱、塔架的尺寸和质量。叶片，机舱，塔架的尺寸和质量将在 4.3.3 项中定义。另外，关于叶片最好采用表 4.6 所示的 7 个以上截面的尺寸，如不能，至少要采用 5 个截面的尺寸。此外，如果制造商提供了计算荷载必要的尺寸和质量，在确定了其稳妥性的基础上，可采用制造商提供的值。

4.3.4　1阶固有频率和1阶振型的计算

计算风力机塔架作用的风荷载所必要的塔架的1阶固有频率 f 和塔架的1阶振型 $\mu(z)$ 可通过式（4.14）和式（4.15）计算。另外风力机塔架的结构阻尼比（或结构阻尼常数）ζ_s 是对应1阶振动模态的结构阻尼比，根据增速机的有无通过式（4.16）来定义。

$$f=\frac{0.92}{2\pi}\sqrt{\left(\int_0^{H_t} EI(z)x_{zz}^2(z)\mathrm{d}z\Big/\left[\int_0^{H_t} m(z)x^2(z)\mathrm{d}z+\sum_{i=1}^{n} m_{ci}x^2(z_{ci})+(m_r+m_n)x^2(H_t)\right]\right)} \tag{4.14}$$

$$\mu(z)=x(z)/x(H_t) \tag{4.15}$$

$$\xi_s=\begin{cases}0.8\% & \text{有增速机的风力机}\\0.5\% & \text{无增速机的风力机}\end{cases} \tag{4.16}$$

式中，$m(z)=\rho_t\pi D(z)t(z)$

$I(z)=(\pi/64)[D(z)^4-(D(z)-2t(z))^4]\approx(\pi/8)t(z)D(z)^3$

$x_{zz}(z)=\frac{\mathrm{d}^2x}{\mathrm{d}z^2}(z)=\frac{M(z)}{EI(z)}$

$x(z)=\int_0^z\left\{\int_0^\eta\frac{M(\xi)}{EI(\xi)}\mathrm{d}\xi\right\}\mathrm{d}\eta$

$M(z)=(m_r+m_n)g(H_t-z)+\int_z^{H_t}m(\xi)g(\xi-z)\mathrm{d}\xi+\sum_i^n m_{ci}g(z_{ci}-z)$

这里，

H_t：塔架的高度（m）

$m(z)$：塔架的单位长度的质量（kg/m）

ρ_t：塔架的材料的密度（钢材时 $\rho_t=7850\mathrm{kg/m^3}$）

m_n，m_r：机舱和风轮的质量（kg）

E：塔架的杨氏模量（钢材时 $E=2.1\times10^{11}\ \mathrm{N/m^2}$）

$I(z)$：塔架的截面惯性矩（$\mathrm{m^4}$）

$t(z)$：塔架的壁厚（m）

$D(z)$：塔架的外径（m）

g：重力加速度（$9.81\mathrm{m/s^2}$）

m_{ci}：法兰等的集中质量（kg）

z_{ci}：第 i 个集中质量距离地面的高度（m）

n：到高度 z 处的集中质量的数目

【解说】

计算风力机塔架作用的脉动风荷载时，塔架的振动特性，即塔架的1阶固有频率、1阶振型及塔架的结构阻尼比都是必要的参数。

计算塔架的1阶振型时，将风轮和机舱视为悬臂梁顶部的集中荷载，将塔架的自重视为沿梁的高度方向作用的分布荷载，通过所谓的挠度曲线法近似计算其挠度，就是塔架的1阶振型。通常由于偏转角远小于1，$x_{zz}(z)$ 表示的是此荷载状况下的悬臂梁的曲率。

塔架的1阶固有频率是在由瑞利商得到的频率的基础上乘以修正系数0.92而求得。此修正系数是因为考虑了将叶片、轮毂、机舱视为塔架顶部的集中质量而模型化时的误差，是基于额定功率400～2000kW的7台风力机的3维梁模型的FEM特征值解析而求得。图解4.15表示的是通过式（4.14）和3维梁模型的FEM解析计算的风力机塔架的1阶固有频率的比值，可见由瑞利商计算的值乘以0.92后可以得到和FEM解析非常一致的结果。另外，图解4.16所示的是400kW失速控制风力机的解析实例，可见通过式（4.15）和 $x_{zz}(z)$ 及 $x(z)$ 的式子而计算的塔架的1阶振型可以获得很好的精度。

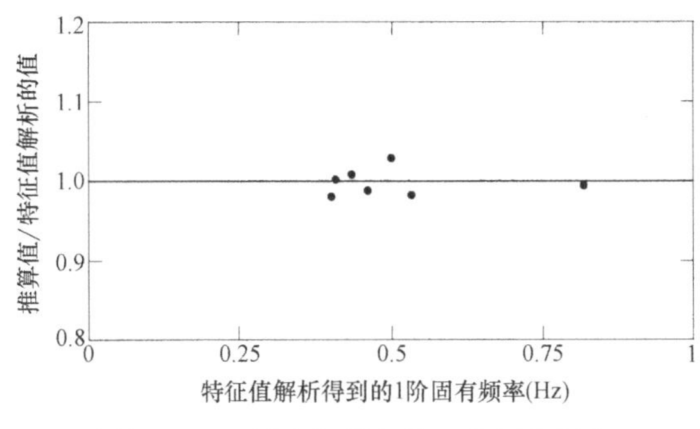

图解 4.15　风力机塔架的 1 阶固有频率

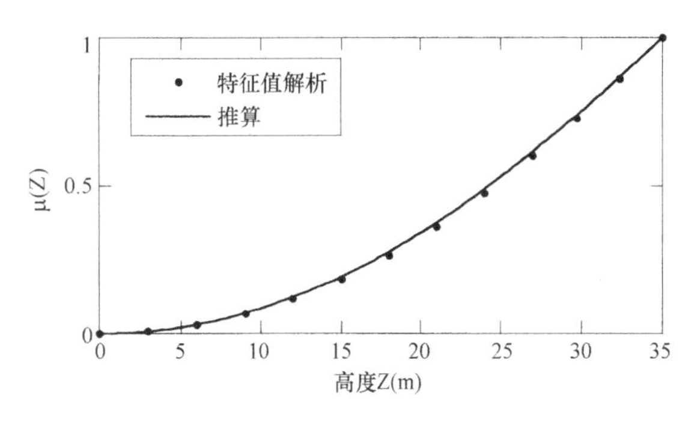

图解 4.16　风力机塔架的 1 阶振型
（400kW 失速控制风力机的实例）

由式（4.14）在实际计算塔架的 1 阶固有频率时，有必要在塔架的高度方向上进行分割处理。此时，为了便于处理，将式（4.14）用矩阵形式表示，如下式所示。

$$f=\frac{0.92}{2\pi}\sqrt{\frac{{}^{t}\begin{Bmatrix}x_{zz}(z_1^{\mathrm{C}})\\x_{zz}(z_2^{\mathrm{C}})\\\vdots\\x_{zz}(z_n^{\mathrm{C}})\end{Bmatrix}\begin{bmatrix}EI(z_1^{\mathrm{C}})&0&0&0\\0&EI(z_2^{\mathrm{C}})&0&0\\\vdots&\vdots&\ddots&\vdots\\0&0&0&EI(z_n^{\mathrm{C}})\end{bmatrix}\begin{bmatrix}\mathrm{d}z_1^{\mathrm{B}}&0&0&0\\0&\mathrm{d}z_2^{\mathrm{B}}&0&0\\\vdots&\vdots&\ddots&\vdots\\0&0&0&\mathrm{d}z_n^{\mathrm{B}}\end{bmatrix}\begin{Bmatrix}x_{zz}(z_1^{\mathrm{C}})\\x_{zz}(z_2^{\mathrm{C}})\\\vdots\\x_{zz}(z_n^{\mathrm{C}})\end{Bmatrix}}{{}^{t}\begin{Bmatrix}x(z_0^{\mathrm{C}})\\x(z_1^{\mathrm{C}})\\\vdots\\x(z_n^{\mathrm{C}})\end{Bmatrix}\begin{bmatrix}m_{\mathrm{R}}+m_{\mathrm{N}}&0&0&0\\0&m_{z_1}&0&0\\\vdots&\vdots&\ddots&\vdots\\0&0&0&m_{z_n}\end{bmatrix}\begin{Bmatrix}x(z_0^{\mathrm{C}})\\x(z_1^{\mathrm{C}})\\\vdots\\x(z_n^{\mathrm{C}})\end{Bmatrix}}} \tag{解 4.12}$$

这里，n 为塔架高度方向上的分割数，z_i^{B}为第 i 段的底部高度，z_i^{C}为第 i 段的中间的高度，而 $z_0^{\mathrm{B}}=H_{\mathrm{T}}$，$z_0^{\mathrm{C}}=H_{\mathrm{T}}$。另外，$z_i^{\mathrm{C}}=0.5\times(z_{i-1}^{\mathrm{B}}+z_i^{\mathrm{B}})$，$\mathrm{d}z_i^{\mathrm{B}}=z_{i-1}^{\mathrm{B}}-z_i^{\mathrm{B}}$，$\mathrm{d}z_i^{\mathrm{C}}=z_{i-1}^{\mathrm{C}}-z_i^{\mathrm{C}}$，$m_{z_i}=m(z_i^{\mathrm{C}})\mathrm{d}z_i^{\mathrm{B}}$。同样，$x_{zz}(z)$和$M(z)$也采用矩阵表示，如下所示。

$$\begin{Bmatrix}x_{zz}(z_0^{\mathrm{C}})\\x_{zz}(z_1^{\mathrm{C}})\\\vdots\\x_{zz}(z_n^{\mathrm{C}})\end{Bmatrix}=\begin{bmatrix}0&0&\cdots&0\\0&\dfrac{1}{EI(z_1^{\mathrm{C}})}&\cdots&0\\\vdots&\vdots&\ddots&\vdots\\0&0&\cdots&\dfrac{1}{EI(z_n^{\mathrm{C}})}\end{bmatrix}\begin{Bmatrix}M(z_0^{\mathrm{C}})\\M(z_1^{\mathrm{C}})\\\vdots\\M(z_n^{\mathrm{C}})\end{Bmatrix} \tag{解 4.13}$$

$$\begin{Bmatrix}M(z_0^{\mathrm{C}})\\M(z_1^{\mathrm{C}})\\\vdots\\M(z_n^{\mathrm{C}})\end{Bmatrix}=g\begin{bmatrix}0&0&\cdots&0&0\\\mathrm{d}z_1^{\mathrm{C}}&0&\cdots&0&0\\\vdots&\vdots&\ddots&\vdots&0\\\mathrm{d}z_1^{\mathrm{C}}&\mathrm{d}z_2^{\mathrm{C}}&\cdots&\mathrm{d}z_n^{\mathrm{C}}&0\end{bmatrix}\begin{bmatrix}1&0&\cdots&0\\1&1&\cdots&0\\\vdots&\vdots&\ddots&\vdots\\1&1&\cdots&1\end{bmatrix}\begin{Bmatrix}m_{\mathrm{R}}+m_{\mathrm{N}}+m_{c_0}\\m_{z_1}+m_{c_1}\\\vdots\\m_{z_n}+m_{c_n}\end{Bmatrix} \tag{解 4.14}$$

计算 $x(z)$时要进行 2 次数值积分，$\ddot{x}(z)$作为假定荷载作用在塔架上，由 Mohr's 定理，由于固定端和自由端替换时的弯矩相等，在实际计算时，如果采用下式可以使计算更容易。

$$\begin{Bmatrix}x(z_0^{\mathrm{C}})\\x(z_1^{\mathrm{C}})\\\vdots\\x(z_n^{\mathrm{C}})\end{Bmatrix}=\begin{bmatrix}0&\mathrm{d}z_1^{\mathrm{C}}&\cdots&\mathrm{d}z_n^{\mathrm{C}}\\0&0&\cdots&\mathrm{d}z_n^{\mathrm{C}}\\\vdots&\vdots&\ddots&\vdots\\0&0&\cdots&0\end{bmatrix}\begin{bmatrix}0&\mathrm{d}z_1^{\mathrm{B}}&\cdots&\mathrm{d}z_n^{\mathrm{B}}\\0&\mathrm{d}z_1^{\mathrm{B}}&\cdots&\mathrm{d}z_n^{\mathrm{B}}\\\vdots&\vdots&\ddots&\vdots\\0&0&\cdots&\mathrm{d}z_n^{\mathrm{B}}\end{bmatrix}\begin{Bmatrix}x_{zz}(z_0^{\mathrm{C}})\\x_{zz}(z_1^{\mathrm{C}})\\\vdots\\x_{zz}(z_n^{\mathrm{C}})\end{Bmatrix} \tag{解 4.15}$$

关于风力机的结构阻尼比，参考以前的文献［7］，通常约为 0.8%。本指南参考由实测[16~18]得到的风力机塔架的结构阻尼比而设定。有增速机的风力机的结构阻尼比[16]采用实测得到的机舱方向和机舱垂直方向的结构阻尼比的平均值，定为 0.8%，而无增速机的风力机的结构阻尼比定为 0.5%。

图解 4.17[16]给出了采用有增速机的发电机的风力机塔架的阻尼比（气动阻尼比和结构阻尼比的和）的实验值。风力机处于停止状态，尽管阻尼比随风速有一些变化，但是有增速机的风力机在机舱方向（X 方向）的阻尼比约为 1.0%，在机舱垂直方向（Y 方向）的阻尼比约为 0.6%。机舱方向的结构阻尼比较大的原因是考虑了有增速机的风力机的振动能量被风轮轴和变速器的可动部分的摩擦等吸收了一部分。图解 4.17 所示的观测值由于气动阻尼比很小，所以观测的阻尼比可视为风力机塔架的结构阻尼比。

图解 4.19[17]给出了无增速机的风力机塔架的阻尼比的实测值，风力机处于空转状态。无增速机的风力机在机舱方向的阻尼比约为 0.5%。和有增速机的风力机（图解 4.18）不同，无增速机的风力机由于没有变速器等可动部分，如图解 4.20 所示，所以不考虑摩擦等产生的阻尼效应。此外，可见机舱垂直方向的阻尼比随着风速的增大而增大。在此例中，风速增加，风轮的转速就会增加，这样叶片作用的阻力引起的气动阻尼比就会随之增大。气动阻尼比很小的低风速域里机舱垂直方向的阻尼比接近机舱方向的阻尼比 0.5%。图解 4.19 所示的观测值为低风速域对应的机舱方向和横风向的阻尼比，可视为风力机塔架的结构阻尼比。

另外，对于塔架的 1 阶固有频率，1 阶振型和结构阻尼比，如果风力机制造商提供了数值或者有实测值，在确定了其稳妥性的基础上也可采用。

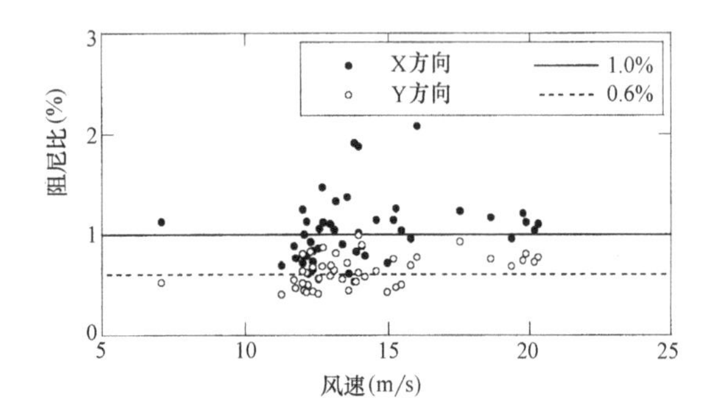

图解 4.17　有增速机的风力机的阻尼比[16]

图解 4.18　有增速机的风力机的机舱结构[19]

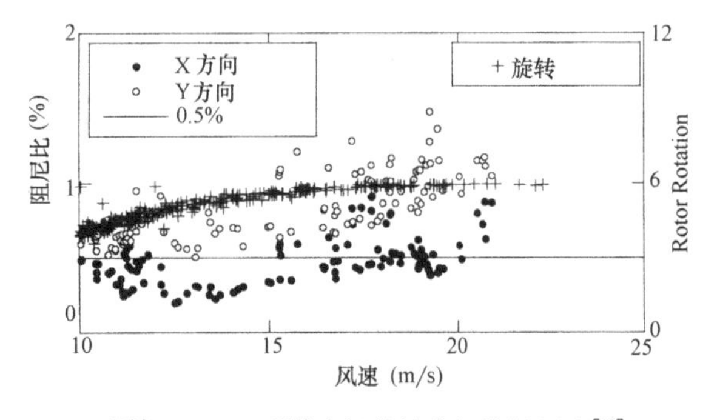

图解 4.19　无增速机的风力机的阻尼比[17]

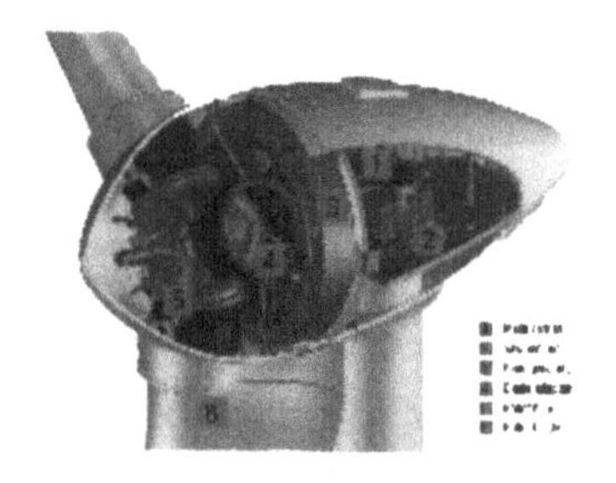

图解 4.20　无增速机的风力机的机舱结构[20]

4.3.5 风荷载的计算

（1） 风力机风轮及机舱作用的风力

风轮和机舱作用的风力由下式计算。

$$F_{ri}(\phi)=q_m\int_0^R C_{bi}(r,\ \phi,\ \psi+2\pi j/3)c(r)\mathrm{d}r \qquad (j=1,\ 2,\ 3) \tag{4.17}$$

$$F_{ni}(\phi)=q_m C_{ni}(\phi)A_n \tag{4.18}$$

式中，

$$q_m=\frac{1}{2}\rho U_h^2 K_1(H_h)G_i(\phi,\ \psi)$$

$$K_1(H_h)=1+I_{h1}^2$$

这里，

i：风荷载的方向（$i=D$ 为顺风向，$i=L$ 为横风向）

j：叶片的编号

ϕ：偏航角（°）

ψ：方位角（°）

q_m：风轮或机舱作用的速度压（N/m^2）

F_{ri}：风轮作用的风力（N）

F_{ni}：机舱作用的风力（N）

G_i：阵风荷载因子

ρ：空气密度（kg/m^3）

U：平均风速（m/s）

U_h：轮毂高度处的平均风速（m/s）

C_{bi}：叶片的风力系数

C_{ni}：机舱的风力系数（$i=D$ 时为阻力系数，$i=L$ 时为升力系数）

c：叶片弦长（m）

A_n：机舱的代表面积（m^2）

H_h：轮毂高度（m）

I_{h1}：设计风速时轮毂高度处的顺风向的湍流强度

(2) 塔架作用的风力

塔架作用的风力由下式计算。

$$q_{ti}(z)=q_t C_{ti} d(z) \tag{4.19}$$

式中，

$$q_t=\frac{1}{2}\rho U^2(z)K_1(z)G_i(\phi, \psi)$$

$$K_1(z)=1+I_1^2(z)$$

这里，

q_t：塔架作用的速度压的分布（N/m^2）

q_{ti}：塔架作用的风力的分布（N/m）

$U(z)$：高度 z 处的风速（m/s）

C_{ti}：塔架的风力系数（$i=D$ 时为阻力系数，$i=L$ 时为升力系数）

$d(z)$：高度 z 处的塔架的直径（m）

$I_1(z)$：高度 z 处的顺风向的湍流强度

(3) 塔架作用的剪力和弯矩

剪力和弯矩由下式计算。

$$Q_i(h, \phi, \psi)=F_{ri}(\phi, \psi)+F_{ni}(\phi)+\int_h^{H_t} q_{ti}(z)\mathrm{d}z \tag{4.20}$$

$$M_i(h, \phi, \psi)=[F_{ri}(\phi, \psi)+F_{ni}(\phi)]\times(H_h-h)+\int_h^{H_t} q_{ti}(z)(z-h)\mathrm{d}z \tag{4.21}$$

这里，

Q_i：风力机作用的剪力（N）

M_i：风力机作用的弯矩（Nm）

H_h：轮毂高度（m）

H_t：塔架高度（m）

h：评估的高度（m）

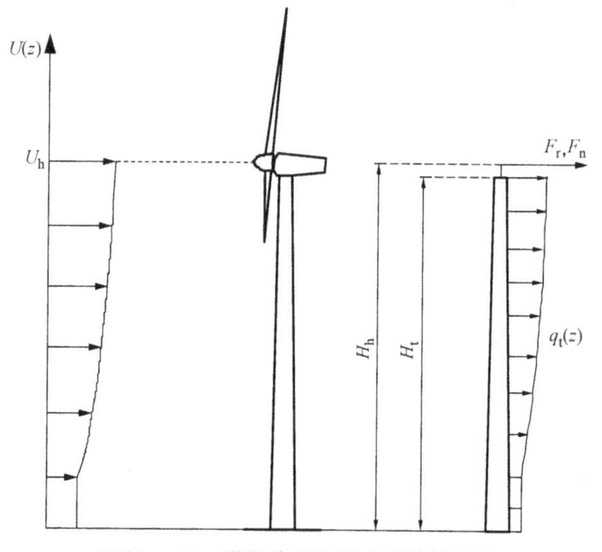

图解 4.21 塔架作用的风力的计算方法

【解说】

如图解 4.21 所示，塔架作用的水平风荷载为塔架部分作用的风力与风轮和机舱作用的风荷载的和。由于机舱作用的风力产生的弯矩很小，可忽略不计，另外假设风力机塔架的变形很小，风轮和机舱的重力产生的弯矩也可忽略，这样塔架作用的剪力和弯矩可以按照图解 4.22 和图解 4.23 所示来计算。用于计算风轮和机舱的风荷载的速度压，由于忽略风速沿高度方向的变化而导致的风荷载的误差很小，因此如 q_m 的计算式所示，近似采用轮毂高度处的风速来代表。而且如下节所示，将风轮和机舱作用的脉动风力模型化时，也将采用同样的近似。

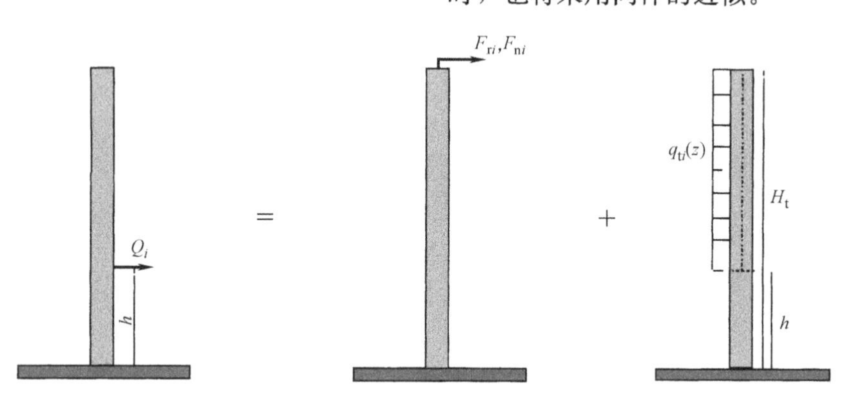

图解 4.22 塔架作用的剪力

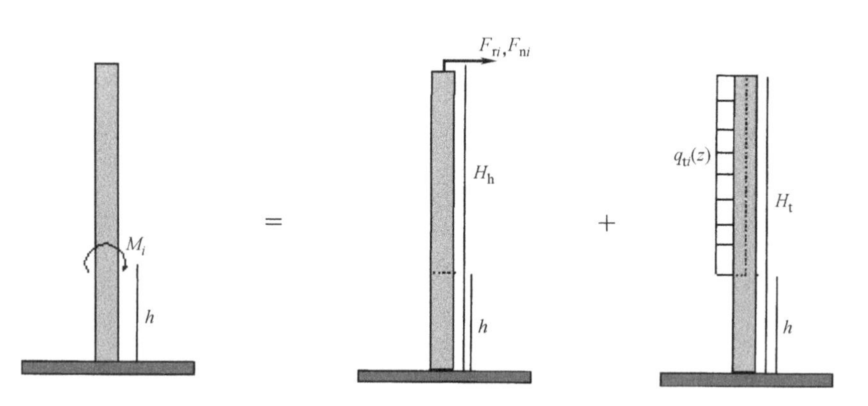

图解 4.23 塔架作用的弯矩

风力机风轮上作用的风力是 3 枚叶片上风力的和。各叶片作用的风力，根据风力机的姿势计算式有所不同。暴风时失速控制的风力机，由于各叶片正对风向，叶片的风力由式（解 4.16）计算。这里，m 为叶片的分割数，j 表示叶片的编号。

$$F_{rij}(\phi)=q_m\sum_{k=1}^{m}C_{bi}(r_k)c(r_k)\Delta r \qquad (j=1,\ 2,\ 3) \qquad (解\ 4.16)$$

另外，暴风时变桨距控制风力机，如图解 4.24 所示的姿势受横向风。这里，叶片①作用的风力，由于叶片与风向平行，所以几乎为 0。而叶片②和③由于相对于风向是倾斜的，叶片上作用的风力可分解为垂直于叶片和沿叶片方向的分量。沿叶片方向的风力几乎为 0，而垂直于叶片作用的速度压和风力可通过式（解 4.17）和式（解 4.18）进行计算。

$$q_{r1}=\frac{1}{2}\rho(U\cos\alpha)^2K_1G=q_m(\cos\alpha)^2 \quad （解 4.17）$$

$$F_{ri1}(\phi)=q_{r1}\sum_{k=1}^{m}C_{bi}(r_k)c(r_k)\Delta r \quad （解 4.18）$$

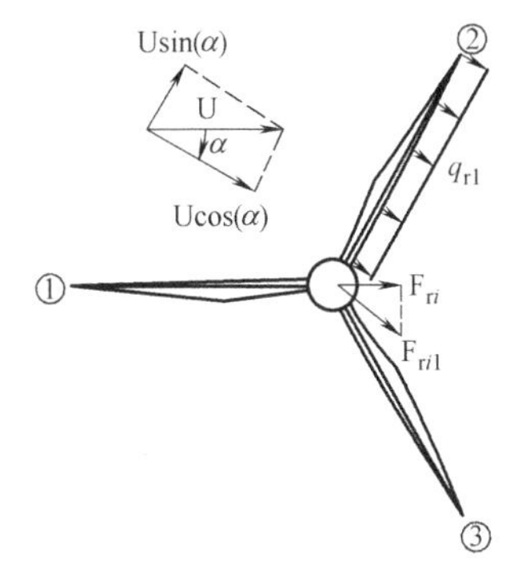

图解 4.24　暴风时顺桨状态受横向风的变桨距控制风力机的叶片风荷载的计算

为计算塔架作用的剪力和弯矩，叶片垂直作用的风力可分解为水平分量和竖直分量，水平分量可通过式（解 4.19）计算。

$$F_{ri}(\phi)=F_{ri1}(\phi)\cos\alpha=q_m\sum_{k=1}^{m}C_{bi}(r_k)c(r_k)\Delta r(\cos\alpha)^3 \quad （解 4.19）$$

塔架各区段作用的暴风时的剪力 Q_{tD} 可由式（4.20）的右边第 3 项求得，暴风时的弯矩 M_{tD} 可由式（4.21）的右边第 2 项求得，但都是用积分形式表示的，所以为了满足实际计算的需要，用矩阵形式表示更加便利。各层剪力 Q_{tD} 可按照式（解 4.20）进行计算。

$$\begin{aligned}Q_{tD_0}&=F_{tD_0}\\Q_{tD_1}&=F_{tD_0}+F_{tD_1}\\Q_{tD_2}&=F_{tD_0}+F_{tD_1}+F_{tD_2}\\&\vdots\\Q_{tD_n}&=F_{tD_0}+F_{tD_1}+\cdots+F_{tD_n}\end{aligned} \quad （解 4.20）$$

同样，弯矩 M_{tD} 可按照式（解 4.21）进行计算。

$$\begin{aligned}M_{tD_0}&=dz_0^BF_{tD_0}\\M_{tD_1}&=dz_0^BF_{tD_0}+dz_1^B(F_{tD_0}+0.5F_{tD_1})\\&=0.5(2dz_0^BF_{tD_0}+dz_1^BF_{tD_1})+dz_1^BQ_{tD_0}\\M_{tD_2}&=dz_0^BF_{tD_0}+dz_1^B(F_{tD_0}+0.5F_{tD_1})+dz_2^B(F_{tD_0}+F_{tD_1}+0.5F_{tD_2})\\&=0.5(2dz_0^BF_{tD_0}+dz_1^BF_{tD_1}+dz_2^BF_{tD_2})+dz_1^BQ_{tD_0}+dz_2^BQ_{tD_1}\\&\vdots\\M_{tD_n}&=dz_0^BF_{tD_0}+dz_1^B(F_{tD_0}+0.5F_{tD_1})+\cdots+dz_n^B(F_{tD_0}+F_{tD_1}+\cdots+0.5F_{tD_n})\\&=0.5(2dz_0^BF_{tD_0}+dz_1^BF_{tD_1}+\cdots+dz_n^BF_{tD_n})+dz_1^BQ_{tD_0}+dz_2^BQ_{tD_1}+\cdots+dz_n^BQ_{tD_{n-1}}\end{aligned} \quad （解 4.21）$$

这里，n 为塔架的分割数（$n=0$：塔架顶部），$dz_i^B=z_{i-1}^B-z_i^B$（z_i^B：第 i 段底部的高度，$dz_0^B=z_0^C-z_0^B$）。另外，F_{tD} 定义为作用在区段中央处，剪力 Q_{tD} 和弯矩 M_{tD} 定义为作用在区段底部。如果用矩阵形式表示，如式（解 4.22）和式（解 4.23）所示。

$$\begin{Bmatrix}Q_{tD_0}\\Q_{tD_1}\\\vdots\\Q_{tD_n}\end{Bmatrix}=\begin{bmatrix}1&0&\cdots&0\\1&1&\cdots&0\\\vdots&\vdots&\ddots&\vdots\\1&1&\cdots&1\end{bmatrix}\begin{Bmatrix}F_{tD_0}\\F_{tD_1}\\\vdots\\F_{tD_n}\end{Bmatrix} \quad （解 4.22）$$

$$\begin{Bmatrix}M_{tD_0}\\M_{tD_1}\\\vdots\\M_{tD_n}\end{Bmatrix}=\begin{bmatrix}dz_0^B&0&\cdots&0\\dz_0^B&dz_1^B&\cdots&0\\\vdots&\vdots&\ddots&\vdots\\dz_0^B&dz_1^B&\cdots&dz_n^B\end{bmatrix}\begin{Bmatrix}F_{tD_0}\\0.5F_{tD_1}+Q_{tD_0}\\\vdots\\0.5F_{tD_n}+Q_{tD_{n-1}}\end{Bmatrix} \quad （解 4.23）$$

4.3.6　阵风荷载因子的计算

（a）　详细法

塔架的阵风荷载因子可通过下式进行计算。

$$G_i(\phi,\ \psi)=1+g_i\left(\frac{\sigma_{MBi}}{\overline{M}_i}\right)\sqrt{1+R_i} \tag{4.22}$$

式中，

顺风向：$i=D$

$$g_D=\kappa\left(\sqrt{2\ln(600\nu'_D)}+h_3(2\ln(600\nu'_D)-1)\right)$$

$$\nu'_D=\frac{1}{\sqrt{1+4h_3^2}}\nu_D,\ \nu_D=f\sqrt{\frac{(f_{0D}/f)^2+R_D}{1+R_D}},\ f_{0D}=0.3\frac{U_h}{\sqrt{L_1\sqrt{A_{wt}}}}$$

$$K=\frac{1}{\sqrt{1+2h_3^2}},\ h_3=\frac{\alpha_3}{6},\ \alpha_3=\frac{1}{1.3R_D{}^2+1}\times\frac{3I_1a_{r1}}{(K_{MBD1})^{\frac{3}{2}}}$$

$$a_{r1}=\frac{\iiint\rho(r,r')\rho(r',r'')C_D(r,\phi,\psi)C_D(r',\phi,\psi)C_D(r'',\phi,\psi)c(r)c(r')c(r'')rr'r''\mathrm{d}r\mathrm{d}r'\mathrm{d}r''}{\left(\int C_D(r,\phi,\psi)c(r)r\mathrm{d}r\right)^3}$$

$$\rho(r,\ r')=\exp(-|r-r'|/0.3L_1),\ \rho(r',\ r'')=\exp(-|r'-r''|/0.3L_1)$$

$$\sigma_{MBD}=2\overline{M_D}\sqrt{I_1^2K_{MBD1}}$$

$$K_{MBD1}=\frac{\iint\exp(-|r-r'|/0.3L_1)C_D(r,\ \phi,\ \psi)C_D(r',\ \phi,\ \psi)c(r)c(r')rr'\mathrm{d}r\mathrm{d}r'}{\left(\int C_D(r,\ \phi,\ \psi)c(r)r\mathrm{d}r\right)^2}$$

$$R_D=\frac{\pi}{4\zeta_D}F_D$$

$$F_D=\frac{R_1(f)K_{MRD1}(f)\phi_D^2}{K_{MBD1}}$$

$$\zeta_D=\zeta_s+\frac{\int\rho C_D(r,\ \phi,\ \psi)U(r)c(r)\mu^2(r)\mathrm{d}r}{4\pi m_T n}$$

$$K_{MRD1}(f)=\frac{\iint\exp(-C|r-r'|f/U_h)C_D(r,\ \phi,\ \psi)C_D(r',\ \phi,\ \psi)c(r)c(r')\mu(r)\mu(r')\mathrm{d}r\mathrm{d}r'}{\left(\int C_D(r,\ \phi,\ \psi)c(r)\mu(r)\mathrm{d}r\right)^2}$$

$$\phi_D=\frac{\int U^2(r)C_D(r,\ \phi,\ \psi)\mu(r)c(r)\mathrm{d}r}{\int U^2(r)C_D(r,\ \phi,\ \psi)c(r)r\mathrm{d}r}\times\frac{\int m(r)\mu(r)r\mathrm{d}r}{m_T}$$

$$m_T=\int_{H_0}^{H_T}m(r)\mu^2(r)\mathrm{d}r+\sum_i^n m_{ci}\mu^2(r_{ci})+m_n+m_r$$

$$R_1(f)=\frac{fS_1(f)}{\sigma_1^2}$$

另外，

横风向：$i=L$

$$g_L=\sqrt{2\ln(600\nu_L)}+\frac{0.5772}{\sqrt{2\ln(600\nu_L)}}$$

$$\nu_L=f\sqrt{\frac{(f_{0L}/f)^2+R_L}{1+R_L}}\qquad f_{0L}=0.3\frac{U_h}{\sqrt{L_2\sqrt{A_{wt}}}}$$

$$\sigma_{MBL}=2\overline{M_L}\sqrt{I_1^2K_{MBL1}+I_2^2K_{MBL2}}$$

$$K_{MBL1}=\frac{\iint\exp(-|r-r'|/0.3L_1)C_L(r,\ \phi,\ \psi)C_L(r',\ \phi,\ \psi)c(r)c(r')rr'\mathrm{d}r\mathrm{d}r'}{\left(\int C_L(r,\ \phi,\ \psi)c(r)r\mathrm{d}r\right)^2}$$

$$K_{MBL2}=\frac{\iint\exp(-|r-r'|/0.3L_2)A_{L2}(r,\ \phi,\ \psi)A_{L2}(r',\ \phi,\ \psi)c(r)c(r')rr'\mathrm{d}r\mathrm{d}r'}{\left(\int C_L(r,\ \phi,\ \psi)c(r)r\mathrm{d}r\right)^2}$$

$$R_L = \frac{\pi}{4\zeta_L} F_L$$

$$F_L = \frac{I_1{}^2 R_1(f) K_{MRL1}(f)\phi_L^2 + I_2{}^2 R_2(f) K_{MRL2}(f)\phi_L^2}{I_1{}^2 K_{MBL1} + I_2{}^2 K_{MBL2}}$$

$$\zeta_L = \max\left(\zeta_s + \frac{\int \rho A_{L2}(r, \phi, \psi) U(r) c(r) \mu^2(r) dr}{4\pi m_T n},\ 0.5\zeta_s\right)$$

$$K_{MRL1}(f) = \frac{\iint \exp(-C|r-r'|f/U_h) C_L(r,\phi,\psi) C_L(r',\phi,\psi) c(r) c(r') \mu(r) \mu(r') dr dr'}{(\int C_L(r,\phi,\psi) c(r) \mu(r) dr)^2}$$

$$K_{MRL2}(f) = \frac{\iint \exp(-C|r-r'|f/U_h) A_{L2}(r,\phi,\psi) A_{L2}(r',\phi,\psi) c(r) c(r') \mu(r) \mu(r') dr dr'}{(\int C_L(r,\phi,\psi) c(r) \mu(r) dr)^2}$$

$$\phi_L = \frac{\int U^2(r) C_L(r, \phi, \psi) \mu(r) c(r) dr}{\int U^2(r) C_L(r, \phi, \psi) c(r) r dr} \times \frac{\int m(r) \mu(r) r dr}{m_T}$$

$$A_{L2}(r, \phi, \psi) = \frac{1}{2}\left(C_D(r, \phi, \psi) + \frac{\partial C_L}{\partial \phi}(r, \phi, \psi)\right)，\text{叶片}$$

$$R_2(f) = \frac{f S_2(f)}{\sigma_2^2}$$

这里，

i：风荷载的方向（$i=D$ 为顺风向，$i=L$ 为横风向）

ϕ：偏航角（°或 rad）

ψ：方位角（°或 rad）

I_1：顺风向的湍流强度

I_2：横风向的湍流强度

R_D，R_L：顺风向，横风向的共振分量与背景分量的比

$\overline{M}_D$，$\overline{M}_L$：塔架作用的顺风向，横风向的平均弯矩

$U(r)$：位置 r 处的平均风速（m/s）

U_h：轮毂高度处的平均风速（m/s）

$S_k(f)$：湍流的功率谱密度（m^2/s）

L_k：湍流积分尺度（m）

$C_D(r, \phi, \psi)$，$C_L(r, \phi, \psi)$：位置 r 处的阻力系数，升力系数

C：衰减因子

f：风力机塔架的 1 阶固有频率（Hz）

$c(r)$：代表宽度（叶片为弦长，塔架为直径，机舱为代表宽度）（m）

$\mu(r)$：1 阶振型，叶片为 1，塔架按照式（4.15）确定

ζ_s：结构阻尼比

ϕ_D，ϕ_L：顺风向，横风向的振型修正系数

$m(r)$：塔架的单位长度质量（kg/m）

m_n，m_r：机舱和风轮的质量（kg）

m_{ci}：第 i 段的接头部的质量（kg）

r_{ci}：第 i 段的接头的位置（高度）（m）

n：塔架的分割段数

H_0：基础的顶端高度（m）

H_T：塔架的顶部高度（m）

A_{wt}：风力机的受风面积（m^2）

【解说】

采用等效静力法，最大风荷载由平均风荷载和阵风荷载因子的乘积计算。阵风荷载因子包含了脉动风的空间相关的尺寸效应和反映结构物的振动特性和脉动风的频谱特性的共振效应。

本指南考虑了风力机塔架的振动特性，提出了顺风向及横风向的阵风荷载因子的计算式。另外，横风向的阵风荷载因子由于引入了升力梯度，从而也可以考虑到负的气动阻尼效应。本指南基于塔架底端作用的弯矩来评估如下式所示的阵风荷载因子。

$$G_i=\frac{M_i}{\overline{M}_i}=\frac{\overline{M}_i+g_i\sigma_{\mathrm{M}i}}{\overline{M}_i}=1+g_i\frac{\sigma_{\mathrm{M}i}}{\overline{M}_i} \tag{解 4.24}$$

这里，M_i、$\overline{M}_i$、$\sigma_{\mathrm{M}i}$为风力机塔架作用的弯矩的最大值、平均值以及标准差。最大值M_i包含了基于响应的荷载效应，即脉动荷载效应。标准差$\sigma_{\mathrm{M}i}$包含了背景部分$\sigma_{\mathrm{MB}i}$和共振部分$\sigma_{\mathrm{MR}i}$，如下式所示。

$$G_i=1+g_i\sqrt{\sigma_{\mathrm{MB}i}^2+\sigma_{\mathrm{MR}i}^2}/\overline{M}_i=1+g_i\left(\frac{\sigma_{\mathrm{MB}i}}{\overline{M}_i}\right)\sqrt{1+\left(\frac{\sigma_{\mathrm{MR}i}}{\sigma_{\mathrm{MB}i}}\right)^2}=1+g_i\left(\frac{\sigma_{\mathrm{MB}i}}{\overline{M}_i}\right)\sqrt{1+R_i} \tag{解 4.25}$$

g_i为峰值因子，表示弯矩的脉动分量的最大值对于标准差的倍数。如果假设风荷载为高斯过程，峰值因子可以通过 Davenport[21] 提出的式子计算，但是，当湍流强度较大时，Kareem et al.[22] 指出如果忽略脉动风荷载的非线性成分，恐怕会低估峰值因子。在日本，风力机建设在山岳地带等湍流强度较大的地域的情况较多，所以希望采用基于可考虑脉动风荷载的非线性成分的非高斯过程的峰值因子。关于非高斯过程的峰值因子的评估式，石川针对输电线提出了理论公式[24]。此式适用于脉动风荷载中背景部分占主导的情况，但是对于风力机，共振部分占主导，所以此式不再适用。本指南采用能同时考虑脉动风荷载的共振和背景部分的效应的评估式[15]、[16]、[25]，这样对山岳地带等湍流强度较大的地域的风荷载也可以很精确地进行评估。

弯矩的脉动成分来自于风力机各部分作用的不规则的脉动气动力。本指南假设这种脉动气动力产生于风中的湍流，由于拟定常理论适用，脉动阻力和脉动升力分别由以下的式子表示。

$$q_{\mathrm{D}}=\rho AC_{\mathrm{D}}U(u-\dot{x}) \tag{解 4.26}$$

$$q_{\mathrm{L}}=\rho A\frac{1}{2}\left(C_{\mathrm{D}}+\frac{\mathrm{d}C_{\mathrm{L}}}{\mathrm{d}\theta}\right)U(v-\dot{y})+\rho AC_{\mathrm{L}}Uu \tag{解 4.27}$$

这里，q_{D}为脉动阻力，q_{L}为脉动升力，ρ为空气密度，A为受风面积，C_{D}、C_{L}为阻力系数和升力系数，θ为攻角，u、v为顺风向和横风向的脉动风速分量，$\dot{x}$、$\dot{y}$表示顺风向和横风向的物体的振动速度。包含脉动风速u、v的项为脉动风速引起的脉动气动力，包含振动速度$\dot{x}$、$\dot{y}$的项表示气动阻尼力。弯矩的脉动成分的背景分量和共振分量的标准差分别由以下的式子表示。

$$\sigma_{\mathrm{MB}i}=2\overline{M}_i\sqrt{I_{\mathrm{k}}^2K_{\mathrm{MB}ik}} \tag{解 4.28}$$

$$\sigma_{\mathrm{MR}i}=2\overline{M}_i\frac{\pi}{\sqrt{4\pi\zeta_i}}\sqrt{R_{\mathrm{k}}(f)}\sqrt{I_{\mathrm{k}}^2K_{\mathrm{MR}ik}}\phi_i \tag{解 4.29}$$

ζ_i为由结构阻尼比和气动阻尼比的和表示的阻尼比，$R_{\mathrm{k}}(f)$为脉动风速的k方向成分的功率谱密度，$K_{\mathrm{MB}ik}$、$K_{\mathrm{MR}ik}$分别表示脉动风速的k方向成分的空间相关产生的背景分量和共振分量的折减系数。脉动弯矩可分解为背景分量和共振分量，如下式所示来表示。

$$\begin{cases}\sigma_{\mathrm{MD}}^2=\sigma_{\mathrm{MBD1}}^2+\sigma_{\mathrm{MRD1}}^2\\ \sigma_{\mathrm{ML}}^2=(\sigma_{\mathrm{MBL1}}^2+\sigma_{\mathrm{MBL2}}^2)+(\sigma_{\mathrm{MRL1}}^2+\sigma_{\mathrm{MRL2}}^2)\end{cases} \tag{解 4.30}$$

风力机作用的风荷载可由风轮坐标系内从轮毂到叶片末端的积分、机舱的积分和塔架坐标系内从评估高度到塔架顶端的积分进行计算。计算剪力的风力机整体的积分由下式表示。

$$\int A_F(r)\mathrm{d}r = \int_{\mathrm{Rotor}} A_F(r)\mathrm{d}r + \int_{\mathrm{Nacelle}} A_F(r)\mathrm{d}r + \int_h^H A_F(z)\mathrm{d}z \quad (解 4.31)$$

顺风向的气动阻尼比是阻力系数 C_D的函数，通常为正。但由于横风向的气动阻尼比为阻力系数 C_D和升力系数的梯度 $\partial C_L/\partial\theta$ 的函数，当升力梯度为负数时，气动阻尼比有可能为负。此时，可能发生气动失稳振动，等效静力法不再适用。因此，本指南规定横风向的阻尼比不应低于结构阻尼比的一半。当横风向的阻尼比低于结构阻尼比的一半时，可通过时程响应分析法来计算风荷载。具体的方法可参照 4.5 节和 11.2 节。

（b）简便法

本指南关于暴风时不能进行偏航控制的风力机采用了和建筑基准法同样形式的阵风荷载因子。这里，风力机处于最大风荷载发生时的姿势，即失速控制的风力机为风轮正对风向的姿势，而变桨距控制风力机为顺桨状态受横向风的姿势。此时的阵风荷载因子可按照表 4.11，对应地表面粗糙度类别和轮毂高度 H_h来确定。

对应粗糙度类别和轮毂高度 H_h 的阵风荷载因子　表 4.11

地面粗糙度类别 \ H_h	(1) 20m 以下时	(2) 大于 20m 而小于 80m 时	(3) 80m 以上时
Ⅰ	2.5-η(2.6-η)	(1)和(3)所列数值的线性内插值	1.8 (2.0)
Ⅱ	2.8-η(2.9-η)		2.0 (2.1)
Ⅲ	3.2-η(3.4-η)		2.1 (2.2)
Ⅳ	3.8-η(4.0-η)		2.3 (2.5)

表中括号内的数值表示的是变桨距控制风力机的阵风荷载因子，另外 η 为结构阻尼比 ζ_s(%)的函数，由下式计算。

$$\eta = (\zeta_s - 0.5)/3 \quad (4.23)$$

【解说】

本指南仿照建筑基准法，提出了阵风荷载因子的简便式。这里是假设暴风时不能进行偏航控制的情况。最大风荷载对于失速控制的风力机发生在风轮正对风向的姿势，而对于变桨距控制风力机发生在顺桨状态受横向风的姿势。此时，在任一种情况下，都是顺风向的风荷载占主导，横风向的风荷载可以忽略。为了提出简便式，对于各种地表面粗糙度类别，以额定功率 100～2000kW（轮毂高度 24～76.5m）的 6 台风力机为对象，通过本项（a）的计算式确定了失速控制及变桨距控制风力机的阵风荷载因子。

【与其他法规、基准、指南等的关联】

建筑基准法将顺风向的阵风荷载因子规定为表解 4.3 所示的值。表中所示的值是由建筑学会的荷载指南 1993 年版中结构框架上水平风荷载计算法Ⅱ算出的，采用的是下面所示的各条件。

$$V_0 = 35\mathrm{m/s}$$

高宽比（建筑物的高度/可见宽度）　：1、2 及 4

1 阶固有频率　：$40/H_T$

H_T　：建筑物的高度（m）

结构阻尼比　：2%

建筑基准法规定的对应地表面粗糙度类别及轮毂高度 H_h 的阵风荷载因子　　表解 4.3

地面粗糙度类别 \ H_h	(1) 10m 以下时	(2) 大于 10m 而小于 40m 时	(3) 40m 以上时
Ⅰ	2.0	(1)和(3)所列数值的线性内插值	1.8
Ⅱ	2.2		2.0
Ⅲ	2.5		2.1
Ⅳ	3.1		2.3

但是，实际风力机的塔架的高宽比为 15～20，1 阶固有频率为 0.5～0.8Hz，结构阻尼比为0.5%～0.8%，这些和建筑基准法假设的建筑物都有很大的不同。因此，计算风力机的风荷载时采用的阵风荷载因子的值应该和建筑基准法中规定的值有所不同。

图解 4.25～图解 4.28 给出了地表面粗糙度类别Ⅰ～Ⅳ的通过简便法计算的阵风荷载因子（实线和虚线）和建筑基准法规定的阵风荷载因子的比较。另外作为参考，比较中加入了通过本项（a）所示的详细法计算的阵风荷载因子（点线）。建筑基准法的阵风荷载因子在风力机尺寸较小时会给出过低的结果，但当风力机尺寸变大时，会给出和本指南的值较一致的结果。此外，可见简便法可给出和详细法几乎一致的结果或给出一些偏安全的估计值。

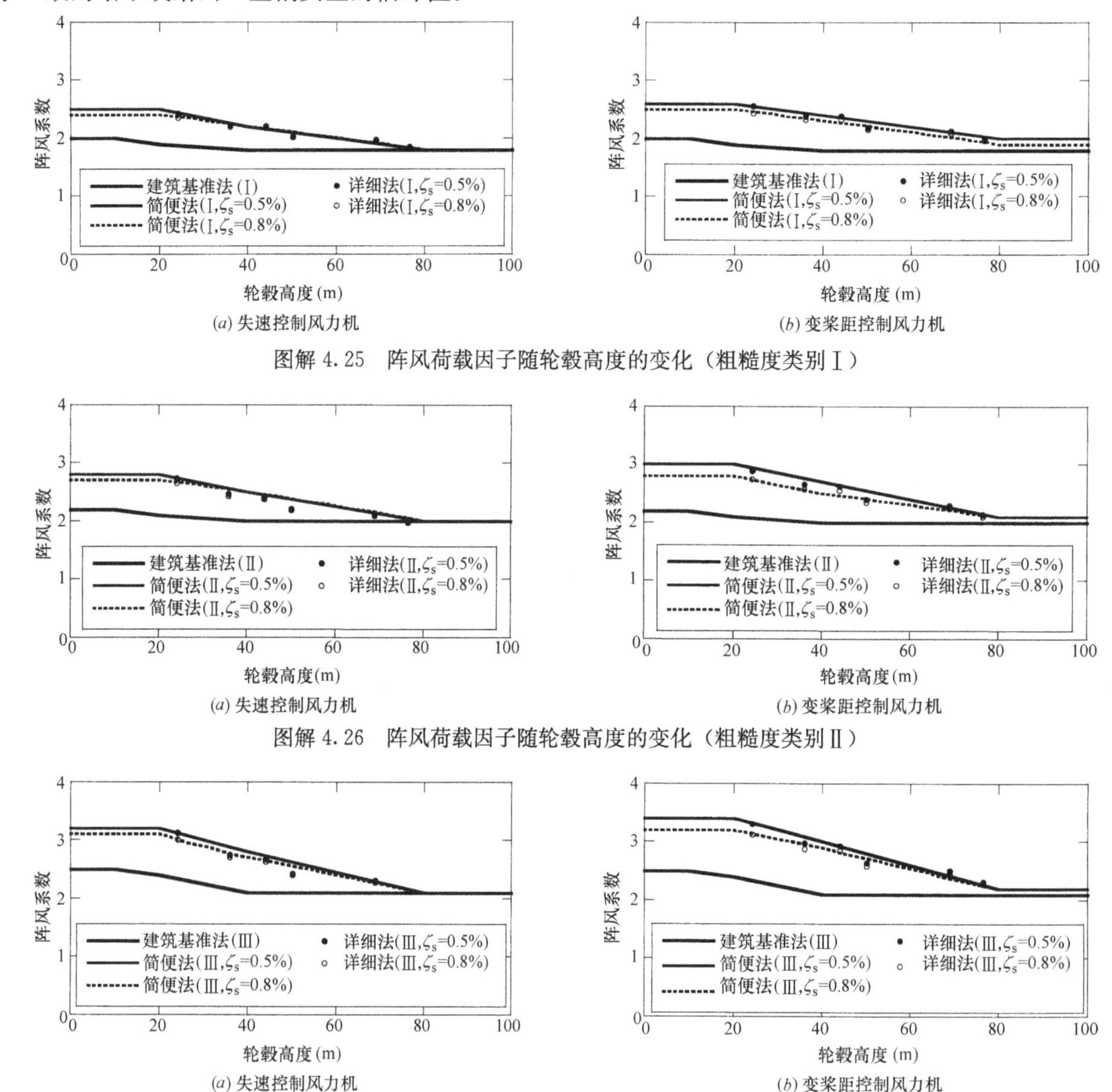

(a) 失速控制风力机　　(b) 变桨距控制风力机

图解 4.25　阵风荷载因子随轮毂高度的变化（粗糙度类别Ⅰ）

(a) 失速控制风力机　　(b) 变桨距控制风力机

图解 4.26　阵风荷载因子随轮毂高度的变化（粗糙度类别Ⅱ）

(a) 失速控制风力机　　(b) 变桨距控制风力机

图解 4.27　阵风荷载因子随轮毂高度的变化（粗糙度类别Ⅲ）

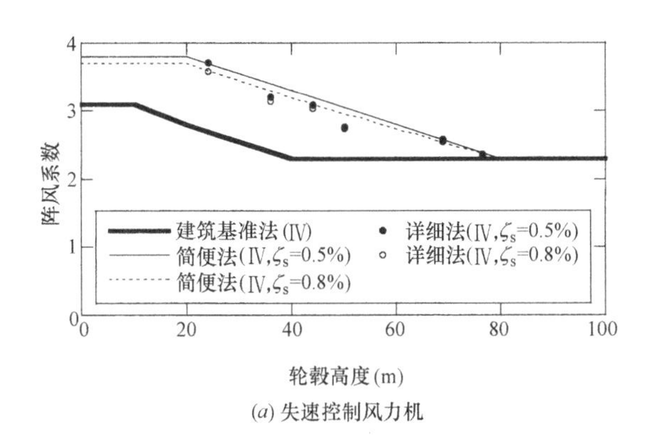

(a) 失速控制风力机

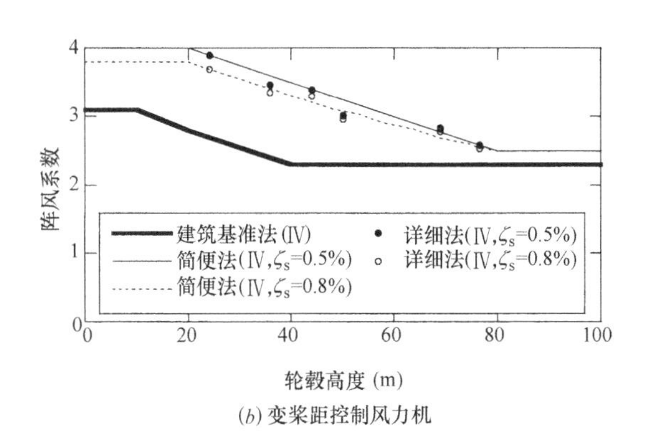

(b) 变桨距控制风力机

图解 4.28　阵风荷载因子随轮毂高度的变化（粗糙度类别Ⅳ）

4.3.7　顺风向和横风向的风荷载组合

塔架作用的最大风荷载为顺风向和横风向的剪力和弯矩的组合，由下式计算。

$$F_{DL}(h,\phi,\psi)=\max\left(\sqrt{F_L^2+(\overline{F}_D+\gamma_{DL}(F_D-\overline{F}_D))^2},\sqrt{F_D^2+(\overline{F}_L+\gamma_{DL}(F_L-\overline{F}_L))^2}\right) \quad (4.24)$$

式中，

$$\gamma_{DL}=\sqrt{2+2\rho_{DL}}-1$$

这里，

F_D，F_L　：顺风向和横风向的剪力或弯矩的最大值（N）

$\overline{F_D}$，$\overline{F_L}$　：顺风向和横风向的剪力或弯矩的平均值（N）

ρ_{DL}　：顺风向和横风向的风响应的相关系数，由表 4.12 和表 4.13 确定。

顺风向和横风向的风响应的相关系数（失速控制风力机）　表 4.12

	ϕ(°)	ρ_{DL}
(1)	−180～−110 −80～70 100～180	1.0
(2)	−90，80	0.0
(3)	−110～−90 −90～−80 70～80 80～100	(1)和(2)所列数值的线性内插值

顺风向和横风向的风响应的相关系数（变桨距控制风力机）　表 4.13

	ϕ(°)	ρ_{DL}
(1)	−180，0，180	0.0
(2)	−160～−20 30～160	1.0
(3)	−180～−160 −20～0 0～30 160～180	(1)和(2)所列数值的线性内插值

【解说】

风力机塔架作用的风荷载除了塔架作用的风力外，还包括风轮和机舱作用的风荷载。风力机风轮作用的风荷载除了叶片上作用的阻力外，随着偏航角的增大还会受到升力。因此，在计算风力机塔架作用的最大风荷载时，有必要考虑顺风向和横风向的风荷载的组合。

风力机塔架是响应的脉动成分中共振成分占很大比例的结构物，此种情况下，结构物的响应概率可近似看作是正态分布。由于风力机塔架筒身的钢材的各向异性较低，因此会发生耦合振动。如果顺风向和横风向的响应的相关系数为 ρ，那么与顺风向的最大弯矩 M_D 组合的横风向的弯矩 M_{LC} 为横风向的平均弯矩 $\overline{M}_L$ 加上弯矩的脉动成分的最大值（$M_L-\overline{M}_L$），可由下式表示[26]。

$$M_{LC}=\overline{M}_L+(\sqrt{2+2\rho_{DL}}-1)(M_L-\overline{M}_L) \quad (解 4.32)$$

当顺风向和横风向的响应不相关时（$\rho_{DL}=0$），脉动成分的最大值要乘以 0.4 的系数，而当顺风向和横风向的响应完全相关时（$\rho_{DL}=1$），脉动成分的最大值所乘的系数为 1。

图解 4.29 所示为通过本指南的计算式和时程响应分析法求得的风力机塔架底部的最大弯矩。为了进行比较，同时记入了顺风向和横风向的响应不相关和完全相关的情况的结果。由图中可知，失速控制风力机在偏航角为±90°以及变桨距控制风力机在偏航角为 0°和±180°的附近，假设不相关（$\rho=0$）时的值接近时程响应分析法的结果；而其他偏航角时假设完全相关（$\rho=1$）时的值接近时程响应分析法的结果。当采用表 4.12 和表 4.13 所示的相关系数 ρ_{DL} 时，对于所有的偏航角，风力机塔架作用的最大风荷载都可以很精确地进行估计。

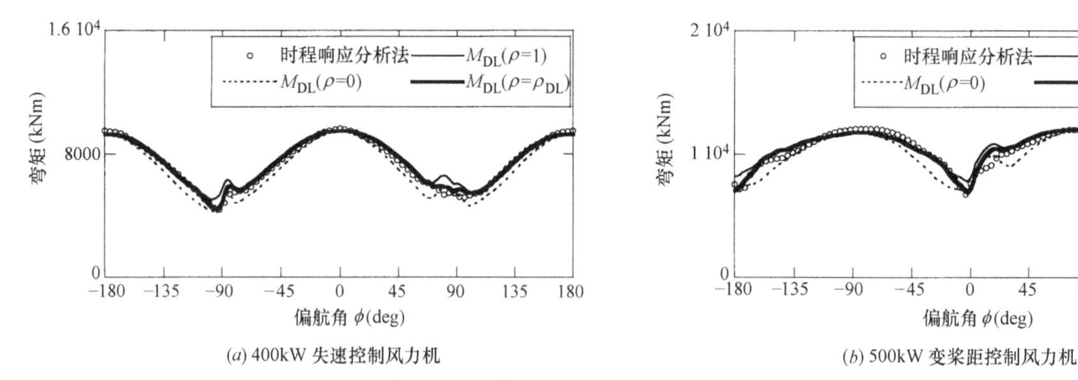

(a) 400kW 失速控制风力机　　(b) 500kW 变桨距控制风力机

图解 4.29 塔架底部作用的弯矩随偏航角的变化

4.3.8 风轮空转时风荷载的折减

变桨距控制风力机在暴风时，桨距角处于顺桨状态会使风轮空转。塔架作用的最大风荷载发生在偏航角 $\phi=-90°$，方位角 $\psi=30°$时。此时，与风轮固定时相比，空转使得风荷载折减的效应很小，可以忽略。

【解说】

如图解 4.30 所示，变桨距控制风力机的塔架作用的最大风荷载发生在偏航角为−90°，方位角为 30°时。表解 4.4 所示为平均风速为 50m/s，湍流强度为 11%时的 6 个 10 分钟的脉动风作用时，通过时程响应分析法计算了风轮空转时和固定时的塔架底部作用的弯矩，然后得到的空转时和固定时的风荷载的比的平均值和脉动系数。由此表可知，风轮空转时的风荷载比固定时略小，平均值为 0.99。

风轮空转时的风荷载的折减系数　　表解 4.4

风轮空转时和固定时的最大风荷载的比						平均值	脉动系数(%)
情况 1	情况 2	情况 3	情况 4	情况 5	情况 6		
0.98	0.99	0.99	1.00	1.00	0.98	0.99	0.9

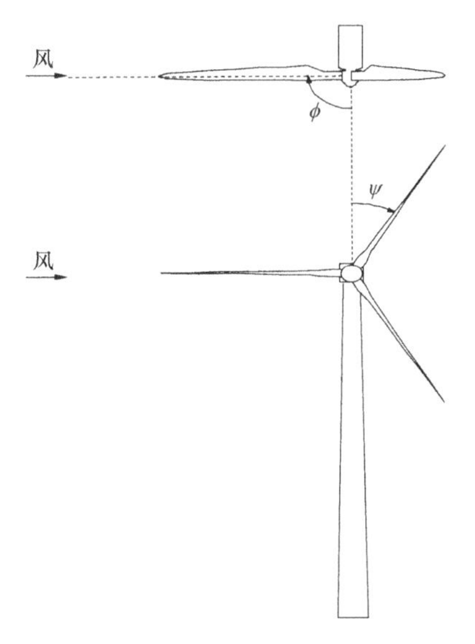

图解 4.30　暴风时变桨距控制风力机的最大风荷载发生时的姿势

4.3.9　最大扭矩的计算

暴风时风力机塔架作用的最大扭矩可通过下式计算。

$$M_T = -\mathrm{sig}(y_r)F_rL_r - \mathrm{sig}(y_n)F_nL_n \tag{4.25}$$

这里，

M_T　：最大扭矩（N·m）（逆时针方向为正）

y_r　：风轮上作用的风荷载中心的 y 坐标

y_n　：机舱上作用的风荷载中心的 y 坐标

sig（y_i）：y 坐标为正时等于+1，为负时等于−1

F_r　：风轮上作用的风力（N）

F_n　：机舱上作用的风力（N）

L_r　：风轮上作用的风力中心到塔架中心轴的距离（m）

L_n　：机舱上作用的风力中心到塔架中心轴的距离（m）

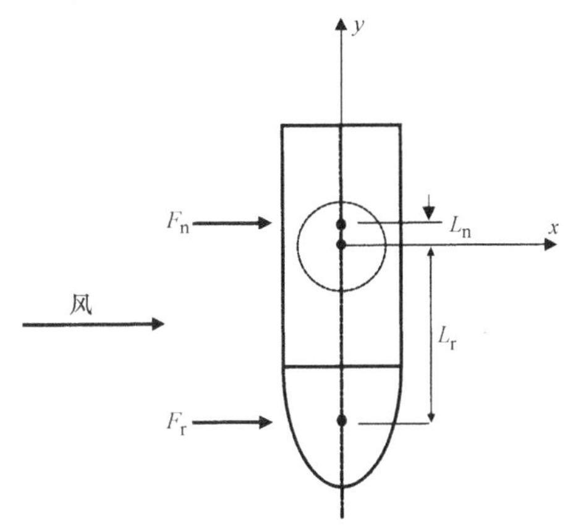

图 4.11　风力机风轮和机舱上作用的风力中心到塔架中心轴的距离的定义

【解说】

假设暴风时风力机风轮和机舱处于受横向风的状态，塔架上作用的最大扭矩可通过风力机风轮和机舱上作用的水平方向的风力和风力中心到塔架中心轴的距离的乘积求得。

4.3.10 *P*-Δ 效应的评估

对于风荷载，自重和水平变形产生的附加弯矩，即所谓的 *P*-Δ 效应，它可以由考虑几何非线性来进行评估，也可以通过下式来考虑。

$$M_{\mathrm{PD}i}=\sum_{j=i+1}^{N}W_j(x_j-x_i) \tag{4.26}$$

这里，

$M_{\mathrm{PD}i}$ ：各质点上施加的附加弯矩（i 表示质点位置）（kN·m）

W_i ：质点重量（kN）

x_i ：风荷载产生的各质点的最大水平变形（m）

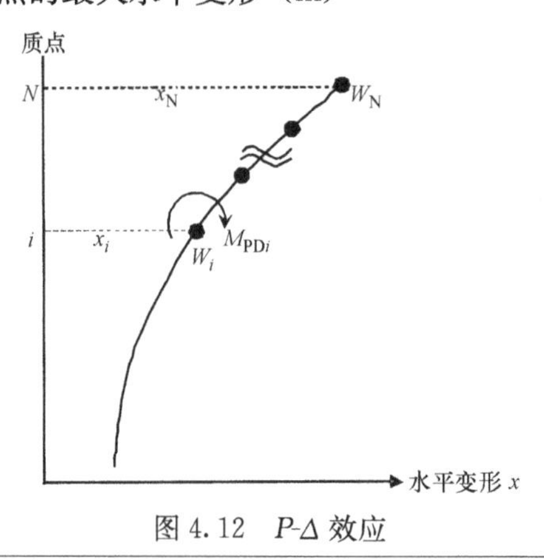

图 4.12 *P*-Δ 效应

【解说】

自重和水平变形产生的附加弯矩，一般较小，为最大倾覆力矩的 2%～3%，但是如果支持物的抗力的富余度较少时，有必要考虑 *P*-Δ 效应进行安全性的评估。

4.4 发电时风荷载的评估

4.4.1 发电时风荷载计算的基本思路

本节将定义风力机发电时的最大风荷载的 50 年重现期的期待值，平均风荷载以及考虑风速的出现概率分布的年平均风荷载的计算方法。

【解说】

在风力发电设备的国际标准 IEC 61400-1 中不仅假设了正常发电时还有紧急停止时、故障时以及各种不稳定的风况的设计荷载情况下，进行计算最大风荷载的风力机的结构设计。一般情况下，由于风力机塔架在正常发电时的最大荷载与其他情况比是最大的，因此本指南以正常发电时的荷载作为研究对象。IEC 61400-1 第 3 版[27]追加了正常发电时的最大风荷载的 50 年重现期的期待值这一新的荷载情况。发电时的最大风荷载的 50 年重现期的期待值可以通过时程响应分析法进行计算，但是必须要进行几百个情况的时程响应分析，非常耗费时间。因此，本指南基于以前进行的时程响应分析的结果，提出了发电时风力机作用的最大风荷载的评估式。另外，在计算地震时的荷载时，有必要在风力机静止时受到的地震荷载上加上发电时的年平均风荷载，而且在评估长期荷载时，有必要考虑风力机发电时的平均风荷载的最大值，所以本指南定义了风力机发电时的平均风荷载以及考虑风速的出现概率分布的风力机发电时的年平均风荷载的计算方法。

（1）时程响应分析法

发电时的风荷载特性可通过时程响应分析法进行考察。这种方法是首先生成风力机上作用的自然风，然后计算时间域内的风力机的时程响应，可以再现发电机的状态、控制系统等的动力效应。本指南采用日本土木学会结构工学委员会·风力发电设备支持物的动力解析和结构设计分委员会制作的标准风力机模型。此风力机模型是以 3 枚叶片的上风向型风力机为对象，模拟现在陆上建设最多的风力机做成的。风力机的控制采用可变桨距，可变速的控制方式，额定风速约为 12m/s，额定输出功率为 2MW。

另外，时程响应分析法使用的脉动风速是采用 IEC 61400-1 的标准湍流模型做成的。平均风速的指数为 0.2，湍流强度由式（3.21）给出。脉动风的功率谱密度采用 Kaimal 模型。此外，为了考虑塔架的影响，空气动力学模型采用势流模型，而且考虑了叶片尖端和根部的损失。

此风力机模型采用 PI 控制，对应发电机速度偏差 y（rad/s）和残差 y_I（rad）的扭矩指令值 ΔQ_{Dem}（N·m）和桨距位置指令值 $\Delta\theta_{Dem}$（rad），由下式表达。关于详细内容可参考 4.5.3 项。

$$\Delta Q_{Dem}=380y+80.85y_I \qquad \text{(解 4.33)}$$

$$\Delta\theta_{Dem}=\kappa(0.1152y+0.05486y_I) \qquad \text{(解 4.34)}$$

另外，时程响应分析法考虑到风力机塔架的第 2 阶振动模态，第 1 阶振动模态的结构阻尼比采用 0.8%。高阶振动模态的结构阻尼比假设与刚度成比例而计算。假设塔架底部的支撑条件为固定，风力机本体为刚体。

（2）发电时风荷载的特性

为了评估发电时的风荷载特性，利用做成的标准风力机模型，湍流强度 I_{ref} 分别取 0.10、0.16、0.22，对于每个湍流强度，平均风速从 4m/s～25m/s 每隔 2m/s 变化一次，共 11 个风速，每个风速进行 35 次 10 分钟的时程响应分析[29]。图解 4.31 表示的是通过时程响应分析法求得的塔架底部作用的倾

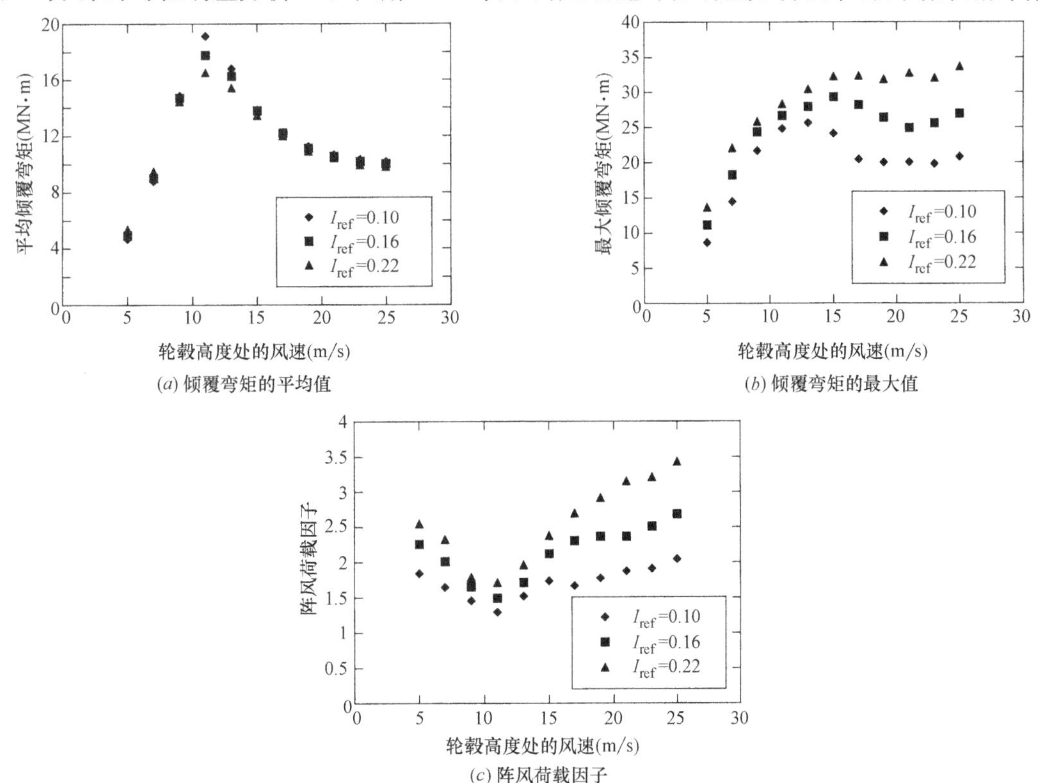

图解 4.31　塔架底部的倾覆弯矩的平均值、最大值和阵风荷载因子

覆弯矩的平均值、最大值和阵风荷载因子随风速的变化。每个点为 35 次计算的平均值。风力机塔架底部作用的倾覆弯矩的平均值和最大值的期待值在额定风速（约 12m/s）之前随着平均风速的增大而增大；在额定风速之后，随着平均风速的增大倾覆弯矩的平均值减小，但是倾覆弯矩的最大值在低湍流度情况时为减小趋势，而在高湍流度情况时为增加趋势。另外，可见最大倾覆弯矩对湍流强度的依赖性在额定风速之后比额定风速之前要大。通常结构物的风响应在倾覆弯矩的平均值较小时最大值也会随之减小，但是倾覆弯矩的最大值反而增大，这可以说是风力机特有的现象。此外，阵风荷载因子在额定风速附近取最小值，在额定风速之前随风速的增大共同减小，相反在额定风速之后随风速的增大而共同增大。

图解 4.32 和图解 4.33 表示的是额定风速前的 9m/s 及额定风速后的 15m/s 的风速下，顺风向的倾覆弯矩和桨距角的时程波形。额定风速前（图解 4.32）为了使发电量最大，桨距角几乎保持 0 度不变。由于 210 s 附近风速突然改变，除了会控制转速也使得桨距角发生了变化。由此图可见，额定风速前的倾覆弯矩和传统的结构物有几乎同样的响应特性，塔架底部的倾覆弯矩的脉动跟随风速的脉动而变化。这种振动就是所谓的阵风激励振动。而在额定风速后（图解 4.33），当风速变小时，为了使发电量保持一定，就要控制桨距角也同时变小。此时即使风速变小，也仍然会激起大的倾覆弯矩。通过减小桨距角来增大发电量，但是顺风向的推力也同时增大，因此仍然会产生大的倾覆弯矩。这样激起的倾覆弯矩的脉动值较大，会产生平均值下降，而最大值增加的现象。这种现象可以称为桨距控制激励振动。

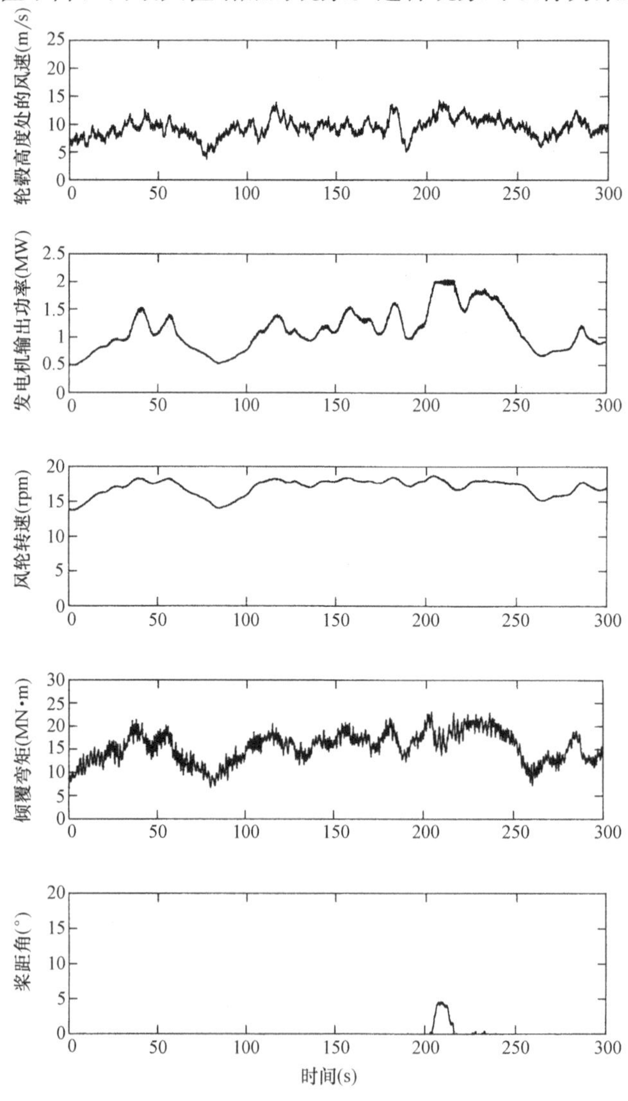

图解 4.32　风速 9m/s 时轮毂高度处的风速，发电机输出功率，风轮转速，倾覆弯矩，桨距角的时程波形

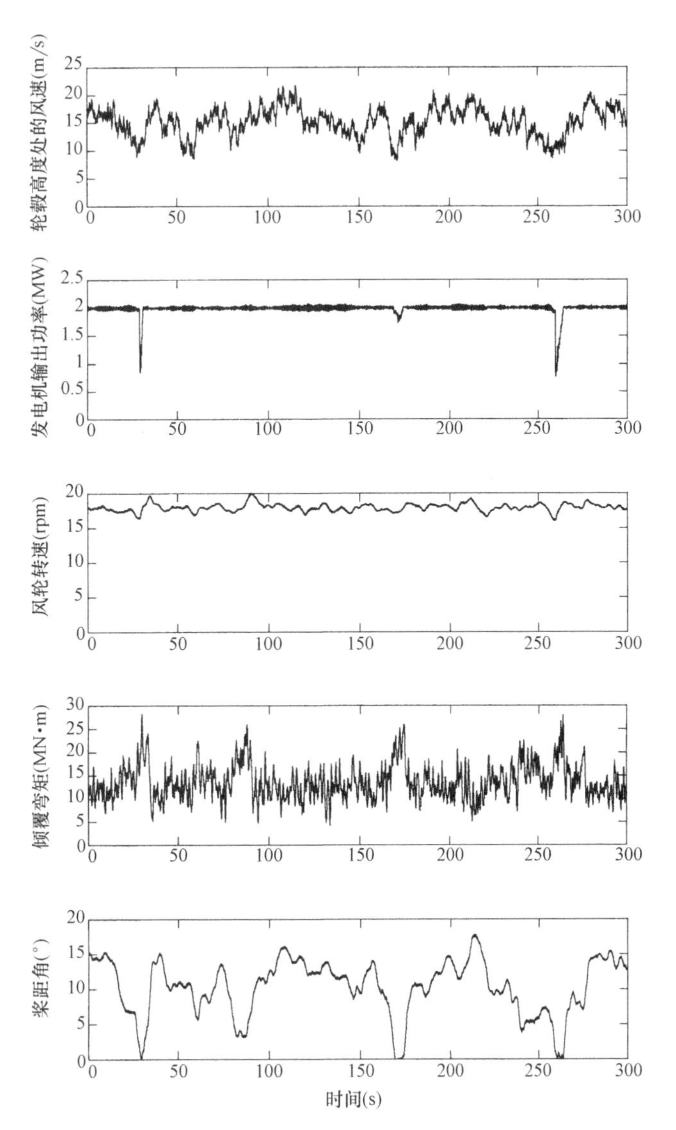

图解 4.33　风速 15m/s 时轮毂高度处的风速，发电机输出功率、风轮转速、倾覆弯矩、桨距角的时程波形

(3) 发电时最大风荷载的 50 年重现期的期待值的计算

期间 T 内发电时最大风荷载超越 s 的概率 F_{ext} (s; T) 由式（解 4.35）表示[30]。

$$F_{ext}(s;T)=\int_{U_{in}}^{U_{out}}F_s(s|U;T)f(U)\mathrm{d}U \tag{解 4.35}$$

这里，$F_s(s|U;T)$ 为平均风速为 U 时，期间 T 内发电时最大风荷载超越 s 的概率，$f(U)$ 为平均风速 U 的出现概率分布。另外，U_{in} 和 U_{out} 分别表示切入风速和切出风速。

对各平均风速和湍流强度分别实施 35 次时程响应分析，然后从各时程数据中求得最大值，超越概率 $F_s(s|U;T)$ 便可用这些最大值来推算。此时为了消除极端数据的变化的影响，除去最大值中前 10%的较大的数据后，使用余下的 32 个数据来计算。32 个数据按由小到大的顺序排列为 s_1，s_2，…，s_{32}，平均风速 U 时第 i 个数据的超越概率 $F_s(s_i|U;T)$ 可采用式（解 4.36）进行计算。

$$F_s(s_i|U;T)=1-\frac{i}{n+1} \tag{解 4.36}$$

图解 4.34 表示的是湍流强度 $I_{ref}=0.16$，$U_k=9$m/s 以及 15m/s 时的推算的最大风荷载。图中的实线表示通过 3 参数的 Weibull 分布近似得到的最大风荷载的超越概率分布，3 个参数由矩量法确定。

图解 4.35 表示的是假设风速的出现概率分布 $f(U)$ 服从瑞利分布，年平均风速为 10m/s 时的超越

概率 $F_{\mathrm{ext}}(s; T)$。图中的虚线表示重现期为 50 年的发电时最大风荷载超越 s_{r}的概率，可由下式求得。

$$F_{\mathrm{ext}}(s_{\mathrm{r}};T)=\frac{T}{T_{\mathrm{r}}}=3.8\times10^{-7} \qquad (解 4.37)$$

这里，T 为最大风荷载的评估时间，T_{r}为重现期间。评估时间 10 分钟的重现期 50 年时的超越概率为 3.8×10^{-7}，或者说超越概率为 3.8×10^{-7}的最大风荷载和 50 年重现期的最大风荷载 s_{r}相当。从图中可以看出，实线表示的是由假设 3 参数的 Weibull 分布而推算的超越概率，它和表示超越概率 3.8×10^{-7}的虚线的交点的值即为年平均风速为 10m/s 时的发电时最大风荷载的 50 年重现期的期待值。

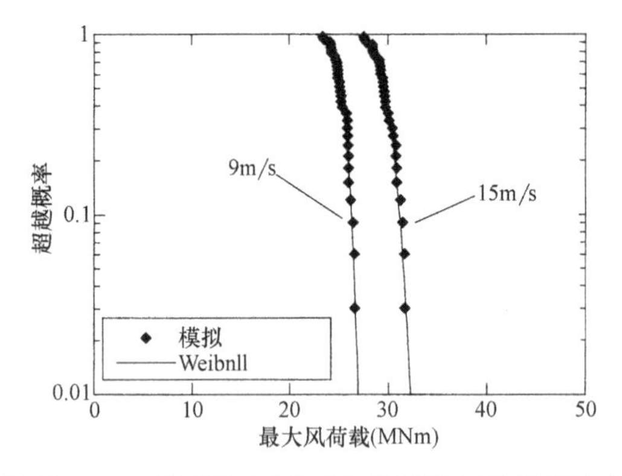

图解 4.34　不同风速的最大风荷载的超越概率分布

图解 4.35　风力机发电时的最大风荷载的超越概率分布

本指南将由图解 4.35 求得的发电时最大风荷载的 50 年重现期的期待值和图解 4.31 所示的发电时最大风荷载的期待值的比值定义为统计外插系数，并提出了其评估式[31]。

4.4.2 发电时最大风荷载的评估

发电时峰值剪力的 50 年重现期的期待值 Q_{D50}和峰值弯矩的 50 年重现期的期待值 M_{D50}分别由发电时的峰值剪力的期待值和峰值弯矩的期待值乘以统计外插系数和安全分项系数求得。

$$Q_{\mathrm{D50}}=Q_{\mathrm{Dmax}}\times\gamma_{\mathrm{e}}\times\gamma_{\mathrm{f}},Q_{\mathrm{Dmax}}=\max(Q_{\mathrm{D}i}\times G_{\mathrm{D}i}) \qquad (4.27)$$

$$M_{\mathrm{D50}}=M_{\mathrm{Dmax}}\times\gamma_{\mathrm{e}}\times\gamma_{\mathrm{f}},M_{\mathrm{Dmax}}=\max(M_{\mathrm{D}i}\times G_{\mathrm{D}i}) \qquad (4.28)$$

这里，

Q_{Dmax} ：发电时的峰值剪力的期待值（N）

M_{Dmax} ：发电时的峰值弯矩的期待值（N·m）

γ_{e} ：统计外插系数

γ_{f} ：安全分项系数

i ：风速级别

$Q_{\mathrm{D}i}$ ：对应风速级别 $U_{\mathrm{H}i}$的发电时的平均剪力（N）

$M_{\mathrm{D}i}$ ：对应风速级别 $U_{\mathrm{H}i}$的发电时的平均弯矩（N·m）

$G_{\mathrm{D}i}$ ：对应风速级别 $U_{\mathrm{H}i}$的发电时的阵风荷载因子

$U_{\mathrm{H}i}$ ：风速级别 i 时的轮毂高度处的风速（m/s）

（1）发电时的平均风荷载

发电时的风速级别 $U_{\mathrm{H}i}$对应的平均剪力为风轮、机舱以及塔架作用的剪力的和，通过下式计算。

$$Q_{\mathrm{D}i}=\frac{1}{2}\rho U_{\mathrm{H}i}{}^{2}C_{\mathrm{T}i}\pi R^{2}+\frac{1}{2}\rho U_{\mathrm{H}i}{}^{2}C_{\mathrm{DN}}A_{\mathrm{N}}+\int_{h}^{H_{\mathrm{t}}}\frac{1}{2}\rho U_{i}(z)^{2}C_{\mathrm{DT}}d(z)\mathrm{d}z \qquad (4.29)$$

式中，

$$U_{i}(z)=U_{\mathrm{H}i}\left(\frac{z}{H_{\mathrm{h}}}\right)^{\alpha}$$

同样，发电时的风速级别 U_{Hi} 对应的平均弯矩为风轮、机舱以及塔架作用的弯矩的和，通过下式计算。

$$M_{Di}=\left[\frac{1}{2}\rho U_{Hi}{}^{2}C_{Ti}\pi R^{2}+\frac{1}{2}\rho U_{Hi}{}^{2}C_{DN}A_{N}\right]\times(H_{h}-h)+\int_{h}^{H_{t}}\frac{1}{2}\rho U_{i}(z)^{2}C_{DT}d(z)(z-h)\mathrm{d}z \tag{4.30}$$

这里，

Q_{Di}　：对应风速级别 U_{Hi} 的发电时的平均剪力（N）

ρ　：空气密度（kg/m^3）

C_{Ti}　：对应风速级别 U_{Hi} 的发电时的推力系数

R　：风力机的风轮半径（m）

C_{DN}　：机舱的平均阻力系数

A_N　：机舱的可见面积（m^2）

H_t　：塔架高度（m）

h　：评估高度（m）

C_{DT}　：塔架的平均阻力系数

$d(z)$　：高度 z 处的塔架直径（m）

$U_i(z)$　：风速级别 U_{Hi} 时的高度 z 处的风速（m/s）

H_h　：轮毂高度（m）

α　：风速的竖直方向分布的指数

（2）发电时的阵风荷载因子

发电时的风速级别 U_{Hi} 对应的阵风荷载因子 G_{Di} 可通过下式计算。

$$G_{Di}\cong 1+2I_{1i}g_{Di}\sqrt{K_i}\sqrt{1+R_{Di}} \tag{4.31}$$

式中，

$$g_{Di}=\begin{cases}-0.3\sin\left(\pi\cdot\dfrac{U_{in}-U_{Hi}}{U_{in}-U_{r}}\right)+3.0, U_{Hi}<U_{r}\\ \sin\left(\dfrac{7\pi}{8}\cdot\dfrac{U_{Hi}-U_{r}}{U_{out}-U_{r}}\right)+3.0, U_{Hi}\geqslant U_{r}\end{cases}$$

$$R_{Di}=\begin{cases}0.2, U_{Hi}<U_{r}\\ 2.6\dfrac{U_{Hi}-U_{r}}{U_{out}-U_{r}}+0.2, U_{Hi}\geqslant U_{r}\end{cases}$$

$$K_{i}=\begin{cases}0.15\sin\left(\pi\cdot\dfrac{U_{in}-U_{Hi}}{U_{in}-U_{r}}\right)+0.15, U_{Hi}<U_{r}\\ 0.45\dfrac{U_{Hi}-U_{r}}{U_{out}-U_{r}}+0.15, U_{Hi}\geqslant U_{r}\end{cases}$$

这里，

I_{1i}　：风速级别 U_{Hi} 时轮毂高度处的湍流强度

g_{Di}　：风速级别 U_{Hi} 时的峰值因子

K_i　：风速级别 U_{Hi} 时的尺寸折减系数

R_{Di}　：风速级别 U_{Hi} 时的共振分量和非共振分量的比值

U_{Hi}　：风速级别 i 时的轮毂高度处的风速（m/s）

U_r　：额定风速（m/s）

U_{in}　：切入风速（m/s）

U_{out}　：切出风速（m/s）

(3) 统计外插系数

发电时的风荷载的统计外插系数 r_e 可通过下式计算。

$$r_e = A \times \ln(U_a) + K_e \tag{4.32}$$

式中，

$$A = 0.9I_{ref} + 0.035$$

$$K_e = -0.77I_{ref} + 0.98$$

这里，

U_a ：年平均风速（m/s）

I_{ref} ：风速 15m/s 时的湍流强度的期待值

(4) 发电时的风荷载的安全分项系数

发电时的风荷载的安全分项系数 γ_f 按照 IEC 61400-1 的规定，采用 1.25。

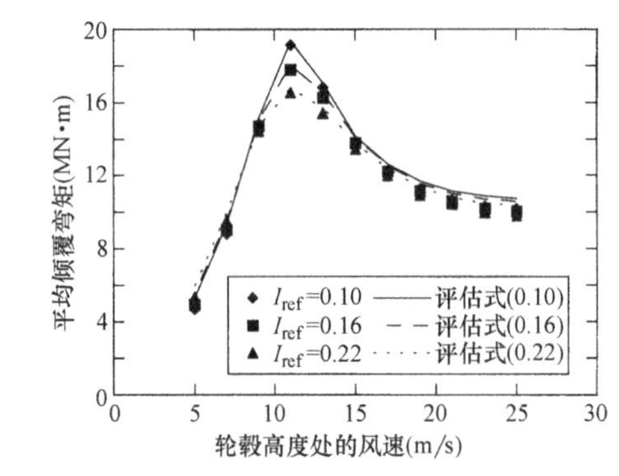

图解 4.36 塔架底部作用的平均倾覆弯矩

【解说】

(1) 发电时的平均风荷载

通过式（4.28）计算的塔架底部的倾覆弯矩的平均值与时程响应分析结果的比较如图解 4.36 所示。倾覆弯矩的平均值在额定风速之前随着平均风速的增大而增大，但在额定风速之后随着平均风速的增大而减小。

(2) 发电时的阵风荷载因子

发电时的阵风荷载因子 G_{Di} 为发电时塔架底部作用的顺风向的倾覆弯矩的最大值 M_{Dmax} 与平均值 M_{Di} 的比值，可通过下式表示。

$$G_{Di} = \frac{M_{Di} + g_{Di}\sigma_{MD}}{M_{Di}} = 1 + g_{Di}\frac{\sigma_{MD}}{M_{Di}} \tag{解 4.38}$$

σ_{MD} 为顺风向倾覆弯矩的标准差，可由非共振分量 σ_{MDQ} 和共振分量 σ_{MDR} 近似表示，这样 G_{Di} 可变形为下式。

$$G_{Di} \cong 1 + g_{Di}\frac{1}{M_{Di}}\sqrt{\sigma_{MDQ}{}^2 + \sigma_{MDR}{}^2} = 1 + g_{Di}\frac{\sigma_{MDQ}}{M_{Di}}\sqrt{1 + R_{Di}}, R_{Di} = \frac{\sigma_{MDR}{}^2}{\sigma_{MDQ}{}^2} \tag{解 4.39}$$

另外，非共振分量 σ_{MDQ} 为湍流强度 I_{1i}，塔架底部的倾覆弯矩 M_{Di} 以及尺寸折减系数 K_i 的函数，由下式表示。

$$\sigma_{MDQ} = 2M_{Di}I_{1i}\sqrt{K_i} \tag{解 4.40}$$

发电时的阵风荷载因子 G_{Di} 的评估式包含了峰值因子 g_{Di}，共振分量与非共振分量的比值 R_{Di} 以及尺寸折减系数 K_i 3 个参数。为了获得这 3 个参数的近似表达式，分别考察了 3 种湍流强度 0.10、0.16 和 0.22 下，这 3 个参数随风速的变化。图解 4.37 表示了峰值因子 g_{Di}，共振分量与非共振分量的比值 R_{Di} 以及尺寸折减系数 K_i 随风速的变化。在额定风速之前，R_{Di} 几乎为定值，而 g_{Di} 和 K_i 则随着风速的增大而增大或减小；在额定风速之后，g_{Di} 随着风速的增大而缓慢地增大或减小，而 R_{Di} 和 K_i 则随着风速的增大而线性增大。这种现象和额定风速后的变桨距控制有关，是由于桨距控制激起的风荷载的共振分量的原因。另外，风速 5m/s 处可见共振与非共振分量的比值 R_{Di} 的峰值，这是由于风轮旋转和塔架之间的共振而产生的。图中的实线表示由这些参数的近似式求得的值，可见近似式可以代表时程响应分析的结果。

图解 4.38 所示为通过提出式求得的阵风荷载因子 G_{Di} 和风力机底部的倾覆弯矩的最大值随风速的变化。由此图可知，通过提出式求得的阵风荷载因子和倾覆弯矩与时程响应分析结果有很好的一致性。额

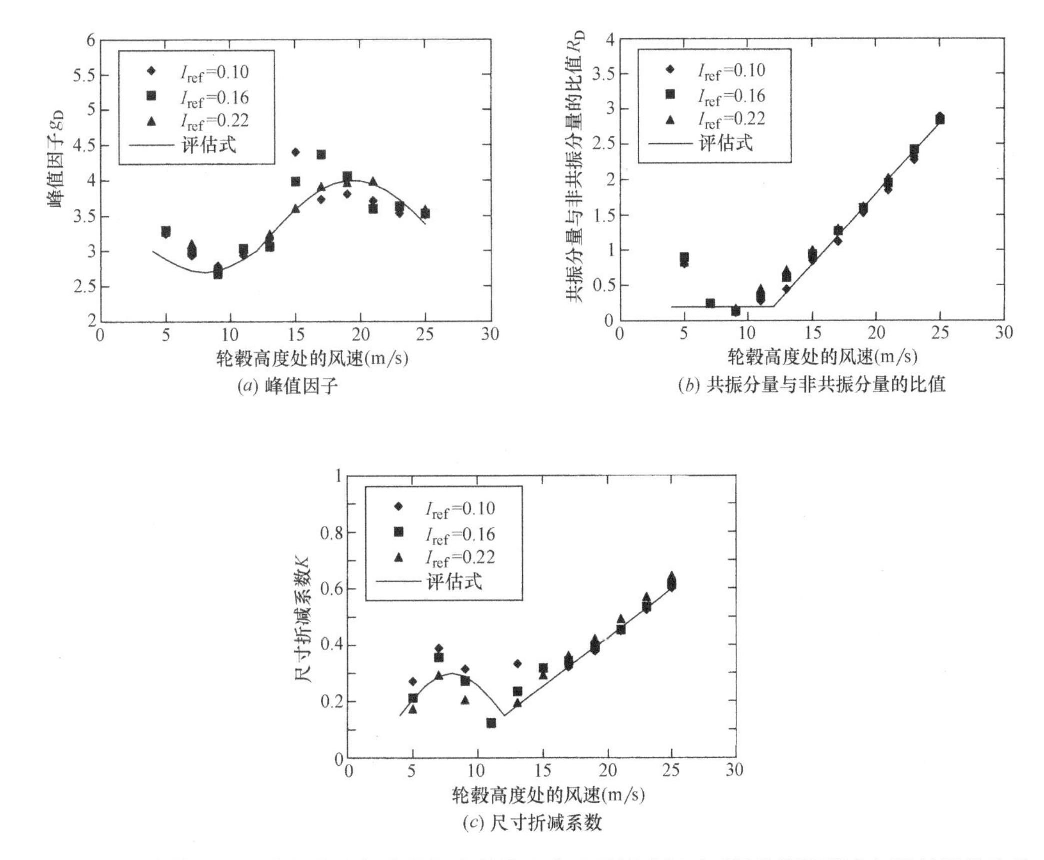

图解 4.37　峰值因子、共振分量与非共振分量的比值以及尺寸折减系数的预测值和解析结果的比较

定风速前的阵风荷载因子随着风速的增大而减小，额定风速后阵风荷载因子则有随着风速的增大而增大的特性。额定风速前的阵风荷载因子的减小，是由于随着风速的增大湍流强度减小的原因；而额定风速后的增大，则是由于变桨距控制激起的风荷载的共振分量的影响的原因。

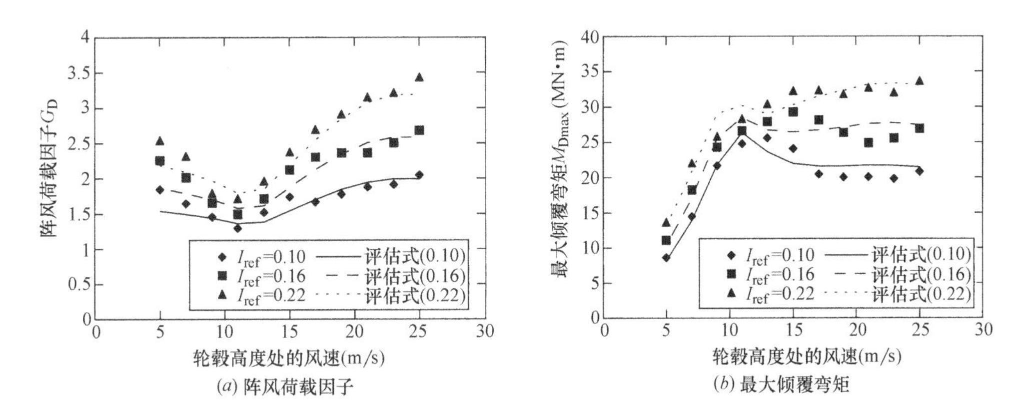

图解 4.38　阵风荷载因子和最大倾覆弯矩的预测值和时程响应分析结果的比较

为了验证提出式的稳妥性，从石川县能登半岛的珠洲第一风力发电所获得了额定功率 1500kW，GE Wind Energy 公司制造的风力机的实测数据[33]，并与之进行了比较。图解 4.39 所示为提出式计算的风力机塔架底部处的倾覆弯矩的阵风荷载因子和最大值同实测值的比较，提出式中采用了观测得到的轮毂高度处的湍流强度。可见，阵风荷载因子和塔架底部处的最大倾覆弯矩同实测值有很好的一致性。

(3) 统计外插系数

统计外插系数 r_e，随着年平均风速 U_a和湍流强度 I_{ref}而变化。这里，年平均风速 U_a取 6、7、8、9、

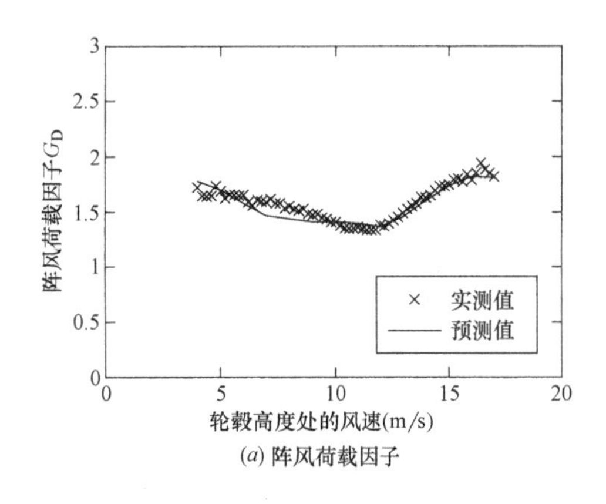

(a) 阵风荷载因子

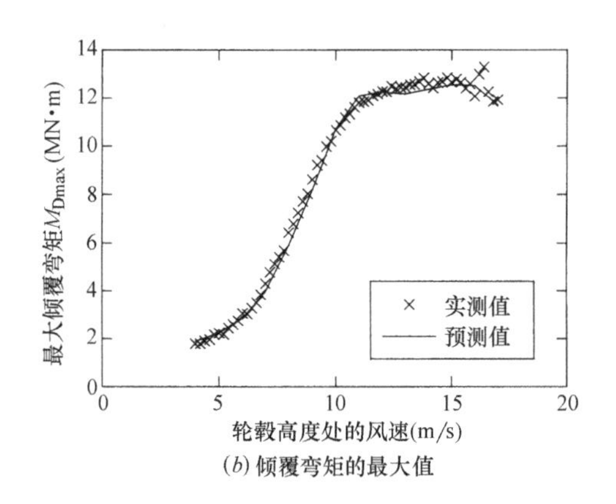

(b) 倾覆弯矩的最大值

图解 4.39　提出式得到的预测值同实测值的比较

10m/s 五种情况，湍流强度 I_{ref}取 0.10、0.13、0.16、0.19、0.22 五种情况，共计 25 种情况进行解析。图解 4.40 所示为统计外插系数随着年平均风速 U_a和湍流强度 I_{ref}的变化。统计外插系数随着年平均风速 U_a的增加而缓慢增大，但随着湍流强度 I_{ref}的增加而迅速增大。可见，通过本指南的提出式求得的统计外插系数 r_e（线）可以很好地反映数值解析的结果（点）。

图解 4.41 表示的是统计外插系数的评估式中系数 A 和系数 K_e随着湍流强度 I_{ref}的变化。图解 4.41（a）中的散点为年平均风速 U_a=10m/s 时采用系数 K_e的提出式而求得的 A 的值，它随着湍流强度 I_{ref}而迅速增大；图解 4.41（b）中的散点为采用系数 A 的提出式而求得的 K_e的值，它随着湍流强度 I_{ref}而缓慢减小。

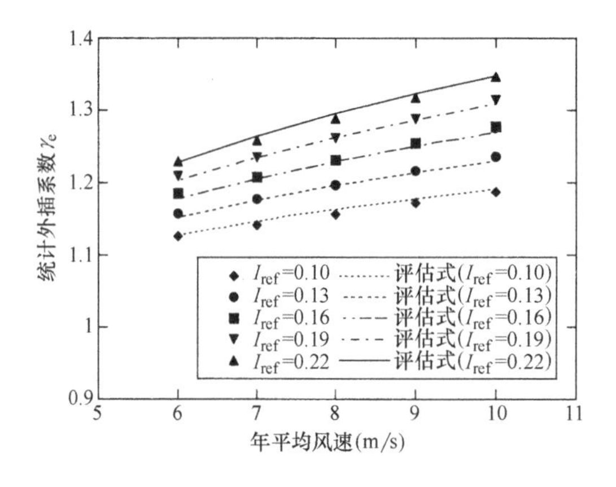

图解 4.40　统计外插系数随着年平均风速和湍流强度的变化

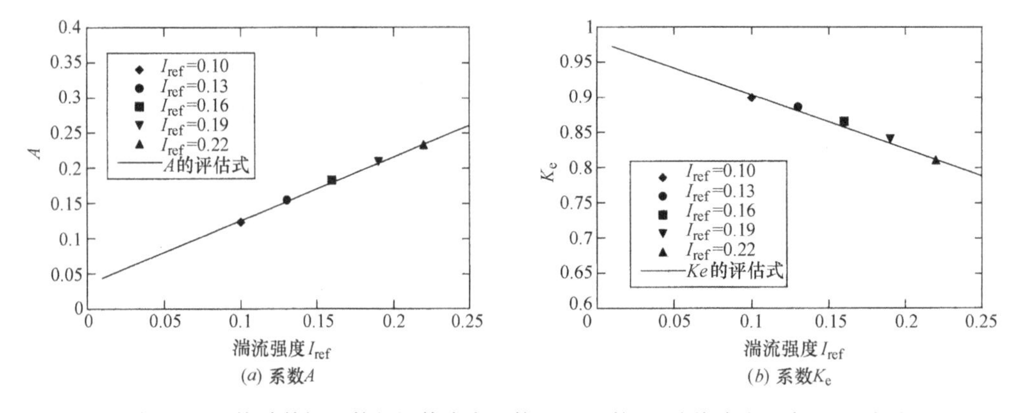

图解 4.41　统计外插系数的评估式中系数 A 和系数 K_e随着湍流强度 I_{ref}的变化

（4）风荷载的安全分项系数

IEC 61400-1 的设计荷载情况 DLC1.1 中将安全分项系数 γ_f 规定为 1.25。本指南将采用同样的值。

4.4.3 发电时的平均风荷载及其年平均值的评估

风力机发电时风轮上作用的平均推力可通过式（4.33）求得。另外，风力机的推力系数采用制造商提供的数值。

$$F_r = \frac{1}{2}\rho U_h^2 C_t \pi R^2 \tag{4.33}$$

这里，

F_r　：风轮上作用的平均推力（N），$i=D$

ρ　：空气密度（kg/m^3）

U_h　：轮毂高度处的平均风速，风力机发电时所受的风荷载的年平均值对应的风速或者年平均风速（m/s）

C_t　：风力机的推力系数

R　：风力机风轮的半径（m）

风力机发电时的平均风荷载，可通过风轮上作用的平均推力和塔架及机舱上作用的平均风力的合力来计算。风力机塔架上作用的平均剪力和平均弯矩可通过 4.3.5 项中的式（4.20）和式（4.21）求得。

风力机发电时的年平均风荷载，可采用发电时的年平均风荷载对应的风速或者年平均风速进行计算。风力机发电时的年平均风荷载对应的风速可通过式（4.34）所计算的年平均弯矩来确定。此年平均弯矩是采用各风速级别的风力机底部的弯矩和轮毂高度处的各风速级别的出现概率分布来进行计算的。

$$M_{ai} = \frac{\sum_{k=1}^{m} f(U_k)\Delta U_k \times M_i(U_k)}{\sum_{k=1}^{m} f(U_k)\Delta U_k} \tag{4.34}$$

这里，

M_{ai}　：年平均弯矩（N·m）

$f(U_k)$　：风速 U_k 的出现概率

ΔU_k　：风速的分割区间

$M_i(U_k)$　：平均弯矩（N·m）

【解说】

计算地震时风力机作用的荷载时有必要求得风力机发电时的风荷载。风力机发电时的风荷载为风力机风轮，机舱和塔架上作用的风力的合力。计算风力机塔架上作用的平均剪力和平均弯矩时仅考虑风速的平均成分（4.3.5 项（2）中的阵风荷载因子为 1，高度 z 处的顺风向的湍流强度为 0）。风力机风轮上作用的风力可通过发电时的推力系数来计算。另外，风力机的推力系数采用制造商提供的数值。

图解 4.42 所示为采用瑞利分布假设，年平均风速为 8.50m/s 时风速的出现概率。图解 4.43 表示的是 500kW 变桨距控制风力机的推力系数。采用此推力系数计算的弯矩随风速的变化如图解 4.44 所示。图中给出了通过式（4.34）求得的年平均弯矩（对应的风速为 7.34m/s）和对应年平均风速(8.50m/s) 的弯矩。可见，对于年平均风荷载，在此例中通过年平均风速计算的风荷载要大一些。另外，本指南中年平均风荷载对应的平均风速有两个值时，采用出现概率较大的风速。此外，计算年平均风荷载在竖直方向上的分布时，首先确定对应年平均弯矩的平均风速，然后利用此平均风速来评估年平均风荷载。

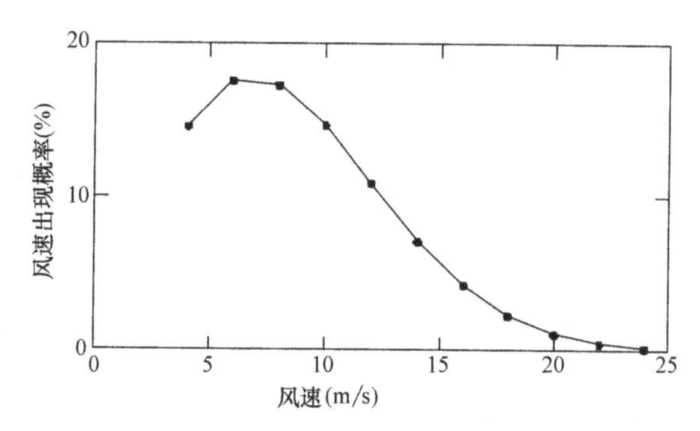

图解 4.42 由瑞利分布得到的风速的出现概率

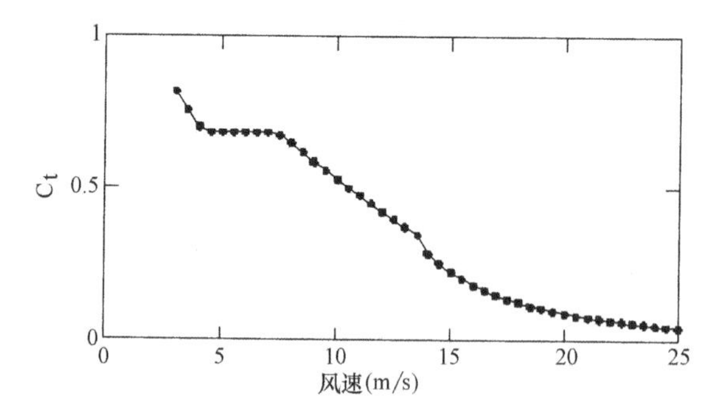

图解 4.43 500kW 变桨距控制风力机的推力系数

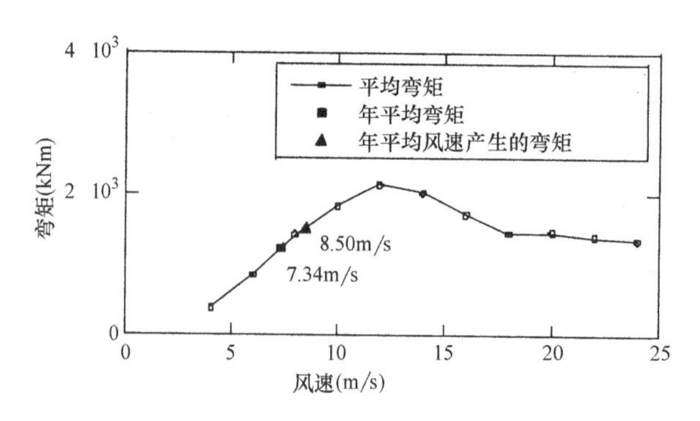

图解 4.44 弯矩的分布同年平均弯矩的比较

4.5 发电时的疲劳荷载的评估

4.5.1 疲劳荷载评估的基本思路

风力机发电时的疲劳荷载，假设设计寿命为 20 年，通过以下所示方法进行计算。

(1) 风力机发电时的疲劳荷载可通过时程响应分析，然后采用雨流计数法计算。

(2) 评估疲劳荷载时的设计荷载情况和安全系数可通过以下方法之一确定。

方法 1：对 IEC 61400-1 中所示的关于疲劳的全部荷载情况进行解析，直接采用通过解析求得的脉动荷载循环数。

方法 2：仅对 IEC 61400-1 中所示的正常发电时的设计荷载情况（DLC1.2）进行解析，对通过解析求得的脉动荷载循环数乘以 1.05 的安全系数。

(3) 评估疲劳荷载时的设计值的设定可通过以下方法之一确定。

方法 1：基于风力机建设地点的风况计算出疲劳荷载，将疲劳荷载最大的方向上对应的值设定为设计值。

方法 2：假设发电时为南北方向的风，待机时为东西方向的风，将各断面的南北侧位置的值设定为设计值。

(4) 计算发电时的荷载时，轮毂高度处的平均风速以 2m/s 间隔变换，模拟时间为 10min。

(5) 对于暴风出现概率高的地域，要适当地考虑暴风待机时发生的疲劳荷载。

【解说】

(1) 疲劳验证的流程

风力机发电时的风荷载非线性较强，发电时的疲劳荷载可基于考虑风力机的气动弹性特性和风力机的控制特性的时程响应分析，通过雨流计数法来计算脉动应力的幅值和中间值。

图解 4.45 所示为疲劳验证的流程。各步骤概述如下[34]。首先通过时程响应分析法计算各设计荷载情况下的荷载时程，然后基于荷载时程计算塔架筒身的焊接区和螺栓接合处等部位作用的应力时程。接着基于应力时程通过雨流计数法求得脉动应力的幅值和它的中间值，同时计算各脉动应力幅的出现次数。最后，通过 SN 曲线求得各脉动应力幅对应的疲劳损伤的重复次数，根据 Palmgren-Miner 准则，计算累积疲劳损伤度。本节将对荷载时程的计算，应力时程的计算，循环数计算，脉动应力分布的计算进行说明。关于疲劳损伤的重复次数的计算和疲劳寿命的计算，可参照第 7 章。

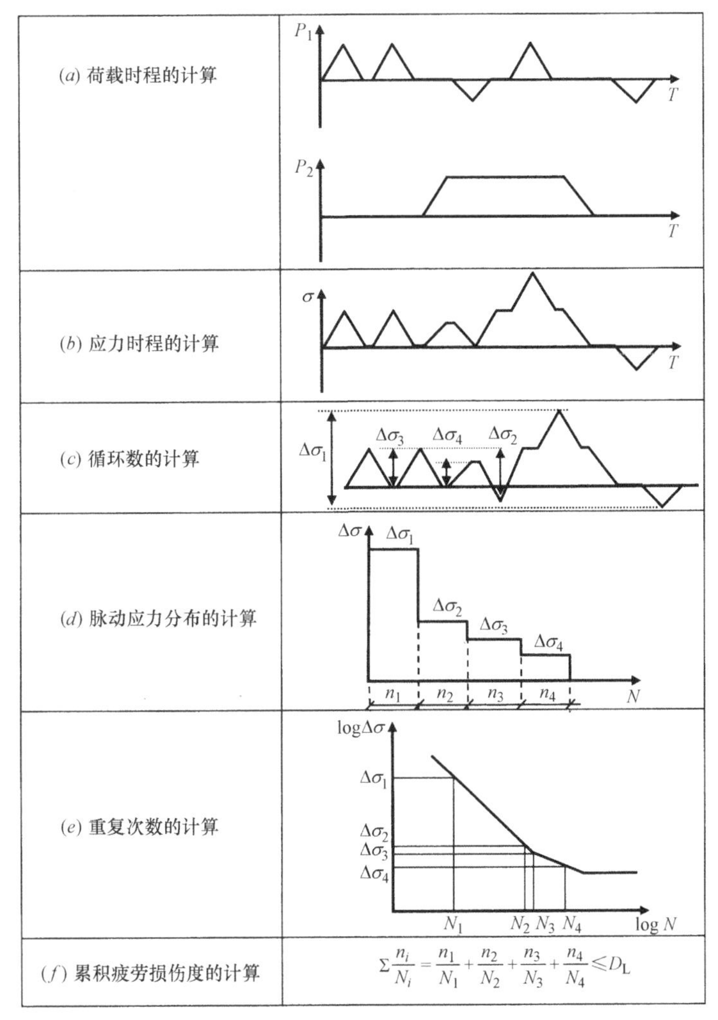

图解 4.45 疲劳验证的流程

(2) 疲劳荷载的评估方法

疲劳荷载的评估方法 1 是对 IEC 61400-1 中所示的关于疲劳的全部荷载情况进行解析，然后直接采用通过解析求得的脉动荷载循环数。采用这种方法，由于要考虑全部荷载情况，所以解析时间较长。表解 4.5 所示为正常发电时的疲劳损伤的分项数字。由此表可知，疲劳损伤 98%以上发生在 IEC 61400-1 中所示的 DLC1.2 的荷载情况，即发电时的情况，而启动时、正常停止时和待机时合计为 1%～2%。另一方面，疲劳荷载的评估方法 2 是仅对 IEC 61400-1 中所示的正常发电时的设计荷载情况 DLC1.2 进行解析，因此解析时间较短，但是由于要考虑未解析的设计荷载情况的影响，因此通过方法 2 求得的脉动荷载的循环数要乘以 1.05 的安全系数。

(3) 疲劳荷载的设定方法

设计疲劳荷载的设定方法 1，考虑了风力机建设地点的各风向的风速等的出现概率，计算各风向对应的疲劳荷载，将疲劳荷载最大的方向上对应的值作为疲劳荷载的设计值。这种方法可以正确地评估疲

正常发电状态下3种塔架高度处的疲劳损伤的分项数字（年平均风速8.5m/s时）　表解4.5

高度＼情况	启动时、正常停止时和待机时的合计	发电时
1m	1.5%	98.5%
41m	2.0%	98.0%
28m	1.0%	99.0%

劳荷载，但是需要很多解析情况。另外，风力机塔架的疲劳荷载有发电时顺风向较大，而待机时横风向较大的特征。设计疲劳荷载的设定方法2就是考虑了这一特征按照偏安全的设定提出的。

风力机塔架底部附近的门或者筒身上设置的航空障碍灯等是非对称的，适当地考虑这些要素对疲劳荷载的影响而进行评估是可取的。

(4) 时程响应分析的条件

发电状态的时程响应分析按照GL2003的规定，在切入风速到切出风速的范围内以2m/s的间隔进行。解析时间为600s，解析的时间间隔要考虑风力机塔架的固有频率，细密设定较好。

(5) 暴风时的疲劳荷载的评估

国际标准IEC 61400-1中，疲劳荷载的评估只考虑到基准风速V_{ref}的0.7倍的平均风速。但是，台风来袭频率较高的日本有高风速的出现概率较高的地域，对于这些地域也有必要适当地评估暴风待机时发生的疲劳荷载。

表解4.6给出了本指南进行的解析的各种条件的示例。

解析的各种条件的示例　表解4.6

疲劳荷载的评估	荷载情况	正常发电时DLC1.2
	循环数的安全系数	1.05
疲劳荷载的设定	发电时	南北风的疲劳荷载
	待机时	东西风的疲劳荷载
时程响应分析	平均风速的间隔	切入风速到切出风速的范围内以2m/s为间隔
	解析时间	600s
	解析的时间间隔	0.05s(20Hz)
待机时的疲劳荷载的评估	待机时的风速上限值	基准风速V_{ref}的0.7倍
风模型	年平均风速	8.5m/s
	风速的出现概率分布	瑞利分布
	湍流模型	Von Karman模型
	平均偏航角	0°
	平均风速的竖直分布的指数	0.2
	平均上流角	0°

4.5.2　风力机的气动弹性模型

风力机的气动弹性模型中必要的风力机的各要素、结构模型、气动模型、风轮不对称、动力传动系模型等以风力机制造商提供的信息为基础，缺少的信息最好采用国际认证机关出示的值。

【解说】

(1) 风力机的各要素

风力机的各要素以采用制造商提供的值或者实测得到的值为原则。

(2) 结构模型

关于塔架，至少要考虑到第二阶振动模态。结构阻尼比可采用和暴风时同样的值。塔架底部的支持条件可看作固定端，也可考虑实际基础的结构要素和地基条件将其模型化。风力机的机舱可视作刚体或弹性体将其模型化。

(3) 气动模型

必须考虑风力机塔架对脉动风荷载的影响。上风向型风力机可采用势流模型[35]、[36]，下风向型风力机可采用荷载等价模型[37]。应考虑假设诱导速度，翼尖・翼根损失，风轮后流场的动态特性（动态尾流），动态失速特性（失速滞后，动态失速）等后的气动力的影响。

(4) 风轮不对称

应考虑到给塔架脉动荷载带来影响的风轮的重心偏差。关于重心偏差，以采用制造商的指定值为基础。如果不能从制造商处获得，可根据 GL1993[38]，重心偏差为风轮半径的 0.5%。另外关于气动力的不对称，根据 GL2003[39]，模拟桨距角的安装偏差，可在 1 枚叶片上加 0.3°，剩余两枚中的一枚上减 0.3°来设定。

(5) 动力传动系模型

关于风力机的动力传动系的设计，一般将风轮、低速轴、高速轴、增速机安装箱等模拟为弹性体，如果只关注支持物的解析，可以将其视为刚体模型化。

另外，暴风待机中应用被动偏航控制时，由于受到偏航制动力矩、偏航阻尼器、风轮和机舱的质量绕偏航轴的惯性矩的影响，有必要正确地进行模型化。

表解 4.7 给出了本指南采用的风力机气动弹性模型的示例。

风力机的气动弹性模型的示例　　**表解 4.7**

风力机各要素	风轮半径	40m
	风轮面积	5.037m²
	轮毂高度	61.5m
	叶片质量	6.5t
	风轮质量	33.6t
	机舱质量	72.0t
	塔架质量	105.2t
	额定功率	2000kW
	叶片数量	3
	风轮转速	10.2～21.6rpm
	速度控制	Pitch
	切入风速	4m/s
	切出风速	25m/s
	增速比	83.33
	变速箱效率	0.96
	风轮和发电机的惯性矩	6.45×10^6 kg・m²
	塔架的 1 阶固有频率	0.61Hz
	桨距调节器的时间常数	0.3s
结构模型	塔架的振动模态	前后和左右方向均考虑到第 2 阶振动模态
	塔架的结构阻尼比	0.8%
	塔架的模型化	弹性体
	风力机本体的模型化	刚体
	基础的模型化	固定

续表

气动模型	气动干扰	势流模型
	气动的影响	诱导速度，翼尖·翼根的气动损失
风轮不对称	重心偏差	风轮半径的 0.5%
	气动力的不对称	1 枚叶片上加 0.3°，剩余两枚中的一枚上减 0.3°
动力传动系	风轮、低速轴、高速轴、增速机安装箱的模型	刚体
	最优模式下发电机的最大转速	1500rpm
	发电机转矩的设定值	13403N·m

4.5.3 风力机的控制模型

风力机的转速控制和变桨距控制的参数可按照下述来设定。

(1) 最大效率对应的转矩命令值，可通过下式求得。

$$Q_{Dem}=K_{Opt}\Omega_G{}^2, \Omega_G<\Omega_r \tag{4.35}$$

式中，

$$K_{Opt}=\frac{\pi\rho R^5 C_{POpt}}{2r^3\lambda_{Opt}{}^3\eta_M}$$

这里，

Q_{Dem} ：最大效率对应的转矩命令值（N·m）

Ω_G ：高速轴的旋转角速度（rad/s）

ρ ：空气密度（kg/m^3）

R ：风轮半径（m）

C_{POpt} ：风轮的最大功率系数

r ：增速比

λ_{Opt} ：产生风轮最大功率系数的周速比

η_M ：增速机效率

Ω_r ：最优模式下发电机的最大转速（rad/s）

(2) 控制系统对应额定风速的设计桨距角，可通过下式确定。

$$\theta_{Des}=\theta_{min}+(\theta_{max}-\theta_{min})\times 0.05 \tag{4.36}$$

这里，

θ_{Des} ：设计桨距角（rad）

θ_{min} ：最小设计桨距角（rad）

θ_{max} ：最大设计桨距角（rad）

(3) 发电机转矩控制的转矩控制比例增益，积分时间常数，积分增益

对发电机速度偏差给出发电机转矩命令值的发电机转矩控制的转矩控制比例增益，积分时间常数，积分增益，可按照下式求得。

$$K_{QP}=\frac{-\gamma\sqrt{(2\zeta M_P)^2-1}}{r\beta\left[2\zeta-\sqrt{(2\zeta M_P)^2-1}\right]} \tag{4.37}$$

$$T_{QI}=\frac{K_{QP}}{K_{QI}}=\frac{J}{r\beta K_{QP}}((2\zeta M_P)^2-1) \tag{4.38}$$

$$K_{QI}=\frac{K_{QP}}{T_{QI}} \tag{4.39}$$

这里，

K_{QP}　：转矩控制的比例增益（N・m/rad）
T_{QI}　：转矩控制的积分时间常数（s）
K_{QI}　：转矩控制的积分增益（N・m/rad/s）
γ　：转速变化的比例常数（N・m・s/rad）
ζ　：动力传动系的阻尼比，0.8
M_P　：峰值增益，1.1
β　：转矩控制的比例常数
J　：绕低速轴的风轮惯性矩和发电机惯性矩（发电机的惯性矩×r^2）的和（kgm^2）

（4）桨距位置控制的积分时间常数，比例增益，积分增益

对发电机速度偏差给出桨距位置命令值的桨距位置控制的比例增益，积分时间常数，积分增益可通过下式来设定。将由这些参数得到的值微分后应用于桨距速度命令中。

$$K_{SP}=-\frac{T_{SI}\omega_C}{r\delta}\sqrt{\frac{(\gamma^2+J^2\omega_C{}^2)(1+T_A{}^2\omega_C{}^2)}{1+T_{SI}{}^2\omega_C{}^2}} \tag{4.40}$$

$$T_{SI}=\frac{\tan(\phi_D-\phi_M)}{\omega_C} \tag{4.41}$$

$$K_{SI}=\frac{K_{SP}}{T_{SI}} \tag{4.42}$$

式中，

$\omega_C=2\pi f_{T1}\times 0.3$

$\phi_M=\tan^{-1}\left(\frac{\gamma+JT_A\omega_C{}^2}{(\gamma T_A-J)\omega_C}\right)-\pi$

这里，

K_{SP}　：桨距位置控制的比例增益（s）
T_{SI}　：桨距位置控制的积分时间常数（s）
K_{SI}　：桨距位置控制的积分增益
δ　：桨距角变化的比例常数（N・m/rad）
ω_C　：增益交叉频率（rad/s）
T_A　：桨距调节时间常数（s）
ϕ_D　：设计相位余量（rad），50°
ϕ_M　：相位余量（rad）
f_{T1}　：塔架的 1 阶固有频率（Hz）

（5）增益调度

关于桨距控制的比例增益，可基于下式应用桨距角的增益调度。

$$\kappa=\min\left(\frac{1}{\frac{\xi}{K_{Out}}+(1-\xi)},1\right) \tag{4.43}$$

式中，

$\xi=\frac{\theta-\theta_{Des}}{\theta_{Out}-\theta_{Des}}$

这里，

κ　：桨距角的增益调度
κ_{Out}　：设计条件中切出风速的增益折减系数，使用 1/3
θ_{Out}　：对应切出风速的桨距角，90°

θ_{Des}：设计桨距角，4.5°

(6) 转矩增量命令值和桨距角增量命令值

发电机速度偏差，同残差的转矩增量命令值以及桨距角增量命令值可由下式表示。

$$\Delta Q_{Dem}=K_{QP}y+K_{QI}y_I, \Omega_G>\Omega_r \tag{4.44}$$

$$\Delta\theta_{Dem}=\kappa(K_{SP}y+K_{SI}y_I), Q>Q_r \tag{4.45}$$

这里，

y ：发电机速度偏差（rad/s）

y_I ：发电机速度残差（rad）

ΔQ_{Dem} ：发电机速度残差的转矩增量命令值（N·m）

$\Delta\theta_{Dem}$ ：发电机速度残差的桨距角增量命令值（rad）

Q_r ：发电机转矩的设定值（N·m）

另外，$\Omega_G<\Omega_r$时转矩命令值Q_{Dem}可通过式（4.35）求得，$Q<Q_r$时桨距角命令值θ_{Dem}为0。

【解说】

风力机的输出控制的种类分为桨距控制和失速控制，速度控制的种类分为定速和可变速。1MW以上的风力机多数采用可变速，桨距控制，本指南中关于可变速和桨距控制的推荐参数基于文献［40］来定义。如果制造商提供了控制参数，可采用制造商提供的值。另外，本指南中定义的参数对于失速控制风力机或定速风力机等其他样式的风力机不适用。

图解4.46所示为均匀流中可变速，桨距控制风力机的输出功率，发电机速度和桨距角。在高风速域中，为了使输出功率和转速一定，采用桨距控制来实现；而在低风速域中，为了使发电量最大，在产生最大效率的最优桨距角和最优周速比下运行。图解4.47所示为风力机的输出功率系数随桨距角和周速比的变化。此风力机模型在桨距角为0°时输出功率系数最大，且对应最大输出功率系数0.468的周速比为8.2。

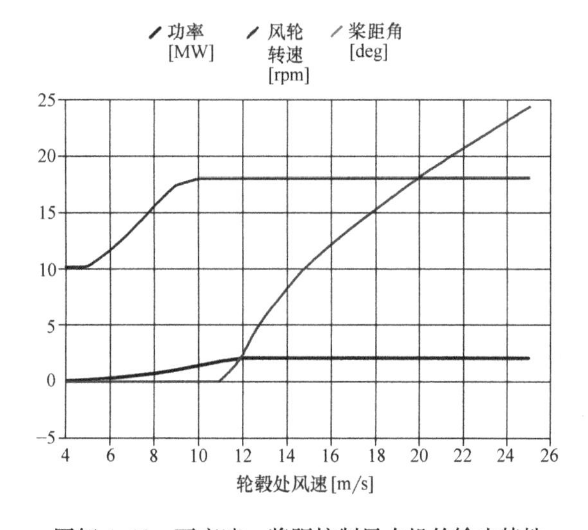

图解4.46 可变速·桨距控制风力机的输出特性

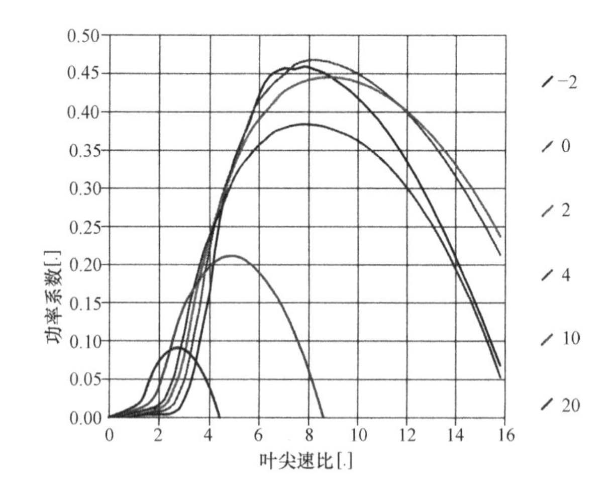

图解4.47 风力机的输出功率系数随桨距角和周速比的变化

图解4.48所示的风轮旋转的运动方程式可由下式表示。

$$J\dot{\Omega}_R=Q_R(V,\Omega_R,\theta)-\frac{r}{\eta_M}Q_G, Q_R=\frac{1}{2}\rho V^2 SRC_Q, \lambda=\frac{R\Omega_R}{V} \tag{解 4.41}$$

将式（解4.41）围绕平衡点线性化，可得到下式。

$$J\Delta\dot{\Omega}_R=\alpha\Delta V+\gamma\Delta\Omega_R+\delta\Delta\theta-\beta q \quad (解 4.42)$$

式中，

$$\alpha=\frac{\partial Q_R}{\partial V}=\frac{1}{2}\rho SRV\left(2C_Q-\lambda\frac{\partial C_Q}{\partial\lambda}\right) \quad (解 4.43)$$

$$\gamma=\frac{\partial Q_R}{\partial\Omega_R}=\frac{1}{2}\rho SR^2V\frac{\partial C_Q}{\partial\lambda} \quad (解 4.44)$$

$$\delta=\frac{\partial Q_R}{\partial\theta}=\frac{1}{2}\rho SRV^2\frac{\partial C_Q}{\partial\theta} \quad (解 4.45)$$

$$\beta=\frac{r}{\eta_M} \quad (解 4.46)$$

这里，

Q_R　：风轮的转矩（N・m）

Q_G　：发电机的转矩（N・m）

V　：控制系统设计风速（m/s）

Ω_R　：旋转角速度（rad/s）

θ　：桨距角（rad）

C_Q　：风轮转矩系数（C_p/λ）

λ　：周速比（$=R\Omega_R/V$）

S　：风轮面积（$=\pi R^2$）

α　：风速变化的比例常数（Ns）

q　：转矩命令值，或发电机转矩的变化量 ΔQ_G（N・m）

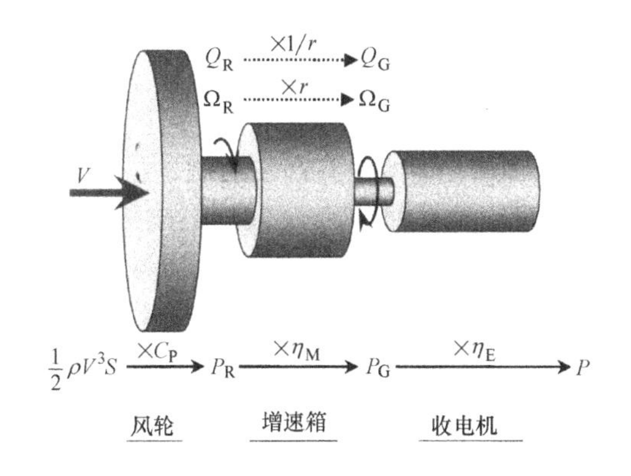

图解 4.48　动力传动系统模型简图

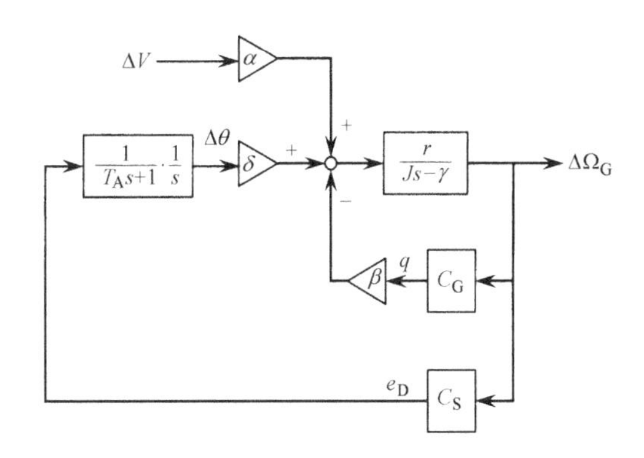

图解 4.49　风力机控制的框架图

图解 4.49 表示的是风力机控制的框架图。变桨系统中假设时间常数 T_A 一阶滞后，则桨距速度命令值和桨距速度的关系可由下式表示。

$$\frac{\Delta\theta}{e_D}=\frac{1}{(T_As+1)s} \quad (解 4.47)$$

对式（解 4.42）进行 Laplace 变换，可得到下式。

$$\Delta\Omega_G=\frac{r\alpha}{Js-\gamma}\Delta V+\frac{r\delta}{(Js-\gamma)(T_As+1)s}e_D-\frac{r\beta}{Js-\gamma}q \quad (解 4.48)$$

这里，

e_D　：桨距速度命令值（rad/s）

s　：Laplace 算子

本指南采用的 2MW 标准风力机模型的各要素如表解 4.8 所示。

2MW标准风力机模型的各要素 **表解4.8**

R(m)	S(m^2)	r	ρ(kg/m^3)	η_M	J(kgm^2)	f_{T1}(Hz)	T_A(s)
40	5.03×10^3	83.33	1.225	0.96	6.45×10^6	0.61	0.3

(1) 最大效率的转矩命令值

最大效率的转矩命令值可由式（4.35）导出。为了计算 K_{Opt}，有必要给出风轮的最大效率 C_{pOpt} 和其对应的周速比 λ_{Opt}。由图解4.46可知，最大效率对应的桨距角，即最小桨距角 θ_{min} 为0°。表解4.9给出了 θ_{min}、C_{pOpt}、λ_{Opt}、K_{Opt} 的值。

$$Q_{Dem}=Q_G+q=\frac{P_{Opt}/\eta_M}{\Omega_G}=K_{Opt}\Omega_G{}^2 \tag{解4.49}$$

最大效率的转矩命令值以及相关参数的值 **表解4.9**

θ_{min}(°)	C_{pOpt}	λ_{Opt}	K_{Opt}(Nms^2/rad^2)
0	0.468	8.2	0.301

(2) 控制系统设计风速

风轮的气动特性很大程度上取决于风速和桨距角。特别是额定风速附近桨距角比较小的区域内，影响更加显著。鉴于此，本指南中以由式（4.36）确定的设计桨距角（桨距角范围的下侧5%）对应的风速为设计风速。由于此标准风力机模型的桨距角的变化范围为0°～90°，$\theta_{Des}=[\theta_{min}+(\theta_{max}-\theta_{min})\times0.05]$ 则应为4.5°。对应此桨距角的控制系统的设计风速由图解4.45计算，应为12.5m/s。表解4.10总结了各参数的值。另外，由于风力机的转矩系数的微分值会产生变动，因此使用了平滑处理。

用于控制系统设计风速评估的各参数的值 **表解4.10**

θ_{min} (°)	θ_{max} (°)	θ_{Des} (°)	V (m/s)	γ (Nms/rad)	δ (Nm/rad)	β	$\frac{\partial C_Q}{\partial\lambda}$	$\frac{\partial C_Q}{\partial\theta}$(1/rad)
0	90	4.5	12.5	-3.04×10^5	-4.13×10^6	90.4	-4.93×10^{-3}	-0.214

(3) 发电机转矩的PI控制

发电机转矩控制采用PI控制时，闭环传递函数为二阶时滞系统。对应转矩命令值的发电机速度偏差的传递函数 G_Q 以及对应发电机速度偏差的PI控制调节器的传递函数 C_G 如下所示。

$$G_Q=\frac{\Delta\Omega_G}{q}=\frac{r\beta}{Js-\gamma} \tag{解4.50}$$

$$C_G=K_{QP}+\frac{K_{QI}}{s}=\frac{K_{QP}(T_{QI}s+1)}{T_{QI}s} \tag{解4.51}$$

由于除去噪声给转速带来的影响，因此转速变动的闭环传递函数可按照如下所示导出。

$$\frac{\Delta\Omega_G}{x_1}=\frac{-G_QC_G}{1+G_QC_G}=\frac{-\frac{r\beta K_{QP}(T_{QI}s+1)}{JT_{QI}}}{s^2+\frac{-\gamma+r\beta K_{QP}}{J}s+\frac{r\beta K_{QP}}{JT_{QI}}}=\frac{-\omega_0^2(T_{QI}s+1)}{s^2+2\zeta\omega_0s+\omega_0^2} \tag{解4.52}$$

这里，x_1 为PI控制调节器的输入信号中的噪声，ζ 和 ω_0 为控制系统的阻尼比和峰值频率，按如下所示公式进行定义。

$$\omega_0=\sqrt{\frac{r\beta K_{QP}}{JT_{QI}}} \tag{解4.53}$$

$$\zeta=\frac{-\gamma+r\beta K_{QP}}{2J\omega_0} \tag{解4.54}$$

式（解4.52）中代入 $s=j\omega$，$\omega=\omega_0$ 处的峰值增益 M_P 可按照下式求得。

$$M_P=\frac{\sqrt{1+(T_{QI}\omega_0)^2}}{2\zeta} \tag{解4.55}$$

通过对以上3个式子进行变形，转矩控制的比例增益 K_{QP}和积分时间常数 T_{QI}可按照式（4.37）和式（4.38）进行计算。除了风力机的特性，通过指定阻尼比和峰值增益，可以设定转矩PI控制的参数。采用PID控制后的控制系统的阻尼比 ζ 和峰值增益 M_p采用0.8和1.1[41]，这样就可以获得表解4.11所示的发电机转矩控制的比例增益 K_{QP}，积分时间常数 T_{QI}以及积分增益 K_{QI}的值。

关于发电机转矩控制的各参数的值 **表解 4.11**

K_{QP}(Nms/rad)	T_{QI}(s)	K_{QI}(Nm/rad)
385	6.758	57.0

(4) 桨距位置的PI控制

当风力机达到额定功率后，在恒定的转矩下，由于通过桨距控制来控制风轮的转速，所以可通过回路成形法来导出控制参数。这里，桨距速度命令值的速度偏差的传递函数 G_S以及由桨距位置命令的PI控制和微分的组合而来的控制器的传递函数 C_S可通过下式表述。

$$G_S=\frac{\Delta\Omega_G}{e_D}=\frac{r\delta}{(T_A s+1)(Js-\gamma)s} \quad (解 4.56)$$

$$C_S=\left(K_{SP}+\frac{K_{SI}}{s}\right)s=\frac{K_{SP}}{T_{SI}}(T_{SI}s+1)\equiv K'_{SP}(T_{SI}s+1) \quad (解 4.57)$$

桨距位置的PI控制的闭环传递函数可如下所示来求得。

$$L_S(s)=G_S C_S=\frac{r\delta C_S}{(T_A s+1)(Js-\gamma)s} \quad (解 4.58)$$

这里，增益交叉频率 ω_C取指定值，相位余量 ϕ_M不小于指定值，为了求得 K'_{SP}和 T_D，首先由下式来表述传递函数 C_S，然后求出可给出指定的 ω_C的 $\widetilde{K}_{SP}'$值。

$$C_S=\widetilde{K}_{SP}' \quad (解 4.59)$$

将 $s=j\omega$ 代入式（解4.58）中即可得到下式。

$$L_S=\frac{r\delta\widetilde{K}_{SP}'[(\gamma T_A-J)\omega+j(\gamma+JT_A\omega^2)]}{\omega(1+T_A^2\omega^2)(\gamma^2+J^2\omega^2)} \quad (解 4.60)$$

δ 假定为负值，由于在指定的增益交叉角频率 ω_C下增益为1，$\widetilde{K}_{SP}'$可如下所示来求得。

$$\widetilde{K}_{SP}'=\frac{-\omega_C\sqrt{(\gamma^2+J^2\omega_C^2)(1+T_A^2\omega_C^2)}}{r\delta} \quad (解 4.61)$$

此时的相位余量可由下式表示。

$$\phi_M=\tan^{-1}\left(\frac{\gamma+JT_A\omega_C^2}{(\gamma T_A-J)\omega_C}\right)-\pi \quad (解 4.62)$$

然后，考虑到 $T_{SI}s+1$ 的相位为 $\tan^{-1}\omega T_{SI}$，通过设定设计相位余量 ϕ_D，积分时间常数 T_{SI}可如下所示进行计算。

$$T_{SI}=\frac{\tan(\phi_D-\phi_M)}{\omega_C} \quad (解 4.63)$$

另外，为了补偿由 $\omega=\omega_C$时的 $T_{SI}s+1$ 产生的增益的增加，可由$\sqrt{1+T_{SI}^2\omega_C^2}$的倒数乘以 $\widetilde{K}_{SP}$来计算 $\widetilde{K}_{SP}'$。

$$\widetilde{K}_{SP}'=\frac{\widetilde{K}_{SP}'}{\sqrt{1+T_{SI}^2\omega_C^2}}=-\frac{\omega_C}{r\delta}\sqrt{\frac{(1+T_A^2\omega_C^2)(\gamma^2+J^2\omega_C^2)}{1+T_{SI}^2\omega_C^2}} \quad (解 4.64)$$

这样，通过式（解4.64）和式（解4.57），比例增益 K_{SP}变为下式。

$$K_{SP}=\widetilde{K}_{SP}'T_{SI}=-\frac{T_{SI}\omega_C}{r\delta}\sqrt{\frac{(1+T_A^2\omega_C^2)(\gamma^2+J^2\omega_C^2)}{1+T_{SI}^2\omega_C^2}} \quad (解 4.65)$$

如上所述，除了风力机的特性外，通过指定设计相位余量 ϕ_D和增益交叉角频率 ω_C，可以设定桨距

PI 控制的参数。这里，设计相位余量 ϕ_D 设定为机械控制中一般采用的值 50°[43]。另外，增益交叉角频率 ω_C 参考文献［40］设定为塔架 1 阶固有频率 $2\pi f_{T1}$ 的 0.3 倍。表解 4.12 给出了增益交叉角频率 ω_C，相位余量 ϕ_M，桨距位置控制的比例增益 K_{SP}，积分时间常数 T_{SI}，积分增益 K_{SI} 的值。

桨距位置控制的相关各参数的值 **表解 4.12**

ω_C(rad/s)	ϕ_M(rad)	K_{SP}(s)	T_{SI}(s)	K_{SI}
1.15	−0.291	0.0210	2.02	0.0104

（5）增益调度

由于风力机的特性随风速变化，在减少桨距转向量的同时，要尽量减小疲劳荷载，将增益调度应用于桨距命令值是有效的解决方法。式（4.43）给出了以桨距角为参数的桨距命令值的增益调度的例子。这里，K_{Out} 为设计条件中的切出风速的增益折减系数，通常采用 0～1 的值，本指南中采用 1/3。

4.5.4 风模型

风力机发电时的疲劳荷载评估采用的风模型如下所示。

（1）年平均风速和风速的出现概率分布

基于风况的观测和数值流体解析，采用风力机轮毂高度处的预期年平均风速和风速的出现概率分布。

（2）湍流模型

湍流模型采用 IEC61400-1 中所示的 Kaimal 模型或者 Mann 模型。风力机建设地点的湍流强度通过各风速的湍流强度（90％频率值）的预测值来设定。

（3）平均偏航角

发电时的时程响应分析中，平均偏航角设为±8°或者 0°。另外待机状态或故障状态时采用假定各状态的平均偏航角。

（4）平均风速竖直分布的指数

平均风速的竖直分布的指数采用 IEC 61400-1 中所示的推荐值 0.2，或者根据风力机建设地点的风速的竖直分布进行设定。

（5）平均上流角

平均上流角为 0°或者根据风力机建设地点的风况进行设定。

【解说】

疲劳荷载受到年平均风速、风速的概率分布、湍流模型、平均偏航角、平均风速的竖直分布以及平均上流角的影响[44]、[45]。这里系统地考察了年平均风速、风速的出现概率分布、湍流强度、平均风速竖直分布的指数及平均上流角的影响。表解 4.13 给出了解析采用的各参数。

解析采用的疲劳参数的实例[45] **表解 4.13**

年平均风速 U_a(m/s)	Weibull 分布的形状参数 K	湍流强度 I_{ref}	平均风速竖直分布的指数 α	平均上流角 γ(°)
6～10	2.0	0.16	0.2	0
10	1.5～3.0	0.16	0.2	0
10	2.0	0.12～0.20	0.2	0
10	2.0	0.16	0.14～0.33	0
10	2.0	0.16	0.2	0～8

（1）年平均风速和风速的出现概率分布的影响

由于疲劳荷载受到年平均风速和风速的出现概率分布的影响，它们的值需根据当地的风况观测结果以及数值流体解析来设定。

图解 4.50 所示为年平均风速为 10m/s、8.5m/s、7.5m/s、6.0m/s 时求得的等价疲劳荷载。纵轴表示的是通过年平均风速 8.5m/s 时的等价疲劳荷载无量纲化的数值。由图解 4.50 可知，塔架底部的等价疲劳荷载随着年平均风速的增大而增大。与年平均风速 8.5m/s 时相比，年平均风速 10m/s 时等价疲劳荷载约增加 6%，相反年平均风速 6.0m/s 时约减少 7%。

图解 4.51 所示为 Weibull 分布的形状参数为 1.5、2.0、2.5、3.0 时求得的等价疲劳荷载。纵轴表示的是通过 Weibull 分布的形状参数取 2.0 时的等价疲劳荷载无量纲化的数值。由图解 4.51 可知，等价疲劳荷载随着 Weibull 分布的形状参数的增大而减小。与形状参数取 2.0 时相比，形状参数取 3.0 时的等价疲劳荷载约减少 22%，相反形状参数取 1.5 时约增加 10%。可见，Weibull 分布的形状参数对疲劳荷载有较大的影响。

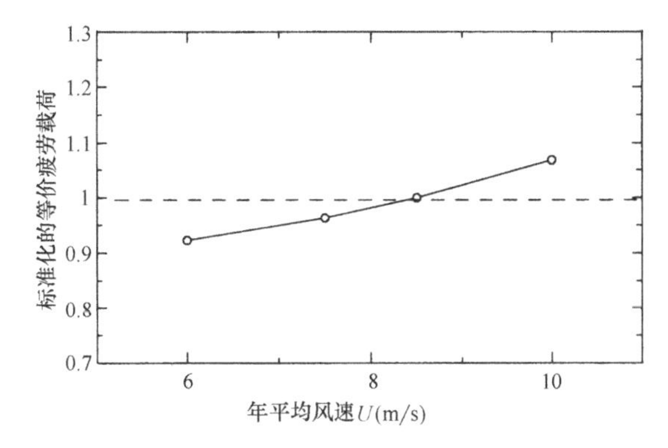

图解 4.50　风力机塔架底部的等价疲劳荷载随年平均风速的变化（形状参数 $K=2$ 时）

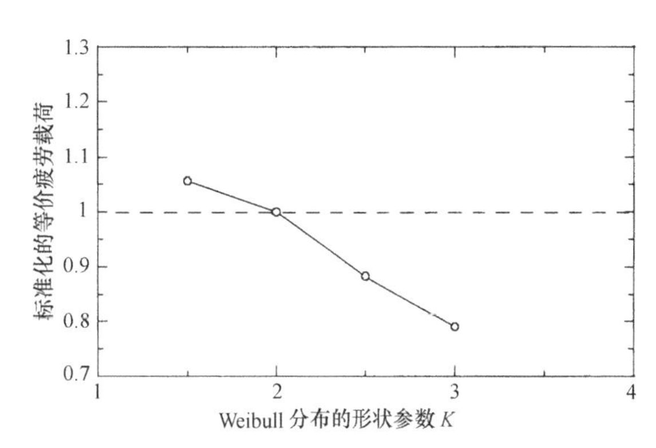

图解 4.51　风力机塔架底部的等价疲劳荷载随 Weibull 分布的形状参数的变化（年平均风速为 8.5m/s 时）

(2) 湍流强度的影响

IEC 61400-1 中，根据风速的出现概率，提出了湍流强度，脉动风谱以及相关性的模型。湍流强度（90%频率值）最好采用当地的测量结果。这时，不仅要确保不低于风速 15m/s 时的代表值 I_{ref}，而且有必要确保不低于全风速域内的测定结果。一般情况下，关于横风向和竖直方向的湍流强度，脉动风谱和相关性，由于不能获得通常的风况观测数据，可以采用 IEC 61400-1 中的规定。

图解 4.52 所示为湍流强度 I_{ref}为 0.12、0.14、0.16、0.20 时求得的塔架底部的等价疲劳荷载。纵轴表示的是通过湍流强度取 0.16 时的等价疲劳荷载无量纲化的数值。由此图可知，塔架底部的等价疲劳荷载随着湍流强度的增大而增大。与湍流强度取 0.16 时相比，湍流强度取 0.20 时的等价疲劳荷载约增加 25%，相反湍流强度取 0.12 时约减少 25%。可见，湍流强度对疲劳荷载有较大的影响。

(3) 平均偏航角的影响

IEC 61400-1 和 GL2003 中评估发电时的疲劳荷载时的偏航角（风方向和机舱方位角的差）取±8°，但是由于只以风力机塔架为对象时平均偏航角的影响很小，本指南中平均偏航角取±8°或者 0°。

(4) 平均风速竖直分布的指数的影响

由于平均风速竖直分布的指数对风力机塔架的疲劳荷载的影响很小，本指南依照 IEC 61400-1 和 GL2003，指数取 0.2。另外，也可以根据风力机建设地点的平均风速的竖直分布来设定指数。

图解 4.53 所示为平均风速竖直分布的指数为 0.14、0.20、0.33 时求得的塔架底部的等价疲劳荷载。纵轴表示的是通过指数取 0.20 时的等价疲劳荷载无量纲化的数值。由此图可知，塔架底部的等价疲劳荷载随着指数的增大而略有减小。与指数取 0.20 时相比，指数取 0.33 时的等价疲劳荷载约减小 1%，相反指数取 0.14 时约增大 0.5%。可见，指数的变化对疲劳荷载的影响很小。

(5) 平均上流角的影响

由于平均上流角对风力机塔架的疲劳荷载的影响很小，本指南中采用由平均上流角为 0°或观测值的数值流体解析求得的值。

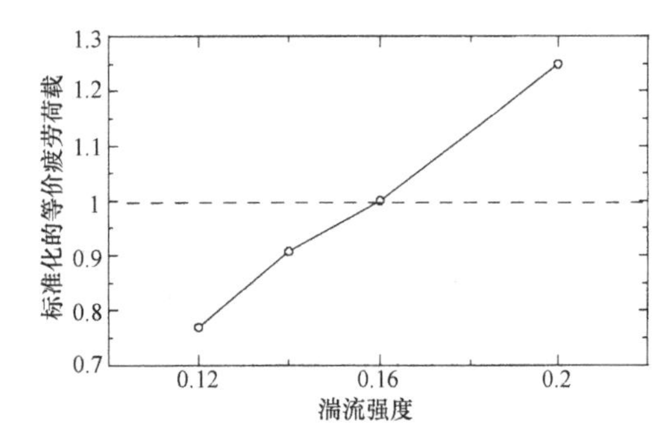

图解 4.52 风力机塔架底部的疲劳等价荷载随湍流强度的变化（年平均风速为 8.5m/s 时）

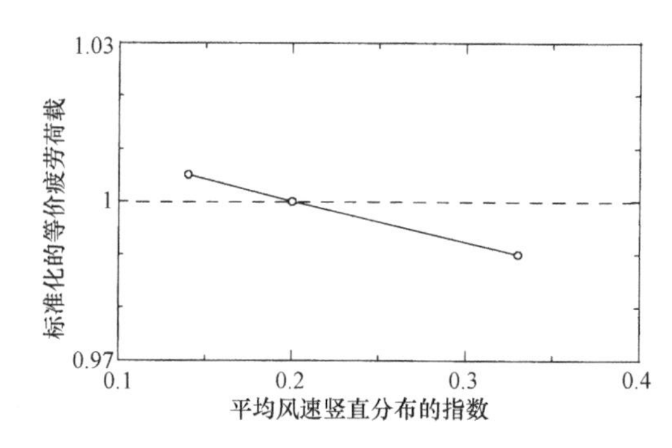

图解 4.53 风力机塔架底部的疲劳等价荷载随平均风速竖直分布的指数的变化

另外本指南还考察了平均上流角取 0°和 8°时对塔架底部的等价疲劳荷载的影响。与平均上流角为 0°时的等价疲劳荷载相比，平均上流角为 8°时的等价疲劳荷载约减小 0.6%，可见平均上流角的变化对疲劳荷载的影响很小。

参考文献

[1] 石原孟，Cheong Chee Leong，藤野陽三：台風シミュレーションによる設計風速および強風持続時間の評価，第60回土木学会年次学術講演会講演梗概集，pp.621-624，2005.

[2] 柴田昌明，林義之：設計荷重低減のための新コンセプト，第 25 回風力エネルギー利用シンポジウム論文集，pp.225-227，2003.

[3] 吉田茂雄：SUBARU80/2.0 2.0MW ダウンウィンド風車の技術開発，平成 22 年度日本太陽エネルギー学会・日本風力エネルギー協会合同研究発表会，2010

[4] Garrad Hassan and Partners Limited：Generic 2MW Offshore Turbine，GH Bladed Version 3.51，2001

[5] D.M. Somers：Design and Experimental Results for the S809 Airfoil，NREL/SR-6918，Golden，Colorado，National Renewable Energy Lab.，1997

[6] T. Burton，D. Sharpe，N. Jenkins，E. Bossanyi：Wind Energy Handbook，Wiley，2001

[7] DNV and RISO：Guidelines for Design of Wind Turbines，Second edition，2003

[8] 日本電気工業会：平成 17 年度電気施設技術基準国際化等調査（風力発電設備技術基準整備調査），成果報告書，2006

[9] C. Lindenburg：Stall coefficients – Aerodynamic airfoil coefficients at large angles of attack，ECN-RX-01-004，Jan. 2001

[10] 野田博，石原孟：風力発電機ナセルに作用する平均風力ならびにピーク風圧に関する実験的研究，日本風工学論文集，Vol.35，No.1，pp1-16，2010

[11] Germanischer Lloyd：Guideline for the Certification of Wind Turbines，2003

[12] British Standards Institute：Code of Basic Data for the Design of Buildings，Chapter V，Loading

[13] 日本建築学会：建築物荷重指針・同解説，2004

[14] 岡田恒，茅野紀子：耐風設計における建築物の室内圧に関する研究，その２室内圧のガスト影響係数，日本風工学会誌，第 58 号，pp.43-53，1994

[15] ファバンフック，石原孟，ルゥンヴァンビン，藤野陽三：風力発電設備の風荷重評価式の提案，第 19 回風工学シンポジウム論文集，pp. 181-186，2006

[16] 石原孟，ファバンフック，高原景滋，銘苅壮宏：風力発電設備の風応答予測に関する研究，第 19 回風工学シンポジウム論文集，pp. 175-180，2006

[17] ファバンフック，石原孟，藤野陽三，福本幸成：実風車における現地観測とその振動特性に関する一考察，土木学会年次学術講演会講演概要集，2005

[18] 山本学，内藤幸雄，近藤宏二，大熊武司：実測に基づく風力発電コンクリートタワーの風応答特性に関する研究，日本建築学会構造系論文集，第 607 号，pp.46-52，2006

[19] REpower Systems：Wind Turbines，MM82，http://www.repower.de/index.php

[20] Enercon 社カタログ

[21] A.G. Davenport：Note on the distribution of the largest value of a random function with application to gust loading, Proceedings of the Institute of Civil Engineering，pp.187-196，1964

[22] A. Kareem, J. Zhao：Analysis of Non-Gaussian surge response of tension leg platforms under wind loads, Transaction of the ASME，Vol.116，1994

[23] 西嶋一欽，神田順，H. Choi：非正規を有する変動風圧のピークファクター評価式の提案，日本建築学会構造系論文集，第 557 号，pp.79-84，2002

[24] 石川智巳：送電用鉄塔の動的効果を考慮した風荷重評価法に関する研究，博士論文，2004

[25] L.V. Binh，T. Ishihara，P.V. Phuc，Y. Fujino：A Peak Factor for non-Gaussian Response Analysis of Wind Turbine Tower, Journal of Wind Engineering and Industrial Aerodynamics，Vol. 96，pp.2217-2227，2008

[26] 浅見豊：高層建物の風荷重組合せ方法の提案，第 16 回風工学シンポジウム論文集，pp.531-534，2000

[27] IEC 61400-1:Wind turbines-Part1: Design requirements，Ed.3，2005

[28] 土木学会構造工学委員会・風力発電設備支持物の動解析と構造設計小委員会，http://windeng.t.u-tokyo.ac.jp/TCWRDWT/

[29] 石原孟，石井秀和：風車発電時にタワーに作用する最大風荷重の特性とその予測式の提案，第 31 回風力エネルギー利用シンポジウム，pp.181-184，2009

[30] P.J.Moriarty，W.E.Holley，S.P.Butterfield：Extrapolation of Extreme and Fatigue Loads Using Probabilistic Methods, NREL-NWTC，2004

[31] 石原孟，石井秀和：風車タワーに作用する発電時最大風荷重の予測，第 21 回風工学シンポジウム，pp.375-380，2010

[32] 山本学：風車回転時のタワーに作用する風荷重特性と設計用風荷重評価に関する研究，博士論文，2008

[33] 丸山勇祐，三輪俊彦，斉藤芳人：山間地に建つ大型風力発電装置の耐風設計のための実測調査（その 1）風車タワーに作用する風荷重と風応答特性，前田技術研究所所報，Vol.49，2008

[34] The European Standard EN 1993-1：2005 Eurocode 3: Design of Structures Part 1-9，Fatigue，2005

[35] Garrad Hassan and Partners：BLADED for Windows ver.3.80，Theory Manual，2008

[36] J.N. Jonkman and M.L. Buhl Jr.：FAST User's Guide，NREL/EL-500-38230，2005

[37] 吉田茂雄，清木荘一郎：ダウンウィンド風車の荷重等価モデリング，日本機械学会論文集，B 編，Vol.73，No.730，pp.1273-1279，2007

[38] Germanishcer Lloyd WindEnergie：Regulations for the Certification of Wind Energy Converter Systems, Edition 1993, 1993

[39] Germanischer Lloyd WindEnergie：Guidelines for the Certification of Wind Turbines, Edition 2003 with Supplement 2004, 2004

[40] 吉田茂雄：風車支持物の空力弾性シミュレーションのための可変速・ピッチ制御パラメータ，風力エネルギー，Vol.33，No.4，pp.104-111，2009

[41] 足立修一：MATLAB による制御工学，東京電機大学出版局，1999

[42] 吉田和信：ループ整形法による PID 補償器の設計，第 52 回システム制御情報学会研究発表講演会，2008

[43] 実践教育訓練研究協会編， 機械の制御 理論と実際，工業調査会，2006

[44] 三上春樹，久保典男，武藤厚俊：乱流強度が風車疲労強度に与える影響，平成 19 年度日本太陽エネルギー学会・日本風力エネルギー協会合同研究発表会，2007

[45] 吉田茂雄：代表的な 2MW 風車の疲労荷重に対する風況パラメータの影響，風力エネルギー，Vol.31，No.4，pp.123-127，2007

第5章　地震作用的评估

5.1　评估地震作用的基本内容

5.1.1　基本思路

在本章中将就作用于带有三片叶片的水平轴风力发电机组的地震作用的计算方法进行确定。

(1) 评估地震作用时，应采用考虑地基影响的时程反应分析方法。

(2) 评估地震作用时，应考虑如下荷载与影响。

1) 固定荷载、堆积荷载以及积雪荷载

2) 地基液化造成的影响

3) 地基变形对桩体造成的影响

4) 发电时的风荷载

【解说】

(1) 地震作用评估中所采用的分析方法

把风力发电机搭载在支撑物顶部的水平轴风力发电机组的结构与一般结构物相比，其整体结构是头重脚轻的，且长宽比较大，造型较为细长。因此在评估地震作用时，应采用可以再现结构物振动特性的分析方法。

地震作用的评估方法包括时程反应分析（动态分析方法）与反应谱法（准静态分析方法）。如果是时程反应分析，应用设计地震动解运动方程，再计算风力发电机组的反应参数（位移、速度、加速度等），并求最大地震作用。如果是反应谱分析方法，应考虑反应谱以及风力发电机组的固有周期、阻尼比、模态、质量分布等，求最大地震作用。从风力发电机组塔架的结构特征来看，在计算地震作用时，未必是一阶模态起决定性作用，因此在本指南中采用了时程反应分析方法。

(2) 评估地震作用时应考虑的荷载与影响

求地震作用时，除了要考虑风力发电机组的自重形成的永久荷载外，还应考虑堆积荷载以及积雪荷载。并且在基础部分还需要考虑风力发电机组塔架与基础部分地震惯性力。

由于地震使地基变成液态时，除了会发生地基的刚度降低、失去支撑力等情况外，还会对基础部分造成重大影响，所以应采取相关措施避免地基出现液化，并且在设计时还要充分地考虑地基液化后所产生的影响。

如果地基较软，应使用桩基础。插入地中的桩将会受到地震动造成的地基位移形成的外力。因此如果求作用于桩体的应力时，应根据风力发电机组塔架、锚固部位、基础部分的惯性力以及地基位移所产生的力。

由于风力发电机组属于发电设备，在对地震作用进行评估时，应考虑正在发电的状态以及停止发电的状态。在本指南中根据风力发电机组停止时的地震作用加上风力发电机组发电时风荷载的年平均值来求地震作用的，但是如果采用风力发电机组的气弹模式，则应采用与 IEC 61400-1 一样对应年平均风荷载的风速，根据考虑风轮旋转以及风力发电机组控制因素在内的时程反应分析方法，求风力发电机组发电时的地震作用。

【其他法规、标准、指南等相关内容】

在风力发电机组相关国际标准 IEC 61400-1（第 3 版）中，没有要求对标准的风力发电机组验证地震作用，但是如果验证地震作用，则最好符合各国的规范。

在日本，根据 2007 年的《建筑基准法》的修订版内容规定，对于高度超过 60m 的烟囱（结构物），“其结构方法应获得国土交通大臣的批准，要了解荷载以及外力对烟囱的各部分连续产生的力以及变形情况，并根据国土交通大臣制定的其他标准规定的结构计算方法确认其安全性。”风力发电机组的高度定义为叶片最高达到高度，因此目前建设的大部分风车都需要采用 2007 年建设省告示第 1461 号第四号规定的时程反应分析方法进行计算。关于风力发电机组的主要部分的高度如图解 5.1 所示。

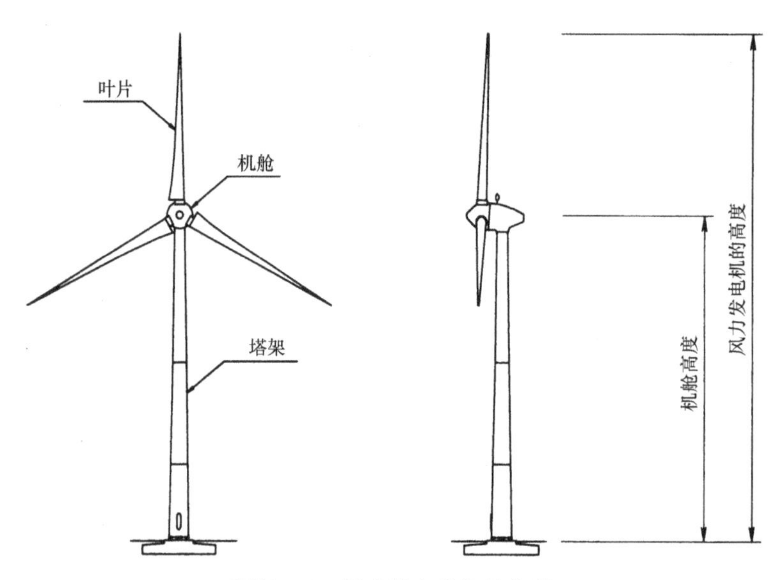

图解 5.1　风力发电机组的高度

5.1.2　用时程反应分析方法评估地震作用的顺序

> 关于用时程反应分析方法计算地震作用，应按照如下所示顺序进行。
>
> （1）评估反应谱拟合波以及观测地震波时，需要确定工学地基面中加速度反应谱与地震区域系数。
>
> （2）在进行时程反应分析时，应采用谱拟合波以及观测地震波进行分析。如果在建设地点周围存在断层或震源时，可以追加场地波。并且地震动的方向应分别考虑相互垂直的水平两个方向。关于表层地基引起的增幅的评估，应采用根据塔架建设地点的地基调查结果建立的地基模型，按照地震反应分析进行评估。
>
> （3）在时程反应分析中，采用可考虑风力发电机组、基础与地基相互作用的 SR 模型。
>
> （4）关于附加荷载效应，应考虑 P-Δ 效应、扭转的影响、上下震动的影响以及荷载组合的情况。

【解说】

在时程反应分析中采用设计地震动来解运动方程，因此可以严密地再现位相、结构物的高阶模态的影响，在本指南中对于高度超过 60m 的风力发电机设备的地震作用，按照时程反应分析来求得。

（1）工学地基面中加速度反应谱与地震区域系数

在评估反应谱拟合波以及观测地震波时，需要确定工学地基面中加速度反应谱与地震区域系数。

（2）水平方向输入地震动的评估

作为水平方向地震动所采用的地震波可以采用三种波，分别是反应谱拟合波、以往具有代表性的观测地震波以及建设地点中的场地波。关于地震波的生成方法将在 5.3.2 项中进行说明。在进行时程反应分析时，需要采用反应谱拟合波以及观测地震波。在建设地点的周围如果存在断层或震源时将使用场地波。

地震力一般水平方向上为其主要作用。水平方向的地震动作用于任意方向，但如果偏心影响较小的话，可以在支撑物的两个水平方向上独立进行验证。并且在评估表层地基造成的增幅时，采用根据塔架建设地点的地基调查结果建立的地基模型，按照地震反应分析进行。

(3) 采用时程反应分析对地震作用评估

风力发电机的地震反应会受到地基的影响，因此需要采用可以考虑风力发电机组、基础以及地基相互作用的模型。但是对风力发电机组、基础部分与地基进行整体分析时，由于考虑了远距离地基影响的地基模型的计算时间较长，因此在本指南中采用了可以考虑风力发电机组、基础部分与地基可以动态相互作用的 SR 模型。

在 SR 模型中，基础底面上设定水平地基弹簧、旋转地基弹簧以及与这些相对应的阻尼比，进行地震反应分析。计算地基水平弹簧与旋转弹簧以及阻尼比时应考虑地表面直接基础部分、埋入基础部分、桩基础等基础部分的形式。在图解 5.2 中说明了基础固定模式、SR 模式以及一体型模式的概念图。

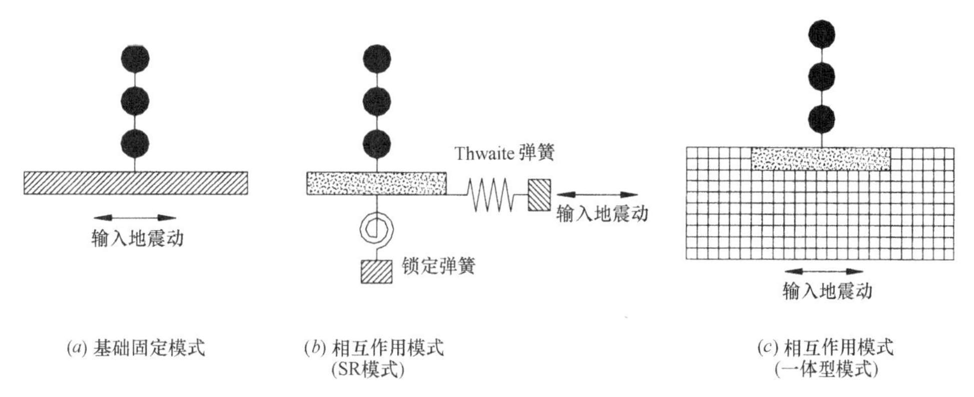

图解 5.2　基础固定模型和相互作用模型

(4) 附加荷载效应

在本指南中考虑了附加荷载效应，包括 P-Δ 效应、扭转的影响、上下震动的影响以及荷载组合的情况。

5.2　工学地基面中地震动与地震区域系数

5.2.1　工学地基面中的水平地震动

按照如下公式计算工学地基中水平震动的加速度反应谱。

$$S_{a0}(T,0.05)=\begin{cases}a_0(1+9.375T) & (T\leqslant 0.16)\\ 2.5a_0 & (0.16<T<0.64)\\ 1.6a_0/T & (T\geqslant 0.64)\end{cases}\tag{5.1}$$

在此，

$S_{a0}(T,\ 0.05)$：工学地基面中标准化加速度反应谱（m/s^2），阻尼比 5%

a_0：工学地基面中基本最大加速度

T：周期（s）

关于风力发电机建设地点中工学地基的加速度反应谱，在算式（5.1）中可以设定为乘以地震区域系数的数值。

【解说】

基本最大加速度为某个再现期间内发生的工学地基面中的最大加速度。在本指南中，50 年再现期间的基本最大加速度为 160Gal，500 年再现期间的基本最大加速度为 320Gal，分别作为级别 1 地震动、级别 2 地震动来使用。该级别 2 地震动对应 2007 年建设省告示第 1461 号第四项 b 中所规定的“极罕见地震动”。关于风力发电机组建设地点中工学地基的加速度反应谱，在算式（5.1）中可以设定为乘以地震区域系数的数值。

5.2.2　工学地基面中上下地震动

关于工学地基中上下震动加速度反应谱，5.2.1 项所示的水平震动加速度反应谱乘以如图 5.1 所示的比例来求得，或者采用根据如下公式所规定的加速度反应谱。

$$S_{aV}(T,0.05)=\begin{cases}a_0(1+9.375T)\times20/31 & (T<0.1)\\ 2.5a_0\times1/2 & (0.1\leqslant T<0.64)\\ 1.6a_0/T\times1/2 & (T\geqslant0.64)\end{cases}\tag{5.2}$$

在此，

$S_{aV}(T，0.05)$：工学地基面中上下标准化加速度反应谱（m/s^2），阻尼比 5％

a_0：工学地基面中基本最大加速度

级别 1 地震动：160cm/s^2（160Gal），级别 2 地震动：320cm/s^2（320Gal）

T：周期（s）

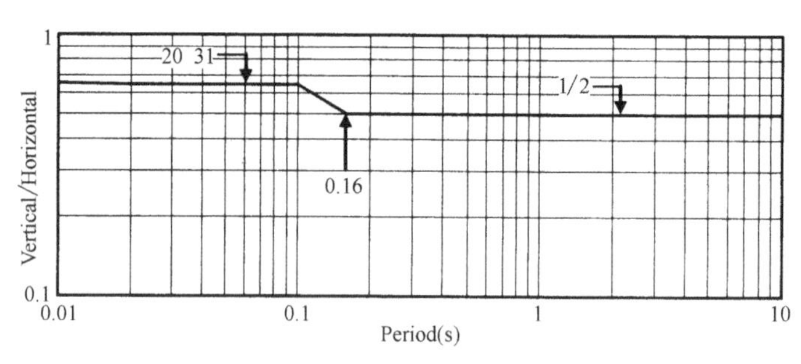

图 5.1　水平震动与上下震动谱的比例

【解说】

在《设计用输入地震动生成方法技术指南（方案）》中，介绍了在图解 5.3 所示的水平震动与上下震动的比例，但是在本指南中规定水平震动与上下震动的比例在 0.1s 以下的短周期范围内为 20/31倍，如果高于 0.1s 的长周期则规定为根据算式（5.2）计算上下方向的输入地震动谱，是其的 1/2 倍。在 5.2.1 项所示的水平震动的谱中，可以采用乘以图解 5.3 的比例所求得的上下方向输入地震动的谱。

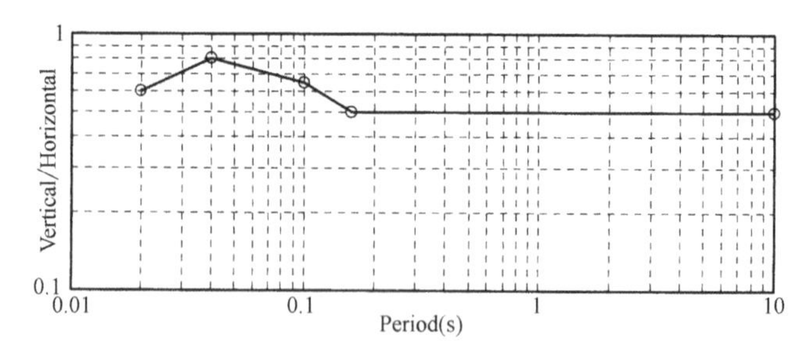

图解 5.3　对于水平震动的上下震动谱的比例

在描绘符合上下震动谱的地震波形时，与水平震动一样，需要满足符合 5.3.2 项所示的相关条件。关于上下震动模型中采用的上下地基弹簧与阻尼比，应采用 5.4.2 项与 5.4.3 项中所述的方法。

5.2.3　地震区域系数

关于地震区域系数 Z，采用《建筑基准法》第 88 条第 1 项中所定义的地震区域系数，根据 2007 年建设省告示第 1793 号第 1 项的内容，按照不同区域进行确定（参照第 13 章）。

【解说】

地震区域系数考虑各地区的地震发生频率，采用《建筑基准法》第 88 条第 1 项中所定义的地震区域系数，根据 2000 年建设省告示第 1793 号第 1 项的内容，按照不同区域进行确定（参照第 13 章）。

如果风力发电机组建设在静冈县，在采用拟合波或观测波时，则可以采用根据《静冈县建筑结构设置指南》确定的静冈县地震区域系数 $Z=1.2$。

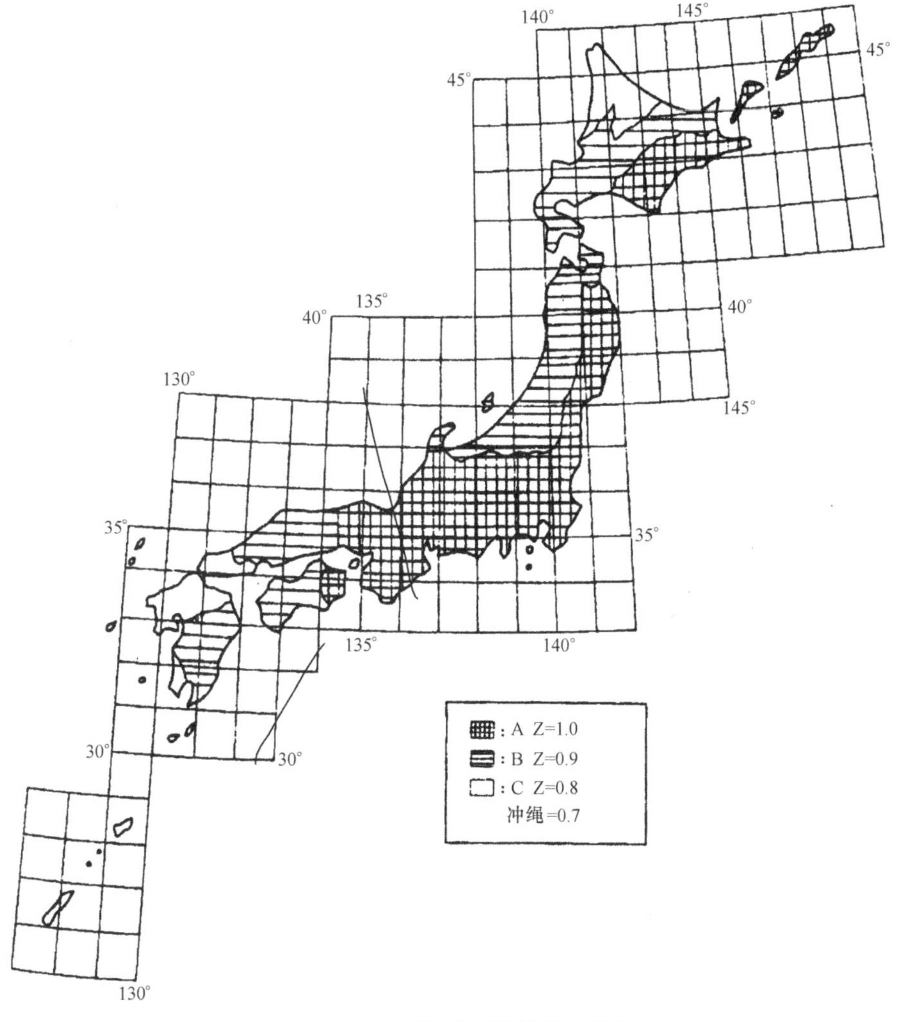

图解 5.4　地震区域系数的区域分类

5.3　输入地震动的评估

在本节中将就时程反应分析中所使用的输入地震动（拟合波、观测地震波、场地波）与地震动水平（级别 1 或级别 2）以及表层地基形成的增幅进行说明。

5.3.1 基本思路

关于在时程反应分析中所采用的水平方向地震动，采用符合公式（5.1）的3波以上的拟合波与3波以上的观测地震波。

输入地震动的大小设定为级别1地震动以及级别2地震动这两个阶段。关于观测地震波如果是级别1地震动的话输入最大速度则为0.25m/s，如果是级别2地震动的话，最大速度则设定为0.50m/s。

另外关于拟合波与观测地震波可以考虑区域系数Z。并且根据建设地点周围的活断层分布、断层破坏模型、以往的地震活动情况、地基构造等，描绘了合理的建设地点中的场地波时，可以不使用拟合波级别2的地震动，而采用设计输入地震波。

【解说】

2000年6月对《建筑基准法》的实行法令进行了修改，并对确定高层建筑物的结构承载力方面安全性的结构计算标准进行了修改。作为作用于建筑物的地震力，规定了基岩中的加速度反应谱，关于基岩，要求合理地考虑表层地基引起的增幅情况，并且基岩是不受表层地基影响的工学地基，在地下较深的地方，具有一定的厚度与刚度，剪切波速度大约400m/s以上。之后在2007年修改了《建筑基准法》，关于今后不属于规定范围内的结构物，应进行同样的结构计算，关于高度超过60m的结构物（风力发电机组、烟囱等），应根据2000年建设省告示第1461号规定的时程反应分析方法进行计算。

并且在以往的超高层建筑的抗震设计中，输入地震波形时观测地震波（El Centro，Taft，八户波等），级别1地震波的输入最大速度为0.25m/s，级别2地震波的输入最大速度为0.50m/s。在目前的《建筑基准法》中没有对此进行规定，但是在日本建筑中心等评估机构，为了确认告示中所述的拟合波中考虑了地表面增幅进行评估的设计输入地震动是否合理，要求按照以往的方法采用以往的观测波。具体而言就是在（财）日本建筑中心等发行的《时程反应分析结构物性能评估业务方法说明书》中，就水平方向的输入地震动的设定进行了如下规定。

1）把带有告示第四号b项中所规定的基岩中加速度反应谱，并且合理地考虑建设地表层地基所产生增幅而描绘的地震波（下述称为“拟合波”）作为设计输入地震动。此时应满足告示第四号b项中所规定的持续时间等要求，并采用3条以上的波，应合理考虑位相分布描绘这些波。

2）根据告示第四号b项中的说明内容，建设地周边的活断层分布、断层破坏模型、过去的地震活动、地基构造等情况，在合理地描绘建设地中的模拟地震波（以下称为“场地波”）时，可以用前项所述的拟合波中的级别2地震动作为设计输入地震动来使用。此时应采用3条以上的波（如果同时使用拟合波的话，则加上拟合波总共3条波），且该波都应合理地考虑位相分布等情况。

3）在上述1）以及2）的任何一种情况中，为了确定所描绘的地震波是否合理，因此如下地震波也可以作为设计输入地震波来用。也就是说在以往具有代表性的观测地震波中，考虑建设地以及结构物特性，合理地选择3条以上的地震波，按照其最大速度为0.25m/s、0.50m/s描绘的地震波分别作为级别1地震动、级别2地震动。并且上述最大速度数值可以乘以法令第88条第1项中所规定的地震区域系数Z所得的数值。

5.3.2 拟合波

（1）目标谱

关于水平方向地震动，在基岩中采用5.2.1项中规定的带有加速度反应谱（拟合波）。目标加速度反应谱按照计算公式（5.1）求得。

（2）位相特性

模拟波形的位相特性作为海洋型地震、直下型地震以及具有代表性的大地震中观测波的位相或随机数位相，应选择特性不同的三种以上的波形。

（3）振幅包络函数

如果是随机数位相的模拟波形，可以乘以振幅包络函数。

振幅包络函数　表5.1

	持续时间	振幅率		
级别1	60s	$E(t)=(t/5)^2$ $E(t)=1$ $E(t)=e^{-0.066(t-25)}$	$[0\leqslant t<5]$ $[5\leqslant t<25]$ $[25\leqslant t<60]$	(5.3)
级别2	120s	$E(t)=(t/5)^2$ $E(t)=1$ $E(t)=e^{-0.027(t-35)}$	$[0\leqslant t<5]$ $[5\leqslant t<35]$ $[35\leqslant t<120]$	(5.4)

在此

$E(t)$：振幅包络函数

t：时间（s）

（4）初始振幅

为了改善反应谱谱拟合程度，设定任意的初始振幅A_i。模拟波形是通过反复进行振幅A_i的修改与波形的合成，满足反应谱谱拟合的判定条件。

（5）反应谱的拟合判定

所描绘的拟合波形的反应谱与目标谱拟合程度应根据如下1）～5）所示的拟合性判断标准进行判断。

1）拟合判断周期点数N

$$N=200\sim300 \tag{5.5}$$

2）最小谱比ε_{min}的条件

$$\varepsilon_{min}=(\varepsilon_i)_{min}=\left\{\frac{S_A(h,T_i)}{DS_A(h,T_i)}\right\}_{min}\geqslant0.85 \tag{5.6}$$

在此

ε_i：谱比

$S_A(h,T_i)$：对于描绘波形周期T_i的阻尼比h的应答谱

$DS_A(h,T_i)$：对于周期T_i的阻尼比h的目标谱

i：$1\cdots N$

3）谱强度比SI_{ratio}

$$SI_{ratio}=\frac{\int_{0.5}^{5.0}pS_v(T)\mathrm{d}T}{\int_{0.5}^{5.0}DpS_v(T)\mathrm{d}T}\geqslant1.0 \tag{5.7}$$

在此

$pS_v(T)$：描绘波形的速度反应谱

$DpS_v(T)$：目标谱（作为速度反应谱）

4）变动系数v

$$v=\sqrt{\frac{\sum(\varepsilon_i-1.0)^2}{N}}\leqslant0.05 \tag{5.8}$$

5）平均值的误差

$$|1-\varepsilon_{ave}|\leqslant 0.02 \quad (5.9)$$

$$\varepsilon_{ave}=\frac{\sum \varepsilon_i}{N} \quad (5.10)$$

在此

ε_{ave}：谱比的平均值

【解说】

（1）目标谱

模拟地震波的描绘流程如图解 5.5 所示。目标谱采用 5.2.1 项中所规定的加速度反应谱。

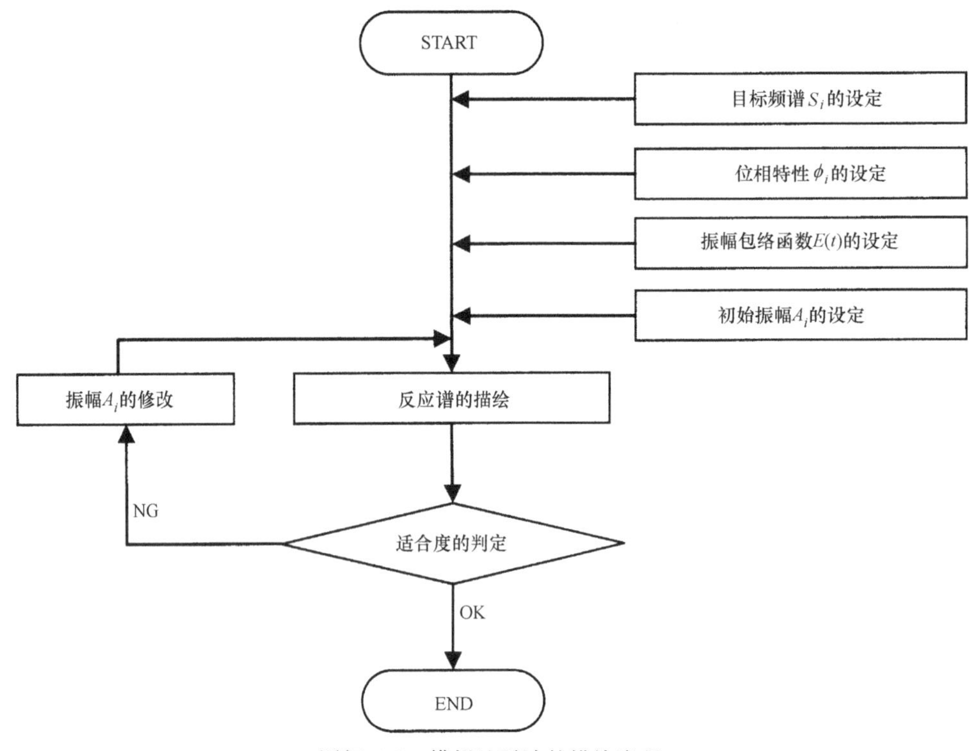

图解 5.5 模拟地震波的描绘流程

（2）位相

关于位相特性需要对 3 条以上的波进行探讨，最好采用海洋型、直下型地震、具有代表意义的大地震的观测波的位相或随机数位相。在此可以列举如下位相，一种是持续时间较长、反复次数较多的海洋型具有代表性的地震波，比如 1986 年十胜冲地震发生时在八户港所观测到的加速度强震记录（八户波），另一种是在地震动初始阶段波振幅较大的直下型具有代表性的地震波，比如 1995 年兵库县南部发生地震时在神户海洋气象台观测到的加速度强震记录（JMA 神户），还有一种具有代表性的大地震是 EL CENTRO。作为参考在图解 5.6 中说明了八户 EW 位相、JMA 神户 NS 位相、随机数位相模拟地震动的加速度波形。并且在图解 5.7 中说明了从这些加速度波形所求得加速度反应谱。

（3）振幅包络函数

如采用随机数位相，乘以振幅包络函数时，由于从初始状态到结束状态，其振幅形状是相同的，因此需要乘以振幅包络函数。因此如一般地震波形一样，初始振幅从小振幅状态迅速变为大振幅状态，其波形再慢慢地衰减。地震动的持续时间根据地震规模的大小等各种因素会有所不同，但是应分为初始启动区、常数区、会聚区，把整个时间作为持续时间来进行设定。如果是级别 1 地震动，振幅包络函数的

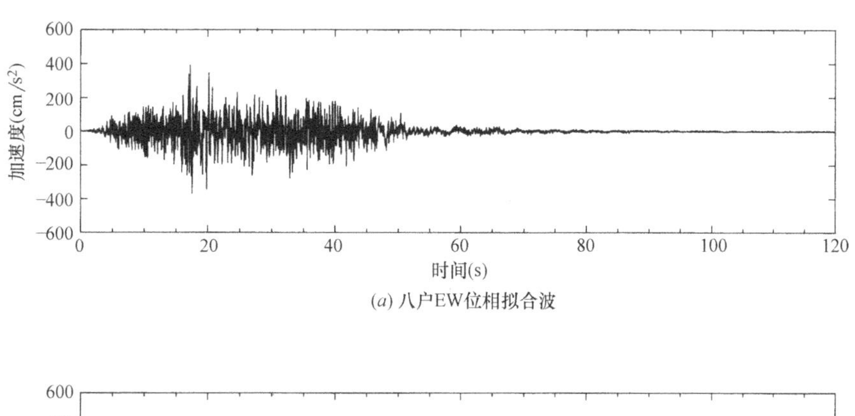

(a) 八户EW位相拟合波

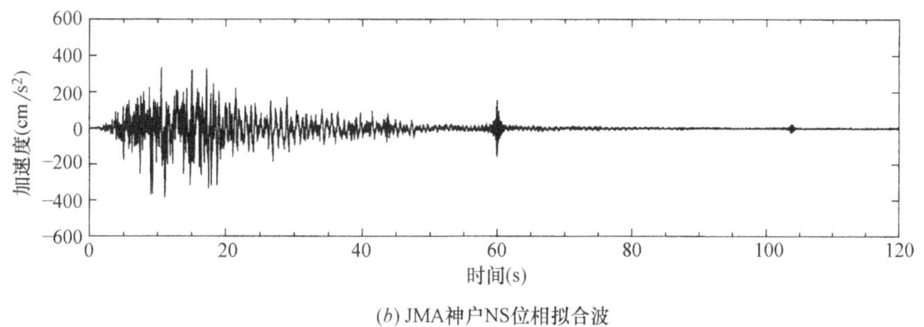

(b) JMA神户NS位相拟合波

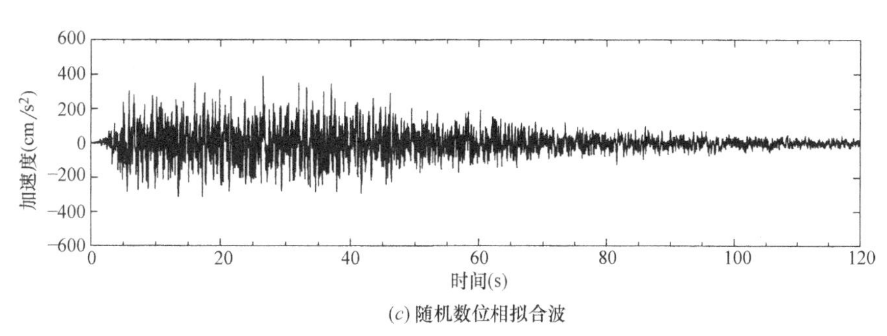

(c) 随机数位相拟合波

图解 5.6　模拟地震动的加速度波形

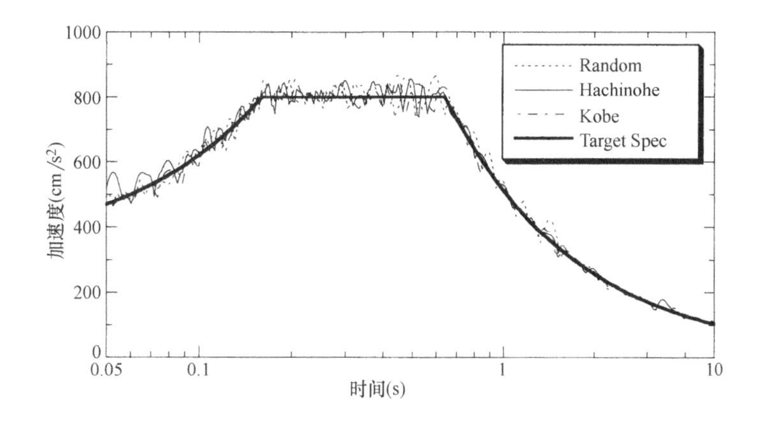

图解 5.7　模拟地震动的加速度反应谱

持续时间为 60s，如果是级别 2 地震动，振幅包络函数的持续时间为 120s。但是考虑到设计的简便性，可以把级别 1 的持续时间设定为与级别 2 相同的时间。

(4) 初始振幅

时程的计算模型如以下公式所示：

$$a(t)=E(t)\sum_{i}A_i\sin(\bar{\omega}_i t+\phi_i) \quad (解 5.1)$$

在此

$a(t)$：地震动的加速度时程波形

$E(t)$：时间包络函数

A_i：i 模态的振幅

$\bar{\omega}_i$：i 模态的圆频率

ϕ_i：i 模态的位相角

如用随机数确定位相特性，可以按照表 5.2 所示设定振幅包络函数 $E(t)$。关于振幅 A_i，为了满足符合加速度反应谱的要求，应根据合理地判断，通过反复计算进行确定。

首先应确定振幅 A_i的初始值，根据所给出的 ϕ_i以及 A_i合成正弦波，描绘加速度波形。在所描绘的加速度波形乘以 $E(t)$，计算其加速度反应谱 DS_A，反复修改振幅 A_i并合成正弦波等，直到满足 S_A与 DS_A的拟合程度，再求反应谱的拟合波。

根据需要，应修正加速度波形的基线。傅里叶振幅谱与阻尼比 0%的速度反应谱具有近似关系，利用这一因素，可以给出振幅 A_i的初始值。但是在反复计算的过程中，对振幅 A_i进行了修正，因此初始值所造成的影响较小。

作为位相特性，如采用以往的观测波，由于位相特性中包含振幅的时间变化，因此不需要设定振幅包络函数。在具体的计算中，可以通过反复计算，直到满足 $E(t)\ =1$ 的判断条件，来求拟合波。

(5) 反应谱拟合的判断

所描绘的模拟波形的反应谱与目标谱的拟合程度应根据拟合程度判断标准来进行判定。

5.3.3 观测地震波

设计水平输入地震动使用以往具有代表性的观测地震波。在观测地震波中，关于根据建设地以及支撑物的特性合理选择的地震波，按照其最大速度为 0.25m/s、0.50m/s 描绘的地震波分别设定为级别 1 地震动、级别 2 地震动。观测地震波设定 3 条以上的波形，其数值可以为乘以地震区域系数 Z 所求得的数值。

【解说】

以往所观测到的强震动记录参考实例如表解 5.1 所示。并且按照最大加速度为 0.25m/s（级别 1 地震动）以及 0.50m/s（级别 2 地震动），观测波的最大速度振幅如表解 5.1 所示。

关于观测地震波如选择 3 条以上的波，应合理地考虑建设地的情况以及支撑物的特性。并且在选择地震波的位相（方向）时也应予以考虑，如果在告示所述的拟合波中采用八户 NS 位相的话，在观测地震波中，最好采用 EW 等尽可能多的位相进行探讨。

以往观测波的最大加速度与最大速度 **表解 5.1**

地震动	持续时间 (s)	以往的观测波		标准化的地震动（级别 1/级别 2）	
		最大加速度 A_m (m/s^2)	最大速度 V_m (m/s)	最大加速度 A_r (m/s^2)	最大速度 V_r (m/s)
EL CENTRO 1940(NS)	53	3.417	0.335	2.55/5.10	0.25/0.50
EL CENTRO 1940(EW)	53	2.101	0.369	1.42/2.85	0.25/0.50
TAFT 1952(NS)	54	1.527	0.157	2.43/4.86	0.25/0.50
TAFT 1952(EW)	54	1.759	0.177	2.48/4.97	0.25/0.50
八户 1968(NS)	51	2.296	0.344	1.67/3.34	0.25/0.50
八户 1968(EW)	51	1.802	0.378	1.19/2.38	0.25/0.50
东北 1978(NS)	40	2.581	0.362	1.78/3.56	0.25/0.50
东北 1978(EW)	40	2.034	0.276	1.84/3.68	0.25/0.50

注：最大加速度的标准化方法为 $A_r=A_mV_r/V_m$。最大加速度的标准化地震动栏的左侧内容表示为级别 1，右侧内容表示为级别 2 的数值。

5.3.4　场地波

作为设计输入地震动，应合理地考虑建设地点周围的断层、离震源的距离以及其他对地震动的影响、对建筑物的效应来进行确定，或者可以采用中央防灾会议等公立机构规定的场地波。对于场地波，不适用地震区域系数 Z。

【解说】

在 2000 年建设省告示第 1461 号中，规定“应合理地考虑建设地点周围的断层、离震源的距离以及其他对地震动的影响、对建筑物的效应来进行确定”。在评估时需要地震动相关的深入知识。在此将就中央防灾会议等公立机构规定的场地波进行说明。

在内阁府设置的中央防灾会议中，就如下 4 种地震类型公开了波形数据。

(1) 东海、东南海、南海地震；

(2) 首都直下型地震；

(3) 日本海沟、千岛海沟周围海沟型地震；

(4) 中部圈、近畿圈的内陆地震。

在受这些地震影响较大的地区中，可以采用中央防灾会议中所公开的场地波波形。

另外在静冈县，由于东海地震的原因，地震区域系数最好设定为 1.2。风力发电机组如果设置在静冈县，在使用拟合波或观测波时，该静冈县地震区域系数可以为 $Z=1.2$，但是也可以采用中央防灾会议等公立机构公开的模拟东海、东南海、南海地震的模拟地震动场地波作为设计输入地震动。

5.3.5　表层地基导致的增幅

关于表层地基导致的增幅，应采用根据建设地点的地基调查结构所构筑的地基模型，通过地震反应分析进行评估。

(1) 地基的地震反应中所需要的物性数值以及地基调查方法如下 1) ～3) 所示。

1) 剪切波速度 V_s 原则上应根据弹性波探查或 PS 检层进行测定。没有获得 V_s 的实际测算值的地点，可以根据按照标准贯入试验结构所得的各层平均数值 N，采用如下所示的太田以及后藤的推算公式进行推算。

$$V_s=68.79N^{0.171}H^{0.199}EF \tag{5.11}$$

在此

V_s：剪切波速度（m/s）

N：N 值

H：深度（m）

E：根据时代分类的系数（冲积层=1.000，洪积层=1.303）

F：根据土质分类的系数（黏土=1.000，细砂=1.086，中砂=1.066，粗砂=1.135，砂砾=1.153，砾=1.448）

2) 地基的非线性特性原则上根据原位置样本的动态变形特性试验进行设定。并且如果不能获得动态变形特性试验结构，黏性土以及砂质土的剪切刚度比与阻尼比可以采用 Hardin-Drenvich（HD）模型（以下简称为 HD 模型）按照算式（5.12）与算式（5.13）进行设定。

$$G/G_0=\frac{1}{1+\gamma/\gamma_{0.5}} \tag{5.12}$$

$$h=h_{max}(1-G/G_0) \tag{5.13}$$

在此

G/G_0：剪切刚度比

h：阻尼比

γ：剪切应变

$\gamma_{0.5}$：标准剪切应变（$G/G_0=0.5$ 时的剪切应变）

h_{max}：最大阻尼比

标准剪切应变以及最大阻尼比采用表 5.2 与表 5.3 所示的数值。如果不能获得土的塑性指数以及围压数据，可以采用所有数据的平均值。

塑性指数对标准剪切应变与最大阻尼比的影响（黏性土） **表 5.2**

塑性指数 I_P(%)	标准剪切应变 $\gamma_{0.5}$(%)	最大阻尼比 h_{max}(%)
0～30	0.16	18
30～50	0.20	16
50～100	0.21	15
所有数据平均值	0.18	17

围压对标准剪切应变与最大阻尼比的影响（砂质土） **表 5.3**

围压 σ_0(kPa)	标准剪切应变 $\gamma_{0.5}$(%)	最大阻尼比 h_{max}(%)
0～50	0.05	22
50～100	0.07	21
100～200	0.08	21
200～300	0.12	21
＞300	0.16	19
所有数据的平均值	0.10	21

并且应按照如下公式求初始剪切弹性系数。

$$G_0=\rho V_s^2=\frac{\gamma_t}{g}V_s^2 \tag{5.14}$$

在此

G_0：初始剪切弹性系数（N/m^2）

ρ：密度，混合体的密度（kg/m^3）

γ_t：单位体积重量（N/m^3）

g：重力加速度（m/sec^2）

3）地基反应分析中需要的地基信息与物性可以根据表 5.4 所示的地基调查方法来求得。

地基反应分析中需要的地基物性以及地基调查方法 **表 5.4**

地基信息与物性	地基调查方法
层序与层厚	穿孔试验调查
土质特性	标准贯入试验、粒度试验
密度	物理试验、密度检层
S 波速度	PS 检层等
非线性特性	动态变形物性试验
地下水位	地下水调查
液化强度	液化强度试验
透水试验*	现场透水试验

*进行有效应力分析时需要的地基物性。

(2) 如果不存在地基液化的可能性时，地基的反应分析应采用如下所示的分析方法进行。此时可以把地基进行一维模型化。

1) 等价线性分析

如果偏移水平低于 1%，那么可以采用等价线性分析法。

2) 逐次非线性分析

如果偏移水平高于 1%，那么应采用逐次非线性分析方法，土的非线性模型原则上采用 HD 模型，骨架曲线与滞回曲线采用石原-吉田模型。

(3) 如果存在地基液化的可能性，应采用全应力分析方法进行地基的反应分析，或采用有效应力分析方法。如果采用全应力分析方法，应通过全应力分析方法求各层的反复剪切应力振幅，再对液化层的刚度降低情况进行评估，并计算液化地基的反应。

1) 进行全应力分析（等价线性分析或反应谱方法），求各层的等价反复剪切应力比(τ_d/σ_z')。τ_d为反复剪切应力振幅，σ_z'为有效土压应力。

2) 根据校正 N 值 N_a，求液化抗阻比(τ_l/σ_z')，根据 $FL=(\tau_l/\tau_d)$对液化情况进行判断。并且采用如下公式评估校正 N 值 N_a。

$$N_a=N_1+\Delta N_f, N_1=C_N N, C_N=\sqrt{98/\sigma_z'} \tag{5.15}$$

在此

N：N 值

ΔN_f：根据细粒部分含有率计算的校正系数

σ_z'：有效土压应力

τ_l：液化抵抗

3) 非液化层（$FL>1$）的等价地基物性采用根据全应力分析求得的等价剪切刚度 G_e 与等价阻尼比 h_e（按照最大位移的 0.65 倍计算的数值）。

4) 关于液化层（$FL\leqslant 1$），根据校正 N 值按照图 5.2 求水平地基反力系数的降低率 β，并用公式(5.16) 对液化层的等价剪切刚度 G_e' 进行评估。阻尼比采用在 3）中求得的 h_e。

$$G_e'=G_e\times\beta \tag{5.16}$$

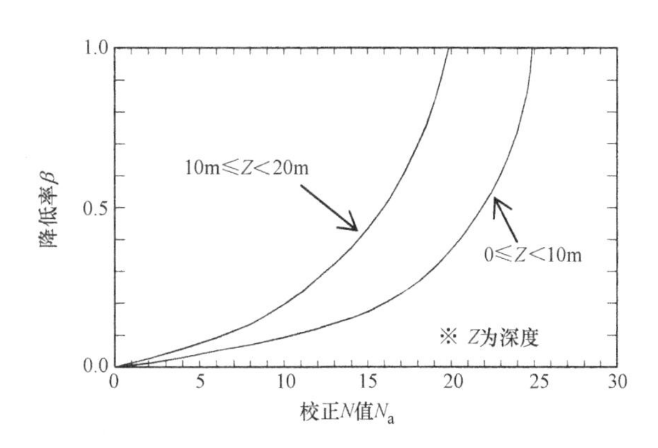

图 5.2　校正 N 值与水平地基反力系数的降低率 β 的关系

5) 采用在 3)、4) 中求得的等价地基物性（剪切刚度与阻尼比），按照等价线性分析或反应谱法进行线性计算，对地基反应进行评估。

(4) 输入上下震动时的反应计算

在求输入上下震动时的反应时，采用工学地基面上的上下震动或者采用假设 P 波的竖直入射，采用一维重复反射理论的线性分析进行求解。

(5) 评估地基弹簧中所采用的地基物性

评估 SR 模型中所采用的地基弹簧时所需要的地基物性如表 5.5 所示。

地基弹簧计算中所需要的地基物性 **表 5.5**

项　目	设 定 内 容
S 波速度	根据地基反应计算所求得的等价 S 波速度
P 波速度	PS 检层中所得的初始参数
泊松比	等价 S 波速度与 P 波速度中所求得的数值
密度	根据物理实验所求得的初始参数

【解说】

（1）地基的地震反应分析所需要的物性以及地基调查方法

1）剪切波速度 V_s 的推定

在建设风力发电场时，很少在所有的风力发电机组建设点中实施 PS 检层。通过分析标准贯入试验数据与 PS 检层数据，如果能看到 N 值与 V_s 的相关性，则可以从 N 值中推测 V_s。N 值确定 V_s 的推定公式包括太田-后藤的推算公式、道路桥规范书中提出的公式、今井的推算公式。在本指南中推荐使用太田-后藤的推算公式。

2）土的非线性特性

最好根据动态变形特性试验，掌握土的非线性特性。但很少针对所有风力发电机组的建设地点的钻孔调查所得出的采样实验材料进行动态变形特性试验。目前需要用各种推算公式推算土的物性值。

土质大多数时候可分类为黏土以及粉砂、砂砾，并且有很多材料的动态变形特性相关数据。因此在没有获得试验数据时，可以采用合理的经验公式。如图解 5.8 所示，即使是相同黏土以及粉砂或砂砾，非线性特性也不同。这一特点会对地震反应分析结果造成很大的影响，有的报告中提出最大加速度的上限值与下限值之差达到 3 倍以上。并且根据以往的研究，黏性土的非线性特性中还有塑性指数 I_p 的影响。也就是说塑性指数越小，剪切刚度比 G/G_0 将会越小，而阻尼比会越大。砂质土的非线性特性与围压 σ_0 存在关联性。

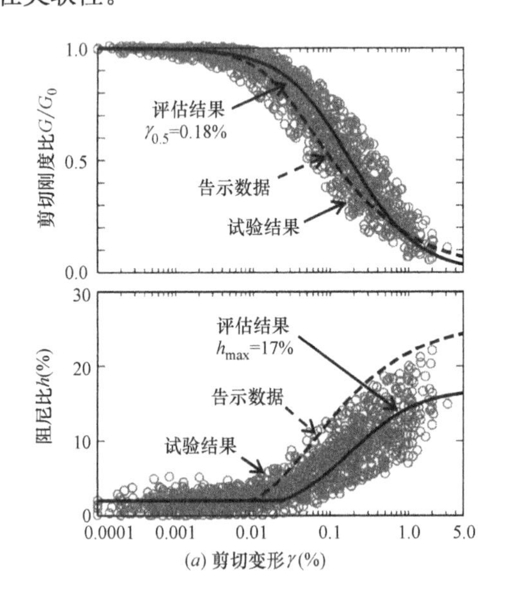

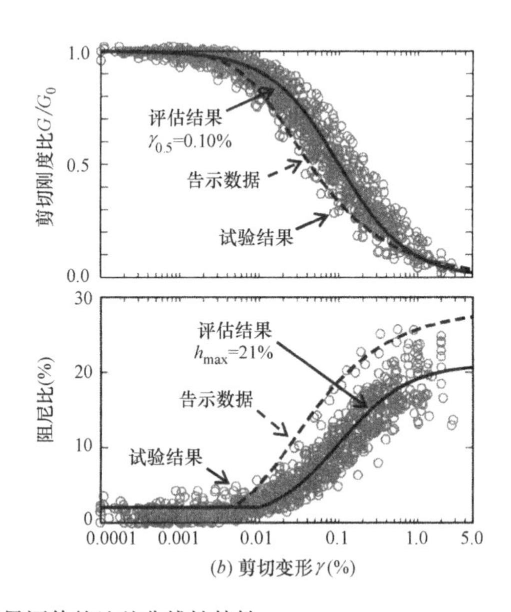

图解 5.8 根据所有试验结果评估的地基非线性特性

在本指南中所采用的评估公式是参考文献 3)，从很多实验数据中根据塑性指数以及围压所得的评估公式。所采用的试验材料为从东京、神奈川、大阪等全国 45 个地方共计 167 各原位置采集点收集的材料，根据土质试验，对试验材料的孔隙比与细粒含有率进行了测定。地基的非线性特性的塑性指数以及围压引起的变化如图解 5.9 所示。通过考虑塑性指数 I_p 或围压 σ_0，可以建立接近实际情况的地基非

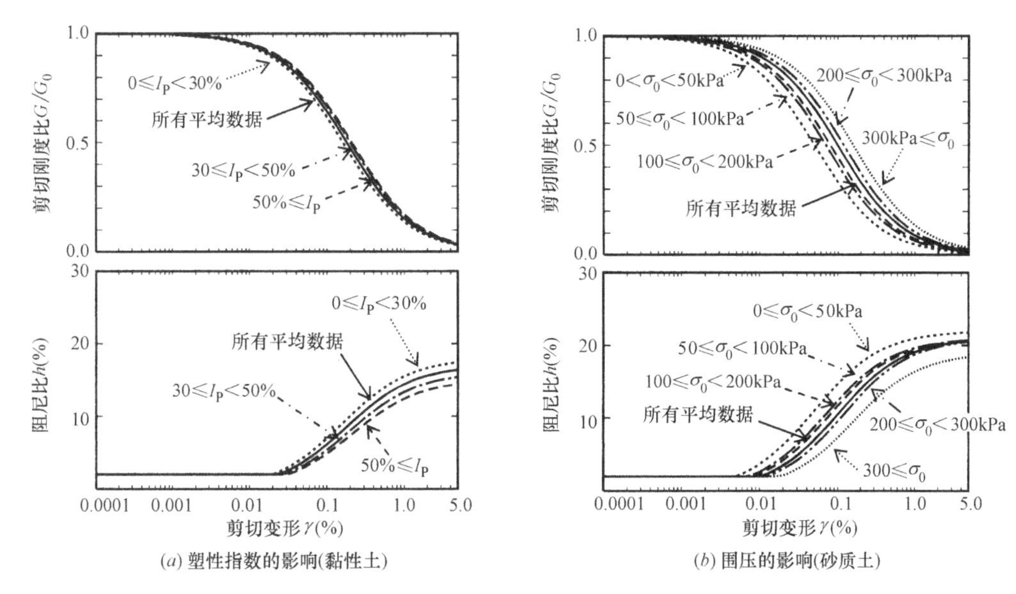

图解 5.9　地基的非线性特性的塑性系数与围压引起的变化

线性模式，并进行更为严谨的地基反应分析。如果没有进行土的液限试验以及塑限试验，或没有获得土的塑性指数以及围压数据时，可以采用所有数据的平均值。

（2）地基的地震反应分析方法

地基的地震反应分析方法中包括在频域进行计算的频率反应分析以及在时间领域计算的时程反应分析。由于频域反应分析是计算每个频率的常态反应，因此这种频率反应分析是一种不能直接考虑地基物性的时间变化的线性分析。由于是通过设定等价刚度与等价阻尼比来考虑地基的非线性，也称为等价线性分析。此外，时程反应分析是按照非线性模式对地基物性的时间变化进行逐次评估再分析的，因此也称为逐次非线性分析。

1）等价线性分析

等价线性分析流程图解 5.10 所示。在等价线性分析中，没有考虑地震时的地基物性值的时间变化，而采用与不变的物性值（等价物性值）进行线性计算。具有代表性的分析程序包括 SHAKE，采用频域解法。如果采用频域解法，可以把非线性的应力与应变的关系置换成线性关系，因此采用最大应变 γ_{max} 与系数 c 作为 $\gamma_{eff}=c\gamma_{max}$ 求有效应变 γ_{eff}，采用有效应变对应的剪切刚度 G 与阻尼比 h 进行反应计算。有效应变很多时候为最大应变的 0.65 倍。需要注意的是，如果应变水平超过 1%，那么土的非线性将增强，不能适用等价线性分析方法。此时需要采用逐次非线性分析方法。

2）逐次非线性分析

关于逐次非线性分析是一种追溯应力应变关系的非线性，以较小时间间隔反复进行数值积分，并求地基的地震反应的方法。土的非线性特性用 $G-\gamma$，$h-\gamma$ 的关系表示，一般在离散点给予特定的 γ 值。但是在非线性分析方法中，一般使用数字表示应力应变关系的，因此需要根据 $G-\gamma$，$h-\gamma$ 关系确定最合适的算式参数。具有代表性的地基非线性模式包括 Hardin-Drnevich 模式（HD 模式）。HD 模式的参数中包括标准剪切应变 $\gamma_{0.5}$（$G/G_0=0.5$ 时的剪切应变）与最大阻尼比 h_{max}，由于这两个参数是独立的，因此可以表示地基的非线性特性。如果在逐次非线性分析的 $G-\gamma$ 关系中采用了 HD 模式，一旦把 Masing 法则作为滞回法则来使用，一般所评估的阻尼将会过大。石原以及吉田等相关研究人员们并没有把滞回曲线作为原来的骨架曲线，而是提出的新的应力应变关系，对于根据卸载时的应变与应力以及此时阻尼比所计算的假设骨架曲线，采用 Masing 法则，由此来满足 HD 模型。如果地基的非线性特性满足 HD 模型的话，最好使用这种可以满足 $G-\gamma$ 关系与 $h-\gamma$ 的非线性模型，因此在本指南中，骨架曲线与滞回曲线采用了石原-吉田模式。其他的非线性模式还有 Ramberg-Osgood 模型，与 HD 模型一样，根据最大阻尼比以及标准剪切应变可以设定模型的参数。但是随着剪切应变的增大，应力将会上

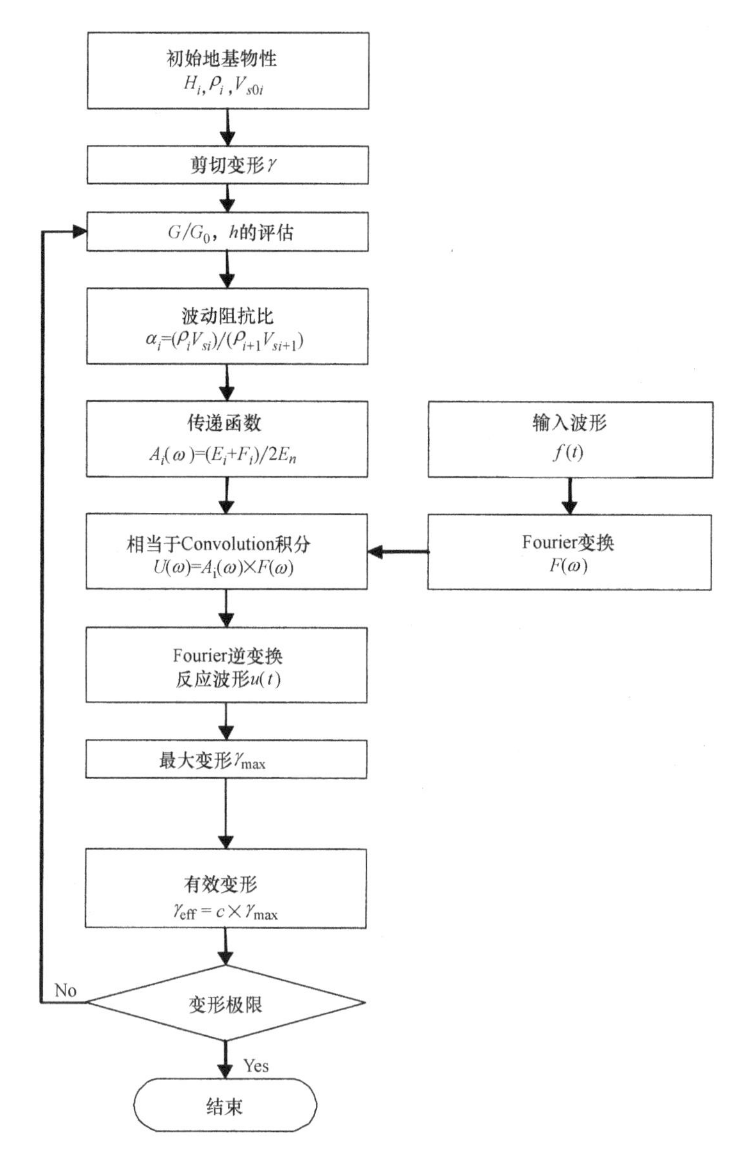

图解 5.10　等价线性分析的流程

升，因此需要就较大应变区域的情况进行确认。

3）液化地基的分析

在可能发生液化的地基中，其设计需要考虑液化对风力发电机组的影响情况。但是并不是说考虑了液化的风力发电机组就是安全的，因此在没有液化的情况下，进行地基反应分析时，在设计中应采用反应较大的一种情况。

在应该考虑液化的地基中，需要对液化发生以及其对风力发电设备的影响进行定量评估。在此判断液化的评估方法分为两种，一种是考虑液化影响的全应力分析方法以及可以考虑液化发生的有效应力分析方法。有效应力分析方法可以直接就液化对风力发电机组的影响进行分析，但是为了设定有效应力分析中所需要的液化参数，需要液化试验结果，因此需要很多专业知识。在此，本指南基本上采用较为实用的反应分析方法，根据如图解 5.11 所示的 *FL* 值，用该液化判断结果，对液化地基进行分析。并且及时进行了所有应力分析也难以判断的话，可以采用有效应力分析方法进行探讨。

在液化判断方面，采用日本建筑学会建筑基础结构设计指南中所示的 *FL* 方法，在级别 1 地震动时，用于探讨液化的地表加速度为 160cm/s^2 左右，而级别 2 地震动时，地表加速度为 350cm/s^2 左右。

4）输入上下震动时的反应计算

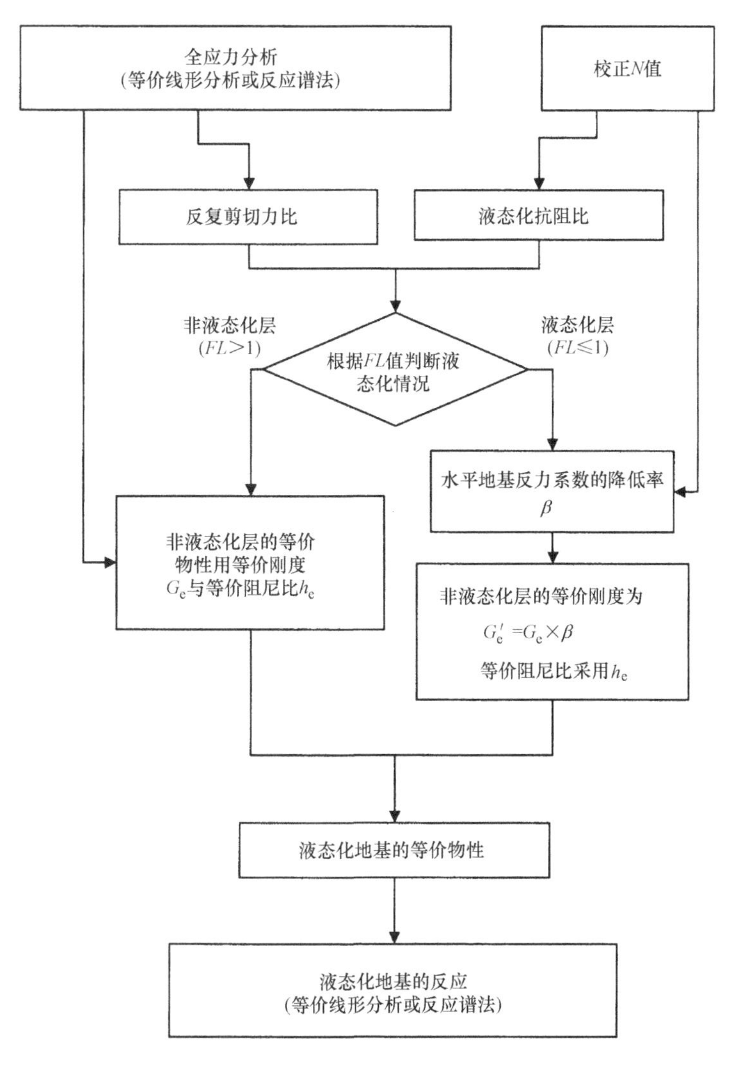

图解 5.11　液化地基的反应计算流程

输入上下震动时的反应计算所需要的地基物性包括密度、P 波速度、阻尼比。并且如果把杨氏模量 E 作为地基刚度时，应根据 P 波速度按照算式（解 5.2）来求得。

$$E=\frac{(1-2\nu)(1+\nu)}{(1-\nu)}\rho V_P^2 \tag{解 5.2}$$

在此 ν 为泊松比，ρ 为密度。由于 P 波速度的非线性的影响较小，因此可以用初始的 P 波速度求等价杨氏模量。如果参考以往的研究成果，阻尼比则为 2%左右。并且由于表层地基对增幅的影响较小，因此在本指南中可以用工学地基面的上下震动。

5）地基弹簧评估中采用的地基特性

为了计算地基弹簧，需要设定 S 波速度、P 波速度、泊松比以及密度。S 波速度受到土的非线性的影响较大，因此要采用等价 S 波速度 V_{S_e}，该速度考虑了地震时产生应变的关系以及液化的影响。我们认为 P 波速度对非线性的影响较小，因此采用根据 PS 检层所求得的初始参数。按照等价 S 波速度 V_{S_e} 与 P 波速度用算式（解 5.3）设定 V_P泊松比 ν。另外关于密度，采用物理试验中确定的初始参数。

$$\nu=\frac{1-2(V_{S_e}/V_P)^2}{2\{1-(V_{S_e}/V_P)^2\}} \tag{解 5.3}$$

等价剪切刚度与等价阻尼比可以使用对应于有效应变的剪切刚度与阻尼比。

5.4 用时程反应分析法评估地震作用

5.4.1 风力发电机塔架、基础、地基的模型化

(1) 风力发电机组的有限元模型，原则上可以将其按照一维的梁单元进行模型化，但是也可以使用壳单元中所代表的二维单元以及实体单元所代表的三维单元。

(2) 反应分析原则上采用 Sway-Rocking 模型（以下简称为 SR 模型），该模型可以考虑风力发电机组、基础与地基的相互作用，把风力发电机组、基础与地基的相互作用根据非线性的水平、旋转、竖直弹簧以及对此相对应的阻尼比进行模型化。除了 SR 模型外，也可以采用其他风力发电机组、基础与地基的一体化模型。

(3) 要合理地确定风力发电机组塔架的单元数，以便能提高评估风力发电机振动特性的精度。

(4) 地基单元的大小应按照如下算式进行计算，低于波长 λ 的 1/4，并避免忽略高频率成分。

$$\lambda=\frac{V_s}{f} \tag{5.17}$$

在此

λ：波长（m）

V_s：剪切波速度（m/s）

f：频率（Hz）

【解说】

(1) 风力发电机组的模型化

风力发电机组的模型化方法分为如下几种：一种是用多质点把叶片、机舱、塔架、基础部分进行任意形模型化的方法；另外一种是把风力发电机组（风轮与机舱）与基础作为集中质量，用多质点上对塔架进行模型化，构筑串联多质点模式的方法。在进行模型化的时候，在质点与质点之间用一维的梁（弯曲剪切杆）连接。如果采用梁单元，将可以考虑力矩与转角的关系、力矩与曲率的关系、应力与应变的关系等。为了模拟空气动力与控制机构，风力发电机组的气弹模式应采用任意形多质点模式，但是在地震反应分析中，也可以采用串联多质点模式。并且在本指南中，作为风力发电设备的有限单元，原则上可以将其按照一维的梁单元进行模型化，但是也可以使用壳单元中所代表的二维单元以及实体单元所代表的三维单元。

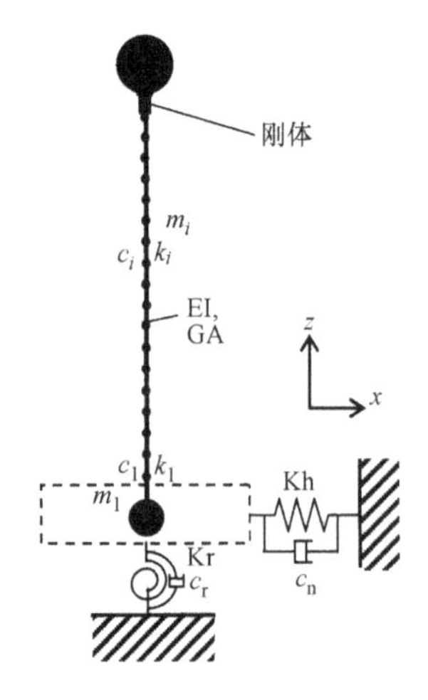

图解 5.12 分别对风力发电机组、基础与地基进行分析的分离型模型

(2) 考虑了风力发电机组、基础与地基相互作用的反应分析

在地震时风力发电机组、基础以及周边地基将会同时运动，但是原则上采用可以考虑风力发电机组、基础与周边地基相互作用的 SR 模型，根据非线性的水平、旋转、竖直弹簧，把风力发电机组、基础与地基相互作用进行模型化。在该模型中，对风力发电机组、基础与地基分别进行分析，因此也称为分离型模型。SR 模型的实例如图解 5.12 所示。

把风力发电机组、基础与地基作为一个整体进行分析时，需要对其进行模型化，模型化的范围包括风力发电机组、基础与为减小地基的动态相互作用的影响而延伸较远的地基。一体化模型实例如图解 5.13 所示。按照基岩面定义地震动，不受到表层地基的反射波的影响。因此地基模型的下端的边界条件应设定吸收反射波的黏性边界。如果把地基模型的下端设定为固定边界的话，需要输入考虑反射波影响的地震动。地基模型涵盖的范围应较广，包括远距离地基的情况。该边界条件应为吸收波动反射的边界。并且在级别 2 地震动这种强地震动作用下，由于风力发电机组、基础与地

基产生的相对运动差，将会在基础与地基之间出现剥离或滑动的现象，可能影响整个风力发电机组的反应。采用一体化模型，考虑这种现象的其中一个方法就是在基础与地基之间配置接合单元进行分析。此时应明确基础与地基接触面的情况，把这一特性反映到接合单元的特性中。由于在结构物与地基的接触面中的垂直应力会产生超过拉伸应力而脱离的情况，因此需要评估垂直应力和垂直应变的关系；由于接触面的剪切应力超出剪切强度而滑移，因此需要评估剪切应力与剪切应变的关系。

风力发电机组、基础、地基的一体化模型分析方法　　表解 5.2

结构物的种类	风力发电机组的上部结构、基础	地基的分析模型	FEM 模型
分析方法	时程反应分析	输入值	加速度时程波形
结构物的分析模型	FEM 模型也就是线单元模型	输入位置	基岩面

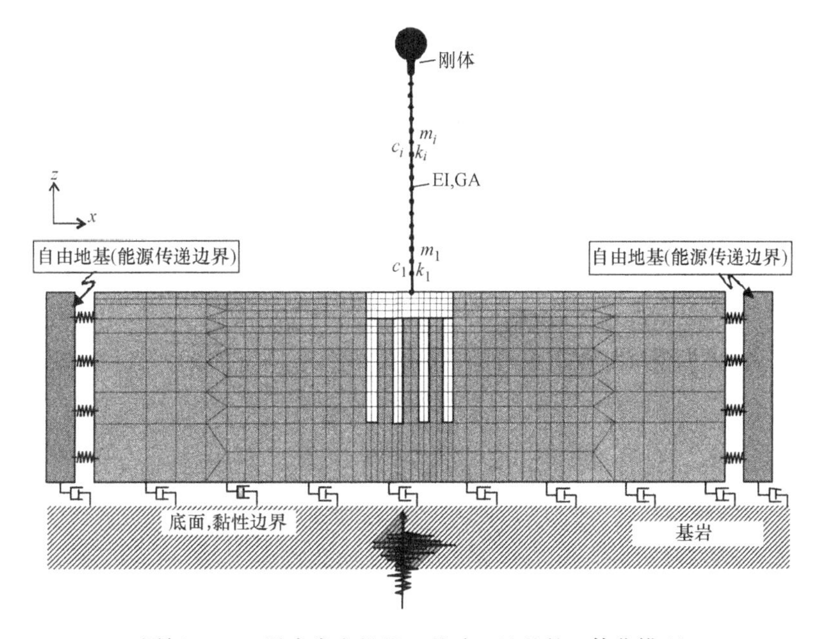

图解 5.13　风力发电机组、基础、地基的一体化模型

（3）风力发电机塔架的单元数

在进行动态分析时，需要考虑输入地震动的频率特性以及结构物的固有周期等，合理地设置节点以及质点。在本指南中，建议把塔架的单元数设定为 24 以上。

（4）地基单元的大小

在 FEM 模型中，节点之间的位移为节点位移乘以插值函数。在大多数 FEM 程序中，插值函数采用线性函数。这对节点间的位移非常有影响，所以不能通过高频率成分的波动。因此，为了让地基模型通过高频成分的波动，需要让节点位移对应高频成分。在本指南中规定把地基分割为波长的 1/4 以下。

5.4.2　评估直接基础用的地基弹簧

SR 模型的反应分析中使用的直接基础的地基弹簧常数以及阻尼比原则上应按照如下所示的方式根据圆锥形模型进行评估，但是也可以采用薄层法。

（1）按照如下公式求水平地基弹簧。

$$\overline{K}_{\mathrm{h}}=\beta_{\mathrm{h}}\overline{K}_{1\mathrm{h}} \tag{5.18}$$

其中

$$\beta_{\mathrm{h}}=\frac{1}{\sum_{i=1}^{n}\frac{1}{\alpha_{\mathrm{h}i}}},\alpha_{\mathrm{h}i}=\left(\frac{\overline{G}_i}{\overline{G}_1}\right)\left(\frac{Z_{\mathrm{h}i-1}}{Z_{\mathrm{h}0}}\right)\frac{Z_{\mathrm{h}i}}{(Z_{\mathrm{h}i}-Z_{\mathrm{h}i-1})},i=1,2,\cdots,n-1,\alpha_{\mathrm{h}n}=\left(\frac{\overline{G}_n}{\overline{G}_1}\right)\left(\frac{Z_{\mathrm{h}i-1}}{Z_{\mathrm{h}0}}\right)$$

$$Z_{h0}=\frac{1}{8}\pi r_{h0}(2-\nu_1),\ \overline{K}_{1h}=\frac{8\overline{G}_1 r_{h0}}{2-\nu_1}$$

在此

β_h：成层地基中水平地基弹簧的修正系数

$\overline{K}_{1h}$：假设基础垂直地基半无限延续时的直接基础的水平地基弹簧（复数）

ν_1：底面垂直地基的泊松比

$\overline{G}_i$：地基各层的剪切刚度，$\overline{G}_i=G_i(1+i2h_i)$，$G_i$ 与 h_i 为地基各层的等价剪切刚度与等价阻尼比

Z_{hi}：到圆锥形顶点的距离

r_{h0}：计算水平地基弹簧时所用的等价基础半径，$r_{h0}=\sqrt{A/\pi}$，A 为基础面积

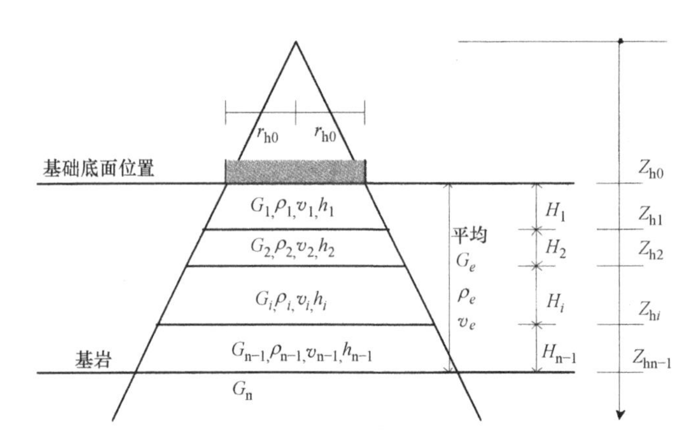

图 5.3 圆锥形模型

（2）根据如下公式求旋转地基弹簧

$$\overline{K}_r=\beta_r\overline{K}_{1r} \tag{5.19}$$

其中

$$\beta_r=\frac{1}{\sum_{i=1}^{n}\frac{1}{\alpha_{ri}}},\alpha_{ri}=\left(\frac{\overline{E}_i}{\overline{E}_1}\right)\left(\frac{Z_{ri-1}}{Z_{r0}}\right)^3\frac{Z_{ri}^3}{(Z_{ri}^3-Z_{ri-1}^3)},i=1,2,\cdots n-1,\alpha_{rn}=\left(\frac{\overline{E}_n}{\overline{E}_1}\right)\left(\frac{Z_{rn-1}}{Z_{r0}}\right)^3$$

$$Z_{r0}=\frac{9}{16}\pi r_{r0}(1-\nu_i^2),\ \overline{K}_{1r}=\frac{8\overline{G}_1 r_{r0}^3}{3(1-\nu_1)}$$

在此

β_r：成层地基中的旋转地基弹簧的修正系数

$\overline{K}_{1r}$：假设基础部分垂直地基半无限延续时的直接基础部分的旋转地基弹簧（复数）

$\overline{E}_i$：地基各层的等价弹性常数，$\overline{E}_i=2(1+\nu_i)\overline{G}_i$

ν_i：地基各层的泊松比

Z_{ri}：到圆锥顶点的距离（m）

r_{r0}：计算旋转地基弹簧时等价基础半径 $r_{r0}=\sqrt[4]{4J/\pi}$，J 为基础部分断面的 2 次矩（m^4）

（3）根据如下公式求上下地基弹簧

$$\overline{K}_v=\beta_v\overline{K}_{1v} \tag{5.20}$$

其中

$$\beta_v=\frac{1}{\sum_{i=1}^{n}\frac{1}{\alpha_{vi}}},\alpha_{vi}=\left(\frac{\overline{E}_i}{\overline{E}_1}\right)\left(\frac{Z_{vi-1}}{Z_{v0}}\right)\frac{Z_{vi}}{(Z_{vi}-Z_{vi-1})},i=1,2,\cdots n-1,\alpha_{vn}=\left(\frac{\overline{E}_n}{\overline{E}_1}\right)\left(\frac{Z_{vn-1}}{Z_{v0}}\right)$$

$$Z_{v0}=\frac{1}{2}\pi r_{v0}(1-\nu_1)(1+\nu_1),\ \overline{K}_{1v}=\frac{4\overline{G}_1 r_{v0}}{1-v_1}$$

在此

β_v：成层地基中上下地基弹簧的修正系数

$\overline{K}_{1v}$：假设基础部分垂直地基半无限延续时的直接基础的上下地基弹簧程度（复数）

ν_1：底面垂直地基的泊松比

$\overline{E}_i$：地基各层的等价弹性常数，$\overline{E}_i=2(1+\nu_i)\overline{G}_i$

Z_{vi}：到圆锥形顶点的距离（m）

r_{v0}：计算水平地基弹簧时所用的等价基础半径，$r_{v0}=\sqrt{A/\pi}$，A 为基础面积

（4）SR 模型中使用的水平、旋转以及上下地基弹簧的系数为算式（5.18）、算式（5.19）以及算式（5.20）的实部，阻尼比为用圆频率除以该公式虚部所得的数值。对于水平弹簧，圆频率是地基水平方向的 1 次卓越圆频率，对于上下弹簧，圆频率是地基上下方向的 1 次卓越圆频率。

（5）风力发电机组的直接基础可以作为没有填埋或有填埋的直接基础部分来进行模型化。

【解说】

对于半无限的地基，如果把地表面直接基础的弹簧常数设定为刚性基础，可以根据算式（解 5.4）～式（解 5.6)求阻尼比。

$$K_H=\frac{8Gr_0}{2-\nu},C_H=\rho V_S A \quad (解 5.4)$$

$$K_R=\frac{8Gr_0{}^3}{3(1-\nu)},C_R=\rho V_S I\eta \quad (解 5.5)$$

$$K_V=\frac{4Gr_0}{1-\nu},C_V=\rho V_S A\eta \quad (解 5.6)$$

在此

K_H：直接基础部分的水平地基弹簧的弹性常数（kN/m）

C_H：直接基础部分的水平地基弹簧的阻尼比（kNs/m）

K_R：直接基础部分的旋转地基弹簧的弹性常数（kNm/rad）

C_R：直接基础部分的旋转地基弹簧的阻尼比（kNms/rad）

K_V：直接基础部分的上下地基弹簧的弹性常数（kN/m）

C_V：直接基础部分的上下地基弹簧的阻尼比（kNs/m）

G：基础底面以下的表层地基平均剪切刚度（kN/m^2）

r_0：基础部分的等价半径（m）

ν：地基泊松比

ρ：地基密度（kg/m^3）

V_S：地基底面以下的表层地基的平均剪切波速度（m/s）

A：基础部分面积（m^2）

η：等价纵波速度系数，$\eta=3.4/[\pi(1-\nu)]$

I：基础部分的断面 2 次矩（m^4）

很多情况下通常的地基呈现层状分布。与半无限相同地基相比，很难解成层地基，工学方面，经常根据半无限相同地基的结果，采用近似校正成层性的方法。

(1)～(3) 水平、旋转、上下地基弹簧

评估没有填满的地表面直接基础部分的动态地基弹簧的方法包括圆锥形模型与薄层法等。如图 5.3 所示，圆锥形模型设定为在深度方向面积增大的半无限圆锥。其半无限圆锥的形状由相当于地表面基础

或埋入基础的底面的断面的圆半径与从该断面到半无限圆锥顶点的距离决定。从基础部分的底面到半无限圆锥的顶点的距离为，半无限相同地基的半径地表面直接基础的地基弹簧与半无限圆锥状的基础的地基弹簧相等的高度。地表面的水平弹簧根据地表面的剪力与地表面的位移之比来求得。用与求水平弹簧的方法求旋转弹簧刚度，但是求从基础底面到半无限直圆锥顶点的距离时，不仅要求面积等价，而且应该取与断面二次矩等价的圆的半径。

薄层法是一种组合方法，把传播到地基中的波动问题，沿着水平方向作为连续体满足波动方程式得到一个解，然后用这个解，沿深度方向使用 FEM 离散方法。薄层法可以适用于没有填满的直接基础部分，通过与容积法组合，能简单地适用于有填埋的直接地基部分。

(4) 弹簧常数与衰减参数

在波动论中求得的地基弹簧是作为与频率相关的动态地基弹簧来计算的，但是用 SR 模型进行时程反应分析中，最好采用作为固定数值的弹簧常数与阻尼比。如采用薄层法，弹簧常数为接近动态地基弹簧的实部的频率 0 附近，阻尼比为用圆频率除以相同动态地基弹簧虚部的数值的最小值进行评估。在图解 5.12 中就根据薄层法所求得的动态地基弹簧计算的弹簧常数与阻尼比实例进行了说明。并且通过把动态地基弹簧进行常数化，对风力发电机塔架的反应结果的影响如图解 5.15 所示。可以看出与用弹簧常数与阻尼比求解相比，更侧重于安全性的评估。

算式 (5.18)、算式 (5.19) 以及算式 (5.20) 中所示的圆锥体模型评估方式是多个复数所提供的，但是与频率无关，是作为一定的实部与虚部来评估的。这是因为不包含波动传播形成的逸散阻尼效应，只对材料阻尼进行评估。地基弹簧，如果是比地基的卓越频率低的频率（长周期），逸散阻尼较小，材料阻尼的影响占据主要作用。如果是比地基的卓越频率高的频率（短周期），逸散阻尼效应较明显，在其评估中可以采用算式（解 5.4）～式（解 5.6）。作为在设计中所采用的阻尼比，在地基的卓越频率附近将给出最小的阻尼，作为安全性的评估。因此如果采用圆锥形模型，应用圆频率除以材料阻尼公式 (5.18)、算式 (5.19) 以及算式 (5.20) 的虚部计算阻尼比。但是算式（解 5.4）～算式（解 5.6）中所示的阻尼比为上限。并且在水平弹簧时，频率采用地基水平方向的 1 次卓越频率，如果是旋转弹簧与上下弹簧，则采用地基上下方向的 1 次卓越频率。如果没有形成上下方向的地基模型，则上下的卓越频率

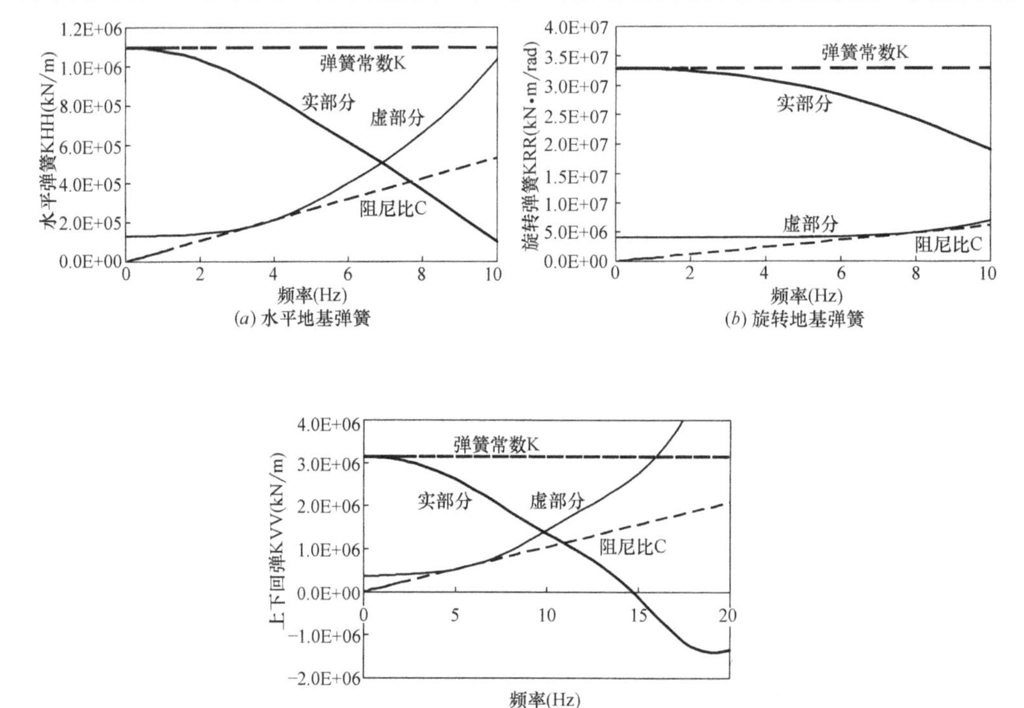

(a) 水平地基弹簧　(b) 旋转地基弹簧　(c) 上下地基弹簧

图解 5.14 从根据薄层法求得的地基弹簧计算的弹簧常数与阻尼比实例

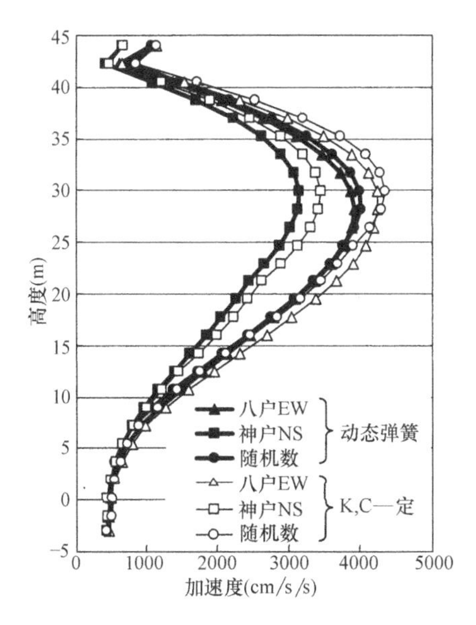

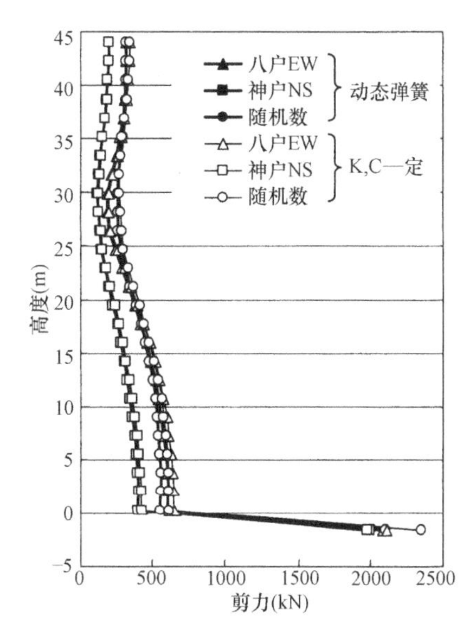

图解 5.15　地基弹簧固定化对风力发电机组反应的影响

可以为水平卓越频率的 2 倍。如果地基物性的泊松比为 0.33，那么 P 波速度（V_p）是 S 波速度（V_s）的两倍。上下卓越频率是水平卓越频率的两倍。

（5）风力发电机的直接基础部分的模型化

风力发电机的基础部分属于有填入部分的直接基础部分，但是由于埋入深度较浅，因此可以把其作为无埋入的地表面直接基础部分来进行模型化。把风力发电机的基础部分作为有埋入部分的直接基础进行模型化的 SR 模型也称为埋入式 SR 模型，在该地基弹簧中考虑了埋入基础面的地基弹簧情况，并且如果作为驱动力的话，应考虑埋入基础底面的缺口效应。关于埋入式直接基础的地基弹簧的详细计算方法请参考文献 3）。

5.4.3　桩基础用的地基弹簧与阻尼比的设定

SR 模型的反应分析中所采用的桩基础用的地基弹簧常数以及阻尼比按照如下公式进行评估。

（1）桩的相互干涉形成的群桩效应

桩的相互干涉对群桩效应作为群桩系数来考虑，水平、旋转、上下地震弹簧的群桩系数按照如下计算公式求得。

1）水平地基弹簧的群桩系数

$$\beta_H=\begin{cases}0.4(S/B)^{0.3}(N_X/2)^{-0.74(S/B)^{-0.43}}(N_Y/2)^{-0.59(S/B)^{-0.54}} & (x\text{ 方向})\\ 0.4(S/B)^{0.3}(N_X/2)^{-0.59(S/B)^{-0.54}}(N_Y/2)^{-0.74(S/B)^{-0.43}} & (y\text{ 方向})\end{cases}\tag{5.21}$$

2）旋转地基弹簧的群桩系数

$$\beta_R=1\tag{5.22}$$

3）上下地基弹簧的群桩系数

$$\beta_V=N_P^{-\{-0.5\log(S/B)+0.005(L/B)+0.45\}}\tag{5.23}$$

在此

β_H：X 或 Y 方向的水平地基弹簧的群桩系数

β_R：旋转地基弹簧的群桩系数

β_V：上下地基弹簧的群桩系数

S：桩间距离（m）

B：桩直径（m）

N_X：X 方向的桩根数

N_Y：Y 方向的桩根数

N_P：群桩的桩根数

L：到工学地基的桩长度（除了支持层贯入部分以外的桩长度）（m）

（2）整个群桩的水平地基弹簧的弹簧常数与阻尼比

为了使 K_{HG1} 与 K_{HG2} 相等，要反复进行计算，直到 $\bar{k}_G$ 收敛，再求整个群桩的水平地基弹簧的弹簧常数 K_{HG}。

$$K_{HG}=0.5(K_{HG1}+K_{HG2}) \tag{5.24}$$

但是

$$K_{HG1}=(4N_PE_PI_P)^{1/4}(\bar{k}_G)^{3/4}$$

$$K_{HG2}=\sum k'_{fGi}u_i/u_1$$

$$\bar{k}_G=K_{HG}{}^{4/3}/(4N_PE_PI_P)^{1/3}$$

在此

K_{HG}：群桩基础的水平地基弹簧的弹簧常数（kN/m）

K_{HG1}：考虑了群桩效应的桩头地基弹簧（kN/m）

K_{HG2}：采用根据各层地基刚性评估的桩周围地基弹簧确定的桩头地基弹簧（kN/m）

E_P：桩的杨氏模量（kN/m^2）

I_P：桩断面 2 次矩（m^4）

$\bar{k}_G$：考虑了群桩效应的整个群桩每个单位厚度的地基弹簧常数（kN/m^2）

k'_{fGi}：考虑了群桩效应的 i 层水平地基弹簧的弹簧常数（kN/m）

u_i：i 层的桩位移（m）

u_1：桩头位移（m）

另外整个群桩的水平地基弹簧的弹簧系数按照如下公式进行评估

$$C_{HG}=\begin{cases}h_{HG1}K_{HG}/(\pi f),f=f_g & (f\leqslant f_g)\\ h_{HG1}K_{HG}/(\pi f)+C_{HG2}(f-f_g)/f,C_{HG2}=\sum c'_{gi}u_i/u_1 & (f>f_g)\end{cases} \tag{5.25}$$

在此

C_{HG}：水平地基弹簧的阻尼比（kNs/m）

h_{HG1}：$f\leqslant f_g$时水平地基弹簧的阻尼比，可以为 0.02

C_{HG2}：$f>f_g$ 时的水平地基弹簧的阻尼比（kNs/m）

f：系统的 1 次固有频率（Hz）

f_g：地基的水平 1 次固有频率（Hz）

c'_{gi}：阻尼比（kNs/m）

并且根据如下公式评估整个群桩的水平方向的桩周围地基弹簧的弹簧常数

$$k'_{fGi}=k'_{fSi}N_P\beta_H^{4/3} \tag{5.26}$$

但是

$$k'_{fSi}=0.5\{k_{fS(i-1)}H_{i-1}+k_{fSi}H_i\},\quad k_{fSi}=\frac{1.3E_i}{1-\nu_i^2}\left(\frac{E_iB^4}{E_PI_P}\right)^{1/12}$$

在此

k'_{fSi}：i 层单桩的水平地基弹簧的弹簧常数（kN/m）

k_{fSi}：i 层单桩的每个单位厚度的水平地基弹簧的弹簧常数（kN/m^2）

H_i：i 层的厚度（m）

E_i：i 层地基的杨氏模量（kN/m^2）

ν_i：i 层地基的松泊比

整个群桩的水平方向的桩周围地基弹簧的阻尼比为群桩阻尼比 c'_{gGi} 与基础底面的阻尼比 c'_{gBi} 中较小的一个数值。

$$c'_{gi}=\min(c'_{gGi},c'_{gBi}) \tag{5.27}$$

但

$c'_{gGi}=0.5(c_{gS(i-1)}H_{i-1}+c_{gSi}H_i)N_P$，$c_{gSi}=1.57\rho_i B(V_{Lai}+V_{Si})$

$c'_{gBi}=0.5(c_{gB(i-1)}H_{i-1}+c_{gBi}H_i)$，$c_{gBi}=2\rho_i(B_Y V_{Lai}+B_X V_{Si})$

$V_{Lai}=\dfrac{3.4V_{Si}}{\pi(1-\nu_i)}$

在此

c'_{gGi}：i 层群桩效应影响的阻尼比（kNs/m）

c'_{gBi}：i 层基础底面的阻尼比（kNs/m）

c_{gSi}：i 层单桩每个单位厚度的阻尼比（kNs/m^2）

c_{gBi}：不同大小单桩的地基底面的阻尼比（kNs/m）

ρ_i：i 层地基的密度（kNs/m^3）、参照图 5.3

V_{Lai}：i 层的 Lysmer 的波动速度（m/s）

V_{Si}：i 层地基剪切波速度（m/s）

B_X：振动方向 X 的基础宽度（m）

B_Y：振动垂直方向 Y 的基础宽度（m）

（3）整个群桩的旋转地基弹簧的弹簧常数与阻尼比

按照如下公式对整个群桩的旋转地基弹簧的弹簧常数进行评估。

$$K_{RG}=\begin{cases}\beta_R\sum K_{VS}y_i^2 & （绕 x 轴）\\ \beta_R\sum K_{VS}x_i^2 & （绕 y 轴）\end{cases} \tag{5.28}$$

但是

$K_{VS}=E_pA\beta_s\dfrac{E_pA\beta_s(1-e^{-2\beta_sL})+k_b(1+e^{-2\beta_sL})}{E_pA\beta_s(1+e^{-2\beta_sL})+k_b(1-e^{-2\beta_sL})},\beta_s{}^2=S_V/E_PA$

$S_V=2\pi G_e/\log_e\{5L(1-\nu_e)/B\}$，$G_e=(\sum G_iH_i)/L$，$\nu_e=(\sum\nu_iH_i)/L$

$k_b=\dfrac{3\pi}{8}\dfrac{\pi G_bB}{2(1-\nu_b)}$

在此

K_{RG}：群桩地基 x、y 轴周围的旋转地基弹簧常数（kNm/rad）

K_{VS}：单桩桩头的上下地基弹簧常数（kN/m）

x_i，y_i：以旋转中心为原点的桩位置的坐标（m）

E_p：桩体杨氏模量（kN/m^2）

A：桩的断面积（m^2）

k_b：桩端上下地基弹簧常数（kN/m）

S_V：桩周地基单位长度的上下地基常数（kN/m^2）

G_e：表层地基的平均剪切刚度（kN/m^2），参照图 5.3

ν_e：表层地基的平均松泊比，参照图 5.3

G_i：i 层的剪切刚度（kN/m^2）

ν_i：i 层的松泊比

H_i：i 层的层厚（m）

G_b：支持层的剪切刚度（kN/m^2）

ν_b：支持层的松泊比

并且按照如下公式对整个群桩的旋转弹簧的阻尼比进行评估：

$$C_{RG}=\begin{cases}h_{RG1}K_{RG}/(\pi f),f=2f_g & (f\leqslant 2f_g)\\ h_{RG1}K_{RG}/(\pi f)+C_{RG2}(f-2f_g)/f,C_{RG2}=\rho_b V_{Lab}\pi r_{R0}^4/4 & (f>2f_g)\end{cases} \tag{5.29}$$

在此

C_{RG}：群桩基础部分的旋转弹簧的阻尼比（kNm/rad）

h_{RG1}：$f\leqslant 2f_g$时的旋转地基弹簧的阻尼比，可以为 0.02

C_{RG2}：与支持层相同的地基的圆盘加振所获得阻尼比（kNm/rad）

ρ_b：支持层的密度（kN/m^3）

V_{Lab}：支持层的 Lysmer 的波动速度（m/s）

r_{R0}：计算旋转弹簧时的等级基础半径（$=(B_X{}^3B_Y/3\pi)^{1/4}$）（m）

（4）整个群桩的上下地基弹簧的弹簧常数与阻尼比

按照如下公式对整个群桩的上下地基弹簧的弹簧常数进行评估：

$$K_{VG}=\beta_V N_p K_{VS} \tag{5.30}$$

在此

K_{VG}：整个群桩的上下地基弹簧常数（kN/m）

K_{VS}：单桩桩头的上下弹簧常数（kN/m）

并且按照如下公式对整个群桩的上下地基弹簧的阻尼比进行评估

$$C_{VG}=\begin{cases}h_{VG1}K_{VG}/(\pi f),f=2f_g & (f\leqslant 2f_g)\\ h_{VG1}K_{VG}/(\pi f)+C_{VG2}(f-2f_g)/f,C_{VG2}=\rho_b V_{Lab}\pi r_{V0}^2 & (f>2f_g)\end{cases} \tag{5.31}$$

在此

C_{VG}：群桩基础的上下地基弹簧的阻尼比（kNs/m）

h_{VG1}：$f\leqslant f_g$时的上下地基弹簧的阻尼比，可以为 0.02

C_{VG2}：与支持层相同的地基的圆盘加振所获得阻尼比（kNs/m）

r_{V0}：计算上下弹簧时的等价基础半径［$=(B_XB_Y/\pi)^{1/2}$］（m）

【解说】

（1）桩体相互干涉形成的群桩效应

对于用一根桩评估的单桩水平地基弹簧乘以桩根数的弹簧数值，群桩的水平地基弹簧数值偏小。这是由于如果群桩的其中一根桩体发生了变形，将会使周围地基也发生变形，并对其他桩产生影响，这就是所谓的群桩效应。关于旋转方向与上下方向的地基弹簧，也会有群桩效应，水平地基弹簧、旋转地基弹簧、上下地基弹簧的群桩系数按照如下公式进行定义：

$$\beta_H=\frac{K_{HG}}{K_{HS}N_P} \tag{解 5.7}$$

$$\beta_R=\frac{K_{RG}}{K_{RS}N_P+K_{VS}\sum_{i=1}^{N_P}x_i^2} \tag{解 5.8}$$

$$\beta_V=\frac{K_{VG}}{K_{VS}N_P} \tag{解 5.9}$$

在此

β_H：水平地基弹簧的群桩系数

β_R：旋转地基弹簧的群桩系数

β_V：上下地基弹簧的群桩系数

K_{HG}：群桩基础部分的水平地基弹簧（kN/m）

K_{HS}：单桩的水平地基弹簧（kN/m）

N_P：群桩的桩根数

K_{RG}：群桩基础部分的旋转地基弹簧（kN·m /rad）

K_{RS}：单桩旋转地基弹簧（kN·m /rad）

K_{VG}：群桩基础部分的上下地基弹簧（kN/m）

K_{VS}：单桩上下地基弹簧（kN/m）

x_i：旋转中心到各桩的距离（m）

在本指南中评估水平方向的地基弹簧群桩系数时，采用了以桩根数、桩直径、桩间距离以及桩配置作为参数的计算公式。该公式可以适用于长边方向与短边方向的桩间距离以及桩根数不同的桩地基。在评估旋转地基弹簧时，风力发电机的基础部分不是大规模的群桩，因此群桩系数设定为 1。并且评估上下方向的地基弹簧的群桩系数时，采用了以桩根数、桩直径、桩间距离以及桩体长度作为参数的计算公式。

（2）整个群桩的水平地基弹簧的弹簧常数与阻尼比

在计算整个群桩的水平地基弹簧的弹簧常数时，可以把平行成层地基弹簧置换成等价的相同地基，利用弹性支撑梁的理论按照图解 5.16 所示评估流程，可以计算桩头的地基弹簧。

如果地基反力系数在深度 z 方向是一样的话，弹性支撑梁的方程式如下所示：

$$N_P E_P I_P \frac{d^4 u(z)}{dz^4} + \bar{k}_G u(z) = 0 \quad \text{（解 5.10）}$$

在此把桩头假设为旋转固定的无限长度的桩，在桩头上作用水平力 P 时，深度 z 的位移 $u(z)$ 为公式（解 5.11）。

$$u(z) = \frac{P}{4N_P E_P I_P \beta^3} e^{-\beta z}(\sin\beta z + \cos\beta z), \beta = (\bar{k}_G / 4N_P E_P I_P)^{1/4} \quad \text{（解 5.11）}$$

并且把 $z=0$ 代入到公式（解 5.11）中，按照公式（解 5.12）可以求桩头的水平地基弹簧常数。

$$K_{HG1} = P/u(0) = 4N_P E_P I_P \beta^3 = (4N_P E_P I_P)^{1/4} (\bar{k}_G)^{3/4} \quad \text{（解 5.12）}$$

在此所采用的地基弹簧常数 $\bar{k}_G$ 为一定数值，因此各层的地基弹簧常数如果不同时，则需要设定平均值。桩基础的水平地基弹簧对桩头附近的地基物性影响较大。因此表层地基中如果不存在非常极端的柔软层，那么可以合理地求得到地基弹簧，比如根据从桩头 $5B$（桩直径的 5 倍）的深度的桩周围地基弹簧平均值对地基反力系数进行评估求地基弹簧刚度。

一方面表层地基如果有非常极端的柔软层，就很难用上述的简单方法合理地求地基反力的系数的平均值。因此应采用根据各层的地基刚性评估的群桩的桩周围地基弹簧 k'_{fG_i}，按照如下方式进行计算。首先假设在桩头上施力的情况，桩头剪力与深度方向分布的地基弹簧也力的合计是均匀的，因此公式（解 5.13）是成立的。此时地基反力包含桩前端的反力。

$$P = \sum k'_{fGi} u_i \quad \text{（解 5.13）}$$

用桩头位移 $u_1(=u(0))$ 除以该数值，可以求桩头的地基弹簧。

$$K_{HG2} = P/u_1 = \sum k'_{fGi} u_i / u_1 \quad \text{（解 5.14）}$$

按照图解 5.16 所示的流程，保证桩周围地基弹簧 $\bar{k}_G$ 在容许误差范围内，使地基弹簧 K_{HG_1} 与 K_{HG_2} 一致，用收敛计算来求该数值。也就是说首先作为初始数值，设定表层的地基刚性的平均值 $\bar{k}_G$，来求 K_{HG_1} 与 K_{HG_2}。接下来判断其一致性。如果不满足其极限值时，应根据公式（解 5.15）求平均弹簧数值。

$$\bar{k}_G = K_{HG}{}^{4/3} / (4N_P E_P I_P)^{1/3} \quad \text{（解 5.15）}$$

用该 $\bar{k}_G$ 进行相同的计算，直到桩基础弹簧 K_{HG_1} 与 K_{HG_2} 的数值以及地基反力系数 $\bar{k}_G$ 的数值趋于稳定。此时如果使用 K_{HG_1} 与 K_{HG_2} 的平均值，那么 K_{HG} 的极限值将会出现得较早。因此求群桩基础的弹簧数值 K_{HG}（$=K_{HG_1}=K_{HG_2}$）的同时，可以求桩位移分布 u。

按照图解 5.17 所示的极限承载力法的思路对桩基础的地基阻尼比进行评估。如果低于地基的 1 次固有频率 f_g，那么考虑地基的材料阻尼引起的效应，如果高于 f_g，那么则考虑逸散阻尼引起的效应。并且在对桩头进行加振的时候，假设在静态压力相同的模式下桩进行振动。

如果在比地基的水平 1 次固有频率低的频率（$f\leqslant f_g$）的情况下，桩周围地基弹簧的阻尼项目（虚部分）将受到地基的材料衰减 h_i 的影响，假设为 $2h_ik'_{fGi}$，此时动态地基弹簧的衰减项（虚部分）K'_{HG} 以及阻尼比 h_{HG} 如公式（解 5.16）、公式（解 5.17）所示。

$$K'_{HG}=P'/u_1=\sum P'_i/u_1,P'_i=2h_ik'_{fGi}u_i \qquad (解 5.16)$$

$$h_{HG}=h_{HG1}=K'_{HG}/2K_{HG}=\sum h_ik'_{fGi}u_i/\sum k'_{fGi}u_i \qquad (解 5.17)$$

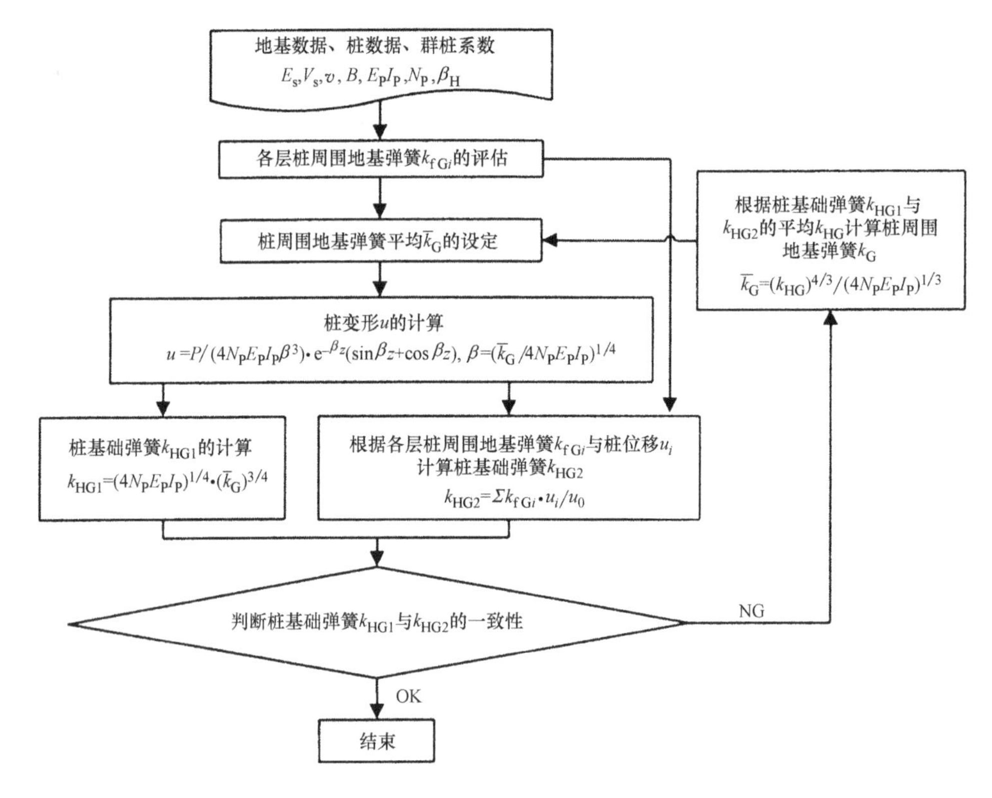

图解 5.16 利用弹性支撑梁的理论解的地基弹簧评估流程

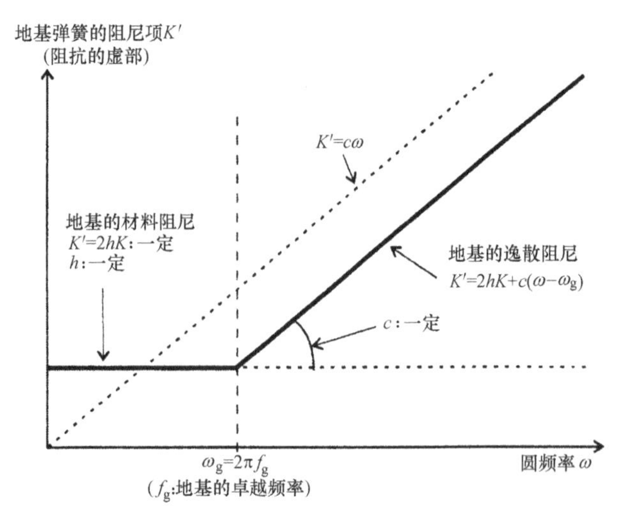

图解 5.17 地基弹簧的阻尼特性

如果比地基的水平 1 次固有频率高（$f>f_g$）的情况下，桩周围地基弹簧的阻尼比受到地基逸散阻尼的影响，设定为 c'_{gi}。此时的动态地基弹簧的阻尼项（虚部）K'_{HG}、阻尼比 h_{HG} 分别按照公式（解 5.18）、公式（解 5.19）表示。

$$K'_{HG}=2h_{HG1}K_{HG}+C_{HG2}2\pi(f-f_g),\quad C_{HG2}=\sum c'_{gi}u_i/u_1 \qquad (解 5.18)$$

$$h_{HG}=h_{HG1}+C_{HG2}\pi(f-f_g)/K_{HG} \qquad (解 5.19)$$

综上所述，群桩基础的动态地基弹簧的阻尼比 C_{HG} 如算式（解 5.20）、公式（解 5.21）所示。

$$C_{HG}=h_{HG1}K_{HG}/(\pi f)\quad (f\leqslant f_g) \qquad (解 5.20)$$

$$C_{HG}=h_{HG1}K_{HG}/(\pi f)+C_{HG2}\pi(f-f_g)/f \quad (f>f_g) \tag{解 5.21}$$

但是如果 $f \leqslant f_g$ 时，由于比耦合类 1 次频率高的频率形成的高阶模态下的结构物反应，可能会出现评估的阻尼数值过大的情况，因此设定为 $f=f_g$。

关于整个桩体的水平方向的桩周围地基弹簧的评估方法，在本指南中采用了 Francis 的公式以及 Gazetas 的方法，Francis 的公式使用了根据反应分析所求得的地基特征，按照波动论进行评估的。其他评估方法包括可以严格地考虑成层地基中的桩配置以及群桩效应的薄层法，并且还包括《建筑基础结构设计指南》中所指出的方法，该方法采用 N 值计算的标准水平地基反力系数计算地基弹簧的弹簧系数。

（3）整个群桩的旋转地基弹簧的弹簧常数与阻尼比

在评估整个群桩的旋转地基弹簧的弹簧常数时，首先根据 Randolf 理论用桩周围上下地基弹簧与桩前端上下地基弹簧，求单桩的桩头上下弹簧，并考虑群桩效应。单桩的桩头上下地基弹簧如图解 5.18 所示，用在桩前端所求得的弹簧与桩周围所求得的弹簧进行评估。并且桩周围上下地基弹簧的弹簧常数根据 Rndolf 所提出的公式进行计算，计算桩前端的上下地基弹簧的弹簧常数 k_b 时，采用假设平均位移所得的公式。并且关于风力发电机组的地基，并不是大规模的群桩，因此在本指南中，计算旋转地基弹簧的弹簧常数时，群桩系数 β_R 设定为 1。

关于阻尼比的频率的关联，与水平方向的情况一样，考虑了地基的材料阻尼所决定的阻尼比一定的区域与逸散阻尼所决定的阻尼比一定的区域。但是关于旋转方向，阻尼特性呈现交替模式的频率是地基水平 1 次固有频率 f_g 的两倍。桩基础的旋转地基弹簧对桩刚性与支持层以下更深部分的地基物性影响较大，因此可以考虑采用支持层以下的物性所决定的阻尼比（算式 5.29 中的 C_{RG2}）。但是在此考虑到安全因素，因此采用了阻尼特性呈现交替模式的频率。并且考虑了上下地基反应的卓越频率的影响，阻尼特性呈现交替模式的频率是水平卓越频率的两倍。如果地基物性的泊松比为 0.33，那么 P 波速度（V_p）为 S 波速度（V_s）的两倍，上下卓越频率则为水平卓越频率的两倍。我们认为与表层地基相比，桩支持层的影响更大，仅用支持层的地基常数近似地设定了旋转方向的地基阻尼比。

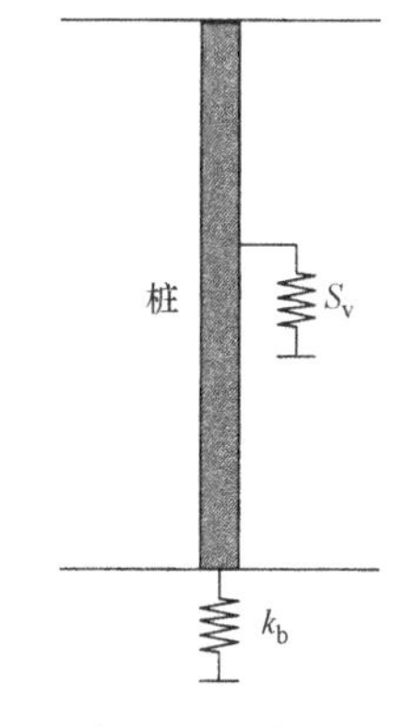

图解 5.18　桩上下弹簧的概念图

（4）整个群桩的上下地基弹簧的弹簧常数与阻尼比

在对整个群桩的上下地基弹簧的弹簧常数进行评估时，考虑了群桩效应，并采用单桩桩头的上下地基弹簧 K_{VS}。关于阻尼比的频率关联性，与旋转方向一样，考虑了比两倍地基的 1 次固有频率 f_g 小的地基材料阻尼起主要作用的阻尼比的一定领域，与比两倍 f_g 大的逸散阻尼起主要作用的阻尼比的一定领域。

水平、旋转、上下方向的地基弹簧的三位薄层法所得解与指南方法的比较如图解 5.19 所示。

5.4.4　模态的分析

（1）原则上应按照三次以上的模态求固有频率以及模态向量。

（2）根据如下公式求各振动模态中的振型参与系数，并且根据振型参与函数 $\beta_{\phi j}$ 求振动模态。

$$\beta_j=\frac{\{\phi\}_j^{\mathrm{T}}[M]\{e\}}{\{\phi\}_j^{\mathrm{T}}[M]\{\phi\}_j}=\frac{\sum_{i=1}^{n}m_i\phi_{ij}}{\sum_{i=1}^{n}m_i\phi_{ij}^2},\beta_{\phi j}=\beta_j\{\phi_j\} \tag{5.32}$$

在此

β_j：j 阶模态的振型参与系数，第 i 层的质量（kN）

$\beta_{\phi j}$：j 阶模态的振型参与函数

$[M]$：质量矩阵

m_i：第 i 层的质量（kN）

$\{\phi\}_j$：j 阶模态向量

$\{e\}$：单位向量

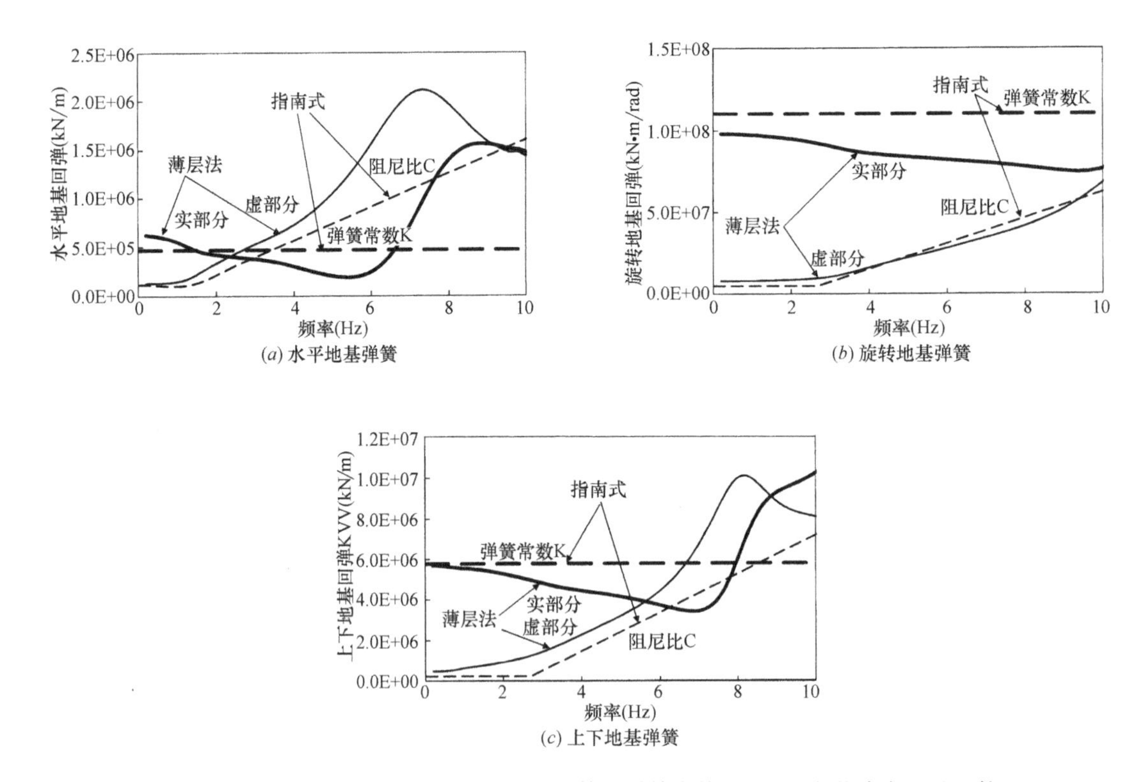

图解 5.19 根据用薄层法求得地基弹簧计算的弹簧常数及阻尼比与指南方法的比较

【解说】

(1) 固有频率以及模态向量

风力发电机的固有频率不同，地震反应将会有很大的差异。尤其是如果风力发电机的固有周期与输入地震波的卓越周期一致的话，由于有共振，所以其反应值将会增大。因此在进行风力发电设备支撑物的抗震设计时，事先掌握风力发电机的固有频率以及其振动模态是非常重要的。比如在风力发电机的反应性状中，即使 1 阶模态占据主要作用，由于有时候根据地震动，将会出现高阶模态的反应。因此原则上在本指南中求三阶以上的模态。

(2) 振型参与系数以及振动模态

对于第 10 章所示的 500kW 变桨控制风力发电机，用 SR 模式与基础固定模式求得的振型参与系数与固有频率如表解 5.3 所示。风力发电机的 X 方向的振动模态如图解 5.20 所示。由于用串联多质点模式表示风力发电机，因此仅表示了单方向的模态。振型参与系数中存在正负数值，因此没有较为直观的形式表现对剪力的影响。一方面对假设为基础固定部分中风力发电机基础部分的剪力的影响与根据公式(解 5.22) 定义的有效质量有直接的关系。

$$M_j = \frac{\left(\sum_{i=1}^{n} m_i \phi_{ij}\right)^2}{\sum_{i=1}^{n} m_i \phi_{ij}^2} \tag{解 5.22}$$

j 阶模态的有效质量与总质量 M 之比也称为有效质量比 M_j/M。如为基础固定模式，X 方向 1～5 次模式的有效质量比的累计值为 0.892，并且用基础固定模式求得的各种风力发电机的 1 阶模态的有效质量比的平均值为 0.641。另外一方面，如果是 SR 模式，基础质量是塔架质量的 6 倍，因此与塔架的 1 阶模态相比，对应于基础部分的水平运动的四阶模态的影响较大。如果是基础固定模式，用塔架总质量比定义有效质量比。但是在 SR 模式中，用塔架与基础的总质量之比进行定义。用有效质量比评估涉及塔架反应的各阶模态的影响，用基础固定模式较为方便。

并且，j 阶模态的风力发电机基础部分中的颠覆力矩的影响与如下公式所定义的 j 阶模态的等价高度有关。

$$H_j=\frac{\sum_{i=1}^{n} m_i \phi_j z_j}{\sum_{i=1}^{n} m_i \phi_{ij}} \tag{解 5.23}$$

j 阶模态的等价高度与风力发电机塔架的高度 H_t 之比称为等价高度比。关于等价高度比 H_j/H_t，基础固定模式与 SR 模式之差较小。用基础固定模式求得的各种风力发电机的一次模式的等价高度比的平均值为 0.934。

X 方向的各振动模态的振型参与系数、固有频率、有效质量比以及等价高度比　　　表解 5.3

	SR 模型				基础固定模型			
Mode	β_j	f_j	M_j/M	H_j/H_t	β_j	f_j	M_j/M	H_j/H_t
1	1.116	0.513	0.091	0.936	1.114	0.517	0.634	0.935
2	0.911	4.06	0.025	0.335	0.863	4.11	0.155	0.324
3	1.198	12.3	0.026	0.115	0.650	12.5	0.052	0.180
4	1.257	18.4	0.854	0.001	0.517	25.6	0.034	0.121
5	0.558	25.3	0.004	0.143	0.422	42.1	0.017	0.102

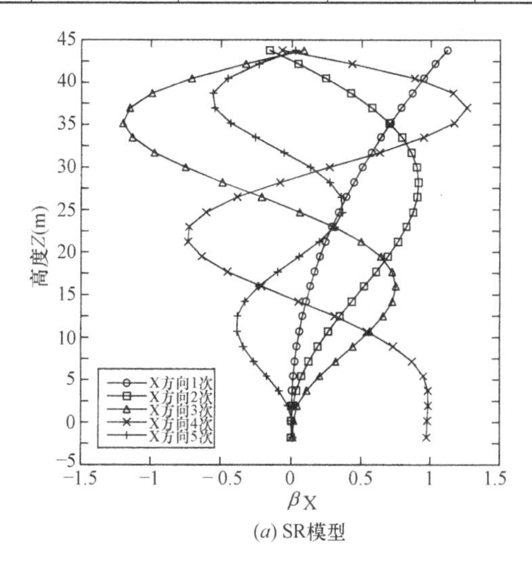

(a) SR模型

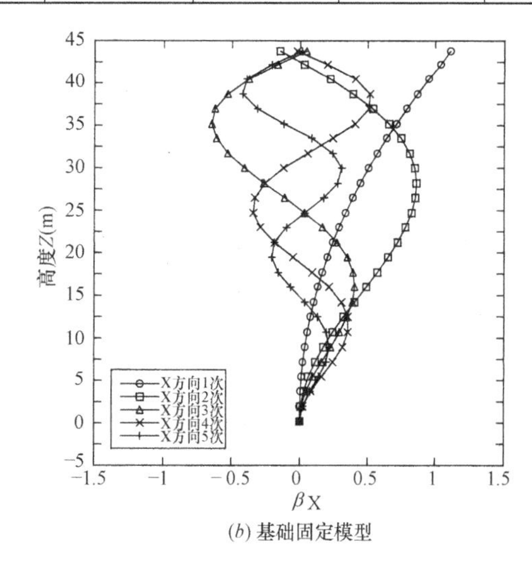

(b) 基础固定模型

图解 5.20　500kW 变桨控制风力发电机的 X 方向的振型参与函数

5.4.5　反应分析

（1）在进行反应分析时，可以忽略几何非线性。几何非线性的影响作为 P-Δ 效应来考虑。

（2）反应分析中的积分方法原则上采用 Newmark-β 法（$\beta=1/4$）。关于时间间隔，必须考虑反应分析的精度与稳定性这两个方面来进行设定。

（3）阻尼矩阵根据瑞利衰落模式按照算式（5.33）来求得。如果有增速机，那么风力发电机塔架的 1 阶模态的阻尼比 $\zeta=0.8\%$，如果没有增速机，则 $\zeta=0.5\%$，2 阶模态阻尼比采用 1 阶模态的阻尼比。但是如果获得了风力发电机塔架的 2 阶模态相关观测值，可以采用该数值。

$$[C]=\alpha_1[M]+\alpha_2[K],\alpha_1=\frac{2\omega_1\omega_2(\omega_2\zeta_2-\omega_1\zeta_1)}{\omega_2^2-\omega_1^2}\ ,\ \alpha_2=\frac{2(\omega_2\zeta_2-\omega_1\zeta_1)}{\omega_2^2-\omega_1^2} \tag{5.33}$$

在此

$[C]$：阻尼矩阵

$[M]$ ：质量矩阵

$[K]$：刚度矩阵

ω_1：一阶固有圆频率

ω_2：二阶固有圆频率

ζ_1：一阶模态的阻尼比

ζ_2：二阶模态的阻尼比

α_1、α_2：系数

（4）SR 模式中采用的输入地震动可以采用地表面或基础底面位置的地基反应。如果可能形成液化，可以采用液化时与非液化时所求得的地震动进行反应分析。

【解说】

（1）几何非线性

几何非线性一般可以作为反应位移所产生的附加力矩来考虑。结构物或构件的变形如果较大，或塑性化时，高轴力作用等情况下，附加弯矩将会变大，并且构件的抗力将会降低，可能将会转变为抗荷载机构的机制，因此需要充分考虑其影响。如果可以避免剪切破坏等造成的构件损坏情况，那么由于几何非线性效果可能会造成结构的破坏。风力发电机塔架中的几何非线性影响作为 P-Δ 效应来评估。

（2）积分方法

时程反应分析中的时间积分方法中包括显式解法与隐式解法，并且在显式解法中包括中心差分法与 Runnge-Kutta 法，隐式解法中包括 Newmark-β 法与 Wilson-θ 法等。其中 Newmark-β 法与 Wilson-θ 法的解稳定性较高。隐式解法的各时程步骤中，为了满足运动方程式，需要进行收敛计算。要注意的是，如不进行收敛计算，其分析精度会降低。在本指南中原则上采用了 Newmark-β 法。

在 Newmark-β 法中，如果 β 为 1/6 时，应与线性加速度一致，β 为 1/4 时，应与平均加速度法一致。在本指南中从数值积分的稳定性角度出发，原则上线性分析时采用无条件稳定的平均加速度法（$\beta=1/4$）。

（3）阻尼矩阵的形成

风力发电机塔架是一种头重脚轻的悬臂式结构，与普通的结构物相比，其结构阻尼比非常小。如果过于依靠结构阻尼建立分析模型的话，其评估数据较为不可靠。在本指南中，规定一阶与二阶模态的机构阻尼比，用瑞利阻尼模式求阻尼矩阵。并且如果按照观测得知结构阻尼比时，可以采用该数值。

（4）输入地震动

SR 模型中采用的输入地震动可以采用地表面或基础重心位置的地基反应。如可能形成液化时，根据在液化的情况与非液化的情况下所求得的地震动进行反应分析。较大的一个反应值为设计地震作用。

5.4.6 地下震度的计算

如果作为时程反应分析模型，采用 SR 模型时，水平地基弹簧的反力最大值减去基础上面位置的塔架基础部分的惯性力的最大值，再求只包含基础部分的惯性力，可以用基础重量除以该值，求等价的地下震度。

$$K=\frac{Q_P-Q_B}{W_F} \tag{5.34}$$

在此

K：地下震度

Q_P：水平地基弹簧的反力最大值或基础底面位置的最大剪力（kN）

Q_B：基础上面位置的塔架基础部分的最大剪力（kN）

W_F：基础重量（kN）

【解说】

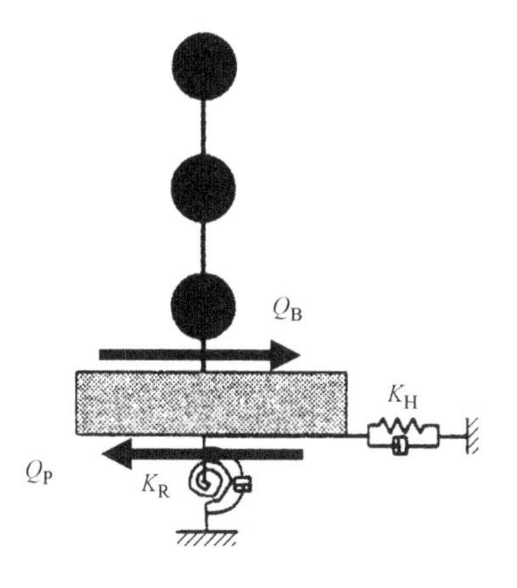

图解 5.21　地下震度的计算

基础底面位置（如果是桩基础，则为桩头部）的最大剪力可以作为 SR 模式的反应分析结果求得的水平地基弹簧反力最大值来求得。因此，如图解 5.21 所示，评估基础部分的地下振动时，可以从基础底面位置的最大剪力减去基础上面位置的最大剪力，并用基础重量除以该数值。

并且可以通过采用了 3 波以上的拟合频谱的反应分析所求得的最大剪力 Q_P 与 Q_B 来求地下震度。如果设定风力发电机塔架的设计剪力时，包络了 3 波以上的拟合频谱最大值，那么地下震度与风力发电机塔架设计剪力所求得的基础底面位置的剪力不得低于 3 波以上的拟合频谱波的反应分析所求得的最大剪力。

5.4.7　桩反应的评估

地震时作用于桩体的外力包括风力发电机与基础部分惯性力作用于桩头部分形成的外力以及地基位移引起的外力这两个部分。

（1）评估桩应力时，原则上采用按照风力发电机与基础部分的惯性力所产生的桩应力与地基位移所产生的桩应力同时评估的分离型模式。可以采用风力发电机、基础部分与桩的反应同时评估的一体型模式评估的时程反应分析。

（2）作用于桩头部的惯性力采用按照 SR 模型进行反应分析的结果所得的水平地基弹簧反力的最大值。

（3）按照反应位移法求地基位移所产生的桩的反应。并且采用地基位移可以按照时程反应分析所求得的桩前端位置的相对位移分析。

（4）如分别计算作用于桩头的惯性力所产生的桩应力与地基位移所产生的桩应力，组合应力时，应考虑风力发电机与地基的特征，并采用下所示的计算方法。

应力组合的方法　表 5.6

平方和开方法	地基 1 次固有周期＜风力发电机 1 次固有周期
单纯合计	地基 1 次固有周期≥风力发电机 1 次固有周期

【解说】

在地震时作用于桩体的外力中除了有风力发电机、基础部分的惯性力作用于桩头部的外力外，还包括由于地基位移引起的外力。在桩体的抗震设计中应准确地评估这两个外力，并了解桩体在地震时出现的情况。

（1）桩体反应的评估模式

评估桩体反应的分析模型包括分别对风力发电机、基础部分与桩体的反应分析进行评估的分离型模型以及把风力发电机、基础部分与桩体作为一个整体模型分析的一体型模型。在本指南中可以分别评估风力发电机、基础部分的反应与桩体反应的分离型模型为基本评估模式，地震时的桩反应分析模型如图解 5.22 所示。

分离型模式是一种根据 SR 模式与反应位移法分别计算风力发电机、基础部分与桩体反应的模型，桩头惯性力采用根据 SR 模型的反应分析结果所求得的水平地基弹簧反力的最大值。用反应位移法求地基位移所生成的桩体静态反应。如需要求桩体动态反应，则需要使桩头惯性力与地基位移的时程同时作用于桩体，分析时间较长，但是可以考虑桩体材料的非线性。

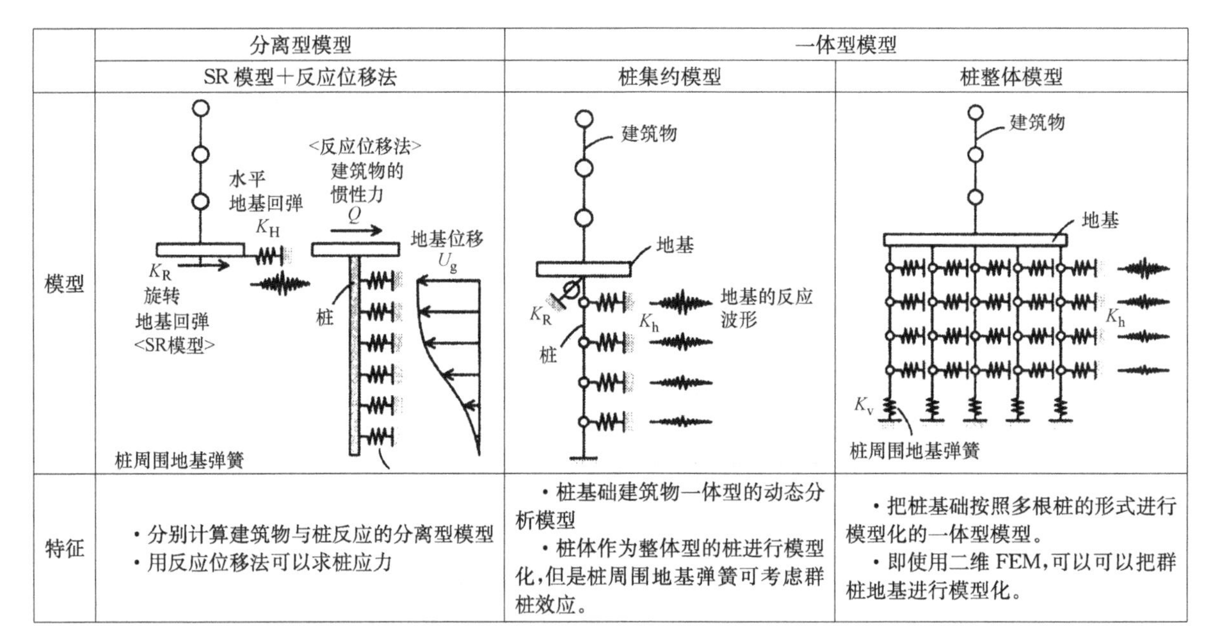

	分离型模型	一体型模型	
	SR 模型＋反应位移法	桩集约模型	桩整体模型
模型			
特征	・分别计算建筑物与桩反应的分离型模型 ・用反应位移法可以求桩应力	・桩基础建筑物一体型的动态分析模型 ・桩体作为整体型的桩进行模型化，但是桩周围地基弹簧可考虑群桩效应。	・把桩基础按照多根桩的形式进行模型化的一体型模型。 ・即使用二维 FEM，可以可以把群桩地基进行模型化。

图解 5.22　地震时的桩反应的评估模式

一体型模型中包括桩集约模型与桩整体模型。如果是桩集约模型，可以把桩作为一根桩来进行模型化，但是桩周围地基弹簧可以考虑群桩效应，并可以用时程反应分析对地基-桩-结构物的非线性情况进行评估。一方面如果是桩整体模型，可以把桩作为多根桩来进行模型化，对桩轴力与弯矩的时程进行评估，并且可以进行二维 FEM 的模型化。一体型模型可以更精确地评估桩头惯性力与地基振动所产生的桩应力。尤其在桩整体模型中，可以精确地评估作用于各桩的外力，同时可以根据作用于各桩的变动轴力，考虑桩体的非线性进行分析。

（2）作用于桩头部的惯性力

可以用根据 SR 模型的反应分析结果所得的水平地基弹簧反力的最大值评估作用于桩头部的风力发电机与基础部分的惯性力。

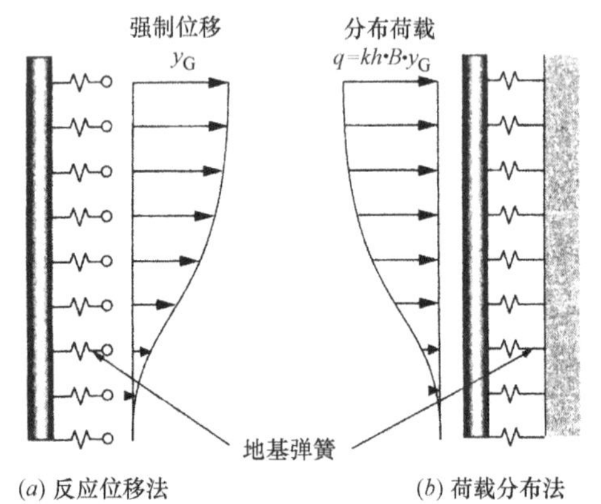

图解 5.23　反应位移法的分析模型

（3）地基位移引起的桩反应

对于表层地基中的桩，很难引起相对振动，应依据地震时的周边地基位移、变形情况。尤其在软弱地基、液化地基、地基刚性急剧变化地基等中，由于不能忽略地震对地基变形的影响，因此除了作用于地基的惯性力形成的应力外，还应该考虑地基变形对桩体形成的应力。通过地基弹簧，把反应位移作为强制位移，作用于地基的静态力，求地基变形所形成的桩体应力，这种方法称为反应位移法。反应位移法的分析模型如图解 5.23 所示。

可以按照如下反应位移法，根据如下所示的公式求桩体的水平位移。此时需要在地基弹簧的支点上把地基位移作为强制位移来考虑，并形成模型。用反应位移法与等价荷载分布法可以求桩体的水平位移。

$$\frac{d^2}{dx^2}\left(EI\frac{d^2y}{dx^2}\right)+k_hB(y-y_G)=0 \qquad (解 5.24)$$

在此

EI：桩体的抗弯刚度

x：深度（m）

y：桩的水平位移（m）

k_h：水平地基反力系数

B：桩直径（m）

y_G：地基的反应位移（m）

地基变形可以作为桩前端深度位置中地基相对位移分布来求。如根据一维波动论，用等价线性分析等动态反应分析进行地基反应时，用表层地基的各深度的时程波形或最大剪切变形，可以按照如下三种方法求地基的相对位移分布：

1）桩前端位置的相对位移时间时程波形的最大位移分布；

2）地表面的最大位移发生时的桩前端位置的位移分布；

3）最大剪切变形乘以层厚所求得的位移加上桩前端位置的位移分布。

（4）桩应力的组合

考虑了桩头惯性力与地基位移的桩应力计算方法有两种，一种是如图解 5.24 所示分别计算出对外力的应力后进行组合的方法，另外一种是使两种力同时作用后计算桩应力的方法。如果采用组合的方法不能考虑桩材的非线性。但是如果采用同时作用桩头惯性力与地基位移后进行动态反应分析的方法就可以考虑桩材的非线性。在指南中基本采用分别作用桩头惯性力与地基位移的方法，根据振动实验结果梳理了地基与结构物的 1 次固有周期的关系，并提出如下应力组合方法，我们建议您使用该方法。

- 平方和开平方法：地基 1 次固有周期<结构物 1 次固有周期。
- 单纯合计：地基 1 次固有周期≥结构物 1 次固有周期。

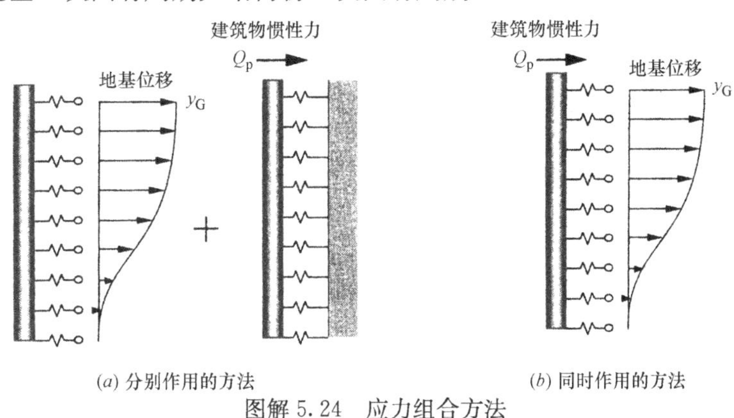

图解 5.24　应力组合方法

5.5　附加荷载效应

5.5.1　*P*-*Δ* 效应

对于级别 2 地震，可以考虑用几何非线性对自重以及水平位移所产生的附加弯矩、所谓的 *P*-Δ 效应进行评估，或按照如下公式求其数据。

$$M_{PDi}=\sum_{j=i+1}^{N}W_j(x_j-x_i) \tag{5.35}$$

在此

M_{PDi}：第 i 层作用的附加弯矩（kN·m）

W_i：第 i 层质点质量（kN）

x_i：用时程反应分析计算的第 i 层的最大水平位移（m）

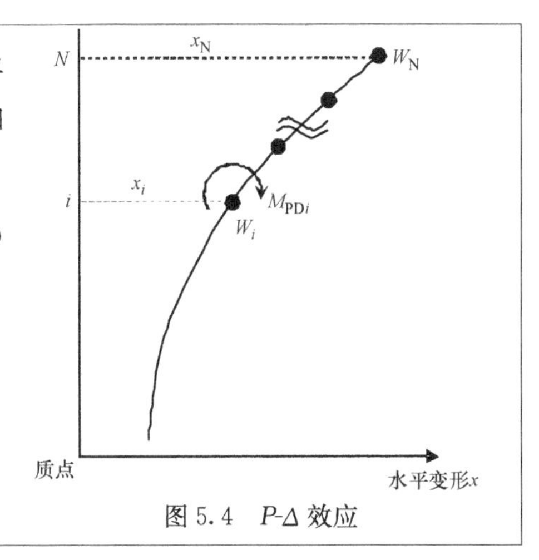

图 5.4　*P*-Δ 效应

【解说】

风力发电设备是一种头重脚轻的结构物，另外级别 2 地震动的轮毂位置的水平变形有时候会超过 1m，因此需要考虑对自重以及水平位移所产生的附加扭矩、所谓的 P-Δ 效应，并对其安全性进行验证。如要精确地考虑 P-Δ 效应并进行反应分析，就要采用几何非线性方法。在本指南中把根据公式（5.35）所求得的附加弯矩加在地震时的弯矩上，是一种较为简便的考虑 P-Δ 效应评估地震作用的方法。

5.5.2 弯曲的影响

风力发电机塔架以及基础部分的机构计算中所采用的地震时的弯矩，应通过考虑了偏心的模型来求得，或者按照如下公式用机舱位置的反应加速度的最大值乘以偏心重量以及塔架中心的偏心距离进行评估。

$$M_t = 1.3WaL/g \tag{5.36}$$

在此

M_t：弯矩（kN·m）

W：偏心重量（kN）

a：机舱位置的反应加速度的最大值（m/s^2）

L：离塔架中心的偏心距离（m）

g：重力加速度（m/s^2）

【解说】

在本指南中，塔架与机舱的偏心重量所产生的弯矩可以用考虑了偏心的模型来求得，或者用简便方法求，比如用机舱位置的反应加速度的最大值乘以偏心重量以及塔架中心的偏心距离进行评估。公式（5.36）中系数 1.3 为安全系数。按照用考虑了偏心的模型所求得的弯矩与非偏心模型所求得的弯矩之比确定该数值。

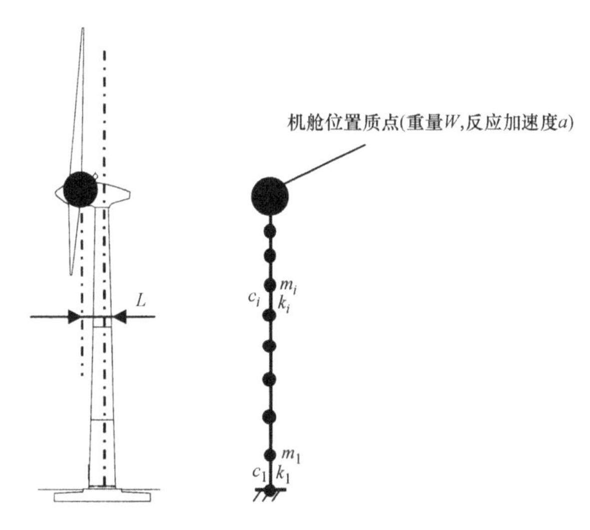

图解 5.25 弯矩发生的概念图

5.5.3 上下震动的影响

地震时上下震动造成塔架上形成上下方向的轴力变动以及塔架与机舱的偏心重量，从而造成附加弯矩偏小的情况，但是对于水平震动引起颠覆力矩来说，塔架断面的富余较少的话，就需要考虑上下震动的影响。考虑对于塔架上下震动的影响时，可以把水平力的 1/2 作为上下方向的轴力变动来使用。并且可以采用根据上下地震动输入时的时程反应分析结果计算出的上下方向的轴力变动。

对于基础部分的上下震动的影响，应把基础重量乘以上下震动程度的数值加在塔架的垂直荷载上来考虑。对于级别 2 地震，可以把水平震动程度的 1/2 作为上下震动程度。并且，可以直接用在输入上下地震动时的时程反应分析结果计算的基础部分上下震动程度。

水平震动与上下震动的荷载组合是用上下震动形成的最大荷载乘以组合系数再加上水平荷载引起的最大荷载来求得的。塔架的组合系数为 1.0，基础部分的组合系数可以为 0.4。

【解说】

在地震时上下震动造成的影响中，塔架所产生的上下方向的轴力变动以及塔架与机舱偏心重量引起的附加弯矩的影响较小，但是如果对于水平震动的富余较少时，需要考虑其影响。对于基础部分的上下震动造成的影响，如果不进行上下方向的地震反应分析，就可以把水平震动程度的 1/2 作为基础部分的上下震度。并且施行采用上下方向的地基弹簧与阻尼比的地震反应分析，并进行对上下震动的影响进行评估。

水平震动与上下震动的荷载组合中采用了组合系数法。关于塔架的水平固有周期长，上下的固有周期短，因此应组合最大值。组合系数为 1.0。基础部分的水平与上下的短周期中，地震动成分较卓越，因此考虑地震动的位相差的组合系数为 0.4。

5.5.4　荷载的组合

风力发电机停止时的地震作用加上风力发电机发电时的风荷载后对风力发电机发电时的地震作用进行评估。按照如下公式求作用于第 i 层的剪力 Q_{pi} 与弯矩 M_{pi}。

$$Q_{pi}=Q_{si}+Q_{wi} \tag{5.37}$$

$$M_{pi}=M_{si}+M_{wi} \tag{5.38}$$

在此

Q_{pi}：风力发电机发电时作用于第 i 层的剪力（N）；

Q_{si}：风力发电机停止时作用于第 i 层的地震引起的剪力（N）；

Q_{wi}：风力发电机停止时作用于第 i 层的风引起的剪力（N）；

M_{pi}：风力发电机发电时作用于第 i 层的弯矩（Nm）；

M_{si}：风力发电机停止时作用于第 i 层的地震引起的弯矩（Nm）；

M_{wi}：风力发电机停止时作用于第 i 层的风引起的弯矩（Nm）。

【解说】

IEC 61400-1 规定，如用反应谱法评估地震作用，则将所求得的地震作用加上发电时年平均风荷载。在本指南中，如分别求地震作用与发电时的风荷载，则不用地震作用评估方法，而在风力发电机停止时的地震作用加上发电时的年平均风荷载来求发电时的地震作用。另外 IEC 61400-1 规定，用时程反应分析对地震时的荷载进行评估时，考虑地震力的作用方向与风向形成的角度，用组合风力发电机发电时的年平均风荷载对应的风速时的荷载或年平均风荷载对应的风速计算风力发电机紧急停止时的荷载，采用这两个数值中较大的数值。在本指南中，如用风力发电机的气动弹性模型评估地震与风的组合情况时，应按照 IEC 61400-1 的要求来进行。

参考文献

[1]　IEC：IEC 61400-1：Wind turbines – Part 1: Design requirements, Third edition, 2005

[2]　日本建築センター：時刻歴応答解析工作物性能評価業務方法書，2007

[3]　日本建築学会：建物と地盤の動的相互作用を考慮した応答解析と耐震設計，2006

[4]　日本建築センター：「設計用入力地震動作成手法技術指針(案)」(本文・解説編)，1992

[5] 中央防災会議：東南海，南海地震等に関する専門調査会，http://www.bousai.go.jp/jishin/chubou/nankai/index_nankai.html（2009/12/04 時点），2003

[6] 中央防災会議：首都直下地震避難対策等専門調査会，http://www.bousai.go.jp/jishin/chubou/shutohinan/ index.html（2009/12/04 時点），2003

[7] 中央防災会議：日本海溝・千島海溝周辺海溝型地震に関する専門調査会，http://www.bousai.go.jp/jishin/chubou/taisaku_kaikou/kaikou_top.html（2009/12/04 時点），2003

[8] 静岡県建築士事務所協会：静岡県建築構造設計指針・同解説 2002 年版，2002

[9] Hardin,B.O.and Drenvich,V.P.:Shear Modulus and Damping in Soils:Design Equations and Curves,Proc.ASCE,SM7,pp.667-692,1972

[10] 太田裕・後藤典俊：S 波速度を他の土質的諸指標から推定する試み，物理探鉱，第 29 巻第 4 号，pp.31-41

[11] 今井常雄・殿内啓司：N 値と S 波速度の関係およびその利用法，基礎工，pp.70-76,1982

[12] 地盤工学会：地盤の動的解析－基礎理論から応用まで－，2007

[13] 時松孝次：土の動的性質，わかりやすい土質力学原論[第 1 回改訂版]，土質工学会，pp.299-352，1992

[14] Ishihara, K., Yoshida, N. and Tsujino, S. (1985): Modelling of stress-strain relations of soils in cyclic loading, Proc. 5th International Conference for Numerical Method in Geomechanics, Nagoya, Vol. 1, pp. 373-380, 1985

[15] 日本建築学会：建築基礎構造設計指針, 2001

[16] 石原孟，L. Zhu，L.V. Binh：風力発電設備停止時と発電時における地震応答予測に関する研究，第 29 回風力エネルギー利用シンポジウム, 2007

[17] 国土交通省住宅局建築指導課他：2001 年度限界耐力計算法の計算例とその解説，ぎょうせい，2001

[18] 日本建築学会：容器構造設計指針・同解説，1996，2010

[19] 日本電気協会：原子力発電所耐震設計技術指針，JEAG4601，1987

[20] 危険物保安技術協会：屋外タンク貯蔵書関係法令通達集，2001

[21] 日本電気協会：原子力発電所耐震設計技術規定，JEAC4601，2008

[22] 時松孝次：耐震設計と N 値（建築），基礎工，Vol.25，No.12，pp.61～66，1997

第6章　其他荷载

6.1　其他荷载的基本评估

本章将确定作用于带有三叶片的水平轴风力发电机的其他荷载的计算方法。

【解说】

在设计风力发电机设备塔架的结构时，除了风荷载、地震作用外，还应该考虑积雪荷载、固定荷载、堆积荷载。在风力发电机组相关国际标准 IEC 614001-1 中，建议关于积雪荷载应按照各国的规定计算。本章确定风力发电设备设计所需要的积雪荷载、固定荷载、堆积荷载的计算方法的同时，还考虑了在海岸附近设置风力发电设备的情况，提供了波力的计算方法。并且在本指南中，没有对土压以及冲击评估进行相关规定，但是事实上如果风力发电机组可能受到土压（根据地基条件变化，地震时的土压），以及冲击影响时，应该根据实际情况对其进行评估。

6.2　固定荷载与堆积荷载的评估

应根据该设备的实际情况计算风力发电设备的各部分的固定荷载与堆积荷载。固定荷载应采用实测数据或厂家提供的数值。

【解说】

（1）固定荷载是指叶片、机舱、塔架等结构物本身的重量或结构物上一直固定的装备品（盖子、梯子）的重量形成的荷载。

（2）原则上应该根据实际情况准确地设定固定荷载，并可以采用实测数据或厂家提供的数值。

（3）堆积荷载不包含固定荷载，是指人或不是很难移动的荷载的总称，原则上应该根据实际情况进行设定。

6.3　积雪荷载的评估

6.3.1　基本思路

（1）机舱上面的积雪作为积雪荷载来考虑。

（2）积雪单位荷载乘以机舱水平投影面积以及其他地方垂直积雪量来求积雪荷载。

【解说】

本节就积雪荷载的标准确定规范进行了说明。原则上按照《建筑基准法》施行令第 86 条的内容来确定。

对于机舱上面的积雪荷载，一般认为相当于建筑结构物的屋顶积雪荷载。但是如果在机舱侧面以及风力发电机设备其他部分、叶片或风轮或钢制塔架等上面的冰或雪较为明显的话，则需要另外考虑。

6.3.2 设计垂直积雪量

应按照国土交通大臣规定标准，把设计垂直积雪量设定为特定政府部门规定的数值。

【解说】

根据《建筑基准法》施行令第86条第3项的内容确定垂直积雪量。所谓特定政府部门规定的数值是指按照建设省告示的1455号规定的公式求积雪量，并考虑局部地形因素的影响等所得的数值。并且根据该地域或其附近地域的气象观测点中的底面积雪深度的观测资料，用统计等方法，如可以求年超过概率相当于2%的积雪量的数值（50年再现期待值）的话，特定政府部门可以确定该数值。

6.3.3 作用于机舱上面的积雪荷载的评估

（1）关于积雪的单位荷载，每厘米积雪量每平方米应为20牛顿。但是如果特别政府部门规定的数值与该数值不同，应采用政府部门规定的数值。用如下公式计算积雪荷载。

$$S=d\cdot\rho \tag{6.1}$$

在此 S 为积雪量（每 $1m^2$ 屋顶的水平投影面积）；

d 为垂直积雪量（cm）；

ρ 为积雪单位荷载，$\rho>20(N/m^2/cm)$。

（2）关于机舱上积雪荷载，如果其倾斜角度低于60°，可以用积雪荷载乘以按照算式（6.2）计算的形状系数 μ_b，如果其倾斜角度超过60°，则积雪荷载为0。

$$\mu_b=\sqrt{\cos(1.5\beta)} \tag{6.2}$$

在此 μ_b 为形状系数；

β 为机舱上面的倾斜（°）。

（3）如果发电机本身具备防止机舱出现积雪的功能，可以根据其性能设定积雪量以及积雪荷载。

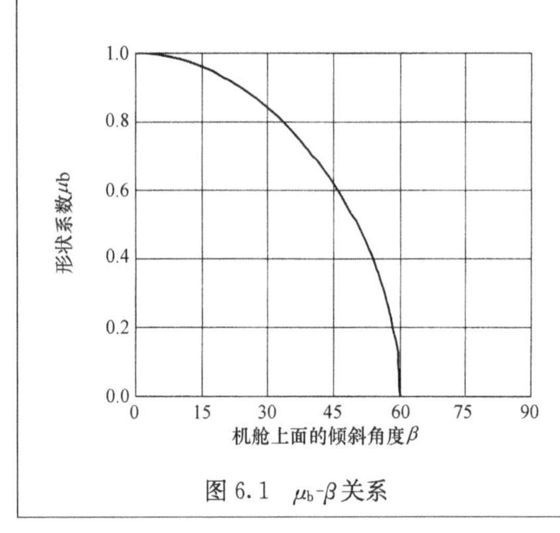

图6.1 μ_b-β 关系

【解说】

（1）关于在本项中公式（6.1）计算出来的积雪荷载中所采用的积雪单位荷载 ρ，规定了其最低值。但是按照大臣规定的标准，在特殊政府部门规定的多雪区域，要注意其最低值可能会规定为不同的数值。

（2）关于机舱上面的积雪荷载的形状系数，可以采用与一般建筑物屋顶的形状系数一样的系数。另外关于一般建筑物屋顶的形状系数，如特殊政府部门考虑了雪的特殊性状等规定了与其不同的数值，机舱的积雪荷载也应采用其规定数值。

另外，关于机舱上面的形状，如果像一般屋顶一样，具备防止积雪滑落的结构，那么本项则不适用。

（3）发电机本身如果具备防止机舱上面出现积雪的功能，在应该对该功能进行评估后再设定机舱上的积雪荷载。

6.4 波浪荷载的评估

6.4.1 适用范围以及波浪荷载评估的基本思路

本节所示的波浪荷载适用于表6.1和图6.2所示位置上建设的风力机。

本节所示波浪荷载的适用对象 **表6.1**

位置	基础位置	概要
防波堤上，直接面向海的护岸上	堤体上	在防波堤和直接面向海的护岸的堤体上设置
防波堤背后	海中	在有可能受到海象荷载的防波堤的背后静稳域的海面上设置

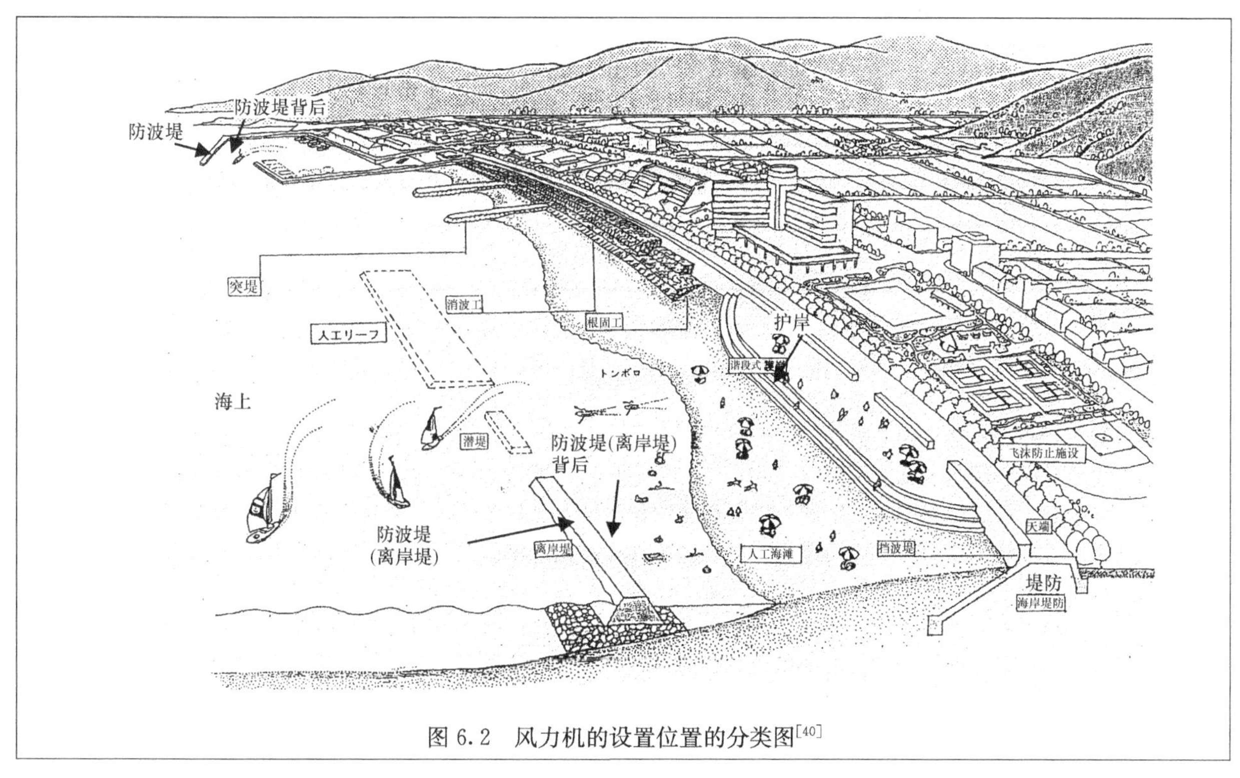

图 6.2 风力机的设置位置的分类图[40]

【解说】

本指南虽然主要以陆地上建设的风力机为对象，但是在港湾内或海岸附近建设风力机时，有时也要考虑波浪的影响。本节将规定表 6.1 和图 6.2 所示位置建设的风力发电设备支持物上作用的波浪荷载。另外，本节视波浪荷载为次要荷载，将提供暴风时风力发电设备支持物上产生的波浪荷载的计算方法。此外，对于以波浪荷载为主要荷载的所谓海上风力机，除波浪外，还要考虑海流、海水、冲刷等条件的影响，不在本节规定的适用范围内。

本节所示的波浪荷载基本为等效静力荷载，但是必须要计算由时程响应分析得到的波浪作用产生的荷载效应。本节首先讨论如何确定设计潮位和设计波浪的方法，接着评估波浪的运动，最后规定波浪荷载的评估方法。对于波浪荷载，本节给出了由海底铅直立起的圆柱结构物上作用的冲击破碎波荷载和防波堤等上建设的圆柱结构物作用的波浪压力的计算式。关于表 6.1 及图 6.2 所示位置建设的风力发电设备支持物，也可以考虑漫坝波等的影响，但是关于这些影响，可由实验和解析进行评估，也可以采用本节所示的冲击波碎波荷载或波浪压力的计算式进行评估。

【与其他法规，基准，指南等的关联】

制定本节的规定时，考虑到了应符合 IEC 61400-3[2] 的规定并能给出大致相同的结果。

本节的规定不适用于海啸作用。关于海啸作用的规定，可以参考例如「内閣府・津波避難ビル等に係るガイドライン検討会：津波避難ビル等に係るガイドライン」[3] 等文献。

6.4.2 海象条件的设定

(a) 设计潮位

> (1) 设计高潮位
>
> 设定设计高潮位时，可采用下列其中一项：
>
> 1) 不需要考虑高潮的发生时
>
> ・平均朔望高潮位 HWL
>
> 2) 有必要考虑高潮的发生时

(a) 防波堤背后的水路内[41]

(b) 防波堤背后[42]

图解 6.1　适用本章所示的波浪荷载的风力机的实例

取下列较大的一项的潮位：

・历史最高潮位（高极潮位）HHWL

・平均朔望高潮位 HWL 与高潮偏差（历史最大潮位偏差或台风潮位偏差）之和

（2）设计潮位

以设计高潮位为上限，考虑到和波浪同时发生的可能性，以对风力机支持物最危险的潮位作为设计潮位。

【解说】

（1）设计高潮位

港湾设施技术基准与解说（日本港湾协会）[4]（以下简称港湾基准）及 IEC 61400-3[2]对于潮位的定义如图解 6.2 所示。关于设计高潮位，采用 IEC 61400-3[2]中最高天文潮位 HAT 与 50 年重现期的高潮偏差之和。而港湾基准[4]中，首先天文潮位不是采用最高天文潮位 HAT 而是采用平均朔望满潮位 HWL。关于高潮（气象潮），和 IEC 61400-3[2]同样，基于高潮的出现概率密度曲线来设定是其中一种选择。但是，为了做长期的预测，由于观测期间内的可靠性较差，实际上多按照采用历史最大潮位偏差的高潮来处理，或者多采用与天文潮结合的历史最高潮位 HHWL。另外，关于需考虑高潮的设施，限定于高潮对策设施和内湾等的有显著高潮记录的海域上的设施。由以上可知，本指南从符合日本传统的一般潮位设定方法的观点出发，将遵从港湾基准来处理。

关于是否有必要考虑高潮的发生，应基于对象海域的高潮发生状况进行判断，也可参考图解 6.3 所示的历史最高潮位 HHWL 与平均朔望满潮位 HWL 的比值 r_{wl} 的分布。另外，台风潮位偏差可通过式（解 6.1）所示的经验式[5]进行计算。

$$\zeta = a(p_0 - p) + bW^2\cos\theta + c \qquad (解 6.1)$$

这里，

ζ：潮位偏差（cm）

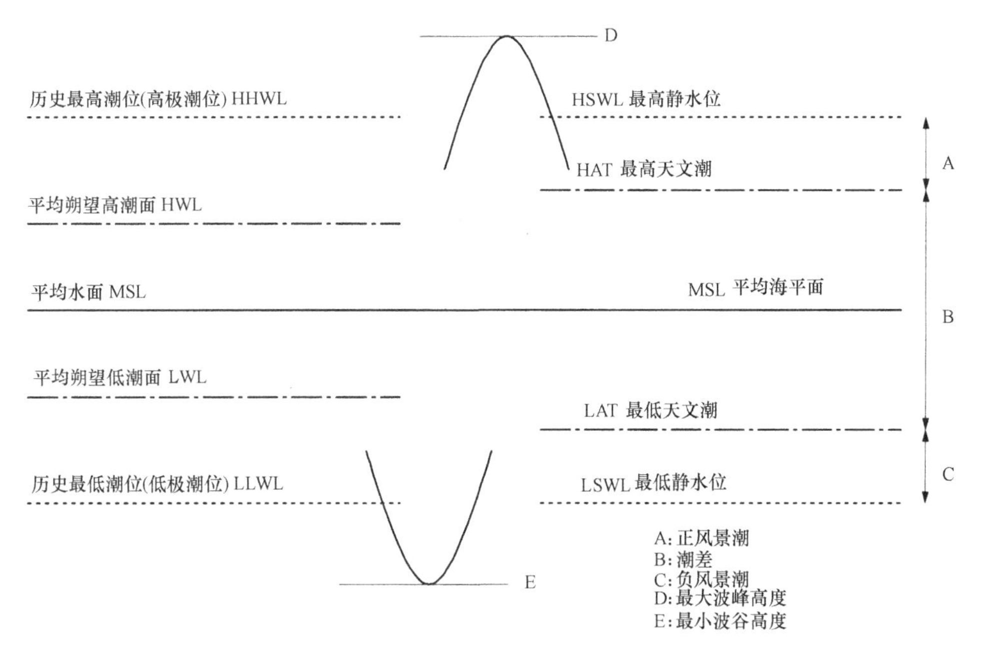

图解 6.2 潮位的定义（左侧：港湾基准[4]，右侧：IEC 61400-3[2]）

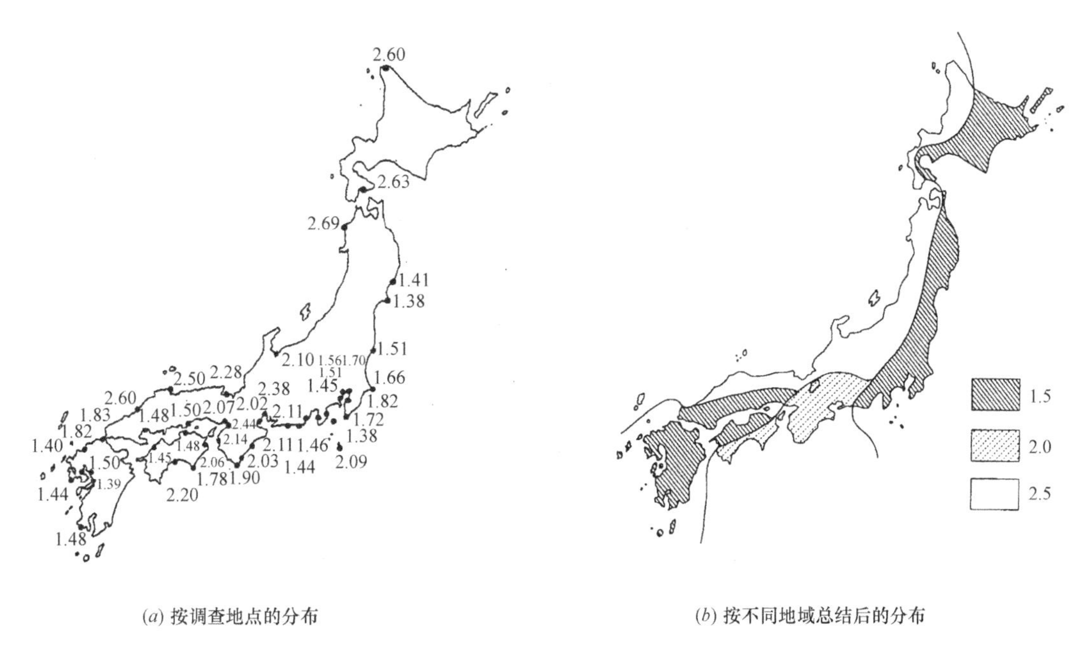

(a) 按调查地点的分布

(b) 按不同地域总结后的分布

图解 6.3 r_{wl}（HHWL/HWL）的分布[6]

p_0：基准气压（=1010hPa）

p：最低气压（hPa）

W：10 分钟的平均风速的最大值（m/s）

θ：主风向和最大风速 W 的角度

a、b、c：各地点的如表解 6.1 所示的常数

（2）设计潮位

在防波堤上或护岸上建设风力机时，应该以上述的设计高潮位为设计潮位，但是在防波堤背后建设风力机时，由于 6.4.4（d）所示的冲击破碎波力随着水深波长比而变化，所以最大波力未必发生在设计高潮位时。因此，对于和波浪同时发生性较高的潮位，以对风力机支持物最危险的潮位作为设计潮位。

台风潮位偏差推算式的常数 表解 6.1

地点	a	b	主风向	地点	a	b	主风向
稚内	0.516	0.149	WNW	淡轮	2.552	0.004	SSW
网走	1.296	0.036	NW	大阪	2.167	0.181	S6.3°E
花咲	1.12	0.02	SE	神户	3.370	0.087	S24°E
钏路	1.316	0.016	SW	洲本	2.281	0.026	SSE
函馆	1.262	0.023	S	宇野	4.109	−0.167	ESE
八户	1.429	0.015	ENE	吴	3.730	0.026	E
宫古	1.193	0.012	NNW	松山	4.303	−0.082	SSE
鲇川	1.346	0.020	SE	高松	3.184	0	SE
铫子	0.622	0.056	SSW	小松岛	1.720	0.019	SE
布良	1.935	0.012	SW	高知	2.385	0.033	SSE
东京	2.332	0.112	S29°W	土佐清水	1.428	0.022	S
伊东	1.128	0.005	NE	宇和岛	2.330	−0.012	SSE
内浦	1.439	0.024	SW	油津	1.005	0.036	SE
清水港	1.350	0.016	ENE	鹿儿岛	1.234	0.056	SSE
御前崎	1.324	0.024	NE	枕崎	0.973	0.040	S
舞阪	2.256	0.080	S	那霸	1.117	0.015	N9°E
名古屋	2.961	0.119	S33°E	三角	1.185	0.154	SSW
鸟羽	1.825	0.001	ESE	富江	1.094	0.027	SE
浦神	2.284	0.025	SE	下关	1.231	0.033	ESE
串本	1.490	0.036	S	浜田	1.17	0.021	NNW
下津	2.000	0.022	SSW	境	0.48	0.027	ENE
和歌山	2.608	0.003	SSW	宫津	1.43	−0.014	NE

注：常数 c 的值，浜田−12.9，境+15.4，宫津−4.8，其余地点都为 0。另外，主风向「S29°W」表示由南偏西 29°。

【与其他法规、基准、指南等的关联】

设计高潮位是作为设计条件要考虑的最高潮位，以港湾基准[4]为对象的结构物，主要是保护海岸和公共港口设施，为确保腹地安全的建筑物，而且海洋建筑物结构设计指南・同解说（日本建筑学会）[7]等也是按照港湾基准来进行潮位设定的。因此，本指南将依照港湾基准的规定。

（b）设计波

设计波的波高和周期可通过下式计算。

$$H_D=\begin{cases}\min(H_{red},H_{max}) & （港外）\\ \min(H_{red,in},H_{max,in})+K_T\min(H_{red},H_{max}) & （港内）\end{cases} \tag{6.3}$$

$$T_D=T_{1/3} \tag{6.4}$$

这里，

H_D：设计波高（m）

T_D：设计波周期（s）

H_{red}：折减波高（m），通过式（6.7）求得

H_{max}：考虑破碎波影响的最大波高（m），通过式（6.8）求得

$T_{1/3}$：波浪的有义波周期（s），按照 6.4.2（c）项所示的方法求得

K_T：防波堤的波高传递率，按照 6.4.2（e）项所示的方法求得

$H_{red,in}$：通过式（6.7）求得的港内用折减波高

$H_{max,in}$：通过式（6.8）求得的港内用最大波高

【解说】

本指南假设了在图 6.2 所示的海域周边建设风力发电设备的情况，即与风荷载相比，波浪荷载不会成为主要荷载的情况。因此，对于设计波的计算，本指南旨在给出力求简单但又同时偏于保守的设计波

的设定方法。因此，考虑到既要符合传统的用于日本港湾及海岸保护设施的设计波的计算方法，同时利用现有的波浪估计信息等，也要结合 IEC 61400-3[2]的规定。

本节规定了暴风时的波浪荷载。IEC 61400-3[2]中，对于暴风时的风荷载和波荷载的组合，考虑到瞬间最大风速和波群中的最高波浪同时发生的可能性极低，基于对两者同时发生概率的考察，规定了对最大风速或者最大波高两者之一进行折减的方法。本指南将波浪荷载作为次要荷载处理，因此将最大波高进行了折减，而没有对最大风速进行折减。

图解 6.4 给出了本指南对设计波高和波浪力进行评估的流程图。首先，通过 6.4.2（c）项所示方

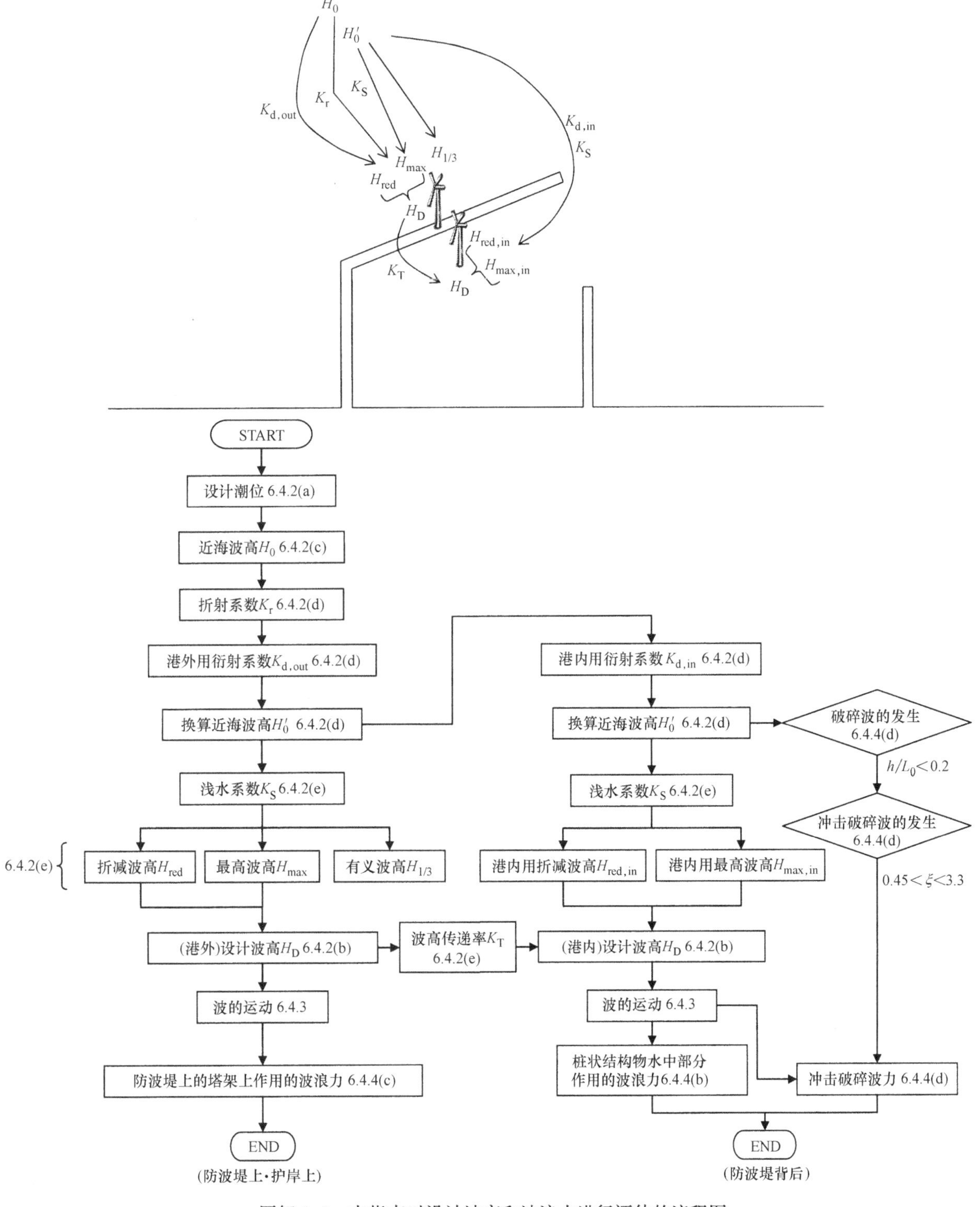

图解 6.4　本指南对设计波高和波浪力进行评估的流程图

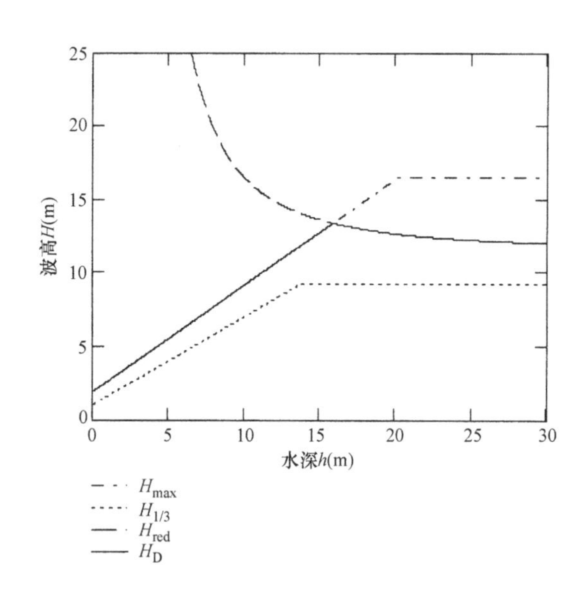

图解 6.5 各种波高的比较（有义波周期 12（s），换算波高 10（m），海底梯度 1/30）

法设定近海波波高有义值 H_0，然后根据 6.4.2（*d*）项所示的方法计算考虑了折射和衍射的影响后的换算波高 H_0'。接下来计算 6.4.2（*e*）项中所示的只考虑浅水变形的折减波高 H_{red}，或者同时考虑浅水变形以及破碎波变形的最大波高 H_{max}，取两者之中的较小值作为设计波高 H_D。这里，计算港内的设计波高时，将港外的设计波高乘以 6.4.2（*e*）项的波高传递率得到传递波高，再与式（6.3）相加即为港内的设计波高。另外，关于波向，除非其信息是确定的，否则按照对风力机支持物最不利的方向来确定。

图解 6.5 所示为本指南中定义的各种波高的比较的例子。对于水深较大即破碎波的影响较小的海域，选择以基于瞬间最大风速和最大波高同时发生的概率的浅水系数的线性式规定的折减波高，设计波高要比最大波高小。但是，对于水深较小即破碎波的影响较大的海域，由于破碎波使得波高增加达到顶点，设计波高将等于最大波高。

（c）海洋波

海洋波在水深超过 6.4.2（d）项规定的波长的 1/2 的深海域中具有重现期为 50 年的有义波高 H_0 及 H_0 对应的有义波周期 $T_{1/3}$。其值按照下列方法确定时，首先按（1）或（2）的方法确定，如果确定的值难以适用，也可以按照（3）或（4）所示的方法确定。

（1）各自治单位规定的重现期 50 年的有义波高及有义波周期。

（2）国土技术政策综合研究所资料第 88 号[8]中的波浪表 C.1（1）至 C.1（32）中规定的重现期 50 年的有义波高及有义波周期。

（3）基于观测数据的重现期 50 年的有义波高及有义波周期。

（4）基于波浪推算的重现期 50 年的有义波高及有义波周期。

另外，应用方法（3）或（4）时，首先通过方法（1）或（2）对波浪地点进行精度验证，只有证明了具有足够的精度时，才可以应用所推算的波浪。

【解说】

IEC 61400-3[2]中规定“对于极值风条件和极值波条件的组合，要求整体极值环境的重现期间为 50 年。如果不具备求得极值风条件和极值波条件的长期联合概率分布的数据，可假设在重现期间 50 年的极值海况下发生重现期间 50 年的 10 分钟平均极值风速”。本指南中，波荷载为次要荷载，从偏安全的角度出发，波浪的重现期间以 50 年为标准。

（1）各自治单位规定的重现期 50 年的有义波高及有义波周期。

各自治单位规定了重现期 50 年的概率波。例如，「千叶东海岸海岸保全基本计划」中给出了海浪波高、周期、最大波高时的波向。重现期间 50 年的概率波基于昭和 26 年～平成 12 年的 50 年间的气象资料由波浪推算法（频谱法）来确定，可作为重现期间 50 年的有义波高及有义波周期来应用。

（2）利用国土技术政策综合研究所资料第 88 号

国土交通省，国土技术政策综合研究所资料第 88 号[8]中，基于平成 12 年度收集的各港湾建设局（现国土交通省地方整备局）的波浪推算以及极值统计解析数据，对全国各地的海波进行了整理。表解 6.2 给出了其中一例。同一文献中的表-C.1（1）～表-C.1（32）中给出了 50 年的重现期待值。但是，针对具体海域也有采用作为波浪推算方法的简易有义波法的情况。另外，迄今为止通过高精度的观测和推算，已经有变更设计波浪的海域，有必要小心处理。本资料中还给出了港外水深10m地点的沿岸系数α（α=折射系数K_r×衍射系数K_d），可作为下节所示的换算波高H_0'的计算的参考。

国土技术政策综合研究所资料第88号[8]中波浪表的一例　　表解6.2

类别	地点	统计方法	重现期		NNE	NE	ENE	E	ESE	SE	SSE	S	SSW	SW	WSW	W	WNW	NW	NNW	N	ALL	管辖
1	枝幸港	极大值	10年	波高	7.40	8.00	7.80	7.50	6.90										5.20	6.00		北海道
				周期	11.5	11.7	11.7	11.1	11.0										10.4	10.6		
		极大值	30年	波高	8.50	9.00	8.80	8.50	8.20										6.00	7.00		北海道
				周期	12.0	12.2	12.1	11.6	11.6										10.8	11.0		
		极大值	50年	波高	8.90	9.50	9.20	9.00	8.80										6.40	7.50		北海道
				周期	12.2	12.4	12.3	11.8	11.9										11.1	11.3		
		极大值	100年	波高	9.50	10.10	9.70	9.50	9.50										6.90	8.10		北海道
				周期	12.4	12.6	12.5	12.0	12.2										11.3	11.5		
1	纹别港	极大值	10年	波高	6.30	5.90	5.00	3.90												5.10		北海道
				周期	10.9	10.3	9.5	8.0												10.0		
		极大值	30年	波高	7.40	6.60	6.10	4.60												6.00		北海道
				周期	12.1	11.0	10.7	8.9												11.1		
		极大值	50年	波高	7.90	7.00	6.50	4.90												6.50		北海道
				周期	12.6	11.4	11.2	9.2												11.8		
		极大值	100年	波高	8.60	7.40	7.20	5.30												7.10		北海道
				周期	13.3	11.9	12.0	9.7												12.6		
1	网走港	极大值	10年	波高	6.90	6.60	5.10												5.60	6.90		北海道
				周期	10.2	10.0	8.7												9.1	10.2		
		极大值	30年	波高	8.60	8.30	6.00												6.60	7.80		北海道
				周期	11.7	11.4	9.5												10.0	11.0		
		极大值	50年	波高	9.30	9.10	6.40												7.10	8.30		北海道
				周期	12.3	12.1	9.8												10.4	11.4		
		极大值	100年	波高	10.30	10.10	6.90												7.60	8.90		北海道
				周期	13.1	13.0	10.2												10.8	11.9		
2	羅臼	年最大值	30年	波高		5.70	3.00			2.20												北海道
				周期		9.9	6.2			5.0												
		年最大值	50年	波高		6.30	3.30			2.30												北海道
				周期		10.4	6.4			5.0												
2	根室港	极大值	10年	波高	3.10	7.10	5.90	5.80							1.20	1.70	2.00	2.30	2.50	2.60		北海道
				周期	5.3	10.5	9.6	9.6							3.2	3.7	4.1	4.4	4.7	4.8		
		极大值	30年	波高	3.40	8.20	6.90	6.60							1.20	1.80	2.10	2.50	2.60	2.80		北海道
				周期	5.7	11.4	10.4	10.4							3.2	3.9	4.2	4.7	4.8	5.0		
		极大值	50年	波高	3.50	8.80	7.40	7.00							1.20	1.80	2.20	2.50	2.70	2.80		北海道
				周期	5.8	11.8	10.8	10.7							3.2	3.9	4.3	4.7	4.9	5.0		
		极大值	100年	波高	3.60	9.50	8.00	7.50							1.30	1.80	2.20	2.60	2.70	2.90		北海道
				周期	5.9	12.4	11.3	11.2							3.3	3.9	4.3	4.8	4.9	5.1		

续表

类别	地点	统计方法	重现期		NNE	NE	ENE	E	ESE	SE	SSE	S	SSW	SW	WSW	W	WNW	NW	NNW	N	ALL	管辖
2	花咲港	极大值	10年	波高				6.80	7.10	7.10	6.20	5.70										北海道
				周期				12.0	12.5	12.5	11.5	10.4										
		极大值	30年	波高				8.00	8.30	8.20	7.20	6.70										北海道
				周期				13.4	13.9	13.8	12.5	11.2										
		极大值	50年	波高				8.50	8.80	8.70	7.60	7.10										北海道
				周期				14.0	14.5	14.3	12.9	11.5										
3	雾多布港（浜中）	极大值	30年	波高				6.00	6.40													北海道
				周期																		
		极大值	50年	波高				6.30	6.80													北海道
				周期				10.0	10.0													
3	雾多布港（琵琶湖）	极大值	10年	波高			6.50	7.20	7.90	7.80	7.80	6.80	5.40									北海道
				周期			10.1	10.8	11.6	11.4	11.5	10.9	9.5									
		极大值	30年	波高			7.40	8.30	9.10	8.80	8.80	7.70	5.90									北海道
				周期			11.0	11.9	12.8	12.4	12.4	11.8	10.1									
		极大值	50年	波高			7.80	8.80	9.70	9.20	9.20	8.20	6.20									北海道
				周期			11.4	12.4	13.4	12.7	12.8	12.4	10.5									
		极大值	100年	波高			8.30	9.40	10.40	9.80	9.80	8.70	6.40									北海道
				周期			11.9	13.0	14.1	13.3	13.4	12.9	10.7									
3	钏路港	极大值	10年	波高				7.00	7.40	7.50	7.70	6.70	5.70	3.00								北海道
				周期				10.6	10.7	10.8	11.2	10.2	9.4	6.5								
		极大值	30年	波高				8.00	8.30	8.40	9.00	7.70	6.30	3.30								北海道
				周期				11.5	11.5	11.6	12.4	11.0	9.9	6.8								
		极大值	50年	波高				8.50	8.70	8.70	9.60	8.20	6.60	3.40								北海道
				周期				11.9	11.8	11.8	12.9	11.4	10.2	6.9								
		极大值	100年	波高				9.10	9.10	9.20	10.40	8.80	7.00	3.50								北海道
				周期				12.5	12.1	12.2	13.7	12.0	10.5	7.0								

利用本表所示值时，需在充分理解本文的注意点后适当处理。

（3）基于观测数据的波高的50年重现期待值的计算方法。

如果可以获得建设对象地点附近海域的观测值，可以采用观测值来计算50年重现期待值。但是考虑到和以往波浪计算方法的一致性，基于港湾基准[4]，此种情况的观测期间采用30年以上。

当观测记录不满50年时，通过极值统计解析设定最符合观测记录的极值分布函数，然后以此通过外插来求得重现期50年的有义波高。对应50年概率波高的有义波周期可通过波高和周期分布图来确定。这里，采用的观测记录的期间为30年以上。下面具体给出了将波高的观测值拟合为极值分布函数，然后计算波高的50年重现期待值的步骤。

作为拟合对象的极值分布函数，可选择表解6.3所示的极值Ⅰ型分布（Gumbel分布）、极值Ⅱ型分布（Frechet分布）以及极值III型分布（Weibull分布）。

这里，极值Ⅱ型分布的形状参数k固定为2.5、3.33、5.0、10.0四种，Weibull分布的形状参数k固定为0.75、1.0、1.4、2.0四种，以共计9种2参数型分布函数作为拟合对象。下面以Weibull分布作为拟合对象，给出了所要的重现期待值的计算方法。

1）将给定数据按降序排列获得顺序统计量$x(m)(m=1,2,\cdots N,N$为样本数)。

极值分布函数 **表解 6.3**

	非超越概率	概率密度函数
极值Ⅰ型分布(Gumbel分布)	$F(x)=1-\exp\left[-\left(\frac{x-B}{A}\right)\right]$; $-\infty\leqslant x<\infty$	$f(x)=\frac{1}{A}\exp\left[-\frac{x-B}{A}-\exp\left(-\frac{x-B}{A}\right)\right]$
极值Ⅱ型分布(Frechet分布)	$F(x)=1-\exp\left[1+\left(\frac{x-B}{kA}\right)^{-k}\right]$; $B-kA\leqslant x<\infty$	$f(x)=\frac{1}{A}\left(1+\frac{x-B}{kA}\right)^{-(1+k)}\exp\left[-\left(1+\frac{x-B}{kA}\right)^{-k}\right]$
极值Ⅲ型分布(Weibull分布)	$F(x)=1-\exp\left[-\left(\frac{x-B}{A}\right)^{k}\right]$; $B\leqslant x<\infty$	$f(x)=\frac{k}{A}\left(\frac{x-B}{A}\right)^{k-1}\exp\left[-\left(\frac{x-B}{A}\right)^{k}\right]$

2）通过式（解 6.2）及表解 6.4，由 $N_T=N$ 求得各 $x(m)$ 的非超越概率 F_m。

$$F_m=1-\frac{m-\alpha}{N_T+\beta}, \qquad (m=1,2,\cdots N,N\text{ 为样本数}) \tag{解 6.2}$$

公式（解 6.2）中的系数 **表解 6.4**

分布函数名	α	β
极值Ⅰ型分布	044	0.12
极值Ⅱ型分布	$0.44+0.52/k$	$0.12-0.11/k$
Weibull 分布	$0.20+0.27/\sqrt{k}$	$0.20+0.23/\sqrt{k}$

3）对应 F_m 分别计算基准化变量 $y(m)$。Weibull 分布时如下所示。

$$y[m]=[-\ln(1-F_m)]^{1/k} \tag{解 6.3}$$

4）顺序统计量 $x(m)$ 由基准化变量 $y(m)$ 的线性回归式表示，通过最小二乘法，可计算尺度系数 A 和位置系数 B。另外，通过线性回归可一并计算相关系数。

$$x(m)=Ay(m)+B \tag{解 6.4}$$

5）基于以下 3 种基准，可以从 9 种中决定最合适的分布函数。

REC 基准：对于每个分布函数，求得其相关系数的残差的 95%非超越概率，当将极值数据拟合为此分布函数时，如果相关系数的残差超过了此界限值，就认为此分布函数不适用。

DOL 基准：将数据中的最大值用整体平均值和标准差无量纲化，如果此无量纲值低于拟合分布函数的 5%或大于拟合分布函数的 95%，就认为此分布函数不适用。

MIR 基准：考虑到相关系数为 1 时的残差平均值随着分布函数而变化，当标本的相关系数的残差与拟合分布函数的残差平均值的比值最小时，此分布函数为最优分布函数。

6）计算所规定的重现期 R（50 年）的重现概率统计量 x_R。

$$x_R=Ay_R+B \tag{解 6.5}$$

以 Weibull 分布的基准化变量 y_R 为例，可采用平均发生率 $\lambda(=N_T/K)$ 由下式表示。

$$y_R=[\ln(\lambda R)]^{1/k} \tag{解 6.6}$$

(4) 基于波浪推算的波高的 50 年重现期待值的计算方法。

通过波浪推算来确定近海波浪时，由于波浪推算是推定由风引起的波浪的各要素的方法，因此与有义波法和频谱法有很大差别。采用有义波法时，包括 SMB 法-适用于风场不移动的情况，Wilson 法-适用于台风等风场移动的情况，Bretschneider 法-考虑水深对波浪的产生的影响的方法。对 SMB 法进行了改良的 Wilson 法广泛应用于沿岸及港湾结构物的设计。下面作为波浪推算式的一例，给出了 Wilson 法的推算式[10]。

$$H_{1/3}=\frac{0.30U_{10}^2}{g}[1-\{1+0.004(gF/U_{10}^2)^{1/2}\}^{-2}] \tag{解 6.7}$$

$$T_{1/3}=\frac{8.617U_{10}}{g}[1-\{1+0.008(gF/U_{10}^2)^{1/3}\}^{-5}] \tag{解 6.8}$$

这里，

$H_{1/3}$：波浪的有义波高（m）

$T_{1/3}$：波浪的有义波周期（s）

U_{10}：海面以上 10m 处的 10 分钟的平均风速的 50 年重现期待值（m/s）

F：吹走距离（m）

g：重力加速度（m/s^2）

为了较为精确地求得近海波浪，推荐以能量平衡方程式作为基础方程式，采用频谱法来数值求得波浪谱的时间空间脉动。详细可以参考《新しい波浪算定法とこれからの海域施設の設計法》[11]和《波浪の解析と予報》[12]。

上述所示的（3）或（4）方法，因为有必要进行高度的判断，所以计算要慎重进行，如果可能的话，请咨询专业机构，通过比较其稳妥性，在充分验证之后进行采用。

（d）换算波的计算

换算近海波浪的波高由下式计算。

$$H_0'=\begin{cases}K_r \times K_{d,out} \times H_0 & \text{（港外）}\\ K_{d,in} \times K_r \times K_{d,out} \times H_0 & \text{（港内）}\end{cases} \tag{6.5}$$

这里，

H_0'：近海波浪的换算波高（m）

K_r：折射系数

$K_{d,out}$：港外用衍射系数

$K_{d,in}$：港内用衍射系数

H_0：近海波浪的波高（m）

（1）折射系数，原则上要通过数值计算来确定，但是在直线平行等深线海岸的情况下，可按照式（6.6）计算。

$$K_r=\sqrt{\frac{\cos\alpha_0}{\cos\alpha_r}} \tag{6.6}$$

此处，

$$\alpha_r=\sin^{-1}\left(\sin\alpha_0 \tanh\frac{2\pi h}{L}\right),\quad L=\frac{2\pi h}{\sqrt{P\left(P+\frac{1}{Q}\right)}}$$

$$P=\frac{(2\pi)^2 h}{gT_D^2},\quad Q=1+P[0.6522+P\{0.4622+P^2(0.0864+0.0675P)\}]$$

这里，

α_0：深海域的波浪的入射角度

h：水深（m）

α_r：水深 h 处的波浪的折射角度

L：水深 h 处的波长 h（m）

T_D：设计波周期（s），通过式（6.4）计算

（2）衍射系数，原则上要通过数值计算来确定。

【解说】

在水深超过波长的 1/2 的水域，波浪不易受到海底的影响，将无变形地行进。但是，当波浪进行到水深小于波长的 1/2 的水域时，将逐渐受到海底的影响，波速开始变缓，波长开始缩小，波高也会变化。因此，将水深超过波长的 1/2 的水域称为深海域，而将水深小于波长的 1/2 的水域称为浅海域。在设定浅海域的波浪时，必须要考虑波浪的变形。波浪的变形包括折射、衍射、浅水变形和破碎波等。

(1) 折射系数

折射是随着水深变浅，波浪的行进方向发生变化的现象。一般在浅海域，波浪的行进方向将垂直于水深的等深线而变化。由于波高也会同时发生变化，所以有必要对此进行研究。折射系数由下式定义。

$$K_r=\frac{H}{H_I} \tag{解 6.9}$$

这里，

K_r：折射系数

H_I：入射波高（m），可采用基于 6.4.2（c）的近海波高 H_0

H：折射区域内的波高（m）

折射系数，以采用数值计算为原则，但是在直线平行等深线海岸的情况下，可按照式（6.6）计算。另外，式（解 6.9）是将通过线性波理论得到的分散关系式进行 Taylor 展开而导出的近似式，此计算的精度为 0.1%[9]。

(2) 衍射系数

衍射是波浪绕过防波堤等障碍物向遮蔽区域继续传播的现象。例如，在计算港内的波高时，必须要对这一现象进行研究。衍射系数由下式定义。

$$K_d=\frac{H}{H_I} \tag{解 6.10}$$

这里，

K_d：衍射系数

H_I：入射波高（m）

H：衍射区域内的波高（m）

衍射系数，原则上要通过数值计算确定。

【与其他法规、基准、指南等的关联】

关于规则波和不规则波的折射系数以及由折射引起的波向变化，可参考港湾基准[4]中的图 4.3.1～图 4.3.4，或者水理公式集[13]中的图 5-3.3～图 5-3.4。图解 6.6 所示为通过式（6.6）计算的折射系数，是相对于等深线的深海波入射角 $\alpha_{0=}10°$～ 80°每隔 10°变化入射时的情况。对于复杂等深线情况的折射现象，需通过数值解析进行研究。

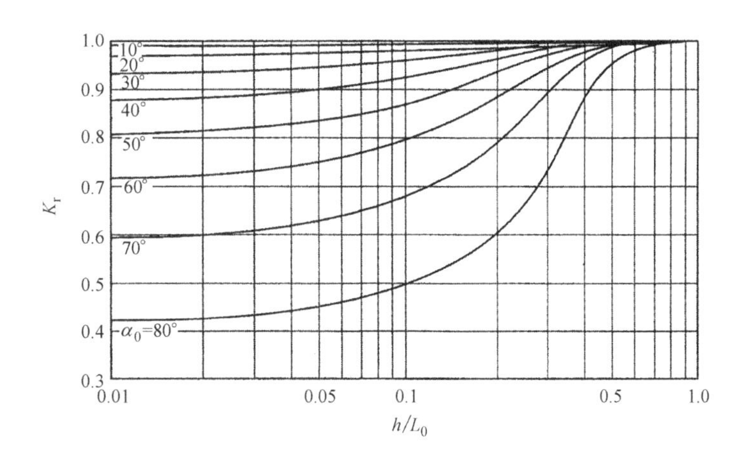

图解 6.6 直线平行等深线海岸的规则波的折射系数[4]

关于半无限堤和开口防波堤的衍射，可参考图解 6.7 所示的港湾基准[4]中卷末 2 的波浪的衍射图（图 2.1～图 2.16），或者水力学公式集[13]中的图 5-3.5～图 5-3.12。另外，关于折射和衍射产生的波浪变形，国土交通省国土技术政策综合研究所资料 No. 88[8]中给出了沿日本全国的海岸线的沿岸系数 α=

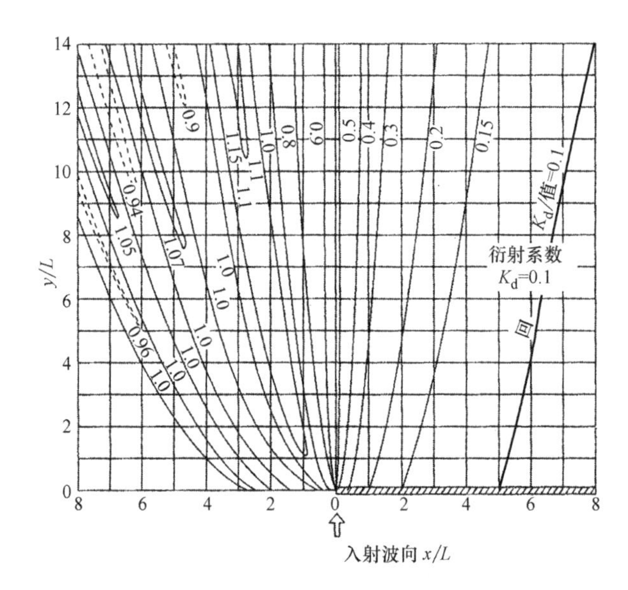

图解 6.7 半无限防波堤的规则波的衍射图 ($\theta_i=90°$)[4]

$K_d \times K_r$，也可以用来作为参考。对于复杂等深线情况的衍射现象，原则上需通过数值解析进行研究。

(e) 对象地点的波浪

(1) 折减波高由下式计算。

$$H_{red}=1.3\times K_s\times H_0' \tag{6.7}$$

此处，

$$K_S=[\tanh kh+kh(1-\tanh^2 kh)]^{-1/2}+0.0015\left(\frac{h}{L_0}\right)^{-2.87}\left(\frac{H'_0}{L_0}\right)^{1.27}$$

$$L_0=gT_D^2/(2\pi),\ k=\frac{2\pi}{L}$$

这里，

H_{red}：折减波高（m）

K_s：浅水系数

H_0'：重现期 50 年的换算近海波高（m），由式（6.5）计算

h：设计潮位（m），由 6.4.2（a）计算

L_0：近海波浪的长度（m）

T_D：设计波周期，由式（6.4）计算

L：水深 h 处的波长（m），参考 6.4.2（d）

g：重力加速度

(2) 对于梯度在 1/75～1/10 范围内，且拥有均匀海底梯度的近海，最大波高通过下式计算。当 $h/H_0'\leqslant 0.5$ 时，采用 $h/H_0'=0.5$ 地点的波高。

$$H_{max}=\begin{cases}1.8K_S H_0' & (h/L_0\geqslant 0.2)\\ \min[(\beta_0^* H_0'+\beta_1^* h),\beta_{max}^* H_0',1.8K_S H_0'] & (h/L_0<0.2)\end{cases} \tag{6.8}$$

此处，

$$\beta_0^*=0.052(H_0'/L_0)^{-0.38}\exp(20\tan^{1.5}\theta)$$

$$\beta_1^*=0.63\exp(3.8\tan\theta)$$

$$\beta_{max}^*=\max[1.65,\ 0.53(H_0'/L_0)^{-0.29}\exp(2.4\tan\theta)]$$

这里，

H_{max} ：破碎波带内的最大波高（m）

β_0^* ：海岸线处的 H_{max} 与换算近海波高的比值

β_1^* ：破碎波带内对应水深的 H_{max} 的比例系数

β_{max}^* ：破碎波带内的 H_{max} 的最大值的系数

θ ：海底面与水平面所成的角度，为水深波高比 h/H_0' 在 1.5～2.5 范围内的平均值

（3）对于梯度在 1/75～1/10 范围内，且拥有均匀海底梯度的近海，有义波高通过下式计算。当 $h/H_0'\leqslant 0.5$ 时，采用 $h/H_0'=0.5$ 地点的波高。

$$H_{1/3}=\begin{cases}K_S H_0' & (h/L_0\geqslant 0.2)\\ \min[(\beta_0 H_0'+\beta_1 h),\ \beta_{max}H_0',\ K_S H_0'] & (h/L_0<0.2)\end{cases} \tag{6.9}$$

此处，

$$\beta_0=0.028(H_0'/L_0)^{-0.38}\exp(20\tan^{1.5}\theta)$$

$$\beta_1=0.52\exp(4.2\tan\theta)$$

$$\beta_{max}=\max[0.92,\ 0.32(H_0'/L_0)^{-0.29}\exp(2.4\tan\theta)]$$

这里，

$H_{1/3}$ ：考虑破碎波影响的有义波高

β_0 ：海岸线处的 $H_{1/3}$ 与换算近海波高的比值

β_1 ：破碎波带内对应水深的 $H_{1/3}$ 的比例系数

β_{max} ：破碎波带内的 $H_{1/3}$ 的最大值的系数

（4）防波堤的波高传递率，原则上要通过水理模型试验或者数值计算来确定，但是对于无消波功能的直立堤或是混成堤，可采用式（6.10）进行计算。

$$K_T=0.5\left[1-\sin\frac{\pi}{4}\left(\frac{h_T-h}{H_D}+0.1\right)\right] \tag{6.10}$$

这里，

K_T ：波高传递率

h ：基于设计潮位的水深（m），通过 6.4.2（a）项计算

h_T ：海底面到防波堤或潜堤顶面的高度（m）

H_D ：设计波高（m），通过式（6.3）计算

【解说】

（1）折减波高

对于重现期 50 年的最大波高，假设式（6.5）给出的换算近海波高 H'_0 为瑞利分布，有 $H_{50}=1.8\times K_S\times H_0'$。另外，由于本节规定的波浪荷载是作为次要荷载来考虑的，所以要对最大波高进行折减，采用式（6.7）给出的折减波高。

由于波浪能量传递的断面积与水深成比例，随着水的深度变浅，能量密度变大，波高将会增大。这样的变形称为浅水变形。在不出现破碎波的情况下，设计对象地点的有义波高可通过式（6.7）计算。浅水系数由下式定义。

$$K_S=\frac{H}{H_0'} \tag{解 6.11}$$

这里，

K_S ：浅水系数

H'_0 ：换算近海波高（m），通过式（6.5）计算

H ：水深 h 处的波高（m）

本指南采用合田[9]提出的浅水系数计算式，它对考虑波浪的有限振幅性的岩垣[14]提出的浅水系数的近似计算式进行了若干修正。

(2)、(3) 考虑破碎波影响的最大波高和有义波高

由于浅水变形使得波高增大，在一定水深处，波浪会发生破碎，使得波高急剧减小，这种现象称为破碎波。对于规则波，碎波现象通常发生在同一地点，称为碎波点。对于不规则波的情况，由于每个波的波高、周期不同，使得碎波点各不相同，所以碎波会在一定范围内发生，称为碎波带。对于水深基本在换算波高的3倍以下的地点，要考虑碎波产生的波高变化。对于梯度 $\tan\theta=1/100\sim1/10$ 程度的均匀梯度的海岸，最大波高和有义波高可采用式（6.8）和式（6.9）所示的合田[15]提出的计算式进行确定。

(4) 防波堤的波高传递率

高波浪时防波堤背后的水域内，由于受到漫堤波和来自砾石堤的透过波的影响，一些传递波将会发生。防波堤背后的水域内的波高传递率由下式定义。

$$K_T=\frac{H_T}{H_I} \qquad (解 6.12)$$

这里，

K_T ：波高传递率

H_I ：入射波高（m）

H_T ：传递波高（m）

波高传递率，原则上要通过水理模型试验或者数值计算来确定，但是对于无消波功能的直立堤或是混成堤，可采用式（6.10）进行计算。这是合田·武田[16]对直立堤和混成堤的规则波的实验结果进行整理、导出的实验式中可以给出最大值的计算式。但是，混成堤时由于堤坝为不透水结构，所以关于来自堤坝的透过波的影响为未知，距离防波堤背面 x 处的波高传递率如何变化也为未知。因此，以合田[16]的混成堤的模型实验为对象，采用数值波动水路（CADMAS-SURF）[17]进行了验证，确定式（6.10）可以给出偏安全的值（参照图解6.8及图解6.9）。本式对潜堤（$h_T<h$）也适用，但是如果对象防波堤具备消波块和狭缝沉箱等有消波功能的设施，波高传递率将会大大降低，对此需要注意。另外，由于漫堤波会产生短周期波，如果必要的话要对设计有义波周期进行检验。

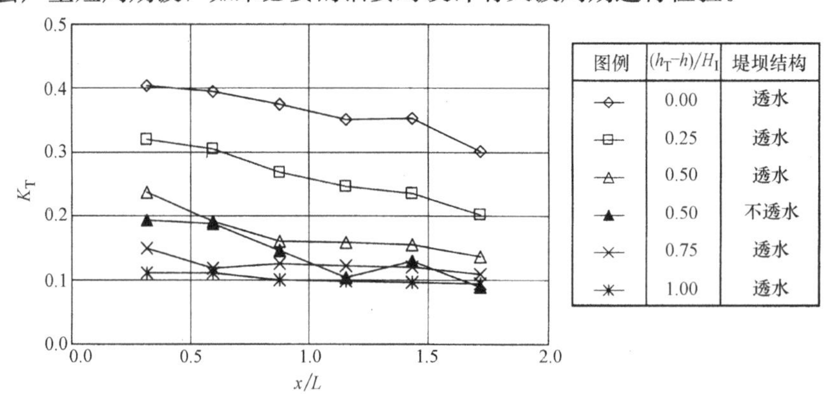

图解 6.8 CADMAS-SURF 给出的 x/L 和 K_T 的关系（L：入射波的波长）

【与其他法规、基准、指南等的关联】

图解6.10和图解6.11所示为破碎波带内的海底梯度1/100～1/10的有义波高及最高波高的计算图[4]。破碎波带内的有义波高及最高波高可参考这两个图求得。

图解6.12给出了本文中的简略式求得的值与严密计算值的比较[15]。简略式是由 $\beta_0H'_0+\beta_1h$ 的斜直线，表示 $\beta_{max}H'_0$ 的水平直线以及 $K_sH'_0$ 的斜向下的曲线构成。误差的最大值发生在斜直线和水平直线的交点处，简略式所示值较大。此图中误差约为5%，但是要注意当波形梯度 $H'_0/L_0=0.04$ 时，误差约

为9%，$H_0'/L_0=0.08$时，约为20%。

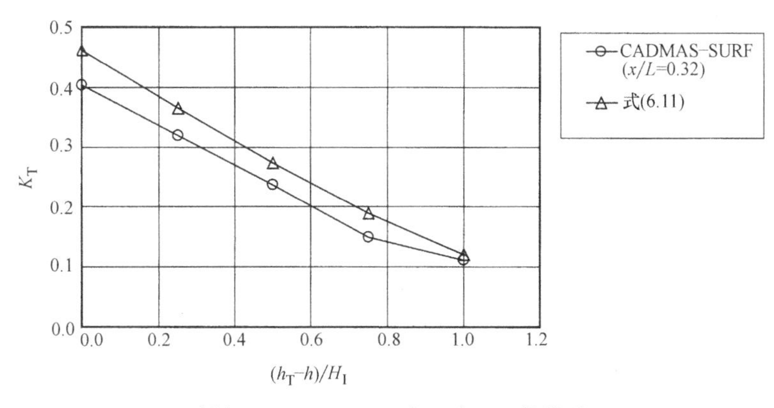

图解6.9 $(h_T-h)/H_1$和K_T的关系

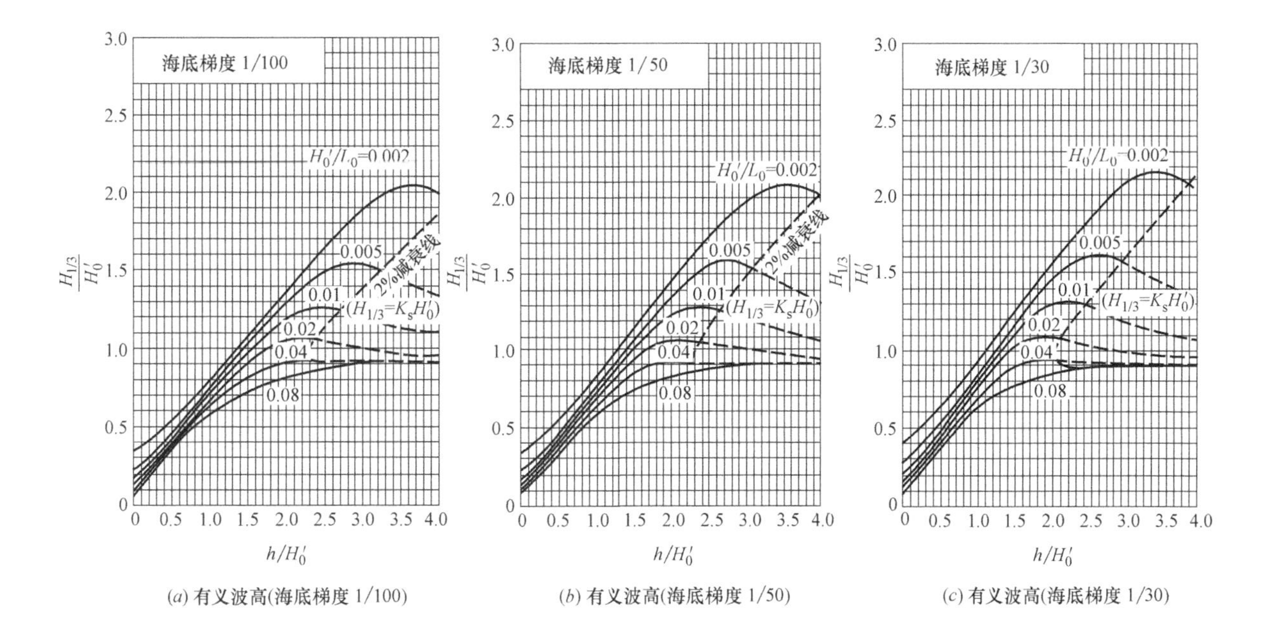

(a) 有义波高(海底梯度1/100) (b) 有义波高(海底梯度1/50) (c) 有义波高(海底梯度1/30)

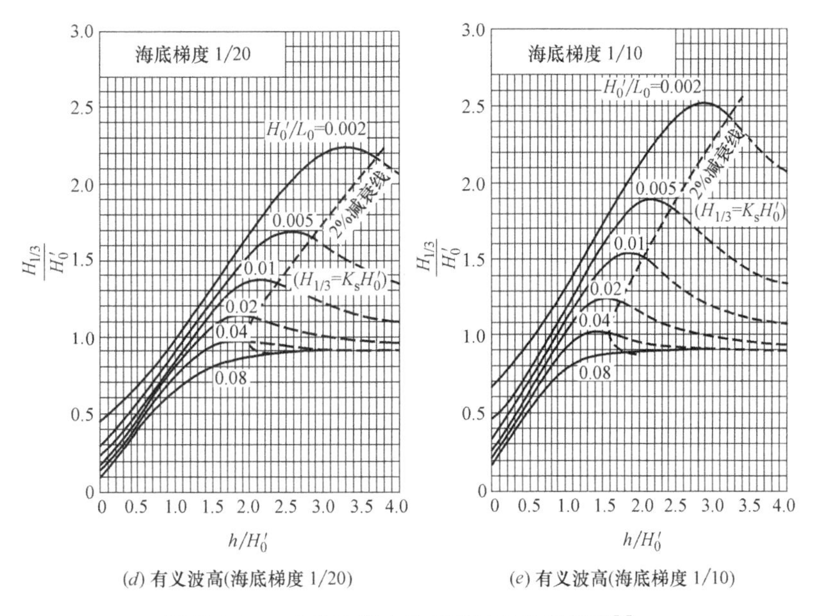

(d) 有义波高(海底梯度1/20) (e) 有义波高(海底梯度1/10)

图解6.10 破碎波带内的有义波高的计算图[4]

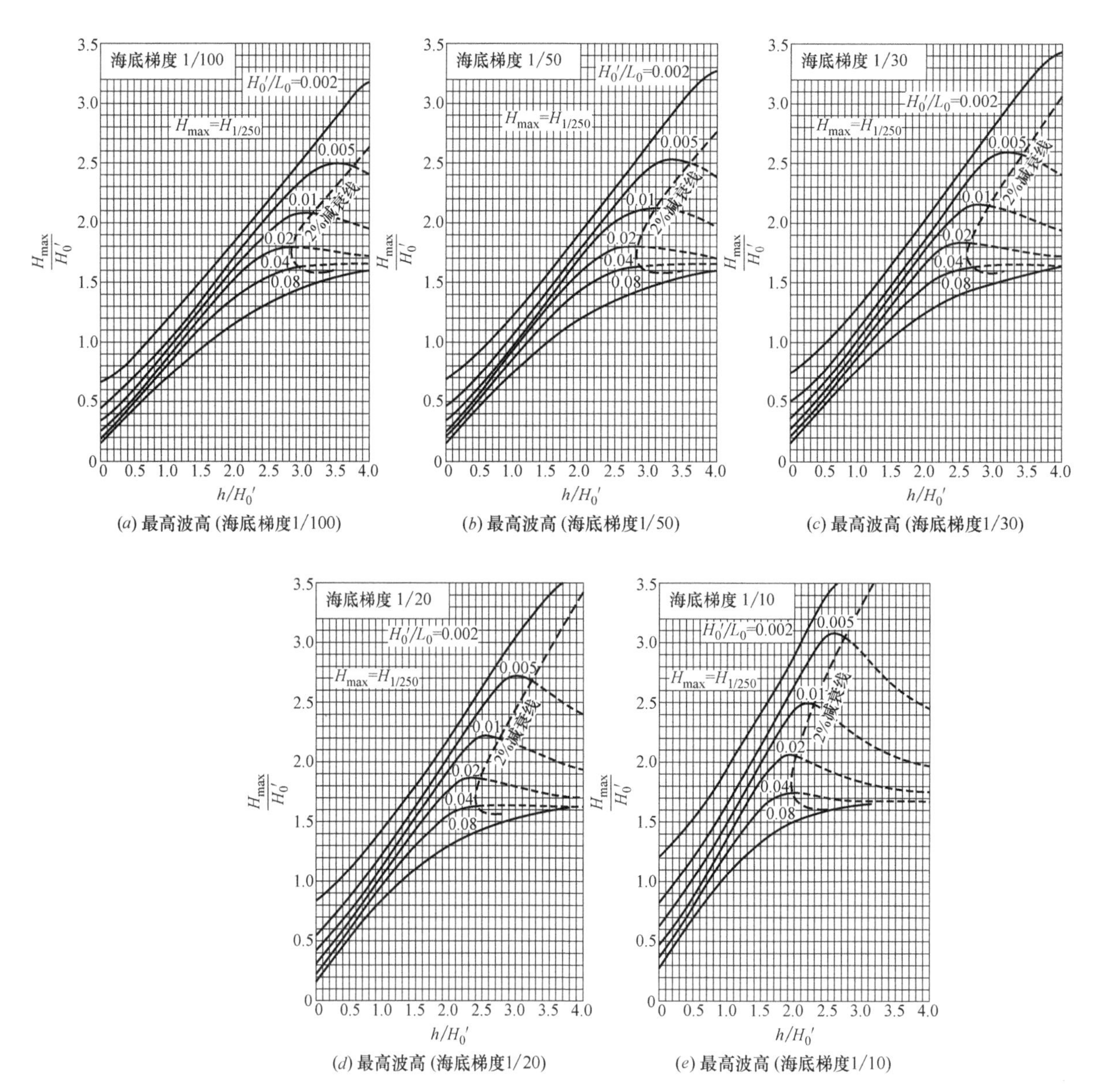

(a) 最高波高 (海底梯度1/100)　(b) 最高波高 (海底梯度1/50)　(c) 最高波高 (海底梯度1/30)

(d) 最高波高 (海底梯度1/20)　(e) 最高波高 (海底梯度1/10)

图解 6.11　破碎波带内的最高波高的计算图[4]

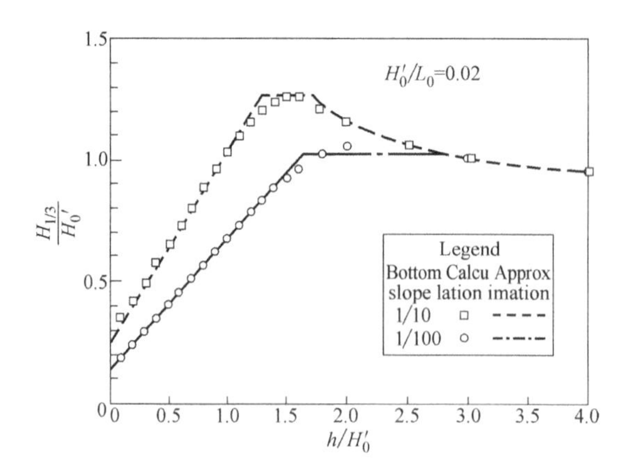

图解 6.12　破碎波带内的有义波高的简略式和计算值的比较[15]

6.4.3　波运动的评估

(a) 规则波

(1) 评估规则波的运动时，应按照图 6.3，选择合适的波理论。

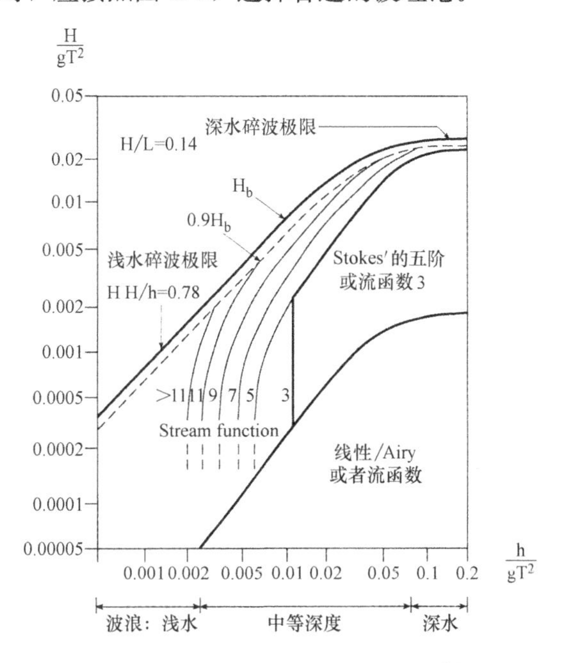

图 6.3 各种规则波理论的选择图[2]

这里，

- H ：波高（m）
- L ：波长（m）
- T ：波周期（s）
- h ：水深（m）
- g ：重力加速度（m/s²）
- H_b ：破碎波波高（m）

(2) 当线性波理论适用时，可按照式（6.11)～式（6.15）进行波运动的评估。

$$\eta=\frac{H}{2}\cos(kx-\omega t) \tag{6.11}$$

$$u=\frac{H}{2}\omega\frac{\cosh kz}{\sinh kh}\cos(kx-\omega t) \tag{6.12}$$

$$w=\frac{H}{2}\omega\frac{\sinh kz}{\sinh kh}\sin(kx-\omega t) \tag{6.13}$$

$$\dot{u}=\frac{H}{2}\omega^2\frac{\cosh kz}{\sinh kh}\sin(kx-\omega t) \tag{6.14}$$

$$\dot{w}=-\frac{H}{2}\omega^2\frac{\sinh kz}{\sinh kh}\cos(kx-\omega t) \tag{6.15}$$

这里，

- η ：距离静水面的水位上升量（m）
- u ：波粒子速度的水平分量（m/s）
- w ：波粒子速度的竖直分量（m/s）
- $\dot{u}$ ：波粒子加速度的水平分量（m/s²）
- $\dot{w}$ ：波粒子加速度的竖直分量（m/s²）

$k=2\pi/L$ ：波数（1/m）
L ：水深 h 处的波长（m），通过 6.4.2（d）求得
$\omega=2\pi/T_{D}$ ：角频率（rad/s）
T_{D} ：设计波周期（s），通过式（6.4）求得
t ：时间（s）
x ：波的行进方向上的水平坐标值（m）
z ：距离海底面且以竖直向上为正的竖直坐标值（m）

（3）当基于流函数的理论时，可通过以下的步骤来评估非线性波的运动。

1）流函数如式（6.16）所示。这里，必要的项数 N 可参考图 6.3 确定。

$$\Psi(X,z)=c(z-h)+\sum_{n=1}^{N}A_{n}\sinh(nkz)\cos(nkX) \tag{6.16}$$

这里，

$c=L/T$ ：波速（m/s）
$k=2\pi/L$ ：波数（1/m）
A_{n} ：次数 n 的成分系数
$X=x-ct$ ：水平坐标值（波速 c 下随着波浪的移动）

2）将静水面在 $0\leqslant x\leqslant L/2$ 的范围内 I 等分，在等分点 i 处，分别计算 Q_{Bi}。

$$Q_{Bi}\equiv\frac{(\partial\psi/\partial x)_{i}^{2}+(\partial\psi/\partial z)_{i}^{2}}{2}+g\eta_{i} \tag{6.17}$$

此处，

$$\frac{\partial\Psi}{\partial x}=-\sum_{n=1}^{N}nkX_{n}\sinh(nkz)\sin(nkx)$$

$$\frac{\partial\Psi}{\partial z}=c+\sum_{n=1}^{N}nkX_{n}\cosh(nkz)\cos(nkx)$$

$$\eta=\frac{\Psi(x,\eta+h)}{c}-\frac{1}{c}\sum_{n=1}^{N}X_{n}\sinh\{nk(\eta+h)\}\cos(nkx)$$

3）由式（6.18）定义的误差 E_{1} 必须在所定的容许范围内，由此来确定 X_{n}、L 以及 ψ（$x,\eta+h$）。

$$E_{1}=\frac{2}{L}\int_{0}^{L/2}(Q_{Bi}-Q_{B})\mathrm{d}x\cong\frac{1}{I}\sum_{i=1}^{I}(Q_{Bi}-Q_{B})^{2} \tag{6.18}$$

此处，

$$Q_{B}=\frac{2}{L}\int_{0}^{L/2}(Q_{Bi})\mathrm{d}x\cong\frac{1}{I}\sum_{i=1}^{I}Q_{Bi}$$

$$H=\eta(0)-\eta(L/2)$$

$$\frac{2}{L}\int_{0}^{L/2}\eta(x)\mathrm{d}x\cong\frac{1}{I}\sum_{i=1}^{I}\eta_{i}=0$$

4）距离静水面的水位上升量 η 可由 6.4.3（a）（2）2）计算，式（6.19）、式（6.20）可用来计算空间固定的（x，z）坐标系内的波粒子速度的水平分量 u 和竖直分量 w，式（6.21）、式（6.22）可用来计算空间固定的（x，z）坐标系内的波粒子加速度的水平分量 Du/Dt 和竖直分量 Dw/Dt。

$$u=c-\frac{\partial\Psi}{\partial z}=-\sum_{n=1}^{N}nkA_{n}\cosh(nkz)\cos(nk(x-ct)) \tag{6.19}$$

$$w=\frac{\partial\Psi}{\partial x}=-\sum_{n=1}^{N}nkA_{n}\sinh(nkz)\sin(nk(x-ct)) \tag{6.20}$$

$$\frac{Du}{Dt}=(u-c)\frac{\partial u}{\partial x}+w\frac{\partial u}{\partial z} \tag{6.21}$$

$$\frac{Dw}{Dt}=(u-c)\frac{\partial w}{\partial x}+w\frac{\partial w}{\partial z} \tag{6.22}$$

此处，

$$\frac{\partial u}{\partial x}=\sum_{n=1}^{N}(nk)^2A_n\cosh(nkz)\sin(nk(x-ct))$$

$$\frac{\partial u}{\partial z}=-\sum_{n=1}^{N}(nk)^2A_n\sinh(nkz)\cos(nk(x-ct))$$

$$\frac{\partial w}{\partial x}=-\sum_{n=1}^{N}(nk)^2A_n\sinh(nkz)\cos(nk(x-ct))$$

$$\frac{\partial w}{\partial z}=-\sum_{n=1}^{N}(nk)^2A_n\cosh(nkz)\sin(nk(x-ct))$$

(4) 计算竖直部材上作用的波浪力所必要的各高度处的波粒子的最大水平速度 u_{max} 和最大水平加速度 $\dot{u}_{max}$，由式（6.23）和式（6.24）计算。

$$u_{max}(z)=\frac{H}{2}\omega\sqrt{1+\alpha_w\left(\frac{H}{h}\right)^{1/2}\left(\frac{z}{h}\right)^3}\frac{\cosh kz}{\sinh kh},\qquad z\leqslant h_c \tag{6.23}$$

$$\dot{u}_{max}(z)=\frac{H}{2}\omega^2\frac{\cosh kz}{\sinh kh} \tag{6.24}$$

此处，

$$\alpha_w=\frac{3}{2\pi}\tan^{-1}\left[-5.8\left\{\log_{10}\left(\frac{h}{L}\right)+0.8\right\}\right]+0.88,\qquad 0.03\leqslant\frac{h}{L}\leqslant 0.7$$

这里，

h_c ：波峰高度（m），由式（6.25）计算

α_w ：波粒子速度的与水深相关的修正系数

(5) 波顶高度由式（6.25）计算。

$$h_c=h+\eta_c \tag{6.25}$$

此处，

$$\eta_c=h\{(\tan\theta)^{f_1}\exp f_2-1\},\ 1/100\leqslant\tan\theta\leqslant 1/20$$

$$f_1(H/h)=\frac{H}{h}\left[2.44\left(\frac{H}{h}\right)^2-9.24\left(\frac{H}{h}\right)+3.18\right]\times10^{-2}$$

$$f_2(H/h)=\frac{H}{h}\left[-1.93\left(\frac{H}{h}\right)^2+1.05\left(\frac{H}{h}\right)+5.58\right]\times10^{-1}$$

这里，

h_c ：波顶距离海底面的高度（m）

η_c ：波顶距离静水面的高度（m）

h ：基于设计潮位的水深（m），由 6.4.2（a）项计算

H ：波高（m），为式（6.3）计算的设计波高

$\tan\theta$ ：海底梯度

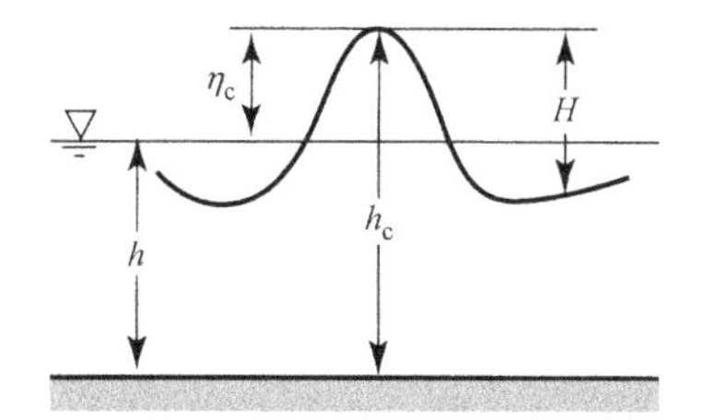

图 6.4 水深 h，距离海底面的波顶高度 h_c，距离静水面的波顶高度 η_c，波高 H

【解说】

(1) 关于各种规则波理论的选择图

线性波理论的适用范围，大约为 $H/h\leqslant 1/50$。

(2) 关于流函数理论

关于流函数理论的详细内容可以参考文献［18］、［19］。文献［20］给出了解法步骤，文献［21］详细阐述了各种解法之间的比较。另外，文献［22］、［23］中给出了FORTRAN程序。

（3）关于近似式

本指南为了设计方便，可以通过基于Goda（1964）[24]实验的近似式（6.23）推算各高度处的波粒子水平速度的最大值。另外，这个最大水平速度是波峰通过竖直部材时产生的。

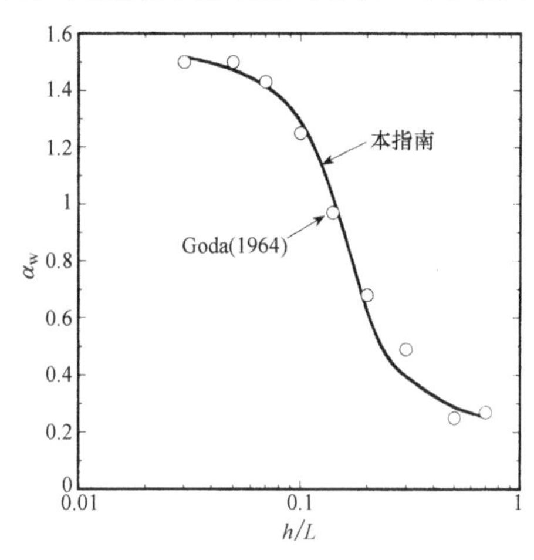

图解6.13 波粒子速度的修正系数α_w

此外，由于波粒子的水平加速度在水面与静水面横切时具有最大值，所以惯性力项中波的非线性的影响与阻力项的影响相比一般较小。因此，本指南中对于波粒子加速度的计算，可以应用线性波理论。

本文所示的α_w近似采用Goda（1964）[24]的波粒子速度的修正系数α。

（4）波顶高度

考虑设计潮位的距离海底面的波顶高度h_c通过式（6.25）计算。其中波顶高度η_c的计算可采用本文所示的近似式[26]。这里，$\tan\theta$为海底梯度，水深波高比h/H'_0（H'_0：式6.5给出的重现期50年的换算近海波高）采用1.5～2.5范围内的平均值。

（b）不规则波

（1）不规则波的运动可认为是规则波的线性叠加，由式（6.26）～式（6.30）表示。

$$\eta=\sum_{n=1}^{N}A_n\cos(k_n x-\bar{\omega}_n t+\varepsilon_n) \tag{6.26}$$

$$u=\sum_{n=1}^{N}A_n\bar{\omega}_n\frac{\cosh k_n z}{\sinh k_n h}\cos(k_n x-\bar{\omega}_n t+\varepsilon_n) \tag{6.27}$$

$$w=\sum_{n=1}^{N}A_n\bar{\omega}_n\frac{\sinh k_n z}{\sinh k_n h}\sin(k_n x-\bar{\omega}_n t+\varepsilon_n) \tag{6.28}$$

$$\dot{u}=\sum_{n=1}^{N}A_n\bar{\omega}_n^2\frac{\cosh k_n z}{\sinh k_n h}\sin(k_n x-\bar{\omega}_n t+\varepsilon_n) \tag{6.29}$$

$$\dot{w}=\sum_{n=1}^{N}-A_n\bar{\omega}_n^2\frac{\sinh k_n z}{\sinh k_n h}\cos(k_n x-\bar{\omega}_n t+\varepsilon_n) \tag{6.30}$$

此处，

η ：距离静水面的水位上升量（m）

u ：波粒子速度的水平分量（m/s）

w ：波粒子速度的竖直分量（m/s）

$\dot{u}$ ：波粒子加速度的水平分量（m/s²）

$\dot{w}$ ：波粒子加速度的竖直分量（m/s²）

$A_n=\sqrt{2S(\bar{\omega}_n)\Delta\omega_n}$ ：元素波n的振幅（m），$\bar{\omega}_n=\frac{\omega_n+\omega_{n-1}}{2}$，$\Delta\omega_n=\omega_n-\omega_{n-1}$

$0=\omega_0<\omega_1<\cdots<\omega_N=\frac{2\pi}{2\Delta t}$ ：元素波的角频率（rad/s）

Δt ：时间步长（s）

N（$\geqslant$1000） ：元素波的数量

k_n	：元素波的波数（1/m）
x	：波的行进方向上的水平坐标值（m）
t	：时间（s）
ε_n	：0 到 2π 区间内的均匀分布的随机数（rad）
$S(\omega)=S(f)/2\pi$	：波的功率谱密度（m^2s）

（2）波的功率谱密度，除了基于实验数据适当确定外，还可以应用式（6.31）。

$$S(f)=0.205H_{1/3}^2T_{1/3}^{-4}f^{-5}\exp\left[-0.75(T_{1/3}f)^{-4}\right] \tag{6.31}$$

此处，

$H_{1/3}$ ：有义波高（m）

$T_{1/3}$ ：有义波周期（s）

$f=\omega/2\pi$：频率（Hz）

【解说】

（1）关于不规则波的数值模拟

元素波的数量 N 不应小于 1000。另外，如果 $\Delta\omega_n$取等间隔，持续长时间的数值模拟就有可能重复同样的波形。为了避免这个问题，有如下方法：① 使 0 到 ω_N区间内为均匀分布的随机数来选择 $\bar{\omega}_n$，② 使 $\Delta\omega_n$区间内的功率谱面积 $S(\bar{\omega}_n)\Delta\omega_n$相等来选择 $\Delta\omega_n$。

（2）关于波的功率谱密度

IEC61400-3 中，给出了如下所示的 Pierson-Moskowitz 型功率谱和 JONSWAP（北海浪潮联合观测计划）型功率谱。

（a）Pierson-Moskowitz 型功率谱

$$S_{PM}(f)=0.3125H_S^2f_p^4f^{-5}\exp\left(-1.25\left(\frac{f_p}{f}\right)^4\right) \tag{解 6.13}$$

这里，

H_S ：有义波高（m）

f_p ：功率谱的峰值频率（Hz）

（b）JONSWAP 型功率谱

$$S_{JS}(f)=C(\gamma)\cdot S_{PM}(f)\cdot\gamma^{\alpha} \tag{解 6.14}$$

此处，

$$\alpha=\exp\left(-\frac{(f-f_p)^2}{2\sigma^2f_p^2}\right) \tag{解 6.15}$$

$$\sigma=0.07 \text{ for } f\leqslant f_p$$

$$\sigma=0.09 \text{ for } f>f_p$$

$$\gamma=\begin{cases}5 & \text{for} \quad \dfrac{T_p}{\sqrt{H_S}}\leqslant 3.6\\ \exp\left(5.75-1.15\dfrac{T_p}{\sqrt{H_S}}\right) & \text{for} \quad 3.6<\dfrac{T_p}{\sqrt{H_S}}\leqslant 5\\ 1 & \text{for} \quad \dfrac{T_p}{\sqrt{H_S}}>5\end{cases} \tag{解 6.16}$$

$$C(\gamma)=1-0.287\ln\gamma \quad \text{（解 6.17）}$$

这里，

γ　　　　：表示谱峰锐度的参数

T_p（$=1/f_p$）：功率谱的峰值周期（s）

$C(\gamma)$　　　：归一化因子

式（6.31）及式（解 6.13）是针对充分发展的风浪情况，但是对于吹送距离较短，由强风迅速引起的风波情况，多会产生尖锐的谱峰[9]。这种情况下，可采用式（解 6.14）所示的 JONSWAP 型功率谱。另外，表示谱峰锐度的参数 $\gamma=1$ 时，JONSWAP 型功率谱与 Pierson-Moskowitz 型功率谱是一致的，γ 值越大，功率谱的谱峰将越尖锐。

另外，对式（解 6.13）应用 $H_S=H_{1/3}$，$T_p=1.05\cdot T_{1/3}$ 的关系，就会获得式（解 6.18）所示的 Bretschneider・光易型功率谱。

$$S_{BM}(f)=0.257H_{1/3}^2T_{1/3}^{-4}f^{-5}\exp[-1.03(T_{1/3}f)^{-4}] \quad \text{（解 6.18）}$$

式（6.31）是基于实际观测数据和数值试验的结果，由合田将式（解 6.18）的系数修正后的结果，称为修正 Bretschneider・光易型功率谱[9]。

(c) Wella-Stretch 理论

从海底到海面的波粒子速度和加速度，可基于 Wella-Stretch 理论，通过式（6.32）应用线性波理论计算。

$$z=\frac{z_s}{h+\eta}\cdot h \quad (6.32)$$

这里，

z　：应用线性波理论的竖直坐标（m），$0\leqslant z\leqslant h$

z_s　：计算波粒子速度，加速度的竖直坐标（m），$0\leqslant z_s\leqslant h+\eta$

h　：水深（m）

η　：距离静水面的海面高度（m），通过式（6.11）或式（6.26）计算

【解说】

通过后述的 Morison 式评估柱状结构物上作用的波浪力时，有必要计算从海底到海面的波粒子的速度和加速度，但通过线性波理论评估的是从海底到静水面的范围内的波粒子速度和加速度。应用 Wella-Stretch 理论，将 z 坐标值在竖直方向上线性伸缩，使得用线性波理论计算出的 $0\leqslant z\leqslant h$ 范围内的波粒子速度和加速度的值变换为海底到海面范围的值。在实际计算中，各时刻的海面高度 η 通过式（6.11）或式（6.26）评估后，由式（6.32）算出 $0\leqslant z_s\leqslant h+\eta$ 内各点的 z 坐标值，用这一变换后的 z 坐标值通过式（6.12）～式（6.15）或式（6.27）～式（6.30）计算波粒子速度和加速度。

6.4.4 波浪力的评估

(a) 波浪力计算式的适用条件

当风力机支持结构物建设在水中（海中）或海岸附近时，会受到波浪的影响，此时波浪力要作为荷载来考虑。本项所示的波荷载的适用条件如下所示。

(1) 本项规定的波荷载在满足如下所示的条件时适用。

$$D/L<0.2 \quad (6.33)$$

这里，

D　：支持结构在水中部分的直径

L ：波长，参照6.4.2（d）项

（2）风力机支持结构的水中部分的运动的影响可忽略。

（3）风力机结构的1阶固有振动周期 T_1 需满足下式。

$$T_1<\frac{T_D}{4} \tag{6.34}$$

这里，

T_D ：设计波周期（sec），通过式（6.4）求得

T_1 ：风力机结构的1阶固有振动周期（s）

在不满足这些条件的情况下，不能应用本项的荷载，而要通过详细的动态解析等进行检验。

【解说】

（1）指南假设风力机的建设位置如6.4.1节所示，建在防波堤上、护岸上及防波堤的背后。在这样的情况下，风力机支持结构物受到的波浪力，虽然不会超过海上建设的风力机支持结构物所受的波浪力，但是也必须作为设计荷载来考虑。

海上或海岸建造的一般结构物上作用的波浪力，包括连续壁体作用的波浪力，水中部材作用的波浪力，孤立壁体作用的波浪力，碎石和消波块作用的波浪力等。各种波浪力的计算方法，根据波浪作用的结构物的形状、规模、特性等不同而不同，所以有必要正确评估这些条件之间的差异。

波浪力的计算方法，当结构物的形状较复杂时，有必要通过水理模型实验进行研究，但是通常为了方便大多通过数值模拟来计算波浪力。特别是像风力机的单基桩式基础等桩状结构物上作用的波浪力，已经确立了如下所述的计算方法。

受波浪荷载的结构物的形式和波浪力的一般计算方法、计算式有下面4种。

① 如防波堤等连续壁体上作用的波浪力采用合田式等；

② 如桩等细长部材上作用的波浪力采用Morison式等；

③ 如桥墩等孤立壁体上作用的波浪力采用合田式，Morison式等；

④ 如被覆石或消波块上作用的波浪力采用Hudson式、Burebuna Donnelly式等。

一般情况下，合田式适用于连续壁体，它对从重叠波到破碎波的波力都能给出精确连续地评估（上记①）。此外，不会阻止波的行进的桩状结构物，对于相对于波长（L）结构物的直径（D）很小（$D/L<0.2$）的水中部材，Morison式是适用的（同②）。对于孤立壁体（同③），关于合田式和Morison式哪一个适用的问题，基本上可以以 $D/L<0.2$ 为判定基准来判断，而通过前者计算的波力估计有大于后者的趋势。$D/L<0.2$ 以外的情况时，衍射的影响不可忽视，所以有必要进行评估。

（2）本项中为了方便起见，由波浪产生的风力机支持结构物上的波荷载中，将冲击破碎波力分量和非冲击破碎波力分量分开进行评估。其中在评估后者时，为了方便起见假设风力机支持结构物的水下部分的运动影响很小，采用拟定常方法进行评估。即将风力机支持结构物视为相对刚性的物体，忽略其水下部分的运动效应产生的流体力成分，即Morison式中由风力机支持结构物的振动产生的流体力及辐射流体力（附加质量，造波阻力）。但是，当确定这个假设不适当时，无论本项中所示的哪种方法，在适当情况下，都要考虑上述流体力的动力解析来评估波荷载。

（3）已知，当通过线性波理论的Morison式来计算波浪力时，由于非线性项或水面波动的影响，在波的卓越周期的 $1/n$ 倍（$n=1,2,3,\cdots$）的周期下，波浪力会增大[27]。当风力机的固有周期和这些周期相一致时，有可能会使结构的响应增大。当不满足式（6.34）时，要特别进行详细的动态响应分析，来评估共振产生的波荷载的放大效应。

（b）桩状结构物水中部分作用的波浪力

(1) 桩状结构物水中部分作用的波浪力可由下式计算。

$$F=\frac{1}{2}C_D\rho D|u|u+C_M\rho A\dot{u} \tag{6.35}$$

这里，

F ：部材单位长度上的力 (N)

C_D ：阻力系数

C_M ：惯性力系数

ρ ：海水密度 (kg/m^3)

D ：部材的有效直径 (m) $=D_C+2t_m$

D_C ：无腐蚀或海中生物附着时的部材直径 (m)

t_m ：海中生物的平均附着厚度 (m)

A ：部材截面面积 (m^2)

u ：波粒子速度的与部材垂直方向的分量 (m/s)，由 6.4.3 项计算

$\dot{u}$ ：波粒子加速度的与部材垂直方向的分量 (m/s^2)，由 6.4.3 项计算

(2) 波浪力系数

圆柱的阻力系数和惯性力系数由下式计算。

$$C_D=C_{DS}\cdot\Psi \tag{6.36}$$

$$C_M=\begin{cases}2 & K_C\leqslant 3\\ \max\{2.0-0.044(K_C-3),\ 1.6-(C_{DS}-0.65)\} & K_C>3\end{cases} \tag{6.37}$$

此处，

$$C_{DS}=\begin{cases}0.65 & (\Delta<10^{-4}\ (\text{滑面}))\\ \dfrac{29+4\cdot\log_{10}(\Delta)}{20} & (10^{-4}<\Delta<10^{-2})\\ 1.05 & (\Delta>10^{-2}\ (\text{粗面}))\end{cases}$$

$$\psi=\begin{cases}C_\pi-1-2(K_C-0.75) & (K_C\leqslant 0.75)\\ C_\pi-1 & (0.75<K_C\leqslant 2)\\ C_\pi+0.1(K_C-12) & (2<K_C\leqslant 12)\\ 2.1222-0.62638\log\left(\dfrac{K_C}{C_{DS}}\right) & \left(12<K_C\quad\text{且}\quad\dfrac{K_C}{C_{DS}}\leqslant 60\right)\end{cases}$$

$$C_\pi=1.50-0.024\cdot\left(\frac{12}{C_{DS}}-10\right)$$

表面粗糙度值 **表 6.2**

材料	k_s(m)
非被覆钢材	5×10^{-5}
油漆涂刷过的钢材	5×10^{-6}
极度腐蚀的钢材	3×10^{-3}
混凝土	3×10^{-3}
海中生物附着的状态	$5\times10^{-3}\sim5\times10^{-2}$

这里，

Δ ：相对粗糙度，$\Delta=k_s/D$

k_s ：表面粗糙度 (m)，按照表 6.2 采用

C_{DS}　：定常阻力系数

Ψ　：振动流的不平稳性产生的阻力放大系数

K_c　：Kevlegan-Carpenter 数$=uT_D/D$

T_D　：波周期（s），由式（6.4）计算

（3）桩状结构物上作用的距离海底 z 高度处的由阻力及惯性力产生的剪力和弯矩，可通过下式计算。

$$Q_D(z,t)=\frac{\rho}{2}\int_z^{\eta}C_D(\xi)D(\xi)\left|u(\xi,t)\right|u(\xi,t)d\xi \tag{6.38}$$

$$M_D(z,t)=\frac{\rho}{2}\int_z^{\eta}C_D(\xi)D(\xi)\left|u(\xi,t)\right|u(\xi,t)(\xi-z)d\xi \tag{6.39}$$

$$Q_M(z,t)=\rho\int_z^{\eta}C_M(\xi)A(\xi)\dot{u}(\xi,t)d\xi \tag{6.40}$$

$$M_M(z,t)=\rho\int_z^{\eta}C_M(\xi)A(\xi)\dot{u}(\xi,t)(\xi-z)d\xi \tag{6.41}$$

这里，

$Q_D(z,t)$　：由阻力产生的高度 z 处的剪力（N）

$M_D(z,t)$　：由阻力产生的高度 z 处的弯矩（Nm）

$Q_M(z,t)$　：由惯性力产生的高度 z 处的剪力（N）

$M_M(z,t)$　：由惯性力产生的高度 z 处的弯矩（Nm）

η　：距离静水面的海面高度（m），可参照 6.4.3(a)(3)2)项计算，或利用式(6.32) 通过式（6.11）或式（6.26）计算

（4）对于均匀截面的圆柱体，阻力系数一定，此时，可通过下式计算海底面的由阻力及惯性力产生的最大剪力及最大弯矩。

$$\hat{Q}_D=\rho g C_D D H_D^2 K_D \tag{6.42}$$

$$\hat{M}_D=\hat{Q}_D S_D \tag{6.43}$$

$$\hat{Q}_M=\rho g C_M D^2 H_D K_M \tag{6.44}$$

$$\hat{M}_M=\hat{Q}_M S_M \tag{6.45}$$

此处，

$$K_D=\frac{\sinh 2kh_c}{16\sinh 2kh}(F_1+AF_2)$$

$$S_D=h_c\frac{G_1+AG_2}{F_1+AF_2}$$

$$K_M=(\pi/8)\tanh kh$$

$$S_M=h\left[1-\frac{1}{kh\sinh kh}(\cosh kh-1)\right]$$

$$A=\alpha_w\left(\frac{H_D}{h}\right)^{\frac{1}{2}}\left(\frac{h_c}{h}\right)^3$$

$$F_1=1+\frac{2kh_c}{\sinh 2kh_c}$$

$$F_2=1+\frac{kh_c}{2\sinh 2kh_c}+\frac{3}{2(kh_c)^2}\left[1-\frac{kh_c}{\tanh 2kh_c}-\frac{\tanh kh_c}{2kh_c}\right]$$

$$G_1=1+\frac{kh_c}{\sinh 2kh_c}-\frac{\tanh kh_c}{2kh_c}$$

$$G_2=1+\frac{2kh_c}{5\sinh 2kh_c}+\frac{1}{(kh_c)^2}\left(3-\frac{2kh_c}{\tanh 2kh_c}\right)+\frac{3}{2(kh_c)^4}\left(1-\frac{2kh_c}{\tanh 2kh_c}\right)$$

这里，

$\hat{Q}_D$ ：海底面处由阻力产生的最大剪力（N）

$\hat{M}_D$ ：海底面处由阻力产生的最大弯矩（Nm）

$\hat{Q}_M$ ：海底面处由惯性力产生的最大剪力（N）

$\hat{M}_M$ ：海底面处由惯性力产生的最大弯矩（Nm）

g ：重力加速度

k ：波数 $k=2\pi/L$

L ：波长（m），参照 6.4.2（d）项

α_w ：波粒子速度的与水深相关的修正系数，参照 6.4.3（a）（4）项

另外，桩状结构物的海底面处的截面荷载的最大值可通过下式计算。

$$Q_{NB}=\begin{cases}\hat{Q}_M & (\hat{Q}_M\geqslant 2\hat{Q}_D)\\ \hat{Q}_D+\dfrac{\hat{Q}_M^2}{4\hat{Q}_D} & (\hat{Q}_M<2\hat{Q}_D)\end{cases} \tag{6.46}$$

$$M_{NB}=\begin{cases}\hat{M}_M & (\hat{M}_M\geqslant 2\hat{M}_D)\\ \hat{M}_D+\dfrac{\hat{M}_M^2}{4\hat{M}_D} & (\hat{M}_M<2\hat{M}_D)\end{cases} \tag{6.47}$$

这里，

Q_{NB} ：桩状结构物的海底面处的最大剪力（N）

M_{NB} ：桩状结构物的海底面处的最大弯矩（Nm）

【解说】

（1）Morison 式

如单基桩式基础等在水中的桩状结构物，相对于波长直径很小，几乎不会阻止波浪的行进，此时作用的波浪力可采用 Morison 式计算，它是与波粒子速度的平方成正比的阻力和与波粒子加速度成正比的惯性力之和。这里波粒子的速度、加速度采用与部材垂直方向的分量。

在实际计算中，波粒子的速度和加速度是随时间和空间变化的量，因此对于部材设计，有必要考察最不利的波浪力的分布。另外，正确给出波形（波峰高），波粒子的速度和加速度以及适当选择阻力系数和惯性力系数对于波浪力的计算精度都很重要。特别是波粒子速度要进行平方，那么在波高很大的情况下，通过微小振幅波理论（线性波理论）近似是不够的，要通过与设计波特性相匹配的有限振幅波理论计算（参照 6.4.3（a）的（3）及（4））。当破碎波发生时，还有必要考虑冲击波浪力（6.4.4（d）项）。

（2）波浪力系数

a）阻力系数

超临界雷诺数的滑面圆柱以及海洋生物覆盖的粗面圆柱的阻力系数，由定常的阻力系数 C_{DS} 和振动流的非定常性产生的阻力增幅系数 ψ 来表示，如式（6.36）所示。这里，C_{DS} 可参考文献［29］及［31］，ψ 可参考文献［28］～［31］(图解 6.14)。暴风时，C_{DS} 随表面粗度而变化。ψ 除表面粗度外，还随 Kevlegan-Carpenter 数 K_C 而变化。K_C 数是关于振动流的非定常性的指标，它与将半波循环中的未受干扰的波粒子的移动距离用部材直径标准化后的量成正比。

b) 惯性力系数

计算惯性力系数 C_M 的式（6.37），是参考文献［28］～［31］确定的。由式（6.37）计算的 C_M 的变化如图解 6.15 所示。$K_C \leqslant 3$ 时，无论任何表面粗度，C_M 接近理论值 2.0；$K_C > 3$ 时，由于流场的分离而使 C_M 减小，而且根据表面粗度给出了不同的值。

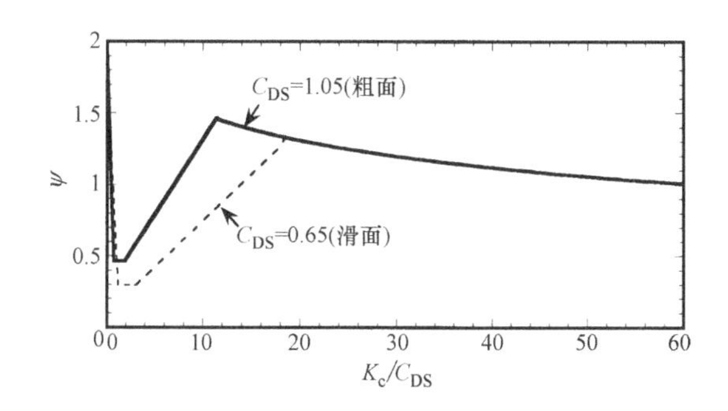

图解 6.14 振动流的非定常性产生的阻力增幅系数 ψ 与 K_c/C_{DS} 的关系

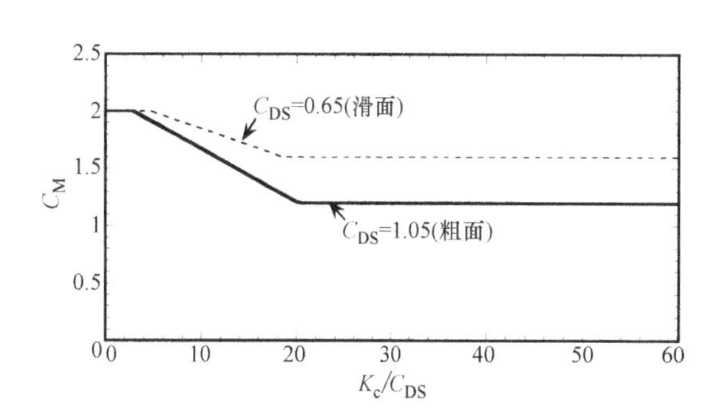

图解 6.15 惯性力系数 C_M 和 K_c/C_{DS} 的关系

c) 海洋生物附着的影响

计算阻力及惯性力时，必须考虑海洋生物的附着效应。它会通过粗度的增加而使阻力系数增加以及引起直径或截面面积的增加。另外，附着效应随着深度方向以及建设后的经过而变化。海洋生物一般会在安装之后立即开始繁茂附着。增殖在开始时很快，但是几年以后会慢慢减弱。如图解 6.16 所示，风力机支持结构部分的截面面积随着附着海洋生物的繁茂增殖而增加。有效直径 $D = D_c + 2t_m$，其中 D_c 为无附着状态的外径，t_m 为海洋生物的平均附着厚度。给出圆形截面的阻力系数的附加参数是相对粗度 $\Delta = k_s/D$，表面粗度 k_s 为牢固生长的海洋生物的从谷到峰的平均高度。

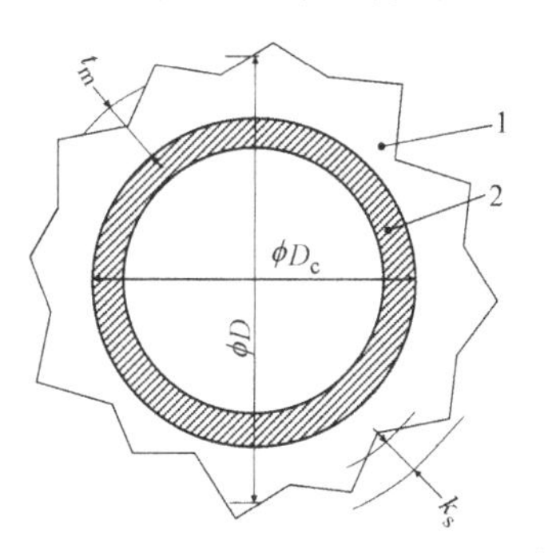

图解 6.16 表面粗度高度及厚度的定义[29]

水中生物的成长厚度根据建设地点而不同，因此需要基于现场实测调查海洋生物的成长厚度及其水面下深度的依存性。表解 6.5 总结了文献［29］中所示的有代表性的实例，仅供参考。

海洋生物的平均附着厚度的实例[29] **表解 6.5**

海域	海洋生物的平均附着厚度 t(mm)	
挪威海域 (北纬 59°～72°)	60(距平均水面深度－2～40m)	30(距平均水面深度>40m)
北海中央部及北部 (北纬 56°～59°)	100(距平均水面深度－2～40m)	50(距平均水面深度>40m)
北海南部	150(海面～LAT-10m)	
中央及南部加利福尼亚海域	200	
墨西哥湾	38(LAT＋3～50m 深度)	
西部非洲海域	300(LAT 至飞溅区)	100(LAT＋3～50m 深度)

注：LAT (Lowest Astronomical Tide) 是指天文最低潮位（参照图解 6.2）。

另外，日本周边海域以文献［32］中的 38～50mm 为代表值。

关于高雷诺数（$Re > 10^6$）及大的 K_C 数，阻力系数依赖于粗度 $\Delta = k_s/D$，如式（6.36）所示。对于确定阻力系数所需的表面粗度，可采用表6.2的值。图解6.17所示为超临界雷诺数域内的定常阻力系数（C_{DS}）随相对粗度Δ的变化。海洋生物在结构物上的自然繁茂增殖一般为相对粗度$\Delta>10^{-3}$。因此，当对于所需表面粗度缺少准确信息，以及特定地点内相对水深无变化时，可假设高潮位以下的全部部材的C_{DS}在1.00～1.10的范围内。为了估算D，有必要推算最终累积的海洋生物的繁茂增殖厚度。对于高潮位以上的部材，可采用k_s=0.05mm，对于代表直径，C_{Ds}在0.6～0.7的范围内。

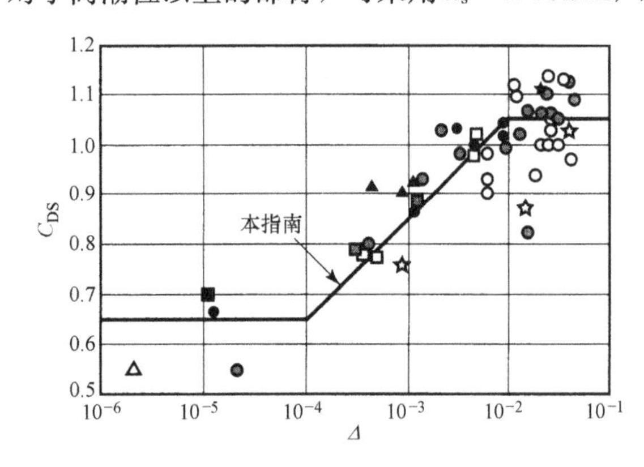

图解6.17 定常流中阻力系数随相对粗度的变化[28,30]

(3) 由阻力产生的桩状结构物的海底面处的截面荷载

基于Morison式的波浪力产生的桩状结构物的截面荷载，在各高度处的最大阻力及最大惯性力可由积分求得。计算阻力及阻力产生的弯矩时，首先通过式(6.19)，或者应用式(6.32)的式(6.12)或式(6.27)求得波粒子的水平速度，然后将其代入单位长度的阻力的计算式

$$dF_D=C_D\frac{\rho}{2}Du(z,t)|u(z,t)|dz \quad (解6.19)$$

再将截面力从所求高度z到瞬时海面高度η积分，如式(6.38)及式(6.39)所示。同样，计算惯性力及惯性力产生的弯矩时，首先通过式(6.21)，或者应用式(6.32)的式(6.14)或式(6.29)求得波粒子的水平加速度，然后将其代入单位长度的惯性力的计算式

$$dF_M=C_M\rho A\dot{u}(z,t)dz \quad (解6.20)$$

再从z到海面积分，如式(6.40)及式(6.41)所示。

(4) 阻力产生的桩状结构物的海底面处的截面荷载

桩状结构物为均匀截面的圆柱，阻力系数一定，最大波粒子的速度由式(6.23)表示，最大波粒子的加速度由式(6.24)表示，此时式(6.38)～式(6.41)的积分计算变得简单，即可获得海底面处的截面荷载的最大值的简单计算式，如式(6.42)～式(6.45)所示。图解6.18～图解6.21中分别给出了K_D、S_D/h、K_M和S_M/h。对于接近破碎波界限的波，要注意K_D的值可达到由线性波理论所得到的值($H/h=0$)的5倍。

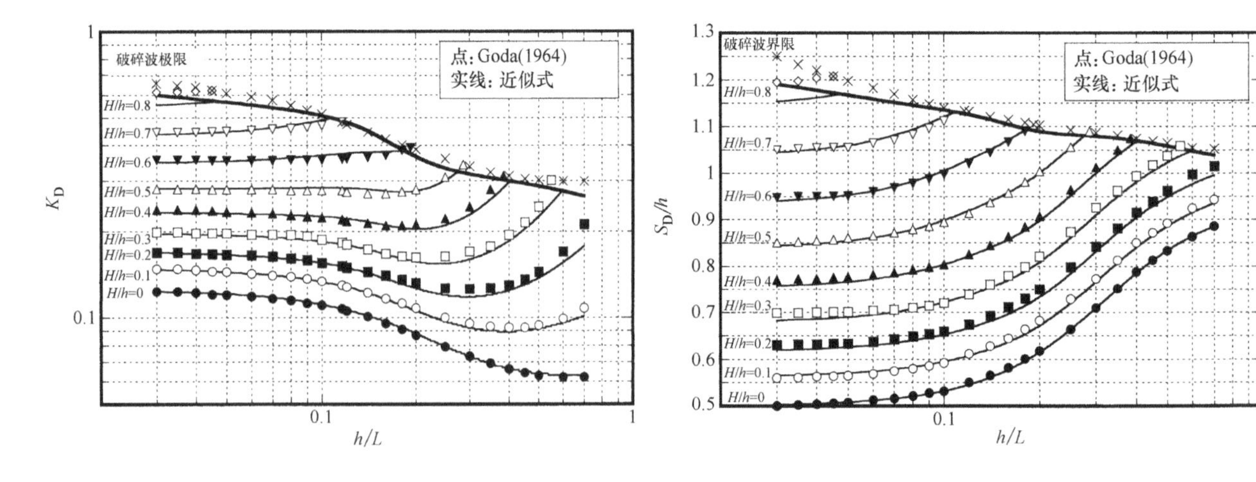

图解6.18 与均匀截面圆柱的阻力相关的系数K_D

图解6.19 均匀截面圆柱的最大阻力的作用高度S_D/h

在计算任意波高水深比H/h的K_D及S_D/h时，式中的相对波顶高kh_c，在海底梯度$\tan\theta\leqslant 1/100$时可利用式(6.25)按照如下所示计算。

$$kh_c = 2\pi \frac{h}{L}\frac{h_c}{h} \approx 2\pi \frac{h}{L} \times [0.01^{f_1(H/h)} \exp\{f_2(H/h)\} - 1]$$ （解 6.21）

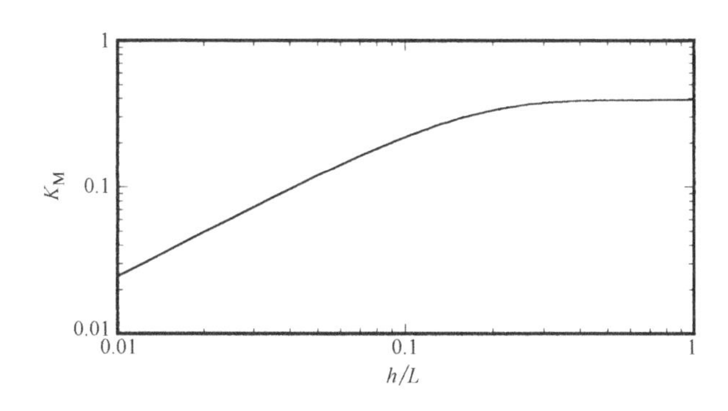

图解 6.20 与均匀截面圆柱的最大惯性力相关的系数 K_M[24]

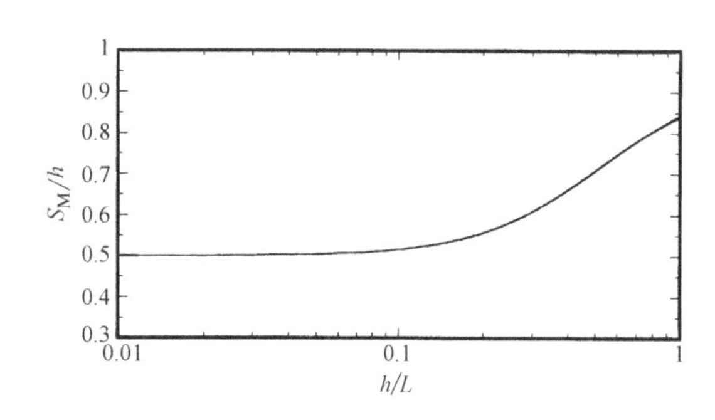

图解 6.21 均匀截面圆柱的最大惯性力的作用高度 S_M/h[24]

另外，对应破碎波界限的波高水深比可采用与文献[24]近似的下式计算。

$$\left(\frac{H}{h}\right)_b = \frac{0.19}{h/L}\left\{1 - \exp\left(-4.7\frac{h}{L}\right)\right\}$$ （解 6.22）

截面荷载的合力的最大值，即通过 Morison 式求得的截面荷载的最大值，由于阻力和惯性力的相位不同，所以有必要严密地通过其随时间的变化计算。这里，波面变化近似按正弦波考虑，式（6.35）可以按照下式表示。

$$F = -(F_D)_{max}\left|\cos\frac{2\pi t}{T}\right|\cos\frac{2\pi t}{T} + (F_M)_{max}\sin\frac{2\pi t}{T}$$ （解 6.23）

而作为阻力项的右边第 1 项可作如下变换。

$$F = (F_D)_{max}\cos^2\frac{2\pi t}{T} + (F_M)_{max}\sin\frac{2\pi t}{T}$$ （解 6.24）

式（解 6.24）的最大值可按照式（6.46）或者式（6.47）求得，如图解 6.22 所示的曲线。将式（解 6.23）和式（解 6.24）进行比较，虽然在 $0 \leqslant 2\pi t/T < 0.5\pi$ 及 $1.5\pi < 2\pi t/T < 2\pi$ 范围内是不同的，但是关于最大值，和通过式（6.46）或者式（6.47）求得的结果是一致的。因此，式（6.46）或式（6.47）可看作是式（解 6.23）的最大值。

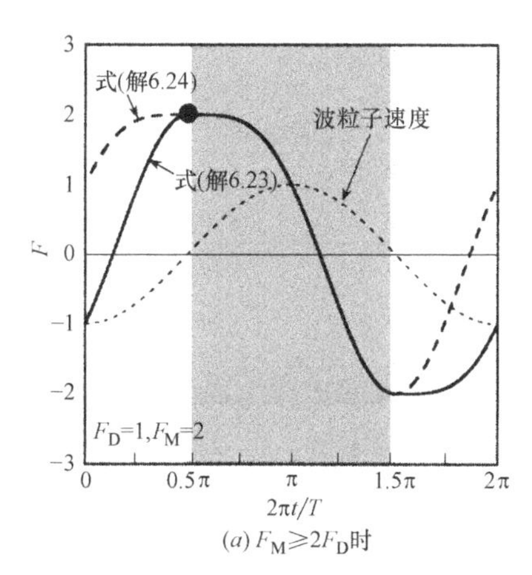

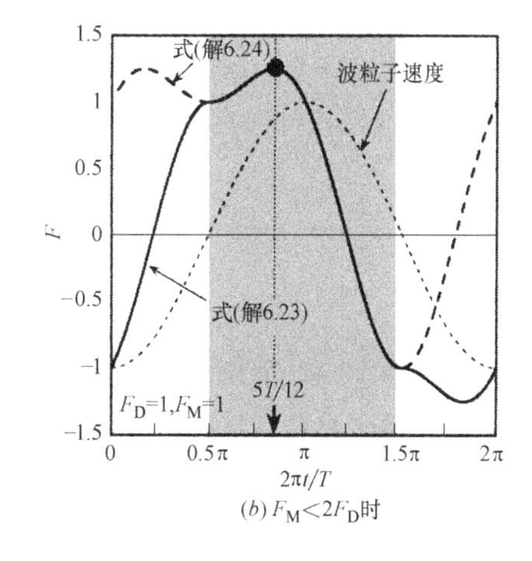

图解 6.22 通过 Morison 式求得的波浪力的最大值

图解 6.23 给出了海底面处的弯矩的最大值的实验结果[24]和式（6.47）的比较，可见式（6.47）可近似给出弯矩的下限值。

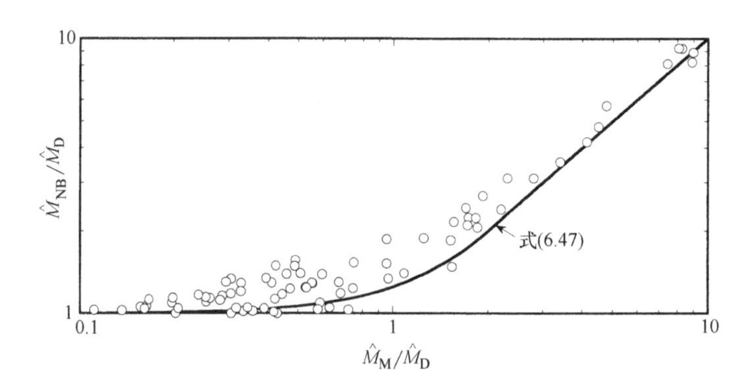

图解 6.23 海底面处的弯矩的最大值的实验结果[24]和式（6.47）的比较

(c) 防波堤上的塔架上作用的波浪力

防波堤上建设的风力机塔架，可按照下式所示的波浪力来考虑。

$$F=0.5\rho g H_D D \tag{6.48}$$

波浪力的作用范围为从防波堤的天端到下式所定的高度。

$$h_p=h+\eta_{max} \tag{6.49}$$

此处，

$$\eta_{max}=\begin{cases}\max\{0.75H_D,[0.55H_D+0.7(h_T-h)]\} & h_T>h\\ 0.75H_D & h_T\leqslant h\end{cases}$$

这里，

F ：部材单位长度的波浪力（N）

ρ ：海水的密度（kg/m^3）

H_D ：设计波高（m），通过式（6.3）求得

D ：塔架外径（m）

h_p ：波浪力作用的上限高度（m）

h ：基于设计潮位的水深（m），参照 6.4.2（a）

h_T ：海底面到建有风力机塔架的防波堤或者潜堤顶面的高度（m）

η_{max} ：从水深加设计潮位后的水面测得的波顶高（m）

但是，在防波堤背面到设计波高的 2 倍远的范围内建设风力机塔架时，低于设计潮位的波浪力的计算可采用式（6.48）。

【解说】

式（6.48）给出的波浪力，适用于表 6.1 及图 6.2 的防波堤或护岸上设置的风力机塔架上作用的波浪力预测，是基于岩礁上小直径圆柱上作用的波浪力研究[33)]所确定的。此文献中还指出，不可否定岩礁上的圆柱结构物可能会受到冲击波浪力，但是其频率很低可忽略不计，因此通过式（6.48）求得的波浪力没有考虑 6.4.4（d）所示的冲击力。

另外，在防波堤的背后附近设置风力机塔架时，由于漫坝波可能会直接作用在塔架上，因此要偏安全地采用式（6.48）计算设计潮位以下的波浪力。此种情况的适用范围，基于数值计算的验证结果，确定为防波堤背面到设计波高 2 倍距离范围内。

(d) 冲击破碎波力

超出海面设置的桩状结构物部材上作用的冲击破碎力，可通过下式计算，或者通过实验，详细解析等来考虑。

（1）满足下式时，冲击破碎力适用。

$$\frac{h}{L_0}<0.2 \tag{6.50}$$

这里，

h　：水深（m）

L_0　：波长（m），参照6.4.2（e）项

（2）有效冲击破碎波力可通过下式求得。

$$\hat{F}_{I_j}=\frac{\pi}{2}\rho C_B^2 D\hat{X}_j\int_{h+(1-\lambda)\eta_c}^{h+\eta_c}\phi_j(z)\mathrm{d}z \tag{6.51}$$

此处，

$$C_B=L/T_D$$

$$\hat{X}_j=\begin{cases}\sum_{n=1}^{3}c_n\Omega_j^n & (\Omega_j\leqslant 19)\\ 2.9674(\Omega_j-18)^{0.033} & (19<\Omega_j\leqslant 2000)\end{cases}$$

$c_1=0.38$，$c_2=-0.019$，$c_3=0.00038$

$$\Omega_j=2\pi f_j t_B$$

$$t_B=D/(2C_B)$$

$$\lambda=\frac{0.6}{4\{\log(\xi_b/0.9)\}^2+1}$$

$$\xi_b=\frac{\tan\theta}{\sqrt{H_D/L_0}}$$

这里，

$\hat{F}_{I_j}$　：第j阶模态的有效冲击破碎波力（N）

$\phi_j(z)$　：第j阶模态特征向量在高度z处的值

ρ　：海水密度（kg/m^3）

D　：$z=h+(1-\lambda/2)\eta_c$位置处的桩状结构部材的外径（m）

z　：距离海底面竖直向上为正的竖直坐标值（m）

η_c　：静水面以上的波顶高（m），参照6.4.3（a）（5）项

λ　：破碎波卷曲率

C_B　：破碎波的波速（m/s）

L　：波长（m），参照6.4.2（d）或6.4.3（a）（3）项

T_D　：设计波周期（sec），通过式（6.4）求得

h_c　：海底面到波顶的高度（m）（参照图6.3），通过式（6.25）求得

$\hat{X}_j$　：圆柱的第j阶模态的冲击响应系数

Ω_j　：第j阶模态的无量纲圆频率

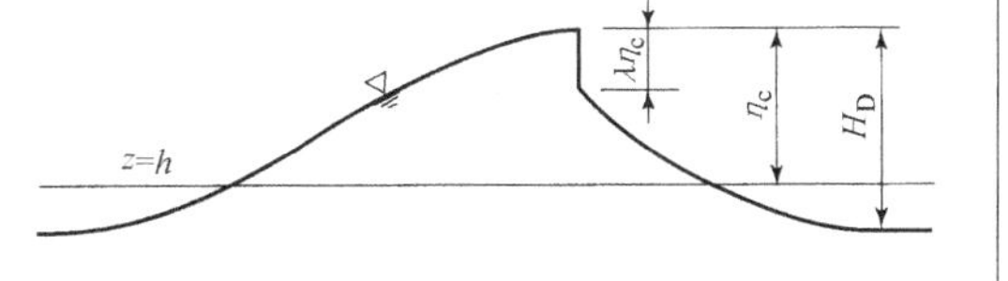

图6.5　破碎波的波形及波粒子速度

f_j　：考虑了水中部分的附加质量和浮力的风力机第 j 阶模态的固有频率（Hz）

t_B　：冲击破碎波力的作用时间（s）

ξ_b　：破碎波带相似参数

$\tan\theta$　：海底梯度

（3）剪力及弯矩

1）冲击破碎波力产生的剪力及弯矩

$$\hat{Q}_{I_i}=\sqrt{\sum_{j=1}^{n}\hat{Q}_{i_j}^2} \tag{6.52}$$

$$\hat{M}_{I_i}=\sqrt{\sum_{j=1}^{n}\hat{M}_{i_j}^2} \tag{6.53}$$

此处，

$$\{\hat{M}_{i_j}\}=\begin{bmatrix} h_N & 0 & 0 & 0 \\ h_N & h_{N-1} & 0 & 0 \\ \vdots & \vdots & \ddots & \vdots \\ h_N & h_{N-1} & \cdots & h_1 \end{bmatrix}\{\hat{Q}_{i_j}\}$$

$$\{\hat{Q}_{i_j}\}=\begin{bmatrix} 1 & 0 & 0 & 0 \\ 1 & 1 & 0 & 0 \\ \vdots & \vdots & \ddots & \vdots \\ 1 & 1 & \cdots & 1 \end{bmatrix}\{\hat{P}_{i_j}\}$$

$$\{\hat{P}_{i_j}\}=[K]\{\phi_j\}\hat{x}_j$$

$$\hat{x}_j=\frac{\hat{F}_{Ij}}{m_j\omega_j^2}$$

$$m_j=\{\phi_j\}^T[M]\{\phi_j\}$$

这里，

$\hat{Q}_{I_i}$　：冲击破碎波力产生的第 i 层的最大剪力（N）

$\hat{M}_{I_i}$　：冲击破碎波力产生的第 i 层的最大弯矩（Nm）

$\hat{Q}_{i_j}$　：第 j 阶模态的冲击破碎波力产生的第 i 层（$i=1$ 表示最底层）的最大剪力（N）

$\hat{M}_{i_j}$　：第 j 阶模态的冲击破碎波力产生的第 i 层（$i=1$ 表示最底层）的最大弯矩（Nm）

$\hat{P}_{i_j}$　：第 j 阶模态的冲击破碎波力产生的第 i 层（$i=1$ 表示最底层）的反力（N）

$\{\hat{Q}_{i_j}\}$　：第 j 阶模态的最大剪力向量（N）

$\{\hat{M}_{i_j}\}$　：第 j 阶模态的最大弯矩向量（Nm）

$\{\hat{P}_{i_j}\}$　：第 j 阶模态的最大反力向量（N）

$\hat{x}_j$　：第 j 阶模态的冲击破碎波力产生的最大位移（m）

m_j　：第 j 阶模态的广义质量（kg）

ω_j　：第 j 阶模态的固有圆频率（$=2\pi f_j$）

f_j　：第 j 阶模态的固有频率（Hz）

$\{\phi_j\}$　：第 j 阶模态的特征向量

h_i ：第 i 层（$i=1$ 表示最底层）的高度（m）

n ：考虑的模态阶数

$[M]$ ：风力机的质量矩阵

$[K]$ ：风力机的刚度矩阵

2）海底面处的最大剪力及最大弯矩

$$\hat{Q}=\max(Q_{D_B}+Q_{M_B}+\hat{Q}_{I_1}, Q_{NB}) \tag{6.54}$$

$$\hat{M}=\max(M_{D_B}+M_{M_B}+\hat{M}_{I_1}, M_{NB}) \tag{6.55}$$

此处，

$$Q_{D_B}=\hat{Q}_D(1-\lambda)^2$$

$$Q_{M_B}=\hat{Q}_M\sqrt{1-(1-\lambda)^2}$$

$$M_{D_B}=\hat{M}_D(1-\lambda)^2$$

$$M_{M_B}=\hat{M}_M\sqrt{1-(1-\lambda)^2}$$

这里，

$\hat{Q}$ ：海底面处的最大剪力（N）

$\hat{M}$ ：海底面处的最大弯矩（Nm）

Q_{NB} ：不考虑冲击破碎波力的海底面处的最大剪力（N），通过式（6.46）求得

M_{NB} ：不考虑冲击破碎波力的海底面处的最大弯矩（Nm），通过式（6.47）求得

$\hat{Q}_D$ ：阻力产生的海底面处的最大剪力（N），通过式（6.38）或式（6.42）求得

$\hat{Q}_M$ ：惯性力产生的海底面处的最大剪力（N），通过式（6.40）或式（6.44）求得

$\hat{M}_D$ ：阻力产生的海底面处的最大弯矩（Nm），通过式（6.39）或式（6.43）求得

$\hat{M}_M$ ：惯性力产生的海底面处的最大弯矩（Nm），通过式（6.41）或式（6.45）求得

【解说】

风力机在如表 6.1 所示位置建设时，如果有可能受到港湾外的波浪的直接影响，那么在风力机支持结构物上作用的波浪荷载中，可以考虑本项所示的冲击破碎波力。此时，总的波浪力产生的截面荷载以 6.4.4（b）项中所示的非破碎波分量和本项所示的冲击破碎波分量之和来考虑。但是，破碎波产生的波浪力本不可以像这样分为两个分量，这样考虑只是为了方便而已。如果需要更精确的值，要通过实验或者类似的评估方法来获得。

（1）冲击破碎波力的适用范围

考虑冲击破碎波力的适用范围，根据式（6.8）及式（6.9），确定为 $h/L_0<0.2$。

（2）冲击破碎波力的计算

当破碎波冲击桩状结构物部材时，为了求得冲击破碎波力，按照图 6.5 来假设破碎波的模型[34)]。即破碎波直后卷曲形成高度为 $\lambda\eta_c$ 的竖直面，以破碎波的波速 C_B 前进冲击桩状结构物部材。此竖直壁面以下的部分，作为行进波来研究其波形及波粒子的运动。这里，η_c 为距离静水面测得的波顶高度，λ 为竖直壁面的高度与波顶高度的比值，称为破碎波卷曲率。由于实际的破碎波不是如图 6.5 所示的波形，所以此破碎波卷曲率是作为表示破碎波的卷曲的一个参数来考虑的。此时，桩状结构物部材上作用的冲击破碎波力按照 IEC 61400-3[2] 中采用的模型，由下式来表示。

$$dF(z)=\frac{1}{2}\rho C_B^2 DC_s dz, \qquad (h+\eta_c\leqslant z\leqslant h+(1-\lambda)\eta_c) \qquad (解 6.25)$$

$$C_s=2\pi-2\sqrt{\frac{t}{t_B}}\tanh^{-1}\sqrt{1-\frac{t}{4t_B}} \qquad \left(0\leqslant t\leqslant\frac{t_B}{8}\right) \qquad (解 6.26a)$$

$$C_s=\pi\sqrt{\frac{t_B}{6t'}}-4\sqrt{\frac{8t'}{3t_B}}\tanh^{-1}\sqrt{1-\frac{t'}{t_B}\sqrt{\frac{6t'}{t_B}}} \qquad \left(\frac{3t_B}{32}<t\leqslant\frac{3t_B}{8}\right),\ t'=t-\frac{t_B}{32} \qquad (解 6.26b)$$

另外，采用合田[34)]模型可以给出下式。

$$C_s=\pi\left(1-\frac{t}{t_B}\right) \qquad (解 6.27)$$

冲击力，因为其作用时间极短，所以其值随系统的固有频率而变化。因此，应考虑到风力机支持结构物的高阶模态被激发的可能性。

本指南通过冲击响应系数 $\hat{X}_j$ 来考虑动力效应。图解 6.24 表示了圆柱的非衰减时的冲击响应系数。

本指南中采用的式（解 6.26）表示的 IEC 模型，冲击破碎波力是时间的函数且很复杂，因此图解 6.24 所示的冲击响应系数要通过时程响应分析法来数值求得。图中的虚线为近似结果。此外，作为参考，图解 6.24 中还给出了通过下式表示的合田模型的冲击响应系数。

$$\hat{X}_j=\begin{cases}\sqrt{\left(1-\frac{1}{\Omega_j}\sin\Omega_j\right)^2+\frac{1}{\Omega_j^2}(1-\cos\Omega_j)^2} & (\Omega_j<2.33)\\ 2-\frac{2}{\Omega_j}\tan^{-1}\Omega_j & (\Omega_j\geqslant 2.33)\end{cases} \qquad (解 6.28)$$

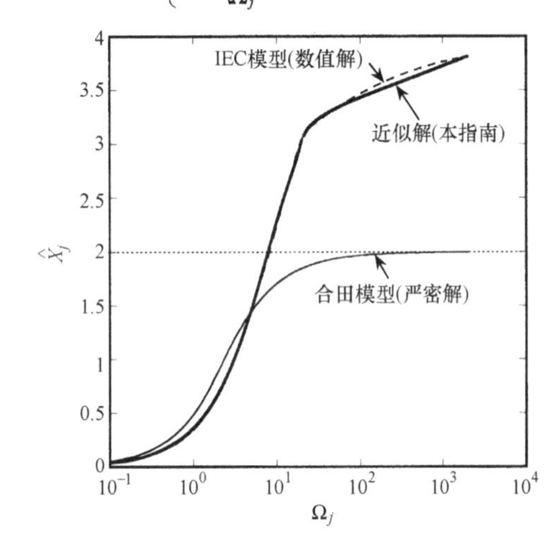

图解 6.24 圆柱的冲击响应系数 $\hat{X}_j$

两模型比较后，$\Omega_j\leqslant 4.72$ 时，合田模型给出的响应值较大，$\Omega_j>4.72$ 时，IEC 模型给出的响应值较大。另外，由图解 6.24 可知，合田模型在 Ω_j 较大时，$\hat{X}_j$ 接近 2，因此当不明确风力机的固有频率时，可以偏安全地采用 $\hat{X}_j=2$。本指南中采用表示冲击破碎波力的式（解 6.26）或者本文所示的冲击响应系数，但是在确保安全性的基础上，也可以采用式（解 6.27）或者式（解 6.28）。

破碎波的种类可简单地分为表解 6.6 所示的崩破波、卷破波和激破波。海底梯度和波形梯度的平方根的比值称为破碎波的相似参数 ξ_b。表解 6.6 分别给出了各种破碎波对应的 ξ_b 的范围，以其确定破碎波的类型[35]。

崩破波，是海底梯度较缓时，波形梯度较大的波浪破碎时，发生的一种破碎波形式。波峰前后基本保持对称，随着水深变浅波峰变得尖锐，从波峰向波前方逐渐移动至崩破[36]。对于崩破波的波形和波浪运动的预测，可以运用高阶的流函数解来求得。

卷破波，是海底梯度比较陡时经常可见的一种破碎波形式，波峰前后显著不对称。和崩破波相比，波浪破碎发生的较为突然，当其向固定结构物冲击时，有可能发生极大的冲击荷载。

激破波，是波形梯度非常小的波浪冲到非常陡的海岸上时可见的一种破碎波形式。和卷破波相同，波峰前后显著不对称。但是，不是卷曲，而是波前方回流，导致波峰下方不变的一种破碎形式。

破碎波的种类 **表解 6.6**

	崩破波	卷破波	激破波
破碎波的种类			
ξ_b	$\xi_b<0.4$	$0.4\leqslant\xi_b\leqslant 2$	$2<\xi_b$

图解 6.25 所示的破碎波卷曲率是由规则波的实验[34]、[37]求得的，具有如图中所见的宽度。在实际的海域内，认为要超出此变化。图中的阴影部分为卷破波部分，其破碎波卷曲率和崩破波的领域相比急剧增大，可见，其冲击破碎波力的影响也要变大。关于破碎波卷曲率，确定为卷破波的判定领域中中央处的最大值。但是，图解 6.25 中的虚线部分，即从卷破波的领域中央到激破波的领域是没有数据的。因此，破碎波卷曲率 λ 还需要通过今后的研究进行改进。IEC 61400-3 中，认为激破波对于近海风力机的设计并不重要，其产生的冲击破碎波力很小，偏安全地按照图解 6.25 预计其冲击破碎波力。

另外，破碎波相似参数 ξ_b 的计算所需的波高，文献［35］中采用规则波的破碎波波高 H_b，而本指南中以不规则波为对象采用由式（6.3）得到的设计波高 H_D。关于破碎波的波速 C_B，文献［34］采用 H_b，而本指南中采用由 6.4.2（d）项或 6.4.3（a）（3）项中所示的波长和波周期计算的行进波的波速。

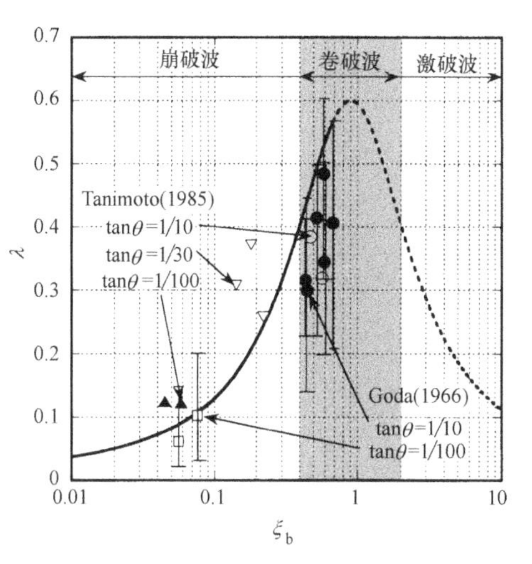

图解 6.25　破碎波卷曲率 λ 和破碎波带相似参数 ξ_b 的关系

（3）桩状结构部材的海底部的剪力及弯矩的计算式

1）冲击破碎波力产生的剪力和弯矩

风力机在振动时包含多个振动频率，因此有必要针对几个模态进行计算，然后确定截面荷载。本指南采用冲击响应系数，利用式（6.51）计算考虑了动力效应的各阶模态的有效冲击破碎波力，并计算了各阶模态的广义位移。各层的荷载，即剪力和弯矩，要分别通过各自的表达式来求得。各层的剪力和弯矩需通过式（6.52）和式（6.53）选择必要的阶数做平方和再开方来计算。

2）海底面处的最大剪力和最大弯矩

冲击破碎波力作用下的桩状结构物部材上作用的总的波浪力，以破碎波点的阻力及惯性力和冲击破碎波力的和来计算。破碎波点的阻力及惯性力产生的截面荷载可以按照如下所示来考虑。这里，将波浪的山峰部分的波形近似为

$$\eta=\eta_c\sin\theta \tag{解 6.29}$$

破碎波卷曲点为 $\eta=(1-\lambda)\eta_c$，由此给出的相位角为 $\sin\theta=1-\lambda$。因此，破碎波点处的阻力及惯性力产生的截面荷载，可以利用破碎波卷曲率 λ 由下式来表示。

$$Q_{D_B}=\hat{Q}_D\sin^2\theta=\hat{Q}_D(1-\lambda)^2 \tag{解 6.30}$$

$$Q_{M_B}=\hat{Q}_M\cos\theta=\hat{Q}_M\sqrt{1-(1-\lambda)^2} \tag{解 6.31}$$

因此，海底面处的最大剪力可由式（6.54）的右边括号内的第一项给出。海底面处的最大弯矩也同样可由式（6.55）的右边括号内的第一项给出。

这里必须注意的是，破碎波冲击时的波浪力不一定是波浪力的最大值。特别是，当整个系统的固有振动频率较低，冲击响应系数的值较小时，波浪破碎之前的波产生的阻力及惯性力的和比破碎波的冲击力要大。因此，在实际设计中，有必要考察具有和破碎波高同样波高的波浪未破碎时的作用情况。本文的式（6.54）及式（6.55）已经考虑了这种情况。

【与其他法规、基准、指南等的关联】

作为本指南的适用范围外的一例，图解 6.26 中给出了 6MW 两枚叶片的风力机在受到冲击破碎波力时，其距离海底面高度 90m 的混凝土桩的海底部处的弯矩的时程响应分析结果（只有冲击破碎波力的分量）。海象条件和详细结构参考文献［38］。此图中还给出了利用式（解 6.26）的 IEC 模型及式

（解 6.27）的合田模型，在考虑到 4 阶模态时的结果。此例中，由式（解 6.26）计算的结果比式（解 6.27）的结果稍小，但是两模型的大小关系如前所述会随着振动频率而变化，需要对此进行注意。图解 6.27 中所示为通过式（6.53）的有效冲击破碎波力求得的结果与通过式（解 6.26）得到的时程响应分析结果之间的比较。由本解析例可知，如果考虑到 3 阶模态，本指南就可以很好地表示弯矩。

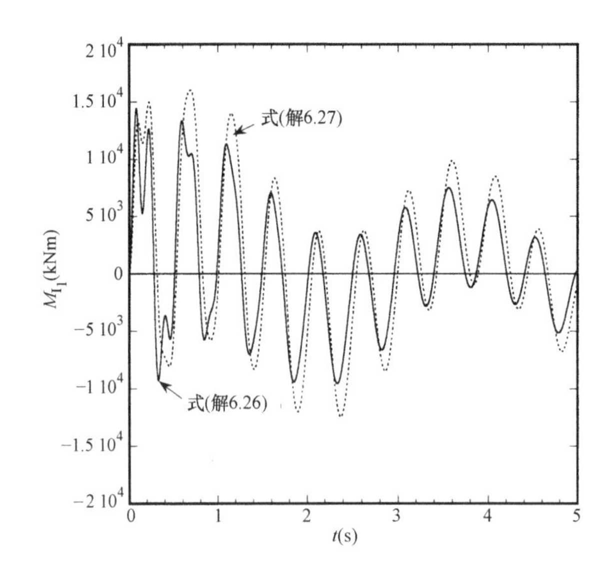

图解 6.26 桩的海底部处的弯矩的冲击破碎波力分量的时程比较（$\lambda\eta_c$＝1m）

（式（解 6.26）：IEC 模型，式（解 6.27）：合田模型，η_c＝15.2m，λ＝0.0596，$\tan\theta$＝1/100））

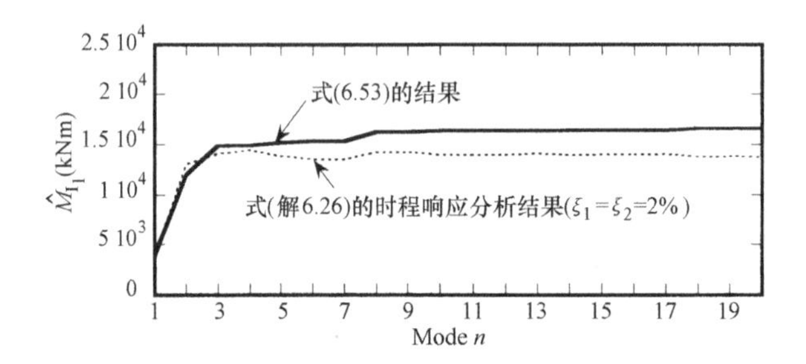

图解 6.27 关于冲击破碎波力产生的桩的海底部处的弯矩，本指南公式与时程响应分析结果的比较

（η_c＝15.2m，λ＝0.0596，$\tan\theta$＝1/100）

6.5 静水压

对于结构物的水中部分，除波浪力外还要考虑静水压产生的荷载。

【解说】

关于海岸附近建设的风力机支持结构物，除了 6.4 确定的波浪力外，对于水中部分，还必须要考虑随深度作用的静水压所产生的荷载。

参考文献

[1] IEC：IEC 61400-1 Ed.3: Wind turbines - Part 1: Design requirements, 2005

[2] IEC：IEC 61400-3 Ed.1:Wind turbines – Part 3: Design requirements for offshore wind turbines, 2009

[3] 内閣府：津波避難ビル等に係るガイドライン検討会：津波避難ビル等に係るガイドライン

[4] 社団法人 日本港湾協会：港湾の施設の技術上の基準・同解説，2007

[5] 気象庁：平成16年潮位表，CD，2003

[6] 長尾毅，吉浪康行：信頼性解析によるケーソン防波堤の外的安定性評価，構造工学論文集，Vol.47A，305-312，2001

[7] 日本建築学会：海洋建築物構造設計指針（固定式）・同解説，1987

[8] 高田悦子，諸星一信，平石哲也，永井紀彦，竹村慎治：我が国沿岸の波浪外力の分布（海象外力検討調査），国土交通省 国土技術政策総合研究所資料，No.88，2003

[9] 合田良實：耐波工学 港湾・海岸構造物の耐波設計，鹿島出版会，2008

[10] Wilson, B.W.：Numerical prediction of ocean waves in the North Atlantic for December, 1959, Deut, Hydrogr. Zeit, Jahrgang 18, Heft 3, 114-130, 1965

[11] 土木学会 海岸工学委員会 研究現況レビュー小委員会：新しい波浪算定法とこれからの海域施設の設計法 性能設計法の確立に向けて，2001

[12] 磯崎一郎，鈴木靖：波浪の解析と予報，東海大学出版会，1999

[13] 土木学会：水理公式集，1999

[14] 岩垣雄一，塩田啓介，土居宏行：有限振幅波の浅水変形と屈折係数，第28回海岸工学講演会論文集，99-103，1981

[15] 合田良實：浅海域における波浪の砕波変形，港湾技術研究所報告，第14巻，3号，1975

[16] 合田良實，武田英章：越波による防波堤背後への波高伝達率，第13回海岸工学講演会講演集，pp.87-92，1966

[17] 沿岸開発技術ライブラリーNo.12「CADMAS－SURF 数値波動水路の研究・開発～数値波動水路の耐波設計への適用に関する研究会報告書～」，沿岸技術研究センター，2001

[18] R.G. Dean and R.A. Dalrymple: Water Wave Mechanics for Engineers and Scientists, Prentice-Hall, Inc., 1984

[19] 椹木亨編著：波と漂砂と構造物，技報堂出版，1991

[20] Rienecker, M.M. and Fenton, J.D.：A Fourier approximation method for steady water waves, Journal of Fluid Mechanics, Vol.114, 119-137, 1981

[21] Sobey, R.J.：Variations on Fourier wave theory, International Journal for Numerical Methods in Fluids, Vol.9, 1453-146.73989

[22] Fenton, J.D.：The numerical solution of steady water wave problem, Computers & Geosciences, Vol.104, No.3, 357-36.83988

[23] Department of Civil and Environmental Engineering, Southampton University Hydraulics Group：Downloadable MS-DOS-based software for waves and wave forces (http://www.civil.soton.ac.uk/hydraulics/download/downloadtable.htm)

[24] Goda, Y.：Wave force on a vertical circular cylinder：Experiments and proposed method of wave force computation, Report of the Port and Harbour Research Institute No.8, 1964

[25] 合田良実：海中構造物の設計波力について，土木学会誌，第50号，No.2，57-61，1965

[26] 桂川哲行，服部昌太郎：浅水変形波動場の計算法，第35回海岸工学講演会論文集，73-77，1988

[27] 石田啓：微小振幅波による小口径柱体の振動に関する理論解，土木学会論文集，第369号，II-5，243-251，1986

[28] International Standard ISO 19902 (First edition 2007-12-01), Petroleum and natural gas industries – Fixed steel offshore structures

[29] Offshore Standard, Det Norske Veritas, DNV-OS-J101 : Design of Offshore Wind Turbine Structures, 2007

[30] API Recommended Practice for Planning, Designing and Constructing Fixed Offshore Platforms–Load and Resitance Factor Design

[31] Recommended Practice, Det Norske Veritas, DNV-RP-C205 : Environmental Conditions and Environmental Loads, 2007

[32] 沿岸開発技術研究センター：ジャケット工法技術マニュアル，2000

[33] 合田良實，池田龍彦，笹田正，岸良安治：岩礁上の円柱の設計波力に関する研究，港湾技術研究所報告，第11巻，4号，1972

[34] 合田良實，原中祐人，北畑正記：直柱に働く衝撃砕波力の研究，港湾技術研究所報告，第5巻，6号，1966

[35] Battjes, J. A. : Surf similarity, Proc. of 14th Coastal Engineering Conference, 46.6679, 1974

[36] 本間仁監修，堀川清司編：海岸環境工学　海岸過程の理論・観測・予測方法，東京大学出版会，1985

[37] 谷本勝利，高橋重雄，金子忠男，塩田啓介：傾斜円柱に働く衝撃砕波圧と砕波巻き込み率，第32回海岸工学講演会論文集，623-627，1985

[38] Wienke, J., Sparboom, U. and Oumeraci, H. : Theoretical formulae for wave slamming loads on slender circular cylinders and application for support structures of wind turbines, Proc. of 29th International Conference Coastal Engineering, ASCE, Lisbon, 4018-4026, 2004

[39] Wienke, J. and Oumeraci, H. : Breaking wave impact force on vertical and inclined slender pile – theoretical and large-scale model investigations, Coastal Engineering, 52, 435-462, 2005

[40] 海岸保全施設技術研究会：海岸保全施設の技術上の基準・同解説，2004

[41] サミットウインドパワー(株)酒田発電所：http://swp.jp/02business_1sakata.html

[42] 瀬棚町洋上風力発電所：http://www.town.setana.lg.jp/modules/tinycontents/index.php?id=27

Ⅲ 构造计算

第 7 章　塔架结构的计算

7.1　塔架结构计算的基本内容

7.1.1　适用范围

在本章中规定了如下部件的结构计算方法，包括支撑带有三片叶片的杆塔支撑式水平轴圆筒形钢制塔架的塔身、接头部分、开口部分以及底座（底板）的结构计算方法。

【解说】

所谓“塔架”是把指风力发电机风轮、动力传动系统、发电机等在离地面一定的高度上进行固定的装置。本指南中所述的塔架材质是钢制的，混凝土以及预应力混凝土塔架不属于本指南的说明范围。另外塔架形式是塔杆支撑式圆筒形截面，多边形截面不属于本指南说明范围。在本章中将就出现积雪时、进行发电时、受到暴风时、出现地震时圆筒形钢制塔架结构计算方法进行说明。

7.1.2　塔架形式

塔架的塔身材质为钢制的，塔架采用圆筒形断面的杆塔支撑形式。

【解说】

我们将针对塔身材质为钢制的塔架进行说明。另外如图解 7.1 所示支撑形式中包括杆塔支撑式、桁架（格构）支撑式以及拉索支撑式等，但本指南针对圆筒形断面杆塔支撑式塔架进行说明，桁架（格构）支撑式以及拉索支撑式塔架不属于本指南说明范围。

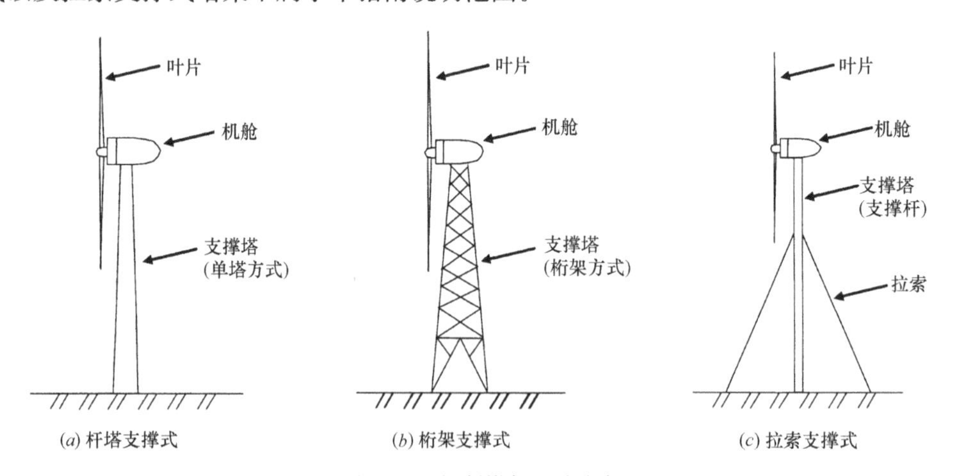

图解 7.1　钢制塔架形式举例

7.2　塔架设计条件

7.2.1　荷载

以下为塔架设计中所采用的基本荷载。

(1) 作用于塔架上部中所设置的风力发电机的荷载

(2) 作用于塔架上荷载如下所示
1) 塔架的自重(包括接头部分加固材料、开口部分加固材料、螺栓、梯子等)
2) 作用于塔架的风压力、地震力
另外结构计算时采用的断面力如下所示。
1) 轴力
2) 剪切力
3) 弯矩
4) 扭矩
5) 其他断面力

【解说】

(1) 关于作用于(2)风力发电机与塔架的荷载

塔架设计中所采用的荷载包括作用于设置在塔架上部的风力发电机的荷载与作用于塔架本身的荷载。作用于风力发电机本身的轴力为第6章所示的永久荷载、活荷载以及积雪荷载。作用于风力发电机本身的剪切力以及扭矩为第4章、第5章、第6章所示的各种荷载。作用于塔架本身的轴力为接头部分加固材料、开口部分加固材料、螺栓、梯子等在内的自重。作用于塔架本身的剪切力、弯矩以及扭矩为第4章、第5章、第6章所示的各种荷载。并且应根据需要考虑其他断面力等因素。

7.2.2 使用材料以及材料的常数

(1) 除特殊情况外,结构材料的材质应符合表7.1所示的规格。
(2) 除特殊情况外,结构材料的形状以及尺寸应符合表7.1所示的规格。
(3) 通常情况下结构材料的材料常数如表7.3所示。
(4) 钢、锻钢的重度为77.0kN/m³。

结构材料的材质规格 **表7.1**

规格编号	名称
JIS G 3101	一般结构用轧制钢材 SS400、SS490、SS540
JIS G 3106	焊接结构用轧制钢材 SM400A、B、C,SM490 A、B、C,SM490YA、YB,SM520B、C,SM570
JIS G 3114	焊接结构用耐候性热轧钢材 SMA400AW、AP、BW、BP、CW、CP,SMA490AW、AP、BW、BP、CW、CP
JIS G 3136	建筑结构用轧制钢材 SN400A、B、C,SN490B、C
JIS G 3109	预应力钢筋
JIS G 4053	机械结构合金钢钢材
JIS B 1051	螺栓、螺丝以及植入式螺栓
JIS B 1186	摩擦连接高强度六角螺栓、六角螺母、垫圈套件
JIS B 1198	带头螺栓
JIS Z 3211	软钢用电弧焊条
JIS Z 3212	高拉力钢用电弧焊条
JIS Z 3351	碳素钢以及低合金钢用埋弧焊实心钢丝
JIS Z 3352	碳素钢以及低合金钢用埋弧焊搭板

结构材料的形状、尺寸规格 **表 7.2**

规格编号	名称
JIS G 3193	热轧钢板以及钢带的形状、尺寸、重量以及其他容许差
JIS B 1180	六角螺栓
JIS B 1181	六角螺母
JIS B 1186	摩擦结合用高拉力六角螺栓、六角螺母、垫圈套件
JIS B 1256	垫圈

结构材料的材料常数 **表 7.3**

材料	杨氏模量 E (N/mm^2)	剪切模量 G (N/mm^2)	泊松比 ν	线膨胀系数 (1/℃)
钢、锻钢	205000	79000	0.3	0.000012

【解说】

(1) 关于结构材料的材质与 (2) 结构材料的形状

本指南所说明的塔架形式如 7.1.2 所示，包括可能采用法兰接头的锻钢产品在内的钢板焊接结构。结构材料的钢材材质应依据日本建筑学会钢结构设计规范标准[1]的第 4 章所示的 JIS 材料，我们将相关内容进行了整理，如表 7.1、表 7.2 所示。在作为法兰材料来使用的锻钢产品以及超过 JIS 规定尺寸的粗直径高强度螺栓中，风力发电设备用的产品可以使用获得相关大臣认可的材料。

关于塔架脚部的锚固方式等，如果为锚栓抗拔方式，在对结构承载力没有影响的情况下，锚栓可以采用建筑结构用的锚栓（日本钢结构协会 JSSⅡ ABM、ABR 系列）等表 7.1、表 7.2 中未规定的产品。另外如果采用把塔架底座直接埋入钢筋混凝土基础中的形式，有时候采用螺栓来连接的方式，因此也会考虑使用 JIS B 1198 所示的螺栓。

(3) 关于结构材料的材料常数与 (4) 钢、锻钢的密度

将就钢材的最基本材料常数以及密度进行说明。作为塔架弹性分析的基本参数，在后述的设计公式中将包含本常数，相关内容如下所述。材料常数依据日本建筑学会钢结构设计规范的第 4 章的内容进行说明。

【与其他法规、标准、指南等的关联】

风力发电机的塔架中所使用的材料必须符合建筑标准法第 37 条的规定。可以按照 2000 年 5 月 31 日建设省告示第 1446 号所制定的内容或 2000 年 12 月 26 日建设省告示第 2464 号中标准强度所指定的产品。对于 JIS 以外的钢材应对应钢材检查证明，如评估为等同于 JIS 的产品，则可以使用。此时所使用材料的化学成分、机械性质相关的试验数据如果属于 JIS 规格的范围，则视该产品为 JIS 同等产品。有时候即使告示中指定的建筑材料或 JIS 的同等产品，也不会对标准强度进行规定，此时该标准强度应根据性能评估机构的评估委员会通过试验所获得材料机械性质与生产数据进行评估。如果不属于 JIS 的规定范围或 JIS 没有进行规定，则需要获得大臣的认可。

风力发电机组塔架的结构材料标准参考表解 7.1，参考日本国内进行了导入试验的 EN 材料以及对应强度级别的 JIS 材料的相关内容。EN 是指 BS/EN（BS：英国标准协会）、DIN/EN（DIN：德国标准委员会）等所采用的国际标准。关于海外生产的塔架，在其生产方面，加工精度、非破坏检查标准等品质管理最好以日本国内的类似结构物为标准。并且如果从海外厂家采购风力发电机，可以与海外厂家进行沟通，根据表解 7.1 的内容把塔架结构钢材换成 JIS 材料。关于各部位的标准参考图解 7.2。但是如果是 EN 材料与 JIS 材料，板厚与屈服点的关系可能稍有不同，并且如果是 EN 材料的话，S*** (***

表示钢材的屈服应力的标准值，单位 N/mm^2）之后可能会附带选项（夏比冲击、挤压性能）符号等情况，因此在 JIS 材料（同等）选择上需要多加考虑。

EN 材料与 JIS 材料的对应　　**表解 7.1**

部位	EN 材料	JIS 材料	备　注
塔架塔身	S235 级 S355 级	SM400 级 SM490 或 SM520 级	
法兰接头或添板	S235 级 S355 级	SM400 级 SM490 或 SM520 级	也适用于锻钢产品
锚栓	8.8,10.9	8.8,10.9	

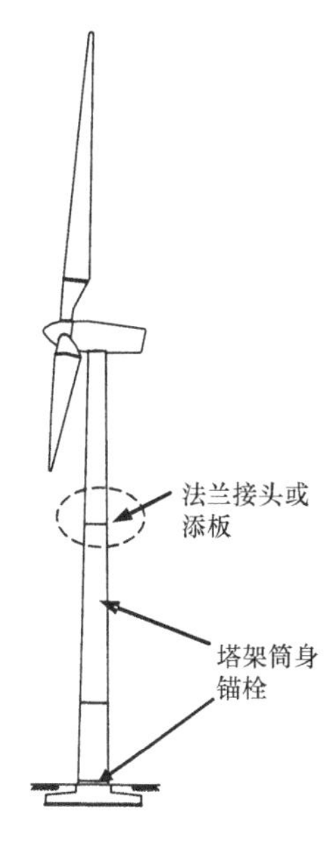

图解 7.2　风力发电机塔架概要图

7.2.3　标准强度

（1）结构钢材的标准强度 F 值如表 7.4 所示。另外如果法兰接头（包含锻钢产品）等中使用的板厚比本表分类数据高时，或使用的板厚在规格上不属于屈服点规定的范围，应根据建筑标准法第 37 条的规定，选择符合国土交通大臣指定的规格产品，为了计算容许应力，应规定标准强度 F 值。

（2）与 JIS 材料同等的材料数值为表 7.4 所示的标准强度 F 值。如果使用的板厚数值高于本表分类的数值，则强度数值按照如（1）所示方法进行设定。

标准强度 F 值（N/mm^2）　　**表 7.4**

钢材种类		SM400 SMA400	SM490 SM490Y SMA490	SM520	SM570
F	厚度 40mm 以下	235	325	355	400
	厚度超过 40mm 100mm 以下	215	295	355 超过 75mm 的 产品为 325	400

【解说】

关于（1）、（2）结构钢材的标准强度 F 值

钢材标准强度 F 值应以日本建筑学会钢结构设计规范标准的第 5 章的内容为准，作为风力发电机

塔架的结构物，我们对普遍使用的JIS焊接结构轧制钢材的标准强度F值归纳整理，参考表7.4。关于表解7.1所示的EN材料，如果可以更名为JIS材料，那么根据表7.4的内容设定标准强度F值，可以采用本指南中所示的各种应力对照公式。

在风力发电设备支撑物方面，为了确定法兰接头、基座以及开口部分加固材料中所使用的锻钢产品的标准强度F，锻钢产品的材料板厚数值取B_m与h_f相比较小的一个数值。

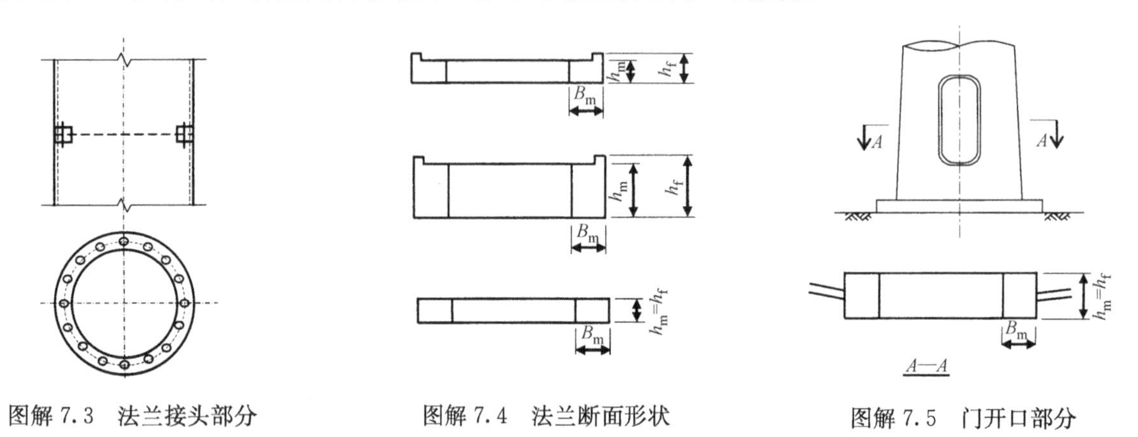

图解7.3　法兰接头部分　　图解7.4　法兰断面形状　　图解7.5　门开口部分

7.2.4　容许应力

（1）风力发电机塔架中所使用的钢材容许应力如表7.5所示。

容许应力　　**表7.5**

项　目	单　位	长　期	短　期
1)对应塔架塔身板材的局部屈曲的容许压缩、弯曲以及剪切应力	N/mm²	按照7.3.4项进行规定	
2)塔架塔身板材的容许拉伸应力以及法兰接头与基座的拉伸、压缩容许应力	N/mm²	F/1.5	F

在此，F：结构钢材的标准强度（N/mm²）

（2）下述结构承载力方面，原则上重要部分的焊接应采用完全熔透焊接方式。如果措施较为彻底，该容许应力为所结合部分母材的容许应力。

• 塔架塔身之间的连接

• 塔架塔身与法兰接头、塔架塔身与基座或锚栓的连接

• 其他所需部分

关于其他方面，如果二次结构部件等的焊接在结构承载力方面没有问题的话，可以进行部分熔透焊接或角焊缝方式。其容许应力为所连接的母材容许剪切应力。如果焊接不同种钢材，应取所焊接的母材容许应力中较小的数值。

【解说】

（1）关于塔架局部屈曲的容许应力

塔架塔身的局部屈曲容许应力应根据塔身的半径板厚比以及钢材的机械性质进行设定，我们在7.3.4项中进行了详细的说明。

（2）关于焊接以及其容许应力

在对风力发电机塔架进行设计时，由于风力发电机本身的运行所产生的反复荷载占主要荷载，因此原则上在结构承载力方面，重要部分的焊接应全部采用穿透焊接方式。焊接部分的非破坏检查的工作也应考虑这个因素。

焊接结构部件的容许应力为所连接的母材的容许应力。并且在焊接异种钢材时，容许应力应取所连接的母材容许应力数值中较小的一个数值。

【与法规、标准、指南等的关联】

在土木、建筑、机械等各个领域中，虽然有相应的钢结构物使用材料的强度规定，但是在指南之后的各部分设计（包括固定部分的塔架固定钢制部件）中，以日本建筑学会的钢结构各种规定以及指南为准。因此本指南遵守建筑标准法，并且把日本建筑学会钢结构设计标准作为参考标准。我们依据该标准进行说明，也意味着对容许应力设定的内容进行了补充。

7.2.5　高强度螺栓孔径

风力发电机塔架的拉伸连接的接头部分中所使用的高强度螺栓的孔径如表 7.6 所示。

螺栓孔径　　**表 7.6**

高强度螺栓的名义直径	螺栓孔径(mm)	高强度螺栓的名义直径	螺栓孔径(mm)
M16	18	(M52)	56
M18	20	M56	61
M20	22	(M60)	66
M22	24	M64	70
M24	26	(M68)	74
M27	30	(M72)	78
M30	33	(M76)	82
M33	36	(M80)	86
M36	39	(M85)	91
(M39)	42	(M90)	96
M42	46	(M95)	101
M45	49	(M100)	107
M48	52		

表 7.6 的括弧中的螺栓名义直径是目前风力发电机塔架接头部分中没有使用过的螺栓或使用频度较低的螺栓，该孔径可作为参考数值。

【解说】

一般建筑标准法中所规定的高强度螺栓的名义直径到 M30 为止，但是风力发电机塔架的接头中所采用的高强度螺栓采用 M30 以上名义直径的螺栓，本指南根据国内外的基本准则[2]~[4]，对高强度螺栓的名义直径的螺栓孔径进行了规定。

依据 JIS B 1001[2] 以及 DNV-OS-JI01[3] 的规定，对本指南的粗直径螺栓的孔径进行了说明。欧洲采用 DNV-OS-J101 标准，这是海上风力发电机的标准，高强度螺栓的名义直径规定到 M64，JIS B 1001 则规定到 M150。表解 7.2 按照螺栓的名义直径，对各规则标准中的螺栓直径进行了对比。并且由于 ASME B18.2.3.5M[4] 中定义的螺栓孔径与 JIS B 1001（2 级）的内容完全一致，所以在此对该内容进行了省略。如表解 7.2 所示，本指南 M16 到 M64 的内容以 DNV-OS-J101 的规定为准，DNV-OS-J101 中没有规定的名义直径螺栓以 JIS B1001 的规定为准。另外 DNV-OS-J101 的 M42，M45 的螺栓孔径比 JIS B1001 规定大 1mm，M56 的螺栓孔径比 JIS B1001 的规定小 1mm。DNV-OS-J101 中所没有规定的名义直径螺栓为目前风力发电机塔架的接头部分没有规定的螺栓，并且是使用频度较低的螺栓，该孔径为参考值，具体内容如表 7.6 所示。

各种标准螺栓孔径的比较 表解 7.2

螺栓的名义直径	本指南(mm)	DNV-OS-J101(mm)	JIS B 1001(2 级)	建筑标准法(mm)
M12	—	13	13.5	14
M14	—	15	15.5	—
M16	18	18	17.5	18
M18	20	20	20	—
M20	22	22	22	22
M22	24	24	24	24
M24	26	26	26	26
M27	30	30	30	30
M30	33	33	33	33
M33	36	36	36	—
M36	39	39	39	—
M39	42	—	42	—
M42	46	46	45	—
M45	49	49	48	—
M48	52	52	52	—
M52	56	—	56	—
M56	61	61	62	—
M60	66	—	66	—
M64	70	70	70	—
M68	74	—	74	—
M72	78	—	78	—
M76	82	—	82	—
M80	86	—	86	—
M85	91	—	91	—
M90	96	—	96	—
M95	101	—	101	—
M100	107	—	107	—

7.3 钢制塔架的结构计算

7.3.1 结构计算的思路

塔架结构承载力中的主要部分是根据“2.2 荷载种类以及组合”中所示的荷载情况不同，确认塔架部分所产生的应力是否低于材料容许应力

【解说】

塔架结构承载力中的主要部分包括塔架塔身、接头部分、开口部分以及基座。

2000 年 6 月对建筑标准法进行了修订，对根据极限承载力考虑结构物安全性的设计方法进行了规定。极限承载力设计方法对结构物的承载力与维持功能、防止损伤以及确保安全性所需要的各项要求性能，规定了其变形限值等。但是对于自立型塔架这种结构物，或者有按照屈曲确定承载力的结构物，如果要采用这种方法，目前还存在如何保证所给予的外力水平以及设备功能等问题。

鉴于上述情况，为了避免塔架塔身发生屈曲，本章对容许应力进行了确认。允许开口部分、法兰接头、螺栓等部分出现部分塑性，并对各部位的容许承载力进行了确认，以保证整个塔架为弹性。

7.3.2　螺栓的容许承载力

对法兰接头高强度螺栓的容许承载力的规定如下所示。

（1）长期容许拉力与长期滑动承载力

长期容许拉力与长期滑动承载力分别为短期容许拉力与短期滑动承载力的 1/1.5。

（2）短期容许拉力

对于罕见的暴风、地震、积雪，所产生的短期容许拉力如下面 1）与 2）的任何一项所示。

1）如果采用等价静态设计方法，短期容许拉力为螺栓拉力，按照公式（7.1）对 F10T 高强螺栓进行了规定。

$$T_a = 1.0 \cdot N_0 = 0.75 \cdot \sigma_y \cdot A_e \quad (7.1)$$

在此

T_a：短期容许拉力

N_0：设计螺栓拉力

σ_y：材料的标准强度（螺栓屈服强度）

A_e：螺栓螺纹部分有效横截断面积（mm^2）

2）如果采用疲劳承载力设计方法，对疲劳承载力进行评估，疲劳承载力中包括达到设计风速的强风，如果能确认在使用过程中不会发生螺栓疲劳损伤的情况，则按照公式（7.2）对短期容许拉力进行了规定，其数值为螺栓螺纹部分的有效横截面积乘以屈服强度的 0.8 倍所得的数值。

$$T_a = 0.8 \cdot \sigma_y \cdot A_e \quad (7.2)$$

但是设计螺栓拉力为螺栓螺纹部分有效横截断面积乘以屈服强度的 0.7 倍所得数值。

$$N_0 = 0.7 \cdot \sigma_y \cdot A_e \quad (7.3)$$

（3）级别 2 地震发生时的容许拉力

如果发生极少出现的级别 2 地震时，不能按照设计方法，应按照公式（7.4）计算容许拉力，其数值为螺栓螺纹部分的有效横截面积乘以屈服强度的 1.0 倍所得的数值。

$$T_a = \sigma_y \cdot A_e \quad (7.4)$$

（4）滑动承载力

高强度螺栓摩擦接合部分中每根螺栓的短期滑动承载力按照公式（7.5）进行计算。

$$R_s = \mu \cdot N_0 \quad (7.5)$$

（5）级别 2 地震发生时的容许拉力

使用的高强度螺栓的安装以 JIS B1186（摩擦接合用高强度六角螺栓、六角螺母、垫圈套件）的第 2 类（10.9）为准。

另外为了长时间确保设计螺栓的拉力，进行紧固施工时紧固力的目标值是设计螺栓拉力的 1.1 倍，连接部分所有的螺栓应尽可能均等。

（6）维持管理

如用机舱风速计记录瞬间风速超过极限风速值的 0.7 倍（IEC 级别Ⅰ与级别Ⅱ的风力发电机分别为 49m/s 与 42m/s）或观测得到的震度低于 5，应尽快进行检查，并且至少隔半年一次对其进行定期检查，以确保高强度螺栓的性能。即使一根螺栓遭到延迟破坏，应把该风力发电机同一批次的所有螺栓进行更换。

【解说】

本项就法兰接头用的高强度螺栓的容许拉力与滑动承载力的处理方法与螺栓的紧固使用要领以及维护管理要领进行说明。

(1) 关于长期容许承载力

长期容许承载力应根据高强度螺栓接合设计施工导则[5]进行计算，为短期容许承载力的 1/1.5。

(2) 关于短期容许拉力

如图解 7.6 所示，拉伸接合中的作用力与螺栓拉力具有一定的关联。正如大家所示，如果作用于螺栓的拉力 P 超过如图所示的分离荷载 P_s（大约为螺栓拉力的 90%左右），在除去荷载时，螺栓的拉力将会降低。为了保证所采用的螺栓最初拉力以及接合部分的刚性，高强度螺栓接合设计施工导则把短期容许拉力设定为设计螺栓拉力的 0.9 倍。

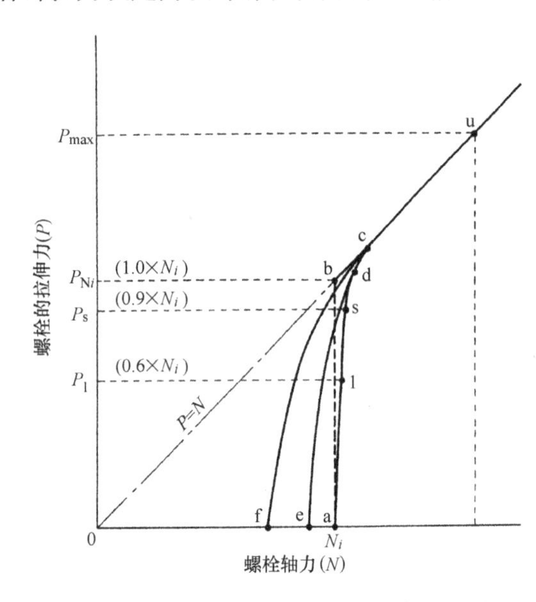

图解 7.6 拉伸接合中作用力与螺栓拉力的关系

一方面定期对支撑风力发电设备塔架所采用的高强螺栓（以下简称为风力发电机用的高强度螺栓）进行维护，同时在出现台风以及地震后进行紧急检查，可以保证在使用过程中使螺栓保持最开始的拉力以及接合部分的刚度。因此以本文（6）中所示的维护管理规定作为条件，风力发电机高强度螺栓的短期容许拉力为设计螺栓拉力，把其数值设定为比以往建筑物中所采用的高强度螺栓的短期容许拉力高 10%。

对高强度螺栓进行充分地紧固，在外力小于最初轴力的范围内，根据接合部分的形状尺寸，相对于外力振幅，螺栓拉力的振幅为 1/20～1/5，对于高风速区域中的反复拉力，拉伸接合是一种较为不错的接合形式。因此如果采用等价静态设计方法，可以忽视高风速区域中疲劳损伤。但是如果反复作用的拉力超过初始轴力的 2/3荷载连续作用的话，由于外力的变动，螺栓拉力的变动也会增大，同时在除去荷载时，螺栓拉力将会持续降低。因此根据本文（6）中所示的维护管理规定，应必须保证首次的螺栓轴力。

在欧洲除了等价静态设计方法，本文所示的疲劳承载力设计方法[6]、[7]也经常采用风力发电机塔架所采用的高强度螺栓。通过该方法对疲劳承载力与极限承载力（相当于日本的风力级别 1 的荷载）进行评估。我们认为如果可以不进行疲劳承载力的评估，高强度螺栓的短期容许拉力应设定得比初始拉力高。但是进行风振响应分析时，考虑把法兰部分假设是刚性法兰，高强度螺栓的短期容许拉力数值为螺栓螺纹部分有效横截面积乘以屈服强度的 0.8 倍的数值，设计螺栓拉力为螺栓螺纹部分有效横截面积乘以屈服强度的 0.7 倍的数值。

GL Wind 2003[8]中评估高强度螺栓的疲劳承载力时的风速最大值为风力发电机的设计风速的 0.7 倍，忽视高风速所产生的疲劳损伤。由于在欧洲没有台风，因此风速概率分布参考韦伯分布。由于高风速的出现频率非常低，所以可以忽视高风速所带来的疲劳损伤。但是在日本由于受到台风的影响，风速的概率分布在高风速方面不能参考韦伯分布，因为高风速的出现频度较高。通过台风模拟等方式，准确地计算包括台风在内的风速概率分布，并且对包括达到设计风速的强风在内的疲劳承载力进行评估，如果能确认在使用的过程中螺栓不会产生疲劳损伤，那么在确定疲劳承载力设计法方面，可以把短期容许拉力数值设定为螺栓螺纹部分的有效横截面积乘以屈服强度的 0.8 的数值。该数值基本上与 DIN 188001-1[6]中所规定的高强度螺栓的上述极限承载力一致。如果采用疲劳承载力设计方法，由于将会减少螺栓所产生的变动轴力，因此设计螺栓拉力的数值为螺栓螺纹部分有效横截面积乘以 0.7 倍的屈服强度。并且在对螺栓进行疲劳评估时，应合理地考虑紧固件或紧固作用停止等所带来的紧固力不均匀的情况[9]、[10]。

图解 7.7 表示高强度螺栓疲劳强度与作用于螺栓的最大、最小应力的关系如图解 7.7 所示。从该图可以看出，对于高强度螺栓 F10T-M22，把最大应力设定为屈服强度的 0.8（$\sigma_1=720\text{N/mm}^2$）倍，最

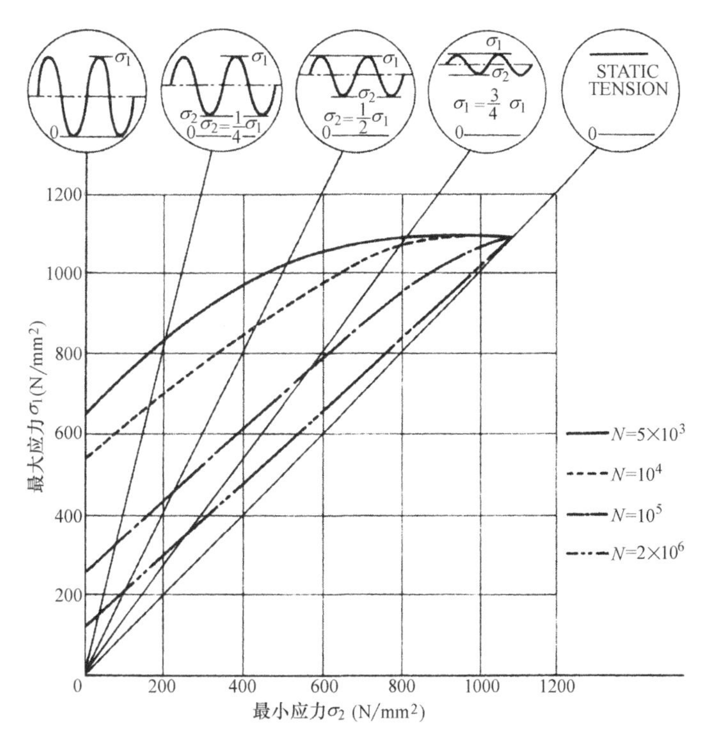

图解 7.7　高强度螺栓 F10T-M22 的疲劳强度[5]

小应力设定为屈服强度的 0.7 倍（$\sigma_2=630$N/ mm^2）时，疲劳极限大约为 2×10^6 次，在高风速区域对反复荷载具有充分的承载力。而另一方面如果最小应力变小，那么疲劳极限将会迅速变小。最小应力从 0 单次返回到最大应力时，200 次强度大约为静态强度的 1/8。因此如果采用验证法 2，应按照本文（6）中所示的维护管理规定实施，保证初始导入的螺栓拉力。如果采用疲劳承载力设计方法，由于作用于螺栓的轴力将较大，因此必须直接评估疲劳承载力。具体步骤如下所示，①达到设计风速的各风速阶段，10 分钟平均风速的出现频度通过实际测算（低风速区域）以及台风模拟（高风速区域）等方式求得，并且②按照时程响应分析等方法计算出风力发电机发电时以及停止时作用于高强度螺栓的变动应力（考虑初始拉力以及反力等情况），③采用高强度螺栓的疲劳强度曲线或钢材 S-N 曲线等求风力发电机使用的过程中（通常为 20 年）累计疲劳损伤程度，并确认低于 1。

（3）关于发生级别 2 地震时的容许拉力

发生了极少出现的级别 2 地震时，容许拉力不能根据设计法来进行计算，而应该把螺栓螺纹部分的有效横截面积乘以屈服强度，所得数值为容许拉力。发生级别 2 地震时的容许拉力是避免高强度螺栓的破坏引起风力发电机塔架的破损或破坏所设定的条件。

（4）关于滑动承载力

求滑动承载力时所需要的滑动系数，根据我们以往很多试验结果，根据接合面的表面处理状态不同，会得出不同的数值。具有代表性的数值如下所示。

涂抹了红丹	0.15～0.25
打磨处理	0.20～0.35
喷砂表面处理	0.40～0.70

关于塔架的法兰表面处理目前没有统一的要求，基本上可以把滑动系数设定为 $\mu=0.15$。但是实际上在设计中所使用的接合面滑动系数在不超过 0.45 的范围内可以通过实验进行确定。另外滑动系数的实验方法请参考高强螺栓接合设计施工指南[5]以及钢结构接合部分设计指南[11]所示的方法。如果没有出现明显的滑动，那么最好在确认如图解 7.8 所示的荷载与滑动量的关系后，按照钢结构接合部分的设计指南[11]所示的 ECCS 规定，把对 0.15mm 滑动量的荷载视为滑动荷载，计算滑动系数。

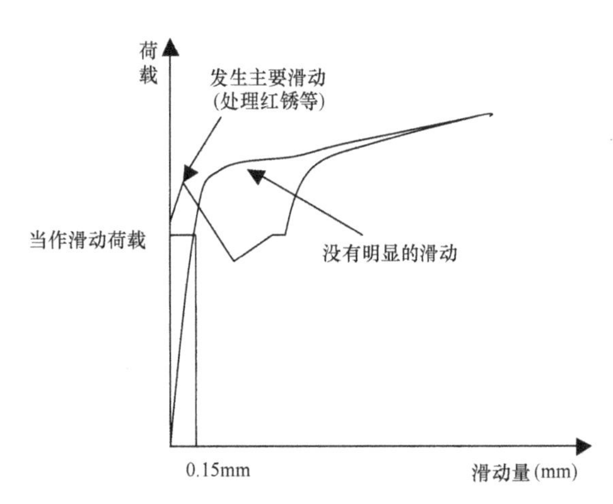

图解 7.8　表示带有各种摩擦面的接合部分的荷载与滑动量关系的模式图

在公式（7.5）中作了如下两个假设，首先假设让所有螺栓来分担作用于风力发电机塔架接合部分的剪切力，其次假设轴力只由弯矩产生（忽略了重力等轴力，偏于安全），在高强度螺栓同时受到拉力与剪切力时，对高强度螺栓的容许剪切承载力进行评估时可以用该公式。

并且关于出现级别 2 地震时的滑动承载力，在进行地震响应分析时把法兰部分假设为刚性部件，采用了短期滑动承载力。

（5）高强度螺栓的设置与紧固施工

2000 年建设省告示第 2466 号中作为刚性接合带有容许应力的高强度螺栓拉伸接合、摩擦接合是高强度螺栓的安装方式，使用符合 JIS B1186 规格（摩擦接合用高强度六角螺栓、六角螺母、螺杆的安装）的产品或根据法定第 37 条大臣认可的产品，可以确保所规定的设计螺栓拉力（N_0）。

高强度螺栓的紧固非常重要，通过紧固可以避免高强度螺栓的接合失去其特质。为了使设计螺栓长期确保其拉力，在进行紧固施工时，紧固力的目标值为设计螺栓拉力的 1.1 倍，施工时要尽可能使接合部分的所有螺栓的紧固程度均衡（比如最好用标示方式表示出紧固顺序）。关于高强度螺栓的紧固，应根据手册进行施工，该手册对在高强度螺栓的安装与紧固所需要的装置、一次紧固、标记、最后紧固（扭矩控制法、拉伸控制法等）等的顺序、管理目标进行了说明。

（6）关于维护管理

如解说（2）、（5）所述，为了避免失去高强度螺栓的特质，要保证螺栓的轴力高于管理数值。因此至少要保证半年进行一次定期检查，同时如果机舱风速计所记录瞬间风速达到风速极值的 0.7 倍的话（IEC 级别Ⅰ与级别Ⅱ的风力发电机的风速极值分别为 70m/s 与 60m/s），或者观测到震度 5 以上左右的地震时，应尽快进行检查，并设定保持高强度螺栓初始拉力的规定。风力发电机的法兰接合中所采用的螺栓名义直径较大，并且不能证明没有发生延迟破坏，因此本文（6）中规定即使一根螺栓出现了延迟破坏，其风力发电机相同批次所有螺栓都需要更换，以确保接合部分的安全性。

【与其他法规、标准、指南等的关系】

在日本建筑学会高强螺栓接合设计施工指南[5]中，规定 F10T 高强度螺栓的短期容许拉伸应力按照如下公式进行计算。

$$T_a/A_b=0.9\cdot N_0/A_b=0.675\cdot\sigma_y\cdot A_e/A_b \tag{解 7.1}$$

根据该公式所求得短期容许拉伸应力为按照国际规范 DIN18800 所求得数值的 0.84 倍，该建筑物高强度螺栓容许值，是根据建筑物历经几十年在外界暴露并反复受到荷载的情况为前提所设定的数值。

2000 年建设省告示第 2466 号中对高强度螺栓拉伸接合部分的螺栓轴横截面的容许拉伸应力进行的规定。短期所产生的两种应力，也就是说 F10T 高强度螺栓的容许拉伸应力为 $465N/mm^2$。在考虑了建筑物所用高强度螺栓名义直径一般低于 M30 的情况下，把螺栓螺纹部分的有效横截面积与螺栓的轴横截面积的横截面之比假设为 0.765，根据公式（解 7.1）计算出该数值。一方面风力发电机用的高强螺栓的名义直径比建筑物高强度螺栓大。如果是 M48，那么横截面比为 0.828，根据公式（解 7.1）所求得数值比告示中的数值大 1.08 倍。

并且在建筑标准法实施命令（1950 年政令第 338 号）第 92 条第 2 项中对在高强度螺栓同时受到拉力与剪切力时，求高强度螺栓摩擦接合部分的螺栓轴横截面的容许剪切应力的公式进行了规定，但是该公式是拉力与剪切力同时作用于一根螺栓时的公式，如果满足解说（4）所述的假设条件，那么可以导出公式（7.5）。

7.3.3　接头部分的承载力评估

（1）塔架塔身的接头结构形式，以内侧无肋法兰接头以及内外无肋法兰接头为准。并且法兰接头的结构应满足如下条件，根据如下所示的公式评估中间以及顶部法兰的承载力。

1）塔架塔身的同心圆周上排列一列螺栓。

2）螺栓圆周方向的中间的距离要保证达到螺栓公称轴径的2倍以上。

3）塔架塔身与法兰的结合采用完全熔透焊接方式。

（2）关于内侧无肋法兰接头，对于“2.2 荷载种类以及组合”所示的不同荷载类型的应力，评估螺栓以及法兰的承载力。

1）螺栓拉伸承载力的评估

按照如下公式评估螺栓拉伸承载力。

$$T_A \leqslant F_B \tag{7.6}$$

但是

$$T_A = T_s + P_r = T_s\left(1+\frac{g}{e}\right), e \leqslant 1.25g$$

在此

F_b：螺栓容许拉力（kN）

T_A：作用螺栓的拉力（kN）

T_s：每根螺栓作用于塔身壁的拉力（kN）

P_r：撬力（kN）

e：从螺栓中心到法兰端部的距离（mm）

g：从塔身板中心到螺栓中心的距离（mm）

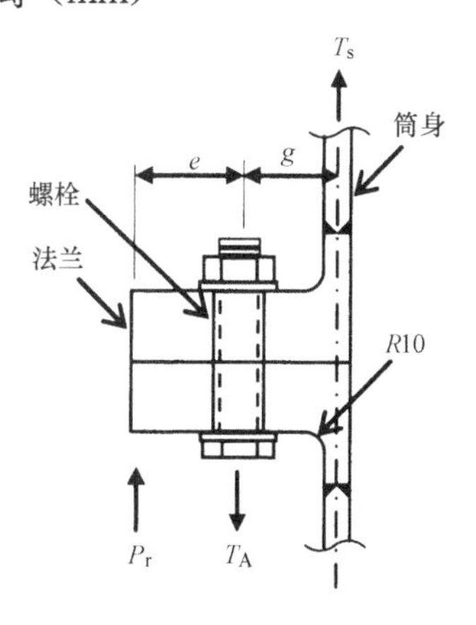

图7.1　撬力作用图

2）法兰拉伸承载力的评估

按照如下公式对法兰拉伸承载力进行评估

按照如下公式对法兰拉伸承载力进行评估

$$T_S < T_f \tag{7.7}$$

且

$$T_f = \min(T_{f2}, T_{f3})$$

但是

$$T_{f2} = (W_s \cdot M_s + e \cdot T_a)/(e+g)$$

$$T_{f3} = \{W_s \cdot M_s + (W_b - d_h) \times M_d\}/g$$

在此

T_f：法兰的短期容许拉力（kN）

T_s：每根螺栓的筒身拉力（kN）

T_{f2}：破坏机构 2 的容许拉力（kN），参考图 7.2

Tf_3：破坏机构 3 的容许拉力（kN），参考图 7.2

M_s：筒身部分的每个单位宽度的容许承载力$=(T_s^2 \cdot F_{ys})/4$（kN）

M_d：螺栓孔部的每个单位宽度的容许承载力$=(T_F^2 \cdot F_{yf})/4$（kn）

W_s：每根螺栓的筒身的板厚中心的弧长（mm）

W_b：每根螺栓的法兰螺栓 PCD 的弧长（mm）

d_h：螺栓的孔径（mm）

F_{ys}：用 1.1 除以塔架筒身板材的屈服强度（F 值）所得数值（N/mm^2）

F_{yf}：用 1.1 除以法兰材料的屈服强度（F 值）所得数值（N/mm^2）

T_a：螺栓的容许拉力（kN）

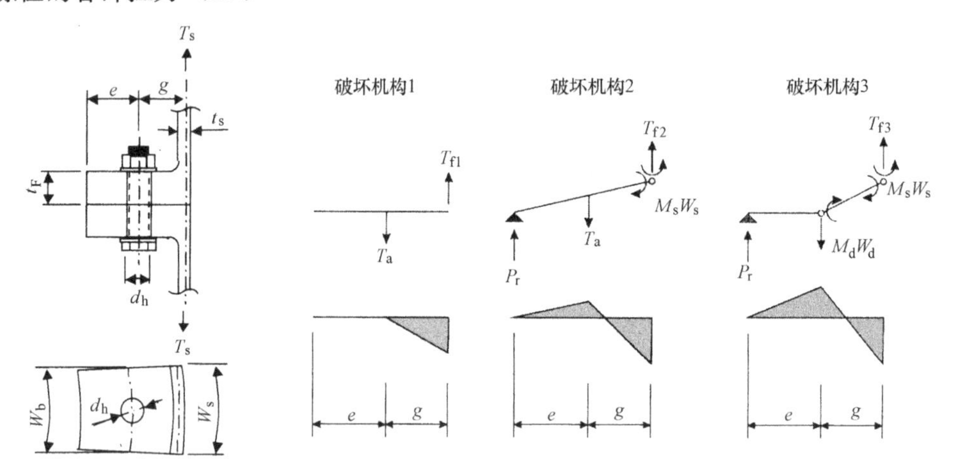

图 7.2 各种破坏机构的模式图

3）法兰接头的滑动承载力评估

按照如下公式对法兰接头的滑动承载力进行评估。

$$T_t < R_s \tag{7.8}$$

但是

$$T_t = (Q + M_T/R)/n$$

$$R_s = \mu N_0$$

在此

T_d：作用于法兰的水平力（kN）

R_s：滑动承载力（kN）

Q：作用于筒身的剪切力（kN）

M_T：作用于筒身的扭矩（kNm）

R：从筒身中心到螺栓中心的距离（m）

n：螺栓的根数（根）

μ：在不超过 0.45 的范围内通过实验确定接合面的摩擦系数

N_0：设计螺栓拉力（kN）

（3）添板接头部分的应力评估

如果塔架筒身的接头采用添板的接头形式则按照如下方式进行计算。

1）接合采用高强度螺栓的摩擦接合方式。

2）用内外两片添板夹着筒身母材的双面摩擦接合方式。

3）接头部分的容许拉力 P_y 采用各屈服承载力的最小值。

$$P_y=\min(P_{y1},P_{y2},P_{y3}) \tag{7.9}$$

但是

$$P_{y1}=f_{sb}A_b n$$
$$P_{y2}=f_t A_n+n_r f_{sb}A_b/3$$
$$P_{y3}=f_t A_g$$

在此

P_y：接头部分的容许拉力（N）

P_{y1}：高强度螺栓屈服剪切力（N）

P_{y2}：添板（筒身母材）的接合面屈服拉伸承载力（N）

P_{y3}：添板（筒身母材）的全横截面屈服拉伸承载力（N）

f_{sb}：高强度螺栓的容许剪切应力（N/mm^2）

f_t：添板（筒身母材）的容许拉伸应力（$=F$）（N/mm^2）

A_b：高强度螺栓的剪切横截面积（mm^2）

A_n：考虑螺栓孔损耗情况的添板（筒身母材）的净横截面积（N/mm^2）

A_g：添板（筒身母材）的全部横截面积（N/mm^2）

n：接头部分的高强度螺栓根数（根）

n_r：假设断裂线上的高强度螺栓根数（根）

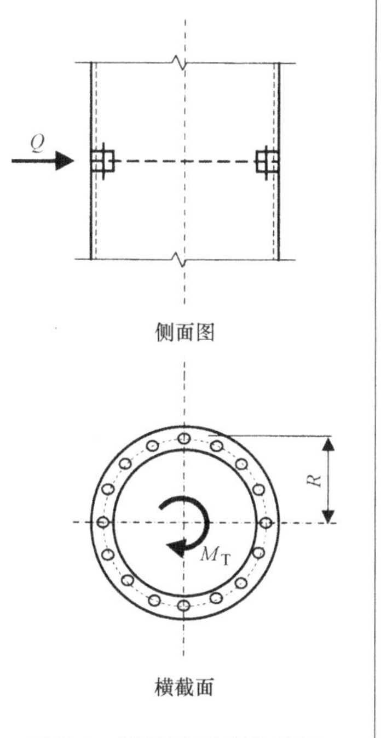

图 7.3　塔架法兰部分的侧面图与横截面图

【解说】

（1）关于塔架筒身的接头结构形式

塔架筒身的接头结构形式有如下所示的类型。

① 内侧无肋法兰接头

② 内侧带肋法兰接头

③ 内侧带肋、带环的法兰接头（双法兰接头）

④ 内外无肋法兰接头

⑤ 添板接头

在本指南中，根据风力发电机塔架的特性以及过去出现的情况，原则上采用难以产生局部应力并且善于处理疲劳破坏的无肋法兰接头。并且从外观上要求采用内侧无肋的法兰接头。近年来的风力发电机以及风力发电机的塔架体积越来越大，所以加上了内外无肋法兰接头。添板形式的接头已经在以往的风力发电机有所使用，所以可以采用这种形式。

本指南在法兰接头方面，由于螺栓中心间隔如果超过其轴径的 2.0 倍，根据有限元分析结果部件相互之间的应力可以安全地传达，在实际施工方面对螺栓紧固不会产生影响，所以规定风力发电机塔架的法兰接头中所采用的螺栓中心距离高于其轴径的 2.0 倍。

（2）关于法兰接头的承载力评估

塔架筒身接头的轴力、剪切力、弯矩、扭矩以及其组合承载力进行评估。并且其评估计算公式适用

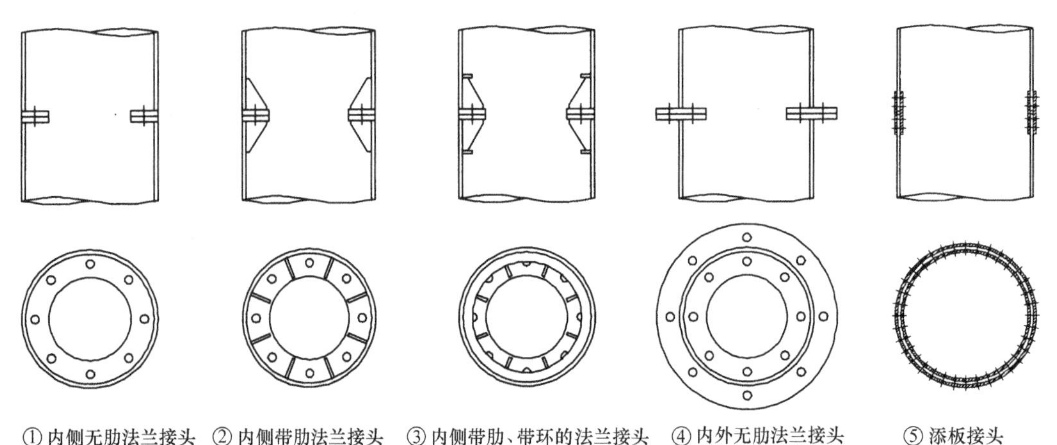

图解 7.9 塔架筒身的接头形式

于中间以及顶部法兰。

1）对作用于螺栓的拉力的探讨

塔架筒身的内侧无肋以及内外无肋法兰接头部分的力的传达如下所示，对螺栓的拉力进行评估。

- 轴向压力直接传递给下面的塔架筒身。
- 弯矩所产生的压力直接传递给下面塔架筒身。
- 弯矩所产生的拉力由螺栓承担。
- 剪切力由法兰面的摩擦力承担。

如果要求作用于内侧无肋法兰接头的螺栓的拉力，其方法如下所示。

① 视为 T 形接头，塔架筒身壁面所产生拉力中考虑了撬力。

② 根据保持平面的假设，按照螺栓群的横截面性能求拉力。

③ 塔架筒身的壁面所产生的拉应力作为螺栓拉力。

如采用上述方法进行计算，作用于螺栓的拉力大小顺序为①>②>③。

从结构承载力方面来考虑，塔架筒身接头部分是力传达的重要部分，螺栓的破损对结构物的损坏有影响。因此从安全角度来考虑，采用模式①（T 形接头方式）

内侧无肋 L 形法兰筒身的拉力的作用点与螺栓接合点会出现偏移，因此撬力作用较为明显。公式（7.7）较为简单，DNV and RISO[12] 中也采用了该公式。并且通过减小法兰的内径，撬力比可以更接近 1。但是实际上由于法兰会出现变形，因此撬力比的降低有一定的限制，设定了如公式（7.8）所示的限制条件。并且由于作用于螺栓的剪切力非常的小，因此将其忽略。

2）对作用于法兰部分拉力的探讨

在风力发电机塔架法兰方面，近年来随着风力发电机的规模越来越大，螺栓直径也越来越大，并且其形状也呈现多样化。因此开始使用超过以有限元分析为基础的原指南式适用范围的法兰，所以对内侧无肋法兰的承载力评估公式进行了修改。我们对于风力发电机塔架接合部分承载力评估部分采用了在欧洲广泛运用的 Petersen[13] 公式。

日本国内类似的公式有日本建筑学会接合部分设计指南[11] 的 T 形接头公式。但是风力发电机塔架的法兰是内侧无肋 L 形法兰，其不同点如下所示。

- T 形法兰从几何学对称性的角度来看，相当于筒身的中央板没有弯曲部分，受弯承载力的评估部分为法兰板。一方面风力发电机用 L 形法兰一般比筒身板厚很多，所以在筒身部分一端会出现弯曲，受弯承载力的评估部分为筒身板部分。

• T 形接头公式为建筑类评估公式，由于螺栓直径较小，螺距也十分的大，所以在对螺栓部分的弯曲承载力进行评估时忽略了螺栓孔的损耗。但是如果是风力发电机用的 L 形法兰，螺栓直径较大，螺栓配置得较为密集，所以法兰的横截面损耗不能忽略，所以有必要考虑螺栓孔的损耗。

• T 形接头公式中，在计算受弯承载力时采用了部件的屈服强度。而在 Petersen 公式中则采用了屈服强度的 1/1.1。1.1 这个数值为材料的分项安全系数。在风力发电机用的内侧无肋法兰的承载力进行评估时，我们认为 Petersen 公式更为安全，所以本指南采用了 Petersen 公式。

Petersen 公式把法兰的容许承载力分三个破坏机构进行探讨。这是由于法兰形状会根据设计不同存在各种变化，不能统一地规定其破坏机构。三个破坏机构的详细内容如下所示。

• 破坏机构 1：我们假设破坏机构 1 的法兰与筒身都十分厚，基本上不会发生变形。也就是说筒的拉力作为拉力进行作用，螺栓作用力超过容许拉力，把失去接头功能的数值规定为容许值。在本指南中，由于螺栓的拉伸承载力评估根据撬力比来进行确定的，所以不需要对破坏机构 1 进行探讨。

• 破坏机构 2：假设螺栓部分由于受到撬力的影响超过容许拉力，同时筒身部分的弯曲超过受弯承载力，筒身部分出现塑性铰的状态。这是我们通常最容易出现的破坏机构。

• 破坏机构 3：假设不论螺栓能否经得起低于容许拉力的作用力，法兰部分的螺栓孔部分与筒身部分这两个地方出现塑性铰的状态。如果法兰板较薄，或者螺栓螺距较密时，就可能出现破坏机构 3。

一般而言，机舱与塔架筒身的接头机构采用自攻方式，在加工成机舱台架的深螺母加工部分，在塔架筒身顶部的法兰对自攻螺丝进行紧固。机舱与塔架筒身的一般接头机构如图解 7.10 所示。作为风力发电机塔架的特性，要保证塔架基础部分（机舱一侧的法兰）板具备一定厚度，并对其进行一定的维护，并可以采用该螺栓接合法，可以根据本项的内容对螺栓以及法兰的应力进行评估。

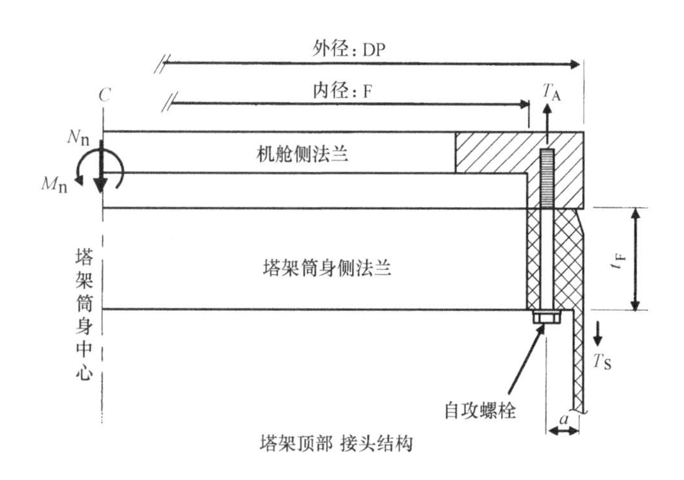

图解 7.10　机舱与塔架筒身的接头结构

（3）对添板的接头部分应力进行评估

1）高强度螺栓的摩擦接合

如果采用添板接头形式，则采用高强度螺栓的摩擦接合方式。

2）双面摩擦接合

摩擦接合通过筒身母材与添板的部件之间的摩擦力进行应力传递。因此如果采用内外两块添板插入筒身母材的双面摩擦接合的方式，可以提高摩擦接合部分的效率。

2 双面接合摩擦具有如下特征。

• 接合横截面是对称的，应力的传递更为顺利。

• 接合部分的刚度较高，对反复荷载的疲劳强度较大。

• 比单面摩擦接合拉力高的螺栓承载力效率稍高。

具有代表性的结构实例如图解 7.11 所示。

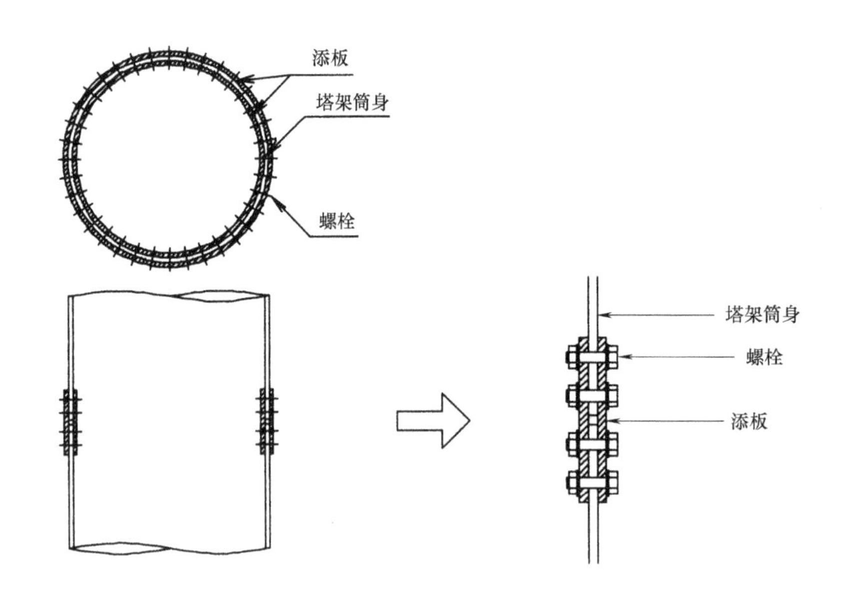

图解 7.11 添板接头

3）接头部分的容许拉力

高强度螺栓的摩擦接合部分按照日本建筑学会钢结构接合部分设计指南[11]以及日本建筑学会高强度螺栓接合设计施工导则对容许拉力进行计算。

接头部分的容许拉力在如下屈服承载力中采用最小值。

① 高强度螺栓的区域剪切力（滑动承载力）

② 考虑了添板螺栓孔损耗的有效横截面上屈服拉力＋螺栓滑动承载力的 1/3

③ 考虑了筒身母材螺栓孔损耗的有效横截面上屈服拉力＋螺栓滑动承载力的 1/3

④ 添板所有横截面上的屈服拉伸承载力

⑤ 筒身母材的全部横截面上屈服拉伸承载力

并且如果是双面摩擦接合部分，在每个外缘的第一个螺栓的最前面的部分，摩擦力会把部分应力从母材传递给添板。因此在上述指南中，考虑了螺栓孔损耗的有效横截面上屈服拉伸承载力中加入了每根高强度螺栓的所有摩擦力的 1/3，其摩擦力作为传递应力。高强度螺栓摩擦接合部分的各部分名称如图解 7.12 所示。

【与其他法规、标准、指南等的关系】

建筑标准法施行命令第 68 条规定，两个螺栓之间的中心距离必须是其轴径的 2.5 倍以上。本指南规定法兰接头的拉伸螺栓的中心距离应为轴径的 2.0 倍以上。由于根据有限元分析结果来看，可以安全地传递部件之间的应力，并且对螺栓紧固没有影响，所以规定风力发电机塔架接头中所采用的螺栓中心距离因为其轴径的 2.0 倍以上。

另外建筑标准法施行命令 67 条规定，钢材接合作为结构承载力方面主要的部分，应该在该螺栓上使用双重螺母或者采取其他相关有效措施等来保证螺栓不会松懈，但是由于风力发电机设备有很多转轮或发电机等旋转部分，容易受到旋转部分引起的振动影响等，因此要对接头螺栓的扭矩或轴力进行有效的管理。本指南规定要对接头螺栓的接合部分进行定期检查，确认其满足所规定的条件。

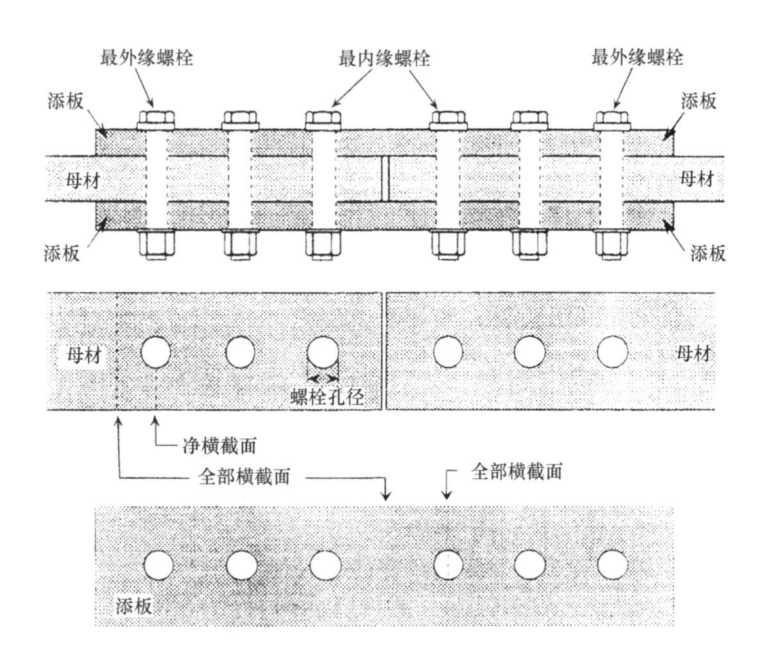

图解 7.12　高强度螺栓摩擦接合部分的各部分名称[11]

7.3.4　塔架筒身的结构计算

(1) 对应力的评估

对于长期荷载以及出现积雪、暴风、罕见的地震时、发电时的短期荷载，按照公式（7.10）以及公式（7.11）对塔架屈服应力进行评估。但是如果是长期荷载，可以设定为 $\tau_T=0$。

$$\frac{\sigma_c}{{}_cf_{cr}}+\frac{\sigma_b}{{}_bf_{cr}}\leqslant 1 \tag{7.10}$$

并且

$$\frac{\tau+\tau_T}{{}_sf_{cr}}\leqslant 1 \tag{7.11}$$

但是

$$\sigma_c=N/A,\sigma_b=M/Z,\tau=\frac{2Q}{A},\tau_T=\frac{M_T}{2\pi r^2 t}$$

其中

N：轴力（N）

M：弯矩（Ncm）

Q：剪切力（N）

M_T：扭矩（Ncm）

A：横截面积（cm^2）

Z：横截面系数（cm^3）

r：塔架半径（cm）

t：塔架板厚（cm）

${}_cf_{cr}$：容许压缩应力（N/cm^2）

${}_bf_{cr}$：容许弯曲应力（N/cm^2）

${}_sf_{cr}$：容许剪切应力（N/cm^2）

对于罕见的地震荷载，评估塔架屈服应力时，不仅要要根据公式（7.10）以及公式（7.11）进行，还要根据公式（7.12）对轴压缩应力、弯曲应力以及剪切应力的组合状态进行评估。

$$\left(\frac{\sigma_c}{{}_cf_{cr}}+\frac{\sigma_b}{{}_bf_{cr}}\right)+\left(\frac{\tau+\tau_T}{{}_sf_{cr}}\right)^2\leqslant 1 \tag{7.12}$$

（2）对于长期应力的容许应力

长期容许应力为（3）所示的短期容许应力的 1/1.5。

（3）对于压缩、弯曲以及剪切力（包含扭曲剪切）在出现积雪、暴风以及地震时、发电时的应力，短期容许应力根据半径板厚比（r/t）的数值，分别按照如下 1）～3）的要求分别进行计算。

1）容许压缩应力${}_cf_{cr}$（N/cm^2）按照如下公式计算。

$$ {}_cf_{cr}=\begin{cases}\left(\dfrac{F}{1.5}\right)\times 1.5 & \left(\dfrac{r}{t}\leqslant 0.377\left(\dfrac{E}{F}\right)^{0.72}\right)\\ \left\{0.267F+0.4F\left[\dfrac{2.567-r/t(F/E)^{0.72}}{2.190}\right]\right\}\times 1.5 & \left(0.377\left(\dfrac{E}{F}\right)^{0.72}\leqslant\dfrac{r}{t}\leqslant 2.567\left(\dfrac{E}{F}\right)^{0.72}\right)\\ \left(\dfrac{1}{2.25}{}_c\sigma_{cr,e}\right)\times 1.5 & \left(2.567\left(\dfrac{E}{F}\right)^{0.72}\leqslant\dfrac{r}{t}\right)\end{cases} \tag{7.13}$$

在此，${}_c\sigma_{cr,e}$：弹性轴压缩屈曲应力按照如下公式进行计算

$$ {}_c\sigma_{cr,e}=0.6E\frac{t}{r}\left\{1-0.901\left\{1-\exp\left[-\frac{1}{16}\left(\frac{r}{t}\right)^{1/2}\right]\right\}\right\} \tag{7.14}$$

2）容许弯曲应力${}_bf_{cr}$（N/cm^2）按照如下公式进行计算。

$$ {}_bf_{cr}=\begin{cases}\left(\dfrac{F}{1.5}\right)\times 1.5 & \left(\dfrac{r}{t}\leqslant 0.274\left(\dfrac{E}{F}\right)^{0.78}\right)\\ \left\{0.267F+0.4F\left[\dfrac{2.106-r/t(F/E)^{0.78}}{1.832}\right]\right\}\times 1.5 & \left(0.274\left(\dfrac{E}{F}\right)^{0.78}\leqslant\dfrac{r}{t}\leqslant 2.106\left(\dfrac{E}{F}\right)^{0.78}\right)\\ \left(\dfrac{1}{2.25}{}_b\sigma_{cr,e}\right)\times 1.5 & \left(2.106\left(\dfrac{E}{F}\right)^{0.78}\leqslant\dfrac{r}{t}\right)\end{cases} \tag{7.15}$$

在此，${}_b\sigma_{cr,e}$：弹性弯曲屈曲应力，按照如下公式进行计算。

$$ {}_b\sigma_{cr,e}=0.6E\frac{t}{r}\left\{1-0.731\left\{1-\exp\left[-\frac{1}{16}\left(\frac{r}{t}\right)^{1/2}\right]\right\}\right\} \tag{7.16}$$

3）容许剪切应力${}_cf_{cr}$（N/cm^2）按照如下公式进行计算。

$$ {}_sf_{cr}=\begin{cases}\left(\dfrac{F}{1.5\sqrt{3}}\right)\times 1.5 & \left(\dfrac{r}{t}\leqslant\dfrac{0.204(E/F)^{0.81}}{(l/r)^{0.4}}\right)\\ \left\{\dfrac{0.267F}{\sqrt{3}}+\dfrac{0.4F}{\sqrt{3}}\left[\dfrac{1.466-r/t(l/r)^{0.4}(F/E)^{0.81}}{1.242}\right]\right\}\times 1.5 & \left(\dfrac{0.204(E/F)^{0.81}}{(l/r)^{0.4}}\leqslant\dfrac{r}{t}\leqslant\dfrac{1.446(E/F)^{0.81}}{(l/r)^{0.4}}\right)\\ \left(\dfrac{1}{2.25}{}_s\sigma_{cr,e}\right)\times 1.5 & \left(\dfrac{1.446(E/F)^{0.81}}{(l/r)^{0.4}}\leqslant\dfrac{r}{t}\right)\end{cases} \tag{7.17}$$

在此

l：屈曲区间长度（cm）

${}_s\sigma_{cr,e}$：弹性剪切屈曲应力，按照公式（7.18）进行计算。

$$ {}_s\sigma_{cr,e}=0.8\frac{4.83E}{[l/r(r/t)^{1/2}]^2}\ \frac{t}{r}\left\{1+0.0239\left[\frac{l}{r}\left(\frac{r}{t}\right)^{1/2}\right]^3\right\}^{1/2} \tag{7.18}$$

（4）对于罕见的地震荷载容许应力根据半径板厚比（r/t）的数值分别按照如下 1）～3）来进行计算。

1）容许压缩应力${}_cf_{cr}$（N/cm^2）按照如下公式计算。

$$
{}_{c}f_{cr}=\begin{cases} F & \left(\dfrac{r}{t}\leqslant 0.377\left(\dfrac{E}{F}\right)^{0.72}\right) \\ 0.6F+0.4F\left(\dfrac{2.567-r/t(F/E)^{0.72}}{2.190}\right) & \left(0.377\left(\dfrac{E}{F}\right)^{0.72}\leqslant\dfrac{r}{t}\leqslant 2.567\left(\dfrac{E}{F}\right)^{0.72}\right) \\ {}_{c}\sigma_{cr,e} & \left(2.567\left(\dfrac{E}{F}\right)^{0.72}\leqslant\dfrac{r}{t}\right) \end{cases} \tag{7.19}
$$

在此${}_{c}\sigma_{cr,e}$：弹性轴压缩屈曲应力，按照公式（7.14）进行计算。

2）容许弯曲应力${}_{b}f_{cr}$（N/cm²）按照如下公式进行计算。

$$
{}_{b}f_{cr}=\begin{cases} F & \left(\dfrac{r}{t}\leqslant 0.274\left(\dfrac{E}{F}\right)^{0.78}\right) \\ 0.6F+0.4F\left(\dfrac{2.106-r/t(F/E)^{0.78}}{1.832}\right) & \left(0.274\left(\dfrac{E}{F}\right)^{0.78}\leqslant\dfrac{r}{t}\leqslant 2.106\left(\dfrac{E}{F}\right)^{0.78}\right) \\ {}_{b}\sigma_{cr,e} & \left(2.106\left(\dfrac{E}{F}\right)^{0.78}\leqslant\dfrac{r}{t}\right) \end{cases} \tag{7.20}
$$

在此

${}_{b}\sigma_{cr,e}$：弹性弯曲屈曲应力，按照公式（7.16）进行计算。

3）容许剪切应力${}_{s}f_{cr}$（N/cm²）按照如下公式进行计算。

$$
{}_{s}f_{cr}=\begin{cases} \dfrac{F}{\sqrt{3}} & \left(\dfrac{r}{t}\leqslant\dfrac{0.204(E/F)^{0.81}}{(l/r)^{0.4}}\right) \\ \dfrac{0.6F}{\sqrt{3}}+\dfrac{0.4F}{\sqrt{3}}\left(\dfrac{1.446-r/t(l/r)^{0.4}(F/E)^{0.81}}{1.242}\right) & \left(\dfrac{0.204(E/F)^{0.81}}{(l/r)^{0.4}}\leqslant\dfrac{r}{t}\leqslant\dfrac{1.446(E/F)^{0.81}}{(l/r)^{0.4}}\right) \\ {}_{s}\sigma_{cr,e} & \left(\dfrac{1.446(E/F)^{0.81}}{(l/r)^{0.4}}\leqslant\dfrac{r}{t}\right) \end{cases} \tag{7.21}
$$

在此

l：屈曲区间长度（cm）

${}_{s}\sigma_{cr,e}$：弹性剪切屈曲应力，按照公式（7.18）来进行计算。

r：筒身的内半径（cm）

t：筒身的板厚（cm）

E：杨氏模量（N/cm²）

F：屈服应力的标准值（N/cm²）

【解说】

(1) 关于应力评估

本指南根据日本建筑学会容器结构设计指南及解说[14]，分别计算容许轴压缩应力、容许弯曲应力、容许剪切应力，对于长期容许应力以及出现积雪、暴风、极罕见地震时、发电时的短期容许应力，采用考虑了轴压缩应力比与弯曲应力比的组合方式的计算公式以及剪切力应力评估方式。并且由于在发电时、出现暴风时、极罕见地震时将会发生扭矩，所以剪切应力的评估公式中考虑了扭矩对剪切应力的影响。并且在出现极罕见地震时，容许轴压缩应力、容许弯曲应力以及容许剪切应力的安全度设定为 1.0，并且我们提出了轴压缩应力、弯曲应力以及剪切应力的评估公式，详细内容请参考（3）与（4）的内容。

(2) 关于长期容许应力

本指南根据日本建筑学会容器结构设计指南及解说，把长期容许应力设定为短期容许应力的 1/1.5。并且考虑到风力发电机在正常发电时不会产生较大的扭矩，在长期荷载时可以忽略扭矩所产生的剪切应力。

(3) 关于短期容许应力

本项就出现积雪、暴风、地震时以及发电时短期容许应力的容许压缩应力、容许弯曲应力、容许剪切应力进行说明。通常情况下，塔架不会受到内压的影响，所以日本建筑学会容器结构设计指南及解说中采用了“无内压下”的容许应力。如日本建筑学会容器结构设计指南及解说的图 3.7.2 所示，有的情况下会稍稍低于发生条件，但是考虑到实验值的具有一定偏差，关于短期容许应力，对于弹性屈服情况导入了 1.5 的安全度。因此组合应力下的屈服发生条件公式中考虑了轴压缩屈服应力与完全屈服应力的接合情况，但是剪切屈服是与其他屈服模式独立产生的。

正如容器结构设计指南及解说中内容所述，按照极限径厚比（r/t）把容许应力公式分成三个领域。在(3) 中所示的短期容许应力的情况下，如果半径板厚比非常大，弹性屈服应力低于材料屈服点 60%，采用公式（7.12）以及公式（7.15）中的第三项公式。一方面在弹性屈服应力超过材料屈服点 60%的半径板厚比的范围内，视为非弹性屈服。在非弹性屈服范围中，修改弹性屈服应力公式，在弹性屈服应力低于相当于材料屈服点 6.5～7.5 倍的半径板厚比的范围下，根据（7.13）以及公式（7.15）的第一项公式，采用材料屈服应力的标准值。如果半径板厚比处于上述中间区域，那么采用公式（7.13）以及公式（7.15）的第二项公式。并且关于各计算公式的极限直径厚度比，详细内容在日本建筑学会容器结构设计指南及解说中有详细说明，请参考相关内容。在没有受到公式（7.14）、公式（7.16）所示的内压的筒身外壳的弹性屈曲应力下限值公式，采用如日本建筑学会容器结构设计指南及解说所述的 NASA 实验公式。在该公式中，半径板厚比较大的薄筒身在受到材料轴方向的轴压力时，按照古典理论，局部屈曲应力考虑了初始不完整等的情况。

剪切应力评估公式（7.18）根据实验结果在 Donnell 的受扭屈曲公式中乘以了减低系数 0.8。上述公式中对应实验值的 95%保证率。一般而言，在塔架这种高宽比较大的结构物中，很少根据剪切应力决定部件，但是如果是风力发电机塔架，顶部有来自于叶片的水平力以及地震力所引起的扭矩，所以本指南考虑了在进行发电时、出现暴风时及地震时的扭矩所引起的剪切应力。

屈曲区间的长度作为容易引起剪切屈曲的长度，在实际使用时应采用充分的长度。但是作用荷载以及表面厚度如果出现变化，就很难确定剪切屈曲长度。因此在 2007 年版的指南中，把塔架最下方与横截面评估位置的区间长度作为屈曲区间长度。但是在本指南中，如果我们在设计时明确标注法兰的位置，并且认为由于有加固效果，不会出现塔架全长剪切屈曲，设计剪切应力为评估区间的数值，屈曲长度可以作为评估区间法兰的长度。

(4) 关于极罕见地震荷载的容许应力

本指南关于极罕见地震力容许应力采用了日本建筑学会容器结构设计指南及解说中所述的“地震时容许应力”的内容，根据该指南的要求，按照最近的研究成果来看，如果发生地震时圆筒表面屈曲后出现了明显的变化，或者发生的概率非常小的话，大部分人认为即使发生了屈曲，也可以避免倒塌，地震作用的安全度为 1.0。但是因为有可能低于如该指南的图 3.7.2 所示的多项发生条件，所以在本指南中，通过考虑轴压缩屈曲应力、弯曲屈曲应力以及剪切屈曲的相关内容，即使把安全度设定为 1.0，也不会使其发生屈曲。

关于考虑了轴压缩屈曲应力以及剪切屈曲应力的相关内容的评估公式可以参考日本道路协会道路桥规范书[15]以及 DIN18800 Part4[16]。这两个公式都是轴向压缩应力比与剪切应力比的幂指数和，剪切应力比的幂指数都是 2，在日本道路协会道路桥规范书中，轴压缩应力比的幂指数为 1 次方，在 DIN 18800 Part4 中采用了 1.25 次方。并且在儿珠和谷[17]的研究中，通过使形状系数 Z 从 10 到 1000 的变化，关于圆筒两端固定、简支以及位移一定与应力一定的 4 种情况，对轴压缩屈曲应力与扭曲所产生的剪切屈曲应力比的关系进行考察。在图解 7.13 中，模仿日本建筑学会容器结构设计指南及解说的图 3.7.2，如果采用日本道路协会道路桥规范书与 DIN 18800 Part4 中所示的幂指数，表示出轴压缩与弯曲屈曲应力比与剪切屈曲应力比之间的关系，并且为了便于比较，在图中分别表示出了钢制圆筒的实验结果、塔架的支撑条件、应力分布相近的简支以及应力一定的 S2 情况（Z=20～1000）。从该图我们可以看出，如果采用日本道路协会道路桥规范书的公式中所示的幂指数，即使把安全率设定 1.0，也不会发生屈曲。在本指南中，轴压力应力比的幂指数采用 1 次方，剪切应力比的幂指数采用 2 次方，并提出了公式（7.12）。

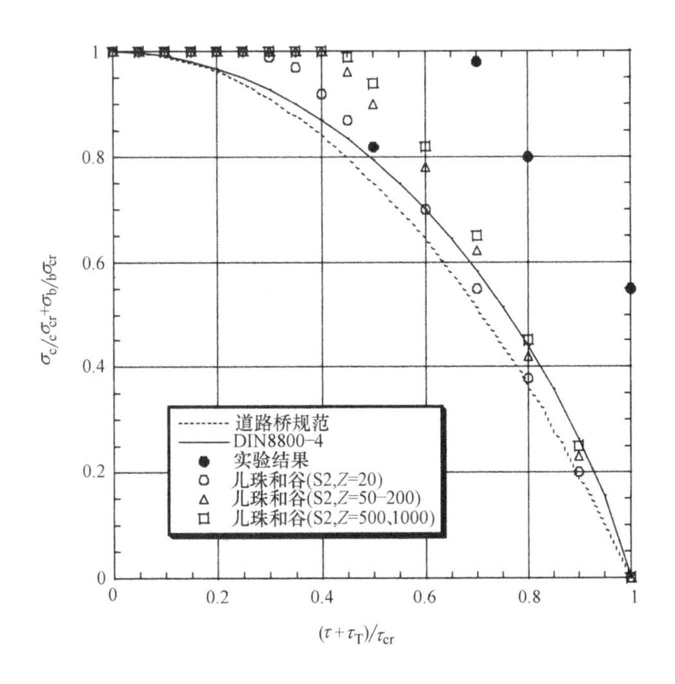

图解 7.13　轴压缩、弯曲屈曲应力比与剪切屈曲应力比的组合情况

在一般情况下，扭矩所产生的剪切应力会均匀地发生在评估横截面上，所以轴力与弯矩所产生的轴压缩应力的最大值与发生点是相同的，但是剪切力所造成的剪切应力的最大值与轴力、弯矩所造成的轴压缩应力的最大值的发生点会偏移 90°，所以我们根据公式（7.12）对组合应力的评估较为安全。但是屈曲现象是一种不稳定的现象，如土木学会屈曲设计导则的图 13.2.11[18] 所示，可以看到剪切力引起的最大剪切应力与轴力以及弯矩引起的最大轴压缩应力的相互作用。因此本指南中考虑剪切力所造成的剪切应力的最大值。

如果按照有限元分析来确定塔架极限承载力，在大多数情况下初始条件、残留应力、有限元分析中的要素分割等分析条件以及制作精度会影响塔架的承载力，所以我们认为应该按照有限元分析所获得的最大承载力，考虑安全度 1.2 再进行评估。并且如果通过有限元分析确定承载力的话，应该严格地模拟实际塔架的屈曲破坏过程，关于塔架模型以及荷载方法等，在第 11 章以及文献［18］有详细描述，所以请大家参考相关内容。

在一般塔架中，一般半径板厚比较大，很多情况下按照局部屈曲情况确定承载力。但是如果板厚数值较大，不能按照局部屈曲情况来进行确定的话，需要对长柱屈曲情况进行探讨。评估公式参考钢结构设计标准[1] 的第 5 章以及第 6 章的内容，但是很难严格地对压力有变化的变横截面材料的容许压缩应力进行计算。因此在评估时，最好假设是安全状态，采用各要素中最小横截面的 2 次半径，求容许压缩应力，并且参考文献［19］、［20］进行探讨。并且在一端固定、一段自由的条件下，由于其屈曲长度变长，所以必须采用有效屈曲长度。同时可以进行有限元分析，但是此时需要对初始条件等进行合理地评估。

【与其他法规、标准、指南等的关系】

针对钢管筒身屈曲设计的指南包括日本建筑学会钢结构设计规范、日本建筑学会容器结构设计指南及解说、日本建筑学会钢管结构设计施工指南及解说、日本建筑学会塔状钢结构设计指南及解说[21]，日本建筑学会烟囱结构设计指南[22]。

钢结构设计规范、钢管结构设计施工指南及解说针对钢管公称外径（D）与管厚（t）的径厚比 $D/t \leqslant 13500/F$（F：决定容许应力的标准值）的部件进行说明。容器结构设计指南及解说、塔状钢结构设计指南及解说、烟囱结构设计施工指南的还针对超过 $D/t \leqslant 13500/F$ 的范围进行说明。塔状钢结构设计指南及解说与烟囱结构设计施工指南采用了相同的标准公式。

在积雪时、暴风时以及地震时的短期容许应力可以从图解 71.4 所示的比较图看出，由于与容许压缩应力相比容许弯曲应力较高，所以容器结构设计指南所求得的容许应力比根据塔状钢结构设计指南所求的容许应力高，但是如图解 7.15 所示，在通常的塔架规模半径板厚比范围内，这两个指南的容许应力之差大约为 10%。

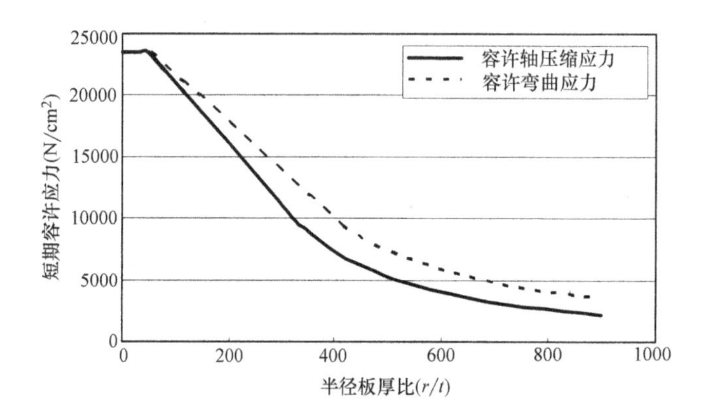

图解 7.14　本指南的短期容许轴压缩应力与短期容许弯曲应力的比较（SM400）

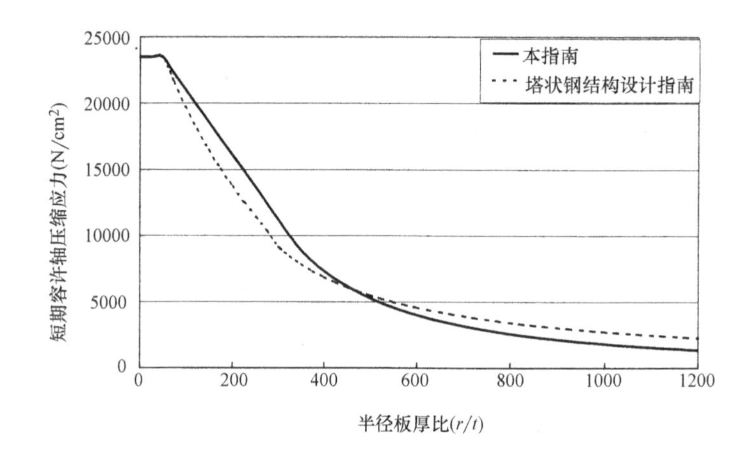

解 7.15　本指南与塔状钢结构设计指南的容许轴压缩应力（暴风时）的比较（SM400）

关于屈曲承载力，我们知道初始条件以及残留应力的影响较大，关于初始条件等的问题，实验数值较少，并且由于筒身的制作以及安装的管理标准较少，所以最好根据塔架制作、施工的实际情况进行设计。DIN 18800 Part4 中对容许初始条件数值进行了规定，请大家参考。如图解 7.16 所示，对于根据筒身半径与板厚计算的量规长度 l，如果初始数值低于 $0.01l$，那么屈服承载力的影响不会太大。

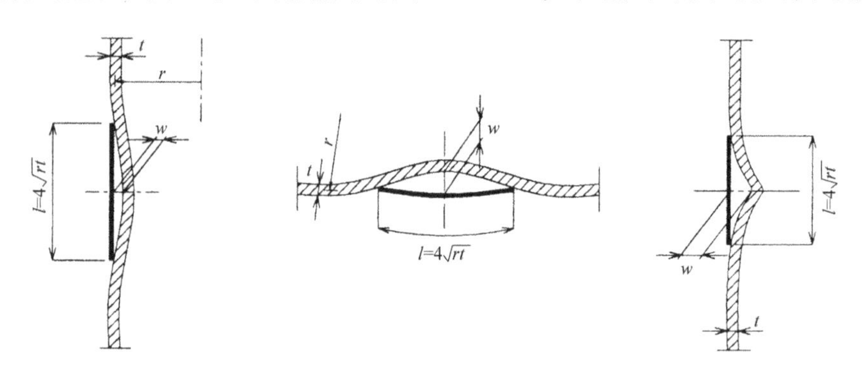

图解 7.16　量规长度 l 与初始条件数值 W 的关系[6]

7.3.5　开口部分的结构计算

（1）基本事项

用于检查的开口部分，应根据需要增加其周围筒身的板厚，或者另外增加加固材料，以确保该部分的屈曲安全性。

（2）对有开口部分的筒身进行应力评估

1）如图 7.4 所示，如果沿着开口部分的边缘设置加固材料，或者满足所规定的尺寸，则把该横截面视为无开口横截面，可以按照公式（7.22）以及公式（7.23）对屈曲应力进行评估。并且评估位置设定为开口部分中心高度的地方。

$$\frac{\sigma_c+\sigma_b}{C_c f_{cr}}\leqslant 1 \tag{7.22}$$

并且

$$\frac{\tau}{{}_s f_{cr}}\leqslant 1 \tag{7.23}$$

在此

σ_c：轴压缩应力（N/mm^2）

σ_b：弯曲应力（N/mm^2）

${}_c f_{cr}$：容许压缩应力（N/mm^2）

t：剪切应力（N/mm^2）

${}_s f_{cr}$：容许剪切应力（N/mm^2）

按照如下公式求考虑到开口部分的影响的容许应力降低系数。

$$C=C_1(A-B(r'/t)) \tag{7.24}$$

在此

r'：该板厚中心半径（mm）

t：该板厚（mm）

A、B：参考表 7.7 的内容。表中 δ（°）为开口角度，如图 7.4 所示。

C_1：根据开口尺寸比计算的降低系数，如公式（7.25）所示。

公式（7.24）内 *A*、*B* 数值　　表 7.7

	EN S235 或 JIS SM400 级		EN S355 或 JIS SM490 级	
	A	B	A	B
$20\leqslant\delta\leqslant30$	$1.2-0.01\delta$	1.9×10^{-3}	$1.15-0.01\delta$	2.1×10^{-3}
$30<\delta\leqslant60$	$1.05-0.005\delta$	$(1.6+0.01\delta)\times10^{-3}$	$1.0-0.005\delta$	$(1.8+0.01\delta)\times10^{-3}$

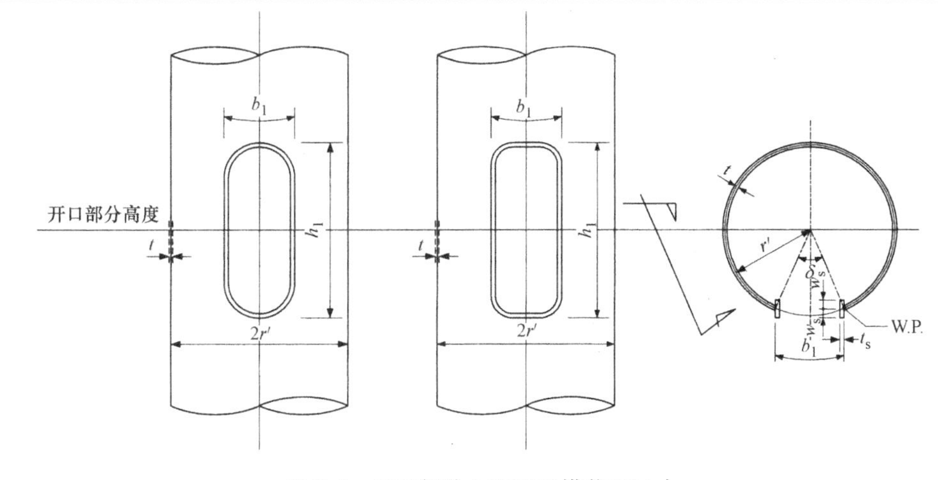

图 7.4　开口部分立面以及横截面尺寸

筒身以及开口形状只有满足下述尺寸规定才能用公式（7.22）、公式（7.23）进行计算（开口角度 δ 以及尺寸 h_1、b_1 是在没有加固材料的状态下计算的。）

$(r'/t)\leqslant 160$（该横截面筒身的半径板厚比）

$\delta\leqslant 60°$ （开口角度）

$h_1/b_1\leqslant 4$ （开口尺寸）

按照开口尺寸比，公式（7.24）中根据开口尺寸比确定的降低系数 C_1 进行计算。

$$C_1=\begin{cases}1.0 & (h_1/b_1\leqslant 3)\\ 1.3-0.1(h_1/b_1) & (3<h_1/b_1\leqslant 4)\end{cases}\text{（根据开口尺寸比确定降低系数）}\qquad(7.25)$$

关于加固材料的尺寸规定应满足如下要求。

- 加固材料的横截面在开口部分的周围应属于同一横截面。
- 加固材料的横截面积应为开口部分除筒身横截面积外的 1/3 以上。
- 加固材料宽度中心部分应在开口部分中心高度，与筒身板厚中心一致。
- 如把加固材料突出部分视为自由端，其厚度宽度比 W_s/t_s 应低于 8。

2）如果不能满足 1）的规定，则不属于本指南的适用范围，可以根据烟囱结构设计指南[22]的 7.3.3 项的内容，对开口部分的应力进行评价。

【解说】

（1）关于基本事项

从景观上或钢材节约的角度来考虑，大多数情况下风力发电机塔架的筒身会带有锥度。但是如果从检查孔的设置以及使用上来考虑，如图解 7.17 所示，最好垂直安装这个框。同时从以往的实际情况上来看，横截面形状采用图解 7.18、图解 7.19 所示的形状。

图解 7.18 说明了一种类似于钢制烟囱的风道连接部分经常使用的形式，并且除了增加开口周口的筒身板厚，有时候也设置覆板。如该图虚线内的内容所示，一般钢制烟囱的风道连接部分的覆板安装在筒身外侧，而风力发电机塔架一般把该覆板安装在筒身外侧。这个细节尤其在国外厂家的风力发电机塔架中会沿袭风力发电机型号认证机构 Germanischer Lloyd 的导则[8]中所示的相应部分结构规定。

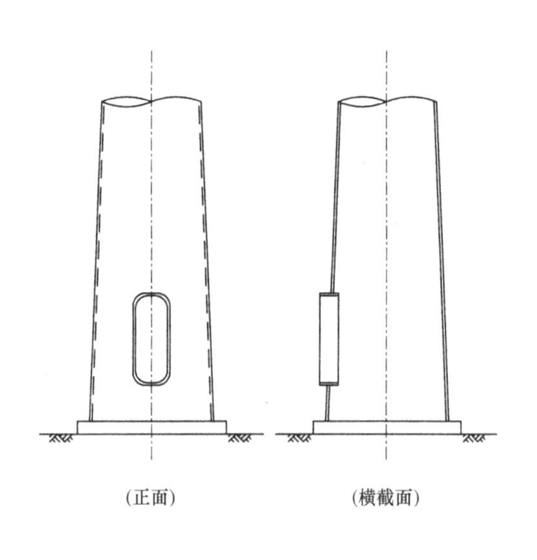

图解 7.17 风力发电机塔架下部检查开口实例

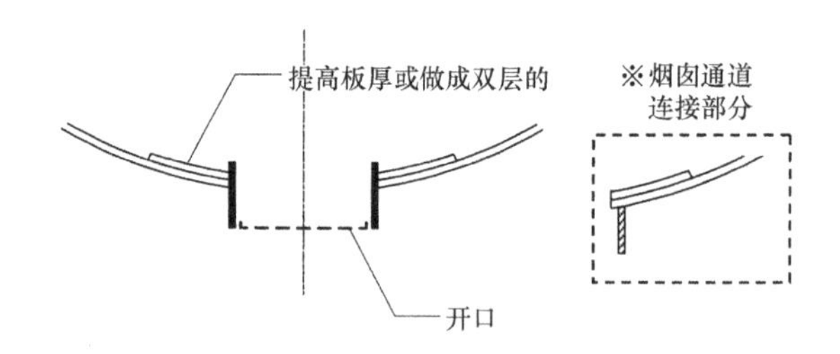

图解 7.18 覆板（腹板）形式

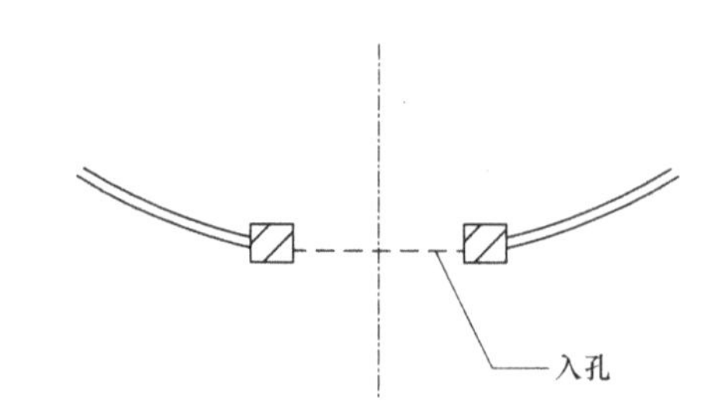

图解 7.19 框板嵌入形式

图解 7.19 是大多数国外厂家、尤其是 1000kW 级以上的大型风力发电机标准塔架中所采用的形式。增加开口周围的筒身板厚的同时还采用开口框架材料。

检查开口是工程中或定期检查时塔架以及进入风力发电机内不可或缺的一个部分，但是这个部分会给塔架筒身带来较大的横截面破损，所以这个部分的设计要十分注意。

(2) 关于对具有开口部分筒身应力的评估

关于具有开口部分的筒身应力评估方法，日本建筑学会塔状钢结构设计指南及解说、日本建筑学会烟囱结构设计指南[22]中所有提及，该方法是开口边角部分平均应力乘以根据其形状设定的应力集中系数，再设计容许应力的方法。并且从设计实例来看，腹板等突出部分的横截面性能是无效的。这是因为其前提是对不包括加固材料横截面的开口部分进行评估的原因。但是在本图中，只把开口宽度与边角部分曲率当作参数，所以不考虑开口宽度比以及开口高度的影响，并且适用范围没有明确。

如果考虑开口边角部分形状以及加固部分所产生的应力集中情况，对该部分应力进行评估，那么最好根据有限元模型等数值分析结果进行评估，在 DNV and RISO 的导则[12]中，其内容也与这个思路是相同的，但是现实问题是较为繁杂的。

风力发电机塔架中所设置的开口部分，由于是在施工中或定期检查时，仅供工作人员出入的装置，开口形状以及大小都受到某种程度的限制。因此在本指南中，我们以这个为前提条件。导入了风力发电机型号认证机构 Germanischer Lloyd 的导则[8]中的 6.6.7.2 Openings in tubular steel tower (3) 中所示的评估方法。

在带有开口部分的筒身中，筒身、开口形状以及加固材料的尺寸如果满足所规定的条件，不是在评估横截面性能时作为无开口的物体来进行评估，而是降低其设计极限屈曲应力，其降低系数按照公式 (7.25) 来进行计算，关于计算该降低系数的数值 A、B，在原文中是按照欧洲规格 EN 材料的强度级别进行设定的，在引入到本指南时进行了整理，采用了可以适用开口尺寸比的相应级别。但在 Germanischer Lloyd 中，开口尺寸比的适用范围到 3 为止，从最近所建造的风力发电机塔架来看，如果开口尺寸比超过 3，则不能适用。因此在本指南中，为了把适用范围扩大到开口尺寸比 4 的范围，以 35m、42m 的塔架为评估对象，建立了开口尺寸比 2.5 到 4 的风力发电机塔架模型。通过有限元分析求屈曲承载力[23]。图解 7.20 为表示塔顶水平荷载与水平位移关系。从该图可以看出两者都会随着开口尺寸比的增大，屈曲承载力有所降低。并且在出现 4.3.9 规定的暴风时，作用于风力发电机塔架的最大扭矩如果同时产生作用，要考虑其相关影响后再进行探讨。图解 7.21 是以 35m 塔架为对象，求相当于出现暴风时的最大弯矩的 2%、5%的扭矩同时作用时屈曲承载力的结果。并且在图解 7.22 中，把开口尺寸比 3.0、3.5、4.0 的屈曲承载力变化作为开口尺寸比 2.55，无扭矩作为标准。因此扭矩所产生的影响会使得屈曲承载力稍稍有所提高。这是因为我们认为通过弯矩与扭矩的合成作用，作用于塔架开口部分的压力的方向将会倾斜。

综上所述，如果扩大开口尺寸比，屈曲承载力将会降低，如果从忽视扭矩且安全的角度考虑应对此进行探讨。图解 7.23 表示忽视扭矩时屈曲承载力（最大荷载）与开口比的关系（以开口比 3 为标准）。除图解 7.20 所示的第 2 个例子外，还追加了一个对 35m 塔架分析的实例。因此我们可以得知开口尺寸比超过 3、低

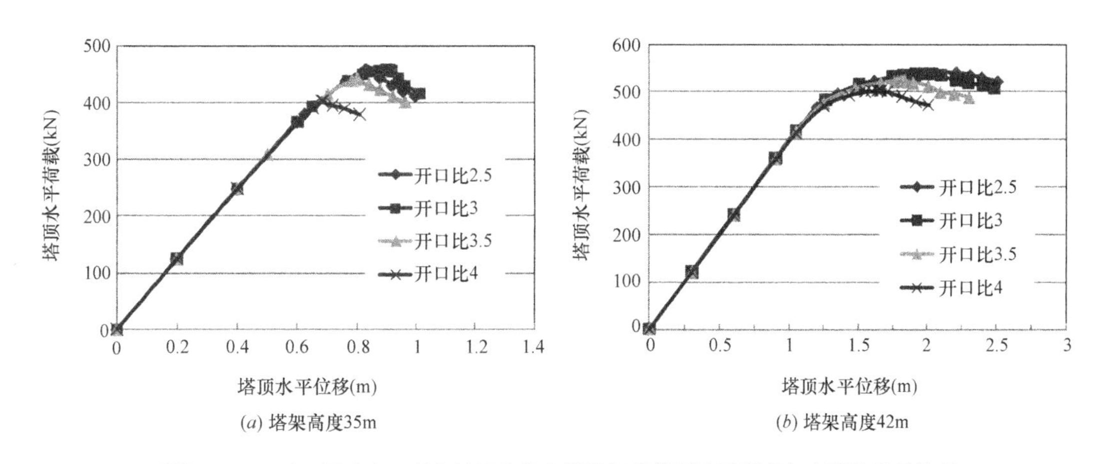

(a) 塔架高度35m　(b) 塔架高度42m

图解 7.20　开口尺寸比 3 以上的风力发电机塔架的塔顶水平荷载与水平位移的关系

于4的话，屈曲承载力将会出现线形降低。在根据该指南进行设计时，很多需要设计的风力发电机塔架都比35m高。并且考虑有限元分析所产生的误差等情况，应提供分析屈曲承载力比的大致下限，在开口尺寸比4中，屈曲承载力比设定为0.90。并且在本指南中，对于开口尺寸比3以上的风力发电机，考虑Germanischer Lloyd所提供的开口部分的影响，容许应力降低系数乘以公式（7.25）中根据所示的开口尺寸比设定的降低系数C_1。

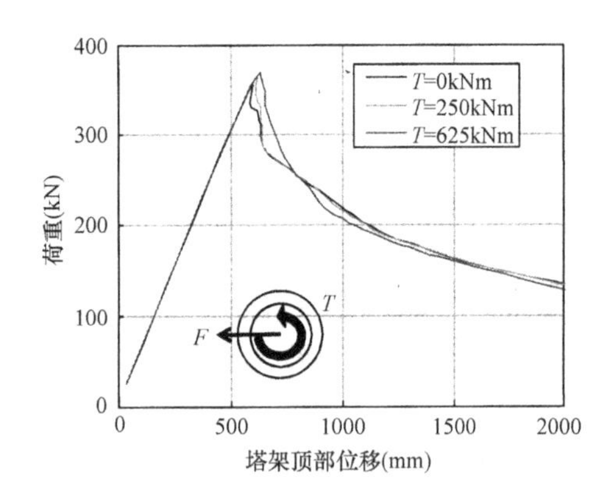

图解7.21　扭矩作用的塔架的屈曲承载力

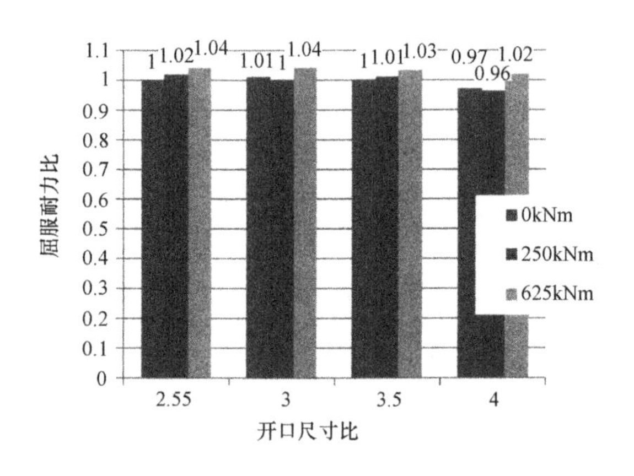

图解7.22　扭矩对塔架屈曲承载力的影响（开口尺寸比2.55）

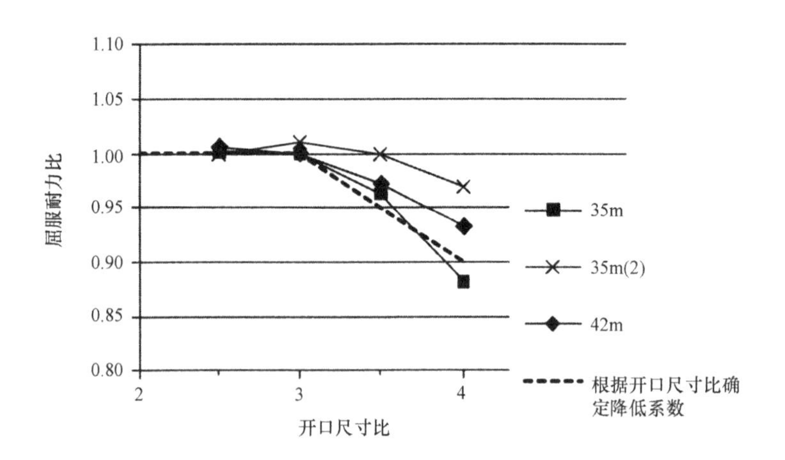

图解7.23　开口尺寸比3以上的风力发电机塔架的屈曲承载力比（以开口尺寸比3为准）

关于无开口筒身的设计极限屈曲应力，原文参照了DIN 18800 Part 4[16]的内容，但是这部分是包含分项安全系数在内的稍稍有所保守的内容，所以本指南根据文献［24］的承载力评估结果的验证内容以及有限元分析实例追加结果，所以可以保证整个结构物的荷载与变形的关系中存在弹性趋势，在进行本应力评估时，设计极限屈曲应力采用了日本建筑学会容器结构设计指南及解说的容许压缩应力（本指南7.3.4项（2）的内容），并提出了更为合理的设计方式。

关于加固材料的突出部分的宽厚比限制，原文参照了DIN 18800 Part 1[6]的内容。本指南的内容与此相当，参考钢结构塑性设计指南[25]的自由突出法兰宽度厚度比规定，以满足若干安全设定限制为条件（JIS SM400以及SM490级通用）。

开口部分的尺寸规定并不能保证无开口情况下横截面的刚度。因此在不论开口部分的有无，横截面刚度差别小的情况下，在计算风力发电机塔架的固有周期时，应根据需要考虑其影响。

本指南所采用的开口部分屈曲的应力评估公式合理地考虑了安全度，实际上可以确认塔架的设计强度（根据指南所求得的强度）是根据本指南11.3节的有限元分析所求得的屈曲强度的70%左右。在该实例中，开口边角部分发生了局部塑性化的情况，但是从整个结构的荷载与变形的关系来看，开口部分边角部分屈曲造成的最大承载力，基本都出现了弹性变化。此时，分析得出的最大承载力考虑了合理的安全度（1.2 以上），可以把该承载力作为包括开口部分在内整个结构物的设计最大承载力来进行评估（替换成容许弯矩等）。

根据萩原等人的研究[26]可以看出，对于半径板厚比 100 左右的筒身（接近风力发电机塔架半径板厚比），即使达到接近屈曲荷载的荷载，使其反复变形，屈曲强度也不会降低。因此假设即使根据本指南公式计算的荷载，也就是相当于考虑了降低系数的开口部分横截面容许弯矩的弯矩作用于风力发电机塔架上，也不会影响塔架的继续使用。

尤其在开口部分的设计中，可能风力发电机的正常运行所引起的反复荷载是主要影响部分。此时应根据应力幅与相关情况采用疲劳承载力进行评估。如果不依据有限元模型等数值分析，该部分的局部存在应力评估方法可以参考西田应力集中[27]或把该部分融入开口设计部分的本周四国联络桥公团的设计要领[28]、日本建筑学会烟囱结构设计指南[22]等。

7.3.6　塔架脚部结构计算

（1）基本事项

1）本项所提及的塔架脚部，适用于脚部结构采用锚栓露出固定形式的情况。

2）锚栓、基座、锚板等构件的设计，对于其发生的应力，应控制在容许应力以内。

3）原则上锚栓对于塔架筒身配置成内外对称模式。

4）如塔架筒身埋入固定部分混凝土中，请参考第 8 章。

（2）锚栓的结构计算

锚栓的应力评估参考第 8 章。

（3）底座的机构计算

底座的应力评估公式参考如下公式。并且底座的最低板厚按照 8.3.3 节的规定进行计算。

$$\frac{\sigma_b}{f_b}\leqslant 1 \tag{7.26}$$

且

$$\frac{\tau}{f_s}\leqslant 1 \tag{7.27}$$

在此

σ_b：弯曲应力（N/mm²）

t：剪切应力（N/mm²）

f_b：容许弯曲应力（$=F$）（N/mm²）

f_s：容许剪切应力（$=F/\sqrt{3}$）（N/mm²）

（4）锚板的结构计算

锚板的应力评估参考第 8 章。

【解说】

（1）关于基本事项

1）塔架脚部结构形式

塔架脚部的结构必须可以把作用于塔架最下面的轴力、剪切力、弯矩可靠地传递到基础。

具有代表性的塔架脚部结构形式如下所示。

• 通过锚部件（锚栓）固定在基础上的形式（露出固定形式）

• 把塔架筒身直接埋入基础固定的形式（锚环方式）

关于锚环方式的机构计算在第 8 章中将进行说明，因此本项将对锚栓方式的机构计算进行说明。

2）应力传达方式

采用锚栓方式把应力传达到基础的方式有如下几种。

压应力：通过底板传达

拉应力：通过锚栓以及锚板传达

另外锚栓方式中的各种部件强度，通过容许应力对应，保证对于发生的应力具有一定的强度。

锚栓方式的塔架脚部结构实例如图解 7.24 所示。

3）锚栓的配置

为了避免塔架筒身与底板的接合部分产生偏心附加应力，在配置锚栓时，应以塔架筒身为中心形成内外对称（T形）形式。

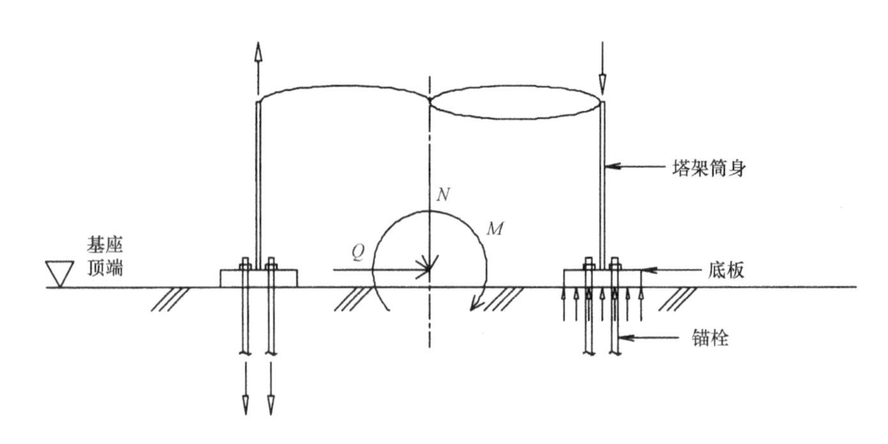

图解 7.24　塔架脚部结构（锚栓方式）

(2) 关于锚栓的应力评估

关于锚栓的应力评估我们将在 8.3.3 项的内容进行说明，在此将该内容省略。

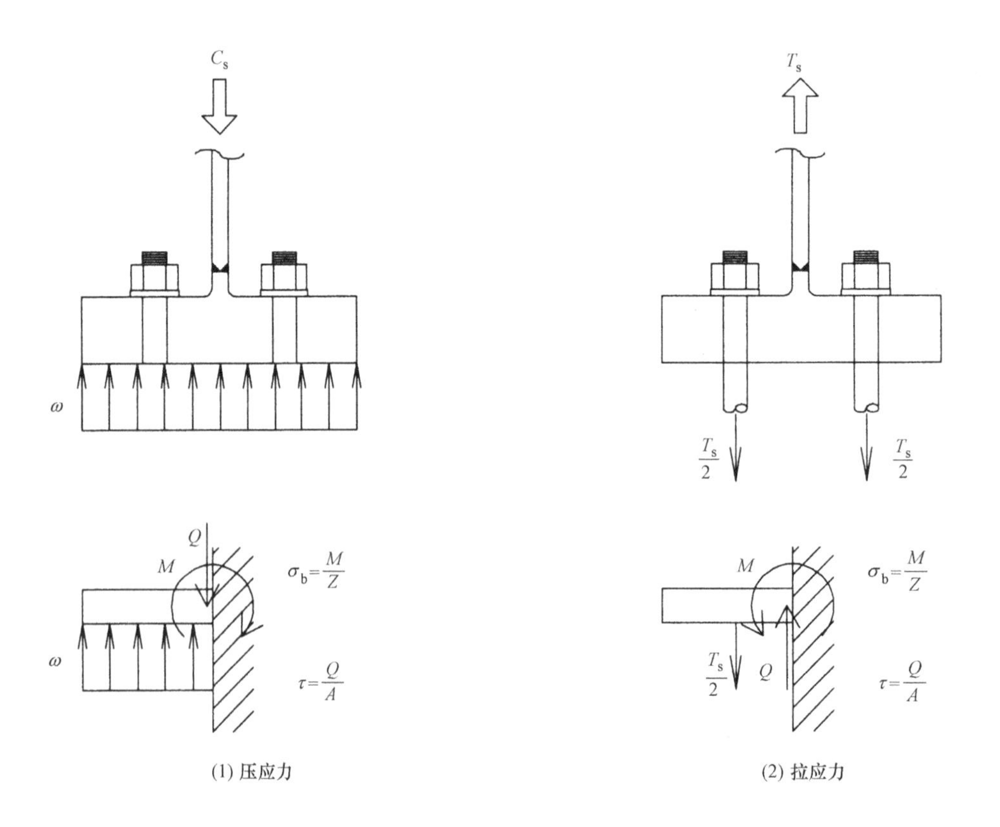

图解 7.25　作用于底板的应力

(3) 关于底板的应力评估

根据弯曲应力以及剪切应力对底板应力进行评估。并且各应力的作用模型如7.25所示。

在此

C_s：作用于筒身的压缩应力（N）

T_s：作用于筒身的拉伸引力（N）

ω：固定部分顶端产生的反向力（N/mm^2）

σ_b：弯曲应力（N/mm^2）

t：剪切应力（N/mm^2）

M：弯矩（kN·m）

Q：剪切力（N）

Z：基座有效横截面系数（mm^3）

A：基座有效横截面积（mm^2）

1) 压力所产生的弯曲应力

作用于塔架筒身的压力，通过底板均等地传递给固定部分。因此基础顶部所产生的反力作为均匀分布的荷载通过作用于底板的悬臂梁模式计算弯矩，并进行应力评估。在指南2007年版中，容许应力依据钢结构设计规范，在2010年版中容许弯曲应力为F。

2) 拉力所产生的弯曲应力

作用于塔架筒身的拉力应通过锚栓把应力传达给固定部分。因此锚栓所产生的反力作为集中荷载通过作用于底板的悬臂梁模式计算弯矩，并对应力进行评估。

3) 剪切应力

通过作用荷载，对底板所产生的剪切力的应力进行评估。

4) 底板的最小厚度

在外力作用的情况下，底板所产生的方向力可能会对锚栓产生过大的荷载。因此为了避免锚栓产生撬力，底板的最小板厚参数在8.3.3节中有规定，请参考相关内容。

(4) 关于锚板的应力评估

关于锚板的应力评估方法在8.3.4项中进行了说明，因此将在这里省略这部分内容。

7.4　疲劳损伤度的评估

7.4.1　疲劳损伤度评估的思路

关于风力发电机塔架的疲劳损伤度的评估如下所示。

(1) 疲劳损伤度评估范围是塔架筒身的焊接部分以及螺栓接合部分。

(2) 根据累计疲劳损伤原则（修正Miner原则）来计算疲劳损伤程度。此时筒身焊接部分的S-N曲线以及各种校正系数参考7.4.2项，螺栓接合部分参考7.4.3项。

【解说】

塔架筒身的焊接部分以及螺栓接合部分的疲劳损伤度评估的详细内容分别在7.4.2项以及7.4.3项中进行说明。本项将就该部分的疲劳损伤度的评估思路进行说明。

(1) 关于疲劳损伤度的评估对象

评估范围是圆筒形横截面钢制单柱支撑式风力发电机塔架。该筒身一般为块状分割的焊接结构物，在当地用螺栓进行接合。在很多焊接接头上都会出现疲劳损伤，所以在筒身各部分（每块）具有代表性的横截面上，应对各焊接点的疲劳损伤度进行评估。如果根据疲劳损伤度对螺栓的承载力进行评估的话，应对螺栓的接合部分进行评估。

在 GL Wind 2005[29]、[30]中，在开口部分的应力集中点上，对屈服以及疲劳进行评估。开口部分通过腹板或增强板进行加固，在应力计算中需要通过有限元方法进行结构分析。图解 7.26 中，表示了有限元计算得出的焊接端部的热点。如要对开口部分的疲劳进行评估，则需要采用加固材料焊接部分的热点应力。

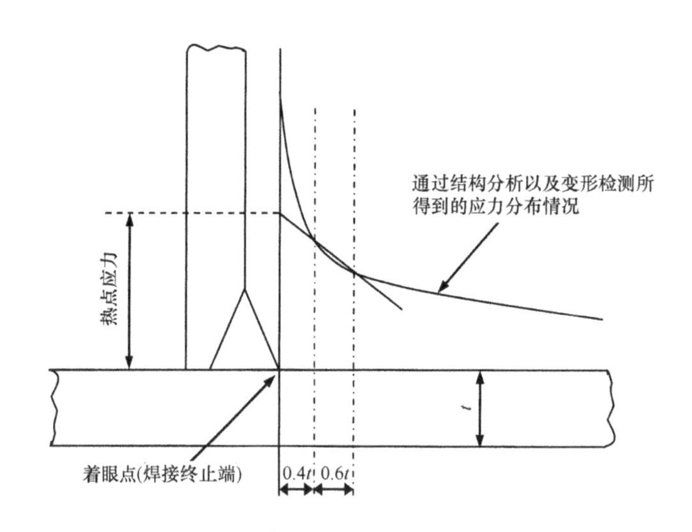

图解 7.26　热点应力的定义

(2) 关于累计疲劳损伤度的评估方法

作为疲劳评估的一般方法采用了 Miner 原则，疲劳极限以下的应力不计入疲劳损伤范围，在一定振幅下可以采用 Miner 原则。对于变动的荷载，疲劳限度以下的应力也会对疲劳损伤有影响，采用修正 Miner 原则。并且如果疲劳限度以下的应力频度与疲劳限度以上的频度相比多很多的话，疲劳限度以下的 S-N 线图的倾斜 a 变为（2a-1），可以采用求累计损伤值的 Haibach 修正法，S-N 曲线实例与各种修正法如图解 7.27 所示。在 GL Offshore 2005 中，不认可 1×10^8 的疲劳极限。而是采用了 Haibach 修正法。本指南适用安全评估 S-N 曲线的 GL Wind2005 规定。

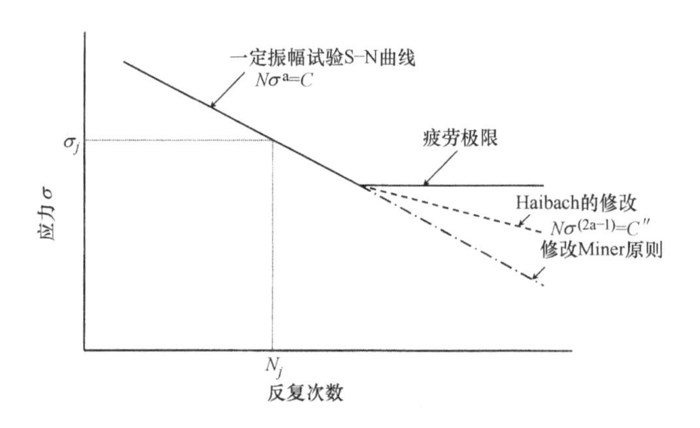

图解 7.27　S-N 曲线实例与各种修改法

S-N 曲线作为强度等级（Detail Category）在 36 到 160N/mm² 的范围内进行了规定，在适用该曲线时，需要对板厚、平均应力、焊接形状、使用材料、环境、组装加工时的不完善情况进行修正，但是本指南将对板厚、螺栓直径、使用材料、环境以及焊接部分结构的详细内容进行修改。焊接接头部分的疲劳寿命与疲劳断裂发生位置的应力以及疲劳断裂形成的横截面的应力分布有关，名义应力的大小以及接头的形式较为重要，并且受到焊接形式以及焊接端部形状的影响。强度等级要考虑这些内容，接头的种类（Structural Detail）以及接头的公差（过盈以及不足的情况），按照说明非破坏检查方法的形式进行分类，采用国际焊接学会 IIW[31]

推荐的疲劳评估方法。关于分项安全系数如表解 7.3 所示，在本指南中，塔架筒身的焊接部分以及螺栓焊接部分根据该表的内容，采用 1.15。

分项安全系数　　**表解 7.3**

试验检查以及保养的便利性	部位损伤对风力发电机的破坏或对居民的危害	部位损伤对风力发电机的损伤或引起的重大社会影响	部位的损伤引起风力发电机运行中断
容易定期检查保养	1.15	1.0	0.9
不容易定期检查保养	1.25	1.15	1.0

为了采用上述方法对疲劳损伤度进行评估，需要提供结构部位的时程应力幅。疲劳损伤度评估所需要的这些数据根据设计荷载时程响应分析（空气弹性模拟）进行计算，在波形分析中，按照一般的雨流计数法求应力幅的频度分布数据，详细内容请参考本指南的第 4 章与第 11 章。

7.4.2　塔架筒身焊接部分的疲劳损伤度评估

风力发电机塔架筒身焊接部分的累计疲劳损伤度的计算方法如下所示。

（1）累计疲劳损伤度采用修正 Miner 原则，按照如下公式进行评估。

$$D=\sum_i \frac{n_i}{N_i}\leqslant 1 \tag{7.28}$$

在此

D：累计疲劳损伤度

n_1：筒焊接部分的应力幅 $\Delta\sigma_{t,i}$的发生次数（次）

N_t：筒身焊接部分的应力幅 $\Delta\sigma_{t,i}$的焊接部分的容许反复次数（次）

i：按照 Bin 方法对筒身焊接部分的应力幅分类的指数

（2）筒身焊接部分的容许反复次数 N_i 按照如下公式进行计算。

$$N_i=\begin{cases}N_D(\Delta\sigma_D/\Delta\sigma_{t,i})^3, & \Delta\sigma_{t,i}>\Delta\sigma_D\\ N_D(\Delta\sigma_D/\Delta\sigma_{t,i})^5, & \Delta\sigma_{t,i}\leqslant\Delta\sigma_D\end{cases} \tag{7.29}$$

在此

N_d：反复次数 $N=5\times10^6$（次）

$\Delta\sigma_D$：反复次数 $N=5\times10^6$ 中的疲劳强度（N/mm^2）

另外按照如下公式求 $\Delta\sigma_D$。

$$\Delta\sigma_D=\Delta\sigma_A(N_A/N_D)^{1/3},\Delta\sigma_A=\frac{DC\times f_t}{\gamma_m\times\gamma_f} \tag{7.30}$$

在此

N_A：反复次数 $N=2\times10^6$（次）

$\Delta\sigma_A$：反复次数 $N=2\times10^6$ 的疲劳强度（N/mm^2）

DC：材料的疲劳标准强度（N/mm^2）是圆周方向突出部分的焊接，如果是两面坡口的情况，从如下具体情况中选择。

• 焊接部分高度与宽度之比小于 10%，且在水平状态下工厂实施焊接并进行非破坏检查。

筒身部分 5%：$DC=90(N/mm^2)$

• 焊接部分高度与宽度值比小于 20%，且在水平状态下工厂实施焊接并进行非破坏检查。

筒身部分 10%：$DC=80(N/mm^2)$

f_t：厚度 25mm 以上钢材的校正系数 $f_t=(25/t)^{0.2}$

γ_m：材料的分项安全系数 $\gamma_m=1.1$

γ_f：可检查的重要部分疲劳的分项安全系数 $\gamma_f=1.15$

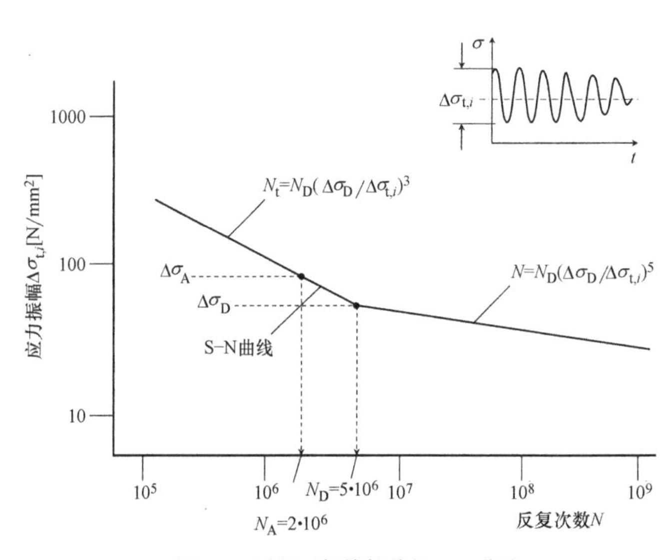

图 7.5 适用于焊接部分的 S-N 曲线

(3) 筒身焊接部分的应力幅按照如下公式进行计算。

$$\Delta\sigma_{t,i}=|\sigma_{t,Tsmax}-\sigma_{t,Tsmin}| \tag{7.31}$$

在此

$\sigma_{t,Tsmax}$：筒身拉应力幅 ΔT_s 的最大值对应焊接部分的应力

$\sigma_{t,Tsmin}$：筒身拉应力幅 ΔT_s 的最小值对应焊接部分的应力

焊接部分的应力按照如下公式进行计算。

$$\sigma_t=M/Z-N/A \tag{7.32}$$

在此

M：作用于筒身评估位置的弯矩（kN·m）

Z：筒身的横截面系数（cm^3）

N：作用于筒身的评估位置的轴力（kN）

A：筒身的横截面积（cm^3）

【解说】

(1) 关于累计疲劳损伤度

由于风力发电机受到振幅不稳定的变动荷载，疲劳限度以下的应力也会对疲劳损伤度有所影响。因此风力发电机塔架焊接部分的累计疲劳损伤度应根据修正 Miner 法则进行评估。

(2) 关于容许反复次数

根据材料的疲劳标准强度、厚度超过 25mm 的钢材的校正系数、材料的分项安全系数、对可检查的重要部位疲劳的分项安全系数，求容许反复次数。并且材料的疲劳标准强度表示周围方向的连接焊接是双面坡口的，关于其他情况，应按照规格根据实际的焊接部分形状、施工以及检查方法、荷载方向，选择适用数值。

(3) 关于焊接部分的应力幅。

根据作用于筒身评估位置的变动弯矩与变动轴力，计算焊接部分的应力幅。

7.4.3 螺栓疲劳损伤度的评估

按照如下公式计算风力发电机塔架法兰接头部分的高强螺栓中累计疲劳损伤度。

(1) 采用修正 Miner 法则，按照如下公式对累计疲劳损伤度进行评估。

$$D=\sum_i\frac{n_i}{N_i}\leqslant 1 \tag{7.33}$$

在此

D：累计疲劳损伤度

n_i：螺栓螺纹部分的应力幅 $\Delta\sigma_{b,i}$ 的发生次数（次）

N_i：螺栓螺纹部分的应力幅 $\Delta\sigma_{b,i}$ 的螺栓容许反复次数（次）

i：用 Bin 法对螺栓螺纹部分的应力幅分类后的指数

（2）按照如下公式求螺栓的容许反复次数 N_i

$$N_i=\begin{cases}N_D(\Delta\sigma_D/\Delta\sigma_{b,i})^3, & \Delta\sigma_{b,i}>\Delta\sigma_D\\ N_D(\Delta\sigma_D/\Delta\sigma_{b,i})^5, & \Delta\sigma_{b,i}\leqslant\Delta\sigma_D\end{cases} \tag{7.34}$$

在此

N_D：反复次数 $N=5\times10^6$（次）

$\Delta\sigma_D$：反复次数 $N=5\times10^6$ 中螺栓疲劳强度（N/mm^2）

按照如下公式求 $\Delta\sigma_D$

$$N_D=N_A(\Delta\sigma_A/\Delta\sigma_D)^3,\qquad \Delta\sigma_A=\frac{DC\times k_s}{\gamma_m\times\gamma_f} \tag{7.35}$$

在此

N_A：反复次数 $N=2\times10^6$（次）

$\Delta\sigma_A$：反复次数 $N=2\times10^6$ 中螺栓的疲劳强度（$N/m\ m^2$）

DC：材料的疲劳标准强度 [N/mm^2]，从下述内容进行选择。

　　焊接镀锌螺栓：$DC=50$（N/mm^2）

　　滚压后热处理的黑螺栓：$DC=71$（N/mm^2）

κ_S：对 M30 以上螺栓的校正系数 $\kappa_S=(30/d)^{0.25}$

γ_m：材料的分项安全系数 $\gamma_m=1.1$

γ_f：对于可检查的重要部位疲劳的分项安全系数 $\gamma_f=1.15$

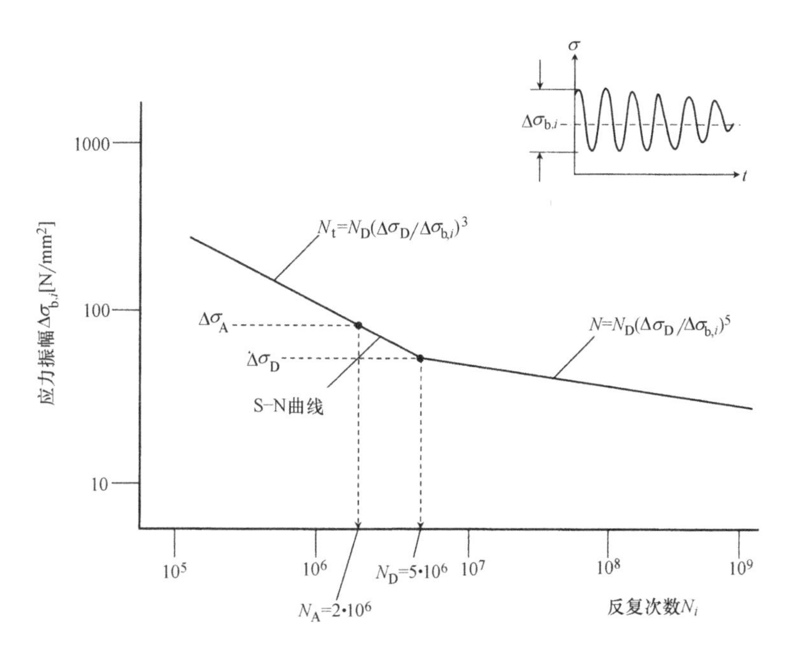

图 7.6　适用于螺栓接合部分的 S-N 曲线

（3）按照如下公式求螺栓螺纹部分的应力幅

$$\Delta\sigma_{b,i}=\left|\sigma_{b,Tsmax}-\sigma_{b,Tsmin}\right| \tag{7.36}$$

在此

$\sigma_{b,Tsmax}$：塔身拉力幅 ΔT_s 的最大值 $\Delta T_{s,max}$ 对应的螺栓螺纹部分应力

$\sigma_{b,Tsmin}$：塔身拉力幅 ΔT_s 的最小值 $\Delta T_{s,min}$ 对应的螺栓螺纹部分应力

根据如下公式，用螺栓轴力 T_p 除以螺纹部分有效横截面积，来计算螺纹部分的应力。

$$\sigma_b = T_p / A_s \tag{7.37}$$

按照如下公式计算作用于螺栓的轴力 T_p。

$$T_p = \begin{cases} T_v + pT_s & T_s \leqslant T_{sI} \\ T_v + pT_{sI} + (\lambda^* T_{sII} - T_v - pT_{sI})\dfrac{T_s - T_{sI}}{T_{sII} - T_{sI}} & T_{sI} < T_s < T_{sII} \\ \lambda^* T_s & T_{sII} < T_s \end{cases}$$

并且

$$T_{sI} = T_v \times (e - 0.5g)/(e + g)$$

$$T_{sII} = T_v / (\lambda^* \cdot q)$$

$$T_v = N_0 / 1.4$$

$$q = 1 - p, \quad p = C_b / (C_b + C_c)$$

$$\lambda^* = (1 + g/(0.7e))$$

在此

T_P：螺栓轴力（kN）

T_S：作用于每根螺栓的筒身壁面的拉力（kN）

N_0：设计螺栓拉力（kN）

T_V：螺栓的初始拉力（kN）

e：从螺栓中心到法兰端的距离（mm）

g：从筒身板中心到螺栓中心的距离（mm）

C_b：螺栓拉伸弹性系数（N/mm）

C_c：被接合体（法兰以及底座）的压缩弹性系数（N/mm）

P：内外力之比

λ^*：校正的撬力比

（4）分别按照公式（7.38）以及公式（7.39）求螺栓以及被连接体的拉伸弹性系数

$$C_b = \frac{\pi \cdot E \cdot d_S^2}{8t_F} \tag{7.38}$$

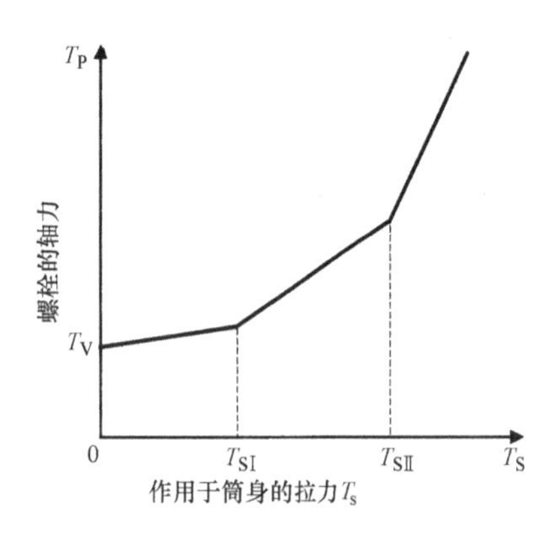

图 7.7 螺栓轴力 T_P 与作用于筒身的拉力 T_S 的关系

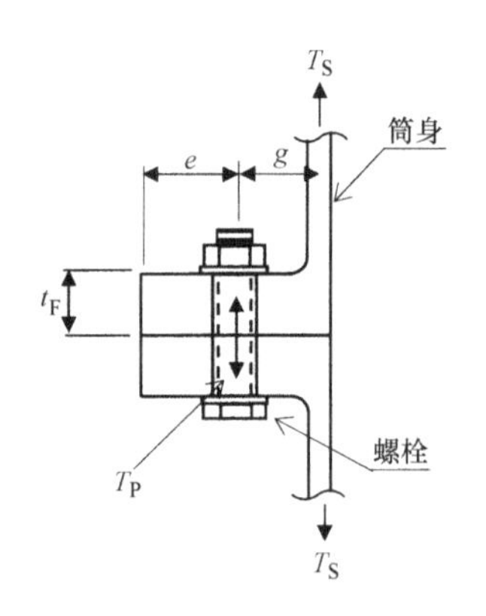

图 7.8 接头部分详图

$$C_c=\frac{1}{\frac{1}{C_f}+2\times\frac{1}{C_w}} \tag{7.39}$$

但是

$$C_f=\frac{E}{2t_F}\left\{\frac{\pi}{4}(d_w^2+d_h^2)+\frac{\pi}{8}d_w(D_A-d_w)\left[\left(\sqrt[3]{\frac{2t_F\cdot d_w}{D_A^2}}+1\right)^2-1\right]\right\}$$

$$C_w=\frac{\pi\cdot E\cdot(d_{wo}-d_{wi})^2}{4t_w}$$

在此

C_b：螺栓拉伸弹性系数

C_c：被连接体的压缩弹性系数

C_f：法兰压缩弹性系数

C_w：底座压缩弹性系数

d_s：螺栓的轴径（mm）

d_w：螺栓的荷载面直径（mm）

d_h：螺栓孔直径（mm）

d_{wo}：底座的外径（mm）

d_{wi}：底座的内径（mm）

t_F：法兰的厚度（mm）

t_w：底座的厚度（mm）

E：钢材的杨氏模量（N/m m²）

D_A：螺栓孔距或从螺栓轴心最近的法兰端之间距离的 2 倍最短的参数（mm）

【解说】

(1) 关于累计疲劳损伤度

由于风力发电机受到振幅不稳定的变动荷载，疲劳限度以下的应力也会对疲劳损伤度有所影响。因此风力发电机塔架焊接部分的累计疲劳损伤度应根据修正 Miner 法则进行评估。

(2) 关于容许反复次数的评估

根据材料的疲劳标准强度、M30 以上的螺栓的校正系数、材料的分项安全系数、对可检查的重要部位疲劳的分项安全系数，求容许反复次数。并且在模拟螺栓底部以及螺母附近、螺纹时，除去螺纹部分应力集中区域，螺栓的应力 σ_i 以及其振幅 $\Delta\sigma_i$ 为螺纹部分的塔架外侧应力。

影响螺栓疲劳强度有几个要素。比如考虑作用于螺栓的弯矩效应以及在生产法兰时所产生的接合面的最大间隙的影响。由于我们没有提供考虑了弯矩的评估公式，因此如果要严格对其效果进行评估，应根据有限元方法求塔身拉力 T_s 与螺栓螺纹部分的应力 σ 的关系公式。此时至少要采用能包括一根螺栓分担范围在内的三维模型，准确地对螺栓的内力系数进行模拟。

(3) 关于螺栓螺纹部分的应力幅

与螺栓的承载力评估不同，在对螺栓的疲劳损伤度进行评估时，作用于螺栓的外力不是拉力，而需要求在螺栓中内产生的轴力。因为在进行累计疲劳损伤评估时，所采用的疲劳极限曲线 S-N 线图，需要在螺栓内实际产生的轴力所导致的应力，而不是螺栓的外力。螺栓疲劳承载力评估时所采用的数值为用螺纹部分的有效横截面积除以螺栓轴力的数值（螺纹部分名义应力）。这是因为螺栓的 S-N 线图是依据 GL Wind 2003 的规定制定的。

在本指南中塔身的拉力与螺栓的轴力关系公式采用了 Schmid 与 Neuper 中所提及的计算公式[32]。该计算公式的计算范围是圆筒形、圆锥形塔架、烟囱以及风力发电机塔架，可以对图解 7.28 所示的内侧无肋 L 形接头进行计算。如图解 7.29 所示，如果采用新计算公式（Model C），与以往的模型（Model B）相比，在塔体拉力的变动变小时，螺栓的轴力变动将会变小，在塔体拉力的变动变大时将会变大。根据 Model C 所求得的螺栓轴力与 Petersen 的试验结果以及三维有限元模型的分析结果非常一致[32]。另外由于该计算公式的构成非常简单，运用也较为容易，所以在世界各地广泛运用。桥梁用高强螺栓拉伸接合设计指南[33]中提出了短固定形式的接头设计方式，但是设计范围是 T 形接头。

在对作用螺栓的轴力进行计算时，螺栓的初始拉力用 1.4 除以设计螺栓拉力求得。其理由如下所示。

(1) 在 DIN 18800 Part[7]中，施工时螺栓拉力的螺纹部分应力的最大值 70%σ_y，最小值 50%σ_y，比值为 1/1.4。疲劳承载力验证法把欧洲风力发电机设计方法进行了融合，所以计算时的初始拉力采用了欧洲的方法。并且如果减去初始拉力再进行计算的话，螺栓应力幅将会变得稍大，是较为安全的评估。

(2) 同样在 VD12330 中，初始拉力的最大值与最小值的比值定义为紧固系数 α_A。这表示施工时拉力的偏差。VDI 2330（2003）的表 A8 中，说明各种螺栓的紧固方法出现了 α_A。风力发电机塔架法兰紧固主要采用的油压扳手时，α_A 为 1.2～1.6。我们认为其平均值 1.4，即使作为 DIN18800-7 中初始拉力比，也不完全一致。作为油压扳手以外的连接方法，存在通过拉力进行轴力管理的方法，这种方法可以更加准确地对初始拉力进行控制，所以我们评估使用油压扳手紧固系数更为安全。

(3) 疲劳承载力验证法的设计螺栓拉力（0.7σ_y）比短期容许拉力（0.8σ_y）要低一些，所以陷入分离或接近于分离状态可能会造成螺栓轴力降低的情况。因此我们认为在设计计算上要重新考虑螺栓轴力降低的问题。

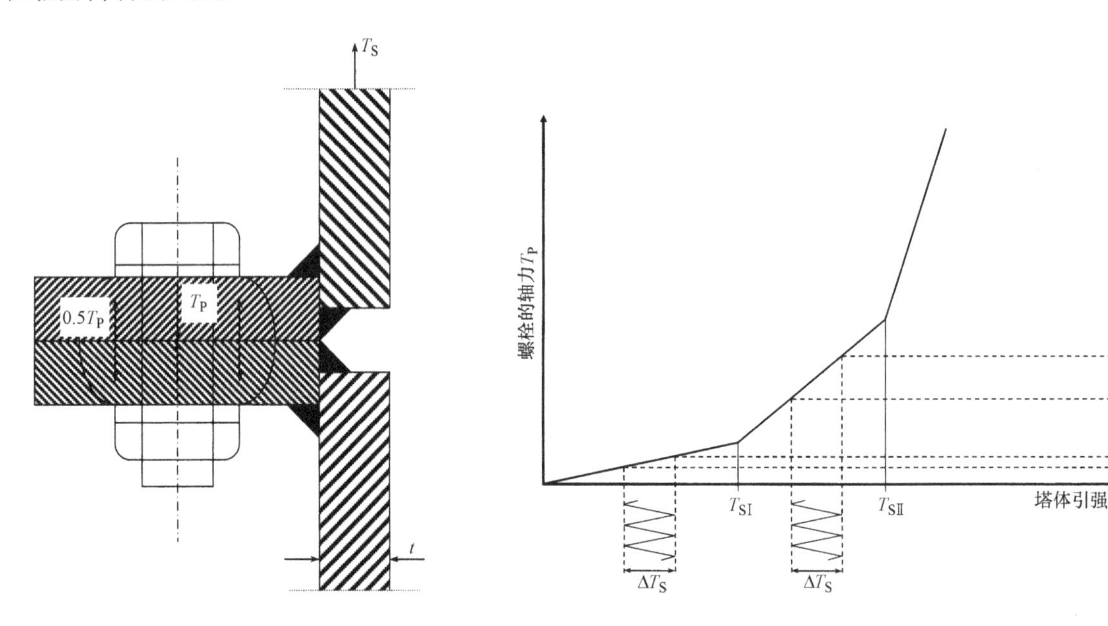

图解 7.28 L 形接头的实际形状

图解 7.29 螺栓轴力变动与塔身拉力变动的关系

(4) 关于螺栓以及被连接体的拉伸弹性系数

1) 螺栓的弹性系数

螺栓的弹性系数采用了日本建筑学会高强螺栓接合设计施工导则中所示的简易公式进行计算。该计算公式较为简便，所计算出的螺栓弹性系数较大，但是通过有限元分析我们看出对于一般情况下风力发电机塔架中所使用的螺栓是较为安全的。如图解 7.30 中所示，如果螺栓有效螺纹长度、螺纹规格明确的话，螺栓弹性系数可以根据高强度螺栓接合设计施工导则的公式进行评估。

$$C_b=\frac{1}{\delta_s},\quad \delta_s=\frac{l_1}{E_sA_N}+\frac{l_n+l_e}{E_sA_e} \tag{解 7.2}$$

在此

E_s：螺栓杨氏模量（N/mm^2）

A_N：螺栓的名义横截面积（mm^2）

A_e：螺栓的有效横截面积（直径为螺纹牙根直径与有效直径的平均值）（mm^2）

l_1：螺栓轴部的长度（mm）

l_n：螺栓螺纹连接区间的长度（mm）

l_e：螺母的有效高度（mm），$l_e=0.6l_H$

l_H：螺母的高度（mm）

另外可以根据 VDI2330（2003）的公式对螺栓的弹性系数进行评估。

$$C_b=\frac{1}{\delta_s},\delta_s=\frac{l_{Sk}}{E_sA_N}+\frac{l_1}{E_sA_N}+\frac{l_{GeW}}{E_sA_{d_3}}+\frac{l_{GM}}{E_sA_{d_3}}+\frac{0.4}{E_MA_N} \quad (解 7.3)$$

在此

E_M：螺母的纵向弹性系数（N/mm^2）

A_{d3}：螺栓的螺纹牙根直径横截面积（mm^2）

l_{GeW}：螺栓螺纹连接区间部分的长度（mm）

l_{Sk}：底座有效高度（mm），$l_{sk}=0.5d$

l_{GM}：螺母的有效高度（mm），$L_{GM}=0.5d$

d：螺栓名义直径（螺栓的外径）（mm）

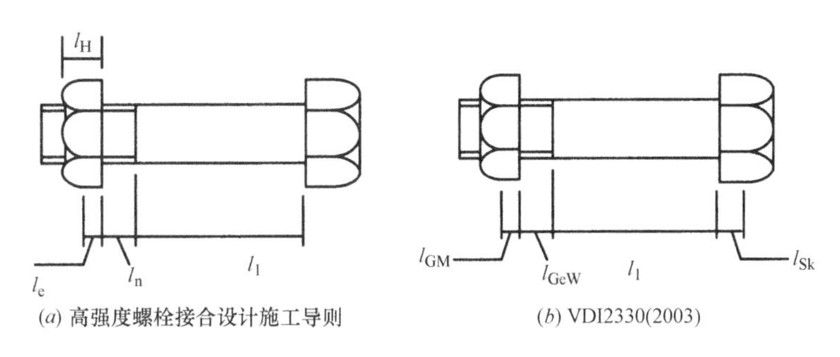

图解 7.30　螺栓模型的详细尺寸

2）被连接体的弹性系数

法兰与底座统称为被连接体。被连接体的弹性系数，法兰与底座各自的弹簧串联而成。在本指南中，在对法兰的弹性系数进行评估时，采用了 VDI 2230（1986）的计算公式。这是 Schmidt 与 Neuper 所提出的公式中，所使用的螺栓、法兰的弹性系数采用了 VDI 2230（1986）的计算公式。该公式考虑了相邻螺栓的影响，一般而言对于风力发电机塔架中所采用的法兰，可以通过有限元分析确认其是安全的。本指南采用了底座弹性系数相关的所有面积为压缩对象的计算公式。

如采用本指南以外的法兰弹性系数计算公式，其计算结果需要确认螺栓以及法兰的评估是安全的。具体而言就是，风力发电机塔架法兰的相邻螺栓间隔较密，所以传递螺栓压力的范围比螺栓单独存在的状态要窄。因此所采用的公式必须要考虑相邻螺栓之间的效应。另外风力发电机塔架的法兰厚度比一般螺栓连接物稍厚，所以压力的传递角度必须合理。

参考文献

[1]　日本建築学会：鋼構造設計規準－許容応力度設計法，2005

[2]　JIS B 1001：ボルト穴径およびざぐり径，1985

[3] DET NORSKE VERITAS : OFFSHORE STANDARD DNV-OS-J101 : Design of Offshore Wind Turbine Structures, October, 2007

[4] The American Society of Mechanical Engineers : ASME/ANSIB18.2.3.5M, Metric Hex Bolts, 1979

[5] 日本建築学会：高力ボルト接合設計施工ガイドブック，2003

[6] DEUTSCHE NORM: DIN 18800 Part 1 Structural steel work / Design and construction, 1990

[7] DEUTSCHE NORM：DIN 18800 Structural steel work，Part 7 Execution and construction's qualifcation，2002

[8] Germanischer Lloyd: GL wind 2003, Guideline for the Certification of Wind Turbines, 2003

[9] VDI 2230 Blatt1：Systematic calculation for high duty bolted joints，joints with one cylindrical bolt，1986, 2003

[10] JIS B 1083：ねじの締付け通則，1990

[11] 日本建築学会：鋼構造接合部設計指針，2006

[12] DNV and RISO : Guidelines for Design of Wind Turbines, Second edition, 2003

[13] Petersen, CH.: Steel construction, Braunschweig: Vieweg-Verlag, 1988

[14] 日本建築学会：容器構造設計指針·同解説，1990，2010

[15] 日本道路協会：道路橋示方書，2002

[16] DEUTSCHE NORM: DIN 18800 Part 4 Structural steel work / Analysis of safety buckling of shells, 1990

[17] 児珠昭太郎，谷順二：ねじりと軸荷重を同時に受ける円筒殻の座屈，東北大学高速力学研究所報告，54，153-171，1985

[18] 土木学会：座屈設計ガイドライン，2005

[19] チモシェンコ：座屈理論　コロナ社，pp 88-95，1954

[20] 長柱研究委員会：弾性安定要覧　コロナ社　1960　pp102-114

[21] 日本建築学会：塔状鋼構造設計指針・同解説，1980

[22] 日本建築学会：煙突構造設計指針，2007

[23] レ アン トゥアン，勝地弘，山田均，佐々木栄一：大開口比を有する風力発電設備鋼製タワーの座屈耐力解析，第 65 回年次学術講演会講演概要集，土木学会，2010

[24] 沖縄電力株式会社：台風 14 号による風力発電設備の倒壊等事故調査報告書，2004

[25] 日本建築学会：鋼構造塑性設計指針，1992

[26] 荻原豊，他：高速増殖炉の耐震座屈設計法に関する研究，第 9 報，弾塑性地震荷重下における座屈の評価，日本機械学会論文集 A 編，60 巻 626 号，1998

[27] 西田正孝：応力集中，森北出版，1976

[28] 本四公団：吊橋主塔設計要領・同解説，1989

[29] EN 1993 – Eurocode 3 – Part 1-9 – Fatigue

[30] Germanischer Lloyd：Guideline for the Certification of Offshore Wind Turbines，2005

[31] A. Hobbacher: Recommendations for Fatigue Design of Welded Joints and Components, International Institute of Welding document IIW-1823-07, ex　XIII-2151r4-07/XV-1254r4-07. October 2008. WRC Bulletin 520.

[32] Schmidt, H.，Neuper, M.: On the elastostatic behaviour of an eccentrically tensioned L-joint with prestressed bolts, Stahlbau, 66, pp.163-168, 1997.

[33] （社）日本鋼構造協会，橋梁用高力ボルト引張接合設計指針，2004

第 8 章　锚固部分的结构计算

8.1　锚固部分的结构计算基本内容

8.1.1　适用范围

在本章中将针对带有三片叶片的水平轴风力发电机锚固部分，通过锚构件把塔架脚部固定在钢筋混凝土的基础上的形式或者把塔架脚部直接埋入钢筋混凝土基础进行锚固的形式，就锚固中所使用的锚构件、底板或锚板以及钢筋混凝土的结构计算方法进行了规范。

【解说】

锚固部分是指把荷载从塔架传递到基础的接合部分，如图解 8.1 所示，一般比基础稍高一些的底座部分（基座部分）与其正下方的基础混凝土部分属于锚固部分。并且即使锚固部分的横截面形状是多边形，也可以使用本指南，此时对多边形内接圆的横截面的结构进行计算。

8.1.2　锚固部分的形式

本指南就如下两种方式进行说明，即通过底板把从塔架作用于地基的压力，或通过锚板、底板把拉力传递给锚固部分钢筋混凝土的锚栓方式与锚环方式。

【解说】

图解 8.1（*a*）中就锚栓方式具有代表性的事例进行了说明。如果是锚栓方式，从塔架作用于基础的压力将作用于底板，锚栓的拉力将作用于锚板。如果采用锚栓方式，尤其在设计时要考虑锚栓拉力对混凝土冲切破坏情况。

图解 8.1（*b*）、（*c*）中就锚环方式具有代表性的事例进行了说明。如果是锚环方式，从塔架作用于基础的压力通过底板或中间的法兰传递给基础部分的混凝土，在设计时要保证混凝土部分可以抵抗其拉力。并且锚环的拉力作用于底板。（如果设置中间法兰，则要注意中间法兰的位置不同，拉力的分配率将会有变化。）如果是锚环方式，锚环的拉力会对混凝土部分造成冲切破坏外，所以在设计是要考虑锚环向下的拉力所造成的冲切破坏的情况。我们认为锚环方式是一种把锚构件沿圆周方向连续施力的方

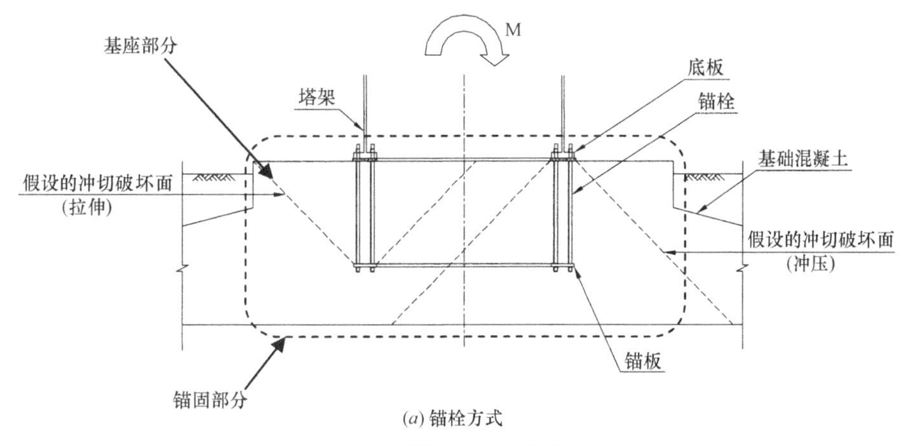

(*a*) 锚栓方式

图解 8.1　锚固部分的形式（一）

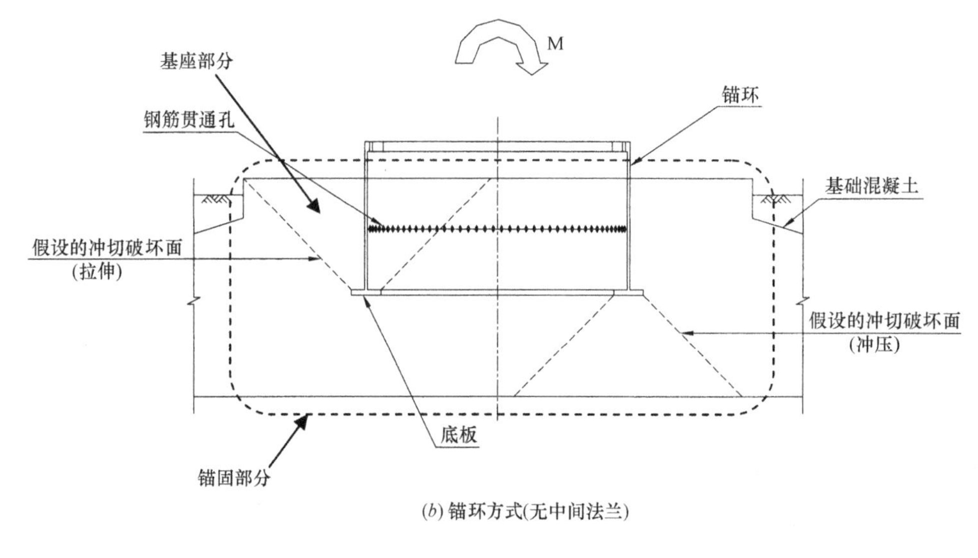

(b) 锚环方式(无中间法兰)

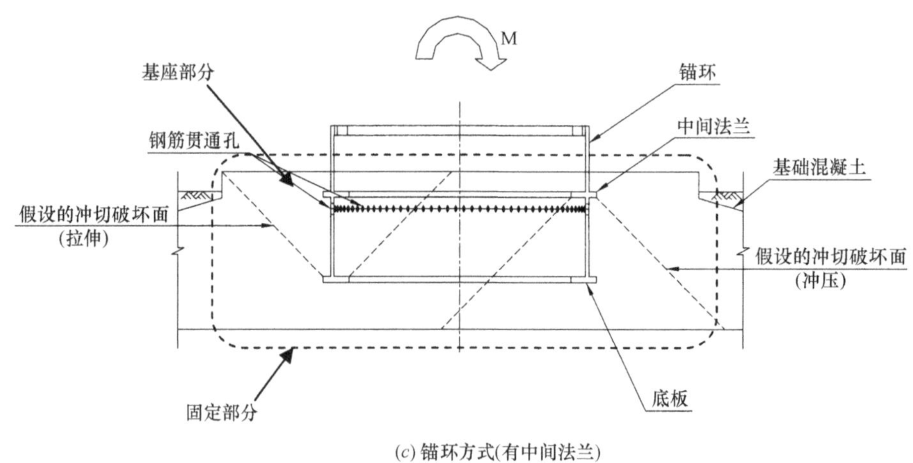

(c) 锚环方式(有中间法兰)

图解 8.1　锚固部分的形式（二）

式，所以适用于本指南。有时会把螺栓替代成锚构件，把带板状的钢板作为锚构件来使用。即使出现这种情况，其设计思路与锚环方式是一样的，所以可以适用本指南。

有的填埋方式与锚环方式类似（图解 8.2)，但是如果对于从塔架作用于基础的拉力、压力的抵抗机构对拉伸以及压缩具有抵抗作用的话，则可以适用本指南。并且关于埋入部分的侧压承压形成的抵抗部分，如果满足图解 8.2 所示的埋入深度要求的话，可以参考日本建筑学会钢结构接合设计指南[1]。

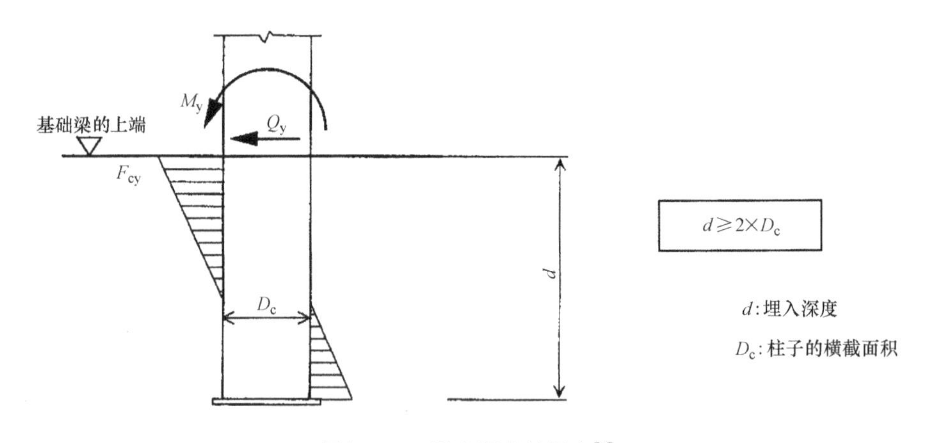

图解 8.2　埋入深度的规定[1]

8.2　锚固部分的设计条件

8.2.1　基本思路

(1) 通过锚固部分可靠地传递从塔架作用于基础的荷载

(2) 从塔架作用于地基的压力通过底板传递给锚固部分的混凝土，拉力通过锚构件传递给锚固部分的混凝土。

(3) 从塔架作用于基础的剪切力通过钢筋混凝土部分的剪切抵抗传递给锚固部分的混凝土。

【解说】

日本建筑学会钢结构接合部设计指南[1]中，柱脚的接合形式如图解 8.3 所示，包括露出型、根卷型、埋入型这三种形式。风力发电机设备支撑物基础的形状即使看作根卷型、埋入型，根卷长度、埋入深度一般也不满足该指南的规定。因此不论是根卷型还是埋入型，基本上都采用露出型的设计思路。

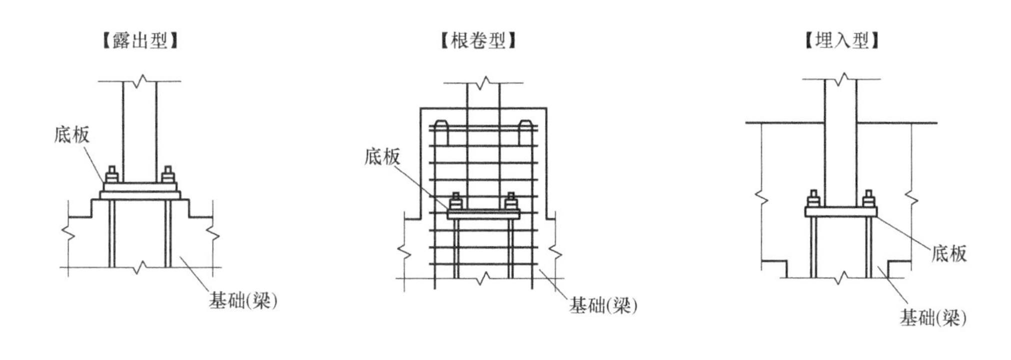

图解 8.3　接合形式的结构[1]

8.2.2　荷载

原则上锚固部分的结构计算中所采用的荷载如下所示。

(1) 从塔架传递，作用于锚固部分的荷载

(2) 作用于锚固部分的荷载

1) 锚固部分的自重

2) 作用于锚固部分的地震力

结构计算中所采用的横截面力如下所示。

1) 轴力

2) 剪切力

3) 弯矩

4) 其他横截面力

【解说】

根据第 5 章、第 6 章所示的风荷载、地震作用、积雪荷载计算荷载数值。但需要对锚固部分的位置上的应力进行合理地评估（合理地确定基础荷载传递位置）。尤其在计算设计弯矩时，要考虑塔架脚部与锚固部分设计横截面高度差造成的应力增加的情况。

8.2.3 使用材料以及材料参数

（1）锚构件（锚栓、锚环）、板材（底板、锚板）中所使用的钢材应满足7.2.2项所示的塔架使用钢材所指定的材质规格。

（2）在锚固部分所使用的混凝土应为建筑标准法以及该实施命令及告示等所示的混凝土种类。

（3）锚固部分中所使用的钢筋应为建筑标准法以及该实施命令及告示等所示的钢筋种类。

（4）锚固部分结构计算中所使用的钢筋以及混凝土的材料参数如表8.1所示。

（5）钢筋混凝土的单位体积重量为24.0kN/m^3。

钢筋以及混凝土材料参数 **表8.1**

材　料	杨氏模量(N/mm^2)	泊松比	线膨胀系数(1/℃)
钢筋	2.05×10^5	—	1×10^{-5}
混凝土	$3.35\times10^4\times\left(\frac{\gamma}{24}\right)^2\times\left(\frac{F_c}{60}\right)^{\frac{1}{3}}$	0.2	1×10^{-5}

注：γ：混凝土干燥时单位体积重量（kN/m^3）（参考表9.5）

F_C：混凝土设计标准强度（N/mm^2）

【解说】

本指南的第7章塔架部分参考日本建筑学会容器结构设计指南及解说[16]，第9章基础部分参考建筑标准法以及该实施命令及告示[15]，日本建筑学会钢筋混凝土结构设计规范及解说[2]。上述所有章节的内容都是按照容许应力设计法所编制的。

本章节的锚固部分的内容也同样按照容许应力设计法编制的，参考了建筑标准法以及实施法令及告示、日本建筑学会钢筋混凝土结构设计规范及解说中所示的设计方法。

接合部分的结构计算公式应参考以往的指南内容，包括日本建筑学会钢结构接合部分设计指南[1]，各种合成结构设计指南及解说[3]，钢筋混凝土结构设计规范及解说与日本建筑学会的规范与指南。因此关于锚固部分的结构计算相关事项，材料参数以日本建筑学会钢筋混凝土结构计算规范及解说为准。

8.2.4 基本强度以及容许应力

（1）锚固部分的结构计算中所采用的混凝土容许应力如表8.2所示。

（2）锚固部分的结构计算中所采用的钢筋容许应力如表8.3所示。

（3）锚构件如表8.4所示，底板中所采用的容许应力如7.2.3项的内容所示。

混凝土容许应力 **表8.2**

	对于短期产生的应力的容许应力(N/mm^2)		对于长期产生的应力的容许应力(N/mm^2)	
	压缩	扩张	压缩	扩张
普通混凝土	$\frac{2}{3}F_c$	—	是短期产生应力容许应力的1/2倍	—

注：F_c表示混凝土设计标准强度（N/mm^2）（参考表9.11）

钢筋的容许应力　表 8.3

	对短期产生的力的容许应力(N/mm²)	长期产生的力的容许应力(N/mm²)	
	压缩以及拉伸(用于剪切加固以外的情况,用于剪切加固的情况)	压缩以及拉伸(如果用于剪切加固以外的情况)	拉伸(如果用于剪切加固的情况)
SD295 A 以及 B	295	是短期的 1/1.5	195
SD345	345	215(195)	195(195)
SD390	390	215(195)	195(195)

注：关于直径 28mm 以上的粗钢筋，参考括号内数值

锚栓的容许应力　表 8.4

	对短期产生的力的容许应力(N/mm²)		长期产生的力的容许应力(N/mm²)	
	拉伸	剪切	拉伸	剪切
锚栓	F	—	$F/1.5$	—

注：F 为锚栓的标准强度（N/mm²），标准强度取材料屈服强度与拉伸强度的 70%中较小的数值。

【解说】

锚固部分的结构计算中所采用的混凝土以及钢筋的容许极限如前项说明所述，按照容许应力设计方法进行计算，请大家参考建筑标准法以及该实施法令及告示，日本建筑学会钢筋混凝土接合设计标准及解说中所示的容许应力，详细内容请查看 9.2.5 项。

8.3　锚固部分的结构计算

8.3.1　基本思路

(1) 锚固部分可以把作用于塔架最下方的轴力、剪切力、弯矩可靠地传递给钢筋混凝土。
(2) 底板、锚构件、锚板、钢筋混凝土的设计要使作用外力低于容许应力。

【解说】

(1) 作用荷载

项对应 8.2.2 项荷载中的内容。

(2) 作用外力与容许应力

原则上风力发电机塔架的结构不具备延性，所以底板、锚构件、锚板、钢筋混凝土这类构成锚固部分的部件，不依据确保结构塑性的思路，而且对作用外力的容许应力进行评估。

锚栓通常使用经过热处理的 JIS G4053 SCM 钢材等，其强度级别是 8.8，或者使用 10.9 的螺栓。与 JIS G1051 普通螺栓的使用方式是一样的。关于标准强度是依据建筑标准法实施命令第 90 条、钢结构设计规范的螺栓容许应力的规定，在材料的屈服强度与 70%的拉伸强度中取其中较小的数值。并且在建筑标准法上没有对螺栓的相关标准强度进行规定，所以标准强度数值需要接受大臣认定的性能评估。

8.3.2 锚固种类与基本事项

（1）如用锚构件进行锚固，则在塔架脚部设置底板、在锚构件的下方设置锚板。

（2）如果通过把塔架脚部直接埋入钢筋混凝土基础中进行固定的话，埋入部分的塔架筒身下端要设置锚板。

（3）如果通过塔架脚部直接埋入钢筋混凝土基础中进行锚固的话，埋入部分的塔架筒身内部应用混凝土进行填充。

（4）如果通过把塔架脚部直接埋入钢筋混凝土基础中进行锚固的话，从塔架筒身传递到钢筋混凝土的应力时，除了用筒身下端的锚板，还可以同时使用筒身外面的螺栓。

另外关于挤压应力的探讨以拉伸应力的探讨内容为准。

【解说】

如 8.1.1 项的适用范围所示，本指南的主要适用范围是通过底板把从塔架作用于与基础的压力传递给基础部分混凝土的方式以及通过锚构件把拉力传递给基础部分混凝土的方式。

如把塔架脚部直接埋入钢筋混凝土中，在埋入部分下端所设置的锚板还可以作为底板起到传递把从塔架作用于地基的压力的作用。但是底板的厚度不足以抵抗混凝土的挤压力的话，上面需要另外再设置一块底板。

本指南适用锚构件部分无缝隙地埋入混凝土中的情况，埋入方式如果也适用本指南，那么埋入部分的筒身内部应用混凝土进行填充。并且在锚环适用基础方面，由于锚环在塔架内外把锚固部分混凝土切断，所以如果采用连通锚环的钢筋等，在结构形式上可以促进锚环内外的基础混凝土的结合，将会对基础部分非常有效。

如使用螺栓，其设计方法参考日本建筑学会各种合成结构设计指南及解说[3]等内容。

8.3.3 锚栓的结构计算

（1）锚栓的设计螺栓轴力 B_0 根据公式（8.1）进行计算。

$$B_0 = A_e F_{by} \tag{8.1}$$

在此

A_e：锚栓的有效横截面积（$=\min\{A_b, A_{be}\}$）（mm^2）

A_b：锚栓轴部的横截面积（mm^2）

A_{be}：锚栓螺丝部分的有效横截面积（mm^2）

F_{by}：螺栓的标准强度（N/mm^2），按照屈服强度与 70％拉伸强度中较小的数值确定。

（2）为了拉伸荷载对锚栓不产生撬力的作用，底板的板厚应该高于如下公式所求得的 t_{min}。

$$t_{min} = \sqrt{\frac{4Tb'}{pF_y}} \tag{8.2}$$

在此

t_{min}：避免产生撬力的底板所需厚度（mm）

T：每根螺栓的作用轴力（N）

b'：从塔架外部表面到螺栓孔端部的距离（mm）

p：锚栓周围方向的螺孔（mm）

F_y：底板的屈服强度（N/mm^2）

（3）锚栓接合的评估

1）长期容许拉力

每根锚栓的长期容许拉力为短期容许拉力/1.5。

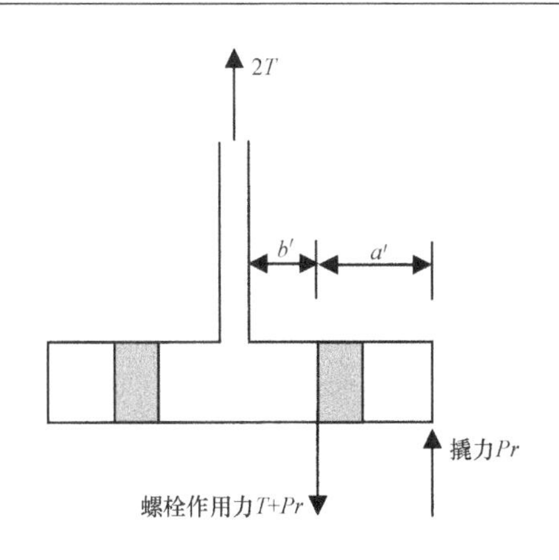

图 8.1　底板作用力的模型图

2）短期容许拉力

应低于每根锚栓的短期容许拉力 T_a。

$$T_a = A_e F_{by} \tag{8.3}$$

3）极罕见地震发生时的容许拉力

每根锚栓外力所产生的轴方向作用力 T 应低于极罕见地震发生时容许拉力 T_{ar}。

$$T_{ar} = A_e F_{by} \tag{8.4}$$

4）作用于塔架脚部的剪切力以及扭矩通过底板下方的摩擦力形成抵抗力。参考 8.3.7（a）项

（4）锚栓间隔以及孔径

1）锚栓的间隔应考虑扭力扳手、张紧器等的施工便利性。

2）底板的锚栓孔径为锚板的名义直径加 5mm。

【解说】

本项针对锚构件采用锚栓把塔架脚部锚固在钢筋混凝土基础时锚栓设计基本事项以及结构计算方法进行了规定。

如采用带状钢板锚构件等、锚栓以外的锚构件以及锚环时，钢制锚构件的容许荷载依据 7.3.2 项的内容进行计算。

（1）锚栓的设计螺栓拉力

本项就风力发电机塔架设置时锚栓设计螺栓拉力进行了规定。如作为风力发电机用的锚栓来使用，应考虑风力发电机运行时疲劳荷载等的影响、暴风及地震发生时的荷载影响，把相当于短期容许拉力的轴力作为初始拉力。如锚栓采用了预应力钢筋（JIS G3109 SBPR 系列），根据建筑标准法、日本建筑学会预应力混凝土设计施工规范标准及解说[8]等合理地进行了设定。关于其他钢种也是一样的。另外在对锚栓导入轴力时，通过扭矩紧固或张紧器等均匀地导入轴力。

（2）撬力的评估公式

在设计烟囱等、类似塔状结构物的柱脚时一般都会使用肋板。但是由于风力发电机塔架存在疲劳问题，所以大多数塔架不带有肋板，所以底板的板厚要达到一定标准，避免产生撬力。如果发生了撬力，锚栓上除了发生弯曲应力，也可能存在底板接合混凝土以及砂浆强度等不足的情况。

公式（8.2）参考了的美国钢结构设计规范标准 AISC[9]（American Institute of Steel Construction，Steel Construction Manual，13th，Edition）的容许承载设计法（Allowable Strength Design）的公式。AISC 规定钢结构 T 形接头以及角接头的拉伸接合通过接合部分不会形成撬力的情况下，板厚的最小数值依据公式（8.1）进行计算。

$$t_{\min}=\sqrt{\frac{6.66Tb'}{pF_u}} \tag{解 8.1}$$

该公式是通过拉伸强度 F_u 进行定义的，但是材料的屈服比如果为 0.6 的话，那么与公式（8.2）是相同的。目前作为底板材料广泛使用的 JIS G 3106 SM400，SM490 以及大臣所认定的锻钢材料产品等的屈服比数值基本上是 0.6 左右。所以可以适用该公式。另外 Swanson 等人也对 T 形拉伸接合部分的撬力的强度模型进行了验证，把 T 形构件的拉伸实验结果与 Eurocode3 的 5 个的既有方案进行比较，结果发现提出公式（8.2）的 Struik 等人的公式是非常一致的[10]。风力发电机塔架的底板与一般的拉伸接合钢结构部件的接头或支架等的接合部分相比，大小有所不同，但是公式（8.2）是理论公式，我们认为底板的力学形态与本公式基本一样，所以采用了本公式。

根据本公式的计算，板厚如果不足的话，不仅要设计上考虑撬力，还要采取增加板厚或修改材料强度等措施。

（3）锚栓接合的评估

在外力作用下，把作用于每根锚栓的拉力的容许拉力规定为如下情况，如果是 1）的情况则为长期容许拉力，如果 2）的情况则为短期容许拉力，如果 3）的情况则为极罕见地震荷载发生时的容许拉力。通常情况下，螺栓的分离荷载为导入轴力的 90%，公式（8.3）、公式（8.4）认可底板的分离，但是这是以定期对风力发电机进行维护为前提的。因此在强台风以及大地震发生后，需要对锚栓的松紧情况进行确认。

（4）锚栓的间隔以及孔径

在设计锚栓的间隔时，要考虑到导入轴力时使用的扭矩扳手以及张紧器等器具的设置问题。

关于底板的锚栓孔径依据建筑标准法，原则上为螺栓名义直径加 5mm，但是在结构承载力上只要没有太大的影响则不受此限。风力发电机是大型设备，锚栓也会变得较大，所以应充分地考虑施工的合理性后再确定其孔径。并且如果使用预应力钢筋，可以采用厂家指定的尺寸。

8.3.4 底板或锚板的结构计算

（1）在设计底板的宽度以及厚度时，对于作用的应力应使其低于容许应力。

（2）底板或锚板的宽度必须满足公式（8.5）的要求。

$$d_a \geqslant \max\{d_p, d_t\} \tag{8.5}$$

在此

d_a：底板或锚板的宽度（mm）（图 8.2）

d_p：抵抗作用于底板或锚板的压力所需宽度（mm）

d_t：抵抗作用于底板或锚板的拉力所需宽度（mm）

1）分别按照公式（8.6）和公式（8.7）求抵抗作用于底板或锚板的压力所需宽度 d_a 以及抵抗拉力所需宽度 d_p。

$$d_p=\max\left\{\frac{p_p}{\phi_c f_n}, T\right\},\ f_n=\min\{\sqrt{D_p/d_a}F_c, 10F_c\} \tag{8.6}$$

在此

P_p：每个圆周单位长度的压力（N/mm）

f_n：混凝土的承压强度（N/mm²）

D_p：作用于底板或锚板压力所形成的冲切破坏面的有效投影长度（mm）。破坏面达到混凝土外缘的话，其数值为如图 8.2 所示的数值，如破坏面达到脚部地面的话，其数值为图 8.3 所示的数值。

$$d_t=\left\{\frac{p_t}{\phi_c f_t}+T\right\},\ f_t=\min\{\sqrt{D_c/(d_a-T)}F_c, 10F_c\} \tag{8.7}$$

在此

P_t：每个圆周单位长度的拉力（N/mm）

f_t：混凝土的承压强度（N/mm^2）

D_c：作用于底板或锚板的拉力所形成的冲切破坏面的有效投影长度（mm）（图 8.6）

T：锚环厚度。采用锚栓方式时，锚环厚度（mm）为 0（mm）。

ϕ_C：降低系数。对于长期荷载为 1/3，对于短期荷载或极罕见地震荷载为 2/3。

2）必须符合底板或锚板的厚度 t（mm）条件。

$$t \geqslant \frac{p_p/2}{{}_sf_{cr}} \tag{8.8}$$

在此

${}_sf_{cr}$：表示锚板面的外剪切的容许应力，根据公式（7.17）计算（N/mm^2）

3）抵抗作用于厚度 t（mm）的底板或锚板的压力的所需宽度 d_p 以及抵抗拉力的所需宽度 d_t 必须满足公式（8.9）。

$$d_p,\ d_t \leqslant d_m,\ d_m = T + \frac{2f_{ba}t^2}{3p_p} + \sqrt{\frac{2f_{ba}t^2}{3p_p}\left(\frac{2f_{ba}t^2}{3p_p} + 2T\right)} \tag{8.9}$$

在此

f_{ba}：锚板面外弯曲的容许应力（N/mm^2）

d_m：对于作用于底板或锚板的压力以及拉力，有效底板或锚板的宽度（mm）

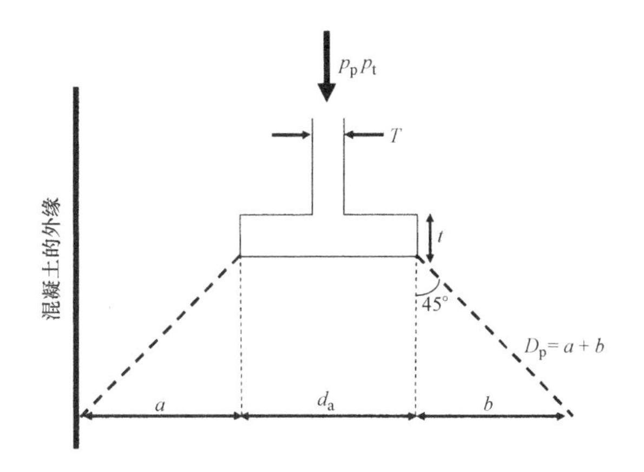

图 8.2　破坏面达到混凝土外缘时底板的横截面图

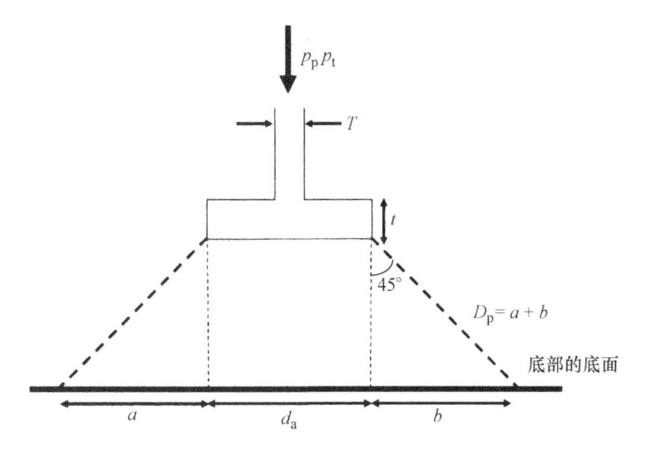

图 8.3　破坏面达到脚部地面时的底板横截面图

（3）把底板下面与基础上面紧密相连，底板下面的砂浆压缩强度高于地基混凝土设计标准强度。

【解说】

本项就采用锚构件把塔架脚部固锚固在钢筋混凝土基础上时底板设计基本事项进行了说明。

(1) 设计应力

根据 8.3.1 项的基本思路以及说明，本指南要求设计作用的应力低于容许应力。

(2) 底板或锚板的结构设计

在进行底板的结构设计时，根据公式(8.5)与公式(8.8)分别计算底板宽度与厚度。在求底板宽度的公式(8.5)中，假设了锚栓的压力以及拉力对混凝土破坏的情况，所以设计时要避免这种破坏情况的发生。并且如果考虑到弯矩会使得部分锚板遭到破坏的情况，对于压力以及拉力有效抵抗的锚板宽度 d_m 应满足公式(8.9)的要求。

在实际设计过程中，d_a 是未知的。此时应首先把 f_n、f_t 设定为上限值的 $10F_e$，分别计算所需宽度，并且确定 d_a 的假定数值。同时用该 d_a 数值，在此根据公式(8.6)、公式(8.7)计算所需宽度。

1) 锚板上的承压所造成的锚栓的容许压力以及拉力

根据日本建筑学会各种合成结构设计指南以及解说[3]，计算出抵抗锚栓承受的压力以及拉力所需要的锚板宽度。此时如果是压力，冲切破坏面的有效投影长度采用图 8.2 或图 8.3 所示的 D_p，如果是拉力，采用图 8.6 所示 D_c。

2) 锚板的厚度

作用于锚板的剪切应力与按照公式(7.17)计算出的锚板的容许剪切应力相同，计算出了抵抗剪切应力所需要的锚板厚度 t。

3) 锚板的容许应力

应考虑到弯矩会破坏部分锚板的情况，所需要宽度 d_p、d_t 应满足对压力以及拉力有效抵抗的锚板宽度 d_m 的计算公式。在作用于锚板单侧部分底部的弯曲应力与锚板容许应力相同的情况下，可以根据解式(8.2)的内容求有效宽度 d_m。如公式(8.9)所示，公式(解 8.2)所求得的二次方程式(公式(8.3))的解中，比 T 大的解为 d_m。

$$f_{ba}=M/Z=\frac{p_p}{d_m}\times\frac{1}{8}(d_m-T)^2/\frac{t^2}{6} \tag{解 8.2}$$

$$d_m^2-\left(2T+\frac{4f_{ba}t^2}{3p_p}\right)d_m+T^2=0 \tag{解 8.3}$$

在此

M：作用于底板或锚板的单侧部分的底部的弯矩(每个圆周方向的单位长度)(N)

Z：底板或锚板的圆周方向每个单位长度的横截面系数(mm^3)

(3) 底板下方与基础混凝土的紧密连接

为了获得所需要的弹性刚度，需要把底板下方与基础混凝土的紧密连接。底板下面的砂浆在无收缩砂浆后进行填充。

底板下的砂浆硬化后，在锚栓上导入拉力。其数值参照日本建筑学会钢结构工程技术指南以及工程现场施工篇[4]。

8.3.5 底座部分的结构计算

(1) 底座部分钢筋混凝土的应力对于作用的外力应处于容许应力以内。

(2) 底座部分的容许荷载

1) 容许弯矩

通过底座把锚构件固定在钢筋混凝土时，底座部分的容许弯矩为把底座部分作为由钢筋混凝土构成的横截面柱(图 8.4 的斜线部分)所计算的屈服弯曲承载力。对于底座部分水平横截面积，底座部分的最小配筋率高于 0.25%。

根据日本建筑学会钢筋混凝土结构计算规范及解说-容许应力计算法[2]，按照图 8.5 计算所需要的配筋率。

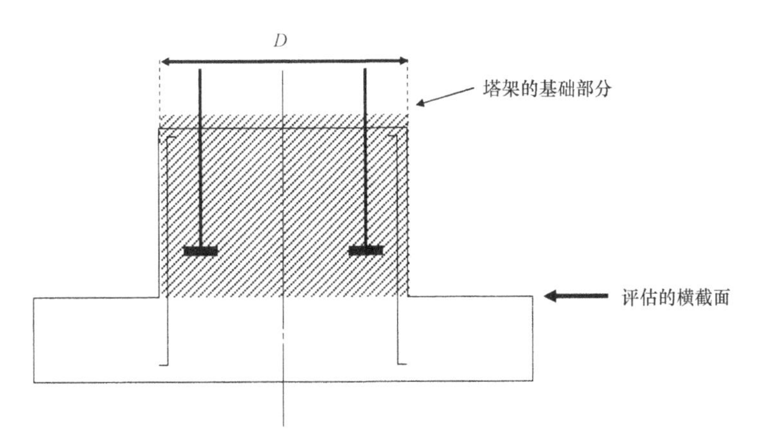

图 8.4　锚固部分的容许弯矩评估横截面

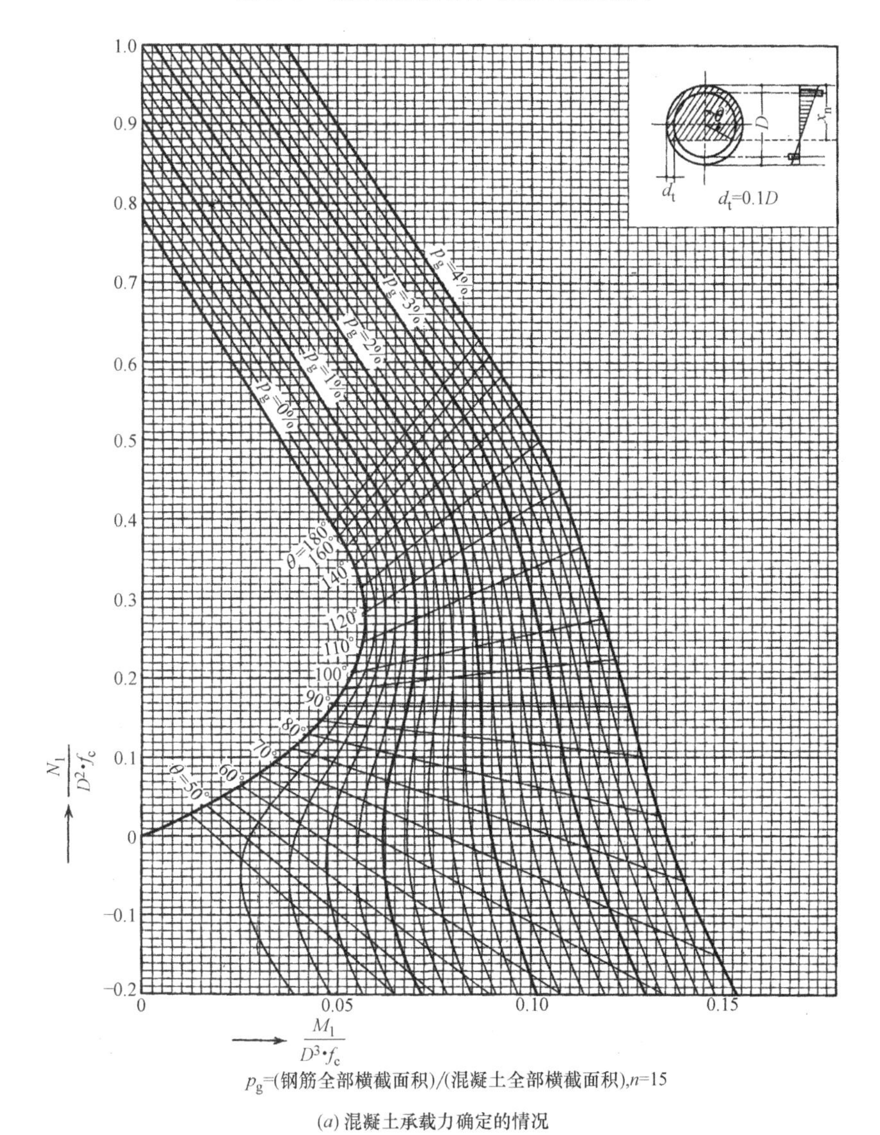

p_g=(钢筋全部横截面积)/(混凝土全部横截面积),n=15

(a) 混凝土承载力确定的情况

图 8.5　圆柱横截面的容许弯矩轴方向力的关系[2]（一）

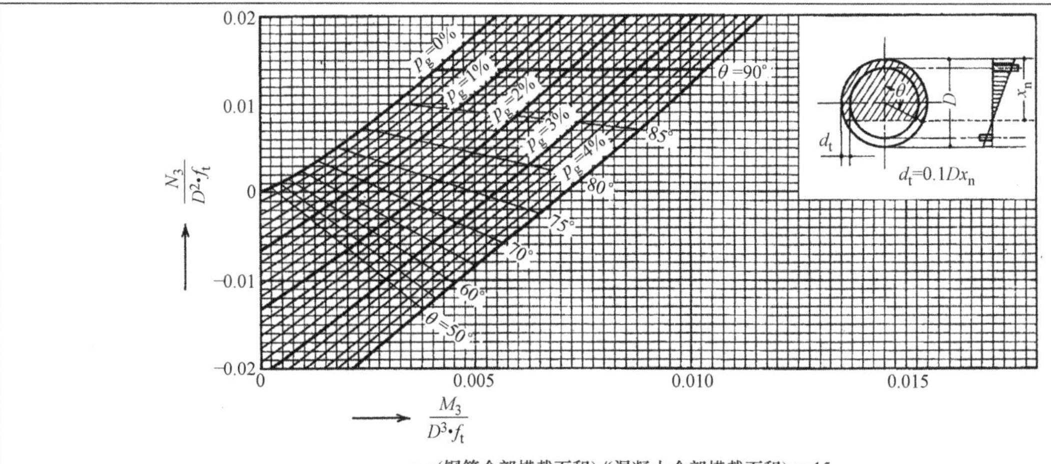

p_g=(钢筋全部横截面积)/(混凝土全部横截面积),n=15

(b) 拉伸钢筋承载力确定的情况

图 8.5 圆柱横截面的容许弯矩轴方向力的关系[2]（二）

2）容许剪切力

通过底座把锚构件固定在钢筋混凝土的地基上时，公式（8.10）所示的底座混凝土部分的容许剪切力 Q_w 应高于塔架筒脚部的最大面内的剪切应力 Q_b（是乘以钢板厚度的横截面力，单位为 N/mm）。

$$Q_w \geqslant Q_b \tag{8.10}$$

但是

$$Q_w = \frac{a_w f_y}{2}, \quad Q_b = \frac{2Q}{\pi D}$$

在此

a_w：箍筋横截面积（每个单位高度）（mm^2/mm）

f_y：箍筋的容许拉伸应力（N/mm^2）

Q：作用于塔架基础部分的剪切力（N）

D：塔架的筒心中心直径（mm）

P_g：所需配筋率

N_1、N_3：作用于评估横截面柱的轴力（MN）

M_1、M_3：作用于评估横截面柱的弯矩（MNm）

D：评估横截面柱的直径（m）

f_c：混凝土的容许压缩应力（N/mm^2）

f_t：钢筋的容许拉伸引力度（N/mm^2）

3）箍筋的规定

① 最小配箍率达到 0.07%以上。

② 箍筋间距低于 100mm。

③ 箍筋为直径 13mm 以上的异形钢筋。

④ 最上面的箍筋至少为双箍筋。

⑤ 箍筋的重叠部分的接头设置卡口。

4）钢筋净距等结构细节

关于钢筋净距等结构细节请参考 9.5.1 项的内容。

【解说】

本项规定了锚固部分的钢筋混凝土中设计基本事项以及结构计算方法。

(1) 容许应力设计

本指南根据 8.2.1 项的基本思路说明中的理由，对作用的应力进行设计，使其低于容许应力。

(2) 底座部分的容许荷载

1) 容许弯矩

混凝土中所埋入的锚栓部分的容许弯矩依据日本建筑学会钢结构接合部分设计指南[1]的露出柱脚部分的设计进行计算。即使在锚栓中设置套筒，不使混凝土与锚栓之间相互附着，通过锚栓下端的锚板，锚栓的力也可以充分地传递给混凝土，所以可以采用本计算方法。

关于最小配筋率，土木学会混凝土标准规范[6]中规定如果弯矩是主要影响的话，应把拉伸配筋率设定为 0.2%以上。日本建筑学会钢筋混凝土结构设计规范以及解说[2]中，对于混凝土横截面积，最小配筋率达到 0.8%以上，但是混凝土横截面积增大到所需规格以上的数值，就可以适当地降低该数值。

本指南中，锚栓或锚环的拔出结构计算公式根据第 11 章所示的有限元分析结果而形成的，所以参考有限元分析中采用的最小配筋率下限值 0.24%，规定对于底座水平横截面积最小配筋率为 0.25%以上。

2) 容许剪切力

本指南只把底座外周围的钢筋附近外轮廓部分作为钢筋混凝土的壁面，并且只通过钢筋对钢筋混凝土抗震壁的剪切承载力进行评估，根据这个思路确定底座部分外周围水平箍筋量的计算公式。

在确定水平箍筋量时，要使容许剪切力高于塔架脚部最大面内的剪切应力。把容许剪切应力当作钢筋混凝土抗震墙的剪切力的 1/2，这是因为不仅对双向配筋墙壁，而且不会对纵向钢筋（主筋）形成负担，在此情况下仅对单向水平箍筋起到加固效果。塔架筒身最大剪切应力是筒身所有横截面的平均应力的 2 倍，塔架脚部的最大面内剪切应力如公式（8.10）所示。另外要抵抗剪切力需要配足够的箍筋，因此在此省略针对混凝土剪切力的评估。

一般而言，如果是风力发电机支撑物的底座，作为剪切加固筋，从公式（8.10）的计算结果来看，所需要的箍筋量是非常少的。

3) 最小配箍率

风力发电机设备支撑物的基础，底座部分的箍筋可以起到限制弯曲以及对可能发生冲切破坏的混凝土起到限制作用，从这个角度来看，设置了最小配箍率的规定。在日本建筑学会钢筋混凝土结构计算规范及解说中，配箍率达到 0.2%以上。并且在日本建筑学会钢结构接合部分设计指南的根卷柱脚的规定中，要求“尤其最上面部分的带筋至少为双段配筋，其间隔为 30～50mm 左右”，并重视带筋。但是由于风力发电机设备支撑物的底座混凝土的横截面积较大，所以在本指南中参考了有限元分析（D13 钢筋、节距为 100）中所采用的配箍率 0.063%，规定最小配箍率达到 0.07%。

4) 钢筋间距等的结构细节

本指南中规定钢筋间距 25mm 以上，且异形钢筋直径 1.5 倍以上等依据钢筋混凝土结构计算规定及说明的结构规定。钢筋间距的结构细节请参考 9.5.1 项。

8.3.6 防止锚栓或锚环拔出的锚固部分结构计算

(1) 在对锚固部分的钢筋混凝土进行设计时要避免形成冲切破坏。对于短期荷载，防止锚栓拔出的容许拉 P_{al} 伸力（锚栓的每个圆周单位长度）(N/mm) 根据公式（8.11）进行计算。

$$P_{al}=P_{alc}+P_{als} \tag{8.11}$$

在此，P_{alc} 为防止拔出的混凝土的分担力，P_{als} 为防止拔出的外周围主筋与剪切加固筋以及结合筋的分担力，按照如下公式表示。

$$P_{alc}=0.31\beta_{ad}\beta_{rd}\beta_{d}\beta_{n}\sqrt{F_c}D_c \tag{8.12}$$

$$P_{als}=0.29A_{sm}f_s+0.58A_{ss}f_s \tag{8.13}$$

但是，$P_{als}\leqslant P_{alc}$

$$\beta_{ad}=-0.4(a/d-1.0)^2+1.0$$

$$\beta_{rd}=0.5(r/d-2.0)^2+0.5$$

$$\beta_n=1-\frac{1}{2}\sigma_n/f_n$$

$$\beta_d=\sqrt{1/d}$$

在此

F_c：混凝土设计标准强度（N/mm^2），但是 $F_c\leqslant(N/mm^2)$（参考 9.2.5 项）

D_c：混凝土冲切破坏面有效水平投影长度（mm）（图 8.6）

β_{ad}：关于尺寸比的校正系数，但是 $0.82\leqslant\beta_{ad}\leqslant1.0$

β_{rd}：埋入深度比相关的校正系数，但是 $0.5\leqslant\beta_{rd}\leqslant1.0$。并且在讨论拔取应力时应为 $\beta_{rd}=1$

β_n：初始轴力相关校正系数，但是 $\sigma_n/f_n\leqslant0.4$

β_d：尺寸效应相关校正系数，但是 $\beta_d\leqslant1.5$

a：混凝土冲切破坏面的有效水平投影长度内，锚栓的外侧长度，但是以锚埋入深度为上限（图 8.6）（mm）

b：混凝土冲切破坏面的有效水平投影长度内，锚栓的外侧长度，但是以底板内径为上限（图 8.6）（mm）

r：塔架半径（m）

d：锚栓的埋入深度（m）（图 8.6）

σ_n：锚栓每个圆周长度的初始轴力（N/mm）

f_n：每个圆周长度的承压力（N/mm）

$f_n=\sqrt{D_c/D_0}F_cD_0$，但 $\sqrt{D_c/D_0}\leqslant10$

D_0：承压长度（锚栓的每个圆周单位长度）（mm）

A_{sm}：锚栓外侧横贯冲切破坏面钢筋的横截面积（锚栓的每个圆周长度）（mm^2/mm），到锚板外缘的距离大于 $a/2$ 时相关位置上的钢筋（图 8.6）

A_{ss}：横切冲切破坏面的垂直钢筋与接合筋的横截面积（锚栓的每个圆周长度）（mm^2/mm）。到锚板外缘的距离小于 $a/2$ 或 $b/5$ 时相关位置上的钢筋（图 8.6）。

f_s：钢筋的屈服强度（N/mm^2），但是 $f_s\leqslant400$（N/mm^2）。

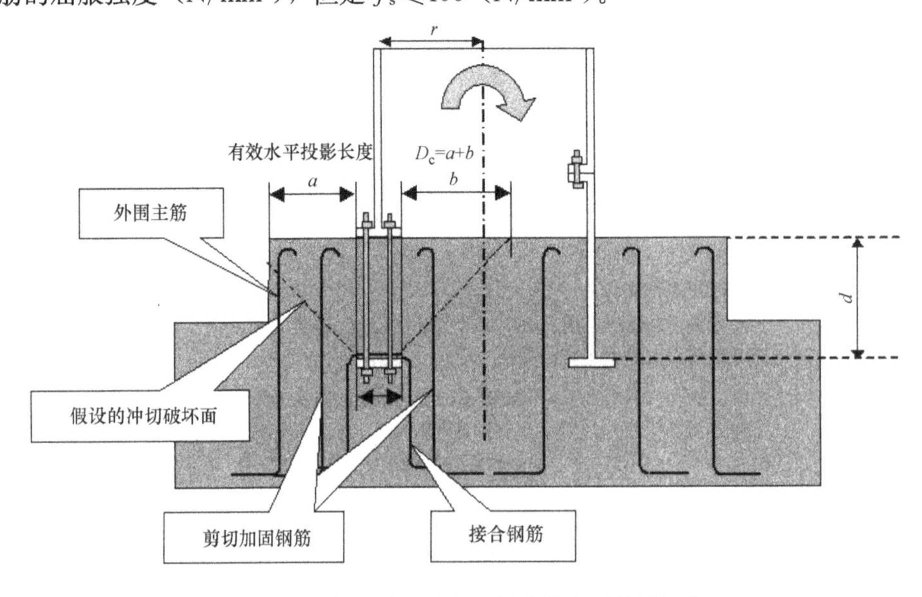

图 8.6 混凝土冲切破坏面的有效水平投影长度

（2）长期容许承载力为公式（8.11）所求得的短期容许承载力的 1/2。

（3）对于极罕见地震荷载，也使用公式（8.11）所求得的短期容许承载力。

（4）关于用于防止锚栓拔起的钢筋，下侧伸长到地基脚部并被固定。关于外周围主筋，在锚固部分的顶部，必须设置锚固钩。关于剪切加固钢筋，在与主筋相同的位置上设置锚固钩。关于接合钢筋，必须牢固地接合部分锚栓。锚固钩、钢筋间距等结构细节以 9.5.1 项的规定为准。

（5）压拔应力的讨论以拔取应力的讨论。

（锚栓方式）　　　　　　（锚环方式）

【解说】

（1）防止冲切破坏以及拔出的螺栓容许拉力

在本节中，关于锚构件采用锚栓并把塔架脚部锚固在钢筋混凝土基础上的形式，就假设出现冲切破坏时起到防止拔出作用的钢筋混凝土部分的结构计算进行了规范。如采用带状钢板构成的锚栓以外的构件，以及采用锚环时，可以使用本规范，所假设的冲切破坏面如图 8.6 所示。

1）冲切破坏相关的强度中混凝土的分担力。

算式（8.11）第 1 项为冲切破坏强度相关的公式，公式的形式参考了日本建筑学会各种合成结构设计指南及解说[3]。

关于冲切破坏强度，在 ACI[5] 指南中提出了更为合理的评估公式。但是类似于风力发电机塔架支撑物地基这种深锚构件不适合采用本公式。

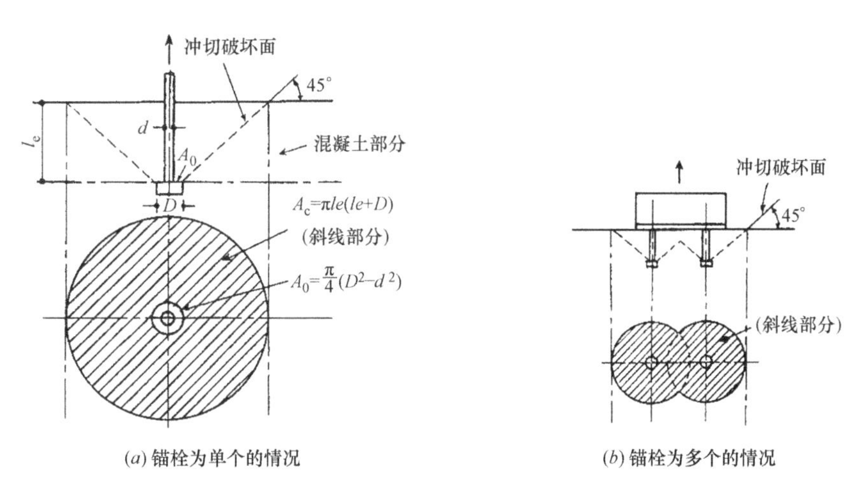

图解 8.4　混凝土冲切破坏面有效水平投影面积 A_c[3]

日本建筑学会各种组合结构设计指南及说明指出，无筋混凝土的冲切破坏强度平均值用混凝土设计标准强度（单位 kg/cm²）的平方根 $\sqrt{F_c}$ 与冲切破坏面有效水平投影面积 A_c 之积表示。

如根据混凝土冲切破坏确定承载力，其容许拉力 P_{a1} 相当于其下限值，设定为其 0.6 倍。

$P_{a1}=0.6\sqrt{F_c}\ (\text{kg/cm}^2)A_c$　　（单位为 kg、cm）

如果把该结果看作 SI 单位［N、mm］，那么

$$P_{a1}=0.6\sqrt{9.80665\times F_c\times 10^{-2}}\quad A_c=0.6\times 0.313\sqrt{F_c}A_c=0.188\sqrt{F_c}A_c \qquad (解\ 8.4)$$

风力发电机的锚固部分与塔架一样，一般是圆形或接近于圆形的多边形。锚固部分沿外围纵向与圆周方向配置钢筋，在可能出现冲切破坏的区域，可以称为可以通过钢筋进行加固的区域。因此如果没有日本建筑学会各种合成结构设计指南及解说中所示的钢筋，会比冲切破坏强度的评估公式所计算的强度高。

在此关于表解 8.1 所示的 40 个实例，对无筋混凝土的风力发电设备的锚固部分进行有限元分析，

根据该结果，提出了避免拔出的承载力评估公式。该公式中假设风力发电设备的锚栓或与此类似的锚构件在圆周上是连续的。图 8.6 冲切破坏面的有效水平投影长度 D_C 相当于图解 8.4（*b*）中所示的有效水平投影面积。与此相对应，承载力用锚栓每个圆周单位长度的数值表示。混凝土的分担力与混凝土设计标准强度的平方根 $\sqrt{F_c}$（SI 单位［N、mm］）与图 8.6 所示的混凝土冲切破坏面有效水平投影长度 D_C 成正比，实际上通过变化混凝土压缩强度进行有限元分析，也可以得到承载力与混凝土的压缩强度的平方根 $\sqrt{F_c}$（N/mm^2）成正比的结果（图解 8.5）

无筋混凝土锚固部分有限元分析一览表　　　　表解 8.1

实例编号	a (mm)	d (mm)	r (mm)	F_c (MPa)	r/d	a/d	分析结果 P_{alc}(kN·m)
1	410	1260	1260	18	1.00	0.33	11839
2	410	1260	1260	40	1.00	0.33	18439
3	410	1260	1260	30	1.00	0.33	15294
4	660	2000	2000	30	1.00	0.33	46063
5	416	1260	1260	30	1.00	0.33	16149
6	380	1150	1150	30	1.00	0.33	14657
7	755	1260	1260	30	1.00	0.60	22851
8	1200	2000	2000	30	1.00	0.60	60095
9	690	1150	1150	30	1.00	0.60	19956
10	2000	2000	1935	30	0.97	1.00	76458
11	2000	2000	2000	30	1.00	1.00	78436
12	1260	1260	1260	30	1.00	1.00	27218
13	1150	1150	1150	30	1.00	1.00	24702
14	1260	1260	1260	18	1.00	1.00	19753
15	1260	1260	1260	40	1.00	1.00	30415
16	1260	1260	1260	30	1.00	1.00	26190
17	1260	1260	1260	18	1.00	1.00	19753
18	1260	1260	1260	24	1.00	1.00	22941
19	1260	1260	1260	30	1.00	1.00	26190
20	1260	1260	1260	40	1.00	1.00	30415
21	1260	1260	1260	50	1.00	1.00	33654
22	410	1260	1935	30	1.54	0.33	34822
23	380	1150	1770	30	1.54	0.33	34050
24	755	1260	1935	30	1.54	0.60	45414
25	690	1150	1770	30	1.54	0.60	43972
26	1260	1260	1935	30	1.54	1.00	52377
27	1260	1260	1935	18	1.54	1.00	40149
28	1260	1260	1935	24	1.54	1.00	47076
29	1260	1260	1935	30	1.54	1.00	52377
30	1260	1260	1935	30	1.54	1.00	61755
31	1260	1260	1935	50	1.54	1.00	68884
32	1150	1150	1770	30	1.54	1.00	49872
33	410	1260	2520	40	2.00	0.33	43737

续表

实例编号	a (mm)	d (mm)	r (mm)	F_c (MPa)	r/d	a/d	分析结果 P_{alc}(kN·m)
34	410	1260	2520	40	2.00	0.33	71542
35	410	1260	2520	30	2.00	0.33	63148
36	380	1150	2300	30	2.00	0.33	60590
37	1150	1150	2300	30	2.00	1.00	81486
38	1260	1260	2520	18	2.00	1.00	65604
39	1260	1260	2520	40	2.00	1.00	101802
40	1260	1260	2520	30	2.00	1.00	89461

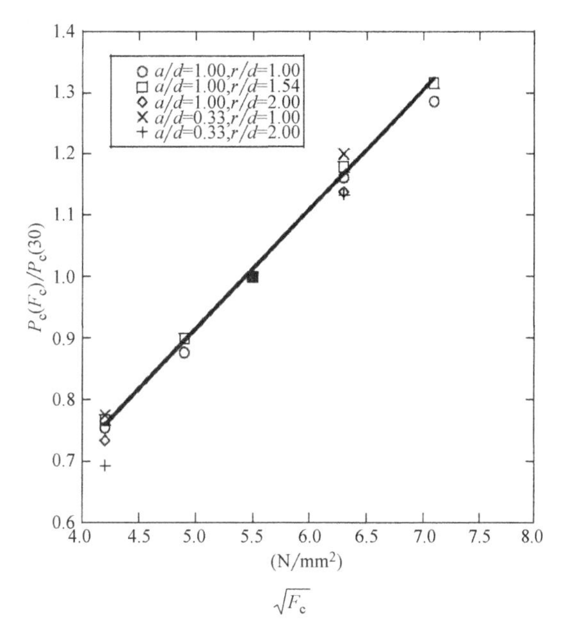

图解 8.5　混凝土压缩强度的影响

在 2007 年版指南中，提出了土木学会混凝土标准规范的思路，与尺寸效应相关的校正系数 β_d 与锚栓埋入深度的 $-1/4$ 次方成正比。如果是无筋混凝土，线性破坏力学的理论值是其极限值。从以往的荷载试验[11]中可以看出，渐进于锚栓的埋入深度的 $-1/2$ 次方的曲线。大型风力发电机的锚固部分的破坏对混凝土的影响较大，因此本指南中把与尺寸效应相关的校正系数与锚栓的埋入深度的 $-1/2$ 次方成正比。但是通过钢筋加固会降低尺寸效应，所以如果防止了很多作为螺旋配筋发挥作用的水平钢筋，可以当作与 $-1/2$ 次方成正比的钢筋。

在 2007 年版的指南中，表示锚固部分形状的参数，尺寸比为 a/b，也就是说在图 8.6 的混凝土冲切破坏面的有效水平投影长度内，要考虑锚栓的外侧长度 a 与内侧长度 b 之比，并作为锚固部分的尺寸相关修正系数。

$$\beta_{ab}=\begin{cases}-0.9(a/b)^2+1.9a/b & (0\leqslant a/b<1.0)\\ 1.0 & (1.0\leqslant a/b)\end{cases} \tag{解 8.5}$$

但是防止拔出的混凝土分担力除了与尺寸比 a/d（$b=d$）有关外，还与埋入深度比 r/d 有关。所以考虑了与尺寸比相关的修正系数 β_{ad} 与埋入深度比相关的校正系数 β_{rd} 这两个因素。图解 8.6 表示了尺寸比 a/d 对承载力的影响，图中的实线表示的 β_{ad} 评估公式。如果 a/d 变小，β_{ad} 数值也会变小。由此可以看出锚固部分混凝土的分担力将会根据锚固部分的尺寸比 a/d 的不同而产生变化。如果 a/d 变得非常小的话，将会出现水平裂缝的现象，一旦出现该现象，将马上达到锚固部分的侧面，所以在使用性方面会存在问题，应该注意这一点。对于冲切破坏，有效水平投影长度有上限，考虑到这一点，a 把锚栓埋入深度 d 设定为上限。图解 8.7 中表示了埋入深度对承载力的影响，图中的实线表示 β_{rd} 的评估公式。如果 r/d 变大，β_{rd} 的数值将会变得很小。综上所述，我们可以得知如果埋入得越浅，锚固部分的混凝土分担力将会变小。

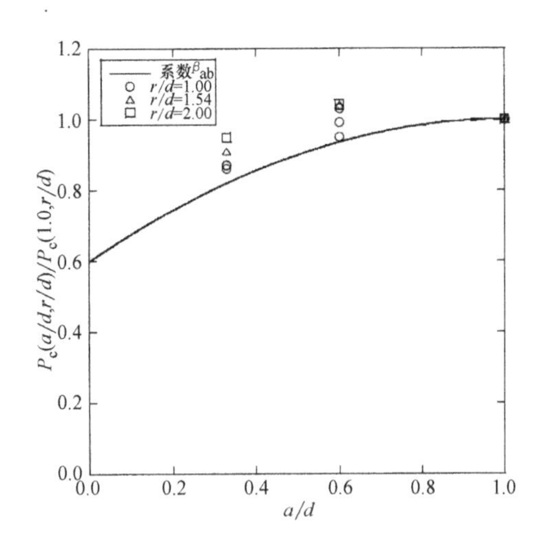

图解 8.6 尺寸比 a/d 对承载力的影响

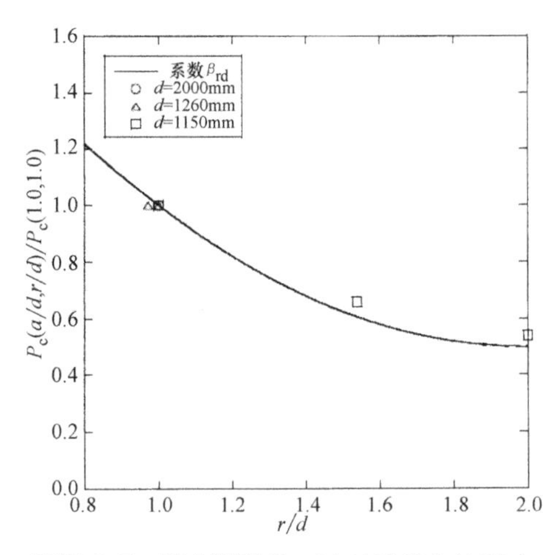

图解 8.7 埋入深度比 r/d 对承载力的影响

影响抵抗拔出的承载力还有一个因素，就是预应力形成的初始轴力。图解 8.8 表示了混凝土分担力之比 β_n 与初始轴力的关系。因此我们可以得知初始轴力越大，混凝土分担力将会越小。混凝土分担力之比 β_n 用公式（解 8.6）表示，通过有限元分析求公式中的系数。

$$\beta_n=1-\frac{1}{2}\sigma_n/f_n \quad 0\leqslant\sigma_n/f_n\leqslant0.4 \tag{解 8.6}$$

在此 σ_n 为锚栓每个圆周长度的初始轴力（N/mm），f_n 为承压强度（N/mm）。如果 σ_n/f_n 为 1 的话，初始轴力将会形成承压破坏的情况。在设计上要避免和出现过度承压的情况，因此本指南的适用范围为 $\sigma_n/f_n\leqslant0.4$。

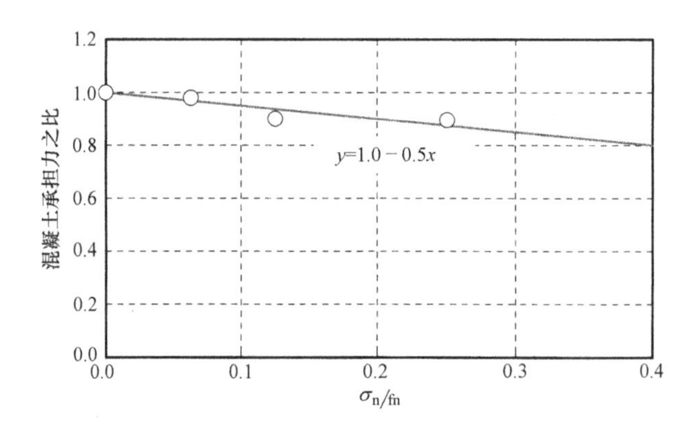

图解 8.8 混凝土承担力之比 β_n 与初始轴力的关系

根据上述内容，混凝土分担力按照如下公式（解 8.7）进行计算。

$$P_{alc}=0.48\beta_{ad}\beta_{rd}\beta_d\beta_n\sqrt{F_c}D_c \tag{解 8.7}$$

系数 0.48 为根据对无筋混凝土进行有限元分析的结果所规定的参数。承载力评估公式与有限元分析结果的比较如图解 8.9 所示。因此我们可以看出承载力评估公式虽然存在一些偏差，可以大致地再现有限元分析的结果。另外在 $18\leqslant F_c\leqslant50$，$0.33\leqslant a/d\leqslant1.00$，$1.00\leqslant r/d\leqslant200$ 的范围内可以采用本评估公式。

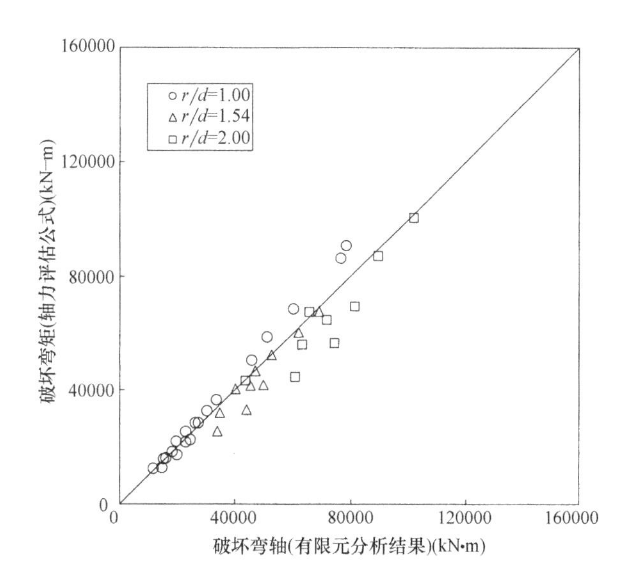

图解 8.9　有限元分析结果与承载力评估公式的比较（无筋混凝土）

2）冲切破坏相关强度中钢筋分担力

横穿冲切破坏横截面的垂直钢筋强度起到防止拔出的效果，如公式（8.11）第 2 项所示。

冲切破坏相关钢筋分担力评估中所采用的钢筋种类如图 8.6 所示。锚固部分的外围上安装的外周围主筋、外周围主筋的内部中配置的冲切破坏面内的剪切加固筋以及与锚构件直接连接的结合钢筋。锚固部分的外部周围主筋与剪切加固筋的分担力与钢筋屈服强度乘上钢筋横截面积的数值成正比，比例系数分别大概为 0.45 与 0.9。因此钢筋分担力可以按照公式（解 8.8）进行计算。

$$P_{a1s}=0.45A_{sm}f_s+0.9A_{sm}f_s \qquad (解 8.8)$$

关于假设的冲切破坏面中所配置的钢筋分担力，由于混凝土开裂面将会对力形成分担，所以不能对此有过高的期待。如果过分期待钢筋分担力，可能会被所假设的冲切破坏面以外的无筋混凝土破坏。本指南考虑了基于有限元分析的公式中配筋率的不同之处。但是由于没有考虑钢筋配置等影响因素。所以钢筋分担力把混凝土的分担力设定为上限。

把公式（8.11）的第 2 项所示的冲切破坏相关的强度中钢筋影响因素与剪切固定破坏的承载力计算公式的第二项进行了比较，该第 2 项为日本建筑学会钢筋混凝土结构计算规范及解说中锚固部分中所示的内容。

日本建筑学会钢筋混凝土结构计算规范及解说中的剪切固定破坏承载力计算公式如公式（解 8.9）所示。

$$T=0.316\frac{2l_{dh}b_e\sqrt{l_{dh}^2+j^2}}{j}\sqrt{\sigma_B}+0.7A_w\sigma_{wy} \qquad (解 8.9)$$

在此

T：锚固部分梁主筋的拉伸承载力

L_{dh}：投影固定长度

b_e：柱宽度

j：梁应力中心间距离

σ_B：混凝土压缩强度

A_w：横穿图 8.6 横截面横向加固横截面积

σ_{wy}：上述横向加固筋的屈服强度

假设横切冲切破坏面的垂直钢筋的内侧钢筋横截面积($A_{sm}=0.5A_s$）与外侧钢筋的横截面积（$A_{ss}=0.54A_s$）相同，我们可以

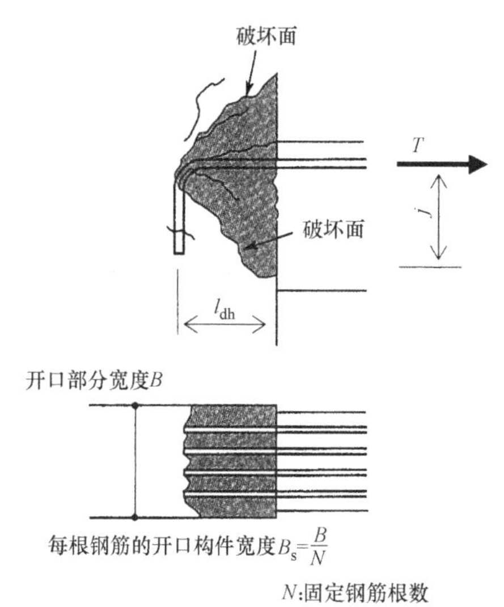

图解 8.10　弯折固定破坏形式

得知根据公式（解 8.8）计算钢筋的分担部分为 $0.675A_s f_s$，与上述公式第 2 项 $0.7A_w\sigma_{wy}$ 非常一致。

关于与锚构件直接连接的接合钢筋，不仅可以降低冲切破坏承载力本身，而且还可以降低设计拉力。但是由于不是锚环方式通常采用的，另外如果换成剪切加固筋，接合筋就会出现配置过剩的情况，所以承载力评估公式方面，采取的方式还是与剪切加固筋一样。

同时，在混凝土产生开裂后，钢筋分担力将会形成作用力，所以从避免发生冲切破坏的角度来考虑，最好不要过多地依靠钢筋分担力。并且混凝土开裂是在锚板的附近发生的，所以最好把剪切加固筋加入到锚环的附近。

3）锚固部分设计评估公式的提案

本指南考虑到要低于安全系数，如设计评估公式（8.11）所示。

由于存在构件横截面承载力计算的不确定性、部件尺寸的差异性、部件的重要程度、部件的破坏性状、暴风时与地震时反复荷载所带来的影响等因素，用反映了土木学会混凝土标准规范[6]的分项系数 1.3 除以混凝土分担力与钢筋分担力。并且在设计评估公式中，没有直接考虑扭矩的影响。这是因为一般情况下，与引起锚栓拔出的力矩相比，扭矩更小一些。在这一因素的影响下，下调图解 8.9 中的评估公式数据，导出系数 1.2，把该系数另外加在分项系数上（1.3×1.2）。扭矩如果增大，可以通过其他更合理的方法考虑其影响因素。

为了验证本指南中所采用的有限元分析的合理性与预测精度，采用 1/4 比例大小的模型试验[12]进行了有限元分析[13]。按已有的建模方法[14]，采用变形控制施加单调荷载（强制一定的变形量）。其结果与力矩转角关系大致一致，能够较精确地评估最大承载力。并且在与锚板相同高度上的包括外侧钢筋以及内侧钢筋在内的所有钢筋变形情况都可以追踪到。关于破坏模式如图解 8.11 所示，我们可以得知按照分析的主应变等云图与实验裂缝图可以了解破坏模式。

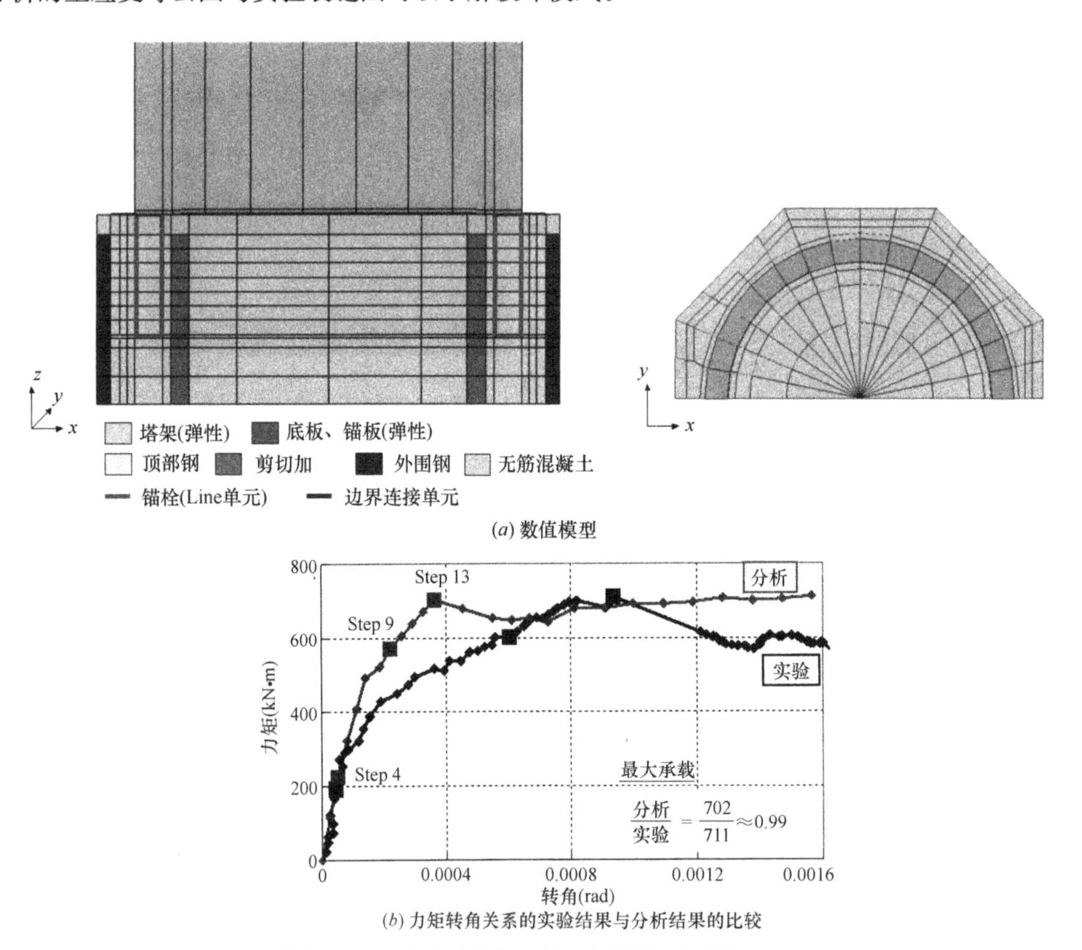

图解 8.11 实验结果与有限元分析的比较[13]（一）

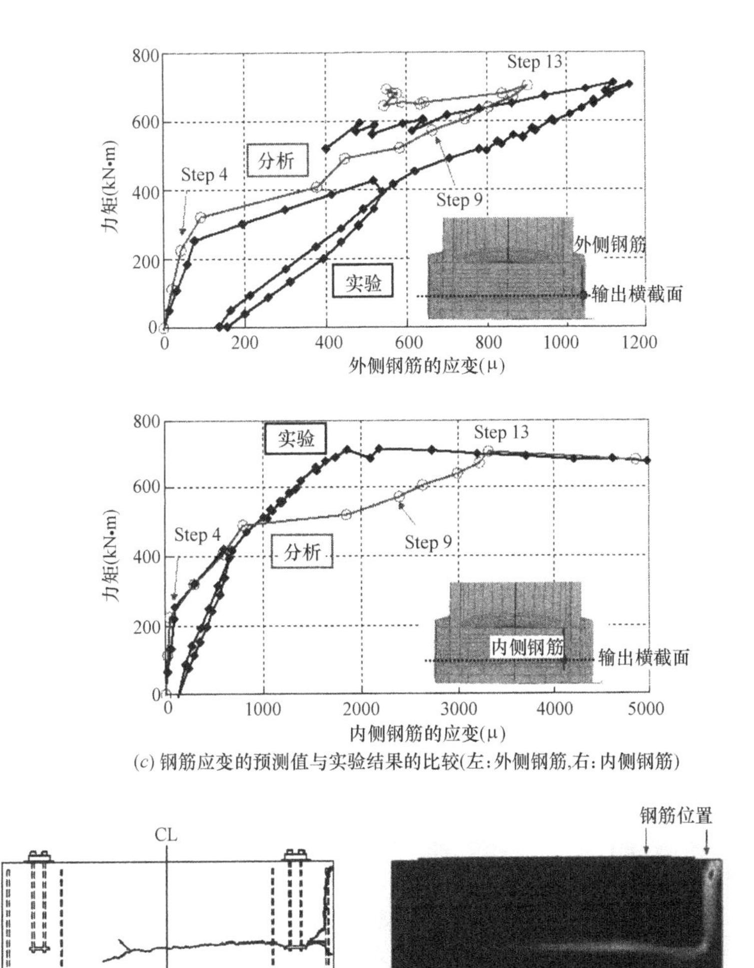

(c) 钢筋应变的预测值与实验结果的比较(左：外侧钢筋，右：内侧钢筋)

CL

引张侧

实验：裂缝概念图

钢筋位置

引张侧

分析：主应变云图

(d) 损伤情况的比较

图解 8.11　实验结果与有限元分析的比较[13]（二）

4）结构规定

关于公式（8.11）第 2 项中所设置的钢筋，下侧钢筋延伸到混凝土基础脚部，并牢固地锚固在该处。关于外周主筋，如果出现覆盖的混凝土部分剥落等情况，会出现钢筋拔出可能，为了防止这种情况的出现，应在锚固部分的顶部设置锚固钩。除了外周主筋外，还设置防止冲切破坏的剪切加固钢筋，此时其高度应与主筋的长度相同。锚固长度如果不充分的话，可能引起钢筋粘结遭到破坏的情况。此时锚固部分的顶部钩子将起到作用，所以原则上应设置锚固钩。但是在可以确保钢筋外侧的混凝土厚度以及钢筋锚固长度，且钢筋与混凝土粘结力超过钢筋分担力的情况下，可以不用设置锚固钩。根据 9.5.1 项（3）的内容计算钢筋与混凝土的附着力 P_b。

关于接合筋的锚固，其前提要保证与锚构件可靠地接合。

8.3.7　抵抗剪切力以及扭矩的锚固部分结构计算

（a）锚栓方式

（1）锚栓以及底板的设计要保证从塔架的剪切力以及扭矩可靠地传递到锚固部分。 （2）承载力评估 作用于塔架基部的剪切力以及扭矩应通过底板下面的摩擦力控制，并满足公式（8.14）。

$$Q+\frac{M}{R}\leqslant C_b(N+Pn) \tag{8.14}$$

在此

Q：作用于塔架基础部分的剪切力（kN）

P：每根锚栓的设计螺栓轴力（kN）

N：作用于塔架基础部分的轴力（kN）

C_b：底板与混凝土或砂浆之间的摩擦系数（0.4）

n：锚栓的根数

M：作用于塔架基础部分的扭矩（kNm）

R：从底板中心到塔架中心轴的距离（m）

【解说】

本项对采用锚栓把塔架脚部固定在基础部分的锚固剪切力、扭矩的结构计算方法进行了规定。

根据以往项目的计算经验，在没有土木学会混凝土标准规范书中的抗扭加固钢筋时，根据其设计抗扭承载力的计算公式对规定部分的抗扭承载力进行评估，发现有比较大的承载力富裕。另外在实际结构方面，由于存在锚固部分的外周主钢筋、箍筋以及锚栓周围的加固钢筋，可以说其承载力远远超过上述计算公式所计算的承载力。但是荷载、设计条件等的不同，可能会发生较大扭转荷载，此时可以根据土木学会混凝土标准规范中[6]所示的公式进行评估。

（1）剪切力以及扭矩的传递

砂浆部分的承载力评估在8.3.5项中有规定，本节将就采用锚栓的塔架脚部与锚固部分钢筋混凝土之间的剪切力与扭矩的传递进行规定。

（2）承载力评估

采用锚栓把塔架脚部锚固在砂浆部分时，容许剪切力为底板与混凝土或砂浆之间的摩擦力，计算从塔架所传递的轴力与锚栓的导入轴力的摩擦力。关于摩擦系数依据日本建筑学会钢结构设计规范[7]，设定为0.4。关于采用锚栓的塔架脚部结构，通过锚栓紧固底板与锚板，在底板与混凝土之间形成摩擦力，由于具有这种结构，所以不会出现锚栓侧面的承压抵抗。

容许扭矩也与上述容许剪切力一样，采用对塔架所传递的轴力与锚栓的设计轴力的摩擦力，乘以从底板中心到塔架距离的扭矩为该容许剪切力。

（b）锚环方式

（1）锚环以及底板的设计要保证从塔架部分的剪切力以及扭矩要可靠地传递到锚固部分。

（2）承载力评估

1）作用于塔架基础部分的剪切力应低于容许剪切力。

$$Q\leqslant Q_a \tag{8.15}$$

且

$$Q_a=\sigma_{ba}Dl_h/1000$$

在此

Q：作用于塔架基础部分的剪切力（kN）

Q_a：容许剪切力（kN）

σ_{ba}：混凝土容许承压应力（N/mm^2）

D：锚环的外径（mm）

l_h：锚环的埋入长度（mm）

2）作用于塔架基础部分的扭矩应低于容许扭矩

① 单个锚环的情况

$$M \leqslant M_a \tag{8.16}$$

并且

$$M_a = (C_b N + C_s Q) R$$

在此

M：作用于塔架基础部分的扭矩（kN・m）

M_a：容许扭矩（kNm）

Q：作用于塔架基础部分的剪切力（kN）

N：作用于塔架基础部分的轴力（kN）

C_b：底板与混凝土之间的摩擦系数（0.4）

C_s：锚环侧面与混凝土之间的摩擦系数（0.3）

R：从底板中心到塔架中心轴的距离（m）

② 如设置锚固筋的情况

$$M \leqslant M_a \tag{8.17}$$

并且

$$M_a = (C_b N + C_s Q + q_a n) R$$

$$q_a = \Phi_s (0.7\,{}_s\sigma_y \cdot {}_{sc}a)$$

在此

M：作用于塔架基础部分的扭矩（kN・m）

M_a：容许扭矩（kN・m）

Q：作用于塔架基础部分的剪切力（kN）

N：作用于塔架基础部分的轴力（kN）

q_a：混凝土中所固定的每根固定筋的容许剪切力（kN）

C_b：底板与混凝土之间的摩擦系数（0.4）

C_a：锚环侧面与混凝土之间的摩擦系数（0.3）

R：从底板中心到塔架中心轴的距离（m）

Φ_S：为降低系数，长期荷载为 2/3，短期荷载或极罕见地震负载为 1.0

${}_s\sigma_y$：固定钢筋构件的屈服应力（N/mm^2），与短期容许拉伸应力相同

${}_{sc}\alpha$：固定钢筋的公称横截面积（mm^2）

n：固定钢筋的根数

另外关于锚环内外的固定钢筋固定长度应付和 9.5.1（3）的规定。

【解说】

本项就采用锚环把塔架脚部固定在基础部分下锚固部分剪切力、扭矩的结构计算方法进行了规范。

（1）剪切力以及扭矩的传递

锚固部分的承载力评估在 8.3.5 项中进行了规范，本节就采用锚环的塔架脚部与钢筋混凝土之间的剪切力与扭矩的传递进行了规范。

（2）承载力评估

如采用锚环把塔架脚部固定在基础部分，将会与采用锚栓把塔架脚部固定在基础部分的情况所有不同，剪切力与扭矩的抵抗机构将会不同，所以将对剪切力与扭矩分别进行评估。

1）对剪切力的承载力评估

作为容许剪切力，对作用于锚环侧面的混凝土承压承载力进行评估，用在指南 9.2.5 项中所述的混凝土容许承压应力来求其承载力。在计算该容许承压应力，按照如下公式（解 8.10）计算承受混凝土

面所有面积与承压的混凝土面的面积。

$$A_b=Dl_h,\ A_c=D_c l_h \tag{解 8.10}$$

在此

A_b：承受承压混凝土面的面积（mm^2）

A_c：混凝土面的所有面积（mm^2）

D：锚环的外径（mm）

D_C：锚固部分的外径（mm）

l_h：锚环的埋入长度（mm）

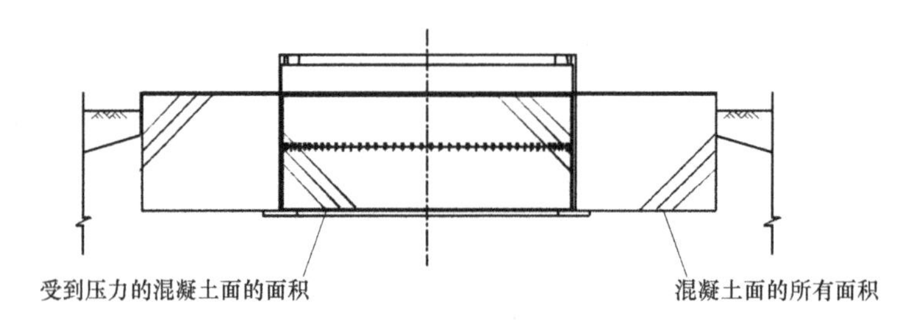

图解 8.12　承压的混凝土面的面积

关于锚环侧面的黏结力，由于发电时产生的振动，锚环与锚固部分混凝土的紧密性可能会出现问题，所以最好不要把其当作抵抗力。

2）扭矩的承载力评估

① 单个锚环的情况下

容许扭矩，下述两个摩擦抵抗力乘以从底板到塔架中心轴的距离

- 通过塔架、锚环所传递的轴力产生的底板与基础部分混凝土之间的摩擦力。
- 由于产生剪切力，作用于锚环会产生摩擦力。

在计算剪切力对锚环所产生的摩擦力时，其摩擦系数以日本建筑学会预应力混凝土设计施工规范及说明为准。关于锚环侧面的黏结力，与 1）规定的内容一样，由于发电时产生的振动，可能锚环与锚固部分混凝土的紧密性会出现问题，所以最好不要把其当作抵抗力。

② 如果设置锚固钢筋

如果设置锚固钢筋，①的抵抗力中加入对锚固钢筋剪切力的抵抗力。依据日本建筑学会各种合成结构设计指南及解说[4]计算锚固钢筋的容许剪切力。适用于长期荷载时、短期荷载时的降低系数（长期荷载时为 2/3，短期荷载时为 1.0）也为同样的数值。发生极罕见地震荷载时，其降低系数与短期荷载时相同，钢筋屈服强度也将降低。

设置的锚固材料的剪切承载力的计算以及配置等结构细节请参考日本建筑学会各种合成结构设计指南及说明[3]等相关指南。

如采用栓钉等其他固定方法，承载力公式如下所示。

$$M\leqslant M_a\quad M_a=(C_bN+C_sQ+q_sn)R \tag{解 8.11}$$

$$q_s=\phi 0.5\,{}_{sc}a\sqrt{F_cE_c} \tag{解 8.12}$$

在此

q_s：混凝土中所固定的每根栓钉的容许剪切力（kN）

${}_{sc}a$：栓钉轴部横截面积（mm^2）

F_c：混凝土设计标准强度（N/mm^2）

E_c：混凝土的杨氏模量（N/mm^2）

n：栓钉的根数

Φ：为降低系数，长期荷载为 0.4（短期时的 2/3），短期荷载或极罕见地震作用为 0.6

参考文献

[1] 日本建築学会：鋼構造接合部設計指針，2006

[2] 日本建築学会：鉄筋コンクリート構造計算規準・同解説－許容応力度設計法－，1991，1999，2010

[3] 日本建築学会：各種合成構造設計指針・同解説，2004，2010

[4] 日本建築学会：鉄骨工事技術指針・工事現場施工編，1996

[5] Building Code Requirements for Structural Concrete (ACI 318M-02) and Commentary (ACI 318RM-02)

[6] 土木学会：コンクリート標準示方書 －設計編－，2007

[7] 日本建築学会：鋼構造設計規準－許容応力度設計法－，2005

[8] 日本建築学会：プレストレストコンクリート設計施工規準・同解説，1998

[9] American Institute of Steel Construction : Steel Construction Manual, 13th. Edition, AISC, Chicago, Illinois, U.S.A., 2005

[10] Swason, J.A. : "Ultimate Strength Prying Models for Bolted T-Stub Connections," Engineering Journal, Vol.39, No.3,(3rd Qtr.), pp.136-147, AISC, Chicago,IL., 2002

[11] 保田雅彦，平原信幸，佐々木正敏，岩城良：吊橋等の主塔基部アンカー構造の耐力評価法に関する実験的研究，土木学会論文集，No.460, V-18, pp.23-32, 1993

[12] 小松崎勇一，篠崎裕生，斉藤修一，原田光男：風車基礎ペデスタルの引抜きせん断耐力に関する実験的検討，土木学会第 63 回年次学術講演会講演概要集，土木学会，2008

[13] 土屋智史，本庄勇治，石原孟：FEM 非線形解析に基づく風車基礎接合部の力学的挙動の解明，土木学会第 64 回年次学術講演会講演概要集，土木学会，2009

[14] 斉藤修一，小松崎勇一，原田光男：風車基礎ペデスタルの引抜きせん断耐力に関する解析的検討，土木学会第 63 回年次学術講演会講演概要集，土木学会，2008

[15] 日本建築学会：建築基準法および同施行令・告示，2007

[16] 日本建築学会：容器構造設計指針・同解説，1990，2010

第 9 章　基础的结构计算

9.1　基础的结构计算基本内容

9.1.1　适用范围

本章就支持三片叶片的水平轴风力发电机的直接基础以及桩基的稳定计算以及结构计算方法进行了规定。

【解说】

风力发电机组的基础形式，经常会采用直接基础或桩基，本章就直接基础以及桩基设计相关所需事项进行说明。并且如果把风力发电机组设置在港口中，除了参考本指南外，还应该参考包括港口在内的海域基础设施相关技术规范文件。

本章内容包括安全的基础设计所需要的基础形式的选择注意事项、地基物性等的调查方法、基础的稳定性评估以及结构计算方法。并且对稳定性评估、结构计算中所采用的基础构件的材料常数以及容许应力也进行了说明。同时如果不设置锚固部分，基础将成为直接接受风力发电机荷载并传递给地基的结构部分。

9.1.2　基础的形式

在本指南针对直接基础以及桩基的基础的形式进行说明。在选择基础的形式时请考虑如下情况。

（1）地形以及地质条件

（2）施工便利性以及经济性

（3）环境条件

【解说】

根据以往的实施情况以及适用范围，本指南针对直接基础以及桩基这两种基础的形式进行说明。如果满足个基础标准文件规定的各项条件，并进行了充分地探讨的话，也可以采用其他基础形式。

在选择基础形式时，应根据规划地点的地形以及地质条件选择满足要求性能的基础形式与支持地基的组合模式。在对施工便利性与经济性等因素进行比较探讨的同时，应充分地考虑对规划地点周围造成影响的因素（环境条件），并选择最合理的基础形式。同时由于直接基础与桩基支持结构之间有较大的差异，所以原则上一种基础结构上不得并用其他类型的基础形式。

9.2　基础的设计条件

9.2.1　基本思路

（1）根据表 9.1、表 9.2 对长期荷载、短期荷载、极罕见荷载发生时风力发电机组的基础的稳定性以及结构安全性进行评估。

长期荷载时、短期荷载时、极罕见荷载发生时直接基础与桩基的稳定性评估项目　　表9.1

评估项目 \ 基础形式	支持力		倾覆	滑动	水平位移	不均匀沉降(固结)
	竖直	水平				
直接基础	○	○注1)	○	○	○注2)	○注3)
桩基	○	—	—	—	○注2)	○注3)

注1）依靠入土部分承担荷载时。
注2）如需要进行位移限制
注3）由于地基黏性土等原因，担心出现不均匀沉降的情况时。

长期荷载时、短期荷载时、极罕见荷载发生时直接基础与桩基的应力评估项目　　表9.2

评估项目 \ 基础形式	基脚		桩		接合部分	
	弯曲	剪切	弯曲	剪切	弯曲	剪切
直接基础	○	○	—	—	—	—
桩基	○	○	○	○	○	○

（2）设计时应根据基础的形式，分为直接基础或桩基。

【解说】

在此将就基础的安全性评估的相关基本方针进行说明。基础可以把作用于风力发电机以及基础的荷载可靠地传递到支持地基上。在力学上保证稳定的同时，不能发生具有不良影响的位移。并且基础的各个部件对于作用荷载所产生的应力在强度上可以确保其安全性。并且基础荷载的抵抗机构由于其基础的形式、基础的大小以及深度、基础与地基的相对刚度等不同而不同。在安全性评估方面需要设定充分考虑到抵抗机构的评估内容。

9.2.2　调查

（1）在事前调查方面，需要根据地形图、航空图片、地表勘察或既有地基调查等资料对构成地基的地层情况进行调查。并且在进行详细调查时，基础详细设计所需的地基地层层序、地基特性以及地下水位等应参考表9.3所示的调查方法与调查项目。

在基础的详细设计时所采用的地基调查方法与调查项目　　表9.3

调查方法	位置	调查项目	适用范围
1. 钻探	原位置	地质 层序 深度 孔内水位	为了确认地层情况以及推测支持层标高等，钻探是基础设计中所需要实施的项目
2. 标准贯入试验	原位置	N值 取样	强度参数的推测是为进行支持力推测、剪切抵抗力推测所需要的项目，变形参数的推测是为判断直接基础的刚度所需要的项目。另外取样时在土质试验中所需要进行的步骤
3. 土质试验（物理特性试验、力学试验）	室内	粒度 密度 强度常数 动态变形试验 透水试验 液化强度等	设计时如果有需要可以设定详细的土质参数
4. 平板荷载试验	原位置	竖直支持力 地基反力系数	为了推测直接基础的支持力以及判断是否为刚体，根据需要应进行该试验

（2）关于地基的物性基本上根据室内试验直接求得，但是如果是直接基础，可以采用通过标准贯入试验所求的 N 值，按照表 9.4 对土的单位体积重量 γ，黏性土的黏聚力 C，内部摩擦角 φ，变形系数 E_0 以及黏性土的单轴压缩强度 q_u 进行计算。

地基物性的推测方法　　**表 9.4**

土层名称	N	γ(kN/m³)	C(kN/m²)	q_u(kN/m²)	φ(°)	E_0(kN/m²)
砂质土	>20	18.0	0	0	$15+\sqrt{15N}<45°$	2800N
黏性土	>10	16.0	10N	2C	0	2800N
砂岩、砾岩、花岗岩	>20	γ_R	$15.2N^{0.327}$	2C	5.10log N+29.3	$2659N^{0.69}$
安山岩			$25.3N^{0.334}$		6.82log$N$+21.5	
泥岩、凝灰岩、凝灰角砾岩			$16.2N^{0.606}$		0.888log N+19.3	

注：基岩的单位体积重量：$\gamma_R=(1.173+0.41\log N)\times 9.807$

【解说】

事前调查是指在计划地点的选择阶段，根据地形图、航空照片、地表情况或既有的地基调查等资料对地基构成的大致情况进行调查。

详细调查是指对设计所需要的地层层序（地质、层厚、深度）地基的特性（支持力、强度参数、变形系数、动态变形特性等）以及地下水位等进行定量调查。并且调查方法的详细内容应参考地基工学会、地基调查法以及地基工学会、土质试验方法与解说等资料。

原则上每个风力发电机组都要实施钻探调查、标准贯入试验。在对考虑了基础稳定性进行探讨以及地震发生时液状化的影响进行评估时，需要对钻探孔内水位进行考察。

原则上地基物性应根据室内试验直接求得，但是可以采用通过标准贯入试验所获得的 N 值，根据表 9.4 的内容计算黏聚力、内部摩擦角、变形系数。本指南参考建筑基础结构设计指南 2001 年版、道路规范及解说Ⅰ通用篇Ⅳ下部结构篇 2002 年版、日本道路协会、道路土木工程、壅壁工指南、日本道路公团及设计要领第二集桥梁建设篇所示的公式，确定了与此相关的物性的计算公式。

并且关于桩基设计中所需要的桩极限支持力以及桩极限周围摩擦力，采用 N 值或黏聚力的计算公式如 9.4.3 项所示，请参考相关内容。但是在黏性土地基方面，如要计算桩极限桩侧摩擦力，需要注意如下几点。建筑基础结构设计指南 2001 年版以及道路规范及解说道路规范及解说Ⅰ通用篇Ⅳ下部结构篇 2002 年版都采用了 N 值的方法，除此以外还说明了采用黏聚力的方法，其中道路规范及解说Ⅰ通用篇Ⅳ下部结构篇 2002 年版中提出"N 值低于 1 的软弱层如果根据 N 值来推测黏聚力是不可靠的"，那么如果希望在软弱的黏性土地基中出现桩侧摩擦力的话，最好根据土质试验来求黏聚力。

【与其他法规、标准、指南等的关系】

在道路规范及解说Ⅰ通用篇Ⅳ下部结构篇 2002 年版中，预备调查的目的是在进行下部结构设计时，了解该点地基的构成、假设支持层确定结构物的概要尺寸以及基础的配置以及确定本调查内容。原则上通过资料调查、当地勘测、物理探查、钻探挖掘等对各项内容进行调查。并且本调查包括 9.3 所示的调查项目，并详细地说明了调查项目。

9.2.3　荷载

基础的设计应采用如下所示的横截面力。

（1）从风力发电机所传递的，并作用于锚固部分或底座的横截面力如下所示。

1）塔架基础的轴力

2）塔架基础的剪切力

3）塔架基础的弯矩

4）扭矩
（2）基础形成荷载如下所示。
1）锚固部分的自重
2）底座的自重
3）底座上面部分的填埋土的重量
4）地震形成的惯性力
5）积雪荷载
另外在计算桩的支持力时应考虑桩基的桩自重。

【解说】

基础设计中所使用的荷载包括从风力发电机组所传递的荷载与基础的自重等。从风力发电机组所传递的荷载作用于塔架下端或锚板。作用于这些基础底面的荷载设定为基础设计荷载。并且扭矩应通过锚固部分传递给底部，换算成水平力后对稳定性进行评估。并且在计算桩的垂直支持力以及拔出力时应计算桩基的桩自重。并且作用于基础的扭矩为风力发电机塔架的中心轴的扭矩，根据第4章与第5章所示的方法求该扭矩。

9.2.4　使用材料以及材料常数

（1）混凝土的物性值为表9.5所示的数值。钢材的物性值请参考表7.3。

混凝土的物性值　表9.5

杨氏模量（N/mm²）	泊松比	线膨胀系数
$3.35\times10^4\times\left(\frac{\gamma}{24}\right)^2\times\left(\frac{F_s}{60}\right)^{\frac{1}{3}}$ 注1)，注2)	0.2	0.00001

注：γ：为气干单位体积重量（kN/m³），尤其在没有进行调查的情况下，可以把表9.5的数值减去1.0。
　　F_c：设计标准强度（N/mm²）

（2）构件的单位体积重量数值为表9.6所示的数值。

构件的单位体积重量　表9.6

材　料	设计标准强度的范围（N/mm²）	钢筋混凝土的单位体积重量（kN/m³）
普通混凝土	$F_c\leqslant36$	24
	$36<F_c\leqslant48$	24.5
	$48<F_c\leqslant60$	25
钢材	—	77.0

【解说】

（1）关于混凝土的物性值

关于混凝土的物性值，没有在建筑标准法相关实施法令以及告示进行规定，所以适用钢筋混凝土结构设计规范及解说-容许应力设计法-1999年版所规定的表9.5的数值。

（2）关于构件的单位体积重量

关于构件的单位体积重量，没有在建筑标准法相关实施法令以及告示进行规定，所以适用钢筋混凝土结构设计规范及解说-容许应力设计法-1999年版所规定的表9.6的数值。

【与其他法规、标准、指南等的关系】

道路规范及解说Ⅰ通用篇Ⅳ下部结构篇2002年版的混凝土杨氏模量如表解9.1所示，泊松比为1/6，并且单位体积重量为表解9.2，并且在计算钢筋混凝土构件时所采用的杨氏模量系数比 n 为15。

混凝土的杨氏模量[1] **表解9.1**

设计标准强度 F_c(N/mm²)	21	24	27	30	40
杨氏模量(N/mm²)	2.35×10^4	2.5×10^4	2.65×10^4	2.8×10^4	3.1×10^4

构件的单位体积重量[1] **表解9.2**

材　料	单位体积重量(kN/m³)	材　料	单位体积重量(kN/m³)
混凝土	23.0	钢材	77.0
钢筋混凝土	24.5		

混凝土标准规范结构性能评估篇2002年版中杨氏模量如表解9.3所示，泊松比为0.2。并且单位体积重量如表解9.4所示。

混凝土杨氏模量[4] **表解9.3**

设计标准强度 F_c(N/mm²)	18	24	30	40
杨氏模量(N/mm²)	2.2×10^4	2.5×10^4	2.8×10^4	3.1×10^4

构件的单位体积重量[4] **表解9.4**

材　料	单位体积重量(kN/m³)	材　料	单位体积重量(kN/m³)
混凝土	22.5～23.0	钢材	77.0
钢筋混凝土	24.0～24.5		

9.2.5 标准强度以及容许应力

（1）混凝土的容许压缩应力数值如表9.7所示。

混凝土的容许压缩应力（单位N/mm²） **表9.7**

	长期	短期	极罕见荷载发生时
容许压缩应力(N/mm²)	$F_c/3$	长期的2倍	同左

在该表中 F_c 表示设计标准强度

（2）混凝土的剪切应力数值如表9.8所示。

混凝土的容许剪切应力（单位N/mm²） **表9.8**

	设计标准强度(N/mm²)	长期	短期	极罕见荷载发生时
容许压缩应力(N/mm²)	$F_c\leqslant21$ $21<F_c$	$F_c/30$ $0.49+F_c/100$	长期的2倍	同左
容许拔出剪切应力(N/mm²)	18 24 30 $F_c\leqslant40$	0.8 0.9 1.0 1.1	长期的1.5倍	长期的2倍

在该表中 F_c 表示设计标准强度

（3）混凝土长期容许承压应力根据公式（9.1）求得。短期容许承压应力以及极罕见荷载发生时容许应力分别为长期的1.5倍、2倍。

$$\sigma_{ba}=\left(0.25+0.05\frac{A_c}{A_b}\right)\sigma_{ck} \tag{9.1}$$

且

$$\sigma_{ba}\leqslant 0.5\sigma_{ck}$$

在此

σ_{ba}：混凝土的容许承压应力（N/mm^2）

A_c：局部荷载的混凝土的全部面积（mm^2）

A_b：局部荷载时的承压混凝土面的面积（mm^2）

σ_{ck}：混凝土设计标准强度（N/mm^2），$\sigma_{ck}=F_c$

（4）钢筋的容许应力如表 9.9、表 9.10 所示。

钢筋的容许应力（单位：N/mm^2）　　**表 9.9**

种类＼容许应力		长期			短期及极罕见荷载发生时		
		压缩	拉伸		压缩	拉伸	
			用于剪切加固钢筋以外的情况	用于剪切加固钢筋的情况		用于剪切加固钢筋以外的情况	用于剪切加固钢筋的情况
圆钢		$F/1.5$ 且 155 以下	$F/1.5$ 且 155 以下	$F/1.5$ 且 195 以下	F		F 且 295 以下
异形钢筋	直径 28mm 以下	$F/1.5$ 且 215 以下		$F/1.5$ 且 195 以下	F		F 且 390 以下
	直径超过 28 mm	$F/1.5$ 且 195 以下			F		F 且 390 以下

在该表中，F 表示表 9.10 所规定的标准强度

钢材等的容许应力标准强度（N/mm^2）　　**表 9.10**

钢材等的种类以及质量		标准强度
圆钢	SR235，SRR235	235
	SR295	295
异形钢筋	SDR235	235
	SD295A，SD295B	295
	SD345	345
	SD390	390

（5）桩容许应力的数值如表 9.11～表 9.16 所示。

打桩混凝土容许应力（N/mm^2）　　**表 9.11**

打桩方式	长期			短期以及极罕见荷载发生时		
	压缩	剪切	附着	压缩	剪切	附着
施工条件 A	$F_c/4.5$ 且 6 以下	$F_c/45$ 且 $\frac{3}{4}\left(0.49+\frac{F_c}{100}\right)$ 以下	$F_c/15$ 且 $\frac{3}{4}\left(1.35+\frac{F_c}{25}\right)$ 以下	长期的 2 倍	长期的 1.5 倍	
施工条件 B	$F_c/4$	$F_c/40$ 且 $\frac{3}{4}\left(0.49+\frac{F_c}{100}\right)$ 以下	$3F_c/40$ 且 $\frac{3}{4}\left(1.35+\frac{F_c}{25}\right)$ 以下	长期的 2 倍	长期的 1.5 倍	

在该表中 F_c 表示设计标准强度

注：施工条件 A：是指在有水或泥水的状态下对混凝土进行浇筑。
　　施工条件 B：是指在没有水或泥水的状态下对混凝土进行浇筑。

离心钢筋混凝土桩的混凝土的容许应力（单位：N/mm²） **表 9.12**

长期			短期以及极罕见荷载发生时		
压缩	剪切	附着	压缩	剪切	附着
$F_c/4$ 且 11 以下	$\frac{3}{4}\left(0.49+\frac{F_c}{100}\right)$ 且 0.7 以下	$\frac{3}{4}\left(1.35+\frac{F_c}{25}\right)$ 且 2.3 以下	长期的 2 倍	长期的 1.5 倍	

在该表中 F_c 表示设计标准强度

离心预应力混凝土桩的混凝土容许应力（单位：N/mm²） **表 9.13**

分类	长期			短期及极罕见荷载时		
	压缩	弯曲拉伸	倾斜拉伸	压缩	弯曲拉伸	倾斜拉伸
预应力混凝土桩[1]	$F_c/4$ 且 15 以下	$\sigma_e/4$ 且 2 以下	0.07 $F_c/4$ 且 0.9 以下	长期的 2 倍		长期的 1.5 倍
高强度预应力混凝土桩[2]	$F_c/3.5$	$\sigma_e/4$ 且 2.5 以下	1.2 以下	长期的 2 倍		长期的 1.5 倍

在该表中，F_c 表示设计标准强度，σ_e 表示有效预应力量

注：1）如果是预应力混凝土桩，设计标准强度为 50N/mm²。
2）如果是高强度预应力桩，设计标准强度为 80N/mm²。

预应力钢筋的容许应力（N/mm²） **表 9.14**

初始张紧时
$0.70f_1$[1] 或 $0.80f_2$[2] 中较小的数值

注：1）f_1：预应力钢筋的规格拉伸强度。
2）f_2：预应力钢筋的规格屈服点强度。

钢管桩的钢材的容许应力 **表 9.15**

长期				短期及极罕见荷载发生时
压缩	拉伸	弯曲	剪切	
$F^*/1.5$	$F/1.5$	$F^*/1.5$	$F/1.5\sqrt{3}$	长期数值的 1.5 倍

注：F^*：设计标准强度

$$F^*/F=\begin{cases}0.80+2.5t/r & (0.01\leqslant t/r\leqslant 0.08)\\ 1.0 & (t/r\geqslant 0.08)\end{cases}$$

r：桩半径（mm）

t：除去腐蚀部分的厚度（mm）

F：为确定容许应力的标准值，可以取钢材等的容许应力的标准值（参照表 9.16）

钢材的容许应力的标准强度 F **表 9.16**

钢材的种类以及质量	标准强度(N/mm²)
SKK400	235
SKK490	325

【解说】

在钢筋混凝土结构计算标准以及解说-容许应力计算法-1999 年版中规定，考虑到荷载为长时间持续的荷载，把确保不对建筑物的长期使用造成影响为基本要求，确定了长期容许应力的数值。一方面主要

针对地震力、罕见风压力形成的应力，确保最终强度为基本要求，确定了短期容许应力。因此下述短期容许应力原则上与极罕见荷载发生时的容许应力相同。但是关于混凝土的容许拔出剪切应力以及混凝土的容许承压应力参考RC规范书2002中所示的内容，确定了短期以及极罕见荷载发生时的容许应力。

（1）关于混凝土的容许压缩应力

混凝土的容许压缩应力根据建筑标准法实施命令第91条进行计算。该数值在钢筋混凝土结构计算规范及解说-容许应力设计法-1999年版中也作出了同样的规定。

（2）关于混凝土的容许剪切应力

混凝土的容许剪切应力依据建筑标准法施行命令第91条进行计算。关于混凝土的设计标准强度 F_c 超过21N/mm^2 混凝土，依据2000年5月31日建设省告示第1450号进行计算。

容许剪切应力为RC规范是2002p.243附录表1.3.2容许剪切应力 τ_{a1}，短期及极罕见荷载发生时的容许应力分别为长期的1.5倍、2倍。

（3）关于混凝土容许承压应力

在建筑标准法相关的实施命令以及告示中没有对混凝土的容许承压应力的计算方法进行规定，所以适用道路规范及解说Ⅰ通用篇Ⅳ下部结构篇2002年版所规定的公式（9.1）。短期容许应力的增加系数看作与地震发生时的增加系数相同，为1.5（荷载组合：活荷载以及冲击以外的荷载＋地震的影响）。

（4）关于钢筋的容许应力

钢筋的容许应力如建筑标准法实施命令第90条以及2000年12月26日建设省告示第2464号的表9.9以及表9.10的规定所示。钢筋混凝土结构计算规范及解说-容许应力设计法-1999年版也作出了同样的规定。

（5）关于桩容许应力

场地打桩、离心钢筋混凝土桩、离心预应力混凝土桩的容许应力参考国土交通省告示第1113号规定，钢管桩的容许应力参考1984年9月5日建设省住指发第324号建设省制造局建筑指导科长通达附件《对于地震力的建筑物基础设计指南》相关内容。不同桩类型的容许应力如下所示。

1）场地打桩的容许应力

场地打桩的混凝土容许应力如表9.11所示。关于场地打桩的钢筋容许应力请参考表9.9以及表9.10

2）离心钢筋混凝土桩的容许应力

离心钢筋混凝土桩的混凝土容许应力如表9.12所示，另外钢筋的容许应力请参考表9.9。

3）离心预应力混凝土桩的容许应力

离心预应力混凝土桩的混凝土容许应力如表9.13所示，预应力钢筋的容许应力如表9.14所示。

4）钢管桩的容许应力

钢管桩的容许应力如表9.15所示。钢材的容许应力的标准强度如表9.16所示。

9.3 直接基础的结构计算

9.3.1 基本思路

直接基础的设计流程应参考2.4.4项的应力评估中所示的风力发电机设备支持物的设计流程。

9.3.2 直接基础的形状

直接基础的底座形状一般为圆形、正方形、正多边形。但是在设定直接基础的形状时不仅仅限于这些形状。

【解说】

图解9.1表示了直接基础底座的一般形状。任何形状都进行了合理的模型化后再对基础的稳定性以及构件的安全性进行评估。

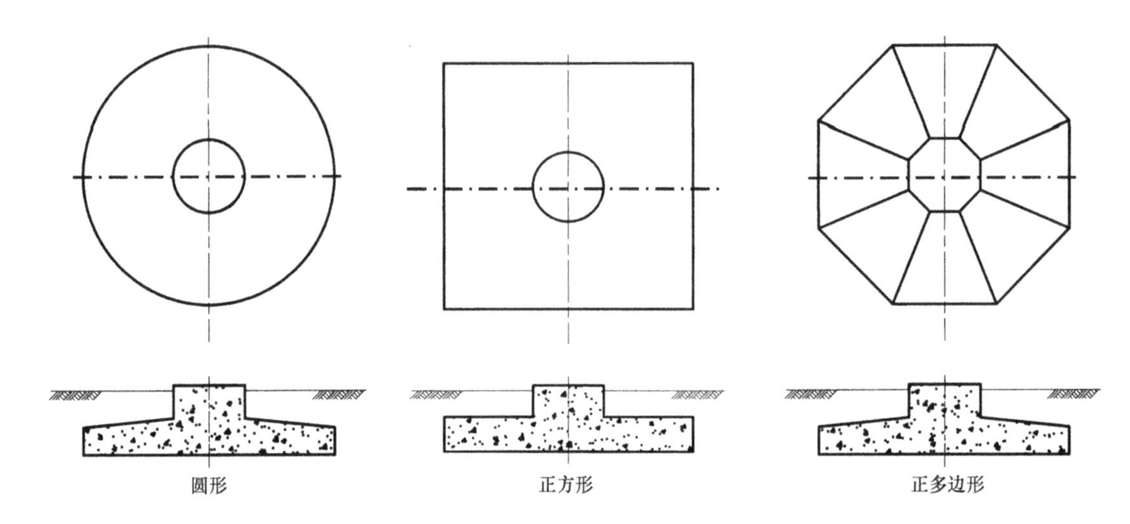

图解 9.1 基础底座的形状

9.3.3 稳定计算

(a) 稳定计算的基本内容

(1) 直接基础底面的垂直地基反力应低于 9.3.3 项 (b) 中所规定的基础底面地基的容许竖直支持力。 (2) 作用于直接基础的荷载合力的作用位置应在 9.3.3 项 (c) 规定的范围内。 (3) 直接基础底面的剪切力应低于 9.3.3 项 (d) 所规定的基础地面地基的容许剪切抵抗力。

【解说】

关于地基的支持力应依据建筑标准法相关实施命令以及告示进行计算，关于基础的倾覆以及滑动应依据道路规范及解说Ⅰ通用篇Ⅳ下部结构篇 2002 年版的内容进行计算。如可能发生类似于基础地基固结导致不均匀沉降的话，应根据建筑基础结构设计指南 2001 年版计算出下沉量，并考虑其影响。

(1) 直接基础底面地基的支持力

直接基础设置在良好的支持层中是一个重要前提。并且在长期荷载、短期荷载、极罕见荷载发生时，应根据直接基础的底面地基支持力以及其他稳定计算的规定，确保支持层的稳定性。

同时所作用的荷载在良好的地基上所产生的竖直位移是非常少的，所以不会对直接基础本身以及上面的结构部分产生影响。因此在此虽然规定了竖直地基方向力，但是没有对竖直位移进行相关规定。但是如果通过地质勘测等可以看出接近直接基础的软弱层的分布情况的话，需要关注即时位移以及固结沉降的情况。

(2) 直接基础的倾覆

对于短期荷载以及极罕见荷载，要确保其安全性以避免结构物倒塌的情况出现，对于长期荷载，要避免荷载合力的偏心引起的直接基础不均匀沉降以及基础底面地基的塑性化的情况出现。

(3) 直接基础的滑动

直接基础的滑动原则上应通过底面的摩擦力进行抵抗。但是可以考虑埋入效果。此时应合理地考虑前面地基的强度特性。

同时达到滑动前所产生的直接基础的水平位移根据直接基础本身以及基础底面地基的剪切变形来判断。一般情况下由于该水平位移量较小，不会对风力发电机组产生任何影响。所本指南没有设置水平位移相关规定。

【与其他法规、标准、指南等的关系】

建筑标准法相关施行命令以及告示虽然对地基反力低于容许支持力的评估方法进行了规定，但是没有说明直接基础的倾覆以及滑动相关安全性的评估方法。

在建筑基础结构设计指南 2001 年版中规定地基反力应低于损伤极限状态下屈服支持力。另外在此所说的损伤极限状态是指以相当于 50 年再现的荷载为对象，遭遇一次到数次的荷载级别。没有对倾覆情况进行规定，虽然有低于滑动抵抗力情况的规定，但是没有说明滑动抵抗力的计算方法。

在道路规范及解说Ⅰ通用篇Ⅳ下部结构篇 2002 年版中，对地基支持力以及基础的倾覆、滑动的评估方法都进行了规定。

(b) 基础底面地基支持力的评估

通过评估作用于基础底面的竖向荷载的地基反力应低于基础底面地基的容许支持应力。

(1) 地基反力

如要求图 9.1 所示的地基反力，其条件是按照 9.3.3 项 (e) 中所规定的判定方法判定其为刚体，且基础底面地基为弹性体，在 x_n 比偏心方向的底面长度 B 大，或小的情况下根据公式 (9.2)、公式 (9.3) 求该参数。

$$q_{max}=x_n\frac{V}{S_n}=\alpha\frac{V}{A} \tag{9.2}$$

$$q_{min}=(x_n-B)\frac{V}{S_n}=\alpha'\frac{V}{A} \tag{9.3}$$

在此

q_{max}：基础底面的最大地基反力 (kN/m^2)

q_{min}：基础底面的最小地基反力 (kN/m^2)

V：作用于基础底面的竖向荷载 (kN)

S_n：中立轴 n-n 压缩面的横截面的面积矩

B：偏心方向的底面长度 (m)

x_n：从压缩边缘到中立轴 n-n 的距离 (m)，$x_n=g-e+l_n/S_n$

g：压缩变短到形心的距离 (m)

e：底面的形心 G 的荷载偏心距离 (m)，$e=M_\beta/V$

l_n：中立轴 n-n 的压缩面的横截面惯性矩

M_β：作用于基础底面形心的力矩 (kNm)

A：承受地基反力的面积 (m^2)

G：底面的形心

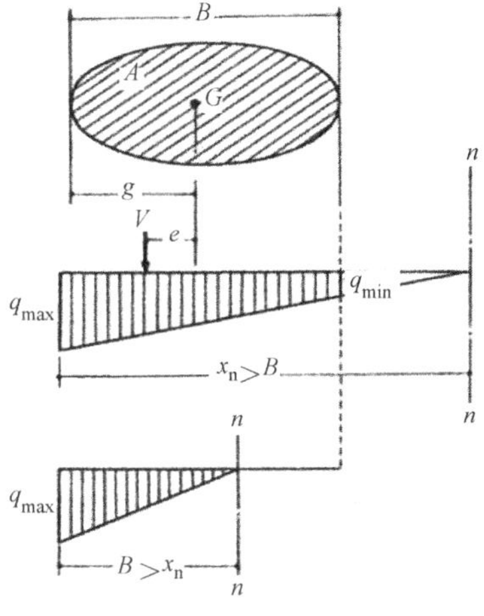

图 9.1　基础底面的地基反力分布

根据日本建筑学会钢筋混凝土结构计算规范以及解说2010年版的解说图20.2可以求正方形以及圆形基础的 α 以及 α'。并且如果基础是正多边形，可以换成内接圆求 α 以及 α'。

（2）容许支持应力的计算

原则上应根据地基调查结果，按照公式（9.4）、公式（9.5）、公式（9.6）以及建筑标准法实施命令的第93条的任何一条求容许支持应力。

1）地基黏聚力以及内部摩擦角

$$q_a=\frac{C}{3}(i_c\alpha cN_c+i_r\beta\gamma_1 BN_\gamma+i_q\gamma_2 D_f N_q) \tag{9.4}$$

在此

q_a：对于长期、短期、极罕见荷载的地基容许支持应力（kN/m^2）

C：不同荷载条件下的系数。长期荷载发生时为1，短期荷载发生时为2，极罕见荷载发生时为3

i_e，i_y，i_q：作用基础的荷载竖向方向的不同倾斜角度校正系数

$$i_c=i_q=(1-\theta/90)^2，i_r=(1-\theta/\Phi)^2$$

θ：作用于基础的荷载竖直方向的倾斜角（°），并且如果 θ 超过 Φ，则为 Φ

Φ：内部摩擦角（°）

B：基础荷载面的短边或短径（m）

N_e，N_q，N_r：不同地基内部摩擦角的支持力系数

C：基础荷载面下的地基黏聚力（kN/m^2）

γ_1，γ_2：从基础底面下、基础底面到上方的地基单位体积重量（kN/m^3），但是如果低于地下水位则采用水中单位体积重量

α、β：不同基础荷载面的形状系数

D_f：从接近基础的最低地基面到基础荷载面的深度（m）

2）利用平板荷载试验的方法

$$q_a=Cq_t+\frac{1}{3}N'\gamma_2 D_f \tag{9.5}$$

在此

q_t：根据平板荷载试验选择屈服荷载度1/2的数值或极限应力1/3的数值中较小的数值

C：不同荷载条件下的系数。长期荷载时为1，短期荷载时为2，极罕见荷载发生时为3

N：不同基础荷载面下的地基种类的相关系数

D_f：从接近基础的最低地基面到基础荷载面的深度（m）

3）采用瑞典式贯入试验方法

$$q_a=C(30+0.6\overline{N}_{SW}) \tag{9.6}$$

在此

$\overline{N}_{SW}$：在从基础的底部下方2m以内距离中，对地基采用瑞典式贯入试验时，每1m的半旋转数（如超过150时则为150）的平均值（次）

C：每种荷载条件下的系数。长期荷载时为1，短期荷载时为2，极罕见荷载时为3

采用公式（9.4）以及公式（9.5）所需的各项系数如表9.17～表9.19所示。

与地基内部的摩擦角对应的支持力参数 **表9.17**

支持力系数 \ 内摩擦角	0°	5°	10°	15°	20°	25°	28°	32°	36°	40°以上
N_c	5.1	6.5	8.3	11.0	14.8	20.7	25.8	35.5	50.6	75.3
N_r	0	0.1	0.4	1.1	2.9	6.8	11.2	22.0	44.4	93.7
N_q	1.0	1.6	2.5	3.9	6.4	10.7	14.7	23.2	37.8	64.2

对应该表中内部摩擦角以外的内部摩擦角 N_c、N_r、N_q分别为表中数值的线形插值。

与基础荷载面的形状对应的参数　表 9.18

系数＼基础荷载面的形状	圆　形	圆形以外的形状
α	1.2	$1.0+0.2B/L$
β	0.3	$0.5-0.2B/L$

在该表中 B 以及 L 分别为基础地面的短边或短径以及边长或长径的长度(单位 m)

对应基础荷载面下方地基种类的系数　表 9.19

系数＼地基种类	密实的砂质地基	砂质地基(除了密实砂质地基外)	黏土地基
N'	12	6	3

4）不同地基种类的容许支持应力

根据不同地基种类，采用建筑标准法施行命令第 93 条所示的数值（参照第 13 章）设定容许支持应力。

(3）层状地基的竖直支持力

如担心表层砂下方黏土层的影响，或如果是层厚较薄的软弱层，层状地基垂直支持力可以根据建筑基础机构设计指南 2001 年版的内容进行评估。

(4）倾斜地基上的竖直支持力

如果在倾斜地基上设置直接基础，与在水平地基上设置相比，极限支持力将会降低。倾斜地基上的垂直支持力的降低率可以根据倾斜面的角度、倾斜面的高度、到坡顶的距离，按照建筑基础结构设计指南 2001 年版的内容进行评估。

(5）基岩竖直支持力的上限值

基岩极限支持力的上限值采用表 9.20 所示的数值。

基岩极限支持力的上限值（kN/m^2）　表 9.20

基岩的种类＼荷载的种类	长期荷载发生时	短期荷载发生时	极端荷载发生时
硬岩(龟裂较多)	1000	1500	3000
软岩、泥岩	600	900	1800

【解说】

(2）容许支持应力的计算

本指南采用了建筑标准法相关实施命令以及告示中的容许支持应力的计算方法。2）的方法依据了 2001 年 7 月 2 日国土交通省告示第 1113 号的内容，4）的方法依据了建筑标准法实施命令第 93 条的内容。计算的基本原则是应根据 1）或 2）的方法求容许支持应力，如果是可以适用 3)，应考虑其土质条件以及基础的大小等。根据 4）的地基种类进行评估的方法应在合理地选择地基类型的基础上对其是否适用进行充分地探讨。并且其他计算方法请根据需要参考建筑设计指南 2001 年版以及道路规范及解说Ⅰ通用篇Ⅳ下部结构篇 2002 年版。

(3）层状地基的竖直支持力

如担心表层砂下部黏土层，或者夹有层厚较薄的软弱层的情况下，承桩地基的竖直支持力可以根据建筑基础结构设计指南 2001 年版进行评估。

(4) 倾斜地基上的竖直支持力

如果在倾斜地基上设置直接基础，与在水平地基上设置相比，极限支持力将会降低。倾斜地基上的垂直支持力的降低率可以根据倾斜面的角度、倾斜面的高度、到坡顶的距离，按照建筑基础结构设计指南 2001 年版的内容进行评估。

(5) 基岩竖直支持力的上限值

基岩极限支持力受到龟裂、裂纹等影响，所以很难根据支持力推算公式计算极限支持力，本指南参考道路规范及解说Ⅰ通用篇Ⅳ下部结构篇 2002 年版的内容设定了其上限值。

【与其他法规、标准、指南等的关系】

关于建筑标准法相关实施命令以及告示的平板荷载试验方法，其计算容许支持应力的过程本身与道路规范及解说Ⅰ通用篇Ⅳ下部结构篇 2002 年版的内容有所不同。另外在道路规范及解说Ⅰ通用篇Ⅳ下部结构篇 2002 年版中没有瑞典式贯入试验方法。地基黏聚力以及内摩擦角方法，在考虑的项目方面存在如下不同点。

(1) 安全度

公式 (9.4) 的括弧内如果表示极限支持应力的话，括弧前的系数相当于容许支持应力，根据极限支持应力所计算的安全度。此时如果与道路规范及解说Ⅰ通用篇Ⅳ下部结构篇 2002 年版的内容对比，暴风发生时、级别 1 地震发生时、积雪发生时的安全度与道路规范及解说Ⅰ通用篇Ⅳ下部结构篇 2002 年版的 2 的内容相对，在建筑标准法相关实施命令以及告示中采用了系数 1.5。

(2) 尺寸效应

在道路规范及解说Ⅰ通用篇Ⅳ下部结构篇 2002 年版的内容中，按照尺寸效应校正支持力系数，但是在建筑标准法相关施行命令以及告示中则没有考虑这方面的内容。

在建筑基础结构设计指南 2001 年版中，由于采用极限状态设计方法进行设计，所以没有对容许支持应力进行规定。

(c) 对直接基础倾覆情况的评估

作用于直接基础的荷载合力的作用位置与底面中心的偏心距离应根据荷载条件与底座形状满足如下所示的条件。

(1) 长期荷载发生时，正方形、圆形、正八边形的底座荷载合力的作用位置分别应低于从地面中心开始地面宽度的 1/6、1/8、1/7.57。

(2) 短期荷载发生时，正方形、圆形、正八边形的底座荷载合力的作用位置分别应低于从地面中心开始地面宽度的 1/3、1/3.4、1/3.15。

(3) 极罕见荷载发生时，正方形、圆形、正八边形的底座荷载合力的作用位置分别应低于从地面中心开始地面宽度的 1/2.22、1/2.43、1/2.35。

另外如果基础形状是正多边形，可以变换为内接圆求偏心距离。

【解说】

本指南对容许偏心距离的相关思路如下所示。假设从底座中心开始地基反力的分布为三角形分布，容许偏心距离为到所求得的接地部分等效地基反力的中心的距离。

(1) 长期荷载发生时

长期荷载发生时底座的接地宽度的全部（倾覆安全度 3），为没有上浮的梯形反力分布。这是为了通过避免发生直接基础上浮，控制荷载合力偏心使长期直接基础出现不均匀沉降以及基础地面地基的塑性化的发生而设置的规定。

(2) 短期荷载发生时

短期荷载发生时，底座接地宽度为一半（倾覆安全度 1.5）。暴风发生时、级别 1 地震发生时、积雪发生时的荷载对于长期荷载来说是暂时的，所以比长期荷载时的规定要宽松。

(3) 极罕见荷载发生时

级别 2 地震发生时，底座接地宽度为 3/20（倾覆安全度 1.1）。在道路桥规范 1997 年版中提出如果不考虑级别 2 地震发生时的既有道路桥底座的能量吸收情况，其偏心量为从地面中心到地面宽度的 9/20（倾覆安全度 1.1）。另外根据日本港口协会原港口设施技术标准及解说，把地震发生时倾覆安全度设定为 1.1。

【与其他法规、标准、指南等的关系】

在建筑基础结构设计指南 1988 年版中，对在短期荷载发生时基座底面的前端为中心的倾覆力矩与稳定力矩进行了计算，其安全度为 1.5。根据土木学会混凝土标准规范设计计算的实例（土木学会）中，关于作用于地面的合理作用位置方面，与道路桥规范相同。

(d) 对直接基础滑动的评估

作用于基础底面的剪切力的评估值应低于容许剪切抵抗力的数值。根据公式（9.7）求容许剪切抵抗力。

$$H_a = H_u / F \tag{9.7}$$

且

$$H_u = c_B A_e + V\tan\phi_B + 1/4\gamma_2 BD_f \tan(45^\circ + \phi/2)$$

在此

H_α：基础底面地基的容许剪切抵抗力（kN）

H_β：基础底面与地基之间产生的剪切抵抗力（kN）

F：安全度（长期荷载发生时为 1.5，短期荷载发生时为 1.2，极罕见荷载发生时为 1.0）

C_β：基础底面与地基之间的附着力（kN）

Φ_β：基础底面与地基之间的摩擦力（°），可以采用表 9.21 的数值

A_e：有效荷载面积（m^2）

V：作用于基础底面的竖直荷载（kN），减去浮力的数值

γ_2：埋入土壤中地基的土壤单位体积重量（$18.0kN/m^3$）

B：基础宽度（m）

D_f：基础的埋入深度（m）

Φ：埋入地基的剪切抵抗角度，如果是回填施工的话 $\Phi = 30^\circ$

计算剪切抵抗力时的摩擦角与附着力　表 9.21

条　件	摩擦角 Φ_β（摩擦系数 $\tan\Phi_\beta$）	附着力 C_β
土壤与混凝土	$\Phi_\beta = 2/3\Phi$	$C_\beta = 0$
在土壤与混凝土之间铺设砾石	$\tan\Phi_\beta = 0.6$ 与 $\Phi_\beta = \Phi$ 中较小的数值	$C_\beta = 0$
岩石与混凝土	$\tan\Phi_\beta = 0.6$	$C_\beta = 0$
土壤与土壤或岩石与岩石	$\Phi_\beta = \Phi$	$C_\beta = C$

注：1)：Φ 为支地基的剪切抵抗角度（°），c 为支持地基的黏聚力（kN/m^2）。

2)：如果不用砾石，而用碎石的话，其计算方式与砾石相同。

3)：岩石中可以含有 N 值 50 以上的风化软岩。

4)：如果采用三轴试验结果，最好求按照有效应力整理的摩擦角与黏聚力。

如果为黏性土，固结非排水试验的 Φ'，如果为砂质土，则相当于固结非排水试验的 Φ'。

由于扭矩会对直接基础的滑动安全性有影响，所以根据公式（9.7）对附加了扭矩的基础底面的剪切力进行评估。

【解说】

建筑标准法相关的实施命令以及告示中没有对滑动进行规定，在建筑设计指南中，不论滑动的安全度是什么荷载条件，都规定必须高于1。本指南关于滑动的评估参考了道路规范及解说Ⅰ通用篇Ⅳ下部结构篇2002年版的内容以及日本港口协会港口设施技术标准及解说1999年版的内容。

【与其他法规、标准、指南等的关系】

在建筑基础结构设计指南2001年版中，关于水平力的基础安全性，确认根据式解（9.1）不能超过基础底面的摩擦抵抗力。原则上最好根据式解（9.1）只对基础底面与地基的摩擦抵抗力进行评估。

$$R_f = W\mu \quad \text{（解 9.1）}$$

在此

R_f：基础底面的摩擦抵抗力

W：上部结构与下部结构重量之和（kN）

μ：基础底面与地基的摩擦系数

对于摩擦系数μ，应根据支持层地基的剪切抵抗力确定，但是如果没有实施土质试验的话，可以采用大概0.4-0.6的范围数值。但是如果黏性土，则不能取高于黏性力的剪切抵抗力数值，所以需要确认基础底面的接地压乘以摩擦系数的数值是否小于黏聚力。

（e）刚体判断

（1）按照如下公式判断底座是否为刚体。

$$\beta\lambda \leqslant 1.0 \quad (9.8)$$

且

$$\beta = \sqrt[4]{\frac{3k_v}{Eh^3}},\ k_V = k_{V0}\left(\frac{B_V}{0.3}\right),\ B_V = \sqrt{A_V}$$

在此

β：基础的特性值（m^{-1}）

λ：底座换算突出长度（m）

k_v：竖直方向地基反力系数（kN/m^3）

E：钢筋混凝土杨氏模量（kN/m^2）

h：基座厚度（m），基座如果为梯形，那么其平均值则为底座厚度。

k_{v0}：为相当于直径0.3m刚体圆板进行平板荷载试验数值的竖直方向地基反力系数，$k_{v0} = 1/0.3\alpha E_0$

E_0：按照表9.22所示的方法推测或推定的设计范围中的地基变形系数（kN/m^2）

α：为推测表9.22所示的地基反力系数时采用的系数

B_v：基础换算荷载宽度（m），如果底面形状为圆形的话则其为直径

A_v：竖直方向的荷载面积（m^2）

变形系数 E_0 与 α 的关系 **表 9.22**

变形系数 E_0 的推定方法	推测地基反力系数时采用的系数 α
根据采用直径0.3m刚体圆板进行的平板荷载试验所求得的变形系数 E	1
按照孔内水平荷载试验所求得的变形系数 E_p	4
按照试验材料的单轴压缩试验或三轴压缩试验所求得的变形系数 E_p	4
根据标准贯入试验 N 值所求得的变形系数 E_0（依据表9.4）	1

注：$E_0 = 4E_p$

底座以及锚固部分都是正方形或没有偏心的话，用图 9.2 所示的基座突出长度，按照如下公式计算突出长度。

$$\lambda=b \tag{9.9}$$

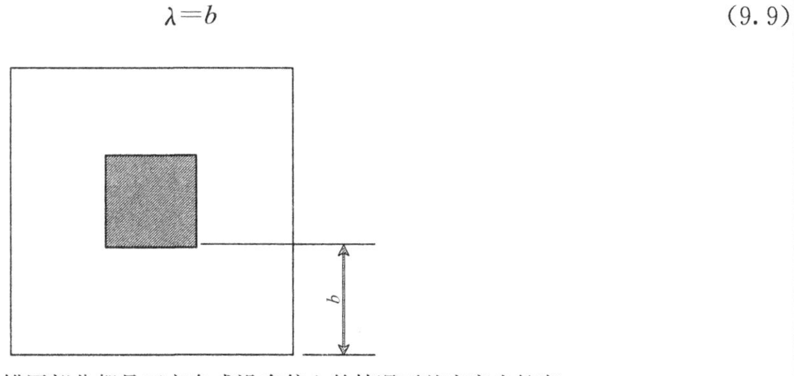

图 9.2　底座以及锚固部分都是正方向或没有偏心的情况下基座突出长度

如果底座以及锚固部分的任何一个部分是圆形或正多边形的话，应用半径或内接圆半径求换算突出长度。

（2）基础底面地基是基岩时

如果是坚硬的基础底面地基，底座厚度大于其边长的 1/5 的情况下，则可以判断为刚体。如图 9.3 所示求地基反力，如果表示其差值的偏差低于 20%的话，那么可以作为刚体来评估。

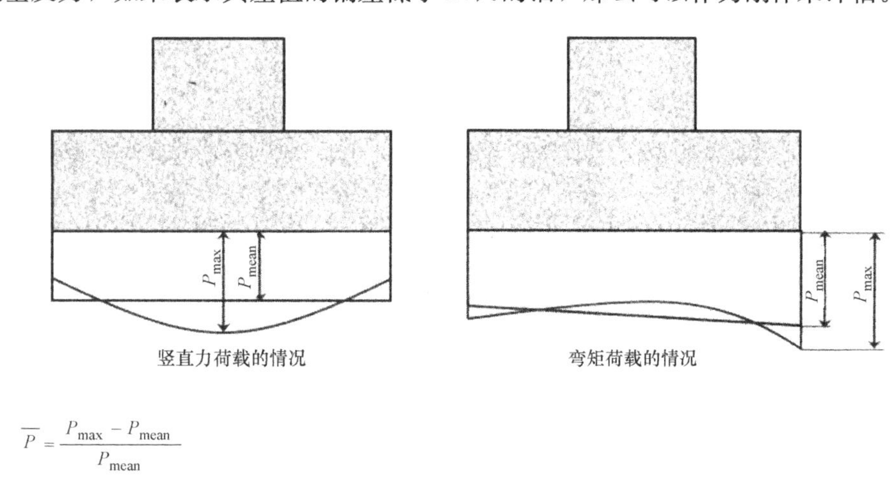

$$\overline{P}=\frac{P_{max}-P_{mean}}{P_{mean}}$$

P_{max}：如果底座为刚体的情况下桩头反力或地基反力

图 9.3　反力分散度

【解说】

（1）底座刚体评估

在直接基础的稳定性评估以及结构计算中，其前提条件是底座应是刚体。所以需要对底座进行刚体判定。本指南采用了道路规范及解说Ⅰ通用篇Ⅳ下部结构篇 2002 年版的公式。如果底座以及锚固部分是矩形的话，则采用图解 9.2 所示的底座突出长度，按照如下公式计算突出长度。

$$\lambda=\max(l,b) \tag{解 9.2}$$

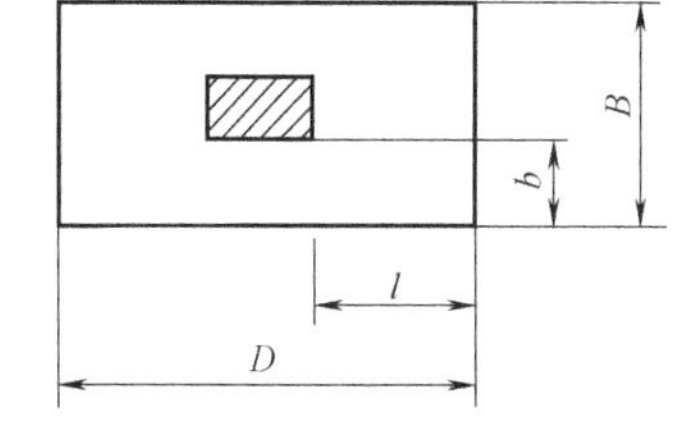

图解 9.2　底座以及锚固部分是矩形情况下的底座突出长度

且

$$l=D/2(l>D/2)$$

$$b=B/2(b>B/2)$$

(2) 基础地面地基如果是基岩的情况

如果是变形系数较大的基岩等基础底面的地基，在采用上述刚体判定公式的情况下，垂直方向地基反力系数也会增大，所以基座厚度会增大。但是如果是坚硬的基岩的话，一般容许地基支持力相对于地基反力，确保其是非常安全的，并且偏心荷载引起的基座变形也是非常少的。

因此如果是坚硬的基础底面地基，不采用公式（9.8）的刚体判断公式，其底座厚度为其边长的1/5。底座厚度如果比1/5薄，则根据图9.3所示求地基反力，表示差值分散度如果低于20%的话，则判定为刚体。关于地基反力的刚体判定的详细内容请参考桩基设计概览。

9.3.4　结构计算

(a) 结构计算的基本内容

(1) 在设计底座时要把锚固部分作为固定端，并对悬臂梁进行模型化，根据9.3.4项（b）在合理荷载状态下进行设计。
(2) 模型化的底座根据9.3.4项（c）以及（d）对弯矩以及剪切力进行评估。
(3) 悬臂梁的固定端位置为基本评估横截面，但是底座如果是梯形的话，则应合理地增加评估横截面，并对弯矩以及剪切力进行评估。

【解说】

在该项中说明了基础结构相关的安全性评估所需要的结构计算基本内容。钢筋配置等结构细节应参考合理的技术标准文件，9.5.1项中说明了该内容。

如进行结构分析，把锚固部分所支持的悬臂梁进行模型化。在进行悬臂梁的模型化时，原则上底座横截面的形心位置为轴线。

图解9.3中说明了荷载状态实例。假设在此所图示的荷载以外的荷载产生作用，就应考虑荷载状态实例的情况。在对直接基础进行稳定计算的过程中，在评估基础地面地基支持力时求地基反力，用该地基反力作为作用于底座模型化悬臂梁的地基反力。并且锚固部分的自重、底座自重以及填埋土的重量应根据地下水位的标高考虑其浮力。

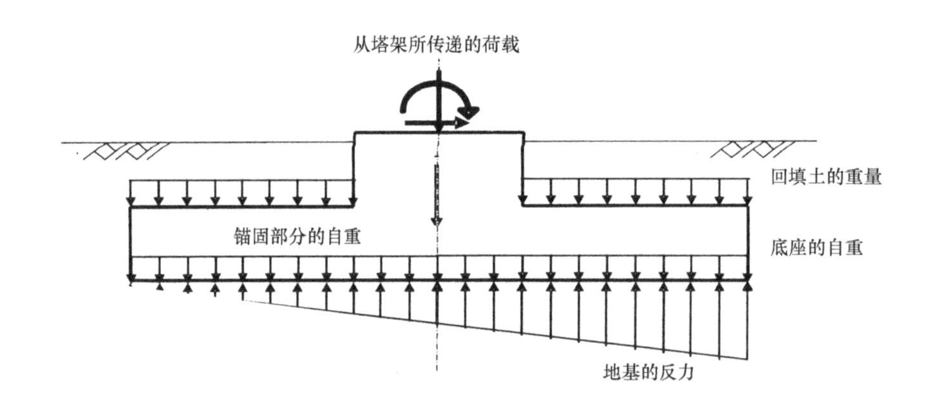

图解9.3　作用于直接基础的荷载状态实例

根据对在9.3.4项（b）中规定的弯矩评估时的模型，底座的固定端的位置不在锚固部分的外面，而是移动到锚固部分内部的位置，所以此时需要了解可以对实际荷载状态进行合理地评估的荷载分布情况。

(b) 横截面力的计算

（1）弯矩的计算

按照图 9.4 所示的评估横截面计算底座评估横截面所产生的弯矩。

（2）剪切力的计算

按照图 9.4 所示的评估横截面计算底座的评估横截面所产生的横截面力。

（3）结构计算中所采用的底座有效宽度

关于底座下面以及上面的主钢筋，采用公式（9.10）求长期与短期荷载时的底座有效宽度（图 9.5）。

$$b=\begin{cases} t_c+2d \leqslant B & （下端钢筋）\\ t_c+d \leqslant B & （上端钢筋）\end{cases} \tag{9.10}$$

在此

b：有效宽度（m）

B：底座的全部宽度（mm）

t_c：塔架或基座的宽度（mm）

d：基座的有效高度（mm）

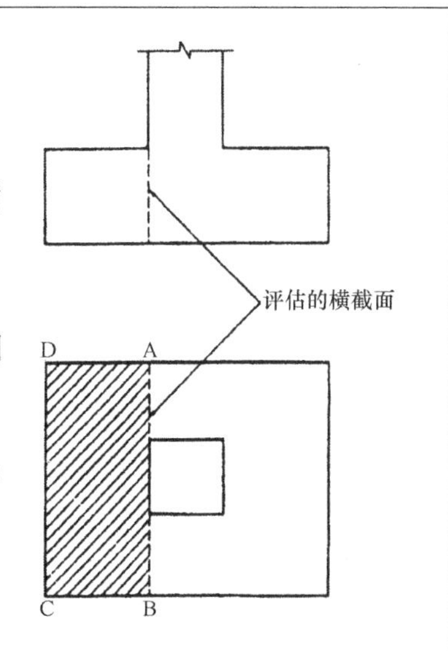

图 9.4　对弯矩的评估横截面的位置实例[1)]

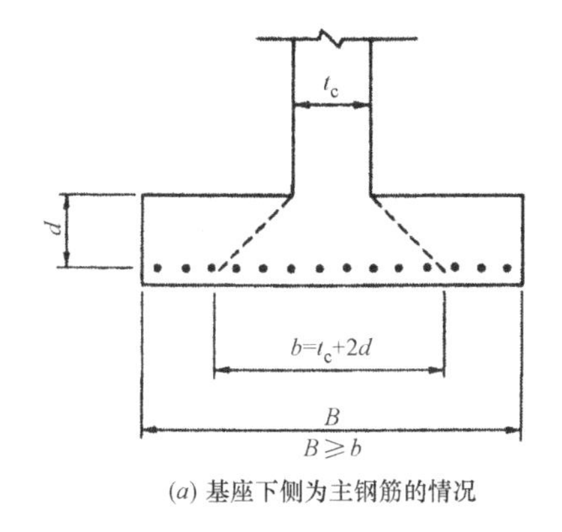

(a) 基座下侧为主钢筋的情况

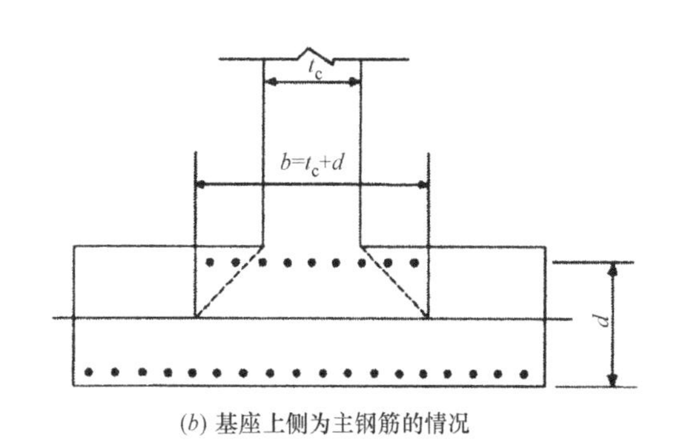

(b) 基座上侧为主钢筋的情况

图 9.5　相对于弯矩的底座有效宽度[1]

关于基座下面以及上面的主钢筋，采用公式（9.11）求极罕见地震发生时基座有效宽度。

$$b=\begin{cases} t_c+3d \leqslant B & （下端钢筋）\\ t_c+1.5d \leqslant B & （上端钢筋）\end{cases} \tag{9.11}$$

【解说】

关于（1）、（2）弯矩与剪切力的计算

1）悬臂梁的固定端位置

根据锚固部分的形状，悬臂梁的固定端如下所示，其固定端位置为基本的评估横截面。

ⅰ）如图 9.4 所示，锚固部分如果为矩形横截面，则固定端位置在其外面。

ⅱ）如果圆形或接近于圆形的多边形，应根据建筑基础结构设计指南 2001 年版的内容，换成同一横截面积的正方形锚固部分，为其正方形前面的位置，或者根据道路规范及解说Ⅰ通用篇Ⅳ下部结构篇 2002 年版的公式，如果为圆形，则从锚固部分的外面开始进入到直径 1/10 内侧的位置上为评估横截面。

如果没有锚固部分，或者如果外力从锚环传递到锚固部分的过程中认为力学上不是一体化时，可以把锚固部分替换成锚环。

2）风向的考虑

在设计基座的主钢筋时，由于风向不同，弯矩可能会反转，所以基座上面以及下面的各个主钢筋应看作为承担拉应力的主钢筋。风下方与风上方的基座分别为下面与上面承担拉伸应力的主钢筋。因此对于作用于风下方与风上方的基座的各个荷载状态，应分别通过结构分析对主钢筋进行设计。

3）关于结构计算中采用的基座有效宽度

在结构计算中，关于作用评估横截面荷载的基座有效宽度的取值方法，包括如下所示的钢筋混凝土结构计算标准以及解说 2010 年版与道路规范及解说Ⅰ通用篇Ⅳ下部结构篇 2002 年版的方法。本指南根据道路规范及解说Ⅰ通用篇Ⅳ下部结构篇 2002 年版的内容，求结构计算中所采用的基座有效宽度。在道路规范及解说中，级别 2 地震发生时，下端钢筋有效宽度为基座的全部宽度，但是风力发电机组的基础宽度非常大，与上端钢筋的有效宽度相同，可以从固定端考虑 56.3 度的荷载分布情况，求下端钢筋的有效宽度。

在钢筋混凝土结构计算标准及解说-容许应力设计法-1999 年版中，可以取底座部分的全部宽度。但是底座发生的弯矩分布不一样，柱附近将会增大，此时结构计算中所采用的基座宽度为图解 9.4 所示的有效宽度（X 或 Y）。

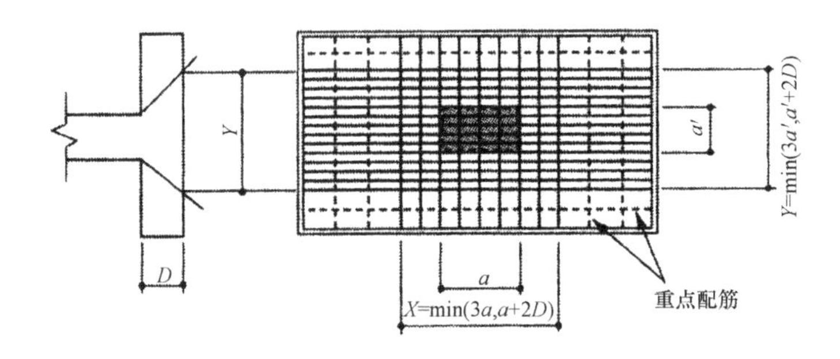

图解 9.4 柱附近重点配筋的有效宽度[3]

（c）对弯矩的评估

（1）应力的评估

对弯矩的混凝土以及钢筋应力进行计算，经过评估应低于规定的应力。

$$\sigma_s \leqslant \sigma_{sa} \tag{9.12}$$

且

$$\sigma_s = \frac{M}{A_s j}$$

在此

A_s：拉伸钢筋的横截面积（mm^2）

M：弯矩（Nmm）

J：弯曲构件的应力中心距离（mm）

σ_S：钢筋的应力（N/mm^2）

$\sigma_{S\alpha}$：钢筋的容许拉伸应力（N/mm^2）

【解说】

（1）关于应力的评估

按照如下条件计算混凝土以及钢筋的应力。

1）应变与从中性轴开始的距离成正比。

2）忽略混凝土的拉伸强度。

3）钢筋与混凝土的杨氏模量比 n 为 15。并且一般是直接基础中所采用的混凝土的设计标准强度（$F_c \leqslant 27N/mm^2$）的数值。如果 $F_c < 27N/mm^2$ 的话，应根据钢筋混凝土结构计算标准及解说-容许应力设计方法-1999 年版进行计算。

（d）对剪切力的评估

（1）应力的评估

根据公式（9.13）进行评估，剪切应力应低于容许剪切应力。

$$\tau \leqslant f_s \tag{9.13}$$

且

$$\tau = \min\left(\frac{Q}{l'j}, \frac{Q}{lj}\right)$$

在此

Q：剪切力（N）

f_s：混凝土容许剪切应力（N/mm^2）

j：基座应力中心间距离（mm）

$j = 7/8 \times d$（d 为基座评估横截面位置上的有效系数）

l、l'：长方形基座长边与短边的长度（mm）

τ：剪切应力（N/mm^2）

【解说】

本指南根据钢筋混凝土结构计算标准及解说-容许应力设计方法-1999 年版的方法对剪切应力进行评估。倾斜拉伸钢筋的计算方法请参考道路规范及解说Ⅰ通用篇Ⅳ下部结构篇 2002 年版的内容，容许剪切应力 τ 采用表 9.8 中混凝土结构计算标准及解说中的数值。

9.4　桩基础的结构计算

9.4.1　基本思路

桩基础的设计流程应以 2.4.4 项的应力评估中所示的风力发电机组支持物的设计流程为准。

【解说】

桩基础的设计思路如图解 9.5 所示。如果采用稳定计算，则对桩竖直支持力以及拉力进行评估，如果采用结构计算，则对基座、桩以及桩本身与基座的接合部分的应力进行评估。如果明确上部结构的位移限制，则对水平位移进行探讨。并且要保证在极限荷载发生时，风力发电机不会倾覆（破坏）。

【与其他法规、标准、指南等的关系】

在道路规范及解说Ⅰ通用篇Ⅳ下部结构篇 2002 年版中，一般按照如下方式对暴风时发生时以及级别 1 地震发生时的情况进行评估。

（1）轴方向的桩反力应低于容许支持力。

（2）各个桩基础中所产生的应力应低于容许应力。

极罕见荷载发生时的评估应该如下方式计算。

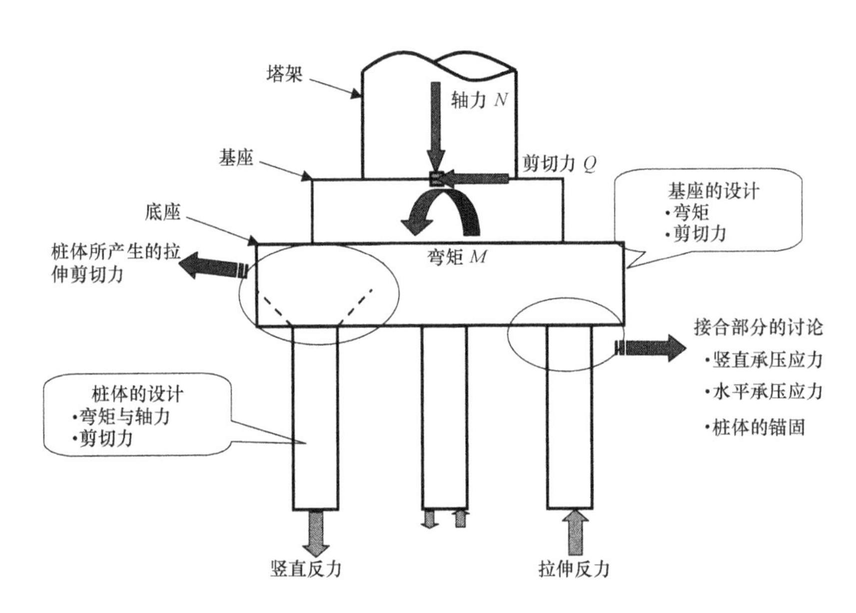

图解 9.5　桩基础设计思路

（1）原则上经过评估其荷载不能超过基础的屈服强度。所谓基础的屈服是指①所有桩中桩的塑性化，②一列桩头反力达到挤压支持力的上限值。

（2）桩基础的各个部件中所产生的横截面经过评估应低于该部件的承载力。

本指南对长期、短期荷载发生时以及极罕见荷载发生时的评估基本上与道路规范及解说的内容相对应。

在建筑基础结构指南 2001 年版中，按照每种性能水平（承载力极限状态、损伤极限状态、使用极限状态）对桩基础的要求性能进行了设定。并说明了每种性能水平的探讨项目以及要求性能的确认方法。对应各要求性能水平的主要探讨项目如下所示。

• 承载力极限状态：地基抵抗力以及基础构件的应力与变形

• 损伤极限状态：根据上部结构的要求性能所设定的基础的位移量、地基抵抗力以及基础构件的应力

• 使用极限状态：根据上部结构的要求性能所设定的基础位移量以及基础构件的耐久性

9.4.2　桩基础的形状

桩基础的底部形状一般有圆形、正方形、正对变形。但是在设定桩基础的形状时，不限于这些形状。

【解说】

桩基础所采用的底部一般形状如图解 9.6 所示。选在桩种类时要充分地考虑荷载条件以及地基条件等因素。在任何桩基础中，应对其进行合理地模型化，并且对基础的稳定性进行探讨以及对构件的安全性进行评估。最好在底部中心也配置桩。

桩类型一般包括预制打入桩（钢管桩、PHC 桩、埋入桩等）、现场浇筑桩。其他桩包括中挖桩、预应力桩、钢管土水泥桩等。

【与其他法规、标准、指南等的关系】

道路规范及解说Ⅰ通用篇Ⅳ下部结构篇 2002 年版，按照打桩施工方法、中挖桩施工方法、现场打桩施工方法、预应力桩施工方法、钢管土水泥桩施工方法设置桩头部与底部，并把两者进行刚性接合，从而对该刚性结合桩基础进行考察。

在建筑基础结构设计指南 2001 年版[2]中，预制桩与预制混凝土桩、钢管桩、现场混凝土打桩施工

方法、反循环钻机施工方法、全套管施工方法作为代表性的桩以及施工方法进行了分类。

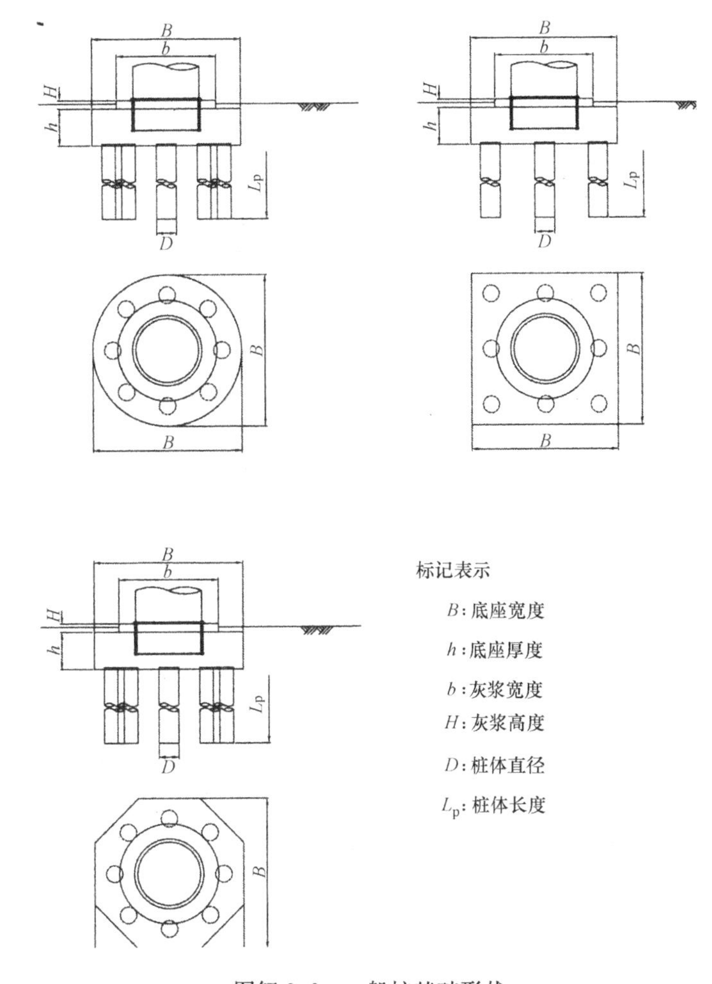

图解 9.6　一般桩基础形状

9.4.3　稳定计算

（a）桩的容许支持力

（1）桩单体的容许竖直支持力

桩的容许竖直支持力应低于桩容许压缩力，采用表 9.23 所示的数值。桩的容许压缩力为 9.2.5 项所示的容许压缩应力乘以最小横截面积所得的数值。

桩的容许竖直支持力（单位：kN）　　表 9.23

	长期荷载发生时	短期荷载发生时	极端荷载发生时
1)	$R_a=1/3R_u$	$R_a=2/3R_u$	$R_a=R_u$
2)	$R_a=q_pA_p+1/31R_F-W_p$	$R_a=2q_pA_p+2/3R_F-W_p$	$R_a=3q_pA_p+R_F-W_p$

1）在除如下两种地基以外的情况下用该公式，一种是桩周围的地基有软弱黏土质地基，另一种是在软弱的黏土质地基上部砂质地基或地震发生时可能出现液化的地基。

2）在除如下两种地基以外的情况下用该公式，一种是桩周围的地基有软弱黏土质地基，另一种是在软弱的黏土质地基上部砂质地基或地震发生时可能出现液化的地基。

且

$$R_F=\left(\frac{10}{3}\overline{N}_sL_s+\frac{1}{2}\overline{q}_uL_c\right)\phi$$

在桩尖地基的容许支持力采用表 9.24 所示的数值。

桩尖地基的容许支持力（单位：kN/m^2） 表 9.24

桩的种类	q_p
打入桩	$300/3\overline{N}$
采用水泥浆施工方法施工的填埋桩	$200/3\overline{N}$
采用土钻施工方法施工的现场打桩	$150/3\overline{N}$

注：$\overline{N}$表示桩前段地基附近的平均值N值（$N\leqslant60$）

在此

R_a：桩容许竖直支持力（kN）

R_u：采用荷载试验计算的桩极限竖直支持力（kN）

q_p：桩尖地基容许支持力（kN/m^2）

A_p：桩尖有效横截面积（m^2）

W_p：桩的自重（kN）

R_f：桩侧极限摩擦抵抗力（kN）

$\overline{N}_s$：桩周围地基中砂质地基平均N值（$N\leqslant30$）（次）

L_s：接近桩砂质地基总长度（m）

$\overline{q}_u$：桩侧地基中黏土质地基单轴压缩强度的平均值（$\overline{q}_u\leqslant200$）（$kN/m^2$）

L_c：接近桩黏土质地基总长度（m）

φ：桩周长（m）

（2）桩容许拉力

桩容许拉力应低于容许拉应力乘以桩最小面积的数值，采用表 9.25 所示的数值。桩的容许拉应力为 9.2.5 项所示的容许拉应力。

桩的容许拉力（kN） 表 9.25

	长期荷载发生时	短期荷载发生时	极限荷载发生时
1）	${}_tR_a=\frac{1}{3}{}_tR_u+W_p$	${}_tR_a=\frac{2}{3}{}_tR_u+W_p$	${}_tR_a={}_tR_R+W_p$
2）	${}_tR_a=\frac{4}{15}R_F+W_p$	${}_tR_a=\frac{8}{15}R_F+W_p$	${}_tR_a=\frac{1}{1.2}R_F+W_p$

1）在除如下两种地基以外的情况下用该公式，一种是桩周围的地基有软弱黏土质地基，另一种是在软弱的黏土质地基上部砂质地基或地震发生时可能出现液化的地基。

2）在除如下两种地基以外的情况下用该公式，一种是桩周围的地基有软弱黏土质地基，另一种是在软弱的黏土质地基上部砂质地基或地震发生时可能出现液化的地基。

在此

${}_tR_a$：桩容许拉力（kN）

${}_tR_u$：通过荷载试验计算的桩极限拉伸抵抗力（kN）

${}_tR_R$：通过荷载试验计算的桩残留拉伸抵抗力（kN）

R_F：桩侧极限摩擦抵抗力（kN）

W_p：桩的自重（kN）

（3）对液化的判断

关于地下水位面以下的饱和砂质土层以及软弱的饱和中间土层，在地震发生时是否可能发生液化的情况，根据如下标准进行判断。

1）需判断的土层

为从地表面开始 20m 左右的冲积饱和土层，细粒部分的含有率低于 35%以下的土。但是如果是填埋地基，黏土部分含有率低于 10％或塑性指数低于 15％的图层，也要进行液化的判断。并且包含细粒土的透水性较低的沙砾土层所包含的沙砾也要进行液化的判断。

2）判断公式

根据 F_l 的数值判断是否液化。如果 $F_l>1$，则判断不能发生液化的情况，如果 $F_l\leqslant1$，则判断可能发生液化的情况。

$$F_l=\frac{\tau_l/\sigma'_z}{\tau_d/\sigma'_z} \tag{9.14}$$

且

$$\frac{\tau_d}{\sigma'_z}=r_n\frac{\alpha_{max}}{g}\frac{\sigma_z}{\sigma'_z}r_d$$

在此

τ_l/σ'_z：为液化抵抗比，采用如图 9.6 所示的剪切变形振幅 5％的曲线，求校正 N 值（N_a）饱和土层的液化抵抗比 τ_l/σ'_z

τ_d/σ'_z：等价反复剪切应力比

τ_d：水平面中所产生的等价反复剪切应力振幅（kN/m^2）

σ'_z：探讨深度中有效土覆盖压力（竖直有效应力）（kN/m^2）

r_n：是指等价反复次数相关的校正系数，为 0.1（M-1）。M 表示震度，级别 1 地震发生时 $M=7.5$，级别 2 地震发生时为 $M=8.5$

α_{max}：地表面设计水平加速度（cm/s^2）。级别 1 地震发生时为 150～200cm/s^2，级别 2 地震发生时为 350cm/s^2

g：重力加速度（cm/s^2），980cm/s^2

σ_z：探讨深度中所有土被覆盖的压力（竖直总应力）（kN/m^2）

r_d：地基为非刚体时的降低系数，$r_d=1-0.015z$

Z：从地表面起算的探讨深度（m）

根据如下公式求对应深度的校正 N 值（N_a）

$$N_a=N_1+\Delta N_f \tag{9.15}$$

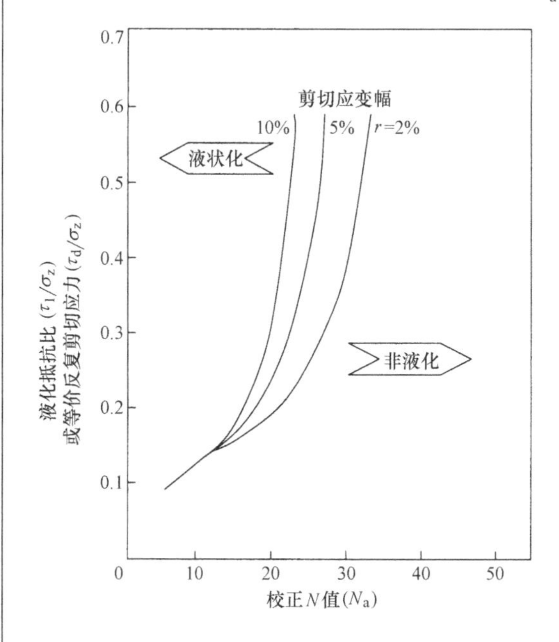

图 9.6　校正 N 值与液化抵抗、动态剪切变形的关系[19)]

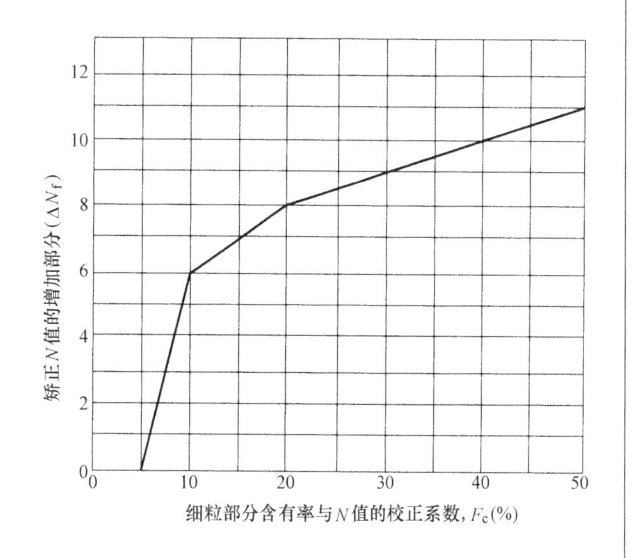

图 9.7　细粒部分含有率与 N 值的校正系数[2]

且

$$N_1=C_N N, C_N=\sqrt{98/\sigma_z'}$$

在此

N_1：换算的 N 值

C_N：与围压相关的换算系数

ΔN_f：与细粒部分含有率 F_c对应的校正 N 值，如图 9.7 所示

N：实测 N 值

3）摩擦力的降低

在发生液化的部分应忽视桩侧的摩擦力。而且即使在没有发生液化的情况下，如果假设过剩空隙水压有所上升，根据其程度降低摩擦力。

4）水平地基反力系数的降低

在对液化地基中桩水平抵抗探讨的过程中，因根据如下公式降低水平地基反力系数 k_h以及塑性水平地基反力 p_r。

$$K_{hl}=\beta k_{h0} y_r{}^{-1/2} \tag{9.16}$$

$$P_{yl}=\alpha P_{y0} \tag{9.17}$$

在此

K_{h0}：水平地基反力系数

y_r：考虑到液化情况的桩与地基相对位移

P_{r0}：砂质土地基的塑性水平地基反力

α：塑性水平地基反力的降低值，$\alpha=\beta$

β：为水平地基反力系数的校正系数，求图 9.8 所示的校正 N 值（N_a）相对应的数值

另外在计算水平地基反力系数以及砂质土地基塑性水平地基反力时，应参考 9.4.4（e）桩的计算方法。

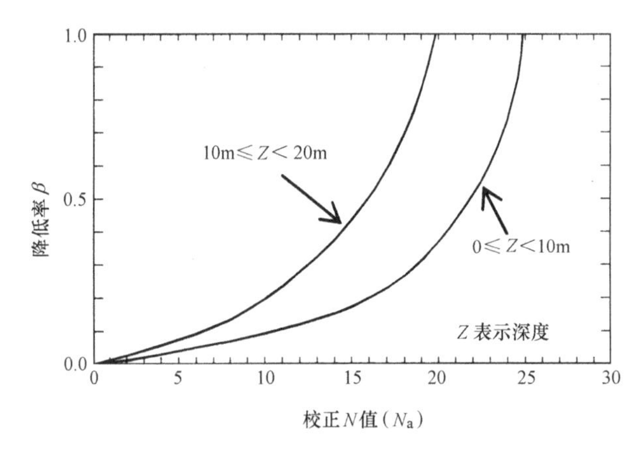

图 9.8 水平地基反力系数的降低率[19]

（4）按照桩长宽比降低支持力

关于桩长度与桩直径比非常大的桩，应根据施工精度，把桩竖直支持力降低到如下数值。

1）钢桩以外的桩

$$\alpha=\begin{cases}0 & (l/d\leqslant 60)\\ l/d-60 & (l/d>60)\end{cases} \tag{9.18}$$

2）钢桩的情况

$$\alpha=\begin{cases}0 & (l/d\leqslant 120)\\ l/2d-60 & (l/d>120)\end{cases} \tag{9.19}$$

在此

α：降低率（%）

l：桩长度（m）

d：桩直径（m）

（5）开口桩的闭塞效率

开口桩的闭塞效率为 η，其数值为极限桩尖支持力乘以桩支持力的数值。

$$\eta=\begin{cases}0.16L_B/d_I & (2\leqslant L_B/d_I\leqslant 5)\\ 0.80 & (5<L_B/d_I)\end{cases} \tag{9.20}$$

在此

d_I：桩的内径（m）

L_B：支持层的埋入深度（m）

（6）群桩的支持力

1）按照如下公式求群桩中每根桩的容许支持力。

$$R_{ca}=\frac{1}{n}(A(ga-\overline{P})+\frac{C}{3}\phi LS) \tag{9.21}$$

2）按照如下公式求群桩中每根桩的容许拉力。

$$R_{ct}=\frac{1}{n}\left(\frac{C_t}{3}\phi LS\right) \tag{9.22}$$

在此

R_{ac}：考虑群桩效应的每根桩的容许支持力（kN）

R_{at}：考虑群桩效应的每根桩的容许拉力（kN）

C：每种荷载条件下的系数、长期荷载时为 1，短期荷载时为 2，极端荷载发生时为 3

C_t：每种荷载条件下的系数、长期荷载时为 1，短期荷载时为 2，极端荷载发生时为 3/1.2

n：桩的根数（根）

A：群桩外侧的桩表面所包围的多边横截面积（m^2）

ga：把群桩下方作为基础荷载面，根据评估 9.3.3（b）基础底面地基的支持力时的公式（9.4），所得出的长期、短期以及极罕见荷载发生时相对应的各地基容许支持力（kN/m^2）

$\overline{P}$：群桩下端面向上作用的桩与土壤的单位面积重量（kN/m^2）

Φ：群桩外侧桩表面所围绕的多边形边长（m）

L：土壤中埋入的桩长度（m）

S：与桩接触的土的平均剪切抵抗（kN/m^2）

（7）对桩下沉情况的探讨

在类似于基础倾斜这种地基固结等引起不均匀沉降的地基中，关于该地基上面所设置的桩，应对其沉降量进行探讨并考虑其影响。

【解说】

关于桩的长期以及短期荷载发生时的容许支持力，根据国交省告示第 1113 号的规定进行计算，极罕见荷载发生时的容许支持力的计算参考建筑基础结构设计指南 2001[2]。

（1）关于单个桩的容许竖直支持力

关于单个桩容许竖直支持力的计算方法，应根据桩的种类采用 1）项的荷载试验或 2）项的 N 值等进行计算。

采用 N 值等的地基常数进行支持力计算的公式只限定于打入桩施工方法、水泥浆施工方法、填埋桩施工方法以及土钻施工等场地打入混凝土桩施工方法。施工方法不同，地基容许支持力也不同。如果是软弱的黏性土地基、软弱的黏性土地基上面部分的砂质土壤地基，除了在地震发生时可能出现液化的地基外，在可以确认由于基础桩以及地基沉降等原因，不会对上面部分结构产生有害损伤的情况下，可以作为摩擦力加入到计算公式中。

在支持力的计算公式中，如把桩直径作为 d，基本上桩前端附近的平均 N 值为从桩前端下面部分 $1d$ 到上面部分 $4d$ 范围内的地基 N 值的平均值。根据以往的施工情况或试验结果，不能依据其标准进行计算的话，可以根据实际情况进行处理。

(2) 关于桩容许拉力

要求单桩容许拉力的计算与容许竖直支持力的计算方法一样，如果是第 1) 项的情况，则采用拉伸试验方法，如果是第 2) 项的情况则采用 N 值等进行计算。

如果可以采用第 2) 项的计算公式，与容许竖直支持力的计算方法一样，只限定于打入桩施工方法、水泥浆施工方法埋入桩施工方法以及土钻施工等场地打入混凝土桩施工方法，作为长期以及短期容许支持力计算的侧面摩擦力的大小为压入侧面摩擦力的 0.8 倍。关于侧面的摩擦力，我们认为不仅是压入侧受到土质以及施工方法的影响，而且拉伸侧也会受到土质以及施工方法的影响。但是关于压入侧的摩擦力，对于用容许竖直支持力规定的三种施工方法，考虑到以往的实际情况，取了同一数值。拉伸侧的侧面摩擦力为压入侧的侧面摩擦力的 0.8 倍，这是因为存在两个原因，一是因为除上述情况外，对同一地基上所设置的两根桩进行试验，压入侧与拉伸侧之比大约为 0.8 倍，另外一个原因是在国内外的基础标准中，大多数标准都把拉伸侧的数值设定得比较低。

(3) 发生液化情况下的支持力的降低

对于液化情况，依照建筑基础结构设计指南 2001[2]的内容进行探讨。

在进行支持力分析时，可以采用等价反复剪切应力比。在求等价反复次数相关矫正系数时，如果是级别 1 地震，在等价线性分析（SHAKE）中，震度 $M=7.5$，大多数情况下有效应变为最大应变的 0.65 倍，如果是级别 2 地震考虑到安全因素，可以使用 $M=8.5$。

在其他情况下，对于 N 值较大的砾质土，N 值矫正或细粒含有率比较高，而对于 N 值可信度较低的土质，以建筑基础标准结构设计指南 2001[2]为准。

(4) 桩长细比对支持力降低的影响

关于桩长度与桩直径之比较大的桩，应考虑施工的精度，并降低桩竖直支持力。施工时所产生的桩倾斜会降低桩支持力。但是在进行桩荷载试验中，不需要考虑长细比。

在通过长细比降低支持力的情况下，如果是钢桩，则应考虑是否可以保证接头的可靠性，是否抗弯曲，施工精度是否高等因素，从而减少降低的程度[16]。

(5) 开口桩的闭塞效应

开口桩的闭塞效应作为闭塞效率 η，乘以极限桩尖支持力来计算桩的支持力。

(6) 群桩的支持力

在表示群桩支持力的公式中，第 1 项为桩尖支持力，第 2 项为侧面摩擦力。群桩的容许拉力采用了表示侧面摩擦力的第 2 项的内容。关于极罕见荷载发生时的拉力，相当于残留拉伸抵抗力，为最大拉力的 1/1.2。

(7) 对于桩沉降情况的探讨

在可能发生桩基础出现固结沉降的地基中，除了即时沉降量外应计算固结沉降量，评估桩沉降量时应把即时沉降量加上固结沉降量。计算方法参考建筑基础结构设计指南 2001[2]。

【与其他法规、标准、指南等的关系】

在道路规范及解说Ⅰ通用篇Ⅳ下部结构篇 2002 年版中，计算桩的容许竖直支持力（或容许拉力）时，根据考虑地基条件、施工方法等因素的地基情况，确保桩极限支持力（或极限拉力）安全度进行计算。地基所确定的极限支持力（或极限拉力），在进行地基调查的基础上，根据支持力计算公式进行计算，或进行荷载试验求该数值。

在建筑基础结构设计指南 2001 中，作为性能水平设定极限状态，计算于此相对应的支持力。根据地基情况所求得的极限竖直支持力为极限支持力、损伤极限为相当于短期容许支持力的极限值成立的 2/3，在使用极限状态下，原则上主要针对沉降情况进行探讨，关于支持力没有设定极限值。极限拉伸抵抗力的最终极限为残留拉伸抵抗力，在损伤极限状态下，为屈服拉伸抵抗力，在使用极限状态下为最大拉伸抵抗力的 1/3。

（b）桩反力的计算

长期、短期、极罕见荷载发生时，桩的竖直反力以及桩拉伸反力分别按照如下公式进行计算。

$$N_{Cmax}=\frac{N_B}{n}+\frac{M_B X_n}{\sum m_i x_i^2} \tag{9.23}$$

$$N_{Tmax}=\frac{N_B}{n}-\frac{M_B X_o}{\sum m_i x_i^2} \tag{9.24}$$

在此

N_{Cmax}：桩最大竖直反力（kN）

N_{Tmax}：桩最大竖直反力（kN）

N_B：作用基础底面的竖直力（kN）

n：桩的总根数

M_B：作用于基础底面的弯矩（kN・m）

X_o：从群桩中心到最边缘桩的中心的距离（m）

M_t：从群桩中心到第 i 列的桩根数（根）

X_l：从群桩中心到第 i 列的桩的中心的距离（m）

【解说】

桩反力的计算方法包括惯用法、变形法、平面框架计算方法，由于各个计算方法所得的结果有很大的差异，本指南采用了惯用法。

计算长期、短期荷载发生时的桩反力原则上采用公式（9.23）、公式（9.24）所示的惯用法，并且前提是底部为刚体。如果采用变形法，那么底部应为刚体，根据桩轴方向弹性常数以及桩横向弹性常数评估桩以及地基，计算其线性弹性。

【与其他法规、标准、指南等的关系】

在道路规范及解说Ⅰ通用篇Ⅳ下部结构篇 2002 年版中，

（1）合理地考察桩以及地基特性，计算出桩基础桩反力以及位移。

（2）在如下情况下，可以视为满足上述（1）的要求。

在计算桩基础的桩反力以及位移时，底部应为刚体，根据桩轴方向弹性常数以及桩横向弹性常数评估桩以及地基，计算其线性弹性。并且还说明了位移法，该方法采用与作用整个桩基础的水平力、竖直力、回转力矩相吻合的公式。

在建筑基础结构设计指南 2001 中，设定了合理的分析模型，在何种荷载条件下，求所需探讨项目的设计应答值，由此来确认是否达到了设计极限值。分析模型包括上部结构-桩基础分离模型，上部结构-桩基础弹簧置换模型、上部结构-桩基础的一体化分析模型、基础梁-桩基础模型等。

（c）桩基础稳定性的探讨

长期、短期、极罕见荷载发生时、桩基础的稳定性的探讨如下所示。

（1）桩的竖直反力应低于桩容许竖直支持力。

（2）桩的拉伸反力应低于桩的容许拉伸力。

【解说】

在各荷载作用时，应对桩容许竖直支持力、容许拉伸力进行评估，要求桩反力应低于其数值。

9.4.4 结构计算

(a) 结构计算的基本内容

(1) 在结构计算方面，应对底部、桩、桩与底部接合部分进行计算。

(2) 可以把锚固部分作为固定端对悬臂梁进行模型化，或者把桩支持的梁进行模型化，在合理的荷载状态下设计底部结构。

(3) 把悬臂梁固定端位置设定为基本的底部评估横截面。但是如果底部为梯形的话，其他横截面也应评估。

(4) 计算长期与短期荷载水平力所产生的桩横截面力时，假设桩顶端固定，把桩作为弹性地基上的梁对桩进行计算。计算极罕见荷载发生时的桩横截面时，应考虑地震发生时的惯性力以及地基的位移情况。此时可以考虑地基以及桩的非线性。

(5) 原则上把桩与底部的接合部分作为刚性接合部分来进行计算。

【解说】

底部结构计算依据 9.3.4 项所示的直接基础的结构计算为准。桩结构计算要分长期以及短期荷载发生情况与极罕见荷载发生情况来考虑。

长期与短期荷载发生时的桩水平力所产生的桩横截面力的计算要把桩头固定，把桩作为弹性地基上的梁来考虑。另外关于受到压力与弯矩、拉伸力与弯矩、剪切力情况，对桩的应力进行评估。

另一方面，极罕见荷载发生时，应保证桩竖直支持力以及拉力，容许产生弯矩所引起的桩塑性化的情况，但是不得发生剪切破坏情况。

因此在极罕见荷载发生时，对于水平力所产生的桩弯曲，可以考虑地基以及桩的非线性情况。并且桩不被剪切力破坏，可以确保其支持力，所以设计时要保证低于短期容许应力。但是如果是弯曲先行破坏型桩，则可以设定最终剪切承载力。

(b) 横截面力的计算

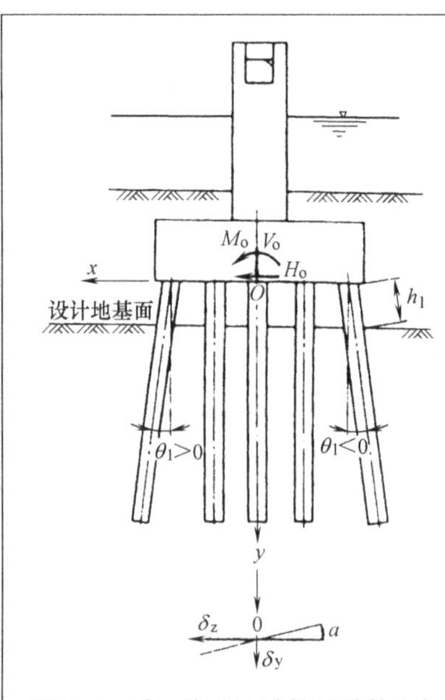

图 9.9 采用位移法计算的计算坐标

(1) 底部

底部横截面力的计算以 9.3.4 项所示的直接基础结构计算的内容为准。

(2) 桩

1) 长期、短期荷载发生时

桩轴力为最大桩反力。

桩弯矩如下所示。

a) 把桩作为弹性支持梁所求得的桩头弯矩（埋入土壤中的桩头弯矩-桩头固定）

$$M_0=\frac{H_0}{2\beta} \tag{9.25}$$

b) 把桩作为弹性支持梁所求得的桩弯矩（埋入土壤中的最大弯矩-桩头为铰）

$$M_0=\frac{H_0}{\beta}e^{\left(-\frac{\pi}{4}\right)}\sin\frac{\pi}{4} \tag{9.26}$$

在此

H_0：作用于桩头的水平荷载（kN）

c）用位移法计算的桩头弯矩

$$M_{ti}=\frac{1}{n}(M_0-\sum P_{Ni}x_i) \tag{9.27}$$

$$P_{Ni}=\frac{V_0}{n}+\frac{M_0+\frac{1}{2}\gamma H_0}{\sum x_i^2+\frac{n}{K_v}\left(K_4-\frac{K_2^2}{K_1}\right)}x_i \tag{9.28}$$

在此

P_{Ni}：第 i 个桩轴向力（kN）

M_{ti}：作用于第 i 个桩头的外力矩（kN·m）

H_0：底部的底面向上作用的水平荷载（kN）

V_0：底部的底面向上作用的垂直荷载（kN）

M_0：圆点 O 周围的外力矩（kN·m）

n：桩根数

X_i：第 i 个桩头的 x 坐标

K_1、K_2、K_3、K_4：桩轴直角方向弹性常数（表 9.26）

K_r：桩轴方向弹性常数（kN/m）

λ：$h+1/\beta$（m），桩头为支点时，$1/2\lambda H_0=0$

桩轴直接方向弹性常数　　**表 9.26**

	桩头刚接的情况		桩头为铰的情况	
	$h\neq0$	$h=0$	$h\neq0$	$h=0$
K_1	$\frac{12EI\beta^3}{(1+\beta h)^3_{+2}}$	$4EI\beta^3$	$\frac{3EI\beta^3}{(1+\beta h)^3+0.5}$	$2EI\beta^3$
K_2、K_3	$K_1\ \frac{\lambda}{2}$	$2EI\beta^2$	0	0
K_4	$\frac{4EI\beta(1+\beta h)^3+0.5}{1+\beta h(1+\beta h)^3+2}$	$2EI\beta$	0	0

注：为半无限长（$\beta L_B\geqslant3$）桩如表 9.26 所示。

在此

EI：桩弯曲刚度（kN·m²）

H：从设计地基面到上方桩轴方向的长度（m）

桩的特性值 β 的计算公式如下所示。

$$\beta=\sqrt[4]{\frac{K_H D_p}{4EI}}(m^{-1}) \tag{9.29}$$

在此

k_H：水平方向地基反力系数（kN·m²）

D_p：桩直径（m）

另外如果根据地质调查以及土质实验结果来求的话，水平方向地基反力系数应根据如下公式求得。

$$k_H=k_{H0}\left(\frac{B_H}{0.3}\right)^{\frac{3}{4}} \tag{9.30}$$

在此

B_H：是指与荷载作用方向正交的基础换算荷载宽度，对桩基础，$B_H=\sqrt{D_p/\beta}$（m）

K_{H0}：是指相当于直径 0.3m 的刚体圆板进行平板荷载试验数值的水平方向地基反力系（kN/m³），根据各种土质试验或调查求变形系数，则为 $K_{H0}=1/0.3\ (\alpha E_0)$

E_0：是指按照表 9.22 所示的方法测定或推测的设计对象位置上的地基变形系数（kN/m²）

α：是指用于推测表 9.22 所示的地基反力系数的数值

而且根据如下公式推测桩轴方向弹性常数 K_y

$$K_V=\alpha\frac{A_pE_p}{L} \tag{9.31}$$

在此

K_V：桩轴方向弹性常数（kN/m）

A_P：桩横截面积（mm²）

E_p：桩的杨氏模量（kN/mm²）

L：桩长度（m）

α：采用预制打入桩（打击施工方法）时，$\alpha=0.014(L/D)+0.72$，如果是现场浇筑桩的话，$\alpha=0.031\ (L/D)-0.15$

2）极罕见荷载发生时

a）惯性力引起的桩横截面力采用分析模型进行计算，该分析模型中把桩假设为具有弯曲刚度的梁，并把地基假设为弹簧，并用如下微分方程式的解进行计算。

$$\frac{d^2}{dz^2}\left[K\frac{d^2y}{dz^2}\right]+pB=0 \tag{9.32}$$

且

$$P=K_hy$$

在此

K：考虑了桩非线性的弯曲刚度（kN・m²），在弹性范围内与 EI 相等

y：桩水平位移（m）

z：深度（m）

p：深度 z 时水平地基反力（kN/m²）

B：桩直径（m）

K_h：深度 z 时水平地基反力系数（kN/m³）

b）根据 5.4.7 项所示的响应位移法对地基位移引起的桩横截面力进行评估。

c）惯性力与地基位移引起的桩横截面力的重叠如表 5.6 所示。

【解说】

（1）底部结构的计算

底部结构的计算依据 9.3.4 项所示的直接基础结构计算的内容。

（2）桩的结构计算

关于桩的结构计算应分长期以及短期荷载发生的情况与极罕见荷载发生情况进行评估。长期、短期荷载发生时，桩以及地基作为弹性体，并说明了如下计算公式，a）桩头固定时的桩头弯矩，b）桩头作为铰时的最大弯矩，c）位移法中桩头弯矩的计算公式。在考虑这些数值的基础上对设计弯矩进行设定。

在极罕见荷载发生时，对于作用于桩头水平力的桩水平抵抗以及位移方法以建筑基础结构设计指南 2001[2] 中所示的桩水平抵抗计算方法为准。

（c）对弯矩的评估

(1) 底部

对底部弯矩的评估以 9.3.4 项所示的直接基础的结构计算内容为准。

(2) 桩

1) 长期、短期荷载发生时、桩的应力应低于长期容许应力。

2) 极罕见荷载发生时，作用于桩的弯矩应低于桩最终弯矩。

【解说】

底部结构计算以 9.3.4 项所示的直接基础结构计算的内容为准。长期、短期荷载发生时、桩的应力应低于短期容许应力。另外极罕见荷载发生时，对于桩的弯曲，应考虑桩以及地基的塑性化，作用于桩的弯矩应低于最终弯矩。

(d) 对剪切力的评估

(1) 底部

对底部剪切力的评估以 9.3.4 项所示的直接基础的结构计算内容为准。

(2) 桩

1) 长期、短期荷载发生时、桩的应力应低于长期容许应力。

2) 极罕见荷载发生时，桩的剪切应力应低于短期容许应力，并且作用于桩的剪切力应低于根据短期容许应力所求得的桩剪切力。

【解说】

底部结构计算以 9.3.4 项所示的直接基础结构计算的内容为准。长期、短期荷载发生时、桩的应力应低于短期容许应力。另外极罕见荷载发生时，其设计应力应低于短期容许应力。

(e) 桩的计算方法

(1) 长期、短期荷载发生时

1) 模型化

假设桩头固定，把桩作为弹性地上的梁，对水平力所产生的桩横截面力进行计算，如受到压力与弯矩，或受到拉力与弯矩、受到剪切力，应分别对这些情况下的桩应力进行评估。

2) 计算方法

a) 按照如下公式求受到轴力与弯矩时钢管桩的应力以及剪切应力。

$$\sigma=\frac{N}{A}\pm\frac{M}{Z} \tag{9.33}$$

$$\tau=\frac{Q}{A} \tag{9.34}$$

在此

σ：桩应力（N/mm^2）

τ：桩的剪切应力（N/mm^2）

M：作用于桩的弯矩（Nmm）

N：作用于桩的轴力（N）

Q：作用于桩的剪切力（N）

A：桩的横截面积（m^2）

Z：桩的断面系数（mm^3）

b) 按照如下公式对受到轴力与弯矩 PHC 桩应力以及剪切应力。

$$\sigma_c=\sigma_{ce}+\frac{N}{A_e}+\frac{M}{Z_e} \tag{9.35}$$

$$\sigma'_c=\sigma_{ce}+\frac{N}{A_e}-\frac{M}{Z_e} \tag{9.36}$$

$$\sigma_p=\sigma_{pe}-n\frac{N}{A_e}+n\frac{M}{Z_e} \tag{9.37}$$

$$\tau=\frac{Q}{A_e} \tag{9.38}$$

且

$$A_e=A_c+nA_p$$

$$Z_e=\frac{\left\{\frac{\pi}{4}(r^4-r'^4)+\frac{1}{2}nA_p r_p^2\right\}}{r}$$

在此

σ_c：混凝土压缩边应力（N/mm²）

σ'_c：混凝土拉伸边应力（N/mm²）

σ_p：PHC 钢材的拉伸应力（N/mm²）

σ_{ce}：有效预应力（N/mm²）

σ_{pe}：PHC 钢材的有效拉伸应力（N/mm²）

τ：桩剪切应力（N/mm²）

M：作用于桩的弯矩（Nmm）

N：作用于桩的轴力（N）

Q：作用于桩的剪切力（N）

A_e：桩的换算横截面积（mm²）

Z_e：桩换算横截面常数（mm³）

A_c：桩混凝土横截面积（mm²）

A_p：预应力钢筋的横截面积（mm²）

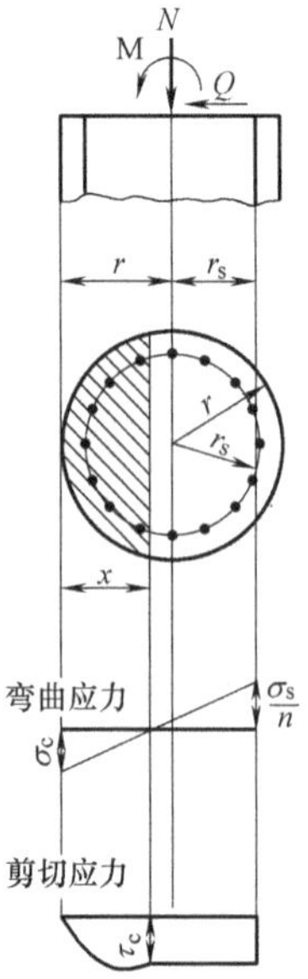

r：桩的外半径（mm）

r'：桩的内半径（mm）

r_p：从桩中心到预应力钢筋横截面中心的距离（mm）

n：PHC 钢材与混凝土的杨氏模量参数比

c）作用于现场浇筑桩的横截面力与应力请参考图 9.10。

① 全截面压缩的情况

按照如下公式求混凝土的压缩应力与混凝土剪切应力。

$$\sigma_c=\frac{N}{A_i}+\frac{Ne}{I_i}r \tag{9.39}$$

$$\tau_c=\frac{Q\left(r^3+\frac{3}{2\pi}nA_s r_s\right)}{3rI_i} \tag{9.40}$$

且

$$e=\frac{M}{N},p=\frac{A_s}{\pi r^2},A_i=\pi r^2+nA_s,I_i=\frac{\pi r^4}{4}+\frac{nA_s r_s^2}{2}$$

在此

σ_c：混凝土压缩应力（N/mm²）

图 9.10 作用力以及应力[14]

τ_c：混凝土剪切应力（N/mm²）

M：作用于桩的弯矩（Nmm）

N：作用于桩的轴力（N）

Q：作用于桩的剪切力（N）

A_i：桩的等价横截面积（mm²）

I_i：桩的等价横截面惯性矩（mm⁴）

r：桩的半径（mm）

r_s：桩中心与钢筋中心的距离（mm）

n：杨氏模量比

p：配筋率

A_s：钢筋的横截面积（mm²）

② 产生拉伸的情况

分别按照如下公式求混凝土的压缩应力、钢筋的拉伸应力、混凝土的剪切应力。

$$\sigma_c=\frac{M'}{r^3}C \tag{9.41}$$

$$\sigma_s=\frac{M'}{r^3}Sn \tag{9.42}$$

$$\tau_c=\frac{Q}{r^2}Z \tag{9.43}$$

在此

$$M'=M+Nr$$

$$C=\frac{1-\cos\phi}{\frac{2\sin^3\phi}{3}-\phi\cos\phi+\sin\phi\cos^2\phi+\frac{\phi}{4}-\frac{\sin\phi\cos\phi}{4}-\frac{\sin^3\phi\cos\phi}{6}+\pi np\left(\frac{\alpha^2}{2}-\cos\phi\right)} \tag{9.44}$$

$$S=C\frac{\alpha+\cos\phi}{1-\cos\phi} \tag{9.45}$$

$$Z=\frac{\mathrm{np}\{\alpha\sin\phi_s-(\pi-\phi_s)(\xi-1)\}}{2\sin\phi\left\{(\phi-\sin\phi\cos\phi)\left(\xi^2+\frac{5}{4}\right)+2\xi\left(-\phi+\sin\phi\cos\phi+\frac{2}{3}\sin^3\phi\right)+\sin^3\phi\left(\frac{\cos\phi}{2}-\frac{4}{3}\right)+\pi np(1-\xi)^2+\pi np\frac{\alpha^2}{2}\right.} \tag{9.46}$$

且

$$\xi=\frac{\phi-\sin\phi\cos\phi-\frac{2}{3}\sin^3\phi+\pi np}{\phi-\sin\phi\cos\phi+\pi np}$$

$$\phi_s=0 \qquad 0\leqslant\phi\leqslant\cos^{-1}(\alpha)$$

$$r\cos\phi=r_s\cos\phi_s \qquad \cos^{-1}(\alpha)\leqslant\phi\leqslant\cos^{-1}(-\alpha)$$

且 C，S，Z 中的 ϕ 为满足如下公式的角度（rad）。

$$\frac{e}{r}=\frac{\frac{\phi}{4}-\sin\phi\cos\phi\left(\frac{5}{12}-\frac{1}{6}\cos^2\phi\right)+\frac{\pi np}{2}\alpha^2}{\frac{\sin\phi}{3}(2+\cos^2\phi)-\phi\cos\phi-\pi np\cos\phi} \tag{9.47}$$

$$e=\frac{M}{N},\alpha=\frac{r_s}{r},p=\frac{A_s}{\pi r^2}$$

在此

σ_c：混凝土的压缩应力（N/mm²）

σ_s：钢筋的拉伸应力（N/mm²）

τ_c：混凝土的剪切应力（N/mm²）

M：作用于桩的弯矩（Nmm）

N：作用于桩的轴力（N）

Q：作用于桩的剪切力（N）

r：桩的半径（mm）

r_s：桩中心与钢筋中心的距离（mm）

n：杨氏模量比

p：配筋率

A_s：钢筋的横截面积（mm^2）

（2）极罕见荷载发生时

1）桩的模型化

根据地基调查结果所得到的地层构成情况，沿桩轴方向把桩以及地基进行分割，同时要设定各单元的弯矩 M 与曲率 ϕ，或者水平地基反力 P 与水平位移量 y 的关系。用合理的函数表示 M-ϕ 关系以及 p-y 关系的曲线或用包括双线性在内的数根折线表示，通过直接迭代法或增分法进行分析。

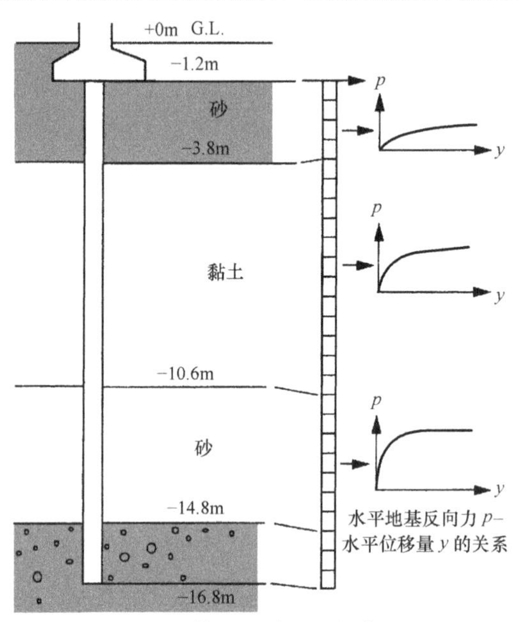

图 9.11 计算模型事例[2]

2）p-y 关系的设定

$$k_h=\begin{cases}\min(3.16k_{h0},p_y y^{-1}) & (0.0\leqslant\bar{y}\leqslant 0.1)\\ \min(k_{h0}y^{-1/2},p_y y^{-1}) & (0.1\leqslant\bar{y})\end{cases} \tag{9.48}$$

在此

$\bar{y}$：无量纲水平位移

K_h：水平地基反力系数

K_{h0}：标准水平地基反力系数（水平位移 1cm 时的水平地基反力系数）

P_y：塑性水平地基反力

而且按照如下公式求标准水平地基反力系数 K_{h0}

$$k_{h0}=\alpha\xi E_0\bar{B}^{-3/4},\xi=\begin{cases}0.15\dfrac{R}{B}+0.10 & \left(\dfrac{R}{B}\leqslant 6.0\right)\\ 1.0 & \left(\dfrac{R}{B}>6.0\right)\end{cases}$$

在此

α：根据评估方法确定常数（m^{-1}），采用表 9.27 所示的数值

§ ：考虑到群桩影响的系数，单桩的情况下为 1.0

E_0：变形系数（kN/m^2）

$\overline{B}$：无量纲桩直径（用 cm 表示的无量纲数值）

系数 α 的数值　**表 9.27**

ⅰ)	钻探孔内测定的地基变形系数	黏性土 $\alpha=80$ 砂质土 $\alpha=80$
ⅱ)	根据单轴或三轴压缩试验所求得的地基变形系数	黏性土 $\alpha=80$
ⅲ)	根据评估土壤层的平均 N 值，按照 $E_0=700N$ 所推测的地基变形系数	黏性土 $\alpha=80$ 砂质土 $\alpha=80$

而且塑性水平地基反力 P_y 按照如下公式进行计算。

① 砂质土壤地基

$$\frac{p_y}{\gamma_B}=\kappa K_p\frac{z}{B}$$

且

$$\kappa=\min\left(\alpha\left(\frac{R}{B}-1.0\right)+0.4\quad 3.0\right),\alpha=0.55-0.007\phi\qquad(\kappa\leqslant 3.0)$$

在此

γ：地基单位体积重量（kN/m^3）

k：考虑群桩影响的系数，如果单桩则 $K=3.0$

K_p：被动土压系数

z：深度（m）

R/B：桩中心间隔比，R 为桩中心间隔，B 为桩直径

ϕ：内部摩擦角（°）

② 黏性土地基

$$\frac{p_y}{\gamma B}=\begin{cases}2\left(1+\mu\dfrac{z}{B}\right)\dfrac{c_u}{\gamma B} & \left(\dfrac{z}{B}\leqslant 2.5\right)\\ \lambda\dfrac{c_u}{\gamma_B} & \left(\dfrac{z}{B}\geqslant 2.5\right)\end{cases}$$

且

$$\mu=\begin{cases}0.6\dfrac{R}{B}-0.4,\lambda=3.0\dfrac{R}{B} & \left(\dfrac{R}{B}<3.0\right)\\ 1.4,\lambda=9.0 & \left(\dfrac{R}{B}\geqslant 3.0\right)\end{cases}$$

在此

C_u：非排水剪切强度（kN/m^2）

μ、λ：考虑群桩影响的系数，如果为单桩，则 $\mu=1.4$，$\lambda=9.0$.

3）M-Φ 关系的设定

a）钢管桩的 M-Φ 关系如图 9.12 所示，钢管的全塑性矩为上限值的双线性。

$$M_p=M_{p0}\cos(\alpha\pi/2)\tag{9.49}$$

$$\phi'_y=(M_p/M_y)\phi_y\tag{9.50}$$

且

$$M_{p0}=Z_p\sigma_y,M_y=(\sigma_y-N/A)Z_e,\phi_y=M_y/EI,\alpha=N/N_0$$

$$Z_p=\frac{4}{3}r^3\{1-(1-t/r)^3\}, Z_e=\frac{\pi}{4}\{r^4(r-t)^4\}/r, N_0=\sigma_y A$$

在此

M_p：钢管桩的全塑性矩（kN・m）

M_{p0}：在没有轴力的情况下钢管桩的全塑性矩（kN・m）

Φ_y'：倾斜变化点的钢管桩曲率（l/m）

M_y：钢管桩屈服力矩（kN・m）

Φ_y：钢管屈服时的曲率（l/m）

α：在没有力矩时屈服轴力 N_0 与作用轴力 N 的比值

N_0：在没有力矩时的屈服轴力（kN）

Z_P：钢管的塑性横截面系数（m^3）

Z_e：钢管的横截面系数（m^3）

σ_y：钢材的屈服点（kN/m^2）

r：钢管的半径（m）

t：钢管的板厚（m）

A：钢管的横截面积（m^2）

EI：钢管的弯曲刚度（kN・m^2）

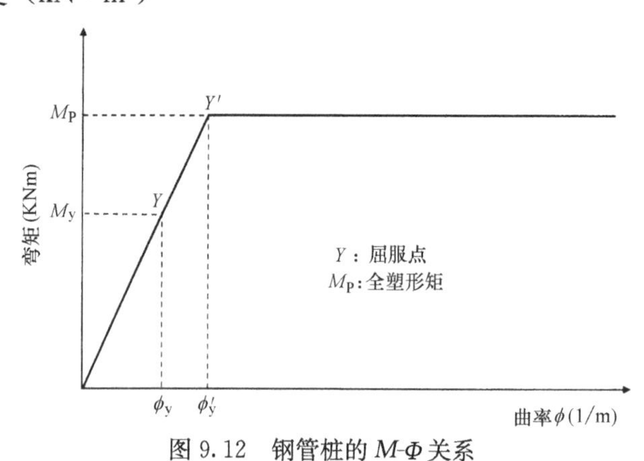

图 9.12 钢管桩的 M-Φ 关系

b）PHC 桩 M-Φ 关系如图 9.13 所示，并进行模型化，把其做成三线性图形。在假设有如下内容的情况下对 PHC 桩的 M-Φ 关系进行计算[17]

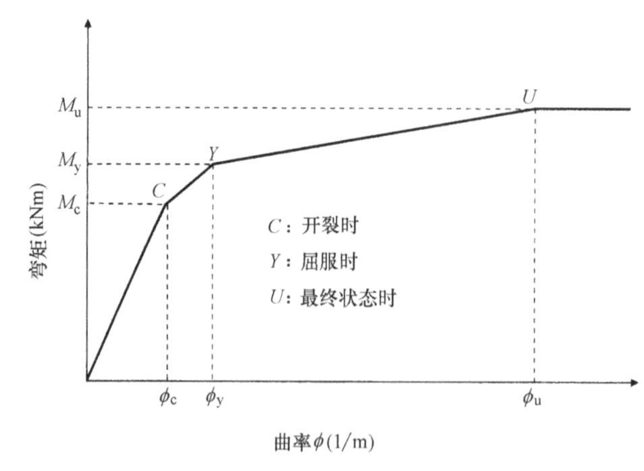

图 9.13 PHC 桩的 M-Φ 关系

① PHC 桩的横截面到发生破坏前以保持平面。

② 同一圆周上均等设置的预应力钢筋应为等横截面的薄型钢管。

③ 拉伸最外侧边的混凝土应力达到弯曲拉伸强度时，会发生弯曲龟裂，忽略拉伸混凝土应力的基础上求之后的曲率。

④ 屈服时间为拉伸最外边的预应力钢筋应力达到屈服点的时间，所谓最终时间是指压缩边上混凝土的应变达到最终应变的时间，或者预应力钢筋拉伸应变达到 0.05 的时间。

⑤ 混凝土的应力-应变曲线如图 9.14 所示。

⑥ 预应力钢筋的应力-应变曲线如图 9.15 所示。

⑦ 横截面的中立轴是指混凝土压缩应变为 0 的位置。

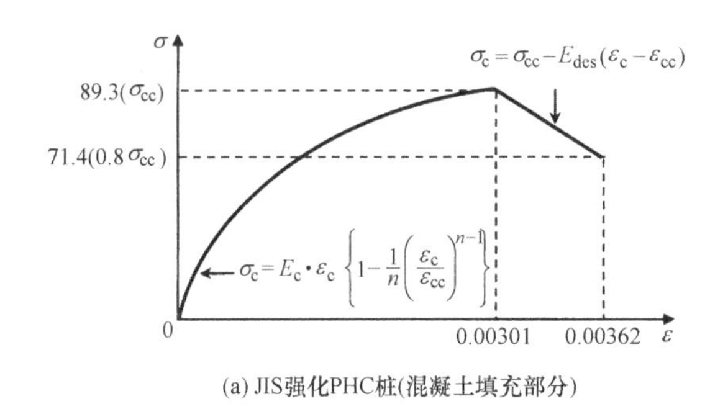

(a) JIS强化PHC桩(混凝土填充部分)

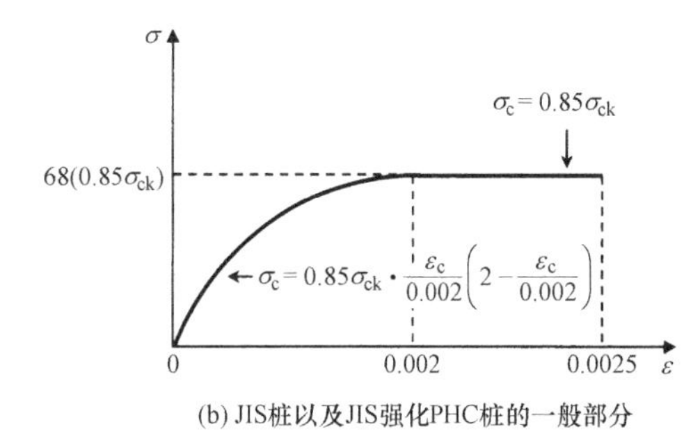

(b) JIS桩以及JIS强化PHC桩的一般部分

图 9.14　混凝土应力-应变曲线

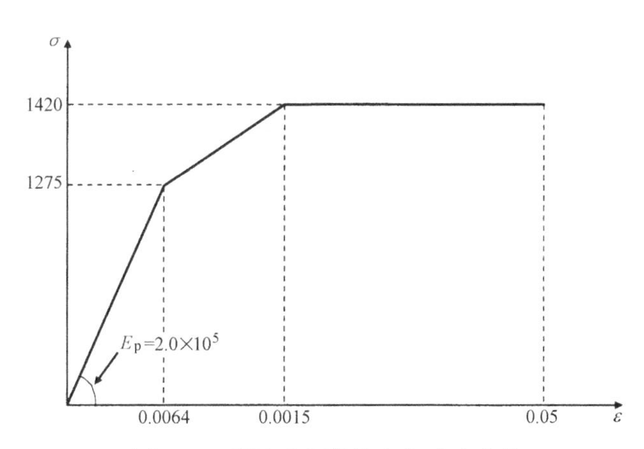

图 9.15　预应力钢筋的应力-应变曲线

在此

M_u：桩极限弯矩（kN・m）

M_y：桩屈服时的弯矩（kN・m）

Φ_u：极限时桩的曲率（l/m）

Φ_c：屈服时的桩曲率（l/m）

σ_{cc}：中间填充部分混凝土的强度（N/mm^2）

σ_{ck}：混凝土的设计标准强度（N/mm^2）$\sigma_{ck}=F_c$

ε_c：混凝土的应变

ε_{cc}：混凝土达到最大压缩应力时的应变

σ：预应力钢筋的应力（N/mm^2）

ε：预应力钢筋的应变

E_p：预应力钢筋的杨氏模量（N/mm^2）

混凝土弯曲拉伸强度为 $0.23\sigma_{ck}^{(2/3)}$。

c）现场浇筑桩的 M-Φ 关系的计算顺序与 PHC 桩一样。有效预应力为 0，钢筋的应力-应变关系如图 9.16 所示。

在此

σ_{sy}：钢筋的屈服点（N/mm^2）

σ_s：钢筋的应力（N/mm^2）

E_s：钢筋的杨氏模量（N/mm^2）

ε_s：钢筋的应变

4）计算方法

a）钢管桩极限弯矩为公式（9.29）所示的全塑性弯矩。永久荷载作用时，桩头反力为轴力，可以计算出桩的 M-Φ 关系。

b）PHC 桩极限弯矩为在桩压缩边上混凝土应变达到 0.0025 时或预应力钢筋应变达到 0.05 时的数值。如果是从群桩形心位置到压入一侧的桩，则在永久荷载作用下桩头反力为轴力，如果是拉伸侧的桩，则轴力为 0，由此可以计算出桩的 M-Φ 关系。

c）现场浇筑桩的极限弯矩与 PHC 桩一样。

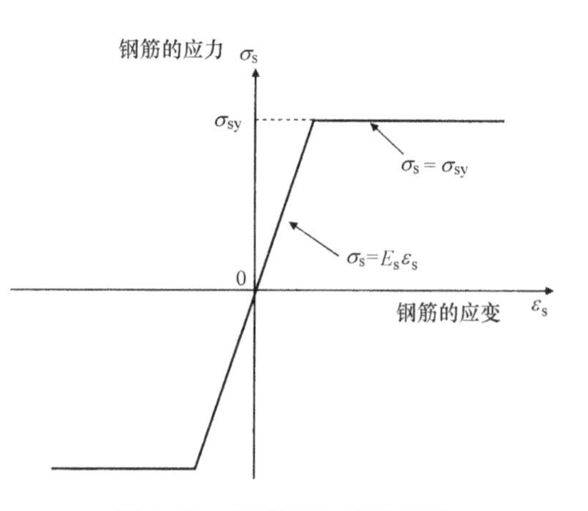

图 9.16　钢筋应力-应变曲线

【解说】

关于桩的结构计算以如下内容为基本计算方法。

极罕见荷载发生时的极限弯矩可以根据桩材料的应力 σ 与应变 ε 的关系，或者根据假设保持横截面平面所计算的桩弯矩 M 与曲率 Φ 的关系进行计算。关于 PHC 桩、现场浇筑桩的详细计算方法，以预制混凝土桩基础结构设计手册[17]所示的公式为准。

由于在极罕见荷载发生时，可以可靠地确保桩的支持力，所以桩剪切承载力与短期容许应力相当。因此对于桩剪切力的探讨基本上规定即使发生极罕见荷载，也应低于短期容许应力。并且在文献[17]中，规定“PHC 桩的最终剪切承载力力＝混凝土开裂承载力”。需要注意计算这些不同类型桩的最终剪切承载力。但是如果是弯曲先行破坏型的桩，可以根据该设计方法的计算公式设定最终剪切承载力。

（f）对桩与底部接合部分的探讨

原则上桩与底部接合部分为刚性接合部分，并对该接合部分所产生的应力进行评估。

（1）对于轴向压入力，底部混凝土的竖直承压应力以及底部混凝土竖直方向冲击剪切应力分别应低于容许承压强度以及容许剪切强度。

$$\sigma_{cv}=\frac{P}{\pi D^2/4}\leqslant\sigma_{ba} \quad (9.51)$$

$$\tau_v=\frac{P}{\pi(D+h)h}\leqslant\tau_a \quad (9.52)$$

在此

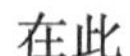

P：每根桩上所施加的最大压力（N）

D：桩的外径（mm）

h：从埋入底部的桩端部到底部端部的距离（mm）

σ_{cv}：混凝土竖直承压应力（N/mm^2）

τ_v：混凝土竖直方向冲压剪切应力（N/mm^2）

σ_{cy}：混凝土容许承压应力（N/mm^2）

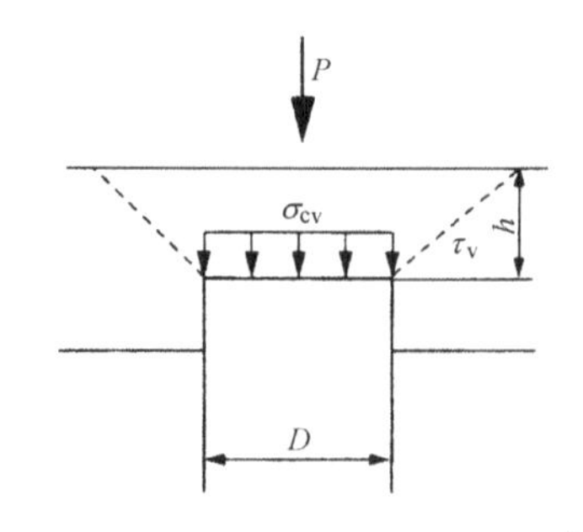

图 9.17　对轴向的压入力的探讨[2]

τ_a：混凝土容许剪切应力（N/mm²）

（2）对于轴向的拉力，锚固钢筋与底部混凝土附着应力以及锚固钢筋的拉应力分别应低于容许强度。

$$f=P_t/(nl\psi)\leqslant f_a \quad (9.53)$$

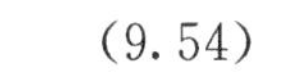

$$\sigma_t=\frac{P_t}{n(\pi d_b^2/4)}\leqslant f_y \quad (9.54)$$

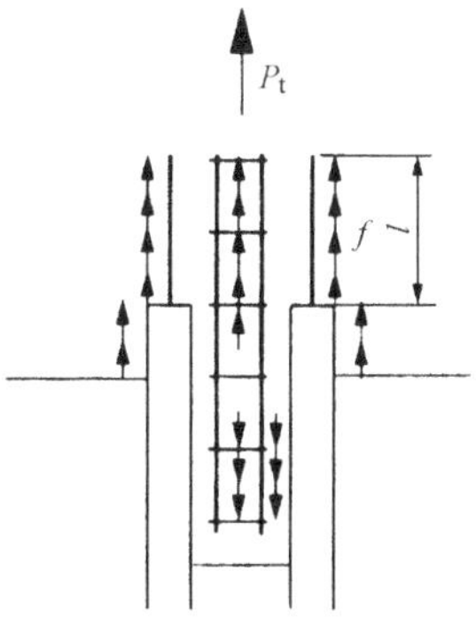

在此

P_t：每根桩所施加的最大拉力（N）

ψ：锚固钢筋的周长（mm）

l：锚固钢筋的长度（mm）

d_b：锚固钢筋直径（mm）

n：每根桩的锚固钢筋根数（根）

f：锚固钢筋与底部混凝土粘结应力（N/mm²）

σ_t：锚固钢筋拉应力（N/mm²）

f_a：锚固钢筋的拉应力（N/mm²）

f_y：锚固钢筋的容许拉应力（N/mm²）

图 9.18　对轴向拉力的探讨[2)]

（3）对于水平力，底部混凝土的水平承压应力以及底部混凝土水平方向冲击剪切应力分别应低于容许承压强度以及容许剪切强度。

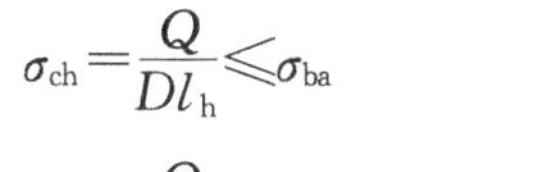

$$\sigma_{ch}=\frac{Q}{Dl_h}\leqslant\sigma_{ba} \quad (9.55)$$

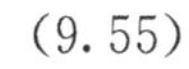

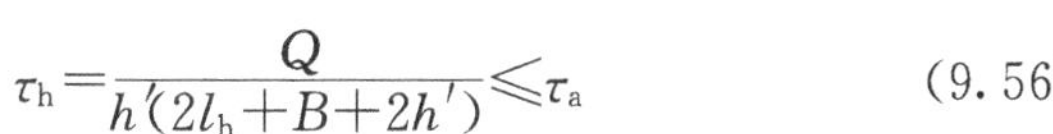

$$\tau_h=\frac{Q}{h'(2l_h+B+2h')}\leqslant\tau_a \quad (9.56)$$

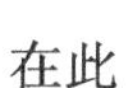

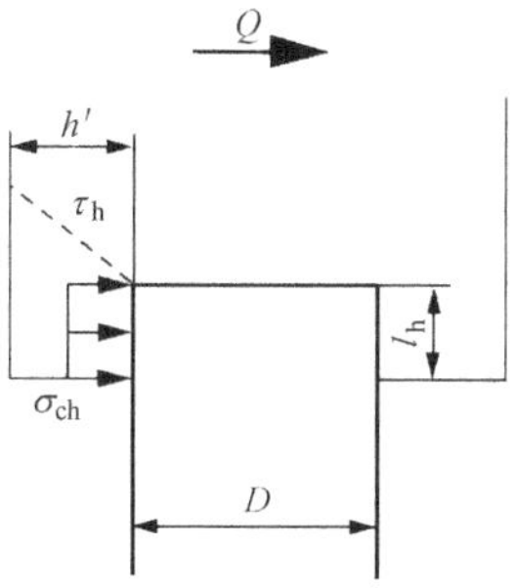

在此

Q：作用于每根桩的水平力（N）

l_h：桩的埋入长度（mm）

h'：从埋入底部的桩侧面到底部侧面的距离（mm）

σ_{ch}：混凝土水平承压应力（N/mm²）

τ_h：混凝土水平方向穿孔剪切应力（N/mm²）

图 9.19　对水平方向的剪切力的探讨[2]

（4）应按照如下公式对桩所产生的底部拉伸剪切应力进行评估，考察期是否低于容许剪切应力。

$$\tau_p=\frac{P}{u_p d}\leqslant\tau_{a3} \quad (9.57)$$

且

$u_p d=\pi(D+d)d$

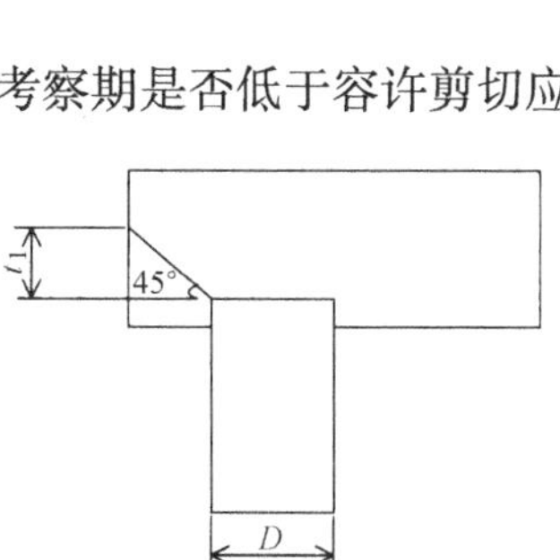

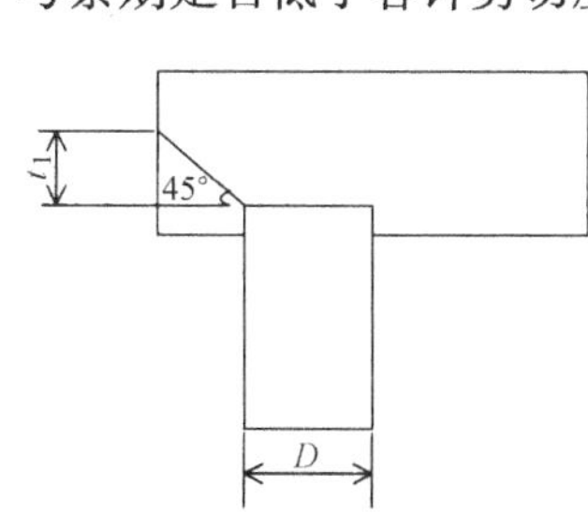

在此

P：桩所产生的集中荷载（桩反力）（N）

u_p：设计横截面的周长（mm）

d：底部有效高度（mm）

τ_p：拉伸剪切应力（N/mm²）

τ_{a3}：根据拉伸剪切确定的容许剪切应力（N/mm²）

图 9.20　对桩所产生的拉伸剪切力的探讨[4]

另外如图 9.20 所示，如果 t_1 比底部有效高度 d 的数值小，按照如下公式求剪切面积 $u_p d$。

$$u_p d=\pi(D+t_1)t_1 \quad (9.58)$$

【解说】

一般而言，桩与底部的结合方法包括如下两种方式，一种是根据桩径长度把桩埋入底部内的埋入方式，另外一种是底部内的桩埋入长度受到最小数值的限制，主要用钢筋进行加固的方法。将通过这种方式抵抗桩头弯矩。关于结合方法请参考 9.5.2 项的桩结构细节。

在本指南中，把接合部分假设为刚性接合，接合部分应力评估以及桩引起的底部拉伸剪切力的评估采用建筑基础结构设计指南 2001 以及混凝土标准规范 2002 中所示的方法。

本指南之所以把底部与桩的接合部分假设为刚性接合部分，是因为存在两个原因：一个原因是从实验我们知道以往很多的接合方法具有相当大的固定程度，另外一个原因是设计时通常把其假设为桩头固定的情况。如下所示的任何一种方法如果能根据本文所示的各种强度计算公式确认其强度的话，就可以把其作为刚性结合部分来进行设计。

(1) 主钢筋锚固方法

(2) 中间充填混凝土加固方式

(3) 埋入方式

【与其他法规、标准、指南等的关系】

在道路规范及解说Ⅰ通用篇Ⅳ下部结构篇 2002 年版中，对完成后的荷载，其设计如下所示。

(1) 根据地基的特性计算轴向压入力或轴向拉伸力引起的桩各部分轴力。

(2) 把桩作为弹性地基上的梁，计算桩横向以及桩头力矩引起的桩各部分弯矩以及剪切力。

(3) 评估桩各部分的轴力、弯矩以及剪切力是否安全。

作为桩横截面力、位移等计算方法，还说明了半无限长度的桩（桩根埋入长度大于 $3/\beta$ 时）与有限长桩（桩长小于 $3/\beta$ 时）计算公式。

另外对极罕见荷载发生时的评估如下所示。

在计算桩基础的各部件的横截面力、桩头反力以及位移时，把桩基础换成考虑非线形地基弹簧所支持的结构进行计算。在此根据桩所产生的轴力以及弯矩，降低桩的弯曲刚度。

由于桩弯矩考虑了构件塑性化所引起的刚度降低的情况，所以可以省略对构件的评估。对剪切力的评估应判断其是否低于桩的剪切承载力。在对基础的响应塑性率进行评估时，针对根据抗震设计篇 12.4 的规定所计算的响应塑性率或响应位移的状态下桩所产生的剪切力进行评估。

桩基础剪切承载力应根据如下桩类型进行计算。

- 现场浇筑桩
- PHC 桩以及 RC 桩
- 钢管桩、钢管土水泥桩以及 SC 桩

在建筑标准指南 2001 中，桩横截面所产生的主要应力为轴力、弯矩以及剪切力，桩是一个同时受到上述应力的构件，按照上部结构的柱进行设计。桩的破坏形式为轴力下的弯曲破坏与剪切破坏的任何一种形式，对如下组合应力进行探讨。

① 轴力与弯矩引起的组合应力

② 轴力与剪切引起的组合应力

应确认在各种极限状态下，包括接头部分在内的桩任何一个横截面中，所发生的应力没有达到桩强度相关的设计极限值。

在极限状态下，在保持竖直以及水平方向荷载的能力没有丧失的前提下，桩不得发生脆性破坏情况。因此在设计时要避免桩的任何一个横截面上剪切破坏以及弯曲压缩破坏等原因引起抵抗力明显下降的情况出现。设计极限值作为最终极限强度，是较为安全的强度。

在损伤以及使用极限状态下，不论桩是什么类型，我们在对桩横截面进行设计时要保证在任何桩的横截面中所产生的应力不能达到设计极限强度。损伤极限状态下的设计极限值为弹性极限强度，在使用极限状态下，对混凝土类的桩进行评估时，该强度对开裂极限强度且蠕变有一定的余量。

9.5　基础与桩的结构细节

9.5.1　基础的结构细节

在进行设计时应考虑如下所示的结构细节，保证能按照规划的内容，发挥出基础的钢筋混凝土构件的功能。但是如果存在结构物避免产生损伤的措施以及考虑避免形成结构上的弱点、提出针对弱点部分的加固方法，并采取合理的结构细节措施的话，则不受此限。

（1）钢筋的保护层

钢筋的保护层数值应高于表 9.28 所示的数值，如果是主钢筋，应高于钢筋名义直径的 1.5 倍。在进行设计时必须考虑现场特定的条件以及施工精度等因素。

钢筋的保护层　　**表 9.28**

环境条件	设计保护层厚度(mm)	最小保护层厚度(mm)
不接触土壤的部分	50 以上	40 以上
接触土壤的部分	70 以上	60 以上

（2）钢筋的间距

设计钢筋间距时，在钢筋周围应保证混凝土浇筑充分，并且钢筋的固定要牢固，应取下述三个数值中最大的数值。

1）名义直径数值的 1.5 倍

2）粗骨料最大尺寸的 1.25 倍

3）25mm

且在有重叠接头、特殊接头的部分，接头相互之间的间距或接头与相邻钢筋的间距应符合该规定。

（3）锚固、弯钩、弯折部分

在设计配筋时，锚固、弯钩、弯折部分的设计应符合如下所示的规定。

1）在锚固弯折加固钢筋接头时，应按照如下公式确保锚固长度 l_{ab} 高于所需锚固长度 l_a。

2）锚固长度 l_a 为从接头面到该钢筋端的直线长度。如果在钢筋端部设置后述标准弯钩或安全的机械式锚具，则应该把如下图所示从接头面开始到投影锚固长度 l_{dh} 作为锚固长度 l_a。

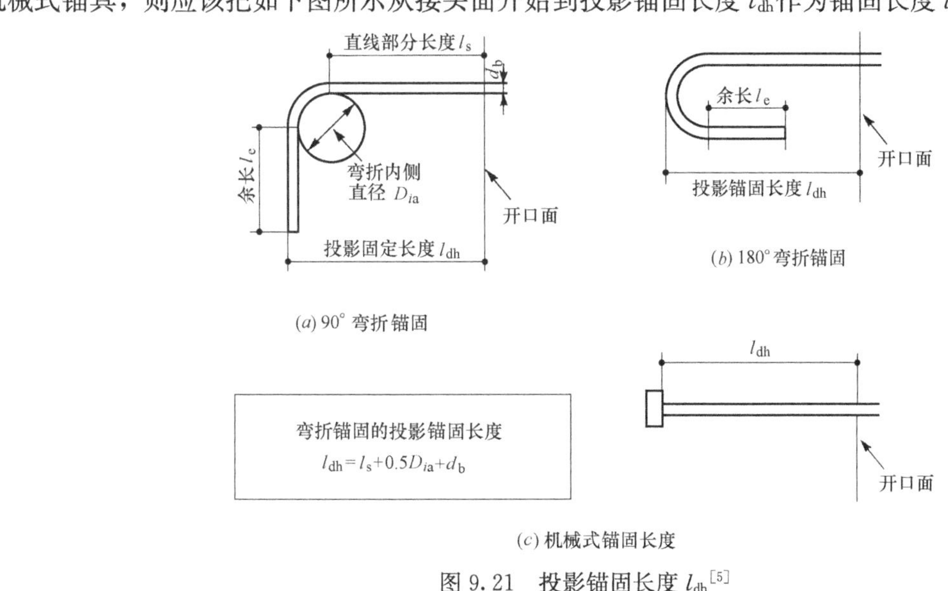

图 9.21　投影锚固长度 l_{dh}[5]

3）按照如下所示的方式计算钢筋所需锚固长度 l_{ab}。

① 受拉钢筋的所需直线锚固长度 l_{ab} 为根据公式（9.59）计算的所需附着长度 l_{db}。如果用直线锚固不会出现开裂的接头（在周围受到压缩应力的区域），在公式（9.59）中 $K=2.5$。另外 f_b 采用短期粘结应力。

$$l_{ab}=l_{db}=\frac{\sigma_t A_s}{K f_b \psi} \tag{9.59}$$

在此

σ_t：作为粘结测定横截面位置上的短期、长期荷载发生时的钢筋存在的应力，钢筋的一侧如果设置弯钩，可以把其数值设定为该数值的 2/3

A_s：该钢筋的横截面积

ψ：该钢筋的周长

f_b：容许粘结应力，采用短期容许粘结应力 $1.5\times\{F_C/60+0.6\}$

另外钢筋配置与横向加固钢筋的修正系数 K 是在短期荷载发生时根据公式（9.60）计算出来的，应低于 2.5

$$K=0.3\left(\frac{C+W}{d_b}\right)+0.4, W=80\frac{A_{st}}{sN}\leqslant 2.5\times d \tag{9.60}$$

在此

C：指钢筋之间的间距或 3 倍最小保护层厚度数值中较小的数值，该数值不得超过钢筋直径的 5 倍

W：指表示横切粘结开裂面的加固钢筋效果的换算长度，该数值不得超过钢筋直径的 2.5 倍

A_{st}：横切该钢筋列所假设的粘结开裂面的 1 组横向加固钢筋的总横截面积

S：1 组横向加固钢筋（横截面积）的间距

N：该钢筋列所假设的粘结开裂面上的钢筋根数

d_b：弯折加固钢筋直径

d：钢筋直径

② 一般接头的情况下，把钢筋的一侧通过设置标准弯钩或进行安全的机械式锚固的话，所需投影锚固长度 l_{ab} 按照公式（9.61）进行计算。

$$l_{ab}=\frac{S\sigma_t d_b}{8f_b}, S=4d_b/B_s \tag{9.61}$$

在此

f_b：为容许粘结应力，采用短期容许粘结应力 $1.5\times\{F_c/60+0.6\}$

σ_t：接头面上钢筋存在应力，原则上不论是长期荷载还是短期荷载，应采用该钢筋短期容许应力

d_b：钢筋直径

B_s：是指每根锚固钢筋的接头部分的宽度，如果超过钢筋直径的 5 倍，则为 $5d_b$

如果用横向加固钢筋进行锚固，则可以再乘以 0.8 倍

③ 压缩钢筋的所需直线锚固长度 l_{ab} 采用公式（9.59）进行计算，$K=2.8$，f_b 采用短期容许粘结应力 $1.5\times\{F_c/60+0.6\}$ 进行计算。如把钢筋一侧设置标准弯钩，则应对弯折开始点进行探讨，如对钢筋进行机械式锚固，则对到顶部锚固装置的直线部分的锚固长度进行探讨。

4）对锚固部分结构的规定

① 投影锚固长度为 $5d_b$、150mm。如果是直线锚固，则应高于 300mm。

② 钢筋一侧为标准弯钩式，如果是弯折锚固，到弯钩面最小侧面保护层厚度如下表所示。

到标准弯钩弯折面的最小侧面保护层厚度　表 9.29

（括号内表示弯折部分用横向加固钢筋所锚固的接合部分中锚固的情况）

<table>
<tr><th rowspan="2">F_c</th><th colspan="3">钢筋种类</th></tr>
<tr><th>SD295</th><th>SD345</th><th>SD390</th></tr>
<tr><td>21 以上</td><td></td><td></td><td></td></tr>
<tr><td>24 以上</td><td rowspan="2">3.5(1.5)d_b</td><td rowspan="2">4.5(3)d_b</td><td rowspan="2">5.5(4)d_b</td></tr>
<tr><td>27 以上</td></tr>
<tr><td>30 以上</td><td>2.5(1.5)d_b</td><td>4(2)d_b</td><td>5(3.5)d_b</td></tr>
<tr><td>36 以上</td><td rowspan="5">2(1.5)d_b</td><td>3.5(1.5)d_b</td><td>4.5(2.5)d_b</td></tr>
<tr><td>42 以上</td><td>2.5(1.5)d_b</td><td>3.5(1.5)d_b</td></tr>
<tr><td>48 以上</td><td rowspan="3">2(1.5)d_b</td><td>3 (1.5)d_b</td></tr>
<tr><td>54 以上</td><td rowspan="2">2.5 (1.5)d_b</td></tr>
<tr><td>60 以上</td></tr>
</table>

（4）钢筋的接头

重叠接头长度的计算根据如下内容采用所需粘结长度的计算公式。如果是接头，由于比较安全，与短期以及长期荷载发生时的存在应力无关，其长度为对钢筋屈服强度所计算的长度。

1）原则上 D35 以上的钢筋不采用重叠接头。

2）原则上钢筋接头应设置在构件应力以及钢筋应力较小的地方。

3）重叠接头长度应高于钢筋屈服强度所需粘结长度。在此关于钢筋之间间距最小值，即使在钢筋没有相互紧贴的情况下，作为紧贴着的接头来求 C，钢筋根数 N 为假设的粘结开裂面中钢筋总根数减去接头组数所得的数值。

4）原则上在同一横截面不当作所有拉伸钢筋的接头（所有接头）。

5）重叠接头不得设置在沿着接头钢筋可能产生受弯裂缝的部位上。

6）如果是焊接的钢筋网重叠接头，最外侧横向钢筋之间所测量的重叠长度应高于横向间距加上 50mm 的长度，且为 150mm 以上。

7）如果是压缩钢筋，在钢筋屈服强度公式中，$K=2.8$，应高于所求得重叠接头长度。但是其长度不得低于 200mm 以及钢筋直径的 20 倍

【解说】

（1）钢筋的保护层

本指南中采用了钢筋混凝土结构设计标准及解说-容许应力设计法-1999 年版[5]的内容。在建筑标准法实施命令第 79 条中对钢筋的最小保护层厚度进行了规定，在 JASS5 中，对钢筋或骨架加工组装时的误差、埋入混凝土时的钢筋以及骨架移动所产生的误差等施工误差进行了考察，为了满足标准所规定的最小保护层厚度，对设计保护层厚度进行了规定，要求根据施工制度进行相应的增加，增加数值为 10mm。作为一般风力发电机组的基础，上述表说明了日本建筑学会“建筑工程标准说明书及解说 JASS5 钢筋混凝土工程 2003 年版”中所示的户外大气中以及土壤中的条件。

另外在道路规范及解说Ⅰ通用篇Ⅳ下部结构篇 2002 年版中，根据表解 9.5 的内容对钢筋保护层情况进行了规定。

钢筋的保护层　表解 9.5

构件的种类 / 环境条件	梁(mm)	柱子、墙壁(mm)	底部(mm)
在大气中	35	40	—
在土壤中	—	70	70

另外在混凝土标准规范结构性能评估篇2002年版中规定，如果打入底部等土壤中的重要部件，其保护层应高于75mm。以混凝土结构物的性能评估为前提，确保粘结强度的同时，应考虑所要求的耐久性、重要程度以及施工误差等情况确定其保护层厚度，并根据表解9.6所示的环境情况设定保护层厚度。

针对钢材腐蚀情况下环境条件的分类 **表解9.6**

一般环境	不会有氯化物离子出现的普通户外情况、土壤中的情况等
腐蚀性环境	1. 与一般的环境比较，干燥反复次数较多，以及包含特殊有害物质在内的地下水下面土壤中，对钢材的腐蚀具有不良影响的情况等 2. 在海洋混凝土建筑物中，处于海水中或不是特别严峻的海洋环境等情况
特殊腐蚀性环境	1. 对钢材腐蚀有明显的不良影响的情况等 2. 海洋混凝土建筑物中，潮涨潮落以及海水飞沫带以及受到较剧烈的潮风的情况等。

（2）关于钢筋的间距

本指南参考钢筋混凝土结构设计标准及解说-容许应力设计法-1999年版[5]的内容。钢筋之间的间距不得过小，钢筋与混凝土的粘结造成应力传递，并且混凝土要浇筑得更为紧实，不能有分离的情况出现。钢筋的间距为表面之间的最短距离，并考虑并列钢筋的结节以及肋等突出部分。

在道路规范及解说Ⅰ通用篇Ⅳ下部结构篇2002年版[1]中，关于钢筋的间距，按照道路桥规范的内容作出了如下规定。

1）钢筋的间距高于40mm，并且高于粗骨料的最大尺寸的4/3倍。

2）除了上述规定外，应高于钢筋直径的1.5倍。

（3）关于锚固、弯钩、弯折

本指南参考钢筋混凝土结构设计标准及解说-容许应力设计法-1999年版[5]的内容。另外在钢筋混凝土标准中，应注意如下项目。

1）如果是正交构件上安装的梁柱节点的锚固钢筋，可以采用高于比表9.29所示数值小$2d_b$的内侧直径。

2）被锚固于梁栓节点的核心中，在弯折部分内侧，该钢筋与同直径以上的正交钢筋弯折从起点开始45°范围内接合的情况下，或者弯折直径内附加配置2根以上接合部分横向加固钢筋时，可以采用高于比标准数值小$2d_b$的内侧直径。

3）在不参考上述1）、2）项标准，而采用比标准值小$1d_b$～$2d_b$的内侧直径数值的话，侧面保护层厚度为表9.29所示数值分别加上$1d_b$～$2d_b$的数值，所需投影锚固长度l_{ab}应大于公式（9.61）所示长度分别乘以1.1或1.2的长度。

4）如果是SD390钢材，不得采用比$5d_b$小的内侧直径数值。

关于混凝土标准规范与道路桥规范以及钢筋混凝土标准，余长以及标准弯钩弯折内侧直径的比较如表解9.7以及表解9.8所示。

弯钩余长的比较（d：钢筋的名义名称） **表解9.7**

	钢筋混凝土标准	道路桥规范	混凝土标准规范
半圆形弯钩	$4d$以上	$8d$以上，超过120mm	$4d$以上，超过60mm
锐角弯钩	$6d$以上	$10d$以上	$6d$以上，超过60mm
直角弯钩	$10d$以上	$12d$以上	$12d$以上

弯钩最小弯曲内直径的比较（d：钢筋的名义名称） **表解9.8**

	钢筋混凝土标准	道路桥规范	混凝土标准规范
D16≥	最小$3d$，标准$5d$	$5d$	$5d$
D19-D38	最小$4d$，标准$6d$	$5d$	$5d$

弯曲半径越小，弯折部分的承压应力将会越大，保护层厚度或横向加固如果不足的话，弯钩部分将会出现混凝土开裂破坏的情况，即使保护层厚度较大，弯折内侧混凝土的局部将会出现承压破坏的情况。同时弯折部分之后的余长部分，即使根据弯折部分所传达的拉力，取了较高的长度数值，也未必能提高其锚固性能。

在道路规范及解说Ⅰ通用篇Ⅳ下部结构篇 2002 年版[1]中，规定事项如下所示。

1）通过埋入混凝土中或钢筋与混凝土的粘结进行锚固。锚固长度数值应高于与后述（e）的钢筋接头（2）的钢筋接头长度相等的长度数值。

2）锚固方法采用如下所示的任何一种方法。

- 通过混凝土中埋入以及与钢筋混凝土粘结的方式进行锚固。
- 通过在混凝土中埋入并安装弯钩的方式锚固（如果是圆钢务必采用弯钩）。
- 安装锚固板等进行机械锚固。

3）带有弯钩的拉伸钢筋的锚固长度应超过 1）项的 2/3 倍。关于受压钢筋的锚固长度以 1）项的数值为准，但是不考虑弯钩的效应。

4）把梁的钢筋从横截面位置到相当于构件有效高度的长度进行延长弯折，或者延长后锚固于受压区的混凝土上。但是如果不弯折，而是钢筋数量 1/3 超过反弯点，高于 1/16 跨度，且延长至相当于构件有效高度数值的长度并进行锚固。

5）关于底部弯折钢筋的端部，在保证规定保护层状态下，构件的上面或下面应尽可能地接近，而且应与其平行弯折，固定于受压区的混凝土。此时安装了弯钩的异形钢筋以及不带弯钩的异形钢筋的锚固长度应分别高于钢筋直径的 10 倍以及 15 倍。

6）关于悬臂梁等的锚固部分的钢筋，应把其延长到横截面能充分传递的长度，并通过弯钩进行锚固。

（4）钢筋的接头

本指南采用了钢筋混凝土结构计算标准及解说-容许应力设计方法-1999 年版[5]的内容。在钢筋混凝土规范与混凝提标准规范中，钢筋的应力为屈服强度，而道路桥规范在则按照容许拉应力进行计算，同时带有补充项，对锚固长度进行矫正，减少了其数值。

在道路规范及解说Ⅰ通用篇Ⅳ下部结构篇 2002 年版[1]中做出了如下规定。

1）接头位置不能集中在一个横截面上。且在应力较大的位置上最好不要设置钢筋的接头。

2）受拉钢筋采用重叠接头，重叠部分应根据公式（解 9.3）计算重叠接头长度 l_a，其直径为钢筋直径的 20 倍以上。同时重叠接头部分应配置横向加固钢筋，其横截面积为一根接头钢筋面积的 1/3 以上。

$$l_a=\frac{\sigma_{sa}}{4\tau_{0a}}\phi \qquad (解 9.3)$$

在此

l_a：重叠接头长度（mm）

σ_{sa}：钢筋的容许拉应力（N/mm^2）

τ_{0a}：混凝土容许粘结应力（N/mm^2）

ϕ：钢筋的直径（mm）

3）受压钢筋采用重叠接头，重叠部分应高度根据公式（解 9.3）计算的重叠接头长度 l_a 的 80%，且其直径为钢筋直径的 20 倍以上。

4）圆钢采用重叠接头，则应在其端部设置半圆形弯钩。

如受拉钢筋采用机械接头、套筒接头、焊接接头、气压接头等，在求接头部分的强度时要考虑钢筋种类、直径、应力状态以及接头位置等。

另外混凝土标准规范结构性能评估篇 2002 年版[4]的规定如下所示。

1）一般事项

① 应根据钢筋的种类、直径、应力状态以及接头位置等选择钢筋的接头。

② 钢筋的接头位置应尽可能避开应力较大的横截面。

③ 原则上接头不能集中在同一横截面上。由于接头不集中于同一个横截面，所以把接头位置在轴方向相互错开的距离应高于接头长度钢筋直径的 25 倍，或者加上横截面高度中最大的一个数值。

④ 与接头部分相邻的钢筋的间距或接头部分之间的间距应大于粗骨料大尺寸。

⑤ 配置钢筋后，如果设置接头，其间距应确保接头施工时所采用的装置能插入进去施工。

2）重叠接头

轴向钢筋如果采用重叠接头，必须按照如下规定执行。

① 配置的钢筋量如果为计算所需的钢筋量的 2 倍以上，且在同一横截面上的接头比率低于 1/2，重叠接头的重合长度应高于基本锚固长度。

② 在第①项条件中，如果不能满足其中的一项要求，重叠长度应为基本锚固长度 l_d 的 1.3 倍以上，用横向钢筋等对接头部分进行加固。

③ 如果第①项的两项条件都不能满足，重叠长度应为基本锚固长度 l_d 的 1.7 倍以上，用横向钢筋等对接头部分进行加固。

④ 如果承受低周循环疲劳，重叠长度应为基本锚固长度 l_d 的 1.7 倍以上，在设置弯钩的同时，用螺旋钢筋以及连接加固装置等对接头部分进行锚固。

⑤ 重叠接头的重叠长度应为钢筋直径的 20 倍以上。

⑥ 重叠接头的带状钢筋、中间带状钢筋以及箍筋的间距应为 100mm 以上。

9.5.2 桩结构细节

(1) 要保证预制混凝土桩（RC 桩、PHC 桩）在搬运、打入、埋入等情况下的安全，以免发生损伤。

(2) 为了保证钢管桩在搬运、打入、埋入等情况下的安全，且具有较强的强度，应根据需要确定其横截面且设定加固材料。

(3) 现场浇筑桩应符合如下要求。

1）桩的配筋

主配筋率

主筋的最小配筋率应为 0.4%以上，最大配筋率应为 6%以下。

主筋的最小钢筋直径为 D22，最少根数为 6 根，主筋保护层对于桩设计直径来说为 15cm。

带状钢筋

桩带状钢筋应为 D13 以上，中心间距为 300mm 以下，但是从底部下面到桩直径 2 倍范围内，带状钢筋的中心间距低于 150mm 以下，钢筋量高于侧面横截面的 0.2%。带状钢筋的接头部分以以下数据为标准，并为填角焊接或重叠接头。重叠接头应设置半圆弯钩或锐角弯钩。

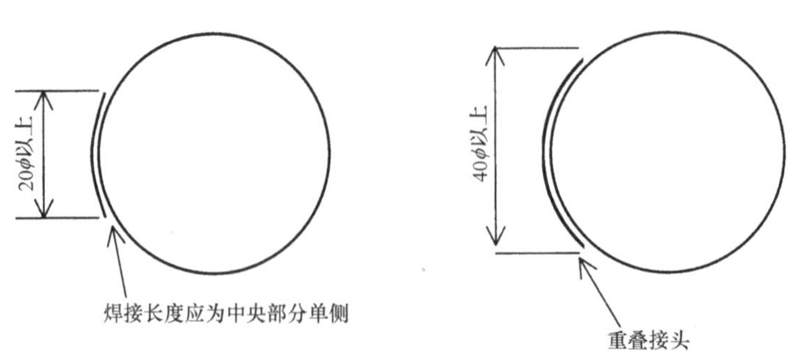

图 9.22　桩的带状钢筋

架立筋

架立筋的标准为 D22，间距为 3m。

2）钢筋的间距

现场浇筑桩的主筋间距为粗骨料最大尺寸的 2 倍或钢筋直径 2 倍中两者中较大的一个数值。

3）主筋的接头

主筋的接头应为重叠接头。钢筋接头长度应高于异形钢筋的锚固长度。

（4）桩与底部的接合部分

1）方法 A

是指在底部按照一定长度埋入桩，埋入部分对桩头弯矩产生抵抗的方法。桩头部分的埋入长度应高于桩直径。可以适用于钢管桩、PHC 桩。

2）方法 B

是指底部桩的埋入长度受到最小限值的限制，主要通过钢筋加固抵抗桩头弯曲的方法。桩头部分埋入长度为 100mm。可以适用于钢管桩、PHC 桩、现场浇筑桩。

【解说】

桩以外的结构细节以 9.5.1 项的基础结构细节的内容为准。本条说明了桩结构细节。

关于钢桩、预制混凝土桩，最好应该为 JIS 规格产品或接受指在定性能评估机构的性能评估或验证。并且是在严格的质量监管下进行生产，尺寸、质量有保证的产品。

主要预制桩的规格如下所示。

＜钢管桩＞

· 钢管桩 JIS A 5525“钢管桩”

＜预制混凝土桩＞

· PHC 桩 JIS A 5373“预应力混凝土产品”

关于现场浇筑桩，参考文献 1）道路规范所示的内容。带状钢筋的环状部分在道路桥规范中要求，应对其进行必要的施工管理的基础上保证其强度能准确地传递，在此基础上可以采用焊接接头。参考文献［12］“钢筋焊接接头设计施工指南”，重叠接头的焊接长度以为钢筋直径的 10 倍以上。

关于桩与底部接合部分，应采用文献［1］道路桥规范所示的方法，如下所示。

1）方法 A

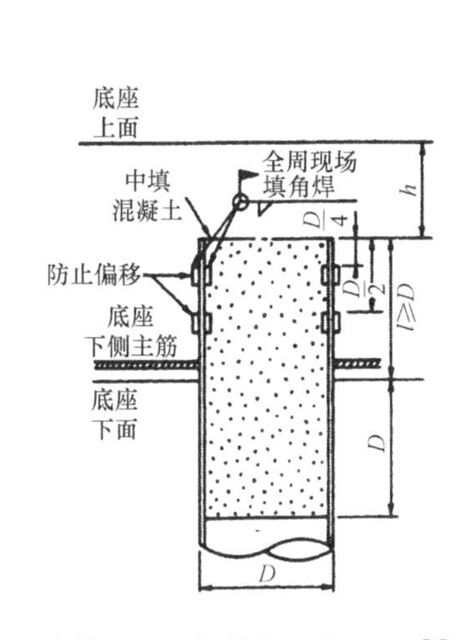

图解 9.7　钢管桩（方法 A）[1]

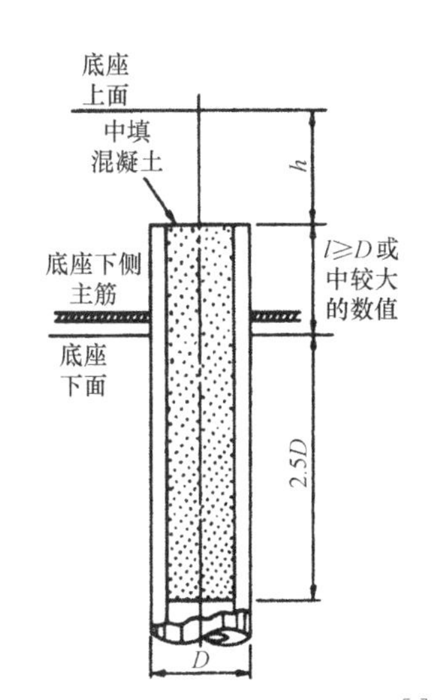

图解 9.8　PHC 桩（方法 A）[1]

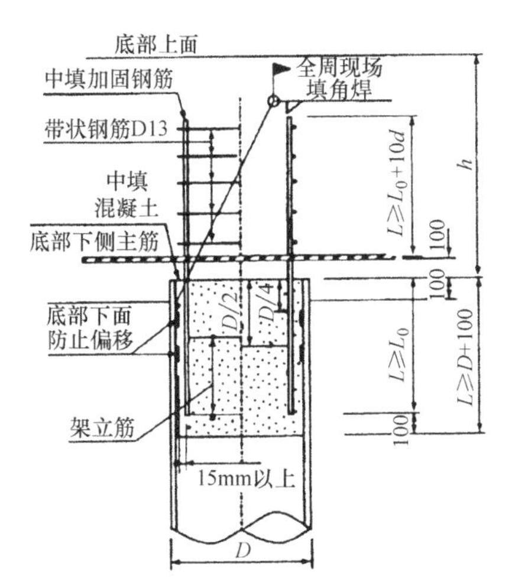

图解 9.9　钢管桩（方法 B）[1]

2）方法 B

如锚固在加固钢筋的底部，应确保其距离，为从底部下侧主筋的中心位置计算 L_0+10d（d 为加固钢筋的直径）。底部下侧主筋的保护层为 200mm。

按照如下公式计算钢筋锚固长度。一般可以设定为 $L_0 \geqslant 35d$。

$$L_0=\frac{\sigma_{sa}A_{st}}{\tau_{0a}U} \qquad (解 9.4)$$

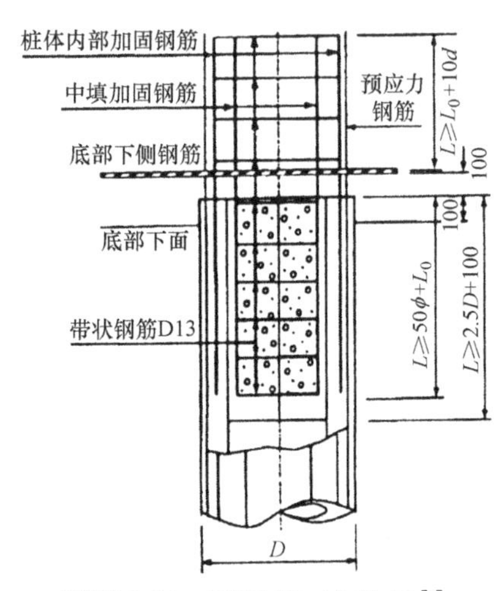

图解 9.10 PHC 桩（方法 B）[1]

锚固部分带状钢筋D13以上
150mm间隔以下
底部下侧
主筋
底部下面
桩头部分带状钢
筋D13以上
150mm间隔以下
$L \geq L_0+10d$
100
200
D

图解 9.11 现场浇筑桩（方法 B）[1]

在此

L_0：钢筋的必要锚固长度（mm）

σ_{sa}：钢筋的容许拉伸应力（N/mm^2）

A_{st}：钢筋的横截面积（mm^2）

τ_{0a}：混凝土容许粘结应力（N/mm^2）

U：钢筋的周长（mm）

d：钢筋的直径（mm）

参考文献

[1] 日本道路協会：道路橋示方書・同解説Ⅳ下部工編，2002

[2] 日本建築学会：建築基礎構造設計指針，2001

[3] 土木学会：コンクリート標準示方書設計編，1996

[4] 土木学会：コンクリート標準示方書構造性能照査編，2002

[5] 日本建築学会：鉄筋コンクリート構造計算規準・同解説，1999，2010

[6] 日本道路協会：道路土工－擁壁工指針，2001

[7] 建築基準法および同施行令

[8] 平成 12 年 5 月 31 日建設省告示第 1450 号

[9] 平成 12 年 12 月 26 日建設省告示第 2464 号

[10] 平成 13 年 7 月 2 日国土交通省告示第 1113 号

[11] 昭和 59 年 9 月 5 日付け建設省住指発第 324 号建設省住宅局建築指導課長通達

[12] 鉄道総合技術研究所：鉄筋フレア溶接継ぎ手設計施工指針

[13] 日本建築学会：建築工事標準仕様書・同解説，JASS5 鉄筋コンクリート工事，2003

[14] 近代図書株式会社：鉄筋コンクリートの新しい計算図表〔RG〕，1981

[15] 電気協同研究会：電気協同研究　第 58 巻　第 3 号 2002

[16] 日本港湾協会：港湾の施設の技術上の基準・同解説，2007

[17] コンクリートパイル建設技術協会：既製コンクリート杭　基礎構造設計マニュアル，2009

[18] 日本道路協会：杭基礎設計便覧 H18 年度改訂版，2007

[19] 時松孝次：耐震設計と N 値（建築），基礎工，Vol.25，No.12，pp.61～66，1997

Ⅳ　设计·案例解析

第 10 章　根据指南设计的实例

10.1　设计概要

10.1.1　一般事项

所设计的风力发电机为在九州地区离岛南侧斜面所建设的 500kW 变桨控制型风力发电机。风力发电机设备的概要如图解 10.1 所示，设计条件、风力发电机、塔架、锚固部分、基础的规格如表解 10.1 所示。

风力发电机的概要以及设计概要　　表解 10.1

设计条件	垂直积雪量	28.2cm
	积雪单位荷载	$20N/m^2/cm$
	周边地形以及地表面粗糙度	图解 11.1
	设计标准风速 V_0	38m/s
	根据轮毂高度计算的年平均风速 $\overline{U}$	8m/s
	紊流强度 I_{ref}	0.16
	风速幂指数 α	0.15
	地震地区系数 Z	0.8
	地基条件	砂质土、地下水位－3.0m(如果是直接地基的话) 表解 10.47(如果是桩地基的话)
风力发电机规格	额定输出	500kW
	风轮直径 D	40.3m
	轮毂高度 H_h	44m
	发电机	同步发电机(无增速机)
	运转控制的类型	变桨控制
	偏航控制备用电源	无
	切入/额定/切出风速	2.5/15/25m/s
	叶片的尺寸	图解 10.3,表解 10.4～表解 10.6
	机舱的尺寸	图解 10.4,表解 10.7
	叶片、轮毂、机舱的重量	表解 10.2
	推力系数	表解 10.8
塔架规格	结构形式	钢制塔架
	筒身的尺寸与重量	表解 10.2、图解 10.1
	接头部分的形式、尺寸以及质量	法兰接头方式， 图解 10.6、图解 10.7、表解 10.29-表解 10.31
	钢材	SM400
	螺栓	F10T
	结构阻尼比	0.5%
锚固部分的规格	锚固部分的形式	锚栓方式
	锚固部分的形状	圆形
	锚固部分的尺寸	图解 10.12,表解 10.38
	混凝土设计标准强度	$24N/mm^2$
	钢筋的种类	SD345
	预应力	294kN(每根锚栓)

续表

基础的规格	基础的形式、平面形状	直接基础、正方形(10.3.3 项) 桩基础、正方形(10.3.4 项)
	混凝土设计标准强度	$24N/mm^2$
	钢筋种类	SD345
	桩种类	表解 10.44(桩基础的情况)

各部分的参数　　**表解 10.2**

编号	底部高度(m)	中央高度(m)	底部外径(m)	中央外径(m)	板厚(mm)	质量(kg)	接头部分等集中质量(kg)	重量(kN)
叶片 1	—	44.00	—	—	—	1050	—	—
叶片 2	—	44.00	—	—	—	1050	—	—
叶片 3	—	44.00	—	—	—	1050	—	—
轮毂	—	44.00	—	—	—	2500	—	—
机舱	—	44.00	—	—	—	24000	—	—
风轮＋机舱	42.20	44.00	1.200	—	—	29650	—	291
①	38.70	40.45	1.279	1.240	10	1061	108	302
②	35.20	36.95	1.358	1.319	12	1355	0	316
③	31.70	33.45	1.438	1.398	14	1673	618	338
④	28.20	29.95	1.517	1.478	16	2019	0	358
⑤	24.70	26.45	1.596	1.557	18	2390	0	381
⑥	21.20	22.95	1.675	1.636	18	2514	686	413
⑦	17.70	19.45	1.754	1.715	18	2638	0	439
⑧	14.20	15.95	1.834	1.794	20	3063	0	469
⑨	10.70	12.45	1.913	1.874	20	3201	0	500
⑩	7.20	8.95	1.992	1.953	20	3338	0	533
⑪	3.70	5.45	2.071	2.032	20	3473	0	567
⑫	0.20	1.95	2.150	2.111	25	4500	2618	637

10.1.2　设计方针

(1) 根据图解 11.1 所示的风力发电机建设计划地点的周边情况（地形以及地表面粗糙度分布），进行 16 方位的数值流体计算，根据地形计算风速的增大系数以及紊流强度（2.3.2 项）。

(2) 对于出现暴风时的风力荷载，考虑停电时不能控制偏航的状态，按照如图 4.6 所示的风力发电机的状态进行评估。最大荷载时的偏航角为 90°，方位角为 30°（2.3.3 项）。

(3) 本风力发电机的最高高度超过了 60m，所以根据地震动力响应分析计算级别 1 以及级别 2 的地震力（2.3.4 项）。

(4) 在塔架设计中，对筒身的屈曲、接头部分以及开口部分的安全性进行确认（2.4.2 项）。

(5) 在锚固部分的设计中，关于锚环强度以及锚环拔出的安全性进行确认（2.4.3 项）。

(6) 在基础的设计中，竖直反力以及拔出反力的稳定性进行了评估，并且对底座的安全性进行确认（2.4.4 项）。

10.1.3　容许值

如表解 10.3 所示，根据力的种类对各部位的容许值进行了分类。

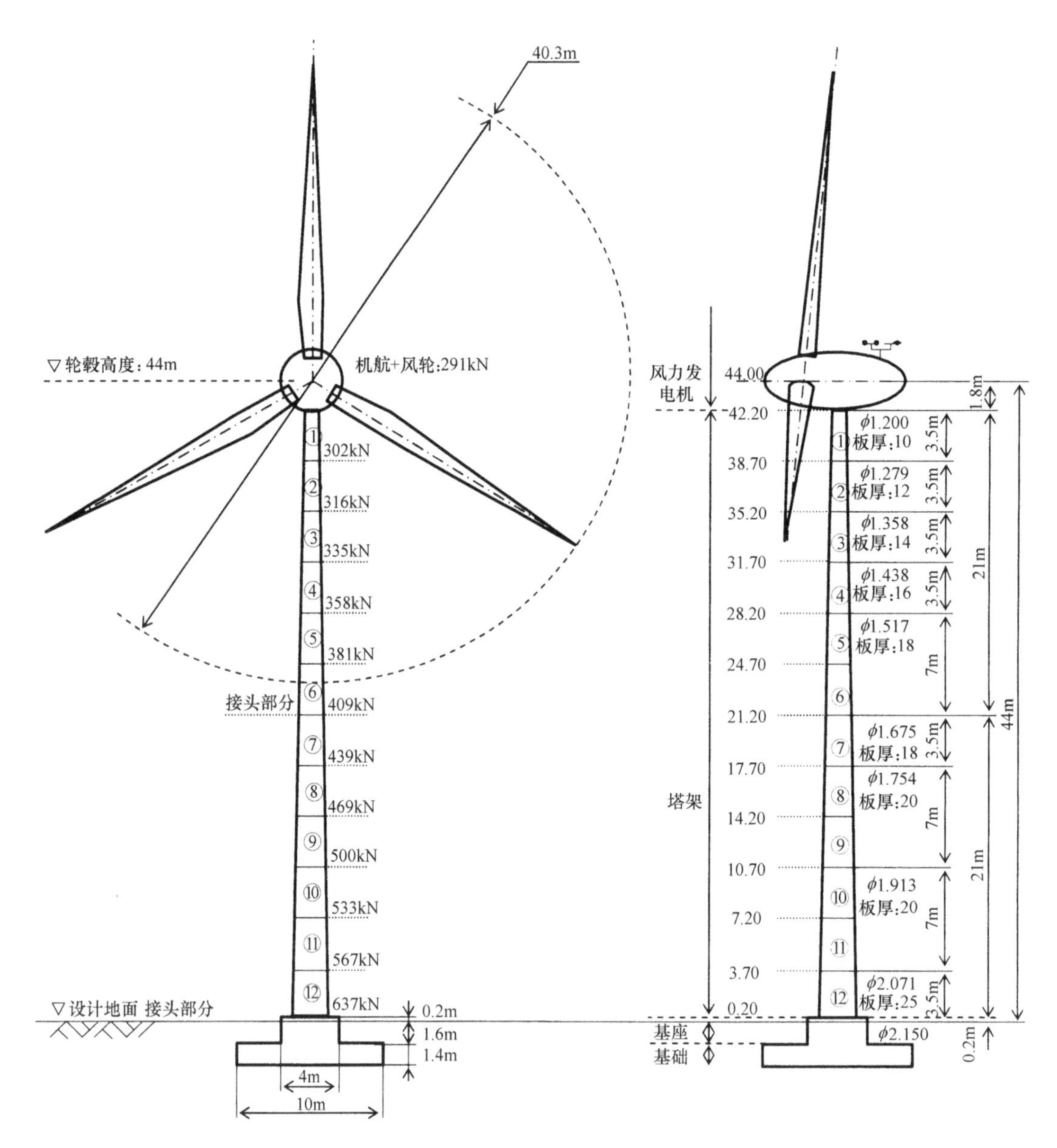

图解 10.1　风力发电设备的概要（正面图以及侧面图）

根据力的种类分类的各部位容许值　　　**表解 10.3**

部位 \ 力的种类	长期发生的力	短期发生的力	极少发生的力
塔架筒身	长期容许应力	短期容许应力	级别 2 地震发生时的容许应力
法兰接头	长期容许应力	短期容许应力	短期容许应力
螺栓	长期容许应力	短期容许应力	级别 2 地震发生时的容许应力
塔架开口部分	长期容许应力	短期容许应力	短期容许应力
锚栓	长期容许应力	短期容许应力	短期容许应力
锚固部分	长期容许应力	短期容许应力	短期容许应力
底板	长期容许应力	短期容许应力	短期容许应力
倾覆(偏心量)	$e \leqslant B/6$	$e \leqslant B/3$	$e \leqslant B/2.22$
支撑地基	长期容许应力	短期容许应力	极限支撑力

10.1.4　荷载的种类与组合

荷载的种类与其组合依据表 2.1“一般情况”所示。

10.2　荷载的计算

10.2.1　永久荷载的计算

永久荷载 G 根据表解 10.2 的各项参数进行计算。

10.2.2　可变荷载的计算

可变荷载 P 根据风力发电机的运行实际情况，设定为 0。

10.2.3　积雪荷载的计算

积雪荷载 S 是根据公式（6.2）计算的，即机舱屋顶面的垂直投影面积乘以特定政府部门规定的垂直积雪量 d 与积雪的单位荷载 P。

$$S=d\times p\times A=28.2\times 20\times (3.654\times 7.230)=12337\text{N}$$

在此机舱屋顶面的倾斜角度为 0°。

10.2.4　风荷载的计算

（1）设计风速的计算

1）轮毂高度的设计风速以及风向的紊流强度

• 设计标准风速

根据表解 10.1 的设计条件，采用 $V_0=38\text{m/s}$ 这个参数。

• 轮毂高度下的设计风速

根据公式（解 11.5），轮毂高度（44m）下的设计风速 U_h 为 $U_h=50.8\text{m/s}$。

• 轮毂高度下风向的风紊流强度

根据公式（解 11.6），轮毂高度的风向的紊流强度 I_{h1} 为 $I_{h1}=0.15$。

2）任意高度下设计风速以及风向的紊流强度

任意高度下平均风速 $U(z)$ 以及紊流强度 $I_1(z)$ 按照如下公式计算。比如在表解 10.2 的部分编号为②的情况下，地上高度 $z=36.95$（分段的中央高度），11.1.4 项的数值分析结果以及公式（解 11.7），公式（解 11.8,）$\alpha=0.15$，$Z_b=5$，平均风速以及紊流强度为如下所示数值。

$$U(z)=U_h\left(\frac{z}{H_h}\right)^{\alpha}=50.83\times\left(\frac{36.95}{44}\right)^{0.15}=49.52\text{m/s}$$

$$I_1(z)=I_{h1}\left(\frac{z}{H_h}\right)^{-\alpha-0.05}=0.15\times\left(\frac{36.95}{44}\right)^{-0.2}=0.16$$

（2）风力系数的计算

根据设计方针，对如图解 10.2 所示的状态下的叶片以及机舱的风力系数进行计算。

1）叶片的风力系数

叶片的横截面与分类如图解 10.3 所示，叶片的横截面尺寸如表解 10.4 所示。风轮在顺桨状态下受到横向风时（图解 10.2）可以根据表解 10.4 所示的横截面尺寸计算表解 10.5、表解 10.6 所示的各横截面之间的平均弦长、平均扭转角、平均迎角、平均翼厚比。另外根据平均迎角与平均翼厚比按照表 4.3 的数据计算平均风力系数。此时叶片 1 由于与风平行，所以不会受到风力影响。叶片 2 从迎角80°～90°之间受到风力影响，叶片 3 从迎角 100°～90°之间受到风力影响，因此叶片 2 与叶片 3 的平均迎角以及平均风力系数有所不同。另外变桨控制风力发电机的最大风荷载出现的偏航角 0°附近时，可以忽略作用于叶片的升力。

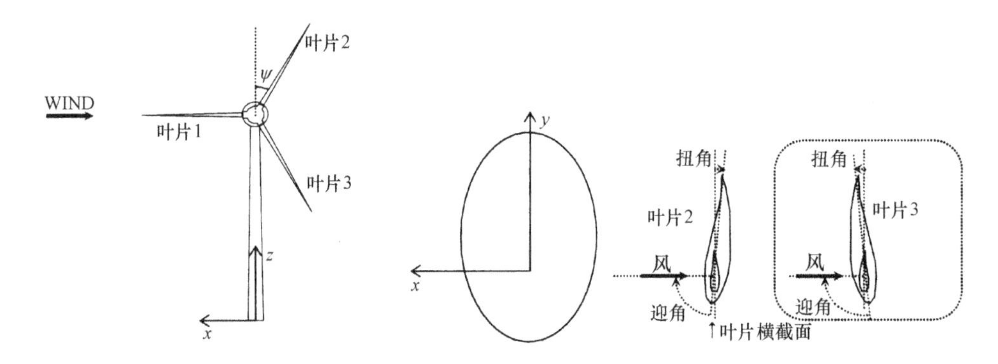

图解 10.2 风力发电机风轮在顺桨状态下受到横向风时的情况

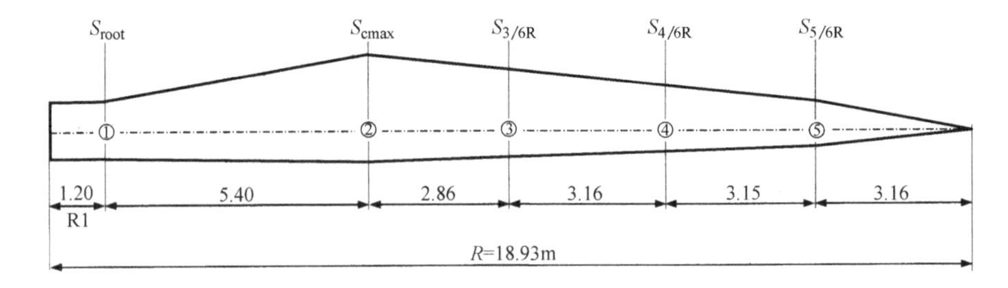

图解 10.3 叶片横截面与分类

叶片横截面的尺寸 **表解 10.4**

横截面	位置(m)	弦长(m)	翼厚比(%)	扭转角
根部	0.00	0.91	100.00	10.00
①	1.20	0.91	100.00	10.00
②	6.60	1.58	24.98	10.00
③	9.46	1.27	21.13	6.88
④	12.62	0.94	18.22	3.44
⑤	15.77	0.60	15.91	0.00
前端	18.93	0.00	15.91	0.00

叶片平均弦长与平均风力系数（叶片 2） **表解 10.5**

	叶片方向的长度 r(m)	平均弦长 c (m)	平均扭转角 (°)	平均迎角 (°)	平均翼厚比 (%)	平均风力系数
根部-①	1.20	0.910	10.000	80.00	100.00	1.296
①-②	5.40	1.245	10.000	80.00	62.49	1.296
②-③	2.86	1.425	8.440	81.56	23.06	1.296
③-④	3.16	1.105	5.160	84.84	19.68	1.296
④-⑤	3.15	0.770	1.720	88.28	17.07	1.296
⑤-前端	3.16	0.300	0.000	90.00	15.91	1.296

叶片平均弦长与平均风力系数（叶片 3） **表解 10.6**

	叶片方向的长度 r(m)	平均弦长 c (m)	平均扭转角 (°)	平均迎角 (°)	平均翼厚比 (%)	平均风力系数
根部-①	1.20	0.910	10.000	—100.00	100.00	1.227
①-②	5.40	1.245	10.000	—100.00	62.49	1.227

续表

	叶片方向的长度 r(m)	平均弦长 c (m)	平均扭转角 (°)	平均迎角 (°)	平均翼厚比 (%)	平均风力系数
②-③	2.86	1.425	8.440	—98.44	23.06	1.229
③-④	3.16	1.105	5.160	—95.16	19.68	1.232
④-⑤	3.15	0.770	1.720	—91.72	17.07	1.236
⑤-前端	3.16	0.300	0.000	—90.00	15.91	1.238

2）机舱的风力系数

机舱形状与各参数如图解 10.4、表解 10.7 所示。根据设计方针，偏航角 $\phi=90°$。机舱的平均抗力系数 C_{nD}，平均升力系数 C_{nL} 以及代表面积 A_n 根据如下公式（4.7）～公式（4.9）进行计算。

机舱的各参数　　　　表解 10.7

名　　称	尺寸
长轴的长度 a(m)	7.230
短轴的长度(竖直)b(m)	3.645
短轴的长度(水平)b(m)	3.645

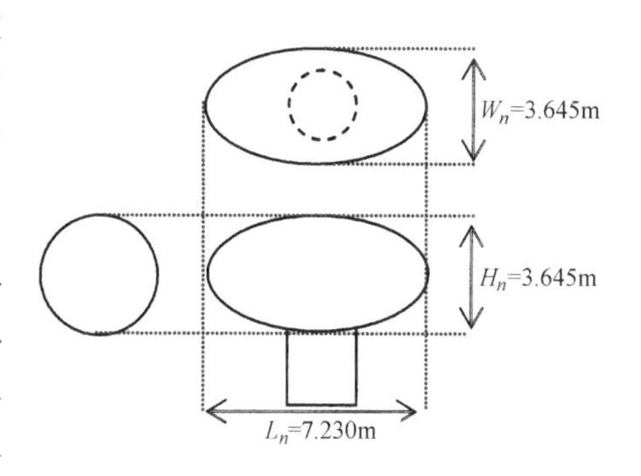

图解 10.4　机舱的形状

$$C_{nD}(\phi)=-0.21\cos(2.1\phi)+0.67=-0.21\cos\left(2.1\times\frac{\pi}{2}\right)+0.67=0.88$$

$$\begin{aligned}C_{nL}(\phi)&=\{-0.5\sin(2\phi)+0.05\sin(0.5\phi)\}\{1.2+0.05\cos(4\phi)\}\times\cos(0.35\phi)\\&=\left\{-0.5\sin\left(2\times\frac{\pi}{2}\right)+0.05\sin\left(0.5\times\frac{\pi}{2}\right)\right\}\times\left\{1.2+0.05\cos\left(4\times\frac{\pi}{2}\right)\right\}\times\cos\left(0.35\times\frac{\pi}{2}\right)\\&=0\end{aligned}$$

$$A_n=\frac{\pi ab}{4}=\left(\frac{\pi\times7.230\times3.645}{4}\right)=20.70\text{m}^2$$

3）塔架的风力系数

由于塔架是平滑的表面，所以根据公式（4.10）平均风力系数为 0.6。

(3) 计算发电时平均风荷载的最大值

与各风速级别 $U_{\mathrm{H}1}$ 对应的风力发电机发电时的平均剪力 $Q_{\mathrm{D}i}$ 按照如下公式（4.29）进行计算。

$$Q_{\mathrm{D}i}=\frac{1}{2}\rho U_{\mathrm{H}i}C_{\mathrm{T}i}\pi R^2+\frac{1}{2}\rho U_{\mathrm{U}i}{}^2C_{\mathrm{DN}}A_{\mathrm{N}}+\int_h^{H_t}\frac{1}{2}\rho U_f(z)^2C_{\mathrm{DT}}d(z)\mathrm{d}z$$

与各风速级别 $U_{\mathrm{H}i}$ 对应的风力发电机发电时的平均扭矩 $M_{\mathrm{D}i}$ 按照如下公式（4.30）进行计算。

$$M_{\mathrm{D}i}=\left[\frac{1}{2}\rho U_{\mathrm{H}i}{}^2C_{\mathrm{T}i}\pi R^2+\frac{1}{2}\rho U_{\mathrm{H}i}{}^2C_{\mathrm{DN}}A_{\mathrm{N}}\right]\times(H_{\mathrm{h}}-h)+\int_h^{H_r}\frac{1}{2}\rho U_i(z)^2C_{\mathrm{DT}}d(z)(z-h)\mathrm{d}z$$

作用于塔架各部分的平均剪力根据公式（4.29）右边的第 3 项求得，作用于塔架各部分的平均弯矩根据公式（4.30）右边的第 2 项求得，作用于各部分的剪力 Q_{tD} 按照如下公式进行计算。

$$\begin{Bmatrix}Q_{\mathrm{tD}_0}\\Q_{\mathrm{tD}_1}\\\vdots\\Q_{\mathrm{tD}_n}\end{Bmatrix}=\begin{bmatrix}1&0&\cdots&0\\1&1&\cdots&0\\\vdots&\vdots&\ddots&\vdots\\1&1&\cdots&1\end{bmatrix}\begin{Bmatrix}F_{\mathrm{tD}_0}\\F_{\mathrm{tD}_1}\\\vdots\\F_{\mathrm{tD}_n}\end{Bmatrix}$$

同样作用于风力发电机各部分的平均弯矩 M_{tD} 按照如下公式进行计算。

$$\begin{Bmatrix} M_{tD_0} \\ M_{tD_1} \\ \vdots \\ M_{tD_n} \end{Bmatrix} = \begin{bmatrix} dz_0^B & 0 & \cdots & 0 \\ dz_0^B & dz_1^B & \cdots & 0 \\ \vdots & \vdots & \ddots & \vdots \\ dz_0^B & dz_1^B & \cdots & dz_n^B \end{bmatrix} \begin{Bmatrix} F_{tD_0} \\ 0.5F_{tD_1} + Q_{tD_0} \\ \vdots \\ 0.5F_{tD_n} + Q_{tD_{n-1}} \end{Bmatrix}$$

在此，n 表示各部分的编号（$n=0$：风轮＋机舱部分）$dz_n^B = z_{n-1}^B - z_n^B$（$z_n^B$：第 n 号的部分底部高度，$dz_0^B = H_h - z_0^B$，$n=0$ 时）。另外作用于各部分的力 F_{tD} 分别作用于各部分中央，剪力 Q_{tD} 以及弯矩 M_{tD} 作用于各部分的底部。

比如如果风速 $U_{Hi}=4\text{m/s}$ 的话，风力发电机基础（$h=0.20$，$n=12$）在发电时的平均剪力按照如下公式进行计算。

$$\begin{aligned} Q_{Di} &= \frac{1}{2}\rho U_{Hi}{}^2 C_{Ti}\pi R^2 + \frac{1}{2}\rho U_{Hi}{}^2 C_{DN} A_N + \int_h^{H_t} \frac{1}{2}\rho U_i(z)^2 C_{DT} d(z) dz \\ &= Q_{tD_{12}} \\ &= [1 \quad 1 \quad \cdots \quad 1] \begin{Bmatrix} F_{tD_0} \\ F_{tD_1} \\ \vdots \\ F_{tD_{12}} \end{Bmatrix} \end{aligned}$$

在此 F_{tD0} 表示作用于风轮以及机舱的力的合计数值，按照如下公式进行计算。根据表解 10.8 来计算，推力系数 C_{Ti} 为 0.703。

$$F_{tD_0} = \frac{1}{2}\rho U_{Hi}{}^2 C_{Ti}\pi R^2 + \frac{1}{2}\rho U_{Hi}{}^2 C_{DN} A_N + \int_h^{H_t} \frac{1}{2}\rho U_i(z)^2 C_{DT} d(z) dz$$

$$= \left(\frac{1}{2}\times 1.2\times 4^2\times 0.703\times\pi\times\left(\frac{40.3}{2}\right)^2 + \frac{1}{2}\times 1.2\times 4^2\times 0.88\times\pi\times\left(\frac{3.645}{2}\right)^2\right)/1000$$

$$= 8.70\text{kN}$$

F_{tD1} 为作用于各部分编号①（$Z_1{}^B=38.70$）的力，按照如下公式进行计算。各部分中央外径为 1.240m，各部分长度为 3.5m（42.20m－38.70m），所以各部分①的水平投影面积则为1.240m×3.5m。

$$\begin{aligned} F_{tD_1} &= \int_{38.70}^{42.20} \frac{1}{2}\rho U_i(z)^2 C_{DT} d(z) dz \\ &= \frac{1}{2}\times 1.2\times\left(4\times\left(\frac{40.45}{44}\right)\right)^2\times 0.6\times 1.240\times(42.20-38.70)/1000 \\ &= 0.02\text{kN} \end{aligned}$$

同样对作用于各部分的力进行计算，风力发电机基础发电时的平均剪力如下所示。

$$\begin{aligned} Q_{Di} &= \frac{1}{2}\rho U_{Hi}{}^2 C_{Ti}\pi R^2 + \frac{1}{2}\rho U_{Hi}{}^2 C_{DN} A_N + \int_h^{H_t} \frac{1}{2}\rho U_i(z)^2 C_{DT} d(z) dz \\ &= Q_{tD_{12}} \\ &= [1 \quad 1 \quad \cdots \quad 1] \begin{Bmatrix} 8.70 \\ 0.02 \\ \vdots \\ 0.02 \end{Bmatrix} \\ &= 9.00\text{kN} \end{aligned}$$

风速 $U_{Hi}=4\text{m/s}$ 时的风力发电机基础在发电时的平均弯矩按照如下

公式进行计算。

$$M_{\mathrm{D}i}=\left[\frac{1}{2}\rho U_{\mathrm{H}i}{}^{2}C_{\mathrm{T}i}\pi R^{2}+\frac{1}{2}\rho U_{\mathrm{H}i}{}^{2}C_{\mathrm{DN}}A_{\mathrm{N}}\right]\times(H_{\mathrm{h}}-h)+\int_{h}^{H_{t}}\frac{1}{2}\rho U_{i}(z)^{2}C_{\mathrm{DT}}d(z)(z-h)dz$$

$$=M_{\mathrm{tD}_{12}}$$

$$=[44.00-42.20\quad 42.20-38.70\quad \cdots\quad 3.70-0.20]\begin{Bmatrix}8.70\\0.5\times0.02+8.70\\\vdots\\0.5\times0.02+8.98\end{Bmatrix}$$

$$=387.41\mathrm{kN\cdot m}$$

同样从切入风速到切出风速每 1m/s 变化 $U_{\mathrm{H}i}$，根据对应的 $C_{\mathrm{T}i}$ 计算的风力发电机基础的平均剪力以及平均弯矩如表解 10.8 所示。

作用于风力发电机基础的发电时平均剪力与平均弯矩　　表解 10.8

$U_{\mathrm{H}i}$(m/s)	推力系数 $C_{\mathrm{T}i}$	平均剪力 $Q_{\mathrm{D}i}$(kN)	平均弯矩 $M_{\mathrm{D}i}$(kN·m)
3	0.712	5.12	220.64
4	0.703	9.00	387.41
5	0.694	13.88	597.79
6	0.685	19.74	849.96
7	0.668	26.22	1128.15
8	0.650	33.39	1435.95
9	0.592	38.66	1659.89
10	0.534	43.29	1854.82
11	0.481	47.42	2027.33
12	0.427	50.54	2154.44
13	0.360	50.65	2148.91
14	0.293	48.69	2052.03
15	0.240	46.68	1952.12
16	0.186	42.63	1761.97
17	0.153	40.72	1664.56
18	0.119	37.34	1502.31
19	0.107	38.16	1522.60
20	0.094	38.45	1519.48
21	0.083	38.68	1512.62
22	0.072	38.38	1481.64
23	0.064	38.71	1477.53
24	0.056	38.62	1454.33
25	0.048	38.08	1410.44
发电时平均弯矩最大值(kN·m)			2154.44

根据表解 10.8 所示，当风速 $U_{\mathrm{H}i}=13\mathrm{m/s}$ 时，风力发电机基础平均剪力最大值为 50.65kN。另外当风速 $U_{\mathrm{H}i}=12\mathrm{m/s}$ 时，发电时平均弯矩最大值为 2154.44kN·m。同样计算作用于各部分的发电时平均剪力与平均弯矩最大值，其计算结果如表解 10.9 所示。发电时平均剪力与平均弯矩最大值在风力发电机的基础产生，分别为 50.65kN、2154.44kN·m。

发电时平均剪力与平均弯矩最大值 表解 10.9

各部分编号	各部分中央高度(m)	各部分中央外径(m)	各部分底部高度 h(m)	发电时平均剪力最大值(kN)	发电时平均弯矩最大值(kN·m)
风轮+机舱	44.00	—	42.20	47.85	86.13
①	40.45	1.240	38.70	48.07	254.00
②	36.95	1.319	35.20	48.30	422.65
③	33.45	1.398	31.70	48.53	592.10
④	29.95	1.478	28.20	48.77	762.39
⑤	26.45	1.557	24.70	49.01	933.51
⑥	22.95	1.636	21.20	49.26	1105.49
⑦	19.45	1.715	17.70	49.50	1278.31
⑧	15.95	1.794	14.20	49.74	1451.99
⑨	12.45	1.873	10.70	49.98	1626.49
⑩	8.95	1.953	7.20	50.24	1801.79
⑪	5.45	2.032	3.70	50.47	1977.81
⑫	1.95	2.111	0.20	50.65	2154.44

(4) 发电时平均荷载的计算

如果要计算地震发生时的荷载，则需要在地震荷载上加上风力发电机发电时的年平均风荷载。在求发电时的年平均风荷载的竖直分布时，用与风力发电机发电时的年平均风荷载对应的风速进行计算。与风力发电机发电时的年平均风荷载对应的风速，是采用各风速级别风力发电机基础的平均荷载与轮毂高度下各风速级别出现频度分布情况所求的年平均荷载来确定的。

1) 轮毂高度下风速出现频度

风速出现频度为 3.3.1 项所示的瑞利分布情况来表示。根据表解 10.1 所示高度下平均风速为 $\overline{U}=$ 8m/s 时，风速 $U_{Hi}=4$m/s 的出现频度如下所示。

$$f(U_{Hi})=\frac{\pi}{2}\,\frac{U_{Hi}}{\overline{U}^2}\exp\left\{-\frac{\pi}{4}\left(\frac{U_{Hi}}{\overline{U}}\right)^2\right\}=\frac{\pi}{2}\,\frac{4}{8^2}\exp\left\{-\frac{\pi}{4}\left(\frac{4}{8}\right)^2\right\}=0.0807$$

2) 风力发电机基础在发电时年平均风荷载的计算

根据如表解 10.8 所示的风力发电机基础的平均弯矩，并且考虑风速出现频度来计算平均弯矩。其结果如表解 10.0 所示。从切入风速到切出风速，把其平均弯矩相加，风力发电机基础在发电时年平均弯矩可以计算为 1196.10kN·m。在此各风速级别 $\Delta U_{Hi}=1$。

作用于风力发电机基础在发电时的年平均弯矩 表解 10.10

U_{Hi}(m/s)	风速出现频度 $f(U_{Hi})$	平均弯矩 M_{Di}(kN·m)	$f(U_{Hi})\times\Delta U_{Hi}\times M_{Di}$(kN·m)
3	0.0659	220.64	14.55
4	0.0807	387.41	31.25
5	0.0910	597.79	53.98
6	0.0947	849.96	80.47
7	0.0942	1128.15	106.23
8	0.0895	1435.95	128.55
9	0.0817	1659.89	135.70
10	0.0719	1854.82	133.44
11	0.0612	2027.33	123.99

续表

U_{Hi}(m/s)	风速出现频度 $f(U_{Hi})$	平均弯矩 M_{Di}(kN・m)	$f(U_{Hi})\times\Delta U_{Hi}\times M_{Di}$(kN・m)
12	0.0503	2154.44	108.39
13	0.0401	2148.91	86.18
14	0.0310	2052.03	63.63
15	0.0232	1952.12	45.43
16	0.0170	1761.97	29.90
17	0.0120	1664.56	20.02
18	0.0083	1502.31	12.45
19	0.0056	1522.60	8.46
20	0.0036	1519.48	5.51
21	0.0023	1512.62	3.48
22	0.0014	1481.64	2.11
23	0.0009	1477.53	1.26
24	0.0005	1454.33	0.73
25	0.0003	1410.44	0.40
发电时年平均弯矩(kN・m)			1196.10

风力发电机基础在发电时年平均弯矩为 1196.10kN・m，对此在相应轮毂高度下平均风速 U_h 根据表解 10.8 的平均弯矩 M_{Di} 的线性插值，按照如下公式进行计算。

$$U_h=\frac{8-7}{1435.95-1128.15}(1196.10-1128.15)+7=7.22\text{m/s}$$

同样风力发电机推力系数 C_T 可以根据表解 10.8 的直线插值计算，为 $C_T=0.664$。

如果平均风速为 7.22m/s，作用于风力发电机基础的剪力可以按照如下公式进行计算。

$$Q_D=\frac{1}{2}\rho U_h^2 C_T \pi R^2+\frac{1}{2}\rho U_h^2 C_{DN} A_N+\int_h^{H_t}\frac{1}{2}\rho U(z)^2 C_{DT} d(z)dz$$

$$=Q_{tD_{12}}$$

$$=[1\ \ 1\ \ \cdots\ \ 1]\begin{Bmatrix}\left(\frac{1}{2}\times1.2\times7.22^2\times0.664\times\pi\times\left(\frac{40.3}{2}\right)^2+\frac{1}{2}\times1.2\times7.22^2\times0.88\times\pi\times\left(\frac{3.645}{2}\right)^2\right)/1000\\0.08\\\vdots\\0.05\end{Bmatrix}$$

$$=27.74\text{kN}$$

平均风速为 7.22m/s 时，作用于风力发电机基础的平均弯矩按照如下公式进行计算。

$$M_D=\left[\frac{1}{2}\rho U_h^2 C_T\pi R^2+\frac{1}{2}\rho U_h^2 C_{DN}A_N\right]\times(H_h-h)+\int_h^{H_t}\frac{1}{2}\rho U(z)^2 C_{DT} d(z)(z-h)dz$$

$$=M_{tD_{12}}$$

$$=[44.00-42.20\quad 42.20-38.70\quad\cdots\quad 3.70-0.20]\begin{Bmatrix}26.77\\0.5\times0.08+26.77\\\vdots\\0.5\times0.05+27.69\end{Bmatrix}$$

$$=1193.68\text{kNm}$$

当平均风速为 7.22m/s 时，作用于各部位的平均弯矩的计算结果如表解 10.11 所示。

发电时年平均剪力与年平均弯矩 表解 10.11

各部分编号	各部分中央高度(m)	各部分中央外径(m)	风力系数 C_D	各部分底部高度(m)	年平均剪力(kN)	年平均弯矩(kN·m)
风轮+机舱	44	0	0.664	42.20	26.77	48.18
①	40.45	1.240	0.6	38.70	26.85	142.02
②	36.95	1.319	0.6	35.20	26.93	236.13
③	33.45	1.398	0.6	31.70	27.02	330.54
④	29.95	1.478	0.6	28.20	27.10	425.24
⑤	26.45	1.557	0.6	24.70	27.19	520.25
⑥	22.95	1.636	0.6	21.20	27.28	615.57
⑦	19.45	1.715	0.6	17.70	27.37	711.20
⑧	15.95	1.794	0.6	14.20	27.45	807.13
⑨	12.45	1.873	0.6	10.70	27.54	903.37
⑩	8.95	1.953	0.6	7.20	27.62	999.89
⑪	5.45	2.032	0.6	3.70	27.69	1096.67
⑫	1.95	2.111	0.6	0.20	27.74	1193.68

(5) 发电时风荷载峰值的计算

发电时峰值剪力的 50 年再现期望值 Q_{D50} 以及发电时弯矩峰值 50 年再现期望值 M_{D50} 根据公式(4.27)以及公式(4.28)在发电时峰值剪力期望值 Q_{Dmax} 以及弯矩峰值期望值 M_{Dmax} 的基础上乘以发电时风荷载统计插值系数 γ_e 与分项安全系数 γ_f 进行计算。分项安全系数为 1.25。

$$Q_{D50}=Q_{Dmax}\times\gamma_e\times\gamma_f$$
$$M_{D50}=M_{Dmax}\times\gamma_e\times\gamma_f$$

1) 发电时风荷载峰值

发电时峰值剪力 Q_{Dmax} 以及弯矩 M_{Dmax} 可以根据如下公式进行计算。在此 Q_{Di} 为各风速级别 U_{Hi} 对应的发电时的平均剪力，M_{Di} 为各风速级别 U_{Hi} 对应的发电时平均弯矩，G_{Di} 为各风速级别 U_{Hi} 对应的发电时阵风系数。

$$Q_{Dmax}=\max(Q_{Di}\times G_{Di})$$
$$M_{Dmax}=\max(M_{Di}\times G_{Di})$$

2) 发电时的平均风荷载

各风速级别对应的发电时平均剪力 Q_{Di} 以及平均弯矩 M_{Di} 根据公式(4.29)以及公式(4.30)进行计算。

3) 发电时的阵风系数

根据公式(4.31)计算各风速级别对应的发电时的阵风系数 G_{Di}，比如当风速 $U_{Hi}=4\text{m/s}$ 时，阵风系数按照如下公式进行计算。

$$\begin{aligned}G_{Di}&\cong 1+2I_{1i}g_{Di}\sqrt{K_i}\sqrt{1+R_{Di}}\\&=1+2\times\left[0.16\times\left(0.75+\frac{5.6}{4}\right)\right]\times\left[-0.3\times\sin\left(\pi\times\frac{2.5-4}{2.5-15}\right)+3.0\right]\\&\quad\times\sqrt{0.15\times\sin\left(\pi\times\frac{2.5-4}{2.5-15}\right)+0.15}\times\sqrt{1+0.2}\\&=1+2\times0.344\times2.890\times\sqrt{0.205}\times\sqrt{1.2}=1.987\end{aligned}$$

在此风速级别 U_{Hi} 时在轮毂高度下紊流强度 I_{1i} 根据如下公式进行计算。

$$I_{1i}=I_{ref}\left(0.75+\frac{5.6}{U_{Hi}}\right)$$

4）发电时风荷载峰值

风速U_{Hi}=4m/s时，风力发电机基础在发电时剪力峰值可以根据表解10.8所示的平均剪力9.00kN乘以阵风系数1.987进行计算，所得数值为17.87kN。同样发电时弯矩峰值可以根据表解10.8所示的平均弯矩387.41kNm乘以阵风系数1.987，所得数值为769.62kN·m。

同样从切入风速到切出风速以1m/s变化U_{Hi}，根据对应的C_{Ti}所计算的风力发电机基础剪力、平均弯矩、剪力峰值以及弯矩峰值如表解10.2所示。

作用于风力发电机基础发电时剪力峰值与弯矩峰值　　**表解10.12**

U_{Hi} (m/s)	推力系数 C_{Ti}	剪力 Q_{Di}(kN)	平均弯矩 M_{Di}(kN·m)	阵风系数 G_{Di}	剪力峰值 (kN)	弯矩峰值 (kN·m)
3	0.712	5.12	220.64	2.116	10.84	466.95
4	0.703	9.00	387.41	1.987	17.87	769.62
5	0.694	13.88	597.79	1.903	26.42	1137.78
6	0.685	19.74	849.96	1.842	36.37	1565.61
7	0.668	26.22	1128.15	1.792	46.99	2022.16
8	0.650	33.39	1435.95	1.750	58.42	2512.65
9	0.592	38.66	1659.89	1.711	66.15	2840.35
10	0.534	43.29	1854.82	1.674	72.48	3105.70
11	0.481	47.42	2027.33	1.638	77.66	3320.04
12	0.427	50.54	2154.44	1.599	80.82	3445.25
13	0.360	50.65	2148.91	1.557	78.87	3346.31
14	0.293	48.69	2052.03	1.510	73.54	3099.34
15	0.240	46.68	1952.12	1.458	68.04	2845.27
16	0.186	42.63	1761.97	1.614	68.83	2844.59
17	0.153	40.72	1664.56	1.782	72.55	2965.80
18	0.119	37.34	1502.31	1.953	72.92	2933.29
19	0.107	38.16	1522.60	2.118	80.83	3225.48
20	0.094	38.45	1519.48	2.270	87.30	3449.84
21	0.083	38.68	1512.62	2.400	92.83	3630.30
22	0.072	38.38	1481.64	2.500	95.95	3704.37
23	0.064	38.71	1477.53	2.566	99.32	3791.61
24	0.056	38.62	1454.33	2.596	100.26	3775.80
25	0.048	38.08	1410.44	2.592	98.69	3655.84
风力发电机基础发电时剪力峰值Q_{Dmax}(kN)以及弯矩峰值M_{Dmax}(kN·m)					100.26	3791.61

根据表解10.12，当风速U_{Hi}=24m/s时，风力发电机基础在发电时的剪力峰值为100.26kN，当风速U_{Hi}=23m/s时，弯矩峰值为3791.61kNm。同样对作用于各部位发电时的剪力峰值以及弯矩峰值进行计算，其结果如表解10.13所示。

发电时的剪力峰值以及弯矩峰值　　**表解10.13**

各部分编号	各部分中央高度(m)	各部分中央外径(m)	各部分底部高度h(m)	发电时剪力峰值Q_{Dmax}(kN)	发电时剪力峰值50年再现期望值Q_{D50}(kN)	发电时弯矩峰值M_{Dmax}(kN·m)	发电时弯矩峰值50年再现期望值M_{D50}(kN·m)
风轮+机舱	44.00	—	42.20	76.52	117.56	137.74	211.61

续表

各部分编号	各部分中央高度(m)	各部分中央外径(m)	各部分底部高度 h(m)	发电时剪力峰值 Q_{Dmax}(kN)	发电时剪力峰值50年再现期望值 Q_{D50}(kN)	发电时弯矩峰值 M_{Dmax}(kN·m)	发电时弯矩峰值50年再现期望值 M_{D50}(kN·m)
①	40.45	1.240	38.70	76.87	118.10	406.18	624.01
②	36.95	1.319	35.20	78.18	120.11	675.87	1038.33
③	33.45	1.398	31.70	80.38	123.49	946.85	1454.63
④	29.95	1.478	28.20	82.64	126.95	1228.33	1887.06
⑤	26.45	1.557	24.70	84.92	130.46	1521.56	2337.54
⑥	22.95	1.636	21.20	87.22	134.00	1822.82	2800.35
⑦	19.45	1.715	17.70	89.52	137.53	2132.12	3275.52
⑧	15.95	1.794	14.20	91.95	141.26	2449.40	3762.96
⑨	12.45	1.873	10.70	94.37	144.98	2774.49	4262.37
⑩	8.95	1.953	7.20	96.65	148.48	3107.03	4773.26
⑪	5.45	2.032	3.70	98.70	151.63	3446.45	5294.70
⑫	1.95	2.111	0.20	100.26	154.03	3791.61	5824.95

5）统计插值系数

发电时风荷载的统计插值系数 r_e 根据公式（4.32）进行计算。年平均风速 $\overline{U}=8\text{m/s}$，$I_{ref}=0.16$，统计插值系数为如下公式。

$$r_e=(0.9\ I_{ref}+0.035)\times\ln(8)+(-0.77\ I_{ref}+0.98)=1.229$$

风力发电机基础在发电时的剪力以及弯矩的50年再现期望值可以按照如下公式根据表解10.12所示的发电时剪力峰值100.26kN以及弯矩峰值3791.61kN·m进行计算。

$$Q_{D50}=Q_{Dmax}\times\gamma_e\times\gamma_f=100.26\times1.229\times1.25=154.03\text{kN}$$

$$M_{D50}=M_{Dmax}\times\gamma_e\times\gamma_f=3791.61\times1.229\times1.25=5824.95\text{kNm}$$

同样如表解10.13所示，作用于各部分在发电时的剪力峰值以及弯矩峰值乘以发电时统计插值系数 r_e，再来计算发电时剪力以及弯矩的50年再现期望值。

（6）暴风发生时风荷载的计算

1）阵风系数

用如表4.11所示的简便方法计算阵风系数。在此结构阻尼比 $\zeta_S=0.5\%$（表解10.1），用公式(4.23)，η 为如下公式计算所示数值。

$$\eta=(\zeta_S-0.5)/3=(0.5-0.5)/3=0$$

在此 $\alpha=0.15$，$Z_b=5$（11.5节），阵风系数 G_D 根据表4.11的地标面粗糙度分类Ⅱ，按照如下公式进行计算。

$$G_D=\frac{2.1-2.9}{80-20}\times(H_h-20)+2.9=\frac{-0.8}{60}\times(44-20)+2.9=2.58$$

2）作用于风轮与机舱在暴风出现时的风荷载

采用轮毂高度风速，空气密度 $\rho=1.2\text{kg/m}^3$，根据4.3.5项计算速度压。

$$q_m=\frac{1}{2}\rho U_h^2(1+I_{hl}^2)G_D=\frac{1}{2}\times1.2\times50.83^2\times(1+0.15^2)\times2.58=4090\text{N/m}^2$$

每块叶片的风荷载按照如下公式进行计算。比如作用于叶片2的“根部-①”的风力如下所示。在此 α 为与方位角相同，为30°。

$$q_mC_{bi}(r_k)c(r_k)\Delta r(\cos\alpha)^3=4090/1000\times1.296\times0.910\times1.20\times(\sqrt{3}/2)^3$$
$$=3.76\text{kN}$$

叶片2、叶片3的风力如表解10.14。

每片叶片1的风暴出现时风荷载　　**表解10.14**

		叶片方向的长度 Δr(m)	平均弦长 c(m)	平均风力系数 C_{bi}	速度压 q_m(N/m²)	叶片平均风荷载 F_{rD}(kN)
叶片2	根部-①	1.20	0.910	1.296	4090	3.76
	①-②	5.40	1.245	1.296	4090	23.15
	②-③	2.86	1.425	1.296	4090	14.03
	③-④	3.16	1.105	1.296	4090	12.02
	④-⑤	3.15	0.770	1.296	4090	8.35
	⑤-前端	3.16	0.300	1.296	4090	3.26
	每片叶片的平均风荷载(kN)					64.57
叶片3	根部-①	1.20	0.910	1.227	4090	3.56
	①-②	5.40	1.245	1.227	4090	21.91
	②-③	2.86	1.425	1.229	4090	13.3
	③-④	3.16	1.105	1.232	4090	11.43
	④-⑤	3.15	0.770	1.236	4090	7.96
	⑤-前端	3.16	0.300	1.238	4090	3.12
	每片叶片的平均风荷载(kN)					61.28

在计算作用于风轮在暴风发生时的风荷载时，可以把作用于叶片3的风荷载的合计来进行计算。

$$F_{rD}=0+64.57+61.28=125.85\text{kN}$$

作用于机舱在暴风发生时的风荷载根据公式（4.18）进行计算。

$$F_{nD}=q_m C_{nD}(\phi)A_n=4090\times0.88\times20.70/1000=74.50\text{kN}$$

3）作用于塔架在暴风发生时的风荷载

作用于塔架的速度压可以用各部分中央高度 z 下的风速 $U(z)$ 与紊流强度 $I_1(z)$ 进行计算。比如各部分编号②（$z=36.95$m，各部分中央高度）的情况下，设计风速 $U(z)=49.52$m/s，紊流强度$I_1(z)=0.16$，根据3.4.5项目的内容，根据如下公式计算速度压。

$$q_t(z)=\frac{1}{2}\rho U^2(z)(1+I_1{}^2(z))G_D=\frac{1}{2}\times1.2\times49.52^2\times(1+0.16^2)\times2.58$$
$$=3893\text{N/m}^2$$

作用于塔架在暴风出现时风荷载的分布情况根据公式（4.19）进行计算。塔架各部分在暴风出现时剪力根据公式（4.20）计算，暴风出现时的弯矩根据公式（4.21）进行计算。

比如在各部分编号②（$h=35.20$m：各部分底部高度）的情况下，速度压 $q_t=3893$N/m²，塔架风力系数 $C_{tD}=0.6$，各部分中央外径1.319m，各部分长度3.5m（38.70m－35.20m），作用于该部分在暴风出现时的风力如下公式所示。

$$F_{tD}(z)=q_{tD}(z)\mathrm{d}z=q_t C_{tD}\int_{35.20}^{38.70}d(z)\mathrm{d}z=3893\times0.6\times1.319\times(38.70-35.20)$$
$$=10783\text{N}$$
$$=10.78\text{kN}$$

在此 $\int_{35.20}^{38.70}d$ 为各部分②的水平投影面积，简单地表示为1.319×(38.70－35.20)。

各部分在暴风发生时的剪力 Q_{tD}根据如下公式进行计算。F_{tD0}为作用于风轮以及机舱在暴风出现时的合计，分别为125.85kN、74.50kN。

$$\begin{Bmatrix} Q_{tD_0} \\ Q_{tD_1} \\ \vdots \\ Q_{tD_{12}} \end{Bmatrix} = \begin{bmatrix} 1 & 0 & \cdots & 0 \\ 1 & 1 & \cdots & 0 \\ \vdots & \vdots & \ddots & \vdots \\ 1 & 1 & \cdots & 1 \end{bmatrix} \begin{Bmatrix} F_{tD_0} \\ F_{tD_1} \\ \vdots \\ F_{tD_{12}} \end{Bmatrix} = \begin{bmatrix} 1 & 0 & \cdots & 0 \\ 1 & 1 & \cdots & 0 \\ \vdots & \vdots & \ddots & \vdots \\ 1 & 1 & \cdots & 1 \end{bmatrix} \begin{Bmatrix} 200.35 \\ 10.38 \\ \vdots \\ 9.72 \end{Bmatrix} = \begin{Bmatrix} 200 \\ 210 \\ \vdots \\ 332 \end{Bmatrix}$$

各部分在暴风出现时弯矩M_{tD}按照如下公式进行计算。

$$\begin{Bmatrix} M_{tD_0} \\ M_{tD_1} \\ \vdots \\ M_{tD_{12}} \end{Bmatrix} = \begin{bmatrix} dz_0^B & 0 & \cdots & 0 \\ dz_0^B & dz_1^B & \cdots & 0 \\ \vdots & \vdots & \ddots & \vdots \\ dz_0^B & dz_1^B & \cdots & dz_{11}^B \end{bmatrix} \begin{Bmatrix} F_{tD_0} \\ 0.5F_{tD_1} + Q_{tD_0} \\ \vdots \\ 0.5F_{tD_{12}} + Q_{tD_{11}} \end{Bmatrix}$$

$$= \begin{bmatrix} 44.20-42.20 & 0 & \cdots & 0 \\ 44.20-42.20 & 42.20-38.70 & \cdots & 0 \\ \vdots & \vdots & \ddots & \vdots \\ 44.20-42.2 & 422.20-38.70 & \cdots & 3.5 \end{bmatrix} \begin{Bmatrix} 200.35 \\ 0.5\times10.38+200 \\ \vdots \\ 0.5\times9.72+321 \end{Bmatrix} = \begin{Bmatrix} 361 \\ 1079 \\ \vdots \\ 11552 \end{Bmatrix}$$

根据如下公式计算出作用于塔架的弯矩。

$$M_T = -\mathrm{sig}(y_r)F_rL_r - \mathrm{sig}(y_n)F_nL_n = 125.85\times2.5 + 74.50\times0.0 = 315\mathrm{kN\cdot m}$$

各高度下在暴风出现时的风力、剪力、弯矩、扭矩如表解10.15所示。

暴风出现时风荷载　　**表解10.15**

各部分编号	各部分中央高度 z(m)	各部分中央外径 (m)	紊流强度 I_i (z)	设计风速 $U(z)$	速度压 q(N/m²)	风力系数 C_D	各部分风力 F_{tD}(kN)	各部分底部高度 h(m)	剪力 Q_{tD}(kN)	弯矩 M_{tD} (kN·m)	扭矩 M_{tD} (kN·m)
叶片1	44.00	—	0.15	50.83	4090	—	0.00	—	—	—	—
叶片2	44.00	—	0.15	50.83	4090	—	64.57	—	—	—	—
叶片3	44.00	—	0.15	50.83	4090	—	61.28	—	—	—	—
机舱	44.00	—	0.15	50.83	4090	0.88	74.50	—	—	—	—
风轮＋机舱	44.00	—	0.15	50.83	4090	—	200.35	42.20	200	361	—
①	40.45	1.240	0.15	50.19	3987	0.6	10.38	38.70	210	1079	315
②	36.95	1.319	0.16	49.52	3893	0.6	10.78	35.20	221	1833	315
③	33.45	1.398	0.16	48.78	3778	0.6	11.09	31.70	232	2626	315
④	29.95	1.478	0.16	47.98	3655	0.6	11.34	28.20	243	3457	315
⑤	26.45	1.557	0.17	47.09	3532	0.6	11.55	24.70	255	4328	315
⑥	22.95	1.636	0.17	46.10	3385	0.6	11.63	21.20	267	5241	315
⑦	19.45	1.715	0.18	44.97	3232	0.6	11.64	17.70	279	6196	315
⑧	15.95	1.794	0.18	43.65	3045	0.6	11.47	14.20	290	7192	315
⑨	12.45	1.873	0.19	42.06	2837	0.6	11.16	10.70	301	8227	315
⑩	8.95	1.953	0.21	40.03	2590	0.6	10.62	7.20	312	9299	315
⑪	5.45	2.032	0.23	37.16	2251	0.6	9.61	3.70	322	10408	315
⑫	1.95	2.111	0.23	36.68	2193	0.6	9.72	0.20	332	11552	315

4）与根据建筑标准法确定的风荷载进行比较

根据建筑标准法施行令第87条，确定为地表面粗糙度分类Ⅱ，计算阵风系数以及速度压等数据。塔架的风力系数采用公开公式（相当于系数0.9）。可以看出根据建筑标准法计算的在暴风出现时的荷载比根据本指南计算的暴风出现时的风荷载数值要小。

根据建筑标准法计算的暴风出现时风荷载数值的计算　表解 10.16

各部分编号	各部分中央高度 z(m)	各部分中央外径(m)	E_r	E	速度压 q (N/m^2)	风力系数 C_D	各部分风力 F_{tD}(kN)	各部分底部高度 h(m)	剪力 Q_{tD}(kN)	弯矩 M_{tD}(kN·m)
叶片 1	44.00	—	1.333	3.554	3079	—	0.00	—	—	—
叶片 2	44.00	—	1.333	3.554	3079	—	48.61	—	—	—
叶片 3	44.00	—	1.333	3.554	3079	—	46.15	—	—	—
机舱	44.00	—	1.333	3.554	3079	0.88	56.08	—	—	—
风轮＋机舱	44.00	—	1.333	3.554	3079	—	150.84	42.20	151	272
①	40.45	1.240	1.333	3.554	3079	0.878	11.73	38.70	163	821
②	36.95	1.319	1.333	3.554	3079	0.854	12.14	35.20	175	1413
③	33.45	1.398	1.333	3.554	3079	0.829	12.49	31.70	187	2047
④	29.95	1.478	1.333	3.554	3079	0.802	12.77	28.20	200	2724
⑤	26.45	1.557	1.333	3.554	3079	0.772	12.95	24.70	213	3447
⑥	22.95	1.636	1.333	3.554	3079	0.741	13.06	21.20	226	4215
⑦	19.45	1.715	1.333	3.554	3079	0.705	13.03	17.70	239	5029
⑧	15.95	1.794	1.333	3.554	3079	0.664	12.84	14.20	252	5888
⑨	12.45	1.873	1.333	3.554	3079	0.617	12.45	10.70	264	6792
⑩	8.95	1.953	1.333	3.554	3079	0.558	11.74	7.20	276	7737
⑪	5.45	2.032	1.333	3.554	3079	0.481	10.53	3.70	287	8721
⑫	1.95	2.111	1.333	3.554	3079	0.469	10.67	0.20	298	9744

各部分中剪力以及弯矩如表解 10.17、表解 10.18 所示。

各部分剪力　表解 10.17

各部分编号	各部分底部高度(m)	发电时平均剪力的最大值(kN)	发电时的年平均剪力(kN·m)	发电时峰值状态下剪力的50 年再现期望值 Q_{D50}(kN)	暴风出现时(kN·m)
风轮＋机舱	42.20	47.85	26.77	117.56	200
①	38.70	48.07	26.85	118.10	210
②	35.20	48.30	26.93	120.11	221
③	31.70	48.53	27.02	123.49	232
④	28.20	48.77	27.10	126.95	243
⑤	24.70	49.01	27.19	130.46	255
⑥	21.20	49.26	27.28	134.00	267
⑦	17.70	49.50	27.37	137.53	279
⑧	14.20	49.74	27.45	141.26	290
⑨	10.70	49.98	27.54	144.98	301
⑩	7.20	50.24	27.62	148.48	312
⑪	3.70	50.47	27.69	151.63	322
⑫	0.20	50.65	27.74	154.03	332

各部分弯矩 表解 10.18

各部分编号	各部分底部高度(m)	发电时平均弯矩的最大值(kN)	发电时的年平均弯矩(kN·m)	发电时峰值状态下弯矩的 50 年再现期望值 Q_{D50}(kN)	暴风出现时(kN·m)
风轮+机舱	42.20	86.13	48.18	211.61	361
①	38.70	254.00	142.02	624.01	1079
②	35.20	422.65	236.13	1038.33	1833
③	31.70	592.10	330.54	1454.63	2626
④	28.20	762.39	425.24	1887.06	3457
⑤	24.70	933.51	520.25	2337.54	4328
⑥	21.20	1105.49	615.57	2800.35	5241
⑦	17.70	1278.31	711.20	3275.52	6196
⑧	14.20	1451.99	807.13	3762.96	7192
⑨	10.70	1626.49	903.37	4262.37	8227
⑩	7.20	1801.79	999.89	4773.26	9299
⑪	3.70	1977.81	1096.67	5294.70	10408
⑫	0.20	2154.44	1193.68	5824.95	11552

各部分剪力以及弯矩如图解 10.5 所示。

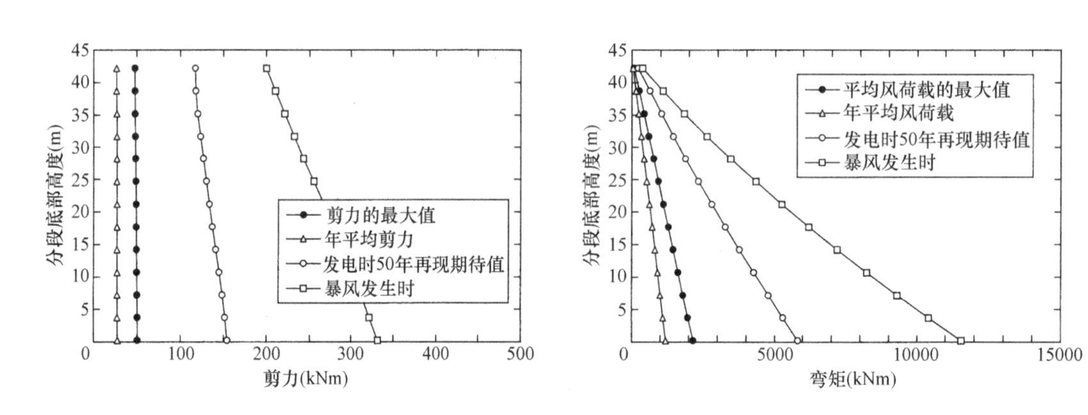

图解 10.5 各部分剪力、弯矩的比较

10.2.5 地震荷载的计算

剪力以及弯矩采用根据时程反应分析方法计算的表解 11.14 中的结果。扭矩的计算中所采用的反应加速度为表解 11.14，机舱以及风轮的重心与塔架中心的偏心量为 1.4m。

10.2.6 设计用荷载

对长期发生的力即发电时的平均应力的最大值，以及短期发生的力即暴风出现时的应力（发电时峰值荷载小于暴风发生时的荷载），极罕见地震发生时的应力进行评估。

在极罕见地震发生时的塔架结构计算中，弯矩为级别 2 地震荷载（表解 11.14），发电时年平均风荷载（表解 10.11），塔架变形的 P-Δ 效应所产生的荷载（公式 5.35）的组合。扭矩为根据公式(5.36) 所计算的数值。剪力为级别 2 地震荷载、发电时年平均风荷载、扭矩的组合。轴力为长期轴力加上级别 2 地震引起的剪力的 1/2 所得数值，该数值为设计轴力。

长期荷载（发电时的平均风荷载的最大值）　　表解 10.19

各部分编号	各部分底部高度 H_{it}(m)	轴力(kN)	弯矩(kN·m)	扭矩(kN·m)	剪力(kN)
①	38.70	302	254.00	0	48.07
②	35.20	316	422.65	0	48.30
③	31.70	338	592.10	0	48.53
④	28.20	358	762.39	0	48.77
⑤	24.70	381	933.51	0	49.01
⑥	21.20	413	1105.49	0	49.26
⑦	17.70	439	1278.31	0	49.50
⑧	14.20	469	1451.99	0	49.74
⑨	10.70	500	1626.49	0	49.98
⑩	7.20	533	1801.79	0	50.24
⑪	3.70	567	1977.81	0	50.47
⑫	0.20	637	2154.44	0	50.65

短期荷载（暴风发生时）　　表解 10.20

各部分编号	各部分底部高度 H_{it}(m)	轴力(kN)	弯矩(kN·m)	扭矩(kN·m)	剪力(kN)
①	38.70	302	1079	315	210
②	35.20	316	1833	315	221
③	31.70	338	2626	315	232
④	28.20	358	3457	315	243
⑤	24.70	381	4328	315	255
⑥	21.20	413	5241	315	267
⑦	17.70	439	6196	315	279
⑧	14.20	469	7192	315	290
⑨	10.70	500	8227	315	301
⑩	7.20	533	9299	315	312
⑪	3.70	567	10408	315	322
⑫	0.20	637	11552	315	332

极罕见荷载（地震发生时）　　表解 10.21

各部分编号	各部分底部高度 H_{it}(m)	轴力(kN)	弯矩(kN·m)	扭矩(kN·m)	剪力(kN)
①	38.70	431	1532	482	284
②	35.20	432	2535	482	259
③	31.70	449	3435	482	249
④	28.20	464	4177	482	240
⑤	24.70	499	4934	482	264
⑥	21.20	575	5693	482	351
⑦	17.70	632	6350	482	413
⑧	14.20	687	7229	482	464

续表

各部分编号	各部分底部高度 H_{it}(m)	轴力(kN)	弯矩(kN·m)	扭矩(kN·m)	剪力(kN)
⑨	10.70	736	8483	482	499
⑩	7.20	778	9798	482	518
⑪	3.70	817	11149	482	527
⑫	0.20	888	12529	482	530

10.3 结构的计算

10.3.1 塔架结构的计算

(1) 塔架筒身的结构计算

1) 长期荷载发生时的验算

容许应力为对应于7.3.4项所示长期应力的容许应力。评估结果如表解10.22、表解10.23所示。

塔架筒身的应力评估（长期荷载发生时） 表解10.22

各部分编号	设计应力			设计板厚 t (mm)	外径 D (mm)	屈曲长度 (m)	半径/板厚 (r/t)	屈曲区间长度/半径 (I/r)	横截面积 $A(cm^2)$	横截面系数 $Z(cm^3)$
	轴力 W(kN)	弯矩 M(kN·m)	剪力 Q(kN)							
①	302	254	48	10	1279	21	63	33	398	12550
②	316	423	48	12	1358	18	56	26	507	16925
③	338	592	49	14	1438	14	50	20	626	22082
④	358	762	49	16	1517	11	46	14	754	28017
⑤	381	934	49	18	1596	7	43	9	892	34810
⑥	413	1105	49	18	1675	4	46	4	937	38403
⑦	439	1278	50	18	1754	21	48	24	981	42172
⑧	469	1452	50	20	1834	18	45	20	1139	51103
⑨	500	1626	50	20	1913	14	47	15	1189	55706
⑩	533	1802	50	20	1992	11	49	11	1238	60478
⑪	567	1978	50	20	2071	7	51	7	1288	65445
⑫	637	2154	51	25	2150	4	42	3	1668	87645

塔架筒身的应力评估（长期荷载发生时续） 表解10.23

$\sigma_c=W/A$ (N/cm²)	$\sigma_b=M/Z$ (N/cm²)	$\sigma_s=2Q/A$ (N/cm²)	容许压缩应力 $_cf_{cr}$(N/cm²)	容许弯曲应力 $_bf_{cr}$(N/cm²)	容许剪切应力 $_cf_{cr}$(N/cm²)	$\sigma_c/_sf_{cr}+\sigma_b/_bf_{cr}$	$\sigma_s/_sf_{cr}$	判断结果
758	2024	241	15236	15443	5313	0.18	0.05	OK
623	2497	190	15477	15635	6229	0.20	0.03	OK
540	2681	155	15647	15667	6933	0.21	0.02	OK
475	2721	129	15667	15667	7521	0.20	0.02	OK
427	2682	440	15667	15667	8057	0.20	0.01	OK
441	2879	105	15667	15667	8470	0.21	0.01	OK
447	3031	101	15667	15667	6843	0.22	0.01	OK
412	2841	87	15667	15667	7281	0.21	0.01	OK

续表

$\sigma_c=W/A$ (N/cm²)	$\sigma_b=M/Z$ (N/cm²)	$\sigma_s=2Q/A$ (N/cm²)	容许压缩应力 $_cf_{cr}$(N/cm²)	容许弯曲应力 $_bf_{cr}$(N/cm²)	容许剪切应力 $_cf_{cr}$(N/cm²)	$\sigma_{c/s}f_{cr}+\sigma_{b/b}f_{cr}$	$\sigma_s/_sf_{cr}$	判断结果
421	2920	84	15667	15667	7444	0.21	0.01	OK
430	2979	81	15667	15667	7660	0.22	0.01	OK
440	3022	78	15634	15667	7955	0.22	0.01	OK
382	2458	61	15667	15667	8712	0.18	0.01	OK

据上表所示，长期荷载发生时、塔架筒身的安全性没有问题。

2）短期荷载发生时的验算

容许应力采用与 7.3.4 项（3）所示的暴风发生时的应力对应的短期容许应力。评估结果如表解 10.24、表解 10.25 所示。

塔架筒身的应力评估（短期荷载发生时）　　**表解 10.24**

各部分编号	设计应力				设计板厚 t (mm)	外径 D (mm)	屈曲长度 (m)	半径/板厚 (r/t)	屈曲区间长度/半径 (I/r)	横截面积 A(cm²)	横截面系数 Z(cm³)
	轴力 W(kN)	弯矩 M (kN·m)	扭矩 M (kN·m)	剪力 Q (kN)							
①	302	1079	315	210	10	1279	21	63	33	398	12550
②	316	1833	315	221	12	1358	18	56	26	507	16925
③	338	2626	315	232	14	1438	14	50	20	626	22082
④	358	3457	315	243	16	1517	11	46	14	754	28017
⑤	381	4328	315	255	18	1596	7	43	9	892	24810
⑥	413	5241	315	267	18	1675	4	46	4	937	38403
⑦	439	6196	315	279	18	1754	21	48	24	981	42172
⑧	469	7192	315	290	20	1834	18	45	20	1139	51103
⑨	500	8227	315	301	20	1913	14	47	15	1189	55706
⑩	533	9299	315	312	20	1992	11	49	11	1238	60478
⑪	567	10408	315	322	20	2071	7	51	7	1288	65445
⑫	637	11552	315	332	25	2150	4	42	3	1668	87645

塔架筒身的应力评估（短期荷载发生时续）　　**表解 10.25**

$\sigma_c=W/A$ (N/cm²)	$\sigma_b=M/Z$ (N/cm²)	$\sigma_s=2Q/A$ (N/cm²)	$\sigma_T=M_r/2\pi r^2t$ (N/cm²)	容许压缩应力 cf_{cr}(N/cm²)	容许弯曲应力 bf_{cr}(N/cm²)	容许剪切应力 sf_{cr}(N/cm²)	$\sigma_c/_cf_{cr}+\sigma_b/_bf_{cr}$	$(\sigma_c/_cf_{cr}+\sigma_{b/b}f_{cr})+[(\sigma_s+\sigma_T)/sf_{cr}]^2$	判断结果
758	8598	1054	1266	22854	23165	7970	0.40	0.49	OK
623	10830	871	940	23215	13452	9344	0.49	0.53	OK
540	11892	741	721	23471	23500	10399	0.53	0.55	OK
475	12339	644	569	23500	23500	11281	0.55	0.56	OK
427	12433	572	458	23500	23500	12086	0.55	0.55	OK
441	13647	570	415	23500	23500	12706	0.60	0.61	OK
447	14692	569	378	23500	23500	10264	0.64	0.65	OK
412	14074	509	312	23500	23500	10922	0.62	0.62	OK
421	14769	506	186	23500	23500	11166	0.65	0.62	OK
430	15376	504	263	23500	23500	11490	0.67	0.68	OK
440	15903	500	243	23451	23500	11932	0.70	0.70	OK
382	13180	398	182	23500	23500	13069	0.58	0.58	OK

据上表所示，短期荷载发生时，塔架筒身的安全性没有问题。

3）极罕见荷载发生时的验算

容许应力采用7.3.4项（4）所示的极罕见地震荷载发生时的容许应力。评估结果如表表解10.26、表解10.27所示。

塔架筒身的应力评估（极罕见荷载发生时）　　表解10.26

各部分编号	设计应力				设计板厚 t (mm)	外径 D (mm)	屈曲长度 (m)	半径/板厚 (r/t)	屈曲区间长度/半径 (I/r)	横截面积 A(cm^2)	横截面系数 Z(cm^3)
	轴力 W(kN)	弯矩 M (kN·m)	扭矩 M (kN·m)	剪力 Q (kN)							
①	431	1532	482	284	10	1279	21	63	33	398	12550
②	432	2535	482	259	12	1358	18	56	26	507	16925
③	449	3435	482	249	14	1438	14	50	20	626	22082
④	464	4177	482	240	16	1517	11	46	14	754	28017
⑤	499	4934	482	264	18	1596	7	43	9	892	34810
⑥	575	5693	482	351	18	1675	4	46	4	937	38403
⑦	632	6350	482	413	18	1754	21	48	24	981	42172
⑧	687	7229	482	464	20	1834	18	45	20	1139	51103
⑨	736	8483	482	499	20	1913	14	47	15	1189	55706
⑩	778	9798	482	518	20	1992	11	49	11	1238	60478
⑪	817	11149	482	527	20	2071	7	51	7	1288	65445
⑫	888	12529	482	530	25	2150	4	42	3	1668	87645

塔架筒身的应力评估（极罕见荷载发生时）　　表解10.27

$\sigma_c=W/A$ (N/cm^2)	$\sigma_b=M/Z$ (N/cm^2)	$\sigma_s=2Q/A$ (N/cm^2)	$\sigma_T=M_r/2\pi r^2 t$ (N/cm^2)	容许压缩应力 $_cf_{cr}$(N/cm^2)	容许弯曲应力 $_sf_{cr}$(N/cm^2)	容许剪切应力 $_sf_{cr}$(N/cm^2)	$\sigma_c/_cf_{cr}+\sigma_b/_bf_{cr}$	$(\sigma_c/_cf_{cr}+\sigma_b/_bf_{cr})+[(\sigma_s+\sigma_T)/f_{cr}]^2$	判断结果
1081	12209	1425	1937	23061	23269	9831	0.57	0.69	OK
852	14975	1023	1438	23302	23460	10747	0.67	0.73	OK
717	15558	794	1103	23473	2350	11451	0.69	0.72	OK
616	14909	636	870	23500	23500	12039	0.66	0.68	OK
560	14175	591	701	23500	23500	12575	0.63	0.64	OK
614	14824	720	635	23500	23500	12989	0.66	0.67	OK
644	15058	843	578	23500	23500	11361	0.67	0.68	OK
604	14145	815	477	23500	23500	11799	0.63	0.64	OK
619	15228	840	438	23500	23500	11962	0.67	0.69	OK
629	16200	837	403	23500	23500	12178	0.72	0.73	OK
634	17035	818	372	23459	23500	12473	0.75	0.76	OK
533	14295	636	279	23500	23500	13231	0.63	0.64	OK

据上表所示，极罕见荷载发生时，塔架筒身的安全性没有问题。

各荷载发生时的最大应力比如表解10.28所示。

应力比　　表解 10.28

	剪切应力比	轴应力比
长期荷载发生时	0.05	0.22
短期荷载发生时(暴风发生时)	0.70(与轴向应力的组合)	0.70
极罕见荷载发生时(地震发生时)	0.76(与轴向应力的组合)	0.75

(2) 接头部分的结构计算

塔架接头部分的结构根据 7.3.3 项所述内容进行计算。在此采用法兰接头形式，并说明了各部分⑥的接头计算的实例。

结构计算中所采用的横截面力在极罕见荷载发生时起到关键作用，所以轴力 N：575kN，剪力 Q：351kN，弯矩 M：5693kN・m，扭矩 M_T：482kN・m。

1) 接头部分各参数

接头部分各参数　　表解 10.29

项目	数值
筒身外径 D_p	1675m
筒身板厚 t_p	18mm
筒身材质	SM400
筒身内径 D_{pt}	1639mm
筒身中心直径 D_{pc}	1657mm
筒身横截面积 A_p	937cm²
筒身横截面系数 Z_p	38403cm³

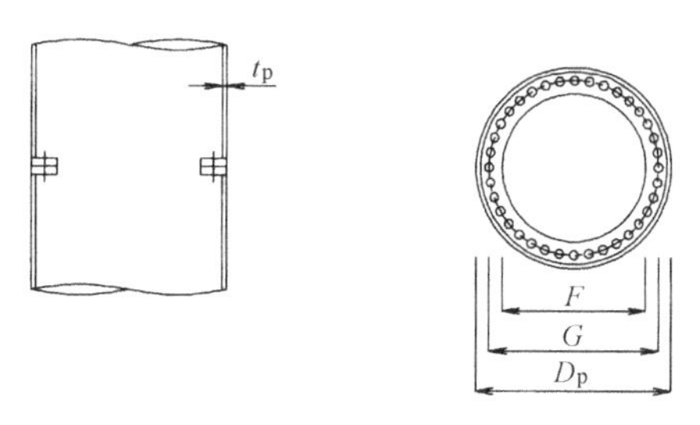

图解 10.6　接头形式

2) 接头螺栓各参数

接头螺栓各参数　　表解 10.30

项目	数值
法兰内径 F	1409mm
螺栓周边直径 G	1539mm
螺栓轴径 d_s	M36
螺栓材质	F10T
螺栓根数 n	52 根
螺栓有效横截面积 A_b	8.17cm²
螺栓芯到法兰顶端的距离 e	65mm
筒身板中心到螺栓芯的距离 g	59mm

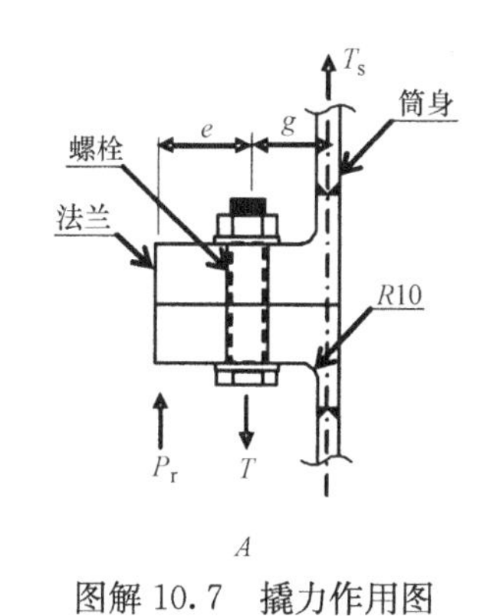

图解 10.7　撬力作用图

3) 法兰板的各参数

法兰板的各参数　　表解 10.31

项目	数值	项目	数值
法兰板厚 t_F	75mm	筒身的屈服点应力(F 值)	235N/mm²
法兰板材质	SM400	筒身板厚 $t(=t_p)$	18.0mm
法兰板屈服点应力(F 值)	215N/mm²	螺栓轴径 d_s	36.0mm
筒身材质	SM400	螺栓孔径 d_h	39.0mm

4) 螺栓强度的探讨

作用于筒身壁的每根螺栓的拉伸力按照如下公式进行计算。

$$T_s=(M/Z_p-N/A_p)A_p/n=[(569300/38403)-(575/937)]\times973/52=256.07\text{kN}$$

根据7.3.3项作用于螺栓的拉伸力按照如下公式进行计算。

$$T_A=T_s(1+g/e)=256.07\times(1+59/65)=488.50\text{kN}$$

螺栓容许拉伸力 F_b 按照如下公式进行计算。

$$F_b=\sigma_y\cdot A_b=900\times817=735300\text{N}=735\text{kN}$$

因此作用于螺栓拉伸力 $T_A=488.50\text{kN}$，比螺栓容许拉伸力 $F_b=735\text{kN}$ 小，所以螺栓的安全性没有问题。

作用拉伸力与容许拉伸力之比按照如下公式进行计算

$$T_A/F_b=488.50/735=0.66<1.0$$

5）法兰接头部分的强度探讨

每根螺栓的板厚中心弧长 w_s 按照如下公式进行计算。

$$w_s=\pi(D_P-T_P)/n=\pi(1675.0-18)/52=100.1\text{mm}$$

每根螺栓的法兰螺栓PCD弧长 w_b 按照如下公式进行计算。

$$w_b=\pi G/n=\pi\times1539.0/52=93.0\text{mm}$$

用1.1除以塔架筒身板材屈服强度（F 值）所得数值 F_{ys} 按照如下公式进行计算。

$$F_{ys}=235/1.1=213\text{N/mm}^2$$

用1.1除以法兰材料屈服强度（F 值）所得数值 F_{yf} 按照如下公式进行计算。

$$F_{yf}=215/1.1=195\text{N/mm}^2$$

筒身部分每个单位宽度的容许抗力 M_s 按照如下公式进行计算。

$$M_s=(t_p^2\cdot F_{ys})/4=(18^2\times213)/4=17523\text{N}=17.25\text{kN}$$

螺栓孔部分的每个单位宽度容许抗力 M_d 按照如下公式进行计算。

$$M_d=(t_F^2\cdot F_{yf})/4=(75^2\times195)/4=274219\text{N}=274.22\text{kN}$$

破坏机构2（图7.2）的容许拉伸力 T_{f2} 按照如下公式进行计算。

$$T_{f2}=(w_s\cdot M_s+e\cdot T_a)/(e+g)=(100.1\times17.25+65\times735)/(65+59)=399.21\text{kN}$$

破坏机构3（图7.2）的容许拉伸力 T_{f3} 按照如下公式进行计算。

$$T_{f3}=[w_s\cdot M_s+(w_b-d_h)\cdot M_d]/g=[100.1\times17.25+(93.0-39.0)\times274.22]/59=280.25\text{kN}$$

法兰的容许拉伸力 T_f 按照如下公式进行计算。

$$T_f=\min(T_{f2},T_{f3})=280.25\text{kN}>T_s$$

因此法兰的容许拉伸力 T_f 比作用于法兰的每根螺栓的筒身拉伸力 $T_s=256.07$ 大，法兰板的安全性没有问题。

作用拉伸力与容许拉伸力之比如下所示。

$$T_s/F_f=256.07/280.25=0.91<1.0$$

6）对法兰接头部分的滑移抗力进行探讨

每根螺栓的剪力 T_t 按照如下公式进行计算。

$$T_t=(Q+M_T/G)/n=(351+482/1.539)/52=12.8\text{kN}$$

法兰接合面（喷涂红丹）的摩擦系数 μ 为如下数值。

$$\mu=0.2$$

设计螺栓张力 N_0 按照如下公式进行计算。

$$N_0=0.75\sigma_y\cdot A_b=0.75\times900\times817=551475\text{N}=551\text{kN}$$

滑移抗力 R_s 按照如下公式进行计算。

$$R_s=\mu\cdot N_0=0.2\times551=110.2\text{kN}>T_t$$

剪力与滑移抗力之比按照如下公式进行计算。

$$T_t/R_s=12.8/110.2=0.12<1.0$$

因此法兰接头部分的滑移抗力 R_s 比剪力大，安全性没有问题。

各荷载发生时的作用力与容许抗力之比的结果如表解 10.32 所示。

作用力与容许抗力之比　　**表解 10.32**

	螺栓拉伸	法兰拉伸	法兰滑移
长期荷载发生时	0.23	0.21	0.01
短期荷载发生时(暴风发生时)	0.82	0.85	0.05
极罕见荷载发生时(地震发生时)	0.66	0.91	0.12

（3）开口部分的结构验算

塔架开口部分结构的计算按照 7.3.5 项进行。加固材料的横截面在开口部分的所有范围内属于同一横截面，并且加固材料的中心在开口部分中心高度上与筒身板厚中心是一致的，因此结构计算将对该部分的应力进行评估。(通常情况下，剪力不是横截面决定因素，所以将在此省略对剪力的评估。)

1）尺寸各参数

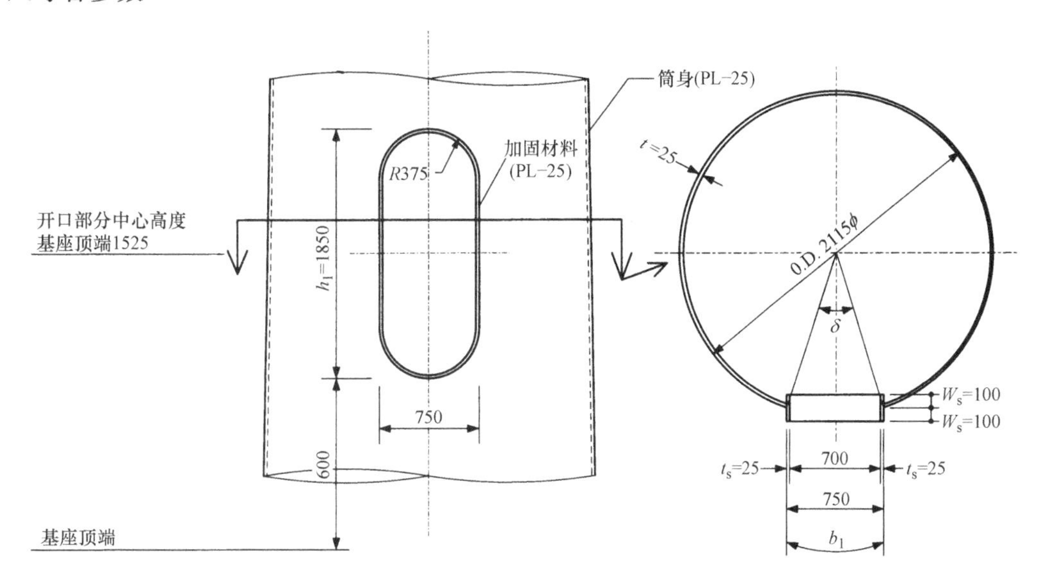

图解 10.8　塔架开口部分尺寸

开口部分尺寸的各参数　　**表解 10.33**

开口部分中心高度	1525mm(从锚固部分顶端)
筒身外径 D	2115mm
筒身板厚 t	25mm
筒身板厚中心半径 r'	1045mm
板厚中心半径厚比 r'/t	41.8≤160
包括加固材料板厚部分在内的开口宽度 b'_1	750mm
开口角度 $\delta(=\sin-1(b'_1/2r')/\pi\times360)$	42.0°≤60°
包括加固材料板厚部分在内的开口弧度 $b_1=(2\pi r'\delta/360)$	766mm
包括加固材料板厚部分在内的扣除横截面积 $\overline{A}=\pi/4\times[D^2-(D-2t)^2]\times\delta/360$	192cm^2
包括加固材料板厚部分在内的开口高度 h_1	1850mm
开口尺寸比 h_r/b_1	2.41≤3
加固材料板厚 t_s	25mm
加固材料宽度 $2W_s$	200mm
加固材料横截面积 A_s	100cm^2≤$1/3\times\overline{A}$=64m^2
加固材料宽厚比	w_s/T_s4≤8

2）横截面力的计算

开口部分中心高度下的横截面力根据表解 10.22 各部分⑪与⑫所示的设计横截面力按照线性插值进行计算。极罕见荷载发生时起关键作用，轴力 N：857.1kN，弯矩 M：11900.3kN·m。

3）应力评估

如果无开口，其横截面积 $A=1642\text{cm}^2$，另外在无开口的情况下，横截面性能 $Z=84807\text{cm}^3$，开口部分的应力为 $\sigma_c=N/A=0.52\text{kN/cm}^2$，$\sigma_b=M/Z=14.04\text{kN/cm}^2$。

半径板厚比按照如下公式进行计算。

$$r/t=(D-2t)/2t=(2115-2\times25)/(2\times25)=41.3$$

容许压缩应力按照如下公式进行计算。

$$cf_{cr}=1.5\times\left(\frac{F}{1.5}\right)=23.5\text{kN/cm}^2$$

在此 $F=23.5\text{kN/cm}^2$（SM400），$E=20500\text{kN/cm}^2$。

根据表 7.7，筒身钢材 SM400，开口角度 $\delta=42.0°$，按照如下公式计算降低系数 C。

$$A=1.05-0.005\delta=0.840$$

$$B=(1.6+0.01\delta)\times10^{-3}=0.00202$$

$$C=A-B(r'/t)=0.755$$

根据公式（7.22）计算的应力评估如下所示。

$$\frac{\sigma_c+\sigma_b}{C_c f_{cr}}=\frac{0.52+14.04}{0.755\times23.50}=0.82<1.0$$

综上所述，开口部分的安全性没有问题。

各荷载发生时的应力比的结果如表解 10.34 所示。

应力比 **表解 10.34**

	轴向应力比
长期荷载发生时	0.24
短期荷载发生时（暴风发生时）	0.76
极罕见荷载发生时（地震发生时）	0.82

4）脚部的结构计算

根据 7.3.6 项计算基板结构。在此将表示基板结构的计算实例，锚栓以及锚板结构的计算实例将在后面阐述。

结构计算中所采用的横截面力在最下面部分的位置上极罕见荷载发生时起到重要作用，因此轴力 N：888kN，剪力 Q：530kN，曲轴 M：12529kN·m。

1）各尺寸参数

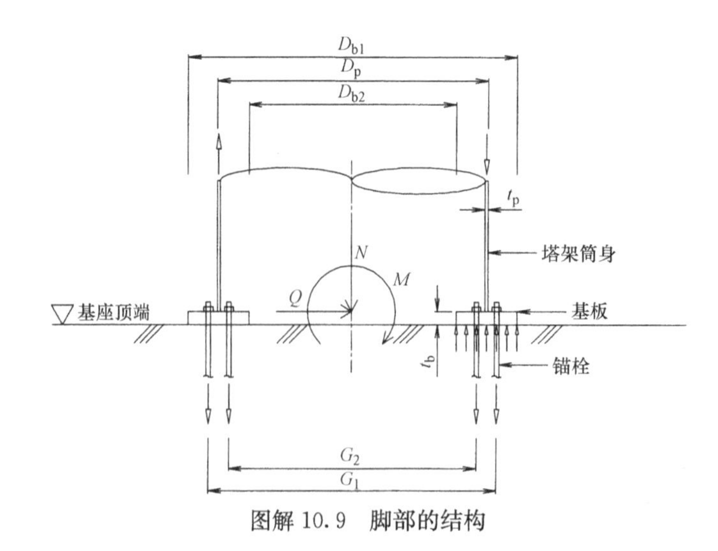

图解 10.9 脚部的结构

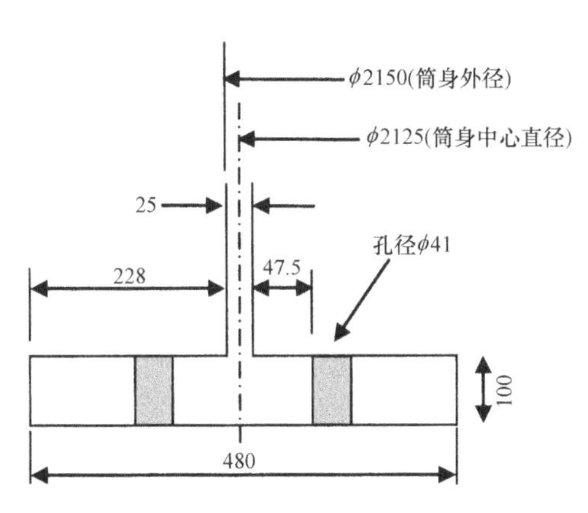

图解 10.10　基板的尺寸

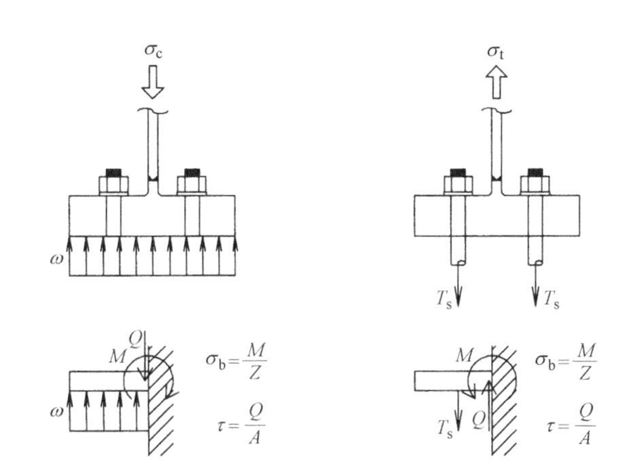

图 10.11　作用于基板的应力

脚部的各参数　　**表解 10.35**

筒身外径 D_p	2150mm	基板板厚 t_b	100mm
筒身板厚 t_p	25mm	基板材质	SM400
筒身材质	SM400	基板的标准强度 F	215N/mm^2
筒身横截面积 A_p	1669cm^2	基板的横截面积 A_b	32059cm^2
筒身横截面系数 Z_p	87645cm^3	锚栓尺寸 d_s	M36
基板外径 D_{b1}	2606mm	锚栓根数 n	88 根(44 根×2 列)
基板内径 D_{b2}	1646mm	锚栓外侧直径 G_1	2286mm
基板宽度 B_b	480mm	锚栓内侧直径 G_2	1966mm

2）作用于塔架脚部的应力

作用于塔架脚部的应力按照如下公式进行计算。

$$\sigma_c = M/Z_p + N/A_p = [(1252900/87645)+(888/1669)]\times 10 = 148.27\text{N/mm}^2(\text{压缩应力})$$

$$\sigma_t = M/Z_p - N/A_p = [(1252900/87645)-(888/1669)]\times 10 = 137.63\text{N/mm}^2(\text{拉伸应力})$$

3）通过压缩应力对强度进行探讨

塔架脚部的压缩应力，从基板对锚固部分的混凝土按照比例对其起到影响。如图解 10.11 左图所示，把混凝土反力作为均布荷载作用于基板，按照如下公式对弯矩进行计算。

$$\omega = \sigma_c \times A_p/A_b = 148.27\times 1669/32059 = 7.72\text{N/mm}^2(\text{均布荷载})$$

接下来把筒身壁作为支点的单侧梁作用了均布荷载，每个圆周方向单位长度的弯矩按照如下公式进行计算。

$$M_I = 7.72\times 228^2/2 = 201\times 10^3\text{Nmm/mm}$$

按照如下公式对基板的宽度（梁的长度）进行计算。

$$(2606-2150)/2 = 228\text{mm}$$

每个圆周方向单位长度的基板横截面系数按照如下公式进行计算。

$$Z_I = 1\times 100/6 = 1667\text{mm}^3/\text{mm}$$

按照如下公式对作用于基板的弯曲应力进行计算。

$$\sigma_b = M_I/Z_I = 201\times 10^3/1667 = 120.38\text{N/mm}^2$$

按照如下公式对容许应力进行计算。

$$f_b = 215\text{N/mm}^2(f_b = F)$$

根据公式（7.26）进行应力评估，其公式如下所示。

$$\sigma_b/f_b = 120.38/215 = 0.56 < 1.0$$

按照如下公式计算每个圆周方向单位长度的剪力。

$$Q_1=7.72\times228=1760\text{N/mm}$$

按照如下公式计算每个圆周方向单位长度基板的横截面积。

$$A=1\times100=100\text{mm}^2/\text{mm}$$

按照如下公式计算作用于基板的剪切应力。

$$\tau=Q_1/A=1760/100=17.60\text{N/mm}^2$$

按照如下公式计算容许剪切应力

$$f_s=124\text{N/mm}^2(f_s=F/\sqrt{3})$$

按照如下公式计算公式（7.27）所示的应力评估。

$$\tau/f_s=17.60/124=0.14<1.0$$

综上所述，基板的压缩应力安全性没有问题。

4）通过拉伸应力对强度进行探讨

来自于塔架脚部的拉伸应力通过锚栓对锚固部分的混凝土起到作用。如图解 10.11 右图所示，作用于锚栓的拉伸力为集中荷载，对把筒身作为支点的悬臂梁的弯矩进行计算。

按照如下公式计算锚栓的拉伸力。

$$T_s=\sigma_t\times A_p/n=(137.63/10)\times1669/88=261\text{kN/根}$$

按照如下公式计算由于锚栓拉伸力引起的弯矩。

$$M_2=261\times10^3\times68\times10^{-3}=17750\text{Nm}$$

按照如下公式计算筒身壁与锚栓之间的距离。

$$(2286-2150)/2=68\text{mm}$$

按照如下公式计算圆周方向的基板横截面系数。

$$Z_2=15.17\times10.0^2/6=252.83\text{cm}^3$$

按照如下公式计算基板有效宽度。

$$B_e=\min\{(68\times2+41),(2125\times\pi/44)\}=151.7\text{mm}$$

按照如下公式计算作用于基板的弯曲应力。

$$\sigma_b=M_2/Z_2=17750\times10^3/(252.83\times10^3)=70.19\text{N/mm}^2$$

根据公式（7.26）进行应力评估，具体内容如下所示。

$$\sigma_b/f_b=70.19/215=0.33<1.0$$

综上所述，基板的拉升应力安全性是没有问题的。

另外拉伸应力引起的剪切应力比压缩应力引起的剪切应力小，所以在此忽略剪切应力的评估。各荷载发生时的应力比如表解 10.36 所示。

应力比　　**表解 10.36**

	压缩应力的验算		拉伸应力的验算
	弯曲应力比	剪切应力比	弯曲应力比
长期荷载发生时	0.09	0.03	0.04
短期荷载发生时(暴风发生时)	0.44	0.13	0.26
极罕见荷载发生时(地震发生时)	0.56	0.14	0.33

10.3.2　锚固部分结构的计算

按照第 8 章所述的内容进行锚固部分的结构计算。锚固部分的结构计算中所采用的荷载包括来自于塔架部分所传递的轴力、剪力、弯矩、扭矩以及锚固部分的自重。塔架脚部的作用力如表解 10.37 所示。

柱脚荷载　　表解 10.37

	轴力(kN)	剪力(kN)	弯矩(kN)	扭矩(kN)
长期荷载发生时	637	51	2154	—
短期荷载发生时(暴风发生时)	637	332	11552	315
极罕见荷载发生时(地震发生时)	888	530	12529	482

锚固部分尺寸各参数　　表解 10.38

塔架基础外径 D	2150mm	锚板屈服强度	235N/mm²
塔架基础板厚	25mm	锚栓大小	M36
塔身中心直径 D_{ps}	2125mm	锚栓孔径(基板)	41mm
锚固部分直径 b	4000mm	螺栓材质	SCM435(强度级别 8.8)
锚固部分高度 h	1800mm	螺栓的标准强度	560N/mm²
锚板厚度 t	100mm	螺栓的有效横截面积 A_{be}	817mm²
锚板填埋长度	1150mm	螺栓轴面积 A_b	1017mm²

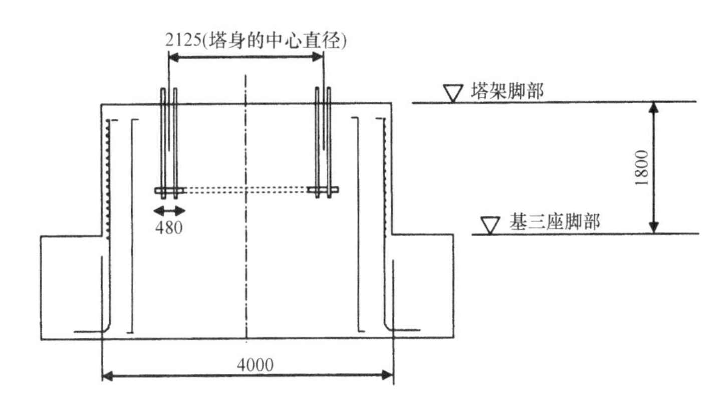

图解 10.12　锚固部分结构

(1) 锚栓的结构计算

1) 作用于锚栓的应力

按照如下公式计算作用于塔架基础的拉伸应力。

长期荷载发生时：

$$M/Z-N/A=2154\times10^6/(8.765\times10^7)-637\times10^3/(1.669\times10^5)=20.8\text{N/mm}^2$$

短期荷载发生时：

$$M/Z-N/A=11552\times10^6/(8.765\times10^7)-637\times10^3/(1.669\times10^5)=128.0\ \text{N/mm}^2$$

极罕见荷载发生时：

$$M/Z-N/A=12529\times10^6/(8.765\times10^7)-888\times10^3/(1.669\times10^5)=137.6\ \text{N/mm}^2$$

按照如下公式计算横截面积以及横截面系数

$$Z=\pi(1075^4-1050^4)/(4\times1075)=8.765\times10^7\text{mm}^3$$

$$A=\pi(1075^2-1050^2)=1.669\times10^5\text{mm}^2$$

圆周方向单位长度的拉伸力 p_t 是在作用于塔架基础拉伸应力乘以板厚，具体按照如下公式进行计算。

长期荷载发生时：$p_t=20.8\text{N/mm}^2\times25\text{mm}=520\text{N/mm}=520\times10^{-3}\text{kN/mm}$

短期荷载发生时：$p_t=128.0\text{N/mm}^2\times25\text{mm}=3200\text{N/mm}=3200\times10^{-3}\text{kN/mm}$

极罕见荷载发生时：$p_t=137.6\text{N/mm}^2\times25\text{mm}=3440\text{N/mm}=3440\times10^{-3}\text{kN/mm}$

按照全周长配置 2 列 44-M36 锚栓（共计 88 根），锚栓配置的直径为 2125mm，作用于每根锚栓的

拉伸力 p_b 按照如下公式进行计算。

长期荷载发生时：$p_b=520\times10^{-3}kN/mm\times2125mm\times\pi/44/2$ 列$=39kN$/根

短期荷载发生时：$p_b=3200\times10^{-3}kN/mm\times2125mm\times\pi/44/2$ 列$=243kN$/根

极罕见荷载发生时：$p_b=3440\times10^{-3}kN/mm\times2125mm\times\pi/44/2$ 列$=261kN$/根

2）对锚栓强度的验算

每根锚栓的长期容许拉伸力按照公式（8.3）计算，是短期容许拉伸力的 1/1.5，具体内容按照如下公式进行计算。

$$T_0=A_eF_{by}=817\times560\times10^{-3}/1.5=305kN/根>39kN/根$$

综上所述，长期荷载发生时锚栓的安全性没有问题。

每根锚栓的短期容许拉伸力根据公式（8.3）按照如下内容进行计算。

$$T_0=A_eF_{by}=817\times560\times10^{-3}=457kN/根>243kN/根$$

综上所述，短期荷载发生时锚栓的安全性没有问题。

每根锚栓的极罕见地震发生时容许拉伸力根据公式（8.4）按照如下内容进行计算。

$$T_0=A_eF_{by}=817\times560\times10^{-3}=457kN/根>261kN/根$$

综上所述，极罕见荷载发生时锚栓的安全性没有问题。

3）撬力的验算

为了避免在锚栓出现撬力，根据公式（8.2）计算基板的最小板厚。

长期荷载发生时：$t_{min}=\sqrt{\frac{4Tb'}{pF_y}}=\sqrt{\frac{4\times39\times10^3\times47.5}{151.7\times215}}=15.1mm<100mm$（基板的板厚）

短期荷载发生时：$t_{min}=\sqrt{\frac{4Tb'}{pF_y}}=\sqrt{\frac{4\times243\times10^3\times47.5}{151.7\times215}}=37.6mm<100mm$

极罕见荷载发生时：$t_{min}=\sqrt{\frac{4Tb'}{pF_y}}=\sqrt{\frac{4\times261\times10^3\times47.5}{151.7\times215}}=39.0mm<100mm$

综上所述。任何情况下锚栓上不会出现杠杆反力。

（2）锚板的结构计算

1）作用于锚板的应力

对在塔架基础作用于竖直方向向下的圆周单位长度的压缩力进行计算。

压缩应力最大值按照如下公式进行计算。

长期荷载发生时：

$$M/Z+N/A=2154\times10^6/(8.765\times10^7)+637\times10^3/(1.669\times10^5)=28.4N/mm^2$$

短期荷载发生时：

$$M/Z+N/A=11552\times10^6/(8.765\times10^7)+637\times10^3/(1.669\times10^5)=135.6N/mm^2$$

极罕见荷载发生时：

$$M/Z+N/A=12529\times10^6/(8.765\times10^7)+888\times10^3/(1.669\times10^5)=148.3N/mm^2$$

按照如下公式计算圆周单位长度的压缩力。

长期荷载发生时：$p_p=28.4N/mm^2\times25mm=710N/mm$

短期荷载发生时：$p_p=135.6N/mm^2\times25mm=3390N/mm$

极罕见荷载发生时：$p_p=148.3N/mm^2\times25mm=3708N/mm$

2）锚板所需宽度

根据 8.3.4 项，计算锚板所需宽度。

抵抗作用于锚板的压缩力所需宽度 d_p 根据公式（8.6）进行计算。

长期荷载发生时：$d_p=\max\left\{\frac{p_p}{1/3f_n},\ T\right\}=\max\left\{\frac{710}{1/3\times40.9},\ 0\right\}=52.1mm$

短期荷载发生时：$d_p=\max\left\{\frac{p_p}{2/3f_n}, T\right\}=\max\left\{\frac{3390}{2/3\times40.9}, 0\right\}=124.3\text{mm}$

极罕见荷载发生时：$d_p=\max\left\{\frac{p_p}{2/3f_n}, T\right\}=\max\left\{\frac{3708}{2/3\times40.9}, 0\right\}=136.0\text{mm}$

在此 $f_n=\min\{\sqrt{D_p/d_a}F_c, 10F_c\}=\min\{\sqrt{(697+697)/480}\times24, 10\times24\}=40.9\text{N/mm}^2$

抵抗作用于锚板的拉伸力所需宽度 d_t 采用在锚板材料结构计算过程中所得出的拉伸力根据公式（8.7）进行计算。

长期荷载发生时 $d_t=\left\{\frac{p_t}{1/3f_t}+T\right\}=\left\{\frac{520}{1/3\times47.1}+0\right\}=33.1\text{mm}$

短期荷载发生时：$d_t=\left\{\frac{p_t}{2/3f_t}+T\right\}=\left\{\frac{3200}{2/3\times47.1}+0\right\}=101.9\text{mm}$

极罕见荷载发生时：$d_t=\left\{\frac{p_t}{2/3f_t}+T\right\}=\left\{\frac{3440}{2/3\times47.1}+0\right\}=109.6\text{mm}$

在此 $f_t=\min\{\sqrt{D_c/(d_a-T)}F_c, 10F_c\}=\min\{\sqrt{(697+1150)/(480-0)}\times24, 10\times24\}=47.1\text{N/mm}^2$

锚板所需宽度根据公式（8.5）进行计算。

长期荷载发生时：$\max\{d_p, d_t\}=\max\{52.1, 33.1\}=52.1<480(=d_a)\text{mm}$

短期荷载发生时：$\max\{d_p, d_t\}=\max\{124.3, 101.9\}=124.3<480(=d_a)\text{mm}$

极罕见荷载发生时：$\max\{d_p, d_t\}=\max\{136.0, 109.6\}=136.0<480(=d_a)\text{mm}$

综上所述，锚板所需宽度满足公式（8.5）。

3）锚板的厚度

锚板厚度 t 通过公式（8.8）进行确认。

长期荷载发生时：$f_{sa}=\left(\frac{F}{1.5\sqrt{3}}\right)=\left(\frac{235}{1.5\sqrt{3}}\right)=90.45\text{N/mm}^2$，$\frac{p_p/2}{f_{sa}}=\frac{710/2}{90.45}=3.9<100\text{mm}$

短期荷载发生时：$f_{sa}=\left(\frac{F}{\sqrt{3}}\right)=\left(\frac{235}{\sqrt{3}}\right)=135.68\text{N/mm}^2$，$\frac{p_p/2}{f_{sa}}=\frac{3390/2}{135.68}=12.5<100\text{mm}$

极罕见荷载发生时：$f_{sa}=\left(\frac{F}{\sqrt{3}}\right)=\left(\frac{235}{\sqrt{3}}\right)=135.68\text{N/mm}^2$，$\frac{p_p/2}{f_{sa}}=\frac{3708/2}{135.68}=13.7<100\text{mm}$

综上所述，锚板厚度满足公式（8.8）。

有效地抵抗压缩力以及拉伸力所需锚板宽度 d_m 根据公式（8.9）以及表 7.5 的内容按照如下公式进行计算。

长期荷载发生时：

$$d_m=T+\frac{2f_{ba}t^2}{3p_p}+\sqrt{\frac{2f_{ba}t^2}{3p_p}\left(\frac{2f_{ba}t^2}{3p_p}+2T\right)}=0+1471.1+\sqrt{1471.1\times(1471.1+2\times0)}=2942.2\text{mm}$$

$(2f_{ba}t^2/3p_p=2\times156.67\times100^2/3\times710=1471.1\text{mm})$

$f_{ba}=F/1.5=235/1.5=156.67\text{N/mm}^2$

短期荷载发生时：

$$d_m=T+\frac{2f_{ba}t^2}{3p_p}+\sqrt{\frac{2f_{ba}t^2}{3p_p}\left(\frac{2f_{ba}t^2}{3p_p}+2T\right)}=0+462.1+\sqrt{462.1\times(462.1+2\times0)}=924.2\text{mm}$$

$(2f_{ba}t^2/3p_p=2\times235\times100^2/(3\times3390)=462.1\text{mm})$

$f_{ba}=F=235\text{N/mm}^2$

极罕见荷载发生时

$$d_m=T+\frac{2f_{ba}t^2}{3p_p}+\sqrt{\frac{2f_{ba}t^2}{3p_p}\left(\frac{2f_{ba}t^2}{3p_p}+2T\right)}=0+422.5+\sqrt{422.5\times(422.5+2\times0)}=845.0\text{mm}$$

$(2f_{ba}t^2/3p_p=2\times235\times100^2/(3\times3708)=422.5\text{mm})$

$f_{ba}=F=235N/mm^2$

采用公式（8.9）确认锚板的安全性。

长期荷载发生时：max $\{d_p, d_t\}$=max{52.1，33.1}=52.1<2942.2(=d_m)mm

短期荷载发生时：max $\{d_p, d_t\}$=max{124.3，101.9}=124.3<924.2(=d_m)mm

极罕见荷载发生时：max $\{d_p, d_t\}$=max{136.0，109.6}=136.0<845.0(=d_m)mm

综上所述，锚板的安全性没有问题。

(3) 底座部分结构的计算

1）容许弯矩

底座部分是指外周围钢筋与混凝土构成的钢筋混凝土横截面柱（图 8.4），对底座部分的容许弯曲抗力进行探讨。根据图 8.4 所示，应力计算横截面与在底座部分的脚部上与基础相连接的高度一致。根据混凝土单位体积重量 24kN/m³，底座部分重量为 543kN（=2.02π×1.8×24），根据图解 10.12 所示，从塔架基础到底座部分的脚部的高度为 1.8m，所以包括塔架基础的作用力在内，底座部分的脚部的作用力按照如下公式进行计算。

长期荷载发生时：轴力：637+543=1180kN

剪力：51kN

弯矩：2154+51×1.8=2246kN·m

短期荷载发生时：轴力：637+543=1180kN

剪力：332kN

弯矩：11552+332×1.8=12150kN·m

极罕见荷载发生时：轴力：888+543=1431kN

剪力：530kN

弯矩：12529+530×1.8=13483kN·m

·混凝土确定抗力的情况

长期荷载发生时：

$$N/(D^2 \cdot f_c)=1180\times1000/(4000^2\times(1/3\times24))=9.22\times10^{-3}$$

$$M/(D^3 \cdot f_c)=2246\times1000\times1000/(4000^3\times(1/3\times24))=4.39\times10^{-3}$$

短期荷载发生时：

$$N/(D^2 \cdot f_c)=1180\times1000/(4000^2\times(2/3\times24))=4.61\times10^{-3}$$

$$M/(D^3 \cdot f_c)=12150\times1000\times1000/(4000^3\times(2/3\times24))=1.19\times10^{-3}$$

极罕见荷载发生时；

$$N/(D^2 \cdot f_c)=1431\times1000/(4000^2\times(2/3\times24))=5.59\times10^{-3}$$

$$M/(D^3 \cdot f_c)=13483\times1000\times1000/(4000^3\times(2/3\times24))=1.32\times10^{-2}$$

根据计算图（图 8.5*a*）所示，长期荷载发生时，短期荷载发生时，极罕见荷载发生时，其所需钢筋比 p_g=0.2%以下。

·用拉伸钢筋确定抗力的情况

拉伸钢筋采用 SD345。

长期荷载发生时：

$$N/(D^2 f_t/1.5)=1180\times1000/(4000^2\times345/1.5)=3.21\times10^{-4}$$

$$M/(D^3 f_t/1.5)=2246\times1000\times1000/(4000^3\times345/1.5)=1.53\times10^{-4}$$

短期荷载发生时：

$$N/(D^2 f_t)=1180\times1000/(4000^2\times345)=2.14\times10^{-4}$$

$$M/(D^3 f_t)=12150\times1000\times1000/(4000^3\times345)=5.50\times10^{-4}$$

极罕见荷载发生时；

$$N/(D^2 f_t)=1431\times1000/(4000^2\times345)=2.59\times10^{-4}$$
$$M/(D^3 f_t)=13483\times1000\times1000/(4000^3\times345)=6.11\times10^{-4}$$

根据计算图（图8.5*b*）所示，所需钢筋比如下所示。

长期荷载发生时：0.2%以下

短期荷载发生时：0.3%

极罕见荷载发生时：0.3%=＞p_g=0.3%

如果圆周部分采用了158根D29钢筋以及40根D25钢筋（$p_g=(6.424\times158+5.067\times40)/(200^2\pi)\times100=0.969\%$），那么就满足最小限度所需要的钢筋比。

2）容许剪力

箍筋为SD345，以100mm为间隔，配置13mm的异形钢筋，采用公式（8.10），容许剪力的计算公式如下所示。

长期荷载发生时：$Q_w=\dfrac{a_w f_y}{2}=\dfrac{1.27\times345/1.5}{2}=146.1\text{N/mm}$

$(\alpha_w=127/100=1.27\text{mm}^2/\text{mm})$

$Q_b=\dfrac{2Q}{\pi D}=\dfrac{2\times51000}{2125\pi}=15.3<146.1\ (=Q_w)\ \text{N/mm}$

短期荷载发生时：$Q_w=\dfrac{a_w f_y}{2}=\dfrac{1.27\times345}{2}=219.1\text{N/mm}$

$(\alpha_w=127/100=1.27\text{mm}^2/\text{mm})$

$Q_b=\dfrac{2Q}{\pi D}=\dfrac{2\times332000}{2125\pi}=99.5<219.1\ (=Q_w)\ \text{N/mm}$

极罕见荷载发生时：$Q_w=\dfrac{a_w f_y}{2}=\dfrac{1.27\times345}{2}=219.1\text{N/mm}$

$(\alpha_w=127/100=1.27\text{mm}^2/\text{mm})$

$Q_b=\dfrac{2Q}{\pi D}=\dfrac{2\times530000}{2125\pi}=158.8<219.1\ (=Q_w)\ \text{N/mm}$

综上所述，剪力满足公式（8.10）。

（4）防止锚栓脱出的锚固部分的结构计算

根据图解10.13所示，尺寸比$a/d=0.61$（=697/1150），根据8.3.6项的内容，尺寸比相关校正系数按照如下公式求得。

$$\beta_{ad}=-0.4(0.61-1.0)^2+1.0=0.94$$

同样埋入深度比$r/d=0.92$（=1063/1150），根据8.3.6项的内容，尺寸比相关校正系数按照如下公式求得。

$$\beta_{rd}=0.5(0.92-2.0)^2+0.5=1.08$$

尺寸效果相关校正系数按照如下公式求得。

$$\beta_d=0.93(=\sqrt{1/1.15})$$

有效水平投影长度$D_c=1847$（=698+1150）mm，支压长度$D_0=480$mm，锚栓并列圆周单位长度的初始轴力以及初始轴力相关校正系数按照如下公式求得。

$$\sigma_n=294\times1000\times88/2126\pi=3874$$
$$\beta_n=1-\frac{1}{2}\times3874/(\sqrt{1847/480}\times24\times480)=0.91$$

根据混凝土设计标准强度（24N/mm²），对于混凝土拔出的分担力按照公式（8.12）进行计算。

$$p_{alc}=0.31\beta_{ad}\beta_{rd}\beta_d\beta_n\ \sqrt{F_c D_c}=0.31\times0.94\times1.08\times0.93\times0.91\times\sqrt{24}\times1847=2410\text{N/mm}$$

对于圆锥状破坏面的竖直钢筋拔出的分担力按照公式（8.13）进行计算。

$$0.29A_{sm}f_s = 0.29\times[642.4\times158/(2\pi\times1900)]\times345 = 851\text{N/mm}$$

$$0.58A_sf_s = 0.58\times[506.7\times40/(2\pi\times1500)]\times345 = 430\ \text{N/mm}$$

针对短期荷载发生时以及极罕见荷载发生时的拔出情况，按照公式（8.11）计算锚栓容许拉伸力。

$$p_{a1} = 2410+851+430 = 3691\text{N/mm}$$

该数值超过了塔架基础单位圆周方向的力 3200N/mm 以及 3440N/mm。

对于长期荷载发生时的拔出情况，螺栓容许拉伸力为短期容许抗力的 1/2，所以公式如下所示。

$$p_{a1} = 3691/2 = 1845.5\text{N/mm}$$

这个数值超过了之前所求得的塔架基础圆周方向单位力 520N/mm。

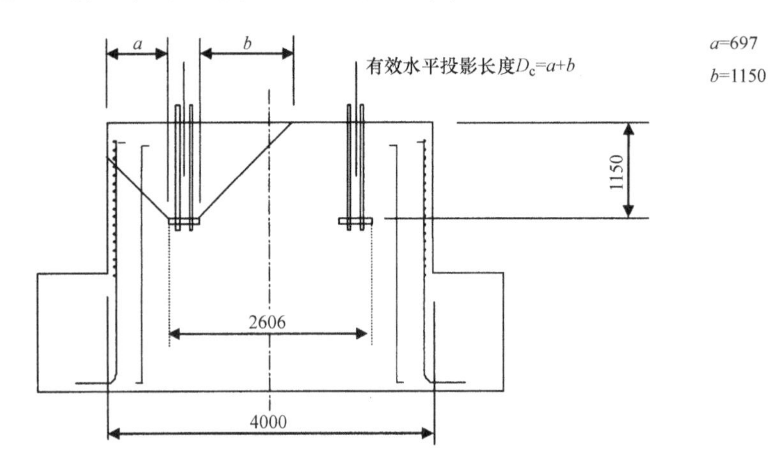

图解 10.13 有效水平投影长度

(5) 锚固部分的剪力以及扭矩计算

根据公式（8.14），对剪力以及扭矩进行探讨。

短期荷载发生时：$Q+M/R = 332+315/1.06 = 629\text{kN}\cdot\text{m}$

$$C_b(N+Pn) = 0.4\times(637+444\times88) = 15884\text{kN} > 629\text{kN}$$

在此每根螺栓的设计螺栓轴力按照如下公式进行计算。

$$P = 0.85A_eF_{by} = 0.85\times817\times640\times10^{-3} = 444\text{kN/根}$$

极罕见荷载发生时：$Q+M/R = 530+482/1.06 = 985\text{kN}$

$$C_b(N+Pn) = 0.4\times(888+444\times88) = 15984\text{kN} > 985\text{kN}$$

在此每根螺栓的设计螺栓轴力按照如下公式进行计算。

$$P = 0.85A_eF_{by} = 0.85\times817\times640\times10^{-3} = 444\text{kN/根}$$

综上所述，对于剪力以及扭矩的抗力是安全的。

10.3.3 基础结构的计算（直接基础的情况）

按照第 9 章进行基础结构的计算。在此将选择直接基础作为基础形式，并说明强度计算实例。

(1) 设计条件

1) 基础各参数

锚固部分为圆形，脚部为正方形。

直接基础的各参数 **表解 10.39**

形式	直接基础	形式	直接基础
脚部宽度 B(m)	10.0	锚固部分高度 h(m)	1.6
脚部厚度 H(m)	1.4	混凝土设计标准强度 σ_{ck}(N/mm^2)	24.0
锚固部分宽度 B_p(m)	4.0	钢筋的种类	SD345
锚固部分突出长度 h_p(m)	0.2		

2）基础形状

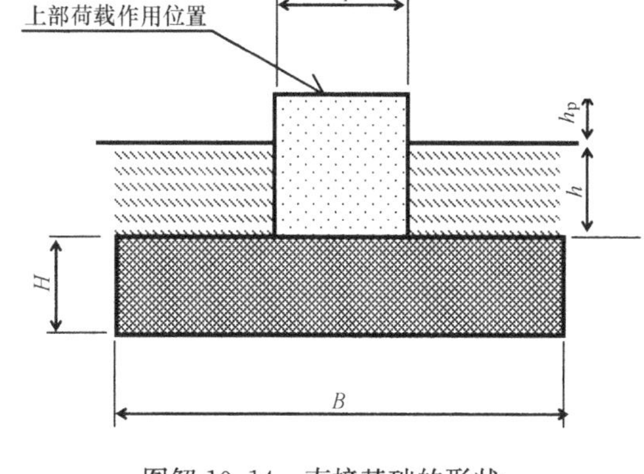

图解10.14　直接基础的形状

3）基础的设计荷载

基础底面的设计荷载根据基础形状以及自重进行计算。

锚固部分的重量按照如下公式进行计算。

$$W_{c1}=\frac{\pi B_p{}^2}{4}(h_p+h)\gamma_c=543.02\text{kN}$$

脚部重量按照如下公式进行计算。

$W_{c2}=B^2H\gamma_c=3360.00\text{kN}$

回填土的重量按照如下公式进行计算。

$$W_s=\left(B^2-\frac{\pi B_p{}^2}{4}\right)h\gamma_2=2238.21\text{kN}$$

基础的重量按照如下公式进行计算。

$$W_{c1}+W_{c2}+W_s=6141.23\text{kN(浮力为0)}$$

各部分的单位堆积重量如下所示。

钢筋混凝土单位体积重量 γ_c：24kN/m^3

支撑地基单位体积重量 γ_1：18kN/m^3

回填土单位体积重量 γ_2：16kN/m^3

水单位体积重量 γ_w：10kN/m^3

作用于锚固部分与基础的设计水平地震动根据公式（5.34）计算得到数值为0.304。另外上下方向的地震动为水平方向的0.5倍，即0.152。水平最大值是最安全的评估数值，即水平最大值与上下最大值同时发生的条件，是水平方向与上下方向的荷载合计。因此地震荷载发生时的基础底面的设计荷载是塔架最下端来自于塔架的作用力（地震＋运行时的风荷载）与作用于基础地震荷载的合计。综上所述计算结果如表解10.40所示。

直接基础的设计荷载　　**表解10.40**

荷载类型	塔架最下端的作用力			基础底面的设计荷载		
	竖直力 N(kN)	水平力 Q (kN)	倾覆力矩 M(kN·m)	竖直力 N_B (kN)	水平力 Q_B (kN)	倾覆力矩 M_B(kN·m)
长期荷载发生时	637	51	2154	6778	51	2317
短期荷载发生时	637	332	11552	6778	332	12548
极罕见荷载发生时（向上地震加速度）	386	529	12492	5934	1715	15279
极罕见荷载发生时（向下地震加速度）	888	529	12492	7616	1715	15279

4）地基条件

根据地质柱状图可以得知，N值为50，假设与砂质土一样，黏聚力 $c=0$，内部摩擦角以及变形系数根据下述公式进行计算。

$$\phi=15+\sqrt{15N}=15+\sqrt{15\times50}=42.4°$$

$$E_0=2800N=2800\times50=140000\text{kN/m}^2$$

（2）稳定性计算

1）长期荷载发生时

基础的稳定性计算根据9.3.3项的内容，对地基支撑力、基础的倾覆、基础的滑动等进行验算。

· 地基的容许竖直支撑力

长期荷载发生时的容许垂直支撑力根据公式（9.4）进行计算。

$$q_a=\frac{1}{3}(i_c\alpha cN_c+i_\gamma\beta\gamma_1BN_\gamma+i_q\gamma_2D_fN_q)=2670\text{kN/m}$$

根据建筑标准法实施令第93条，当作相当于固结沙石的地基容许应力500kN/m² 进行评估。

· 地基反力

荷载的合力作用点的偏心距离：$e=0.34\text{m}$

$B/6=10/6=1.67\text{m}>e$，地基反力呈现梯形分布。因此地基反力度根据公式（9.2）进行计算。

$$q_{max}=x_n\frac{N_B}{S_n}=13.98\times\frac{6778}{\frac{1}{2}\times(10.0\times13.98)^2}=97\text{kN/m}^2$$

综上所述，地基反力低于容许应力，因此地基支撑力没有问题。

· 基础的倾覆

长期荷载发生时的荷载合力作用点的偏心距离 $e=0.34\text{m}$，低于 $B/6$，因此基础的倾覆没有问题。

· 基础底面地基的剪切抵抗力

地基与混凝土之间如果铺设了砾石，那么 $V\tan\phi_B=0.6$ 与 $\phi_B=\phi$ 之间较小的数值设定为 $C_B=0$，按照如下公式计算剪切抵抗力 H_U

$$H_u=c_BA_e+V\tan\phi_B=0+6778\times0.6=4067\text{kN}$$

按照公式（9.7）计算容许剪切抵抗力。

$$H_a=\frac{H_u}{F}=\frac{4067}{1.5}=2711\text{kN}$$

基础的滑动力为作用于基础的水平力 $Q=1715\text{kN}$，由于该数值低于容许剪切抵抗力，所以基础的滑动没有问题。

2）短期荷载发生时

基础的稳定性计算，根据9.3.3项的内容对地基支撑力、基础的倾覆、基础的滑动进行探讨。

· 地基部分的容许竖直支撑力

短期荷载发生时的容许竖直支撑力按照公式（9.4）进行计算。

$$\begin{aligned}q_a&=\frac{2}{3}(i_c\alpha cN_c+i_\gamma\beta\gamma_1BN_\gamma+i_q\gamma_2D_fN_q)\\&=\frac{2}{3}(0.94\times1.2\times0\times75.3+0.87\times0.3\times18\times10.0\times93.7+0.94\times16\times3.0\times64.2)\\&=4871\text{kN/m}^2\end{aligned}$$

根据建筑标准法实施令第93条，当作相当于固结沙石的地基容许应力1000kN/m² 进行评估。

· 地基反力

荷载的合力作用点的偏心距离：$e=1.85\text{m}$

$B/6=10/6=1.67\text{m}>e$，地基反力呈现三角形分布。因此地基反力根据公式（9.2）进行计算。

$$q_{max}=x_n\frac{N_B}{S_n}=9.45\times\frac{6778}{\frac{1}{2}\times(10.0\times9.45)^2}=144\text{kN/m}^2$$

综上所述，地基反力低于容许应力，所以地基支撑力没有问题。

· 基础的倾覆

上述所求得的短期荷载发生时的荷载合力作用点的偏心距离 $e=1.87\text{m}$ 低于 $B/3$，所以基础的倾覆没有问题。

· 基础底面地基的剪切抵抗力

地基与混凝土之间如果铺设了砾石，那么 $V\tan\phi_B=0.6$ 与 $\phi_B=\phi$ 之间较小的数值设定为 $C_B=0$，按照公式（9.7）计算剪切抵抗力。

$$H_u = c_B A_e + V\tan\phi_B = 0 + 6778 \times 0.6 = 4067\text{kN}$$

按照公式（9.7）计算容许剪切抵抗力。

$$H_a = \frac{H_u}{F} = \frac{4067}{1.2} = 3389\text{kN}$$

基础的滑动力为作用于基础的水平力 $Q = 1716\text{kN}$，由于该数值低于容许剪切抵抗力，所以与基础的滑动没有关系。

3）极罕见荷载发生时

• 向下地震加速度

关于基础的稳定性计算，根据 9.3.3 项对基础支撑力、基础的倾覆、基础的滑动进行探讨。

• 地基容许竖直支撑力

根据公式（9.4）计算极罕见荷载发生时的容许竖直支撑力。

$$q_a = \frac{3}{3}\left(i_c \alpha c N_c + i_\gamma \beta \gamma_1 B N_\gamma + i_q \gamma_2 D_f N_q\right)$$

$$= \frac{3}{3}(0.74 \times 1.2 \times 0 \times 75.3 + 0.49 \times 0.3 \times 18 \times 10.0 \times 93.7 + 0.74 \times 16 \times 3.0 \times 64.2)$$

$$= 4763\text{kN/m}^2$$

根据建筑标准法实施令第 93 条，当作相当于固结沙石的地基容许应力 1000kN/m^2 进行评估。

• 地基反力

荷载合力作用点的偏心距离：$e = \frac{M_B}{N_B} = \frac{15279}{7616} = 2.01\text{m}$

$B/6 = 10/6 = 1.67\text{m} > e$，地基反力呈现三角形分布。

地基反力根据公式（9.2）进行计算。

$$x_n = 3\left(\frac{B}{2} - \frac{M_B}{N_B}\right) = 3 \times \left(\frac{10}{2} - \frac{15279}{7616}\right) = 8.98\text{m}$$

因此

$$q_{max} = x_n \frac{N_B}{S_n} = 8.98 \times \frac{7616}{\frac{1}{2} \times (10.0 \times 8.98^2)} = 170.0\text{kN/m}^2$$

综上所述，地基反力低于容许竖直支撑应力，所以地基支撑力没有问题。

• 基础的倾覆

上述所求得的极罕见荷载发生时的荷载合力作用点的偏心距离 $e = 2.57\text{m}$ 低于 $B/2.22$，所以基础的倾覆没有问题。

• 基础底面地基的剪切抵抗力

地基与混凝土之间如果铺设了砾石，那么 $V\tan\phi_B = 0.6$ 与 $\phi_B = \phi$ 之间较小的数值设定为 $C_B = 0$，按照公式（9.7）计算剪切抵抗力。

$$H_u = c_B A_e + V\tan\phi_B = 0 + 7616 \times 0.6 = 4570\text{kN}$$

根据公式（9.7）计算容许剪切抵抗力。

$$H_a = \frac{H_u}{F} = \frac{4570}{1.0} = 4570\text{kN}$$

基础的滑动力是作用于基础的水平力 $Q = 1715\text{kN}$，该数值低于容许剪切抵抗力，所以基础的滑动没有问题。

• 向上地震加速度

关于基础的稳定性计算，根据 9.3.3 项的内容对地基支撑力、基础的倾覆、基础的滑动进行探讨。

• 地基的容许竖直支撑力

极罕见荷载发生时的容许竖直支撑力根据公式（9.4）进行计算。

$$q_a=\frac{3}{3}\ (i_c\alpha cN_c+i_\gamma\beta\gamma_1BN_\gamma+i_q\gamma_2D_fN_q)$$

$$=\frac{3}{3}\ (0.67\times1.2\times0\times75.3+0.39\times0.3\times18\times10.0\times93.7+0.67\times16\times3.0\times64.2)$$

$$=4025\text{kN/m}^2$$

根据建筑标准法实施令第 93 条，当作相当于固结沙石的地基容许应力 1000kN/m² 进行评估。

· 地基反力

荷载合力作用点的偏心距离：$e=\frac{M_B}{N_B}=\frac{15279}{5934}=2.57\text{m}$

$B/6=10/6=1.67\text{m}>e$，地基反力呈现三角形分布。

地基反力根据公式（9.2）进行计算。

关于中性轴 n-n 压缩横截面的横截面一次矩：$S_n=Hx_n\left(\frac{x_n}{2}\right)=\frac{1}{2}Hx_n^2$

关于中性轴 n-n 压缩横截面的横截面二次矩：$I_n=\frac{Hx_n^3}{12}+Hx_n\left(\frac{x_n}{2}\right)^2=\frac{1}{3}Hx_n^3$

到中性轴的距离：$x_n-g+e=\frac{I_n}{S_n}$，$x_n-\frac{B}{2}+\frac{M_B}{N_B}=\frac{\frac{1}{3}Hx_n^3}{\frac{1}{2}Hx_n^2}$，$x_n=3\left(\frac{B}{2}-\frac{M_B}{N_B}\right)=3\times\left(\frac{10}{2}-\frac{15279}{5934}\right)=7.28\text{m}$

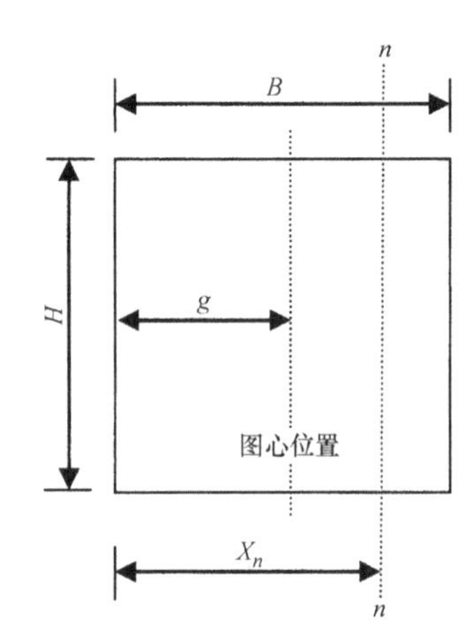

图解 10.15　基础底面的中性轴的位置

因此

$$q_{max}=x_n\frac{N_B}{S_n}=7.28\times\frac{5934}{\frac{1}{2}\times(10.0\times7.28^2)}=163.0\text{kN/m}^2$$

综上所述，地基反力度 q_{max} 低于容许应力，所以地基支撑力没有问题。

· 基础的倾覆

上述所求得的极罕见荷载发生时的荷载合力作用点的偏心距离 $e=2.57\text{m}$ 低于 $B/2.22$，所以基础的倾覆没有问题。

· 基础底面地基的剪切抵抗力

地基与混凝土之间如果铺设了砾石，那么 $V\tan\phi_B=0.6$ 与 $\phi_B=\phi$ 之间较小的数值设定为 $c_B=0$，按照公式（9.7）计算剪切抵抗力。

$$H_u=c_BA_e+V\tan\phi_B=0+5934\times0.6=3560\text{kN}$$

根据公式（9.7）计算容许剪切抵抗力

$$H_a=\frac{H_u}{F}=\frac{3560}{1.0}=3560\text{kN}$$

基础的滑动力为作用于基础的水平力 $Q=1715\text{kN}$，但是该数值低于容许剪切抵抗力，所以基础抗滑没有问题。

4）刚体的判定

确定基础是否满足公式（9.8）的要求。

$$\beta=\sqrt[4]{\frac{3k_v}{Eh^3}}=\sqrt[4]{\frac{3\times33639}{2.5\times10^7\times1.4^3}}=0.196\text{m}$$

k_v 表示竖直方向地基反力系数，按照如下公式计算。

$$k_v=k_{v0}\left(\frac{B_V}{0.3}\right)^{-3/4}=466667\times\left(\frac{10.0}{0.3}\right)^{-3/4}=33639\text{kN/m}^3$$

K_{v0}表示相当于直径 0.3m 刚体圆板进行平板荷载试验时数值，即竖直方向地基反力系数，根据各种土质试验或调查中所求得变形系数进行推测，按照如下公式进行计算。

$$k_{V0}=\frac{\alpha E_0}{0.3}=\frac{1\times 140000}{0.3}\text{kN/m}^3$$

变形系数 E_0 与 α（通常情况、暴风出现时）　　表解 10.41

变形系数 E_0 的推测方法	计算地基反力系数时所用到的系数 α
直径 0.3m 刚体圆板进行平板荷载试验时，反复曲线所求得的变形系数的 1/2	1
孔内水平荷载试验中所测定的变形系数	4
试验体的单轴压缩试验或三轴压缩试验所求得的变形系数	4
根据标准贯入试验中的 N 值，$E_0=2800N$，推测的变形系数	1

E 为脚部的杨氏模量，相当于混凝土（$F_c=24\text{N/mm}^2$），$E=2.5\times 107\text{kN/m}^2$。

H 为脚部厚度，$H=1.4$m。

脚部换算伸出长度 λ 为 3.0m，按照如下公式可以把脚部视为刚体。

$\beta\lambda=0.196\times 3.0=0.588\leqslant 1.0$

(3) 结构计算

1) 结构各参数与设计条件

极罕见荷载发生时（向上地震加速度）基础各参数与设计条件如表解 10.42、图解 10.16 所示。

基础结构参数与设计条件　　表解 10.42

B(m)	10.0	H(m)	1.40
B_p(m)	4.0	钢筋混凝土单位体积重量 γ_c(kN/m^3)	24.0
B_q(m)	7.28	回填土单位体积重量 γ_s(kN/m^3)	16.0
B_f(m)	3.23	最大地基反力度 q_{max}(kN/m^2)	163
h_p(m)	0.20	最小地基反力度 q_{min}(kN/m^2)	0.0
h(m)	1.60		

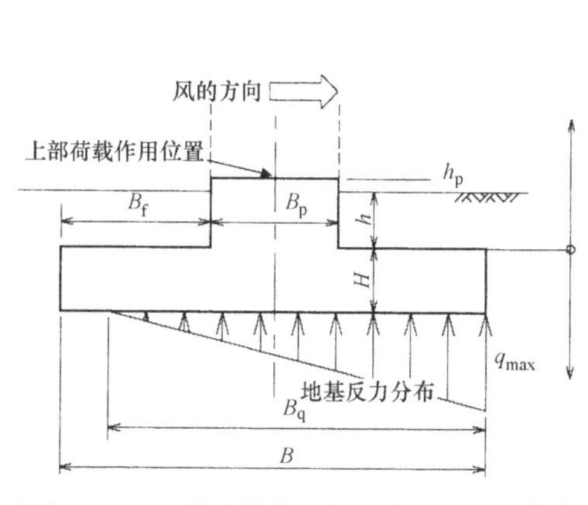

图解 10.16　基础横截面积以及地基反力分布

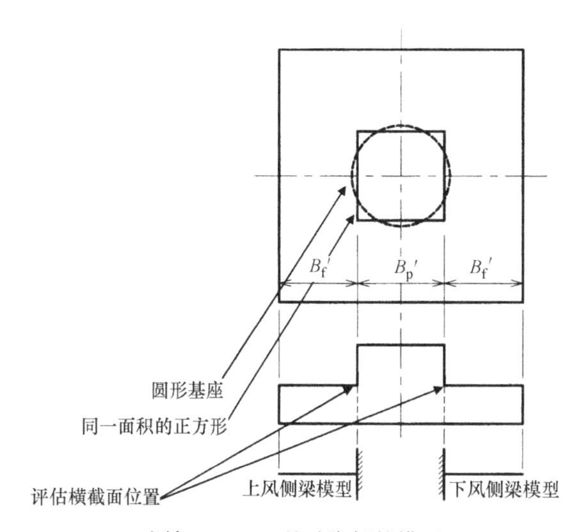

图解 10.17　基础脚部的模型

2) 基础脚部的模型

根据 9.3.4 项创建基础脚部的模型。关于评估横截面位置以及模型化的梁长度，由于锚固部分面积

$S=B_P{}^2\times\pi/4=12/57m^2$，同一面积的正方形单边长度 B'_p 按照如下公式进行计算。

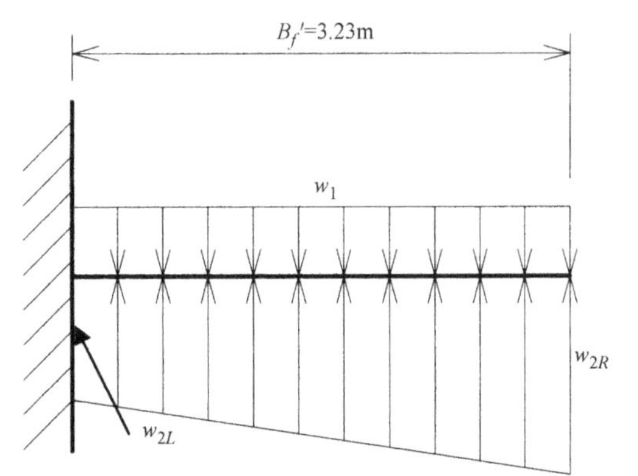

图解 10.18　下风侧单侧梁模型以及荷载分布

$B'_p=\sqrt{12.57}=3.55m$ 或 $B'_f=(B-B'_p)/2=3.23m$

3）下风侧的探讨

• 对弯矩的探讨

按照如下公式计算回填土与脚部自重引起的荷载 W_1。

$w_1=\gamma_s h+\gamma_c H=16.0\times1.60+24.0\times1.40=59.2kN/m^2$

计算模型右端地基反力 w_{2R}，下风侧评估横截面位置上地基反力 W_{2L}。

$W_{2R}=q_{max}=163kN/m^2$

$w_{2L}=q_{max}(B_q-B'_f)/B_q=163\times(7.28—3.23)/7.28=90.68kN/m^2$

按照如下公式计算作用于所探讨的横截面的弯矩。

$$M_R=w_{2L}B'_f{}^2/2+(w_{2R}-w_{2L})B'_f/2B'_f\times2/3-w_1B'_fB'_f/2$$
$$=90.68\times3.23^2/2+(163-90.68)\times3.23/2\times3.23\times2/3-59.2\times3.23\times3.23/2$$
$$=415.72kN\cdot m$$

按照如下公式计算钢筋配置数值。

有效构件高度：$d=H-C$（覆盖部分）$=1.40-0.10=1.30m$

有效宽度：用有效宽度进行评估

所需钢筋量：$A_s=M_R/(\sigma_{sa}j)\times10/6.03=415.72/(345\times7/8\times1.30)\times10/6.03$
$=17.56cm^2$

钢筋（SD345）的容许拉伸应力：$\sigma_{sa}=345N/mm^2$

基础脚部应力中心间距离：$j=7/8\times1.30m$

因此以间隔 25cm 配置 D25（名义横截面积 $5.067cm^2$），每 1m 的钢筋量按照如下公式进行计算，满足所需钢筋量。

$5.067\times100/25=20.27cm^2>A_s=17.56cm^2$

• 对于剪力的探讨

图解 10.18 所示的锚固部分前面位置上发生剪力。作用于评估横截面剪切应力按照如下公式进行计算。

$$\tau=[(w_{2R}+w_{2L})/2B'_f-w_1B'_f]/j$$
$$=[(163+90.68)/2\times3.23-59.2\times3.23]/7/8\times1.30$$
$$=168.06kN/m^2$$

根据设计标准强度 $F_c=24N/mm^2$ 普通混凝土的容许剪切应力 f_s，容许剪切应力如下所示。

$f_s=1.11N/mm^2=1110kN/m^2$

该数值与作用剪切应力 $\tau=168.06kN/m^2$ 相比较大，因此没有问题。

4）上风侧的探讨

• 对弯矩的探讨

探讨横截面位置 $B'_f=3.23$，对与下风侧同样作用的荷载进行计算。

$w_1=59.2kN/m^2$

$$w_{2R}=q_{max}(B_q-B'_f-B'_p)/B_p$$
$$=163\times(7.28-3.23-3.55)/7.28m$$
$$=11.20kN/m^2$$

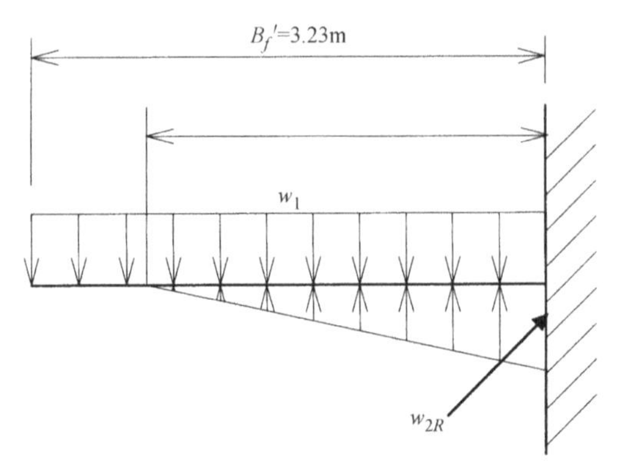

图解 10.19　上风侧悬臂梁模型以及荷载分布

$w_{2L}=0kN/m^2$

对作用于探讨横截面的弯矩 M_R 进行计算。

$M_R=11.20\times2.64/2\times2.64/3-59.2\times3.23\times3.23/2$

$=-308.35kN\cdot m$

根据如下公式计算钢筋配置参数。

有效构件高度 d：1.30m

有效宽度：用有效宽度进行评估。

所需钢筋量：A_s

基础脚部应力中心间距离：$j=7/8\times1.30m$

$$A_s=M_R/(\sigma_{sa}j)\times10/4.63=308.35/(345\times7/8\times1.30)\times10/4.63$$
$$=16.98cm^2$$

因此以间隔25cm配置D25（名义横截面积5.067cm²），每1m的钢筋量按照如下公式进行计算，满足所需钢筋量。

$$5.067\times100/25=20.27cm^2>As=16.98cm^2$$

• 对剪力的探讨

按照如下公式计算作用于需探讨的横截面的剪切应力。

$$\tau=-133.18kN/m^2$$

容许剪切应力如下所示。

$$f_s=1.11N/mm^2=1110kN/m^2$$

该数值比作用剪切应力 $\tau=133.18kN/m^2$ 稍大，所以不存在问题。

（4）结构计算结果

上述为根据结构计算所得的钢筋配置结果，具体内容如下所示。

钢筋配置计算结果 **表解 10.43**

	钢筋直径(mm)	间距(m)
上风侧(上面)	D25	0.25
下风侧(下面)	D25	0.25

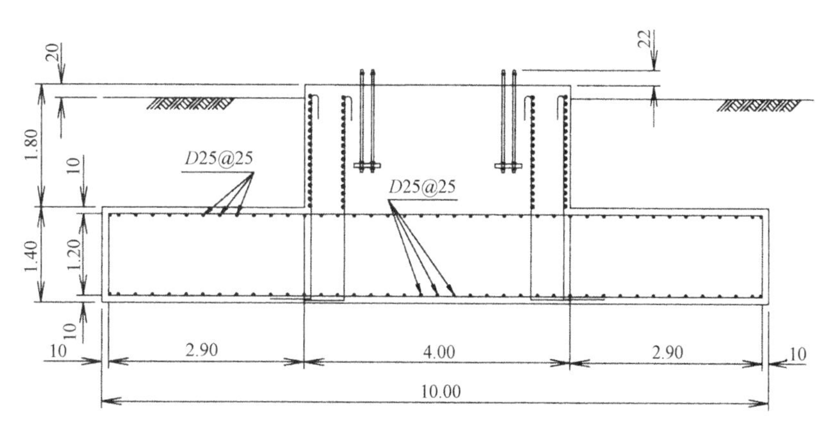

图解 10.20 标准钢筋配置图

10.3.4 基础结构计算（桩基础的情况）

根据第9章的内容计算基础结构。在此本指南所示的设计方法中，说明了极罕见荷载发生时（地震发生时）桩体强度计算实例（桩体与基础结合部的探讨内容除外）

作为对极罕见荷载发生时的桩体施加的外力来考虑，来自于上部结构的惯性力与地震发生时的地基位移造成桩体强制性位移。这些条件根据11.3节的内容来进行计算。

(1) 设计条件

1) 基础各参数

锚固部分为圆形，脚部为正方形。

桩体基础的各参数 **表解 10.44**

形 式	桩体基础
桩体直径 D(m)	1.0
桩体长度 L_p(m)(现场浇筑混凝土桩体)	23.0
脚部宽度 B(m)	10
脚部厚度 H(m)	1.4
基座宽度 B_p(m)	4.0
基座伸出长度 h_p(m)	0.2
基座高度 h(m)	1.6
混凝土设计标准强度 σ_{ck}(N/mm^2)	24.0
钢筋的种类	SD345

2) 基础的形状

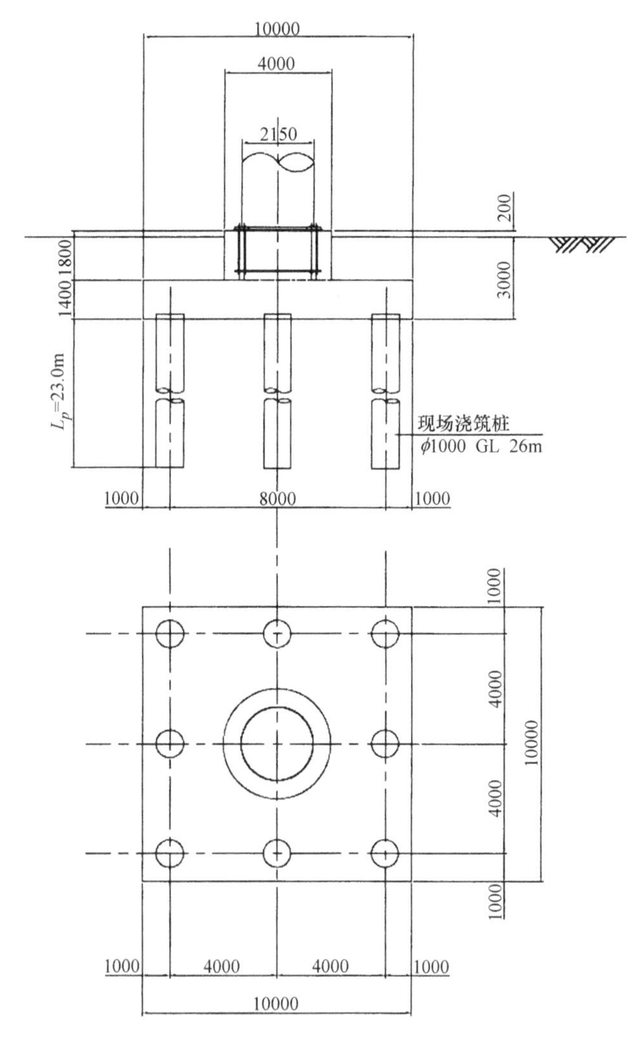

图解 10.21 桩体基础的形状

3) 基础设计荷载

基础底面的设计荷载根据基础形状以及自重进行计算。

锚固部分的重量按照如下公式进行计算。

$$W_{c1}=\frac{\pi B_p^2}{4}(h_p+h)\gamma_c=542.87\text{kN}$$

按照如下公式计算脚部的重量。

$$W_{c2}=B^2H\gamma_c=3360.00\text{kN}$$

按照如下公式计算回填土的重量。

$$W_s=\left(B^2-\frac{\pi B_p^2}{4}\right)h\gamma_2=2238.30\text{kN}$$

按照如下公式计算基础的重量

$W_{c1}+W_{c2}+W_s=6141.17\text{kN}$（浮力为0）

各部分单位堆积重量如下所示

钢筋混凝土单位体积重量 γ_C：24kN/m³

支撑地基单位体积重量 γ_1：18kN/m³

回填土单位体积重量 γ_2：16kN/m³

水单位体积重量 γ_W：10kN/m³

根据地震响应分析结果（表解11.17）显示，地下震度为0.37，上下方向的地震动为水平方向的0.5倍，即0.185。水平方向与上下方向的荷载组合如表解10.45所示，为水平最大值与上下最大值同时发生的条件。因此地震荷载发生时的基础底面的设计荷载为来自于塔架最下端的作用力与作用于基础的地震荷载的合力。综上所述，设计荷载的计算如表解10.45所示。

桩体基础的设计荷载　　表解10.45

荷载发生情况	塔架最下端的作用力			基础底面的设计荷载		
	竖直力 N (kN)	水平力 Q (kN)	倾覆力矩 M (kN·m)	竖直力 N_B (kN)	水平力 Q_B (kN)	倾覆力矩 M_B(kN·m)
极罕见荷载发生时(上部+基础惯性力)	637.0	374.9	13444.95	6778.17	1818.96	15835.71
极罕见荷载发生时(上方向地震加速度)	463	—	—	6056.14	1818.96	15835.71
极罕见荷载发生时(下方向地震加速度)	811	—	—	7500.20	1818.96	15835.71

4）地基条件

地基条件如表解10.46所示。没有地下水位。在此 $q_u=2c$，$c=10\text{N}$。

地基条件　　表解10.46

层区分	层厚(m)	地层	N值	周面摩擦应力(kN/m²)	周面摩擦抗力(kN)
1	1.5	黏性土	1	10	47.12
2	5.5	砂质土	5	16.67	288.04
3	7.0	砂质土	17	56.67	1246.24
4	1.5	黏性土	3	30	141.37
5	6.5	砂质土	39	100	2042.04
6	1.0	砂砾	50	100	314.16
合计	23.0	—	—	—	4078.97

（2）稳定性计算

在桩体的稳定性计算中，要对桩体的容许支撑力与桩体的反力进行计算，通过将这些数值进行比较对桩体的稳定性进行验算（9.4.3（a）项）。

1）极罕见荷载发生时（向上地震加速度）

• 桩体的容许竖直支撑力

按照如下公式计算桩体的容许竖直支撑力。

$$R_a = 3q_pA_p + R_F - W_p = 3\times1550\times0.785 + 4078.97 - 433.54 = 7295.68\text{kN}$$

在此 R_F 以及 W_p 为桩体极限周面摩擦抗力以及桩体的自重，并且按照如下公式进行计算。

$$R_F = \left(\frac{10}{3}\overline{N}_sL_s + \frac{1}{2}\overline{q}_uL_c\right)\phi = (1238.375 + 60)\times\pi\times1.0 = 4078.97\text{kN}$$

$$W_p = \frac{\pi}{4}D^2L_p\gamma_c = \frac{\pi}{4}\times1.0^2\times23.0\times24 = 433.54\text{kN}$$

$q_p = \frac{150}{3}\overline{N} = \frac{150}{3}\times31 = 1550\text{kN/m}^2$（桩体极限前端支撑应力，表 9.24）

桩体前端 N 值为 31。

桩体前段面积按照如下公式进行计算。

$$A_p = \frac{\pi}{4}D^2 = \frac{\pi}{4}\times1.0^2 = 0.785\text{m}^2$$

• 桩体的容许拉伸力

桩体的容许拉伸力（表 9.25）按照如下公式进行计算。

$$tR_a = \frac{1}{1.2}R_F + W_p = \frac{1}{1.2}\times4078.97 + 433.54 = 3832.68\text{kN}$$

• 桩体的反力

对如图解 10.22 所示的荷载方向上的桩体反力进行计算。

桩体的最大竖直反力按照公式（9.23）进行计算。

$$N_{cmax} = \frac{N_B}{n} + \frac{M_BX_0}{\sum m_ix_i} = \frac{6056.14}{8} + \frac{15835.71\times5.657}{96} = 1690.17\text{kN}$$

桩体的最大拉伸反力按照公式（9.24）进行计算。

$$N_{tmax} = \frac{N_B}{n} - \frac{M_BX_0}{\sum m_ix_i} = \frac{6056.14}{8} - \frac{15835.71\times5.657}{96} = -176.13\text{kN}$$（发生拉伸反力）

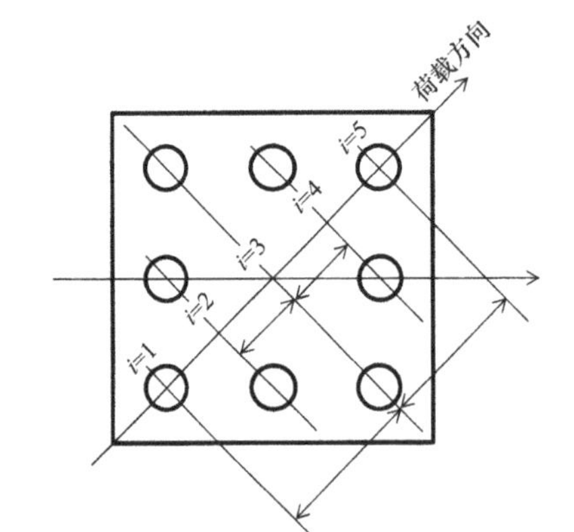

i	x_i(m)	m_i（本）
1	−5.657	1
2	−2.828	2
3	0	2
4	2.828	2
5	5.657	1

$\Sigma m_i\ x_i^2 = 96\text{m}^2$

图解 10.22 施加荷载的方向

• 桩体基础的稳定性探讨

综上所述，在挤压时、拉伸时起桩体反力都低于容许支撑力，所以满足桩体基础的稳定性要求。

2）极罕见荷载发生时（向下地震加速度）

• 桩体反力

按照如下公式计算桩体最大竖直反力。

$N_{cmax} = 1870.68\text{kN}$

$N_{tmax}=4.37kN$（未发生拉伸反力）

• 桩体基础的稳定性探讨

综上所述，挤压时、拉升时，桩体反力都低于容许支撑力，因此桩体基础的稳定性满足要求。

(3) 结构计算

1) 结构计算的基本内容

桩体的横截面力要考虑地震发生时的惯性力以及地基位移进行计算。此时要考虑地基的非线性。

2) 桩体横截面力的计算

在计算承受水平荷载的桩体横截面力时采用分析模型，把桩体假定为带有弯曲刚度的线材，把地基假设为弹簧。

3) 桩体的计算方法

• 计算模型

计算模型为图解10.23。

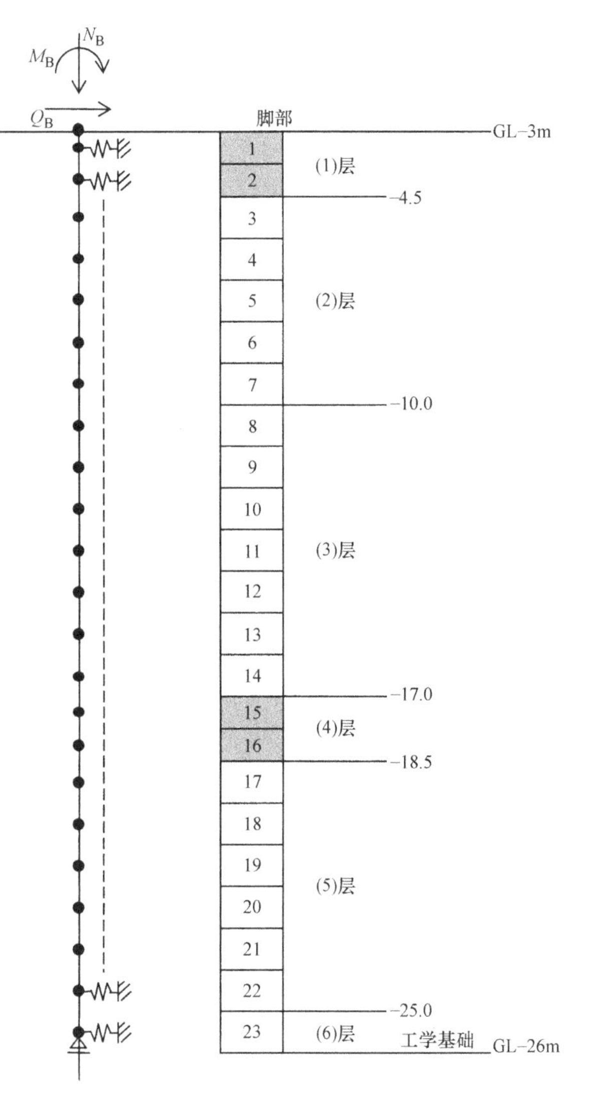

图解10.23　计算模型

对脚部下面较深的部分的桩体进行单元分割，在各单元中考虑水平地基弹簧。按照如下公式计算各单元的水平地基弹簧 k_1，计算条件如下所示。

$$k_i=k_h \cdot \Delta l_i \cdot D_p (\mathrm{kN/m})$$

水平地基反力系数 k_h 按照如下公式（9.48）求得。此时的 p-y 关系如下所示。

• p-y 关系

根据9.4.4（e）（2）2）分层计算标准水平地基反力系数 k_{h0}，并且设定 p-y 关系。各层 p-y 关系如图解10.24所示。

分层计算屈服地基反力 P_y。在本实例中，各层的 P_y 比如图解10.24所示的 p 关系数值偏大，因此没有设定 p 的上限数值。

• K_h 的计算（第一层：黏性土）

根据9.4.4（e）（2）2）所示，$E_0=700N=700\times1=700\mathrm{kN/m^2}$

如表9.27所示，$\alpha=60$（黏性土）

荷载施加方向为图解10.22所示的方向，因此 $\frac{R}{B}=\frac{5.657}{1.0}=5.657$，$\zeta=0.15\times\frac{R}{B}+0.1=0.95$

标准水平地基反力系数为

$k_{h0}=\alpha\zeta E_0 B^{-\frac{3}{4}}=60\times0.95\times700\times100^{-\frac{3}{4}}=1262\mathrm{kN/m^3}$

• P_y 的计算（第一层：黏性土）

第一层的深度GL－3～－4.5m，所以 $\frac{Z}{B}\geqslant2.5\mathrm{m}$

$\frac{P_y}{\gamma B}=\gamma\frac{c_u}{\gamma B}$，$\lambda=9.0$，cu＝10N，　$P_y=\lambda c_u=9.0\times10=90\mathrm{kN/m^2}$

• k_h 的计算（第二层：砂质土）

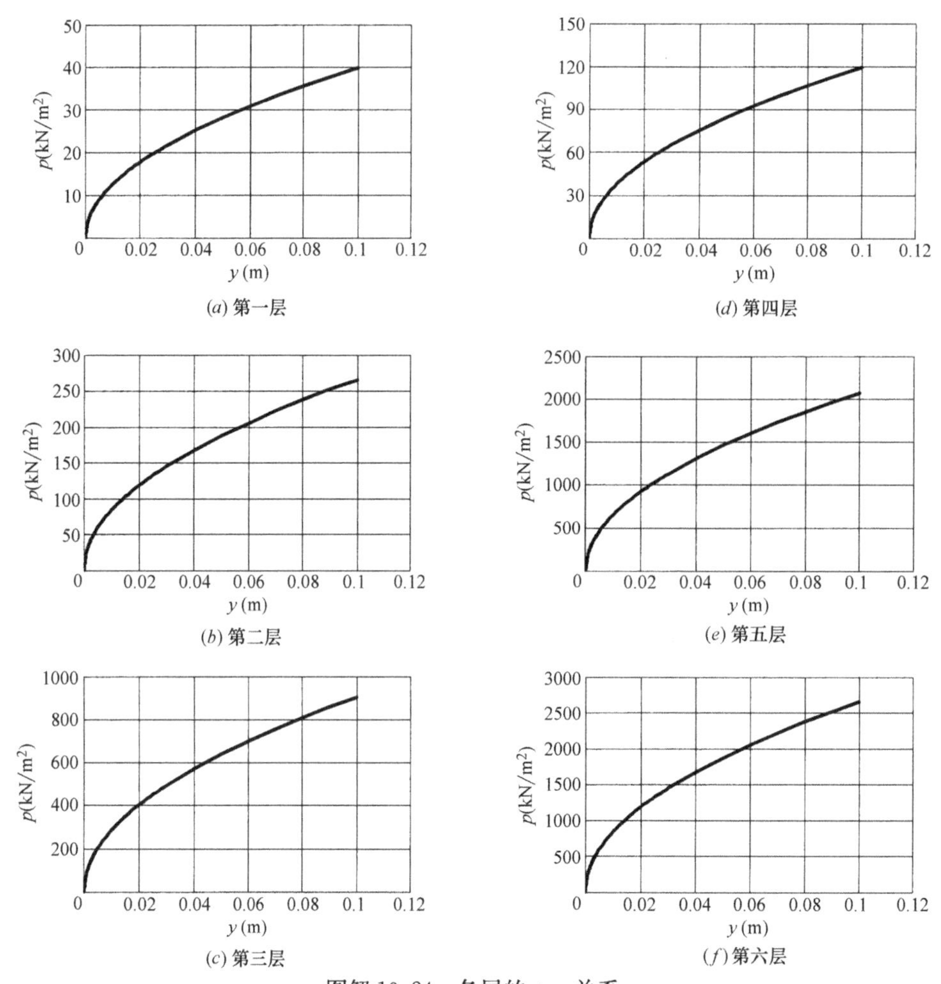

图解 10.24　各层的 p-y 关系

$E_0=3500\text{kN/m}^2$，$k_{h0}=8412\text{kN/m}^3$（$\alpha=80$：砂质土）

• P_h 的计算（第二层：砂质土）

$\phi=15+\sqrt{15N}=15+\sqrt{15\times5}=23°$

$\alpha=0.55-0.007\phi=0.55-0.007\times23=0.389$

$k=\alpha\left(\dfrac{R}{B}-1.0\right)+0.4=0.389\left(\dfrac{5.657}{1.0}-1.0\right)+0.4=2.212$

根据第 9 章的文献 18)，被动土压系数 Kp=2.528。

$Z=10\text{m}$，$\gamma=16\text{kN/m}^3$

$\dfrac{P_y}{\gamma B}=kK_p\dfrac{Z}{B}=2.212\times2.528\times10$

$P_y=895\text{kN/m}^2$

• M-ϕ 关系

根据表解 10.47 所示的桩体条件，桩体应力处于弹性范围内。桩体的 M-ϕ 关系根据 9.4.4（e）3）c）所计算，其计算结果如图解 10.25 以及表解 10.48 所示（表解 10.48 所示的数值为平均轴力（永久荷载）发生时的数值）。

桩体的条件　　**表解 10.47**

钢筋量	D29×21 根，$A_s=134.904\text{cm}^2$
钢筋保护层	150mm(钢筋中心—桩体侧面)
EI	$1.12\times10^6\text{kNm}^2$

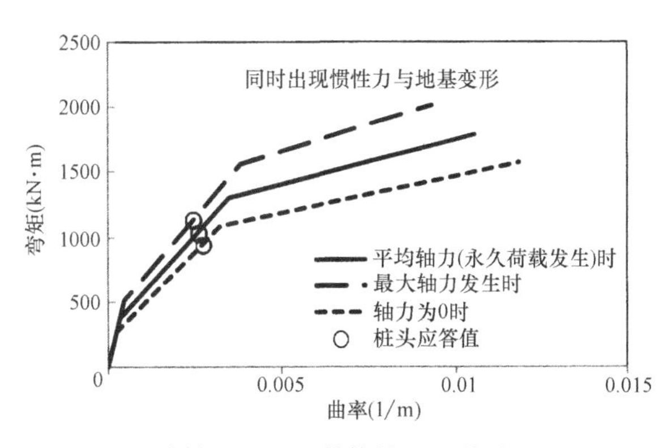

图解 10.25　桩体的 M-ϕ 关系

桩体的弯矩与曲率（平均轴力（永久荷载发生时））　　表解 10.48

桩体的状态	弯矩(kN·m)	曲率(1/m)
拉伸发生开裂时	377	3.37×10^{-4}
屈服时	1310	3.52×10^{-3}
极限状态时	1790	1.05×10^{-2}

• 地基的位移响应

11.3 节所示的地基位移为桩体的强制位移，并且求在桩体上发生的横截面力。计算模型如图解 10.23 所示，计算结果如表解 10.49 以及图解 10.26、图解 10.27 所示。

桩体横截面力的计算结果（惯性力与地基位移同时产生作用时）　　表解 10.49

轴力变动情况	最大弯矩(kN·m)	最大剪力(kN)
最大桩体反力	1138	301
平均轴力(永久荷载发生时)	1039	271
轴力=0	945	243

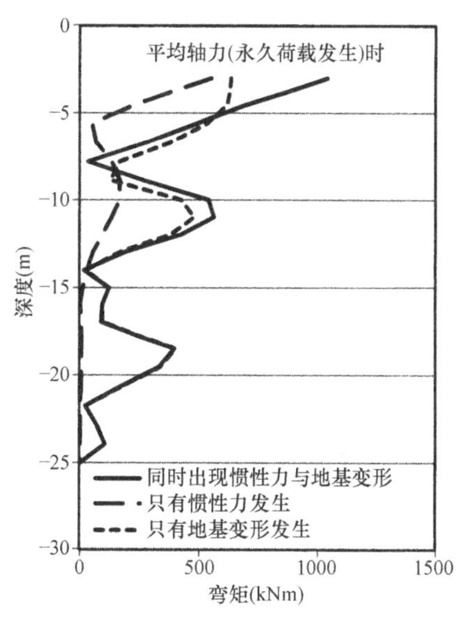

图解 10.26　桩体弯矩［平均轴力（永久荷载）作用时］

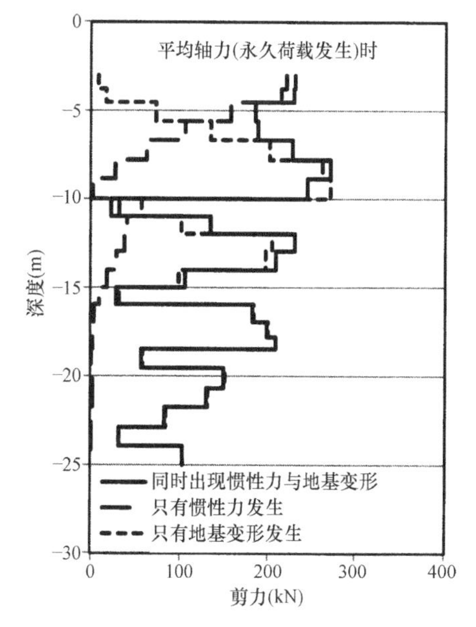

图解 10.27　桩体的剪力［平均轴力（永久荷载）作用时］

省略桩体的应力计算。其结果表明任何情况下满足短期容许应力的要求。

第 11 章　数值计算分析实例

11.1　基于数值流体分析的设计风速评估

11.1.1　基本思路

在求复杂地形中设计风速时，如 3.2 节所示地形，需要根据数值分析等按照风向求平均风速的增大系数 E_{tv} 以及变动风速的修正系数 E_{ts}。在本节中，以第 10 章的 10.2 节的内容为例，通过数值分析就数值计算方法以及注意事项进行阐述，同时计算设计风速以及紊流强度。

具体内容包括如下四个部分，1）粗糙度分类的确定，2）根据地形评估增速效果，3）平坦地形上平均风速与紊流强度的计算，4）实际地形上的设计风速与紊流强度的计算。风力发电设备预计建设的地点的粗糙度分类可以忽略地表面的起伏，根据地表面的粗糙度条件确定 3.2.1 项所示方法。并且针对与该粗糙度分类对应的平坦地形以及实际地形，通过数值流体分析，求 16 方位中的风速比与紊流强度。接下来根据需评估地点的标准风速，求平坦地形上轮毂高度下的风速以及紊流强度。最后把平坦地形上的风速和紊流强度与 16 方位的风速比以及紊流强度之比相乘，求各方位的平均风速与紊流强度。从中选择风速最高的方位，把该方位的风速确定为设计风速，对应的紊流强度确定为设计紊流强度。

11.1.2　评估地点与地形以及地表面粗糙度的模型化

本节实例 10.2 节的例题中，预计建设风力发电设备的离岛的等高线图与地表面粗糙度分布如图解 11.1 所示。等高线的间隔为 50m，可以看出岛的中央部分有标高 600m 左右的山。另外图中的黑色圆圈表示风力发电设备预计建设的地点位于山的南斜面面。右图表示地表面粗糙度，颜色越深地表面粗糙度越高。可以看出风力发电设备计划建设地点的北侧的山基本上被森林覆盖，地表面粗糙度数值比较大。

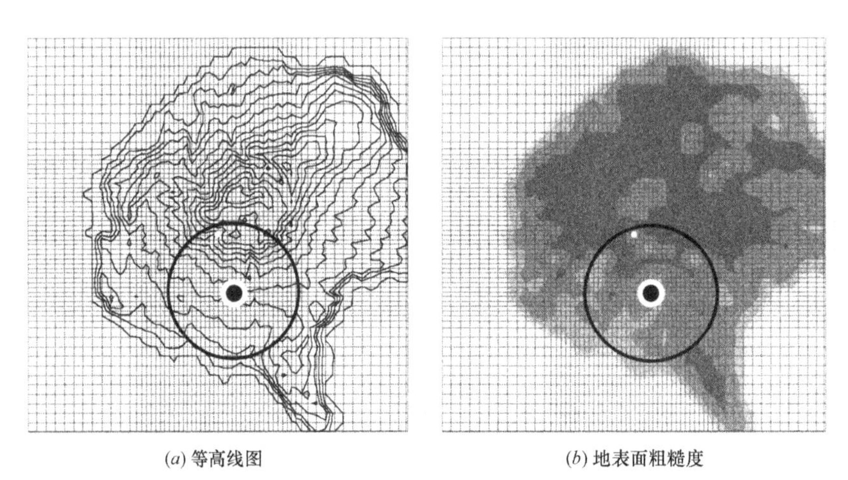

(a) 等高线图　　(b) 地表面粗糙度

图解 11.1　500kW 变桨控制风力发电设备建设计划地点的周边情况

在分析的过程中，采用了局部风况预测程序[1]。图解 11.1 中同时表示了分析网格以及分析对象区域。并且在分析的过程中，分析对象区域的上流设定附加领域，并且在分析对象区域、附加区域的两侧面、上流面、下流面中设定缓冲区域。缓冲区域内的地形，地表面粗糙度根据文献［2］所示的方法进行处理，并且把边界影响控制到最小限度。并且按照不同风向进行数值流体分析，总共进行 16 个案例分析。

另外在本实例中，所需评估的风力发电设备的轮毂高度为 44m，所以在设定粗糙度分类的过程中，以风力发电设备建设计划地点为中心设定半径 1320m 的圆，在该圆内最小粗糙度分类为Ⅱ，所以在本例中粗糙度分类为Ⅱ，$\alpha=0.15$，$Z_G=350$m，$Z_b=5$m。

11.1.3 分析结果的评估

根据风力发电设备建设计划地点的地形不同，当平均风速的修正系数呈现最大数值时，出现西南风的情况下实际地形分析结果如图解 11.2 所示。左侧为平均风速，右侧为与变动风速对应的紊流能量。图中的灰色区域表示离地面高度为 43m（大约为轮毂高度）时，平均风速与紊流能量，颜色越深，表示数值越高。另外左下方的白色圆圈为风力发电设备计划建设地点。出现西南风时，风力发电设备建设预计地点位于升起的斜面。并且在位于风力发电设备建设预计地点的风上两侧的地形上，由于起伏小高峰，造成旋风出现，因此风速有所增加。另外可以看出在风力发电设备建设地点上，紊流能量比较小。在下一节中将详细阐述，由于其他风向，变动成分的修正系数会有所增大，但是作为设计条件所采用的变动风速，是相对于平均风速最大的风向来求得的。

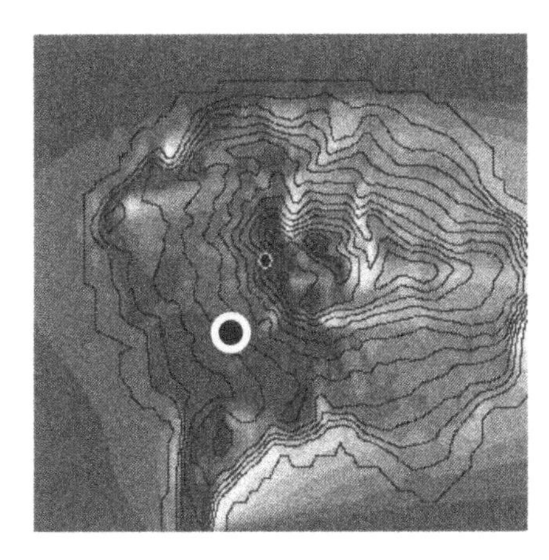
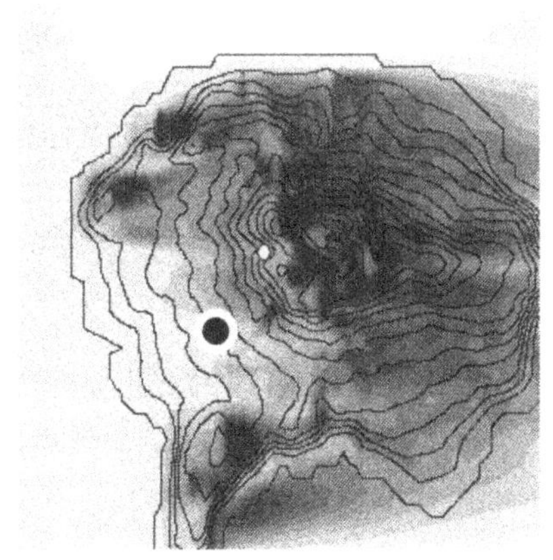

图解 11.2 风向为 225°（西南风）时离地面高度 43m 的情况下平均风速（左）与紊流能量（右）

11.1.4 设计风速的计算

首先，根据地形确定平均风速的增大系数。对平坦地表面粗糙度分类为Ⅱ的地形上以及实际地形进行计算。根据公式（3.3）按照不同风向求 E_{tv}。其结果如表解 11.1 与图解 11.3 所示。

轮毂高度下不同风向不同地形的平均风速增大系数 **表解 11.1**

风向（度）	0	22.5	45	67.5	90	112.5	135	157.5	180	202.5	225	247.5	270	292.5	315	337.5
E_{tv}	0.264	0.202	0.503	0.692	0.903	0.955	0.860	0.989	0.914	0.995	1.07	0.993	0.924	0.519	0.756	0.573

在本指南中平均风速最大时的风向为所需评估风向，所以 E'_{tV}数值最大时的风向 225°（西南风）为所需评估风向 θ_d，225°时的为 E'_{tV}不同地形平均风速的增大系数。

$$E_{tV}=1.07 \qquad (解 11.1)$$

接下来根据不同地形以及地表面粗糙度确定变动风速的修正系数。在求平均风速的增大系数时，计算结果根据公式（3.8），按照不同风向求修正系数 E_{ts}。其结果如表解 11.2 以及图解 11.4 所示。

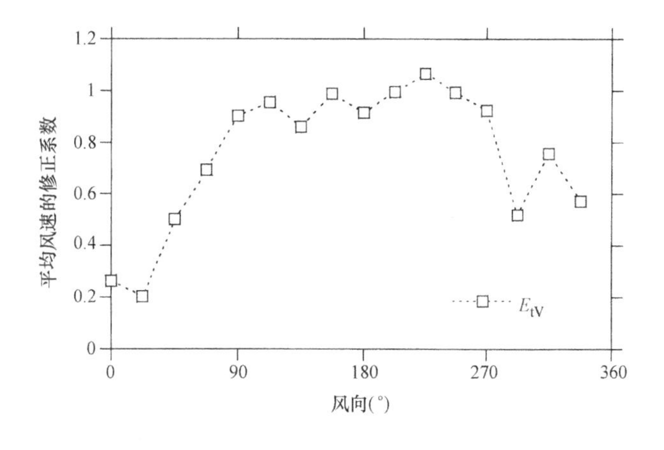

图解 11.3 轮毂高度下不同风向不同地形平均风速的增大系数

轮毂高度下不同风向以及不同地形的变动风速修正系数 表解 11.2

风向(°)	0	22.5	45	67.5	90	112.5	135	157.5	180	202.5	225	247.5	270	292.5	315	337.5
E_{tS}	1.30	1.05	1.22	1.31	1.31	1.33	1.25	1.13	1.10	1.06	1.09	1.22	1.29	1.04	1.44	1.33

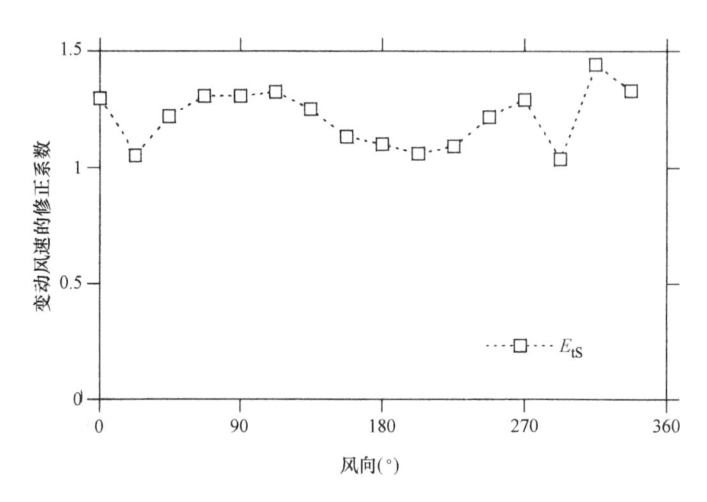

图解 11.4 轮毂高度下不同风向以及不同地形的变动风速修正系数

对于所需评估风向 θ_d，变动风速的修正系数如以下公式所示。

$$E_{tS}=1.09 \quad (解 11.2)$$

一方面平坦地形上的平均风速的高度修正系数 E_{pv} 以及紊流强度的竖直分布 I_p 根据公式（3.2）以及公式（3.6）按照如下公式进行计算。

$$E_{pV}=1.7\times\left(\frac{H_h}{Z_G}\right)^{\alpha}=1.7\times\left(\frac{44.0}{350}\right)^{0.15}=1.25 \quad (解 11.3)$$

$$I_p=0.1\times\left(\frac{H_h}{Z_G}\right)^{-0.05-\alpha}=0.1\times\left(\frac{44.0}{350}\right)^{-0.15-0.15}=0.151 \quad (解 11.4)$$

综上所述，对于所需评估风向 θ_d，在轮毂高度下 $H_h=44\text{m}$，设计风速 U_h 按照如下公式进行计算。

$$H_h=E_{tV}E_{pV}V_0=1.07\times1.25\times38=50.8\text{m/s} \quad (解 11.5)$$

另外轮毂高度下紊流强度 I_{h1} 根据如下公式（3.5）来求得。

$$I_{h1}=E_{tI}I_p=(E_{tS}/E_{tV})I_p=(1.09/1.07)\times0.151=0.15 \quad (解 11.6)$$

最后任意高度下设计风速以及紊流强度如下所示。

$$U(Z)=\begin{cases}E_{tV}\times1.7\times\left(\dfrac{Z}{Z_G}\right)^{\alpha}\times V_0 & (Z>Z_b)\\ E_{tV}\times1.7\times\left(\dfrac{Z_b}{Z_G}\right)^{\alpha}\times V_0 & (Z\leqslant Z_b)\end{cases} \quad (解 11.7)$$

$$I_1(Z)=\begin{cases}E_{tI}\times0.1\times\left(\dfrac{Z}{Z_G}\right)^{-0.05-\alpha} & (Z>Z_b)\\ E_{tI}\times0.1\times\left(\dfrac{Z_b}{Z_G}\right)^{-0.05-\alpha} & (Z\leqslant Z_b)\end{cases} \quad (解 11.8)$$

11.1.5 注意事项

在计算复杂地形上的气流时，由于很大程度上依赖分析区域以及网格密度，所以要注意分类区域的分类方式以及网格密度的设定。关于这些计算条件对分析结果造成的影响，根据对于立体孤立峰以及二维山脊这种单纯地形进行定量评估的研究，有报告称如果水平网格密度不足的话，山顶附近的平均风速的增速数值会评估得比较大，或者后流域的平均风速减少数值会评估得比较小，并且如果竖直密度不足的话，在后流域内，平均风速减少数值会被评估得较小。对所需分析领域的大小进行探讨，最好让分析领域的高度以及宽度的闭塞率在5%以内，并且尤其是三维孤立峰的情况下，无论闭塞率是多少，要保证有一定的宽度。并且流入边界如果是三维孤立峰，最好保持距离为山的高度10倍以上，如果是二维孤立峰，最好保持距离是山的高度20倍以上。

另外对标高较高的地形增速效果进行评估时，从边界层（大约1500m）开始需要考虑大气平流层的影响。

11.2　基于时程反应分析法的风荷载评估

11.2.1　基本思路

本节将以2007年版的10.1节所示的400kW失速控制风力发电设备为例，变动风作用的情况下，根据时程反应分析方法对风荷载进行了评估。其各项参数如10.12项-10.1.4项所示。

11.2.2　分析对象风机的诸参数

本分析的对象风机是2007年版10.1节所示400kW失速控制风机，其参数如10.1.2～10.1.4项所示。

11.2.3　分析方法

在进行风力发电设备的风振响应分析时，把结构视为弹性变形连续体，可以适用采用抵抗伸长、弯曲以及扭曲的杆件单元的FEM分析方法。但是为了对作用与风力发电设备的空气阻尼情况进行评估，所以在对风荷在进行模型化时，需要考虑结构的速度与风的相对速度。本节中所使用的FEM分析方法[3]的介绍如表解11.3所示。另外关于风力发电设备塔架的弯曲、基础的破坏等，需要对其进行分析，详细内容如下节所示。

三维FEM分析方法的介绍　　表解11.3

数值积分	直接积分(Newmark-β法，$\beta=1/4$)
固有值得分析	Subspace Iteration法
使用单元	考虑Saint-Venant扭转的6自由度梁单元
参照坐标系	Total Lagrange式
空气力的评估	准定常理论
结构阻尼	Rayleigh阻尼

风振响应计算以0.05s为步长，计算14000步，省略掉包括过渡响应在内的初始2000步的600s为结果评估时间。另外为了获得稳定的统计数值，对6个实例进行了分析，并求了其平均数值。积分采用了Newmark-β法（$\beta=1/4$），结构的阻尼一律按照0.8180Hz（1次）以及0.8187Hz（2次）假定为0.8%的Rayleigh阻尼。

11.2.4　结构与空气力模型化的方法

（a）风力发电设备的模型化

在采用FEM进行分析的过程中，对所需分析的结构物进行单元分割。另外分析结果包括构成单元的每个节点的应力、变形、位移等。分析的精度取决于单元分割的方法，所需评估的结构物的变形自由度可以替换为节点的自由点。尤其关于突然变形或者可能发生应力集中的地方、边界附近，要注意单元的选择以及单元分割数量。

在本节中对受到风力影响而变形的整个风力发电设备进行考查，目的是为了计算作用于塔架的弯矩、剪切力等风荷载。另外叶片以及塔架可以视为是弹性变形杆，所以采用梁单元分别分割为10个单元左右。叶片、轮毂、机舱以及塔架的分割数量如表解11.4所示。如果采用该模型，塔架发生的风荷载的分布按照10处进行评估，另外风振响应时激发风力发电设备的固有模态从整个风力发电设备来看考虑为10次左右。进行单元分割的风力发电设备的三维模型如图解11.5所示，○表示节点。在分析的过程中，出现暴风时不能进行偏航控制的情况下，失速控制风力发电设备的姿态为对象，假设基础不移动的状态，方位角固定为0，位于地面的节点设定了完全固定的边界条件。

单元分割数量 **表解11.4**

塔架	12
叶片	9/枚
机舱	4
轮毂	3

另外在本节中没有对塔架开口部分进行模型化，但是把塔架进行模型化并且关注与塔架局部变形的分析如下节内容所示。

(b) 空气力的模型化

图解11.5 风力发电设备的三维模型

作用于每个结构物单位面积的空气力一般都被视为速度压与风力系数的乘积。在本节中所采用的三维FEM分析方法，空气力近似于下述准定常模型。也就是说构成速度压的相对风速按照每个时程反应分析的时间步骤，根据已知的风速以及所计算的结构物的响应速度计算出来。另外风力系数作为迎角的函数预先被记录下来，每个时间步骤根据迎角来进行读取。迎角根据上述相对风速方向与结构物的位置关系进行计算。

粗糙度分类为Ⅱ，根据2007年版10.2.4项内容，轮毂高度下的平均风速以及紊流强度分别为$U=50.8\mathrm{m/s}$，$I_1=0.1576$。另外根据第3章所述，风正交方向与竖直方向的紊流强度I_2、I_1作为风方向的紊流强度I_1的函数，分别为$I_2=0.81I_1$，$I_3=0.5I_1$。变动风的能量谱密度假定为卡尔曼型，风方向的紊流长度L_1为109.544m，风正交方向与竖直方向的紊流长度$L_2=0.33L_1$，$L_3=0.08L_1$。另外衰减系数假设为8，相位假定为0。采用岩谷的方法所产生的风方向（u）与风正交方向（v）以及竖直方向（w）的共计三个成分变动风速波形作用于模型的各节点上。塔架、机舱以及叶片的风力系数采用了2007年版第10章所示的数值。

关于风力发电设备的偏航角（参照图1.7），以2°为间隔在−180°～180°之间改变其偏航角，对共计180种情况进行了计算。

11.2.5 分析结果的评估

六次分析过程中最大值的平均值与标准偏差如表解11.5所示。风速的最大值的变动为2.5%左右，而剪切力与弯矩的最大值的变动分别为4.2%与4.8%。根据该FEM进行的时程反应分析中，为求稳定的统计值，需要进行6次左右的分析，再求最大风荷载的期望值。

塔架的基础与顶部上剪切力与弯矩的最大值（X方向与Y方向的合力最大值）随着偏航角会发生变化，其变化如图解11.6与图解11.7所示。从该图可以看出，剪切力与弯矩的最大值出现了偏航角0°附近，该数值基本上与偏航角0°时的数值相同。与剪切力相比，塔架顶部上的弯矩比塔架基础的数值要小很多。

六次分析过程中最大值的平均值与标准偏差 **表解11.5**

风速(m/s)		剪切力(kN)		弯矩(kN·m)	
平均值	标准偏差	平均值	标准偏差	平均值	标准偏差
77.449	2.041	354.2	14.91	11000	525.4

作用于塔架的剪切力与弯矩的最大值的竖直分布如图解11.8与表解11.6所示。从该图可以确认，根据本指南所求得的剪切力与弯矩与FEM方法所得的结果大概一致，本指南所提示的计算公式是合理的。

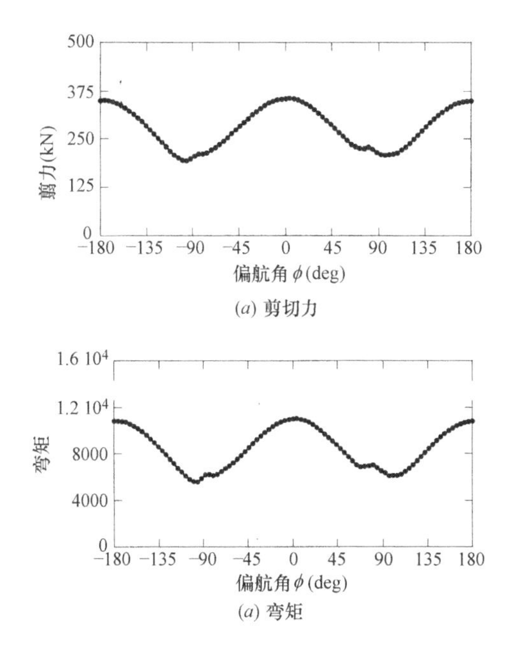

(a) 剪切力

(a) 弯矩

图解 11.6 塔架基础的荷载最大值（h=0m）

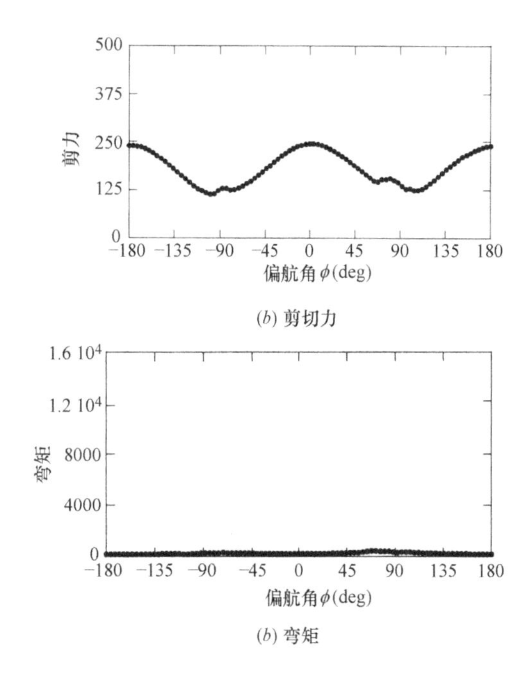

(b) 剪切力

(b) 弯矩

图解 11.7 塔架顶部荷载最大值（h=35m）

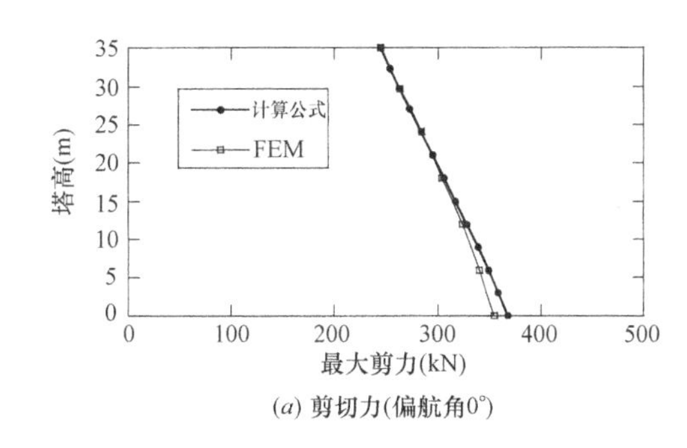

(a) 剪切力(偏航角0°)

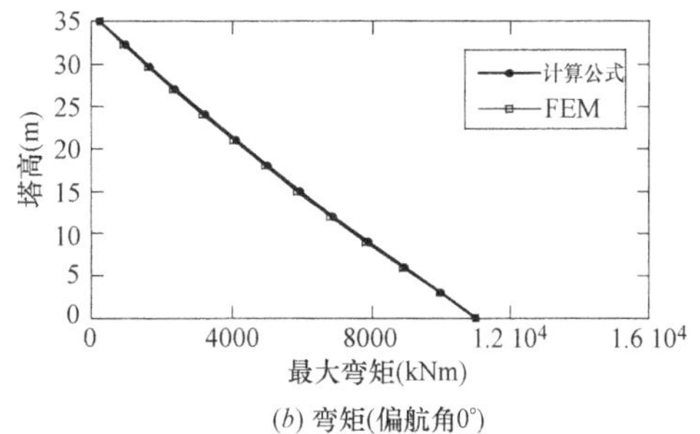

(b) 弯矩(偏航角0°)

图解 11.8 塔架最大风荷载的竖直分布

作用于塔架的剪切力与弯矩 **表解 11.6**

高度(m)	剪切力(kN)	弯矩分布(kN·m)	高度(m)	剪切力(kN)	弯矩分布(kN·m)
35.00	245.0	209.5	15.00	314.1	5950
32.33	253.9	979.3	12.00	323.5	6915
29.67	263.7	1671	9.00	332.0	7903
27.00	273.5	2390	6.00	340.0	8913
24.00	284.3	3236	3.00	347.1	9944
21.00	294.2	4112	0.00	354.2	11000
18.00	303/8	5017			

11.2.6 注意事项

在本节中就根据时程反应分析求作用于风力发电设备塔架的风荷载的具体顺序进行了说明。FEM分析可以用于本指南未规定的塔架扭矩、风轮旋转以及各种控制条件下风荷载的评估中。但是如前面所述，根据时程反应分析所求得的最大值因所产生的变动风不同而不同。为了获得稳定的最大风荷载的期望值，最好进行六次左右的分析。在本分析实例中，风速的最大值的变动在 2.5%左右，而剪切力与弯矩的最大值的变动分别为 4.2%与 4.8%。由于最大风速的变动，与风速成正比的风压力的变动较大。

另外如果采用时程分析分析的平均值求暴风发生时的最大风荷载，需要采用 IEC-61400 所示的荷载系数。

11.3 基于时程反应分析的地震作用评估

11.3.1 基本思路

在本节中，10 章所示的 500kW 变桨控制风力发电设备为例，以直接地基与桩地基为评估对象，5.3.2 项所示的反应谱拟合波输入到后述的地基模型自由工学基础面中，针对根据地基反应分析所得的地震动以及 5.3.3 项所示的观测地震波分别作用于基础底面位置上时的地震荷载，按照 FEM 进行了评估。具体而言，关于级别 2 地震动，对作用于风力发电设备塔架的剪切力、弯矩进行调查，风力发电设备设计用的地震荷载以及直接基础与桩基础设计用的地震荷载进行计算。

11.3.2 需分析的基础的各参数

本分析实例中，需评估的风力发电设备为在前章中需设计的 500kW 变桨控制风力发电设备，各项参数如 10.1 项所示。直接基础的各参数如 10.3.3 项所示。桩基础的各参数如表解 11.7 以及 11.9 所示。

基础的各参数　　表解 11.7

形　式	桩基础(现浇混凝土桩)
桩直径(m)	1.0
桩体长度(m)(从脚部底面到桩体前端的长度)	23
脚部宽度(m)	10
桩体混凝土设计标准强度(N/mm^2)	24
钢筋的种类	SD345

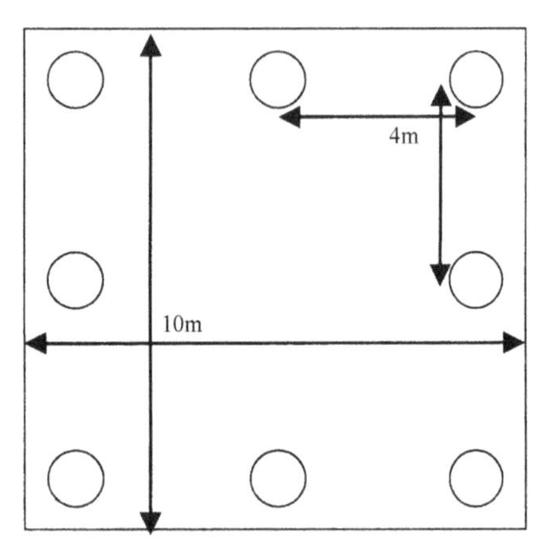

图解 11.9　桩基础的概要

11.3.3 地基模型与地基的地震反应分析

关于时程反应分析中所采用的输入地震动，相对于第 5 章图解 5.6 所示的级别 2 地震的模拟地震动 3 波（八户 EW 位相、JMA 神户 NS 位相、乱数位相），地震区域系数 $Z=0.8$，输入表解 11.8 以及表解 11.9 所示的地基模型工学基础位置，并且考虑了表层地基引起的增幅。假设地基模型 1 为坚固的地基，剪切力变形不超过 1%，所以采用了根据一维重复反射理论确定的等价线形化方法 5)。地基模型 2 为软性地基，剪切力变形超过 1%，因此采用了一维逐次非线形分析。地基的非线形特征根据实验数据（Haddin-Drnevich（HD））采用模型如图解 11.10 所示较为匹配。在逐次非线形分析中，时程特性采用了石原-吉田模型。

地基模型 1 的地基常数　　表解 11.8

层编号	深度 D(m)	层厚 H(m)	密度 ρ(t/m^3)	S 波速度 V_s (m/s)	P 波速度 V_p (m/s)	土质
1	3.0	3.0	1.7	130	320	砂质土
2	5.7	2.7	1.8	340	720	砂质土
3	10.0	4.3	1.7	280	720	黏性土
4	17.4	7.4	1.9	380	1980	砂质土
工学地基	—	—	2.1	510	1980	岩石

地基模型 2 的地基常数　表解 11.9

层编号	深度 D(m)	层厚 H(m)	密度 ρ (t/m³)	S 波速度 V_s(m/s)	P 波速度 V_p (m/s)	土质
1	4.5	4.5	1.8	90	1360	砂质土
2	10.0	5.5	1.6	150	1560	砂质土
3	17.0	7.0	1.8	210	1560	砂质土
4	18.5	1.5	1.7	150	1560	黏性土
5	25	7.6	1.8	260	1560	砂质土
工学地基	—	—	1.8	400	1700	砂砾

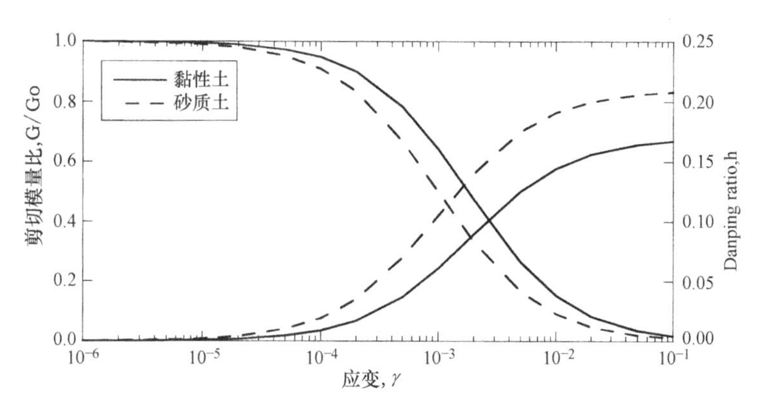

图解 11.10　地基非线形特性

地基模型 1 的分析结果如图解 11.11 所示。根据输入波的位相特性的不同，加速度以及应变等的最大反应值会存在一些差异，但是等价 S 波速度以及等价阻尼比的差异不太大。图解 11.11 表示工学地基波与基础底面位置（GL-3m）中输入地震动的加速度反应谱。输入地震动反应谱的波峰为与后述的风力发电设备塔架的 2 次周期相同的 0.2s（5Hz）附近，可以看出有 1.6 倍左右的地震动增幅。地基模型 2 的分析结果如图解 11.12 所示。关于地基各层的等价 S 波速度与等价阻尼比，采用最大剪切变形的

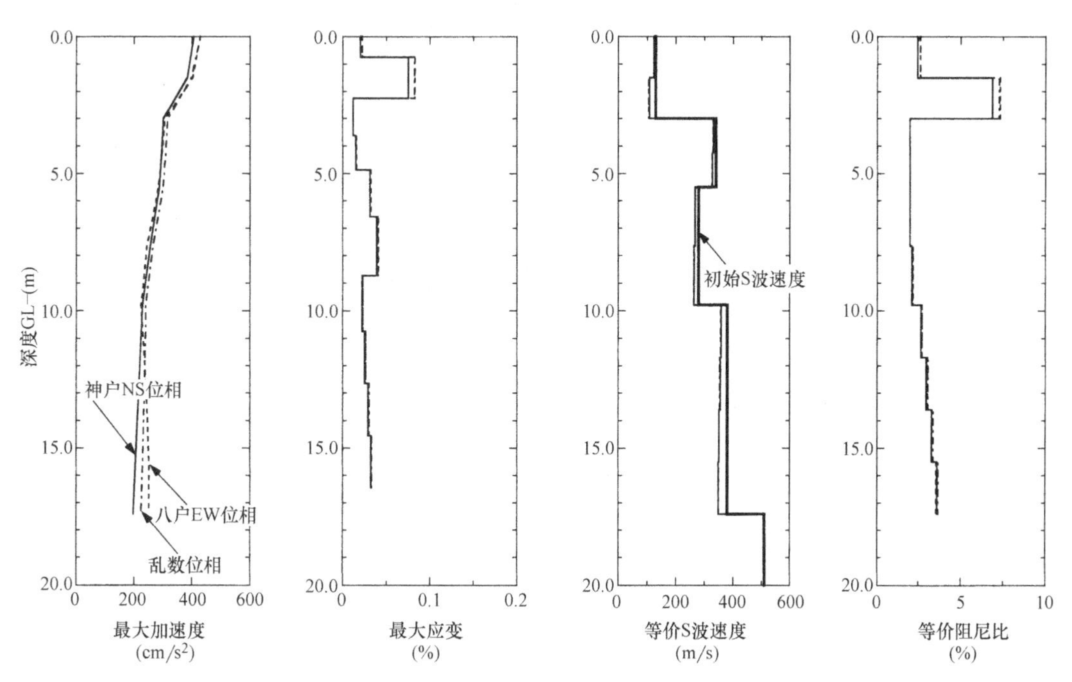

图解 11.11　地基模型 1 级别 2 地震反应分析结果（直接基础）

0.65 倍的有效剪切变形，根据图解 11.10 所示的地基非线形特性进行了评估。可以看出加速度以及应变等最大反应值根据输入波的位相特性不同会有一些差异，但是等价 S 波速度以及等价阻尼比的差异不太大。图解 11.12 表示工学地基波与基础底面位置（GL-3m）中输入地震动的加速度反应谱。输入地震动的反应谱的波峰在 0.5s～1s 附近，可以看到有 2 倍左右的地震动增幅。

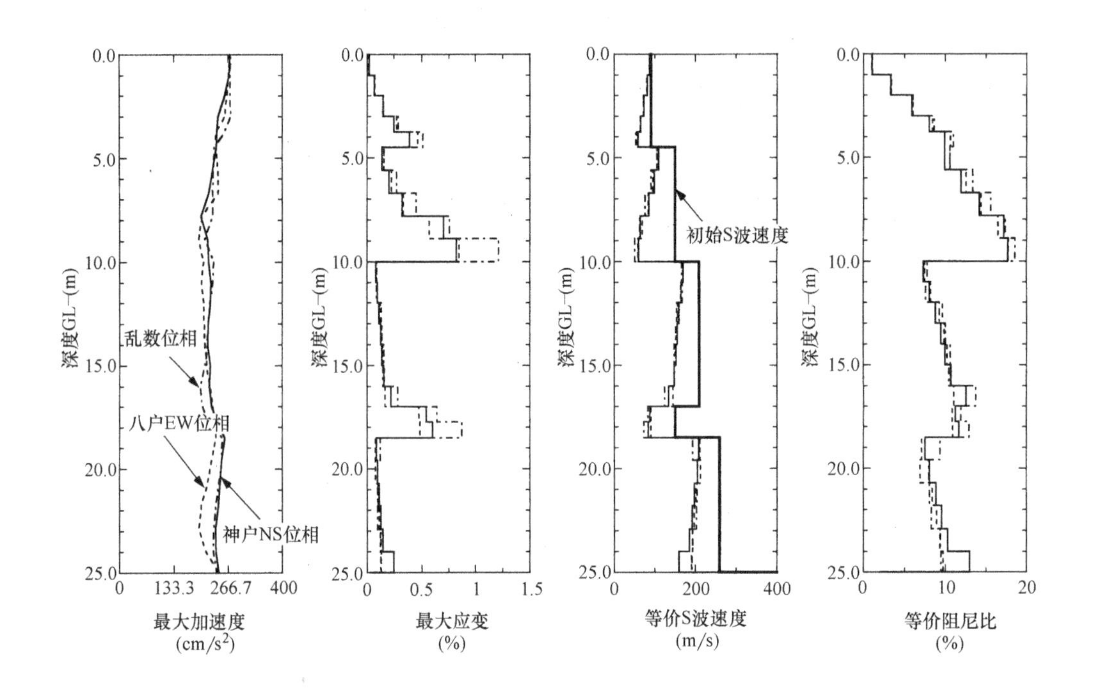

图解 11.12 地基模型 2 级别 2 地震反应分析结果（桩基础）

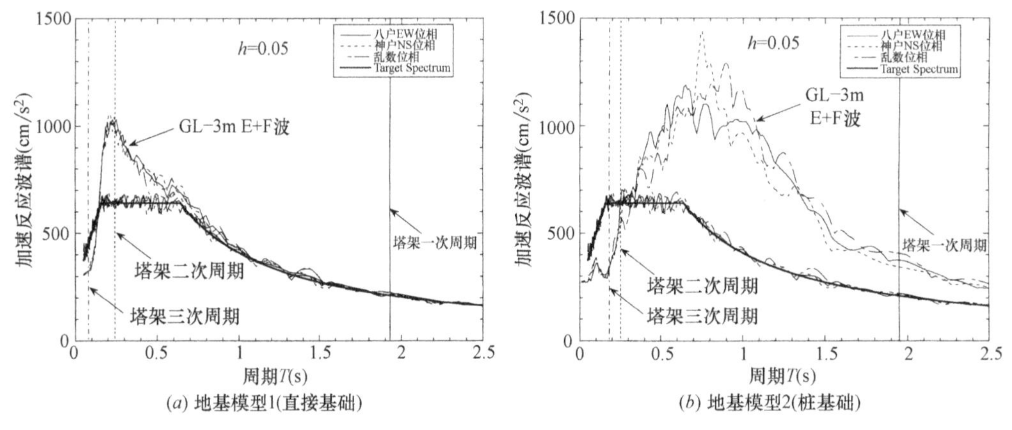

图解 11.13 级别 2 输入地震动的加速度反应谱

11.3.4 分析方法以及风力发电设备与基础的分析模型

把风力发电机塔架分割为多个质点，以各质点之间的横截面为基础进行评估，置换成带有弯曲刚度、剪切刚度的多质点弯曲剪切模型。机舱、风轮部分的重量集中附加到塔架最上面部分的质点上。作为塔架部分的结构阻尼，设定 Rayleigh 型阻尼，对于 1 次以及 2 次固有周期，分别设定为 0.5%。分析的主要内容如表解 11.10 所示。风力发电设备塔架的输入地震动作为观测地震波，参考表解 5.1，所谓模拟地震动 3 波选择了位相特性不同的 EL CENTRO1940（NS），TAFT1952（EW），八户 1968（NS），乘以地震区域系数 $Z=0.8$，最大速度 40kine，标准化的波形以及地基反应分析所获得的基础地面位置（GL-3.0m）中波形，共计 6 种波形。

FEM 分析的主要内容　　**表解 11.10**

分析方法	线形时程反应分析(直接积分法)
积分方法	Newmark-β法，$\beta=1/4$
固有值的分析	Subspace Iteration 法
结构阻尼	Rayleigh 阻尼($\zeta=0.5\%$)
积分间隔	$\Delta T=0.02$s
分析时间	$T_{max}=120.0$s(地震动输入时间)

图解 11.14 为考虑了地基与风力发电设备相互作用的基于 SR（sway-rocking）模型（以下简称为 SR 模型），为了进行比较，也进行了固定塔架的模型分析。如果是 SR 模型，上部结构模型追加了脚部质点，基础底面赋予了水平地基弹簧与旋转地基弹簧，从水平地基弹簧的弹簧外输入地震动。另外关于旋转地基弹簧，忽视了风力发电设备的上浮以及支撑地基的屈服。在基础固定模型中，把与锚固部分的接合部固定下来输入了地震动。地基各层的等价剪切刚度与等价衰减系数采用了地基反应分析结果。另外地基的泊松比通过等价 S 波速度与 P 波速度计算出来。直接地基的相互作用弹簧通过 5.4.2 项所示的公式（5.18）～公式（5.20）进行了评估。另外桩基础的相互作用弹簧通过 5.4.3 项所示的公式（5.21）～公式（5.31）进行了评估。

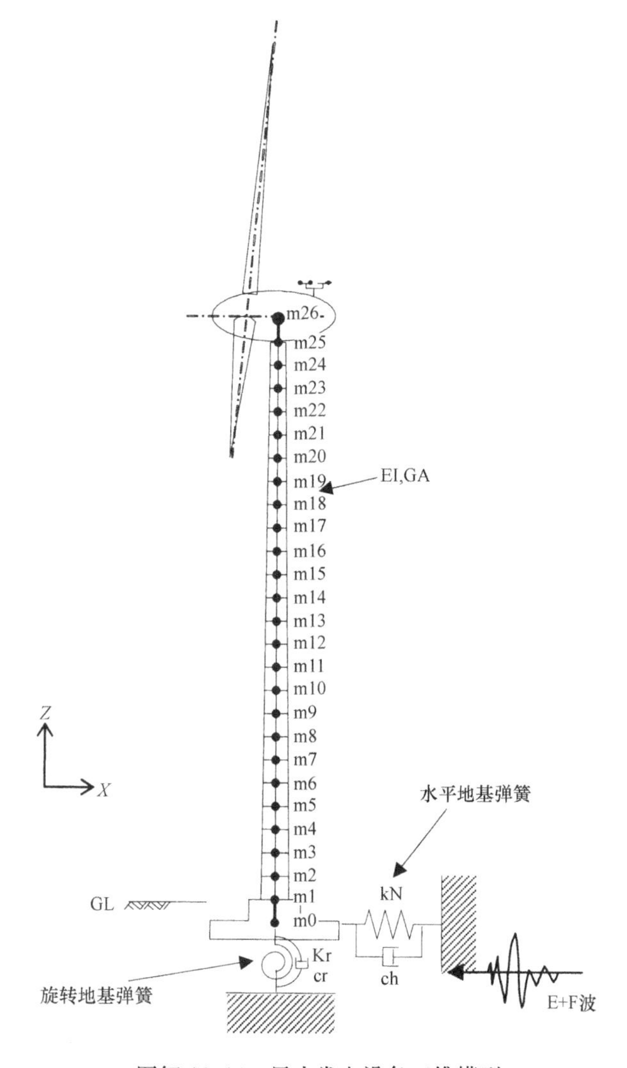

图解 11.14　风力发电设备三维模型

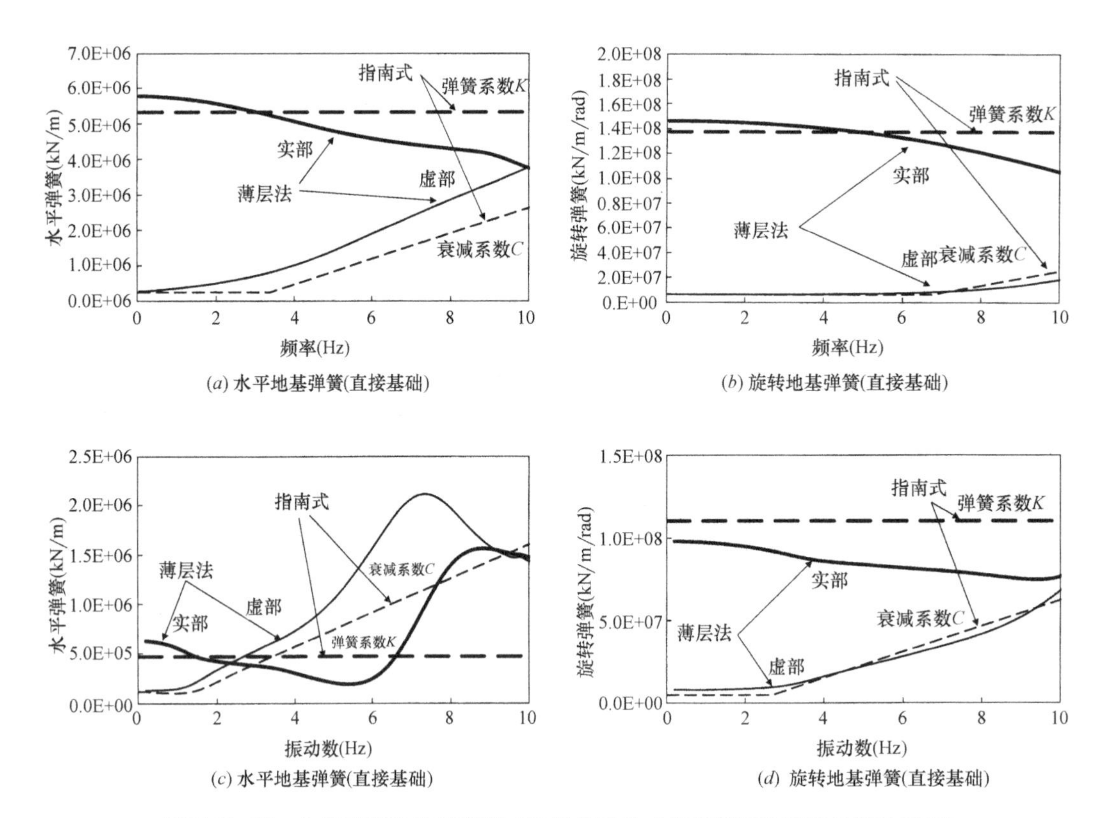

(a) 水平地基弹簧(直接基础) (b) 旋转地基弹簧(直接基础)

(c) 水平地基弹簧(直接基础) (d) 旋转地基弹簧(直接基础)

图解 11.15 分析模型的地基弹簧（根据指南公式以及薄层法获得的评估结果）

分析模型的地基弹簧值一览表（指南公式） **表解 11.11**

		直接基础	桩基础
地基弹簧系数	水平方向(kN/m)	5.326×10^5	4.137×10^5
	旋转方向(kNm/rad)	1.373×10^8	1.040×10^8
衰减系数	水平方向(kNs/m)	1.085×10^4	1.419×10^4
	旋转方向(kNms/rad)	1.370×10^5	4.137×10^5

根据公式（5.33）制作阻尼矩阵，假设 X 方向一维模式与 X 方向二维模式的阻尼比（$\zeta=0.5\%$）相同，采用了瑞利阻尼模式。关于瑞利阻尼设定参数如表解 11.12 所示。

瑞利阻尼设定参数 **表解 11.12**

	多质点 SR 模型(直接基础)	多质点 SR 模型(桩基础)	多质点固定模型
1 次角频率(rad)	3.22(0.513Hz)	3.22(0.513Hz)	3.25(0.517Hz)
2 次角频率(rad)	25.8(4.05Hz)	24.9(3.97Hz)	25.8(4.11Hz)
α	2.86×10^{-2}	2.85×10^{-2}	2.89×10^{-2}
β	3.45×10^{-4}	3.55×10^{-4}	3.44×10^{-4}

11.3.5 固有数值的分析结果

振型参与系数根据公式（5.32）求得。1～5 次振型参与系数一览表如表解 11.13 所示。另外振型的高度分布如图解 11.16 所示。根据对剪切力有影响的有效质量比 M_f/M 的考察结果来看，如果采用基础固定模式，X 方向 1～5 次模态的有效质量比的累积数值为 0.892，如果是 SR 模型（直接基础），X 方向 1～5 次模态的有效质量比的累积数值为 0.992，在该实例中，相对于塔架质量，基础的质量为 6 倍，基础的质量所占比例较大，与塔架的 X 方向 1 次模态相比，基础平移运动 X 方向 4 次模态的影响比较大。到 4 次模态的累积数值，有效质量比为 0.995。如果是基础固定模型的话，有效质量比用相对于塔架总质量之比进行定义，但是如果是 SR 模式，用塔架与基础的总质量之比进行定义。一方面对倾覆力矩有影响的等价高度比 H_j/H_t，任何一个模型对低次模态的影响都比较大。

X 方向各振动模态的振型参与系数、固有频率、有效质量比以及等价高度比　　**表解 11.13**

	SR 模型(直接基础)				SR 模型(桩基础)				基础固定模型			
Mode	β_j	f_j	M_j/M	H_j/H_t	β_j	f_j	M_j/M	H_j/H_t	β_j	f_j	M_j/M	H_j/H_t
1	1.116	0.513	0.091	0.936	1.128	0.513	0.093	0.928	1.114	0.517	0.634	0.935
2	0.911	4.06	0.025	0.335	1.864	3.97	0.111	0.177	0.863	4.11	0.155	0.324
3	1.198	12.3	0.026	0.115	1.477	5.49	0.795	0.019	0.650	12.5	0.052	0.180
4	1.257	18.4	0.854	0.001	0.205	12.2	0.0008	−0.600	0.517	25.6	0.034	0.121
5	0.558	25.3	0.004	−0.143	0.065	24.2	0.0001	−0.936	0.422	42.1	0.017	0.102

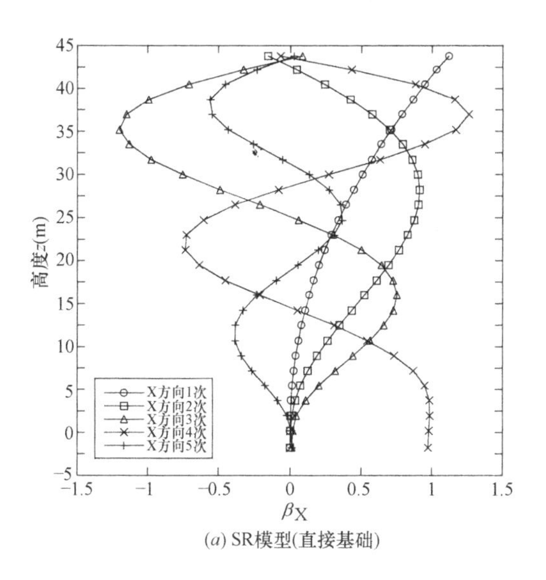

(a) SR模型(直接基础)

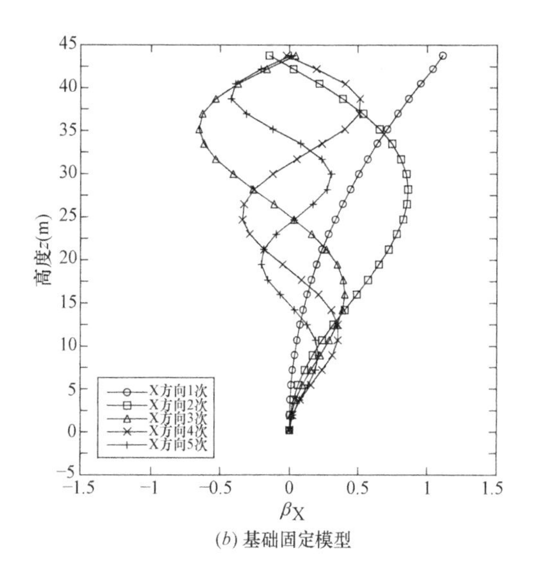

(b) 基础固定模型

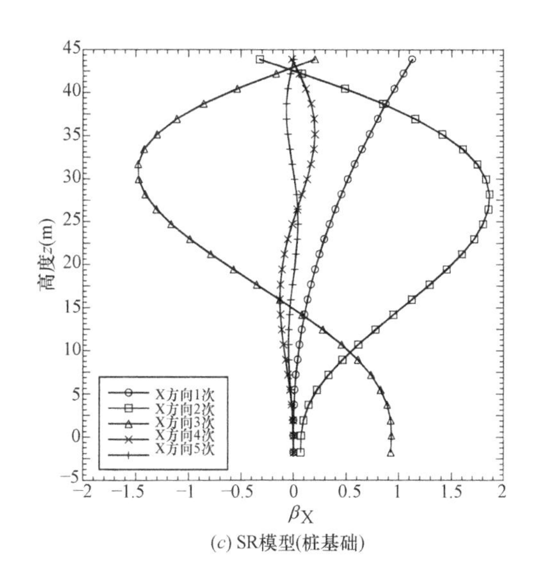

(c) SR模型(桩基础)

图解 11.16　振型函数

11.3.6　直接基础设计中所采用的地震荷载

通过SR模型表现剪切力以及弯矩的分布如图解11.17所示。关于分析结果高度0.2m的塔架与锚固部分的接合部分中弯矩，如果是神户NS位相波，其弯矩为6752.7kN・m，而如果是随机位相波，则响应值为11112.7kN・m，产生了1.6倍的差值。输入地震动适合衰阻尼比$h=5\%$的加速度应答波谱，但是风力发电设备的结构阻尼比非常小，为0.5%，所以根据输入地震波的频率特性，时程反应分析结果会有很大的不同。级别2地震发生时的最大响应值如表解11.14所示。

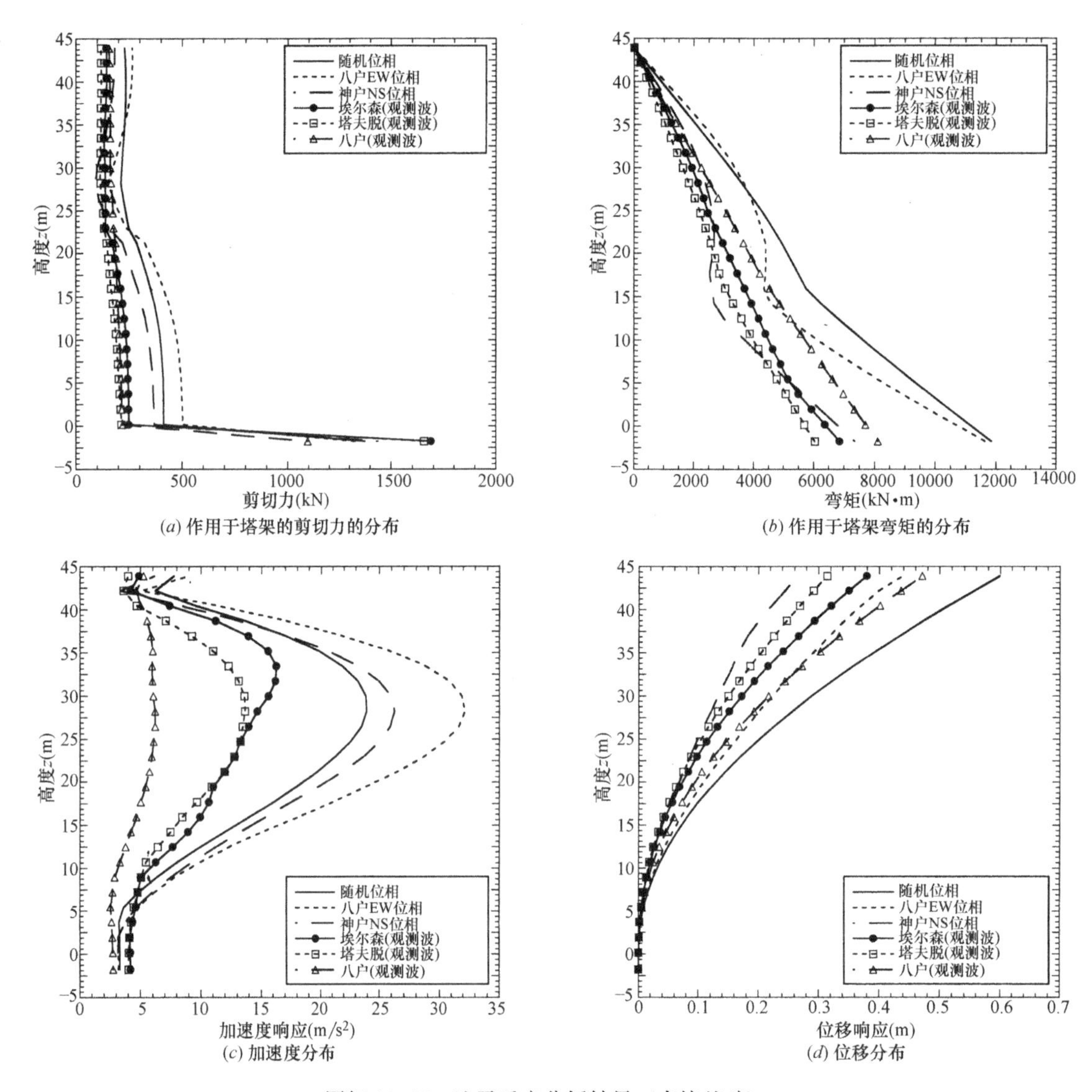

图解11.17　地震反应分析结果（直接基础）

直接基础模型下地震反应分析计算荷载（选取最大值）　　　　**表解11.14**

高度 (m)	剪切力分布 (kN)	弯矩的分布 (kN・m)	加速度 分布(m/s²)	位移分布 (m)
43.91	264.2	0.0	8.921	0.599
42.20	265.4	452.6	6.191	0.557
40.45	263.1	917.1	11.359	0.514
38.70	257.1	1378.0	17.059	0.473
36.95	246.9	1828.4	21.904	0.433
35.20	232.4	2261.0	25.856	0.394
33.45	227.0	2668.2	28.822	0.357

续表

高度 (m)	剪切力分布 (kN)	弯矩的分布 (kN·m)	加速度 分布(m/s^2)	位移分布 (m)
31.70	221.5	3042.6	30.820	0.322
29.95	216.2	3376.9	31.899	0.288
28.20	212.8	3664.9	32.131	0.256
26.45	223.5	3957.9	31.603	0.225
24.70	236.3	4303.6	30.408	0.197
22.95	248.9	4632.5	28.656	0.170
21.20	324.1	4944.5	26.462	0.145
19.45	356.0	5214.8	23.883	0.122
17.70	386.0	5484.6	21.040	0.100
15.95	413.3	5742.2	18.056	0.081
14.20	436.9	6247.7	15.045	0.064
12.45	456.3	6807.4	12.306	0.049
10.70	471.5	7388.7	9.932	0.036
8.95	482.9	7984.9	7.802	0.025
7.20	490.8	8592.7	6.145	0.016
5.45	496.0	9210.3	4.785	0.009
3.70	499.3	9836.5	4.342	0.004
1.95	501.1	10470.7	4.109	0.001
0.20	502.6	11112.7	4.166	0.000
−1.76	1688.2	11842.0	4.176	0.000

SR 模型下剪切力以及弯矩的分布如图解 11.18 所示。级别 2 地震发生时的最大反应值如表解 11.15 所示。直接基础的设计中所采用的地震荷载一览表如表解 11.15 所示。塔架基础的倾覆力矩，剪切力、基础底面的剪切力（①、④、⑤）为根据 SR 模型的反应结果所获得的数值（参考表解 11.14）。根据 P-Δ 计算的附加力矩（②）采用公式（5.35）按照塔架的最大反应位移来求得。地下震度（⑦）采用公式（5.34）按照塔架基础的剪切力与基础底面的剪切力的差值来求基础的惯性力。用基础重量除以该数值来求得。塔架基础的剪切力与基础的惯性力最大值不同时产生，所以与用基础的加速度 4.2m/s^2 除以重力加速度所得数值 0.43 相比，地下震度⑦的数值比较小，为 0.30。

直接基础的地震荷载　　**表解 11.15**

倾覆力矩	①塔架基础的倾覆力矩	11113	(kN·m)
	②根据 P-Δ 计算的附加力矩	222	(kN·m)
	③基础上部的力矩(上述数值的合计①+②)	11335	(kN·m)
剪切力	④塔架基础的剪切力	503	(kN)
	⑤基础底面的剪切力	1688	(kN)
	⑥基础的惯性力(上述数值的差值⑤-④)	1185	(kN)
地下震度	⑦地下震度	0.304	—

11.3.7　桩基础设计中所采用的地震荷载与地基变形

桩基础设计中所采用的地震荷载一览表。如果是桩基础的话，与前一节所述的直接桩基础相比，风力发电设备 1 次周期附近的增幅较大，所以风力发电设备的反应也会变大。塔架基础的倾覆力矩、剪切力、基础底面的剪切力（①、④、⑤）为 SR 模型下反应结果所获得的数值（参考表解 11.16）。根据 P-Δ 计算的附加力矩（②）采用公式（5.35 ）按照塔架的最大反应位移来求得。地下震度（⑦）采用公式（5.34）按照塔架基础的剪切力与基础底面的剪切力的差值来求基础的惯性力。用基础重量除以该数值来求得。塔架基础的剪切力与基础的惯性力最大值不同时产生，所以与用基础的加速度 4.3m/s^2

除以重力加速度所得数值 0.44 相比，地下震度⑦的数值比较小，为 0.37。

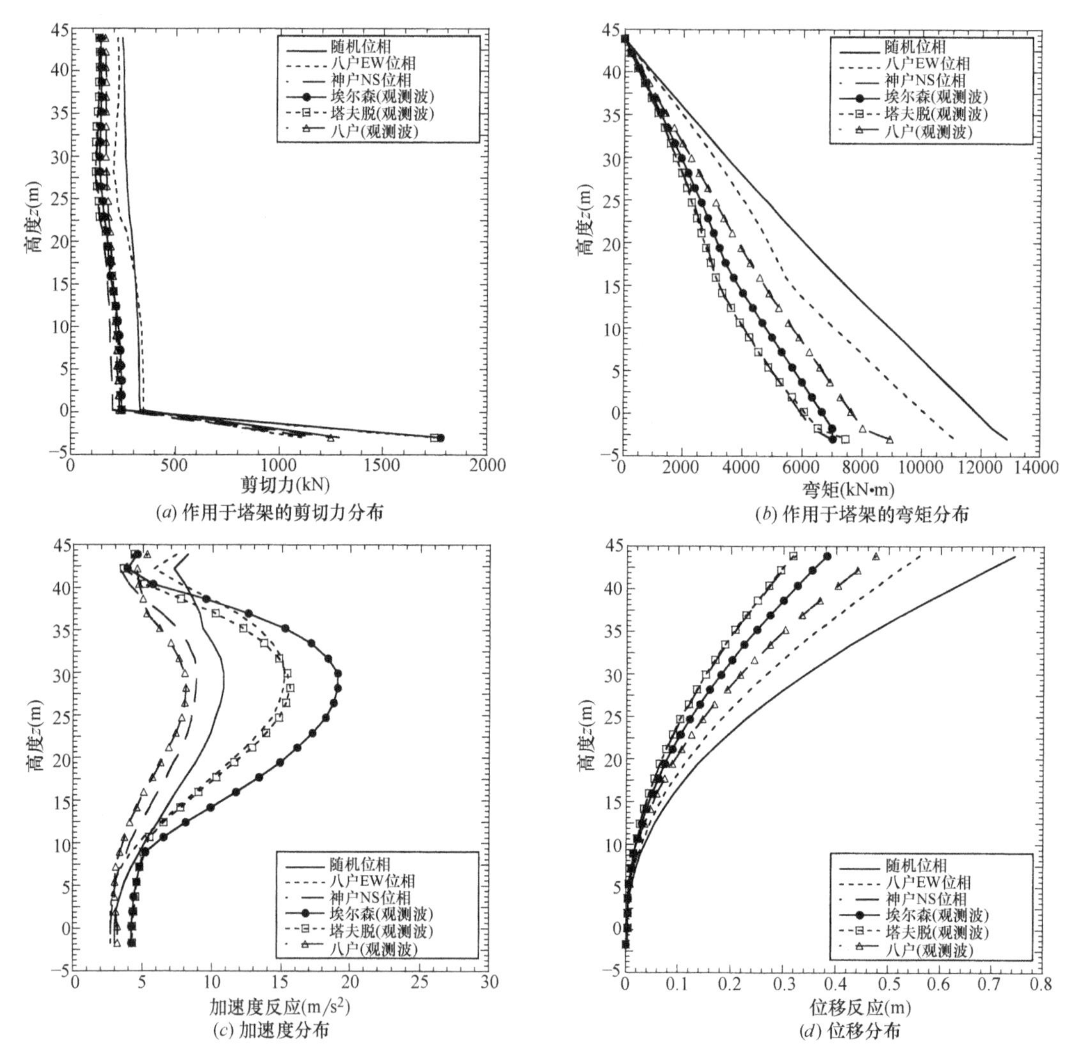

(a) 作用于塔架的剪切力分布　(b) 作用于塔架的弯矩分布　(c) 加速度分布　(d) 位移分布

图解 11.18　地震反应分析结果（桩基础）

桩基础模型下地震反应分析计算荷载（选取最大值）　表解 11.16

高度 (m)	剪切力分布 (kN)	弯矩的分布 (kN・m)	加速度分布 (m/s²)	位移分布 (m)
42.20	246.8	415.8	8.2	0.744
40.45	249.3	847.7	8.0	0.632
38.70	251.0	1284.0	9.9	0.578
36.95	252.1	1723.0	12.6	0.526
35.20	253.1	2164.0	15.2	0.476
33.45	255.4	2605.0	17.1	0.428
31.70	257.5	3045.0	18.4	0.383
29.95	260.0	3483.0	19.1	0.341
28.20	263.2	3922.0	19.1	0.301
26.45	267.8	4376.0	18.8	0.263
24.70	272.8	4834.0	18.2	0.228
22.95	277.3	5293.0	17.2	0.196
21.20	288.6	5752.0	16.1	0.166
19.45	294.8	6222.0	14.9	0.138
17.70	300.3	6696.0	13.4	0.114

续表

高度 (m)	剪切力分布 (kN)	弯矩的分布 (kNm)	加速度分布 (m/s^2)	位移分布 (m)
15.95	305.7	7185.0	11.7	0.092
14.20	316.8	7682.0	9.9	0.072
12.45	326.0	8196.0	8.1	0.055
10.70	333.2	8712.0	6.5	0.041
8.95	338.7	9229.0	5.2	0.028
7.20	342.4	9746.0	4.8	0.019
5.45	344.8	10260.0	4.6	0.011
3.70	346.3	10780.0	4.5	0.006
1.95	347.0	11300.0	4.4	0.004
0.20	347.3	11810.0	4.3	0.004
−1.76	1776.0	12380.0	4.3	0.003

桩基础的地震荷载　　**表解 11.17**

倾覆力矩	①塔架基础的倾覆力矩	11810	(kNm)
	②根据 P-Δ 计算的附加力矩	268	(kNm)
	③基础上部的力矩(上述数值的合计①+②)	12078	(kNm)
剪切力	④塔架基础的剪切力	347	(kN)
	⑤基础底面的剪切力	1776	(kN)
	⑥基础的惯性力(上述数值的差值⑤-④)	1429	(kN)
地下震度	⑦地下震度	0.366	—

相对于桩体前端位置的地基最大位移分布如图解 11.19 所示。在对桩体应力进行评估时，除了惯性力所产生的桩体应力之外，需要计算地基变形所产生的桩体应力，在根据反应位移法求静态桩体应力时，采用该地基的位移。

11.3.8　扭转的影响

为了验证求扭矩的简易公式（5.36）的精度，根据基础固定模型，该固定模型考虑了如第 5 章图解 5.25 所示的风轮以及机舱的重量中心的偏心，求作用于风力发电设备塔架的扭矩的公式如表解 11.18 所示。考虑了偏心的模型所计算的扭矩最大值为 499kN·m（八户 EW 位相），而根据公式（5.36），风力发电设备塔架以及机舱重量中心高度下反应加速度的最大值乘以到塔架中心的偏心距离所求得的扭矩最大值为 381kN·m（随机位相）。根据输入地震动的位相特性不同，会产生偏差，但是根据时程反应分析所确定的地震荷载采用最大值，与最大值相比较的误差为 30%，所以如果导入修正系数 1.3 的话，评估结果则是安全的。

作用于塔架的扭矩比较　　**表解 11.18**

位相	扭矩 M_t(kN·m) 多质点固定模型(简易式)	多质点偏心固定模型(时程反应分析)	误差(%)
随机	381	415	8.92
神户 NS	235	229	2.55
八户 EW	353	499	41.36

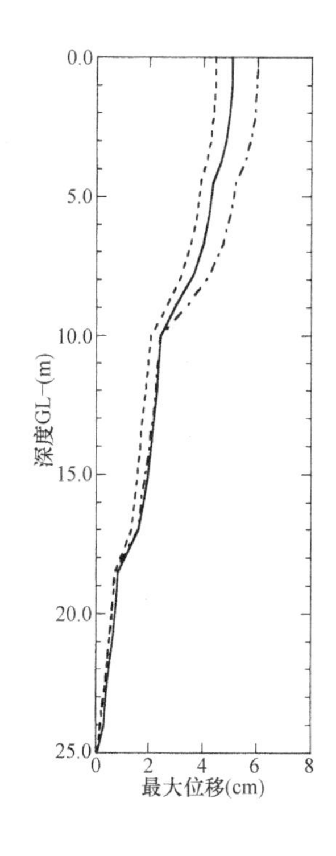

图解 11.19　地基的位移分布

11.3.9 注意事项

在本节中，考虑到表层地基增幅情况，计算了相关地震动数据，并根据考虑了地基与风力发电设备相互作用的SR模型，说明了求地震荷载的具体顺序。在地基的地震反应分析中，如果是变形较大的地基（最大剪切应变大约为1%以上），使用等价线性分析具有一定的限制，此时需要进行逐次非线性分析。在直接地基部分的分析实例中，由于地基较好，所以采用等价线性分析，在桩基础的分析实例中，地基较软，最大剪切应变超过1%，所以采用了逐次线性分析。

在建立风力发电设备塔架的离散模型时，需要进行分割，以便能合理地考虑高次模态的影响。在本分析实例中，模型有26个质点，达到了设定推荐值24个质点以上的要求。

11.4 基于FEM分析的塔架结构计算

11.4.1 基本思路

把风力发电设备塔架模型化，通过FEM分析进行屈曲强度评估，因此对该实例进行说明。为了避免风荷载引起的塔架损伤，在很多实例中所采用的钢制壳体结构，需要防止发生屈曲。屈曲是作用于塔架下端的弯矩所引起的。对这种破损有贡献的塔架变形模态相当于悬臂梁弯曲。因此在本强度评估中，塔架上端施加了水平方向的荷载，并通过弹塑性大变形分析求屈曲强度特性（但是塔架的直径以及板厚根据高度不同会发生变化，此时要注意屈曲不一定发生在下端部分）。

另外用于检查塔架的开口部分可能会对屈曲强度造成影响，为了解这种影响，因此说明了针对开口改变荷载方向的分析结果。

11.4.2 需进行分析塔架的各参数

需要进行分析的塔架是从基础固定部到机舱搭载部分的锥形圆筒，高度35m，下端部分的直径2.46m，上端部分的直径为1.387m。从塔架的下端部分开始18m高度，板厚为12mm，从18m到35m，板厚为10mm，高度方向上基本在中间部分板厚会发生变化。另外需要进行分析虽然只有塔架部分。但是上面部分所搭载的机舱、叶片等的重量大约为147kN（15t），该重量作用于塔架的顶部，并同时考虑塔架的自重。

在塔架下端附近有用于检查的开口部分（宽度750mm，长度1850mm的椭圆形），由于需要考虑对屈服强度的影响，所以需要考虑包括该部分加固在内的因素。

关于塔架的形状等，请参考11.4.4项的模型化方法图解11.20～图解11.22。

11.4.3 分析方法

所假设的塔架屈曲变形是塔架开口部分附近或者下面部分壳体局部的变形。另外需要考虑开口部分附近的加固，所以才用可以表现这种变形、结构形状的一般壳体单元。关于塔架的半径板厚比，塔架下端附近大约100左右的壳体结构，需要考虑钢材的塑形的影响。综上所述，采用可以考虑弹塑性、大变形的通用结构分析程序的2次插值薄壳单元。

本分析为弹塑性大变形的增量分析，由于超过最大荷载进行分析，作为增量法，采用弧长法（变形控制）。弧长法把增量路径的长度作为增量参数进行分析，因此通过采用该数值，从超过最大荷载到荷载降低区域都可以进行分析。要注意在通过荷载控制的增量分析过程中，最大荷载附近可能不能进行分析。

11.4.4 模型化的方法

分析模型的概要如图解11.20所示。塔架的轴方向的单元分割如图解11.21所示，分为45个部分，开口部分周边等有可能发生屈曲的部分，根据以往的屈曲分析探讨[7]，把屈曲波长（$3\sqrt{Rt}$：在此圆筒半径R，板厚t）分为3个部分，作为其单元分割部分。塔架圆筒的圆周方向单元分割数量为72个部分。开口部分附近如图解11.22所示，进行了详细的模型化，并考虑了加固凸缘部分。另外在本分析过程中，为了改变带有开口部分的塔架顶部上所施加的水平荷载的方向进行分析，按照塔架的360°进行

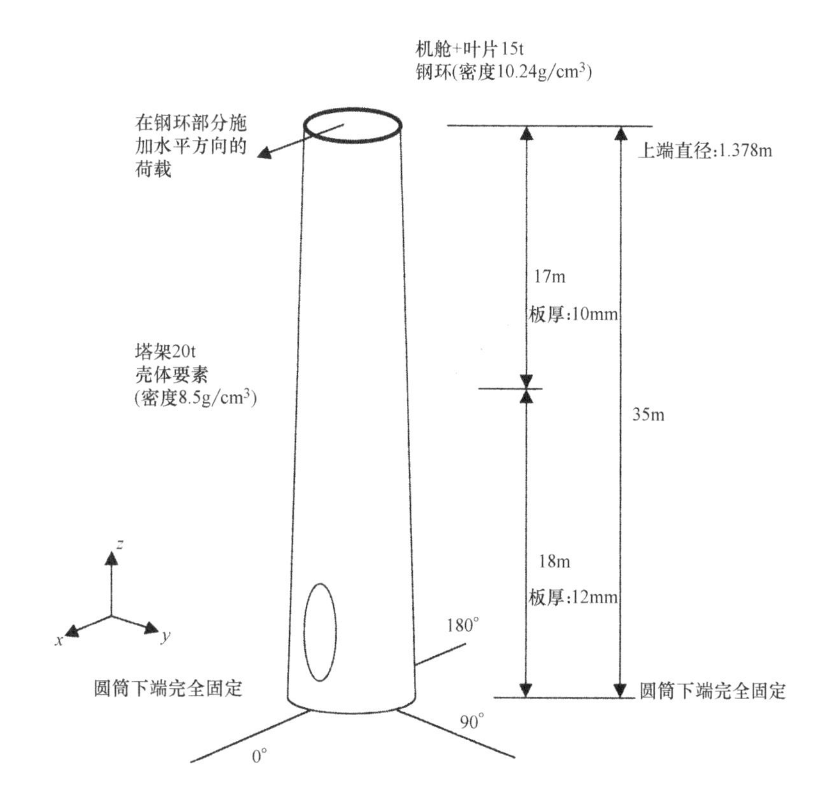

图解 11.20　风力发电设备塔架分析模型概要

模型化设置。如果只对对称面的方向（开口部分的方向）所施加的荷载进行分析，则要考虑其对称性再进行 180°模型化设置，由此可以控制分析规模以及分析时间。

关于材料特性，在此作为实际材料（并非设计值）数值，采用表解 11.19 所示的杨氏模量以及泊松比、屈服应力等参数。如果到产生弹塑性屈服而且荷载降低进行分析的话，可能发生的应变程度达到几个百分比，因此在赋予对应的弹塑性材料特性时，需要注意较大变形区域的应力以及应变程度的关系，以便可以对应这种应变程度的发生情况。并且在本分析过程中，不能进行反复荷载分析，所以作为硬化法则，即便采用等向硬化、随动硬化，其结果都是基本相同的。

由于要考虑在塔架顶部所设置的搭载机舱与叶片重量、塔架本身的自重，换算为相应单元的密度，在分析的最开始步骤对自重进行分析。

材料材性数值　　**表解 11.19**

杨氏模量	2.043×10^8kN/m²
泊松比	0.285
屈服应力(0.2%承载力)	2.553×10^8kN/m²

11.4.5　分析结果的评估

(a) 开口部分（0°）方向荷载的屈曲强度

关于所建立的基本模型，通过对塔架开口部分方向的水平荷载对屈曲情况进行分析，获得了如表解 11.20 所示的屈曲位移、屈曲荷载数值。屈曲变形如图解 11.23 所示，荷载与位移的关系如图解 11.24 所示。

从图解 11.24 可以看出，在初始状态下，荷载与位移的关系为直线，但是开口部分上端由于发生局部变形达到最大荷载，之后荷载极速降低。塔架在屈曲后开口部分上端呈弯折状以至于破坏。在图解 11.23 的屈曲变形图中说明了相当大塑性应变的情况，但是在屈曲时塑性区域只限于发生了局部变形的

部位，达到最大荷载前，荷载与位移的关系中看不到较大的非线性情况。

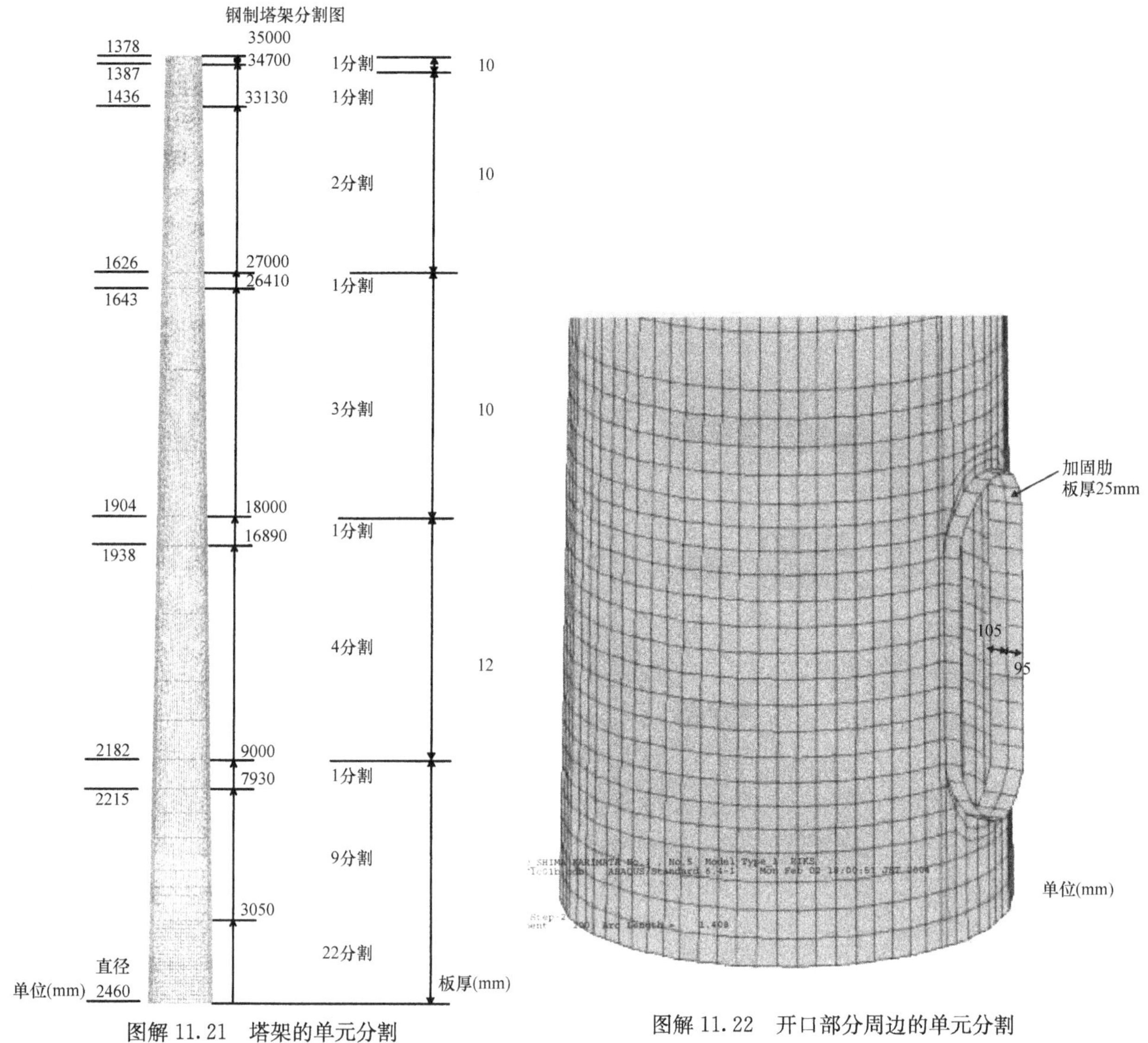

图解 11.21　塔架的单元分割

图解 11.22　开口部分周边的单元分割

屈曲荷载　　**表解 11.20**

屈曲位移(塔架顶部发生屈曲时的位移)	0.620m
屈曲荷载(塔架顶部的最大荷载)	358.297kN
屈曲力矩(屈曲荷载×塔架高度)	12540kN·m

根据设计的形状所评估的屈曲强度来看，作为实际屈曲强度偏低的主要原因，是因为形状不准（与原本的形状有偏差）。因此对于这种屈曲变形，造成严重的屈曲强度降低情况，在屈曲发生部位的开口部分上端高度下圆周方向一样的屈曲变形程度的宽度，对初始形状不准的情况进行了分析。结果最大不准量（原塔架圆筒的凹陷程度）如果为板厚数值一半的话，在相对比较准确的状态下，为上述屈曲强度大约 0.81 倍，屈曲强度降低。强度的降低取决于制作时的形状变形的容许量，但是在半径板厚比假设为 100 左右的塔架基础上，在屈曲的褶皱宽度范围内，即使形状不准程度为板厚的一半左右，仍为准确形状的屈曲强度的大约 1.2 倍。

(b) 基于荷载方向的屈曲荷载

从 0°～90°之间，在 10°间隔（为了便于参考追加了 180°的情况）上通过改变荷载方向的屈曲分析所获得的荷载与位移关系如图解 11.25 所示。关于随荷载方向的屈曲强度，把这些结果汇总在一张图中，

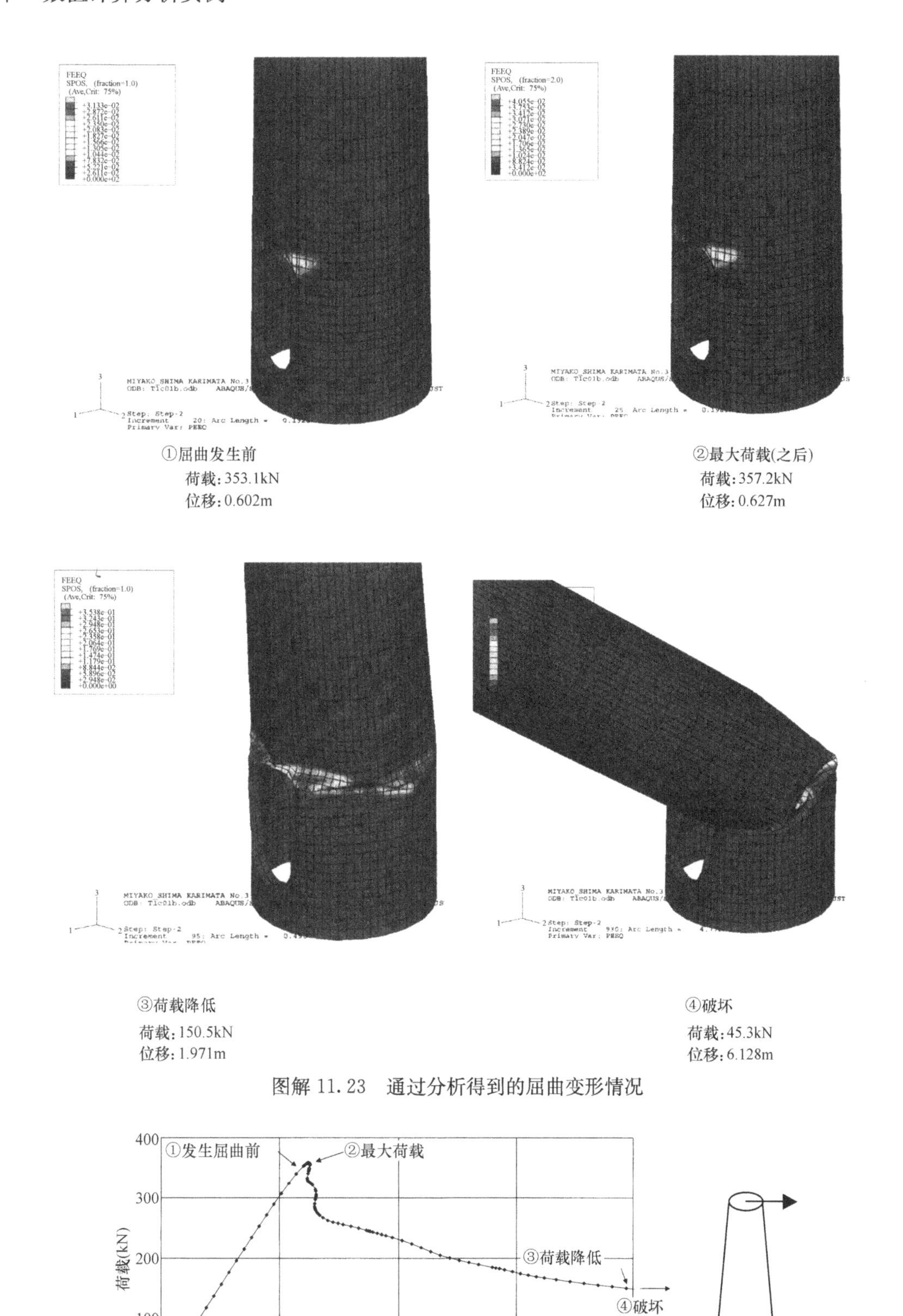

图解 11.23　通过分析得到的屈曲变形情况

图解 11.24　开口部分方向的荷载造成屈曲时的荷载与塔架顶部水平位移的关系

详细内容如图解 11.26 所示。

屈曲强度在开口部分（0°）～40°左右的范围内基本上没有变化，但是荷载方向达到 50°以上，就能看到强度逐渐增加的情况。因此针对本塔架结构，开口部分方向如果施加了荷载，屈曲强度最小。

另外荷载方向如果偏离开口部分，从屈曲前的塑形变形来看，荷载与位移的非线性会加强，达到最大荷载时塔架顶部位移会增加。

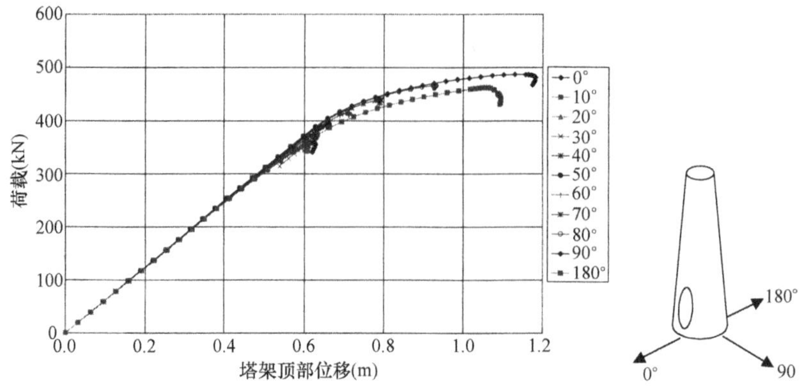

图解 11.25　基于荷载方向的荷载与位移关系的变化

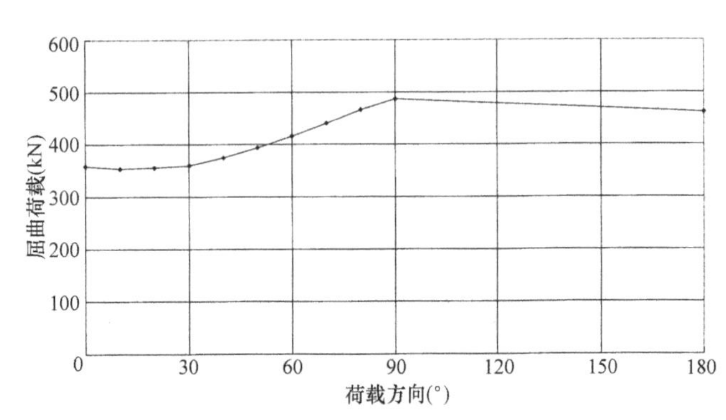

图解 11.26　基于荷载方向的屈曲强度变化

11.4.6　注意事项

在屈曲分析中，如果不采用能充分表现屈曲变形的单元分割，将会得到过大的屈曲强度评估结果，根据不同情况，可能在分析的过程中出现原本会发生的屈曲却不会发生的情况。因此在进行分析之前应该做准备，最好对有可能发生的屈曲变形进行调查，同时为了慎重起见需要详细地对单元分割进行分析，确认对分析结果是否有很大的影响，并且屈曲强度受到包括形状不准在内的实际结构中能看到的形状偏差等影响。应根据需要考虑这些因素（如果根据设计图纸的形状本身进行分析的话，可能会获得比实际屈曲强度更高的数值）。

在本分析过程中，在塔架结构、形状方面，受到开口部分的影响，开口部分的方向如果施加荷载的话，屈曲强度会明显降低。但是应该注意的是，由于开口部分周围的加固方法不同会得到不同的结果。

11.5　基于 FEM 分析的锚固部分结构的计算

11.5.1　基本思路

在本节中，为了便于通过数值分析来进行设计，说明了根据 FEM 分析对风力发电设备锚固部分的破坏强度进行评估的结果[8]。

适用 FEM 分析方法的风力发电设备基础的各参数如 11.5.2 项所示，分析方法的介绍内容如 11.5.3 项所示，模型方法如 11.5.2 项所示。另外分析结果如 11.5.5 项所示，评估的注意事项如 11.5.7 项所示。并且为了确定锚固部分的承载力评估公式所进行的参数研究的介绍内容如 11.5.6 项所示。

11.5.2　需分析的锚固部分的各参数

在本节中，需要分析的风力发电设备为 500kW 变桨控制型风力发电设备，其各参数如图解11.26～图解 11.28 所示，锚固部分的概要情况如图解 11.29 所示。

整个塔架的高度为 42m，基础形状为倒 T 字形，锚固部分的直径为 4m，高度为 1.8m 的圆柱形造型。外围部分设置了 170 根 D25 钢筋。在锚固部分的所有横截面积上钢筋所占比率为 0.685%。锚固部分埋入了用 88 根长度 115cm，直径 36mm 的锚栓连接的锚板。

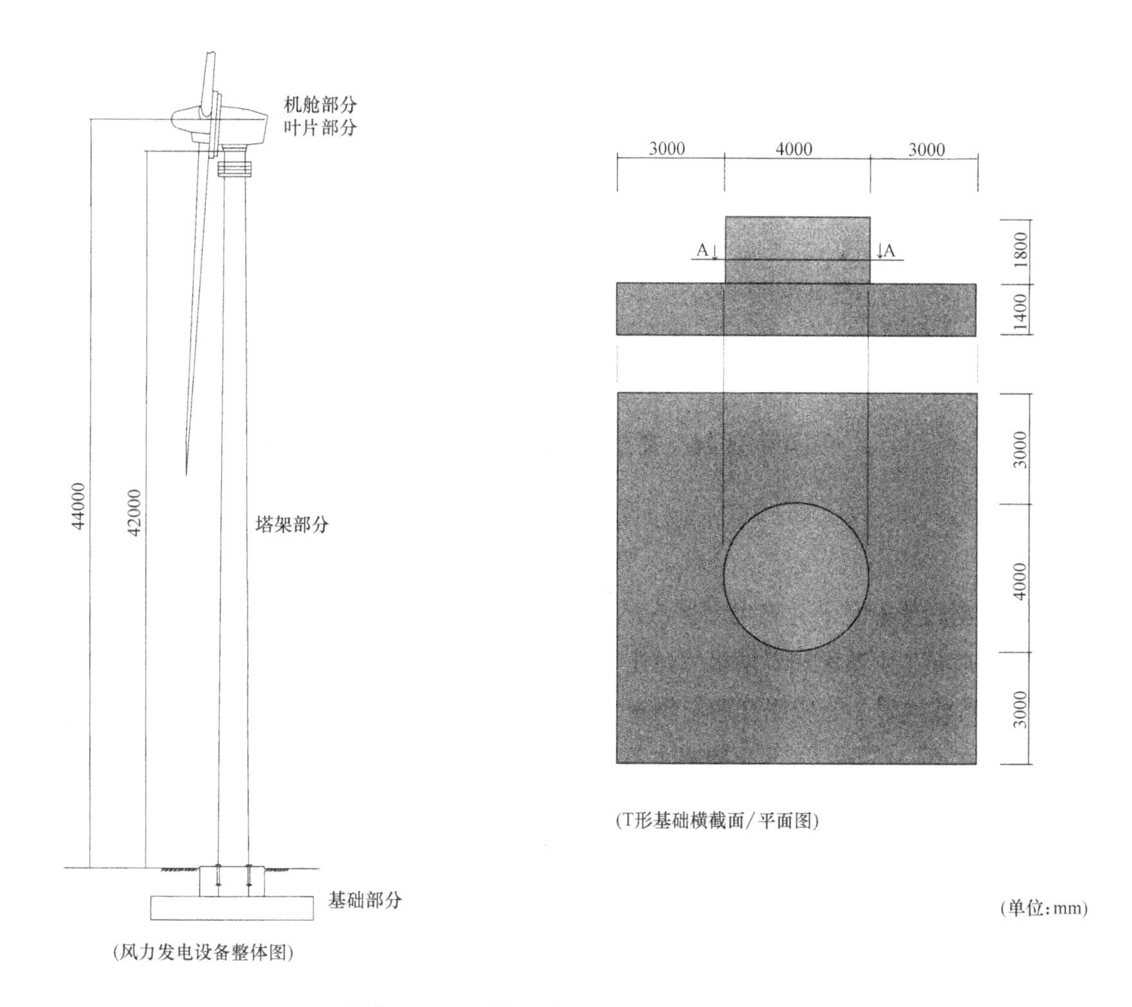

图解 11.27　分析实例中的风力发电机概要

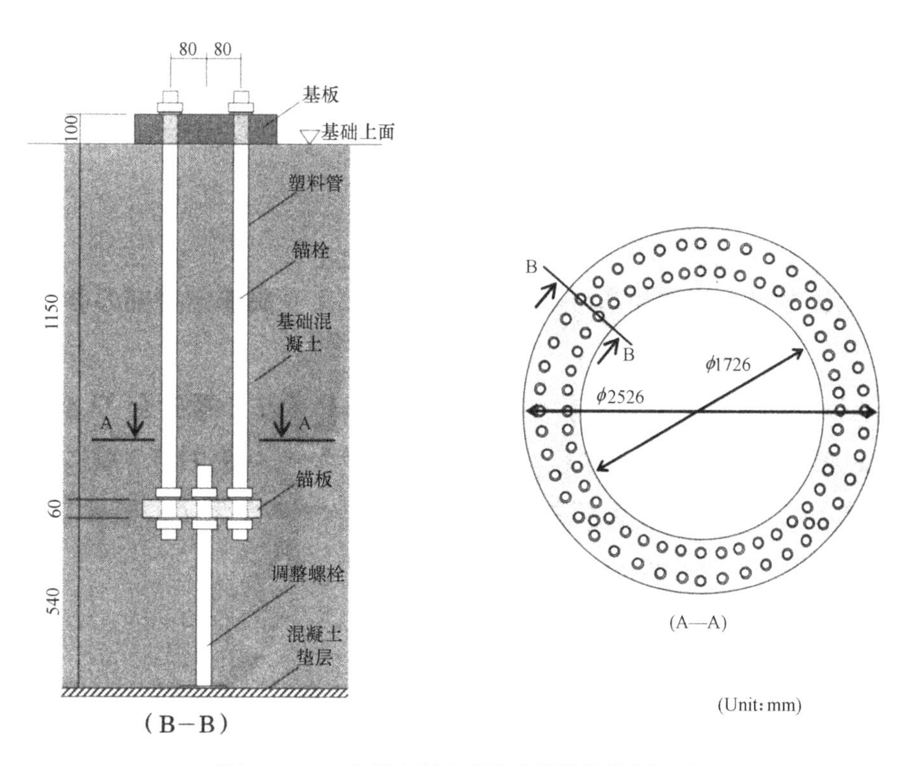

图解 11.28　分析实例中的基础锚栓部分的概要

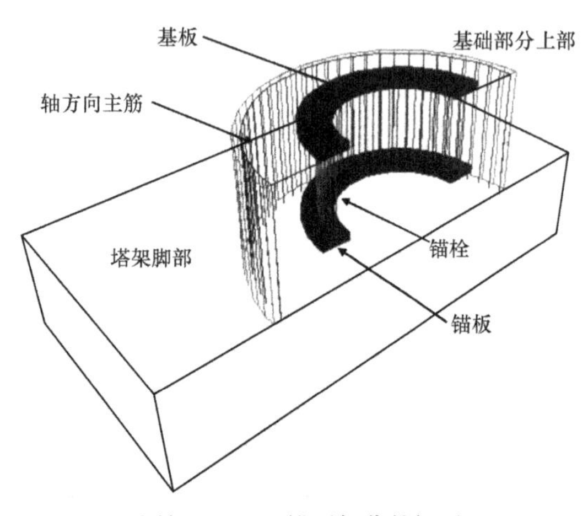

图解 11.29 锚固部分的概要

11.5.3 分析方法

在选择分析方法的时候，需要根据合理的方法对分析方法的合理性进行验证。本分析过程中所采用的分析方法的概要如表解 11.20 所示。另外关于混凝土拔出破坏现象的分析方法适用性在文献［10］、［11］等已经进行了验证。

11.5.4 模型化的方法

(a) 分析模型

关于建立塔架以及基础的各构成单元的模型，如表解 11.23 所示。就每个模型单元，用模型化的方法对单元的种类进行了说明。并且分析单元分割图如图解 11.30 所示。针对整体单元分割图与每个构成单元，用单元分割图进行了详细的说明。另外在本分析模型中，用梁单元把锚栓进行模型化，因此考虑覆盖在锚栓上塑料管的横截面积，锚环的面积降低了 5%。

分析方法的概要 **表解 11.21**

项目	方法以及内容	备　注
分析编号	Total-RC	RC 结构物三维非线性分析体系
分析方法	三维非线性分析	
收敛判断方法	Newton-Raphson 法	收敛判断数值:0.00001,最大收敛次数:5 次
分析区域	1/2 对称模型	考虑结构对称性,为模型的 1/2。
模型化结构	塔架、基础	在本分析过程中地基部分的影响较少,因此省略了模型化的过程。

非线形特性概要 **表解 11.22**

材料	项　目		构成法则
混凝土	拉伸侧	裂缝表现方法	分散裂缝模型
		裂缝判定方法	最大主应力
		裂缝残留应力	应变依存型
		裂缝残留刚度	应变依存型
		裂缝再接合	有
	压缩侧	构成方程式	Kupfer 法则
		压缩破坏后的情况	大沼式
钢材	屈服条件		Von Mises 屈服准则
	硬化法则		等向硬化

(b) 分析条件

(1) 输入材性

关于在分析过程中所采用的材性，根据材料试验结果以及混凝土标准规范书[13]，按照表解 11.24 进行了设定。

(2) 边界条件

在分析过程中，考虑对称条件，只把分析对象的一半进行了模型化。在本分析过程中所采用的边界条件如图解 11.31 所示。关于模型底部，约束了 X、Y、Z 方向的位移。关于 1/2 对称横截面，仅约束了 Y 方向的位移。另外判断地基的影响较少，所将模型化省略掉了。

(3) 荷载条件

机舱以及叶片部分、塔架部分的总自重（650kN）在竖直方向施加荷载后，在塔架顶部，作为集中荷载，沿水平方向每隔 30mm 施加强制位移。

并且根据工程施工管理记录，锚栓用 2.12kN·m 的力矩拧紧，所以紧固力作为初始荷载来考虑[13]。

各构成单元的模型化　　表解 11.23

结构		模式化方法	单元种类	备　注
塔架	塔架	弹性材料	梁单元	
	底部	弹性材料	8 节点 实体单元	
基础	混凝土(圆筒部)	非线性材料(考虑开裂、压坏情况)	8 节点 实体单元	
	混凝土(脚部)	弹性材料	8 节点 实体单元	由于钢筋仅考虑等价刚度的情况，所以没有详细地进行模型化设置
	锚栓	非线性材料(考虑屈服)	梁单元	
	锚环	非线性材料(考虑屈服)	8 节点 实体单元	
	纵筋	非线性材料(考虑屈服)	梁单元	与相同根数锚栓等价，进行了模型化设置
	箍筋	非线性材料(考虑屈服)	梁单元	根据单元分割，进行了等价模型化设置
	调整螺栓	未进行模型化设置		
	塔架底部粘结	非线性材料	8 节点 实体单元	考虑基础上面与塔架底部的粘结情况
	锚环粘结	非线性材料	4 节点 实体单元	考虑混凝土与锚环的粘结情况
	锚栓粘结	弹性材料	8 节点 实体单元	考虑混凝土与锚栓的粘结情况
	纵筋粘结	非线性材料	4 节点 实体单元	考虑混凝土与纵筋的粘结情况

用于分析的输入材性　　表解 11.24

(a) 塔架

	杨氏模量(GPa)	剪切弹性系数(GPa)	泊松比	屈服强度(MPa)
塔架	200.0	76.92	—	—
底部	200.0	—	0.3	—

(b)混凝土

	杨氏模量(GPa)	剪切弹性系数(GPa)	泊松比	屈服强度(MPa)
基础上面(圆筒部分)	28.6	0.2	35.6	3.60
基础底部(脚部)	29.3	0.2	—	—

(c)钢材

	杨氏模量(GPa)	剪切弹性系数(GPa)	泊松比	屈服强度(MPa)
锚栓	200.0	76.92	—	931.6
锚环	200.0	—	0.3	931.6
纵筋(D25)	189.0	76.69	—	369.8
箍筋(D13)	187.0	71.92	—	344.8

(d)粘结

	杨氏模量(GPa)	剪切弹性系数(GPa)	泊松比	屈服强度(MPa)
塔架底部粘结	28.6	6.0	0.001	0.001
锚栓粘结	0.002	6.0×10^{-7}	—	—
锚环粘结	28.6	6.0	0.001	—
纵筋粘结	28.6	6.0	3.60	3.00

注："-"表示没有设定。

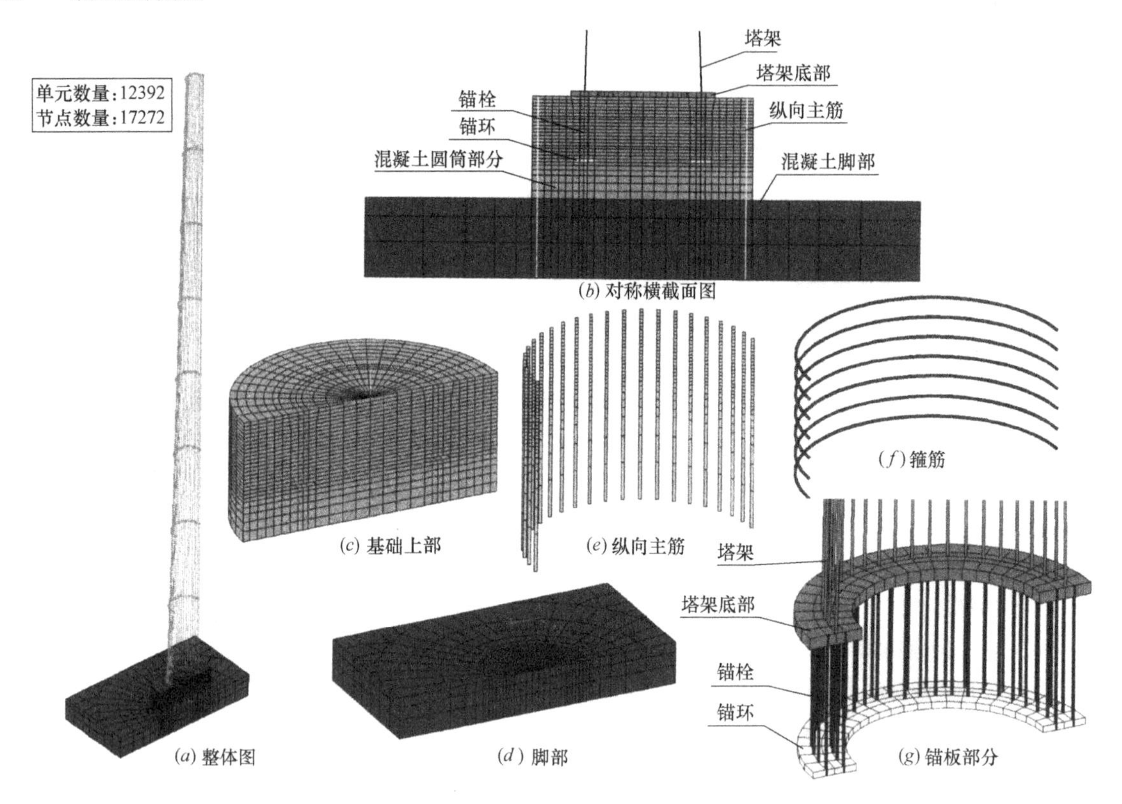

图解 11.30 分析单元分割图

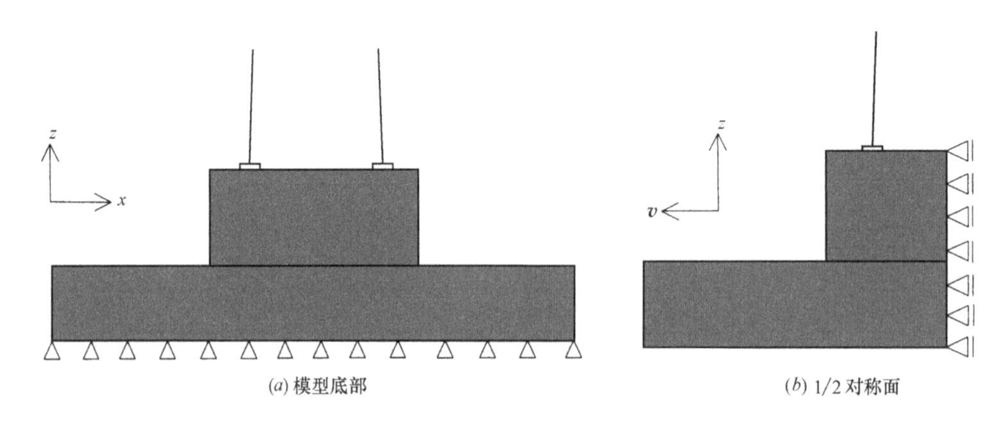

图解 11.31 边界条件

11.5.5 分析结果的评估

图解 11.32 表示塔架顶部位移与塔架基部力矩的关系。该图表示从分析结果的应力状态判断具有特征意义的现象①～⑥的各个阶段。另外弯矩①～⑥发生时，所对应的基础的上部（参照图解 11.29）的变形图、开裂图如图解 11.33，最大剪切应变图如图解 11.34 所示。之所以采用最大剪切应变图，是因为变形数值的大小可以表示锚固部分的裂缝、压坏等局部损伤状态的大致情况。

（a）弯矩①：5046kN・m

拉伸锚环的侧方向上产生了裂缝（参照图解 11.33a）。

（b）弯矩②：10005kN・m

拉伸锚环侧向产生裂缝，压缩一侧的锚栓上部的压缩应力度变大，局部产生了裂缝（参照图解 11.33b）。

（c）弯矩③：14665kN・m

如果是拉伸锚环，在外侧以及内侧的水平方向上产生了裂缝。并且沿着拉伸锚栓也产生了裂缝。在基础的上面也产生了裂缝（参照图解 11.33c）。

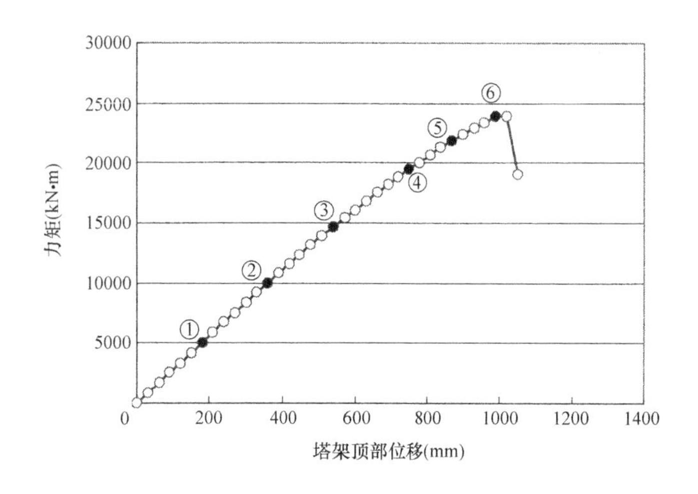

图解 11.32　弯矩与塔架顶部位移的关系

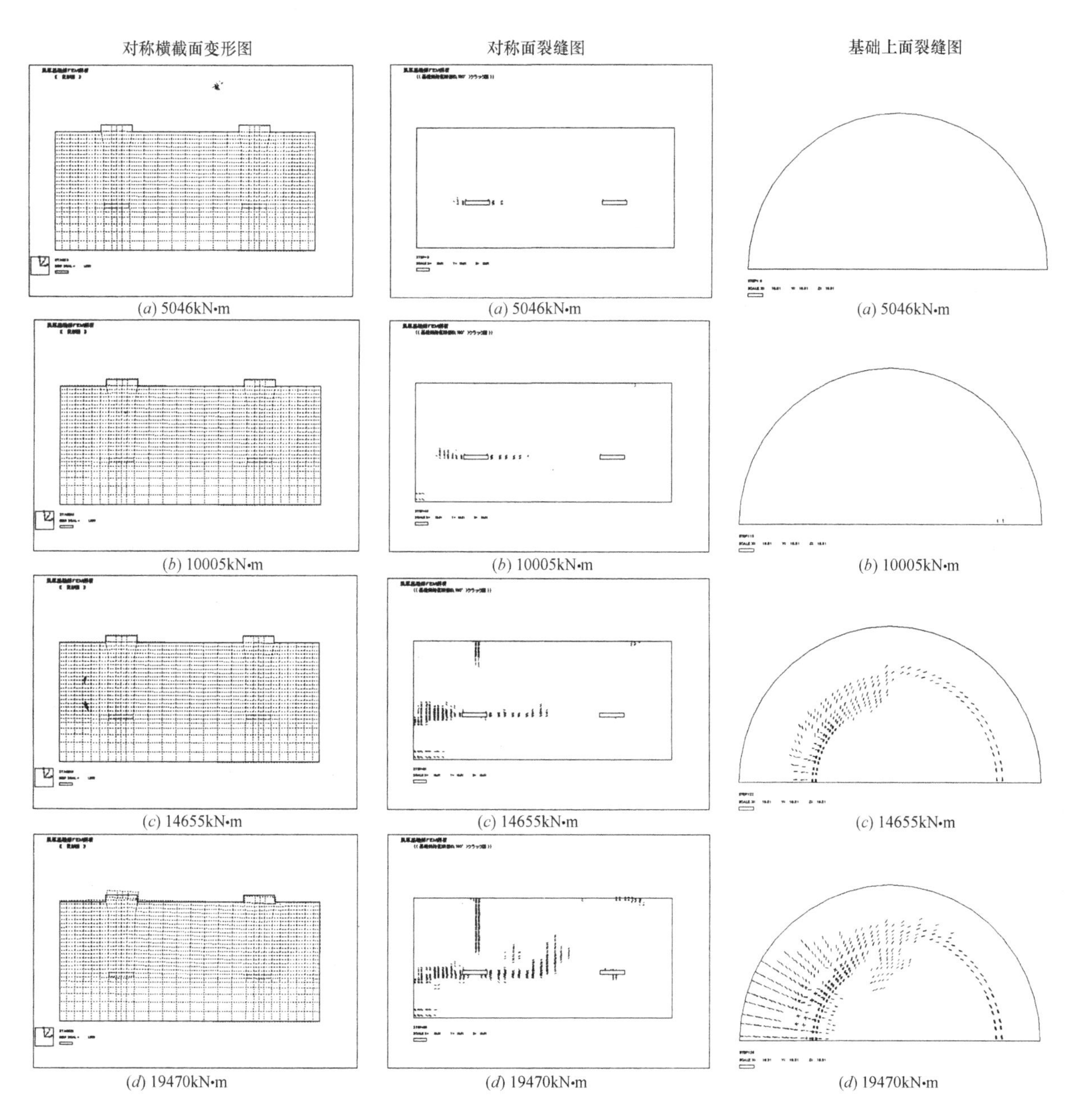

图解 11.33　变形图、裂缝图

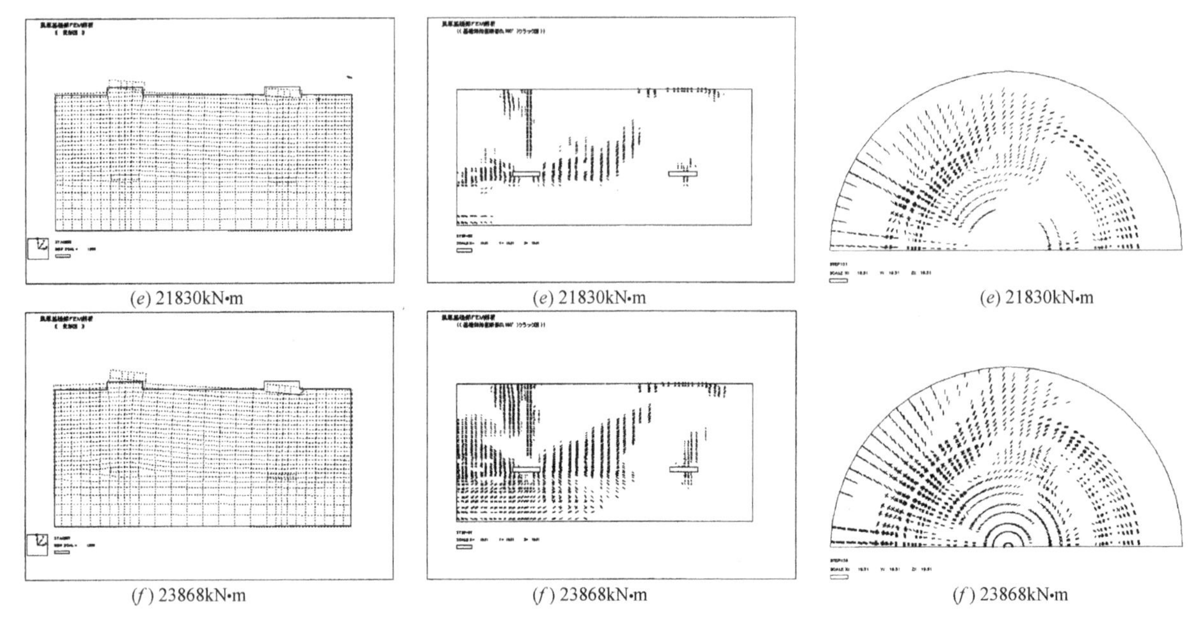
(e) 21830kN•m (e) 21830kN•m (e) 21830kN•m

(f) 23868kN•m (f) 23868kN•m (f) 23868kN•m

图解 11.33 变形图、裂缝图（二）

（d）弯矩④：19470kN・m

沿拉伸锚栓以及锚环内侧方向的裂缝较大。另外压缩一侧的塔架底部下面的基础上面产生了局部压缩破坏（参照图解 11.33d）。

（e）弯矩⑤：21830kN・m

压缩一侧塔架底部下面的整个基础上面产生了压缩破坏情况，在拉伸一侧的基础上面，产生的裂缝比较大。拉伸一侧锚环的裂缝在外侧以及内侧方向上比较严重（参照图解 11.33e）。

（f）弯矩⑥：23868kN・m

在弯矩①～⑥之间，2 根纵主筋发生了屈服，之后拉伸一侧的箍筋也出现了屈服（参照图解 11.35），此时锚栓上所产生的最大拉伸应力大约为屈服强度的 83%。之后发展为混凝土锥状破坏，出现了斜向的裂缝，应变较大。并且在最大承载力出现时，在压缩一侧塔架底部下面，压缩应力下降，拉升一侧螺栓周边，整体出现了较大的应变（参照图解 11.34f）。

之后发生了锥状破坏，最终拉升一侧的基础沿着锚栓界面拔出，达到了极限状态。

11.5.6 基于参数研究的探讨

（a）分析条件

在参数研究中风力发电设备基础的分析模型如图解 11.36 所示。锚固部分为直径 4.8m、高度 1.7m 的八边柱形造型。锚固部分埋入了用 112 根长度 115cm、直径 36mm 锚栓固定的锚环，埋入深度与图解 11.28 的模型相同。

参数研究分析实例如表解 11.25 所示。通过 FEM 分析进行的参数研究，主筋量以及混凝土强度、钢筋屈服强度、埋入深度等对风力发电设备塔架基础承载力的影响进行了定量评估。参数研究过程中的锚固部分所有横截面积与钢筋比的下限值为 0.24%。

分析实例（参数研究） **表解 11.25**

讨论项目	参 数	分析目标
主筋量	D19、D25、D29、D32	就锚固部分的主筋量对承载力影响进行评估
混凝土强度	18N/mm²、24N/mm²、40N/mm²	就锚固部分的混凝土强度对承载力影响进行评估
钢筋屈曲强度	SD295、SD345、SD390	就主筋钢筋屈服强度对承载力影响进行评估
埋入深度	115cm、169cm	确认锚栓埋入深度的影响
其他	无筋、有筋	确认没有钢筋时的承载力，对钢筋分担力进行评估。

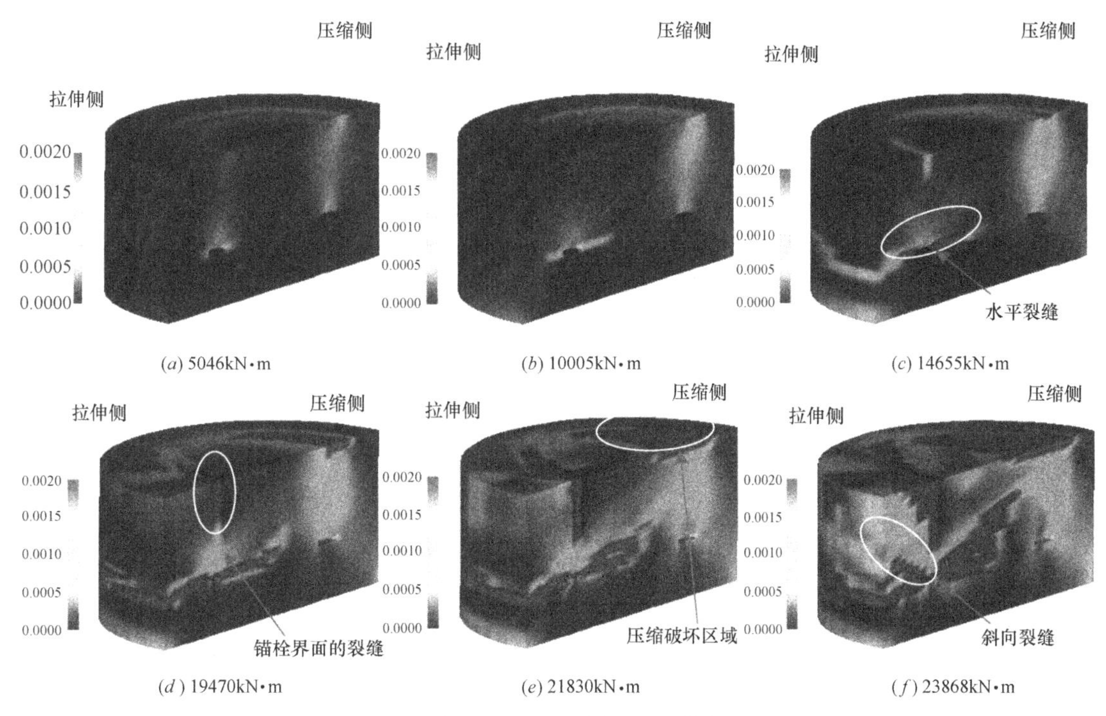

图解 11.34 最大剪切变形图

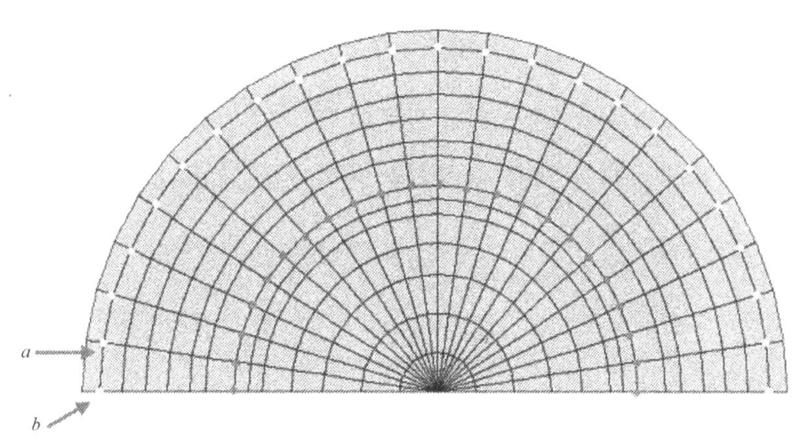

图解 11.35 屈服锚栓、纵筋位置

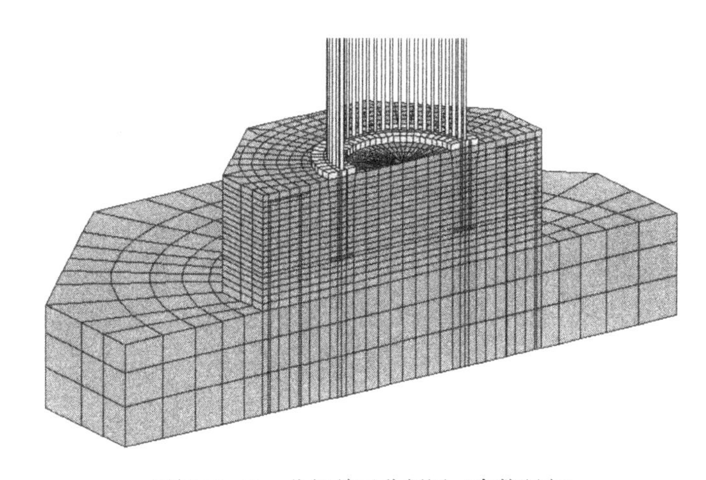

图解 11.36 分析单元分割图（参数研究）

(b) 分析结果以及考察

参数研究的分析结果如图解 11.37 所示。主筋量以及混凝土强度、埋入深度越大，基础的最大承载力将会增加，但是钢筋屈服强度的不同不会对最大承载力有太大的影响。如图解 11.38 所示，混凝土强度如果较大或者主钢筋较多的话，锚栓屈服直到极限。这是因为螺栓屈服起到了应力分散的效果，表面上看承载力有所提高。

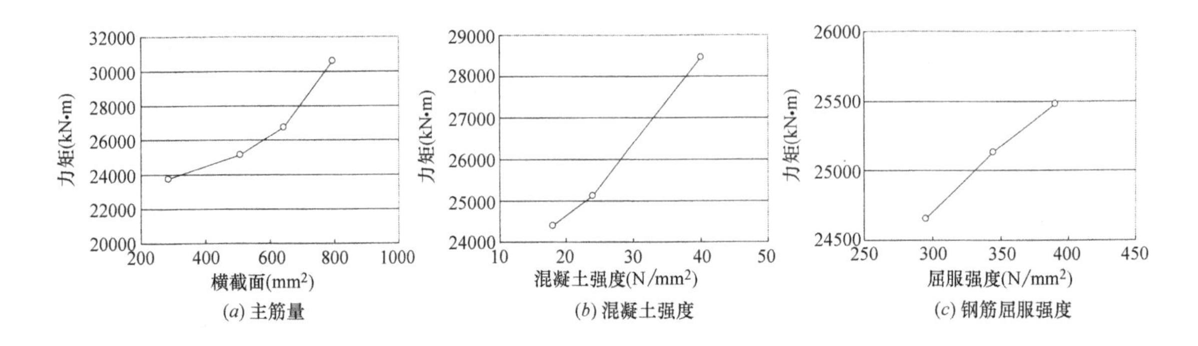

(a) 主筋量　(b) 混凝土强度　(c) 钢筋屈服强度

图解 11.37 参数研究结果

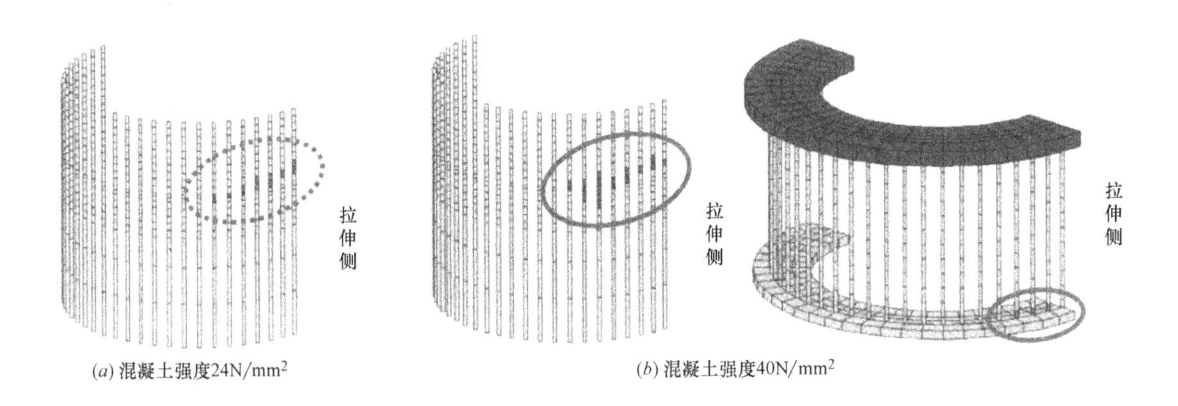

(a) 混凝土强度24N/mm²　(b) 混凝土强度40N/mm²

图解 11.38 最大承载力产生时的屈服发生区域的不同（混凝土强度的影响）

(c) 锚固部分承载力评估公式

(1) 钢筋分担力的评估

从各分析结果来看，减去没有钢筋时的分析结果，评估钢筋分担力的结果如图解 11.39 所示。在此假设到锚板外缘之间的距离大于 $a/2$ 地方的钢筋贡献率为小于 $a/2$ 地方的钢筋贡献率的一半。因此 FEM 分析结果中的钢筋分担力与钢筋屈服强度 f_y 以及圆周单位长度的钢筋横截面积 A_s 之积成正比，在螺栓没有屈服范围中，大于 1/2a 的地方以及较小地方的钢筋比例系数可以分别评估为 0.45 与 0.9。

(2) 混凝土分担力的评估

各分析结果减去上述所求得的钢筋分担力的计算结果（$0.45A_{sm}f_s+0.9A_{ss}f_s$），评估混凝土地震力的结果如图解 11.40 所示。因此在 FEM 分析结果中的混凝土分担力与混凝土锥状破坏面的有效投影长度 D_c 和混凝土压缩强度的平方根 $\sqrt{F_c}$ 的乘积成正比，比例系数大约可以评估为 0.53。

(3) 锚固部分承载力评估公式的设定

通过 FEM 分析进行参数研究，混凝土分担力以及钢筋分担力的评估结果，锚固部分锚栓锥状破坏承载力可以用公式（解 11.9）来表示。

$$p_a=0.53\sqrt{F_c}D_c+0.45A_{sm}f_s+0.9A_{ss}f_s \quad (解 11.9)$$

在此

P_a：在拔出情况下锚栓锥状破坏承载力（相对于锚栓圆周单位长度）(N/mm)

F_c：混凝土设计标准强度（N/mm²）

D_c：混凝土锥状破坏面的有效水平投影长度（mm）

A_{sm}：通过锚栓外侧锥状破坏面的竖直钢筋的横截面积（相对于锚栓圆周单位长度）（mm²/mm），位于锚板外缘的距离大于 $a/2$ 的地方的钢筋（图 8.8）

A_s：通过锥状破坏面竖直钢筋的横截面积（相对于锚栓圆周单位长度）（mm²/mm）。位于锚板外缘距离小于 $a/2$ 或者 $b/5$ 的地方的钢筋（图 8.8）。

f_s：钢筋的屈服强度（N/mm²）

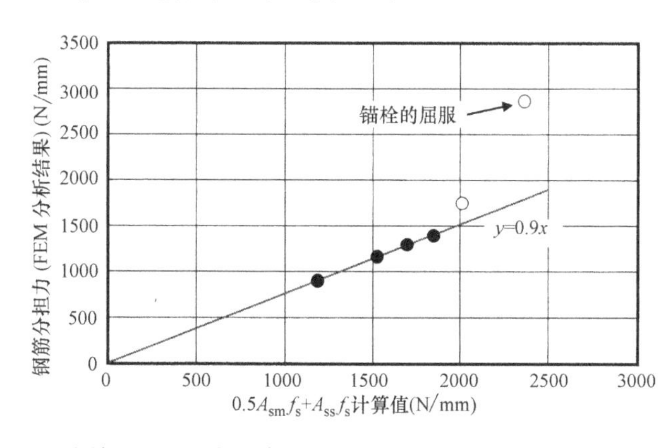

图解 11.39　锚固部分承载力中钢筋分担力的评估

图解 11.40　锚固部分承载力下混凝土分担力的评估

把本评估公式与 FEM 分析结果进行比较的结果如图解 11.41 所示。因此由此可知评估公式可以大致再现 FEM 分析结果。

另外关于混凝土分担力，在 2010 年版的指南中提出了考虑尺寸比以及埋入深度比数值的评估公式，由此提高了预测的精度。关于详细内容请参考第 8 章。

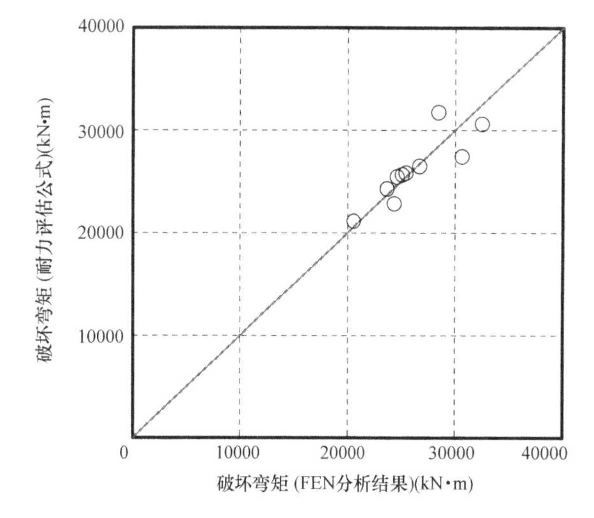

图解 11.41　基于 FEM 分析结果与评估公式的比较

11.5.7　注意事项

(a) 强度偏差的评估

在本次所进行分析中，混凝土与钢筋的材料特性采用了试验数据的平均值，所以分析结果考虑为平均数值是合理的。考虑与设计强度的对应以及偏差性的影响，针对混凝土以及钢筋，采用了设计强度进行了分析。

作为 FEM 分析输入数据，混凝土与钢筋如果采用了设计强度，承载力大约降低了 15%（参照图解 11.42*a*）。这是因为压缩塔架底部下方的基础上面，压缩破坏位移较小，拉伸侧基础的损伤区域也会扩大。混凝土与钢筋的设计强度如果为特性数值，那么作为 FEM 分析和输入数据，混凝土与钢筋如果采用了设计强度，那么通过分析可以知道分析结果的偏差下限（参照图解 11.42*b*）。

(b) 锚栓预应力的影响

锚栓无预应力与有预应力的分析结果的比较如图解 11.43（*a*）所示。有预应力与有预应力相比较，可以得到破坏弯矩大约大 7%的结果。这是因为预应力如果大约达到了锚栓屈服强度的 33%，锚栓就使混凝土处于受压的状态。

可以得知无预应力的情况下，拉伸一侧剪切应变分散，整体都承受拉伸应力。在有预应力的情况下，将在降低极限承载力的方向上进行作用（参考图解 11.43*b*）。

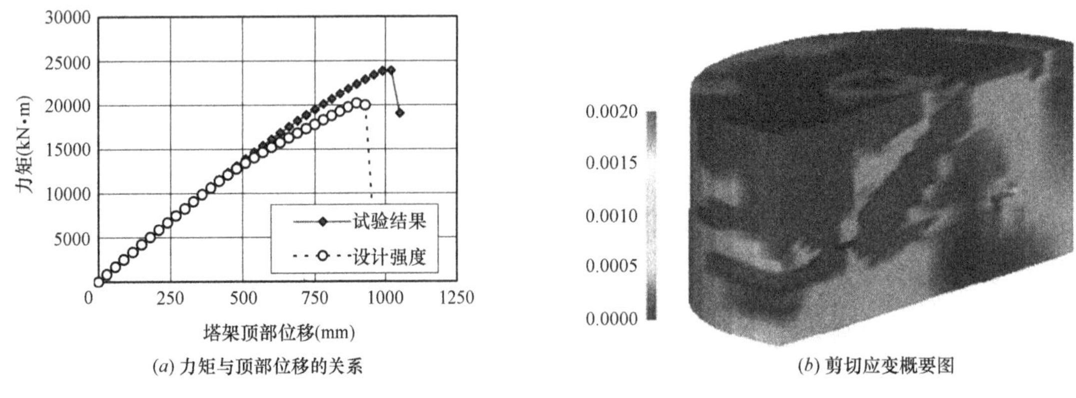

(a) 力矩与顶部位移的关系　　(b) 剪切应变概要图

图解 11.42　设计强度的分析结果

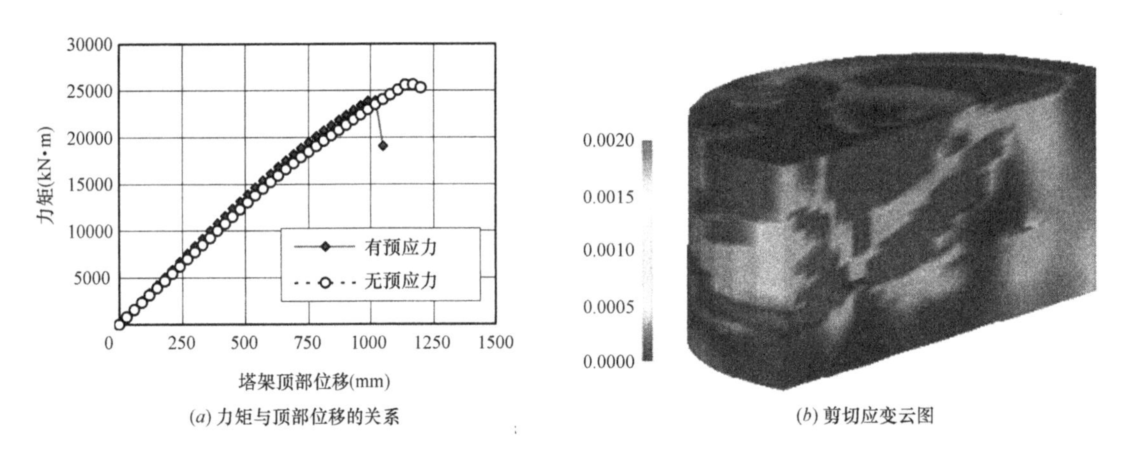

(a) 力矩与顶部位移的关系　　(b) 剪切应变云图

图解 11.43　无预应力的分析结果

分析结果的最大荷载的降低比率与预应力量的关系如图解 11.44 所示。纵轴表示与无预应力状态下最大荷载的比率，横轴表示与基本状态下预应力量的比率。根据该图可以看出预应力越大，最大荷载将会越小。这是因为对锚栓施加的预应力，容易使得混凝土部分产生裂缝，最大荷载中所占混凝土分担力就会降低。但是预应力较大的话，在达到最大荷载前，锚栓就会屈服，最大荷载降低程度就会减缓。这是因为预应力使锚栓屈服了，最终产生了应力分散的效果。

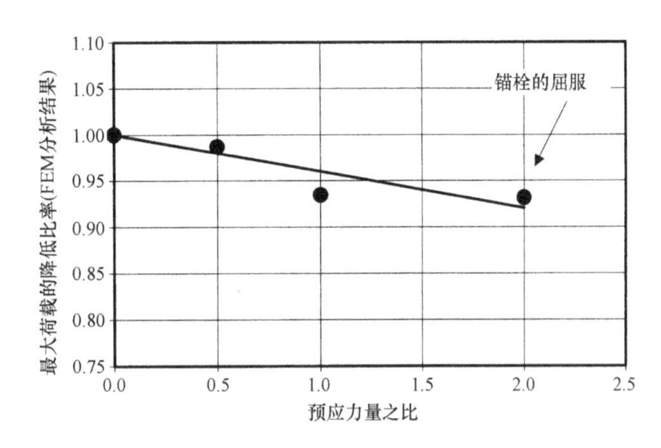

图解 11.44　最大荷载降低比率与预应力量的关系

(c) 锚固部分的破坏形态

锚板锥状破坏承载力的评估公式中，基本上有效投影面积以及混凝土压缩强度的 1/2 乘积成正比增大，所以为增加基础的粘结力，会加深埋入长度，并且有效投影面积内，通过配置钢筋等方式较为有效。另外有人认为为了防止属于脆性破坏的锥状破坏发生，在锚栓屈服的状态下确定粘结力[14]。

(d) 数值分析方法的选择

在进行钢筋混凝土的数值分析的过程中，要考虑钢筋的机械性质、混凝土的材性以及钢筋与混凝土的相互作用，合理地建立模型。数值分析模型中有各种构成单元，所以要根据分析目的以及对象，选择合理的模型[15]。

(e) 分析结果合理性的确认

采用数值分析对锚固部分的承载力进行评估的话，必须确认分析结果的合理性。分析过程正常结束，要确认分析的输出结果是否合理以及是否属于适用范围。即使分析正常结束，分析结果也并非一定正确。这一点在进行非线性分析时要特别注意。另外合理性的确认不仅需要确认评估中所采用的物理量，即使在评估时不是直接采用的物理量也要进行充分地确认[16]。

（f）设计中所采用的安全系数

如果把数值分析结果用于设计的话，在数值分析时，由于计算上存在不准确性，所以需要考虑对破坏性状以及边界状态的影响程度等因素，数值分析结果需要考虑合理的安全系数。

根据土木学会的混凝土标准规范书以及结构性能评估篇【2002 年制定】[13]，在计算构件承载力时的不准确性、构件尺寸偏差的影响、构件重量程度也就是所计算的构建如果达到了极限状态时，考虑对整个结构物影响等的安全系数可以设定为 1.1～1.3。

参考文献

[1] 石原孟，山口敦，藤野陽三：複雑地形における局所風況の数値予測と大型風洞実験による検証，土木学会論文集，No.731/I-63，pp.195-211，2003

[2] 日本建築学会：建築物の耐風設計のための流体計算ガイドブック，2005

[3] 石原孟，ファバンフック，高原景滋，銘苅壮宏：風力発電設備の風応答予測に関する研究，第 19 回風工学シンポジウム論文集，pp. 175-180，2006

[4] 岩谷祥美：任意のパワースペクトルとクロススペクトルをもつ多次元の風速変動のシミュレーション，日本風工学研究会誌，第 11 号，pp. 5-18，1982

[5] 吉田望，末富岩雄(1996)：DYNEQ：等価線形法に基づく水平成層地盤の地震応答解析プログラム，佐藤工業（株）技術研究所報，pp.61-70

[6] 増田潔・三浦賢治・喜多村英司・宮本裕司：大規模群杭基礎の動的インピーダンス,日本建築学会構造系論文報告集,第 447 号,pp.57-66,1993

[7] 日本建築学会：建物と地盤の動的相互作用を考慮した応答解析と耐震設計，2006

[8] 松浦真一，中村秀治，小木曽誠太郎，大坪英臣：高速増殖炉容器の耐座屈設計法に関する検討（第 5 報，座屈解析法の適用性評価），日本機械学会論文集（A 編），61 巻 585 号，pp.1006-1014，1995

[9] 松尾豊史，金津努，高原景滋，銘苅壮宏：台風 14 号による風車基礎定着部の破壊挙動に関する検討，コンクリート工学年次論文報告集，Vol.27，No.2，pp1603-1608，2005

[10] Total-RC 理論説明書(http://www.total-inf.co.jp/)

[11] 山田和夫，金刀督純ほか：アンカーボルトの引抜き破壊の解析，破壊力学の応用研究委員会報告書，A2-10，日本コンクリート工学協会，1993

[12] 吉井幸雄，飯島政義，斉藤修一，松島学：送電用鉄筋基礎の支圧板方式による脚材定着方法に関する解析的研究，土木学会論文集，No.606/V-41，　pp141-149，1998.

[13] 土木学会：コンクリート標準示方書・構造性能照査編[2002 年制定]，2002

[14] 山本晃：ねじ締結の理論と計算，養賢堂，1970

[15] 日本建築学会：各種合成構造設計指針・同解説，第 4 編各種アンカーボルト設計指針・同解説，1984

[16] 日本コンクリート工学協会：コンクリート構造物の設計に FEM 解析を適用するためのガイドライン，1984

[17] 土木学会：非線形解析によるコンクリート構造物の性能照査―手順と検証例・照査例―，コンクリート技術シリーズ，No.66，pp64-70，2004

V 相关法律及参考资料

第12章　日本相关法律以及法规

12.1　电气事业法[1]

电气事业法由电气事业法（法律）、电气事业法施行令（政令）、电气事业法施行规则（省令）、经济产业省（通商产业省）告示等构成，法律由国会制定，政令由内阁制定，省令由各省大臣分别制定。

电力公司等通过对电气方面的工作制定准确以及合理的运营规定，对电气使用者的利益进行保护，同时为了确保电气工作物的安全，保护公共安全以及保护环境为目的制定了电气事业法。

在确保电气工作物相关安全的体系方面，以1946年所制定的电气事业法为主，设置者有义务确保电气工作物本身的技术标准和理性，同时在工程计划的审查，使用前的检查、运行开始后的顶起检查等多个阶段，形成了国家直接参与管理的模式。

1996年电气事业法先于其他法令，对安全规定进行了修订，更为重视自我责任原则，以设置者自我安全确保为前提，大幅度减少国家直接参与审查以及检查的范围，同时关于工程施工中的检查以及定期检查，导入了通过大量的记录来进行确认的工作方式。

2000年随着事故发生数量的减少，安全水平得到了大幅度的提高，并且今后日本社会将逐渐迈入国际性的社会，成为基于自我责任原则以及市场机制的自由经济社会。同时为了推进经济结构改革，利用民间的力量，为了健全市场做出贡献，并不断完善市场环境。在这一情况下，关于安全规定方面，在对所有标准以及认证制度进行修改的同时，以自我责任原则，尽可能减小国家参与的范围以及所承担的责任，从这一角度出发对制度进行修改，电气事业法于2000年进行修订，其修订的内容如下所示。

(a) 从政府认证到对自己工作的确认的转变

(b) 工业电气工作物设置人员的自由检查实施体制导入审查机制

(c) 指定代理机构的利用以及民间企业的参与

12.1.1　电气事业法中的安全保障体制

在电气事业法中，把电气工作物分为一般电气工作物以及工业电气工作物，并且把工业电气工作物分为电气事业用的电气工作物以及家用电气工作物，要求分别针对各种电气工作物确立安全保障体制。

对于工业电气工作物的设置者来说，为了完善自我安全确保体制，应按照经济产业省规定的技术标准，保证电气工作物处于正常的工作状态（法第39条），为了对电气工作物的工程实施、维护以及运用相关安全进行监督，具有选任主任技术人员的义务（法第43条），为了确保电气工作物的工程实施、维护以及运用相关安全，具有编制以及提交安全确保规定的义务（法第42条）。

关于一般电气工作物的安全，安全的最终责任在于所有者或者占有者。但是同时对一般电气工作物供电的人员（一般电气事业者、特定电气事业者等），具有对一般电气工作物是否符合技术标准的调查义务（法第57条）。

12.1.2　技术标准

从1995年4月电气事业法修订到技术标准的修改（1997年3月）以及技术标准解释的制定（1997年5月），对技术标准相关一系列法令进行了完善，并且也对大部分技术标准进行了修改。为了能迅速地对应技术，灵活运用民间技术规范等，对于新的技术标准，规范了相关性能参数，以“审查标准”的定位制定了“技术标准的解释”，由此可以引入公正、中立的民间委员会所制定的民间技术规格以及标准（核能除外）。

作为规定技术标准的经济产业省令，对如下六项省令进行了规范。

(a) 对水力发电设备相关技术标准进行规定的省令

(b) 对火力发电设备相关技术标准进行规定的省令

(c) 对核能发电设备相关技术标准进行规定的省令

(d) 对风力发电设备相关技术标准进行规定的省令

(e) 对电器设备相关技术标准进行规定的省令

(f) 对核燃料发电物质相关技术标准进行规定的省令

12.1.3　对风力发电设备相关技术标准进行规定的省令以及其解释

对风力发电设备相关技术标准进行规定的省令（1997年通商产业省第53号）于1997年进行了确定，并于2005年为了就应满足省令中规定的技术条件的技术内容具体进行了说明，规定了“关于风力发电设备技术标准解释（平成16、03、23原院第6号NISA-234c-04-2)”。

对台风等引起的风压方面，省令第4条（解释第4条）以及省令第7条（解释第7条至第9条）中有所规定。并且关于风力发电设备结构方面进行具体的解释，“省令第4条第2号以及解释第4条对于风力发电设备在面对大风以及台风等强风时，根据风力发电设备状态风压荷载中承受最大荷载的结构进行了规定，也就是说与固定翼或可动翼无关，在通常所假设的台风等暴风情况出现时，由于停电、故障不能对偏航角进行控制等无法控制风力发电设备的情况下，其结构可以承受在风力发电设备的最大受风面积方向上所施加的风压”。

并且在关于风力发电设备技术标准的解释第8条中，支撑风力发电设备的工作物（塔架以及基础）属于建筑标准法规定的工作物，符合建筑标准法第88条规定。

技术标准的解释对满足技术标准的要求事项进行了具体的规定，但是其定位并不是省令，所以可以进行灵活运用。其特征如下所示。

(a) 技术标准不同，政府所管辖部分可以进行修订，所以可以迅速地进行对应。

(b) 可以用国际规格、民间规格等其他规格。

12.2　建筑标准法

建筑标准法由建筑标准法（法律）、建筑标准法施行令（政令）、建筑标准法施行规则（省令）、国土交通省（建设省）告示构成，建筑标准法由国会制定，政令由内阁制定、省令以及告示由各省的大臣分别制定。

建筑标准法第1条中规定，“本法律对建筑物的占地、结构、设备以及用途相关最低标准进行了规范，其目的是为了保护国民的生命、健康以及财产，对进一步增进公共设施的利用起到积极作用。”建筑标准法终究只是对最低规范的内容作出了规定。但是对于违反了最低标准的建筑物等，根据建筑标准法第9条与第9条之2的内容由特定的政府机构等发出施工停止命令、整改命令、防止危害情况出现的命令等。并且如果没有按照这些命令执行的话，建筑标准法第98条至100条所规定的惩罚措施中，对建筑业主、工程施工方、设计者、管理者、占有者都将予以惩罚。

12.2.1　建筑标准法中所规定的风力发电设备

在电气事业法风力发电设备相关技术标准的解释第8条中，“支撑高度超过15m的风力发电设备的工作物应符合建筑标准法第88条准用的各项规定”。在建筑标准法中，对于超过一定用途或者规模的工作物，应确保与建筑物具有相同的安全性，从这个角度出发，在建筑标准法第88条中，规定把建筑物相关各项规定准用于工作物中。也就是说在关于风力发电设备相关技术标准的解释第8条中，支撑风力发电设备的工作物（塔架以及基础）属于建筑标准法所规定的工作物，符合建筑标准法第88条的规定，即需要按照关于建筑物相关各项规定来执行的意思。另外风力发电设备本体（叶片、机舱、发电机等）

属于电气工作物，符合电气事业法风力发电设备技术标准的要求。

另外在建筑标准法施行令第138条中，制定了需要根据建筑标准法第88条准用各项规定的工作物，在该法律第1项第2号中列举了“高度超过15m的钢筋混凝土柱子、铁柱、木柱等其他柱子（旗杆以及架空电线电路用、电气事业法第2条第1项规定的电气事业者以及同项第12号中所规定的供电方的安全通信设备除外）”。根据详解建筑标准法的改定版2)。符合输电铁塔以及无电铁柱等在该括号内的除外的规定，支撑风力发电设备的塔架不属于该括号内除外规定的架空电线路用以及安全通信设备用的柱子，所以被视为建筑标准法所规定的工作物。另外风力发电设备虽然具有旋转装置，但是并非游乐设施，所以不适用于该法律的第2项的规定。

综上所述，塔架作为高度超过15m的风力发电设备的支撑部分，被视为按照建筑标准法准用建筑物的各项规定的工作物（准用工作物），需要满足建筑标准法的结构安全标准。另外被准用的规定中包含建筑标准法施行令第39条（屋顶铺设材料等的固定）的内容，根据该项规定，塔架上所设置的发电装置，“为了避免由于风压以及地震其他震动、冲击造成装置掉落”，需要设置安装部分。

并且根据详解建筑标准法改定版的内容，在建筑标准法第88条中，“把建筑物替换为工作物，把建筑设备替换为工作物设备”，“关于本法第6条的准用，括号后面的主要内容为，（略），城市规划区域的内外以及工程种类方面没有区别，（略），如果即将设置这些装置，或者即将建造这些装置，需要进行确认”。正如这里所述，支撑分离发电设备的支撑物为适用建筑标准法令规定的准用工作物，所以需要与建筑物一样需要进行确认。

高度超过60m的风力发电设备支撑物的结构计算需要获得国土交通大臣的认定。

12.3 国际规范

在本节中，针对风力发电设备强度设计相关具有代表性的国际规范IEC 61400-1以及风力发电设备设计要领实务中所广泛采用的GL Wind Guideline进行介绍。

这两个规范针对包括正常运行中的风力发电设备在内对所有风力发电设备的设计进行了做出了相关规定。在本指南中，出现暴风时所假设的风速方面，风力发电设备处于安全会停止（切出，一般机舱风速仪10分钟平均风速达到25m/s以上）。因此在本节中，主要将针对正在停止的风力发电机组的强度进行介绍。

12.3.1 IEC 61400-1

(a) 概要

该规格对风力发电设备系统的安全性、质量保证以及技术的安全性进行了规范，包括设计、安装、维护以及指定环境下的运行等安全性相关的最低限度的要求事项进行了规定。该规格所涉及的范围包括控制机构、保护机构、内部电气系统、机械系统、支撑结构物、基础以及电气连接装置等的辅助系统。

IEC 61400-1由如下内容构成。

第1章 适用范围以及目的
第2章 引用规范
第3章 用语以及定义
第4章 记号以及略语
第5章 主要要素
第6章 外部条件
第7章 结构设计

第 8 章　控制以及保护系统
第 9 章　机械系统
第 10 章　电气系统
第 11 章　外部条件的变化
第 12 章　组装、安装以及建设
第 13 章　试运行、运行以及维护

(b) 分级

在设计风力发电设备的抗风强度时，轮毂高度处再现期间 50 年的极值 10 分平均风速作为设计点，在该风速下各部分应力应低于容许值。

在 IEC 61400-1（后节的 GL Wind Guideline 也相同）中，根据参照风速与紊流强度对风力发电设备进行分级。分级根据下表进行设定，比如 Class ⅠA 级别，根据参照风速以及紊流强度进行表现。如果是设置在海面上，或者需要考虑台风等特殊情况的话，规定采用 Class S。关于风的紊流强度用 A、B、C 来进行表示，按照顺序其强度越来越小。

风力发电设备级别		Ⅰ	Ⅱ	Ⅲ	Ⅳ	S
V_{e50}(m/s)		70	59.5	52.5	42	设计者规定的数值
V_{ref}(m/s)		50	42.5	37.5	30	
V_{ave}(m/s)		10	8.5	7.5	6	
A	I_{15}	0.18				
	a	2				
B	I_{15}	0.16				
	a	3				

（出处：IEC 61400-1 1999 年版）

风力发电设备级别		Ⅰ	Ⅱ	Ⅲ	S
V_{e50}(m/s)		70	59.5	52.5	设计者规定的数值
V_{ref}(m/s)		50	42.5	37.5	
V_{ave}(m/s)		10	8.5	7.5	
A	I_{ref}	0.16			
B	I_{ref}	0.14			
C	I_{ref}	0.12			

（出处：IEC61400-1 2005 年版）

本表的各个记号如下所示。

V_{e50}　：再现期间 50 年的极值风速（3 秒平均）
V_{ref}　：10 分钟平均标准风速
V_{are}　：轮毂高度处年平均风速
I_{ref}、I_{15}　：风速达到 15m/s 时，紊流强度的期望值
a　：1999 年版中表示风速向量主要方向分量的标准偏差的公式里面所采用的倾斜参数

(c) 制定与改定的经过

IEC61400-1 在经过数年准备后于 1994 年 12 月被制定出来。当时丹麦引领着世界风力发电的技术发展，所以风力发电标准由丹麦的技术人员主导编写的。方案根据德国民间团体 Germanischer Lloyd (GL) 的规格（参照后节的内容）编写而成。

但是在制定本规范之前，没有针对风况的多样性这个问题，单纯通过多数表决方式确定了相关内容，所以产生了与美国、日本、意大利的风况不匹配的情况。因此在编写该规格的同时，以美国为主导，开始对修订案进行了探讨。

在 1996 年召开的 IEC/CT88 东京会议上，对修订文件方案与 364 件提案进行了审议，并确定反映

风力发电设备的级别修订以及更加精密的风况模式，还组织了编委会。另外在 1998 年的 Boulder 会议上获得了批准，1999 年发行了第 2 版。

之后对融合了海上风力发电、复杂地形风况、多架风力发电设备之间的空气动力干扰在内的改定方案进行汇总，2005 年 8 月 31 日正式发行了第 3 版。

综上所述，对 IEC 以往的修改情况进行了汇总，详细内容如下所示。

1994 年　1400-1　发行出版

1999 年　61400-1　发行第 2 版

2005 年　61400-1　发行第 3 版

(d) 改定内容

近年来随着风力发电设备规模的逐渐增大，技术革新不断持续，所以 IEC 规格也被频繁地修改。

(1) 从第 3 版开始删除了平均风速 6m/s 级Ⅳ。

(2) 从第 3 版开始把紊流强度分类从强弱 2 类（A、B）分到种类（A、B、C)。

并且将台风、打雷等情况等会造成的问题依次反映出来。尤其在 1998 年印度由气旋引发 129 台风力发电设备倒塌的事故被证明是与台风这种欧洲所不存在的气象条件造成的，借此为契机，对抗风强度进行了修改。

(3) 在第 2 版中，对风力发电设备的荷载评估进行了修改。

(4) 在第 3 版中，考虑到系统停电会丧失对风力发电设备的偏航角控制，要求追加对 360°风向的强度评估以及 6 小时以上备份电源的确保。

12.3.2　GL Wind Guideline

(a) 概要

由德国民间团体德国船级协会（Germanischer Lloyd）先于世界各国于 1993 年制定 GL Wind Guideline。之后根据风力发电设备的技术开发需求，为了进一步完善了与欧洲各国的规格以及德国建筑标准法的统一性，对其反复进行了修改。制定风力发电设备相关规格的部分之后作为 GL Wind 独立出来了。

目前 GL Wind 除了编制以及发行导则之外，成为了在进行风力发电设备各种试验、认证工作方面世界上最权威的机构。

GL Wind 发行的 Guideline 针对风力发电系统的安全方针、品质保证以及技术安全性、设计、安装、包括维护以及制定环境下的运行相关安全性的最低要求进行了规定。

GL 规格由如下内容构成。

第 1 章　认定所需一般条件
第 2 章　关于安全系统、保护与监测设备
第 3 章　质量保护、材料、产品方面对制造商的要求
第 4 章　假设荷载
第 5 章　强度分析
第 6 章　结构
第 7 章　机械部件
第 8 章　电器元件
第 9 章　手册
第 10 章　风力发电设备试验
第 11 章　定期检查

(b) 改定的经过

与 IEC 一样，为了反映风力发电设备的技术开发以及事故经验方面的内容，对此进行了改定。以

往的变迁如下所示。

1993年　原版

1994年　追加

1998年　改定版

2003年　改定版

2004年　追加

(c) 与IEC的差异

在GL Guideline中，针对IEC没有明确规定的风力发电设备各部分的设计方法以及质量管理标准进行了具体的描述，很多内容都是IEC没有探讨过的，所以该规范获得了很多风力发电设备厂家的高度评价。

(1) 在2003年版中，追加了对机舱盖等非结构构件的强度的探讨。

(2) 在2003年版中的第5章中追加了通过FEM进行强度探讨的导则。

12.4　日本国内相关指南

在本节中，对风力发电系统的建设相关的国内指南以及规定等的概要进行了介绍。

12.4.1　日本土木学会：混凝土标准规范书（设计篇）

作为混凝土结构物的规划、设计、施工、维护管理方面的标准，是土木学会混凝土委员会制定的标准规范书。2007年制定的［设计篇］考虑到了设计工作过程中的便利性，综合2002年版的［结构性能评估篇］与［抗震性能评估篇］，同时在原本的设计阶段要进行的耐久性评估以及裂缝评估转移到施工篇了，并且重新设置了［结构规划］这一章节，就结构形式以及材料选择等的思路进行了说明。

［设计篇］分为本篇、标准、参考资料，在本篇中与以往一样，通过本文与解说这一形式说明了性能评估的方法。一方面在标准中限定了适用范围，由此说明了更为简便的性能评估方法。另外在参考资料中为了便于对本篇的理解说明了很多具体实例。

［设计篇］由如下内容构成（2007年版）。

［设计篇：本篇］

1章　总则

2章　要求性能

3章　结构规划

4章　性能评估的原则

5章　材料的设计数值

6章　荷载

7章　响应的计算

8章　耐久性相关的评估

9章　安全性相关的评估

10章　使用性相关的评估

11章　抗震性相关评估

12章　初期裂缝相关评估

13章　钢筋相关结构细节

14章　其他结构细节

15章　预应力混凝土结构

16章　钢混凝土结构

［设计篇：标准］

1篇　构件的结构分析

2篇　抗震设计

3篇　耐久性设计

4篇　温度应力分析

5篇　配筋详细内容

6篇　拉压杆模型(Strut-Tie model)

［设计篇：参考资料］

1篇　结构规划实例

2篇　结构分析实例

3篇　依据非线性分析进行的结构分析

4篇　抗震设计实例

12.4.2　日本土木学会：钢・组合结构标准规范书

本书为对一般钢结构物以及组合桁架以及与组合桁架与不能分离的楼板进行规范的标准规范书。由［总则篇］、［结构规划篇］、［设计篇］、［抗震设计篇］、［施工篇］、［维护管理篇］这六个部分构成。其中［总则篇］、［结构规划篇］、［设计篇］以合订本的形式于2007年3月出版，［抗震设计篇］于2008年2月出版、［施工篇］于2009年9月出版。剩下的［维护管理篇］也预计即将出版（截至2010年10月还未出版）。

本书于1987年出版，包括1997年改定的［钢结构物设计指南 PART A 一般结构物］以及［钢结构物设计指南 PART B 组合结构物］在内，涉及从规格规定设计到性能评估设计方面的内容。

［总则篇］、［结构规划篇］、［设计篇］、［抗震设计篇］、［施工篇］由如下内容构成（2007年版、2008年版、2009年版）

钢・组合结构标准规范书总则篇

- 第1章　一般
- 第2章　结构规划、设计、施工、维护管理的基本内容

钢・组合结构标准规范书结构规划篇

- 第1章　总则
- 第2章　结构规划中的各项条件
- 第3章　对经济性的探讨
- 第4章　对安全性的探讨
- 第5章　对使用性能的探讨
- 第6章　对耐久性的探讨
- 第7章　对社会环境合理性的探讨
- 第8章　对维护管理方面的探讨
- 第9章　对地震影响的探讨
- 第10章　对施工性的探讨

钢・组合结构标准规范书设计篇

- 第1章　总则
- 第2章　作用
- 第3章　材料
- 第4章　结构分析以及评估
- 第5章　构件的承载力
- 第6章　对安全性的要求性能以及评估
- 第7章　对使用性能的要求性能以及评估
- 第8章　对耐久性的要求性能以及评估
- 第9章　对社会环境合理性的要求性能
- 第10章　关于构件一般事项
- 第11章　连接部分
- 第12章　关于框架结构物的一般事项
- 第13章　关于板结构的一般事项
- 第14章　桥面板
- 第15章　组合桁架结构的设计

钢・组合结构标准规范书抗震设计篇

- 第1章　总则
- 第2章　抗震性能设计的基本原则
- 第3章　作用
- 第4章　抗震性能评估
- 第5章　抗震分析
- 第6章　钢桥的各构成要素模型化与结构细节
- 第7章减震隔震设计
- 第8章　抗震性能评估的流程与前提条件
- 第9章　单柱式钢制桥脚
- 第10章　连续高架桥
- 第11章　拱桥
- 第12章　桁架桥
- 第13章　斜拉桥
- 第14章　减震结构

钢·组合结构标准规范书施工篇

第 1 章　总则	第 5 章　焊接连接
第 2 章材料	第 6 章其他连接
第 3 章钢材加工	第 7 章构件精度
第 4 章高强度螺栓连接	第 8 章防腐
	第 9 章架设

12.4.3　日本道路协会：道路桥规范书及解说

日本道路协会于 1956 年出版了“钢道路桥设计规范书及解说”、“钢道路桥制作规范书及解说”以来，根据标准改定对本规范书进行了修订，对设计及施工中的桥梁相关人员的理解与判断做出了积极的贡献。根据环境以及情况的变化，不断地进行了修改，近年来经过了如下改定过程。

在 1990 年的改定版中，反映了 1980 年制定后进行的调查与研究结果、情况，关于桥梁技术的进步以及钢筋混凝土桥脚水平承载力评估法等的抗震设计，融入了很多新的见解。

1993 年随着道路结构令的修改，对设计活荷载进行了修改，随着车辆体积的增大，对钢筋混凝土板以及桥相关内容进行修改。

2000 年以兵库县南部地震为契机加强了抗震设计，导入了地震发生时保有水平承载力法等，考虑到 2 个阶段 3 种地震动与桥梁的重要程度，融入了目标抗震性能的规范、防止桥梁坠落系统的定位以及设计方法规范等内容。

2002 年在进行性能规范化的同时，以与耐久性相关事项为主进行了修改，对桥梁所要求的性能以及桥梁设计方面需要注意的基本事项进行了性能方面的规范。具体而言包括如下内容，(国际化：转移到 ISO 所代表的技术标准的国际统一化与性能规定型)，(多样化：根据订货以及签约方式的变化，转变为可以应对新技术灵活采用的标准)、(成本缩减，维护管理工作量的减轻：转到对减少 LCC 或提高耐久性有积极作用的标准上)。

本规范书由如下 5 个篇章构成（2002 年版)。

Ⅰ. 通用篇（总则、荷载、使用材料、支撑部分等）
Ⅱ. 钢桥篇（材料、设计计算一般内容、各结构、施工等）
Ⅲ. 混凝土桥篇（材料、设计计算一般内容、各结构、施工等）
Ⅳ. 下部结构篇（调查、设计一般内容、各基础的设计、施工等）
Ⅴ. 地震设计篇（荷载、设计地震动、静态动态评估法、上部结构、支撑部分、桥部、基础的抗震设计等）

12.4.4　日本道路协会：桩基础设计便览

本书于 1986 年对道路桥规范书进行了补充后进行了发行，关于桩基础，对道路桥规范书的背景以及基本思路、新的研究成果等进行了介绍，并于 2003 年修订。之后针对道路桥规范书进行了两次大的修订，第一次于 2003 年导入了地震时保有水平承载力法，第二次是于 2009 年为了满足性能规范型的技术标准，追加了相关要求事项以及满足这些要求的以往的规定格式，并且导入了提高耐久性方面等的规定。因此对道路桥规范书起到补充作用的便览也需要进行修订，所以于 2007 年进行了修订。在对其进行修订时，对道路桥规范书的修改所带来的内容变动进行了相应的追加、并且加入近年来技术开发以及调查研究成果。追加变更主要包括如下几个方面，①基础所要求的性能，②级别 2 地震发生时桩基础的评估，③道路桥规范书中新规定的桩施工方法（振动打桩锤施工方法、预钻孔施工方法、钢管掺土水泥桩施工方法)、④缓解水平位移限制的桩基础的设计、⑤产生液化地基中的桥脚桩基础的级别 1 地震发生时的评估、⑥桩与脚部接合部分的设计、⑦极柔软地基中整体施工方法的适用性、⑧斜桩基础、旋转桩施工方法的设计。

本便览由如下内容构成（2006年版）。

Ⅰ　总论	4. 桩试验
1. 便览的目的与基础所要求的性能	Ⅲ设计
2. 桩基础的定义	1. 一般设计内容
3. 桩基础的分类	2. 平常、暴风出现时以及级别1地震发生时的设计
4. 施工方法的特征与施工方法的概要	3. 级别2地震发生时的评估
5. 荷载	4. 特殊条件下桩基础的设计
6. 材料	5. 脚部的设计
Ⅱ　调查	6. 桩与脚部的结合部分
1. 一般调查内容	7. 结构细节
2. 设计中所采用的地基常数计算方法与注意事项	参考资料
3. 地基调查方法	

12.4.5　混凝土管建设技术协会：预制混凝土桩基础结构设计手册

关于预制混凝土桩（离心力钢筋混凝土桩、预应力混凝土桩、离心力高强度预应力混凝土桩和与此相类似的桩、带外壳钢管混凝土桩），对其概要、计算方法、设计计算实例等进行介绍，于1992年发行了“预制混凝土桩、基础结构计算手册（建筑篇）”与“预制混凝土桩、基础结构计算手册（土木篇）”的第一版。于2002年随着建筑标准法以及“日本建筑学会建筑基础结构设计指南”等的修订，建筑篇作为第二版修订后，根据国土交通省告示1113号的改订内容以及大径CPRC桩等预制混凝土桩相关动向修改成了第三版。一方面由于“道路桥规范书以及解说、下部施工篇以及抗震设计篇”（日本道路协会）等基础桩相关主要标准文件的修改，土木篇作为第二版进行了修订。之后为了对应SI单位，并且根据道路桥规范书的改订以及预制混凝土桩相关动向，修改了第三版土木篇。

建筑篇由如下内容构成（2002年版）。

第1章　桩基础的设计（概要、设计方法）
第2章　桩基础的设计资料（PHC桩、SC桩、CPRC桩、桩头的结合方法）
第3章　设计计算实例
附录

另外土木篇由如下内容构成（2003年版）。

第1章　桩基础的设计（概要、桩支撑力、根据对于级别2地震动在地震发生时保有水平承载力法对桥脚、桥台基础进行评估）
第2章　桩基础的设计资料（横截面各元素、桩横截面承载力、桩头接合方法）
第3章　桥脚基础的设计计算实例
附录

12.4.6　日本建筑学会：建筑物荷载指南及解说

适用于包括工作物在内的普通建筑物荷载的计算。所计算的荷载可以用于各种建筑物的结构部件的容许应力设计、最终强度设计及极限状态设计。2004年除了性能设计以外，还对风荷载、地震荷载进行了大幅度修改。

本指南由如下内容构成（2004年版）。

第1章　总则	第3章　永久荷载
第2章　荷载的种类与组合	第4章　活荷载

第 5 章　雪荷载	第 8 章　温度荷载
第 6 章　风荷载	第 9 章　土压以及水压
第 7 章　地震作用	第 10 章　其他荷载

12.4.7　日本建筑学会：钢结构设计标准-容许应力设计方法一

1970 年对以前的“钢结构计算标准及解说”进行了全面的修订并出版了，但是于 2002 年切换为了 SI 单位，2005 年对其解说加以了完善。

在此期间，由于新抗震新设计方法、极限状态设计指南、阪神淡路大地震、性能设计体系的建筑标准法修订等，钢结构相关设计环境发生了很大的变化，在 2005 年的修订中，本标准的定位为容许应力设计方法范围内的标准。

该标准适用于基于容许应力设计方法的钢结构建筑物的结构设计。但是在根据特别调查研究所设计的情况下，不适用于该标准。并且只依据该标准设计的接合部分以及结构细节部分，必须按照试验以及其他合理方法对其安全性进行确认。

本标准由如下内容构成（2005 年版）。

1 章　总则	10 章　变形
2 章　制图	11 章　压缩构件以及柱
3 章　荷载以及应力的计算	12 章　受拉构件
4 章　材料	13 章　有效横截面积
5 章　容许应力	14 章　接合部分
6 章　组合应力	15 章　螺栓以及高强度螺栓
7 章　受到反复应力的构件以及接合部分	16 章　焊接
8 章　板的宽厚比	17 章　柱脚
9 章　梁	

12.4.8　日本建筑学会：高强度螺栓接合设计施工导则

本书主要针对建筑物中所使用的摩擦接合高强度六角螺栓（JIS B 1186）为对象对摩擦型螺栓的设计、施工进行规范的导则。就近年来“焊接镀锌高强度螺栓”使用范围扩大这一点也有提及，另外也可以准用于摩擦型螺栓以外的拉伸接合螺栓中。

历史上来看，《高强度螺栓接合设计施工指南（1973）》作为本书的起源，本书继承了其思路，融入了《钢骨工程技术指南（1996）》以及《钢结构接合部分设计指南（2001）》中所包含的新的见解，进行了汇总。在设计方面对“设计螺栓张力”、“标准螺栓张力”以及“分离荷载”的思路进行了阐述，在施工方面，对高强度螺栓的扭矩系数以及松弛现象阐述了重要的见解。并且可以在接头部分采用了特殊摩擦面处理，需要进行滑动试验的情况作为手册来使用。

本书由如下内容构成（2003 年版）。

1. 高强度螺栓接合概要	3. 施工
2. 设计	4. 焊接镀锌高强度螺栓接合

12.4.9　日本建筑学会：钢结构接合部分设计指南

本指南对包括钢结构相关各项标准以及指南在内的接合部分内容进行了汇总，说明了焊接、高强度螺栓、柱脚相关接合部分的设计指南，阐述了其思路，2001 年发行，并于 2006 年改定。

在本指南中作为接合部分的承载力，主要规定了屈服承载力以及最大承载力。屈服承载力基本上被定位为弹性极限对应的指标，这相当于以往的短期容许承载力。并且最大承载力定义为表示接合部分可以传递的最大应力的指标。在钢结构建筑物的设计中及时采用任何设计方法，这两个指标对于各种荷载以及外力水平，也是设计接合部分的基本指标。

2001年版包括土木学会《高强度螺栓接合设计施工指南（1993）》，并且根据以往的研究成果，对包括焊接接合以及柱脚在内的接合部分相关设计指南进行了汇总。2006年版的内容根据2001年以后的研究开发进展融入了最新的见解，完善了“解说”的内容，并且充实了“设计例题”的内容。

本指南由如下内容构成（2006年版）。

1章　基本事项	5章　柱梁接合部分区域
2章　接合要素与接合部分的基本性状	6章　支撑接合部分
3章　接头	7章　柱脚
4章　柱梁接合部分	

12.4.10　日本建筑学会：建筑基础结构设计指南

设计法随着时代的发展，从容许应力设计法发展为最终强度设计法、荷载抵抗系数设计法，最近在世界范围内提出了极限状态设计法。2001年所改定的本指南根据这一设计方法的变迁，提出了当前技术水平可以使用的设计方法，反映了阪神大地震的调查以及研究结果（比如明确说明了极限状态的设计方法以及性能设计方面的指南）。

本指南由如下内容构成（2001年版）。

第1章　序论	第6章　桩基础
第2章　设计的基本事项	第7章　并用基础
第3章　荷载	第8章　地下挡土墙
第4章　基础结构规划	第9章　施工管理
第5章　直接基础	

12.4.11　日本建筑学会：考虑建筑与地基动态相互作用的反应分析与抗震设计

随着2000年6月建筑标准发施行令的修改，在新制定的极限承载力计算法中，引入了地基与建筑物动态相互作用效应。

在本书中，关于极限承载力计算法所采用的地基增幅以及相互作用弹簧的计算法，明确了其适用性以及适用条件，同时为了适应未来不断发展的技术，提出了新的评估方法。并且为了便于大家理解相互作用的概念，从在抗震设计中如何引入相互作用这个角度出发，从地基增幅、相互作用的模式化到建筑物、桩的应答进行了完整的说明。本书定位介于抗震设计时的指南书以及启发书中间。

本书由如下内容构成（2006年版）。

1章　相互作用	7章　试设计建筑物与设计条件
2章　相互作用与抗震设计	8章　试设计实例Ⅰ：中层6层建筑物-直接基础/桩基础
3章　地基物性与地基响应	9章　试设计实例Ⅱ：高层10层建筑物-桩基础
4章　相互作用与建筑响应	10章　试设计实例Ⅲ：高层11层隔震建筑物-桩基础
5章　直接基础的响应评估	11章　试设计实例Ⅳ：超高层27层建筑物-桩基础
6章　桩基础的响应评估	

12.4.12　日本建筑学会：钢筋混凝土结构计算标准以及解说

钢筋混凝土结构物的设计方法转变为依据极限状态的性能评估型的设计方法，在此过程中鉴于兵库县南部地震受灾等情况，基于容许应力设计方法，以往的设计方法也没有失去其采用的必要性，因此于1999年被改定了。本标准以一般钢筋混凝土结构物的结构计算方法为对象。在2010年版中，在1999年版的题目中删除了“容许应力设计方法”这一表达方式，与此相对应对第1条“适用范围”进行了修改，并对容许应力进行了修改。并且关于柱与梁的剪切鉴定以及粘结鉴定，导入了损伤极限的概念。并且放松了对锚固部分的规定，完善了抗震墙的相关规定。

本规范由如下内容构成（2010 年版）。

第 1 章　总则
第 2 章　材料以及容许应力
第 3 章　荷载以及应力、变形的计算
第 4 章　构件的计算

12.4.13　日本建筑学会：容器结构设计指南以及解说

本指南适用筒仓、球形罐制成结构物、地上圆筒储存槽、地下容器等结构物的结构设计。适用材料的种类包括钢材、不锈钢材、混凝土材、铝合金、FRP 材料、木材。与烟囱以及风力发电设备的塔架这种板厚相比较，横截面直径较大，也就是可以用于计算径厚比较大的结构物的容许应力。

与本指南一样，作为计算径厚比较大的结构物的容许应力的指南，包括《日本建筑学会：塔状钢结构设计指南及解说》。两个指南所计算的容许应力基本上相同，但是“塔状钢结构设计指南”基本上以弹性设计为主，而“容器结构设计指南”包括保有承载力设计方面都说明了相应的计算方法。

本指南由如下内容构成（2010 年版）。

第 1 章　总则	第 5 章　筒仓
第 2 章　材料	第 6 章　球形罐制成结构的抗震设计
第 3 章　设计荷载以及设计	第 7 章　地上圆筒存储槽的抗震设计
第 4 章　水槽	第 8 章　地下容器的抗震设计

12.4.14　日本建筑学会：钢管结构设计施工指南以及解说

关于钢管结构于 1962 年所制定的《钢管结构设计标准》，于 1980 年发行了新《钢管结构设计施工指南及解说》，于 1990 年对本指南进行了修订。1995 年发生了兵库县南部地震，以及为了反映之后研究成果，本指南分为两个部分进行发行。

(a)《日本建筑学会：钢结构结合部分设计指南（2001）》（柱梁接合部分与柱脚相关事项）

(b)《日本建筑学会：钢管构架结构设计施工指南及解说（2002）》（桁架结构为对象的事项）

本指南由如下内容构成。（1990 年版）

第 1 章　总则	第 6 章　工作概要
第 2 章　材料	第 7 章　焊接施工
第 3 章　容许应力以及组合应力	第 8 章　填充混凝土施工
第 4 章　结构各部分的设计	第 9 章　构件的最终承载力以及接合部分最大强度的计算
第 5 章　制图	

附录（柱脚的设计实例/圆形钢管分叉接头的计算图表/钢管分叉接头的应力集中系数的计算公式等）

12.4.15　日本建筑学会：各种组合结构设计指南以及解说

本指南由组合梁结构设计指南、板组合塑料结构设计指南、钢骨与钢筋混凝土墙的组合结构设计指南以及各种锚栓设计指南这四个部分构成（2010 年版）。

第 1 篇　组合梁结构设计指南
第 2 篇　组合楼板结构设计指南
第 3 篇　钢骨与钢筋混凝土墙及其组合结构设计指南
第 4 篇　各种锚栓设计指南

12.4.16　日本建筑学会：塔状钢结构设计指南以及解说

本指南适用于照明塔、通信塔、观光塔、广告塔等铁塔类以及钢制烟囱类、其他塔状结构物的结构设计。1970年对钢结构计算标准进行了大幅度地修订，由于成为了日本建筑学会的《钢结构设计标准》，所以于1965年出版的《钢制烟囱结构计算标准以及解说》与1963年出版的电视塔、微波塔、照明塔、广告塔等为对象的日本建筑学会《铁塔结构设计标准以及解说》，在1980年把这两者汇总，从而出版了本指南。

塔状结构物是钢结构体的一种，所以基本上都在相关各项标准的范围内，但是如果是烟囱筒状等物体的话，大大地超越了径厚比的限制，所以在确定此时的容许应力的情况下，需要对相关标准以及指南类文件进行调整，有些部分是本指南单独确定的。

本指南由如下内容构成（1980年版）。

第1章　总则	第3章　荷载以及应力的计算
第2章　材料以及容许应力	第4章　各部分结构的计算

12.4.17　日本建筑学会：烟囱结构设计指南

本指南，随着2007年建筑标准法的修改，关于各种烟囱的结构设计，《钢制烟囱结构设计规范及解说（1965)》、《钢筋混凝土烟囱结构设计指南（1976)》、《塔状钢结构设计指南及解说（1980)》以及日本建筑中心编写的《建筑结构设计施工指南》所记载的设计方法中反映了最新的见解，进行了全方面的汇总。

本书除了对钢筋混凝土烟囱与钢制烟囱的两种结构设计方法进行综合外，还包括如下特征，①转变为SI单位、②通过振动实验以及振动观测所得到了最新成果，把这些反映了最新成果的动态分析为基础进行计算，并对这些方法进行了介绍、③由于修改了荷载指南，对抗风设计进行修改、④具有圆形横截面以外形状的烟囱设计方法、⑤对屋顶上突出的烟囱的地震荷载进行规定、⑥薄壁圆筒的容许应力的修改、⑦新内衬施工方法的导入与计算实例的反映、⑧表示包括针对超高烟囱的弹塑性分析方法在内的各种实例（7个实例）所涉及的烟囱设计实例等。

本指南由如下内容构成（2007年版）。

1章　概说	7章　横截面计算
2章　材料以及容许应力	8章　基础的设计
3章　设计荷载	9章　屋顶上突出的烟囱
4章　温度荷载	10章　施工以及精度
5章　地震作用	11章　设计实例
6章　风荷载	附录

12.4.18　日本钢结构协会：桥梁用高强度螺栓拉伸接合设计指南

本指南作为在包括钢桥在内的土木钢结构物方面以高强度螺栓拉伸接合形式构成的构成部分的设计指南，于1994年作为JSSC（日本钢结构协会）报告No.27对所指定的桥梁高强度螺栓拉伸接合设计指南进行了修改。

内容方面针对容许应力设计方法，对道路桥规范书以及解说进行了补充，从基本事项的汇总到设计指南及其解说、设计实例、拉伸接合研究动向与目前具有代表性的适用实例进行了详细的说明。

本指南由如下内容构成（2004年版）。

第1部　概说
　第1章　高强度螺栓接合
　第2章　拉伸接合
第2部　设计施工指南
　第1章　总则
　第2章　短连接形式的设计与施工
　第3章　长连接形式的设计与施工
第3部　设计实例
　第1章　短连接形式
　第2章　长连接形式

第 4 部　拉伸接合的有效适用方法与合理接合部分的设计	第 2 章　接合部分设计相关的合理思路
第 1 章　拉伸接合的有效适用方法	第 3 章　今后的展望
	第 5 部　参考资料

12.4.19　国土交通省建筑研究所：修订建筑标准法的结构相关规定的技术背景

在建筑结构方面，在设计需求的多样化以及建筑结构技术的日新月异的发展这一背景下，国土交通省（为当时的建设省）建筑研究所从 1996 年开始历时三年进行了结构相关性能为基础的新建筑结构设计体系开发。一方面建筑审议会作为应对经济社会变化新成立的建筑行政机构，要求从规格规定到性能规定方面进行转变（1997 年）。在这种要求之下，国土交通省（当时的建设省）对建筑标准法进行了修改，确定了施行令以下的技术标准的性能规定（1998 年）。2006 年 6 月修订以及新制定建筑标准法施行令以及主要告示，同时对适用标准进行整理、明确目标性能、使设计荷载更加合理等，作为与性能规定方面的结构计算，导入了“极限承载力计算”。同时提出了容许应力计算以及极限承载力计算、同等计算方法的流程。

本书由如下内容构成（2001 年版）。

第 1 章　总论	第 5 章　钢骨结构
第 2 章　极限承载力计算	第 6 章　木结构
第 3 章　外力	第 7 章　基础以及挡土墙
第 4 章　钢筋混凝土结构	

12.4.20　日本电气协会：风力发电规定

包括风力发电设备相关技术标准、设置、变更工程相关电气事业法相关手续制度、试验、检查以及运行维护内容。

本规定是一项基于电气事业法以及经济产业省令所规定的技术标准等相关法令，关于检查、维护的日本电器协会的电气技术规定。1999 年 7 月被批准为 JESC 规范。之后 2000 年 7 月在《通商产业省相关的标准、认证制度等的整理以及合理化相关法律》中，在施行安全确保系统方面，关于非常重要的电气工作物以外的电气工作物，废除了使用前的检查这一项内容，创立了安全管理审查制度，因此对以往使用前检查中所规定的各种试验以及检查事项等进行了修订。

本规定由如下内容构成（2001 年版）。

第 1 章　总则	第 5 章　各项装置
第 2 章　风力发电系统的构成	第 6 章　试验以及检查
第 3 章　电气机械器具	第 7 章　运行以及维护
第 4 章　风力发电站的监测控制方法以及计量保护装置	

12.4.21　新能源产业技术综合开发机构：风力发电系统的设计手册

对在风力发电系统的设计方面应考虑的事项、标准、相关法令等进行了整理，提出了标准的系统设计实例。在土木工程设计（3.3.5 项）方面，作为适用的法规以及标准，以如下法规为标准，(a) 建筑标准法及其施行令、(b)《日本建筑学会 建筑基础结构设计指南》，(c)《日本建筑学会 钢筋混凝土结构计算标准及解说》。

本手册由如下内容构成（2000 年版）。

第 1 章　系统设计标准规范书的编写	第 4 章　相关法规以及标准
第 2 章　设计的前提条件	第 5 章　相关机构协议
第 3 章　设计的探讨项目	第 6 章　系统设计实例

12.4.22　本州四国连络桥公团：本州四国连络桥抗风设计标准（2001）及解说

本州四国连络桥公团［目前的本州四国连络高速道路（株）］于 1967 年作为《抗风设计指南（1967）以及其解说》编制了长大桥梁的抗风设计相关标准，但是为了对之后的探讨结果进行汇总编写了本书。本书除了说明风荷载以及风引起的动态空气力振动相关思路，还详细说明了由于地形造成不同风特性等问题以及相关抗风设计、风力发电设备相关内容。

本表准由如下内容构成（2001 年版）。

第 1 章　总则
第 2 章　抗风设计的顺序
第 3 章　设计基本内容相关的风的特性
第 4 章　静态设计
第 5 章　评估
第 6 章　架设时的探讨

参考文献

[1]　財団法人経済産業調査会：電気事業法の解説，2005

[2]　財団法人日本建築センター：詳解建築基準法改訂版，ぎょうせい，pp.945, 950

第 13 章　参考资料

13.1　电气事业法的相关条文

在电气事业法中，风力发电设备支撑物的结构相关条文概要如下所示。

- 电气事业法以及该法施行规则
- 规定电气设备相关技术标准的省令
- 规定风力发电设备相关技术标准的省令以及其解释

13.1.1　电气事业法以及该法施行规定（2009 年 12 月 18 日改订）

（工程规划）

【法】第 48 条工业电气工作物的设置或变更工程（前条第 1 项的经济产业省令所规定的内容除外），按照经济产业省令规定，必须向经济产业大臣提交该工程规划内容。其工程规划变更（经济产业省令规定的轻微变更情况除外），也一样需要提交工程变更内容。

2.（以下内容省略）

（工程规划事前申请）

【施行规范】第 65 条法第 48 条第 1 项的经济产业省令所规定的内容包括如下方面。

一、工业电气工作物的设置或变更工程，根据附表第 2 项上栏所示的工程种类分别表示在该表的下栏中（工业电气工作物损毁或者损坏以及在其他灾害等紧急情况下，不得已的临时施工工程除外）

二、（略）

2. 法第 48 条第 1 项的经济产业省令所规定的轻微变更为附表第 2 项下栏所示的变更工程或附表第 4 项下栏所示的工程变更以外的情况。

【施行规则】第 66 条根据法第 48 条第 1 项的规定提交前条第 1 项第一号所规定的工程规划申请的人员必须在提交样式第四十九工程规划（变更）申请书的同时提交如下文件。但是如果其申请与变更工程有关，或者属于替换工程的话，需要把第二号文件作为附件进行提交，而如果是废止工程的话，需要提交同号以及第三号文件。

一、（略）

二、根据该工业电气工作物所述附表第 3 项上栏所示的种类、同表下栏中所述的文件

三、（以下内容略）

【施行规则】附表第 3 项

上栏一发电站（六）风力发电设备风力机关

下栏・发电方式相关说明书・风力发电设备结构图以及强度计算书・支撑物的结构图以及强度计算书・关于雷击情况下对风力发电设备保护的说明书・风力发电设备旋转速度明显提高或者风力发电设备控制装置功能明显降低的情况下使风力发电设备安全且自动停止的措施相关说明书（应说明包括常用电源停电时在内的措施）。

13.1.2 对电气设备相关技术标准进行规定的省令（于2009年12月18日修订）

（发电机等的机械强度）

【省令】第45条发电机、变压器、调相设备以及母线以及起到支撑作用的绝缘子必须能够承受短路电流所产生的机械性冲击。

2. 连接水力发电设备或风力发电设备的发电机旋转部分应该能承受阻断荷载所产生的速度，与蒸汽汽轮、燃气汽轮或内燃机相连接的发电机旋转部分应该能承受紧急调速装置以及其他紧急停止装置运行时达到的速度。

13.1.3 对风力发电设备相关记住标准进行规定的省令以及其解释

（风力发电设备）

【省令】第4条风力发电设备必须按照如下各项进行设置。

一、对于阻断荷载时的最大速度来说，在结构上应该是安全的。

二、对于风压来说，在结构上应该是安全的。

三、在设置时应避免产生振动，以免在运行中对风力发电设备造成损伤。

四、在通常所假设的最大风速方面，在设置时应避免违反风力发电设备使用者的使用意图对风力发电设备进行起动。

五、在设置时应避免在运行中与其他工作物以及植物等接触。

【解释】第3条省令第4条第一号规定的“阻断荷载时的最大速度”是指从紧急调速装置起动时开始风力发电设备再次升速时的旋转速度。

【解释】第4条省令第4条第二号规定的“风压”是指考虑在设置风发电设备的地点，风力发电设备轮毂高度下当地风的条件（包括极值风以及紊流。）对风压的影响，具体包括如下内容。

一、风力发电设备受风面的垂直投影面积在最大状态下的最大风压

二、风速以及风向随时间变化的风压

（风力发电设备的自动停止）

【省令】第5条风力发电设备在如下情况下应采取措施保证能安全且自动地停止。

旋转次数明显上升的情况

一、风力发电设备的控制装置功能明显降低的情况

2. （略）

3. 最高部分的地表的高度超过20m的风力发电设备必须采取使风力发电设备防止雷击的保护措施。但是根据周围的情况如果雷击可能对风力发电设备有损害时则不限于此规定。

【解释】第5条省令第5条第1项第1号中所规定的“旋转次数明显提高的情况”是达到指紧急调速装置运行的旋转次数的情况。

2. 省令第5条第1项第二号中所规定的“风力发电设备的控制装置功能明显降低的情况”是指风力发电设备的控制压油装置的油压、压缩空气装置的空气压货电动式控制装置的电源电压明显降低的情况。

3. 省令第5条第2项中所规定的“安全状态”是指根据风力发电设备的结构采取停止或旋转速度的减速等其他措施，不对人体造成危害或者不损害物品的状态，“确保安全状态的措施”是指通过机械以及电动保护功能中的一种方式或两种方式使风力发电设备维持在安全的状态。

4. 省令第5条第2项中适用的同条第1项第二号中所规定的“风力发电设备的控制装置功能明显降低的情况”是指是指风力发电设备的控制压油装置的油压、压缩空气装置的空气压货电动式控制装置的电源电压明显降低的情况以及其他控制装置的功能明显降低的情况。

5. 省令第5条第1项中规定的“安全且自动停止的措施”以及同条第2项中所规定的“确保安全状态的措施”是指包括即使在常用电源停电时，通过保持紧急电源等方式，可以确保对风力发电设备进行可控的措施。

6. 省令第5条第3项中规定的“避免风力发电设备受到雷击的措施”是指考虑设置风力发电设备的地点的雷击条件，设置电流道题等装置，通过在风力发电机的安装由于雷击所产生的电流不会对风力发电设备造成损伤，能安全地流入地中。

7. 省令第5条第3项中规定的“根据周围情况雷击不会对风力发电设备造成损伤的情况”是指为了保护该风力发电设备，设置避雷塔、避雷针等其他避雷设置的情况。

（支撑风力发电设备的工作物）

【省令】第7条支撑风力发电设备的工作物对自重、活荷载、积雪以及风压、地震其他振动、冲击来说应该是安全的。

【解释】第7条省令第7条第1项中所规定的“自重、活荷载、积雪以及风压、地震其他振动、冲击”是指作用于支撑风力发电设备的工作物的自重、活荷载、积雪以及由风压引起的荷载、引起风力发电设备运行的振动以及在该设置地点由于通常所想定的地震等其他自然因素作用于支撑风力发电设备的工作物的振动以及冲击（在下一项中称为“外力”）。

2. 省令第7条第1项中所规定的“结构安全”是指支撑风力发电设备的工作物与其他基础的锚固部分对于作用于工作物的外力来说应该是安全的。

【解释】第8条支撑高度超过15m风力发电设备的工作物适用于根据建筑标准法第88条准用的各项规定。

【解释】第9条支撑风力发电设备的工作物不能通过支线分担其强度。

规定风力发电设备相关技术标准的省令中，具体说明了应满足所规定的技术条件的技术方面的内容。规定了“关于风力发电设备技术标准的解释（平成16、03、23原院第6号NISA-234c-04-2)”。

13.2 建筑标准法的相关条文[5],[6]

在建筑标准法中，风力发电设备支撑物的结构相关法令、施行命令、告示的概要内容如下所示。

- 法令第37条（主要结构部分等中使用的建筑材料品质相关规定）
- 实行命令第67条（接合部分）
- 施行命令第68条（高强度螺栓、螺栓以及铆钉）
- 施行命令第82条（容许应力计算）
- 施行命令第82条之4（屋顶铺设材料等的抗风计算）
- 施行命令第82条之5（极限承载力计算）
- 施行命令第83条（荷载以及外力的种类）
- 施行命令第87条（风压力）
- 施行命令第90条（钢材等）
- 施行命令第91条（混凝土）
- 施行命令第92条（焊接）
- 施行命令第90条之2（高强度螺栓的接合）
- 施行命令第93条（地基以及基础桩）
- 施行命令第96条（钢材等）
- 施行命令第97条（混凝土）

- 施行命令第 98 条（焊接）
- 2000 年建设省告示第 1446 号（对建筑物的基础、主要结构部分等中所使用的建筑材料以及这些建筑材料应符合的日本工业规范或日本农林规范以及品质相关的技术标准进行规定）
- 2000 年建设省告示第 1454 号（对计算 E 数值的方法以及 V_0 与风力系数数值进行规定）
- 2000 年建设省告示第 1449 号（对烟囱、钢筋混凝土柱子等、广告塔或高架水槽等以及挡土墙、乘用电梯或手扶梯的结构计算标准进行规定）
- 2000 年建设省告示第 1455 号（对指定多雪地区的标准以及垂直积雪量进行规定的标准）
- 2000 年建设省告示第 1457 号（对损伤极限位移、Td、Bd_i、层间位移、安全极限位移、Ts、Bs_i、Fh 以及 Gs 的计算方法、屋顶铺设材料等、为了确保外壁等结构承载力方面的安全所进行的结构计算标准进行规定）
- 2000 年建设省告示第 1461 号（对确保超高层建筑物的结构承载力方面的安全性的结构计算标准进行规定）
- 2000 年建设省告示第 1793 号第 1（对 Z 的数值、R_t 以及 A_i 的计算方法以及针对地基明显软弱地区特定行政部分指定的标准进行规定）
- 2000 年建设省告示第 2464 号（对钢材等以及焊接部分的容许应力、材料强度的标准强度进行规定）
- 2000 年建设省告示第 2466 号（对高强度螺栓的标准拉力、拉伸接合部分的拉伸容许应力以及材料强度的标准强度进行规定）
- 2001 年国土交通省告示第 1024 号（对特殊容许应力以及特殊材料强度进行规定）
- 2001 年国土交通省告示第 1113 号（对地基容许应力以及基础桩的容许支撑力的计算方法等进行规定）

13.2.1 建筑标准法与施行命令

（建筑材料的品质）

法令第 37 条

第 37 条对于建筑物的基础、主要结构部分等其他安全上、防火上和卫生上较为重要的政府命令规定的部分中所使用的木材、钢材、混凝土等其他建筑材料，由国土交通大臣规定的材料（以下在该条中简称为“指定建筑材料”）必须符合如下各项内容其中一条规定。

一、每种指定建筑材料的品质应符合国土交通大臣指定的日本工业规定或日本农林规范。

二、除了前项所述的规定外，每种指定建筑材料，应符合在国土交通大臣规定的安全上、防火上或卫生上所需要的品质相关技术标准，这一点获得了国土交通大臣的认可。

（接合）

施行命令第 67 条

第 67 条结构承载力方面，作为主要部分的钢材的接合部分，为了避免螺栓松脱，必须采取如下各项任何一项中的措施对螺栓进行接合（总面积超过 3000m^2 的建筑物或高度超过 9m、宽度超过 13m 的建筑物，所接合的钢材为碳素钢的情况下，高强度螺栓的接合、焊接接合或者铆钉接合（结构承载力上作为主要部分的接头或者与开口的铆钉进行接合的情况下用添板铆钉进行接合）或者采用其效果与此相同的材料并获得国土交通大臣认可的接合方法、所接合的钢材为不锈钢时，高强度螺栓接合或焊接接合，采用其效果与此相同的材料并获得国土交通大臣认可的接合方法）。

一、应用混凝土埋入该螺栓。

二、应对该螺栓中使用的螺母部分进行焊接。

三、应在该螺栓中使用两层螺母。

四、除了上述三项内容之外，应具备与上述方式同等效果的方式防止其脱落。

2. 结构承载力上作为主要部分的接头或者开口结构应可以传达该部分的存在应力，应采用国土交通大臣规定的结构方法或者获得国土交通大臣认可的方法。在这种情况下，对柱的端面进行打磨，避免具有紧固结构的接头或者开口产生拉伸引力，其结构应该保证从接触面传递的拉伸力为该部分的压缩力以及弯矩的四分之一以内（如果是柱的脚部的话，为二分之一）。

（高强度螺栓、螺栓以及铆钉）

施行命令第68条

第68条高强度螺栓、螺栓或铆钉之间的中心距离必须高于其直径的2.5倍以上。

2 高强度螺栓孔径与高强度螺栓直径相比不得大于2cm。但是高强度螺栓直径如果为27cm以上、并且结构承载力上没有影响的话，高强度螺栓的孔径与高强度螺栓的直径相比可以大约3cm。

3 在前项规定中，作为符合同项规定的高强度螺栓的接合与具有同等以上的效力的螺栓，关于国土交通大臣认可的高强度螺栓的接合是不适用的。

4 螺栓孔径与螺栓直径相比不得大于1cm。但是螺栓直径如果为20cm以上，并且结构承载力上没有影响的情况下，螺栓孔径与螺栓直径相比可以大于1.5cm。

5 铆钉应该充分地埋入铆钉孔中。

施行命令第82条

（保有水平承载力的计算）

第82条前条第2项第一号YI中所规定的保有水平承载力的计算是指如下各项以及下一条开始到第82条之4所规定的结构计算方式。

一、应对第2款中所规定的荷载以及外力在建筑物的结构承载力上的主要部分所产生的力进行计算。

二、前项结构承载力上主要部分的横截面中所产生的长期以及短期各应力应根据如下表所示的公式进行计算。

力的种类	关于荷载以及外力所假设的情况	一般情况	根据第86条第2项但书规定由特定政府机构制定的多个区域的情况	备注
长期产生的力	通常情况	$G+P$	$G+P$	
	积雪发生时		$G+P+0.7S$	
短期产生的力	积雪发生时	$G+P+S$	$G+P+S$	
	暴风发生时	$G+P+W$	$G+P+W$	在对建筑物的倾覆柱的拉伸等进行探讨的情况下，关于P应为依据建筑物的实际情况减去荷载的数值
			$G+P+0.035S+W$	
	地震发生时	$G+P+K$	$G+P+0.035S+K$	

在该表中，G、P、S、W以及K分别表示如下的力（轴方向力、弯矩、剪切力等。）

G 第84条中规定的永久荷载所产生的力

P 第85条中规定的承载荷载所产生的力

S 第86条中规定的积雪荷载所产生的力

W 第87条中规定的风压力所产生的力

K 第88条中规定的地震力所产生的力

三、第一号中每个结构承载力上的主要部分，应确认根据前述的规定计算的长期以及短期各应力分别不能超过第3款规定的长期产生的力或短期产生的力的各容许应力。

四、如果国土交通大臣对此有规定的话，应用国土交通大臣规定的方法确认结构承载力上主要部分的结构构件变形或振动不会对建筑物的使用方面有所影响。

在本条中规定“保有水平承载力计算”是从按照本条各项以及第82条之2到第82条之4一系列规定进行的结构计算。另外根据本条第一号～第三号所构成的计算方法称为“容许应力计算”。

在第一号中规定，按照大臣确定的方法对永久荷载、活荷载、积雪荷载、风压力以及地震力对建筑物的结构承载力上的主要部分所产生的力进行计算。关于永久荷载、活荷载、积雪荷载、风压力以及地震力按照法令第84条至第88条的内容进行规定。另外建筑物的结构承载力上主要部分所产生的力的计算方法在平19国交告第594号中有所规定。

（以下略）

（屋顶铺设材料等的抗风计算）

施行命令第82条之4

（屋顶铺设材料等的结构计算）

第82条之4　关于屋顶铺设材料、外装材料以及室外铺设材料，必须按照国土交通大臣规定的标准按照结构计算对风压确认是否符合结构承载力上的安全标准。

本条对屋顶铺设材料、外装以及室外铺设材料的风压相关安全性进行确认。关于作用于屋顶铺设材料等的风压力，应根据大臣规定的标准（参照（2）），确认外装材料以及连接部分等所产生的应力不得超过容许应力。

（极限承载力计算）

施行命令第82条之5

第82条之5　第81条第2项第一号RO中所规定的极限承载力计算式根据如下规定进行的结构计算。

一、除地震发生的情况外，依据第82条第一号到第三号（地震相关部分除外）所规定的内容。

二、积雪发生时或暴风出现时，建筑物的结构承载力上主要部分所产生的力根据下表所示的公式进行计算，应确认该结构承载力上主要部分所产生的力分别没有超过按照第4款的规定的材料强度所计算的该结构承载力上主要部分的承载力。

关于荷载以及外力所假设的状态	一般情况下	根据第86条第2项但书规定特定行政机构制定的多雪区域	备　注
积雪发生时	$G+P+1.4S$	$G+P+1.4S$	
暴风发生时	$G+P+1.6W$	$G+P+1.4W$	在对建筑物倾覆、柱子的拔起等情况进行探讨时，P应该为根据建筑物的实际情况减去活荷载的数值
		$G+P+0.35S+1.6W$	

在该表中，G、P、S、W以及K分别表示如下的力（轴方向力、弯矩、剪切力等。）

G第84条中规定的永久荷载所产生的力

P第85条中规定的活荷载所产生的力

S第86条中规定的积雪荷载所产生的力

W第87条中规定的风压力所产生的力

三、按照如下规定对地震所产生的加速度作用于建筑物地面部分的各个阶层的地震力以及各阶层所产生的层间位移进行计算，确认该地震力为超过损伤极限承载力（是指建筑物的各阶层的结构承载力上主要部分的横截面所产生的应力达到第3款规定短期产生的力的容许应力时，建筑物各阶层水平力的承载力。以下各项所述的损伤界限承载力意义相同），同时应确认层间位移与该层高度的比率不能超过1/200（地震力所引起的结构承载力上主要部分的变形可能对建筑物的部分造成明显损伤的情况下，为1/120）。

YI，根据国土交通大臣规定的方法，在承受相当于损伤极限承载力水平力等作用于其他方面的力时，各阶层所产生的水平方向的层间位移（以下各项中称为“损伤极限位移”）。

RO. 根据国土交通大臣规定的方法，对在建筑物的各个阶层中，产生相当于根据YI所计算的损伤极限位移时，建筑物固有周期（以下各项以及第七项中称为“损伤极限固有周期”）进行计算。

HA，根据损伤极限固有周期，按照如下表所示的公式计算地震对建筑物的各阶层作用的地震力，计算所得的该阶层以上的各层产生水平方向的力的合计。对此合计的力再进行计算。

$Td<0.16$ 的情况下	$Pd_i=(0.64+6Td)m_iBd_iZGs$
$0.16\leqslant Td<0.64$ 的情况下	$Pd_i=1.6m_iBd_iZGs$
$0.64\leqslant Td$ 的情况下	$Pd_i=\frac{1.024m_iBd_iZGs}{Td}$

在该表中，Td、Pd_i、m_i、Bd_i、Z 以及 Gs 分别表示如下数值。

Td 建筑物损伤极限固有周期(s)

Pd_i 各阶层水平方向上所产生的力(kN)

m_i 用重力加速度除去各基层的质量(各阶层永久荷载以及活荷载之和(根据第86条第2项但书的规定在特定行政机构指定的多雪地区，加上积雪荷载))(t)

Bd_i 表示建筑物的各个阶层所产生的加速度分布，根据损伤极限固有周期按照国土交通大臣规定的标准计算出来的数值

Z 第88条第1项中规定的 Z 数值

Gs 表示表层地基加速度的增幅率，根据表层地基的种类按照国土交通大臣规定的方法计算出来的数值

NI. 根据国土交通大臣规定的方法，在按照HA项计算的地震力等作用于其他方面的力时，各阶层所产生的水平方向的层间位移。

四、确认按照第82条第一号以及第二号的规定对根据第88条第4项规定的地震力对建筑物的地下部分的结构承载力上主要部分的横截面所产生的应力进行计算，不能分别超过第3款规定的短期产生的力的容许应力。

五、按照如下各项规定对地震加速度作用于建筑物各层的地震力进行计算，确认该地震力没有超过保有水平承载力。

YI. 根据国土交通大臣规定的方法，在承受相当于损伤极限承载力水平力等作用于其他方面的力时，各阶层所产生的水平方向的层间位移（以下各项中称为“安全极限位移”。）

RO. 根据国土交通大臣规定的方法，对在建筑物的各个阶层中，产生相当于根据YI所计算的损伤极限位移时，建筑物固有周期（以下各项以及第七项中称为“安全极限固有周期”）进行计算。

HA. 根据损伤安全固有周期，按照如下表所示的公式计算地震对建筑物的各阶层作用的地震力，计算所得的该阶层以上的各层产生水平方向的力的合计。对此合计的力再进行计算。

Ts<0.16的情况下	$Ps_i=(3.2+30Ts)m_iBs_iFhZGs$
0.16≤Ts<0.64的情况下	$Ps_i=8m_iBs_iFhZGs$
0.64≤Ts的情况下	$Ps_i=\frac{5.12m_iBs_iFhZGs}{Ts}$

在该表中，Ts、Ps_i、m_i、Bs_i、Fh、Z以及Gs分别表示如下数值。
Ts 建筑物按照全极限固有周期(s)
Ps_i各阶层水平方向上所产生的力(kN)
m_i第三号表中所规定的m_i数值
Bs_i表示建筑物的各个阶层所产生的加速度分布，根据损伤安全固有周期按照国土交通大臣规定的标准计算出来的数值
Fh 表示安全极限固有周期中振动阻尼造成的加速度的降低率，根据国土交通大臣规定的标准所计算出来的数值
Z第88条第1项中规定的Z数值
Gs第三号表中规定的Gs数值

六、应符合第92条第四号的规定。

七、屋顶铺设材料、外装材料以及室外铺设材料，考虑根据第三号NI的规定计算的建筑物的各阶层所产生的水平方向的层间位移以及按照同号RO规定所计算的建筑物的损伤极限固有周期在建筑物各阶层所产生的加速度因素，按照国土交通大臣规定的标准进行结构计算结构确认风压以及地震等其他振动、冲击在结构承载力方面是否安全。

八、在特别警戒区内带有居室的建筑物的外壁等，根据自然现象的种类、最大力的大小等以及土石等的高度等，按照国土交通大臣规定的标准通过结构计算，依据自然现象所假设的冲击产生作用的情况下，确认不会产生破坏。但是根据第80条之3但书进行规定的话，则不限于此。

(荷载以及外力的种类)

实施命令第83条

(荷载以及外力的种类)

第83条作为作用于建筑物的荷载以及外力应采用如下各项所示的内容。

一、永久荷载

二、活荷载

三、积雪荷载

四、风压力

五、地震力

2. 除了前项所示内容，应根据建筑物的实际情况，采用土压、水压、振动以及冲击带来的压力。

本条对在进行结构计算时应采用的荷载以及外力的种类进行了规定。具体而言包括在第一项中的永久荷载、活荷载、积雪荷载、风压力以及地震力，第二项中根据这些荷载以外的情况，采用土压、水压、振动以及冲击所带来的外力。

施行命令第87条

第87条风压力的计算应用速度压力乘以风力系数

2. 前项速度压应按照如下公式进行计算。

$q=0.6EV_0^2$

在该公式中，q、E以及V_0分别表示如下数值。

q 速度压（单位 N/m^2）

E 该建筑物的屋顶高度以及周边区域中存在的建筑物等其他工作物、树木、其他对风速造成影响的物体、根据其情况按照国土交通大臣规定的方法计算出来的数值

V_0 根据该地区以往台风记录按照风灾受害程度以及其他风的性状在30～46m/s的范围内由国土交通大臣确定风速（m/s）

3. 在接近建筑物，且其建筑物在受风方向上有效地阻挡其他的建筑物、防风林等与此相类似的物体的情况下，其方向上的速度压，按照前项规定可以减少为其数值的1/2。

4. 除了按照风洞试验进行确定的情况外，第1项的风力系数根据以建筑物或工作物的横截面积以及平面的形状由国土交通大臣确定的数值。

在第1项中，在进行风压力计算时，采用如下所示的公式（参照4.5节）。

$$w=qCf$$

w：风压力（N/m^2）、q：速度压（N/m^2），Cf：风力系数

在第2项中对（1）公式中所采用的速度压Qde计算方法进行了规定。具体而言，采用了如下所示的公式。

$q=0.6EV_0^2$

在此 E 表示速度压高度方向的分布的系数，V_0 表示该地区标准风速（m/s），分别对大臣的计算方法以及数值进行了规定。建筑物以及其部分由于风压力会产生动态响应，但是速度压 q 相当于提供最大瞬间响应的等价静态荷载。

在第3项中规定，如果有像防风林一样避免建筑物受风的物体的话，设计用风压最低限度可以减少1/2。但是至少作为绝对条件是其风的遮蔽物在其建筑物使用期间不会消失。关于通过遮蔽物风压力被削弱到什么程度这个问题，很难在数据上有说服力，所以需要通过风洞实验等进行调查。

在第4项中，关于（1）中公式所采用的风力系数 Cf，除了按照风洞实验进行确定的情况，也必须采用大臣规定的数值。

施行命令第90条（钢材等）

第90条钢材等的容许应力应依据如下表所示的1或表2。

1

<table>
<tr><th rowspan="2" colspan="2">容许应力
种类</th><th colspan="4">长期所产生的力的容许应力
（单位 N/mm^2）</th><th colspan="4">短期所产生的力的容许应力
（单位 N/mm^2）</th></tr>
<tr><th>压缩</th><th>拉伸</th><th>弯曲</th><th>剪切</th><th>压缩</th><th>拉伸</th><th>弯曲</th><th>剪切</th></tr>
<tr><td rowspan="6">碳素钢</td><td colspan="2">结构用钢材</td><td>$\frac{F}{1.5}$</td><td>$\frac{F}{1.5}$</td><td>$\frac{F}{1.5}$</td><td colspan="2">$\frac{F}{1.5\sqrt{3}}$</td><td colspan="2" rowspan="6">其数值为对于长期产生的力形成的压缩、拉伸、弯曲或者剪切的容许应力数值的1.5倍</td></tr>
<tr><td rowspan="2">螺栓</td><td>黑皮</td><td>—</td><td>$\frac{F}{1.5}$</td><td>—</td><td colspan="2">—</td></tr>
<tr><td>抛光</td><td>—</td><td>$\frac{F}{1.5}$</td><td>—</td><td colspan="2">$\frac{F}{2}$（关于 F 超过240的螺栓，如果国土交通大臣规定了与此不同的数值，那么则为其规定的数值）</td></tr>
<tr><td colspan="2">结构用钢索</td><td>—</td><td>$\frac{F}{1.5}$</td><td>—</td><td colspan="2">—</td></tr>
<tr><td colspan="2">铆钉钢</td><td>—</td><td>$\frac{F}{1.5}$</td><td>—</td><td colspan="2">$\frac{F}{2}$</td></tr>
<tr><td colspan="2">铸钢</td><td>$\frac{F}{1.5}$</td><td>$\frac{F}{1.5}$</td><td>$\frac{F}{1.5}$</td><td colspan="2">$\frac{F}{1.5\sqrt{3}}$</td></tr>
</table>

续表

种类＼容许应力		长期所产生的力的容许应力（单位 N/mm²）压缩	拉伸	弯曲	剪切	短期所产生的力的容许应力（单位 N/mm²）压缩	拉伸	弯曲	剪切
不锈钢	结构钢材	$\frac{F}{1.5}$	$\frac{F}{1.5}$	$\frac{F}{1.5}$	$\frac{F}{1.5\sqrt{3}}$	其数值为对于长期产生的力形成的压缩、拉伸、弯曲或者剪切的容许应力数值的1.5倍			
	螺栓	—	$\frac{F}{1.5}$	—	$\frac{F}{1.5\sqrt{3}}$				
	结构用钢索	—	$\frac{F}{1.5}$	—	—				
	铸钢	$\frac{F}{1.5}$	$\frac{F}{1.5}$	$\frac{F}{1.5}$	$\frac{F}{1.5\sqrt{3}}$				
铸铁		$\frac{F}{1.5}$	—	—	—				

在该表中，F 表示根据钢材等的种类以及品质由国土交通大臣规定的标准强度（单位：N/mm²）。

2

种类＼容许应力		长期所产生的力的容许应力（单位 N/mm²）压缩	拉伸：用于剪切加固以外的情况	拉伸：用于剪切加固的情况	短期所产生的力的容许应力（单位 N/mm²）压缩	拉伸：用于剪切加固以外的情况	拉伸：用于剪切加固的情况
圆钢		$\frac{F}{1.5}$（该数值超过155时，取155）	$\frac{F}{1.5}$（该数值超过155时，取155）	$\frac{F}{1.5}$（该数值超过195时，取195）			
异型钢筋	直径28mm以下的钢筋	$\frac{F}{1.5}$（该数值超过215时，取215）	$\frac{F}{1.5}$（该数值超过215时，取215）	$\frac{F}{1.5}$（该数值超过195时，取195）	F	F	F（该数值超过390时，取390）
	直径28mm以上的钢筋	$\frac{F}{1.5}$（该数值超过195时，取195）	$\frac{F}{1.5}$（该数值超过195时，取195）	$\frac{F}{1.5}$（该数值超过195时，取195）	F	F	F（该数值超过390时，取390）
钢丝直径4mm以上的焊接金属网		—	$\frac{F}{1.5}$	$\frac{F}{1.5}$	—	F（但是仅限于用于承受面）	F

在该表中 F 表示表1中规定的标准强度。

施行命令第91条（混凝土）

第91条混凝土的容许应力必须采用如下表所示的数值。但是关于采用异型钢筋的粘结，国土交通大臣根据异型钢筋的种类以及品质另外确定数值的话，可以采用该数值。

长期所产生的力的容许应力（单位 N/mm²）压缩	拉伸	剪切	附着	短期所产生的力的容许应力（单位 N/mm²）压缩	拉伸	剪切	附着
$\frac{F}{3}$	$\frac{F}{30}$（关于 F 超过21的情况下混凝土，国土交通大臣规定了与此不同的数值，则采用该规定数值）		0.7（如果使用轻质骨料，那么改数值为0.6）	分别为长期所产生的力引起的压缩、拉伸、剪切或粘结的容许应力的2倍（关于 F 超过21的混凝土的拉伸力以及剪切力，如果国土交通大臣规定于此不同的数值的话，则采用该数值）			

在该表中，F 表示设计标准强度（单位 N/mm²）。

2 如果特定行政机构根据其地方气候、材料的性状等因素按照规定对设计标准强度的上限数值进行规范的话，设计标准强度如果超过其数值，关于前项表的适用，则应把该数值设定为设计标准强度。

施行命令第92条（焊接）

第92条焊接接头的横截面的容许应力应采用如下表所示的数值。

接头的形式	长期所产生的力的容许应力（单位 N/mm²）				短期所产生的力的容许应力（单位 N/mm²）			
	压缩	拉伸	弯曲	剪切	压缩	拉伸	弯曲	剪切
对接	$\frac{F}{1.5}$			$\frac{F}{1.5\sqrt{3}}$	分别为长期所产生的力引起的压缩、拉伸、剪切或附着的容许应力的1.5倍			
对接以外的形式	$\frac{F}{1.5\sqrt{3}}$			$\frac{F}{1.5\sqrt{3}}$				

在该表中，F表示根据所焊接的钢材的种类以及品质，由国土交通大臣规定的焊接部分的标准强度（单位 N/mm²）。

（高强度螺栓的接合）

施行命令第92条之2

（高强度螺栓的接合）

第92条之2 高强度螺栓的摩擦连接部分的高强度螺栓轴横截面的容许剪切应力应为如下表所示的数值。

种类 \ 容许剪切应力	长期所产生的力的容许应力（单位 N/mm²）	短期所产生的力的容许应力（单位 N/mm²）
一面剪切	$0.3T_0$	为长期所产生的力的容许剪切应力的数值的1.0倍。
二面剪切	$0.6T_0$	

在该表中，T_0表示根据高强度螺栓的品质由国土交通大臣规定的标准拉力（单位 N/mm²）。

2 高强度螺栓同时承受拉伸力与剪切力的情况下，高强度螺栓摩擦接合部分的高强度螺栓轴横截面的容许剪切应力与前项规定无关，应按照如下公式进行计算。

$$f_{st}=f_{s0}\left(1-\frac{\sigma_t}{T_0}\right)$$

在该公式中，f_{st}、f_{s0}、σ_t、T_0分别表示如下数值。

f_{st}表示该项规定中确定的容许剪切应力（单位 N/mm²）

f_{s0}表示前项规定中确定的容许剪切应力（单位 N/mm²）

σ_t表示高强度螺栓上施加的外力所产生的拉伸应力（单位 N/mm²）

T_0表示前项表中所规定的标准拉力

在施行命令第92条之2中，规定了高强度螺栓摩擦接合部分的容许剪切应力。关于其标准拉力T_0，由大臣进行规定。

在高强度螺栓上导入紧固力（标准拉力）可以确保其摩擦力，所以在受到拉伸力的情况下，会降低容许剪切应力。在第2项中对此时的容许剪切应力降低的公式进行了规定。

除了上述内容之外，对于拉伸采用高强度螺栓的情况下的容许应力，作为相当于特殊容许应力的数值，根据实施法令第94条的规定由大臣来确定其数值。

关于高强度螺栓的摩擦接合部分，没有对材料强度进行规定，但是在对保有水平承载力进行探讨的时候，采用高强度螺栓的材料强度（参照施行命令第96条表1）根据剪切以及拉伸情况进行探讨。

（地基以及基础桩）

施行命令第 93 条

（地基以及基础桩）

第 93 条地基的容许应力以及地基桩的容许支撑力根据国土交通大臣规定的方法对地基进行调查，按照其结果进行确定。但是关于如下表所示的地基容许应力，可以按照地基的种类，分别采用如下表所示的数值。

地基	长期所产生的力的容许应力（单位 N/mm^2）	短期所产生的力的容许应力（单位 N/mm^2）
岩盘	1000	为长期所产生的力的容许剪切应力的数值的 2.0 倍
固结砂	500	
坚固地基	300	
密实的砾石层	300	
密实的砂质砾石层	200	
砂质地基(只限于地震发生时不发生液化的地基)	50	
坚固的黏土质地基	100	
黏土质地基	20	
坚固的壤土层	100	
壤土层	50	

在本条中，关于地基的容许应力以及基础桩的容许支撑力原则上根据大臣制定的方法对地基进行调查，按照其调查结果确定相关数据。但是在进行整体设计并对地基进行调查的时候，如果是小规模的建筑的话，从考虑设计整体的平衡性的角度出发，并不一定是合理的。如果是稳定的既有宅地，可以根据建设用地的情况与大致的地基分类情况对地基的容许应力进行分类，在此如果按书中设置，没有对地基进行调查的话，可以把表中的数值作为地基的容许应力。

根据表中内容容许应力的设定包括地基种类判断等不确定因素，没有考虑基础的形状、地下水位的高度、下层地基的特性等。另外表中的数值是根据在均匀且稳定的地基上获得了经验数值确定的，比如没有考虑敏感性较高的黏性土、带有裂缝的岩盘、硬质黏性土、不均匀的中间土等建设地点的地基特性的特殊性。

因此希望但书中表内所述数值，在地基调查前的预备设计中作为参考资料能起到较为重要的作用，或者对小规模建筑物等起到积极作用。表中地基容许应力没有进行充分地地基调查的话，作为推测值来采用，基本上应该进行地基调查，并根据该结果确定相关数值。

另外在表中，地震发生时可能发生液化的地基，不能确保其支撑力，所以关于这种非密实砂质地基，不能采用表中的数值。地震发生时可能出现液化的地基，为从如下所示的砂质地基。

YI 位于从地表面到 20m 以内的深度的地基。

RO 为砂质土，由粒径比较均一的中粒砂等构成。

HA 为地下水且处于饱和的状态。

NI N 数值应低于 15。

如采用原位置上所取得的试验土，根据室内土质试验进行详细地判断，那么一般采用日本建筑学会建筑基础结构设计指南[7]所示的方法（基于 F_1 值的方法）。具体而言就是根据标准贯入试验等地基调查结果，求每层的液化安全率（F_1），可判断如果 F_1 数值超过了 1 的话，不可能发生液化。

可能发生液化的土层如果在基础底面较深的地方，就应该考虑液化程度以及可能发生液化的土层厚度、其上部地层构成等因素，并考虑下沉等的影响。在对地基容许应力进行探讨时，为了考虑基础的尺寸、形状等因素对容许应力进行评估，需要确定相关范围，但是如果其范围可能发生液化情况的话，只要可以确认液化所引起的下沉等的影响是轻微的，就不能设定地基的短期容许应力。

另外液化程度受地震动大小的影响，所以为了根据上述 F_1 值等对液化状态进行判定，必须设定地表面的加速度。进行极限承载力计算的情况下，对液化状态进行探讨时，以最大加速度达到 150Gal 以上，最大加速度达到 350Gal 以上这两种水平不同的地震动进行探讨。建筑物周边如果存在斜面，或者在对最大加速度 150Gal 进行液化探讨时，F_1 的数值不到 1 的土层堆积地较厚的情况下，在这种液化引起的地基下沉、变形较为明显的情况下，即使对于最大加速度 350Gal 的情况也最好对液化进行探讨，并采取必要的措施。

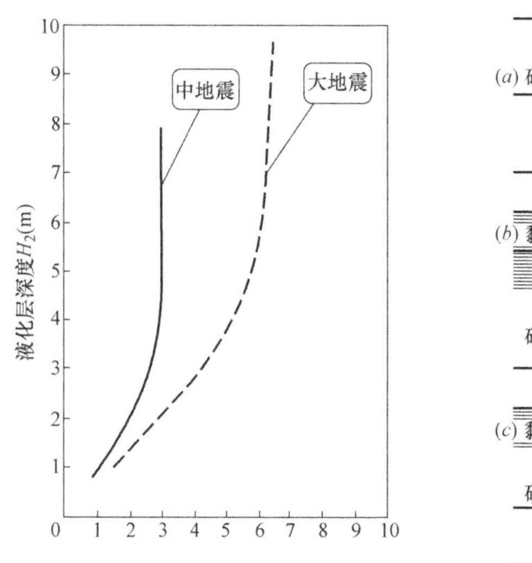

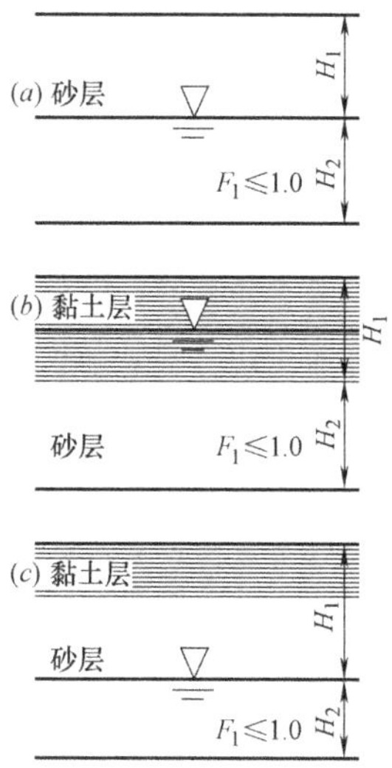

非液化层的厚度 H_1（m）

确定液化是否对地表面有影响，非液化层厚度 H_1 与液化层厚度 H_2的关系

非液化层厚度 H_2 以及液化层厚度 H_2 的关系

住宅地中液化的探讨方法实例

（宅地抗震设计手册（方案））

除此以外关于液化程度可以参考日本建筑学会建筑基础结构设计指南。

由于液化可能造成建筑物下沉影响等情况下，要通过固结等方式可以对地基进行改良等，减轻或防止由于液化造成的损害。通过改善液化措施对地基进行改良的方法包括固结施工方法、深层混合处理施工方法、排水管施工方法等，土木工程的一些案例也可以进行参考[8]。最近开始使用对既有结构物下面的地基进行加固的注入施工方法等[9]。管地基改良后的地基评估可以参考日本建筑中心建筑物的改良地基设计以及品质管理指南[10]，日本建筑学会建筑基础的地基改良设计指南方案[11]。但是在所有改良施工方法中，没有展示统一的评估方法，所以关于改良地基的评估方法，需要参考日本建筑学会以及地基工学会等在将来所汇总的资料等。

（钢材等）

施行命令第 96 条

（钢材等）

第 96 条钢材等的材料强度应依据如下表 1 或表 2 所示的数值。

1

种　类		材料强度(单位 N/mm²)			
		压缩	拉伸	弯曲	剪切
碳素钢	结构用钢材	F	F	F	$\frac{F}{\sqrt{3}}$

续表

种类			材料强度(单位 N/mm^2)			
			压缩	拉伸	弯曲	剪切
碳素钢	高强度螺栓		—	F	—	$\frac{F}{\sqrt{3}}$
	螺栓	黑皮	—	F	—	—
		抛光	—	F	—	$\frac{3F}{4}$(关于 F 超过 240 的螺栓,国土交通大臣规定了与此不同的数值,则取该确定的数值)
	结构用钢索		—	F	—	—
	铆钉钢		—	F	—	$\frac{3F}{4}$
	铸钢		F	F	F	$\frac{F}{\sqrt{3}}$
不锈钢	结构用钢材		F	F	F	$\frac{F}{\sqrt{3}}$
	高强度螺栓		—	F	—	$\frac{F}{\sqrt{3}}$
	螺栓		—	F	—	$\frac{F}{\sqrt{3}}$
	结构用钢索		—	F	—	—
	铸钢		F	F	F	$\frac{F}{\sqrt{3}}$
铸铁			F	—	—	—

在该表中 F 表示第 90 条表 1 中规定的标准强度。

2

种类	材料强度(单位 N/mm^2)		
	压缩	拉伸	
		用于剪切加固以外的情况	用于剪切加固的情况
圆钢	F	F	F(如果改数值超过 295,则应该为 295)
异型钢筋	F	F	F(如果改数值超过 390,则应该为 390)
钢丝直径 4mm 以上的焊接金属网	—	F(但是仅限于用于支撑板材)	F

在施行法令第 90 条中，关于钢材等（碳素钢以及不锈钢的结构钢材、螺栓等、铸铁、圆钢、异型钢筋等）的容许应力进行了规定。在施行法令第 96 条中对钢材等的材料强度进行了规定。标准强度 F 的数值由大臣进行规定。另外支撑压力以及压缩材料的屈曲容许应力以及材料强度根据法令第 94 条以及法令第 99 条，由大臣确定其数值。

（混凝土）

施行命令第 97 条

（混凝土）

第 97 条混凝土材料强度必须采用如下表所示数据。但是关于采用了异型钢筋粘结，如果国土交通大臣根据钢筋的种类以及质量另行确定了数值的话，可以采用该数值。

1

材料强度(单位 N/mm^2)			
压缩	拉伸	剪切	粘结
F	$\frac{F}{10}$(关于 F 超过 21 的混凝土,如果国土交通大臣规定了与此不同的数值的话,则采用该数值)		2.1(如果使用轻质骨料则为 1.8)
在该表中 F 表示设计标准强度(单位 N/mm^2)。			

2. 关于前项的设计标准强度，准用第 91 条第 2 项的规定。

施行法令第 91 条对混凝土容许应力进行了规定，施行法令第 97 条对混凝土材料强度进行了规定。但是设计标准强度 F 如果超过 $21N/mm^2$ 的话，关于拉伸、剪切的容许应力以及材料强度、采用了异型钢筋的粘结数值，如果与大臣规定的数值不同的话，则可以采用该数值。

设计标准强度 F 数值按照法令第 74 条以及基于该法令的告示（昭 56 建告第 1102 号）的规定，在实际强度的关系方面受到限制。并且一般在对保有水平承载力进行计算时，将忽视拉伸强度。

（焊接）

施行法令第 98 条

（焊接）

第 98 条焊接接头的横截面的材料强度依据如下表所示的数值。

接头形式	材料强度(单位 N/mm^2)			
	压缩	拉伸	弯曲	剪切
对接	F			$F/\sqrt{3}$
对接以外的形式	$F/\sqrt{3}$			$F/\sqrt{3}$
在该表中 F 表示第 92 条的表中所规定的标准强度。				

施行命令第 92 条中焊接接头横截面的容许应力进行了规定，施行命令第 98 条中材料强度进行了规定。2000 年以前，在大臣认可的可以生产确保工程质量的作业条件下，关于焊接部分的容许应力以及材料强度，与母材相同，除此以外的情况下为母材的 0.9 倍。焊接相关技术标准依据施行法令第 67 条所规定的内容进行制定，而目前不是通过作业条件，而是通过技术标准对焊接的质量进行确保的。

并且众所周知焊接部分的强度受到焊接条件（热输入量、间隙温度等）的影响，要在合理的条件（参照 JIS Z3312、JIS Z3313 的解说等）下进行作业。

13.2.2 建设省的告示

平 12 年建设省告示第 1446 号　　（最终修改 2007 年 5 月 18 日国土交通省告示第 619 号）

建筑物的基础、主要结构等中所使用的建筑材料以及这些建筑材料应符合的日本工业规范或日本农林规范以及质量相关技术标准的确定

根据建筑标准法（1950 年法律第 201 号）第 37 条的规定，对建筑物的基础、主要结构部分等中所使用的建筑材料以及这些建筑材料应符合的日本工业规范或日本农林规范以及质量相关技术标准按照如下内容进行确定。

第 1　应为建筑标准法（以下简称为“法”）第 37 条的建筑物的基础、主要结构的其他安全上、防火上或卫生上较为重要的部分中所使用的建筑材料，属于同条第一号或第二号的任何一条的材料如下所示。

一、结构用钢材以及铸钢

二、高强度螺栓以及螺栓

三、结构用钢索

四、钢筋

五、焊接材料（碳素钢、不锈钢以及铝合金材料的焊接）

六、螺丝扣

七、混凝土

八、混凝土砌块

九、隔震材料（是指 2000 年建设省告示第 2009 号第一号中所规定的隔震材料等其他于此相类似的材料。以下相同。）

十、木制连接成形轴材料（是指积层连接木材单板或集成连接小片木材的轴材。以下相同。）

十一、木制复合轴材料（通过粘合剂把制造材料、集成材料、木质连接成形轴材料等其他木材按照Ⅰ形、多边形等其他规定的横截面形状所复合构成的轴材。以下相同。）

十二、木质隔热复合板（是指平板状有机发泡剂的两面上用粘合剂等粘接的板和此类似的粘接板。以下相同。）

十三、木制连接复合板（是指使用制造材料、集成材料、木质连接成轴材料，通过粘合剂使结构形成板及其他与此类似的粘接板。以下相同。）

十四、自攻螺钉等其他与此类似的装置（仅限结构钢材中形成螺纹和切割钢材再进行贯入的情况）

十五、打入钉（是指结构钢材中打入固定的物体。以下相同。）

十六、铝合金材料

十七、桁架用机械式接头

十八、膜材料以及帐篷仓库用的膜材料

十九、陶瓷砌块单位

二十、防石棉飞散剂

二十一、紧固材料

二十二、轻质加气混凝土板

第 2 法第 37 条第一号的日本工业规范或日本农林规范根据附表第一（YI）栏中所使的建筑材料的分类，分别为同表（RO）栏中所示的内容。

第 3 法第 37 条第二号的品质相关技术标准如下所示。（略）

附表第一（法第 37 条第一号的日本工业规范以及日本农林规范）

（YI）	（RO）
第 1 第一号中所述的建筑材料	日本工业规范（以下简称为"JIS"。）A5525（钢管桩）—1994，JIS A5526（H 形钢桩）—1994，JISE1101（普通轨道以及分歧器类用特殊轨道）-2001，JISE1103（轻轨道）—1993，JISG3101（一般结构压延钢材）—1995，JISG3106（焊接结构用压延钢材）—1994，JISG3114（焊接结构用耐候性热压延钢材）—1998，JISG3136（建筑结构用压延钢材）—1994，JIS3138（建筑结构用压延圆钢）—1996，JISG3201（碳素钢锻钢产品）—1998，JISG3302（熔融镀锌钢板以及钢带）—1998，JISG3312（涂装溶融镀锌钢板以及钢带）—1994，JISG3321（55％溶融铝合金镀锌钢板以及钢带）—1998，JISG3322（涂装 55％溶融铝合金镀锌钢板以及钢带）—1998，JISG3350（一般结构用轻量型钢）-1987，JISG3444（一般结构用碳素钢管）—1994，JISG3466（一般结构用多边形钢管）—1998，JISG3475（建筑结构用碳素钢管）—1996，JISG4051（机械结构碳素钢材）-1979，JISG4053（机械结构用合金钢钢材）—1991，JISG5102（焊接结构用铸钢产品）—1991，JISG511（结构用高拉力碳素钢以及低合金铸钢产品）—1991 或 JISG5201（焊接结构用离心铸钢管）—1991
第 1 第二号中所述的建筑材料	JISB1051（碳素钢以及合金钢制连接用零部件机械性质一第 1 部：螺栓，螺丝以及嵌入螺栓）—2000，JISB1054-1（抗腐蚀不锈钢制连接用零部件机械性质一第 1 部：螺栓、螺丝以及嵌入螺栓）—2001，JISB1054-2（抗腐蚀不锈钢制连接用零部件机械性质一第 1 部：螺母）—2001，JISB1180（六角螺栓）—1994，JISB1181（六角螺栓）—1993，JISB1186（摩擦接合用高拉力六角螺栓、六角螺母、缓冲垫套件）—1995，JISB1256（缓冲垫）—1998 或 JISB1057（非铁金属制螺栓产品的机械性质）—2001

续表

(YI)	(RO)
第1第三号中所述的建筑材料	JISG3525(钢丝绳)—1998,JISG3546(异型线绳)—2000,JISG3549(结构用钢丝绳)—2000或JIS5350(结构用不锈钢丝绳)—2003
第1第号中所述的建筑材料	JISG3112(钢筋混凝土用圆钢)—1987或JISG3117—1987(钢筋混凝土再生圆钢)
第1第号中所述的建筑材料	JISZ3183(碳素钢以及低合金钢用埋弧焊金属的品质分类以及试验方法)1993,JISZ3211(软钢用手工电弧焊条)—1991,JISZ3212(高拉力钢用手工电弧焊条)—1990,JISZ3214(耐候性钢用手工电弧焊条)—1999,JISZ3221(不锈钢用手工电弧焊条)—2003,JISZ3312(软钢以及高拉力钢用焊接实心焊丝)—1999,JISZ3313(软钢、高拉力钢以及低温钢用带有弧焊焊剂的焊丝)—1999,JISZ3315(耐候性钢用碳酸气体弧焊实心焊丝)—1999,JISZ3320(耐候性钢用二氧化碳带有弧焊焊剂的焊丝)—1999,JISZ3323(不锈钢带有弧焊焊剂的焊丝)—2003,JISZ3324(不锈钢埋弧焊焊丝以及焊剂)—2003,JIS23353(软钢以及高拉力钢用电渣弧焊焊以及焊剂)—1999或JISZ3232(铝以及铝合金溶加条以及焊丝)—2000
第1第六号中所述的建筑材料	JISA5540建筑用拉线—2003,JISA5541(建筑用拉线)—2003或JISA5542(建筑用拉线螺栓)—2003
第1第号中所述的建筑材料	JISA5308(预拌混凝土)—2003(JISR5214(生态水泥)-使用2002中规定的普通水泥情况除外)—
第1第八号中所述的建筑材料	JISA5406(建筑混凝土砌块)—1994
第1第十号中所述的建筑材料	结构用单板积层材料的日本农林规范(1985年农林水产省告示1443号)
第1第号十四中所述的建筑材料	JISB1055(自攻螺丝-机械性质)—1995或JISB1059(带有自攻螺丝螺纹的钻杆-机械性质以及性能)—2001
第1第十六号中所述的建筑材料	JISH4000(铝以及铝合金板以及铝合金条)—1999,JISH4040(铝以及铝合金棒以及铝合金线)—1999,JISH4100(铝以及铝合金挤压型材)—1999,JISH4140(铝以及铝合金铸造产品)—1998,JISH5202(铝以及铝合金铸造物)—1999或JISZ326(铝合金棒以及板)—1992(板)
第1第十九号中所述的建筑材料	JISA5210(建筑用陶瓷砌块单元)—1994
第1第二十一号中所述的建筑材料	JISG3536(PC钢绞线)—1999,JISG3109,(PC钢筋)—1994或JISG3137(小直径异型PC钢筋)—1994
第1第二十二号中所述的建筑材料	JISA5416(轻质加气混凝土板)—1997

附表第二（品质标准以及其测定方法等）（略）

附表第三（检查项目以及检查方法）（略）

大臣确定的建筑材料称为“指定的建筑材料”，附表第一中对指定的建筑材料的JIS规格以及JAS规格（以下内容中简称为“JIS等规格”）进行了规定，把这些内容总称为“所指定的JIS等”。

在法第37条第一号所述的建筑材料中，大臣指定的内容分别参考合理的JIS规格等。在此所谓合理的JIS规格并不仅仅要求带有JIS规格标志等的材料，而是如果被认为符合JIS规格的内容的材料，那么关于没有带有JIS规格标志的材料在规定上也可以使用。但是在进行中间检查时，业主等认为符合JIF等规格的话，在交货书等材料上确认第三方认证的JIS规格等的标志是较为有效方法，关于未附带JIS规格等标签的材料，有时候会要求提供客观的材料检查记录等充分说明符合规范的资料。并且作为判断对品质影响的资料，可以采用以往的施工情况以及以往获得大臣认可的性能评估资料。如果采用认定产品，同时可以确认其属于适用范围内。

如果把特殊材料等这类没有对规格以及强度等进行规定的产品用于每栋建筑物，可以进行时程反应分析，并获得大臣的批准。但是比如虽然是结构用的钢材，但是在不符合所指定的JIS内容的情况下，另行根据法第37条第二号中所规定的材料，需要获得大臣认定后才能使用。

2000年建设省告示第1454号

关于计算 E 数值的方法以及确认 V_0 与风力系数数值

根据建筑标准法施行命令（1950 年政令第 338 号）第 87 条第 2 项以及第 4 项的规定，关于计算 E 数值的方法以及确认 V_0 与风力系数数值进行了如下规定。

第 1 建筑标准法施行命令（以下简称为“命令”）第 87 条第 2 项中所规定的 E 数值应根据如下公式计算出来。

$E=E_r^2G_f$

在该公式中 E_r 以及 G_f 分别表示如下数值。

E_r 表示根据如下规定计算出来的平均风速高度方向分布的系数

G_f 表示根据第 3 项的规定计算出来的阵风影响因子

2 上述公式中的 E_r 应根据如下表所示的公式计算出来。但是受到局部地区的地形的影响，平均风速可能会有所增加，此时必须考虑其影响。

H 低于 Z_b 的情况	$E_r=1.7\left(\frac{Z_b}{Z_G}\right)^{\alpha}$
H 超过 Z_b 的情况	$E_r=1.7\left(\frac{H}{Z_G}\right)^{\alpha}$

在该表中 E_r、Z_b、Z_G、α 以及 H 分别表示如下数值。

E_r 表示平均风速高度方向的分布的系数

Z_b、Z_G 以及 α 表示根据地表面粗糙度分类如下表所示的数值。

地表面粗糙度分类		Z_b(m)	Z_G(m)	α
Ⅰ	在城市规划区域外，极为平坦且没有障碍物，特定政府机构规定的规定区域	5	250	0.10
Ⅱ	在城市规划区域外，地表面粗糙度分类Ⅰ的区域外地区(建筑物高度 13m 以下的情况除外。)或者在城市规划区域内地表面粗糙度分类Ⅳ的区域外的区域中，到海岸线或湖岸线(仅限到对岸的距离为 1500m 以上。以下内容相同。)的距离为 500m 以内的区域(但是建筑物高度 13m 以下的情况或者到该海岸线或湖岸线的距离超过了 200m，并且建筑物高度低于 31m 的情况除外)	2	350	0.15
Ⅲ	地表面粗糙度分类Ⅰ、Ⅱ或Ⅳ以外的区域	5	450	0.20
Ⅳ	城市规划区域中，城市化较为明显的地区，由特定政府机构规划的特定区域	10	550	0.2

H 表示建筑物高度与顶部高度的平均数值（m）

3 第 1 项中的公式 G_f 为前项表中地表面粗糙度分类以及 H 的设定，下表所示的数值。但是关于该建筑物的规模或建造特性以及风压力的变动特性，根据风洞试验或实测结果进行计算的话，可以依据该计算结果。

地表面粗糙度分类 \ H	(1) 10 以下的情况	(2) 超过 10 低于 40 的情况	(3) 40 以上的情况
Ⅰ	2.0	为通过直线内插(1)与(3)中所述数值的方式所获得数值	1.8
Ⅱ	2.2		2.0
Ⅲ	2.5		2.1
Ⅳ	3.0		2.3

2 法令第 87 条第 2 项中规定的 V_0 为根据地方区分按照如下表所示的数值。

(1)	(2)至(9)所示的地方以外的地区	30
(2)	北海道包括 札幌市、小樽市、网走市、留萌市、稚内市、江别市、纹别市、名寄市、千岁市、惠庭市、北广岛市、石狩郡、厚田郡、滨益郡、空知郡中南幌町、夕张郡中的由仁町以及长沼町、上川郡中风连町以及下川町、中川郡中美深町、音威子府以及中川町、增毛郡、留萌郡、毡前郡、天盐郡、宗谷郡、枝幸郡、礼文郡、利尻郡、网走郡中的东藻琴村、女满别町以及美幌町、斜里郡中的清里町以及小清水町、常吕郡中的端野町、佐吕间町以及常吕町、纹别郡中的上涌别町、涌别町、兴部町、西兴部村以及雄武町、勇付郡中的追分町以及穗别町、沙流郡中的平取町、新冠郡静内郡、三石郡、浦河郡、样似郡、幌泉郡、厚岸郡中的厚岸町、川上郡 岩手县包括 久慈市、岩手郡中的葛卷町 下闭伊郡中的田野田村以及普代村 九户郡中的野田村以及山形村 二户郡 秋田县包括 秋田市 大馆市 本庄市 鹿角市 鹿角郡 北秋田郡中的鹰巢町 比内町 合川町以及上小阿仁村 南秋田郡中的五城目町 昭和町 八郎泄町 饭田川町 天王町以及井川町 由利郡中的仁贺保町 金浦町 象泻町 岩城町以及西目町 山形县包括 鹤冈市 酒田市 西田川郡 饱海俊中的游佐町 茨城县包括 水户市 下妻市 日立中市 东茨城郡中的内原町 西茨城郡中的友部町以及岩间町 新治郡中的八乡町 真壁郡中的明野町以及真壁町 结城郡 猿岛郡中的五霞町 猿岛町以及境町 埼玉县包括 川越市 大宫市 所泽市 狭山市 上尾市 与野市 入间市 桶川市 久喜市 富士见市 上福冈市 莲田市 幸手市 北足立郡中的伊奈町 入间郡中的大井町以及三芳町 南琦玉郡 北葛饰郡中的栗桥町 鸠宫町以及杉户町 东京都包括 八王子市 立川市 昭岛市 日野市 东村山市 福生市 东大和市 武藏村山市羽村市 Akiru 野市 西多摩郡中的瑞穗町 神奈川县包括 足柄上郡中的山北町 津久井郡中的津久井町 相模湖町以及藤野町 福井县包括 敦贺市 小滨市 三方郡 远敷郡 大饭郡 山梨县包括 富士吉 田市南巨摩郡中的南部町以及富泽町南都留郡中的秋山村 道志村忍野村 山中湖村以及鸣泽村 岐阜县包括 多治见市 关市 美浓市 美浓加茂市 各务原市 可儿市 绀斐郡中的藤桥村以及坂内村本巢郡中的根尾村 山县郡 武仪郡中的洞户村以及武艺川町 加茂郡中的坂祝町以及富加町 静冈县包括 静冈市 滨松市 清水市 富士宫市 岛田市 槊田市 烧津市 挂川市 藤枝市袋井市 湖西市 富士郡 庵原郡 志太郡 臻原郡中的御前崎町 相良町 臻原町 吉田町以及金谷町 小笠郡 槊田郡中的浅羽町 福田町 龙洋町以及丰田町 滨名郡 引佐郡中的细江町以及三日町 爱知县包括 丰桥市 濑户市 春日井市 丰川市 丰田市 小牧市 犬山市 尾张旭市 日进市 爱知郡 丹羽郡 额田郡中的额田町 宝饭郡 西加茂郡中的三好町 滋贺县包括 大津市 草津市 守山市 滋贺郡 栗太郡 伊香郡 高岛郡 京都府 大阪府包括 高规市 枚方市 八尾市 寝屋川市 大东市 柏原市 东大阪市 四条田市 交野市 三岛郡 南河内郡中的太子町 河南町以及千早赤坂村 兵库县包括 姬路市 相生市 丰岗市 龙野市 赤穗市 西肋市 加西市 条山市 多可郡 饰磨郡 神崎郡 缉保郡 赤穗郡 城崎郡 出石郡 美方郡 养父郡 朝来郡 冰上郡 奈良县包括 奈良市 大和高田市 大和郡山市 天理市 僵原市 樱井市 御所市 生驹市 香芝市 添上郡 山边郡 生驹郡 矶城郡 宇驮郡中的大宇驮町 兔田野町 臻原町以及室生村 高市郡 北葛城郡	32

续表

(2)	鸟取县包括 鸟取市 岩美郡 八头郡中的郡家町 船岗町 八东町以及若樱町 岛根县包括 益田市 美浓郡中的匹间町 鹿足郡中的日原町 隐岐郡 冈山县包括 岗山市 仓敷市 玉野市 笠岗市 备前市 和气郡中的日生町 邑久郡 儿岛郡都洼郡 浅口郡 广岛县包括 广岛市 竹原市 三原市 尾道市 福山市 东广岛市 安艺郡中的府中町 佐伯郡中的汤来町以及吉和村 山县郡中的筒贺村 贺茂郡中的河内町 丰田郡中的本乡町 御调郡中的向岛町 沼隈郡 福冈县包括 山田市 甘木市 八女市 丰前市 小郡市 嘉穗郡中的桂川町 稻筑町 锥井町以及嘉穗町 朝仓郡 浮羽郡 三井郡 八女郡 田川郡中的添田町 川崎町 大任町以及赤村 京都郡中的犀川町筑上郡 熊本县包括 山鹿市 菊池市 玉名郡中的菊水町 三加和町以及南关町 鹿本郡 菊池郡 阿苏郡中的一宫町 阿苏町 产山村 波野村 苏阳町 高森町 白水村 久木野村 长阳村以及西原村 大分县包括 大分市 别府市 中津市 日田市 佐伯市 臼杵市 津久见市 竹田市 丰后高田市 杵筑市 宇佐市 西国东郡 东国东郡 速见郡 大分郡中的野津原町 狭间町以及庄内町 北海部郡 南海部郡 大野郡 直入郡 下毛郡 宇佐郡 宫崎县包括 西臼杵郡中的高千穗町以及日之影町 东臼杵郡中的北川町	32
(3)	北海道包括 函馆市 室蓝市 苫小牧市 根室市 登别市 伊达市 松前郡 上矶郡 龟田郡茅部郡 斜里郡中的斜里町 氓田郡 岩内郡中的共和町 积丹郡 古平郡 余市郡 有珠郡 白老郡 勇付郡中的早来町 厚真町以及鹉川町 沙流郡中的门别町 厚岸郡中的滨中町 野付郡 标津郡 目梨郡 青森县 岩手县包括 二户市 九户郡中的轻米町 种市町 大野村以及九户村 秋田县包括 能代市 南鹿市 北秋田郡中的田代町 山本郡 南秋田郡中的若美町以及大泻村 茨城县包括 土浦市 石冈市 龙崎市 水海道市 取手市 岩井市 牛久市 筑波市 东茨城郡中的茨城町 小川町 美野里町以及大洗町鹿岛郡中的旭村 牧田町以及大洋村行方郡中的麻生町 北浦町以及玉造町 稻敷郡新治郡中的霞浦町 玉里村 千代田町以及新治村 筑波郡 北相马郡 埼玉县包括 川口市 浦和市 岩规市 春日部市 草加市 越谷市 撅市 户田市 鸠谷市 朝霞市 志木市 和光市 新座市 八潮市 三乡市 吉川市 北葛饰郡中的松伏町以及庄和町 千叶县包括 市川市 船桥市 松户市 野田市 柏市 流山市 八千代市 我孙子市 镰谷市浦安市 印西市 东葛饰郡 印桥郡中的白井町 东京都包括 二十三区 武藏野市 三鹰市 府中市 调布市 町田市 小金井市 小平市 国分寺市 国立市 田无市 保谷市 佰江市 清濑市 东久留米市 多摩市 稻城市 神奈川县包括 横滨市 川崎市 平塚市 镰仓市 藤泽市 小田原市 茅崎市 相模原市 秦野市 厚木市 大和市 伊势原市 海老名市 座间市 南足柄市 绫濑市 高座郡中郡 足柄上郡中的中井町 大井町 松田町以及开成町 足柄下郡 爱甲郡 津久井郡中的城山町 岐阜县包括 岐阜市 大恒市 羽岛市 羽岛郡 海津郡 养老郡 不破郡 安八郡 缉斐郡中的缉斐川町 谷汲村 大野町 池田町 春日村以及濑村 本巢郡中的北方町 本巢町 穗积町 巢南町 真正町以及系贯町 静冈县包括 沼津市 热海市 三岛市 富士市 御殿场市 据野市 贺茂郡中的松崎町 西伊豆町以及贺茂村 田方郡 骏东郡	34

续表

<table>
<tr><td>(3)</td><td>爱知县包括
名古屋市 冈崎市 一宫市 半田市 津岛市 碧南市 刈谷市 安城市 西尾市蒲郡市 常滑市 江南市 尾西市
稻泽市 东海市 大府市 知多市 知立市 高滨市 岩仓市 丰明市 西春日井郡 叶栗郡 中岛郡 海部郡
知多郡 翻豆郡 额田郡中的幸田町 沃美郡
三重县
滋贺县包括
彦根市 长滨市 近江八幡市 八日市 市野洲郡 甲贺郡 浦生郡 神崎郡 爱知郡 犬上郡 板田郡 东浅井郡
大阪府包括
大阪市 堺市 岸和田市 丰中市 池田市 吹田市 泉大津市 贝塚市 守口市茨木市 泉佐野市 富田林市 河内长野市 松原市 和泉市 箕面市 羽曳野市门真市 摄津市 高石市 藤井寺市 泉南市 大阪狭山市 板南市 丰能郡 泉北郡 泉南郡 南河内郡中的美原町
兵库县包括
神户市 尼崎市 明石市 西宫市 洲本市 庐屋市 伊丹市 加古川市 宝塚市三木市 高砂市 川西市 小野市 三田市 川边郡 美囊郡 加东郡 加古郡 津名郡 三原郡
奈良县包括
五条市 吉野郡 宇驮郡中的曾尔村以及御杖村
和歌山县
岛根县包括
鹿足郡中的津和野町 柿木村以及六日市町
广岛县包括
吴市 因岛市 大竹市 二日市 市安芸郡中的海田町 熊野町 板町 江田岛町音户町 仓桥町 下埔刈町以及浦刈町 佐伯郡中的大野町 佐伯町 宫岛町 能美町 冲美町以及大柿町 贺茂郡中的黑濑町 丰田郡中的安芸津町 安浦町 川尻町 丰滨町 丰町 大崎町 东野町 木江町以及濑户田町
山口县
德岛县包括
三好郡中的三野町 三好町 池田町以及山城町
香川县
爱媛县
高知县包括
土佐郡中的大川村以及本川村 吾川郡中的池川
福冈县包括
北九州市 福冈县 大木田市 久留米市 直方市 饭塚市 田川市 柳川市 筑后市 大川市 行桥市 中间市 筑紫野市 春日市 大野城市 宗像市 太宰府市 前原市 古贺市 筑紫郡 糟屋郡 宗像郡 远贺郡 鞍手部 嘉穗郡中的筑穗町 穗波町 庄内町以及颖田町 系岛郡 三潴郡 山门町 三池郡 田川郡中的香春町 金田町 系田町 赤池町以及方城町 京都郡中的刈田町 胜山町以及丰津町
佐贺县
长崎县包括
长崎市 佐世保市 岛原市 练早市 大村市 平户市 松浦市 西彼枯郡 东彼枯郡 北高来郡 南高来郡 北松浦郡 南松浦郡中的若松町 上王岛町 新鱼目町 有川町以及奈良尾町 尾岐郡 下县郡 上县郡
熊本县包括
熊本市 八代市 人吉市 荒尾市 水俣市 玉名市 本渡市 牛深市 宇士市 宇士郡 下益城郡 玉名郡中的黛明町 横岛町 天水町 玉东町以及长洲町 上益城郡 八代郡 苇北郡 秋磨郡 天草郡
宫崎县包括
延岗市 日向市 西都市 西诸县郡中的须木村 儿汤郡 东臼杵郡中的门川町东乡町 南乡村 西乡村 北乡村 北方村 北浦町 诸塚村以及椎村 西臼杵郡五濑町</td><td>34</td></tr>
<tr><td>(4)</td><td>北海道包括
山越郡 会山郡 尔志郡 久远郡 奥尻郡 濑棚郡 岛牧郡 寿都郡 岩内郡中的岩内町 矶谷郡 古宇郡
茨城县包括
鹿岛市 鹿岛郡中的神栖町以及波崎町 行方郡中的牛掘町以及潮来町</td><td>36</td></tr>
</table>

续表

(4)	千叶县包括 千叶市　佐原市　成田市　佐仓市　习志野市　四街道市　八街市　印幡郡中的酒酒井町　富里町　印幡村　本林村以及荣町　香取郡　山武郡中的山武町以及芝山町 神奈川县包括 横须贺市　逗子市　三浦市　三浦郡 静冈县包括 伊东市　下田市　贺茂郡中的东伊豆町　河津町以及南伊豆町 德岛县包括 德岛市　鸣门市　小松岛市　阿南市　胜浦郡　名东郡　名西郡　那贺郡中的那贺川町以及羽浦町　板野郡　阿波郡　麻植郡　美马郡　三好郡中的井川町　三加茂町　东祖谷山村以及西祖古山村 高知县包括 宿毛市　长冈郡　土佐郡中的镜村　土佐山村以及土佐町　吾川郡中伊野町　吾川村以及吾北村　高冈郡中的佐川町　越知町　寿原町　大野见村　东津野村　叶山村　仁淀村以及日高村　幡多郡中的大正町　大月町　十和村　西土佐村以及三原村 长崎县包括 福江市　南松浦郡中的富江町　玉之浦町　三井乐町　岐宿町以及奈留町 宫崎县包括 宫崎市　都城市　日南市　小林市　串间市　虾市　宫崎郡　南那珂郡　北诸县郡西诸县中的高原町以及野尻町　东诸县郡 鹿儿岛县包括 川内市　阿久根市　出水市　大口市　国分市　鹿儿岛郡中的吉田町　萨摩郡中的通肋町　入来町　东乡町　宫之城町　鹤田町　萨摩町以及祈答院町　出水郡　伊佐郡　蛤良郡　曾于郡	36
(5)	千叶县包括 兆子市　馆山市　木更津市　茂原市　东金市　八日市　场市　旭市　胜浦市　市原市　鸭川市　君津市　富津市　袖浦市　海上郡　匝差郡　山武郡中的大网百里町九十九里町　成东町　莲沼村　松尾町以及横芝町　长生郡　夷偶郡　安房郡 东京都包括 大岛町　利岛村　新岛村　神津岛村　三宅村　御藏岛村 德岛县包括 那贺郡中的鸠敷町　相生町　上那贺町　本泽村以及木头村海部郡 高知县包括 高知市　安芸市　南国市　土佐市　须崎市　中村市　土佐清水市　安芸郡中的马路村以及芸西村香美郡　吾川郡中的春野町　高岗郡中的中土佐町以及洼川町　幡多郡中的佐贺町以及大方町 鹿儿岛县包括 鹿儿岛市　鹿屋市　串木野市　垂水市　鹿儿岛郡中的樱岛町　肝属郡中的串良町　高山町　吾平町　内之浦町以及大根占町　日置郡中的市来町　东市来町　伊集院町　松元町　郡山町　日吉町以及吹上町	38
(6)	高知县包括 室户市　安芸郡中的东洋町　奈半利町　田野町　安田町以及北川村 鹿儿岛县包括 枕崎市　指宿市　加世田市　西之表市　缉宿郡　川边郡　日置郡中的金峰町　萨摩郡　中里村　上曾村　下曾村以及鹿岛村　肝属郡中的根占町　田代町以及佐多町	40
(7)	东京都包括 八丈町　青岛村　小笠原村 鹿儿岛县包括 熊毛郡中的中种子町以及南种子町	42
(8)	鹿儿岛县包括 鹿儿岛郡中的三岛村　熊毛郡中的上屋久町以及屋久町	44
(9)	鹿儿岛县包括 名濑市　鹿儿岛郡　中十岛村　大岛郡 冲绳县	46

本告示第 1 项中的内容是基于实行法令第 87 条第 2 项的规定对 E 数字的计算方法作出了规定。具体而言采用了如下所示的公式。

$$E=E_r^2G_f$$

在此

E_r：表示平均风速高度方向分布的系数

G_f：阵风影响系数

关于表示平均风速高度方向分布的系数 E_r，参考日本建筑学会《建筑物荷载指南及解说（1993)》的内容，根据地表面粗糙度分类（Ⅰ～Ⅳ）以及该建筑物的屋顶平均高度 H 对计算公式进行了规定。依据该规定计算的 E_r 如图 5.4-1（参照参考文献[6]）所示。

并且地表面粗糙度分类是根据是否指定城市规划区域，到海岸线的距离、建筑物的高度等内容如告示第 2 项的表中所规定的。地表面粗糙度分类Ⅰ以及Ⅳ由特定行政机构按照规范进行确定。

关于阵风影响系数 G_f，是根据风的时间变动情况，给出了建筑物或其部分的平均风响应与最大瞬间风响应之比。参考日本建筑学会《建筑物荷载指南及解说（1993)》，根据地表面粗糙度分类以及该建筑物屋顶的平均高度，如本告示第 1 第 3 项中的表所示的内容规定的。但根据“书”的规定，按照风洞试验等另外计算出数值的话，应考虑风速变动等引起的作用与该建筑物的上风面与下风面的风压变动大小、相关性以及该建筑物的规模、振动特性等问题。

本告示第 2 项的内容是依据法令第 87 条第 2 项的规定求标准风速 V_0，规定为 30～40m/s 的 2m/s 刻度。V_0 为假设发生极罕见中度暴风时，相当于地表面粗糙度Ⅱ在地上 10m 再现期间大约 50 年暴风 10 分钟平均风速的数值。

2000 年建设省告示第 1449 号　　（最终修改 2007 年 5 月 18 日国土交通省告示第 620 号）

关于对烟囱、钢筋混凝土柱等、广告塔或高架水槽等以及挡土墙、乘用电梯或手扶电梯结构计算标准进行规定

根据建筑标准法施行命令（1950 年政令第 338 号）第 139 条第 1 项第四号 YI（包括同法令第 140 条第 2 项、第 141 条第 2 项以及第 143 条第 2 项中准用的情况）以及第 142 条第 1 项第五号的规定，在第 1 条至第 3 条中对烟囱、钢筋混凝土柱等、广告塔或高架水槽等以及挡土墙、乘用电梯或手扶电梯结构计算标准进行了规定，根据该法令第 139 条第 1 项第三号（包括该法令第 140 条第 2 项，第 141 条第 2 项以及第 143 条第 2 项中准用的情况）的规定，高度超过 60 米的烟囱、钢筋混凝土柱等、广告塔或高架水槽等以及乘用电梯或手扶电梯结构计算标准在第 4 条中有所规定。

第 1 建筑标准法施令命令（以下简称为“法令”。）第 138 条第 1 项中规定的工作物中，同项第一号以及第二号中所述的烟囱以及钢筋混凝土柱等（以下简称为“烟囱”。）的结构计算标准如下所示。

一、烟囱等风压相关结构计算应依据如下规定进行。

YI. 根据法令第 87 条第 2 项的规定所计算的速度压乘以同条第 4 项所规定的风力系数得到风压力，对于该数值从结构承载力上确定应该安全的。此时法令第 87 条第 2 项中“建筑物屋顶高度”可以解读成“烟囱等距地基面高度”。

RO. 根据需要，对于作用于风向与直角方向的风压力应确认在结构上是安全的。

二、烟囱等与地震力相关的结构计算应如下所述规定进行。但是根据烟囱等的规模或结构形式要考虑振动的特性，根据实际情况计算地震力确认在结构承载力上是安全的情况下，则不受此限。

YI. 根据烟囱等地上各部分的高度，对于根据如下所示的表中的公式计算的地震力所产生的弯矩以及剪切力，应确认在结构承载力上是安全的。

弯矩(Nm)	$0.4hC_{si}W$
剪切力(N)	$C_{si}W$

在该表中 h、C_{si} 以及 W 分别表示如下数值。

h 到烟囱等地基面的高度(m)

C_{si}按照表示烟囱等地上部分的高度方向的力的分布系数进行计算，根据该烟囱等部分的高度，符合如下公式的数值

$$C_{si} \geqslant 0.3Z\left(1-\frac{h_i}{h}\right)$$

在该公式中 Z 以及 h_i 分别表示如下所示。

Z 法令第 88 条第 1 项中规定的 Z 数值

h_i到烟囱等地上各部分的地面的高度(m)

W 烟囱等地上部分的永久荷载与活荷载之和(N)

RO 关于烟囱等地下部分，对于作用于地下部分的地震力所产生的力以及地上部分传递的地震力形成的力，应确认在结构承载力上是安全的。此时作用于地下部分的地震力为烟囱等地下部分的永久荷载与活荷载之和乘以按照如下公式计算的水平震度所得的计算结果。

$$k \geqslant 0.1\left(1-\frac{H}{40}\right)Z$$

在该公式中，k、H 以及 Z 分别表示如下数值。

k 水平震度

H 到烟囱等地下各部分地基的深度（超过 20m 时该数值为 20）(m)

Z 法令第 88 条第 1 项中规定的 Z 数值

第 2 法令第 138 条第 1 项中规定的工作物中，同项第三号以及第四号中所述的广告塔或高架水槽等与该条第 2 项第一号所属的乘用电梯或手扶电梯结构计算标准（以下简称为“广告塔等”）如下所示。

一、广告塔等结构上各主要部分所产生的力根据如下表所示的公式进行计算。

力的种类	关于荷载以及外力假设的状态	一般的情况	根据法令第 86 条第 2 项但书中的规定由特定行政机关指定的多雪区域的情况
长期产生的力	平常	$G+P$	$G+P$
	积雪发生时		$G+P+0.7S$
短期产生的力	积雪发生时	$G+P+S$	$G+P+S$
	暴风发生时	$G+P+W$	$G+P+W$
			$G+P+0.35S+W$
	地震发生时	$G+P+K$	$G+P+0.35S+K$

在该表中，G、P、S、W 以及 K 分别表示如下所示的力(轴方向的力、弯矩、剪切力等)。

G 表示广告塔等的永久荷载所产生的力

P 表示广告塔等活荷载所产生的力

S 根据法令第 86 条规定的积雪荷载所产生的力

W 根据法令第 87 条规定的风压力所产生的力(此时“建筑物屋顶的高度”可以解读为“到广告塔等地基面的高度”)

K 地震力所产生的力

此时地震力为按照如下公式计算的数值。但是根据广告塔等的规模以及结构形式，考虑振动特性，根据实际情况可以计算的地震力的话，可以设定为该荷载数值。

$P=kw$

在该公式中，P、k 以及 w 分别表示如下数值。

P 地震力(N)

K 水平震度(法令第 88 条第 1 项中规定的 Z 数值乘以 0.5 以上数值后所得的数值)

W 工作物等的永久荷载与活荷载之和(应在依据法令第 86 条第 2 项但书的规定计算的多雪区域中，再加入积雪荷载)(N)

二、对于根据前项规定计算的结构上各主要部分所产生的力，确认在结构承载力上是安全的。

三、关于广告塔等地下部分，准用第1第二号RO的标准。

第3　法令第138条第1项中规定的工作物种，同项第五号所示的挡土墙结构计算标准如宅地造成等限制法施行命令（1962年政令第16号）第7条的规定所示。但是如符合如下各项任何一项的规定或者在进行实验或其他特殊研究的情况下，则不受此限。

一、符合宅地造成等限制法施行命令第6条第1项中任何一项设置在地表面的挡土墙

二、根据土质试验等计算地基稳定计算的结果，为了确保地表面的安全，虽然确认了不需要设置挡土墙，但是依然在地表面设置了挡土墙

三、符合宅地造成等限制法施行命令第8条中规定的积层挡土墙结构方法的挡土墙

四、其挡土墙根据宅地造成等限制法施行命令第14条的规定，由国土交通大臣批准与同法令第6条第1项第二号以及第7条至第10条规定的挡土墙具有同等效力

第4　烟囱等以及广告塔等中，高度超过60m的建筑物的结构计算标准依据2000年建设省告示第1461号（第二号HA，第三号RO以及第八号的内容除外）所示的标准。此时各项中的“建筑物”可以解读为“工作物”。

2000年建告第1449号根据法令第139条第1项第四号YI（烟囱等）、第140条第2项（钢筋混凝土柱等）、第141条第2项（广告塔或高架水槽等）、第142条第1项第五号（挡土墙）以及第143条第2项（乘用电梯或手扶电梯）的规定，对这些工作物的结构计算标准进行了规定。

另外如果是工作物，不能用法令第3章第8节的内容，所以不适用关于包括材料强度在内的结构计算。在该工作物的结构计算标准方面，关于风压力以及地震力等依据告示相关规定，但是关于构件的承载力等方面的计算没有特别的规定。因此关于所使用的材料，如果采用与容许应力以及材料强度等数值不同的数值进行结构计算的话，需要通过实验等确认其数值是否合理，并说明其根据。

对工作物的规定的结构计算内容如下所示，除法令第139条第1项第三号外，关于高度超过60m的工作物（挡土墙除外）以及游戏设施，与高度超过60m的建筑物一样，“掌握连续产生的力以及变形情况”再进行计算。在本告示第4项内容中，具体的标准依据平12建告第1461号的内容进行置顶。此时需要获得大臣的品准，其性能评估也应该与建筑物一样根据指定的性能评估机构的业务方法书进行实施。

在本告示第1项中规定，对高度超过6m的烟囱以及高度超过15m的钢筋混凝土柱等（烟囱等）的风压力以及地震力应按照如下方法确认其是否安全。

对风压力的安全确认依据4.5所示的内容进行，但是在进行风压力计算时，法令第87条第2项中的“建筑物高度”需要理解为“到烟囱等地基面的高度”。另外如果与外观宽度相比，烟囱高度较高的话，受到强风影响，与风向正交方向容易出现较大的振动。对于这种现象，结构安全性的确认可以参考日本建筑学会《建筑物荷载指南及解说》等内容。

对于根据如下公式计算的地震力引起的弯矩、剪切力，应确认烟囱等在结构承载力上是安全的，此时关于地下部分可以采用与法令第88条第4项的地震力相同的地震力确认是否安全。但是根据烟囱等震动特性，需要另外进行探讨的话，可以采用与此不同的数值。

$$M=0.4h \cdot C_{si} \cdot W(\mathrm{Nm})(\text{弯矩})$$

$$Q=C_{si} \cdot W(\mathrm{N})(\text{剪切力})$$

在此

h：到烟囱等地基面的高度（m）

C_{si}：用表示到烟囱等地上部分的高度方向应力分布的系数进行计算，根据该烟囱等部分的高度，符合如下计算公式的数值。

$$C_{si} \geqslant 0.3Z\left(1-\frac{h_i}{h}\right)$$

Z：地震区域系数

h_i：到烟囱等地上各部分的地基面的高度（m）

W：烟囱地上部分的永久荷载与活荷载之和（N）

2000年建社省告示第1455号

关于确定指定多雪地区的标准以及确定垂直积雪量的标准

根据建筑标准法施行命令（1950年政令第338号）第86条第2项但书以及第3项的规定，对指定多雪地区的标准以及垂直积雪量的标准进行规定如下所示。

第1 指定建筑标准法施行命令（以下简称为“法令”。）第86条第2项但书中规定的多雪地区的标准如下各项内容所示。

一、第2条中规定的垂直积雪量高于1m的地区

二、积雪初终间日数（是指该区域中积雪部分比率超过1/2状态持续天数）的平年数值超过30天以上的区域

第2 对法令第86条第3项中规定的垂直积雪量进行规定的标准，考虑市町村区域（该区域内如果存在多个积雪量情况不同的区域的情况下，按照每个区域进行考虑）中按照如下所示的公式计算的垂直积雪量以及该区域局部地形因素所带来的影响。但是如果根据该区域或其附近区域的气象观测点中地上积雪深度的观测资料通过统计处理等方法可以求50年再现期望值（是指相当于年超过概率2%的数值），那么可以采用该方法。

$$d=\alpha\cdot l_s+\beta\cdot r_s+\gamma$$

在该公式中，d、l_s、r_s、α、β以及γ分别表示如下数值。

d 垂直积雪量（单位m）

α、β、γ 根据区域附表各栏中所示数值

l_s 区域标准标高（单位m）

r_s 区域标准海率（是指对于根据区域附表R栏中所示的半径（单位km）圆周面积，该圆周内的海以及其他类似于圆周内的面积比率）

附则

1952年建社省告示第1074号废止。

附表

	区　域	α	β	γ	R
(1)	北海道包括 稚内市 天盐郡中的天盐町 幌延町以及丰富町宗谷郡 枝幸郡中的冰顿别町以及中顿别町 礼文郡 利尻郡	0.0957	2.84	−0.80	40
(2)	北海道包括 中川郡中的美深町 音威子府村以及中川町 占前郡中的羽幌町以及初山别村 天盐郡中的远别町 枝幸郡中的枝幸町以及歌登町	0.0194	−0.56	2.18	20
(3)	北海道包括 旭日市 夕张市 芦别市 士别市 名寄市 千岁市 富良野市 芒田郡中的真守村以及留寿度村 夕张郡中的由仁町以及栗山町 上川町中的鹰栖町 东神乐町 当麻町 比布町 爱别町 上川町 东川听 美瑛町 和寒町 剑川町 照日町 风连町 下川町以及新得町空知郡中的上富良野町 中富良野町以及南富良野町 勇付郡中的占冠村 追分町以及穗别町 沙流郡中的日高町以及平取町 有珠郡中的大流村	0.0027	8.51	1.20	20
(4)	北海道包括 札幌市 小樽市 岩见泽市 留萌市 美贝市 江别市 赤平市 三笠市 流川市 砂川市 歌志内市 深川市 惠庭市 北广岛市 石守市 石守郡 厚田郡 滨益郡 芒田郡中的喜茂别町 京极町以及俱知安町 岩内郡中的共和町 古宇郡 积丹郡 古平郡 余市郡 空知郡中的北村 栗泽町 南幌町 奈井江町以及上砂川町 夕张郡中的长沼町 桦户郡 雨龙郡 增毛郡 留萌郡 占前郡中的占前町	0.0095	0.37	1.40	40

续表

	区域	α	β	γ	R
(5)	北海道包括 松前郡 上叽郡中的知内町以及木古内町 会山郡 尔志郡 久远郡 奥尻郡 濑棚郡 岛牧郡 都郡 叽谷郡 芒田郡中的尼世库町 岩内郡中的岩内町	−0.0041	−1.92	2.34	20
(6)	北海道包括 纹别市 常吕郡中的佐吕间町 纹别郡中的远轻町 涌别町 龙上町 兴部町 西兴部村以及雄武町	−0.0071	−3.42	2.98	40
(7)	北海道包括 川路市 根室市 川路郡 厚岸郡 川上郡中的标茶町 阿寒郡 白糠郡中的白糠町 野付郡 标津郡	0.0100	−1.05	1.37	20
(8)	北海道包括 带广市 河东郡中的音更町 士幌町以及鹿追町中的清水町 河西郡 广尾郡 中川郡中的幕别町 池田町以及丰倾町 十胜郡 白糠郡中的音别町	0.0108	0.95	1.08	20
(9)	北海道包括 函馆市 室兰市 占小牧市 登别市 伊达市 上叽郡中的上叽町 龟田郡 茅部郡 山越郡芒田郡中的丰浦町 芒田町以及洞爷村 有珠郡中的壮瞥町 白老郡 用付郡中的早来町 厚真町以及鹉川町 沙流郡中的门别町 新冠郡 静内郡 三石郡 浦河郡 样似郡 幌泉郡	0.0009	−0.94	1.23	20
(10)	北海道(1)至(9)中所示的区域除外	0.0019	0.15	0.80	20
(11)	青森县包括 青森市 五市 东津轻郡中的平内町 蟹田町 今别町 蓬田村以及平馆村 上北郡中的横滨町 下北町	0.0005	−1.05	1.97	20
(12)	青森县包括 弘前市 黑石市 五所川原市 东津轻郡中的三斯村 西津轻郡中的参泽町 木造町 深浦町 森田村 柏村 稻恒村以及车力村 中津轻郡中的岩木町 南津轻郡中的藤崎町 尾上町 浪冈町 常盘村以及田舍馆村 北津轻郡	−0.0285	1.17	2.19	20
(13)	青森县包括 八户市 十和田市 三泽市 上北郡中的野边地町 七户町 百石町 十和田湖 六户町 上北町 东北町 天间林村 下田町以及六所村 三户郡	0.0140	0.55	0.33	40
(14)	青森县(11)至(13)所示的区域除外秋田县包括 能代市 大馆市 鹿角市 北秋田郡 山本郡中的二井町 八森町 藤里町以及峰滨村	0.0047	0.58	1.01	40
(15)	秋田县包括 秋田市 本庄市 男鹿市 山本郡中的琴丘町 山本町以及八龙町 南秋田郡 河边郡中的雄和町 由利郡中的仁贺保町 金浦町 象泻町 岩城町 由利町 西目町以及大内廷 山形县包括 鹤冈市 酒田市 东田川郡 西田川郡 饱海郡	0.0308	−1.88	1.58	20
(16)	岩手县包括 和贺郡中的汤田町以及泽内村秋田县((14)至(15)所示的区域除外)山形县包括 新庄市 村山市 尾花泽市 西村山郡中的西川町 朝日町以及大江町 北村山郡 最上郡	0.0050	1.01	1.67	40
(17)	岩手县包括 宫古市 久慈市 釜石市 气仙郡中的三陆町上闭郡中的大追町 下闭伊郡中的田老町 山田町 田野田村以及普代村 九户郡中的种市町以及野田村	−0.0130	5.24	−0.77	20

续表

	区　域	α	β	γ	R
(18)	岩手县包括 大船渡市 远野市 陆前高田市 岩手郡中的葛卷町 气仙郡中的住田町 下闭伊郡中的岩泉町 新里村以及川井村 九户郡中的轻米町 山形村 大野村以及九户村 宫城县包括 石卷市 气仙沼市 桃生郡中的河北町 雄胜町以及上町 牧鹿郡本吉郡	0.0037	1.04	−0.10	40
(19)	岩手县((16)至(18 中所述的区域除外)) 宫城县包括 古川市 加美郡 玉造郡 远田郡 栗原郡 登米郡 桃生郡中的桃生町	0.0020	0.00	0.59	0
(20)	宫城县包括 福岛县包括 福岛市 郡山市 岩城市 白河市 原町市 须贺川市 相马市 二本松市 伊达郡 安达郡 岩濑郡 西白河郡 东白川郡 石川郡 田村郡 双叶郡 相马郡 茨城县包括 日立市 常陆太田市 高秋市 北茨城市 东茨城郡中的御前山村 那柯郡中的大宫町 山方町 美和村以及绪川村 久慈郡 多贺郡	0.0019	0.15	0.17	40
(21)	山形县包括 山形市 米泽市 寒河江市 上山市 长井市 天龙市 东根市 南阳市 东村山郡 西村山郡中河北町 东置赐郡 西置赐郡中的白鹰町	0.0099	0.00	−0.37	0
(22)	山形县((15)、(16)以及(21)中所述的区域除外)) 福岛县包括 南会津中的只见町 耶麻郡中的热盐加纳村、山都町、西会津町以及高乡村 大沼郡中的三岛町以及金山町 新潟县包括 东浦原郡中的津川町、鹿濑町以及上川村	0.0028	−4.77	2.52	20
(23)	福岛县((20)以及(22)所示区域除外)	0.0026	23.00	0.34	40
(24)	茨城县((20)所示区域除外) 枥木县 群马县((25)以及(26)所示区域除外) 埼玉县 千叶县 东京都 神奈川县 静冈县 爱知县 岐阜县包括 多治见市 关市 中津川市 瑞浪市 羽岛市 惠那市 美浓加茂市 士岐市 各务原市 可儿市 羽岛郡 海津郡 安八郡中的轮之内町 安八町以及墨吴町 加茂郡中的坂祝町 富加町 川边町 七宗町以及八百津町 可儿郡 士岐峻 惠那郡中的岩村町 山岗町 明智町 串原村以及上矢作町	0.0005	−0.06	0.28	40
(25)	群马县包括 利根郡中的水上町 长野县包括 大町市 饭山市 北安云郡中的美麻村 白马村以及小谷村 下高井郡中的木岛平村以及野泽温泉村 上水内郡中的丰野町 信浓町 牟礼村 三水村 户隐村 鬼无里村 小川村以及中条 下水内郡 岐阜县包括 岐阜市 大恒市 美浓市 养老郡 不破郡 安八郡中的神户町 缉斐郡 本曹郡 山县郡 武仪郡中的冬户村、板取村以及武艺川町 郡上郡 大野郡中的清见村 莊川村以及宫村 吉城郡 滋贺县包括 大津市 彦根市 长滨市 近江八幡市 八日市市 草津市 守山市 滋贺郡 栗太郡 野洲郡 蒲生郡中的安士町以及龙王町 神崎郡中的五个莊町以及能登川町 爱知郡 犬上郡 坂田郡 东浅井郡 伊香郡 高岛郡 东京都府包括 福知山市 棱部市 北桑田郡中的美山町 船井町中的和知町 天田君中的夜久野町 加佐郡 兵库县包括 朝来郡中的和田山町以及山东町	0.0052	2.97	0.29	40

续表

	区 域	α	β	γ	R
(26)	群马县包括 沼田市 吾妻郡中的中之条町 草津町 六合村以及高山村 利根郡中的白泽村 利根村 片品村 川场村 月夜野町 新治村以及昭和村 长野县包括 长野市 中野市 更殖市 木曾郡 东筑摩郡 南南云郡 北安云郡中的池田町 松川村以及八坂村 更级郡 植科郡 上高井郡 下高井郡中的山内町 上水内郡中的信州新町 岐阜县包括 高山市 武仪郡中的武仪町以及上之保村 加茂郡中的白川町以及东白川村 惠那郡中的坂下町川上村 加子母村 付知町 福冈町以及至川村 益田郡 大野郡中的丹生川村 久野町 朝日村以及高根村	0.0019	0.00	−0.16	0
(27)	山梨县 长野县((25)以及(26)项所示的区域除外)	0.0005	6.26	0.12	40
(28)	岐阜县((24)以及(26)中所述的区域除外) 新潟县包括 丝鱼川市 西颈城郡中的能生町以及青海町 富山县 福井县 石川县	0.0035	−2.33	2.72	40
(29)	新潟县包括 三条市 新发田市 小千谷市 加茂市 十日町市 见附市 栃尾市 五泉市 北蒲原郡中的安田町 世神村 丰浦町以及黑川村 中蒲原郡中的村松町 南蒲原郡中的田上町、下田村以及荣町 东浦原郡中的三川村 古志郡 北鱼沼郡 南鱼沼郡 中鱼沼郡 岩船郡中的关川村	0.0100	−1.20	2.28	40
(30)	新潟县包括((22)、(28)以及(29)所述的区域除外)	0.0052	−3.22	2.65	20
(31)	京都府包括 舞鹤市 宫津市 与谢郡 中郡 竹野郡 熊野郡 兵库县包括 丰冈市 城崎郡 出石郡 美方郡 养父郡	0.0076	1.51	0.62	40
(32)	三重县 大阪府 奈良县 和歌山县 滋贺县((25)所述区域除外) 京都府((25)以及(31)所述区域除外) 兵库县((25)以及(31)所述区域除外)	0.0009	0.00	0.21	0
(33)	鸟取县 岛根县 冈山县包括 阿哲郡包括大佐町 神乡町以及哲西町 真庭郡 占田郡 广岛县包括 三次市 庄原市 佐伯郡包括吉和村 山县郡高田郡 双三郡包括君田村 布野村 作木村以及三良坂町 比婆郡 山口县包括 秋市 长门市 丰浦郡包括丰北町 美尔郡 大津郡 阿武郡	0.0036	0.69	0.26	40
(34)	冈山县((33)所述区域除外) 广岛县((33)所述区域除外) 山口县((33)所述区域除外)	0.0004	−0.21	0.33	40
(35)	德岛县 香川县 爱媛县包括 今治市 新居滨市 系条市 川之江市 伊予三岛市 东予市 宇摩郡 周桑郡 越智郡 上浮穴郡包括面河村	0.0011	−0.42	0.41	20
(36)	高知县((37)所述区域除外)	0.0004	−0.65	0.28	40
(37)	爱媛县((35)所述区域除外)	0.0014	−0.69	0.49	20
(38)	福冈县 佐贺县 长崎县 大分县包括 中津市 日田市 丰后高田市 宇佐市 西国东郡中的真玉町以及香地町 日田郡 下毛郡	0.0006	−0.09	0.21	20

续表

	区域	α	β	γ	R
(39)	大分县((38)所述区域除外)	0.0003	−0.05	0.10	20
(40)	鹿儿岛县	−0.0001	−0.32	0.46	20

2000年建设省告示第1457号

关于对损伤界限位移 Td、Bd_1、层间位移、安全界限位移、Ts、Bs_1、Fh 以及 Gs 的计算方法以及确保屋顶铺设材料等及外壁等结构承载力方面安全的结构计算标准的规定

依据建筑标准法实施命令（1950年政令第338号）第82条之5第三号YI至NI，第五号、第七号以及第八号的规定，对损伤界限位移 Td、Bd_1、层间位移、安全界限位移、Ts、Bs_1、Fh 以及 Gs 的计算方法以及确保屋顶铺设材料等及外壁等结构承载力方面安全的结构计算标准进行如下所示的规定。

第1（以下略）

第9（振动阻尼引起的加速度的衰减率 Fh）

在法令第82条第五号HA中所规定的振动阻尼引起的加速度减低率应根据如下数值进行计算。但是对于建筑物地震反应，应考虑构件或建筑物的阻尼的影响，在可以根据此计算方法计算出Fh的情况下，可以进行如下计算。

$$Fh=\frac{1.5}{1+10h}$$

2（以下内容略）

第10（表层地基引起的加速度增幅率 Gs）

表示法令第82条之5第三号的表中所规定的表层地基（是指如下事项第1号中所规定的工学基础上面较浅的地基。以下相同。）中加速度增幅率的数值 GS 属于符合1975年建设省告示第1793号第2中 Tc 相关表中所示的第一类地基的区域，根据如下表所示的公式，在符合第二类地基或第三类地基的区域，按照如下表2所示的公式进行计算。

1

$T<0.576$	$Gs=1.5$
$0.576\leqslant T<0.64$	$Gs=\frac{0.864}{T}$
$0.64<T$	$Gs=1.35$
在该表中，T 表示建筑物的固有周期(单位：秒)。	

2

$T<0.64$	$Gs=1.5$
$0.64\leqslant T<T_u$	$Gs=1.5(\frac{T}{0.64})$
$T_u<T$	$Gs=gv$

在该表中，T、T_u 以及 gv 分别表示如下数值。

T 建筑物的固有周期（s）

T_u 根据如下公式所计算的数值（s）

$$T_u=0.64\left(\frac{gv}{1.5}\right)$$

gv 根据地基种类如下表所示的数值

第二种地基	2.0 5
第三种地基	2.7

2（以下略）

第11（以下略）

2000年建设省告示第1461号　（最终修改2007年5月18日国土交通省告示第622号）

关于对确认超高层建筑物的结构承载力方面安全性的结构计算标准的规定

根据建筑标准法施行命令（1950年政令第338号）第81条第1项第四号的规定，对确认超高层建筑物的结构承载力方面安全性的结构计算标准进行如下规定。

建筑标准法施行命令（以下简称为“法令”）第81条之2第1项中所规定的对确认超高层建筑物的结构承载力方面的安全性的结构计算标准如下所示。

一、建筑物的各部分永久荷载以及活荷载等其他实际情况，按照荷载以及外力（包括法令第86条第2项但“书”的规定由特定政府机构制定的多雪地区中积雪荷载），应确认建筑物结构承载力方面主要部分是否产生损伤。

二、关于作用于建筑物的积雪荷载，应按照如下规定的方法进行结构计算。

YI　应根据法令第86条所规定的方法对作用于建筑物的积雪荷载进行计算。但是根据特别调查或研究在该建筑物所在区域内的50年再现期望值（是指相当于年超过率2%的数值）时，可以确定为该数值。

RO　按照根据YI的规定计算的积雪荷载，确认建筑物的结构承载力上是否对主要部分产生损伤。

HA　按照相当于根据YI的规定计算的1.4倍的积雪荷载，确认建筑物是否出现倒塌、损坏等。

NI　关于从YI至HA规定的结构计算，如果采用了融雪装置等其他可以减少积雪荷载的措施的话，可以考虑该措施的效果降低积雪荷载。此时在其出入口或其他可以看到的地方，应表示其减轻的实际情况等其他所需事项。

三、关于作用于建筑物的风压力应按照如下方法进行结构计算。此时水平面内的风向与正交方向以及扭转方向的建筑物的振动、在屋顶面上合理地考虑竖直方向的振动。

YI　超过地上10m的暴风平均风速根据法令第87条第2项的规定考虑地表面粗糙度分类所求得的数值，应确认由该暴风对建筑物结构承载力方面的主要部分（为吸收建筑物的运动能量所设置的构件，疲劳以及阻尼相关特性较为明显，对于RO中所规定的暴风以及第四号HA所规定的地震动，确认是否发挥其性能（以下所述的“减震构件”除外））是否产生损伤。

RO　地上10m的平均风速相当于YI规定的风速1.25倍的暴风，是否会引起建筑物的倒塌以及破坏等。

四、关于作用于建筑物的地震力，按照如下规定的方法进行结构计算。但是如果确认地震作用对建筑物的影响小于暴风、积雪等其他地震以外的荷载以及外力作用造成的影响的话，则不受此限。在此情况下，根据建筑物的规模以及形态，对于上下方向的地震动、该地震动的正交方向的水平动、地震动的位相以及竖直方向的荷载，应合理地考虑水平方向的变形影响等。

YI　作用于建筑物水平方向的地震动应依据如下规定。但是如果合理地考虑对建筑物周边的断层、震源的距离等其他地震动的影响以及对建筑物的效应的话，则不受此限。

（1）解放工学的基础［在不受到表层地基影响的工学基础（是指地下较深的地方有一定厚度以及刚性，剪切波速度超过约400m/s的地基）］上的加速度反应谱（表示地震发生时建筑物所产生的每个加速度周期特性的曲线，应为阻尼比5%的反应谱）符合如下表所示的数值，应合理地考虑表层地基增幅。

（2）

周期(s)	加速度反应谱(单位：m/s^2)	
	极罕见地震动	极罕见发生的地震
$T<0.16$	$(0.64+6T)Z$	极罕见发生的地震动的加速度反应谱的5倍数值。
$0.16\leqslant T<0.64$	$1.6Z$	
$0.64\leqslant T$	$(1.024/T)Z$	

在该表中，T以及Z分别表示建筑物周期(s)以及法令第88条第1项中规定的Z的数值。

（3）从开始到结束持续的时间达到60s以上。

（4）以合理的时间间隔明确地震动的数值（即速度、速度或位移、这些参数的组合）。

（5）建筑物对地震动验证在结构承载力上是否是安全的，所以需要数个以上该数值。

RO 根据运动方程式确认YI中规定的极罕见发生的地震动在建筑物的结构承载力方面对其主要部分是否有损伤。但是如果减震构件则不受此限。

HA 根据运动方程式确认由YI规定的极罕见发生的地震动是否会引起建筑物的破坏以及倒塌。

NI 如果建筑物符合如下所示标准时，则不适用YI至HA的规定。

（1）如果地震对反应性状的影响较小的情况。

（2）如果确认由具有与YI中规定的极罕见发生地震动有着同等及其以上的效力的地震动不会对建筑物造成损伤的情况。

（3）如果确认由具有与YI中规定的极罕见发生地震动有着同等及其以上的效力的地震动不会对建筑物造成倒塌、破坏的情况。

五、根据第二号至第四号的规定进行结构计算时，应合理地考虑第一号中规定的荷载以及外力。

六、对于按照第一号规定的实际情况所计算的荷载以及外力，确认结构承载力方面的主要部分的结构构件变形或振动不会对建筑物的使用造成影响。

七、确认屋顶铺设材料、外装材料以及屋外所铺设墙壁，对风压以及地震等其他振动、冲击在结构承载力上是安全的。

八、关于泥沙灾害警戒区域等重的防泥砂灾害措施的推进法律（2000年法律第57号）第8条第1项中规定的泥砂灾害特别警戒区域内带有居室的建筑物，除法令第80条之3的但书，根据泥沙灾害发生原因以及自然现象的种类，分别确认2001年国土交通省告示第383条第2第二号、第3第二号或第4第二号中规定的外力是否对外壁等（是指法令第80条之3中规定的外壁等）产生破坏。此时应合理地考虑第一号中规定的荷载以及外力。

九、应确认前述各项的结构计算是否符合如下所示的标准。

YI 关于建筑物中采用不符合法令第3章第3节之2规定的结构方法建造的部分（如存在多个该部分的话，则为分别进行考虑），应明确影响该部分承载力以及韧性等其他建筑物结构特性的力学特性数值。

RO 确认YI中力学特性数值的方法应采用如下所示的方法。

（1）根据该部分以及其周围接合的实际情况实施的力施加试验

（2）根据构成该部分的各个要素，即刚度、韧性、其他力学特性数值以及要素相互接合的实际情况，符合力学以及变形平衡的结构计算。

HA 在进行结构计算时，应合理地对影响结构承载力的材料的品质进行考虑。

2000年建设省告示第1793号第1 （最终修改2007年5月18日国土交通省告示第597号）

关于对 Z 数值、R_1 以及 A_1 的计算方法、地基明显软弱区域由指定特定行政机构指定标准的规定

基于建筑标准法施行命令（1950年政令第338号）第88条第1项、第2项以及第4项的规定，对 Z 数值、R_1 以及 A_1 的计算方法、地基明显软弱区域由指定特定行政机构指定标准进行如下所示的规定。

第1 Z数值

Z数值根据如下表中上栏所示的地区分类，采用该表下栏所示的数值。

	地方	数值
(1)	(2)至(4)所示地方以外的地方	1.0
(2)	北海道包括 札幌市 函馆市 小樽市 室兰市 北见市 夕张市 岩见泽市 网走市 苫小牧市 美呗市 芦别市 江别市 赤平市 三笠市 千岁市 泷川市 砂川市 歌志内市 深川市 富良野市 登别市 惠庭市 伊达市 札幌郡石狩郡 厚田郡 兵益郡 松前郡 上矶郡 龟田郡 茅部郡 山越郡 会山郡 尔志郡 久远郡 奥尻郡 濑栅郡 岛牧郡 寿都郡 矶谷郡 芒田郡 岩内郡古宇郡 积丹郡 古平郡 余市郡 室知郡 夕张郡 华户郡 雨龙郡 上川郡(上川支町)中东神 乐町 上川町 东川町以及美英町 勇付郡 网走郡 斜里郡 常吕郡 有珠郡 白老郡 青森县包括 青森市 弘前市 黑石市 五所川原市 五市 东津轻郡 西津轻郡 中津轻郡 南津轻郡 北津轻郡 下北郡 秋田县 山形县 福岛县包括 会津若松市 郡山市 白河市 须贺川市 喜多方市 岩濑郡 南会津郡 北会津郡 耶麻郡 河沼郡 大沼郡 西白河郡 新潟县 富山县包括 鱼津市 滑川市 黑部市 下新川郡 石川县包括 输岛市 珠洲市 凤至郡 珠洲郡 鸟取县包括 米子市 仓吉市 境港市 东伯郡 西伯郡 日野郡 岛根县 岗山县 广岛县 德岛县包括 美马郡 三好郡 香川县包括 高松市 丸龟市 阪出市 善通寺市 观音寺市 小豆郡 香川郡绫歌郡 仲多度郡 三丰郡 爱媛县 高知县 熊本县((3)中所述的市以及郡除外。) 大分县((3)中所述的市以及郡除外。) 宫崎县	0.9
(3)	北海道包括 旭川市 留萌市 稚内市 纹别市 士别市 名寄市 上川郡(上川支厅)中 鹰栖町 当麻町 比布町 爱别町和寒町 剑湍町 朝日町 风连町以及下川町 中川郡(上川支厅)增毛郡 留萌郡 毡前郡 天盐郡 宗谷郡 枝幸郡 礼文郡 利尻郡 纹别郡 山口县 福冈县 佐贺县 长崎县 熊本县包括 八代市 荒尾市 水俣市 玉名市 本渡市 山鹿市 牛深市 宇士市 饱诧郡 宇士郡 玉名郡 鹿本郡 芦北郡 天草郡 大分县包括 中津市 日田市 丰后高田市 许筑市 宇佐市 西国东郡 东国东郡 速见郡 下毛郡 宇佐郡 鹿儿岛县(名濑市以及大岛郡除外)	0.8
(4)	冲绳县	0.7

2000年建设省告示第2464号

对钢材等以及焊接部分的容许应力与材料强度等标准强度的规定

根据建筑标准法施行命令（1950年政令第338号）第90条、第92条、第96条以及第98条，对钢材等以及焊接部分的容许应力与材料强度等的标准强度进行了规定。

第1钢材等的容许应力的标准强度

一、钢材等的容许应力的标准强度，除了如下所示规定的内容外，应采用下表的数值。

钢材等的种类以及品质				标准强度（N/mm^2）
碳素钢	结构用钢材	SKK400 SHK400 SHK400M SS400 SM400A SM400B SM400C SMA400AW SMA400AP SMA400BW SMA400BP SMA400CW	钢材厚度低于 40mm	235
		SMA400CP SN400A SN400B SN400C SNR400A SNR400B SSC400 SWH400L STK400 STKR400 STKN400W STKN400B	钢材厚度超过 40mm 低于 100mm	215
		SGH400 SGC400 CGC400 SGLH400 SGLC400 CGLC400		280
		SHK490M	钢材厚度低于 40mm	315
		SS490	钢材厚度低于 40mm	275
			钢材厚度超过 40mm 且低于 100mm	255
		SKK490 SM490A SM490B SM490C SM490YA SM490YB SM490AW SMA490AP SMA490BW SMA490BP SMA490CW SMA490CP SN490B SN490C SNR490B STK490 STKN490B	钢材厚度低于 40mm	325
			钢材厚度高度 40mm 且低于 100mm	295

续表

钢材等的种类以及品质				标准强度(N/mm^2)
		SGH490 SGC490 CGC490 SGLH490 SGLC490 CGLC490		345
		SM520B SM520C	钢材厚度低于40mm	355
			钢材厚度高于40mm 且低于75mm	335
			钢材厚度高于75mm 且高于100mm	325
		SS540	钢材厚度低于40mm	375
		SDP1T SDP1TG	钢材厚度低于40mm	205
		SDP2 SDP2G SDP3	钢材厚度低于40mm	235
	螺栓	黑皮		185
		抛光　强度分类	4.6 4.8	240
			5.6 5.8	300
			6.8	420
	结构钢索	（略）		
	铆钉钢			235
	铸钢	SC480 SCW410 SCW410CF		235
		SCW480 SCW480CF		275
		SCW490CF		315
	结构钢材	SUS304A SUS316A SDP4 SDP5		235
		SUS304N2A SDP6		325
	螺栓	A2-50 A4-50		210
	结构用钢索	（略）		
	铸钢	SCS13AA-CF		235
铸铁				150
圆钢	SR235 SRR235			235
	SR295			295
异型钢筋	SDR235			235
	SD295A SD295B			295
	SD345			345
	SD390			390
钢丝直径4mm以上的焊接金属网				295
（以下内容略）				

二、根据建筑标准法（1950年法律第201号。以下简称为“法”。）第37条第二号的规定，获得国土交通大臣认定的钢材等的容许应力的标准强度为根据其种类以及制品分别由国土交通大臣指定的数值。

三、在前2号的情况下，如对钢材等进行加工的话，必须确认加工后的该钢材等机械性质、化学成分等其他品质与加工前该钢材等的机械性质、化学等其他品质保持一致，或超过其标准。但是如果出现如下YI至HA项所示的情况时，则不受此限。

YI 进行切断、焊接、局部加热、钢筋的弯曲加工等其他对结构承载力方面没有影响的加工时。

RO 在500℃以下进行加热时。

HA 对钢材等（铸铁以及钢筋除外。以下内容与在HA项情况下相同）进行弯曲加工（在对厚度60mm以上钢材等进行弯曲加工时，只限外侧弯曲半径超过该钢材等厚度的10倍以上。）时。

第2 （略）

第3 钢材等的材料标准强度

一、钢材等的材料标准强度除了依据如下所述的规定外，应为第1表中的数值。但是碳素钢的结构钢材、圆钢以及异型钢筋中，关于该表所示的JIS规定的钢材，可以分别采用该表数值1.1倍以下的数值。

二、根据法第37条第二号的规定，获得国土交通大臣认定的钢材等的材料标准强度为依据其种类以及质量分别由国土交通大臣指定的数值。

三、第1第三号的规定准用前2号的情况。

平12建告2464号第1的内容依据令第90条的规定，而该告示第3的内容为据以令第96条的规定，分别对钢材等的容许应力以及材料标准强度F数值进行了规定。关于钢材等的容许应力以及材料强度，基于法第37条的规定，获得大臣认定的材料应采用大臣指定的数值。关于符合JIS规格的产品的标准强度F是根据钢材等的种类以及品质所确定的数值。关于碳素钢的结构钢材等，可以设定为计算材料强度数值时，所规定的数值的1.1倍以下的数值。

在任何情况下，要求如对这些产品进行加工，除了应符合告示第1第三号YI至HA的情况外，应确认加工后的机械性质等的品质保持与加工前的品质相同。如果确认受到加工影响的部分的品质应与加工前一致，或高于其品质，那么在此情况下依据法第37条第二号的内容，获得大臣批准，关于标准强度F可能为基于第3第二号规定，由大臣指定的数值。

2000年建设省告示第2466号

对高强度螺栓的标准强度、拉伸接合部分的拉伸容许应力以及材料标准强度的规定

基于建筑标准施行令（1950年政令第338号）第92条之2，第94条以及第96条的规定，高强度螺栓、螺栓拉伸接合部分的拉伸容许应力以及高强度螺栓的材料标准强度进行如下规定。

第1 高强度螺栓的标准拉力

一 高强度螺栓的标准拉力，

	高强度螺栓的品质		高强度螺栓的标准强度(单位 N/mm²)
	高强度螺栓的种类	高强度螺栓的紧固螺栓拉力(单位 N/mm²)	
(1)	1类	400以上	400
(2)	2类	500以上	500
(3)	3类	535以上	535

在该表中，2类、2类以及3类表示日本工业规格(以下简称为“JIS”。)

表示B1186(摩擦接合用高强度六角螺栓、六角螺母、平垫圈套件)—1995中所规定的1类、2类以及3类摩擦接合高强度螺栓、螺母以及垫圈组合套件。

二、根据建筑标准法（1950年法律第201号。以下简称为“法”。）第37条第二号，获得国土交通大臣认定的高强度螺栓的标准拉力是根据其品质分别由国土交通大臣指定的数值。

第2 高强度螺栓拉伸接合部分的拉伸容许应力

一 对于高强度螺栓拉伸接合部分的高强度螺栓的轴横截面，拉伸容许应力除了依据如下所述的规定外，应为下表的数值。

高强度螺栓的品质	长期产生的力的拉伸容许应力(单位 N/mm²)	短期产生的力的拉伸容许应力(单位 N/mm²)
第1表中(1)项中所示的螺栓	250	为长期产生的力的拉伸容许应力数值的1.5倍
第1表中(2)项中所示的螺栓	310	
第1表中(3)项中所示的螺栓	330	

二 根据法第37条第二号规定，获得国土交通大臣的认定的高强度螺栓拉伸接合部分拉伸容许应力为根据其品质分别由国土交通大臣制定的数值。

第3 高强度螺栓的材料标准强度

一高强度螺栓材料标准强度除了依据如下所述的规定外，应为下表的数值。

高强度螺栓的品质	标准强度(单位 N/mm²)
F8T	640
F10T	900
F11T	950

在该表中，F8T、F10T以及F11T为JISB1186(摩擦接合高强度六角螺栓、六角螺母、平垫圈套件)—1995中所规定的F8T、F10T以及F11T的高强度螺栓。

二 根据法第37条第二号的规定，获得国土交通大臣的批准，高强度螺栓的材料标准强度为根据其品质分别由国土交通大臣制定的数值。

本告示第1项为根据令第92条之2第1项的规定，对高强度螺栓的标准拉力进行确定的内容。

本告示第2项为根据令第94条的规定，作为特殊容许应力，对高强度螺栓拉伸接合部分的容许应力进行规定的内容。

本告示第3项为根据令第96条的规定，对高强度螺栓的材料标准强度进行规定的内容。

每个数值与钢材（参照9.2）一样，根据法第37条第二号的规定，如果获得大臣批准的话，则分别依据大臣指定的数值来进行确定。

另外有的不锈钢高强度螺栓也符合JISB1186—1995的规定，但是规格上的种类名称等与碳素钢的高强度螺栓一样，所以本JIS规格中，在使用不锈钢高强度螺栓时需要明确这是不锈钢。

2001年国土交通省告示第1024号

对特殊容许应力以及特殊材料强度的规定

基于建筑标准法施行命令（1950年政令第338号）第94条的规定，对木材的收缩以及木材压缩材料屈曲容许应力、集成材料以及结构单板积层材料的纤维方向、集成材料等的收缩以及集成材料等的压缩材料的屈曲容许应力、钢材等的承压、钢材等的压缩材料的屈曲以及钢材等弯曲材料的屈曲容许应力、采取熔融镀锌加工措施等的高强度螺栓摩擦接合部分的高强度螺栓的轴横截面的容许剪切应力、螺丝扣拉伸容许应力以及高强度钢筋容许应力（以下简称为“特殊容许应力”）以及根据该令第99条的规定，木材的收缩以及木材压缩材料的屈曲材料强度、集成材料的纤维方向、集成材料等的收缩以及集成材料等的压缩材料屈曲材料强度、钢材等承压以及钢材等的压缩材料屈曲材料强度、螺丝扣拉伸材料强度以及高强度钢筋的材料强度（以下简称为“特殊材料强度”。）分别进行了如下规定。

第1 特殊容许应力

一～三（略）

四 采取了熔融镀锌处理等的高强度螺栓摩擦接合部分的高强度螺栓轴横截面的容许剪切应力必须依据如下表所示的数值。

容许剪切应力	长期产生的力的容许剪切应力（单位 N/mm²）	短期产生的力的容许剪切应力（单位 N/mm²）
单面剪切	$\frac{\mu T_0}{1.5}$	长期产生的力的容许剪切应力数值的1.5倍
双面剪切	$\frac{2\mu T_0}{1.5}$	

在该表中，μ 以及 T_0 分别表示如下数值。

μ 高强度螺栓摩擦接合部分的滑动系数

T_0 2000年建设省告示第2466号第1项中规定的标准拉力(单位 N/mm²)。

五～十八（略）

第2特殊材料强度

一～十七（略）

平13国交告第1024号第1第四号是基于令第94条的规定，确定了采用表面实施防腐蚀镀层处理等措施的高强度螺栓时的容许剪切应力数值。如采用这种螺栓，接合面的情况与一般的高强度螺栓会有差异，所以需要通过实验等，确定其合理的数值。并且垫圈等经过特殊处理，比普通的高强度螺栓接合性好，其容许剪切应力可以使用本规定。

关于采用与本规定容许剪切应力一致的高强度螺栓，令第92条之2第2项的拉伸力同时作用的情况下容许剪切应力的降低规定以及高强度螺栓拉伸接合部分相关规定，需要与通常的高强度螺栓一样进行适用。在保有水平承载力的计算中，由于采用高强度螺栓轴部材料强度，所以与其他高强度螺栓接合相关规定一样，没有对材料强度进行规定。

2001年国土交通省告示第1113号

对计算地基容许应力以及基础桩容许支撑力时的地基调查方法以及根据其结果计算地基容许应力以及基础桩容许支撑力方法的规定

根据建筑标准法施行命令（1950年政令第338号）第39条的规定，求地基容许应力以及基础桩的容许支撑力所需要的地基调查方法如第1项的内容进行规定，根据其结果计算地基容许应力以及基础桩的容许应力的方法如第2至第6项的内容进行规定，根据同令第94条的规定，地基锚栓拉伸方向的容许应力如第7项的内容进行规定，桩或地基锚栓所采用的材料的容许应力如第8项的内容所规定。

第1 求地基容许应力以及基础桩容许支撑力的地基调查方法如下述各项的内容所示。

一、探井调查

二、标准贯入试验

三、静态贯入试验

四、叶片试验

五、土质试验

六、物理探查

七、平板荷载试验

八、荷载试验

九、桩打入试验

十、拉伸试验

第2 地基容许应力按照下表所示的（1）项、（2）项或（3）项所示的公式来进行确定。但是地震发生时，在可能出现液化的地基或在采用（3）项所示公式的情况下，从基础的底部到下方2m以内的距离上，如果在某地基上的瑞典式探测荷载低于1kN，且存在自沉层的情况或从基础底部到下方2m以上5m以内距离的地基上瑞典式探测荷载低于500kN，且存在自沉层的情况，应考虑由于建筑物的自重所引起的下沉等其他地基变形等情况，确认建筑物或部分建筑物是否存在有害损伤、变形以及下沉的情况。

	确定长期所产生的力的地基容许应力	确定短期所产生的力的地基容许应力
(1)	$qa=\frac{1}{3}(i_c\alpha CN_c+i_\gamma B\gamma_1 BN\gamma+i_q\gamma_2 D_f N_q)$	$qa=\frac{2}{3}(i_c\alpha CN_c+i_\gamma B\gamma_1 BN\gamma+i_q\gamma_2 D_f N_q)$
(2)	$qa=qt+\frac{1}{3}N'\gamma_2 D_f$	$qa=2qt+\frac{1}{3}N'\gamma_2 D_f$
(3)	$qa=30+0.6\overline{N_{sw}}$	$qa=60+1.2\overline{N_{sw}}$

在该表中，qa、i_c、i_y、i_q、α、β、C、B、N_c、N_γ、N_q、γ_1、γ_2、D_f、qt、N'以及$\overline{N_{sw}}$分别表示如下数值。

qa 表示地基容许应力（kN/m^2）

i_c、i_y、i_q对于作用于基础的荷载竖直方向，根据倾斜角按照如下公式计算的数值。

$$i_c=i_q=(1-\theta/90)^2$$

$$i_\gamma=(1-\theta/\phi)^2$$

在上述公式中，θ 以及 ϕ 分别表示如下数值。

θ 表示作用于基础荷载竖直方向的倾斜角（θ 如果超过 ϕ，则为 ϕ,）（单位:°）

ϕ 表示根据地基特性，所求得的内摩擦角（单位度）

α 以及 β 表示根据基础荷载面的形状如下表所示的系数

系数 \ 基础荷载面的形状	圆形	圆形以外的形状
α	1.2	$1.0+0.2\frac{B}{L}$
β	0.3	$0.5-0.2\frac{B}{L}$

在该表中，B 以及 L 分别表示各基础荷载面的短边或短径以及长边或长径的长度(m)

C 表示基础荷载面下方某地基黏聚力（kN/m^2）

B 表示基础荷载面的短边或短径（m）

N_c、N_y以及 N_q表示根据地基内部的摩擦角，如下表所示的支撑力系数

支撑力系数 \ 内部摩擦角	0°	5°	10°	15°	20°	25°	28°	32°	36°	40°以上
N_c	5.1	6.5	8.3	11.0	14.8	20.7	25.8	35.5	50.6	75.3
N_r	0	0.1	0.4	1.1	2.9	6.8	11.2	22.0	44.4	93.7
N_q	1.0	1.6	2.5	3.9	6.4	10.7	14.7	23.2	37.8	64.2

根据在该表中所示的内部摩擦角以外的内部摩擦角，N_c、N_r以及 N_q表示分别按表中所示角度线性插值的数值。

γ_1、基础荷载面下方某地基单位体积重量或水中单位体积重量（kN/m^2）

γ_2、根据基础荷载面上方地基平均单位体积重量或水中单位体积重量（kN/m^2）

D_f、接近基础的最低地基面到基础荷载面的深度（m）

qt、平板荷载试验中屈服荷载程度的一半数值或极限应力三分之一数值中较小的数值（kN/m^2）

N'根据基础荷载面下方地基种类，如下表所示的系数

系数 \ 地基种类	紧实砂质地基	砂质地基(紧实地基除外)	黏土质地基
N'	12	6	3

$\overline{V_{sw}}$离基础底部下方 2m 以内的某地基的瑞典式探测试验中，每米的半旋转数(如超过 150 则为 150)的平均值(单位:次)

第3采用水泥类固化材料进行改良的地基改良体（是指与水泥类固化材料在改良前的地基进行混合并凝固的地基）的容许应力确定方法应参照如下表所示的改良体容许应力数值。此时改良体的设计标准强度（是指在设计时采用的压缩强度。以下第3项中相同）应符合如下要求，即对从改良体分离的核心试验体或具有与此类似的强度特性的试验体进行强度试验，确认所获得的材料对28日试验体的压缩强度数值或与此相类似的结构承载力方面没有影响，因此改良体的设计标准强度应低于其压缩强度数值。

对于长期产生的力，改良体的容许应力（kN/m^2）	对于短期产生的力，改良体的容许应力（kN/m^2）
$\frac{1}{3}F$	$\frac{2}{3}F$
在该表中，F表示改良体设计标准强度（单位每平方米千牛顿）。	

第4　无论第2以及第3对什么进行了规定，被改良的地基容许应力的确定方法为合理的改良方法，根据每种改良范围以及地基种类，按照对基础的机构形式、占地、地基其他基础所带来的实际影响情况，依据平板荷载试验或荷载试验结构，可以采用如下表所示的公式。

对于长期所产生的力，确定被改良的地基容许应力	对于短期所产生的力，确定被改良的地基容许应力
$qa=\frac{1}{3}qb$	$qa=\frac{2}{3}qb$
在该表中，qa以及qb分别表示如下数值。 qa是指被改良的地基容许应力（kN/m^2） qb通过平板荷载试验或荷载试验求得的极限应力（kN/m^2）	

第5基础桩的容许支撑力的确定方法应根据基础桩的种类，符合如下各项所示的规定。

一、支撑桩的容许支撑力应取按照如下方法分别计算的地基容许支撑力或桩容许承载力较小的数值。即用打入桩、水泥泥浆施工方法制造的埋入桩或土钻施工方法、反循环施工方法或全套管施工方法制造的场地打入混凝土桩（以下简称为“土钻施工方法等制造的场地打入桩”。），按照如下表（1）项或（2）项公式（基础桩的周围地基包括软弱黏土质地基、软弱黏土质地基的上面部分的砂质地基或地震发生时可能发生液化的地基情况则按照（2）项的公式），如是其他基础桩的话，则按照如下表（1）项所示的公式（只限基础桩周围的地基不包含软弱黏土质地基、软弱黏土质地基的上面部分的砂质地基或地震发生时可能发生液化的地基情况）分别进行计算。但是该表（1）项的长期产生的力的地基容许支撑力数值低于该表（1）项短期所产生的力的地基容许支撑力的数值，并且可以取对应极限下沉量（通过荷载试验，求桩头荷载量所产生的桩头下沉量，确认对桩以及建筑物或部分建筑物不会产生有害的损伤、变形、下沉情况时的桩头下沉量。以下内容相同）的桩头荷载数值。

	长期产生的力的地基容许支撑力	短期产生的力的地基容许支撑力
（1）	$Ra=\frac{1}{3}Ru$	$Ra=\frac{2}{3}Ru$
（2）	$Ra=q_pA_p+\frac{1}{3}R_F$	$Ra=2q_pA_p+\frac{2}{3}R_F$

在该表中，Ra、Ru、qp、A_p以及R_F分别表示如下数值。

Ra 地基的容许支撑力（kN）

Ru 荷载试验所产生的极限支撑力（kN）

q_p基础桩的前端地基容许应力（如果为如下表左栏所示的基础桩，则为根据右栏各项所示的公式计算的数值）（kN/m^2）

基础桩的种类	基础桩的前段地基容许应力
打入桩	$q_p=\frac{300}{3}\overline{N}$
用水泥泥浆施工方法埋入桩	$q_p=\frac{200}{3}\overline{N}$
用钻探施工方法埋入桩	$q_p=\frac{150}{3}\overline{N}$
在该表中，$\overline{N}$ 表示通过基础桩的前端附近地基标准贯入试验，打击次数的平均值（如果超过60次则为60）（单位：次）。	

A_p 基础桩尖的有效面积（m^2）

R_F 按照如下公式计算的基础桩与其周围地基（地震发生时可能发生液化的地基除外，如果是软弱粘土质地基或软弱黏土质地基上部存在的砂质地基，只限考虑建筑物自重所引起的下沉等其他地基变形情况，确认对建筑物或部分建筑物不会产生有害的损伤、变形或下沉情况。以下内容与该表相同）的摩擦（单位千牛顿）

$$R_F=\left(\frac{10}{3}\overline{N_s}L_s+\frac{1}{2}\overline{q_u}L_c\right)\psi$$

在该公式中，$\overline{N_s}$、L_R、q_w、L_c以及 W 分别表示如下数值。

$\overline{N_s}$ 基础桩周围的地基中，砂质地基的标准贯入试验中打击次数（如果超过30次则应为30）的平均数值（单位：次）

L_s、基础桩与其周围地基中砂质地基相连接的总长度（m）

q_u、基础桩周围的地基中，黏土质地基单轴压缩强度（超过200则为200）平均值（kN/m^2）

L_c基础桩在其周围的地基中连接黏土质地基相连接的总合计（m）

ψ 基础桩的周围长度（m）

二、关于摩擦桩容许支撑力，应取按照如下方法分别计算的地基容许支撑力或桩容许承载力较小的数值。即用打入桩、水泥泥浆施工方法制造的埋入桩或土钻施工方法、反循环施工方法或全套管施工方法制造的场地打入混凝土桩（以下简称为“土钻施工方法等制造的场地打入桩”。），按照如下表（1）项或（2）项公式（基础桩的周围地基包括软弱黏土质地基、软弱黏土质地基的上面部分的砂质地基或地震发生时可能发生液化的地基情况则按照（2）项的公式），如是其他基础桩的话，则按照如下表（1）项所示的公式（只限基础桩周围的地基不包含软弱黏土质地基、软弱黏土质地基的上面部分的砂质地基或地震发生时可能发生液化的地基情况）分别进行计算。但是该表的第（1）项长期所产生的力的基础桩与其周围的地基的摩擦力低于该表第（1）项电气所产生的力度额基础桩与其周围地基的摩擦力数，且可以设定为对应极限下沉量的桩头荷载数值。

	长期产生的力的基础桩与其周围地基的摩擦力	短期产生的力的基础桩与其周围地基的摩擦力
(1)	$Ra=\frac{1}{3}Ru$	$Ra=\frac{2}{3}Ru$
(2)	$Ra=\frac{1}{3}R_F$	$Ra=\frac{2}{3}R_F$
在该表中，Ra 表示基础桩与其周围地基的摩擦力（单位千牛顿），Ru 以及 R_F分别表示前项所述的数值。		

三、关于基础桩的拉伸方向容许支撑力，应取按照如下方法分别计算的地基拉伸方向容许支撑力或桩容许承载力较小的数值。即用打入桩、水泥泥浆施工方法制造的埋入桩或土钻施工方法、反循环施工方法或全套管施工方法制造的场地打入混凝土桩（以下简称为“土钻施工方法等制造的场地打入桩”。），按照如下表（1）项或（2）项公式（基础桩的周围地基包括软弱黏土质地基、软弱黏土质地基的上面部分的砂质地基或地震发生时可能发生液化的地基情况则按照（2）项的公式），如是其他基础桩的话，则按照如下表（1）项所示的公式（只限基础桩周围的地基不包含软弱黏土质地基、软弱黏土质地基的上面部分的砂质地基或地震发生时可能发生液化的地基情况）分别进行计算。

	长期产生的力的地基拉伸方向容许支撑力	短期产生的力的地基拉伸方向容许支撑力
(1)	${}_tRa=\frac{1}{3}{}_tRu+w_p$	${}_tRa=\frac{2}{3}{}_tRu+w_p$
(2)	${}_tRa=\frac{4}{15}{}_tR_F+w_p$	${}_tRa=\frac{8}{15}{}_tR_F+w_p$

在该表中，${}_tRa$、${}_tRu$、R_F以及 w_p分别表示如下数值。

${}_tRa$、表示地基拉伸方向容许支撑力(kN)

${}_tRu$、拉伸试验所求得极限拉伸承载力(kN)

R_F第一号中所述的R_F(kN)

w_p基础桩有效自重(是指基础桩的自重减去根据实际情况所求得浮力的数值)(kN)

第 6 与第 5 项目规定的内容无关，关于基础桩容许支撑力或基础桩的拉伸方向容许支撑力的确定方法，可以根据基础结构形式、占地、地基以及其他对基础的影响的实际情况，按照如下规定内容求得的数值。

一、基础桩的容许支撑力应为按照如下表所示的公式计算的地基容许支撑力或基础桩的容许承载力中较小的一个数值。但是关于地基容许支撑力，应根据每种适用的地基种类以及基础桩的结构方法，分别根据采用基础桩的荷载试验结果来求该计算。

长期所产生的力的地基容许支撑力	短期所产生力的地基容许支撑力
$Ra=\frac{1}{3}\{\alpha\overline{N}A_p+(\beta\overline{N_s}L_s+\gamma\overline{q_u}L_c)\psi\}$	$Ra=\frac{2}{3}\{\alpha\overline{N}A_p+(\beta\overline{N_s}L_s+\gamma\overline{q_u}L_c)\psi\}$

在该表中，Ra、$\overline{N}$、A_p、$\overline{N_s}$、L_s、$\overline{q_u}$、L_c、ϕ、α、β以及γ分别表示如下数值。

Ra 地基容许支撑力（单位千牛顿）

$\overline{N}$ 基础桩尖附近的地基标准贯入试验中打击次数的平均值（超过 60 数值时应为 60）（单位：次）

A_p 基础桩尖的有效横截面积（m^2）

$\overline{N_s}$ 基础桩周围的地基中，砂质地基的标准贯入试验所采用的打击次数平均值（单位：次）

L_s 基础桩在其周围地基中连接砂质地基的总长度（m）

$\overline{q_u}$ 基础桩的周围地基中，黏土质地基的单轴压缩强度平均值（kN/m^2）

L_c 基础桩在其周围地基中，连接黏土质地基的总长度（m）

ψ 基础桩周围的长度（m）

α、β以及γ根据基础桩的前端附近地基或基础桩周围地基（地震发生时可能发生液化的地基，如果是软弱的黏土质地基或软弱的黏土质地基上部的砂质地基，只限确认考虑由于建筑物自重引起下称等其他地基变形等情况，没有对建筑物或部分建筑物造成损害、变形以及下沉）的实际情况，按照荷载试验所求得的数值。

二、基础桩的拉伸方向的容许支撑力，应为按照如下表所示的公式计算的地基拉伸方向容许支撑力或基础桩的容许承载力中较小的一个数值。但是关于地基拉伸方向的容许支撑力，应根据每种适用的地基种类以及基础桩的结构方法，分别根据采用基础桩的荷载试验结果来求该计算。

长期所产生的力的地基拉伸方向容许支撑力	短期所产生力的地基拉伸方向容许支撑力
${}_tRa=\frac{1}{3}\{x\overline{N}A_p+(\lambda\overline{N_s}L_s+\mu\overline{q_u}L_c)\psi\}+w_p$	${}_tRa=\frac{2}{3}\{x\overline{N}A_p+(\lambda\overline{N_s}L_s+\mu\overline{q_u}L_c)\psi\}+w_p$

在该表中，${}_tR_a$、$\overline{N}$、A_p、$\overline{N_s}$、L_s、$\overline{q_u}$、L_c、ψ、w_p、x、λ以及μ分别表示如下数值。

${}_tRa$ 地基拉伸方向的容许支撑力(kN)

$\overline{N}$ 基础桩尖附近的地基标准贯入试验中打击次数的平均值(超过 60 数值时应为 60)(单位:次)

A_p 基础桩尖的有效横截面积(m^2)

$\overline{N_s}$ 基础桩周围的地基中,砂质地基的标准贯入试验所采用的打击次数平均值(单位:次)

L_s 基础桩在其周围地基中连接砂质地基的总长度(m)

$\overline{q_u}$ 基础桩的周围地基中,黏土质地基的单轴压缩强度平均值(kN/m^2)

L_c 基础桩在其周围地基中,连接黏土质地基的总长度(m)

ψ 基础桩周围的长度(m)

w_p 基础桩的有效自重(是指基础桩自重减去根据实际情况所求得的浮力的数值)(kN)

x、λ以及μ根据基础桩的前端附近地基或基础桩周围地基(地震发生时可能发生液化的地基,如果是软弱的黏土质地基或软弱的黏土质地基上部的砂质地基,只限确认考虑由于建筑物自重引起下沉等其他地基变形等情况,没有对建筑物或部分建筑物造成损害、变形以及下沉)的实际情况,按照荷载试验所求得的数值。

第7 只限用于竖直方向，把根据如下表所示的公式计算的地基拉伸方向容许支撑力或地基锚栓容许承载力进行比较，取其中较小的数值，根据地基锚栓种类以及形状，用所求得的有效面积除以上述较小的数值，最终获得数值就为地基锚的拉伸方向的容许应力。

长期产生的力的地基拉伸方向容许支撑力	短期产生的力的地基拉伸方向容许支撑力
${}_tRa=\frac{1}{3}{}_tRu$	${}_tRa=\frac{2}{3}{}_tRu$
在该表中，${}_tRa$ 以及 ${}_tRu$ 分别表示如下数值。 ${}_tRa$ 地基拉伸方向的容许支撑力(kN) ${}_tRu$ 根据第1项中规定的拉伸试验所求得的极限拉伸承载力(kN)	

第8 桩和地基锚栓中所采用的材料容许应力根据如下规定进行计算。

一、场地打入混凝土桩中所采用的混凝土容许应力必须根据桩打入方法采用如下表 所示的数值。此时建筑标准法施行命令（以下简称为“法令”。）第74条第1项第二号规定的设计标准强度（在下述第8项中简称为“设计标准强度”）必须达到18N/mm²。

桩设置方法		长期产生的力的容许应力(单位 N/mm²)			短期产生的力的容许应力(单位 N/mm²)		
		压缩	剪切	粘结	压缩	剪切	粘结
(1)	挖掘时不采用水或泥水的方法进行设置，或根据桩设置情况，进行强度实验，可以对强度、尺寸以及形状进行确认的情况	$\frac{F}{4}$	$\frac{F}{4}$或$\frac{3}{4}(0.49+\frac{F}{100})$中任何一个较小的数值	$\frac{3}{40}$或$\frac{3}{4}(1.35+\frac{F}{25})$中任何一个较小的数值	为长期产生的力的压缩容许应力数值的2倍	为长期产生的力的压缩容许应力数值的1.5倍	
(2)	(1)以外的情况	$\frac{F}{4.5}$或6中任何一个较小的数值	$\frac{F}{4.5}$或$\frac{3}{4}\left(0.49+\frac{F}{100}\right)$中任何一个较小的数值	$\frac{F}{1.5}$或$\frac{3}{4}\left(1.35+\frac{F}{2.5}\right)$中任何一个较小的数值			
在该表中，F 表示设计标准强度(单位 N/mm²)。							

二、离心钢筋混凝土桩以及振动钢筋混凝土桩中所采用的混凝土容许应力必须采用如下表所示的数值。此时设计标准强度必须达到40N/mm²。

长期产生的力的容许应力(单位 N/mm²)			短期产生的力的容许应力(单位 N/mm²)		
压缩	剪切	附着	压缩	剪切	附着
$\frac{F}{4}$或11中任何一个较小的数值	$\frac{F}{4}\left(0.49+\frac{F}{100}\right)$或0.7中任何一个较小的数值	$\frac{3}{4}\left(1.35+\frac{F}{25}\right)$或2.3中任何一个较小的数值	为长期产生的力的压缩容许应力数值的2倍	为长期产生的力的压缩容许应力数值的1.5倍	
在该表中，F 表示设计标准强度(单位 N/mm²)。					

三、带外壳钢管混凝土桩中所采用的混凝土压缩容许应力应采用如下表所示的数值。此时设计标准强度应达到80N/mm² 以上。

长期产生的力的容许应力(单位 N/mm²)	短期产生的力的容许应力(单位 N/mm²)
$\frac{F}{3.5}$	为长期产生的力的压缩容许应力数值的2倍
在该表中，F 表示设计标准强度(单位 N/mm²)。	

四、预应力混凝土桩中所采用的混凝土的容许应力应采用如下表所示的数值。此时设计标准强度应达到 50N/mm² 以上。

长期产生的力的容许应力(单位 N/mm²)			短期产生的力的容许应力(单位 N/mm²)		
压缩	拉伸弯曲	倾斜拉伸	压缩	拉伸弯曲	倾斜拉伸
$\frac{F}{4}$ 或 15 中任何一个较小的数值	$\frac{\sigma_c}{4}$ 或 2 中任何一个较小的数值	$\frac{0.07}{4}F$ 或 0.9 中任何一个较小的数值	长期产生的力的压缩或弯曲拉伸容许应力数值的 2 倍		长期产生力的倾斜拉伸容许应力数值的 1.5 倍。

在该表中，F 以及 σ_c 分别表示如下数值。
F 设计标准强度(单位 N/mm²)
σ_c 有效预应力(单位 N/mm²)

五、离心高强度预应力混凝土桩（是指属于 JIS A5373（预应力混凝土产品）—2004 附件 5 预应力混凝土桩的产品）中所采用的混凝土容许应力应采用如下数值。此时设计标准强度应达到 80 N/mm² 以上。

长期产生的力的容许应力(单位 N/mm²)			短期产生的力的容许应力(单位 N/mm²)		
压缩	拉伸弯曲	倾斜拉伸	压缩	拉伸弯曲	倾斜拉伸
$\frac{F}{3.5}$	$\frac{\sigma_e}{4}$ 或 2.5 中任何一个较小的数值	1.2	长期产生的力的压缩或弯曲拉伸容许应力数值的 2 倍		长期产生力的倾斜拉伸容许应力数值的 1.5 倍

在该表中，F 以及 σ_e 分别表示如下数值。
F 设计标准强度(单位 N/mm²)
σ_e 有效预应力量(单位 N/mm²)

六、不论前述各项作出了任何规定，根据桩结构方法以及施工方法以及该桩中采用的混凝土容许应力的种类所进行的桩试验，确认在结构承载力上没有影响的情况下，该桩混凝土容许应力数值可以为根据该试验结果所求得容许应力的数值。

七、桩和地基锚栓中所采用的紧固材料的容许应力必须依据 2001 年国土交通省告示第 1024 号第 1 第 17 号的规定进行计算。

八、桩和地基锚栓中所采用的钢材等的容许应力必须依据法令第 90 条的规定进行计算。但是如果用除掉腐蚀部分的桩厚度除以桩半径，所得数值小于 0.08 的情况，对于压缩以及弯曲的容许应力应乘以根据如下所示公式进行计算的降低系数。

$$Rc=0.08+2.5\frac{t-c}{r}$$

在该公式中，Rc、t、c 以及 r 分别表示如下数值。

Rc 降低系数

t 桩的厚度（mm）

c 腐蚀部分（采取有效防腐蚀措施的情况除外，应达到 1 以上）（mm）

r 桩的半径（mm）

2. 桩上如果设置接头的话，根据刚度以及韧性，应降低桩所用材料的长期产生的力的压缩容许应力。但焊接接头（如果是钢管桩，只限于符合日本工业规格 A5525（钢管桩）—1994 的产品）或采用具有达到其相同或超过其数值的承载力、刚度以及韧性的接头，则不受此限。

附则

1 （略）

2 1971 年建设省告示第 111 号废止。

【解说】

平13国交第1113号，基于令第93条的规定，根据地基调查方法与其结果，就确定地基容许应力以及基础桩的容许支撑力的方法进行了规定，同时基于令第94条的规定，对地基锚栓拉伸方向的容许支撑力以及作为桩、地基锚栓来使用的材料的容许应力进行了规定。关于基础的容许应力，如采用与脚部等地上部分同等材料、施工方法，可以采用与上部结构相同的容许应力的数值，但如果是桩的话，制造方法以及施工方法与地上部分有所不同，并且施工后的设备地点会被设置在地下这种特殊环境中。因此在本告示中对桩所用材料的容许应力等进行了规定。在制定告示前，这些容许应力采用了另行在通知（昭59住指发第324号《地震力发生时的建筑物基础设计指南》）中所述的数值，但是目前将作为本告示的规定来处理。具体而言，在进行一次设计时当然需要对常时荷载、活荷载等竖直荷载进行支撑性能方面的探讨，但是在地震发生时，基于该通知（指南）中规定的一次设计方法，除了上部结构所传递的水平力，还必须依据令第88条第4项的规定采用地下部分的地震力，对基础的结构安全性进行探讨。

如果地基出现液化的情况，就需要对在此规定的来自于地基的固定桩短期容许支撑力进行不同的探讨。很难对部分发生液化的情况以及在较深的位置发生液化所带来影响进行评估。并且关于液化地基中桩的竖直支撑力，包含在告示第3项的规定中，但是没有对水平支撑力进行规定。包括液化情况等在内，目前所求得的地基以及基础的抗震设计，请参考《地震力发生时的建筑物基础设计指南》。

本告示第1项对求地基容许应力以及基础桩的支撑力所需要的地基调查方法进行了规定。对基础桩以及地基锚栓等，很多时候需要对拉伸进行设计，根据第十号的拉伸试验确认拉伸承载力。另外第八号荷载试验包括以桩和在试验除外的改良地基等各种荷载试验。除此以外，在本告示第2项的表中（3）项所示公式中，基于瑞典式探测荷载试验结果数值，对容许应力的计算公式进行了规定。但是该试验可以作为一种第三号静态贯入试验。并且根据第2至第6项的规定，在求地基或基础桩的容许应力（支撑力）的计算公式中，需要根据各种地基调查结果设定其他具体土质系数（黏聚力为0，摩擦角为ϕ，标准贯入试验N值）。

除了第一号至第十号所属的地基调查以外，还有用于判断法令第93条的表中规定的地基类型的方法，或国际性或土木领域中广泛使用的调查方法，如果作为建筑地基调查获得了结果的话，可以根据以往的地基调查与该试验方法进行比较和探讨的结果，确认告示中所采用的各种系数以及地基常数的换算是合理后，再采用该方法。

并且在进行地基调查时，地基容许应力以及基础桩的容许支撑力受到地层构成以及层序、地质、支撑层深度等因素的影响，所以为了获得可靠的地层结构横截面，应根据基础形式以及规模，进行合理以及适度的调查。基础以及桩设置位置只要稍稍发生变化，大多数支撑层深度会迅速发生变化，地基类型也会发生变化，所以要根据周边的探测数据以及周边地基图等，对大概的地层结构有所掌握，同时尽可能地事前掌握该地块的地层结构，在施工阶段需要对支撑层进行确认。地区不同，有时候支撑层的倾斜以及较为明显，所以需要对支撑层的倾斜情况等进行调查，以便保证设计中所需要的支撑地基上基础底部（对基础桩，指基础桩的桩尖）可以插入进去。

本告示第2项中，基于第1项目的地基调查结构，确定地基容许应力的方法（计算公式）进行了规定，标准贯入试验方法（JIS A1219）以及瑞典式探测荷载试验为明确规定试验装置以及方法的地基调查方法，但是在物理探查以及静态贯入试验中，确认建筑物的支撑性能的数据较少，要注意存在试验方法的类型以及规格没有确定，以及获得根据试验结果计算容许支撑力等的数值的评估方法不统一的情况。另外关于基础桩的摩擦力，采用地基黏聚力C。但是在实际工作中，在大多数标准贯入试验中都采用N值到C的换算公式。各种土质系数的换算方法取决于调查数量以及区域的经验以及数据结果。

根据告示第2项表中（1）项的计算公式所计算的容许应力采用荷载倾斜角，所以作为整个有效接地面的平均值，根据设计条件不同，会采用不同的容许应力数值，但是根据（2）项以及（3）项的计算公式计算的容许应力的数值与其他一般容许应力一样，是基于材料固有性能所获得的数值。有一点不同的是在容许应力设计方面，在设计最大接地压力（比如边缘应力）采用该数值。这是因为前者考虑了包括接近倾斜荷载实际情况的地基应力状态与基础的情况等。但是任何情况下，原则上需要注意前提是基础不会产生滑动。

在计算（1）项的容许应力并对 C 以及 θ 进行设定时，应合理地考虑由于基础尺寸以及形状、接地压力对地下应力造成的影响范围等。并且入土深度 α 应满足建筑物使用期间应该达到的充分支撑性能。关于在地块边界附近的容许应力的设定，要注意附近地块的挖掘会使周边地基失去支撑，从而降低地基容许应力，或者相关如果设置地基，会使附近地块的地下应力增加，从而对周边建筑物等造成不良的影响。并且倾斜角 θ 会一般会随着荷载、地震力等设计条件发生变化，所以通常情况下由于短期与长期的 θ 数值会有所不同，所以需要注意短期与长期容许应力的关系不是简单的 2 倍的关系。计算倾斜角 θ 时，可以考虑面摩擦力以及被动承载力等影响，再次所说的（1）项中的计算公式的技术背景以及适用方法等的详细内容请参考日本建筑学会《建筑基础结构设计指南》。

本告示第 3 项就确定改良体的容许应力的方法进行了规定。采用水泥类固化材料改良的地基上，除了改良（固化材料与原地基混合的凝固体）的容许应力之外，在求支撑改良体的地基容许应力后，作为最终地基容许应力，需要采用其任何一个较小的数值。关于改良体的容许应力，对于设计标准强度 F，长期容许应力为 $F/3$，短期容许应力为 $2F/3$。

支撑改良体的地基容许应力可以考虑改良施工方法、改良范围、基础设计范围等，根据告示第 2 或第 4 项的方法进行计算。关于改良体底部地基的容许应力，改良体地面位置视为基础底面位置，可以适用第 2 项的规定。此时如果适用第 2 项表（1）项的支撑力公式的话，只要改良体的竖直方向的厚度不会变薄并不与改良体与基础成为一体产生危害的话，就可以不用考虑荷载倾斜角 θ 的影响，即可以把其数值设定为 0。并且关于采用水泥类固化材料的改良体的容许应力的设定，其技术背景、结构计算方法在《桩竖直荷载试验方法及解说》中进行了汇总，请参考相关方法。

改良体的设计标准强度 F 原则上应根据核心试验体的单轴压缩试验进行确认。通过实验确认所获取的核心试验体的材料年龄 28 日强度比设计标准强度 F 稍大。关于强度确认，改良体的强度本身取决于改良范围内的地层变化以及改良体品质情况，根据获取方法不同，实验体的强度会存在很大差异，因此需要非常注意。在《改定版：建筑物的改良地基设计以及品质管理指南》中说明了依据地基构成以及改良体的品质情况等因素进行确认的方法，可以参考相关内容。并且不能只确认基于 28 日材料年龄的设计标准强度，而且如果具有与其相同的可行性的话，可以采用其他试验方式。比如通过事前调查确认可以充分信任的话，可以依据早期材料年龄强度进行确认。并且如果是以住宅等为对象的改良工程，由于其工期以及经济性等原因，不是用钻探机或钻孔机从硬化的水泥块上取下核心试验体，而是把施工后还未固化的实验材料填充到模型中（试验体用模型）来进行强度试验，但是需要注意的是填充方法以及位置不同，强度会发生很大变化。关于采用模型的试验体的制作方法，作为地基工学会的标准，可以参考《稳定处理土的未紧固试验体制作方法》。在现场从搅拌开始到填充到模型中所花的时间如果较长，将会出现硬化的情况，因此需要事前确认填充方法等细节，以保证与从凝固的改良体上取下的试验体密度相同。

本告示第 4 项的内容，是针对不满足第 2 或第 3 项规定的内容计算改良地基容许应力的方法进行了规定。这里所说的改良地基容许应力是指考虑改良结构、改良部分的容许应力以及基础的配置、改良体周围的自然地基容许应力等对于基础有效接地面积作为应力所求得的数值。不论是任何改良地基，如果合理地考虑改良方法以及地基结构等因素的话，可以考虑按照第 2 项的方法计算地基容许应力。但是如果是改良地基，根据改良体的配置以及分布情况不同，地基支撑性能会有所不同，所以由于可能会出现很难适用对自然地基的调查方法，因此做出了相关规定，以便能合理地采用该方法。

在适用第 4 项的规定情况下，规定试验方法作为对各种改良地基的容许应力进行评估的一般方法，以第 1 项中所规定的平板荷载试验以及荷载试验所得评估为前提。容许应力的基本极限应力百分比的数值原则上取决于实际进行的各荷载试验。但是如果可以基于很多试验结果设定计算公式的话，可以根据

其计算公式求 qb。如果改良部分接近基础桩，可以把改良体头部位置上容许支撑力设定为尖端承载力与面摩擦力之和。此时改良地基的容许应力为用基础有效接地面积除以改良地基容许支撑力所得的数值。如采用深层混合处理施工方法，在《改定版：建筑物改良地基设计以及品质管理指南》中就改良地基的容许支撑力计算公式进行了说明，但是该公式可以认为是依据第4项的内容确定的计算方法。

不仅是采用紧固施工方法等一般地基改良方法，而且在基础下面埋设很多小口径钢管或者水平方向上在地里面埋设加固材料，即使在这种情况下，根据其规定可以求改良地基的容许应力，但是必须对于改良范围、改良结构以及地基构成合理地设定荷载盘的大小等荷载条件。

本告示第5项对第一号中的支撑桩、第二号中的摩擦桩、第三号中的基础桩的拉伸方向的容许支撑力分别进行了规定。基于各表中规定的计算公式的支撑力会根据周围地基情况发生变化，也就是所谓地基支撑的最大值，桩头荷载达到该支撑力之前，桩如果产生损伤时，需要根据桩所采用的材料强度等确定的容许承载力作为容许支撑力来使用。

第一号中规定的支撑桩的容许支撑力的计算方法，可以根据桩类型，采用表（1）项的荷载试验或（2）项的 N 值等确定计算公式。以往所采用打桩试验，作为告示第1项中规定的地基调查方法以及施工时的支撑力确认方法，今后也会有一定作用，但是在设计阶段，需要按照本号规定的内容设定容许支撑力。

基于第一号中的表（2）项的土质常数的支撑力计算公式只限打桩施工方法、基于泥水混合的埋入桩的施工方法以及基于土钻法的场地混凝土桩施工方法的情况，施工方法不同，桩尖地基的容许支撑力也会不同。软弱黏性土地基的上部如果存在砂质土地基的话，地震发生时可能发生液化的地基除外，与（13）项预计下沉量的确认一样，通过基础桩以及地基下沉等方式，可以确认建筑物或部分建筑物没有产生有害的损伤的话，可以作为摩擦力加入进去。

在支撑力计算公式中，需要基础桩尖附近的 N 数值，如果基础桩的直径为 d 的话，则为基本上基础桩尖的下部 $1d$～$4d$ 的范围内的地基 N 值平均值，但是根据以往的施工情况或实验结果，如果不使用该标准的话，可以根据实际情况进行处理。并且原则上基础桩的尖端有效横截面积为桩尖部分的实际横截面积，但是如果是尖端开放的桩，应合理地考虑开放端桩的闭锁效果，如果是钢管桩的话可以采用如下公式进行计算。

如果 $2 \leqslant H/d_I \leqslant 5$，$A_p = 0.04\pi dH$

如果 $5 \leqslant H/d_I$，$A_p = 0.2\pi d^2$

在此，

A_p　基础桩的尖端有效横截面积（m^2）

H　支撑层入土深度（m）

d_I　基础桩的内径（m）

d　基础桩的外径（m）

并且关于场地打入混凝土底部扩充桩等的容许支撑力，如果采用获得日本建筑中心评估的施工方法，那么可以采用获得评估的尖端 N 值与有效横截面数值。

关于第二号规定的摩擦桩的容许支撑力，除了没有包括桩尖支撑力的情况除外，包括每种桩的计算方法的适用范围在内，其规定与第一号相同。并且如果不能确保摩擦桩的间隔的话，应考虑群桩效应以便考虑其安全性。如果把摩擦桩设定为群桩的话，群桩中的每根桩的支撑力如下所示。

$R_{ac} = 1/n\ \{A(ga - P) + 1/3\phi LS\}$（长期）

$R_{ac} = 2/n\ \{A(ga' - P) + 2/3\phi LS\}$（短期）

在此，

R_{ac}　考虑群桩效应的桩容许支撑力（kN）

n　桩的根数（根）

A　在连接桩群外侧的桩表面上所围起来的多边形横截面积（m^2）

ga 桩群下端面视为基础荷载面，根据告示第2之表（1）项的内容所计算对应长期应力地基容许应力（kN/m^2）

$\overline{P}$ 作用于桩群下端面上桩与土的单位面积重量（kN/m^2）

ψ 在连接桩群外侧的桩表面上所围起来的多边形周围长度（m）

L 埋入土中的桩长度（m）

S 连接桩的土的平均剪切承载力（kN/m^2）

ga' 桩群下端面视为基础荷载面，根据告示第2之表（1）项的内容所计算对应短期应力地基容许应力（kN/m^2）

第三号的内容是与基础桩拉伸方向的容许支撑力（容许拉伸承载力）相关的，水平力以及浮力作用于建筑物，那么拉伸力将作用于基础桩上。此时需要确认向上产生的拉伸力低于容许拉伸承载力。以往的资料中说明了基础桩的短期拉伸承载力，目前长期、短期容许支撑力都需要根据本规定进行计算。并且长期容许拉伸承载力即使平时对于作用的浮力也是适用的。

关于根据地基确定的基础桩容许拉伸承载力，在第三号的表（1）项，对拉伸试验方法进行了规定，在第（2）项中对第一号计算公式的方法进行了规定。在任何情况下，其数值为最终的拉伸承载力加上基础桩的有效自重，所以如果采用根据试验所求得的极限拉伸承载力的话，需要除去试验所采用的基础桩的有效自重的影响。并且只有与第一号支撑桩的同样的打入桩、采用泥浆施工方法制作的埋入桩以及土钻施工方法制作的场地打入桩，才能采用根据计算公式演算的第（2）项的公式。可以算作为长期以及短期容许支撑力的周围面摩擦力的大小分别为第一号规定计算（挤压一侧的周围面摩擦力）所得数值的0.8倍。关于周围面摩擦力，不仅是挤压一侧，即使在拉伸一侧，由于土质以及施工方法的不同，可能会受到影响，但是关于挤压一侧的摩擦力，对于第一号规定的三工法，考虑以往的实际数值，应取同一数值。不论是任何土质以及采取任何施工方法，挤压一侧的周围面摩擦力与拉伸一侧周围面摩擦力的比率为0.8倍。除上述内容外，关于同一地基所设置的两根桩，通过试验挤压一侧与拉伸一侧之比大概为0.8倍。那是因为在很多国内外技术标准中，都把拉伸一侧数值设定得比较小，在指南（《地震力发生时建筑标准设计指南付设计例题》）中，对于挤压一侧的面周围摩擦力，不论是任何土质以及采取任何施工方法，拉伸一侧的比率数值应取相同数值。

本告示第6项规定在不符合第5项规定情况下计算基础桩的容许支撑力（挤压与拉伸）。如果采用实体桩在保证质量与次数的情况下进行荷载试验以及拉伸试验，则可以与第5之3的施工方法（打入桩、采用泥水施工方法制作的埋入桩以及采用土钻施工方法等的打入桩）一样，根据计算公式设定容许支撑力，所以对这种情况下的施工方法进行了规定。各表的计算公式采用第5项中规定的计算公式类似的形式，为尖端承载力与周围面摩擦相加的形式。关于桩尖地基的N值，地基调查发考虑N值的可行性，与第5项一样设定平均N值的上限。关于周围面摩擦力，不设定第5项所示的上限值，但是这是因为可以获得各种横截面形状的基础桩以及带有辅助效果的基础桩。并且如果基础桩形状与直线桩不同的话，挤压以及拉伸的周围面抵抗的评估与评估区间的长度以及桩面周围有着密切的关系。所以应根据周围面承载力的发现机制，合理地设定L_s、L_c、φ，并确定α、β、γ、π、λ、μ的数值。

关于拉伸承载力，虽然在第5项中忽视了桩尖抵抗力，但是也会考虑扩大桩尖以提高拉伸承载力的基础桩，所以该公式为加上桩尖承载力的公式。拉伸方向的桩尖承载力相关的桩尖有效横截面积必须根据拉伸承载力的发现机制进行合理地设定。

在支撑力计算公式中的α、β、γ、π、λ、μ各数值，需要按照基础桩结构方法以及施工方法，根据不同种类地基，通过荷载试验以及拉伸试验来求得。另外如果采用基于本告示第6项的施工方法，桩周围存在软弱黏性土地基的上部的砂质土地基的话，除了要对下沉情况进行探讨外，需要注意不能加上该区间的面周围摩擦。并且在设定这些系数时，桩尖周围如果存在软弱黏土层的话，需要考虑下沉量等变形因素，在对建筑物的安全性、适用性、功能性没有影响的范围内，根据实际情况限定可以适用系数的地区以及地基。并且，目前基于这种规定的基础桩包括如下四种类型。

2000年前基于原法第38条取得认定的施工方法

基于建筑法施行规定第1条之3第1项规定的认定施工方法

为取得指定性能评估机构进行的技术评定的桩，地基条件等视为属于评定适用范围的情况。

建筑物业主等认为容许支撑力的计算公式是合理的其他基础桩。

本告示第7项是关于基地锚栓拉伸法方向的容许应力的规定。导入有效横截面的概念，以容许应力的形式进行规定，但是实际上，如表中所述的规定，可以视为是容许拉伸承载力相关的规定。所规定的表的内容只限定于竖直方向适用地基锚栓时的情况。如在除此以外的倾斜以及水平方向采用地基锚栓，可以作为大臣认定的所需要的建筑物，2000年建告第1461号的时程反应分析中，对合理支撑力进行评估后再采用。在普通的建筑工程中，以建筑用地是稳定的为前提对建筑物的结构安全性进行评估的，但是如果使用倾斜以及水平锚栓，则不仅对该建筑用地，而且要对整个建筑工地周边的安全性（包括对抗震性以及雨水侵入的稳定性）进行探讨。关于稳定性的探讨方法，目前不局限于一般技术指南类文件的内容，而且特别要对建筑用地条件以及地层结构等进行探讨。要确保锚栓埋入部分的维护管理的可靠性，如果埋设在非建筑物竖直外部的地下中，施工后如果在埋设范围内进行挖掘等作业，可能会降低锚栓的承载力，从而对锚栓造成损伤，所以需要规定合理的维护管理方法。地基锚栓的容许拉伸承载力与基础桩的荷载试验一样，原则上应在该建筑用地进行拉伸试验，不能根据 N 值等进行计算。在拉伸试验中，有时候锚栓的锚固部分长度等要设定的比实际数值小，所以此时应合理地考虑试验数据与实际数据的不同后再设定设计拉伸承载力。并且对于地基锚栓的长期荷载的稳定性以及防腐蚀性，也需要根据其地基条件等进行探讨。

最终地基锚栓拉伸承载力与基础桩的处理方式一样，根据表中所规定的地基确定的数值与锚栓容许承载力进行比较，根据其任何一个较小的数值进行确定。

在本告示第8第1项的各条中，桩以及地基锚栓中所使用的材料中，对混凝土的容许应力进行了规定。关于桩部分，以往会按照通知（《建筑基础结构设计指南》）等中的规定，考虑其实际运用情况以及适用范围，设定了容许应力本身的上限数值，以及设定混凝土设计标准强度下限值，所以在设计时需要注意。预制桩采用确保最低强度的产品除外，采用合理的名义强度混凝土，与上部结构一样对设计标准强度进行管理，除此以外如果在现场打入混凝土中采用指定建筑材料但不符合JISA5308（预拌混凝土）标准时，其材料需要根据法第37条第二号的规定，获得相关认定。

第1项第一号对场地打入混凝土桩中采用的混凝土容许应力进行了规定。如果是场地打入混凝土桩，不论采用任何施工方法，作为一般可使用的容许应力，在表（2）项中，原则上设计标准强度的安全率为4.5，并且关于压缩长期容许应力，设定了上限值 $6N/mm^2$。如果想要获得更加准确的强度数值，而在挖掘时不使用水或泥水的话，可以采用第（1）项的安全率设定为4的计算公式，并且不使用上限值。

除了上述内容外，根据桩的打入情况，按照强度试验，可以确认强度、尺寸、形状时，安全率为4，可以忽略上述限制。但是，采用挖掘方法以及打入方法等明确的施工方法，或在各施工现场进行施工，完成规定的施工内容后，应用具有超声波孔壁测定装置或与其同等的性能的装置，保证挖掘出需要的形状，并确保达到混凝土的规定强度。如果能根据地基情况合理地设定管理方法，根据以往的经验、数值确保其品质的话，可以省略每个施工过程中的详细过程。典型事例包括取得日本建筑中心评估的场地打入混凝土扩底桩。并且作为类似于一般场地打入混凝土桩的施工方法，包括钢管场地打入混凝土桩等，但是关于采用与场地打入混凝土桩相同的施工方法的部分，可以与场地打入混凝土桩相同的方法。另外钢管场地打入混凝土桩受到桩头接合部分固定方法的限制，所以需要注意。

场地打入混凝土桩中所采用的混凝土设计标准强度的下限值为 $18N/mm^2$。

第1项第二号对离心钢筋混凝土桩以及振动打入钢筋混凝土桩中所采用的混凝土容许应力进行了规定。这些原则上都是预制桩，把已经确认了形状、强度的材料设置在地下，所以所规定的计算公式的安全率被设定为4。

规定这些形状不同的桩所采用的混凝土的设计标准强度必须达到40N/mm² 以上。

第1项第三号的内容对带有外壳钢管的混凝土桩（SC桩）中所采用的混凝土压缩容许应力进行了规定。如果是该结构形式的桩，除了压缩应力之外，原则上应该设计为满足外壳钢管要求的产品。所以没有对剪切力、粘结力等容许应力进行规定。

SC桩中所采用的混凝土设计标准强度较高，为80N/mm²。所以该形状的桩实质上被认为是预制桩。桩的制造方法与采用同样高强度混凝土的离心力高强度预应力混凝土桩相同，压缩长期容许应力的安全率为3.5，但是如果没有确认可以保证具有相同的品质的话，需要考虑采用以往的安全率4。

SC桩的桩头部分如果焊接了用于锚固的钢筋，就应该考虑钢管的局部屈曲，设计上就要反映出合理的容许应力以及锚固程度。尤其是桩头部分的混凝土没有充分填充的情况下，需要根据第八号的规定，降低钢管桩的容许应力。

第1项第四号的内容对预应力混凝土桩（PC桩）中采用的混凝土容许应力进行了规定。在此规定的容许应力的数值为材料的特性数值，预应力在设计上需要另行加入进去，这一点需要注意。在对PC桩进行设计时，除了通常的压缩应力之外，一般会考虑预应力针对完全拉伸以及倾斜拉伸（倾斜拉）的应力状态进行设计，并对于此对应的容许应力进行规定。PC桩中采用的混凝土设计标准强度应达到50N/mm² 以上，但是每个容许应力数值应设置上限，如果要采用更高强度的混凝土，那么则需要采用第五号规定的离心高强度预应力混凝土桩。

第1项第五号对离心高强度预应力混凝土桩（PHC桩）中采用的混凝土容许应力进行了规定。与第四号的PC桩相同，在此规定的是混凝土的材料强度，因此所导入的预应力作为外力来计算。规定PHC桩根据以往大臣的认定情况以及任意评估情况，分类别反映出有效预应力以及容许应力的数值。但是根据品质管理等实际情况，于2004年作为JISA5373的附件对其规定内容进行完善，所以与其他基础桩一样，目前通过计算公式的形式进行了规定。关于PHC桩，规定弯曲拉伸的容许应力的上限值为2.5N/mm²，并且倾斜拉伸容许应力与混凝土强度无关，上限值为1.2N/mm²。

JISA5373对预制预应力混凝土的所有产品进行了规定。上述附件5的内容对“桩类”产品的品质进行了规定。如果是PHC桩，必须使用符合该标准的产品。并且不能采用告示相关规定的产品只限离心成型桩。应根据所述的强度试验结果对设计标准强度进行合理设定。有效预应力量也是相同的。并且该JIS规格应满足附件规定的内容，根据告示中的表所述公式，除了能较为自由地设定其性能的桩（Ⅱ类）外，并且对推荐规格（Ⅰ类)，即以往经常用到的A、B、C类的桩性能进行了规定，关于这些产品可以依据修订的规定进行设计，但是可以采用以往的PHC桩（Ⅰ类）的容许应力等进行设计。任何情况下，实际上Ⅰ类、Ⅱ类桩的形状、尺寸，表示裂缝、弯曲的性能表体现在桩生产厂家等的技术资料中，所以应参考这些资料、在强度以及耐久方面没有影响的范围进行设计。

在PHC桩配置加固钢筋的PRC桩、设置不同直径部分的节桩、扩底ST桩中，符合本项的JIS规定，能进行相同评估的产品可以根据有效预应力量数值按照本规定的内容执行。相反对于不符合JIS规定的桩，需要考虑使用安全率为4的第四项的PC桩的规定，还是根据第6项的规定经过合理评估后再进行使用。

PHC桩（Ⅰ类）的容许应力等

(a) 张拉材料的有效预应力量以及混凝土设计标准强度

	有效预应力量(N/mm²)	设计标准强度(N/mm²)
A类	4	80以上
B类	8	85以上
C类	10	

(b) 容许应力

	长期容许应力(N/mm²)			短期容许应力(N/mm²)		
	压缩	弯曲拉伸	倾斜拉伸	压缩	弯曲拉伸	倾斜拉伸
A类	20	1.0	1.2	40	2.0	1.8
B类	24	2.0		42.5	4.0	
C类	24	2.5		42.5	5.0	

在不依据第五号之前的规定的施工方法制作的桩中使用混凝土，或者第五号之前的规定中所述的计算公式等不适合用于评估的情况下，第1项第六号规定根据试验确定设计所用各种容许应力的数值。其他同“书”规定一样，原则上需要在各试验现场进行试验，但是实际上很多时候都在类似条件下进行施工，如果在能合理掌握影响因素的情况下，可以根据计算公式等对容许应力进行设定。并且对于以往获得了大臣认定以及技术评估的产品，可以参考相关技术资料。

本告示第8第七号对PC桩、PHC桩以及地基锚栓作中所采用的张拉材料的容许应力进行了规定。

本告示第8第八号对SC桩等中所采用的钢材容许应力进行了规定，原则上应依据令第90条的规定。

关于钢管桩，钢管的厚度直径比较小（0.08以下），对于考虑桩头局部屈曲的压缩以及弯曲，确定了容许应力的降低系数。桩顶中所埋人的部分以及桩头部分，钢管内填充密实的混凝土，或者通过设定有效加固板等的约束效应避免产生局部屈曲的部分，可以不采用这个规格。但是钢管厚度以及桩直径、填充混凝土的设置范围以及施工、桩头的接合方法等不同，约束效应的发现机制会有所不同，因此应通过实验等对可以防止局部屈曲的结构条件进行确认。尤其在对水平力进行桩设计时，在水平地基反力系数与桩头荷载位移关系问题上，很多时候都没有考虑其非线性，所以要充分对考虑约束效应并进行探讨。在采用降低系数时，需要考虑腐蚀性，除去采取有效防腐蚀处理的情况，至少为1mm以上。但是这是距离连接土层外侧的数值。如果对没有进行防腐蚀处理的桩进行合理防腐处理的话，应针对地基化学性质以及桩施工方法等因素，根据现场观测的结果进行评估。

如果要连接桩，根据其施工方法不同，接头存在应力传递不充分的情况。告示第8第2项针对这种情况，对整个桩承载力评估方法进行了规定。一般情况，对于焊接部分可能产生偏差等的钢桩，可以适用该规定，但是部分钢管桩（JIS A5525）产品需要焊接，即使在现场焊接，如果满足该标准的话，就不需要降低。并且即使不满足JIS A5525要求的钢管如果作为桩来使用，钢管的尺寸精度以及焊接部分的规格等也需要保持同等程度水平，如果是接头的承载力以及韧性达到与IS A5525焊接接头相同水平或超过其水平的话，就可以视为不需要进行降低。无论如何都存在不能确保基础桩焊接条件的情况（方向、姿态等），所以需要进行充分维护以及管理。如果是焊接接头以外的接头，应参考原通知第392号所示的降低思路等内容，考虑接头对结构承载力的影响。如果接头中所使用材料对质量没有影响，且施工方法以及检查方法合理的话，可以通过实体桩试验等对性能与焊接接头相同水平或超过其水平桩进行确认的话，就可以与焊接接头一样，在不降低容许应力的情况下使用该桩。

13.3 批准手续

本节就电气事业法以及建筑标准法相关主要手续的流程以及文件格式进行了说明。

13.3.1 依据电气事业法提交工程计划申请书1)

设置相当于工程电气工作物的手续以及流程如图解13.1所示。并且根据电气事业法的规定应提交的工程规划申请书的规格如图解13.2所示。申请时除了其文件之外，还需要附带工程规划书、工程规划相关的图纸、设计文件以及计算书、工程量表等。

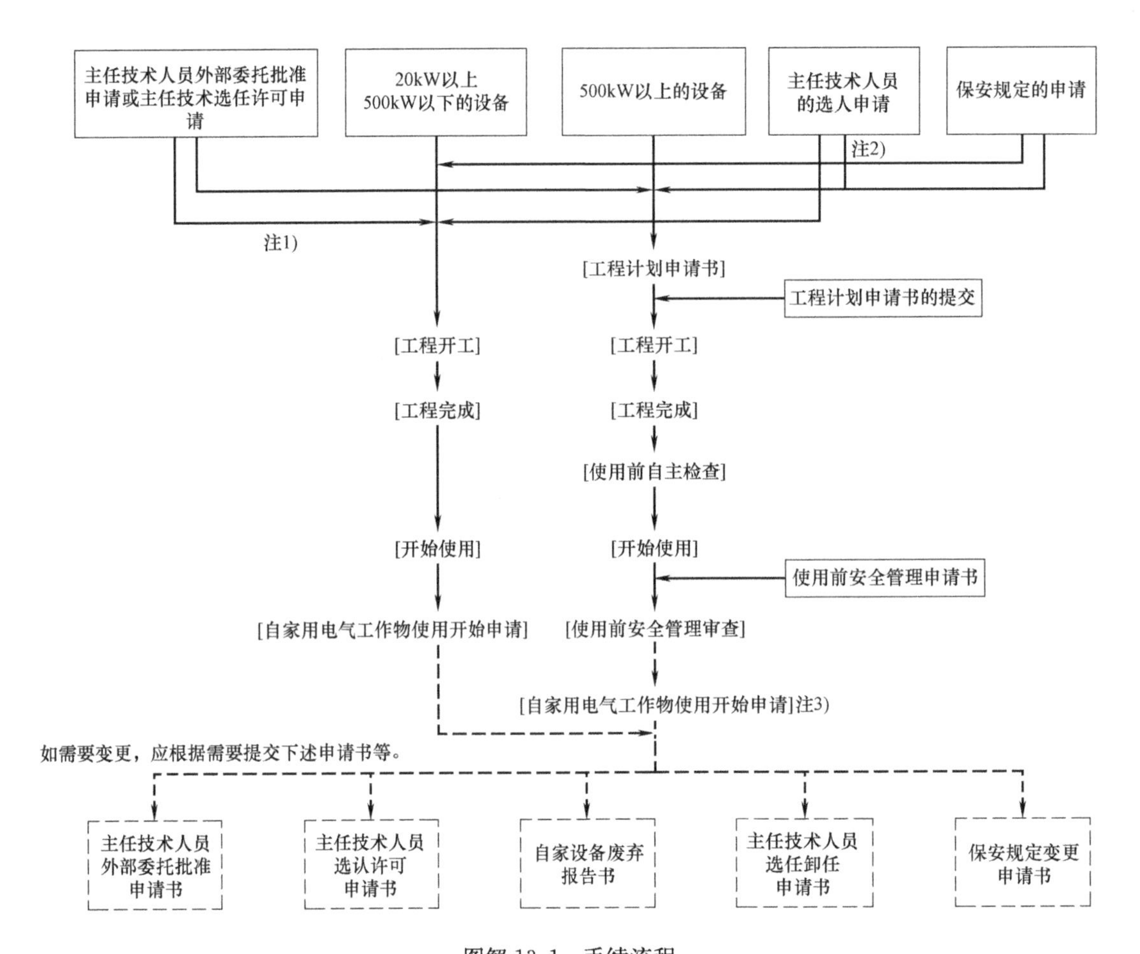

图解 13.1 手续流程

注 1） 如果是自家用电气工作物，委托关于输出功率不到 1000kW 的发电站的施工、维护以及运营相关保安监督工作时（主任技术人员外部委托）《电气事业法施行规则》第 53 条相关内容。

设置自家电气工作物，把没有获得主任技术人员任免书的人员聘为主任技术人员的情况（主任技术人员专任许可）《电气事业法施行规则》第 54 条相关内容。

注 2） 选任主任技术人员的情况下（主任技术人员的选任）《电气事业法施行规则》第 55 条相关内容。

注 3） 从其他地方转让的工业电气工作物，或借来作为自家用电气工作物来使用的情况等，提交自家用电气工作物使用开始申请书。《电气事业法施行规则》第 87 条相关内容。

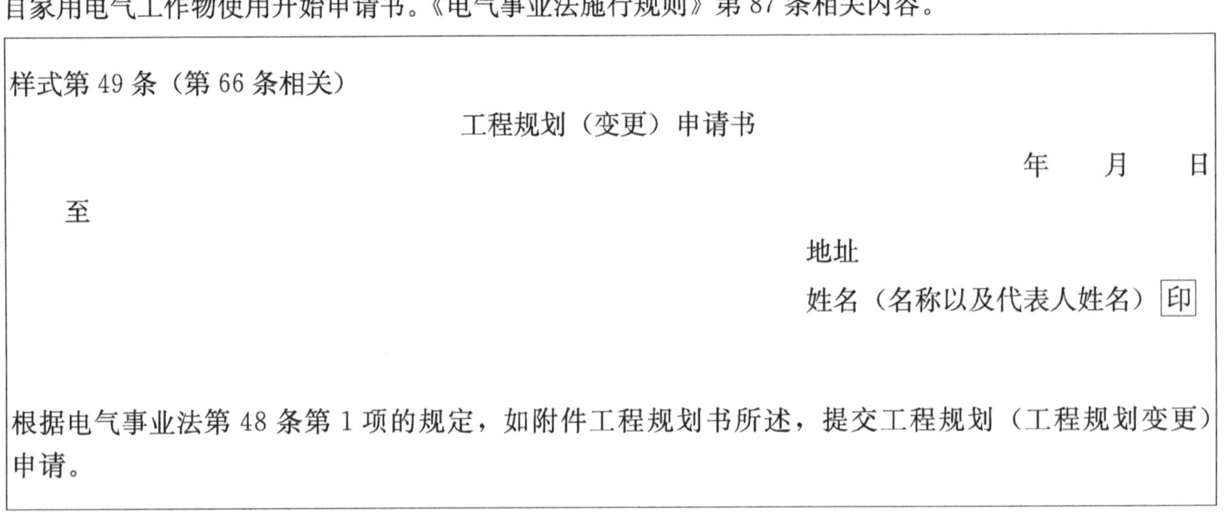
样式第 49 条（第 66 条相关）

工程规划（变更）申请书

年 月 日

至

地址

姓名（名称以及代表人姓名）印

根据电气事业法第 48 条第 1 项的规定，如附件工程规划书所述，提交工程规划（工程规划变更）申请。

图解 13.2 工程规划申请书

13.3.2 依据建筑标准法进行建筑确认申请

建筑标准法的确认申请手续流程如图解13.3所示。随着2007年修订建筑标准法的实施，根据风力发电设备叶片最高高度低于60m或超过60m情况的不同，确认申请手续的办理方式有所不同。如果是高度超过60m的风力发电设备，应在申请前，需要获得大臣的认可，为此需要接受指定性能评估机构对结构性能的评估。

按照建筑标准法的规定必须提交的建筑确认申请书（工作物）的规格如图解13.4以及图解13.5所示。申请时，除了这些文件外，还需要附加设计图纸以及结构计算书等文件。如果是代理人进行申请，需要提交委托书。

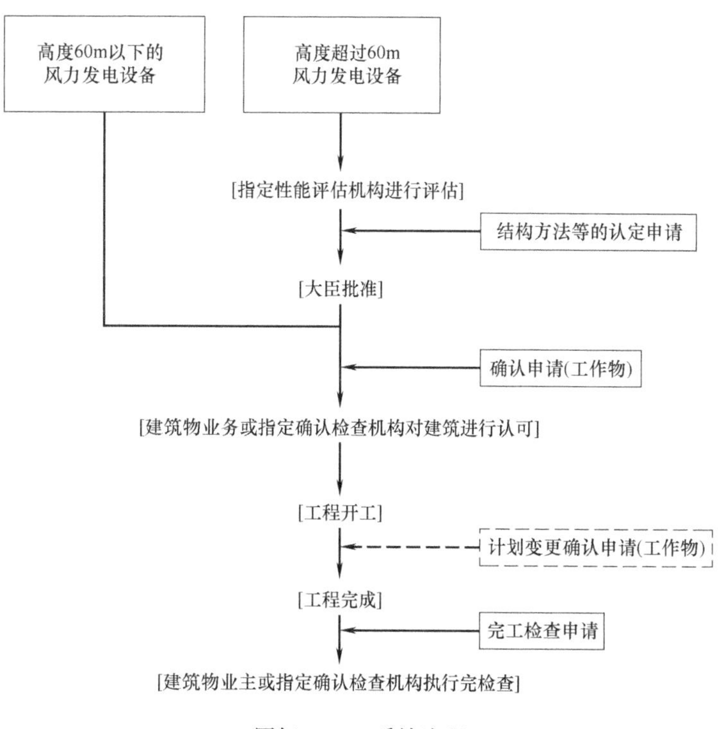

图解13.3 手续流程

第十号格式(第三条相关)(A4)

确认申请证书(工作物)
(第一面)

根据建筑标准法第88条第1项中准用的该法第6条第1项的规定进行申请确认。该申请书以及附件图纸所述事项与事实一致。

建筑物业主

年月日
申请人姓名印

*手续费栏		
*接受栏	*决议栏	*确认编号栏
年月日		年月日
第号		第号
科号印		科号印

图解13.4 建筑确认申请书（工作物）第一面

（第二面）

【1.　建筑物业主】
【A. 姓名的拼写】
【B. 姓名】
【C. 邮政编码】
【D. 地址】
【E. 电话号码】

【2.　代理人】
【A. 资格】　　()建筑师　　()注册第 号
【B. 姓名】
【C. 建筑师事务所姓名】(　　)建筑师事务所(　　)知事注册第　　号
【D. 邮编】
【E. 所在地】
【F. 电话号码】

【3.　设计者】
【A. 资格】()建筑师()注册第 号
【B. 姓名】
【C. 建筑师事务所姓名】(　　)建筑师事务所(　　)知事注册第　　号
【D. 邮编】
【E. 所在地】
【F. 电话号码】

【4.　工程施工者】
【A. 姓名】
【B. 公司名称】建筑业许可(　　)第　　号
【C. 邮编】
【D. 所在地】
【E. 电话号码】

【5.　建筑用地的位置】
【A. 地名编号】
【B. 地址内容】

【6.　工作物的概要】(编号　　)
【A. 种类】(分类)
【B. 高度】
【C. 结构】
【D. 工程类型】□新建建筑　□增加建筑　□改建建筑　□其他(　　)
【E. 其他所需事项】

【7.　工程预计开工年月日】年月日

【8.　工程预计竣工年月日】年月日

【9.　指定特定工程预计结束年月日】(特定工程)
(第次)年月日()
(第次)年月日()

【10.　备注】

图解 13.5　建筑确认申请书（工作物）第二面

13.4　风力发电机的规格

风力发电机的规格数据主要提供企业一览表如表解 13.1 所示，规格一览表（顺序不同）如表解

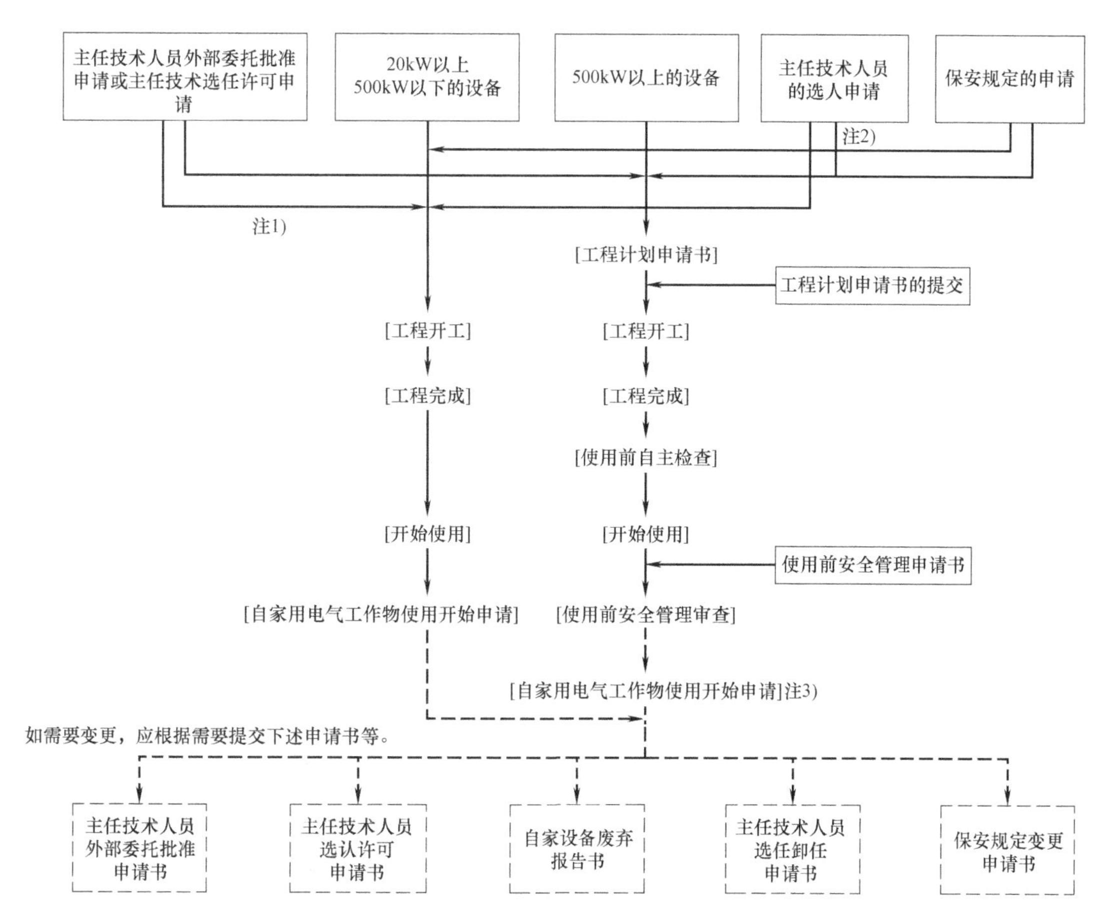

图解 13.1　手续流程

注 1)　如果是自家用电气工作物，委托关于输出功率不到 1000kW 的发电站的施工、维护以及运营相关保安监督工作时（主任技术人员外部委托）《电气事业法施行规则》第 53 条相关内容。

设置自家电气工作物，把没有获得主任技术人员任免书的人员聘为主任技术人员的情况（主任技术人员专任许可）《电气事业法施行规则》第 54 条相关内容。

注 2)　选任主任技术人员的情况下（主任技术人员的选任）《电气事业法施行规则》第 55 条相关内容。

注 3)　从其他地方转让的工业电气工作物，或借来作为自家用电气工作物来使用的情况等，提交自家用电气工作物使用开始申请书。《电气事业法施行规则》第 87 条相关内容。

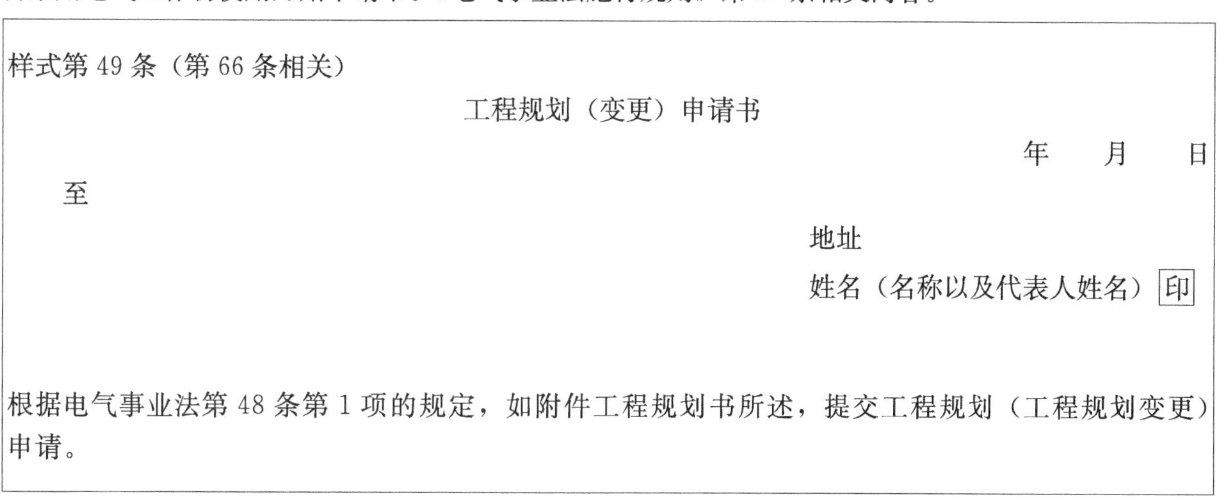
样式第 49 条（第 66 条相关）

工程规划（变更）申请书

年　　月　　日

至

地址

姓名（名称以及代表人姓名）印

根据电气事业法第 48 条第 1 项的规定，如附件工程规划书所述，提交工程规划（工程规划变更）申请。

图解 13.2　工程规划申请书

风力发电设备规格（JFE 工程、IHI-NORDEX，REpowerSystems AG）　　表解 13.3

生产厂家	JFE 工程	IHI-NORDEX			REpowerSystems AG		
生产国	日本	德国			德国		
型号	J-50/750	IN-2500(N80)		IN-2500(N90)	MM70	MM82	
额定功率(kW)	750	2500		2500	2000	2000	
控制方式	Pitch	Pitch		Pitch	Pitch(电动)	Pitch(电动)	
发电机型号	多极同步	双重卷线型感应		双重卷线型感应	卷线型感应	卷线型感应	
切入风速(m/s)	3.0	3～4		3～4	3.5	3.5	
额定风速(m/s)	12.5	15.0		13.0	13.5	13.0	
切出风速(m/s)	25.0	25.0		25.0	25.0	25.0	
风轮旋转速度(rpm)	18～32	10.8～18.9		10.3～18.1	10.0～20.0	8.5～17.1	
风轮直径(m)	50.5	80.0		90.0	70.0	82.0	
风轮质量(kg)	5700	50000		53000	33700	39050	
倾角(°)	4.0	5.0		5.0	5.0	5.0	
叶片全长(m)	23.25	39		44	34.0	40.0	
叶片最大宽度(m)	—	3.2		3.2	3.097	3.31	
叶片质量(kg)	3000	9000		10200	5900	7350	
机舱形状	圆盘	矩形		矩形	矩形	矩形	
机舱尺寸(正面)(m)	水平投影面积 47.6m^2	宽 3.4×高 4.3		3.4×4.3	宽 3.725×高 4.1	宽 3.725×高 4.0	
机舱尺寸(侧面)(m)	水平投影面积 20.0m^2	宽 13.4×高 4.3		13.4×4.3	宽 10.2×高 4.1	宽 10.3×高 4.0	
机舱质量(kg)	54800	91000		91000	61000	66000	
轮毂高度(m)	50.0	60.0	80.0	80.0	64	68	79
塔架顶部直径(m)	2.000	2.960	2.960	2.960	2.955	2.955	2.955
塔架基部直径(m)	3.500	3.880	4.040	4.040	4.0	4.0	4.3
塔架质量(kg)	约 60000	109800	192300	192300	111500	127000	143000
塔架分割数量	4	3	4	4	3	3	3
锚体形式	螺栓	螺栓	螺栓	螺栓	锚环	锚环	锚环
锚体质量(kg)	根据设计条件	11200	11200	11200	9465	8750	9100
认证	GL/IEC	IEC IA		IEC IB	IEC Ia	IEC Ia	
备注	原产品是荷兰 Lagerwey 公司的产品，但是风力发电机、塔架都已经在日本进行了国产化						

风力发电设备规格（Vestas）　　表解 13.4

生产厂家	Vestas				
生产国	丹麦				
型号	V52-850kW	V80-2.0MW	V90-1.8MW	V90-2.0MW	V90-3.0MW
额定功率(kW)	850	2000	1800	2000	300
控制方式	Pitch	Pitch	Pitch	Pitch	Pitch
发电机型号	卷线型感应	卷线型感应	卷线型感应	卷线型感应	卷线型感应
切入风速(m/s)	4.0	4.0	4.0	4.0	4.0
额定风速(m/s)	16.0	15.0	16.0	16.0	15.0
切出风速(m/s)	25.0	25.0	25.0	25.0	25.0
风轮旋转速度 rpm	14.0～31.4/26.0	9.0～19.0/16.7	8.8～14.9/13.3	8.8～14.9/15.5	8.6～18.4/16.1
风轮直径(m)	52.0	80.0	90.0	90.0	90.0
风轮质量(kg)	10000	37200	37200	37200	41000
倾角(°)	6.0	6.0	6.0	6.0	6.0
叶片全长(m)	25.3	39.0	44.0	44.0	44.0
叶片最大宽度(m)	2.3	3.52	3.512	3.512	3.512
叶片质量(kg)	1900	6500	6660	6660	6000
机舱形状	矩形	矩形	矩形	矩形	矩形
机舱尺寸(正面)(m)	宽 2.24×高 2.82	宽 3.40×高 4.22	宽 3.30×高 4.05	宽 3.30×高 4.05	宽 3.60×高 4.05
机舱尺寸(侧面)(m)	宽 6.85×高 2.82	宽 10.34×高 4.22	宽 10.34×高 4.05	宽 10.34×高 4.05	宽 9.65×高 4.05

续表

机舱质量(kg)	22000				67500		68000		68000		70000
轮毂高度(m)	49.0	55.0	60.0	65.0	67.0	78.0	67.0	78.0	67.0	78.0	80.0
塔架顶部直径(m)	2.100	2.100	2.100	2.100	2.300	2.300	2.300	2.300	2.300	2.300	2.300
塔架基部直径(m)	3.300	3.300	3.600	3.600	4.000	4.000	4.000	4.000	4.000	4.000	4.150
塔架质量(kg)	51000	58000	70000	77000	160000	205000	160000	205000	160000	205000	159000
塔架分割数量	2	2	3	3	3	3	3	3	3	3	3
锚体形式	锚环	锚环	锚环	锚环	锚环	锚环	锚环	锚环	锚环	锚环	锚环
锚体质量(kg)											
认证	IEC IA				IEC IA		IEC IA		IEC IA		IEC IA
备注											

风力发电机的规格(Gamesa) **表解 13.5**

生产厂家	Gamesa									
生产国	西班牙									
型号	G52-850kW			G80-2.0MW			V83-2.0MW		G87-2.0MW	
额定功率(kW)	850			2000			2000		2000	
控制方式	Pitch(可变速)			Pitch(可变速)			Pitch(可变速)		Pitch(可变速)	
发电机型号	卷线型感应			卷线型感应			卷线型感应		卷线型感应	
切入风速(m/s)	4.0			4.0			4.0		4.0	
额定风速(m/s)	约16			约17			约17		约16	
切出风速(m/s)	25.0			25.0			25.0		25.0	
风轮旋转速度(rpm)	16.2/30.8	14.6/30.8		9~19	9.0~19.0		9.0~19.0		9.0~19.0	
风轮直径(m)	52.0			80.0			83.0		87.0	
风轮质量(kg)	12000			约37200			约46000		约37000	
倾角(°)	6.0			6.0			6.0		6.0	
叶片全长(m)	25.3			39.0			40.5		42.3	
叶片最大宽度(m)	2.3			3.52			3.357			
叶片质量(kg)	1900			6800			9400		7500	
机舱形状	矩形			矩形			矩形		矩形	
机舱尺寸(正面)(m)	宽2.2×高2.8			宽3.3×高4.0			宽3.3×高4.0		宽3.3×高4.0	
机舱尺寸(侧面)(m)	宽6.6×高2.8			宽11.0×高4.0			宽11.0×高4.0		宽11.0×高4.0	
机舱质量(kg)	23000			75000			75000		75000	
轮毂高度(m)	44	55	65	60	67	78	67	78	67	78
塔架顶部直径(m)	2.170	2.170	2.170	2.3	2.3	2.3	2.3	2.3	2.3	2.3
塔架基部直径(m)	3.018	3.320	3.620	4.0	4.0	4.0	4.0	4.0	4.0	4.0
塔架质量(kg)	41000	57000	73000	123000	153000	200000	153000	200000	153000	200000
塔架分割数量	2	3	3	3	3	4	3	4	3	3
锚体形式	锚环	锚环	锚环	锚环	锚环	锚环	锚环	锚环	锚环	锚环
锚体质量(kg)	4000			5400			5400		5400	
认证	GL(根据IEC Ⅱa)			GL(根据IEC Ⅱa)			GL(根据IEC Ⅱa)		GL(根据IEC Ⅱa)	
备注										

风力发电设备规格（GE） 表解 13.6

生产厂家	GE									
生产国	美国									
型号	1.5-77		1.6-77	1.6-82.5	2.5-100			2.5-103		
额定功率(kW)	1500		1600	1600	2500			2500		
控制方式	Pitch(可变速)		Pitch(可变速)	Pitch(可变速)	Pitch(可变速)			Pitch(可变速)		
发电机型号	DFIG		DFIG	DFIG	PMG			PMG		
切入风速(m/s)	3.5		3.5	3.5	3.0			3.0		
额定风速(m/s)	14.5		14.5	11.5	13.5			12.5		
切出风速(m/s)	25.0		25.0	25.0	25.0			25.0		
风轮旋转速度(rpm)	10～20		10～20	9～18	5～14			5～14		
风轮直径(m)	77.0		77.0	82.5	100.0			103.0		
风轮质量(kg)	15000(三翼除外)		15000(三翼除外)	19000(三翼除外)	25000(三翼除外)			25000(三翼除外)		
倾角(°)	4.0		4.0	4.0	4.0			4.0		
叶片全长(m)	37.3		37.3	40.0	48.7			50.2		
叶片最大宽度(m)	3.1		3.1	3.2	3.6			3.7		
叶片质量(kg)	6000		6000	6000	9300			9,400		
机舱形状	矩形		矩形	矩形	矩形			矩形		
机舱尺寸(正面)(m)	3.6×3.5		3.6×3.5	3.6×3.5	4.3×3.8			4.3×3.8		
机舱尺寸(侧面)(m)	8.8×3.5		8.8×3.5	8.8×3.5	11.3×3.8			11.3×3.8		
机舱质量(kg)	51000		51000	51000	86000			86000		
轮毂高度(m)	65	80	80.0	80.0	75	85	100	75	85	100
塔架顶部直径(m)	2.5	2.5	2.5	2.5	3.1	3.1	3.1	3.1	3.1	3.1
塔架基部直径(m)	4.3	4.3	4.3	4.3	4.3	4.3	4.3	4.3	4.3	4.3
塔架质量(kg)	76500	109000	109000	110000	136500	174500	234000	136500	174500	234000
塔架分割数量	3	3	3	3	3	4	5	3	4	5
锚体形式	FMP/AC	FMP/AC	FMP	FMP	FMP	FMP	FMP	FMP	FMP	FMP
锚体质量(kg)	8500	8500	8500	8500	19855	19855	22835	19855	19855	22835
认证	TUV-ADA available by the end of 2011		N/A	TUV-ADA available for class Ⅲ, ADA available for class Ⅱ in 2011	GL-ADA available			N/A		
备注										

风力发电设备规格（Siemens Wind Power A/S） 表解 13.7

生产厂家	Simens Wind Power A/s						
生产国	丹麦						
型号	Bonus 1.3MW B30	SWT-2.3-82VS	SWT-2.3-93	SWT-2.3-101	SWT-3.0DD-101	SWT-3.6-107	SWT-3.6-120
额定功率(kW)	1300/250	2300	2300	2300	3000	3600	3600
控制方式	Active stall/CombiStall	Pitch(可变速)	Pitch(可变速)	Pitch(可变速)	Pitch(可变速)	Pitch(可变速)	Pitch(可变速)
发电机型号	框型感应	框型感应	框型感应	框型感应	永久磁石同步	框型感应	框型感应
切入风速(m/s)	3.0	3—5	4.0	3—4	3.0	3—5	3—5
额定风速(m/s)	15.0	13—14	13—14	12—13	12—13	13—14	12—13
切出风速(m/s)	25.0	25.0	25.0	25.0	25.0	25.0	25.0
风轮旋转速度(rpm)	19/13	6—18	6—16	6—16	6—16	5—13	5—13
风轮直径(m)	62.0	82.4	93.0	101.0	101.0	107.0	120.0
风轮质量(kg)	29700	54000	60000	62000	59700	95000	100000

续表

倾角(°)	5.0	6.0	6.0	6.0	6.0	6.0	6.0
叶片全长(m)	30.0	40.0	45.0	49.0	49.0	52.0	58.5
叶片最大宽度(m)	2.4	3.1	3.5	3.4	3.4	4.2	4.2
叶片质量(kg)	4400/根	9500/根	11000/根	10200/根	10200/根		17800/根
机舱形状	圆筒型	圆筒型	圆筒型	圆筒型	圆筒型	矩形型	矩形型
机舱尺寸(正面)(m)	直径 2.85	直径 3.5	直径 3.5	直径 3.5	宽 4.2×高 5.8	宽 4.2×高 3.8	宽 4.2×高 3.8
机舱尺寸(侧面)(m)	宽 9.5×前高 2.85,后高 2.10	宽 17×高 3.97	宽 17×高 3.97	宽 17×高 3.97	宽 10.7×高 6.5	宽 20×高 3.8	宽 20×高 3.8
机舱质量(kg)	46,500	82,000	82,000	82,000	73,000	125,000	125,000
轮毂高度(m)	68.0	80m	80m	80m	97.5m	80m	90m
塔架顶部直径(m)	2.100	2.392	2.392	2.392	2.700	3.120	3.120
塔架基部直径(m)	3.900	4.200	4.200	4.200	4.200	4.500	5.000
塔架质量(kg)	94000	158000	162000	162000	依据具体情况	250000	依据具体情况
塔架分割数量	3	3	3	3	依据具体情况	依据具体情况	依据具体情况
锚体形式	螺栓	锚环/螺栓	锚环/螺栓	锚环/螺栓	锚环/螺栓	锚环/螺栓	锚环/螺栓
锚体质量(kg)							
认证	DNV A	IEC 1A	IEC 2A	IEC 2B	IEC 1A	IEC S	IEC S
备注							

风力发电设备规格（ENERCON，Turbowinds） **表解 13.8**

生产厂家	ENERCON			Troubowinds
生产国	德国			比利时
型号	E48	E70	E82	T600-48
额定功率(kW)	800	2300	2300	600
控制方式	Pitch	Pitch	Pitch	Pitch
发电机型号	同步+逆变器	同步+逆变器	同步+逆变器	框型感应
切入风速(m/s)	2.5	2.5	2.5	3.0
额定风速(m/s)	—	—	—	12.5
切出风速(m/s)	28～34	28～34	28～34	25.0
风轮旋转速度(rpm)	16～32	6～21.5	6～19.5	23.0/15.0
风轮直径(m)	48.0	71.0	82.0	48.0
风轮质量(kg)	15000	40900	55000	15000
倾角(°)	4.0	4.0	5.0	4.0
叶片全长(m)	22.8	33.3	38.8	23.3
叶片最大宽度(m)	—	—	—	1.735
叶片质量(kg)	2300	5800	8500	2700
机舱形状	卵型	卵型	卵型	矩形
机舱尺寸(正面)(m)	宽 4.37×高 4.54	宽 5.39×高 5.85	宽 5.00×高 5.53	宽 1.99×高 2.2
机舱尺寸(侧面)(m)	宽 7.42×高 4.54	宽 11.6×高 5.85	宽 11.57×高 5.53	宽 6.6×高 2.2
机舱质(kg)	6000(发电机除外)	17000(发电机除外)	18000(发电机除外)	22000
轮毂高度(m)	76.0	64.0	78.0	50.0
塔架顶部直径(m)	1.332	2.000	2.433	2.094
塔架基部直径(m)	4.130	4.200	4.300	3.600
塔架质量(kg)	100000	141000	194000	47000
塔架分割数量	3	3	4	2
锚体形式	锚环	锚环	锚环	螺栓
锚体质量(kg)	9000	12000	16000	
认证	IEC/NVN ⅡA	IEC/NVN ⅠA	IEC/NVN ⅡA	IEC Ⅱ
备注				

风力发电设备规格（Fuhrlander） 表解 13.9

生产厂家	Fuhrlander						
生产国	德国						
型号	FL2500-80	FL2500-90	FL-MD70	FL-MD77	FL1000	FL250	FL100
额定功率(kW)	2500	2500	1500	1500	1000	250	100
控制方式	Pitch(电动)	Pitch(电动)	Pitch(电动)	Pitch(电动)	Stall	Stall	Stall
发电机型号	二次卷线感应	二次卷线感应	二次卷线感应	二次卷线感应	框型感应	框型感应	框型感应
切入风速(m/s)	4.0	4.0	3.0	3.0	3.0	3.0	3.0
额定风速(m/s)	14.5	13.0	13.0	12.5	12.0	15.0	13.0
切出风速(m/s)	25.0	25.0	25.0	20.0	20.0	25.0	25.0
风轮旋转速度(rpm)	11.7～20.4	10.4～18.1	10.6～19	9.6～17.3	22.0/15.0	39.0/29.0	32.0/47.0
风轮直径(m)	80.0	90.0	70.0	77.0	54.0	29.5	21.0
风轮质量(kg)	48000	52000	31500	35000	18500	4900	2300
倾角(°)	5.0	5.0	5.0	5.0	4.0	3.5	2.5
叶片全长(m)	38.8	44.0	34.0	37.3	26.2	13.4	9.3
叶片最大宽度(m)	3.2	4.2	3.1	3.1	2.3	1.26	1.05
叶片质量(kg)	8800	10200	5500	6600	5000	750	450
机舱形状	矩形	矩形	矩形	矩形	矩形	矩形	矩形
机舱尺寸(正面)(m)	宽5.6×高6.2	宽5.6×高6.2	宽3.8×高4.2	宽3.8×高4.2	宽3.4×高3.8	宽1.7×高1.6	宽1.7×高1.4
机舱尺寸(侧面)(m)	宽11.5×高6.2	宽11.5×高6.2	宽10.2×高4.2	宽10.2×高4.2	宽8.6×高3.8	宽3.8×高1.6	宽3.3×高1.4
机舱质量(kg)	96000	96000	56000	56000	40500	9800	4400
轮毂高度(m)	65/85	85/100	60.0	65.0	60.0	36.0	36.0
塔架顶部直径(m)	3.217	3.217	2.955	2.955	2.204	1.166	1.120
塔架基部直径(m)	4.306	4.306	4.000	4.000	3.600	2.500	2.000
塔架质量(kg)	120000/200000	200000/290000	93000	93000	85000	24000	23000
塔架分割数量	3/4	4/5	3	3	4	3	2
锚体形式	螺栓	螺栓	锚环	锚环	螺栓	螺栓	螺栓
锚体质量(kg)							
认证	IEC 1A	IEC ⅡA	IEC Ⅱ	IEC Ⅲ	IEC Ⅱ	GL Ⅱ	GL Ⅱ
备注					芯片板	芯片板	芯片板

13.5 风力发电机发生的事故

近年来，由于台风以及低气压等引起的暴风，出现给风力发电装置基础、塔架、叶片、机舱等造成了较大损伤的事故。据新能源新产业技术综合开发机构的调查，2004 年一整年的风力发电设备的故障、事故达到了 139 件（调查范围包括 924 架风力发电设备，设备容量合计约 92.7 万 kW）。根据这些故障、事故发生部位等的不同，进行分类以及统计的详细结果如报告所述。本节将就表解 13.10 所示的风力发电设备支撑物相关事故实例进行介绍。

风力发电设备支撑物相关事故实例 表解 13.10

年份	地点	风力发电设备规格	受灾情况	实例
1999 年	九州地区	250kW	塔架中央部分发生屈曲	事故实例 5
2002 年	冲绳地区	250kW	锚固部分与基础分离	事故实例 1
2003 年	冲绳地区	400kW×2 座	塔架开口部分发生屈曲	事故实例 6
		500kW	锚固部分发生锥状破坏	事故实例 2
2004 年	四国地区	600kW	锚固部分产生裂缝	事故实例 3
2007 年	东北地区	1300kW	锚固部分产生锥状破坏	事故实例 4

13.5.1 锚固部分与基础的事故实例

锚固部分与基础的事故主要发生在锚固部分。锚固部分钢筋混凝土发生了开裂的事故，并且钢筋混凝土部分产生了锥状破坏。

<事故实例 1>

○ 事故发生场所：冲绳地区

○ 风力发电设备的规模：250kW

○ 事故发生日：2002 年 9 月

○ 事故发生时的气象情况：台风。宫古岛气象台观测到的最大瞬间风速是 45.8m/s。推测停电后大约 45 分钟后遭到破坏。

○ 事故发生的情况：停电

○ 与指南的对应部分：锚固部分的结构计算

风力发电设备基础的第一段与第二段（锚固部分）分离，第二段在连接着风力发电设备的状态下倒塌的。在设备倒塌发生的现场，经过调查由于 1993 年 3 月是在日本国内最早设置的风力发电设备，所以基础的施工设计内容与实际施工有些地方不吻合，在设计方面存在基础混凝土内的配筋量不足的问题，在施工方面存在脚部接合面较为光滑的情况下且在没有进行处理好的状态下浇筑锚固部分混凝土的问题。

并且该风力发电设备会在系统停电的情况下暂停风力发电设备控制电源，由于氮气压力，使叶片转移到暂停状态，但是在遭到破坏大约 2 个月前即 2002 年 7 月，由于氮气压力不能转移到暂停状态，在风速下降的状态下，受到风力影响，风轮出现了逆向转动，因此出现了风力发电设备振动异常的情况。

据调查破坏原因是风力发电设备基础设计以及施工不合理，2002 年 7 月出现了异常情况，对基础施加了意想不到的冲击，台风来袭前，基础的大部分主筋遭到破坏并断裂，在这种状态下，受到台风侵袭，主筋断裂，基础从接合面开始遭到破坏，最后导致倒塌。

图解 13.6 锚固部分与基础的分离

<事故实例 2>

○ 事故发生场所：冲绳地区

○ 风力发电设备的规模：500kW

○ 事故发生日：2003 年 9 月

○ 事故发生时的气象情况：台风。风力发电设备轮毂高度下的最大风速达到 60m/s，气象台观测到的最大风速是 38.4m/s（平均 10 分钟），是其 1.5 倍。据报告采用最大风速计算的最大瞬间风速达到了 90m/s。

○ 事故发生的情况：停电

图解 13.7 锚固部分锥状破坏实例

○ 与指南的对应部分：锚固部分的结构计算

破坏状况下，每个锚栓以及锚环从基础混凝土被拔起，塔架脱出。遭到破坏时周围停电，丧失了降低风力发电设备风荷载的偏航角以及变桨控制功能。根据现场调查结果，三个叶片中，两个叶片没有运行，在该状态下，基础作用了的弯矩超过破坏极限弯矩，基础从而产生锥状状破坏最终倒塌[2]。并且台风出现时作用于基础的最大弯矩超过了基础的设计值。

＜事故实例 3＞

○ 事故发生场所：四国地区

○ 风力发电设备的规模：600kW

○ 事故发生日：2004 年 9 月

○ 事故发生时的气象情况：台风。

○ 事故发生的情况：停电

○ 与指南的对应部分：锚固部分的结构计算

关于图片所示的风力发电设备的基础，虽然遭到巨大的破坏，但是附近的 2 号机却没有受损。两座风力发电设备基本在相同的地形上相邻而建，因此很难认为风速方面存在很大的差异，所以风力发电设备塔架与基础所粘结的锚固部分的高度（表层到地基支撑面的深度）存在很大差异是受损的一个因素。从锚固部分的裂缝情况来看，可以判断是由于拉伸而遭到了锥状破坏。

图解 13.8 锚固部分的锥状破坏

＜事故实例 4＞

○ 事故发生场所：东北地区

○ 风力发电设备的规模：1300kW

○ 事故发生日：2007 年 1 月

○ 事故发生时的气象情况：平均风速 20m/s 左右。

○ 事故发生的情况：风力发电设备风轮的过度旋转

○ 与指南的对应部分：锚固部分的结构计算

由于作业方式不合理以及低气压形成的强风，使叶片的运行保持暂停状态，所以双重安全装置（固定机能）两方面的功能都丧失了。之后由于强风使得塔架转数急速上升，所以风荷载增大，作用于塔架基础的倾覆力矩高于基础的实际承载力，基础锚固部分遭到破坏，最终风力发电设备倒塌。根据如下图所示的照片，从剪切面破坏情况判断为锥状破坏。

图解 13.9 剪切面破坏的情况

13.5.2 塔架事故实例

塔架事故实例包括在塔架中央部分或塔架开口部分发生屈曲的情况。

<事故实例 5>

○ 事故发生场所：九州地区

○ 风力发电设备的规模：250kW

○ 事故发生日：1999 年 1 月

○ 事故发生时的气象情况：台风。

○ 事故发生的情况：停电

○ 与指南的对应部分：塔架的结构计算

倒塌发生时，周围处于停电状态，丧失了降低风力发电设备风荷载的偏航角控制功能。在丧失偏航角控制的状态下，受到台风袭击，塔架上作用的弯矩超过了屈曲极限弯矩。塔架中央部分发生屈曲，从而导致倒塌。

另外在倒塌的风力发电设备的附近，由于地形效应，风速有所增加，所以发生了超过塔架设计数值的风荷载。

图解 13.10 风力发电设备基础的损坏情况

图解 13.11 塔架中央部分发生的屈曲

<事故实例 6>

○　事故发生场所：冲绳地区

○　风力发电设备的规模：400kW

○　事故发生日：2003 年 9 月

○　事故发生时的气象情况：台风，风况与实例 2 相同。

○　事故发生的情况：停电

○　与指南的对应部分：塔架的结构计算

倒塌发生时，周围处于停电状态，丧失了降低风力发电设备风荷载的偏航角控制功能。在丧失偏航角控制的状态下，受到台风袭击，塔架上作用了的弯矩超过了屈曲极限弯矩。塔架中央部分发生屈曲[2]，从而导致倒塌。

图解 13.12　塔架开口部分发生的屈曲

图解 13.13　塔架开口部分发生的屈曲

参考文献

[1]　新エネルギー・産業技術総合開発機構：平成 16 年度風力発電利用率向上調査委員会および故障・事故調査分科会，報告書，2004

[2]　沖縄電力株式会社：台風 14 号による風力発電設備の倒壊等事故調査報告書，2004

[3]　石原孟：風車の耐風設計技術，ターボ機械，第 34 巻第 5 号，pp.53-59，2006

[4]　(株)ユーラスエナジー岩屋：岩屋ウインドファーム発電所 11A 号風車倒壊事故報告，2007

[5]　国土交通省住宅局建築指導課他：平成 19 年 6 月 20 日施行改正建築基準法・建築士法および関係政省令等の解説，2007

[6]　国土交通省住宅局建築指導課他：2007 年版建築物の構造関係技術基準解説書，2007

[7]　日本建築学会：建築基礎構造設計指針，2001

[8]　地盤工学会：液状化対策工法，2004

[9]　沿岸技術研究センター：浸透固化処理工法技術マニュアル，沿岸開発技術ライブラリー№.18，2003

[10]　日本建築センター：改訂版建築物のための改良地盤の設計及び品質管理指針，2002

[11]　日本建築学会：建築基礎のための地盤改良設計指針案，2006